国家出版基金项目
NATIONAL PUBLICATION FOUNDATION

中国植物保护百科全书

杂草卷

一 二

中国林业出版社

图书在版编目（CIP）数据

中国植物保护百科全书. 杂草卷 / 中国植物保护百科全书总编纂委员会杂草卷
编纂委员会编. — 北京：中国林业出版社，2022.6
　　ISBN 978-7-5219-1262-3

　　Ⅰ．①中… Ⅱ．①中… Ⅲ．①植物保护—中国—百科全书②杂草—中国
Ⅳ．①S4-61②S451

　　中国版本图书馆CIP数据核字（2021）第134478号

zhōngguó zhíwùbǎohù bǎikēquánshū

中国植物保护百科全书

杂草卷
zácǎojuàn

责任编辑： 印芳　邹爱

出版发行： 中国林业出版社
电　　话： 010-83143629
地　　址： 北京市西城区刘海胡同7号　　**邮　编：** 100009
印　　刷： 北京雅昌艺术印刷有限公司
版　　次： 2022年6月第1版
印　　次： 2022年6月第1次
开　　本： 889mm×1194mm　1/16
印　　张： 56
字　　数： 2423千字
定　　价： 790.00元（全两册）

《中国植物保护百科全书》
总编纂委员会

总 主 编
李家洋　　　张守攻

副总主编
吴孔明	方精云	方荣祥	朱有勇
康　乐	钱旭红	陈剑平	张知彬

委 员
（按姓氏拼音排序）

彩万志	陈洪俊	陈万权	陈晓鸣	陈学新	迟德富
高希武	顾宝根	郭永旺	黄勇平	嵇保中	姜道宏
康振生	李宝聚	李成云	李明远	李香菊	李　毅
刘树生	刘晓辉	骆有庆	马　祁	马忠华	南志标
庞　虹	彭友良	彭于发	强　胜	乔格侠	宋宝安
宋小玲	宋玉双	孙江华	谭新球	田呈明	万方浩
王慧敏	王　琦	王　勇	王振营	魏美才	吴益东
吴元华	肖文发	杨光富	杨忠岐	叶恭银	叶建仁
尤民生	喻大昭	张　杰	张星耀	张雅林	张永安
张友军	郑永权	周常勇	周雪平		

《中国植物保护百科全书·杂草卷》
编纂委员会

目　录

前言 ……………………………………… I

凡例 ……………………………………… V

条目分类目录 …………………………… 01

正文 ……………………………………… 1

条目标题汉字笔画索引…………………… 821

条目标题外文索引 ……………………………… 829

内容中文索引 …………………………………… 841

内容外文索引 …………………………………… 859

后记 ……………………………………………… 867

前　言

　　杂草是伴随人类开始农业耕种活动而出现的,也成为最主要的农业有害生物。在传统农业中,除草占到整个农作活动的三分之二甚至更多。"脸朝黄土背朝天""锄禾日当午,汗滴禾下土"均是描述除草活动的艰辛。不过,在农业发展过程中的很长一段时间内,草害及其防治并不为人所重视,因为,杂草总可以用最简单的方法即人类的手将其拔除。但是,回顾历史我们可以发现,每次新的除草技术应用和效率的提高,均极大地促进了农业的发展,从而推动了人类的大发展。考古中发现的石铲就是最早除草工具的物证。早在5000年前,人类先民开始使用石铲,较之纯粹手拔提高了效率。之后陆续开始使用石锄,进一步提高除草效率,特别是使原始除草弯下的腰挺直起来进行除草劳作,降低了劳动强度,提高了劳动效率,促进了人口小幅增长。再之后发展到金属的除草工具,如旱地的锄头、稻田的耘耙等手工除草工具,显著提高了劳动效率,使每个劳力养活人口达到5人以上。20世纪初叶,随着机械动力的发展,除草机械开始在欧美大型农场得到应用,除草效率极显著提高。特别是20世纪40年代有机化学除草剂的发展和应用,极大地提高了除草效率,使每个劳力养活人口的数量提高30多倍,推动了农业的现代化,引发了地球人口快速增长。可以说,人类农业发展史是一部与杂草作斗争的历史。

　　回顾杂草学发展历史,不难发现,是杂草化学防治技术的发展促进了杂草学学科体系的形成和发展。化学除草剂的研发需要通过生理生化研究揭示其作用机理和靶标,进一步对靶标模拟设计合成新型除草剂种类。除草技术的应用,实践上需要掌握杂草发生分布规律、类群分类、生物和生态学规律的知识。长期大量使用化学除草剂带来了杂草抗性、环境污染和食品安全等负面的影响,靶标抗性形成机制研究主要涉及靶标基因突变的分子生物学,分子生物学在杂草学科中的应用还催生了抗除草剂转基因作物培育,提高了除草剂使用的安全性和可操作性,降低了除草成本,衍生了基因飘流等生物安全的问题。污染方面的关注涉及除草剂环境毒理学,扩展了学科生物安全的范畴。不过,杂草防治过度依赖化学除草剂致使不可持续,直接威胁到农业的可持续发展和粮食安全,成为杂草学科迫切需要解决的科学技术问题。这深刻影响了杂草生物学和生态学规律的深入研究,迫切需要推动杂草可持续防治技术的突破和发展，以彻底摆脱杂草危害的困扰。人类森林砍伐、农业种植、人造工程以及城市化将自然生境不断营造为人工生境的活动，深刻影响植物群落分化为人工植被和杂草，加之外来杂草入侵是全球变化中生物多样性降低的主因，这应该成为全球变化生物学重要的内容之一。

《中国植物保护百科全书·杂草卷》（以下简称《杂草卷》）从2015年11月在南京召开编纂启动会算起，历经7年。受命负责《杂草卷》的编写，是一个光荣而艰巨的任务。杂草学作为一个因除草技术发展而兴起的新兴学科，杂草百科在历史上还没有先例，本卷将成为先行者。这使其从一开始就面临巨大挑战。在《中国农业大百科全书》第三版中涉及杂草学的条目很少，国际上也没有现成的杂草大百科，因此，缺乏系统的参考资料可以直接借鉴；特别是反映杂草学特色部分的核心内容，如杂草生物学、生态学、分类及防治的条目内容几乎没有现成可以直接参考的资料，需要编写者根据自身知识和分散的相关文献进行综合撰写，所以耗时大大超出原来的计划。

在《杂草卷》的内容筹划中，为了充分体现杂草学科的特色，我们在杂草生物学、杂草生态学、杂草分类和杂草防治等方面倾注了较多的心血。在这些条目编写时，秉持科学性、普适性、系统性、通俗性的原则，广泛参阅资料，有时编写或审阅一个条目，需要阅读数百篇资料，力争系统全面展现杂草学学科体系。由于全书的《农药卷》《生物安全卷》等均涉及除草剂种类、抗除草剂转基因作物、典型外来入侵杂草等共有条目，本卷没有收录。此外，人物词条是较难确定的，因此，特别甄选前中国植物保护学会杂草研究分会理事长张朝贤先生任分支负责人，经过数轮反复征询意见，最终确定的编写条目中，仍然因为资料缺乏或撰稿作者等原因没有成稿或因为考虑不周而遗漏，也是一个遗憾。庆幸的是已经出版的杂草学教材，拥有基本的学科体系和部分条目的简略内容，可以借鉴和参考，为杂草卷奠定了学科框架的基础。总之，杂草卷收录683个条目，涉及学科概论、杂草科学界、杂草生物学、杂草生态学、杂草分类、杂草防治、夏熟作物田杂草、水田杂草、秋熟旱作田杂草、园地杂草、人工林地杂草以及外来及检疫杂草等分支。相对来说杂草物种条目可以参考的资料较多，除了各种植物志外，还有《中国杂草志》《中国农作物病虫害》等公开出版的资料。不过，杂草物种条目也需要突出杂草物种的农田发生、危害状况和防治方法等内容。为此，本卷主要根据农田类型的杂草种类相似性，将杂草物种条目分成夏熟作物田杂草、水田杂草、秋熟旱作田杂草、园地杂草、人工林地杂草以及外来及检疫杂草等物种词条类别。此外，所有物种词条均附相应的图片，并拥有自主知识产权，基本上做到了重要杂草物种词条配有幼苗、成株、花、果实、种子以及群体等系列图片。杂草幼苗的识别对于杂草防治具有实践需求，这是普通植物志或彩色植物图鉴通常没有的，被视为特色之一。杂草物种的分类和学名主要依据植物智网站，还参考 USDA-PLANTS 网站，个别物种沿用杂草学界习惯。

按照全书总体要求，组建了由中国杂草学界一流专家组成的编委会，形成了主编、分支负责人、条目编写人员三级编写组织架构。从条目确定、样条编写到每个条目的初稿编写，经分支负责人再到主编反复来回修改完善，少则三五遍，多至十数次，最终主编再进行一次统稿，以尽最大努力能够贯彻总体编写思想，力求科学性和准确性。具体条目编写还吸收了一批杂草界年青学者，通过参与这项浩大的工程，得到历练和培养。编写团队百余人，是他们辛勤耕耘撰写出初稿才奠定了全书基础，分支负责人在安排分工、催稿、初稿的审阅上付出了时间和智力；张志翔任分支负责人早在 5 年前就完成了人工林地杂草词条的稿件；张治拍摄了大量的物种词条图片；还要特别提及的是宋小玲以及后来的刘宇婧等协助做了大量具体工作。概论分支负责人：强胜；杂草生物学分支负责人：宋小玲，朱金文，姜临建等；杂草分类分支负责人：郭凤根，李贵，戴伟民等；杂草生态分支负责人：强胜，魏守辉，李儒海等；水田杂草分支负责人：柏连阳，纪明山，刘宇婧等；秋熟旱作田分支负责人：李香菊，黄春艳，王贵启等；夏熟旱作田分支负责人：宋小玲，贾春虹，陈勇等；果、桑、茶、胶园杂草分支负责人：范志伟，杜道林，叶照春等；人工林杂草分支负责人：张志翔，喻勋林等；杂草防治分支负责人：王金信，刘伟堂，陈杰等；杂草学界名人分支负责人：张朝贤，强胜等；外来入侵杂草分支负责人：冯玉龙，王维斌，宋小玲等。最终能使本卷付梓，是团结协作的杰作。在此一并致以诚挚的谢意！

受限于参考资料、编写和审阅者的时间和知识水平，一定还有许多不足、遗漏甚至错误，恳请广大读者不吝赐教。

强胜

2022 年 3 月 29 日

凡 例

一、 本卷以杂草学科知识体系分类分册出版。卷由条目组成。

二、 条目是全书的主体，一般由条目标题、释文和相应的插图、表格、参考文献等组成。

三、 条目按条目标题的汉语拼音字母顺序并辅以汉字笔画、起笔笔形顺序排列。第一字同音时按声调顺序排列；同音同调时按汉字笔画由少到多的顺序排列；笔画数相同时按起笔笔形横（一）、竖（丨）、撇（丿）、点（、）、折（乛，包括丁、乚、〱等）的顺序排列。第一字相同时，按第二字，余类推。条目标题中夹有外文字母或阿拉伯数字的，依次排在相应的汉字条目标题之后。以拉丁字母、希腊字母和阿拉伯数字开头的条目标题，依次排在全部汉字条目标题之后。

四、 正文前设本卷条目的分类目录，以便读者了解本学科的全貌。分类目录还反映出条目的层次关系。

五、 一个条目的内容涉及其他条目，需由其他条目释文补充的，采用"参见"的方式。所参见的条目标题在本释文中出现的，用楷体字表示。 所参见的条目未在释文中出现的，另用"见"字标出。

六、 条目标题一般由汉语标题和与汉语标题相对应的外文两部分组成。外文主要为拉丁文，少数为英文。

七、 释文力求使用规范化的现代汉语。条目释文开始一般不重复条目标题。

八、 杂草类条目释文一般由定义、形态特征、生物学特性、分布与危害、防除技术、插图、参考文献等构成，具体视条目性质和知识内容的实际状况有所增减或调整；人物类条目释文一般由定义、个人简介、成果贡献、所获奖誉等构成，具体视条目知识内容的实际状况有所增减或调整；综述条目释文一般由形成和发展过程、基本内容、杂草检疫、物理性除草、科学意义与应用价值、存在问题与发展趋势、表格、参考文献等构成，具体视条目性质和知识内容的实际状况有所增减或调整。

九、 条目释文中的插图、表格都配有图题、表题等说明文字，并且注明来源和出处。

十、 条目中涉及化学结构式的部分，与条目名称一致时，不附图题。

十一、正文书眉标明双码页第一个条目及单码页最后一个条目的第一个字的汉语拼音和汉字。

十二、本卷附有条目标题汉字笔画索引、条目标题外文索引、内容中文索引、内容外文索引。

条目分类目录

说 明

1. 本目录供分类查检条目之用。
2. 目录中凡加【××】(××)的名称，仅为分类集合的提示词，并非条目名称。

   例如，【杂草生态】（杂草的化感作用）。

杂草学 ································· 759

【概论】

杂草 ································· 694
杂草性 ······························ 756

【杂草生物学】

杂草生物学 ·························· 741
杂草多样性 ·························· 701
杂草种类多样性 ···················· 768
杂草群落多样性 ···················· 732
杂草危害多样性 ···················· 752
杂草遗传多样性 ···················· 762
杂草进化 ··························· 717
杂草适应演化 ······················ 750
杂草分子生态适应机制 ·············· 709
杂草基因变异及演化 ················ 712
杂草生物学特性 ···················· 744
杂草形态结构多型性 ················ 755
生活史多型性 ······················ 499
营养方式多样性 ···················· 680
杂草强适应性 ······················ 729
杂草抗逆性 ························· 720
杂草可塑性 ························· 724
拟态性 ····························· 427
强（生长）势性 ···················· 460
杂合性 ····························· 779
传播扩散能力 ························ 99
杂草多实性 ························· 701
落粒性 ····························· 372
C_3和C_4杂草 ··················· 818

【杂草生态】

杂草生态学 ························· 737

（杂草个体生态）

杂草个体生态学 ···················· 710
杂草休眠性 ························· 758
原生休眠 ··························· 690
诱导休眠 ··························· 683
杂草萌发 ··························· 727
杂草生长的生理生态 ················ 749

（杂草种群生态）

杂草种群生态 ······················ 770
杂草种子库 ························· 771
种子雨 ····························· 799
种子库动态 ························· 798
出苗动态 ···························· 60
杂草种群动态 ······················ 769
杂草竞争 ··························· 719
　种内竞争 ························· 798
　种间竞争 ························· 797
影响竞争的因素 ···················· 681
竞争临界期 ························· 299
经济阈值 ··························· 295

（杂草的化感作用）

杂草化感作用 ······················ 712
化感物质 ··························· 224
化感作用机制 ······················ 224
化感作用治草 ······················ 225

（杂草群落生态）

杂草群落生态学 ⋯⋯⋯⋯⋯⋯⋯ 734

密度 ⋯⋯⋯⋯⋯⋯⋯⋯⋯⋯⋯⋯ 404

盖度 ⋯⋯⋯⋯⋯⋯⋯⋯⋯⋯⋯⋯ 177

优势度 ⋯⋯⋯⋯⋯⋯⋯⋯⋯⋯⋯ 681

频度 ⋯⋯⋯⋯⋯⋯⋯⋯⋯⋯⋯⋯ 442

样方法 ⋯⋯⋯⋯⋯⋯⋯⋯⋯⋯⋯ 650

样线法 ⋯⋯⋯⋯⋯⋯⋯⋯⋯⋯⋯ 651

目测法 ⋯⋯⋯⋯⋯⋯⋯⋯⋯⋯⋯ 413

环境因子 ⋯⋯⋯⋯⋯⋯⋯⋯⋯⋯ 233

杂草群落分类 ⋯⋯⋯⋯⋯⋯⋯⋯ 733

杂草群落演替 ⋯⋯⋯⋯⋯⋯⋯⋯ 736

顶极杂草群落 ⋯⋯⋯⋯⋯⋯⋯⋯ 139

杂草区系 ⋯⋯⋯⋯⋯⋯⋯⋯⋯⋯ 731

杂草物候学 ⋯⋯⋯⋯⋯⋯⋯⋯⋯ 753

　杂草萌动期 ⋯⋯⋯⋯⋯⋯⋯⋯ 726

　杂草立苗期 ⋯⋯⋯⋯⋯⋯⋯⋯ 726

　杂草的营养生长期 ⋯⋯⋯⋯⋯ 698

　杂草花期 ⋯⋯⋯⋯⋯⋯⋯⋯⋯ 711

　杂草结实期 ⋯⋯⋯⋯⋯⋯⋯⋯ 716

　杂草枯黄期 ⋯⋯⋯⋯⋯⋯⋯⋯ 725

杂草发生规律 ⋯⋯⋯⋯⋯⋯⋯⋯ 703

出苗规律 ⋯⋯⋯⋯⋯⋯⋯⋯⋯⋯ 63

杂草分布规律 ⋯⋯⋯⋯⋯⋯⋯⋯ 708

杂草植被 ⋯⋯⋯⋯⋯⋯⋯⋯⋯⋯ 766

【杂草分类】

禾草类 ⋯⋯⋯⋯⋯⋯⋯⋯⋯⋯⋯ 208

莎草类 ⋯⋯⋯⋯⋯⋯⋯⋯⋯⋯⋯ 548

阔叶草类 ⋯⋯⋯⋯⋯⋯⋯⋯⋯⋯ 321

一年生杂草 ⋯⋯⋯⋯⋯⋯⋯⋯⋯ 672

二年生杂草 ⋯⋯⋯⋯⋯⋯⋯⋯⋯ 158

多年生杂草 ⋯⋯⋯⋯⋯⋯⋯⋯⋯ 152

耕地杂草 ⋯⋯⋯⋯⋯⋯⋯⋯⋯⋯ 179

农田杂草 ⋯⋯⋯⋯⋯⋯⋯⋯⋯⋯ 434

水田杂草 ⋯⋯⋯⋯⋯⋯⋯⋯⋯⋯ 530

秋熟旱作田杂草 ⋯⋯⋯⋯⋯⋯⋯ 465

玉米田杂草 ⋯⋯⋯⋯⋯⋯⋯⋯⋯ 688

棉田杂草 ⋯⋯⋯⋯⋯⋯⋯⋯⋯⋯ 407

豆田杂草 ⋯⋯⋯⋯⋯⋯⋯⋯⋯⋯ 144

蔬菜地杂草 ⋯⋯⋯⋯⋯⋯⋯⋯⋯ 516

夏熟作物田杂草 ⋯⋯⋯⋯⋯⋯⋯ 618

麦田杂草 ⋯⋯⋯⋯⋯⋯⋯⋯⋯⋯ 386

油菜田杂草 ⋯⋯⋯⋯⋯⋯⋯⋯⋯ 682

果、桑、茶、胶园杂草 ⋯⋯⋯⋯ 199

人工林地杂草 ⋯⋯⋯⋯⋯⋯⋯⋯ 476

非耕地杂草 ⋯⋯⋯⋯⋯⋯⋯⋯⋯ 167

水生杂草 ⋯⋯⋯⋯⋯⋯⋯⋯⋯⋯ 526

草地杂草 ⋯⋯⋯⋯⋯⋯⋯⋯⋯⋯ 42

环境杂草 ⋯⋯⋯⋯⋯⋯⋯⋯⋯⋯ 234

寄生杂草 ⋯⋯⋯⋯⋯⋯⋯⋯⋯⋯ 258

　全寄生杂草 ⋯⋯⋯⋯⋯⋯⋯⋯ 471

　半寄生杂草 ⋯⋯⋯⋯⋯⋯⋯⋯ 20

　根寄生杂草 ⋯⋯⋯⋯⋯⋯⋯⋯ 179

　茎寄生杂草 ⋯⋯⋯⋯⋯⋯⋯⋯ 290

恶性杂草 ⋯⋯⋯⋯⋯⋯⋯⋯⋯⋯ 153

　区域性恶性杂草 ⋯⋯⋯⋯⋯⋯ 470

常见杂草 ⋯⋯⋯⋯⋯⋯⋯⋯⋯⋯ 55

一般性杂草 ⋯⋯⋯⋯⋯⋯⋯⋯⋯ 669

【水田杂草】

翅茎灯心草 ⋯⋯⋯⋯⋯⋯⋯⋯⋯ 59

异型莎草 ⋯⋯⋯⋯⋯⋯⋯⋯⋯⋯ 672

扁穗莎草 ⋯⋯⋯⋯⋯⋯⋯⋯⋯⋯ 34

水莎草 ⋯⋯⋯⋯⋯⋯⋯⋯⋯⋯⋯ 529

牛毛毡 ⋯⋯⋯⋯⋯⋯⋯⋯⋯⋯⋯ 431

透明鳞荸荠 ⋯⋯⋯⋯⋯⋯⋯⋯⋯ 561

野荸荠 ⋯⋯⋯⋯⋯⋯⋯⋯⋯⋯⋯ 652

扁秆藨草 ⋯⋯⋯⋯⋯⋯⋯⋯⋯⋯ 33

萤蔺 ⋯⋯⋯⋯⋯⋯⋯⋯⋯⋯⋯⋯ 678

猪毛草 ⋯⋯⋯⋯⋯⋯⋯⋯⋯⋯⋯ 805

水虱草 ⋯⋯⋯⋯⋯⋯⋯⋯⋯⋯⋯ 528

两歧飘拂草 ⋯⋯⋯⋯⋯⋯⋯⋯⋯ 350

畦畔飘拂草 ⋯⋯⋯⋯⋯⋯⋯⋯⋯ 454

球穗扁莎 ⋯⋯⋯⋯⋯⋯⋯⋯⋯⋯ 468

红鳞扁莎 ⋯⋯⋯⋯⋯⋯⋯⋯⋯⋯ 214

水蜈蚣 ⋯⋯⋯⋯⋯⋯⋯⋯⋯⋯⋯ 532

稗 ⋯⋯⋯⋯⋯⋯⋯⋯⋯⋯⋯⋯⋯ 15

无芒稗 ⋯⋯⋯⋯⋯⋯⋯⋯⋯⋯⋯ 594

细叶旱稗 ·················· 613
长芒稗 ·················· 48
西来稗 ·················· 604
水稗 ·················· 520
乱草 ·················· 365
东北甜茅 ·················· 140
柳叶箬 ·················· 356
假稻 ·················· 265
李氏禾 ·················· 338
千金子 ·················· 456
杂草稻 ·················· 695
双穗雀稗 ·················· 518
囊颖草 ·················· 419
鸭舌草 ·················· 643
雨久花 ·················· 687
水竹叶 ·················· 534
谷精草 ·················· 188
白药谷精草 ·················· 13
草茨藻 ·················· 41
小茨藻 ·················· 629
眼子菜 ·················· 647
矮慈姑 ·················· 2
野慈姑 ·················· 654
东方泽泻 ·················· 141
草泽泻 ·················· 46
浮萍 ·················· 172
紫萍 ·················· 813
节节菜 ·················· 276
圆叶节节菜 ·················· 690
水苋菜 ·················· 533
耳基水苋 ·················· 155
多花水苋菜 ·················· 151
大狼杷草 ·················· 124
狼杷草 ·················· 328
鳢肠 ·················· 342
虾眼 ·················· 402
石龙尾 ·················· 510
陌上菜 ·················· 409
丁香蓼 ·················· 138
草龙 ·················· 43

水龙 ·················· 524
半边莲 ·················· 19
铜锤玉带草 ·················· 559
尖瓣花 ·················· 268
狐尾藻 ·················· 216
苹 ·················· 444
槐叶苹 ·················· 231
水蕨 ·················· 521
满江红 ·················· 390
叉钱苔 ·················· 47
水绵 ·················· 525
轮藻 ·················· 366

【秋熟旱作田杂草】
蔓首乌 ·················· 392
东亚市藜 ·················· 142
虎尾草 ·················· 218
龙爪茅 ·················· 360
马唐 ·················· 379
毛马唐 ·················· 396
红尾翎 ·················· 215
光头稗 ·················· 193
画眉草 ·················· 230
野黍 ·················· 660
牛筋草 ·················· 429
蚥子草 ·················· 254
狗尾草 ·················· 183
大狗尾草 ·················· 121
金色狗尾草 ·················· 284
糠稷 ·················· 306
细柄黍 ·················· 608
铺地黍 ·················· 447
两耳草 ·················· 347
芦苇 ·················· 361
香附子 ·················· 623
碎米莎草 ·················· 546
小碎米莎草 ·················· 635
胜红蓟 ·················· 507
熊耳草 ·················· 639
黄花蒿 ·················· 238

青蒿 …… 461	苘麻 …… 464
刺儿菜 …… 104	野西瓜苗 …… 664
大刺儿菜 …… 119	冬葵 …… 143
石胡荽 …… 509	地梢瓜 …… 136
菊苣 …… 300	瓜列当 …… 188
丝路蓟 …… 536	向日葵列当 …… 626
莲座蓟 …… 346	粟米草 …… 541
假臭草 …… 263	南方菟丝子 …… 415
粗毛牛膝菊 …… 110	田间菟丝子 …… 553
牛膝菊 …… 433	中国菟丝子 …… 792
花花柴 …… 223	三裂叶薯 …… 488
金钮扣 …… 283	裂叶牵牛 …… 352
金腰箭 …… 285	圆叶牵牛 …… 691
金盏银盘 …… 287	薄荷 …… 38
银胶菊 …… 676	石香薷 …… 513
苍耳 …… 40	合萌 …… 209
空心莲子草 …… 311	百脉根 …… 14
莲子草 …… 345	细叶百脉根 …… 612
土牛膝 …… 565	含羞草 …… 205
反枝苋 …… 160	酢浆草 …… 115
皱果苋 …… 802	红花酢浆草 …… 212
凹头苋 …… 5	柳叶刺蓼 …… 354
刺苋 …… 109	火炭母 …… 245
青葙 …… 462	金毛耳草 …… 281
银花苋 …… 676	脉耳草 …… 389
马齿苋 …… 374	白花蛇舌草 …… 11
酸浆 …… 542	粗叶耳草 …… 112
挂金灯 …… 190	狭叶母草 …… 617
苦蘵 …… 317	泥花草 …… 425
龙葵 …… 357	母草 …… 410
刺萼龙葵 …… 103	宽叶母草 …… 321
铁苋菜 …… 557	紫萼蝴蝶草 …… 807
飞扬草 …… 166	马松子 …… 378
地锦草 …… 135	甜麻 …… 556
斑地锦 …… 17	长蒴黄麻 …… 52
蜜甘草 …… 406	光果田麻 …… 192
叶下珠 …… 667	蒺藜 …… 252
饭包草 …… 162	刺果瓜 …… 105
鸭跖草 …… 644	马泡瓜 …… 376
裸花水竹叶 …… 369	问荆 …… 587

节节草 …………………… 278

【夏熟旱作田杂草】

沼生藜菜 …………………… 786
薤白 …………………… 636
夏天无 …………………… 620
涩荠 …………………… 494
离子芥 …………………… 333
尖裂假还阳参 …………………… 269
节节麦 …………………… 279
冰草 …………………… 35
看麦娘 …………………… 305
日本看麦娘 …………………… 477
赖草 …………………… 324
野燕麦 …………………… 666
菵草 …………………… 581
雀麦 …………………… 471
多花黑麦草 …………………… 149
长芒毒麦 …………………… 51
白草 …………………… 8
奇蒿草 …………………… 453
细蒿草 …………………… 614
鬼蜡烛 …………………… 198
早熟禾 …………………… 779
长芒棒头草 …………………… 50
棒头草 …………………… 22
耿氏假硬草 …………………… 180
猪殃殃 …………………… 806
麦仁珠 …………………… 385
通泉草 …………………… 558
毛蕊花 …………………… 398
北水苦荬 …………………… 30
直立婆婆纳 …………………… 791
阿拉伯婆婆纳 …………………… 1
婆婆纳 …………………… 446
蚊母草 …………………… 586
水苦荬 …………………… 522
麦仙翁 …………………… 388
蚤缀 …………………… 781
球序卷耳 …………………… 469

薄蒴草 …………………… 24
牛繁缕 …………………… 427
漆姑草 …………………… 452
麦瓶草 …………………… 384
无瓣繁缕 …………………… 591
繁缕 …………………… 159
雀舌草 …………………… 472
麦蓝菜 …………………… 383
南苜蓿 …………………… 416
天蓝苜蓿 …………………… 550
小苜蓿 …………………… 634
紫苜蓿 …………………… 811
草木樨 …………………… 44
大巢菜 …………………… 117
广布野豌豆 …………………… 195
四籽野豌豆 …………………… 537
小巢菜 …………………… 627
荠菜 …………………… 257
弯曲碎米荠 …………………… 578
碎米荠 …………………… 545
臭荠 …………………… 60
播娘蒿 …………………… 37
芝麻菜 …………………… 789
糖芥 …………………… 549
小花糖芥 …………………… 631
北美独行菜 …………………… 28
细子藜菜 …………………… 615
球果藜菜 …………………… 466
藜菜 …………………… 207
无瓣藜菜 …………………… 592
遏蓝菜 …………………… 154
细柄野荞麦 …………………… 608
苦荞麦 …………………… 316
两栖蓼 …………………… 348
萹蓄 …………………… 31
酸模叶蓼 …………………… 544
水蓼 …………………… 523
尼泊尔蓼 …………………… 423
西伯利亚蓼 …………………… 603
戟叶蓼 …………………… 255

齿果酸模 …………………………… 58
羊蹄 ……………………………… 649
海滨酸模 ………………………… 201
沙蓬 ……………………………… 495
中亚滨藜 ………………………… 795
戟叶滨藜 ………………………… 255
西伯利亚滨藜 …………………… 602
藜 ………………………………… 336
刺藜 ……………………………… 108
菊叶香藜 ………………………… 301
灰绿藜 …………………………… 242
平卧藜 …………………………… 443
小藜 ……………………………… 633
市藜 ……………………………… 515
软毛虫实 ………………………… 483
地肤 ……………………………… 133
灰绿碱蓬 ………………………… 242
鼠麹草 …………………………… 517
泥胡菜 …………………………… 424
苦荬菜 …………………………… 315
中华苦荬菜 ……………………… 794
小苦荬 …………………………… 632
稻槎菜 …………………………… 131
北山莴苣 …………………………… 29
蒙山莴苣 ………………………… 403
欧洲千里光 ……………………… 439
裸柱菊 …………………………… 370
苦苣菜 …………………………… 313
续断菊 …………………………… 640
苣荬菜 …………………………… 302
蒲公英 …………………………… 450
红果黄鹌菜 ……………………… 211
黄鹌菜 …………………………… 236
风轮菜 …………………………… 169
光风轮菜 ………………………… 191
细风轮菜 ………………………… 609
香薷 ……………………………… 624
密花香薷 ………………………… 404
鼬瓣花 …………………………… 684
宝盖草 ……………………………… 25

荔枝草 …………………………… 343
打碗花 …………………………… 117
篱打碗花 ………………………… 335
田旋花 …………………………… 554
泽漆 ……………………………… 782
野老鹳草 ………………………… 658
倒提壶 …………………………… 130
大果琉璃草 ……………………… 122
琉璃草 …………………………… 354
柔弱斑种草 ……………………… 481
蓝刺鹤虱 ………………………… 326
鹤虱 ……………………………… 210
卵盘鹤虱 ………………………… 364
狭果鹤虱 ………………………… 616
麦家公 …………………………… 382
狼紫草 …………………………… 330
微孔草 …………………………… 583
长叶微孔草 ………………………… 54
紫筒草 …………………………… 815
弯齿盾果草 ……………………… 577
盾果草 …………………………… 148
附地菜 …………………………… 173
地耳草 …………………………… 132
黄堇 ……………………………… 241
紫堇 ……………………………… 808
秃疮花 …………………………… 562
角茴香 …………………………… 275
细果角茴香 ……………………… 611
珍珠菜 …………………………… 787
星宿菜 …………………………… 637
禺毛茛 …………………………… 685
茴茴蒜 …………………………… 244
刺果毛茛 ………………………… 107
肉根毛茛 ………………………… 483
二裂委陵菜 ……………………… 157
朝天委陵菜 ………………………… 56
三叶朝天委陵菜 ………………… 492
田葛缕子 ………………………… 552
蛇床 ……………………………… 497
芫荽 ……………………………… 646

花点草 ·························· 222

透茎冷水花 ················· 560

冷水花 ························· 332

雾水葛 ························· 600

老鸦瓣 ························· 331

半夏 ···························· 21

【果、桑、茶、胶园杂草】

美洲茜草 ····················· 400

白茅 ···························· 12

狗牙根 ························· 185

莩草 ···························· 288

毛花雀稗 ····················· 395

狼尾草 ························· 329

柯孟披碱草 ·················· 310

艾蒿 ···························· 4

红足蒿 ························· 216

小飞蓬 ························· 630

野塘蒿 ························· 661

苏门白酒草 ·················· 539

一点红 ························· 669

一年蓬 ························· 671

春飞蓬 ························· 102

野茼蒿 ························· 663

豨莶 ···························· 605

腺梗豨莶 ····················· 621

加拿大一枝黄花 ············ 261

三裂蟛蜞菊 ·················· 486

葎草 ···························· 363

乌蔹莓 ························· 588

野胡萝卜 ····················· 656

络石 ···························· 371

马兜铃 ························· 375

牛皮消 ························· 432

萝藦 ···························· 367

日本菟丝子 ·················· 479

大花菟丝子 ·················· 123

石荠苎（石荠苧）··········· 511

紫苏 ···························· 813

鸡眼草 ························· 251

白车轴草 ····················· 10

赛葵 ···························· 485

黄花稔 ························· 239

白背黄花稔 ·················· 8

四川黄花稔 ·················· 537

地桃花 ························· 137

梵天花 ························· 163

野牡丹 ························· 659

金锦香 ························· 281

毛蕊 ···························· 397

木防己 ························· 411

美洲商陆 ····················· 401

车前 ···························· 57

平车前 ························· 443

长叶车前 ····················· 53

鸡矢藤 ························· 249

茜草 ···························· 458

阔叶丰花草 ·················· 322

狼毒 ···························· 326

蕨 ······························ 303

井栏边草 ····················· 297

海金沙 ························· 202

广寄生 ························· 197

杂草防治 ····················· 705

杂草防治效果 ··············· 707

物理性除草 ·················· 598

人工除草 ····················· 475

机械除草 ····················· 247

杂草物理防治 ··············· 753

农业防治 ····················· 435

生态防治 ····················· 501

杂草生物防治 ··············· 739

经典生物防治 ··············· 293

生物除草剂 ·················· 503

寄主范围及安全性 ········· 259

生物工程技术方法 ········· 505

抗（耐）除草剂作物 ········ 308

作物化感育种 ··············· 816

杂草资源利用 ··············· 773

杂草资源的利用途径 …………………… 773
促进养分循环和保护土壤有益微生物效应 ……… 113
杂草优良基因的利用 …………………… 765
杂草营养成分的利用 …………………… 764
杂草特殊物质的利用 …………………… 751
杂草多样性的生态学效应 ……………… 702
害虫天敌保护效应 ……………………… 203
改良环境效应 …………………………… 175
杂草检疫 ………………………………… 713
检疫杂草 ………………………………… 271
杂草检疫方法 …………………………… 714
杂草综合防治 …………………………… 775

【杂草化学防治】

整株水平测定 …………………………… 788
相对毒力指数 …………………………… 622
剂量—反应曲线 ………………………… 258
化学防治 ………………………………… 228
除草剂分类 ……………………………… 70
除草剂选择性分类 ……………………… 88
选择性除草剂 …………………………… 641
灭生性除草剂 …………………………… 408
除草剂的吸收传导分类 ………………… 69
触杀型除草剂 …………………………… 98
内吸传导型除草剂 ……………………… 420
内吸传导、触杀综合型除草剂 ………… 420
使用方法的分类 ………………………… 514
　茎叶处理剂 …………………………… 291
　土壤处理剂 …………………………… 567
茎叶兼土壤处理剂 ……………………… 292
化学除草剂的使用方法 ………………… 226
土壤处理 ………………………………… 565
种植前土壤处理 ………………………… 800
播后苗前土壤处理 ……………………… 37
作物苗后土壤处理 ……………………… 817
茎叶处理 ………………………………… 290
定向喷雾 ………………………………… 140
除草剂减量施药技术 …………………… 75
除草剂选择性 …………………………… 87
选择性指数 ……………………………… 641

形态选择性 ……………………………… 638
生理选择性 ……………………………… 500
生化选择性 ……………………………… 498
时差和位差选择性 ……………………… 514
除草剂吸收和传导 ……………………… 86
除草剂代谢 ……………………………… 65
除草剂作用靶标 ………………………… 92
除草剂的混用及其互作效应 …………… 67
　加成作用 ……………………………… 260
　增效作用 ……………………………… 783
　拮抗作用 ……………………………… 280
除草剂生物测定 ………………………… 79
除草剂活性 ……………………………… 74
抑制中浓度或剂量 ……………………… 674
器官或组织水平测定 …………………… 454
细胞或细胞器水平测定 ………………… 607
酶水平测定 ……………………………… 398
除草剂田间药效试验 …………………… 81
除草剂田间药效试验准则 ……………… 83
株防效 …………………………………… 804
鲜重防效 ………………………………… 620
推荐剂量 ………………………………… 569
对照药剂 ………………………………… 148
除草剂在环境中的归趋 ………………… 91
　除草剂挥发 …………………………… 73
　除草剂淋溶 …………………………… 77
　除草剂径流 …………………………… 77
　除草剂的吸附与解吸附 ……………… 68
　除草剂降解 …………………………… 76
　除草剂光解 …………………………… 72
　除草剂化学降解 ……………………… 73
　除草剂生物降解 ……………………… 81
　除草剂微生物降解 …………………… 85
除草剂持效性 …………………………… 65
除草剂残留动态 ………………………… 64
长残效除草剂 …………………………… 48
除草剂药害 ……………………………… 89
除草剂对当茬作物药害 ………………… 70
除草剂残留药害 ………………………… 65
除草剂飘移药害 ………………………… 78

缓解药害方法 ················ 235

杂草对除草剂的抗药性与耐药性 ·· 698

杂草耐药性 ················ 728

除草剂选择压 ··············· 89

杂草抗药性 ················ 721

交叉抗药性 ················ 274

复合抗药性 ················ 174

【杂草学界名人】

李扬汉 ·················· 340

涂鹤龄 ·················· 563

唐洪元 ·················· 549

李璞 ··················· 337

屠乐平 ·················· 564

王枝荣 ·················· 580

张泽溥 ·················· 784

李孙荣 ·················· 339

苏少泉 ·················· 540

马晓渊 ·················· 381

【杂草学期刊】

《杂草学报》 ··············· 762

【杂草学专著】

《中国杂草志》 ·············· 793

《中国农田杂草原色图谱》 ········ 792

【杂草学研究机构】

湖南省杂草防治协同创新中心 ······ 217

江苏省杂草防治技术工程技术中心 ···· 274

【杂草学学会】

中国植物保护学会杂草学分会 ······ 794

江苏省农学会杂草研究分会 ······· 273

【外来入侵杂草】

外来入侵植物 ·············· 573

外来杂草 ················· 575

来源地分析 ··············· 324

传入途径 ················· 101

传入时间 ················· 100

分布的影响因素 ············· 168

外来杂草的危害 ············· 576

外来植物的风险性评价 ·········· 576

重要外来及检疫杂草 ··········· 801

豚草 ··················· 570

三裂叶豚草 ··············· 489

飞机草 ·················· 164

紫茎泽兰 ················· 809

大米草 ·················· 125

互花米草 ················· 219

假高粱 ·················· 266

凤眼莲 ·················· 170

菟丝子属 ················· 567

列当属 ·················· 351

独脚金属 ················· 145

北美刺龙葵 ··············· 27

宽叶酢浆草 ··············· 318

【人工林杂草】

荆条 ··················· 296

弓果黍 ·················· 181

淡竹叶 ·················· 129

刚莠竹 ·················· 178

柔枝莠竹 ················· 482

芒 ···················· 393

五节芒 ·················· 596

斑茅 ··················· 18

皱叶狗尾草 ··············· 804

大油芒 ·················· 129

青绿薹草 ················· 461

大披针薹草 ··············· 126

三穗薹草 ················· 491

薇甘菊 ·················· 584

蒲儿根 ·················· 448

千里光 ·················· 457

菝葜 ··················· 7

尖叶铁扫帚 ··············· 270

野葛 ··················· 655

龙芽草 ·················· 358

山莓 ··················· 496

蓬蘽 ……………………………… 441

金樱子 …………………………… 286

五爪金龙 ………………………… 597

无根藤 …………………………… 593

广东蛇葡萄 ……………………… 196

构树 ……………………………… 187

三叶崖爬藤 ……………………… 493

网脉酸藤子 ……………………… 580

杜茎山 …………………………… 147

玉叶金花 ………………………… 689

大青 ……………………………… 127

翼果唐松草 ……………………… 674

乌毛蕨 …………………………… 589

狗脊蕨 …………………………… 183

芒萁 ……………………………… 394

南蛇藤 …………………………… 418

木通 ……………………………… 412

阿拉伯婆婆纳　*Veronica persica* Poir.

夏熟作物田一二年生杂草。又名波斯婆婆纳、蓝花草。英文名 persian speedwell、iran speedwell、winter speedwell。玄参科婆婆纳属。

形态特征

成株　高 10～50cm（图①）。铺散多分枝草本，全体被有柔毛。茎密生两列多细胞柔毛，自基部分枝，下部伏生地面，节处生不定根，斜上。叶在茎基部对生，2～4 对，有柄；上部叶（也称苞片）无柄，互生，叶腋内生花；叶卵圆形、卵状长圆形，长 6～20mm、宽 5～18mm，边缘有钝锯齿，基部圆形。总状花序很长，花单生于苞腋，苞片呈叶状，花梗比苞片长，有的超出 1 倍（图②）；花萼 4 深裂，在花期仅 3～5mm，果期增大达 8mm，裂片狭卵形，有睫毛，三出脉，宿存；花冠淡蓝色、蓝色或蓝紫色，有放射状蓝色条纹；有花柄，长 1.5～2.5cm，长于冠片；雄蕊 2 枚，生于花苞上，短于花冠。

子实　蒴果倒心脏形，长约 5mm、宽约 7mm（图③④），扁平，顶端 2 深裂，凹口角度为钝角，裂片顶端钝尖，宿存花柱长约 2.5mm，超出凹口很多；果皮有网纹，疏被细毛，边缘毛较长。成熟时 2 瓣开裂，内含多数种子（图⑤⑥）。种子舟形或阔椭圆形，长 0.8～1.2mm、宽 0.5～0.9mm，腹面凹入，周围有辐射状沟纹和颗粒状突起，背面拱形具深的横纹；种皮黄色；种脐椭圆形，黄褐色，有时有残存的株柄存在；种皮薄，内含有肉质胚乳，胚直生。

幼苗　子叶出土，阔卵形，先端钝圆，全缘，基部圆形，具长柄，无毛（图⑦）。上、下胚轴均发达，密被斜垂弯生毛。初生叶 2 片，对生，卵状三角形，先端钝尖，基出三脉，缘具 2～3 个粗锯齿，并具睫毛，叶基近圆形，叶脉明显，被短柔毛。

生物学特性　具种子繁殖和无性繁殖 2 种繁殖方式，以种子繁殖为主。种子于 4 月渐次成熟，经过 3～4 个月的休眠后萌发，9～10 月出苗，有 2 次萌发高峰，12 月至翌年 1 月间发生较少，偶尔也延至翌春，幼苗发生期较长，相对而言花期较短，花期 3～5 月，果期 4～7 月。果实成熟开裂，散落种子于土壤中。阿拉伯婆婆纳也具有很强的无性繁殖能力，其茎着土易生出不定根，新鲜的离体无叶茎段、带叶茎段埋土后均能存活，重新形成植物株，并能开花结实。种子千粒重 0.616g。

分布与危害　在中国的分布范围极广，包括山东、河南、江苏、上海、安徽、浙江、江西、福建、广东、广西、四川、重庆、贵州、湖北、湖南、青海、陕西、台湾、西藏、新疆等地；原产于欧洲和亚洲西部国家至伊朗一带，现温带及亚热带地区广泛归化。生长于路边、宅旁、夏熟作物田，特别是麦田中的恶性杂草；主要在夏熟作物田中危害，还能危害秋熟旱作物如棉花、玉米，以及菜地、果园、茶园、草坪等。由于中国地理的特征，该草在各地的发生程度有很大的差异，属于区域性恶性杂草，在长江沿岸及西南部分地区的旱地中普遍发生，常会形成优势种群，发生频率最高可达 100%。在其他地方也普遍发生，但不属于恶性杂草。

阿拉伯婆婆纳也是黄瓜花叶病毒、李痘病毒、蚜虫等多种病虫的中间寄主。菠菜、甜菜、大麦等作物根部的病原菌（*Aphanomyces cladogamus*）也寄生该植物。

防除技术

农业防治　精选作物种子，汰除混杂在作物种内的杂草种子，减少杂草来源。由于这种杂草处于作物的下层，通过作物的适度密植，可在一定程度上控制这种杂草。制定合理的种植轮作制度，将旱—旱轮作改为旱—水轮作，可以控制阿拉伯婆婆纳等喜旱性杂草的发生。

化学防治　麦田可用异丙隆和绿麦隆、吡氟酰草胺在小麦播后苗前进行土壤封闭处理，对阿拉伯婆婆纳种子萌发具有强烈的抑制作用。出苗后的阿拉伯婆婆纳不同生长时期对除草剂的敏感性差异明显，子叶期、真叶期对除草剂比较敏感，而成株期对药剂的敏感性明显下降。麦田可用 2 甲 4 氯、氯氟吡氧乙酸、苯磺隆、啶磺草胺、双氟磺草胺、唑草酮等，对幼苗期的阿拉伯婆婆纳均有良好的防效。阿拉伯婆婆纳草龄较大时，唑草酮防治容易复发，可用唑草酮、双氟磺草胺与氯氟吡氧乙酸或苯磺隆的复配剂。油菜田的阿拉伯婆婆纳可用草除灵在苗期尽早进行茎叶喷雾处理。

参考文献

高红明，陈静，淮虎银，2006. 两种密度条件下阿拉伯婆婆纳营养生长对其有性繁殖的影响 [J]. 扬州大学学报（农业与生命科学版），27(1): 81-84.

郭水良，耿贺利，1998. 麦田波斯婆婆纳化除及其方案评价 [J]. 农药，37(6): 27-30.

淮虎银，张彪，张桂玉，等，2004. 波斯婆婆纳营养生长特点及其对有性繁殖贡献 [J]. 扬州大学学报（农业与生命科学版），25(3): 70-73, 78.

李扬汉，1998. 中国杂草志 [M]. 北京：中国农业出版社 .

万方浩，刘全儒，谢明，等，2012. 生物入侵：中国外来入侵植物图鉴 [M]. 北京：科学出版社 .

阿拉伯婆婆纳植株形态（①④⑤吴海荣摄；②③⑥张治摄；⑦强胜摄）
①植株；②花；③④果实；⑤⑥种子；⑦幼苗

徐海根，强胜，2018. 中国外来入侵生物 [M]. 修订版 . 北京：科学出版社 .

印丽萍，颜玉树，1997. 杂草种子图鉴 [M]. 北京：中国农业科技出版社：184.

于胜祥，陈瑞辉，2020. 中国口岸外来入侵植物彩色图鉴 [M]. 郑州：河南科学技术出版社 .

（撰稿：吴海荣、李盼畔；审稿：宋小玲）

矮慈姑　*Sagittaria pygmaea* Miq.

水田多年生恶性杂草。又名高原慈姑、瓜皮草。异名

Sagittaria altigena Hand.-Mazz.。英文名 pygmy arrowhead。泽泻科慈姑属。

形态特征

成株　高 10～15cm（图①②）。须根发达，白色，具地下根茎，顶端膨大成小形球茎。叶基生，线状披针形，先端钝，基部渐狭。花茎直立，花轮生，单性（图③）；雌花1 朵，无梗，生于下轮；雄花 2～5 朵，具 1～3cm 的梗；萼片 3，草质，倒卵形；花瓣 3，白色，较花萼略长。雄蕊约 12 枚，花药长卵形，花丝扁而阔；雌蕊多数，扁平，密集于花托上，集成圆球形。染色体数目为 2n=22。

子实　瘦果阔卵形，长约 3mm，顶端圆形，基部狭窄，边缘具狭翅，翅有不规则锯齿（图④）。

幼苗　子叶出土，针状，长约 8mm，下胚轴明显，基

矮慈姑植株形态（①张治摄；其余强胜摄）
①生境；②成株；③花序；④种子；⑤幼苗

部与初生根交接处有一膨大呈球状的颈环，周缘伸出细长的根毛，刚萌发的幼苗借此固定于泥土中；上胚轴不发育。初生叶1片，互生，带状披针形，先端锐尖，有3条纵脉及其之间的横脉，构成网状脉。后生叶与初生叶相似，第二后生叶呈线状倒披针形，纵脉较多；其他与初生叶相似，但露出水面的后生叶逐渐变为带状。全株光滑无毛（图⑤）。

生物学特性 苗期春夏季，花期6～7月，果期8～9月。带翅的瘦果可漂浮水面，随水流传播。

矮慈姑既能以有性生殖方式产生种子，又能以匍匐茎和球茎方式进行营养繁殖。花单性且花序内雌雄花常异熟，较适合于异花传粉。雌花的离生心皮密集于头状花托上，利于捕获花粉，适应于风媒与虫媒兼性传粉方式，更倾向于虫媒传粉。

分布与危害 矮慈姑是稻田中常见的杂草之一，主要与水稻争夺水分和养分，对水稻的全生育期可产生影响。由于矮慈姑具有较强的耐阴性，在水稻封行后仍能大量发生、正常生长，从而破坏稻株之间的微生态环境，导致稻株中下部病虫害的发生。在中国秦岭、淮河一线以南的平原、山地、丘陵的沼泽、湿地、湖边和水田均有分布。在不丹、泰国、越南、朝鲜和日本亦有分布。北纬35°是矮慈姑的分布北界，北纬10°为其分布南界，以东亚、东南亚的热带、亚热带分布为主。

防除技术

农业防治 由于矮慈姑的球茎在12cm以下的土层中一般不能出苗，适当深耕可降低其球茎的出苗率。对矮慈姑危害严重的稻田进行人工除草，将其连根拔起，晒干或作饲料；适时轮作旱生作物，干湿交替，以降低球茎的生存率。

化学防治 用苄嘧磺隆或苯噻酰·苄于水稻栽后4～7天采用毒土法施药，对矮慈姑有良好防效。对矮慈姑发生特别严重的稻田，茎叶处理还可选择苯达松防除。

综合利用 可做猪、鸭、鹅等饲料。全草入药，有清热、解毒、利尿等作用。

参考文献

陈锦华，戴余军，姜益泉，2008. 矮慈姑的研究进展 [J]. 氨基酸和生物资源，30(4): 13-16.

江苏省植物研究所，1977. 江苏植物志：上册 [M]. 南京：江苏

人民出版社 .

　　李林初 , 1985. 矮慈姑的核型研究 [J]. 上海农业学报 , 1(3): 67-72.

　　李扬汉 , 1998. 中国杂草志 [M]. 北京 : 中国农业出版社 .

　　刘桂英 , 金晨钟 , 王义成 , 等 , 2005. 浅议矮慈姑发生危害原因与防除技术 [J]. 湖南农业科学 (1): 58-59.

　　汪小凡 , 陈家宽 , 1999. 矮慈姑的传粉机制与交配系统 [J]. 云南植物研究 , 21(2): 225-231.

　　颜玉树 , 1989. 杂草幼苗识别图谱 [M]. 南京 : 江苏科学技术出版社 .

　　中国科学院北京植物研究所 , 1976. 中国高等植物图鉴 : 第五册 [M]. 北京 : 科学出版社 .

　　中国科学院中国植物志编辑委员会 , 1992. 中国植物志 : 第八卷 [M]. 北京 : 科学出版社 .

（撰稿：戴伟民；审稿：刘宇婧）

艾蒿 *Artemisia argyi* Lévl et Van.

农田、果园、茶园、桑园等的多年生草本或略成半灌木状杂草。又名艾、艾草、白蒿、冰台等。英文名 Chinese mugwort。菊科蒿属。

形态特征

成株　双子叶植物。高 80～150（～250）cm（图①～③）。主根明显，略粗长，侧根多；常有横卧地下根状茎及营养枝。茎单生或少数，有明显纵棱，褐色或灰黄褐色，基部稍木质化，上部草质，并有少数短的分枝；茎、枝均被灰色蛛丝状柔毛。叶互生；茎下部叶近圆形或宽卵形，羽状深裂；中部叶具柄，基本常有线状披针形的假托叶，叶片羽状深裂或浅裂，侧裂片 2～3 对，裂片菱形、椭圆形或披针形，基部常楔形，中裂片常 3 裂，在所有裂片边缘具粗锯齿或小裂片，腹面灰绿色，稀疏被蛛丝状毛，密被白色腺点，背面长密被灰白色毛，呈白色；上部叶与苞片叶羽状半裂、浅裂或 3 深裂或 3 浅裂，或不分裂。头状花序椭圆形，无梗或近无梗，每数枚至 10 余枚在分枝上排成小型的穗状花序或复穗状花序，并在茎上通常再组成狭窄、尖塔形的圆锥花序，花后头状花序下倾（图④）；总苞片 4～5 层，覆瓦状排列，外层总苞片小，草质，卵形或狭卵形，背面密被灰白色蛛丝状绵毛，边缘膜质，中层总苞片较外层长，长卵形，背面被蛛丝状绵毛，内层总苞片质薄，匙状长圆形，背面近无毛；花序托小；花后延长凸出；外层花雌性，8～13 朵，中央花两性，9～11 朵，红紫色，花序托半球形，裸露。

子实　瘦果长圆形。长 0.7～1mm、宽 0.5mm，无毛。

幼苗　幼苗灰绿色。下胚轴发达，上胚轴不发达。子叶圆形，无柄。初生叶 2 片，卵圆形，先端具小凸尖，边缘具疏锯齿，叶厚纸质，上面被灰白色短柔毛，并有白色腺点与小凹点，背面密被灰白色蛛丝状密绒毛。

生物学特性

多年生草本，花期 8～10 月，果期 9～11 月。用根茎和种子繁殖。艾蒿极易繁衍生长，对气候和土壤的适应性较强，耐寒耐旱，喜温暖、湿润的气候，以潮湿肥沃的土壤生长较好。艾草虽较耐旱，但严重的干旱对艾草生长危害很大，甚至造成因干旱缺水而死亡。艾草喜温和凉爽的气候，忌酷暑炎热的天气，生长繁盛期 24～30℃，气温高于 30℃时，茎秆易老化、抽枝、病虫害加重；冬季低温低于 –3℃时，当年生宿根生长不好。

分布与危害

艾蒿分布极广，除极干旱与高寒地区外，几乎遍及中国。蒙古、朝鲜、俄罗斯（远东地区）也有。日本有栽培。艾蒿是果园、茶园和桑地等经济作物种植区常见的杂草，因其为多年生植物，植株形态较大，适应能力和再生能力非常强，可改变土壤结构与土壤肥力，也能分泌化感物质，对作物生长造成严重危害，降低作物的产量。艾蒿不仅严重影响农作物产量，还对人体健康有影响，艾蒿花粉症典型的临床表现为打喷嚏、流涕、鼻部瘙痒、鼻塞、眼部瘙痒与流泪，伴或不伴有气喘或荨麻疹、湿疹。具有明显的季节性，一般多于夏秋季发病。

防除技术

农业防治　艾蒿属于半灌木，生长不密，可以通过人工拔除或者机械的方法去除。在桑园、茶园等防治时，可采用地面覆盖技术和秸秆覆盖两种形式，具有提高土壤温度、保持土壤水分、抑制艾蒿生长、减少病虫危害等诸多优点。地面覆盖技术不仅可以减少耕作、清除艾蒿等管理作业，降低劳动强度，缓解用工矛盾，而且还减少了地表土壤水分蒸发，有利于防止水土流失，有利于改善土壤水、肥、气、热及微生物等生态环境，获得良好的经济效益和生态效益。间作白三叶草能遮盖茶园行间裸露地面，有效控制茶园杂草的发生。抓住关键时期进行人工防除，如在艾蒿出苗后的 2～3 叶期，选晴天及时进行中耕除草，或在种子成熟前，选晴天及时进行除草，减少翌年的发生量。

化学防治　非耕地在艾蒿幼苗期可用二苯醚类乙羧氟草醚茎叶喷雾处理，非耕地和果园、茶园等亦可用灭生性除草剂草甘膦、草铵膦，三氮苯类莠去津、扑草净，或者有机杂环类灭草松喷雾处理，果园和茶园注意喷雾时避开果树和茶树。

综合利用　艾蒿是一味传统中草药，具通经活络、行气活血、祛除寒湿、回阳救逆、防病保健等功效。现代医学研究表明：艾蒿具有治疗慢性支气管炎、支气管哮喘、过敏性皮肤病、慢性肝炎、三叉神经痛、关节炎的功效，还可软化血管、抑制痢疾杆菌、伤寒杆菌等病原菌的生长。艾叶油有明显利胆作用，能增加胆汁流量；艾叶的燃烧生成物渗入皮肤，可抑制或清除自由基，延缓衰老。幼苗和嫩芽可食用。艾叶晒干捣碎得"艾绒"，制艾条供艾灸用，又可作"印泥"的原料。全草作杀虫的农药或熏烟作房间消毒、杀虫药。嫩芽及幼苗作菜蔬。民间端午期间挂艾草于门上，认为艾草有辟邪作用。

参考文献

李东 , 刘绍鹏 , 2020. 艾草生物活性成分及产品开发研究概况 [J]. 农业与技术 , 40(22): 44-46.

李扬汉 , 1998. 中国杂草志 [M]. 北京 : 中国农业出版社 : 249-250.

梁峰 , 王巧利 , 王一飞 , 2020. 艾草抗氧化活性成分研究进展 [J]. 中国野生植物资源 , 39(10): 61-66.

艾蒿植株形态特征（强胜摄）

①生境；②③植株；④开花植株

邵婵，何雪梅，魏庆宇，2019. 艾蒿花粉过敏患者呼出一氧化氮及肺功能相关性研究 [J]. 中国耳鼻咽喉头颈外科，26(1): 45-47.

吴强，刘明鲁，郭辉，等，2014. 汉中新建果桑园春季杂草调查及防除 [J]. 蚕桑茶叶通讯 (4): 4-6.

徐芬芬，郭定生，蒋海燕，2019. 艾蒿水浸提液对小白菜种子萌发和幼苗生长的化感作用 [J]. 分子植物育种，17(21): 7190-7195.

徐燃，周丽艳，万定荣，等，2020. 艾草全球生态适宜区与生态特征研究 [J]. 中华中医药杂志，35(7): 3686-3689.

中国科学院中国植物志编辑委员会，1991. 中国植物志：第七十六卷 [M]. 北京：科学出版社.

（撰稿：杜道林、游文华；审稿：宋小玲）

凹头苋　*Amaranthus blitum* L.

秋熟旱作田和果园、苗圃一年生杂草。又名野苋。异名 *Amaranthus lividus* L.。英文名 livid amaranth。苋科苋属。

形态特征

成株　株高 30～50cm（图①）。植株无毛，主根明显，细根发达。茎平卧上升，由基部分枝，淡绿色或紫红色。叶互生，卵形或菱状卵形，长 1.5～4.5cm、宽 1～3cm，顶端凹缺，具 1 芒尖，基部宽楔形，全缘或成波状，柄长 1～3.5cm。花腋生，直至下部叶腋，生在茎端或枝端者成直立穗状花序

A

或圆锥花序，苞片和小苞片长圆形（图②）。花被片 3，膜质，长圆形或披针形，长 1.2～1.5mm，淡绿色，顶端急尖，边缘内曲，背部有一隆起中脉，黄绿色；雄蕊 3，雄蕊比花被片稍短；柱头 2～3 个，果熟时脱落。

子实　胞果近扁圆形，长 3mm，不开裂，略皱缩而近平滑，超出宿存花被片。种子黑色至黑褐色，直径约 1.2mm，有光泽，边缘具环状边（图③）。

幼苗　子叶椭圆形，长 0.8cm、宽 0.3cm，先端钝尖，叶基楔形，具短柄（图④）。下胚轴发达无毛，上胚轴极短。初生叶阔卵形，先端截平，具凹缺，叶基阔楔形，具长柄，后生叶除叶缘略呈波状外，与初生叶相似。

生物学特性　抗逆性强，抗湿耐碱，对土壤要求不严，适应性广。喜湿润环境，亦耐旱。为厂矿企业、居住新村、公园、苗圃、路旁、荒地常见的杂草，尤以荒地和路边为多，在作物田常形成优势种。

种子细小，千粒重只有 0.4～0.5g，且分枝性能强，一般 4 月上中旬发芽出苗，5 月上旬至中旬分枝，7 月下旬现蕾，8 月中旬开花，花后 8～9 天结果，9 月中旬进入结果盛期，10 月上旬果实成熟。直至初霜前茎叶不枯。分枝期以后，气温升到 20℃以上，营养体开始急剧生长，平均每天增长 1cm 左右，这一快速生长期，一直维持 60～70 天，植株增长 50～60cm。进入开花期，生长逐渐缓慢下来，8 月中旬基本停止营养体生长。

分布与危害　凹头苋原产于热带非洲，除降雨稀少的干旱区和半干旱区外，在中国东北、华北、华东、华南以及陕西、云南、新疆等地广泛分布。为茶园、果园、苗圃、庭院、棉花田、大豆田、玉米田、烟草田、花生田、蔬菜田的常见杂草，常生于田野、路埂、宅旁及路旁。发生量大，常形成优势种群，危害重。常与牛筋草、马唐等一起造成危害。

防除技术　见反枝苋。

综合利用　凹头苋分枝多，茎秆细弱，纤维素含量少，为多种畜禽所喜食。特别是猪、禽、兔最喜食。晒干后是鸡、兔、羊、猪越冬的饲草；青饲或调制干草，均为优质牧草。除开发利用天然草场外，可利用盐渍化弃耕地人工撒种补播，建设半人工草场。由于凹头苋光能利用率高，可在盐碱地上创高产。凹头苋种子可治疗跌打损伤、骨折肿痛、恶疮肿毒等症，还具有明目、利大小便、祛寒热等功效；鲜根有清热解毒的作用。

参考文献

李扬汉，1998. 中国杂草志 [M]. 北京：中国农业出版社：87.

王秋实，2015. 中国苋属植物的经典分类学研究及其入侵风险评估 [D]. 上海：华东师范大学.

（撰稿：黄兆峰；审稿：宋小玲）

凹头苋植株形态（③张治摄；其余强胜摄）

①植株；②花序；③种子；④幼苗

B

菝葜　*Smilax Chinensis* L.

林地多年生常绿攀缘状灌木杂草。英文名 China root greenbrier。百合科菝葜属。

形态特征

成株　为常绿攀缘状灌木，全株无毛（图①）；根状茎粗厚、坚硬、不规则的块状。茎长 100～300cm，疏生刺。叶为二列的互生，全缘，具 3～7 主脉和网状细脉（图②④）；叶薄革质，卵状阔披针形，长 3～10cm、宽 1.5～6cm，下面粉绿色或粉白色明显；叶柄长 0.5～1.5cm，叶柄鞘占叶柄全长的 1/2～2/3，宽 0.1cm（一侧），卷须脱落点位于叶柄上部。花小，单性异株，伞形花序生于叶尚幼嫩的小枝上，多花集于花梗顶端球形处；总花梗长 1～2cm；花绿黄色，花被片 6，离生，外花被片长 0.4cm、宽 0.2cm，内花被片稍狭；雄花花药比花丝稍宽，常弯曲；雌花与雄花大小相似，有 6 枚退化雄蕊，花柱较短，柱头 3 裂。

子实　子房 3 室，每室具 1～2 个胚珠，浆果球形，直径 0.6～1.5cm，具少数种子（图③）。熟时红色，有粉霜。花期 2～5 月，果期 9～11 月。

生物学特性　适应性强，野生于南方农田岸边。以种子传播繁殖为主，兼有根、茎营养繁殖，如人工铲、伐后翌春由根茎处或保留在土壤中的根产生芽而再生。营养生长期 5～9 月，花期 6～7 月，果期 10～11 月。

分布与危害　中国主要发生在山东、江苏、浙江、福建、台湾、江西、安徽、河南、湖北、四川、云南、贵州、湖南、

菝葜植株形态（刘仁林摄）

①植株；②叶正面；③果序及果；④叶背

广西和广东等地。菝葜植株形成的局部小环境是农业害虫产卵、越冬的场所，危害农作物。在山区、丘陵和田边均有野生生长。

防除技术　应采取农业防治为主的防除技术和综合利用措施，不宜使用化学除草剂。

农业防治　在春耕时节铲除农田岸边的杂草和杂灌木，对菝葜多年生木本植物还应挖掘其根系，以达到彻底清除的目的。

综合利用　菝葜既可药用又可用于生产酒精。根状茎有祛风活血作用；其次可以提取淀粉，用于生产酒精。因此可采用规范管理技术，清除其周围杂草、松土、修剪，收获茎皮或嫩叶，增加收入。

参考文献

罗瑞献，1993. 实用中草药彩色图集：第二册 [M]. 广州：广东科技出版社.

《全国中草药汇编》编写组，1978. 全国中草药汇编 [M]. 北京：人民卫生出版社.

中国科学院中国植物志编辑委员会，1999. 中国植物志：第七十一卷 第一分册 [M]. 北京：科学出版社.

（撰稿：刘仁林；审稿：张志翔）

白背黄花稔　*Sida rhombifolia* L.

果园、茶园和胶园多年生直立半灌木杂草。又名黄花母、菱叶拔毒散、麻笔。英文名 broomjute sida、cuban jute。锦葵科黄花稔属。

形态特征

成株　高约 1m。茎直立多分枝半灌木（图①）。小枝被星状柔毛。单叶互生，菱形或长圆形，长 25～45mm，先端浑圆至短尖，基部宽楔形，边缘具锯齿，上面疏被星状柔毛至近无毛，下面被灰白色星状柔毛；叶柄长 3～5mm，被星状柔毛；托叶纤细，刺毛状，与叶柄等长或短于叶柄。花单生于叶腋，花梗长 1～2cm，密被星状柔毛，中部以上有节；无小苞片（副萼）；萼杯形，长 4～5mm，被星状短绵毛，裂片 5，三角形；花冠黄色，直径约 1cm，花瓣 5，离生，倒卵形，长约 8mm，先端圆，基部狭；雄蕊柱无毛，疏被腺状乳突，长约 5mm；心皮 8～10 个，包裹藏于萼内，花柱分枝 8～10（图②）。

子实　蒴果盘状，直径 6～7mm，分果瓣 8～10，被星状柔毛，顶端具 2 短芒。种子近球形，黑褐色，表面光滑，顶端具短毛，长 1.2～1.7mm。

生物学特性　一年生或多年生多分枝直立半灌木，种子繁殖为主，花果期 5～12 月。在江西赣州，种子 11 月成熟，翌年 3 月可萌发生长。常见于旷野灌丛间，性耐旱。

分布与危害　在中国福建、广东、广西、海南、贵州、云南、四川、江西、湖北、湖南、河北、西藏、台湾、香港和澳门等地均有发生。多见于果园、茶园和胶园，为一般性杂草。

防除技术　见赛葵。

综合利用　全草入药，有疏风解热、散瘀拔毒之效。是洗发剂成分之一，防治脱发。茎皮纤维可代麻。提取物可杀柑橘粉虱、白纹伊蚊和福寿螺。可吸收铅，修复土壤。在鸡场种植可有效改善环境，减少水土流失。对 Cd 胁迫均具有较强的耐性和富集能力，能作为植物修复 Cd 污染土壤的绿色材料。白背黄花稔提取物棕榈酸 1- 甘油酯对白纹伊蚊四龄幼虫具有较好的杀虫活性，有开发为植物源农药的潜力。

参考文献

陈维权，张恒，徐汉虹，2012. 白背黄花稔 *Sida rhombifolia* 的生物活性及化学成分研究 [J]. 农药学学报，14(4): 377-382.

李扬汉，1998. 中国杂草志 [M]. 北京：中国农业出版社：701-702.

李永庚，蒋高明，2004. 矿山废弃地生态重建研究进展 [J]. 生态学报，24(1): 95-100.

杨小波，郭小鸿，杨红，2013. 白背黄花稔改善山地散养鸡场环境的作用 [J]. 江西畜牧兽医杂志 (6): 66.

中国科学院中国植物志编辑委员会，1984. 中国植物志：第四十九卷 第二分册 [M]. 北京：科学出版社.

（撰稿：范志伟；审稿：宋小玲）

白背黄花稔植株形态（李晓霞、杨虎彪摄）
①植株；②花枝

白草　*Pennisetum flaccidum* Griseb.

夏熟作物、秋熟旱作物田多年生草本杂草。又名兰坪狼尾草、倒生草、白花草。异名 *Pennisetum centrasiaticum* Tzvel.。英文名 flaccid pennisetum。禾本科狼尾草属。

形态特征

成株　高 20～90cm（图①②）。具横走根茎，秆直立，单生或丛生。叶片狭线形，长 10～25cm、宽 5～8（～12）mm，先端长渐尖，两面无毛；叶鞘基部密生近跨生，上部短于节间，疏松包茎，近无毛，或在鞘口和边缘有纤毛；叶舌短，具长 1～2mm 的纤毛。圆锥花序紧密，直立或稍弯曲，长 5～15cm、宽约 10mm（图③）；主轴具棱角，无毛或罕疏生短毛。小穗簇总梗极短，长 0.5～1mm；刚毛柔软、细弱，微粗糙，长 8～15mm，灰绿色或紫色，产高原者常为紫色。小穗通

白草植株形态（周小刚摄）
①群体；②植株；③花序

常单生，卵状披针形，长 3～8mm；第一颖微小，先端钝圆、锐尖或齿裂，脉不明显；第二颖长为小穗的 1/3～3/4，先端芒尖，具 1～3 脉；第一小花雄性，罕或中性，第一外稃与小穗等长，厚膜质，先端芒尖，具 3～5（～7）脉，第一内稃透明，膜质或退化；第二小花两性，第二外稃具 5 脉；先端芒尖，与其内稃同为纸质；鳞被 2，楔形，先端微凹。雄蕊 3，花药先端无毫毛；花柱近基部联合。

子实 颖果长圆形，长约 2.5mm。

生物学特性 适生于干燥山坡、荒地、路旁等处，在固定砂质地也可形成优势种群。花果期 7～10 月。白草以营养繁殖为主，在整个生长季都可产生根茎芽和分蘖节芽，产生高峰集中于果后营养期，两种营养繁殖体分别发育成根茎芽成株和分蘖节成株；根茎切断后存活能力强。白草对穗部的生物量分配少，抽穗率和结实率较低，种子繁殖能力较弱。

白草是能够利用根茎进行"行走"的游击型植物，构型趋向于"密集型"，相对于丛生型禾草来说，具有更强的扩展能力。在各地的畜牧业上作为牧草得到不同程度的利用。

白草根系发达，在供水充足的情况下可以分配较大比例的地上生物量，而在干旱胁迫下可以分配较大比例的根系生物量。白草为 C_4 植物，表现出经典的 CO_2 浓缩机制和更高效的叶片散热功能，具有更有效的 CO_2 同化和水分利用效率，以减轻干旱胁迫，能够在干旱、半干旱砂质地形成优势种群。

开花期草木樨根浸提液对白草芽长有抑制作用，对白草根长具有"低促高抑"双重效应。

分布与危害 中国分布于东北、华北、西北、四川、云南、西藏等地。在高寒地区农业生产系统中，特别是农牧交错区，白草为农田恶性杂草之一，主要危害冬小麦、大麦、油菜、春玉米、栽培牧草、中药材、苗圃、果园等，易产生单一的杂草群落或优势种群，从而影响农业生态系统稳定发展。

白草为栽培牧草柳枝稷的伴生杂草，白草浸提液可抑制柳枝稷的种子萌发和幼苗生长，尤其是对发芽指数、胚芽长度和幼苗生物量的影响较大，影响建植初期种群形成。

防除技术 主要采取包括农业防治、化学防治和综合利用相结合的方法。

农业防治 及时清理田边、渠边、路边的白草宿根，减少杂草向农田间的扩散。通过夏粮作物与秋粮作物轮作、短生长期作物与长生长期作物轮作、草田轮作等方式，减少白草的发生。对于部分生产力低下、土壤理化性质差、杂草丛生的旱作农田，可以采用伏翻伏晒或全年休闲的方式来减少白草的泛滥。

化学防治 麦田可用取代脲类异丙隆、酰胺类氟噻草胺在播后苗前进行土壤封闭处理。麦田在冬前或早春杂草齐苗后，可用炔草酯、精噁唑禾草灵、唑啉草酯等防治白草。阔叶作物田常用于防治禾本科杂草的茎叶处理剂，如精喹禾灵、高效氟吡甲禾灵、烯草酮等，可以在一定程度上抑制白草地上部生物量。

综合利用 白草为优良牧草。根茎入药，清热利尿、凉血止血。对干旱适应性强，是沙地砂质植被恢复后期的潜在优势种。

参考文献

包赛很那，苗彦军，王向涛，等，2020. 开花期黄花草木樨根浸提液对林芝市 4 种主要农田杂草的化感作用 [J]. 高原农业 (4): 380-385.

高阳，安雨，徐安凯，等，2017. 4 种杂草浸提液对柳枝稷种子萌发的化感作用研究 [J]. 种子，36(8): 20-25.

郭金丽，2007. 三种根茎型禾草繁殖特性及其生态适应性研究 [D]. 呼和浩特：内蒙古农业大学.

中国科学院中国植物志编辑委员会，1990. 中国植物志：第十卷 第一分册 [M]. 北京：科学出版社：368.

LUO Y Y, ZHAO X Y, ALLINGTON G R H, et al, 2020. Photosynthesis and growth of *Pennisetum centrasiaticum* (C4) is superior to *Calamagrostis pseudophragmites* (C3) during drought and recovery [J]. Plants, 9(8): 991.

（撰稿：刘胜男；审稿：宋小玲）

白车轴草　*Trifolium repens* L.

果园、桑园、茶园多年生杂草。又名白三叶、白花苜蓿。英文名 white clover。豆科车轴草属。

形态特征

成株　主根较短，侧根发育旺盛（图①③）。具匍匐茎，无毛。三出掌状复叶，小叶倒卵形或近倒心形，长 1.2～2.5cm、宽 1～2cm，先端圆或微凹，叶基宽楔形，边缘有细锯齿，表面无毛，背面微有毛，托叶椭圆形，先端尖，抱茎。头状花序，有长于叶的总花序梗（图④）；花萼筒状，萼齿三角形，均有微毛，蝶形花冠白色，稀黄白色或淡红色。

子实　荚果倒卵状椭圆形，长约 3mm，包于膜质、膨大、长约 1cm 的宿存花萼内，含种子 2～4 粒（图⑤）；种子较小，长、宽近相等，各约 1.5mm，近圆状心形，黄褐色或褐色，表面平滑，乌暗或略有光泽；胚根与子叶等长或近等长。

幼苗　子叶阔椭圆形，长 3.5mm、宽 2.5mm，叶基近圆形，具柄，下胚轴较发达，上胚轴不发育（图②）。初生叶 1 片，单叶，叶片近圆形，先端微凹，叶缘略呈粗圆齿状，叶基截形，具长柄；后生叶为三出掌状复叶，小叶倒卵形，先端微凹，全缘，叶基阔楔形，叶片基部有白色斑纹。全株光滑无毛。

生物学特性　以匍匐茎和种子繁殖。花期 5～8 月，果期 8～9 月。适应性广，可在酸性土壤（pH5 左右）中生长旺盛，也可生长在砂质土中。

分布与危害　在中国东北、华北、华中、华东及西南有引种栽培；原产于欧洲和北非，并广泛分布于亚洲、非洲、大洋洲、美洲。白车轴草多为栽培植物，有些逸生为杂草，侵入果园。

防除技术　应采取包括农业防治、生物防治和化学除草相结合的方法。此外，也可考虑综合利用等措施。

农业防治　清除作物种源中混杂的白车轴草种子；在耕作前可深翻土地，将土壤中的根茎拾尽烧毁来减轻此杂草的繁殖。也可覆膜、铺放麦秆或玉米秸秆抑制生长。

生物防治　在白车轴草泛滥的果园中释放一定量的秋黏虫；也可饲养鹅、鸭等进行防除。

化学防治　在果园、桑园、茶园可选用草甘膦、草铵膦、莠去津等进行定向喷雾防除；在果园、桑园也可选用氯氟吡氧乙酸、氨氯吡啶酸、二氯吡啶酸等单剂或混剂进行定向喷雾防除。

综合利用　全草可入药，味微甘，性平，具有清热凉血、安神镇痛，祛痰止咳的功效。白车轴草也是很好的观赏性草坪草；也可作为油料提取原材料或作饲料。

参考文献

陈宜升，刘文俊，朱利生，等，2010. 秋黏虫对白三叶草坪的危害及防治 [J]. 安徽农学通报，16(4): 111-113.

李扬汉，1998. 中国杂草志 [M]. 北京：中国农业出版社.

杨毅，贺明艳，李连友，等，2011. 果园种草养鹅技术 [J]. 现代农业科技 (14): 344, 348.

（撰稿：叶照春；审稿：何永福）

白车轴草植株形态（①②③叶照春摄；④⑤张治摄）
①生境；②幼苗；③成株；④花；⑤种子

白花蛇舌草植株形态（张治摄）

①②植株；③花；④果实；⑤种子；⑥幼苗

白花蛇舌草　*Hedyotis diffusa* Willd.

秋熟作物田一年生杂草。又名蛇总管。英文名 spreading hedyotis。茜草科耳草属。

形态特征

成株　高达 50cm（图①②）。根圆柱状，白色，细长，分枝，直径 1～7mm，粗的具横沟纹。茎扁圆柱形，绿色或稍染紫色，直径约 1mm，有时呈匍匐状，从基部开始分枝。叶对生，无柄，线形，长 1～3cm、宽 1～3mm，先端渐尖，基部渐窄，上面中脉凹下，侧脉不明显，全缘，上面深绿色，下面淡绿色；托叶长 1～2mm，基部合生，先端芒尖。花细小，单生或双生叶腋，花序梗长 2～5（10）mm（图②③）；花无梗或具短梗；萼管与子房合生，球形，略扁，长 1.5mm，萼上部 4 裂，裂片长三角形，边缘粗糙；花冠白色，筒状，长 3.5～4mm，冠筒喉部无毛，花冠 4 裂，裂片长约 2mm，卵状长圆形，与花萼齿互生；雄蕊 4，生于冠筒喉部，与花萼裂片互生。花药伸出；雌蕊 1，柱头 2 瓣裂，被粉状细毛，子房下位，胚珠多数。

子实　蒴果双生，扁球形，径 2～2.5mm，无毛，两侧各有一条纵沟；成熟时顶部室背开裂（图④）。种子每室约 10 粒，具 3 个棱角，干后深褐色，有深而粗的窝孔（图⑤）。

生物学特性　一年生、披散、纤细、无毛草本，种子繁殖，喜温暖、湿润环境，不耐干旱，怕涝，多见于水田、田埂和湿润的旷地，海拔至 900m，适宜在 22～28℃的环境生长。花果期 5～10 月。白花蛇舌草在河南的生育期为 145～155 天（即从 4 月下旬到 10 月初），可划分为出苗期（10～15 天）、

幼苗期（25～35 天）、始花期（25～35 天）、盛花期（40～50 天）和成熟期（10～20 天）；在华东地区的生育期为 140～150 天。

白花蛇舌草种子极为细小，直径 0.2～0.3mm，千粒重 5mg；为光敏性种子，萌发时需要光，在黑暗中几乎不萌发，通过变温、变光可提高白花蛇舌草种子的发芽率和发芽势。

分布与危害　中国分布于广东、香港、广西、海南、福建、安徽、云南、浙江、台湾等地；国外分布于泰国、孟加拉国、不丹、印度尼西亚、马来西亚、尼泊尔、日本、菲律宾、斯里兰卡。白花蛇舌草为秋熟作物田一般性杂草。由于农村劳动力向城镇转移、耕作制度变化、种植结构调整和除草剂的不合理使用及抗药性的产生等原因，江西棉田白花蛇舌草发生范围变广、危害程度有所加重。

防除技术　见金毛耳草。

综合利用　全草入药，其味苦、淡，性寒，归胃、大肠、小肠经，主要功效是清热解毒、消肿散结、利尿除湿。具有抗肿瘤、神经保护、消炎抗菌、抗氧化抗衰老、增强免疫力等多种药理活性。内服治肿瘤、蛇咬伤、小儿疳积；外用主治泡疮、刀伤、跌打等症。白花蛇舌草主要含萜类、黄酮类、蒽醌类、甾醇类等，最主要的活性是抗癌、抗氧化和抗炎等作用，是抗肿瘤复方治疗中常见药材，被广泛应用于消化系统肿瘤、生殖系统肿瘤、呼吸系统肿瘤、骨髓瘤等多种抗癌治疗。

参考文献

陈宜，伍琦，操宇琳，2014. 江西棉田常见杂草种群的发生与危害性调查 [J]. 棉花科学，36(6): 48-53.

郭巧生，吴传万，刘俊，等，2001. 白花蛇舌草种子萌发特性 [J]. 中药材，24(8): 548-550.

李扬汉, 1998. 中国杂草志 [M]. 北京：中国农业出版社：876-877.

李梓盟, 张佳彦, 李菲, 2021. 白花蛇舌草抗肿瘤化学成分及药理作用研究进展 [J]. 中医药信息, 38(2): 74-79.

（撰稿：范志伟；审稿：宋小玲）

白茅 *Imperata cylindrica* (L.) Beauv.

果园、桑园、茶园、胶园多年生杂草。又名茅针、茅根、茅草。英文名 cogongrass、lalang grass。禾本科白茅属。

形态特征

成株　高 25～80cm（图①②）。根茎长，密生鳞片。秆丛生，直立，节有长 4～10mm 的柔毛。叶片线形或线状披针形，长 5～60cm、宽 2～8mm，背面及边缘粗糙，主脉在背面明显突出，并向基部渐粗大而质硬，叶舌干膜质，长约 1mm。叶鞘老时在基部常破碎成纤维状，无毛，或上部及边缘和鞘口有纤毛。圆锥花序圆柱状，长 5～20cm、宽 1.5～3cm，分枝短缩密集，基部有时较疏而间断（图③）；小穗披针形或长圆形，长 3～4mm，基部密生长 10～15mm 丝状柔毛；第一颖较狭，有 3～4 脉，第二颖较宽，有 4～6 脉；第一外稃卵状长圆形，长约 1.5mm，先端钝；内稃缺；第二外稃披针形，长约 1.2mm，先端尖，内稃长约 1.2mm，先端截平，具大小不同的数齿。雄蕊 2 枚，花药黄色。

子实　带稃颖果，基部密生长 7.8～12mm 的白色丝状柔毛，第二颖边缘亦具纤毛，具宿存柱头 2，黑紫色（图④⑤）。

幼苗　子叶留土（图⑥）。第一片真叶线状披针形，边缘略粗糙，中脉显著，略带紫色，叶舌干膜质，叶鞘和叶片有不明显交接区。

生物学特性　适生于山坡、草地、路旁、河边等地带。花期为夏、秋两季，7～10 月结实。以根状茎繁殖为主，兼有种子繁殖。根深，地下茎节发达，繁殖蔓延和生长能力极强，对地力的破坏和对农作物的危害极大，生性顽固，不易防除。适应生境较宽，喜光，稍耐阴，喜肥又极耐贫瘠，适宜疏松湿润的土壤，耐水淹，也能较长时间生长在干旱的环境中，适应各种土壤，以疏松砂质土地生长最多，危害也最

白茅植株形态（①③⑥叶照春摄；②④⑤张治摄）

①植株；②所处生境；③花；④⑤种子；⑥幼苗

为严重。

分布与危害　几乎遍布全中国，尤以黄河流域以南各地危害较重；亚洲热带及亚热带其他地区，东非和大洋洲也有。白茅为果园、桑园、茶园等的恶性杂草，亦发生于耕作粗放的秋熟旱地。尤以亚热带及热带地区果园、茶园、橡胶园危害严重。白茅靠种子和地下发达的根状茎进行繁殖，繁殖力强，再生力也强，一旦形成草害很难彻底根除。

防除技术　应采取包括农业防治、生物防治和化学除草相结合的方法。此外，也可考虑综合利用等措施。

农业防治　对土壤进行翻挖，拣除暴露的白茅根茎，深翻深度不应少于30cm，埋土越深茅根成活率越低，边翻边拣除；深翻后土壤经人工拣除白茅后，让其在阳光下暴晒数日，晒土过程中要定期对土壤翻锄；也可利用覆盖治草和以草治草的方法进行防治，控制其危害。

生物防治　成年果园杂草的生物防治，除了采用杂草的自然微生物和昆虫天敌外，还可因地制宜地放养家兔、家禽，或放养生猪等，可有效控制杂草的生长。小麦颖壳中的甲醇洗脱物对白茅生长有很好的抑制作用，有望开发成为防治白茅的生物除草剂。

化学防治　在果园、桑园、茶园可选用草甘膦、草铵膦及其混剂进行定向喷雾防除；此外，在白茅幼苗期，用高效氟吡甲禾灵也可防除。

综合利用　白茅根中含有三萜类化合物、可溶性钙、糖类、有机酸、内酯类等物质，具有止血、利尿、抗菌、抗肝炎等作用，亦可入药作清凉利尿剂，花序能止血。全株为牲畜所喜食，根茎味甜，可食用或酿酒，叶片可造纸或作燃料，其根茎蔓延甚广，生长力极强，可用以固沙。

参考文献

李善林，由振国，梁渡湘，1997. 小麦化感作用物的提取、分离及其对白茅的杀除效果 [J]. 植物保护学报，24(1): 81-84.

李扬汉，1998. 中国杂草志 [M]. 北京：中国农业出版社.

中国医学科学院药物研究所，1972. 中草药有效成分的研究：第一分册 [M]. 北京：人民卫生出版社.

DOZIER H, GAFFNEY J F, MCDONALD S K, et al, 1998. Cogongrass in the United States: History, ecology, impacts, and management [J]. Weed technology(12): 737-743.

（撰稿：叶照春；审稿：何永福）

白药谷精草　*Eriocaulon cinereum* R. Br.

水田一年生杂草。又名赛谷精草、小谷精草、谷精草。英文名 cinereous pipewort。谷精草科谷精草属。

形态特征

成株　高5～20cm（图①）。矮小草本。叶基生，狭线形，长2～8cm、中部宽0.8～1.7mm、基部宽达1.5～2.5mm，无毛，半透明，具横格，脉3～5条；水中叶的质地较为柔软，叶较长，叶片的数目也较多，叶色黄绿。花葶高出叶1倍以上，扭转，具5棱；头状花序，宽卵状或近球形，淡黄或墨绿色，长3～6mm（图②）；总苞片矩圆形，膜质，顶端钝；花苞

片长圆形或倒披针形，长1.5～2mm，膜质，无毛；雄花位于花序中央，花萼合生成圆筒形，顶端有3齿裂，花冠下部合生成管状，上部3裂片上均有睫毛；雄蕊6，其中与花冠裂片对生的较长，花药黄白色，球形；雌花有2离生的线形萼片，无花瓣，柱头3裂。

子实　蒴果，球形，长约0.5mm。种子卵圆形，黄棕色，有六边形横格，长0.35～0.5mm，无突起。

幼苗　子叶留土。上下胚轴均不发育。初生叶与后生叶均呈带状披针形，先端锐减，有1条明显中脉和横出平行侧脉，叶片无毛，不具叶柄（图③）。

生物学特性　种子繁殖。在丰水期有时全株生于水中，有时生于湿地亦可开花结实。花期6～8月，果期9～10月。

分布与危害　中国分布于河北、河南、山东、陕西、甘肃、江苏、安徽、浙江、江西、福建、台湾、湖北、湖南、广东、海南、广西、四川、贵州、云南；印度、斯里兰卡、泰国、越南、老挝、柬埔寨、菲律宾、日本、澳大利亚、非洲等也有分布。生于海拔1200m以下的稻田、水沟、浅水沼池、沟边的湿淘处、溪边等浅水水域。

防除技术

农业防治　人工或者机械除草。

化学防治　苗前或出苗早期在稻田可以用丁草胺+噁草酮或丙草胺+苄嘧磺隆、苯噻草胺+苄嘧磺隆土壤封闭处理。

综合利用　白药谷精草的全草或花茎的头状花序可入药，有散风热、明目等药效；白药谷精草全株可供观赏，湿地造景植物，全株亦可制作干花。

白药谷精草植株形态（强胜摄）

①植株；②花序；③幼苗

参考文献

陈耀东，马欣堂，杜玉芬，等，2012. 中国水生植物 [M]. 郑州：河南科学技术出版社：434.

李扬汉，1998. 中国杂草志 [M]. 北京：中国农业出版社.

（撰稿：陈勇；审稿：刘宇婧）

百脉根 *Lotus corniculatus* L.

秋熟旱作物多年生杂草。又名牛角花、五叶草、鸟趾豆。英文名 birdsfoot trefoil。豆科百脉根属。

形态特征

成株　株高 11～45cm（图①）。茎丛生，被疏生的长柔毛。叶互生，奇数羽状复叶。5 片小叶，其中 3 片位于叶柄的顶端，另 2 片常位于叶柄基部，呈托叶状。小叶卵形或倒卵形，长 5～20mm、宽 3～12mm，先端尖，基部圆楔形，全缘，无毛，或幼时有疏长柔毛，叶柄长 3～15mm，小叶近无柄。花常 3～4 朵排列成顶生的伞形花序，基部具 3 片叶状总苞（图②）；花萼宽钟形，萼齿三角形，无毛；花冠黄色，旗瓣宽卵形，长 9～13mm、宽 4～6mm，具较长的柄，翼瓣较龙骨瓣稍长。

子实　荚果长圆柱形，褐色，膨胀，鲜时紫绿色，长 25～30mm、宽 3～4mm，具极短的果柄，成熟后 2 瓣开裂且卷曲，有多数种子。种子绿色，肾形（图③）。

生物学特性

百脉根喜温暖湿润气候。种子繁殖。花期 5～7 月，果期 7～9 月。种子细小，硬实率较高，采自青藏高原的百脉根种子的硬实率高达 92%，擦破种皮、98% 浓硫酸处理、冷藏及超低温冷冻后赤霉素浸泡均能有效打破种子的硬壳，提高发芽率。百脉根出苗能力弱，根系强大，入土深，主根可深达 1m，有较强抗旱能力；在根上有大量根瘤，固氮能力强。百脉根有很强的生态可塑性，可适应多种生境条件。百脉根对不同生境条件的适应性导致其形态、生物学特性发生了变异，形成了众多的生态类型，如高海拔地区大多数百脉根种群趋于产生开花晚的半直匐型植物，而随着海拔的降低，百脉根茎数、节间数和茎长逐渐增加。云南迪庆野生百脉根核型公式 2n=2x=12=8m+4sm，核型不对称系数为 63%，为 1A 核型。阿根廷的研究表明，百脉根对草甘膦具有耐性，且可能的原因是吸收和传导能力的减弱所致。

分布与危害

百脉根原产于地中海盆地、欧洲和中非部分地区，生态范围广泛，现于世界各地包括欧洲、温带地区的小亚细亚、北非、美国及中国均有分布；现在中国湖北、湖南、四川、云南、贵州、甘肃、陕西、广西等地已自然驯化。适生于山坡草地，田间湿润处，为果园、苗圃及农田杂草，但危害不大。

防除技术

农业防治　危害较轻时可手工拔除，需将地下部一起拔除以防止再生。连续多年的中耕除草可有效控制其危害。

化学防治　酰胺类除草剂敌草胺土壤封闭处理能显著抑制百脉根种子萌发，花生、烟草、棉花、果园等可用敌草胺作土壤封闭处理。玉米田可选用激素类除草剂二氯吡啶酸、麦草畏，禾本科草原牧场可选用氯氨吡啶酸，于百脉根快速生长前期进行苗后茎叶处理。

综合利用　百脉根枝叶柔嫩，营养丰富，干物质消化率高，适口性好，且其茎叶富含缩合单宁，能够有效降低反刍动物发生鼓胀病的概率，并对胃肠寄生虫有驱虫效果，可作为牛、羊、猪、禽、兔、鹿等动物的优质饲草。百脉根对土壤环境要求较低，能在高纬度及寒冷干旱地区生长且适应性良好，在裸露坡地种植进行边坡防护时具有良好的水土保持性能，是理想的城市绿化和水土保持植物。百脉根味甘、苦；性微寒；有补虚、清热、止渴之功效；主治虚劳、阴虚发热、口渴。百脉根也是生物反应器的优良受体，通过将抗原蛋白基因转入百脉根基因组中进行表达来生产动物病害的口服型疫苗，如动物口蹄疫病毒、禽流感病毒、猪瘟病毒等的疫苗已经开展了广泛的研究。百脉根是研究豆科转基因的模式植物，已对百脉根的遗传多样性与系统进化、抗逆境胁迫、根瘤固氮等方面开展了科学研究。

参考文献

李扬汉，1998. 中国杂草志 [M]. 北京：中国农业出版社：631.

李宗英，王丹，边佳辉，等，2019. 百脉根分子生物学主要领域研究进展 [J]. 草业科学，36(11): 2871-2886.

鲁泽刚，李孟南，李国华，等，2017. 迪庆野生型百脉根的染色体制片优化与核型分析 [J]. 西部林业科学，46(4): 101-105, 120.

MASSOT F, SMITH M F, VITALI V A, et al, 2016. Assessing the glyphosate tolerance of *Lotus corniculatus* and *L. tenuis* to perform rhizoremediation strategies in the Humid Pampa (Argentina) [J]. Ecological engineering, 90: 392-398.

百脉根植株形态（强胜摄）
①植株及所处生境；②花；③种子

REN J, SONG L M, DAI W R, et al, 2019. Effects of different treatment methods on germination rate of hard seeds of wild *Lotus corniculatus* L. [J]. Agricultural science & technology, 18(5): 785-788, 791.

SHAWA A Y, 1982. Control of aster (*Aster subspicatus*) and birdsfoot trefoil (*Lotus corniculatus*) in cranberries (*Vaccinium macrocarpon*) with napropamide [J]. Weed science, 30(4): 369-371.

STEINER J J, GARCIA G, 2001. Adaptive ecology of *Lotus corniculatus* L. genotypes: I. Plant morphology and RAPD marker characterizations [J]. Crop science, 41(2): 552-563.

（撰稿：刘小民、宋小玲；审稿：王贵启）

稗 *Echinochloa crusgalli* (L.) Beauv.

水田一年生恶性杂草。又名稗草、芒早稗、水田草、水稗草等。英文名 barnyardgrass。禾本科稗属。

形态特征

成株　秆高 50～180cm，光滑无毛，基部倾斜或膝曲（图①）。叶鞘疏松裹秆，平滑无毛；叶舌和叶耳缺；叶片扁平，线形，长 10～40cm、宽 5～20mm，边缘粗糙。圆锥花序直立或顶端略弯，近尖塔形，长 6～20cm（图②③）；主轴具棱，粗糙或具疣基长刺毛；分枝斜上举或贴向主轴，有时再分小枝；穗轴粗糙或生疣基长刺毛；小穗卵形，长 3～4mm，脉上密被疣基刺毛，具短柄或近无柄，密集在穗轴一侧；第一颖三角形，长为小穗的 1/3～1/2，具 3～5 脉，脉上具疣基毛，基部包卷小穗，先端尖；第二颖与小穗等长，先端渐尖或具小尖头，具 5 脉，脉上具疣基毛；第一小花通常中性，其外稃草质，上部具 7 脉，脉上具疣基刺毛，顶端延伸成一粗壮的芒，芒长 0.5～1.5（～3）cm，内稃薄膜质，狭窄，具 2 脊；第二小花外稃椭圆形，具 5 脉，平滑，有光泽，顶端具小尖头，尖头上有一圈细毛，边缘卷曲，紧包同质的内稃，具 2 脊。

子实　子实成熟时小穗自颖之下脱落，第一小花仅存内、外稃，外稃草质，顶端具 5～30mm 芒（图④）；第二小花外稃革质，光亮，坚硬，顶端成小尖头，边缘卷曲，紧包同质的内稃。颖果椭圆形，长 1.5～2.5mm、宽约 1mm，凸面有纵脊，黄褐色。

幼苗　叶色淡，第一片真叶带状披针形，具 15 条直出平行叶脉，无叶耳、叶舌，第二片叶类同，柔软下垂。

生物学特性　一般 4 月下旬开始出苗，稗草种子发芽起点温度为 15±3℃。稗草种子在 10℃ 以下不能发芽，种子萌发的速度和发芽率随温度升高而提高。稗草种子萌发受土壤深度的影响，土壤表层稗草最容易发芽。水分也会影响稗草种子的萌发，湿润的土壤环境有助于稗草种子萌发，干燥或者水层较深的土壤抑制种子萌发，水层深度超过 5cm，稗草种子就停止出苗。稗草在 7 月开始抽穗，花期 20～25 天，开花时间集中在早上 5:00～8:30。稗草生育期 76～130 天，稗草的种子边熟边落，在成熟后就进入休眠阶段。大部分种子解除休眠需要长达 6 个月的时间，要打破种子的深度休眠还需要光照和温度。稗草种子休眠受温度控制，低温和变温都有助于打破休眠，但是不能打破稗草的深度休眠，此外一些人工的方法也能打破休眠，如破坏种子种皮结构，以及用赤霉素或硫酸浸泡等方法。此外，种子还存在二次休眠现象。

稗草具有与水稻在形态、生理生化代谢以及生长发育节律上相似的拟态性。

稗草的竞争能力强，这与稗草是 C_4 植物有关。此外，

  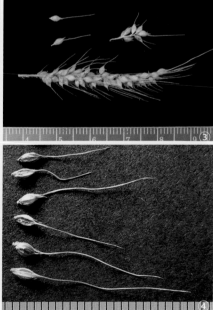

稗植株形态（①④张治摄，②③强胜摄）
①植株群体；②花序；③分枝花序及小穗；④子实

稗草植株内存在植物内生固氮菌，植物内生固氮菌是一类能定殖在健康植物体内与宿主植物进行联合固氮的微生物。由于内生固氮菌在农作物体内不仅具有固氮活性，而且能分泌植物激素等多种生物活性物质促进作物生长。

稗草已经被报道了对二氯喹啉酸、光系统 II 抑制剂如莠去津、西玛津、氰草津，磺酰脲类和磺酰胺类如烟嘧磺隆、四唑嘧磺隆、苄嘧磺隆、吡嘧磺隆、唑吡嘧磺隆、氯吡嘧磺隆、五氟磺草胺，咪唑啉酮类如双草醚、咪唑乙烟酸，二硝基苯胺类如二甲戊灵，ACC 酶抑制剂如氰氟草酯、精喹禾灵、噁唑禾草灵、噁唑酰草胺，酰胺类如敌稗、丁草胺、异噁草酮、草甘膦、环苯草酮和禾草丹等产生抗性，甚至出现交互抗性。

分布与危害　分布几乎遍及中国，黑龙江、吉林、辽宁、内蒙古、北京、河北、河南、山东、山西、陕西、宁夏、甘肃、青海、新疆、西藏、江苏、上海、浙江、安徽、江西、福建、湖北、湖南、重庆、四川、广东、广西、海南、贵州、云南等地；广布于全球热带、亚热带和暖温带地区。稗草是世界十大恶性杂草之一，广泛发生于水稻、大豆、棉花、玉米、小麦等农作物田和果园中，发生量大，危害严重，尤其对水稻生产影响最大。

稻田中禾本科杂草出土较早而且萌发快，最先形成危害，尤其是稗草等禾本科杂草形成上层杂草与水稻形成直接竞争。稗草可以与农作物产生种间竞争，剧烈地争夺养分、水分和阳光，使水稻的分蘖、株数、穗数、果粒数受到严重影响，进而影响产量。在稗草与农作物的竞争中，空间和光照上的争夺显得最为尖锐。稗草密度增加阻碍了水稻的生长发育，导致水稻分蘖数减少、有效穗下降、产量显著降低。稗草发生危害主要有 2 种类型，一种是移栽田中水稻秧苗在秧田中夹带的夹棵稗，主要引起穗数的减少和空瘪粒的增多，可使每穴减产 42.64%～93.59%；另一种为大田发生的散生稗，主要导致穗粒数减少和千粒重下降。除此之外，水稻田中的稗草也是稻飞虱、稻螟、稻夜蛾、黏虫等的中间寄主，使水稻受草害的同时还为病虫害的发生提供诱因。

防除技术　应采取包括农业措施、生物和化学防治相结合的方法。此外，也应该考虑综合利用等措施。

农业防治　水稻对稗草有化感作用，选择有化感作用的水稻品种可以抑制稗草。进行轮作，可以使稗草发生密度大幅下降。合理密植也是有效控制稗草的手段。其他如土壤深耕、深翻、中耕、耙茬等许多农业措施都能控制田间稗草的萌发和生长，减轻稗草的发生。此外，稻田插秧后保持水层，可以抑制稗草种子萌发，减少发生基数。在进水口置滤网拦截以及网兜捞除田间漂浮稗草种子，可以有效减少稗草发生基数。

生物防治　在稻田养鱼、虾和鸭，利用动物采食稗草种子及幼苗，能有效减轻或控制稗草的发生和危害。在玉米田可以养鹅取食稗草。利用麦根腐平脐蠕孢（*Bipolaris sorokiniana*）和薏苡平脐蠕孢（*Bipolaris coicis*）菌丝体悬浮液或禾长蠕孢菌稗草专化型（*Helminthosporium gramineum* Rabenh. f. sp. *echinochloae*）和弯孢菌（*Curvularia lunata*）孢子混合处理稗草幼苗，有一定的防效。

化学防治　水稻育秧田选择安全性高的除草剂，如加含有水稻安全剂的丁草胺和丙草胺，于播后苗期进行土壤处理。

直播稻田于播后苗前，水直播可用丁草胺和丙草胺，旱直播可用丁草胺·噁草灵进行土壤封闭处理。水稻苗期，可用二氯喹啉酸、氰氟草酯、五氟磺草胺、氯氟吡啶酯茎叶喷雾处理。3 叶期后，可用噁唑酰草胺进行喷雾处理。

水稻抛秧、移栽田于移栽前 1 周内，用丁草胺、乙草胺、丙草胺、异丙甲草胺和苯噻酰草胺等单剂或复配剂进行处理。稗草 2～3 叶期，可用二氯喹啉酸、氰氟草酯、五氟磺草胺、氯氟吡啶酯茎叶喷雾处理。施药前排水干田，药后 2 天复水 2～3cm 并保水 3～5 天。

大豆田稗草防除可选择二硝基苯胺类除草剂如氟乐灵、乙丁烯氟灵、仲丁灵和二甲戊灵等，使用方法为播前混土。酰胺类除草剂如甲草胺、乙草胺等，在播后苗前使用，可防除稗草等一年生禾本科杂草和小粒阔叶杂草。

玉米田可用莠去津和乙草胺播后苗期土壤处理。在稗草苗期，可用烟嘧磺隆茎叶处理。

综合利用　植株和种子均可作为饲料并且栽培产量高，是一种一年生草、料兼收的饲料作物。鲜干草可做牛羊饲料。子实可做家畜和家禽的精饲料。饲料评价属于良等牧草。根及幼苗可药用，能止血，主治创伤出血。茎叶纤维可作造纸原料。

参考文献

陈勇，倪汉文，1999. 中国稗草病原真菌对稗草及水稻的致病性 [J]. 中国生物防治，15(2): 73-76.

耿锐梅，傅扬，张文明，等，2008. 麦根腐平脐蠕孢和薏苡平脐蠕孢防治稻田稗草的生物活性和安全性 [J]. 中国水稻科学，22(3): 307-312.

黄世文，余柳青，段桂芳，等，2005. 禾长蠕孢菌和尖角突脐孢菌防治稗草的研究 [J]. 植物病理学报，35(1): 66-72.

江荣昌，1991. 稗草主要生物学特性及其防除 [J]. 植物生态学与地植物学学报，15(4): 366-373.

李善林，倪汉文，张丽，1999. 稗草出土对温度、水分及土壤深度的反应 [J]. 中国草地 (4): 45-47, 51.

强胜，1997. 生物除草剂的最新研究进展 [J]. 杂草科学 (4): 9-10.

王大力，马瑞霞，刘秀芬，2000. 水稻化感抗草种质资源的初步研究 [J]. 中国农业科学，33(3): 94-96.

徐正浩，余柳青，赵明，2003. 水稻对稗草的化感作用研究 [J]. 应用生态学报，14(5): 737-740.

中国科学院中国植物志编辑委员会，1979. 中国植物志：第九卷 [M]. 北京：科学出版社.

IKEDA K, GOTOT, TOBISA M, et a1, 2003. Studies on dormancy awakening and germination of *Echinochloa crus-galli* (L.) Beauv. and *Digitaria adscendens* (H. B. K.) Hear. Buried seeds in the Central Highland Area of Kyushu [J]. Grassland science, 49(3): 238-242.

SUNG S J S, LEATHER G R, HALE M G, 1987. Induction of germination in dormant barnyard grass (*Echinochloa crusgalli*) seeds by wounding [J]. Weed science, 35(6): 753-757.

ZHANG Z, LI R H, ZHAO C, et al, 2021. Reduction in weed infestation through integrated depletion of the weed seed bank in a rice-wheat cropping system [J]. Agronomy for sustainable development, 41(1): 10.

（撰稿：强胜；审稿：纪明山）

斑地锦　*Euphorbia maculata* L.

草坪、秋熟旱作物田一年生杂草。又名美洲地锦、血筋草。异名 *Euphorbia supina* Raf. 英文名 spotted leaf spurge。大戟科大戟属。

形态特征

成株　斑地锦为一年生铺散型小草本，根纤细，分枝较密（图①）。茎柔细，带淡紫色，长 10～17cm，表面被白色细柔毛，多分枝，匍匐，折断后有白色乳汁。叶对生，成 2 列，长椭圆形或倒卵状椭圆形，长 5～8mm、宽 2～3mm，先端具短尖头，基部偏斜，近圆形，边缘中部以上疏生细齿，上面暗绿色，无毛，中央具长线状紫红色斑纹，下面淡绿色，背白色短柔毛（图②③）。叶柄短，长仅 1mm 或几无叶柄。托叶线形，通常 3 深裂，边缘有缘毛。花细小，杯状聚伞花序，单生于枝腋和叶腋，呈暗红色，具短梗（图④⑤）。总苞倒圆锥形，暗红色，高 0.7～1.0mm，外部被疏柔毛，4 裂。具腺体 4 枚，黄绿色，横椭圆形，并有花瓣状附属物。总苞中包含雄花数朵，每朵雄花只有 1 枚雄蕊，中间有雌花 1 朵，单生于花序中央。子房具长柄，悬垂于总苞外，被柔毛。花柱短，3 枚，柱头 2 裂。

子实　蒴果三棱状卵球形，直径约 2mm，表面被白色短柔毛，顶端残存花柱（图⑥）。种子卵形，具角棱，光滑，灰红色，长约 1mm。

幼苗　幼苗平卧地面，茎红色，折断有乳汁。子叶长约 2mm，长圆形，先端钝圆，基部楔形，微带紫红色，具短柄。初生叶 2 片，与子叶交互对生，倒卵形，先端具不规则细锯齿，叶基楔形，无明显叶脉，但叶片中央有明显的长圆形紫红色斑，具短柄。上胚轴与下胚轴均不发达。

生物学特性

一年生匍匐草本，生长在平原或低山区的道路旁、原野荒地、田间、果苗圃、人工草坪、蔬菜地和住宅旁。斑地锦常入侵没有其他植被覆盖的裸地、人为践踏较严重的路旁草地等。种子繁殖。4～5 月出苗，花果期 7～11 月。种子成熟后通过自扩散传播；也借助外来传播，如蚂蚁的搬运、动物表皮毛等，或通过水流进行传播扩散。斑地锦具有较强的繁殖能力、扩散能力、适应能力以及竞争能力，使其具有很高的入侵风险。

分布与危害

斑地锦原产于北美洲，最早于 20 世纪 40 年代在中国东南沿海地区发现归化，已在中国除青藏高原外，分布于 25 个省（自治区、直辖市），并呈现随时间推移不断扩大其分布区的趋势。斑地锦适应性广，在中国分布的温度跨度从北部内蒙古的年平均气温 5℃ 到南部广东的年平均气温 22℃；年降水量跨度从台湾的年均降水量 2500mm 到西部新疆的年均降水量约 139mm。为旱作物地中的常见杂草，入侵的作物种类有棉花、烟草、马铃薯、豆类、薯类、蔬菜等。

斑地锦能分泌化感物质抑制作物、草坪草种子萌发和幼苗的生长；也引起入侵带土壤微生物和营养成分的偏离，导致当地植物物种生长受阻，产量下降，品质降低；入侵草坪易形成优势群落，其生长速度也远高于草坪草的生长速度，发达的匍匐茎覆盖在草坪草的表面，破坏景观，并影响其光合作用，易形成草荒。斑地锦全草有毒，其体内的白色乳汁对人的皮肤、黏膜有强烈刺激作用，可引起红肿、发炎，并且有促癌作用。一旦沾到皮肤上、衣服上很难清洗。

斑地锦在北美大陆被列为农田中最常见和最不易刈除的杂草之一。在中国危害花生、棉花等旱作物田杂草，影响农作物的正常生长，导致产量下降和品质降低。还常见于果园、苗圃、蔬菜地中。

防除技术

农业防治　斑地锦在早春出苗较早，采用机械耕作对

斑地锦植株形态（①⑥张治摄；②纪明山摄；③～⑤宋小玲摄）

①植株；②③枝条；④⑤杯状花序及雌花；⑥种子

其幼苗具有较好的防除效果。对于已经长成的植株，可以通过人工刈割进行控制，虽然其再生能力强，但反复刈割能避免植株开花结实，从而有效减少种子产生量，降低其扩散定植风险。在植物进入结实期前进行人工拔除。若在结实期采取人工拔除的措施，则还应注意妥善处理植物残株，以防大量种子扩散，扩大入侵面积。斑地锦具有先锋植物的特征，一般首先入侵裸地、间隙裸地、撂荒地、耕作和农作间隔时间长的农田、果园、人工干扰频繁的路边和宅旁。所以，在人工防除的同时应切实加强植被保护，防止滥毁原生植被。在裸地和间隙裸地、路边和宅旁等应及时复植草坪、林木和花卉等有经济价值或生态价值的本土植被，防止斑地锦乘虚而入。

化学防治　见地锦和反枝苋。

综合利用　斑地锦的化学成分主要为鞣质、黄酮、萜类等，其性味辛、平，归肝、大肠经。具有清湿热、止血、通乳的功效，常用以治疗黄疸、泻泄、血痢、尿血、血崩、乳汁不多、痢疾、疳积、外伤出血、痈肿疮毒等。

参考文献

顾建中，史小玲，向国红，等，2008. 外来入侵植物斑地锦生物学特性及危害特点研究 [J]. 杂草科学 (1): 19-22, 42.

李儒海，褚世海，万鹏，等，2011. 湖北省主要农作物田外来入侵杂草发生危害状况 [J]. 湖北农业科学，50(19): 3963-3966.

王方，马廷蕊，柳永强，等，2011. 半湿润区斑地锦入侵后马铃薯的光合响应 [J]. 干旱地区农业研究，29(5): 59-62.

徐正浩，戚航英，陆永良，等，2014. 杂草识别与防治 [M]. 杭州：浙江大学出版社 .

张卫华，陈超，孙寅，2017. 斑地锦 (*Euphorbia maculata*) 入侵特征、地理分布和风险评估 [J]. 杂草学报，35(1): 42-47.

中国科学院中国植物编辑委员会，1997. 中国植物志：第四十四卷 第三分册 [M]. 北京：科学出版社 .

（撰稿：纪明山；审稿：宋小玲）

斑茅　*Saccharum arundinaceum* Retz.

农田、旱地和林地多年生草本杂草。英文名 reedlike sweetcane。禾本科甘蔗属。

斑茅植株形态（刘仁林摄）

①植株；②花序分枝近轮状排列在主轴上；③叶面；④⑤小穗背部具长毛

形态特征

成株　高 200～400cm（图①）。多年生高大丛生草本。秆直径 1～2cm，无毛。叶鞘长于其节间，基部或上部边缘和鞘口具柔毛（图③）；叶舌膜质，长 0.1cm，顶端截平；叶片长 80～200cm，宽 2～5cm，顶端长渐尖，基部渐变窄，中脉粗壮，无毛，上面基部生柔毛。圆锥花序大型，长 30～80cm、宽 5～10cm，花序分枝近轮状排列在主轴上，主轴无毛（图②）；小穗孪生，一无柄，一有柄，均含 1 两性小花（图④⑤）；总状花序轴逐节折断；小穗背部具长柔毛；无柄与有柄小穗狭披针形，长 0.4cm，黄绿色或带紫色，基盘小，具长 0.1cm 的短柔毛；两颖近等长，顶端渐尖，第一颖背部具长于其小穗 1 倍以上的丝状柔毛；第二颖上部边缘具纤毛，背部无毛，但在有柄小穗中，背部具有长柔毛；第一外稃等长或稍短于颖，顶端尖，上部边缘具小纤毛；第二外稃披针形，稍短或等长于颖；第二内稃长圆形，长约为其外稃之半，顶端具纤毛；柱头紫黑色，长 0.2cm，为其花柱的 2 倍，自小穗中部两侧伸出。

子实　颖果长圆形，长 0.3cm；花果期 8～12 月。

生物学特性　适宜田边、路边、河流岸边和林地，在撂荒农田或耕作旱地危害较严重。以营养器官繁殖为主，具有很强的营养器官繁殖特性。耕作方式对斑茅的发生、扩展有较大的影响，撂荒或间断性耕作常引起斑茅群落的扩展。森林边缘空旷地或路边也常见分布。

分布与危害　中国主要发生于河南、陕西、浙江、安徽、江西、湖北、湖南、福建、台湾、广东、海南、广西、贵州、四川、云南等地。是农田田埂、旱地、河岸等农业用地的主要杂草之一。

防除技术　应采取农业防治为主的防除技术和综合利用等措施，对森林危害可使用化学除草剂。

农业防治　在春耕时铲除田岸、路边、旱地的斑茅丛，并挖掘其根系，彻底清除残留在土壤中的大、小根系，以达到彻底清除的目的。

化学防治　对次生林和人工林产生的危害可用除草剂草甘膦防治，嫩草期喷施。

综合利用　斑茅的嫩叶是牛可口的青饲料，因此结合田岸管理，培育芒青草饲料，发展养牛业，增加农业收入。此外，秆纤维用途较广，可作造纸原料等。

参考文献

罗瑞献，1992. 实用中草药彩色图集：第一册 [M]. 广州：广东科技出版社：154.

《全国中草药汇编》编写组，1978. 全国中草药汇编：下册 [M]. 北京：人民卫生出版社.

中国科学院中国植物志编辑委员会，1997. 中国植物志：第十卷 第二分册 [M]. 北京：科学出版社.

（撰稿：刘仁林；审稿：张志翔）

半边莲　*Lobelia chinensis* L.

稻田常见的多年生杂草。又名急解索、细米草、瓜仁草。

半边莲植株形态（②张晶旭摄；其余强胜摄）

①生境群落；②植株；③④花

英文名 Chinese creeping lobelia。桔梗科半边莲属。

形态学特征

成株 高6～15cm（图①②）。根细圆柱形，淡黄白色。茎细弱，匍匐，节上生根，分枝直立，光滑无毛，有白色乳汁。叶互生，无柄或近无柄，狭披针形或线形，长1.2～2.5cm，宽2.5～6mm，先端急尖，基部圆形至阔楔形，全缘或顶部有疏齿，无毛。花生于分枝的上部叶腋，通常1朵（图③④）；花梗细，长1.2～2.5cm，基部有小苞片，或无，小苞片无毛；花萼筒倒长锥状，基部渐细而与花梗无明显区分，长3～5mm，无毛，裂片披针形，约与萼筒等长，全缘或下部有1对小齿；花冠粉红色或白色，长1～1.5cm，花冠基部呈管状，裂片全部平展于下方，呈一个平面，2侧裂片披针形，较长，中间3枚裂片椭圆状披针形，较短；雄蕊长约8mm，花丝中部以上连合，花药管长约2mm，背部无毛或疏生柔毛，花药位于下方的2个有毛，上方3个无毛；子房下位，2室，中轴胎座，胚珠多数。

子实 蒴果倒圆锥形，长约6mm，顶端瓣裂。种子椭圆形，稍扁压，近肉色。

生物学特性 花果期5～10月，以种子及茎段分离等方式繁殖。

分布与危害 喜潮湿环境，生于水田边、草地、沟边和溪边湿地，为水稻田常见杂草，发生量大，免耕田中危害较重。分布于长江中、下游及以南各地。

防除技术

农业防治 半边莲以种子及茎段进行繁殖，且在免耕田比旋耕田中危害严重，因此在半边莲危害较严重的田块可以合理利用耕作治草，结合深浅交替耕作，降低半边莲种群密度。

化学防治 常用的茎叶除草剂有苯达松、氯氟吡氧乙酸、2甲4氯等。

综合利用 全草可供药用，含多种生物碱，有清热解毒、治毒蛇咬伤、利尿消肿的功效。

参考文献

李淑顺，2009. 新型农作措施对稻麦两熟田杂草群落多样性的影响 [D]. 南京：南京农业大学 .

李扬汉，1998. 中国杂草志 [M]. 北京：中国农业出版社 .

强胜，2009. 杂草学 [M]. 2 版 . 北京：中国农业出版社 .

中国科学院中国植物志编辑委员会，1983. 中国植物志：第七十三卷 [M]. 北京：科学出版社 .

（撰稿：张晶旭；审稿：纪明山）

半寄生杂草 semi-parasitic weed

根据叶绿素的有无来划分的一类寄生杂草，是含有叶绿素并能通过光合作用合成一部分营养物质，但仍需从寄主植物吸收水分和无机盐等营养物质的杂草。

形态特征 半寄生杂草主要有灌木（桑寄生科）、草质藤本（樟科无根藤属）、多年生草本（檀香科百蕊草属等）和一年生草本（玄参科独脚金属等）等多种生长习性，在形态特征上差异较大：桑寄生科和独脚金属杂草的茎和叶都含有叶绿素；槲寄生科和无根藤属的茎含有叶绿素，叶片常退化成鳞片状。半寄生杂草缺乏根系，需要靠吸器从寄主植物吸取水分和无机盐，吸器中的导管与寄主植物的导管相连。半寄生杂草根据寄生部位也可分为根寄生杂草和茎寄生杂草两类，如独脚金属杂草是根寄生杂草，而桑寄生科的桑寄生属、槲寄生属，以及无根藤属杂草属于茎寄生杂草。

生物学特性 半寄生杂草在无寄主的情况下可生活一段时间，但不能完成其生活史，只有寄生于寄主之后，其生活史才能顺利完成。它们依靠种子繁殖，有些半寄生杂草的种子在环境条件合适时就可萌发；但独脚金属杂草的种子只有在受到寄主植物释放的化学物质刺激后才能萌发，其根部产生吸器完成寄生过程。独脚金的繁殖能力惊人，每株每年能产生50万粒细小的种子，可随风飞散传播；桑寄生科和槲寄生科杂草的果实肉质、鲜艳，可引诱鸟类啄食，并随鸟类的飞翔活动而传播。

分布与危害 独脚金属杂草主要分布于亚洲、非洲和大洋洲的热带和亚热带地区，主要寄主为玉米、甘蔗、水稻、高粱、苏丹草、画眉草等禾本科植物和豆类作物，仅在非洲西部的谷类产量受到严重的侵害，影响了超过10亿人的生活。槲寄生属杂草在世界各地均有分布，尤以温带为多，寄主多为梨、榆、桦、栗、杨柳、胡桃等阔叶树。无根藤属杂草分布于热带和亚热带地区，主要危害油茶、茶树、桉树、木麻黄、樟树、马尾松、杉木、柑橘、柿子等经济林木。油杉寄生属杂草分布于北美洲、欧洲、亚洲和非洲，主要危害松科和柏科植物，在青海发生面积近1万 hm²，发病严重区域受害株率高达90%。百蕊草属杂草主要分布于澳大利亚、西班牙、美国和非洲，主要危害甘蔗和大麦。

防除技术 半寄生杂草的防除可采取物理防治、化学防治、农业及生态防治和综合利用等措施。

物理防治 加强对独脚金等半寄生杂草的检疫；当杂草零星发生时可人工清除以控制蔓延；实施大豆、棉花、亚麻等作物与寄主作物的轮作，有助于杂草的防治。

化学防治 也是半寄生杂草防除的手段：根据作物种类不同，可选择灭草松防除无根藤的藤茎；氟乐灵土壤处理可有效防除独脚金的危害；使用独脚金内酯等萌发刺激物质诱导独脚金种子的自杀式萌发可降低土壤中的独脚金种子数量。

综合利用 无根藤、独脚金、桑寄生等半寄生杂草具有很高的药用价值。

参考文献

黄建中，姚东瑞，李扬汉，1992. 中国寄生杂草研究进展 [J]. 杂草科学 (4): 8-11.

李钧敏，董鸣，2011. 植物寄生对生态系统结构和功能的影响 [J]. 生态学报，31(4): 1174-1184.

李扬汉，1998. 中国杂草志 [M]. 北京：中国农业出版社 .

李扬汉，姚东瑞，黄建中，1991. 寄生杂草无根藤的特性、危害与防除 [J]. 杂草科学 (3): 4-5.

罗淋淋，韦春梅，吴华俊，等，2013. 寄生杂草的防治方法 [J]. 中国植保导刊，33(12): 25-29.

强胜，2001. 杂草学 [M]. 北京：中国农业出版社 .

桑晓清，孙永艳，杨文杰，等，2013. 寄生杂草研究进展 [J]. 江

西农业大学学报 , 35(1): 84-91, 96.

周在豹 , 许志春 , 田呈明 , 等 , 2007. 矮槲寄生的生物学特性及管理策略 [J]. 中国森林病虫 , 26(4): 37-39.

MOHAMED K I, PAPES M, WILLIAMS R, et al, 2006. Global invasive potential of 10 parasitic witchweeds and related Orobanchaceae [J]. Ambio, 35(6): 281-288.

（撰稿：郭凤根；审稿：宋小玲）

半夏　*Pinellia ternata* (Thunb.) Breit.

夏热作物田多年生杂草。又名三叶半夏、麻芋果、小天南星、地慈姑、土半夏、尖叶半夏、地文、守田、象头花、三片叶、三步跳等。英文名 ternate pinellia、pinellia tuber、rhizoma pinelliae。天南星科半夏属。

形态特征

成株　株高 10～30cm（图①②）。块茎圆球形，直径 1～2cm，具须根。叶 2～5 枚，有时 1 枚；叶柄长 15～20cm，基部具鞘，鞘内、鞘部以上或叶片基部 (叶柄顶头) 有直径 3～5mm 的珠芽，珠芽在母株上萌发或落地后萌发；叶片 3 全裂，裂片绿色，背淡，长圆状椭圆形或披针形，两头锐尖，中裂片长 3～10cm、宽 1～3cm；侧裂片稍短；全缘或具不明显的浅波状圆齿，侧脉 8～10 对，细弱，细脉网状，密集，集合脉 2 圈。花序柄长 25～35cm，长于叶柄；佛焰苞绿色或绿白色，管部狭圆柱形，长 1.5～2cm（图③）；檐部长圆形，绿色，有时边缘青紫色，长 4～5cm、宽 1.5cm，钝或锐尖；肉穗花序，雌花序长 2cm，雄花序长 5～7mm，其中间隔 3mm；附属器绿色变青紫色，长 6～10cm，直立，有时"S"形弯曲。

半夏植株形态（郭怡卿摄）

①群体；②植株；③花序；④果实；⑤幼苗

子实 浆果卵圆形，先端渐狭，黄绿色，熟时红色（图④）。

幼苗 单叶或3全裂（少见）（图⑤）。第一年单叶叶片卵状心形或戟形，全缘，长2～3cm、宽2～2.5cm，具长柄；幼苗老株叶片或第二年后叶片3全裂，裂片长卵形，先端锐尖，具长柄。

生物学特性 春季萌发长苗，5～7月开花，花果期5～9月。5～9月成熟的珠芽随地上部分的衰老坠落土壤发芽生长，以块茎、珠芽或种子繁殖。喜生于肥沃的砂质土壤，也生于阴湿的林下。耐寒耐干旱瘠薄，喜暖温潮湿，以半阴环境为宜，在适度遮光条件下生长繁茂，若光照过强则难以生存。地温10℃左右时萌发出苗；生长适宜温度为10～29℃，15～27℃生长最茂盛。对土壤和空气湿度要求高，但土壤湿度过大会影响其地下部分的生长发育导致生长停滞或出现烂根、烂茎等。块茎、珠芽的发芽率极高；开始长出的单叶不带或极少带珠芽，以后长出的叶带珠芽。叶的形态变化与块茎的大小有关，叶形态的一般变化是由全缘单叶至具浅缺刻或深缺刻的单叶或3全裂叶（有的也称三出复叶），全缘单叶的珠芽发生率较低。一般情况下块茎不产生子块茎而是不断扩大体积；当块茎产生2片叶时开始长出佛焰苞。地上、地下部分不形成连合体。子实体、种子无特别的有助于传播的构造，种子随重力自然散落。

分布与危害 北亚热带至暖温带气候区均有分布，在中国除内蒙古、新疆、青海、西藏尚未发现野生半夏外，全国各地均有分布。在海拔2500m以下区域常见于疏林下、草坡、荒地，农田主要在小麦、油菜、蔬菜、春玉米、花生、烟草、荞麦等旱地作物及田边发生，是旱作物次生杂草，一旦发生防除非常困难。

防除技术 一般采取农业防治与化学防治相结合进行防控，作为一种重要的中药材，在农田发生危害进行防控的同时应考虑综合利用。

农业防治 清除田边、沟渠的杂草及其块茎，减少自然传播和扩散。采用翻耕、晒垡、灌水泡田，清除发生的幼芽、植株，切断其营养繁殖器官，减少杂草来源。实行水旱轮作，创造有利于作物生长、不利于杂草生长的环境，防除半夏效果突出。

化学防治 作物播前进行土壤封闭处理，可根据不同作物选择不同除草剂。小麦田可选用乙羧氟草醚、苯磺隆、2甲4氯、麦草畏、苯达松、双氟磺草胺等。油菜田可用防除阔叶杂草的除草剂草除灵、二氯吡啶酸和氨氯吡啶酸进行茎叶处理。春玉米田可选用莠去津、扑草净或与甲草胺、乙草胺、异丙甲草胺、氟乐灵、二甲戊灵、仲丁灵、乙氧氟草醚进行土壤封闭处理。喷施除草剂后耙糖混土，使除草剂与土壤颗粒充分接触，并适当浇水，给半夏种子创造一个发芽的有利时机，种子萌芽后遇到除草剂即被杀死。出苗后的半夏根据作物不同可选用光合作用抑制类除草剂砜嘧磺隆、烟嘧磺隆等进行茎叶喷雾处理。

综合利用 块茎入药，有毒，能燥湿化痰，降逆止呕，生用消痞肿；主治咳嗽痰多、恶心呕吐；外用治疗急性乳腺炎、急慢性化脓性中耳炎。

参考文献

高振杰，罗沙，周建雄，等，2019. 半夏的研究进展 [J]. 四川中医，37(4): 212-214.

顾德兴，李云香，徐炳声，1994. 半夏的繁殖生物学研究 [J]. 植物资源与环境，3(4): 44-48.

李儒海，褚世海，魏守辉，等，2014. 湖北省冬小麦田杂草种类与群落特征 [J]. 麦类作物学报，34(11): 1589-1594.

李扬汉，1998. 中国杂草志 [M]. 北京：中国农业出版社：1040-1041.

张国泰，郭巧生，王康才，1995. 半夏生态研究 [J]. 中国中药杂志，20(7): 395-397, 446.

中国科学院中国植物志编辑委员会，1979. 中国植物志：第十三卷 第二分册 [M]. 北京：科学出版社：203.

（撰稿：郭怡卿；审稿：宋小玲）

棒头草 *Polypogon fugax* Nees ex Steud.

夏熟作物田一二年生杂草。又名棒子草。英文名 Asia minor bluegrass。禾本科棒头草属。

形态特征

成株 成株高15～75cm（图①②）。秆丛生，披散或基部膝曲上升，有时近直立，具4～5节。叶鞘光滑无毛，大都短于或下部者长于节间；叶片长5～15cm、宽3～6mm；叶舌膜质，长圆形，长3～8mm，常2裂或先端不整齐地齿裂。圆锥花序穗状，开花后分枝直立或稍开展，较疏松，相互之间常有间隔而不同于长芒棒头草，长可达4cm（图③）；小穗含1花，长约2.5mm，灰绿色或部分带紫色；两颖近等长，长圆形，全部粗糙，先端裂口处有长1～3mm的直芒，芒长与小穗相等或稍短，不同于长芒棒头草；外稃光滑，长约1mm，先端具微齿，中脉延伸成长约2mm易脱落的细芒；雄蕊3，花药长0.7mm。

子实 颖果椭圆形，1面扁平，长约1mm（图④）。

幼苗 第一片真叶条形，先端急尖，有3条直出平行脉，有裂齿状叶舌，无叶耳，全体光滑无毛（图⑤）。

生物学特性 种子繁殖，一般以幼苗或种子越冬。在长江中下游地区，10月中旬至12月上中旬出苗，翌年2月下旬至3月下旬返青，同时越冬种子也萌发出苗，4月初出穗开花，5月下旬至6月上旬颖果逐渐成熟，夏季全株死亡。

棒头草种子萌发的适宜温度为10～20℃。在恒温条件下20℃时萌发率最高。棒头草萌发过程不需要光照刺激，且不同光照周期对种子萌发率没有明显影响。棒头草在pH4～10内均可萌发。棒头草在土层0.5cm时出苗率最高，当土壤深度大于4cm时不能出苗，但种子处于8cm土层时仍能萌发。

中国部分棒头草种群分别对炔草酯、精噁氟禾草灵、高效氟吡甲禾灵、精喹禾灵、精噁唑禾草灵产生了不同程度的抗性。

分布与危害 广布于中国各地，尤其在西南地区发生严重，是夏熟作物田区域性恶性杂草；在朝鲜、日本、印度、不丹及缅甸等国家、地区也有分布。棒头草具有广泛的适应性，常发生于低洼、潮湿、土壤肥沃的地区，属于喜湿性杂草，可以在作物田、蔬菜田、苗圃、育秧田、城市绿地等发生，尤以稻茬麦田、油菜田发生量大，危害严重。

棒头草植株形态（张治摄）
①生境；②成株；③花序；④子实；⑤幼苗

据报道，每增加 1 株 /m² 棒头草，可造成小麦穗数减少 495 个 /hm²。在四川，棒头草已成为小麦田和旱地油菜轮作田优势杂草；在江苏南部地区，棒头草已成为小麦田重要杂草，其危害程度仅次于日本看麦娘、看麦娘和茵草。此外，棒头草在安徽、湖北、贵州、重庆等地也已造成危害。

防除技术

农业防治　小麦、油菜等作物播种前，及时清除田边、沟渠边、池塘边的杂草，防治杂草入侵农田。利用油菜或小麦秸秆覆盖还田控制杂草。播种后苗作物前，适当深耕，将棒头草种子翻耕入土，以减少种子萌发，压低发生基数。运用除草药膜或黑色膜，覆盖农田，抑制杂草滋生。

化学防治　小麦田可用精噁唑禾草灵、炔草酯、唑啉草酯、甲基二磺隆、啶磺草胺等进行茎叶喷雾处理；也可在小麦播后苗前使用吡氟酰草胺或砜吡草唑进行土壤封闭处理有效防除棒头草。

油菜田用烯草酮茎叶喷雾处理防效好；或油菜移栽后，选用敌草胺进行土壤喷雾处理。长江流域稻—油菜一年两熟制作物田，油菜收获后，如果田间棒头草等杂草发生量大，下茬作物播种前，可以选用灭生性除草剂草甘膦进行茎叶喷雾处理。

综合利用　棒头草为优良牧草，在开花结实前草质柔嫩，叶量丰富，牛、马、羊均喜采食，抽穗结实后适口性下降，采食性差，但黄牛、牦牛仍喜采食。

参考文献

顾江涛，赵斌，季昌好，等，2012. 江淮地区大麦田除草剂筛选试验 [J]. 中国农学通报，28(36): 269-272.

毛爱星，2016. 油菜田棒头草对精喹禾灵的抗药性研究 [D]. 长沙：湖南农业大学.

徐洪乐，樊金星，张宏军，等，2019. 麦田新型除草剂砜吡草唑的除草活性 [J]. 植物保护，45(4): 288-292.

鄢志会，曾婷婷，吴宪，等，2015. 棒头草对 16 种夏熟作物田常用除草剂的敏感性 [J]. 杂草科学，33(4): 10-13, 26.

余阳，张洪，2020. 四川省旱地油菜收获后田间杂草种类及分布特点 [J]. 乡村科技 (20): 80-82.

张洪进，1993. 棒头草对小麦产量的损失和经济阈值研究 [J]. 杂草科学 (4): 15-16, 20.

CHEN W, WU L, WANG J, et al, 2020. Quizalofop-p-ethyl resistance in *Polypogon fugax* involves glutathione S-transferases [J]. Pesticide science, 76(11): 3800-3805.

TANG W, ZHOU F, CHEN J, et al, 2014. Resistance to ACCase-inhibiting herbicides in an Asia minor bluegrass (*Polypogon fugax*) population in China [J]. Pesticide biochemistry and physiology, 108: 16-20.

WANG L, JIN S, WU L, et al, 2016. Influence of environmental factors on seed germination and emergence of Asia Minor Bluegrass (*Polypogon fugax*) [J]. Weed technology, 30(2): 533-538.

（撰稿：马小艳；审稿：宋小玲）

薄蒴草 *Lepyrodiclis holosteoides* (C. A. Meyer) Fenzl. ex Fisher et C. A. Meyer

夏熟作物田一二年生杂草。又名娘娘菜。英文名 common lepyrodiclis。石竹科薄蒴草属。

形态特征

成株 茎高 40～100cm（图③）。全株被腺毛。茎部直立，上部依附蔓生，具纵条纹，上部被长柔毛。叶片披针形，长 3～7cm、宽 2～5mm，有时达 10mm，顶端渐尖，基部渐狭，上面被柔毛，沿中脉较密，边缘具腺柔毛。圆锥花序开展；苞片草质，披针形或线状披针形（图④⑤）；花梗细，长 1～2（3）cm，密生腺柔毛；萼片 5，线状披针形，长 4～5mm，顶端尖，边缘狭膜质，外面疏生腺柔毛；花瓣 5，白色，宽倒卵形，与萼片等长或稍长，顶端全缘。雄蕊通常 10，花丝基部宽扁；花柱 2，线形。

子实 蒴果卵圆形，短于宿存萼，2 瓣裂。种子扁卵圆形，红褐色，具突起（图⑥）。

幼苗 子叶出土（图⑦）。双子叶，披针形，基部下延呈楔形。下胚轴发达，上胚轴也发育。真叶披针形，长 1～2cm、宽 2～3mm，顶端渐尖，基部渐狭，上面被柔毛，沿中脉较密，边缘具腺柔毛。

薄蒴草植株形态（魏有海摄）

①②群体危害状；③单株；④⑤花；⑥种子；⑦幼苗

生物学特性　种子繁殖。青海广布。花期6~9月，果期8~10月。全生育期80~100天。生长量大，结籽多，日生长2.13~3.68cm，是小麦的1.9~2.29倍。种子量单株结籽112~678粒，株平均结籽384.4粒。

分布与危害　中国产内蒙古、陕西、宁夏、甘肃、青海、新疆、四川、西藏等地。也广布于亚洲温带其他地区。生于海拔2000~3900m的夏熟作物小麦、大麦、燕麦、油菜、蚕豆等作物田（图①②），青海海北藏族自治州、海南藏族自治州及东部农业区，四川阿坝藏族羌族自治州和甘孜藏族自治州北部，甘肃河西走廊沿线部分田块发生量较大，危害较重。20世纪80年代调查结果表明薄蒴草在中国青海农田危害频率为32.10%，危害指数为8.9。

防除技术　应采取包括农业防治、生物和化学防治相结合的方法。此外，也应该考虑综合利用等措施。

农业防治　根据具体情况可综合采用如下防除措施：轮作倒茬、深耕细作、精选良种、高温堆肥、高密度栽培、迟播诱发、管理水源等。

化学防治　小麦、青稞田可使用苯磺隆、氯吡嘧磺隆、苯达松或啶磺草胺茎叶喷雾处理，对薄蒴草具有较好防效。春油菜、春蚕豆、春马铃薯田，可选用氟乐灵或二甲戊灵于播前土壤处理。

生物防治　利用极细链格孢（*Alternaria tenuissima*）研制的新型生物除草剂防除薄蒴草，接种后植株出现萎蔫，褪绿变黄，对薄蒴草具有一定的防效。

综合利用　花期全草药用，有利肺、散疽功效。

参考文献

李扬汉，1998.中国杂草志[M].北京：中国农业出版社：168-169.

涂鹤龄，辛存岳，陈照礼，等，1988.青海农田草害调查研究[J].青海农林科技(1):4-20.

王永卫，1994.薄蒴草生物学特性与防除研究[J].植保技术与推广(1):20.

辛存岳，郭青云，许建业，等，2008.大黄田赖草的生物学特性、危害与防治[J].中国农学通报(9):335-338.

义树生，1998.菜王星，防除春油菜地阔叶杂草效果评价[J].青海大学学报(自然科学版)(6):23-25.

朱海霞，马永强，郭青云，2018.极细链格孢菌剂的初步研制及其除草作用研究[J].植物保护，44(5):212-216,230.

（撰稿：魏有海；审稿：宋小玲）

宝盖草　*Lamium amplexicaule* L.

夏熟作物田一二年生常见杂草。又名佛座，俗名莲台夏枯草、珍珠莲等。英文名henbit。唇形科野芝麻属。

形态特征

成株　高10~30cm（图①~③）。基部多分枝，上升，四棱形，具浅槽，中空。茎下部叶具长柄，柄与叶片等长或超过之，上部叶无柄，单叶对生，叶片均圆形或肾形，长1~2cm、宽0.7~1.5cm，先端圆，基部截形或截状阔楔形，半抱茎，边缘具极深的圆齿，顶部的齿通常较其余的为大，两面均疏生小糙伏毛。轮伞花序6~10花，其中常有闭花授精的花（图④）；苞片披针状钻形，长约4mm、宽约0.3mm，具缘毛；花萼管状钟形，长4~5mm、宽1.7~2mm，外面密被白色直伸的长柔毛，内面除萼上被白色直伸长柔毛外，余部无毛，萼齿5，披针状锥形，长1.5~2mm，边缘具缘毛；花冠紫红或粉红色，长1.7cm，外面除上唇被有较密带紫红色的短柔毛外，余部均被微柔毛，内面无毛环，冠筒细长，长约1.3cm，直径约1mm，筒口宽约3mm，冠檐二唇形，上唇直伸，长圆形，长约4mm，先端微弯，下唇稍长，3裂，中裂片倒心形，先端深凹，基部收缩；雄蕊花丝无毛，花药被长硬毛；花柱丝状，先端不相等2浅裂；子房无毛。

子实　小坚果倒卵圆形，具三棱，先端近截状，基部收缩，长约2mm、宽约1mm，淡灰黄色，表面有白色大疣状突起（图⑤⑥）。

幼苗　子叶近圆形，径5mm，先端微凹，中央有一小突尖，具长柄（图⑦）。下胚轴极发达，上胚轴不发达，紫红色。初生叶对生，略呈肾形，先端钝圆，叶缘有圆锯齿，叶基心形；后生叶阔卵形，其他与初生叶相似。

生物学特性　种子繁殖。苗期秋冬季，花果期3~8月。生于路旁、林缘、沼泽草地及宅旁等地，或为田间杂草，分布地范围海拔可高达4000m。宝盖草种子绝大部分是自花授粉的产物，但也有一定程度的异花授粉。自花授粉有利于开拓新定居环境，异花授粉则使后代能适应多种环境条件。

宝盖草适合度较低的植株产生的种子萌发率低，并在种皮上白色疣状突起减少，但传播种子的蚂蚁更倾向于采集这类种子，有利于适合度低的植株种子的传播和扩散。在美国冬小麦田发现了抗氯磺隆和丙苯磺隆等ALS抑制剂类除草剂的宝盖草种群。

分布与危害　中国产江苏、安徽、浙江、福建、湖南、湖北、河南、陕西、甘肃、青海、新疆、四川、贵州、云南及西藏等地；在亚洲、欧洲、北美洲、南美洲、大洋洲、非洲南部广泛分布。夏熟作物田常见杂草，有时发生量大，可在小麦、油菜等作物田形成草害。也常发生于蔬菜地。

防除技术

农业防治　在上一季宝盖草发生较重的夏熟作物田，可以在当季夏熟作物播种前采用深翻耕减少宝盖草的出苗基数，有条件的田块可以采用水旱轮作的方式消耗宝盖草种子库。

化学防治　根据除草剂标签，麦田可选用吡氧酰草胺、异丙隆、噻吩磺隆、氯吡嘧磺隆等单剂或相关复配剂在播后苗前进行土壤封闭处理。麦田出苗的宝盖草可用茎叶处理除草剂氯氟吡氧乙酸、吡氟酰草胺、苯磺隆、氯氟吡啶酯、环吡氟草酮茎叶处理均可有效防除宝盖草。油菜田可用酰胺类除草剂作土壤封闭处理：直播油菜可在播后杂草出苗前用精异丙甲草胺和敌草胺土壤喷雾；移栽油菜在移栽前1~3天可用乙草胺或乙草胺与异噁草松的复配剂土壤喷雾，移栽后1~2天可用精异丙甲草胺、敌草胺。油菜田出苗后的宝盖草在3~5叶期可用草除灵、二氯吡啶酸、氨氯吡啶酸或者

宝盖草植株形态（①②③⑥⑦张治摄；④⑤陈国奇摄）

①②③植株及生境；④花；⑤⑥果实；⑦幼苗

二氯吡啶酸与氨氯吡啶酸的复配剂进行茎叶喷雾处理。二氯吡啶酸能用于甘蓝型、白菜型油菜，氨氯吡啶酸只用于甘蓝型油菜。

综合利用　全草入药，为云南民间常用药材，具有通经活络、接骨、平肝、消肿、散结等功效。用于腮腺炎、黄疸型肝炎、肝热目赤、半身不遂、面神经麻痹、跌打损伤、骨折、淋巴结结核、肾结石、皮肤结核、瘰疬等的治疗，对多种疾病也有很好的疗效。

参考文献

李扬汉，1998. 中国杂草志 [M]. 北京：中国农业出版社：554-555.

中国科学院中国植物志编辑委员会, 1977. 中国植物志：第六十五卷 第二分册 [M]. 北京：科学出版社：485.

STOJANOVA B, MAURICE S, CHEPTOU P O, 2020. Season-dependent effect of cleistogamy in *Lamium amplexicaule*: Flower type origin versus inbreeding status [J]. American journal of botany, 107(1): 155-163.

ZINGER E, GUEIJMAN A, OBOLSKI U, et al, 2019. Less fit *Lamium amplexicaule* plants produce more dispersible seeds [J]. Scientific reports, 9(1): 201-228.

（撰稿：陈国奇；审稿：宋小玲）

北美刺龙葵　*Solanum carolinense* L.

原产美国的多年生草本外来入侵杂草。又名北美水茄。英文名 horsenettle。茄科茄属。

形态特征

成株　株高 0.3～1.2m（图①）。多年生杂草。主根长可达 3m，侧根深可达 50cm，横向根可延伸 6m。茎直立，不分枝或自基部分枝，具横向生长的地下茎，可萌生新植株。地上茎幼时绿色或紫色，老后变为紫色，被柔毛和星状毛；茎上疏具圆锥形刺，长可达 6mm，稀无刺（图②）。叶互

生，叶片卵形、披针形至椭圆形，长 2～15cm、宽 2～10cm；叶背面密被星状毛，腹面较少；叶片背腹主脉具稀疏刺，叶脉在背面凹，在腹面呈脊状微凸起；叶基部楔形；叶缘波浪形或具 1～4 浅裂，有时深裂至中脉；叶尖急尖或略钝。叶柄长 0.4～4cm，被星状毛，不具刺或具稀疏的刺，刺长可达 7mm（图③）。花序长 2～9cm，不分枝，偶见单分枝，具花 2～12 朵（图④）。花序轴疏被星状毛，不具刺或具稀疏的刺，刺长可达 5mm；花梗花期长 0.5～1cm，果期长 1.2～1.8cm，基部节状，不具刺或具稀疏的刺，刺长可达 1.5mm。花萼长 5～8mm，花萼筒长 1.5～2.5mm，萼片披针状椭圆形，顶端渐尖，背面具星状毛，腹面无毛，不具刺或具稀疏的刺，刺长可达 2.5mm；花萼在果期伸展翻折，长 8～12mm，萼筒长 0.2～2mm；狭三角形，被星状毛，不具刺或具稀疏的刺，刺长可达 2mm。花冠直径 2.2～3cm、长 9～15mm，星形或覆瓦状星形，5 裂，纸质，白色至浅蓝色或浅紫色；花冠筒长 2～6mm；花瓣长 7～12mm，三角形，先端急尖，背面被星状毛，腹面被稀疏的星状毛。雄蕊 5 枚，花药长 4.5～6.5mm，狭披针形，多少聚合，黄色，萌发孔位于远端。子房卵圆形，无毛或疏被长约 0.3mm 细柔毛或疏被星状毛；花柱长约 10mm，圆柱形，直立，光滑无毛，仅基部疏被柔毛，花期突出花冠；柱头膨大。

子实　浆果，多汁，球形至扁球形，直径 9～15mm，

北美刺龙葵植株形态（强胜摄）

①植株；②茎上圆锥形刺；③叶背主脉的稀刺；④花；⑤果实；⑥种子

浅绿色至深绿色，具斑点，完全成熟时黄色至橘色（图⑤）；光滑无毛，果壳较硬，浆果内含种子40～170粒。种子扁平肾形、卵形、宽卵形、宽椭圆形或近圆形，长1.7～2.4mm、宽1.6～1.8mm、厚0.3～0.6mm，两面凸起，黄色，表面具细小凹陷，胚乳丰富（图⑥）。

幼苗　幼苗茎基部通常为淡紫色，被短硬毛。子叶椭圆形至长圆形，长约1.2mm，边缘有毛，上表面绿色，有光泽，下表面颜色较浅。真叶上下表面都被刺和星状毛。

生物学特性　北美刺龙葵根系深，横向根延伸范围广；根系不同部位具不同功能，垂直根用于存储，水平根用于延伸，弯曲根可形成新芽，2mm左右的小根段可长成新的植株。翻耕等农事操作可使其根系断成小段，加速其扩散。

适应性广，耐干旱，在开阔地和遮阴下均生长良好，入侵林地、牧场、废地、路边、河边及庭院等。在加拿大，北美刺龙葵7月开花，花期持续整个生长季节，9月中旬浆果和种子开始成熟。

北美刺龙葵结实量大，每株每年可产生1500～7200粒种子；种子可随风力、流水、动物、交通工具等途径扩散。埋藏土下8～12cm时，种子活力至少能保持3年。种子高度休眠，萌发的起始温度是15℃，20～30℃时发芽率高，幼苗能从10cm土深处长出。

分布与危害　北美刺龙葵原产美国东南部地区，当前已扩散至美国全境及大洋洲、欧洲、中南美洲、亚洲和非洲的36个国家和地区。在中国，北美刺龙葵最早于2006年在浙江被发现，2007年被列入中国进境植物检疫性有害生物名单。北美刺龙葵是农田、牧场、荒地的主要杂草，生长快，与当地植物竞争水分和养分等资源，严重影响作物产量和质量，抑制牧草和当地自然植物群落。北美刺龙葵是美国南部州的10种问题杂草之一，是降低玉米和牧草产量的主要有害生物。全株含毒性生物碱龙葵素，引发人畜中毒；刺造成人畜外伤。在秋季，毒素含量比其他季节高10倍，牲畜采食后可致中毒至死亡。中毒的典型症状是视力下降、心跳加快或降低、神经过敏以至昏迷或死亡。采食其果实后，小牛可表现为水肿或局部肿大，快速消瘦；成年奶牛则会产生黄疸，且肝脏破坏严重。是多种农业害虫和农作物病原菌的中间寄主，如番茄木虱（*Bactericera cockerelli* Šulc）、番茄斑枯病（*Septoria lycopersici* Speg.）、马铃薯甲虫［*Leptinotarsa decemlineata* (Say)］和辣椒实蝇［*Bactrocera latifrons* (Hendel)］等。

防除技术

人工防治　定植后的北美刺龙葵难以防除，预防是最有效的控制手段。少量发生时，可在开花前人工铲除，并清除地下根茎。人工操作时应注意防护，以免被其茎和叶背腹主脉的刺扎伤。发生地区的动物粪便中可能有北美刺龙葵种子，55℃处理72小时或60℃处理24小时可使其种子失去活力。

化学防治　秋季是控制北美刺龙葵的较好季节。在牧场，喷施氨氯吡啶酸可显著降低北美刺龙葵根的发生量；氨氯吡啶酸和草甘膦或百草敌与氨氯吡啶酸复配剂对开花后或结实期的北美刺龙葵有良好的控制效果。

生物防治　烟草花叶病毒可侵染北美刺龙葵，该病毒与除草剂配合使用可有效防治茶园的北美刺龙葵。

参考文献

范晓虹，2016. 口岸外来杂草监测图谱 [M]. 北京：中国科学技术出版社 .

王瑞，冼晓青，万方浩，2016. 北美刺龙葵在中国的适生区预测 [J]. 生物安全学报，25(2): 106-113.

魏雪萍，于晶，高天刚，等，2020. 入侵性杂草北美刺龙葵在北京市的首次发现及防除 [J]. 植物检疫，34(3): 61-63.

印丽萍，2018. 中国进境植物检疫性有害生物：杂草卷 [M]. 北京：中国农业出版社 .

于文涛，范晓虹，邵秀玲，等，2018. 北美刺龙葵检疫鉴定方法：GB/T 36819-2018[S]. 北京：中国标准出版社 .

左然玲，蒋湘，2018. 外来入侵杂草——北美刺龙葵 [J]. 杂草学报，36(3): 1-4.

BANKS P A, KIRBY M A, SANTELMANN P W, 1977. Influence of postemergence and subsurface layered herbicides on horsenettle and peanuts [J]. Weed science, 25(1): 5-8.

（撰稿：伏建国、于文涛；审稿：冯玉龙）

北美独行菜　*Lepidium virginicum* L.

夏熟作物田一二年生杂草。又名独行菜、拉拉根、辣根菜、琴叶独行菜、星星菜、野独行菜、大叶香荠菜等。英文名 virginia pepperweed。十字花科独行菜属。

形态特征

成株　高20～50cm（图①②）。茎直立，中部以上分枝，无毛或有柱状腺毛或细柔毛。基生叶倒披针形，羽状分裂或大头羽裂，裂片大小不等，卵形或长圆形，边缘有锯齿，两面有短伏毛，叶柄长1～1.5cm；茎生叶有短柄，叶片倒卵状披针形或线状披针形，长1.5～5cm、宽2～10mm，先端急尖，基部渐狭不抱茎，边缘有锯齿，两面无毛。总状花序顶生（图③）；萼片椭圆形，长约1mm；花瓣4，白色，倒卵形。雄蕊2或4；花柱极短。

子实　短角果近圆形，长2～3mm，扁平，顶端微凹，近顶端两侧有狭翅（图③）。种子卵形，长约1mm，光滑，红棕色，边缘有窄翅（图④）。

幼苗　子叶阔卵形，长3～3.5mm、宽2～3mm，先端钝圆，具柄。下胚轴不发达，上胚轴不发育。初生叶1片，互生，阔椭圆形，先端钝圆，叶缘有疏锯齿，中脉1条，叶基楔形，具长柄。后生叶与初生叶相似（图⑤）。

生物学特性　种子繁殖。秋冬季或延至翌年春季出苗，花期4～5月，果期6～7月。北美独行菜为二倍体植物，n=16。常生于地面干燥土壤、荒地及田边，十分耐旱，为果园、茶园和路埂常见杂草，发生量小，危害轻。具有较强的自然扩散能力，喜集生成群丛。

分布与危害　北美独行菜为外来入侵生物，原产于北美洲，中国最早于1910年在福建采集到该物种标本。除海南外几乎在中国各地均有分布。其可通过养分竞争、空间竞争和化感作用，影响作物的正常生长，造成减产。且北美独行菜是棉蚜、麦蚜以及甘蓝霜霉病和白菜病毒病的中间寄主，

北美独行菜植株形态（①郝建华摄；②③⑤张治摄；④强胜摄）
①群体；②成株；③花果序；④种子；⑤幼苗

有利于这些病、虫的越冬。

防除技术

农业防治　深翻耕地可减少地块中该杂草发生量。也可通过短时积水，淹埋种子降低它的生活力与竞争力。

化学防治　常用苯磺隆、克阔乐、莠去津、赛克津等除草剂。

综合利用　全草可作饲料。种子含油率约20%，可供食用。部分地区将其种子作"葶苈子"入药，有利水、平喘功效。早春采其嫩茎叶，经洗净、沸水焯后，可炒食、凉拌或做馅。

参考文献

何家庆，2012. 中国外来植物 [M]. 上海：上海科学技术出版社：166-167.

李扬汉，1998. 中国杂草志 [M]. 北京：中国农业出版社：459-460.

林云，吴轩，张贵平，等，2019. 中国野菜野果的识别与利用 [M]. 郑州：河南科学技术出版社：279.

徐海根，强胜，2018. 中国外来入侵生物 [M]. 修订版 . 北京：科学出版社：239-240.

朱文达，2010. 湖北省油菜田灾害性杂草高效防控技术研究进展 [J]. 中国油料作物学报，32(1): 156-162.

（撰稿：郝建华；审稿：宋小玲）

北山莴苣　*Lactuca sibirica* (L.) Benth. ex Maxim.

夏熟作物田多年生杂草。又名山莴苣、山苦菜。英文名siberian lettuce。菊科莴苣属。

形态特征

成株　高50～130cm（图①）。根垂直直伸。茎直立，上部有分枝，全部茎枝光滑无毛。中下部茎叶披针形、长披针形或长椭圆状披针形，长10～26cm、宽2～3cm，先端渐尖或锐尖，基部楔形、心形、心状耳形或箭头状半抱茎，无柄，边缘全缘、或有小尖头状微锯齿或缺刻，极少边缘缺刻状或羽状浅裂，向上的叶渐小，与中下部茎叶同形。头状花序少数或多数，多数在茎枝顶端排成伞房花序或伞房圆锥花序（图②）；总苞片3～4层，呈明显的覆瓦状排列，通常淡紫红色，先端钝，背部有短柔毛或微毛，外层披针形，内层线状披针形。舌状花蓝色或蓝紫色，长1.2～1.5cm。

子实　瘦果长椭圆形或椭圆形（图③），褐棕色，压扁，长约4mm、宽约1mm，中部有4～7条线形或线状椭圆形的不等粗的小肋、边缘加宽加厚成厚翅。冠毛污白色，2层，长约1cm，冠毛刚毛纤细，锯齿状，不脱落。

生物学特性　北山莴苣喜温、抗旱、怕涝，肥沃且湿度适宜的地块生长良好。生于林缘、林下、草甸、河岸、湖地

北山莴苣植株形态（周繇提供）

①植株；②花序；③子实

水湿地。喜微酸性至中性土壤。在水肥条件充足的情况下，6～8月生长旺盛，再生力强。种子和地下芽繁殖。花果期7～9月。

分布与危害　中国分布于黑龙江、吉林、辽宁、内蒙古、河北、山西、陕西、甘肃、青海、新疆。对麦类、油菜、甜菜和马铃薯等作物有危害，局部地区发生较多，危害较重，为区域性恶性杂草。

防除技术　见蒙山莴苣。

参考文献

李扬汉，1998. 中国杂草志 [M]. 北京：中国农业出版社.

中国科学院中国植物志编辑委员会，1997. 中国植物志：第八十卷 第一分册 [M]. 北京：科学出版社：70.

（撰稿：黄红娟；审稿：贾春虹）

北水苦荬　*Veronica anagalis-aquatica* L.

夏熟作物田、蔬菜地常见越年生或多年生杂草。又名水苦荬、北苦荬。英文名 watery speedwell。玄参科婆婆纳属。

北水苦荬植株形态（①郝建华摄；②～④张治摄；⑤强胜摄）

①成株；②幼株；③花序；④果序；⑤种子；⑥幼苗

B

形态特征

　　成株　株高 30～60（100）cm（图①②）。常全体无毛，稀花序轴、花梗、花萼、蒴果上有数根腺毛。茎圆形，肉质，中空，无毛，直立或基部匍匐状。叶对生，无柄，上部的叶半抱茎；叶片卵状长圆形至条状披针形，长（2）4～7（10）cm，宽 0.8～1.5cm，钝头或尖锐，基部圆形或微心形，边缘有波状细锯齿。总状花序腋生，长 5～12cm，比叶长，宽不足 1cm，多花（图③）；花序轴无腺毛。花柄弯曲上升，与花序轴呈锐角；苞片与花梗近等长；花萼 4 深裂，裂片狭长椭圆形，长约 3mm，顶端钝；花冠辐状，淡蓝紫色或白色，有淡紫色的线条，直径 4～5mm，筒部极短，裂片宽卵形。雄蕊 2，开花后外露；花柱长约 2mm。

　　子实　蒴果卵圆形或近球形，长约 3mm，长与宽近相等，顶端微凹，常无腺毛或极少有数根腺毛（图④）。种子多数，长约 0.3mm，稍扁平，椭圆形至卵形，表面淡黄色至黄褐色（图⑤）。

　　幼苗　子叶出土萌发，呈阔卵形，长 2mm、宽 1.5mm，先端钝尖，全缘，叶基圆形，具短柄（图⑥）。下胚轴很短，上胚轴不发达，初生叶 2 片，对生，单叶，阔卵形，先端钝尖，叶缘近全缘，叶基圆形，有 1 条明显主脉，具长柄。后生叶呈椭圆形，叶缘微波状，叶基楔形，具长柄，其他与初生叶相似。全株光滑无毛，全部叶片均密布油腺点，根系非常发达。

　　生物学特性　具根状茎。花期 4～8 月，果期 6～9 月。北水苦荬为二倍体植物，染色体 n=18。

　　分布与危害　中国广泛于长江以北及西北、西南各地，湖南、江苏、浙江、江西也有分布；欧洲以及与中国北部和西部接壤的各国和朝鲜也有其踪迹。适生于水边湿地及浅水沟中，海拔可达 3000m 以上。为夏熟作物麦田、油菜田常见杂草，危害不重。

　　防除技术

　　农业防治　稻麦（稻油）连作田可采用稻鸭共作生态控草措施，对麦田杂草种子库具有同样的影响。此措施除可通过减少种子库的输入外，还增加了种子库的输出，即"断源""竭库"，切断了杂草发生与转换的纽带，减少了麦田和油菜杂草发生基数，对控制北水苦荬菜有明显效果。

　　化学防治　麦田可用 2 甲 4 氯、啶磺草胺、双氟磺草胺、唑草酮等进行茎叶喷雾处理；也可用异丙隆和绿麦隆进行土壤封闭处理。油菜田可用草除灵进行茎叶喷雾处理。

　　综合利用　果实或带虫瘿的全草入药，称为"仙桃草"。有止血、止痛、活血消肿、清热利水、降血压等功效。嫩苗可蔬食。北水苦荬具有一定的净化污水能力，可用于净化生活污水。

　　参考文献

李扬汉，1998. 中国杂草志 [M]. 北京：中国农业出版社：930-931.

刘启新，2015. 江苏植物志：第 4 卷 [M]. 南京：江苏凤凰科学技术出版社：261-262.

谭洪涛，朱琳，王彬，等，2016. 巴天酸模和北水苦荬净化生活污水 [J]. 水处理技术，42(9)：78-82.

颜玉树，1990. 水田杂草幼苗原色图谱 [M]. 北京：科学技术文献出版社．

赵灿，戴伟民，李淑顺，等，2014. 连续 13 年稻鸭共作兼秸秆还田的稻麦连作麦田杂草种子库物种多样性变化 [J]. 生物多样性，22(3)：366-374.

朱文达，魏守辉，张朝贤，2008. 湖北省油菜田杂草种类组成及群落特征 [J]. 中国油料作物学报，30(1)：100-105.

（撰稿：郝建华；审稿：宋小玲）

萹蓄　*Polygonum aviculare* L.

　　夏熟作物田、秋熟旱作田一二年生杂草。又名竹叶草、大蚂蚁草、扁竹。英文名 knotgrass、yard knotweed。蓼科蓼属。

　　形态特征

　　成株　高 10～40cm（图①）。茎平卧、上升或直立，自基部多分枝，具纵棱。叶椭圆形、狭椭圆形或披针形，长 1～4cm、宽 3～12mm，顶端钝圆或急尖，基部楔形，边缘全缘，两面无毛，下面侧脉明显；叶柄短或近无柄，基部具关节；托叶鞘膜质，下部褐色，上部白色，撕裂脉明显。花单生或数朵簇生于叶腋，遍布于植株（图②③）；苞片薄膜质；花梗细，顶部具关节；花被 5 深裂，花被片椭圆形，长 2～2.5mm，绿色，边缘白色或淡红色。雄蕊 8，花丝基部扩展；花柱 3，柱头头状。

　　子实　瘦果卵形，具三棱，黑褐色，密被由小点组成的细条纹，无光泽，与宿存花被近等长或稍超过（图④）。

　　幼苗　下胚轴发达，玫瑰红色（图⑤）。子叶 2 片，条形，长约 1.2cm，稍肉质，基部联合。初生叶披针形，先端锐尖，基部楔形，全缘，无托叶鞘。后生叶形态与初生叶近同，具托叶鞘。

　　生物学特性　种子繁殖。萹蓄生长发育因生态环境不同而不同。南方地区 2～4 月出苗，花果期 5～9 月；北方地区 4 月下旬至 5 月上旬开始出苗，6～7 月达发生高峰，8～9 月开花结果。自然条件下，萹蓄种子在土壤中常形成持久性的种子库，并且随着季节变化呈现休眠周期的节律变化。当季成熟的种子均处于初级休眠状态，不能发芽，经秋冬季低温后，种子解除休眠，当环境条件适宜时，种子萌发，而春季未萌发的种子由于夏季高温会再次进入次生休眠状态，种子的休眠周期受脱落酸（ABA）的调控。

　　萹蓄喜冷凉、湿润的气候条件，抗热、耐旱。种子在 10℃以上萌发，15～27℃植株生长良好。瘦果果皮厚，亲水性差，当年的种子一般全部休眠，秋季也极少再发。种子抗寒性极强，在 −40℃低温下能正常越冬。在深水里或土层 5cm 以下因缺氧而被迫休眠。耐瘠薄，抗盐碱，一般土壤均能生长良好，即使在盐碱沙荒地上也能生长，但在富含有机质、肥沃的砂壤土或壤土上生长旺盛。

　　分布与危害　萹蓄广泛分布于北温带，在中国各地均有分布，其中吉林、山东、河北、河南、江苏、浙江、四川等地发生量大。生于农田、荒地、路旁、渠边或水边湿地，是夏熟作物小麦、油菜、蔬菜田、果园及其周边常见的杂草，

萹蓄植株形态图（⑤马小艳提供；其余张治摄）
①成株；②③花；④果实；⑤幼苗

也危害秋熟旱作物玉米、大豆、花生的早期生长。

由于跨地区调种，20 世纪 70 年代萹蓄被带入新疆，导致小麦田危害逐年加重。萹蓄伴随作物生长、发育较快，90% 以上在麦收前成熟，并长期处于休眠状态，因此通常的耕作几乎对其无作用；一般的轮作，即便是水旱轮作，也因萹蓄种子固有的休眠特性而防治效果不理想。

防除技术

农业防治　一是合理轮作，在棉麦轮作的过程中，可选用不同的除草剂，如棉田中使用氟乐灵可有效控制萹蓄。二是适当密植，利用不耐隐蔽的生物学特点，适当进行密植，加强作物田苗期管理，促进作物生长发挥以密抑草的作用。

化学防治　当麦田萹蓄发生危害较重时，可选用苯磺隆、双氟磺草胺、唑嘧磺草胺或它们的复配剂，唑草酮或其与苯磺隆的复配剂等进行茎叶喷雾处理。

大豆和花生田萹蓄的化学防除有 3 个施药适期：一是播前用氟乐灵、扑草净进行土壤封闭处理。二是播后苗前施用异丙甲草胺、乙草胺、丙炔氟草胺等进行土壤处理。三是苗后乳氟禾草灵、三氟羧草醚等进行茎叶处理。上述药剂均可按照推荐剂量进行使用，切勿随意加大用药量，以免造成药害。

综合利用　全草药用，有清热、利尿、抑菌、杀螨杀虫、降压、抗氧化等作用；幼苗及嫩茎叶可食用；嫩茎叶中含有蛋白质、碳水化合物及多种维生素，干品中含钾、钙、镁等多种矿物质，其鲜品和干品可用作牛、羊、猪、兔等的饲料。

参考文献

邢虎田，栗素芬，陈德彪，1984. 萹蓄猖獗原因分析及其防治 [J]. 新疆农垦科技 (1): 53-55.

杨俊丽，黄丽丹，张亚中，等，2016. 萹蓄的研究进展 [J]. 安徽医药，20(6): 1025-1029.

郑庆伟，2014. 萹蓄的识别与化学防控 [J]. 农药市场信息 (23): 44.

BATLLA D, BENECH-ARNOLD R L, 2003. A quantitative analysis of dormancy loss dynamics in *Polygonum aviculare* L. seeds. Development of a thermal time model based on changes in seed population thermal parameters [J]. Seed science research, 13(1): 55-68.

LASPINA N V, BATLLA D, BENECH-ARNOLD R L, 2020. Dormancy cycling in *Polygonum aviculare* seeds is accompanied by changes in ABA sensitivity [J]. Journal of experimental botany, 71(19): 5924-5934.

MALAVERT C, BATLLA D, BENECH-ARNOLD R L, 2017. Temperature-dependent regulation of induction into secondary dormancy of *Polygonum aviculare* L. seeds: a quantitative analysis [J]. Ecological modelling, 352: 128-138.

（撰稿：马小艳；审稿：宋小玲）

扁秆蔗草　*Bolboschoenus planiculmis* (F. Schmidt) T. V. Egorova

稻田多年生杂草。又名扁秆荆三棱、紧穗三棱草、野荆三棱。异名 *Scirpus planiculmis* Fr. Schmidt。英文名 flatstalk bulrush。莎草科三棱草属。

形态特征

成株　高 30～80cm（图①）。根状茎具地下匍匐枝，其顶端变粗成块茎状，块茎倒卵形或球形，径 1～2cm（图②）。秆单一，较细，扁三棱形，平滑，具多数秆生叶。叶片长线形，扁平，宽 2～5mm。苞片叶状，1～3 枚，比花序长；长侧枝聚伞花序缩短成头状或有时具 1～2 个短的辐射枝，通常具 1～6 个小穗（图③）；小穗卵形，长 1～1.5cm、宽 6～7mm，锈褐色或黄褐色，具多数花；鳞片椭圆形或椭圆状披针形，长 6～7mm，顶端凹头，微缺刻状撕裂，膜质，无侧脉，背部疏生糙硬毛，具 1 条中肋，顶端延伸成芒，芒长约 1mm，稍反曲；下位刚毛 2～4 条，为小坚果的 1/2，具倒生刺；雄蕊 3 枚，花药黄色；花柱丝状，长 7～8mm，于上部 1/3～1/2 处分裂，柱头 2 枚。

子实　小坚果倒卵圆形，长 3～3.5mm，两侧压扁，微凹，稍呈白色或褐色，有光泽，表面细胞稍大，稍呈六角形，似蜂窝状（图④）。

幼苗　子叶留土。第一片真叶针状，横剖面呈圆形，无脉，无气腔，早枯；叶鞘边缘有膜质的翅，两者之间无叶脉，叶舌；第二片真叶也是圆形，有 3 条明显叶脉和 2 个大气腔；第三片真叶横剖面呈三角形，其他与第二片真叶相似。全株光滑无毛。

生物学特性　具有耐低温、耐盐碱、喜潮湿温暖等生物学特性。具匍匐根状茎，及其块茎，最深分布范围可达 15cm 以下的土层。扁秆蔗草的块茎。种子等都能进行繁殖，块茎还具有休眠性，其种子的种皮外面被覆有蜡质层，不易丧失发芽力，被家畜吞食后随粪便排出的种子仍普遍具有萌发能力。扁秆蔗草在其整个生长季节均可萌发、开花、结实，无性繁殖速度很快，平均每 10 天即产生一代，无性繁殖的一部分子代植株在当年就能产生种子，进行有性繁殖。各代植株所形成的种子一律在秋季成熟，在当年不萌发成实生苗。

分布与危害　中国广泛分布于东北、华北以及江苏、浙江、上海、云南、宁夏、甘肃、青海及新疆的南北疆平原绿洲上；在欧洲、中亚细亚、高加索、西伯利亚、蒙古、朝鲜半岛及日本均有分布。

因扁秆蔗草的喜湿性，其主要危害水稻田，在部分棉花、玉米、油菜、小麦等作物田中也有发生。扁秆蔗草在黑龙江发生面积约 50 万 hm²，严重危害面积 30 万 hm² 以上。辽宁稻区由于扁秆蔗草的危害常年造成 7%～9% 的产量损失，严重地块产量损失达到 20%，甚至绝收。扁秆蔗草导致水稻减产的主要原因是水稻分蘖及成穗率下降，同水稻的伴生期长短及发生密度直接影响到稻谷产量的高低，全生育期伴生减产 59.5%，发生密度 300 株 /m² 以上，减产 83.5%。

防除技术　应采取化学防治为主和农业防治、生物防治相结合的方法。

扁秆蔗草植株形态（张治摄）
①生境群体；②根状茎；③花序；④种子

农业防治　水旱轮作，可使扁秆藨草生长力下降，繁殖力降低，危害性逐年减轻。扁秆藨草危害严重田块，收后深翻（大于 15cm）、耙田，然后捡拾其根茎及块茎，并带出田外晒干后焚烧。

化学防治　稻田整田后水稻播种前可使用莎扑隆、吡嘧磺隆作为土壤封闭除草剂，进行扁秆藨草的防除。另外可选用 2 甲 4 氯、2,4- 滴丁酯及苯达松作为苗后茎叶处理除草剂。

生物防治　研究表明从再生稻田中自然感染病害的扁秆藨草中分离出的病原真菌的菌丝片段加糊精，可有效控制扁秆藨草的发生，然而这种病原真菌的菌种还未得到鉴定。

参考文献

董海，蒋爱丽，杨皓，等，2007. 辽宁省水稻田扁秆藨草危害状况 [J]. 杂草科学 (4): 24-25.

康学耕，富力，唐恩全，等，1993. 松辽生态区扁秆藨草无性繁殖规律的数量研究 [J]. 植物学报，35(6): 466-471.

李国凤，盛其潮，杨宝珍，等，1985. 扁秆藨草繁殖特性的初步观察及化学防除 [J]. 植物学通报，3(3): 58-60.

李扬汉，1998. 中国杂草志 [M]. 北京：中国农业出版社 .

强胜，2001. 杂草学 [M]. 北京：中国农业出版社 .

强胜，胡金良，1999. 江苏省棉区棉田杂草群落发生分布规律的数量分析 [J]. 生态学报，19(6): 810-816.

孙福华，2004. 扁秆藨草的生物学特性、危害及化学防除技术 [C]. 第七届中国杂草科学会议论文集 .

唐立丰，1993 水稻与扁秆藨草竞争关系的初步研究 [J]. 杂草科学 (4): 5-8.

王奎萍，刘苏闽，徐小南，等，2010. 稗草与扁秆藨草互作对水稻产量影响的研究 [J]. 江苏农业科学 (3): 160-161.

王强，何锦豪，李妙寿，等，2000. 浙江省水稻田杂草发生种类及危害 [J]. 浙江农业学报，12(6): 317-324.

杨玲，李建君，单提波，等，2011. 水稻田扁秆藨草发生与防治对策 [J]. 现代农业 (10): 4-5.

颜玉树，1990. 水田杂草幼苗原色图谱 [M]. 北京：科学技术文献出版社 .

张子丰，韩逢春，王义明，等，2000. 采用两次施药技术防除稻田藨草 [J]. 植物保护，26(4): 46-48.

HUI S R, LIU Q, SONG Z, et al, 2011. Study on the relationship between *Scirpus planiculmis* grow and soil water content [J]. Paper presented at 3rd international conference on environmental science and information application technology esiat, 10: 2022-2028.

JONGDUK J, HONG-KEUN C, 2011. Taxonomic study of Korean *Scirpus* L. s. l. (Cyperaceae) II: Pattern of phenotypic evolution inferred from molecular phylogeny [J]. Plant biology, 54(6): 409-424.

LIU Q, SONG Z, 2011. Study on the relationship between *Scirpus planiculmis* grow and soil salinity [J]. Paper presented at 3rd International conference on environmental science and information application technology esiat, 10: 2016-2021.

NISHIHIRO J, NISHIHIRO M A, WASHITANI I, 2006. Assessing the potential for recovery of lakeshore vegetation: species richness of sediment propagule banks [J]. Ecological research, 21(3): 436-445.

PARK J H, C B K, PARK J E, et al, 1995. Identification and cultural characteristics of Nimbya scirpicola isolated from river Bulrush (*Scirpus planiculmis*) [J]. RDA Journal of agricultural science crop Protection, 37(2): 330-335.

PARK J H, CHUNG B K, RYU G H, et al, 1995. Biological control of river bulrush (*Scirpus planiculmis*) by Nimbya scirpicola [J]. RDA journal of agricultural science crop protection, 37(2): 336-342.

（撰稿：强胜、高平磊；审稿：刘宇婧）

扁穗莎草　*Cyperus compressus* L.

水田、秋熟旱地一年生杂草。英文名 poorland flat sedge。莎草科莎草属。

形态特征

成株　高 5～25cm（图①）。须根系。茎锐三棱形，基部叶较多。叶短于秆，或与秆几等长，宽 1.5～3mm，折合或平展，灰绿色；叶鞘紫褐色。苞片 3～5 枚，叶状，长于花序；长侧枝聚伞花序简单，具 1～7 个辐射枝，辐射枝最长达 5cm。穗状花序近于头状（图②③）；花序轴很短，具 3～10 个小穗；小穗排列紧密，斜展，线状披针形，长 8～17mm、宽约 4mm，近于四棱形，具 8～20 朵花；鳞片紧贴的覆瓦状排列，稍厚，卵形，顶端具稍长的芒，长约 3mm，背面具龙骨状突起，中间较宽部分为绿色，两侧苍白色或麦秆色，有时有锈色斑纹，脉 9～13 条；雄蕊 3，花药线形，药隔突出于花药顶端；花柱长，柱头 3，较短。

子实　小坚果倒卵形，三棱状，三面稍凹，长约为鳞片的 1/3，深棕色，密被细点（图③④）。

幼苗　子叶留土。第一片真叶线形，叶片长 1.4cm、宽小于 1mm，有 3 条明显的平行叶脉，腹面凹陷，叶片横剖面呈 "U" 字形；叶鞘两侧的边缘为膜质，顶端开裂，有 10 条以上带棕红色的叶脉。后生叶有 5 条明显的平行脉，并有横脉纹，其他与第一叶相似。

生物学特性　种子繁殖。种子翌年 4 月左右萌发，花果期 7～12 月。多生长于相对湿润空旷的环境中，包括田野里、河岸、路边、田埂等处，同时也是稻田常见杂草。

分布与危害　中国产于江苏、安徽、浙江、江西、湖南、湖北、四川、贵州、福建、广东、海南、台湾；在喜马拉雅山区、印度、越南、日本也有分布。主要危害水田，以稻田为主，发生量较小，危害较轻。

防除技术

农业防治　机械清除或人工拔除，小苗时拔除更加省时省力，效果更好。

化学防治　灭草松、2 甲 4 氯、氯吡嘧磺隆等对扁穗莎草防效较好，但注意根据作物种类，选择适当的除草剂，避免出现作物安全性问题。对于非耕地中扁穗莎草的防除，选用草甘膦或草铵膦，但尽量在杂草幼苗出苗整齐后使用，效果更好。

生物防治　种植覆盖性好的植物进行替代控制。

综合利用　扁穗莎草可用于医药。用于养心，调经行气。外用于跌打损伤。

扁穗莎草植株形态（张治摄）
①植株及生境；②③花果序；④种子

参考文献

李扬汉，1998. 中国杂草志 [M]. 北京：中国农业出版社 .

梁帝允，张治，2013. 中国农区杂草识别图册 [M]. 北京：中国农业科学技术出版社 .

曲耀训，2014. 莎草类杂草发生与化学防除 [J]. 农药市场信息 (8): 42.

颜玉树，1990. 水田杂草幼苗原色图谱 [M]. 北京：科学技术文献出版社 .

（撰稿：姚贝贝；审稿：纪明山）

冰草　*Agropyron cristatum* (L.) Gaertn.

麦田多年生疏丛型杂草。又名野麦子、扁穗冰草、羽状小麦草。英文名 crested wheatgrass。禾本科冰草属。

形态特征

成株　根须状，密生。秆成疏丛，高 20～75cm，有时分蘖横走或下伸成长达 10cm 的根茎。叶鞘紧密裹茎，短于节间，粗糙或边缘具短毛；叶舌膜质，长 0.2～1mm，顶端截平而微有细齿；叶片长 5～20cm、宽 2～5mm，质较硬而粗糙，常内卷，上面叶脉强烈隆起成纵沟，脉上密被微小短硬毛。穗状花序直立，较粗壮，矩圆形或两端微窄，长 2～6cm、宽 8～15mm；小穗无柄，两侧压扁，紧密平行排列成两行，整齐呈箆齿状，含 3～7 小花，长 6～9mm；颖舟形，脊上连同背部脉间被长柔毛，第一颖长 2～3mm，第二颖长 3～4mm，具略短于颖体的芒；外稃被有稠密的长柔毛或稀疏柔毛，长 5～6mm，顶端具芒长 2～4mm；内稃脊上具短小刺毛，长 3～4mm。

子实　连稃颖果顶端带有短芒；颖果纺锤形，长 3.5～4.5mm、宽约 1.0mm，灰褐色，顶部密生白色毛茸；腹沟较深呈小舟形；胚卵形，长约占颖果的 1/5～1/4，色稍浅。

幼苗　种子或根状茎上的芽长出，第一叶狭线形，第 2～4 片叶长 2～4cm、宽 2～3mm，叶色深绿，叶脉明显，叶和茎上被白色茸毛。

生物学特性　多年生草本，以根茎和种子繁殖。该草秋季较小麦出苗略迟，秋冬季或迟至春季萌发出苗，花果期 7～9 月。冰草是一种耐寒植物，当温度达到 5℃时即可出苗，且冰草的耐湿性、耐旱性、耐盐性均强，在不良环境条件下也可以生长。根茎耐干旱的能力不如种子，当含水量低于 15%～20% 时，常失去活力。但在土壤覆盖下，即使严重干旱，根茎仍可存活相当长时间。冰草在东北地区 4 月中旬出苗，5 月上旬分蘖，5 月末出现幼苗生长高峰期，在距地表 1～3cm 处的冰草地下根节上芽全部出土，形成地上部的植株，地下根也进行延长，7 月中旬至 8 月初抽穗，8 月底至 9 月初完全成熟。有性生殖产生的种子通过风力和水流进行远距离传播。种子有休眠期，秋季成熟后翌春自土壤浅层萌发。从种子长出的幼苗较根茎长出的幼株弱，开始分蘖及根茎生长需较长时间，长出根茎前易防除。

分布与危害　中国分布于东北、华北、内蒙古、甘肃、

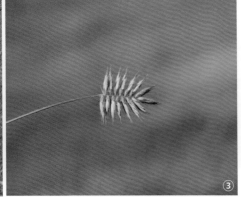

冰草植株形态（曾佑派摄）
①生境；②植株；③穗

青海、新疆等地；俄罗斯、蒙古以及北美也有分布。为小麦、大麦和油菜田、果园杂草，多发生于砂性土壤田地。生长于干燥草地、山坡、丘陵以及沙地。

冰草通过与作物竞争养分、水分和光照等资源，直接或间接影响作物的产量和品质。冰草地下根茎发达，地下根深达 20cm，大多数分布在 0～15cm 处，互相交错生长，分布在较为深处的根茎，可以避开霜冻与干旱的威胁，减轻动物危害及人类拔除，环境有利时再萌发并继续生长危害。地下根茎分节，节上长有不定根，距地表近的须根多而长，最长达 21cm。幼根茎为嫩芽，拔节后变成地下茎，后期老化变成坚硬纤维组织，一般难以折断，繁殖力和再生力强。

防除技术

农业防治　清选种子，清除冰草种子。实行麦—豆轮作，通过耙麦茬可以消灭冰草。实行大豆—油菜轮作，两年均可用防治禾本科的除草剂消灭冰草。可在麦茬后深翻地，将冰草根状茎切碎或翻到地表曝晒，另一部分根埋入土壤中20cm 处不能发芽，同时也将种子埋入土壤中，这样可减少根茎和种子在土壤中的发芽机会。但应避免通过耕作机械将切断的根茎扩散。初级直立茎 3～4 叶时，新根茎及分蘖刚开始出现，根茎的干重低，杂草再生能弱，对耕作的抵抗力也最低，是防治的关键时期。

化学防治　在油菜等阔叶作物田于冰草 2～4 叶期，可用精喹禾灵、高效氟吡甲禾灵、精噁唑禾草灵、烯草酮等。麦田用精噁唑禾草灵、炔草酸、唑啉草酯、甲基二磺隆、啶磺草胺等防治。果园中的冰草可用草甘膦防除，土壤干旱时，

冰草对药剂吸收慢，不利于地下根腐烂，除草效果差，因此在雨后施药防效好。

综合利用　冰草是中国草原地区优良的放牧型饲用牧草，具有重要的营养和生态价值。冰草返青早、青绿期长、营养丰富、适口性好、易于加工调制，其干草产量在典型草原禾草中占重要地位。冰草抗旱、耐寒、耐牧等特性使其成为退化草地改良、砂质草地补播的重要物种。冰草是小麦的近缘物种，其优良基因是小麦品种改良的潜在基因来源。

参考文献

李芳，安景，李西良，等，2021. 冰草 (*Agropyron cristatum*) 地上地下性状对放牧强度的非对称性响应 [J]. 中国草地学报，43(11): 18-25.

李扬汉，1998. 中国杂草志 [M]. 北京：中国农业出版社：1150-1151.

李友，张海森，张海龙，等，2003. 难防杂草——冰草的特性与防治 [J]. 现代化农业 (8): 4.

马晓渊，周正大，1997. 白茅冰草的生物学特性及综合防除探讨 [J]. 西藏农业科技，19(3): 1-6.

中国科学院中国植物志编辑委员会，1993. 中国植物志：第九卷 [M]. 北京：科学出版社：18.

ALEJANDRO C P, CARMEN P, ADORACIÓN C, 2021. Development and characterization of wheat-*Agropyron cristatum* introgression lines induced by gametocidal genes and wheat ph1b mutant [J]. Agronomy, 11(2): 277.

（撰稿：强胜；审稿：宋小玲）

播后苗前土壤处理　pre-emergence treatment after sowing and before seedling

即作物播种后尚未出苗时将除草剂施于土壤表层，以杀死未出土杂草。

播后苗前土壤处理除利用生理生化选择性外，主要利用的是位差选择性，达到安全除草的目的。在作物播种后出苗前用药，利用药剂仅固着在土壤表层（1～2cm），不向深层淋溶的特性，杀死或抑制表层土中能够萌发的杂草种子，作物种子因有覆土层保护，可正常发芽生长。如利用乙草胺防除玉米或大豆田杂草，由于大豆和玉米播种较深，而一年生杂草多在表层发芽，故杂草得以防除而作物安全。有些情况下可导致位差选择性的失败。①浅播的小粒种子作物（如谷子、部分蔬菜）易造成药害。②一些淋溶性强的除草剂、药剂易到达作物种子层，导致药害产生。如扑草净等。③砂性、有机质含量低的地块易使药剂向下淋溶，造成药害。④低洼易积水田块，易造成作物药害。⑤一些大粒种子杂草，如苍耳、苘麻等，由于分布在较深的土层，除草剂对其作用减弱，往往药效较差。

播后苗前土壤处理剂使用时应注意：①施药量应根据土质、有机质含量、杂草种类密度而定。有机质含量高杂草密度大的地块适当增加用药量，有机质含量低的地块药量酌减。土壤有机质含量超过6%，不宜作土壤处理。②施药前整地要平，尽量无大土块。施药时要均匀，不重喷不漏喷。③一些土壤处理剂残效期较长，应注意对后茬作物的影响。如莠去津在玉米田使用时，若后茬为小麦、水稻、蔬菜等敏感作物时，应降低剂量。④施药时注意风向，防止喷雾雾滴飘移到敏感作物上，风速过大时，停止施药。⑤注意播种时间，一般在作物播种后1～3天进行播后苗前土壤处理，若处理过晚，已出苗的杂草对除草剂敏感性可能明显降低。⑥处理后保持土壤湿润，但不能有积水。旱直播稻田进行播后苗前土壤处理，应在稻谷播种盖土后及时灌水（跑马水），待水自然落干后，再进行土壤喷雾处理，施药后保持湿润不积水。

参考文献

倪汉文，姚锁平，2004. 除草剂使用的基本原理 [M]. 北京：化学工业出版社 .

强胜，2001. 杂草学 [M]. 北京：中国农业出版社 .

徐汉虹，2018. 植物化学保护学 [M].5 版. 北京：中国农业出版社 .

（撰稿：郭文磊；审稿：王金信、宋小玲）

播娘蒿　*Descurainia sophia* (L.) Webb. ex Prantl.

夏熟作物田一二年生恶性杂草。英文名 flixweed。十字花科播娘蒿属。

形态特征

成株　株高 20～150cm（图①②）。植株具浓烈辛辣气味，全株呈灰白色，有毛或无毛，毛为叉状毛。茎直立，下部紫红色，上部多分枝。初期叶片莲座状，茎下部叶有柄，上部叶柄逐渐缩短或近于无柄。叶为三回羽状深裂，长 2～12cm，

播娘蒿植株形态（①②④⑥魏守辉摄；③⑤张治摄）

①生境及危害状；②成株；③④花果序；⑤种子；⑥幼苗

末端裂片条形或长圆形，裂片长（2）3～5（10）mm，宽 0.8～1.5（2）mm。总状花序顶生，具多数花，具花梗（图③），萼片 4，条状矩圆形，先端钝，边缘膜质，背面具分枝细柔毛，早落；花瓣 4，黄色，长圆状倒卵形，长 2～2.5mm，或稍短于萼片，具爪，与萼片近等长；雄蕊 6 枚，比花瓣长 1/3。长角果圆筒状，长 2.5～3cm，宽约 1mm，无毛

子实　长角果狭条形，长 2～3cm，宽约 1mm，淡黄绿色，无毛，稍内曲，与果梗不成 1 条直线，果瓣中脉明显；果梗长 1～2cm（图③④）。种子每室 1 行，种子形小，多数，长圆形，长约 1mm，稍扁，淡红褐色，表面有细网纹（图⑤）。

幼苗　全株被星状毛或叉状毛，灰绿色（图⑥）。子叶长椭圆形，长 0.3～0.5cm，先端钝，基部渐狭，具柄。初生叶 2 片，叶片 3～5 裂，中间裂片大，两侧裂片小，先端锐尖，基部具长柄，几与叶片等长。后生叶互生，叶片为二回羽状深裂。

生物学特性　每年 10 月中旬或翌年早春出苗，以幼苗或种子越冬。春季 3 月同小麦一起返青。返青后迅速生长，3 月初至 4 月中旬是快速生长期，4 月上旬见花，5 月中旬至 6 月上旬种子相继成熟（比当地冬小麦早 7～15 天），种子一旦成熟，种荚极易开裂，种子散落到地表进入土壤种子库休眠。种子适宜出苗深度为 1～3cm，超过 5cm 出苗困难。小麦播种后 4～5 天，播娘蒿开始出苗，至小麦 1 叶 1 心时出苗最多，小麦 3 叶期出苗率可达 60%～90%。一般冬前出苗量约占 85%，春季出苗约占 15%。播娘蒿在潮湿的土壤中易发生，小麦播前墒情适宜，播娘蒿出苗量大，出苗整齐，在小麦播后 20～25 天即可出现出苗高峰；墒情差的田块出苗量少，出苗不整齐。冬灌可增加土壤湿度，促进杂草出苗，形成第二次出苗高峰。冬小麦播种早，温、湿度条件适宜，播娘蒿出苗快，苗壮，生长量大，越冬前可生长至 4～15 片叶，对小麦生长危害大。不同部位的种子原生休眠期长短不一，赤霉酸可有效解除种子休眠，提高发芽率。中国播娘蒿部分种群已对苯磺隆、双氟磺草胺产生了抗药性，有的种群对这 2 种除草剂产生了交互抗性。

分布与危害　中国主要分布在东北、华北、西北、华东等地区和四川，以秦岭、淮河一线以北地区农田发生和危害，是华北、西北地区小麦田的恶性杂草；亚洲、欧洲、非洲及北美洲均有分布。适生于夏熟作物田、果园、荒地、路边生境，常与荠菜、米瓦罐等杂草生长在一起，有时也成单一的优势种群，主要危害小麦、油菜、蔬菜等。播娘蒿耐寒，在海拔 4000m 的地区也生长良好。在西北干旱、盐碱地区，播娘蒿常成为优势杂草类群，这可能与其对盐碱有较大的耐受能力，对土壤水分和氮肥的需求量不高有关。播娘蒿种子极小，易混杂在小麦种子内随种子调运进行传播。另外可随农家肥、地面浇水、风等进行传播。播娘蒿通常影响小麦种子萌发和幼苗生长，发生密度 8.8 株/m² 就对小麦产量构成严重威胁；在 0～100 株/m² 密度范围内，每增加 10 株播娘蒿，小麦减产达 117.6kg/hm²。

防除技术

农业防治　合理轮作，小麦可与油菜、豌豆、绿肥等速生性作物进行轮作，当作物成熟时，播娘蒿种子尚未成熟，作物收获后及早中耕深翻土壤，有利于减轻翌年危害。精选

种子，小麦收割时，有大量播娘蒿种子混杂在麦种内，可进行机械筛选或泥水浸种。不仅可以清除小麦种子中的病粒、杂粒，还可以筛选夹杂在麦种里的播娘蒿种子。在调运种子时，要认真检查，防止播娘蒿种子传入非发生区。人工防除，大田周围和路边的杂草是田间播娘蒿来源之一，应加强管理，在播娘蒿种子尚未成熟前，清除田边地头的杂草。使用腐熟的农家肥、谷糠、秸秆等都是播娘蒿种子混杂的集中场所，使用这些材料沤制肥料时要高温沤制，使之充分腐熟，方可施于麦田。合理密植，减少麦田空隙度，进而减少播娘蒿竞争生长空间的机会。

化学防治　在冬前出苗高峰后用苯磺隆、2 甲 4 氯、麦草畏、双氟磺草胺、唑嘧磺草胺、啶磺草胺及其混配剂进行喷雾处理，对播娘蒿有明显的防除效果，上述除草剂可根据区域杂草发生情况及杂草抗药性综合选择，多种作用机理的除草剂交替、混合使用，从而延缓和控制播娘蒿产生抗药性。进行化学除草时要注意选择适当的施药时机，一般选择冬前施药，春季施药不宜过晚。油菜田播娘蒿的化学防除见荠菜。

综合利用　可作为牲畜饲料食用。种子药用，有利尿、消肿、祛痰定喘的功效。

参考文献

高兴祥，张悦丽，李美，等，2020. 山东省小麦田播娘蒿对双氟磺草胺抗性水平及靶标抗性机理 [J]. 中国农业科学，53(12): 2399-2409.

李扬汉，1998. 中国杂草志 [M]. 北京：中国农业出版社：447

张朝贤，张跃进，倪汉文，等，2000. 农田杂草防除手册 [M]. 北京：中国农业出版社.

中国科学院中国植物志编辑委员会，1987. 中国植物志：第三十三卷 [M]. 北京：科学出版社：448.

中华人民共和国农业部农药检定所，日本国（财）日本植物调节剂研究协会，2000. 中国杂草原色图鉴 [M]. 日本国世德印刷股份公司.

（撰稿：魏守辉；审稿：贾春虹）

薄荷　*Mentha canadensis* L.

秋熟旱作物田多年生杂草。又名野薄荷（各地），南薄荷、夜息香（山东），野仁丹草、见肿消（江苏），水薄荷、水益母、接骨草（云南昆明），土薄荷、鱼香草、香薷草（四川）。英文名 wild mint。唇形科薄荷属。

形态特征

成株　高 30～60cm（图①②）。茎直立，下部数节具纤细的须根及水平匍匐根状茎，锐四棱形，具 4 槽，上部被倒向微柔毛，下部仅沿棱上被微柔毛，多分枝。叶对生，长圆状披针形、披针形、椭圆形或卵状披针形，稀长圆形，长 3～5（7）cm，宽 0.8～3cm，先端锐尖，基部楔形至近圆形，边缘在基部以上疏生粗大的牙齿状锯齿，侧脉 5～6 对，与中肋在上面微凹陷下面显著，上面绿色；沿脉上密生、余部疏生微柔毛，或除脉外余部近于无毛，叶柄长 2～10mm，

薄荷植株形态（强胜摄）
①②植株；③④花

腹凹背凸，被微柔毛。轮伞花序腋生，轮廓球形，花时径约 18mm，具梗或无梗，具梗时梗可长达 3mm，被微柔毛；花梗纤细，长 2.5mm，被微柔毛或近于无毛。花萼管状钟形，长约 2.5mm，外被微柔毛及腺点，内面无毛，10 脉，不明显，萼齿 5，狭三角状钻形，先端长锐尖，长 1mm。花冠淡紫，长 4mm，外面略被微柔毛，内面在喉部以下被微柔毛，冠檐 4 裂，上裂片先端 2 裂，较大，其余 3 裂片近等大，长圆形，先端钝；雄蕊 4，前对较长，长约 5mm，均伸出于花冠之外，花丝丝状，无毛，花药卵圆形，2 室，室平行；花柱略超出雄蕊，先端近相等 2 浅裂，裂片钻形；花盘平顶（图③④）。

子实 小坚果卵珠形，黄褐色，具小腺窝。

幼苗 子叶出土，倒肾形，长 3mm、宽 3.5mm，先端微凹，全缘，基部圆形，具长柄。初生叶 2，对生，阔卵形，先端尖，全缘，基部阔楔形，全缘，有中脉 1 条，具长柄。后生叶叶缘微波状或具粗锯齿，有羽状网脉。

生物学特性 根茎和种子繁殖。花期 7～9 月，果期 10 月。适生于沟边、水旁潮湿地，海拔可高达 3500m。为湿地、旱地农田中常见杂草。薄荷的适应性较强，对土壤的要求并不十分严格，一般土壤均能生长，土壤酸碱度以 pH5.5～6.5 较适宜。薄荷生长需肥量较多，以氮肥为主。早春当土温达 2～3℃时，地下根茎在土壤中即可发芽，生长期最适温度

为 20～30℃，当气温降至 -2℃左右时，植株枯萎。地下根茎的耐寒能力很强，只要土壤保持一定水分，于 -30～-20℃的地区仍可安全越冬。薄荷喜温暖湿润的气候，但现蕾开花期需要充足的阳光和干燥的天气。

分布与危害 中国产南北各地；热带亚洲、俄罗斯远东地区、朝鲜、日本及北美洲（南达墨西哥）也有；模式标本采自斯里兰卡。野薄荷是湿地旱作物田常发性杂草，但对作物的危害并不重。

防除技术 采用农业防治和化学防治相结合的技术，也可采用综合利用等措施。

农业防治 合理轮作，大豆与禾谷类作物轮作，油菜与小麦、青稞轮作。适时耕作管理，采用伏秋翻地、播前整地等措施。精选种子，剔除杂草种子。传统的机械灭草措施是杂草防除的有效措施，如深耕深翻、机械中耕等。

化学防治 是防除野薄荷最主要的技术措施。不同作物田使用的除草剂不同。

大豆田，播后苗前土壤处理可选用乙酰乳酸合成酶（ALS）抑制剂噻吩磺隆、唑嘧磺胺、有机杂环类异噁草松、原卟啉原氧化酶抑制剂丙炔氟草胺等单剂，苗后茎叶处理可选用二苯醚类氟磺胺草醚、乙羧氟草醚、三氟羧草醚等单剂及灭草松、ALS 抑制剂氯酯磺草胺等单剂；也可选用以上除草剂的混配制剂。玉米田，播后苗前土壤处理可选用噻吩磺隆、唑嘧磺草胺、三氮苯类莠去津等单剂，苗后茎叶处理可选用 ALS 抑制剂烟嘧磺隆，对羟基苯丙酮酸双加氧酶（HPPD）抑制剂硝磺草酮、苯唑草酮等，激素类除草剂 2 甲 4 氯钠、氯氟吡氧乙酸，以及腈类辛酰溴苯腈等单剂；也可选用以上除草剂的混配制剂。棉花田，播前或播后苗前土壤处理选用氟乐灵，播后苗前土壤处理选用乙草胺、精异丙甲草胺、扑草净、二甲戊灵、丙炔氟草胺等单剂；也可选用以上除草剂的混配制剂。苗后茎叶处理可选用乙羧氟草醚。

综合利用 野薄荷性凉，味辛，微甘，全草入药，具有疏散风热、清暑化浊、清咽利喉、避秽解毒之功效，主治风热感冒、风温初起、头痛、目赤、喉痹、口疮、风疹、麻疹、胸肋胀闷、外感风热、咽喉肿痛、食滞气胀、皮肤瘰痒等症。此外，对痈、疽、疥、癣、漆疮也有效。野薄荷主要食用部位为幼嫩茎尖、茎和叶，可作菜食，也可榨汁服用，具有医用和食用双重功效。化学成分主要有挥发油有机酸、氨基酸和多种黄酮类化合物，为很好的香料植物。

参考文献

李扬汉，1998. 中国杂草志 [M]. 北京：中国农业出版社：651-652.

刘玉萍，苏旭，2011. 青海省野薄荷生物学特性及资源储量的研究 [J]. 西北农业学报，20(6): 155-159.

刘玉萍，苏旭，2011. 青海省野薄荷种子萌发及植物学特性研究 [J]. 中国种业 (4): 43-46.

刘玉萍，苏旭，2012. 青藏高原野薄荷挥发油成分的气相色谱-质谱分析 [J]. 江苏农业科学，40(1): 265-267.

中国科学院中国植物志编辑委员会，1977. 中国植物志：第六十六卷 [M]. 北京：科学出版社：262.

（撰稿：黄春艳；审稿：宋小玲）

苍耳　*Xanthium strumarium* L.

常见的秋熟旱作田一年生草本杂草。又名苍子、稀刺苍耳。英文名 cocklebur。菊科苍耳属。

形态特征

成株　高 20～90cm（图①）。一年生菊科野生杂草，分枝或不分枝。根纺锤状。茎直立不分枝或少有分枝，上部有纵沟，被灰白色糙伏毛，下部圆柱形，直径 4～10mm。叶互生，有长柄，长 3～11cm；叶三角状卵形或心形，长 4～9cm、宽 5～10cm，近全缘，或有 3～5 不明显浅裂，先尖或钝，基出三脉，上面绿色，下面苍白色，被粗糙或短白伏毛。头状花序腋生或顶生，花单性，雌雄同株；雄花序球形，黄绿色，直径 4～6mm，近无梗，密生柔毛，集生于花轴顶端；雌头状花序生于叶，椭圆形，外层总苞片小，披针形，长约 3mm，被短柔毛，内层总苞片结合成囊状，外生倒钩状刺，先端具 2 喙，内含 2 花；无花瓣；花柱分枝丝状（图②）。

子实　成熟具瘦果的总苞变坚硬（图③④），卵形或椭圆形，边同喙部长 12～15mm、宽 4～7mm，外面有疏生的具钩状的刺，刺极细而直，基部微增粗或几不增粗，长 1～1.5mm，基部被柔毛，常有腺点，或全部无毛，绿色、淡黄色或红褐色，喙长 1.5～2.5mm；瘦果 2，倒卵形，瘦果内含 1 粒种子。

幼苗　子叶 2，匙形或长椭圆状披针形，长约 2cm、宽 5～7mm，肉质，光滑无毛（图⑤）。初生叶 2 片，卵形，

苍耳植株形态（张治摄）

①植株群体；②花序；③果序；④果实；⑤幼苗

先端钝，基部楔形，叶缘有钝锯齿，具柄，叶片及叶柄均密被茸毛，主脉明显。下胚轴发达，紫红色。

生物学特性 苍耳喜温，适应能力较强，常生长于平原、丘陵、低山、荒野路边、田边，苍耳好生长在土质松软深厚、水源充足及肥沃的地块上。河南4月下旬发芽，5~6月出苗，7~9月开花，9~10月成熟。黑龙江5月上、中旬出苗，7月中下旬开花，8月中下旬种子成熟。果实易混入农作物种子中。根系发达，入土较深，不易清除和拔出。苍耳可自交和异交结实，结实率分别为93%和76%，单株种子平均数量约为1400粒。果实依靠动物进行传播，在疏松透气的土壤中生长良好。苍耳种子的最适萌发温度在15~25℃，对pH具有广泛的适应性，在pH2~10范围内均可萌发。苍耳种子是光敏感型种子，在无光条件下处于休眠状态。

分布与危害 中国分布于东北、华北、华东、华南、西北及西南各地；俄罗斯、伊朗、印度、朝鲜和日本也有分布。通常自然生长在平原、丘陵、低山、荒野、路边、沟旁、田边、草地、村旁等处，主要危害棉花、玉米、豆类、谷子和马铃薯等秋熟旱作，也危害果园，是大豆、棉花田的恶性杂草。在田间多为单生，在果园和荒地多成群生长。苍耳属于竞争力强的杂草，生长蔓延速度快；植株高大、生长繁茂、叶片宽大、遮阴力强；与作物争水、争肥（特别是磷）、争光，危害十分严重。即使在发生量极少的情况下，也严重危害作物的生长发育，导致产量和品质的下降。如棉田每米行长1株苍耳对棉花产量造成的损失高达52%。苍耳强烈抑制大豆的生长发育，随着苍耳密度的增加严重削弱大豆的生长，主要表现为大豆分枝数、结荚数减少，粒重降低。苍耳能分泌化感物质，其水浸提物对小麦、高粱、黄瓜、油菜和萝卜种子的萌发和生长均有较强的抑制作用。苍耳也是棉蚜、棉金刚钻、棉铃虫以及向日葵菌核病的寄主。苍耳是有毒杂草，幼苗茎叶含有一种对神经及肌肉都有毒的生物碱，对人畜有剧毒；苍耳幼苗亦含有苍耳苷及其他生物碱等致毒物质，严重者可致肝、肾衰竭或呼吸麻痹而死亡。

防除技术

农业防治 覆盖有色地膜，可降低透光率，抑制苍耳种子萌发。由于苍耳生长速度快，竞争能力强，因此务必尽早及时人工或机械彻底铲除销毁，防止继续生长蔓延。如棉田在棉花种植前8周是防除苍耳的关键期。清理农业耕作机械，阻断农业机械传播。

化学防治 玉米、大豆、棉花、花生、蔬菜等秋熟旱作田可用二硝基苯胺类二甲戊乐灵在播后苗前进行土壤封闭处理，在高剂量下对苍耳有良好抑制萌发的作用。在大豆、玉米田可用三氮苯类除草剂嗪草酮作土壤封闭处理。棉田可用支链氨基酸合成抑制剂嘧硫草醚在覆膜前作土地处理（播种前或播种后）对苍耳有较好的防效。茎叶处理在苍耳4叶期前，苍耳木质化后，很难防除。在玉米田可用硝磺草酮、莠去津与烟嘧磺隆的复配剂，或氯吡嘧磺隆、硝磺草酮与烟嘧磺隆的复配剂，防除效果好于硝磺草酮与烟嘧磺隆单剂。花生田可用甲咪唑烟酸与乙羧氟草醚的复配剂。苍耳对有机杂环类除草剂苯达松非常敏感，因此大豆、花生、玉米田可用苯达松进行防除。大豆田还可用氟磺胺草醚防除苍耳，效果较好。棉花田可用三氟啶磺隆，对苍耳具有较高防效，或用氟磺胺草醚定向喷雾。玉米、棉花田可在作物生长到一定高度时，用草甘膦定向喷雾防除苍耳。果园、荒地等可用草甘膦茎叶喷雾处理。

综合利用 苍耳中含有抗菌、抗病毒、止痛、降血糖、抗癌等的活性物质，苍耳的根、茎、叶、花、果实都可入药，其果实是中药材苍耳子，具有散寒、通鼻窍、祛风湿、止痛的作用，临床用于治疗风寒头痛、鼻酸流涕、风疹瘙痒、湿痹等症。苍耳含有对农业有害生物蚜虫、红蜘蛛、菜青虫、螺等具有良好控制作用的β-谷甾醇等物质，具有开发为植物源农药的潜力。

参考文献

高兴祥，李美，高宗军，等，2009. 苍耳对不同植物幼苗的化感作用研究 [J]. 草业学报，18(2): 95-101.

顾威，2019. 外来入侵植物刺苍耳与本地植物苍耳繁殖生态学特性的比较研究 [D]. 石河子：石河子大学.

李孟良，汪从顺，万军，2004. 苍耳种子萌发和出苗特性的研究 [J]. 种子，23(4): 35-38.

刘义，2020. 30%氟磺胺草醚微乳剂防除大豆田一年生阔叶杂草的效果研究 [J]. 大豆科技 (3): 29-32.

钱希，1992. 苏北垦区豆田杂草生长为害习性 [J]. 大豆科学，11(2): 166-172.

杨江，2019. 28%氯吡·硝·烟嘧可分散油悬浮剂防除玉米田杂草效果研究 [J]. 现代农业科技 (16): 109, 114.

SNIPES C E, BUCHANAN G A, STREET J E, et al, 1982. Competition of common cocklebur (*Xanthium pensylvanicum*) with cotton (*Gossypium hirsutum*) [J]. Weed science, 30(5): 553-556.

（撰稿：黄兆峰；审稿：宋小玲）

草茨藻 *Najas graminea* Del.

水田一年生沉水杂草。又名细叶茨藻、尘尾藻、拂尾藻。英文名 grass najad。茨藻科茨藻属。

形态特征

成株 株高10~20cm（图①②）。植株较柔软，纤弱，下部匍匐或倾斜，上部直立，呈黄绿色或深绿色，基部节上多生有不定根。茎秆光滑无齿，圆柱形，直径0.5~1mm，节间长1~2cm，或更长；基部分枝较多，上部分枝较少，呈二叉状。叶3（至多）枚假轮生，或2枚近对生，无柄；叶片狭线形至线形，长1~2.5cm，宽约1mm，中脉1条，明显，背面沿脉无锯齿，先端渐尖，边缘每侧有较密而微小的细齿30~50枚，肉眼不易察觉，齿端为黄褐色刺细胞，叶基扩大成鞘，抱茎；叶耳长三角形，长1~2mm，两侧均着生数枚褐色刺状细齿。花单性，腋生，常单生，或2~3朵聚生；雄花浅黄绿色，椭圆形，多生于植株上部，长约1mm，无佛焰苞；花被裂片圆形；花药4室，花粉粒椭圆形；雌花无佛焰苞和花被，雌蕊长圆形，长约1.2mm，直径约0.7mm，花柱长约1mm，柱头2~4裂。

与小茨藻较为相似，主要不同处是：叶较为突出，狭三角形；叶不反曲，叶缘细刺齿不明显。

草茨藻植株（强胜摄）

①生境；②植株

子实 瘦果黄褐色至褐色，长椭圆形，长 1.5～2mm、直径约 0.8mm，柱头宿存。种皮坚硬，易碎，种脊明显；外种皮细胞约 30 纵列，在种子中部呈比较规则的六边形，轴向长于横向，向种子两端逐渐变成不规则的多边形，但仍成行排列。

幼苗 与成株形态相似。

生物学特性 生长于静水池塘、藕田、水稻田和缓流中（图①），水深 0.2～1m，海拔可达 1800m（云南昆明）。草茨藻喜无直射阳光的明亮之处，喜温暖环境，在 16～28℃的温度范围内生长良好，越冬温度不宜低于 4℃。花果期 6～9 月。染色体 2n=12，36。

分布与危害 中国分布于辽宁、河北、江苏、上海、安徽、浙江、福建、台湾、河南、湖北、湖南、广东、海南、广西、四川、贵州和云南等地；也分布于印度、马来西亚、朝鲜、日本及欧洲、非洲、大洋洲、美洲的热带和亚热带地区。

防除技术

农业防治 人工除草或者机械除草。

综合利用 全草可作饲料和绿肥，该种植物适合室内水体绿化，是装饰玻璃容器的良好材料。可作为中景草使用，亦可作为繁殖观赏鱼承接卵粒的材料。

参考文献

刘宏涛，袁玲，陆婷婷，2016. 华中野生观赏植物 [M]. 武汉：湖北科学技术出版社.

韦三立，2004. 水生花卉 [M]. 北京：中国农业出版社.

《中国农田杂草原色图谱》编委会，2014. 中国农田杂草原色图谱 [M]. 北京：农业出版社.

（撰稿：陈勇；审稿：纪明山）

草地杂草 grassland weed

根据杂草的生境特征划分的一类杂草，泛指能够在草原、草场和草坪生境中自然繁衍种群的杂草。有些草地杂草也常出现在耕地、林地中，有些草地杂草也属于环境杂草。草地既有美化人类生活、工作、运动及休闲地环境的作用，又有保持水土、维护大自然生态环境的功能。然而，草地主要是在荒芜、空白或废弃的土地上建种，其土壤中积累了大量的杂草繁殖体，容易杂草混杂或丛生，导致难以防治和不美观。草地杂草种类繁多，草相复杂，不同地区草地杂草谱不同，即使同一地区不同草地的杂草谱也不尽相同。杂草的种类和分布因地区、气候、建植时期、土壤基质、生长季节、草种来源、管理和保护方式及定植后时间长短而异。

发生与分布 中国幅员辽阔，各地区气候条件相差很大，草地杂草种类和数量都有不同，但主要集中在禾本科、菊科、十字花科、茜草科、车前科、玄参科、石竹科、马齿苋科、苋科、蓼科、莎草科等。根据发生的生境不同，又可细分为草原杂类草、草场杂草和草坪杂草等 3 类。

草地杂草具有典型的群落结构特征，既有单子叶植物，又有双子叶植物，它们直接威胁着草地植物群落的生存。杂草群落的演替存在明显的季节性演替，主要表现在草地杂草发生高峰期在夏季，种类数量最多，秋季次之，春季则较少。这是由于春季是杂草的萌发期，夏季是杂草的生长期，到秋季则是杂草的结实、休眠期。杂草种类数量与生长季节具有正态分布的特征，即与年气温变化成正相关。草地生长环境的不同，也会影响草地杂草的发生和危害。干旱的地方，则耐旱性强杂草如狗牙根、香附子的危害严重；潮湿的地方，则耐低洼、潮湿、湿生杂草双穗雀稗较多。沿海地区由于土壤 pH 值呈碱性，耐碱性的芦苇较多。

草地杂草与牧草和草坪草争夺阳光、水分、养分和空间，影响其生长发育，降低牧草产量与质量，导致草坪植被覆盖率下降、颜色和质地参差不齐，降低草坪的观赏价值和生态价值。草地杂草也是许多牧草与草坪草病虫害的转主宿主或越冬宿主，可加重牧草与草坪草病虫害，缩短草场与草坪使用寿命，增加养护费用，降低其使用价值。草地杂草中阔叶杂草危害大于禾本科杂草，其中菊科杂草生长速度快，繁殖率高，生命力强，危害性最大。有些草地杂草对人畜有害，影响人畜健康。

随着草地面积的不断增加，危害草地的杂草问题也日趋严重。草地的生态效益主要体现在固土护坡、净化空气、涵养水源、调节气候、改良土壤等方面，而草地杂草的滋生和肆虐严重阻碍草地生长，影响草地的景观和功效的发挥。杂草对草地的危害不仅是与草坪植物争光、争肥、争空间，而且淡化草地作用，降低草地的美学价值，影响草地的社会效益。随着畜牧业生产的发展，草场载畜量不断增加，对天然草场的不合理利用，导致草场退化，优良牧草减少，杂类草和家畜不食、有毒、有害植物生长迅速，如瑞香狼毒（*Stellera chamaejasme* L.）等。受害草地植物表现为个体纤细、脆弱，叶色淡黄，耐寒、耐旱、耐践踏性降低，易于退化甚至死亡。从生态角度分析，杂草对观赏草地的危害也不亚于对农业生产的危害，草地质量下降和退化不仅是经济效益的损失，更主要的是生态效益的丧失。杂草不仅与草地草竞争有限的阳光、水分、矿物质、有机肥料与空间，在控制不力的情况下，严重影响景观，并传播病虫害，导致草地迅速退化。

有些杂草被家畜采食后能引起生理异常，甚至导致家畜死亡。醉马草、藜芦、狼毒、毛茛、问荆、毒芹、天仙子、棘豆等常年有毒。唐松草、草玉梅、芹叶铁线莲等季节性有毒。还有一些杂草，因其形态结构特点，易造成家畜机械损伤，降低畜产品品质。如小酸模、沙冬青、独行菜属、苍耳、少花蒺藜草、鬼针草、大戟以及山萝花属和紫草科等植物。

中国温性草原杂类草主要为线叶菊、脚薹草、裂叶蒿等。高寒草原杂类草主要为昆仑蒿、矮火绒、长茎藁本、二裂委陵菜。山地草甸杂类草主要为老鹳草、白喉乌头、草原糙苏、龙蒿、聚花风铃草和牛至。

中国南方高山草场杂草主要为大籽蒿、青蒿、飞廉、大蓟、欧洲蕨、羊蹄、血满草、白健杆、乌毛蕨、点腺过路黄、黑穗画眉草、西南委陵菜、毛连菜、绒毛草、菊状千里光、薹草、旋叶香青等。甘肃等地的高寒地区草场杂草主要为萼果香薷、灰绿藜、微孔草、野胡萝卜、节裂角茴香、二裂委陵菜、多茎委陵菜、狗哇花、碎米荠、车前、紫菀、蒲公英、鹅绒委陵菜、冷蒿、繁缕、合头菊、棘豆属等。

中国冷季型草坪内多为二年生或多年生双子叶阔叶杂草，如附地菜、葶苈、蒲公英、堇菜、苦菜、小蓟、早开堇菜、鼠掌老鹳草、鹅绒委陵菜和金色狗尾草等。暖季型草坪内一年生禾本科杂草最多，菊科杂草居次，再次是大戟科和莎草科杂草。南北过渡地区以一年生禾本科杂草与阔叶杂草为主，主要种类有马唐、白茅和狗尾草等。

防除技术 草地杂草的防除可采用人工防治、化学防治、生物防治等多种策略。

人工防治 当前中国观赏草地杂草的防除仍以人工除草为主，但花时多、费用大、效率低的缺点日益凸现，而且人工除草除"表"不除"根"的现象也十分严重，尤其是一些宿根类的杂草，如酸模叶蓼等。

化学防治 具有速度快、用工少、费用低等优点，但是长期使用单一的化学除草剂，则会导致杂草群落发生演变，生物多样性下降。首先开展土壤处理：氨氟乐灵在草坪包括海滨雀稗草坪成坪后杂草萌发前均匀喷雾处理，可防除一年生杂草。在杂草苗后3～5叶期至生长旺盛期开展茎叶处理：在狗牙根草坪成坪后，用啶嘧磺隆可有效地防除一年生杂草，冷季型草坪（早熟禾、高羊茅、黑麦草、剪股颖等）及海滨雀稗草坪敏感，禁止使用；硝磺草酮在早熟禾草坪中防除一年生阔叶和禾本科杂草；麦草畏防治草坪（包括海滨雀稗）阔叶杂草；氯氟吡氧乙酸与双氟磺草胺的复配剂在高羊茅草坪防除一年生阔叶杂草；氯氟吡氧乙酸在狗牙根草坪防除一年生阔叶杂草；三氟啶磺隆钠盐在长江流域以及以南地区的狗牙根类和结缕草类的暖季型草坪草使用，防除部分禾本科杂

草、莎草和阔叶杂草，不能使用于海滨雀稗等其他草坪草。草原牧场（禾本科）可用氯氨吡啶酸和灭草松防除阔叶杂草。

生物防治 是利用寄主范围较为专一的植食性动物或植物病原菌微生物及其代谢物质控制来防治杂草，如利用泽兰实蝇防治云南山区的紫茎泽兰，从加拿大和俄罗斯引进豚草纹叶甲防治豚草；从美国引进空心莲子草叶甲防治空心莲子草都取得较好防效。

参考文献

肖静，2004. 草坪杂草的综合防除 [J]. 作物研究 (2): 115-118.

赵建华，2011. 我国观赏草坪杂草状况及防治进展 [J]. 昆明学院学报, 33(3): 102-105.

朱晶晶，2003. 草坪杂草发生分布规律及其综合防除体系的研究 [D]. 南京：南京农业大学 .

YAMAMOTO I, TURGEON A J, DUICH J M, 1997. Seedling emergence and growth of solid matrix primed Kentucky bluegrass seed [J]. Crop science, 37(1): 225-229.

（撰稿：戴伟民、冯玉龙；审稿：宋小玲、郭凤根）

草龙 *Ludwigia hyssopifolia* (G. Don) Exell

南方稻田一年生杂草。异名 *Jussiaea hyssopifolia* G. Don。又名细叶水丁香。英文名 seedbox。柳叶菜科丁香蓼属。

形态特征

成株 高 60～200cm（图①），茎粗 5～20mm，基部常木质化，常三或四棱形，多分枝，幼枝及花序被微柔毛。叶披针形至线形，长 2～10cm、宽 0.5～1.5cm，先端渐狭或锐尖，基部狭楔形，侧脉每侧 9～16，在近边缘不明显环结，下面脉上疏被短毛；叶柄长 2～10mm；托叶三角形，长约 1mm，或不存在。花腋生，萼片 4，卵状披针形，长 2～4mm、宽 0.5～1.8mm，常有 3 纵脉，无毛或被短柔毛（图②③）；花瓣 4，黄色，倒卵形或近椭圆形，长 2～3mm、宽 1～2mm，先端钝圆，基部楔形；雄蕊 8，淡绿黄色，花丝不等长，对萼的长 1～2mm，对瓣生的长 0.5～1mm；花盘稍隆起，围绕雄蕊基部有蜜腺；花柱淡黄绿色，长 0.8～1.2mm；柱头头状，径约 1mm，顶端略凹，浅 4 裂，上部接受花粉。

子实 蒴果近无梗，幼时近四棱形，熟时近圆柱状，长 1～2.5cm、径 1.5～2mm，上部 1/5～1/3 增粗，被微柔毛，果皮薄（图④）。种子在蒴果上部每室排成多列（图⑤），游离生，在下部排成 1 列，牢固地嵌入在一个近锥状盒子的硬内果皮里，近椭圆状，长约 0.6mm、径约 0.3mm，两端多少锐尖，淡褐色，表面有纵横条纹，腹面有纵形种脊，长约为种子的 1/3。

幼苗 子叶出土，三角状卵形，长约 4mm、宽 4mm，先端急尖，全缘，基部圆形，具短柄。下胚轴发达，并密被短茸毛，上胚轴很发达，呈近方形，亦密被短茸毛。初生叶 2 片，对生，单叶，卵圆形，先端急尖，全缘，基部楔形至柄，叶缘及叶柄具短毛，叶柄与叶片近等长或稍短，微带红色，有明显羽状叶脉，背面呈紫红色。后生叶与初生叶类

C

草龙植株形态（⑥陈国奇摄；其余张治摄）
①植株；②花枝；③花；④果实；⑤种子；⑥幼苗

似，幼苗全株呈暗绿色（图⑥）。

生物学特性 种子繁殖。在南方地区四季开花结实，喜湿，生于田边、水沟、河滩、塘边、湿草地等处。

分布与危害 中国分布于长江以南各地；在世界上广布于亚洲南部至澳大利亚北部、非洲、南美洲和中美洲，欧洲也有记录。南方地区恶性杂草，在蔬菜、玉米等潮湿的旱作物田危害尤为严重，在稻田也可发生重度草害，尤其在直播稻田。

防除技术

农业防治 可通过深翻耕减少草龙出苗。有条件时也可采用诱萌杀灭。

生物防治 通过稻田养鸭和养小龙虾等方式利用鸭或小龙虾防除部分草龙幼苗。

化学防治 可使用丁草胺、二甲戊灵、噁草酮、丙炔噁草酮、氯吡嘧磺隆、吡嘧磺隆等土壤处理剂以及2甲4氯、灭草松、氯氟吡氧乙酸等茎叶处理剂防除。

综合利用 全草入药，能清热解毒、去腐生肌之效，可治感冒、咽喉肿痛、疮疥等。

参考文献

李扬汉，1998. 中国杂草志 [M]. 北京：中国农业出版社．

颜玉树，1990. 水田杂草幼苗原色图谱 [M]. 北京：科学技术文献出版社．

（撰稿：陈杰；审稿：纪明山）

草木樨 *Melilotus officinalis* (L.) Pall.

夏熟作物田一二年生杂草。又名黄香草木樨、黄花草木樨。异名 *Melilotus suaveolens* Ledeb.。英文名 yellow sweetclover。豆科草木樨属。

形态特征

成株 高40～250cm（图①②）。茎直立，粗壮，多分枝，全草干后有香气。羽状三出复叶，托叶镰状线形，长3～5

C

（～7）mm，中央有 1 条脉纹，全缘或基部有 1 尖齿；叶柄细长；小叶倒卵形、阔卵形、倒披针形至线形，长 1.5～2.5cm、宽 5～15mm，先端钝圆或截形，基部阔楔形，边缘具不整齐疏浅齿，侧脉 8～12 对，平行直达齿尖，两面均不隆起，顶生小叶稍大，具较长的小叶柄，侧小叶的小叶柄短。总状花序腋生（图③）；花长 3.5～7mm；花萼钟状，具三角状披针形萼齿，稍不等长，短于萼筒；花冠黄色、蝶形，旗瓣倒卵形，与翼瓣近等长，龙骨瓣稍短或三者均近等长，雄蕊筒在花后常宿存包于果外；子房卵状披针形，胚珠 4～8，花柱长于子房。

子实　荚果卵球形，长 2.5～3mm，先端具宿存花柱，表面具凹凸不平的横向细网纹，棕黑色（图④～⑥）；有种子 1～2 粒（图⑥）。种子黄色至黄褐色，卵形，表面平滑，略有光泽，长约 1.5mm、宽 1.8～2.5mm。

幼苗　子叶长椭圆形，先端钝圆。初生叶为单叶，近圆形，具长柄；后生叶为三出羽状复叶，小叶倒阔卵形（图⑦）。

生物学特性　花期 6～8 月，果期 8～9 月。草木樨最大光合速率（A_{max}）略高于白花草木樨，并具有较高的光饱和点和补偿点；光强低于 600μmol/（m^2·s），草木樨的光能转化效率低于白花草木樨，而光强高于 600μmol/（m^2·s）时，前者的光能转化效率高于后者。

在退化草地添加养分对草木樨功能性状产生显著影响，适量的养分添加能显著提高草木樨的光合能力和水分利用能力，改善其生长状况。随着有机养分（鸡粪）添加量 [0～3000kg/（hm^2·a）] 的升高，草木樨叶片 N、P、K 含量均线性升高，而株高、比叶面积和水分利用效率表现为先升高后下降的规律。

在萌发特性方面，冷藏对草木樨种子的萌发有促进作用，提高了 10% 的萌发率，而冷冻对草木樨种子的萌发有抑制作用，降低了 30% 的萌发率；在常温条件下，草木樨种子休眠特性表现为前 7 个月波动变化很大，7～20 个月之间变化基本平稳，保持 85% 左右的萌发率，之后逐渐下降，5 年后萌发率下降至 10% 以下。

分布与危害　原产亚洲西部，现在世界各地广为栽培。中国分布于东北、华北、西北、四川、西藏及长江以南各地。常见的田边、路旁及山坡草地等旱地杂草，产生一定的危害。

草木樨植株形态（张治摄）

①群体；②植株；③花序；④果序；⑤果实；⑥种子；⑦幼苗

防除技术 见*南苜蓿*。

化学防治 啶嘧磺隆可作为草坪地播种前的土壤处理或成株后的茎叶处理，对草木樨具有较好的防效。

综合利用 茎、叶可作家畜饲料及用作绿肥。叶、花可以制成软膏外用，或煎服用于治疗浮肿、腹痛、疟疾等，其皂苷、黄酮及甾体等成分具有抗炎、抗氧化、治疗血栓性静脉炎、镇痛、抗肿瘤等作用。

参考文献

姬明飞，侯勤政，丁东粮，2013. 两种草木樨属植物光合 - 光响应研究 [J]. 广东农业科学，40(21): 49-53.

李扬汉，1998. 中国杂草志 [M]. 北京：中国农业出版社：639-640.

罗礼凤，张锦松，莫健生，等，1992. 桔园优良绿肥——黄香草木樨 [J]. 中国柑桔，21(3): 37.

马翠霞，刘玉婷，苗磊，等，2019. 黄花草木樨抗氧化活性成分研究 [J]. 中国药学杂志，54(19): 1557-1564.

田家怡，等，2004. 山东外来入侵有害生物与综合防治技术 [M]. 北京：科学出版社.

于辉，2007. 狗牙根草坪草制种田杂草防除研究 [D]. 乌鲁木齐：新疆农业大学.

周媛，严铭铭，邵帅，等，2012. 黄花草木樨总皂苷提取纯化工艺优选 [J]. 中国实验方剂学杂志，18(5): 1-4.

MACIAS F A, SIMONET A M, GALINDO J C G, et al, 1998. Bioactive polar triterpenoids from *Melilotus messanensis* [J]. Phytochemistry, 49(3): 709-717.

PLESCA M L, PARVU A E, PARUU M, et al, 2002. Effects of *Melilotus officinalis* on acute inflammation [J]. Phytocherapy Research, 16(4): 316-319.

（撰稿：周兵；审稿：宋小玲）

草泽泻 *Alisma gramineum* L.

水田及沼泽地常见的多年生杂草。又名水菠菜。英文名graminaceous waterplantain。泽泻科泽泻属。

形态特征

成株 高 13～80cm（图①②）。块茎较小，或不明显。叶多数，丛生；叶片披针形，长 2.7～12.4cm、宽 0.6～1.9cm，先端渐尖，基部楔形，脉 3～5 条，基出；叶柄长 2～31cm，粗壮，基部膨大呈鞘状。花葶基部生出，圆锥花序长 6～56cm，具 2～5 轮分枝，每轮分枝（2～）3～9 枚，或更多，分枝粗壮；花两性，花梗长 1.5～4.5cm（图③）；外轮花被片广卵形，长 2.5～4.5mm、宽 1.5～2.5mm，脉隆起，5～7 条，内轮花被片白色，大于外轮，近圆形，边缘整齐；花药椭圆形，黄色，长约 0.5mm，花丝长约 0.5mm、基部宽约 1mm，向上骤然狭窄；心皮轮生，排列整齐，花柱长约 0.4mm，柱头小，约为花柱 1/3～1/2，向背部反卷；花托平突，高 1～2mm。

子实 瘦果两侧压扁（图④），倒卵形，或近三角形，长 2～3mm、宽 1.5～2.5mm，背部具脊，或较平，有时具

草泽泻植株形态（强胜摄）
①生境；②植株；③花；④果；⑤种子

1～2条浅沟，腹部具窄翅，两侧果皮厚纸质，不透明，有光泽；果喙很短，侧生。种子紫褐色，长1.2～1.8mm、宽约1mm，中部微凹（图⑤）。

幼苗 见东方泽泻。

生物学特性 该植物有水生与陆生2种类型。种子在水中萌发，4月上旬开始出苗，下旬为苗始盛期。花果期6～9月。发生量大的地段，有200～300株/m²。该草苗期有2个明显不同的发育阶段。全株水中生长阶段出生的叶片，全系条形叶，叶片数为3～12片，该阶段植株生长慢，生活力弱，穿出水面的叶片为披针形，标志着植株进入快速生长阶段，营养生长旺盛，生活力强。

分布与危害 中国产于黑龙江、吉林、辽宁、内蒙古、山西、宁夏、甘肃、青海、新疆等地；蒙古、亚洲、欧洲、非洲和北美洲均有分布。生于湖边、水塘、沼泽、沟边及湿地，属一般性杂草。

防除技术

农业防治 在疫区实行水旱轮作，以控制其发生量。加强检疫。

化学防治 见东方泽泻和野慈姑进行防治。

综合利用 其块茎可药用，具有清热、利尿等功能，可治疗肾炎水肿，尿路感染。

参考文献

将淑美，沈智，蒋学杰，2012. 泽泻标准化种植 [J]. 特种经济动植物，15(7): 45.

邢虎田，栗素芬，1993. 草泽泻生物学特性及其防除 [J]. 新疆农垦科技 (3): 27.

（撰稿：陈勇；审稿：纪明山）

叉钱苔 *Riccia fluitans* L.

水田多年生杂草。又名浮藓。英文名 float riccia。苔科钱苔属。

形态特征

成株 植物体叶状（图①②），革质，淡绿色，扁平带状，多数密集生长，规则多次二歧分叉，先端心形，气室六角形，气孔较少，单一突出，长1～6cm、宽0.5～2mm，横切面呈新月形，背面表皮为单层细胞；营养组织由多数细胞连成孔网状，细胞大型，绿色；腹面疏生假根，无鳞片。雌雄同株。精子器及颈卵器都单生，包被于叶体内；雌苞圆球形，无柄；成熟后向叶状体腹面突出呈圆球形，外面生多数假根。

孢子 孢子黄褐色，半透明，直径75～90mm，外壁具网状突起。生于水面者不产生孢子。

生物学特性 叉钱苔以营养繁殖（叶状体老的部分不断腐死，先端幼嫩部分分裂成2个新植物体）或以孢子繁殖。喜疏阴之处，喜温暖，怕寒冷，在15～30℃的温度范围内生长良好。喜生水田的水边，基部着泥生假根，假根附着于他物，水稻的残株、岩石等。

分布与危害 中国分布于秦岭以南各地区，主要分布于黑龙江、辽宁、江苏、上海、安徽、浙江、台湾、江西、湖北、广东、广西、四川和云南；朝鲜、日本、俄罗斯（西伯利亚地区、远东地区）、印度、新西兰以及美洲、欧洲和非洲也有分布。多见于阴湿土面或墙脚，池塘水面浮生或湿土。常发生稻田，灌水期间漂浮水面，烤田时着地，附于泥土表面生长，密集发生，与水稻竞争养料。

防除技术 除草剂噁草酮、扑草净应用于稻田有效。

综合利用 适合室内水体绿化，是装饰玻璃缸、玻璃槽、玻璃瓶等容器的良好材料。

参考文献

刁正俗，1983. 中国常见水田杂草 [M]. 重庆：重庆出版社：12.

傅立国，陈谭清，郎楷永，等，2012. 中国高等植物：第一卷 [M]. 青岛：青岛出版社：294.

李扬汉，1998. 中国杂草志 [M]. 北京：中国农业出版社.

秦祥塈，裴恩乐，王幼芳，等，2016. 上海城区野生高等植物图

叉钱苔植株形态（强胜摄）
①生境群落；②植株

谱 [M]. 上海：上海科学技术出版社.

韦三立，2004. 水生花卉 [M]. 北京：中国农业出版社：131-132.

（撰稿：陈勇；审稿：纪明山）

问题及对策 [J]. 农药，42(11): 5-10.

THOMAS J MONACO, STEPHEN C WELLER, FLOYD M ASHTON, 2002. Weed science principles and practices [M]. Hoboken: John Wiley & Sons Inc.

（撰稿：纪明山；审稿：王金信）

长残效除草剂　long residual herbicide

施用后在土壤中的持效期较长，甚至长于一个作物的生长期，易对下茬敏感作物造成药害的除草剂。

从防除杂草的角度，除草剂应具有一定的残留期，残留期太短，一次用药除草效果的维持很短难以取得理想效果。除草剂残留期通常用半衰期来衡量。半衰期是指除草剂分解一半所需要的时间。一般半衰期越长，其残效期就越长。

除草剂在土壤中的残留主要由它本身化学结构和理化性质决定，同时，也受到剂型、环境条件（有机质含量、pH、离子交换量、含水量等）和气候条件（高温、高湿、多雨有利除草剂降解，减少残留）的影响。不同除草剂在土壤中的残留期相差甚远。常见的长残效除草剂包括莠去津、二氯喹啉酸、异噁草松、甲嘧磺隆、甲磺隆、氯磺隆、氯嘧磺隆、胺苯磺隆、咪唑乙烟酸、甲氧咪草烟等，在土壤中的持效期长。莠去津在 22℃水中溶解度为 33mg/L，土壤中半衰期为 60 天，玉米田播后苗前土壤处理有效成分用量超过 38g/ 亩时，可对下茬小麦、大豆、西瓜、马铃薯等敏感作物造成药害。在土壤黏重、有机质含量低、降水量偏少、气候冷凉的条件下更易产生药害，建议间隔种植期 1 年以上。二氯喹啉酸在 20℃水中溶解度为 62mg/L，土壤中半衰期为 22 天，但彻底消耗时间长，且活性高，是典型的长残效除草剂，极易对下茬烟草、马铃薯、豌豆、甘薯、番茄等多种作物产生明显药害，稻田中施用一次二氯喹啉酸后，烟草的安全间隔种植期为 342 天。

长残效除草剂有其利弊特点，优点是生物活性较高、易被植物根系吸收经非共质体向顶性传导，除草效果好、杀草谱宽、用药量少、使用方便、用药成本低；缺点是在土壤中迁移和降解速度慢，有些除草剂品种可达 2～4 年或更久，在连作或轮作农田中使用极易造成下茬作物药害、减产，甚至绝产，给农业生产带来了较大的经济损失。

化学除草剂的选择应该把对当季农作物安全和对下茬作物安全放在首位，应该淘汰那些安全性差、对下茬作物有药害而又有替代品种的长残效除草剂；对作物安全性好、药效好而无代替品种的长残效除草剂应根据作物复种和轮作具体情况制定使用办法，划区限制使用；也可将持效期短的除草剂和持效期长的品种混合使用；而且施用长残效除草剂，应尽量在作物前期施用，严格控制用药量，并合理安排后茬；并规范喷洒除草剂的器械和施药技术，加强除草剂管理，依法使用长残效除草剂。

参考文献

陈国奇，田兴山，冯莉，2014. 南方二氯喹啉酸残留药害早期诊断和预警亟待研究 [J]. 杂草科学，32(1): 96-100.

王险峰，关成宏，辛明远，2003. 我国长残效除草剂使用概况、

长芒稗　*Echinochloa caudata* Roshev.

水田一年生杂草。又名长芒野稗、长尾稗。英文名 longawn barnyardgrass。禾本科稗属。

形态特征

成株　高 1～2m（图①②）。秆直立。叶鞘无毛或常有疣基毛（或毛脱落仅留疣基），或仅有粗糙毛或仅边缘有毛；叶舌缺；叶片线形，长 10～40cm、宽 1～2cm，两面无毛，边缘增厚而粗糙。圆锥花序下垂，长 10～25cm、宽 1.5～4cm，具黄绿色长芒，偶稍带紫色（图③④）；主轴粗糙，具棱，疏被疣基长毛；分枝密集，常再分小枝；小穗卵状椭圆形，常带紫色，长 3～4mm，脉上具硬刺毛，有时疏生疣基毛；第一颖三角形，长为小穗的 1/3～2/5，先端尖，具三脉；第二颖与小穗等长，顶端具长 0.1～0.2mm 的芒，具 5 脉；第一外稃草质，顶端具长 1.5～5cm 的芒，具 5 脉，脉上疏生刺毛，内稃膜质，先端具细毛，边缘具细睫毛；第二外稃革质，光亮，边缘包着同质的内稃；鳞被 2，楔形，折叠，具 5 脉；雄蕊 3；花柱基分离。

子实　颖果椭圆形，骨质，密包于稃内不易脱出，长 2.5～3.5mm，具光泽，腹面扁平，凸面有纵脊，黄褐色（图⑤）；脐粒状，乳白色，无光泽。

幼苗　第一叶线形，先端锐尖；2～5 叶亦为线形，先端尖，无毛；无叶舌，叶鞘无毛；茎基紫红色。

生物学特性　喜温暖湿润环境，适应性强，耐酸碱，也能生长在浅水中。12～35℃种子都可以萌发，在 0～10cm 的土层内均可出苗，土壤表层出苗率高。苗期 5～8 月，花果期 7～10 月，以种子越冬繁殖为主，种子可随流水和风力传播，或通过作物子粒调运传播。

虽长期使用化学除草剂的田块，稗草的抗药性发展迅速。不过，迄今还没有长芒稗抗性案例报道。

分布与危害　中国分布于黑龙江、吉林、内蒙古、河北、山西、宁夏、甘肃、新疆、安徽、江苏、上海、浙江、江西、福建、湖北、湖南、四川、贵州及云南等地。多生于沼泽、沟渠旁、低洼荒地、稻田、潮湿旱地。多发生于低洼稻田，是水稻田、莲藕田有危害性的主要杂草之一。

稗草与水稻具有亲缘近似性，在生物学特性方面与水稻极为相似，但稗草为 C_4 植物，水稻为 C_3 植物，稗草在生长势、抗逆性及对资源的竞争上远强于水稻。当稗草和水稻共存时，严重影响水稻的生长发育，导致减产。

防除技术　采取农业防治、生物防治和化学防治相结合的综合利用等措施。

农业防治　种子精选。通过对稻种调进、调出的检疫，检查稻种中是否夹带了稗草等杂草的种子，经过筛、风扬、水

选等措施，汰除杂草子实，控制杂草的远距离传播与危害。通过深翻整地、水层管理、肥水壮苗、水旱轮作、轮作换茬等措施保持水稻良好的生态条件，促进水稻生长，提高水稻对杂草的竞争力。在水稻生长中后期，可人工拔除杂草，避免新一代杂草种子侵染田间。采取拦截灌溉水流携带的杂草种子、捞取田间水面漂浮的杂草种子、清除田埂上周围的杂草等措施，不断耗竭土壤杂草种子库，最大程度减小农田杂草的发生规模。

生物防治　放养绿萍，可抑制稻田大量杂草发生。在水稻抽穗前，人工放鸭、养鱼，任其取食株、行间杂草幼芽，降低土壤杂草种子库的密度，减少杂草的发生基数。

化学防治　采用"一封一杀"除草方式，直播稻田中的"一封"，即在播种（催芽）后1～3天内，使用丙·苄（含安全剂），或用丙草胺均匀喷雾，施药时田板保持湿润。移栽田或抛秧田，待秧苗立根后（稗草1～3叶期），用苯噻酰草胺均匀喷雾；"一杀"茎叶处理可用五氟磺草胺、双草醚、二氯·苄或氰氟草酯等茎叶喷雾。施药前一天，田间须放干水，药后2天复水，保持3～5cm水层3～5天再恢复正常管理。

综合利用　植株和种子作饲料。草质柔软，叶量丰富，营养价值较高，粗蛋白与燕麦干草相似，鲜干草马、羊均喜食。子实可做家畜和家禽的精饲料。根及幼苗可药用，能止血，主治创伤出血。茎叶纤维可作为造纸原料。长芒稗可作为种质资源加以利用。

参考文献

李慧敏，赵凤梧，李爱国，等，2003. 旱稻 (*Oryza sativa*)× 长芒稗 (*Echinochloa caudata*) 远缘杂交后代结实率及杂种优势分析 [J]. 核农学报 (1): 11-15.

李俭，李海粟，陈凯，等，2015. 吉林省稻区稻稗、稻李氏禾的抗药性特征 [J]. 延边大学农学学报，37(1): 18-24.

隋标峰，张朝贤，崔海兰，等，2009. 杂草对 AHAS 抑制剂的抗药性分子机理研究进展 [J]. 农药学学报，11(4): 399-406.

中国科学院中国植物志编辑委员会，1990. 中国植物志：第十卷

长芒稗植株形态（①③⑤张治摄；②④强胜摄）
①成株；②群体；③④花序；⑤子实

[M]: 北京: 科学出版社.

CHEN G Q, QIONG W, YAO Z W, et al, 2015. Penoxsulam-resistant barnyardgrass (*Echinochloa crusgalli*) in rice fields in China [J]. Weed biology and management, 16(1): 16-23.

YU Q, POWLES S B, 2014. Resistance to AHAS inhibitor herbicides: current understanding [J]. Pest management science, 70(9): 1340-1350.

（撰稿：马国兰；审稿：纪明山）

长芒棒头草 *Polypogon monspeliensis* (L.) Desf.

夏熟作物田一二年生杂草。异名 *Alopecurus monspeliensis* L.。英文名 rabbitfoot polypogon。禾本科棒头草属。

形态特征

成株 高 8～60cm。茎秆直立或基部膝曲，大都光滑无毛，具 4～5 节（图①②）。叶鞘松弛抱茎，大多短于或下部者长于节间；叶舌膜质，长 2～8mm，2 深裂或呈不规则的撕裂状；叶片长 2～13cm、宽 2～9mm，上面及边缘粗糙，下面较光滑。圆锥花序穗状，长 1～10cm、宽 5～20mm（包括芒）（图③④）；小穗淡灰绿色，成熟后枯黄色，长 2～2.5mm（包括基盘）；颖片倒卵状长圆形，被短纤毛，先端 2 浅裂，芒自裂口处伸出，细长而粗糙，长 3～7mm，是小穗的 2～3 倍，开花后分枝仍相互密接靠近主轴；外稃光滑无毛，长 1～1.2mm，先端具微齿，中脉延伸成约与稃体等长而易脱落的细芒；雄蕊 3，花药长约 0.8mm。

子实 颖果倒卵状长圆形，米黄色，长约 1mm、宽约 0.8mm（图⑤）；脐不明显；腹面具沟；胚近圆形，长约占颖果的 1/3。

幼苗 第一片真叶带状，长约 26mm、宽约 0.8mm，先端急尖，有 3 条直出平行脉，叶舌三角形，顶端齿裂，叶舌的边缘与叶鞘相连。

长芒棒头草植株形态（③唐伟摄；其余张治摄）

①②成株；③④花果序；⑤子实

生物学特性　生于海拔 3900m 以下的潮湿地及浅的流水中。以种子进行越冬繁殖，苗期秋冬季至翌年春季。花果期 5～10 月。1979 年在以色列路边首次发现了长芒棒头草对 PS Ⅱ 抑制剂类除草剂的抗性，这些特定的生物类型对莠去津和西玛津具有抗性，它们可能对其他 PS Ⅱ 抑制剂类除草剂具有交叉抗性。二倍体植物，染色体 n=28。

分布与危害　广泛地分布于全世界亚热带和温带地区，在中国南北各地区均有分布，以西南和长江流域的局部地区危害较重。稻茬夏熟作物田的主要杂草之一，低洼田块发生量较大，有时成群或与棒头草混生危害。在陕西汉阴县小麦田的发生密度为 1.10 株 /m²，杂草的优势率为 2.35%。对小麦有化感作用，嫩枝和花序的水提物会对小麦的萌发、胚芽生长、根长生长、种子根数、鲜重和干重产生抑制作用。云南玉溪地区灯盏花田中长芒棒头草的发生频率高达 65%。

防除技术

农业防治　采用轮作、深耕、中耕和清除田埂路边杂草等方式来减轻杂草的危害。

化学防治　小麦田可用精噁唑禾草灵、炔草酯、甲氧磺草胺、唑啉草酯进行茎叶喷雾处理；另外，向炔草酯中加入壬基酚聚乙二醇醚可以提高麦田里长芒棒头草的防除效果。也可在小麦播后苗前使用吡氟酰草胺、砜吡草唑、异丙隆进行土壤封闭处理有效防除长芒棒头草。油菜田可用烯草酮茎叶喷雾处理防效；或油菜移栽后，选用敌草胺进行土壤喷雾处理。长江流域稻 – 油菜一年两熟制作物田，油菜收获后，如果田间长芒棒头草等杂草发生量大，下茬作物播种前，可以选用灭生性除草剂草甘膦进行茎叶喷雾处理。

参考文献

李扬汉，1998. 中国杂草志 [M]. 北京：中国农业出版社：1314-1315.

沈祥宏，杨淑艳，张子伟，等，2008. 灯盏花大田杂草种类调查及防除 [J]. 植物保护，38(5)：135-137.

王广炳，颜显菊，2008. 汉阴县麦田杂草优势种群及防除 [J]. 杂草科学 (4)：43-44.

中国科学院中国植物志编辑委员会，1987. 中国植物志：第九卷 第三分册 [M]. 北京：科学出版社：253.

SAYEDA S, FARRUKH H, MARYAM E, et al, 2011. Allelopathic potential of *Polypogon monspeliensis* L. against two cultivars of wheat [J]. African journal of biotechnology, 10(85): 19723-19728.

TAGOUR R M H, EL-HAMED A, EL-METWALLY G M, 2011. Improving herbicides efficacy of Topik and Traxos on wheat plants and associated weeds by adjuvants Arkopal [J]. Nature and science, 9(11): 176-183.

（撰稿：唐伟；审稿：宋小玲）

长芒毒麦　*Lolium temulentum* L. var. *longiaristatum* Parnell

夏熟作物田一二年生有毒杂草。英文名 darnel rye-grass、longiaristate ryegrass。禾本科黑麦草属。

形态特征

成株　成株高 20～120cm（图①）。茎秆成疏丛，直立，无毛。叶鞘较疏松，长于节间；叶舌长约 2.7mm，膜质截平；叶耳狭窄；叶片长 6～40cm，宽 3～13mm，质地较薄，无毛或微粗糙。穗状花序长 5～40cm，宽 1～1.5cm，有 12～14 个小穗（图②～④）；穗轴节间长 5～7mm；小穗长 8～9mm，有 9～11 小花，以 9 为多，明显多于毒麦的 2～6 小花，小穗轴节间长 1～1.5mm，光滑无毛；颖质地较硬，具 5～9 脉，具狭膜质边缘，长 8～10mm，外稃质地较薄，基盘微小，具 5 脉，顶端钝，膜质透明，第一外稃长 6mm，芒长可达 2cm，自近外稃顶端处伸出，内稃长约等于外稃，脊上具有微小纤毛，顶端钝。

子实　颖果，长椭圆形，长 4～6mm，宽约 2mm，褐黄色至棕色，坚硬，无光泽，腹沟较宽（图⑤⑥）。

幼苗　绿色，基部紫红色，胚芽鞘长 1.5～1.8cm。第一片真叶带状，长 7.7cm、宽 2.5mm，腹面有 7 条圆锥状隆起的直出平行脉，并被有单毛和星状毛，叶颈明显，叶舌膜质，2 裂。第二片真叶有脉 9 条，叶舌环状。

生物学特性　冬季或翌年春季出苗，花果期 4～6 月。多混杂于麦类收获物中传播。田边、路旁及荒地也有零星分布。染色体 2n=14。

分布与危害　中国青海、安徽、江苏、江西、贵州和云南有发生。小麦种植区时有发生和危害，但是，进入 21 世纪以来，随小麦良种化和严格的检疫实施，麦田杂草调查已经难以发现长芒毒麦的发生。长芒毒麦的子实皮与糊粉层之间有座盘菌（*Stromatinia temulenta*）寄生，产生生物碱毒麦碱（$C_7H_{12}N_2O$），人、畜食后都能中毒，轻者引起头晕、昏迷、呕吐、痉挛等症，重者则会使中枢神经系统麻痹以致死亡。另外，长芒毒麦生于麦田中，影响作物的产量和质量。

防除技术　应严格执行国家有关检疫规定，防止其在中国蔓延扩散。一旦发现，应通过选种、换种、轮作倒茬、耕作防除，或人工、机械防除等方法消除毒麦。

化学防治　茎叶处理可用唑啉草酯、炔草酯或两者的复配剂以及禾草灵、啶磺草胺、甲基二磺隆、氟唑磺隆或三甲苯草酮。注意茎叶处理应在杂草 2～5 叶期进行才能取得较好的防除效果。对饲养人员传授识别长芒毒麦的知识，不用混杂长芒毒麦的饲料饲喂家畜。

参考文献

初孟林，赵福，刘晏良，等，1989. 从亚麻种子中汰除长芒毒麦籽粒的机械选种方法 [J]. 植物检疫 (2)：129.

郭琼霞，黄可辉，1998. 危险性杂草毒麦 *Lolium temulentum* 与其近似种的形态研究 [J]. 武夷科学 (13)：52-55.

李扬汉，1985. 毒麦及其变种籽实的成熟结构与内生真菌之间的关系 [J]. 南京农业大学学报 (4)：1-7.

李扬汉，1998. 中国杂草志 [M]. 北京：中国农业出版社：1270-1271.

张姮，康林，高必达，等，2009. 毒麦属 6 个种的 rDNA ITS 序列测定及分析 [J]. 湖南农业大学学报（自然科学版），35(1)：21-23, 42.

（撰稿：陈景超；审稿：贾春虹）

长芒毒麦植株形态（张治摄）
①成株；②③花果序；④子实

长蒴黄麻 *Corchorus olitorius* L.

秋熟旱作物田多年生杂草。又名苦麻叶、黄麻叶、食用黄麻、香麻叶。英文名 jew's mallow。椴树科黄麻属。

形态特征

成株　高 1～3m（图①②）。叶互生，纸质，卵状披针形，长 7～10cm、宽 2～4.5cm，先端渐尖，基部圆形，两面均无毛，基出脉 5 条，两侧的上行不过半，中脉有侧脉 7～10 对，边缘有细锯齿；叶柄长 1.6～3.5cm，上部有柔毛；托叶卵状披针形，长约 1cm。花单生或 1～3 朵排成腋生聚伞花序，有短的花序柄及花柄；花小，淡黄色；萼片 5，长圆形，顶端有长角，基部有毛；花瓣 5，与萼片等长或稍短，长圆形，基部有柄；雄蕊多数，离生，全部能育；雌雄蕊柄极短，无毛；子房有毛，柱头盘状，有浅裂。

子实　蒴果长 3～8cm，稍弯曲；具 8～10 棱，无翅，顶端有 1 喙状突起，喙全缘；5～6 瓣裂开，有横隔；种子倒圆锥形，略有棱。

生物学特性　多年生木质草本。种子繁殖。花期在夏秋。染色体数目为 2n=14。

分布与危害　中国分布于广东、广西、海南、福建、云南、湖南、江西、安徽；原产印度，现广泛分布于世界热带地区。生于草地、溪边或田埂上，田间偶见。

防除技术　见甜麻。

长蒴黄麻植株形态（①徐永福提供；②陈炳华提供）
①群体；②植株

综合利用　是非洲人喜食的一种高钙蔬菜，在埃及有"帝王菜"之称。中国广东潮汕和闽中南等地区有栽培及食用的历史，嫩茎叶含有丰富的β-胡萝卜素、维生素、钾和钙，基本不含钠和铝，是能为人体补钙和供给微量元素的保健蔬菜，还可健脾胃、润肠通便、降血压、祛疲劳、消暑祛火。茎皮多长纤维，可作绳索及织制麻袋，经加工处理，可织制麻布及地毯等。植株吸附重金属，可改良土壤。

参考文献

陈如冰，周雪娜，陈婉芳，等，2011. 长蒴黄麻总黄酮的提取及其抗氧化性 [J]. 贵州农业科学，39(10): 162-165.

李扬汉，1998. 中国杂草志 [M]. 北京：中国农业出版社：967-968.

周庆红，曾勇军，范淑英，等，2013. 叶用黄麻染色体核型分析和多倍体诱导研究 [J]. 江西农业大学学报，35(3): 512-516.

TANG Y, GILBERT M G, DORR L J, 2007. Flora of China [M]. Beijing: Science Press: 250.

（撰稿：范志伟；审稿：宋小玲）

长叶车前　*Plantago lanceolata* L.

果园、桑园、茶园等多年生杂草。又名窄叶车前、欧车前、披针叶车前。英文名 buckhorn plantain、ribwort plantain。车前科车前属。

形态特征

成株　植株高 30～50cm（图①②）。根状茎短，有较细的须根。基生叶披针形、椭圆状披针形或线状披针形，直立或外展，长 5～20cm、宽 0.5～3.5cm，全缘或有细锯齿，两面密生柔毛或无毛，有 3～5 条明显的纵脉；叶柄长 2～4.5cm，基部有细长毛。花葶少数，长 15～40cm，四棱，有长柔毛，穗状花序圆柱形，长 2～3.5cm，花密集，苞片卵圆形，中央有一具毛的棕色龙骨状突起；萼片 4，组成不等的 2 对，远轴的一对合生，另二片离生；花冠裂片开展，三角状卵形；雄蕊远伸出花冠（图③）。

子实　蒴果椭圆形，近下部周裂；种子 6～10，椭圆形，黄褐色至深褐色，长 2.2～3.5mm、宽 0.8～1.7mm、厚 0.4～1.2mm，腹侧呈船形，中央有一深陷的槽状沟，沟边具卷曲状的边缘。

幼苗　下胚轴常带红色（图④）。子叶狭线形，长 50～70mm、宽约 1mm，先端钝，基部相互连接成管状膜质鞘。初生叶长圆形，先端渐尖，基部渐狭，成宽长的叶柄，边缘具几个不明显的牙齿，并着生稀疏细长毛，主脉明显，并有 2 条与其近于平行的侧脉。

生物学特性　生于温湿的草地或路边、海边、河边、山坡草地。春、夏、秋季均见幼苗。花果期 6～10 月。以种子和根状茎芽繁殖。

分布与危害　中国分布于辽宁、山东、江苏、浙江、江西及台湾等地；原产欧洲、北亚及中亚，今遍布于世界的温带地区。长叶车前属于一般性杂草。部分农田常见，但数量不多，危害不重，是多种作物（甜菜、甘薯、番茄、芜菁、瓜类、烟草、蚕豆）上病毒、害虫及病菌的寄主。

防除技术　应采取包括农业防治、生物和化学防治相结合的方法。此外，可考虑综合利用等措施。

农业防治　长叶车前虽株小，但根深耗营养，严重妨碍农田作物的生长，因此在农田耕作前须拔除，包括田埂、路旁边所有的植株；或是在不同时期进行深耕翻耙、中耕松土等措施除草，或刈割或铲除杂草。在果园中还可在杂草种子萌发前撒麦壳或是铺稻草或是玉米秸秆来抑制长叶车前草种子萌发及幼苗生长；在旱田作物行间套种白三叶草，白三叶草植株相对矮小，对作物产量影响较小，其生长迅速，很快

长叶车前植株形态（③强胜摄；其余何永福、叶照春摄）
①②植株；③花序；④幼苗

形成群落，可抑制其他杂草的生长。

生物防治 若在空闲地，可通过污色白粉菌或是间坐壳属真菌防除车前科的车前、平车前或长叶车前，污色白粉菌主要危害其叶片，导致植物无法进行光合作用而枯萎致死。

化学防治 在萌芽前可选用土壤处理剂氟乐灵、嗪草酮、2甲4氯等进行防除；在果园、桑园、茶园可选择草甘膦、草铵膦、莠去津等进行定向喷雾防除；在果园、桑园也可选用敌草快、敌草隆、氨氯吡啶酸等单剂或混剂进行定向喷雾防除。

综合利用 全草和种子可入药。种子油可作工业用油；也可作饲料。

参考文献

李扬汉，1998. 中国杂草志 [M]. 北京：中国农业出版社.

（撰稿：叶照春；审稿：何永福）

长叶微孔草 *Microula trichocarpa* (Maxim.) Johnst.

夏熟作物田一二年生杂草。英文名 hairyfruit microula。紫草科微孔草属。

形态特征

成株 高 15～50cm（图①②）。茎直立，上部分枝或自基部分枝，被开展的刚毛或硬毛。基生叶及下部茎生叶狭长圆形或狭匙形，长 2～9cm、宽 0.6～2cm，有长柄；茎中部叶长圆形或倒披针形，不同于微孔草的卵形或椭圆状卵形；茎中部以上叶渐变小，具短柄或无柄，顶端急尖，基部渐狭，边缘全缘或有不明显小齿，两面被糙伏毛，上面有时混生少数刚毛。聚伞花序密集，顶生，直径约达 1cm，在茎中部以上有与叶对生具长梗（花梗长达 1.5cm）的花（图③）；花萼长约 2mm，果期伸长至 3.5mm，5 裂近基部，裂片狭三角形，外面被毛；花冠蓝色，冠筒长约 2mm，冠檐径约 5mm，无毛，裂片近圆形，喉部附属物三角形或半月形，高约 0.3mm，有短糙毛。

子实 小坚果白色，宽卵形，长 1.8～2.5mm、宽 1.2～2mm（图④⑤），有小瘤状突起和极短的小毛，背孔椭圆形，几乎占据整个果的背面，着生面位于腹面顶端而不同于微孔草。

生物学特性 种子繁殖。花期 6～8 月，果期 7～9 月。长叶微孔草适宜生长的温度范围为 10～25℃；适宜土壤水分最低界值为 12%，最高界值为 40%；是中等抗寒植物。

分布与危害 中国特有种，分布于陕西、甘肃、青海东部、四川西部、西藏等地，生长于海拔 1880～3800m 山地林下、沟边或路旁。高山区农田常见杂草，但发生数量少，危害不重；在油菜田较其他农田更常见。

防治措施

农业防治 精选种子，切断种子传播。播种前深耕土壤，通过翻耕将长叶微孔草种子消灭在萌芽状态。及时清理田边、路边、沟边、渠埂杂草。适时进行人工除草，在杂草刚出苗阶段和未结实前进行两次，可有效减少危害，并减少土壤种子库中的数量，有利于翌年杂草的控制。在油菜 4～5 叶期，及时中耕除草，以便于消灭杂草的同时疏松土壤、促进油菜根系发育。施用经过高温堆沤处理的堆肥可防止杂草种子传入田。另外，利用黑色地膜覆盖可以有效抑制杂草生长。

化学防治 直播油菜在播种前或出苗前可用氟乐灵、精异丙甲草胺进行土壤封闭处理，移栽油菜在移栽后可用乙草胺、精异丙甲草胺、敌草胺进行土壤封闭处理；油菜田出苗后的长叶微孔草可用草除灵、二氯吡啶酸和氨氯吡啶酸的复配剂进行茎叶喷雾处理。二氯吡啶酸和氨氯吡啶酸的复配剂能用于非耕地和草原防除长叶微孔草。

综合利用 长叶微孔草地上和地下部位均具有丰富的粗蛋白、粗纤维、可溶性糖、总多酚和生物碱，具有一定的药用成分和饲用成分。因长叶微孔草为中国特有物种，应加以保护和利用。

参考文献

李扬汉，1998. 中国杂草志 [M]. 北京：中国农业出版社：139-140.

唐炳民，谢久祥，李楠，2017. 长叶微孔草化学成分分析 [J]. 安徽农学通报，23(4)：80-83.

肖晓华，刘春，吴洪华，等，2014. 重庆市秀山县农田杂草种类调查 [J]. 杂草科学，32(4)：32-39.

谢春晖，2019. 青海省湟中县油菜有害生物发生及防治对策研究 [D]. 兰州：兰州大学.

中国科学院中国植物志编辑委员会，1989. 中国植物志：第六十四卷 第二分册 [M]. 北京：科学出版社：26-28.

（撰稿：宋小玲、付卫东；审稿：贾春虹）

长叶微孔草植株形态（朱仁斌摄）
①②成株；③花序；④⑤果实

常见杂草　common weed

根据危害程度划分的一类杂草，发生频率较高、分布范围较广泛、可对作物构成一定危害、但群体数量不大且不会形成优势种的杂草。

种类　中国农田的常见杂草共有约 400 种，分属于藻类植物、蕨类植物和被子植物等多个门，在形态特征上呈现丰富的多样性。水绵等藻类杂草没有根茎叶的分化，也无维管组织和胚；槐叶苹、满江红、海金沙等蕨类杂草虽有根茎叶和维管组织的分化，但不会开花、产生种子；碎米荠、簇生卷耳、水马齿等被子植物杂草都能开花结果并产生种子，其花和果实存在着丰富的多样性。这些种类自身杂草性较强，具有广泛的适应能力，但是由于物种本身生物学特性所决定的如个体矮小，导致在与优势种共生情况下竞争力处于劣势，也可能种群集聚有害，因而呈散生分布。如蒲公英由于具冠毛的瘦果随风飘散，传播扩散快，发生普遍，不过，由于其植物矮小，通常不造成严重危害，故归类一般杂草。但是，有些种类在恶性杂草或区域恶性杂草等群落优势种被控制后，由于适应性演化，潜在着成为主要危害性的区域恶性杂草的可能性。华北地区的雀麦，在 20 世纪 80 年代属于夏熟作物田常见杂草，但是，现在已经演化为华北区域恶性杂草。此外，外来入侵种具有潜在迅速演化的潜力，由北美入侵的野老鹳草在 20 世纪 80 年代属于夏熟作物田常见杂草，随着除草剂的大量使用、环境选择及其自身演化，已经成为长江中下游地区区域恶性杂草。因此，在杂草防除实践中，除了恶性和区域恶性杂草外，还应该密切关注常见杂草的发生动态，综合考虑对这些杂草的防治。

生物学特性　中国农田的常见杂草可分为一年生杂草、二年生杂草和多年生杂草 3 种类型，有直立、平卧、匍匐、缠绕和攀缘等多种生长习性，生活在水体和旱地两大生境，有些杂草营寄生生活。它们能进行有性生殖、无性生殖和营养繁殖，蕨类杂草槐叶苹、满江红、海金沙等靠孢子繁殖，而被子植物类杂草主要靠种子繁殖，也有的杂草具有较强的无性繁殖的能力。孢子和种子可通过风、水、鸟类和人类的活动传播。

分布与危害　水绵、槐叶苹、满江红等主要发生于稻田等水生环境，而绝大多数被子植物门的常见杂草则多发生于旱田和茶桑果园，它们对农作物有一定的危害，主要表现在 2 个方面：①常见杂草干扰农作物的正常生长，使作物减产或品质下降。②有些杂草是作物病虫害的中间寄主，助长了病虫害的发生和传播。

防除技术　常见杂草的防除可采取以下措施。

物理防治　在杂草发生初期可人工拔除或机械除草；覆盖有色膜和药膜抑制常见杂草的生长。

农业及生态防治　精选种子、清除田边地头的杂草、实施水旱轮作或旱旱轮作、合理灌溉、深耕、清洁灌溉水等措施都有助于常见杂草的防除；开展替代种植也能收到较好的效果。

综合利用　许多常见杂草具有食用、药用和工业用等多方面的经济价值，可通过开发利用来达到控制的目的。

化学防治　视危害程度和需要适当开展化学防除工作。

参考文献

李扬汉，1998. 中国杂草志 [M]. 北京：中国农业出版社.

梁帝允，强胜，2014. 中国主要农作物杂草名录 [M]. 北京：中国农业科学技术出版社.

强胜，2009. 杂草学 [M]. 2 版. 北京：中国农业出版社.

苏少泉，1993. 杂草学 [M]. 北京：农业出版社.

（撰稿：郭凤根；审稿：宋小玲）

朝天委陵菜　*Potentilla supina* L.

夏熟作物田一二年生杂草，对小麦、棉花、蔬菜、薯类、花生、果树等危害较重。又名伏委陵菜、老鹳筋、鸡毛菜。英文名 spreading cinquefoil、carpet cinquefoil。蔷薇科委陵菜属。

形态特征

成株　株高 10～50cm（图①）。茎自基部分枝，平铺或斜升，疏生柔毛。羽状复叶，基生叶有小叶 2～5 对，间隔 0.8～1.2cm，连叶柄长 4～15cm，两面绿色，小叶倒卵形或长圆形，边缘有缺刻状锯齿，上面无毛，下面微生柔毛或近无毛；茎生叶有时为三出复叶，托叶阔卵形，三浅裂。花茎上多叶，下部花自叶腋生，顶端呈伞房状聚伞花序；花梗长 8～15mm，被柔毛；花直径 6～8mm；萼片卵形，顶端急尖；副萼片椭圆状披针形，顶端急尖，与萼片近等长；花瓣 5，黄色，倒卵形，顶端微凹，与萼片近等长或较短；雄蕊多数；心皮多数离生，花柱近顶生，基部乳头状膨大，花柱扩大（图②）。

子实　瘦果，卵形，黄褐色，有纵皱纹，腹部鼓胀若翅或有时不明显。

幼苗　子叶近圆形，基部心形，先端微凹；子叶具柄，紫红色。初生叶 1 片，近圆形或卵形，先端具 3 齿，基部圆形；叶柄亦呈紫红色。第二片真叶先端有 5 齿裂，第三片真叶有 7 齿裂。

生物学特性　朝天委陵菜以种子进行繁殖。花期 4～8 月，果期 9～10 月。朝天委陵菜的开花与光照长短关系不大，而与气温、积温密切相关，4 月上旬初花期，4 月中旬至 5 月下旬为盛花期。

在铜陵铜尾矿库上潮湿区域有大量生长旺盛的朝天委陵菜，并能够正常开花结实和种子繁殖，表明其具有很强的繁殖能力和抗逆性，尤其对重金属 Pb 胁迫和 Cu、Zn、Pb、Cd 复合污染土壤具有较强的耐受性，因此，生长迅速、生物量较大的朝天委陵菜可作为重金属，尤其是 Pb 污染土壤的修复植物。

分布与危害　中国分布于东北、华北、华东、西南、西北等地。生于田野、荒地、河岸沙地、草甸、山坡湿地等处。为夏熟作物小麦、油菜常见杂草，局部成优势杂草，黄河流域棉田也常见。还是果园常见杂草。

防除技术

农业防治　精选种子，对清选出的草籽及时收集处理，切断传播。施用经过高温堆沤处理的堆肥。及时清理田边、路边、沟渠边的朝天委陵菜，防止传入田间。覆盖地膜或秸秆，抑制杂草种子萌发和生长。在朝天委陵菜尚未形成分株前通过人工、机械耕翻拣出土壤中的根，并清除出田间，集中销毁。

化学防治　化学防治仍是朝天委陵菜最主要的防除措施，对重发田块一般采用茎叶喷雾处理的方法加以防除。小麦田朝天委陵菜等阔叶杂草发生较重时，可于冬前或春季小麦拔节前进行茎叶喷雾处理，可用苯磺隆、双氟磺草胺和唑嘧磺草胺、氯氟吡氧乙酸以及它们的复配剂，作用速度快，对朝天委陵菜等多数阔叶杂草均有较好防效。果园可用草甘膦、草铵膦定向喷雾处理。

综合利用　朝天委陵菜兼具食用和药用价值，具有抗炎、抗病毒、抗溃疡、抗高血脂、抗氧化等作用，并且可以祛湿、镇痛，用于治疗皮肤疾病等；作为饲用植物，在中国

朝天委陵菜植株形态（马小艳摄）

①成株；②花

西北地区常作为马、牛、羊等牲畜的主要饲料来源。

参考文献

胡嫣然，周守标，吴龙华，等，2011. 朝天委陵菜的重金属耐性与吸收性研究 [J]. 土壤，43(3): 476-480.

李雪萍，2019. 沼泽湿地不同回复年限下朝天委陵菜克隆构建和根系的适应性 [D]. 兰州：西北师范大学.

李扬汉，1998. 中国杂草志 [M]. 北京：中国农业出版社.

孙海博，2019. 山西省七种野生委陵菜 (*Potentilla* L.) 的植物学特性及遗传多样性的 ISSR 研究 [D]. 太原：山西农业大学.

郑光海，朴惠顺，2012. 朝天委陵菜化学成分研究 [J]. 中草药，43(7): 1285-1288.

周恒昌，1991. 我省越冬杂草的开花习性及与防除的关系 [J]. 杂草科学 (3): 1-3, 31.

（撰稿：马小艳；审稿：宋小玲）

车前 *Plantago asiatica* L.

秋熟旱作物田、田埂多年生草本常见杂草。又名车前子、车轮菜。英文名 common plantain、asiatic plantain。车前科车前属。

形态特征

成株 高 20～60cm（图①）。具须根。叶基生，直立，卵形或宽卵形，长 4～12（15）cm，宽 3～9cm，先端圆钝，边缘近全缘，波状或有疏齿至弯缺，两面无毛或有短柔毛，具弧形脉 5～7 条；叶柄长（2）5～10（22）cm，基部扩大成鞘。花葶数个，直立，长 20～45cm，被短柔毛，穗状花序占上端 1/3～1/2 处（图②），花疏生，绿白色或淡绿色，苞片宽三角形，较萼片短，二者均有绿色宽龙骨状突起；花萼裂片倒卵状椭圆形或椭圆形，长 2～2.5mm，有短柄；花

车前植株形态（何永福、叶照春摄）

①植株；②③花序；④幼苗

冠裂片披针形，长约 1mm，先端渐尖，反卷（图③）。

子实　蒴果椭圆形，长 2～4mm，周裂。种子 5～6（8）粒，长圆形，长约 1.5mm，黑棕色，腹面明显平截，表面具皱纹状小突起，无光泽。

幼苗　子叶长椭圆形，长约 0.7cm，先端锐尖，基部楔形（图④）。初生叶 1，椭圆形至长椭圆形，先端锐尖，基部渐狭至柄，柄较长，主脉明显，叶片及叶柄皆被短毛。上、下胚轴均不发达。

生物学特性　适生于草地、沟边、河岸湿地、田边、路旁或村边空旷处。通常以种子或根茎繁殖，常单生或群生。花期 4～8 月，果期 7～9 月。

分布与危害　中国分布于黑龙江、吉林、辽宁、内蒙古、河北、山西、陕西、甘肃、新疆、山东、江苏、安徽、浙江、江西、福建、台湾、河南、湖北、湖南、广东、广西、海南、四川、贵州、云南、西藏等地；朝鲜、俄罗斯（远东）、日本、尼泊尔、马来西亚、印度尼西亚也有分布。车前是危害旱田作物的恶性杂草之一，部分秋熟作物田中较多，危害较重。

防除技术　应采取包括农业防治、生物和化学防治相结合的方法。此外，也可考虑综合利用等措施。

农业防治　车前耐干旱，因此在农林生产实际应用中可旱地改作水田，实行水旱轮作，减轻车前的蔓延。

生物防治　黄花草木樨茎叶水浸提液可有效抑制车前种子的萌发，同时对车前幼苗的生长也有强烈的抑制作用。

化学防治　在萌芽前可选用土壤处理剂氟乐灵、嗪草酮、2 甲 4 氯等进行防除；在果园、桑园、茶园可选用草甘膦、草铵膦、莠去津等进行定向喷雾防除；在果园、桑园也可选用敌草快、敌草隆、氨氯吡啶酸等单剂或混剂进行防除。

综合利用　全草和种子药用，有清热利尿、祛痰止咳、明目的功效，可治泌尿系统感染、结石、肾炎水肿、小便不利、肠炎、痢疾等。车前嫩苗、嫩叶可作蔬菜食用，还可用作饲料。

参考文献

李扬汉，1998. 中国杂草志 [M]. 北京：中国农业出版社.

邬彩霞，刘苏娇，赵国琦，等，2015. 黄花草木樨对杂草的化感作用研究 [J]. 草地学报，23(1): 82-88.

张彤，柳淑玉，柳晨，2005. 车前草的药理作用及临床应用进展 [J]. 时珍国医国药，16(1): 67.

（撰稿：叶照春；审稿：何永福）

齿果酸模　*Rumex dentatus* L.

夏熟作物田、蔬菜地一或多年生杂草。又名滨海酸模、牛舌棵子、土大黄等。英文名 toothed dock。蓼科酸模属。

形态特征

成株　高 15～80cm（图①②）。茎直立，自基部起多分枝，纤细，枝斜上，具沟纹，无毛。基生叶叶柄长 2～2.5cm；

齿果酸模植株形态（①～④郝建华提供；⑤⑥张治摄）
①群体；②植株；③托叶鞘和轮生花序；④成熟果序；⑤子实；⑥幼苗

叶片长椭圆形，长5～10cm、宽1.5～2.5cm，先端钝或急尖，基部圆形或截形，边缘全缘或浅波状，疏生短毛；茎生叶互生，较小，具短柄；托叶鞘膜质，筒状，褐色，常破裂（图③）。花簇轮生于茎上部和枝的叶腋内，再排成总状花序状，全株呈大型圆锥花序状；花两性，黄绿色，常下弯，花梗基部有关节；花被片6，黄绿色，排成2轮，外轮长圆形，长1～1.5mm，内轮花被片时增大，三角状卵形，长1～2mm，有明显网纹，每侧边缘有4～5个长短不等的针刺状齿，背面中央有1卵状长圆形瘤状突起；雄蕊6；柱头3。

子实　果卵状三棱形，角棱锐，褐色，平滑光亮。包于宿存内轮花被内（图④⑤）。

幼苗　子叶出土（图⑥）。下胚轴粗壮，红色，上胚轴不发育。子叶卵形，长8mm、宽3.5mm，叶基近圆形，具长柄。初生叶1片，阔卵形，先端钝圆，叶基圆形，表面稀布红色斑点，具长柄；托叶鞘膜质，呈杯状。后生叶的叶尖为急尖，叶缘呈微波状，叶面有红色斑点；托叶鞘鞘口齿裂。

生物学特性　种子繁殖。花期5～6月，果期6～7月。齿果酸模种子在15℃条件下种子的发芽率和发芽势达到最大，随温度增加逐渐降低。齿果酸模种子在水中具有较强的漂浮能力。为二倍体植物，染色体数目n=20。

分布与危害　中国广泛分布于河北、山西、陕西、河南、甘肃、江苏、上海、安徽、浙江、湖北、湖南、台湾、四川、云南及贵州等地；泰国至印度也有。喜生于路旁湿地、河岸或水边。为常见的蔬菜地、果园及路埂杂草，危害轻。

防除技术

农业防治　由于齿果酸模果实的宿存花被高度木质化的组织，并在其上着生3个由薄壁细胞构成的附属物，因此具有很强的漂浮能力，在稻麦（油）连作田田间灌水初期，拦截漂浮的杂草种子并及时最大程度清除水面漂浮的杂草种子，不断缩小土壤杂草种子库的规模。

化学防治　麦田可用吡氟酰草胺、甲基二磺隆、噻吩磺隆、唑嘧磺草胺、麦草畏、氯氟吡氧乙酸、双唑草酮等茎叶喷雾处理。油菜田可用草除灵、二氯吡啶酸等茎叶喷雾处理。

综合利用　齿果酸模的嫩茎叶可作蔬菜食用。其富含蛋白质并含有氨基酸种类多达17种，可以作为优良的蛋白饲料。含有大量脂肪酸和蒽醌衍生物，具有清热解毒、活血止血、通便杀虫的功效，用于治疗肠炎、痢疾、血崩、咳血、便秘、湿疹等，可作药用。齿果酸模对养殖业废水（猪场废水）中氨氮、总氮、总磷及化学需氧量的平均去除率都在70%以上，可用于人工湿地处理养殖业废水。

参考文献

李儒海，2009. 稻麦（油）两熟田杂草子实的水流传播机制及杂草可持续管理模式的研究 [D]. 南京：南京农业大学.

李扬汉，1998. 中国杂草志 [M]. 北京：中国农业出版社：805-806.

张彩莹，王妍艳，王岩，2011. 湿地植物齿果酸模对猪场废水净化作用研究 [J]. 环境工程学报，5(11): 2405-2410.

张志杰，郭予琦，朱墨，等，2012. 齿果酸模种子发芽研究 [J]. 种子，31(8): 72-75.

左然玲，强胜，2008. 稻田水面漂浮的杂草种子种类及动态 [J]. 生物多样性，16(1): 8-14.

（撰稿：郝建华、宋小玲；审稿：强胜）

翅茎灯心草　*Juncus alatus* Franch. et Sav.

水田、湿地多年生杂草。英文名 wingstem rush。灯心草科灯心草属。

形态学特征

成株　高10～50cm（图①②）。根状茎较短，横走，

翅茎灯心草植株形态（张治摄）

①生境及成株；②成株；③④花果序；⑤种子

须根较细，淡褐色。茎丛生，直立，扁平，两侧具狭翅，宽0.2～0.4cm，横隔不明显。基生叶多枚丛生，茎生叶1～3枚；叶片扁平，条形，长5～15cm或更长、宽0.3～0.4cm，先端锐尖；叶鞘两侧压扁，边缘膜质，抱茎；叶耳小。花序顶生（图③④），下部具1～2枚总苞片，叶状，长2～10cm；花序具分枝，通常3～4枚，花梗不等长，聚伞花序由4～25个头状花序组成，有时具更多头状花序；头状花序扁平，具3～7朵花，淡绿色或黄褐色，具短梗；花被片披针形，6枚，排成2轮；雄蕊6枚，花药长圆形，黄色，花丝基部扁平；雌蕊子房上位，椭圆形，1室，花柱短，柱头三叉状。

子实　蒴果三棱状圆柱形，长3.5～5mm，顶端具短钝的突尖，淡黄褐色（图⑤）。种子椭圆形，长约0.5mm，黄褐色，具纵条纹。

幼苗　子叶出土。上、下胚轴均不发育。子叶针状，先端附有种皮。初生叶1片，线形，横剖面近圆形，无横隔，也无明显叶脉，具叶鞘，并与后生叶对折相抱。后生叶带状披针形，有2条直出平行脉，无横隔，具叶鞘。

生物学特性　喜阳光，对环境、水深、底质等适应性较强。种子繁殖。花期5～6月，果期7～8月。

分布与危害　在中国分布较广泛，常见于华北、华东、华中、华南、西南等地；日本、朝鲜也有分布。常生于池塘、沼地、沟渠的浅水带，或积水的潮湿地带。也生于稻田、莲藕田，危害较轻。

防除技术

农业防治　翻耕有助于清除根状茎。人工除草或机械除草。

化学防治　稻田可用吡嘧磺隆＋丙草胺土壤封闭处理。若为空地，可采用草甘膦。

综合利用　茎髓及全草可药用。可供观赏，翅茎灯心草外部形态与其他种类明显不同，观赏效果更佳，尤其是在专类园中与其他种类栽于一处，凸显出它的特征，可栽于水榭旁、人工湖的浅水带及周边积水湿地，亦可栽于盆中，置庭院、阳台观赏，还可制作干花及插花。

参考文献

陈耀东，马欣堂，杜玉芬，等，2012. 中国水生植物 [M]. 郑州：河南科学技术出版社 .

李扬汉，1998. 中国杂草志 [M]. 北京：中国农业出版社 .

（撰稿：陈勇；审稿：刘宇婧）

臭荠　*Coronopus didymus* (L.) J. E. Smith

夏熟作物田一二年生杂草。又名臭独行菜、臭芸芥。异名 *Lepidium didymum* L.。英文名 lessser swine-cress。十字花科臭荠属。

形态特征

成株　高5～30cm（图①②）。匍匐草本，主茎短且不显明，基部多分枝，无毛或有长单毛。叶互生，为一回或二回羽状全裂，裂片3～5对，线形或窄长圆形，长4～8mm、宽0.5～1mm，顶端急尖，基部楔形，全缘，两面无毛；叶柄长5～8mm（图③）。总状花序腋生，花序梗短缩；花极小，直径约1mm（图④）；花萼4，离生，萼片具白色膜质边缘；花瓣4，花瓣白色，长圆形，比萼片稍长，或无花瓣；雄蕊通常2；花柱极短，柱头凹陷。

子实　短角果肾形，长约1.5mm、宽2～2.5mm，2裂，果瓣半球形，表面有粗糙皱纹，成熟时分离成2瓣（图⑤）。种子肾形，长约1mm，红棕色（图⑥）。

幼苗　子叶线形，长9mm、宽1.5mm。下胚轴发达，上胚轴不发育。初生叶2片，对生，阔卵形，先端急尖，叶基阔楔形，具长柄；后生叶为羽状裂片，裂片2～3对。全株光滑无毛，有臭味。

生物学特性　一年生或二年生草本，种子繁殖。花期秋冬季，花果期3～5月。常见于路旁、荒地、田埂。

分布与危害　中国产于山东、安徽、江苏、浙江、福建、台湾、湖北、江西、广东、四川、云南等地；外来入侵植物，原产于南美洲，在全世界各大洲均有分布。生长于路旁或荒地，为常见路埂杂草；可在作物田如小麦、油菜等夏熟作物和蔬菜地发生草害，通常危害轻。

防除技术　清除路旁、荒地、田埂的臭荠，防止种子传播到田间。其他措施见碎米荠。

综合利用　从臭荠地上部分中分离出的黄酮类物质体外试验表明具有抗癌活性，具有进一步的利用价值。

参考文献

高兴祥，李美，房锋，等，2016. 河南省冬小麦田杂草组成及群落特征 [J]. 麦类作物学报，36(10): 1402-1408.

李扬汉，1998. 中国杂草志 [M]. 北京：中国农业出版社：446-447.

中国科学院中国植物志编辑委员会，1987. 中国植物志：第三十三卷 [M]. 北京：科学出版社：58.

NOREEN H, FARMANA M, MCCULLAGH J S O, 2016. Bioassay-guided isolation of cytotoxic flavonoids from aerial parts of *Coronopus didymus* [J]. Journal of ethnopharmacology, 194: 971-980.

（撰稿：陈国奇；审稿：宋小玲）

出苗动态　seedling emergence dynamics

指杂草种子发芽后成长为幼苗露出地表面的过程，随时间的出苗数量（密度）变化称为出苗动态。土壤种子库的杂草种子在合适的条件下，开始萌发出苗，受农田土壤湿度、温度、pH 值等环境条件的影响，也决定于种子本身休眠和萌发特性以及所处的空间位置。杂草出苗动态由多个生命过程组成，包括休眠、萌发、萌发出土前的幼苗伸长、萌发出土。在农田中出苗通常发生在作物播种或移栽之后的某个特定时间。掌握杂草出苗动态，可以科学适时地实施防除技术措施，达到最佳的防除效果。

农田杂草以一二年生种子繁殖的植物为主。种子对极端环境具有最大的耐受性，而幼苗则对环境的耐受程度最低。种子萌发和幼苗建成阶段是杂草生活史中最脆弱的阶段，生

臭荠植株形态（③陈国奇提供；其余张治摄）
①②植株及其所处生境；③茎叶；④花序；⑤果序；⑥种子

境中的各种胁迫常导致幼苗建成失败，因此种子萌发和幼苗建成阶段是化学防除最佳时期。一般情况下，水稻田在播后7天达到第一波出草高峰期，主要以稗草、千金子为主；播后15～20天达到第二波出草高峰期，以莎草科杂草及部分阔叶草为主。直播田稗草及千金子发生量极大，占出草量的30%～70%，出草期在25天以上。此外，杂草稻是世界公认的水田恶性杂草之一，在中国主要稻作区均有发生，但以套播、直播、免耕连作稻田发生最严重，杂草稻种子残留在土壤中，出苗时间前移，一般在麦收后开始，水稻播后 5 天达高峰，长势旺盛，苗期、分蘖期、抽穗期均是人工拔除杂草稻的适宜时期。冬小麦有 2 个出草高峰期，在冬前播种后 10～30 天麦田主要以菵草、看麦娘、日本看麦娘、节节麦等禾本科杂草为主，翌年春季气温回升后阔叶草如荠菜、野老鹳草、播娘蒿等开始出土。油菜田杂草发生情况，禾本科杂草与阔叶杂草田间均有 2 次出草高峰；禾本科杂草第 1 次在当年的播种后 15 天，第 2 次在翌年 2 月上旬至中旬，其中以菵草、看麦娘、日本看麦娘、棒头草、早熟禾为主；阔叶杂草第 1 次在播种后 10 天，第 2 次在 35 天，主要有荠菜、稻搓菜、繁缕和通泉草等。出苗期高达 35 天以上。玉米田杂草出苗高峰期在翻耕后 20～30 天，主要以一年生杂草为主，马唐、反枝苋和狗尾草是杂草优势种，发生密度占总出苗数的 79%。大豆田杂草发生期比较集中，在大豆播种后 15 天进入出草高峰期，此时出草主要以狗尾草、稗草等禾本科杂草，之后则是部分阔叶杂草如马齿苋、藜、苋等杂草，到第 30 天即有 90% 以上的杂草出土。

杂草出苗动态主要受到土壤湿度、温度、pH 值等环境条件的影响。通常情况下，杂草种子在田间萌发时，土壤湿度和温度都是杂草发生必不可少的重要条件。不同类型的杂草种子出苗所需要土壤含水量均不相同。绿狗尾等旱生杂草种子能在 10%～50% 的含水土壤中发芽，以 15%～30% 含水土壤中发芽率最高，发芽最快，而在 40%～50% 的含水土壤中发芽率反而下降。牛繁缕、稗草等湿生杂草种子能在 10%～50% 的含水土壤中发芽，以 15%～30% 的含水土壤中发芽率最高，发芽最快，在 40% 以上的含水土壤中反而发芽率略低，发芽势慢。温度对杂草种子出苗的影响根据杂草的类型不同分为以下 3 类：麦田主要恶性杂草菵草、看麦娘、日本看麦娘的出苗温度一般在 5～15℃，10℃是出苗最适宜的温度，而猪殃殃、麦家公、野燕麦、大巢菜等最适出苗温度分别为 10℃、10～15℃、15℃、20℃。稻田杂草生长发育的最适温度大致在 20～30℃，但最高温度与最低温度则有所不同。如稗草、水莎草等在水稻可能生长的最低温度时也能正常生长，比水稻生长得更好，其低温生长性极强。这类杂草在水稻前期优先出苗生长迅速，开花结实早，往往成为稻田优势种杂草。眼子菜生长的最适温度为 20～25℃，30℃以上抑制其出苗，40℃以上会逐渐死亡。此外，双穗雀稗、假稻、柳叶箬、空心莲子草、水竹叶等，能在水稻生长的最高温度下（40℃）正常出苗，植株生长得好，在水稻中后期仍能旺盛生长，攀附水稻，直至高出水稻。在玉米田中恶性杂草马唐、牛筋草、狗尾草、旱稗、反枝苋等杂草种子出苗适宜温度在 15～25℃，在 40℃的高温下仍可出苗。在最适温度范围内，当其他条件适宜时，杂草生长速度取决于温度的高低，生长速度与积温呈正相关，温度越高，生长越快。

农田杂草种子的出苗动态的 pH 值一般在 4～10，最适宜的 pH 值是 6.5。在生产实践中农业操作例如施肥、化除除草剂施用等都会在不同程度上影响土壤的 pH 值，从而影响杂草的出苗。施肥还会影响到土壤肥力、盐度。压实、耕作会影响出苗，耕作措施可使种子在土壤中重新分布，改变垂直分布格局，进而改变种子的埋藏深度和周围的环境条

件（种子所处的水分、光照、温度等环境条件），从而影响出苗动态。通常大粒杂草种子能从较深的土层中萌发，小粒杂草种子只能从较浅的土层中萌发。在土壤表层更易于生存、萌发或出苗的杂草种类，免耕或少耕的方式会大大增加其种群密度；而在土壤中深埋打破休眠、防止动物捕食的杂草种类，犁耕方式将有利于其种群的发生。此外，在农业种植过程中，为减少杂草对作物的影响，广泛应用除草剂。除草剂施用的关键时间节点和杂草出苗高峰期息息相关，土壤处理剂一般在作物播种前、出苗前、移栽前使用，可以减少杂草的萌发出苗；而茎叶处理剂，一般在苗后杂草出苗达到峰值时期进行施用，其中施用非选择性除草剂，可消减早期萌发的杂草幼苗，施用选择性除草剂，可消减作物种植之后萌发的杂草幼苗。种植制度在一定程度上影响着杂草的出苗，尤其是综合种养模式。例如稻鸭共作，由于鸭子对种子和幼苗的取食，以及在田间的活动，不仅直接减少了种子和幼苗的数量，而且还改变了土壤的通气条件，从而影响到杂草的出苗动态。

田间管理措施施加的选择压力促进了杂草种群适应性特征的进化。对于农田杂草而言，种子的萌发在适应方面有突出的作用，适当的萌发时间可使幼苗避开干扰，获得最佳生长条件。杂草的萌发出苗动态是一年生物种生活周期中的关键过程，因为它既决定了杂草植株的数量，又决定了它们在田间建立植株（相对于作物的出苗）的时间，从而决定了杂草对作物的危害程度。通过对杂草出苗各组成部分以及对出苗影响因素的研究，可以对杂草的出苗动态进行量化，从而更好地探究杂草出苗对杂草生命周期的意义。定量与定性地研究幼苗发生时空规律，特别是出苗动态，对于研究植物种群的时空动态过程极其重要，也为杂草发生预测预报奠定了基础。

参考文献

曹旦，戴伟民，强胜，等，2011. 不同土层和水层深度对国内 15 个杂草稻种群出苗的影响 [J]. 江苏农业学报，27(4): 750-755.

唐洪元，王学鹨，胡亚琴，1987. 上海农田杂草发生与消长研究——土壤湿度对农田主要杂草发生的影响 [J]. 上海农学院学报 (3): 187-192.

杨林，沈浩宇，强胜，2016. 噁草酮防除直播稻田杂草稻的施用技术 [J]. 植物保护学报，43(6): 1033-1040.

BASKIN C C, BASKIN J M, 2014. Seeds: ecology, biogeography, and evolution of dormancy and germination [M]. 2nd ed. London: Academic Press/Elsevier.

BASKIN J M, BASKIN C C, 1985. Theannual dormancy cycles in buried weed seeds: a continuum [J]. BioScience, 35 (8): 492-498.

CORDEAU S, WAYMAN S, REIBEL C, et al, 2018. Effects of drought on weed emergence and growth vary with the seed burial depth and presence of a cover crop [J]. Weed biology and management, 18(1): 12-25.

EGLEY G H, WILLIAMS R D, 1991. Emergence periodicity of six summer annual weed species [J]. Weed science, 39(4): 595-600.

ERVIÖ L R, 1981. The emergence of weeds in the field [J]. Annales agriculturae fenniae, 20(4): 292-303.

FAHAD S, HUSSAIN S, CHAUHAN B S, et al, 2015. Weed growth and crop yield loss in wheat as influenced by row spacing and weed emergence times [J]. Crop protection, 71: 101-108.

HARPER J L, 1977. Population biology of plants [M]. New York: Academic Press.

LIEBMAN M, OHNO T, 1998. Crop rotation and legume residue effects on weed emergence and growth: applications for weed management [J]. Integrated weed and soil management, 181: 221.

LI S S, WEI S H, ZUO R L, et al, 2012. Changes in the weed seed bank over 9 consecutive years of rice-duck farming [J]. Crop protection, 37: 42-50.

MASIN R, LODDO D, BENVENUTI S, et al, 2010. Temperature and water potential as parameters for modeling weed emergence in central-northern Italy [J]. Weed science, 58(3): 216-222.

MURDOCH A J, ELLIS R H, 2000. Dormancy, viability and longevity [M]//Fenner M (ed). Seeds: the ecology of regeneration in plant communities. 2nd ed. Oxford: CAB International: 183-214.

SINGH S, SINGH M, 2009. Effect of temperature, light and pH on germination of twelve weed species [J]. Indian journal of weed science, 41(3/4): 113-126.

SWEENEY A E, RENNER K A, LABOSKI C, et al, 2008. Effect of fertilizer nitrogen on weed emergence and growth [J]. Weed science, 56(5): 714-721.

WASHITANI I, MASUDA M, 1990. A comparative study of the germination characteristics of seeds from a moist tall grassland community [J]. Functional ecology, 4(4): 543-557.

WEITBRECHT K, MÜLLER K, LEUBNER-METZGER G, 2011. First off the mark: early seed germination [J]. Journal of experimental botany, 62 (10): 3289-3309.

WHITE S S, RENNER K A, MENALLED F D, et al, 2007. Feeding preferences of weed seed predators and effect on weed emergence [J]. Weed science, 55(6): 606-612.

（撰稿：张峥；审稿：强胜）

出苗规律　weed emergence pattern

受遗传和外界环境因素影响，杂草发芽露出地表成苗过程的周期性节律。是实施杂草防治措施的主要依据之一。杂草种子萌发需要适宜的环境条件，虽然不同杂草所需环境条件有所差异，但杂草出苗在自然界具有周期性节律，其发芽盛期通常处于生长最适条件下，这种适应为杂草完成种子萌发、幼苗定植、生长发育、产生种子等整个生活史过程提供了最大机会，其中氧气、水分、温度、光照、土壤等影响和制约杂草种子的萌发、出苗。

杂草种子萌发出苗参差不齐，主要原因有：同一种杂草甚至同一株杂草种子成熟不一致；不同时期、植株不同部位产生的杂草种子结构以及生理休眠物质差异；种子在土壤中分布深度、休眠程度、对逆境适应性差异。

作物生长季节不同，相应的耕作造成了与之相似生态条件下杂草的出苗规律，如麦类、油菜、蚕豆等夏熟旱作物田杂草主要为春夏发生型，如看麦娘、野燕麦、播娘蒿、猪殃殃、牛繁缕、荠菜和打碗花等。玉米、棉花、大豆和甘薯等秋熟旱作田杂草主要为夏秋发生型，如马唐、狗尾草、鳢肠、铁苋菜、牛筋草和马齿苋等。夏熟和秋熟两类作物田中仅有个别杂草是共同发生的，如香附子、刺儿菜和苣荬菜等。水稻田杂草大多数为湿生或水生杂草，如稗草、鸭舌草、节节菜、矮慈姑、扁秆藨草、水莎草、异型莎草、牛毛毡和眼子菜等，少数种类和秋熟旱作物田是共同的，如水花生、千金子、稗草和双穗雀稗等。

水稻田杂草出苗规律　移栽稻田一般在移栽后3天，表层稗草萌发，7～10天出现第一次高峰，随着干干湿湿的田间管理，深层稗草开始萌发，移栽后15～20天出现第二次高峰，以后水稻生长加快，田间荫蔽，在烤田时稗草已基本停止萌发，其中大苗移栽田、灌水深、保水时间长，水稻封行早，稗草发生迟、发生量少，往往只有一个高峰，甚至没有高峰。一年生莎草科杂草如异型莎草，由于种子较小、对光照较敏感，萌发及前期生长均较慢，高峰期接在稗草之后，且发生期较短而集中，仅有一次发生高峰，水稻分蘖盛期以后很少萌发。阔叶杂草如陌上菜、水苋菜、节节菜、鸭舌草等萌发较稗草略迟，对光照要求不高，发生期及高峰期均较长，烤田虽能抑制其萌发，复水后仍可继续发生，在水稻中后期蔓延危害。多年生杂草地下块（球）茎萌发条件较种子萌发宽，萌发较早，但由于出土深度不一，因而发生期及高峰期均较长，高峰期约在水稻移栽后10～20天，20天以后新的分枝（株）也逐渐增多，直至烤田之前，复水以后新生分枝（株）很快达到高峰。

直播稻田中水稻与杂草同生期长，杂草发生速度快、杂草发生量大、发生密度高、杂草种类多、群落组成多样。根据水分管理方式可分为水直播稻田和旱直播稻田，其中水直播稻田稗草出苗较早，其次为千金子，播后5～10天为禾本科杂草出草高峰，播后25天以后禾本科杂草萌发逐渐减少，莎草科及双子叶杂草出草高峰期在水稻播后15～25天。旱直播稻田第一次出草高峰在水稻播后10天左右，主要为稗草、千金子等禾本科杂草，第二次高峰在建立水层后15～20天，主要为一年生莎草科杂草及双子叶杂草，如异型莎草、鳢肠、陌上菜、节节菜等。

机插秧田通常采用小苗宽行栽插，苗体小、苗弱、行距大、封行迟，机插后5天，稗草、千金子、莎草及阔叶杂草陆续萌发出苗，其中以禾本科杂草发生量最大，莎草科杂草次之，机插后7～10天出现第一个出草高峰，此后杂草出现分枝分蘖，机插后25～35天出现第二个出草高峰，主要以千金子和莎草为主。

麦田杂草出苗规律　冬麦田杂草通常分为冬前和春季2个出苗高峰，第一次发生高峰通常在秋季的10月上中旬，主要杂草有麦家公、播娘蒿、荠菜、猪殃殃、繁缕、大巢菜、泽漆等，均为越年生杂草，这些杂草除少部分在冬季自然死亡之外，大多数能安全越冬，翌年4～5月开花结实。第二次发生高峰在春季的3月底至5月初，除上述几种杂草能继续发生外，还有藜、蓼蓄、马齿苋、苍耳等发生，这些杂草在麦收前开花、结实并成熟。一般年份，杂草发生以秋季为主，秋季发生的杂草数量约占总发生量的80%，具有发生密度高、与小麦共生期长，危害严重，对小麦影响大等特点。同时麦田杂草发生期正值低温少雨时期，杂草出苗参差不齐。春小麦主要分布在西北和东北等地，春麦田主要杂草为猪殃殃、藜、密花香薷、荞麦蔓、萹蓄等，通常4月出苗，5月达到出苗高峰期，通常只有1次发生高峰。

油菜田杂草出苗规律 稻茬油菜田以喜湿性杂草看麦娘（属）为优势种，兼有菵草，局部有硬草、早熟禾、棒头草等，阔叶杂草有繁缕、牛繁缕、猪殃殃、雀舌草、稻槎菜、碎米荠等。旱茬油菜田主要有猪殃殃、大巢菜、粘毛卷耳、阿拉伯婆婆纳、繁缕、荠菜、野老鹳草、泽漆、棒头草、雀舌草、通泉草等，冬油菜田杂草一般在油菜播种后1周出土，直播油菜田和移栽油菜田分别在播后7～20天和移栽后10～25天出现第一个出草高峰，移栽大田冬前10～11月为冬季杂草高峰期，春季2月中下旬至3月上中旬为第二个出苗高峰。春油菜大多分布在西北和东北等地，主要杂草有野燕麦、藜、小藜、薄蒴草、密花香薷、刺儿菜、萹蓄等，杂草发生高峰在4月中旬。

玉米田杂草出苗规律 玉米田主要杂草有马唐、牛筋草、稗草、狗尾草、反枝苋、马齿苋、藜、蓼、苘麻、田旋花、苍耳、铁苋菜、苣荬菜、鳢肠、鸭跖草、香附子等，其中春播玉米田多年生或越年生杂草较多，夏播玉米田多为一年生杂草。玉米田杂草发生通常有2个高峰期：春播玉米田杂草发生期长，通常5月和6～7月分别出现阔叶杂草和禾本科杂草萌发高峰，因此萌发持续时间长，出苗不整齐；夏播玉米田杂草生长较快，一般玉米播后1周和3～4周出现2次萌发高峰。且明显受到降雨的影响，杂草集中发生易形成草荒。

棉花田杂草出苗规律 棉花田杂草以马唐、牛筋草、千金子、稗草、狗尾草、双穗雀稗等禾本科杂草发生密度最大，阔叶杂草以鳢肠、反枝苋、灰绿藜、铁苋菜、苘麻等为主，莎草科杂草以香附子为主，新疆是中国棉花最大产区，其主要杂草有马唐、稗草、狗尾草、田旋花、打碗花、灰绿藜、苘麻、龙葵和芦苇等。直播棉田和移栽棉田通常在播种后至5月下旬和7～8月有2个杂草发生高峰，第一个出草高峰以狗尾草、马唐、稗草、藜为主，香附子、鳢肠等形成第二个出草高峰。地膜覆盖棉田出草高峰则更早更集中，一般覆膜后5～7天杂草出土，15天左右形成出土高峰。

豆田杂草出苗规律 大豆田杂草主要有禾本科的马唐、稗草、狗尾草、牛筋草等，菊科的鳢肠、苍耳等，及蓼科、藜科、莎草科等的部分杂草。春大豆田4～5月为多年生或越年生杂草萌发，5～6月时一年生杂草大量出土，形成第一个出草高峰，7月喜温杂草陆续萌发，形成第二个出草高峰。夏大豆田发生时期集中在6～8月，以一年生杂草占绝大多数，其中黄淮海夏大豆田杂草一般播后5～10天出现萌发高峰，25～45天杂草出苗可达总数90%以上。

蔬菜田杂草出苗规律 蔬菜地杂草种类繁多，且常年不断发生，发生种类和发生时间类似于同一地区相同季节、相同水肥管理的作物田，分布较为广泛的蔬菜地主要杂草有稗草、马唐、牛筋草、狗尾草、千金子、狗牙根、画眉草、看麦娘、早熟禾、繁缕、牛繁缕、婆婆纳、藜、蓼、马齿苋、通泉草、铁苋菜、反枝苋、猪殃殃、荠、附地菜、刺苋、凹头苋、空心莲子草、香附子、碎米莎草等，其中稗草、藜、马齿苋、凹头苋、牛筋草、狗尾草、香附子等在各类蔬菜田中均占优势。按照发生季节，蔬菜田大致可以分为：①冬春季发生，主要杂草有繁缕、雀舌草、漆姑草、卷耳、蚊母草、早熟禾、看麦娘、婆婆纳等，主要危害包心菜、花椰菜、莴苣笋、芹菜、菠菜、小葱、马铃薯等。②夏秋季发生，主要杂草有马唐、画眉草、牛筋草、空心莲子草、香附子、陌上菜、反枝苋、马齿苋、狗尾草、狗牙根、繁缕等，主要危害菜豆、豇豆、瓠瓜、黄瓜、冬瓜、丝瓜、辣椒、毛豆、苋菜、花菜、葱、韭及大蒜等。

参考文献

李扬汉，1998. 中国杂草志 [M]. 北京：中国农业出版社.

连英惠，2011. 棉花田杂草化学防除现状及趋势 [J]. 农药市场信息，25: 42-43.

强胜，2009. 杂草学 [M]. 2版. 北京：中国农业出版社.

（撰稿：李贵；审稿：强胜）

除草剂残留动态 herbicide residue dynamics

除草剂在农作物、土壤、田水中残留量的变化规律，可作为评价除草剂在农作物和环境中稳定性、持久性和安全性的重要依据。

除草剂在环境中的残留降解与除草剂理化性质、剂型、施药方法、作物种类和发育阶段、土壤类型、土壤微生物和动物种群、pH 值、温度、湿度、光照、降水量等多种因素有关，是一个综合的物理和生化过程。

尽管除草剂残留动态十分复杂，但其数量变化符合一定的规律，而且这些规律都可以进行数值描述，并构建相应的数学模型。如果参数来源于田间实际观察，数学模型就可以用来预测除草剂在环境中可能存在的浓度和相应的时间，从而了解除草剂在不同环境条件下的残留动态变化。国内外已进行了大量的研究探索，从不同角度出发建立了各种不同类型的动态模型，如指数负增长函数模型、多项式回归分析、二元农药残留函数模型、灰色预测 GM(1, 1) 模型等，这些模型针对一部分除草剂品种的残留降解过程拟合度很高，但尚不能满足通用性，有待于进一步深入系统研究。

研究除草剂残留动态，了解施药至收获时除草剂残留的消长规律，运用数理统计方法建立除草剂残留预测模型，据此预测除草剂残留行为，计算出其半衰期，明确除草剂对杂草的持效性，以及预测对下茬作物的药害风险，为指导科学合理使用除草剂提供技术支撑。

参考文献

李倩，柳亦博，滕葳，等，2014. 农药残留风险评估与毒理学应用基础 [M]. 北京：化学工业出版社.

闫亚杰，2005. 农药残留降解动态数学模型的研究进展 [J]. 甘肃农业科技 (7): 57-59.

（撰稿：纪明山；审稿：王金信）

除草剂残留药害　herbicide residual injury

长残效除草剂的残留期很长,使用后,往往会导致下茬种植的敏感作物发生伤害,这种药害被称为除草剂残留药害。易导致残留药害的除草剂有莠去津、异噁草松、甲嘧磺隆、甲磺隆、氯磺隆、氯嘧磺隆、胺苯磺隆、咪唑乙烟酸、甲氧咪草烟、二氯喹啉酸、氟磺胺草醚等。

从防除杂草的角度,除草剂应具有一定的残留期,残留期太短,除草效果不好;但是如果残留期太长,又会造成下茬作物的药害。三氮苯类除草剂"莠去津"是典型的长残留除草剂,在中性和碱性土壤中降解较慢;玉米田施用有效成分 2000g/hm² 莠去津后,倒茬种植水稻、大豆、花生、甜菜、马铃薯等作物均会出现药害,药害症状为脉间失绿、叶缘发黄,进而叶片完全失绿、枯死。作物药害症状随着除草剂的品种、作物种类和作物的生育期不同而异。但同一类除草剂所引起的作物药害症状有些相似。具体可见除草剂药害。

在推广和应用长残效除草剂时,除了强化"安全、经济、高效"外,还必须采取措施,降低长残效除草剂的潜在危害,确保中国农业生产可持续发展。① 加强对新除草剂品种的管理和风险性评价。② 与杀虫剂、杀菌剂的使用相比,除草剂的使用要求更高、更严,稍有不慎或疏忽就会给农业生产酿成巨大的经济损失和难以挽回的社会影响,因此,必须强调严格精准用药,切记随意加大用量,以免既造成除草剂浪费、环境污染,也给农民和国家带来经济损失。③ 将作用方式不同、防治对象不同的除草剂合理混用、轮用,降低单位面积除草剂的总用量,缩短残效期,预防药害。④ 作物不同、品种不同对除草剂的耐受程度就会不同,因此使用某一除草剂的地块考虑下茬作物时,选择耐药作物或耐药品种,进行合理轮作也能避免残留药害。

参考文献

陈国奇,田兴山,冯莉,2014. 南方二氯喹啉酸残留药害早期诊断和预警亟待研究 [J]. 杂草科学 (1): 96-100.

纪明山,2000. 热点讲座(一)除草剂药害及防止 [J]. 新农业,(2): 36-38.

刘友香,王险峰,2010. 氟磺胺草醚药害原因分析与处理 [J]. 现代化农业 (12): 8-9.

莠去津对大豆残留药害

强胜,2009. 杂草学 [M]. 2 版. 北京:中国农业出版社.

邢岩,耿贺利,2003. 除草剂药害图鉴 [M]. 北京:中国农业科学技术出版社.

THOMAS J M, STEPHEN C W, FLOYD M A, 2002. Weed science principles and practices [M]. 4th edition. John Wiley & Sons Inc.

（撰稿:纪明山;审稿:刘宇婧）

除草剂持效性　herbicide persistence

除草剂施用后能在一段时间维持除草活性的特性称作除草剂持效性,其维持除草活性的时间称作持效期。理想的除草剂产品应该是在杂草与作物激烈竞争期间保持足够长的持效性,此后便快速失效。但实际上有些除草剂的持效性或残留毒性远远长于此。土壤中残留的除草剂可能对后茬作物造成药害,影响倒茬甚至污染环境。

影响除草剂持效性的因素有降解和迁移两个过程。降解包括生物降解和非生物降解,其中非生物降解又分为化学降解和光降解。迁移包括吸附、淋溶、挥发、径流、高等植物移除以及植物动物吸收。

除草剂的水溶性和吸附指数决定着其相对持效期和淋溶性。持效期短于 30 天的除草剂,能用于短期防控杂草,例如氰氟草酯在水稻体内可被迅速降解为对乙酰辅酶 A 羧化酶无活性的二酸态,因而对水稻具有高度的安全性,且其在土壤中和典型的稻田水中降解迅速;持效期为 30～90 天的除草剂,能用于作物生长季节早期防控杂草,一年生作物田应用普遍,例如乙草胺被广泛用于旱田杂草的芽前防治;持效期为 90～144 天的除草剂能用于多年生植物(柑橘园、葡萄园)的整个生长季除草,例如氟乐灵;持效期超过 12个月的除草剂,能用于非耕地灭生性除草,例如咪唑乙烟酸。

除草剂的物理性质和土壤结构也影响除草剂的持效性。大多数土壤是由黏土、有机质、水和微生物构成,除草剂可以气态、固态或液态存在。持效期的长短是各因子间复杂交互作用的结果。环境中除草剂的表现,可追溯到其化学结构和功能,它们决定着除草剂的用途。除草剂的水溶性、吸附系数(K_{OD})、蒸气压、半衰期($T_{1/2}$)是影响持效性最主要的物理性质。

参考文献

THOMAS J M, STEPHEN C W, FLOYD M A, 2002. Weed science principles and practices [M]. 4th ed. Hoboken: John Wiley & Sons Inc.

（撰稿:纪明山;审稿:王金信）

除草剂代谢　herbicide metabolism

除草剂被植物吸收后,在到达作用位点之前会发生代谢反应。代谢速率决定了许多除草剂的选择性。在敏感植物体内,除草剂大部分或全部被直接或活化后运转至作用位点,极少部分被代谢解毒。耐药植物则具有将除草剂代谢或分解

C

成无除草活性物质的能力，使其不能积累到被杀死的活性剂量。

除草剂代谢是一个多步骤的过程，需要谷胱甘肽（GSH）、细胞色素 P450（P450s）、谷胱甘肽 -S- 转移酶（GSTs）、糖基转移酶（UGTs）和三磷酸腺苷结合转运体（ABC 转运体）等的共同参与，该过程一般经历 4 个阶段：第一阶段，通过氧化、还原或水解作用形成新的官能团，涉及的代谢酶主要有酯酶、酰胺酶、过氧化物酶和细胞色素 P450（P450s）；第二阶段，在谷胱甘肽 -S- 转移酶（GSTs）或糖基转移酶（UGTs）作用下，与葡萄糖、谷胱甘肽、氨基酸形成结合物；第三阶段，通过 ABC 转运蛋白（ATP-Binding cassette transporter）将结合物运入液泡或细胞外空间；第四阶段，液泡或细胞外空间中结合物进一步降解，形成不溶物或残留物。有的除草剂不经历第一阶段直接进入第二阶段。各阶段产生的产物都已无除草活性。

除草剂解毒第一阶段中常见的催化反应主要有 O- 脱烷基化、芳基羟基化、甲基羟基化、N- 脱烷基化、S- 氧化反应等作用。P450s 在植物对除草剂代谢的第一阶段中起着非常重要的作用，它可催化除草剂分子发生芳基羟基化作用、环甲基羟基化作用、N- 脱甲基化作用及 O- 脱甲基化作用等。早期关于 P450s 参与植物对除草剂解毒过程最早是在棉花的微粒体代谢灭草隆试验中发现的，其后的多项研究证实 P450s 参与介导了芳氧苯氧丙酸酯类、咪唑啉酮类、氯乙酰胺类、磺酰脲类、磺酰胺类除草剂在植物体内的代谢。P450s（CYP71C6V1）在小麦代谢磺酰脲类除草剂氯磺隆和醚苯磺隆中起作用；CYP72A31 和 CYP81A6 在水稻和拟南芥中参与除草剂苄嘧磺隆解毒过程；CYP81A12 和 CYP81A21 在水稗（*Echinochloa phyllopogon*）中参与除草剂苄嘧磺隆和五氟磺草胺解毒过程等。

UGTs 和 GSTs 同属植物代谢除草剂过程中第二阶段的解毒酶。植物体内的 UGTs 在植物次级产物的合成、激素平衡和病原毒素解毒方面具有重要作用。第一阶段中由羧酸酯酶或者 P450s 介导产生的反应产物可以经 UGTs 催化与葡萄糖结合，形成 O- 葡萄糖苷、N- 葡萄糖苷或者葡萄糖酯。GSTs 可以催化还原型谷胱甘肽与各种亲电子外源化合物的结合，从而获得无毒或者毒性低于母体化合物的衍生物，使植物获得除草剂抗性和选择性，可以减少农作物受到的危害。早期关于 GSTs 参与除草剂解毒的研究主要涉及玉米。Lamoureux 等报道了玉米植株体内 GSTs 与除草剂莠去津发生的共轭作用，其产物是无毒的轭合物，是 GSTs 早期参与除草剂解毒的研究之一。已有多个与除草剂代谢相关的植物 GSTs 基因被克隆，如水稻体内的 OsGSTF3、OsGSTF5、OsGSTU3、OsGSTU4 及 OsGSTU5。现有研究证实，涉及 GSTs 催化代谢的除草剂种类包括三嗪类、二苯醚、氯乙酰胺类、磺酰脲类和芳氧苯氧丙酸酯类等。

在植物对除草剂解毒过程的第二阶段中，硫醇或糖等大量亲水分子与活化的异物结合生成解毒产物。但随着解毒产物在细胞内的大量积累，最终会导致参与本阶段的相关解毒酶活性降低，如 Ishikawa 发现谷胱甘肽轭合物能同时抑制 GSTs 和谷胱甘肽还原酶 (glutathione reductase, GR) 的活性，所以这些解毒物需要对被第三阶段除草剂解毒

的转运体做进一步处理，最常见的转运体就是 ABC 转运蛋白。

ABC 转运蛋白是普遍存在于原核生物和真核生物中的跨膜转运蛋白，是发现的生物体内最大的、功能最广泛的蛋白家族之一。这类蛋白能通过利用 ATP 水解所释放的能量直接转运物质，包括谷胱甘肽结合物在内的多种化合物。如此类蛋白中的多耐药相关蛋白便是通过主动运输将葡萄糖轭合物和谷胱甘肽轭合物转运到液泡中，并在其中扮演重要角色。作为植物体内的 ABC 转运体参与除草剂代谢的首份证据，是在大麦对异丙甲草胺试验中，发现异丙甲草胺与 GSH 作用生成的轭合物可通过 ATP- 能量转运体转移至液泡内。其他相关试验表明，除草剂衍生物的葡萄糖苷结合物也可通过 ABC 转运蛋白在大麦叶肉液泡中固定；植物抵抗百草枯毒害的机理可能是 ABC 转运体将百草枯转移至植物液泡中，或通过提高抗氧化酶的活性来实现；Wang 等报道了两个 ABC 转运基因（*ABCB25* 和 *ABCC14*）参与代谢介导了菵草对甲基二磺隆的非靶标抗性。研究还发现了位于植物细胞膜上的谷胱甘肽转运体 (glutathione transporter) 能够介导 GSH 和谷胱甘肽轭合物的运输，表明谷胱甘肽转运体是植物外源化合物解毒系统的一个重要组成部分。

植物代谢除草剂过程中第二阶段产生的谷胱甘肽轭合物一旦被转入液泡后，会被液泡酶如羧肽酶 (carboxypeptidase, CP) 和 γ- 谷氨酰转肽酶 (γ-GT) 催化，反应生成相应的半胱氨酸结合物。针对拟南芥的研究表明，其存在两种获得半胱氨酸结合物的途径：一种是在液泡中，谷胱甘肽轭合物先被水解成半胱氨酰甘氨酸衍生物，随后形成半胱氨酸结合物；另一种是在细胞溶胶中，谷胱甘肽轭合物首先被水解成 γ- 谷氨酰 - 半胱氨酸衍生物，再转变成半胱氨酸结合物。随后，半胱氨酸 - 除草剂结合物被进一步代谢，如与丙二酸盐结合，或是在半胱氨酸 - 除草剂共轭裂解酶及 S- 甲基转移酶的作用下生成 S- 甲硫基衍生物。

需要指出的是，部分除草剂在代谢过程中被活化而起到杀草作用。除草剂在植物细胞内发生活化反应，由此非活性成分被植物酶转化为活性成分。经典案例是无除草活性的 2,4- 滴丁酸经 β- 氧化为具除草活性的 2,4- 滴。2,4- 滴丁酸在豆科植物体内不发生 β- 氧化反应，因此无活性，而在反枝苋、藜、铁苋菜等杂草体内，2,4- 滴丁酸经由 β- 氧化迅速转化为 2,4- 滴，起到杀草作用。咪草酯（imazamethabenz-methyl）在野燕麦体内可经脱酯化反应，将无活性的咪草酯转化为咪草酸而起到除草活性，小麦因不能进行脱酯化反应而安全。氨基甲酸酯类除草剂禾草丹和禾草敌，在敏感杂草体内经磺化氧化生成活性更高的亚砜类化合物而增毒。

参考文献

胡利锋，刘小安，孙兰，等，2017. 除草剂安全剂作用机理研究进展 [J]. 农药学学报，19(2): 152-161.

ANDREW H. COBB AND JOHN P. H. READE, 2010. Herbicides and plant physiology [M]. 2nd ed. Springer Netherlands: 70-85.

ANDREW H, COBB R C, KIRKWOOD, 2000. Herbicide and their Mechanism of Action [M]. Sheffield: Academic Press Ltd: 25-64.

ROBERT L, ZIMDAH L, 2018. Fundamentals of weed science [M]. 5th ed. Elsevier Inc: 437-441.

（撰稿：毕亚玲；审稿：王金信、宋小玲）

除草剂的混用及其互作效应　herbicide mixture and interaction

将两种或两种以上的除草剂混合施用（常称为桶混）或把不同除草剂加工成混剂再施用的方式。除草剂混用是杂草综合治理中重要措施之一，可扩大杀草谱。除草剂的混用始于 20 世纪 50 年代，在 1969 年英国的商品化复配除草剂已超过除草剂单剂的总数。20 世纪 70 年代后，随着除草剂品种的迅速增多，除草剂混用更为普遍，1978 年世界各大农药公司推荐的除草剂中 80% 以上是混剂。中国 20 世纪 90 年代开始，除草剂混剂发展迅速。

除草剂的混用方式　除草剂混用的方式有：①现混现用。是指农民在施药现场针对杂草的发生情况，根据一定的技术资料和施药经验，临时将两种或两种以上除草剂混合在一起并立即喷撒的施药方式。②除草混剂。由两种或两种以上的有效成分、助剂、填料等按一定配比，经过一系列工艺加工而成的农药制剂。③桶混剂。介于除草混剂和现混现用之间的一种施药方式，它是农药生产厂家加工与包装而成的一种容积相对较大、标签上注明由农药应用生物学家提供的最佳除草剂混用配方，农民在施药现场临时混合在一起喷撒的施药方式。

除草剂混用得到迅速发展的一个重要原因是其混用的优越性，主要体现在：①扩大杀草谱，减少用药次数。杂草的发生与危害和病、虫有很大不同，在农田中危害的杂草往往多种多样，使用一种除草剂很难完全防除所有杂草，因此选用杀草谱不同的两种或两种以上除草剂混用可以扩大杀草谱。②避免药害，提高对作物的安全性。许多除草剂在作物和杂草之间的选择性较差，施用不当可能会使作物产生药害。除草剂混用时，可以在防效基本不变的情况下，减少混用各除草剂单剂的有效成分用量，从而提高混剂在作物和杂草之间的选择性。③取长补短，提高药效。除草剂混剂在应用之前应该明确其联合作用类型，只有当联合作用类型为加成或增效时才可混用，同时可实现节约用药成本，减少农药对环境的污染。④延长施药适期。当混用药剂中各单剂对杂草不同生育期都有防除效果时，可以有效延长施药适期。⑤减少除草剂的残留活性。某些除草剂由于化学性质稳定，具有很长的残效期，对后茬作物的生长产生影响。将残留时间长的除草剂和残留时间短的除草剂混用，从而减少长残留除草剂的施用量，减轻对后茬作物及环境的影响。⑥延缓除草剂抗性的发生与发展。混用除草剂的施用可以明显降低除草剂的选择压力，降低抗性杂草的出现频率，从而达到延缓杂草抗药性发生发展的目的。除草剂混用在生产应用中具有省时、省工、高效、广谱等优势，进一步提高了农民的生产效率，是中国除草剂发展的重要方向。

除草剂混用的互作效应　除草剂混用的联合作用类型有 3 种：①增效作用。即混用后的毒力明显大于两种或三种单剂单用时的毒力之和。②加成作用。即混用后的毒力与两种或三种单剂单用时的毒力之和相近。③拮抗作用。即混用后的毒力明显低于两种或三种单剂单用时的毒力之和。除草剂混用后的互作效应很难通过理论上的推断得出，为明确除草剂混用后的互作效用，应进行严格的室内毒力测定，通过规范的统计计算方法和标准来证实。但混用后除草剂间发生的联合作用的类型和结果根据防除的对象、使用方法、药剂的用量、使用时期等因素的不同而发生变化，在生产实践中可以根据不同的情况进行综合判断。

除草剂混用互作效应的测定方法　常用的除草剂混用后的联合作用类型的判断方法有 4 种：Gowing 法、Colby 法、Sun & Johnson 法、等效线法。① Gowing 法通常适用于初步评价两种除草剂混用的联合作用类型，尤其适合评价杀草谱互补的除草剂混用，但是不能确定最佳配比和浓度。评价方法：$E_0=X+Y（100-X）/100$，其中 X、Y 分别为混剂中两单剂在各自剂量下的实测防效（%），E_0 表示混用的理论防效（%）。设 E 表示混用的实测防效（%），若 $E-E_0 > 10\%$，则混用后的联合作用类型为增效作用；若 $-10\% \leqslant E-E_0 \leqslant 10\%$，则为相加作用；若 $E-E_0 < -10\%$，则为拮抗作用。② Colby 法是一种快速而实用地计算除草剂混用后联合作用类型的方法，可以评价两种及两种以上多元除草剂的混用效应。评价方法：a. 当两种除草剂混用时，$E_0=XY/100$，其中 X、Y 分别表示混剂中两个单剂在各自剂量作用下，处理组杂草重量与对照组杂草的百分比（%），E_0 表示理论值（%）。设 E 为两种混用后实测的处理组杂草重量与对照组杂草的百分比（%），若 E_0 显著大于 E，则为增效作用；若 E_0 显著小于 E，则为拮抗作用；若 E_0 接近 E，为相加作用。b. 当 3 种及 3 种以上的除草剂混用时，$E_0=A×B×C×\cdots\cdots N/100^{(N-1)}$，其中 A、B、C 等为各除草剂某剂量下杂草重量与对照的百分比（%），N 为除草剂品种的数目，混用后联合作用类型按照 E_0-E_1 确定范围参考方法 a 中判断方法。③ Sun & Johnson 法起初用于评价杀虫剂的混用，现在也广泛应用于评价除草剂和杀菌剂的混用，用来筛选不同配比的二元或多元除草剂混用后的联合作用，可以求出多元复配的最佳配比和最佳浓度，结果可靠。评价方法：先求出各个单剂以及混剂的 ED_{50}，然后选择其中的某个单剂为标准药剂，计算其余各单剂和混剂的毒力指数，最后计算各个混剂的共毒系数。共毒系数为 80～120，则为相加作用；若小于 80，则为拮抗作用，若高于 120，则为增效作用。计算公式：毒力指数 = 标准药剂的 ED_{50}/ 被测药剂的 ED_{50}；混剂的理论毒力指数 $=A$（毒力指数）$×A$ 在混剂中的比例（%）$+B$（毒力指数）$×B$ 在混剂中的比例（%）$+\cdots\cdots$；混剂的共毒系数 = 混剂的毒力指数实测值 / 混剂的毒力指数理论值 $×100$。④等效线法可以合理、准确地测定混剂的最佳配比，但该方法有由于试验规模大，通常适用于室内测定，且一般只能评价杀草谱相近的除草剂混用效应。评价方法：首先求出 A、B 两种除草剂对靶标的 GR_{50}，并在坐标轴上分别以 A、B 药剂的 GR_{50} 作为横轴、纵轴上的两点，并连线作为混用的等效线；然后进行以 B 药的某一剂量为定量和 A 药的一系列浓度混用，同时进行以 A 药的某一剂量为定量

和 *B* 药的一系列浓度混用试验，分别求出两种混用方式下的 GR$_{50}$，最后绘制各混用的 GR$_{50}$ 曲线。如果混用后的 GR$_{50}$ 各点均在等效线之下则为增效作用，其上则为拮抗作用，若接近等效线，则为相加作用。且在等效线下方的混用曲线上距离等效线最远点的坐标即为 A、B 药剂混用的最佳的理论配比。

除草剂混配原则　除草剂混配有以下原则：①各有效成分混配后应是增效作用或加成作用而不产生拮抗作用。②混用中各单剂杀草谱不同或互补。③混剂中各有效成分原则上应具有不同的作用机制。④混剂中各有效成分在混配时不能发生物理和化学变化（能增效的化学变化除外）。

参考文献

高爽，赵平，2007. 除草剂混用及其药效评价方法 [J]. 农药，46(9): 633-634, 643.

姜德锋，赵永厚，李建彬，等，2001. 我国除草剂混用的发展现状 [J]. 莱阳农学院学报，18(1): 19-21.

林长福，杨玉廷，2002. 除草剂混用，混剂及其药效评价 [J]. 农药，43(8): 5-7.

慕立义，1994. 植物化学保护研究方法 [M]. 北京：中国农业出版社.

吴长兴，孙枫，王强，等，2000. 几种除草剂的生物测定及复配效应研究 [J]. 浙江农业学报，12(6): 75-78.

（撰稿：王金信；审稿：刘伟堂、宋小玲）

除草剂的吸附与解吸附　herbicide adsorption and desorption

土壤颗粒或有机质对气态或液态的除草剂具有的吸引或固定作用，称为吸附。水将除草剂从土壤颗粒上洗脱下来的过程称为解吸附。这是基于水与土壤颗粒的作用力大于除草剂与土壤颗粒的作用力。根据作用力不同，吸附分为物理吸附和化学吸附。

物理吸附的作用力是范德华力。在土壤颗粒表面能形成除草剂单分子层或多分子层，吸附速度快。当除草剂浓度低或系统温度升高时，被吸附的除草剂很容易从土壤颗粒解吸附，而不改变除草剂的性状。吸附和解吸附为可逆的动态过程，当吸附和解吸附速率达到同一水平时，称作吸附和解吸附平衡。

化学吸附的作用力为化学键，如离子键、共价键和配位键等。土壤颗粒表面的未饱和化学键与除草剂之间发生电子的转移及重新分布，在土壤颗粒表面形成单分子层的表面化合物，其吸附热和化学反应热有同样的数量级。化学吸附具有选择性，仅发生在土壤颗粒表面某些活化中心，吸附速度慢。化学吸附往往是不可逆的，需要很高的温度才能解吸附，释放出的除草剂已发生化学反应，不能呈现原有性状。

除草剂化学结构、土壤结构和组成，以及环境条件共同决定着除草剂的吸附与解吸附。①除草剂化学结构：化合物的化学特性、形状构造、水溶性、分子大小、极性、分子的酸碱度、极化程度、阳离子上的电荷分布等均能影响其在土壤环境中的吸附特性。有机质中含有大量的吸附活性官能团，如羧基、酚羟基、羰基、乙醇羟基和甲基等，几乎所有的有机农药分子都能与有机质生成氢键。化合物水溶性对其吸附作用影响最大，影响程度大于土壤性质的影响程度，同一类化合物，溶解度越小，分子越大，越易被土壤所吸附。氟胺磺隆、氯吡嘧磺隆、磺酰磺隆 3 种磺酰脲类除草剂为弱酸性化合物，在溶液中常以离子形式存在，当土壤的 pH 值增加，除草剂分子电离为阴离子增多，与同样带负电的土壤胶体间的排斥力增大，同时阴离子的水溶性较中性分子强，从而导致该 3 种磺酰脲类除草剂的吸附与 pH 负相关，这也说明 pH 对该 3 种磺酰脲类除草剂吸附性能的影响非常大。②与土壤理化性质的关系：土壤有机质含量、黏土矿物含量和 pH 等不同，导致对除草剂的吸附容量和吸附强度不同。土壤有机质是土壤中含碳有机物质的总称，包括各种动植物残体、微生物体和腐殖质，具有复杂的结构及表面活性，通过表面吸附以及多种化学反应功能基团如游离基、亲水基和疏水基等与化合物结合，从而对化合物的吸附起重要作用。一般来说，土壤有机质含量升高，土壤中的吸附位点增多，土壤的吸附能力增强。除草剂在土壤中的吸附量随土壤有机质含量的增加而增大，并呈现良好的相关性。例如土壤有机质是主导氟噻草胺与咪唑喹啉酸吸附的重要因子。黏土矿物在土壤中的百分含量比有机质高得多，其表面积大，且具有表面带电和阳离子交换的特性，在有机质含量较低（低于 0.1%）的土壤中，黏土矿物对化合物的吸附起主要作用。例如外源固态有机物施用能够提高土壤中有机质含量，改善土壤质量，进而促进土壤中残留扑草净的吸附，从而削弱了土壤中除草剂的移动性，抑制了扑草净向水体的迁移和植物的吸收，使土壤中残留除草剂钝化，从而缓解了土壤中残留除草剂对地下水及农作物造成污染的风险。一般情况下，土壤 pH 越低，对化合物的吸附量升高，特别是对于离子型除草剂的影响更大。除草剂分子质子化以后以阳离子形式存在时，可与黏土矿物或腐殖质发生阳离子交换吸附。例如甲基磺草酮在偏酸性的条件下的吸附量较大，吸附效果较好，这与甲基磺草酮为离子型除草剂有密切关系。除上述因素外，在有机质含量较低的土壤中，如果土壤中富含 Fe 和 Al 氧化物也会影响除草剂吸附，如咪唑喹啉酸易于被金属氧化物的正电荷位点以离子键的形式吸附。

除草剂吸附性能的强弱对其生物活性、残留和迁移都有很大影响，若吸附性能强，则移动与扩散的能力较弱，不易进一步污染周围环境，通过对除草剂吸附与解吸附行为的研究可以判断除草剂是否对土壤和地下水造成污染。

参考文献

郭敏，单正军，石利利，等，2012. 三种磺酰脲类除草剂在土壤中的降解及吸附特性 [J]. 环境科学学报，32(6): 1459-1464.

王东红，2015. 除草剂氟噻草胺与咪唑喹啉酸在土壤中的吸附行为、残留毒性及其控制 [D]. 杭州：浙江大学.

徐汉虹，2018. 植物化学保护学 [M]. 5 版. 北京：中国农业出版社.

NORTHCOTT G L, JONES K C, 2000. Experimental approaches and analytical techniques for determining organic compound bound residues in soil and sediment [J]. Environ Pollut. 108(1): 19-43.

THOMAS J M, STEPHEN C W, FLOYD M A, 2002. Weed science principles and practices [M]. 4th ed. Hoboken: John Wiley & Sons Inc.

（撰稿：纪明山；审稿：宋小玲、王金信）

除草剂的吸收传导分类 herbicide classification by uptake and/or translocation

按除草剂在杂草体内吸收传导特性的差异，可分为触杀型除草剂，内吸传导型除草剂和内吸传导、触杀综合型除草剂。

除草剂施用后，经植物胚轴、幼芽、根系、茎、叶等主要吸收部位吸收后在接触部位作渗透、扩散和短距离输导或者长距离输导（即除草剂吸收传导）到达作用部位，从而产生毒害作用（见图）。除草剂进入植物体内及在植物体内的传导方式因杂草种类、环境条件和除草剂本身的特性不同而不同。如果除草剂不能被植物吸收，或吸收后不能被传导至作用部位，就不能发挥除草活性。除草剂在茎叶部的吸收可通过叶表皮或气孔而进入植物体内，大多数情况下，除草剂主要通过叶片的角质层进入。不同植物叶片角质层结构差异是影响除草剂吸收的重要因素之一。除草剂也可通过气孔进入植物体内，但对大多数植株而言，气孔渗透不是主要的。除草剂在到达作用位点时，必须通过质膜。大多数除草剂通过质膜是一种被动扩散，不需要能量，有些除草剂需要能量。水溶性除草剂通过质膜的量与除草剂分子大小呈负相关，而脂溶性除草剂通过质膜的量则与分子大小无关，而与脂溶性正相关。因此可通过添加脂溶性助剂提高除草剂的防效。影响除草剂茎叶吸收的因素主要有喷雾液的表面张力、植物叶表面结构对除草剂的润湿与展着性能、叶片面向喷雾液的方位、叶总表面积，以及温湿度、光照、降雨等环境因素。由于根表皮缺乏蜡质与角质，除草剂在植物根部的吸收较叶面吸收更容易。根系要从土壤中吸收大量的水分与营养物质，土壤处理剂与水结合接触根系后而被吸收，因此水分含量是影响除草剂通过根部吸收的重要因素。此外，有些除草剂是在种子萌芽出土的过程中，经胚芽鞘或幼芽吸收而发挥杀草作用。除草剂通过吸收进入植物体后，必须到达特殊的敏感部位才能起作用（见除草剂吸收和传导）。有些除草剂只需要极少的移动就可杀死植物，即为触杀型除草剂；另外一些除草剂必须在植物体内输导到达其作用位点后才能杀死杂草，甚至要求从上部叶片进入根部，即为内吸传导型除草剂。还有些除草剂兼有触杀和内吸传导特性，即为内吸传导、触杀综合型除草剂。除草剂的输导是人为划分的，并不能真正反映除草剂在植物中的移动,因此,除草剂的吸收和输导应综合看待。

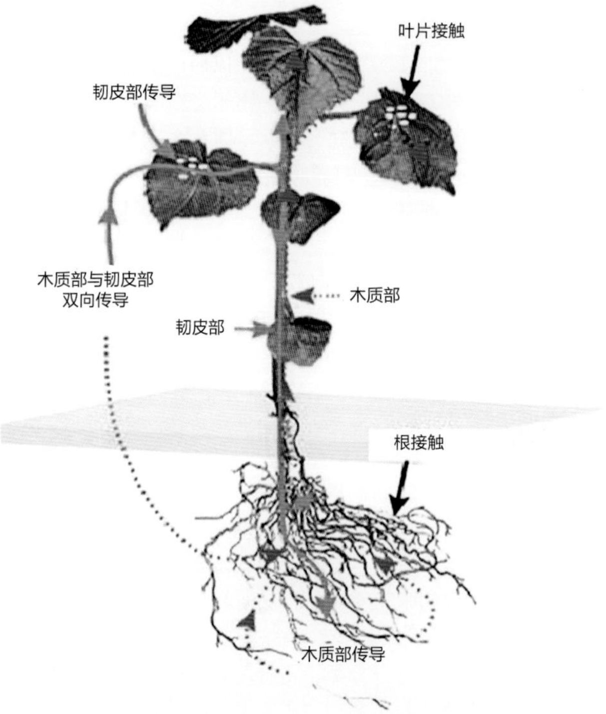
叶片接触
韧皮部传导
木质部与韧皮部
双向传导
木质部
韧皮部
根接触
木质部传导

除草剂在植物体内的吸收输导模式图

触杀型除草剂被植物吸收后，不能或很少在植物体内输导，只在吸收部位起作用。大多数茎叶处理的触杀型除草剂通过破坏细胞膜而起作用，这类除草剂在施用时要求药液全面覆盖杂草表面，否则达不到应有的药效。如敌草快，如果只覆盖了少量杂草叶面，其余的大量叶面仍能正常进行光合作用，杂草会表现出药害症状，受到一定程度的抑制，然后又慢慢恢复生长能力。

内吸传导型除草剂造成的是内部生理生化的伤害，药效表现相对慢一些，但杂草所受的伤害不易恢复。此外，触杀型除草剂引起的药害，若作物生长点及大部分功能叶片未受明显影响，植物生长后期可慢慢恢复，但内吸传导型除草剂导致的药害，往往不易恢复。

内吸传导型除草剂在植物的木质部、韧皮部或同时在两种输导体系中传导。在木质部中输导的除草剂通过植物的根传导至茎和叶部，适用于土壤处理或苗后处理。在韧皮部中输导的除草剂既可以向上又可以向下传导，能将吸收的药液输送到植物的根部和生长点，因此，可以有效防除多年生杂草。

内吸传导、触杀综合型除草剂既可以在药剂接触部位起到触杀作用，又能够被杂草吸收后在其体内传导，药剂能到达未着药部位，甚至到达根部，而使杂草彻底死亡。该类除草剂既可触杀，又可内吸，但会有一种方式是主要作用方式。

除草剂能否被植物体吸收与输导，对防除杂草至关重要。例如莠去津易被叶面吸收，西玛津则较困难。因此，莠去津就可做茎叶处理，而西玛津则不可以，只能做土壤处理。防除具有地下繁殖器官的多年生杂草，用触杀型除草剂仅能杀死地上部分，若要彻底防除，必须用内吸传导型除草剂，才能被植物输导到地下根茎中发挥药效。

参考文献

李进，1984. 除草剂的作用方式 [J]. 新农业 (4): 22-23.

强胜，2009, 杂草学 [M]. 2 版 . 北京：中国农业出版社 .

徐汉虹，2018. 植物化学保护学 [M]. 5 版 . 北京：中国农业出版社 .

SHERWANI S I, ARIF I A, KHAN H A, 2015. Modes of action of different classes of herbicides [J]. Herbicides, physiology of action, and safety: 165-186.

图1 乙草胺对玉米直接药害

图2 氟磺胺草醚对大豆直接药害（左侧）

STENERSEN J, 2004. Chemical pesticides mode of action and toxicology [M]. Boca Raton: CRC press.

（撰稿：刘伟堂；审稿：王金信、宋小玲）

除草剂对当茬作物药害　herbicide injury on current crop

指除草剂对当茬作物造成的伤害，也称作除草剂直接药害。

作物药害症状会随着除草剂品种、作物种类和作物的生育期不同而异。具体药害症状见除草剂药害。在农业生产中，有多种原因可引起当茬作物药害。①作物敏感时期用药：作物不同生长期，对人工合成激素类除草剂的敏感性不同，如玉米6叶以后施药，导致茎部变扁弯曲，脆而易折，雄穗难以抽出，果穗缺粒（图1）；小麦3叶期前及拔节后至开花期喷施麦草畏易产生药害，导致麦穗、叶片卷曲，影响抽穗；水稻秧苗3叶期以前使用二氯喹啉酸造成稻苗心叶卷曲成葱管状直立，分蘖迟缓，心叶变窄并扭曲成畸形。②不正确的操作方法：在使用除草剂时未详细查看使用说明，错误用药，或者错误时期用药，直接发生药害；私自配制药剂，发生化学反应，导致药害；喷雾器中残留其他种类除草剂，未清洗彻底，造成药害；施药时速度过慢或喷洒不均匀，个别植株药量大也易出现药害。③除草剂超量使用：一般农民在使用除草剂时用药量偏高，易产生药害；杂草过大时，用药量相对加大使用，也会造成药害。④除草剂使用间隔时期：同一种作物应用两类农药时，施药时间间隔太近也能引起药害，如水稻施用敌稗后，很快又施用有机磷类或氨基甲酸酯类杀虫剂（如三唑磷、马拉硫磷、西维因等），使水稻丧失对敌稗的解毒能力，从而不能迅速恢复光合作用而发生药害；施用杀线虫剂苯线磷处理土壤后再施用氟乐灵，可导致大豆产生药害；砜嘧磺隆与有机磷类杀虫剂近期连用，可加重砜嘧磺隆对玉米的

药害。⑤气候环境：气温急剧变化时更容易导致药害，例如，在低温时施用噁草灵会使水稻秧苗产生轻微药害；寒流前后麦田使用绿麦隆，由于作物受到冻害从而加剧药害的发生；施用乙草胺后，当土壤过湿和低温时，会导致大豆幼苗产生药害；高温时施用西草净水稻易产生药害；氟磺胺草醚在高温干旱时会在大豆叶片上产生枯斑，严重时会暂时萎蔫（图2）。

因此，为了避免除草剂对当茬作物产生药害，禁止在作物对除草剂敏感时期用药，选用质量可靠的除草剂，适时、适量、均匀施用；施药后彻底清洗施药器具。此外，施药人员需受专业培训。

参考文献

纪明山，2000. 热点讲座（一）除草剂药害及防止 [J]. 新农业 (2): 36-38.

黄振刚，王鹏，刘云龙，2008. 除草剂药害产生原因及防止技术的探讨 [J]. 农药科学与管理, 29(3): 50-51.

MONACO T J, WELLER S C, ASHTON F M. 2002. Weed science principles and practices [M]. 4th ed. Hoboken: John Wiley & Sons Inc.

（撰稿：纪明山；审稿：刘宇婧）

除草剂分类　herbicide classification

按作用方式、吸收传导方式、使用方法、化学结构等对除草剂进行归类。除草剂品种繁多，将除草剂进行合理分类，能帮助使用者掌握除草剂特性，从而能合理、有效地使用除草剂。除草剂的不同分类方式，对除草剂化合物创制、开发和合理应用等诸方面，有重要的指导意义，同时也有助于国际杂草科学界的学术交流。

根据除草剂对杂草和作物的选择性　根据对作物与杂草间的选择性不同进行分类，可分为选择性除草剂和灭生性除草剂。①选择性除草剂：这类除草剂在一定剂量范围内，能杀死杂草而不伤害作物，甚至只杀死某些杂草，而不伤害

作物或其他杂草。凡具有这种选择作用的除草剂称为选择性除草剂。如精喹禾灵能用于花生、大豆、棉花等阔叶作物田防除禾本科杂草，而不能用于玉米、水稻、小麦等禾本科作物田防除杂草。再如莠去津能安全用于玉米田防除阔叶杂草和部分禾本科杂草。除草剂选择性是相对的，只有在一定剂量下，对作物的特定的生长期安全，施用剂量过大或者在作物敏感期施用会影响作物生长和发育，甚至完全杀死作物。如 2,4- 滴异辛酯可用在小麦田防除阔叶杂草，但小麦四叶期前和拔节后对其敏感，过早用药易产生葱管叶、匍匐症状；拔节期及拔节后用药会产生畸形穗；在分蘖期耐性较强。②灭生性除草剂：这类除草剂对作物和杂草都有毒害作用，甚至能杀死或抑制所有植物，如草甘膦。灭生性除草剂也可能对个别杂草不敏感，也是相对的。这类除草剂主要用于非耕地，也用在作物田，在作物播种前用于杀死已经出苗的杂草，或用带有防护罩的喷雾器在作物行间定向喷雾。

根据除草剂在植物体内的传导方式 按除草剂在杂草体内传导性的差异，将除草剂分为内吸传导型除草剂和触杀型除草剂。

①内吸传导型除草剂：这类除草剂可被杂草根、茎、叶、芽鞘等部分吸收，并经输导组织从吸收部位传导至其他器官，破坏植物体内部结构和生理平衡，造成杂草死亡。如草甘膦喷洒到杂草地上部茎叶上，可传导至地下部根和根状茎，既可杀死杂草地上部，也对地下部分有伤害作用。有些除草剂向下输导能力较弱，对地下部影响较小。

②触杀型除草剂：这类除草剂不能在植物体内传导或移动性很差，只能杀死植物直接接触药剂的部位，不能伤害未接触药剂的部位。这类除草剂在施用时要求尽量均匀。如敌草快，需要茎叶均匀喷雾处理才能有效防除杂草，如果只喷洒到部分杂草叶面，未接触药剂的叶面仍能正常进行光合作用，杂草受到一定程度的抑制，但有可能恢复生长。

根据除草剂的施用方式 根据除草剂使用方式的不同，可分为土壤处理剂、茎叶处理剂及茎叶兼土壤处理剂。①土壤处理剂：这类除草剂在杂草出苗前施用于土壤，通过杂草的根、芽鞘或下胚轴等部位吸收而发挥除草作用，对未出苗的杂草有效，对出苗的杂草活性低或无效。因这类除草剂直接施用于土壤中，一般在作物播前、播后苗前或移栽前施用，因此称为土壤处理剂。大多数酰胺类如乙草胺、异丙甲草胺等，二硝基苯胺类氟乐灵等属于此类。②茎叶处理剂：这类除草剂在杂草出苗后施用于杂草茎叶上起作用，对出苗的杂草有效，但不能防除未出苗的杂草。如精喹禾灵、烟嘧磺隆、草甘膦、五氟磺草胺等。③茎叶兼土壤处理剂：既可在杂草出苗后进行茎叶处理，杀死苗期杂草，也可作土壤处理，抑制或杀死正在萌发的杂草。如莠去津、苄嘧磺隆、硝磺草酮等。这类除草剂提高了除草剂使用的灵活性。但对某种除草剂，其土壤处理与茎叶处理的活性存在差异。

除草剂作用机制及其分类

作用机制		WSSA	HRAC	代表性除草剂
Lipid synthesis inhibition (inh. of ACCase)	酯类合成抑制剂（乙酰辅酶 A 羧化酶抑制剂）	1	A	炔草酯
Inhibition of ALS (branched chain amino acid synthesis)	乙酰乳酸合成酶（支链氨基酸合成）抑制剂	2	B	苯磺隆
Inhibition of photosynthesis PS II	光系统 II 抑制剂	5、6、7	C	莠去津
PS I electron diversion	光系统 I 电子传递抑制剂	22	D	百草枯
Inhibition of protoporphyrinogen oxidase	原卟啉原氧化酶抑制剂	14	E	氟磺胺草醚
Inhibition of pigment synthesis (bleaching)	色素合成抑制剂（白化剂）		F	
Inhibition of PDS	八氢番茄红素脱氢酶抑制剂	12	F1	吡氟酰草胺
Inhibition of 4-HPPD	对羟基苯丙酮酸双加氧酶抑制剂	27	F2	硝磺草酮
Unknown target	未知靶标 白化：抑制类胡萝卜素生物合成	11、13	F3	杀草强（氨基三唑）
Inhibition of DOXP synthase	脱氧木酮糖磷酸合成酶抑制剂		F4	异噁草酮
Inhibition of EPSPS synthase	5- 烯醇或丙酮酸基莽草酸 -3- 磷酸合成酶抑制剂	9	G	草甘膦
Inhibiton of glutamine synthetase	谷氨酰胺合成抑制剂	10	H	草铵膦
Inhibition of DHP	二氢蝶（叶）酸合成酶抑制剂	18	I	磺草灵
Inhibition of microtubule assembly	微管组装抑制剂	3	K1	氟乐灵
Inhibition of microtubule organisation	微管组织抑制剂	23	K2	苯胺灵
Inhibition of cell division (VLCFA)	细胞分裂（极长链脂肪酸）抑制剂	15	K3	杀草强
Inhibition of cellulose synthesis	纤维素合成抑制剂	20、21	L	敌草腈
Uncoupler of oxidative phosphorylation	氧化磷酸化解偶联剂	24	M	地乐酚
Inhibition of lipid synthesis (not ACCase)	脂质合成（非 ACC）抑制剂	8、26	N	禾草丹
Synthetic auxin	合成激素类	4	O	2,4- 滴
Auxin transport inhibition	激素传导抑制剂	19	P	氟吡草腙
Unknown mode of action	未知作用方式	17、25	Z	麦草氟异丙酯

根据除草剂的化学结构　根据除草剂化学结构分类更能全面反应除草剂在品种间的本质区别，同一类别的除草剂通常具有某些共性作用特性，有助于详细了解除草剂除草的作用机制。同时也避免因同类除草剂的作用机理相同或相近，防除对象也相似造成的混淆。根据化学结构除草剂分为苯氧羧酸类、苯甲酸类、芳氧苯氧基丙酸类、环己烯酮类、酰胺类、磺酰脲类、咪唑啉酮类、磺酰胺类等。

按照除草剂作用机制　国际除草剂抗性行动委员会（The International Herbicide Resistance Action Committee，HRAC）将除草剂分为 23 类除草剂，美国杂草科学协会（Weed Science Society of America，WSSA）按照作用位点/靶标将除草剂分为）27 类，详见 WSSA 分类表。

参考文献

刘长令，2002. 世界农药大全：除草剂卷 [M]. 北京：化学工业出版社.

强胜，2009. 杂草学 [M]. 2 版. 北京：中国农业出版社.

徐汉虹，2018. 植物化学保护学 [M]. 5 版. 北京：中国农业出版社.

中国农业百科全书总编辑委员会农药卷编辑委员会，中国农业百科全书编辑部，1993. 中国农业百科全书·农药卷 [M]. 北京：农业出版社.

（撰稿：彭学岗；审稿：刘伟堂、宋小玲）

除草剂光解　herbicide photodecomposition

除草剂吸收光能而发生的光化学转化分解。光解是除草剂使用后在环境中主要降解途径之一。一些磺酰脲类除草剂烟嘧磺隆、氟嘧磺隆会发生光解和挥发，在水溶液中的除草剂很容易发生光解，使其在水中的含量下降，最后消失。不过，对大多数除草剂来说，光解不是它们在环境中消失的主要途径。农药光化学降解性质是评价农药生态环境安全性的重要指标之一。光降解过程可分为 3 类：第一，直接光解，是化合物本身直接吸收了太阳能而进行分解反应。第二，敏化光解（间接光解），是由光敏剂物质（如蒽醌、丙酮和胡敏酸等）首先吸收太阳光能，然后由光敏剂将能量转移给除草剂，使除草剂发生分解的反应，如丙酮对苯噻草胺具有敏化作用。

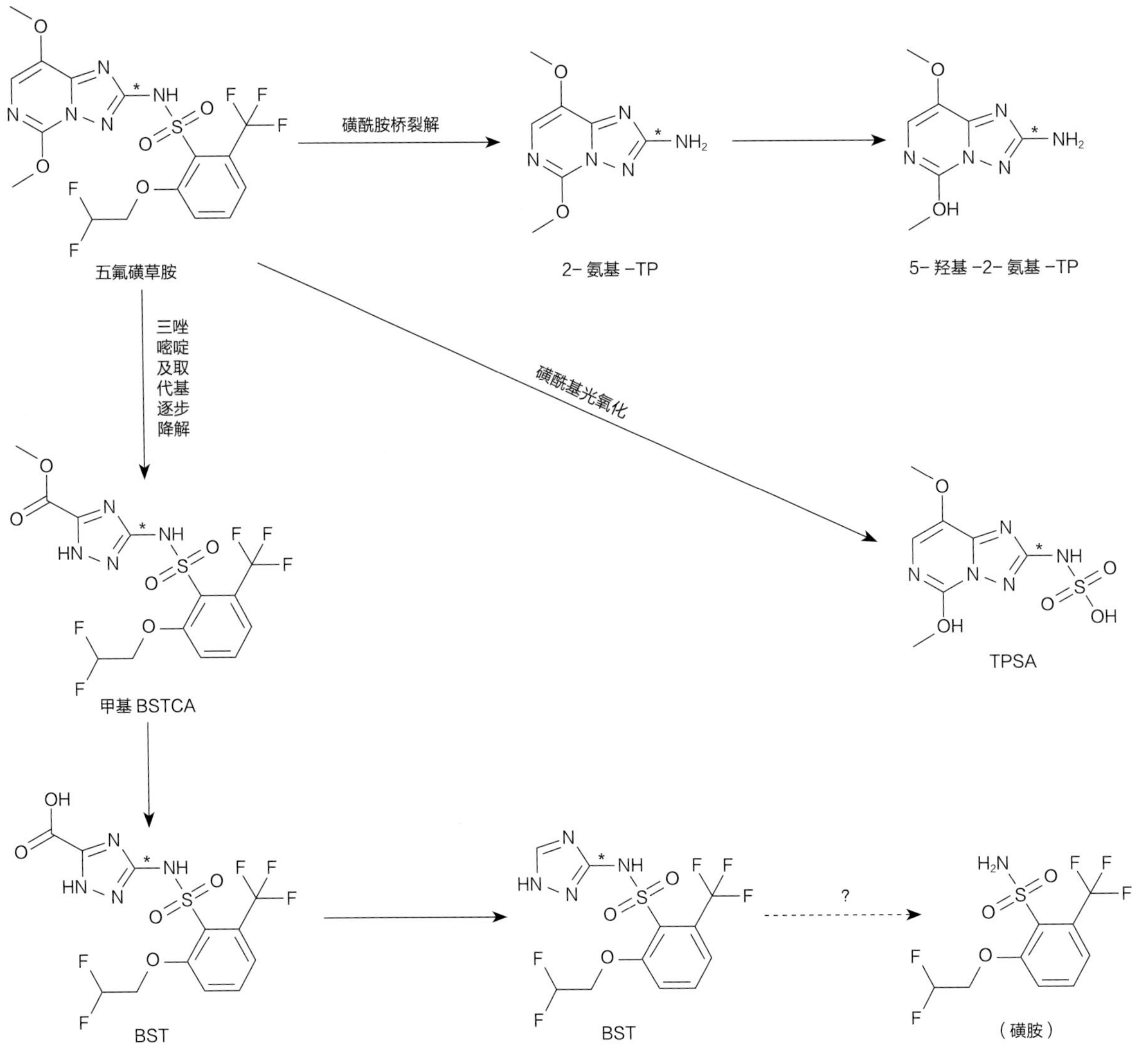

五氟磺草胺光解途径

第三，氧化反应，天然物质被辐照而产生自由基或单线态氧等中间体，这些中间体再与除草剂作用而生成转化的产物。直接光解的主要反应类型包括光氧化反应、光重排反应、光水解反应、脱卤作用、脱羟基作用等。除草剂在光解过程中产生多种中间体和产物，如五氟磺草胺在紫外光下可分解为TPSA、甲基BSTCA等，而甲基BSTCA作为中间体，可进一步分解为BSTCA、BST等（见图）。

除草剂在高压汞灯照射下光解最快，紫外灯照射下次之，太阳光下最慢。除草剂光解的速率一般随着自身浓度的升高而减慢。天然水体中的大部分溶解物质对除草剂的光解起抑制作用，少数有光敏化作用。由于光源发射光谱及除草剂分子吸收光谱不同，不同除草剂在不同有机溶剂中的光解速率相异。碱性条件一般促进除草剂的光解。不同的除草剂所要求的光敏剂不尽相同。同一种化学物质在不同的除草剂光解中或不同的化学物质在同一种除草剂光解中会表现出不同的敏化效应或猝灭效应。

由于除草剂的光化学分解在环境中普遍发生，研究除草剂光解在生产实践中具有很重要的理论意义和实用价值。因此，可以通过了解不同环境因素对除草剂光解的影响程度，指导除草剂的施用方法，如二硝基苯胺类除草剂极易光解，为了防止这类除草剂的光解，提高除草活性，喷施后立即混土，避免被光照射，确保光解除草剂的防效。此外，控制除草剂在环境中的光稳定性，从而减轻对生态环境的污染，将除草剂对生态系统的负面影响降到最低。

参考文献

梁菁，郭正元，冯丽萍，等，2007. 农药在环境中光化学降解的影响因素[C]//中国农业生态环境保护协会，农业环境与发展编辑部. 第二届中国农业环境科学学术研讨会：403-408.

徐汉虹，2018. 植物化学保护学[M]. 5版. 北京：中国农业出版社.

（撰稿：纪明山；审稿：王金信）

应温度有利于水解反应进行，温度每提高10℃，水解速率提升2～3倍。湿润未灭菌土壤中的氟乐灵在52℃时7天可完全降解，但20℃时仅能降解20%。在弱酸性条件下，噻吩磺隆、烟嘧磺隆、三氟丙磺隆等的水解机理是通过水分子作用于磺酰脲桥上的羰基碳，使脲桥发生断裂，产生无活性的芳基磺酰胺和氨基杂环。砜嘧磺隆和氟啶嘧磺隆等含吡啶环的物质中，由于吡啶环和磺酰基的强烈吸电子效应，致使磺酰脲桥两个氨基氢的酸性增强。电离产生的负离子（N⁻）攻击电荷密度较低的吡啶环发生亲核取代。纯净水、自来水、井水、江水和池塘水等不同水体中，不同处理浓度的苄嘧磺隆7天内的降解速率高于7～21天内的降解速率，即随降解产物的增加，降解速率下降。

参考文献

步海燕，欧晓明，2006. 砜嘧磺隆在环境中的降解行为研究进展[J]. 应用化工，35(11): 882-886.

欧晓明，步海燕，2007. 磺酰脲类除草剂水化学降解机理研究进展[J]. 农业环境科学学报，26(5): 1607-1614.

翟雨淋，邓新平，左娟，2009. 除草剂苄嘧磺隆在5种水体中的降解[J]. 植物医生，22(2): 29-32.

BLAIR A M, MARTIN T D, 1988. A review of the activity fate and mode of action of sulfonylurea herbicides [J]. Pesticide science, 22(3): 195-219.

BROWN H M, 1990. Mode of action, crop selectivity, and soil relations of the sulfonylurea herbicides [J]. Pesticide science, 29(3): 263-281.

BROWN H M, COTTERMAN J C, et al, 1994. Recent advances in sulfonylurea herbicides [J]. Chemplant prot, 10: 47-81.

SABADIE J, 1997. Degradation of bensulfuron-methyl on various minerals and humic acids [J]. Weed research, 37: 411-418.

SABADIE J, 2002. Nicosulfuron: alcoholysis, chemical hydrolysis, and degradation on various minerals [J]. J Agric food chem, 50(3): 526-531.

THOMAS J M, STEPHEN C W, FLOYD M A, 2002. Weed science principles and practices [M]. 4th ed. Hoboken: John Wiley & Sons Inc.

（撰稿：纪明山；审稿：王金信）

除草剂化学降解 chemical degradation of herbicide

指除草剂在环境中发生化学反应而分解，其反应包括氧化、还原和水解。土壤水饱和状态下，氧含量很低，此条件下以厌氧反应为主，化学降解和生物降解占主导地位。莠去津在有水的条件下可缓慢发生水解反应，最终失去除草活性。除草剂化学降解与其自身的结构性质密切相关，以磺酰脲类除草剂为例，最常见的降解途径涉及到脲桥裂解、O-和N-脱烷基作用、芳族和脂族羟基化作用、酯水解作用、与谷胱甘肽、葡萄糖和氨基酸的轭合作用以及脲桥键的碱性催化裂解。此外，除草剂化学降解也会受环境条件的影响，水解反应速率与温度尤其是pH值有关。例如，苯磺隆因其独特的分子结构而易发生N-甲基磺酰脲桥水解，苯磺隆的脲桥键上带有一个N-甲基取代，在pH值为5～7的范围内更易发生酸催化水解断裂，在25℃时其水解作用较其N-脱甲基化产物甲磺隆快近15～110倍。大量试验研究表明，提高反

除草剂挥发 volatilization of herbicide

指除草剂从植物表面、土壤表面或水面以气态逸入大气中，是除草剂在环境中归趋的一种途径。

不同除草剂通过挥发归趋的能力差异较大。挥发性强的除草剂有二硝基苯胺类氟乐灵、二甲戊灵、地乐胺，氨基甲酸酯类的禾草特、燕麦畏、杀草丹、燕麦灵，二苯醚类乙羧氟草醚、氟磺胺草醚、三氟羧草醚，酰胺类甲草胺、乙草胺、异丙甲草胺、敌草胺等，苯氧羧酸类2,4-滴丁酯，腈类除草剂溴苯腈等。除草剂的挥发主要由其物理化学性质决定，尤其是蒸气压。在一定温度下，与固体或液体处于相平衡的蒸气所具有的压强称为蒸气压。蒸气压越大，除草剂越易挥发，越容易变成气体。例如，氟乐灵蒸气压为6.1mPa（25℃），容易挥发，若不混土施用，120天的挥发率可高达90%；莠

去津蒸气压为 $3.85×10^{-2}mPa$（25℃），不易挥发。此外，除草剂加工剂型可影响其挥发，乳油的溶剂大多为有机溶剂，挥发速度快，而可湿性粉剂和微胶囊剂将原药加工成了固体，挥发速度慢。

除草剂挥发受环境因素影响，其中土壤温度和湿度的影响最大。通常在低温条件下，除草剂挥发缓慢；在高温条件下，除草剂挥发迅速。温度与化合物的饱和蒸气压有着密切关系，同一种除草剂温度愈高，饱和蒸气压愈大，挥发性也愈强，越容易挥发，如 2,4- 滴丁酯，在气温 15℃ 以上时开始挥发飘移，随温度升高挥发程度增加。土壤湿度大，有利于除草剂的解吸附作用，使除草剂易于释放在土壤溶液中成游离态，容易汽化挥发，如氟乐灵在施药后 24 小时内的挥发量，在 30℃ 温度条件下因土壤湿度而异，土壤含水量分别为 1%、14%、26%、33% 时，其挥发量分别为 17%、42%、70%、94%。除草剂挥发会导致负面的影响：①减弱除草效果，如氟乐灵、禾大壮、燕麦畏等挥发性强，施于土表迅速挥发，使除草效果下降。②对周围敏感作物造成药害。如玉米田施用苯氧羧酸类除草剂 2,4- 滴丁酯，可导致下风向田块的西瓜、五味子、葡萄等敏感作物产生药害；二硝基苯胺类、二苯醚类和腈类除草剂也可因挥发导致药害。③食品和环境污染，虽然除草剂挥发至大气中即可开始降解，但仍可通过雨水携带而沉降，沉降后的除草剂聚集在土壤中会污染农畜渔果产品，并通过食物链的富集作用转移到人体，对人体产生危害，再次降落到土壤中的药剂，会加速土壤的板结程度。

控制除草剂挥发的主要措施是混土施药，施药后立即耙地混土，将药剂与土壤充分混合，以增加土壤对除草剂的吸附性，降低温度，并可大大减少空气运动，如氟乐灵施于粉砂壤土表不混土处理是喷洒后混土 10cm 挥发量的约 77 倍。此外，施药后立即进行喷灌，以充分湿润 7～10cm 土层，降低除草剂挥发。

参考文献

岳建超，2021. 莠去津和特丁津在土壤中的淋溶特性研究 [D]. 哈尔滨：东北农业大学 .

王险峰，关成宏，2002. 植保技术讲座（二）影响苗前除草剂药效的因素 [J]. 现代化农业 (2): 15-18.

王险峰，2015. 除草剂药害与控制 [J]. 现代化农业 (10): 1-6.

TABERNERO M J, A:VAREZ-BENEDI ATIENZA J et al. 2015. Influence of temperature on the volatilization of triallate and terbutryn from two soils [J]. Pest management science, 56(2): 175-180.

YATES S R, 2006. Measuring herbicide volatilization from bare soil [J]. Environmental science & technology, 40(10): 3223-3228.

（撰稿：纪明山；审稿：宋小玲、王金信）

除草剂活性　herbicide activity

除草剂对靶标植物正常生命活动的干扰能力，即除草剂施用后接触到杂草后，经吸收、传导，除草剂有效成分与作用位点结合后，干扰杂草正常的生理生化代谢过程，最终导致杂草死亡的能力，称之为除草活性。已经发现的除草剂作用位点大多为杂草生命活动中物质合成的关键酶，如磺酰脲类、磺酰胺类等除草剂的作用靶标是乙酰乳酸合成酶，芳氧苯氧基丙酸酯类等除草剂的作用位点是乙酰辅酶 A 羧化酶。除草剂发挥杀草活性通常通过以下几种方式：①抑制植物的光合作用。②抑制植物的呼吸作用。③抑制植物的生物合成。④干扰植物的激素平衡。⑤抑制植物组织和微管的发育。除草剂的活性受到多种因素的影响，包括除草剂自身理化特性、加工剂型、环境条件（如土壤因素、温度、湿度、光照、降雨等），以及人为因素如施药方法、施药工具等用药技术。此外植物的不同生长阶段也是影响除草剂活性的因素之一。

除草剂的活性评价：活性评价是除草剂研发过程中的重要环节，贯穿于整个研发工作的始终。活性评价可指导化合物结构的改进和优化，在除草剂研发中占有重要地位，因此有人把生物活性评价形象地比喻为除草剂研发的"眼睛"。

除草剂活性评价的方法有很多，常规除草剂活性评价一般是利用生物活体作靶标，通过观察除草剂对靶标生物的生长发育、形态特征、生理生化等方面的反应来判断除草剂的生物活性；同时，随着自动化技术、生物评价微量化技术和计算机技术的不断发展，不断有一些效率更高的除草剂活性评价方法被采用。目前，除草剂活性评价方法主要有目测分级法（visual grading method）、整株水平测定（whole plant level bioassay）、器官或组织水平测定（organ or tissue level bioassay）、细胞或细胞器水平测定（cell or cellular organ bioassay）、酶水平测定（enzyme level biouassay）以及高通量筛选（high throughput screening）等。

除草剂活性评价一般要经过 5 个步骤，即普筛、初筛、复筛、深入筛选和田间小区药效试验（见除草剂田间药效试验）。规范化的筛选程序和合理的活性评价方法是成功评价除草剂活性的重要保证，往往起到事半功倍的效果。在除草剂的创制过程中，不断有新的活性评价方法被建立，并在已有基础上不断改进和完善。除草活性评价方法主要包括常规活体筛选、高效活体筛选和高效离体筛选，中国主要采用常规活体筛选和高效活体筛选。

除草剂活性的表示方法有：抑制中量（ED_{50}）或抑制中浓度（IC_{50}、EC_{50}）、最高无影响剂量和相对毒力指数。抑制中量或抑制中浓度是指抑制 50% 测定指标时除草剂的剂量或浓度，需采用毒力回归方程的方法计算。最高无影响剂量是指不影响作物生长发育的最高剂量，是除草剂对作物是否有影响的剂量分界线，常用 EC_{10} 表示。当同时测定几种除草剂的毒力时，或由于供试的药剂过多而不能同时测定时，在每批测定中使用相同的标准药剂，可用相对毒力指数来比较供试除草剂毒力的相对大小。

参考文献

沈晋良，2013. 农药生物测定 [M]. 北京：中国农业出版社 .

徐汉虹，2018. 植物化学保护学 [M]. 5 版. 北京：中国农业出版社 .

徐勇华，台文俊，陈杰，2009. 新农药创制中除草活性评价程序及方法概述 [J]. 现代农药，8(5): 17-20.

（撰稿：王金信；审稿：刘伟堂、宋小玲）

除草剂减量施药技术　herbicide reduction spraying technology

在一定范围内减少除草剂用药量的同时，仍可有效防除杂草提高作物产量的手段或技术。

长期以来除草剂在控制农田草害发生和危害，降低生产成本和提高作物产量等方面发挥了极其重要的作用。但是由于长期持续、广泛甚至是大量使用化学除草剂导致作物药害、环境污染以及除草剂在农产品残留等问题，特别是抗药性杂草的快速演化日趋严重，有的甚至已经严重制约农业生产。随着生活水平的提高，人们对食品安全、环境保护的关注日益提高，除草剂减量施用技术已成为杂草防除迫切需要的技术。该技术主要包括杂草低叶龄除草剂低剂量喷洒、除草剂合理混用、添加有效助剂或增效剂、添加植物生长调节剂、高效施药器械、精准施药技术，以及通过机械、物理、农业、生态、生物控草等绿色防控技术降低对除草剂的依赖等。

适期精准施药　通过杂草调查，明确田间杂草群落发生及消长动态等规律，根据杂草种类选择合适的除草剂品种，避免盲目、过量用药。研究杂草的生物学特性，找出杂草对除草剂的敏感时期，提高除草效果。一般低龄期的杂草由于组织幼嫩，除草剂易渗透进入杂草体内，在较低剂量下就能杀死杂草。例如鸭跖草随着叶龄增大，叶片上下表皮厚度、栅栏组织及海绵组织厚度显著增大，对咪唑乙烟酸的耐药性随之增大，3叶以前是鸭跖草施药的最佳时期。使用108g/L高效氟吡甲禾灵乳油防治禾本科杂草，杂草低叶龄时喷洒225~300ml/hm^{2}就能达到理想防效，高叶龄时需提高至近1.5倍。

合理混用除草剂　合理的除草剂混用方案，不但可扩大杀草谱，提高除草效率，降低生产成本，而且有些除草剂在混用时具有增效作用，可有效降低用药量，从而降低作物药害，提高产量。例如氟磺胺草醚与精喹禾灵混用后对大豆田马唐具有很好的增效作用；噻吩草胺与苯嘧磺草胺混用不但能够增强大豆田杂草防治效果，而且能够减少除草剂用量，还可以提高大豆产量；莠去津与精异丙甲草胺混用可显著降低两者用量，且提高玉米田杂草防效。

添加有效助剂（增效剂）　对于茎叶处理剂，可以适当添加桶混助剂（增效剂）来改善喷雾时雾滴大小、沉降速度，降低药液表面张力，增加除草剂的黏着、润湿性能，增强杂草对药剂的吸收，减少药剂挥发等，进而提高除草剂药效降低用量。常用的除草剂助剂种类有：非离子表面活性剂类、有机硅、酯化植物油以及植物源助剂（增效剂）。非离子表面活性剂是农药用表面活性剂中的主要类型之一，种类多、应用广，多为聚乙二醇型表面活性剂，主要品种有烷基酚聚氧乙烯醚、多芳基酚聚氧乙烯醚、酚醚等，添加合适剂量即可表现更优异的除草效果；将植物油酯化后形成的酯化植物油，增加了亲酯特性，对除草剂增效显著，如甲酯化植物油可显著提高禾草灵对禾本科杂草的防效，酯化植物油可显著提高甲基二磺隆对节节麦的防效；有机硅助剂具有良好的铺展性、润湿性和分散性，可使药剂轻易进入植物气孔、皮孔等，增强抗雨水冲刷的能力，例如可显著提高氟磺胺草醚对

苘麻、烟嘧磺隆对禾本科杂草的防效。植物源助剂（增效剂）由于成分天然，在除草剂增效减量上得到了广泛应用。例如加入植物源增效剂GY-Tmax后，即使降低1/2的用量，苯唑草酮对玉米田马唐的鲜重防效仍然大于90%，而单独使用推荐剂量的苯唑草酮对马唐的鲜重防效仅为65.5%；对烟嘧·硝草酮+莠去津、烟嘧·硝·氟吡、苯唑草酮+莠去津，在分别加入植物源增效剂（GY-Utmax、HASTEN），所有药剂处理减量30%时施用均可有效防除玉米田杂草。植物源助剂安融乐（主要成分维生素E和卵磷脂），可通过降低除草剂在叶面上的表面张力，增加接触角来提高除草剂在植物叶面上的湿润展布能力，通过其独有的泡囊结构包裹药液，增加除草剂渗透质膜的能力，提高杂草对除草剂的吸收和传导。试验表明可增强氰氟草酯对稗草和千金子的防效，提高高效氟吡甲禾灵＋乙羧氟草醚和甲咪唑烟酸的除草剂活性，增加异丙隆和唑啉草酯对小麦田禾本科杂草以及啶磺草胺和甲基二磺隆对小麦田阔叶杂草的防除效果，增加激素型除草剂氯氟吡氧乙酸和2甲4氯对猪殃殃、大巢菜、野芥菜的防除效果；添加稀释倍数为2500倍的安融乐可以提高烯禾啶对牛筋草的防效同时提高对谷子的安全性。

添加植物生长调节剂　植物生长调节剂具有调节植物体内物质的输导和生长发育、新陈代谢的功能，因而可提高防除杂草的效果，同时减轻对作物的药害。室内生测结果表明，草甘膦与赤霉素、芸薹素内酯等生长调节剂两两混用，可以提高对棉田扁秆藨草的防除效果。芸薹素内酯和胺鲜酯分别与水稻田和玉米田不同除草剂混用均可以提高除草效果，减轻作物药害。植物源复合平衡型植物生长调节剂0.136%赤·吲乙·芸薹可湿性粉剂（商品名碧护），内含赤霉素、芸薹素内酯、吲哚乙酸、脱落酸、茉莉酮酸等多种天然植物内源激素，以及黄酮类和氨基酸及抗逆诱导剂，具有诱导作物提高抗逆性和产量、改善品质、缓解药害的作用。试验表明，其与氯氟吡啶酯和五氟磺草胺混用，无芒稗药害综合指数显著提高，光合作用、糖代谢和氮代谢均显著下降；同时降低除草剂对水稻的光合作用、糖代谢和氮代谢的抑制作用，缓解药害。

使用高效施药器械　随着新型高效植保施药器械层出不穷，特别是适合除草剂规模化作业的各种自走式喷杆喷雾机，该机械是一种喷头装在横向喷杆或竖立喷杆上自身可提供驱动动力、行走动力，不需要其他动力提供就能完成作业的机械。该类喷雾机的作业效率高、喷洒质量好、喷液量分布均匀，适合大面积喷洒液态除草剂。市场上主要有中小型自走式喷杆喷雾机、大型自走式喷杆喷雾机及遥控自走式喷杆喷雾机三种。近几年开发出水旱两用自走式喷杆喷雾机，具有施药质量高、作业受气候影响小和应用范围广等优点。农用植保航空器（植保防治无人机）是利用无线电遥控设备和自备的程序控制装置操纵的不载人的应用在农业领域的飞行器，该机具有灵活轻便、环境适应性强、不受作物长势和作业田块条件的限制，不但机械性能优异，作业效率高，而且利于规范化操作，有效避免药剂重喷、漏喷等，在一定程度上避免了药剂浪费，节省了除草剂用量。例如，使用搭载4喷头（XR11001）的大疆MG-1植保无人机喷施40%乙·莠悬乳剂2400ml/hm^{2}时，玉米田总草鲜重防效显著高

于使用背负式喷雾器喷施 3300ml/hm² 的防效，节省除草剂用量 27%，且显著提高玉米百粒重。

静电喷雾器是通过高压静电技术使喷出的药液雾滴表面带静电，并在喷嘴和靶标之间形成静电场，静电作用可以降低液体表面张力，减小雾化阻力；同时，同性电荷间的排斥作用产生与表面张力相反的附加内外压力差，从而提高雾化程度。与常规喷雾技术相比，静电喷雾技术的雾滴飘移损失小，雾滴沉积量几乎是原来的 2 倍，且雾滴尺寸均匀、沉积性能好、雾群分布均匀，显著提高药液在靶标上（尤其是靶标背面）的沉积量，从而提高药效。例如采用静电喷雾器喷施 15% 炔草酯可湿性粉剂 34g/hm² 的除草效果甚至显著优于常规喷雾器喷施 15% 炔草酯可湿性粉剂 68g/hm² 的除草效果。国内科研单位及相关学者已研发出多种静电喷雾装备样机，除常规的喷杆式喷雾系统外，还包括果园静电喷雾装备和植保无人机静电喷雾系统等。

采用精准施药技术　精准施药以提高农药利用率为目标，降低农药用量。除草剂精准喷施技术已经向智能化方向发展，其中苗草的识别与定位是实现精准施药的前提。苗草识别主要以机器视觉和图像处理技术为前提，提取并分析田间图像中苗草颜色、形状、纹理特征或光谱特征，再用模式识别算法区分作物与杂草的位置、种类和密度。基于所获取的田间杂草位置与生物学信息，为施药机具的精准变量喷雾提供决策依据。从药液喷施量的决策信息来源可将变量喷雾系统分为基于地理信息的可变量技术和基于实时传感器的可变量技术。基于地理信息系统的精准喷雾技术是应用全球定位系统确定田间位置坐标，根据预先准备的变量施药图进行喷雾作业，从而实现针对靶标区域的药液喷施。基于实时传感器的变量系统的靶标探测器主要有超声传感器、图像传感器、光电传感器等。采用光谱和图像的办法获取靶标信息，识别农田杂草的种类和形态，为变量施药的精准定位控制提供决策信息。农药施药的变量控制系统主要由信息采集处理系统和自动控制系统组成。信息采集处理系统将施药目标的图像特征处理结果传给自动控制系统，自动控制系统快速响应，条件响应期间改变喷雾量，实现变量喷雾。喷杆喷雾机作为大田高效、高质量的喷洒农药的机具，其农药喷施分布均匀，是一种理想的大田植保机械，被广泛用于田间除草。基于静电喷雾、对靶喷雾和变量喷雾等所研发的新型喷杆喷雾机为田间精准喷施从除草剂提供了技术保障。研究表明，现有图像处理技术对田间杂草识别率可达 90% 以上，精准施药技术可避免非靶标区域除草剂的喷施，大大减少除草剂的用量与环境流失。

采用绿色防控技术　不使用除草剂，通过各种杂草物理防治、机械防治、农业防治、生态防治技术防控杂草，降低除草剂用量。例如对长江中下游稻麦连作田针对杂草发生的根源土壤种子库，应用拦网清洁灌溉水源（截流）和网捞漂浮杂草种子（网捞）两种简单的物理生态措施配合减次化学除草的"降草""减药"稻麦连作田精准生态控草技术，实施 6 年，杂草种子库规模下降 51%，稻—麦两季的杂草发生量显著下降 53%。与常规 5～6 次除草方法控草相当或更优，但减少 2～3 次化除（减少化学除草剂用量可达 40%），还降低 30% 的除草成本。其他防控措施，例如深翻土壤，将杂草种子埋入土层深处，大于 15～20cm，可防止大部分杂草种子萌发；小麦收割时将秸秆粉碎覆于土表，可用于作物田、果园、林园除草，降低除草剂的使用等。具体方法见杂草物理防治、机械除草、农业防治、生态防治。

存在的问题与展望　随着农业种植制度的变革，杂草发生规律也在发生改变，因此还应加强杂草生物学和生态学研究，并在充分了解除草剂作用特点基础上，制定合理的除草剂施用技术。各种施药新技术还存在一些问题，例如中国已研发出多种静电喷雾装备样机，但国内喷雾器市场的主体依然是各种手动喷雾器，仍需加快静电喷雾装备样机的商业化进程；同时缺乏针对静电雾滴飘移特性及减雾方法的研究，以及专用静电喷雾设备的设计与研究。植保无人机受天气影响较大，续航时间短，载荷有限，常见无人机药箱容量不超过 30L，当大面积作业时，需要中途加注药液，续飞断点，不能实现精准对接，容易出现重喷、漏喷现象，因此智能化仍待提高。相信随着中国北斗导航（BDS）、5G 通信、人工智能、图像识别等技术的进步，关于"5G+ 智慧农业与北斗导航精准施药"模式应用正在探索中，该模式将极大提高施药精度，降低除草剂用量，提高利用率和作业效率。

参考文献

冯耀宁，裴亮，李晔，等，2019. 自走式喷杆喷雾机行业现状与发展趋势 [J]. 中国农机化学报，40(6): 56-59, 66.

何雄奎，2013. 药械与施药技术 [M]. 北京：中国农业大学出版社.

李光宁，程文超，胡荣娟，等，2021. 0.136% 赤·吲乙·芸薹可湿性粉剂与 3% 氯氟吡啶酯乳油混用对无芒稗防治效果及生理生化的影响 [J]. 杂草学报，39(2): 47-57.

李涛，张平，袁国徽，等，2021. 喷雾助剂和静电喷雾对喷施炔草酯的减量增效作用 [J]. 农药学学报，23(4): 797-802.

马红，关成宏，陶波，2009. 不同叶龄鸭跖草对咪唑乙烟酸的耐药性 [J]. 植物保护学报，36(5): 450-454.

王险峰，2016. 除草剂安全高效使用技术 [M]. 北京：化学工业出版社.

相世刚，刘琪，强胜，等，2021. 助剂安融乐对草甘膦异丙胺盐增效作用及其机理 [J]. 杂草学报，39(1): 75-81.

岳德成，姜延军，李青梅，等，2019. 植保无人机喷施对玉米田土壤处理除草剂的减量效应 [J]. 植物保护，45(2): 193-198.

ZHANG Z, LI R H, ZHAO C, et al, 2021. Reduction in weed infestation through integrated depletion of the weed seed bank in a rice-wheat cropping system [J]. Agronomy for sustainable development, 41(1): 1-14.

（撰稿：曲明静、王士林；审稿：王金信、宋小玲）

除草剂降解　herbicide degradation

除草剂降解是有效成分在化学、光化学、生物化学的作用下分子结构发生分解变化的过程。除草剂在环境中的降解分为生物降解、化学降解和光解三种类型。除草剂性质、降解环境条件和除草剂受体可影响除草剂降解速率。光稳定性、化学稳定性、微生物降解稳定性、挥发性、溶解性和剂型是影响除草剂降解的主要因素。

生物降解　生物降解又可分为植物降解、微生物降解和动物降解。植物吸收除草剂后，在一系列代谢酶的催化下，发生氧化、还原、水解、环化、开环、轭合等多种反应而消失。植物对除草剂的敏感性，在很大程度上取决于其降解解毒能力。敏感植物体内大部分或全部除草剂被直接或活化后运转至作用位点，极少部分被代谢解毒。耐药植物则具有将除草剂代谢或分解成无除草活性物质的能力，使其不能积累到被杀死的活性剂量。微生物降解是大多数除草剂在土壤中消失的最主要途径。真菌、细菌与藻类参与降解。在微生物作用下，除草剂分子结构进行脱卤、脱烷基、水解、氧化、环羟基化与裂解、硝基还原、缩合以及形成轭合物，通过这些反应可把除草剂转化为 CO_2 和 H_2O 等无毒无害或毒性较小的其他物质。除草剂在动物体内的降解速率要比植物中快，而植物中又比土壤中快。这种差异主要与生物降解的效率有关，动物体内存在各类酶系可使其进行生物降解，而且与葡萄糖衍生物、氨基酸等化学物质发生共轭反应，使原来不溶于水的除草剂转化为易溶于水的共轭物而随尿和粪便排泄到体外，此过程在动物体内降解中起着重要作用。

化学降解　是除草剂在土壤中消失的重要途径之一，其中包括氧化、还原、水解以及形成非溶性盐类与络合物。磺酰脲类除草剂在酸性土壤中就是通过水解作用而逐步消失的。当土壤中高价金属离子 Ca^{2+}、Mg^{2+}、Fe^{2+} 等含量高时，一些除草剂能够与这些离子反应，形成非溶性盐类；有的除草剂则与土壤中的钴、铜、铁、镁、镍形成稳定的络合物而残留于土壤中。

光解　施于植物及土壤表面的除草剂，在日光照射下会进行光化学分解，这种光解作用是由紫外线引起的，光解速度取决于除草剂的类型、品种和分子结构。紫外线的强度、除草剂分子对光的吸收能力及温度等因素都是影响光解作用的因素。大多数除草剂溶液都能进行光解作用，其吸收的是 $220\sim400nm$ 的光谱；不同类型除草剂的光解速度差别很大，二硝基苯胺除草剂，特别是氟乐灵最易光解，其他各类除草剂光解速度稍慢。为防止光解，喷药后应将药剂混拌于土壤中。

自然界除草剂的降解通常是多途径互作的结果。如乙草胺在环境中迁移的同时还发生光解、水解和生物降解。降解主要发生在土壤和水环境中。微生物种类、湿度、类型、pH值、光照等直接影响乙草胺的降解，微生物的降解是乙草胺在土壤中耗散的主要方式。乙草胺在土壤中的降解速率符合一级反应动力学方程，微生物的存在可显著加快土壤环境对乙草胺的降解。另外，土壤湿度增加、pH值增大、温度升高均能加快乙草胺的降解，主要原因可能是促进了土壤微生物的生长繁殖和酶促反应，加速了乙草胺的生物降解。乙草胺在水体环境中的降解途经主要为水解和光解（非生物降解），水解的影响因素主要为温度和pH值等，光解的主要影响因素为光源、溶解性有机物（主要指腐殖质）、无机盐、颗粒物、pH值等。水解时，温度会影响乙草胺的整体水解速率；温度确定时，pH值的改变对乙草胺的水解速率影响不大。水中硝酸盐和亚硝酸盐等无机盐的存在也会显著加快乙草胺的水解效果。

参考文献

李倩，柳亦博，滕葳，等，2014. 农药残留风险评估与毒理学应用基础 [M]. 北京：化学工业出版社 .

刘静，陈鲲宇，王杰，等，2019. 乙草胺除草剂的环境行为及去除技术研究进展 [J]. 山东建筑大学学报，34(5): 60-65, 87.

（撰稿：纪明山；审稿：宋小玲）

除草剂径流　herbicide runoff

除草剂随降水或灌溉水等在地表水平移动的现象。

当施药地块具有坡度、降水量超出土壤可渗透量时，径流则成为除草剂流失进入水体的主要途径。几乎所有除草剂均可以随径流迁移，如甲草胺、莠去津、西玛津、环嗪酮、2,4- 滴、氨氯吡啶酸等均可通过径流迁移。影响径流发生的因素主要包括：气候因素中的降水、蒸发、气温、风和温度等；流域下垫面因素如土壤质地、地理位置、地貌地形、地质条件和植被特征等；人类活动因素如引水灌溉、植树造林及兴建水库等，以及这些因素的综合影响。除草剂径流会导致除草剂进入河流、湖泊等水体环境，造成严重的水环境污染。径流时除草剂可溶于水或吸附在土壤颗粒上。被土壤颗粒吸附的除草剂存在长期随土壤侵蚀流失的风险。

除草剂使用过程中要严控径流的发生。要严格遵从天气预报状况，避免大雨或台风临近前的时间段应用除草剂。秸秆覆盖通常可减少径流，因为覆盖物可减缓地表径流有利于渗透，但当施药后即下大雨时径流强度加大，因为多数除草剂尚滞留于秸秆上，易于被冲刷，导致除草剂径流量增大。植被过滤带也可以减少径流，因为植物茎秆能够有效滞缓径流，同时可以通过植物根系的穿插作用改善土壤结构，增强土壤的渗透力。例如，禾本科草本植被过滤带能有效拦截径流，显著降低泥沙和莠去津流失量，拦截率可达88%，对莠去津引起的农业面源污染具有较好防治效果。因此，控制除草剂的径流，要从施用、拦截和提供环境完全降解等方面着手。例如保护河道长度、建设植被缓冲带，以及减少除草剂的施用和提高施用效率。

参考文献

肖波，萨仁娜，陶梅，等，2013. 草本植被过滤带对径流中泥沙和除草剂的去除效果 [J]. 农业工程学报 . 29(12): 136-144.

JENS C S, PER K, 1993. Herbicide bioassay [M]. CRC press, Inc. Boca Raton.

MÜLLER K, TROLOVE M, JAMES T K, et al, 2004. Herbicide loss in runoff: Effects of herbicide properties, slope, and rainfall intensity [J]. Australian journal of soil research, 42(1): 17-27.

（撰稿：纪明山；审稿：宋小玲、王金信）

除草剂淋溶　herbicide leaching

除草剂在土壤中随水流移动的现象，其主要方向是

C

向下。除草剂在农作物田施用后，未被植物吸收和吸附的部分会从植物表面冲刷至土壤。施用除草剂的地块，随着植被覆盖率由高至低的变化，落到土壤中除草剂的比例为50%～100%。死亡植株上滞留除草剂的量微乎其微。除了土壤水分呈饱和状态时或发洪水导致径流外，土壤中的除草剂可淋溶到深层，淋溶的比例一般情况下为0.1%～1%，特殊环境情况下可达5%。除草剂淋溶包括4种形态：未溶解的颗粒、溶解于土壤水、吸附于土壤颗粒或胶体、挥发成气态，其中溶解于土壤水形成溶液是最主要的淋溶形态。

除草剂淋溶深度主要决定于除草剂本身特性和环境因素。

除草剂本身特性　除草剂的酸碱度、可溶性、土壤吸附性、剂型等会影响其在环境中的淋溶水平。例如，磺酰脲类除草剂本身呈弱酸性，吸附性差，土壤pH值高，所以淋溶性强。除草剂的水溶性越强，越容易向液态相的水体富集，在土壤中的吸附性变弱，淋溶能力增强，越有可能进入深层地下，对地下水造成污染。如莠去津及其代谢产物脱乙基莠去津和脱异丙莠去津均可淋溶至地下水。而水溶性差的除草剂容易向固态相的土壤富集，在土壤中的吸附性变强，淋溶能力变弱。如炔草酸的水溶性差，在土壤中的淋溶性就差，大多残留在土壤表层，而硝磺草酮、2,4-滴微水溶性大，淋溶性也相对较强，主要残留在土壤的中层偏下层。不同剂型的除草剂在土壤中淋溶的表现不尽相同，如氟磺胺草醚水剂的淋溶性最强，向下淋溶的最多，氟磺胺草醚乳油的淋溶性最弱，即向下淋溶的最少，氟磺胺草醚微乳剂的淋溶性居中。

环境因素　影响除草剂在土壤中淋溶深度的环境因素主要有降水量、灌溉量、土壤湿度等。降雨和灌溉是水进入农田的主要来源，也是除草剂在土壤中淋溶的重要动力学因素，降雨和灌溉的水量、强度对水在土壤中的渗漏量有直接影响，特别是降水量对除草剂淋溶影响巨大，还会对除草剂在土壤中的淋溶浓度产生影响。例如，降水量与单嘧磺酯的淋溶性呈正相关，随着降水量的增大，淋出液中单嘧磺酯的量也增多；随着降水量的增加，硝磺草酮的淋溶深度和土壤下层浓度逐渐增加。短期强降雨可将莠去津、西玛津淋溶至深层土壤或地下水中。土壤湿度、pH值、质地和氧化物含量可影响咪唑烟酸的淋溶，尤其是施药时土壤湿度越大影响越大。在温带地区，春季施用的除草剂不易淋溶至深层土壤，原因是土壤水向下和向上流动几乎处于平衡状态。此外，秸秆或覆盖物覆盖除了间接影响除草剂降解外，会直接影响淋溶。秸秆覆盖可导致嗪草酮淋溶增强。这些因素影响除草剂在土壤层和微孔中吸附和解吸附以及进入水流的量，进而影响除草剂淋溶的深度和速度。因向下水流大小不同，除草剂可淋溶至下部土壤或进入地下水，最终残留于河流或微孔水中。然而，仅仅基于土壤性质和环境条件很难准确预测除草剂的淋溶，因为各影响因子不固定且可能叠加，还可能被气象条件所影响。

淋溶可使除草剂从土壤浅层杂草根区移动到作物根区而降低除草效果，同时也会影响到作物安全性，特别是对土壤处理除草剂，如乙草胺、异丙甲草胺、仲丁灵等淋溶至播种层，可影响高粱、芸豆、白菜等作物种子萌发和幼芽生长，导致出苗延迟。除草剂淋溶下渗，还会造成地下水源污染，

有益虫蛙减少，农田质量越来越差，僵硬板结、保水性差，造成减产，种植成本越来越高，收益减少。

参考文献

董士嘉, 张建, 陶波, 2015. 硝磺草酮在土壤中的淋溶规律研究 [J]. 吉林农业科学, 40(5): 49-52, 70.

聂果, 吴春先, 王广成, 等, 2013. 单嘧磺酯在土壤中的淋溶迁移特性及其影响因素 [J]. 农药科学与管理, 34(10): 38-44.

田丽娟, 刘迎春, 陶波, 2015. 氟磺胺草醚在土壤中的淋溶及其影响因素 [J]. 农药, 54(10): 740-743.

岳建超, 2021, 莠去津和特丁津在土壤中的淋溶特性研究 [D]. 哈尔滨：东北农业大学.

CARTER, 2000. Herbicide movement in soils: principles, pathways and processes [J]. Weed research, 40(1): 113-122.

JENS C S, PER K, 1993. Herbicide bioassay [M]. CRC press, Inc. Boca Raton.

（撰稿：纪明山；审稿：宋小玲、王金信）

除草剂飘移药害　herbicide drift injury

指喷施除草剂过程中，其雾滴挥发、飘移到邻近的作物上而发生的伤害。

飘移有飞行飘移和蒸发飘移两种形式，只要是使用喷雾或喷粉的方法就存在飘移。影响飘移药害的主要原因是：①除草剂飘移造成农作物药害程度因除草剂品种不同而异，其中，以2,4-滴丁酯或含有2,4-滴丁酯的长效除草剂的复配制剂挥发性最强，产生的药害也最严重，在喷洒时形成的微小雾滴可直接随风飘移2000m左右，造成周围农作物受害。2甲4氯钠、麦草畏、氟乐灵、禾草敌、异噁草松等也表现出较强的挥发性。②外部环境直接影响除草剂飘移的范围及造成的危害程度，尤其是风力、风向和温度。当温度过高（＞25℃）、空气相对湿度过小（＜65%）时，会发生二次飘移，直接造成临近敏感作物发生药害；风向和风力对除草剂飘移影响更大，喷雾或喷粉产生的微小雾滴很容易随

图1　氰氟草酯对玉米飘移药害（纪明山摄）

图 2 硝磺草酮对春小麦飘移药害（纪明山摄）

着气流扩散、飘移较远的距离，一些选择性除草剂，例如，氰氟草酯（图 1）、精喹禾灵、精吡氟禾草灵、高效氟吡甲禾灵、烯禾啶、砜嘧磺隆、烟嘧磺隆、咪唑乙烟酸、三氟羧草醚、乳氟禾草灵、溴苯腈、氯氟吡氧乙酸、二氯喹啉酸、硝磺草酮（图 2）等，以及灭生性除草剂草甘膦、草铵膦、敌草快尽管不易挥发，但喷施过程中风大时，也会对邻近敏感作物造成飘移药害。③操作者对施药工具和除草剂使用方法过于随意，没有认真阅读使用说明书和相关注意事项。例如，喷头位置距地面或叶面过高（＞60cm）、行走速度过快、施药工具挥动幅度过大等。产生飘移现象越严重、雾滴越小、飘移越远。还有一些操作者在使用除草剂时不看风向、风速，导致相邻敏感作物受飘移药害。

从理论上讲除草剂飘移是不可能消失的，但是可以通过一些科学施药方法，对飘移进行有效的控制，减少或降低飘移对环境的污染和对农作物的危害。①喷洒除草剂应选择晴天、无风天气，风速以 3 级以下为宜。高温天气应避开中午时段，早晚施药，配药浓度应偏小，上午 10 时前或下午 4 时后相对湿度超过 70% 时是喷雾的最佳时机。雨水天气不要喷药，不能逆风喷施农药。②使用环境友好型、高效、低毒的化学除草剂；根据作物需要局部性使用；采取相应防护措施进行定向喷雾，杜绝施药的随意性，最大程度减少对临近敏感作物造成的危害。③选择质量和功能较好的植保机械喷药。

参考文献

孔宪华，2015. 解析农药飘移的危害及解决方案 [J]. 农民致富之友 (20): 71.

强胜，2009. 杂草学 [M]. 2 版 . 北京：中国农业出版社 .

邢岩，耿贺利 . 2003. 除草剂药害图鉴 [M]. 北京：中国农业科学技术出版社 .

朱晓明，时焦，王钢，等 . 2020. 除草剂飘移药害缓解剂的筛选及缓解效应分析 [J]. 中国植保导刊，40(4): 62-65.

THOMAS J M, STEPHEN C W, FLOYD M A, 2002. Weed science principles and practices [M]. 4th ed. Hoboken: John Wiley & Sons Inc.

（撰稿：纪明山；审稿：刘宇婧）

除草剂生物测定　herbicide bioassay

度量除草剂对杂草生物效应大小和对作物安全性的测定方法。除草剂生物测定的基本原理是利用植物对除草剂的反应性质和程度来鉴别和测定除草剂的生物活性及其相关性，即对杂草或其他植物的作用方式、作用程度，用以比较毒力或药效。

概念来源及形成发展过程　在 F. W. Went（1928 年）利用燕麦胚芽鞘弯曲法测定植物生长调节剂活性的基础上，Crafts（1935 年）在除草剂的研究中首次完成了"指示植物"的试验，他利用高粱作指示植物，测定了无机除草剂亚砷酸钠和氯酸钠的生物活性、持效期和淋溶性。1958 年，Gast 应用芥菜与燕麦、Van der Zweep 应用黑麦测定了土壤中西玛津的含量，这种测定早于化学分析的测定。20 世纪 50 ～ 60 年代，中国学者关颖谦等人创立了小麦去胚乳法和高粱法，并得到了广泛应用。20 世纪 60 年代以来，随着除草剂品种和应用的迅速发展，除草剂生物测定也得到快速发展，先后出现了一系列灵敏、有效的生物测定方法。

基本内容　广义的除草剂生物测定包括除草剂室内生物测定和除草剂田间药效试验。狭义的除草剂生物测定仅指室内生物测定。下面仅介绍除草剂室内生物测定方法，除草剂田间药效试验另有介绍。

除草剂室内生物测定要遵循的基本实验设计原则主要有如下。

供试植物选择　除草剂生物测定的供试生物以植物为主，也可以是其他生物。植物中根据测定目的的不同可以选择作物和杂草。具体选用哪种植物，应根据试验需要来确定。如测定除草剂对特定作物和杂草的生物活性，即以这些植物为材料。如果需要测定土壤或水体中除草剂的残留活性，则需要进行敏感植物的筛选，经过预备实验后才能确定选用哪种植物。供试植物的选择应遵循如下原则：①供试植物的来源充分。②供试植物个体一致，且遗传上同质、种子活力高或植株健壮。③在一定的剂量范围内，供试植物对除草剂的反应随着剂量的增加而有规律地提高。④在环境条件相同或相似的条件下，这种成比例的伤害关系是可以重现的。

在大多数情况下，选择高等的被子植物做生测材料，但也有选择低等植物如藻类作为生测材料的。20 世纪 60 年代 Addison 和 Bardsley 报道了用小球藻测定敌草隆、灭草隆和扑草净的方法。Tchan 等根据除草剂对小球藻光合作用产氧量的影响，建立了测定水和土壤中除草剂含量的方法。在这之后许多研究者采用藻类作为供试植物，特别是近年发展起来的除草剂高通量筛选技术中使用藻类植物作为指示植物更为普遍。这主要是因为用藻类植物生测所需的周期较短，较易得到生长一致的材料，且测定的指标一般是生理生化指标，准确性较高。

选择供试植物还必须掌握不同类型除草剂的杀草原理、作用特性；植物对不同除草剂反应部位与症状的差异，如光合作用抑制剂及色素抑制剂（脲类、三氮苯类等除草剂）的主要反应是降低植物体内干物质的积累，而生长抑制剂主要抑制根系与芽的伸长；此外植物的不同品种、籽粒大小、不同生育期、不同部位对除草剂的反应都存在差异。另外，供试植物对供试除草剂的反应能产生可测量的性状指标。适宜的供试植物必须对最低剂量的除草剂反应灵敏，并能产生反应明显、易于计数或测量的性状指标，如种子发芽率、根长、芽长、株高、根、芽、鲜重或干重、叶绿素含量、电导率、酶活性，以及生理与形态变化等指标。其中长度和重量是最常用的指标。

试验方法标准化　①可控制的稳定环境条件。稳定、一致的环境条件对保证生物测定的精确性是十分关键的。其中，最重要的条件是温度、湿度、水分和光照。一般在光照培养箱或人工气候室内进行。②选择适宜培养基质。生物测定试验中采用的基质主要有土壤、沙、蛭石、水琼脂培养基等。其中土壤最为复杂，其质地、有机质含量、pH 等因素都会对除草剂的活性造成影响，生物测定时最好采用人工配制的土壤，以确保试验结果的准确性。土壤选择应选用没有用过除草剂或其他可能影响除草剂活性的物质。以土壤作为基质，一般用于盆栽整株植物测定。对于采用皿内、小杯法等测定方法采用的基质，应选用对除草剂活性影响小的基质，如沙、蛭石、琼脂、滤纸等。③试验药剂要求。试验药剂采用高纯度的原药，应避免其含杂质对试验结果的影响。对照药剂采用已登记注册且生产上常用的原药。对照药剂的化学结构类型或作用方式应与试验药剂相同或相近。水溶性药剂直接用水溶解、稀释。其他药剂选用合适的溶剂（丙酮、二甲基甲酰胺或二甲基亚砜等）溶解。根据药剂活性浓度范围，设 5～7 个等比系列质量浓度。④设立对照。对照可消除试验中的偶然误差，在农药试验中通常所设的对照有空白对照、含有相同溶剂和乳化剂对照、标准药剂对比。⑤各处理设立重复，减少误差。从生物统计的理论上讲，重复次数越多，其平均值就越接近真实值，试验结果也越可靠，但不宜太多，因工作量太大。通常在生物测定中，每处理设 3～5 个重复，每重复采样数因测定对象而定。⑥施药器械。除草剂生物测定非常严格，必须采用精确可靠的试验设备和仪器，必须定期校正。⑦应用生物统计分析方法评估试验结果。在错综复杂的实验数据中，为了正确判断和评价除草剂与供试植物之间的内在联系，必须应用统计分析的方法评估试验结果。

除草剂生物测定方法很多，主要有目测分级法、整林水平测定、器官或组织水平测定、细胞或细胞器水平测定、酶水平测定以及高通量筛选等。①目测分级法：通过目测按照评价标准对除草剂的除草活性和作物安全性进行分级。②整株水平测定：通过植物地上部分或地下部分的生长量、形态特征、生理指标变化的大小来测定除草活性。③器官或组织水平测定：利用植物的某一器官或组织对除草剂的反应来测定其活性，如叶片、种子、花粉、根尖或愈伤组织等。④细胞或细胞器水平测定：一般是针对呼吸作用抑制剂类除草剂和光合作用抑制剂类除草剂，常用的细胞器主要是线粒体和叶绿体。⑤酶水平测定：大多数除草剂都是与生物体内某种特定的酶或受体结合，发生生物化学反应而表现活性的，因此可以以某种酶为靶标，进行生物测定，前提是要知道除草剂的作用靶标。⑥高通量筛选：简称 HTS，该技术是在常规除草剂生物测定基础上，应用生物化学、分子生物

学、细胞生物学、计算机、自动化控制等高新技术，使添加样品微量、样品加样、活性检测乃至数据处理高度自动化，提高效率，主要用来新化合物的筛选。

中华人民共和国农业行业标准中有关除草剂室内生物测定的标准有活性测定的平皿法、玉米根长法、土壤喷雾法、茎叶喷雾法；光合抑制型除草剂活性测定的试验方法小球藻法；水田除草剂土壤活性测定试验以及水田除草剂活性测定试验茎叶喷雾法；对作物安全性试验的土壤喷雾法；混配的联合作用测定；除草剂对水绵活性测定，共 11 个部分。

科学意义与应用价值　除草剂生物测定的适用范围包括：①除草活性的确定。判定新合成的化学除草剂其是否对杂草有活性，就必须用生物测定的方法。②杀草谱的确定。新的除草剂对哪些种类的杂草有明显的作用，必须通过生物测定来确定。③最佳用药浓度和用药时期的确定。除草剂对特定杂草的生长抑制是在适当的剂量下和特定的生长时期，如果用药量和用药时期不当，就起不到预期的效果，还会造成经济损失。因此对特定的杂草，最佳的用药浓度和时期非常重要。④对作物安全性的研究。包括两方面含义，一是对当茬作物的安全性，也就是除草剂的选择性。二是对后茬作物的安全性，即是否存在残留药害。⑤除草剂复配后联合效果的判别。除草剂复配后联合作用效果的判别一般采用生物测定的方法。⑥环境条件对除草剂活性的影响。这些环境条件包括温度、光照、土壤湿度等。⑦除草剂在水体、土壤中的残留活性和在土壤中的淋溶性。⑧抗药性和耐药性杂草的鉴定。除以上提到的应用范围外，只要和除草剂活性相关的研究都可以采用生物测定的方法。

存在问题及发展趋势　除草剂生物测定存在的主要问题就是高通量离体筛选结果与常规活体生物测定结果的相关性。各大农药公司及科研院所投入了大量的人力、财力开展高通量筛选研究，尤其是在酶水平测定的高通量筛选，但这并不意味着就可以淘汰常规活体生物测定。因为高通量离体筛选通常不包含生物体的全部信息，只能用于筛选某一特定作用机制的除草剂，而对于非该作用机制的化合物的活性则不能测定；同时，由于化合物在活体内还会受吸收、传导、代谢等因素的影响，所以化合物对离体靶标的活性并不一定代表其温室活性，有时甚至会存在较大差异，因此高通量离体筛选与常规活体生物测定结果的差异是科学家一直在探索的问题之一。在实际的操作中，仍然是以常规活体筛选结果为主要参考，离体筛选结果为辅。

然而，由于新除草剂开发成本和难度的加大以及竞争加剧，各农药公司及科研院所纷纷采用快速而简便的高通量筛选来发现并测定新化合物的活性，以便增加化合物的积累，为以后的应用提供更大的选择余地。同时，高通量离体筛选还可以在短时间内测定发现大量定向合成的化合物的活性，在新作用靶标的发现、构效关系研究中起到了很大作用。所以高通量筛选的重要性依然不断提高，在今后新除草剂的研制开发中生物测定筛选发展的大趋势将还是高通量筛选。

总之，任何一种除草剂生物测定方法都是随着科学技术的进步和市场需求而处于不断的改进和升级之中。未来除草剂测定方法发展趋势主要有以下 3 个方面：①测试的灵敏度与准确度提高，检测的极限下降。对环境要求的提高决定了

理想的新除草剂应是高效低毒的药物，这就要求提高除草剂测定筛选系统的灵敏度与准确度，以便能检测到最低剂量化合物的生物活性。②微型化、自动化程度进一步提高。高通量筛选技术的基本要求是微型化与自动化，随着科学技术的发展，高通量筛选系统中的操作仪器、多孔板等将向进一步的微型化与自动化方向发展。③对常规活体生物测定方法的改进。常规活体生物测定方法虽然在筛选速度方面远不及高通量筛选，但筛选结果相对来说与最后的田间试验比较接近，因而，将传统的筛选方法与现代化的测量工具、自动化控制等结合起来，也不失为一种新的方法。

参考文献

慕立义，1994. 植物化学保护研究方法 [M]. 北京：中国农业出版社 .

强胜，2001. 杂草学 [M]. 北京：中国农业出版社 .

上海植物生理研究所激素室除草组，1975. 除草剂的生物测定技术及其应用 [J]. 农药工业 (3): 15-22.

沈晋良，2013. 农药生物测定 [M]. 北京：中国农业出版社 .

宋小玲，马波，皇甫超河，等，2004. 除草剂生物测定方法 [J]. 杂草科学 (3): 3-8.

谭惠芬，程慕如，孙锡治，1983. 除草剂简易生物测定方法 [J]. 植物保护，9(5): 35-36.

王树凤，徐礼根，马建义，等，2002. 除草剂生物筛选研究进展 [J]. 农药学学报，4(4): 3-9.

（撰稿：王金信；审稿：刘伟堂、宋小玲）

第二阶段与葡萄糖、谷胱甘肽、氨基酸等化合物轭合，许多除草剂是先进行第一阶段再进行第二阶段，但也有一些除草剂直接轭合，如氯化酰胺类除草剂、三嗪类除草剂、芳氧苯氧丙酸类除草剂等；第三阶段 ABC 转运蛋白能够识别第二阶段解毒的最终产物，此阶段主要通过谷胱甘肽 -S- 转移酶和糖基转移酶完成，轭合物通过主动运输被运转至液泡或细胞壁中，如嗪草酮和 2,4- 滴；第四阶段形成不容形或结合残留物。每个阶段都可使除草剂活性丧失。动物和植物通常不能将除草剂彻底矿物化成 CO_2、Cl^-、PO_4^{3-}、NO_3^-、SO_4^{2-} 等，进一步的降解通过微生物降解完成。

参考文献

李娜，吉莉，张桂香，2020. 除草剂阿特拉津生物降解研究进展 [J]. 太原科技大学学报，41(2): 158-164.

夏会龙，吴良欢，陶勤南，2003. 有机污染环境的植物修复研究进展 [J]. 应用生态学报，14(3): 457-460.

信欣，蔡鹤生，2004. 农药污染土壤的植物修复研究 [J]. 植物保护，30(1): 8-11.

MENGJIE Q U, GUANGLONG L, JIANWEI Z, 2020. Fate of atrazine and its relationship with environmental factors in distinctly different lake sediments associated with hydrophytes [J]. Environmental pollution, 11371: 1-9.

THOMAS J M, STEPHEN C W, FLOYD M A, 2002. Weed science principles and practices [M]. 4th ed. Hoboken: John Wiley & Sons Inc.

（撰稿：纪明山；审稿：王金信）

除草剂生物降解　herbicide biodegradation

除草剂可被动物、植物、藻类、真菌和细菌等生物，经过一系列生物化学反应分解，称作生物降解。土壤中一些大型土生动物如蚯蚓和水体中的某些低级水生生物能吸收和富集环境中的残留除草剂，并通过自身代谢作用，把部分除草剂分解成低毒或无毒产物。除草剂通过渗透、食物链等方式进入生物体内，经过一系列的酶促反应和代谢过程，转化成生物体生理代谢过程的中间产物，其毒性被降低或消除。

植物主要通过三方面降解水和土壤中的除草剂达到修复环境的效果，分别是植物的转化和降解、叶表的挥发、根的吸收和积累。大致的研究机理是植物根系分泌释放的酶（如过氧化氢酶、过氧化物酶、转化酶和多酚氧化酶等）可直接降解药剂，将其转化植物根系可直接吸收的小分子物质（糖类、醇类和氨基酸等），小分子物质可以为土壤中的微生物生长提供营养物质，促进根系微生物的生长，提高微生物对除草剂的降解效率。

植物体中除草剂降解可分为 4 个阶段：第一阶段通过氧化、还原或水解反应直接改变除草剂化学结构，氧化反应主要通过细胞色素 P450 酶系完成，将氧的一个原子结合到除草剂分子上，另一个原子还原为羟基化合物。如 2,4- 滴、麦草畏、氟嘧磺隆、灭草松的芳香环水解，绿麦隆、氟嘧磺隆、氯磺隆的碱性基团水解反应，以及绿麦隆、敌草隆 N- 脱烷基化作用后的水解反应，均是细胞色素 P450 酶催化完成的；

除草剂田间药效试验　herbicide field efficacy trials

除草剂研制过程中获得供试药剂田间实际药效的规范性试验，是中国除草剂登记管理工作的重要内容之一，通过除草剂田间药效试验，能确定除草剂产品的最佳田间使用剂量、施用技术、杂草防除效果以及供试药剂对作物及非靶标有益生物的影响等。田间药效试验获得的结果是制定除草剂产品标签的使用范围、方法和技术要求，产品性能，注意事项等的重要技术依据，而标签是安全、合理使用除草剂的唯一指南。

除草剂田间药效试验须由农业部农药（除草剂）登记田间药效试验资质单位开展。资质单位在与委托单位充分沟通的基础上实施除草剂田间药效试验。试验实施过程要遵循本机构制定的标准操作规程，并根据试验目的参考相应的中华人民共和国国家标准——农药田间药效试验准则、中华人民共和国农业行业标准。

基本程序

试验项目的确定　机构负责人根据委托方的申请、本机构的业务范围和技术能力，确定试验项目是否立项，签订合同。机构负责人下达任务给合适的技术负责人。机构负责人在整个试验实施过程要保持与委托方、试验技术负责人、质量保证等相关人员及时沟通。

试验项目启动前的准备　试验技术负责人接到任务后，

开始进行相关准备：①组织起草试验方案。②确认试验项目所涉及的试验样品、仪器设备、试验地等符合试验要求。③确认试验人员的技术能力、操作水平适合于该项目。

试验项目启动 技术负责人按照该机构试验方案的标准操作规程的相关规定，完成试验方案的编制，由机构负责人及质量保证人员审核并最终签署生效后，试验项目正式启动。试验方案应包括如下信息。

试验基本信息：主要包括试验类别、田间试验批准证书号、试验项目名称、试验目的、试验准则和参考文献、试验机构名称及地址、委托单位及联系方式、机构负责人、技术负责人及试验人员、质量保证等。

试验样品：包括试验药剂、对照药剂的信息。

试验条件和试验进程：包括试验对象和作物、试验地点及试验地情况、主要仪器、试验进程的信息。

试验设计和安排：药剂用量与处理编号、供试药剂配制、配制用具、配制方法、小区排列、小区面积和重复、施药方法的信息。

调查方法、时间和次数：明确药效调查时间和次数、调查方法、对供试作物的安全性、对其他生物的影响调查方法等。

试验结果统计分析方法：包括对试验数据统计和处理的分析软件及方法。

试验方案的修改和偏离：明确试验方案发生偏离的处理方法。

资料存档：明确试验产生的数据及资料的归档方法。

试验报告：明确试验报告的编写。

分发：明确试验报告的分发方式。

在试验方案中应附试验计划表，以便试验人员开展试验，以及质量保证人员开展检查。

试验技术负责人根据试验方案安排试验，在了解试验基地和试验基地草相和作物生长情况后，指定试验人员或确定分技术负责人。并对相关试验人员和分技术负责人进行详细培训。

试验实施 ①试验人员应严格按照试验方案、相关的标准操作规程进行试验，并及时、完整、如实地记录试验中产生的各原始数据。②如果在试验实施中偏离试验方案，应及时汇报技术负责人。③试验实施期间，技术负责人应保持对试验人员的监督和有效管理。技术负责人及时与试验人员或者分技术负责人、质量保证人员、委托方随时沟通，解决试验过程中的问题。④试验实施中，质量保证人员应对关键过程进行检查，如发现问题，及时与技术负责人沟通，技术负责人应对质量保证人员的检查结果及时反馈，提出改正方案并及时实施。

试验过程中的偏离 ①当试验实施中偏离了试验方案，试验人员应如实记录，说明偏离的情况和产生偏离的原因，并及时报告技术负责人。技术负责人对各种偏离应进行书面评估，并提出解决方案。

试验完成 试验完成后，技术负责人应向试验人员回收试验原始记录并组织编制试验报告。在编制过程中，在需要时与试验人员或分技术负责人、质量保证人员、机构管理者、委托方及时沟通。

试验报告中应包含如下内容。

资质证明及申明。

田间试验报告摘要：包括试验名称、试验作物、防治对象、供试药剂、施药方法及用水量及试验结果和试验结论。

田间试验报告正文：除应包括试验基本信息、委托方与试验机构情况外，还应包括如下。

①环境和设施栽培情况：包括试验地位置、试验靶标情况、试验作物、品种和生长情况、试验地土壤类型、试验地水肥管理、气象资料及防治其他病虫害的药剂资料。

②试验设计和安排：包括药剂用量与编号；小区安排情况：小区排列、小区面积和重复；施药方法：使用时期和方法、施药器械、施药时间和次数、使用容量；调查方法：方法、时间和次数；药效计算方法；对作物的直接影响；产品的产量和质量、对其他生物的影响。

③试验结果与分析：应全面正确清楚写明研究结果，并对研究结果作出合理分析。

④结论：根据试验结果，形成科学结论。结论应指出供试药剂的使用范围、剂量、时期和技术，还用明确防除对象、防除效果，以及对作物及非靶标生物的安全性。

⑤试验质量和有效性分析：对试验质量和有效性进行分析，并作出申明。

⑥试验偏离：如实写明试验过程中的偏离情况，并分析偏离的原因和可能对试验结论的影响。

⑦附录：试验报告中其他资料形成附录。

试验项目完成：技术负责人签署试验报告后，试验项目完成。技术负责人应将所有的试验原始记录、试验方案原件、试验报告原件以及其他所有的试验相关资料，进行统一整理分类，交予档案管理员归档。

试验关键步骤及注意事项

试验条件

作物和栽培品种的选择：应选择当地广泛种植的常规品种。

试验对象杂草的选择：主要杂草不少于 30 株 $/m^2$，且分布要均匀一致，杂草基数低时要进行人工补种。杂草群落组成必须同试验除草剂的杀草谱相一致。

栽培条件：所有小区的耕作条件，包括土壤类型、有机质含量、肥力等须均匀一致，且符合当地科学的农业实践。

试验设计和安排

试验药剂：试验药剂的商品名、中文名、通用名、剂型及含量和生产厂家。田间小区试验试验药剂设置高、中、低及中量的倍量，或依据协议规定的用药剂量。田间大区试验的试验药剂应根据拟推荐使用剂量至少设置 2 个处理，分别为拟推荐剂量的低量和高量，还应设置高量 2 倍的处理。倍量是用来评价作物安全性。

对照药剂：对照药剂应为已登记注册、并在当前生产实践中证明有较好效果和安全性的产品，其类型、作用方式应与试验药剂相同或相近。对照药剂按登记剂量或当地常用剂量施用，特殊情况可视试验目的而定。还应设计人工除草剂和空白对照。

试验区安排：试验的不同处理采用随机排列。因特殊情况，为避免试验对象分布不均匀的干扰，试验区可根据实际情况采用相应的不规则排列，并加以说明。各处理之间设置隔离保护行。小区试验重复 4 次，大区试验不设重复。

试验区面积：作物田小区试验一般每个小区的面积不低于 20m²；秧田 4～6m²。小区应为长方形，使用专门收割设备时应酌情增加小区面积。防除非耕地杂草的除草剂小区净面积 30～50m²。除草剂防治林地杂草移栽前的化学整地、幼林抚育、林分改良小区面积至少 50m²，防止非目的树桩的再生和间伐每处理小区最少含 15 棵树。

大区试验区总面积一般不大于 10hm²。每个处理区面积根据作物种类及其种植方式而定，具体参见农药登记用田间大区药效试验准则。空白对照区、除草剂的安全性试验区和人工除草区面积一般不低于处理区面积的 1/10。特殊情况按照协议执行。

施药方法：按照协议要求及标签说明进行，常用喷雾、药土（肥）等方法，施药方法应与当地科学的农业实践相适应。

选用常用的施药器械，且应保证药量准确、分布均匀。施药应保证药量准确，用药量偏差一般不超过 10%。施药前对喷雾设备进行校准，记录所用器械类型和操作条件，如操作压力、喷头类型、喷孔口径、喷液量等资料。

施药时间和次数应按照协议及标签说明进行，施药时间必须符合作物、杂草出苗时期和药剂作用特点。

调查、记录和测量方法

气象及土壤资料：试验期间，应从试验地或最近的气象站或本机构的仪器获得降雨、温度、风力、阴晴、光照和相对湿度等资料，特别是施药当日及前后 10 天的气象资料。整个试验期间影响试验结果的恶劣气象因素均须记录。记录土壤 pH 值、有机质含量、土壤类型和土壤湿度等。对稻田记录施药时和施药后 6 日的水层深度和温度。

田间管理资料：记录排灌水、水层管理、施肥方式和数量等情况。详细记录非靶标有害生物的防除方法。

调查时间、方法和次数：通常在药前或处理当天，进行杂草基数调查，记录每小区杂草种类、株数，以及主要杂草和作物的生育期、覆盖度等情况。施药后根据除草剂的不同特性，选择合适的时间进行调查。施药后第一次调查，处理后 3～5 天进行目测；第二次、第三次和第四次调查，触杀型除草剂常在药后 7～10 天、15～20 天、45～60 天进行，内吸传导型除草剂常在药后 10～15 天、20～30 天、45～90 天进行。不同作用还可在作物的不同生育期进行调查，如油菜可在施药后及油菜的出苗、抽薹、开花、结荚、开始成熟等时期调查。非耕地杂草春季和夏初处理除处理后 2～4 周、5～6 周调查外，还要在秋天对照区杂草开始衰老前和第二年对照区杂草重新发芽后调查。调查时详细描述杂草的受害症状（如生长抑制、失绿、畸形、枯斑、组织腐烂等），以准确说明药剂的作用方式。调查时，尽量反映出田间杂草的实际情况，在各个试验小区内随机选择 3～5 点，每点面积常为 0.25～1m²。取样点的多少和每点面积的大小根据试验区面积和杂草分布而定，通常采取对角线取样法。调查时以靶标杂草为重点考察对象，记录点内各种杂草的情况，包括杂草种类、株数、株高、叶龄等。用绝对值或估计值法进行记录。

绝对值法计算杂草的株防效和鲜重防效，具体计算方法见株防效和鲜重防效。

估计值法：将每个药剂处理区同邻近的空白对照区或对照带进行比较，估计相对杂草种群量。可用杂草数量、覆盖度、高度和长势等指标。估计方法快速、简单，其结果可用百分比表示，还须记录对照或对照带的杂草株数和覆盖度的绝对值。可以采用分级标准进行调查，具体标准见除草剂田间药效试验准则。调查人员使用分级标准前须进行训练。

作物产量和质量调查：在每个重复中（小区边缘除外）收割小区的一定面积，收割面积取决于小区面积和生物统计的需要。测产时用千克 / 公顷（kg/hm²）记录。作物种子的水分应按照国家规定标准执行，记录按照国家规定的谷粒的水分标准测定每公顷的总产量、穗数及每穗实粒数、千粒重以及种子等级。大区试验药剂处理区测产面积不低于大区面积的 1/10，产量以千克 / 公顷（kg/hm²）或千克 / 株（kg/ 株）表示均可。

结果分析　用邓肯氏新复极差法对试验结果进行方差分析。写出正式的试验报告；并对结果加以分析说明，提出应用效果评价，如产品特性、关键应用技术、适用时期和推荐剂量、杀草谱、药效、药害，以及经济效益评价的结论性意见。试验报告应列出原始数据。

参考文献

浙江省化工研究院，2016. 农药登记田间药效试验质量管理规范：NY/T2885-2016[S]. 北京：中国标准出版社 .

（撰稿：刘宇婧；审稿：宋小玲）

除草剂田间药效试验准则　herbicide-guidelines for the field efficacy trials

是由中华人民共和国农业农村部农药检定所根据除草剂登记试验开展情况提出并组织相关人员编写的、并由相关机构发布的规范除草剂田间药效试验方法和内容的标准，是农药田间药效试验准则的组成部分。制定除草剂田间药效试验准则的目的是使田间试验更趋科学与统一，并与国际标准接轨，使中国的除草剂田间药效试验报告具有国际认同性。除草剂田间药效试验准则是参考欧洲及地中海植物保护组织（EPPO）田间药效试验准则及联合国粮食及农业组织（FAO）亚太地区类似的准则，并根据中国农作物种植、除草剂应用场所等实际情况，并经过大量田间试验验证制定的系列标准，共分为国家标准 GB/T 17980 和农业行业标准 NY/T 1464 两部分。

已制定相关作物田除草剂田间药效试验中华人民共和国国家标准 23 个，国家标准由中华人民共和国国家质量监督检验检疫总局和中国国家标准化管理委员会发布；还有中华人民共和国农业行业标准 20 个，由中华人民共和国农业部发布。这些标准涉及水稻、玉米、麦类作物、大豆、花生、棉花、甜菜、烟草等大田作物，以及各类蔬菜、果园、甘蔗等果菜田，也涉及林地、非耕地、防火道等其他需要用到除草剂的场所。每个试验准则主要对以下内容做出相应的规范。

适用范围　适用于除草剂田间试验的药效和安全性评价。其他田间药效试验参照本标准执行。

主要内容　除草剂田间药效试验是在室内和温室生物测定的基础上，在自然环境条件下明确除草剂对田间发生杂草实际防除效果的试验。田间药效是综合了除草剂本身对杂草的毒力和土壤条件、气象条件等影响下的除草效果，试验结果对除草剂的研发和推广应用具有重要指导意义。按阶段不同，除草剂药效试验可分为小区药效试验、大区药效试验和大面积示范试验。所有试验都须遵守除草剂田间药效试验准则，准则规定了除草剂防治各类作物田和非耕地杂草田间药效试验方法和基本要求。

以除草剂防除作物行间杂草小区药效试验为例，说明除草剂大田药效试验准则主要内容。除草剂大区药效试验和大面积示范试验可参照此设计。

试验条件

作物和品种的选择　各准则规定了除草剂田间药效试验中作物选用当地常规栽培品种，播期、播量、播深及株行距为当地常用的方式。记录作物品种名称。

试验对象杂草的选择　试验地要有代表性的杂草种群，主要杂草种类、密度应符合试验要求，分布要均匀一致。杂草种群应与试验药剂的杀草谱一致（如单子叶和／或双子叶，一年生和／或多年生）。记录各种杂草的中文名及拉丁学名。

栽培条件　试验小区的栽培条件（土壤类型、有机质含量、肥力、耕作）要一致，而且应符合当地的生产实际。记载前茬作物种类及所用除草剂，避免选择用过对作物有残留药害作用除草剂的地块。记录作物生育期内灌水、施肥及其他田间作业情况。

试验设计与安排

药剂　供试药剂注明试验产品中文名／代号、通用名、商品名、剂型和生产厂家等。药剂设高、中、低及中量的倍量 4 个剂量，设倍量是为了评价试验药剂对作物的安全性，或依据试验委托协议（试验委托方与试验承担方签订的试验协议）规定的用药剂量。

对照药剂应是已登记注册并在实践中证明效果较好安全性和除草效果的当地常用品种。其剂型及作用方式应尽量与供试药剂相近。设人工除草和空白对照处理。试验药剂为混剂时，还应设混剂中的各单剂作对照。

小区安排　试验不同处理小区采用随机区组排列。作物田除草剂一般小区面积 20～30m²。小区为长方形。每小区应种植以 4～6 行作物为佳，最少 4 次重复。秧田 4～6m²。防除非耕地杂草的除草剂小区净面积 30～50m²。

特殊情况，如防除多年生杂草的试验，为了避免多年生杂草分布不均匀的影响，小区需根据实际情况，采用相应的不规则排列，并加以说明。每小区单排单灌，小区之间不能串灌、渗水。

施药方式　施药方法采用喷雾、撒施、瓶甩、药土等方法，应与当地的科学实践相适应。喷雾时应选择生产中常用的压力稳定的喷雾器，记录器械类型和操作条件（操作压力、喷头类型、喷孔口径等），并根据杂草株高，调节喷头高度（常规须将喷头降低至 20cm 以下），必要时加保护设施（保护罩、保护板等）。

药剂施用时间和次数应根据除草剂的作用方式和作用特点，选择适宜的施用时间和次数。从作物方面来看，施药时间有播前、播后苗前、出苗后 3 个时期，前两个时期为土壤处理，杂草出苗后一般进行茎叶处理。

药剂使用剂量必须根据杂草的种类、大小和发生量来确定，同时考虑到作物的耐药性。杂草叶龄高、密度大，应选用高剂量，反之，则选用低剂量。有效成分以 g/hm² 表示，用水量以 L/hm² 表示。可根据试验药剂的作用方式、喷雾器类型，并结合当地实践确定用水量。

调查记录和测量方法

气象及土壤资料　整个试验期间气象资料，如降水量（降雨类型、降水量以 mm 表示）、温度（日平均最高和最低温度，以 ℃ 表示）、风力、阴晴、光照和相对湿度等资料，特别是施药当日及前后 10 天的气象资料。记载土壤 pH 值、有机质含量及土壤肥力。记录整个试验期间影响试验结果的恶劣天气因素，如严重或长期干旱、降雨或冰雹、大风等极端天气。

田间管理资料　记录整地、灌水、施肥等资料。

调查方法　杂草调查分为绝对值调查法和目测调查法两种方法。

防效调查　封闭处理：第一次调查在药后 10～15 天进行；第二次调查在药后 20～30 天进行，调查残存杂草的株数及地上部分鲜重。第三次调查在收获前调查残草量。

茎叶处理：用药前调查杂草基数。第一次调查触杀型药剂在药后 7～10 天进行，内吸传导型药剂在药后 10～15 天进行，记载药剂对杂草的防效；第二次调查触杀型药剂在药后 15～20 天进行；内吸传导型药剂在药后 20～40 天进行，调查残存杂草的株数及地上部分鲜重。第三次调查在收获前调查残草量。

作物安全性调查：须记录药剂对作物局部的损害程度，并进行测产。持效期长的药剂，要注意对后茬作物生长影响的观察。

调查时间　封闭处理：一般在药后 10～15 天调查药剂对作物的损害程度，按损害程度进行相应的分级记录，后持续观察直到作物恢复生长或作物损害定型；茎叶处理：一般在药后 5～10 天调查药剂对作物的损害程度，按损害程度进行相应的分级记录，后持续观察直到作物恢复生长或作物损害定型。

a) 如果药害能被计数或测量，则用绝对数值表示，例如植株数或植株高度等。

b) 在其他情况下，可按下列两种方法估计药害的程度和频率：

1) 按药害分级的方法给每个小区药害定级打分：

1 级：作物生长正常，无任何受害症状；

2 级：作物轻微药害，药害少于 10%；

3 级：作物中等药害，以后能恢复，不影响产量；

4 级：作物药害较重，难以恢复，造成减产；

5级：作物药害严重，不能恢复，造成明显减产或绝产。

2）将药剂处理区同空白对照区比较，评价药害百分率。

同时，要准确描述作物药害的症状（生长抑制、褪绿、畸形等）。

非靶标生物观察：记录对昆虫天敌、传媒昆虫、有益微生物等非靶标生物的影响。

数据处理与应用效果评价

试验数据采用邓肯氏多重比较法（Duncan's Multiple Range Test, DMRT）进行分析，将调查的原始数据进行整理列表。还应对杂草防效进行显著性检验，并对结果进行分析说明。对产品特点、应用技术、药效、持效期、药害及增产、成本等应用效果进行评价，给出结论性意见。

除草剂田间药效试验准则国家标准清单如下。（括弧中的阿拉伯数字为农药田间药效试验准则中的编号）

第1（40）部分：除草剂防治水稻田杂草

第2（41）部分：除草剂防治麦类作物地杂草

第3（42）部分：除草剂防治玉米地杂草

第4（43）部分：除草剂防治叶菜类作物地杂草

第5（44）部分：除草剂防治果园杂草

第6（45）部分：除草剂防治油菜类作物杂草

第7（46）部分：除草剂防治露地果菜类作物地杂草

第8（47）部分：除草剂防治根菜类蔬菜田杂草

第9（48）部分：除草剂防治林地杂草

第10（49）部分：除草剂防治甘蔗田杂草

第11（50）部分：除草剂防治甜菜地杂草

第12（51）部分：除草剂防治非耕地杂草

第13（52）部分：除草剂防治马铃薯地杂草

第14（53）部分：除草剂防治轮作作物间杂草

第15（125）部分：除草剂防治大豆田杂草

第16（126）部分：除草剂防治花生田杂草

第17（127）部分：除草剂行间喷雾防治作物田杂草

第18（128）部分：除草剂防治棉花田杂草

第19（129）部分：除草剂防治烟草田杂草

第20（130）部分：除草剂防治橡胶园杂草

第21（135）部分：除草剂防治草莓地杂草

第22（138）部分：除草剂防治水生杂草

第23（148）部分：除草剂防治草坪杂草

除草剂田间药效试验准则农业行业标准清单如下。（括弧中的阿拉伯数字为农药田间药效试验准则中的编号）

第1（24）部分：除草剂防治红小豆田杂草

第2（25）部分：除草剂防治烟草苗床杂草

第3（17）部分：除草剂防治绿豆田杂草

第4（18）部分：除草剂防治芝麻田杂草

第5（19）部分：除草剂防治枸杞地杂草

第6（20）部分：除草剂防治番茄田杂草

第7（21）部分：除草剂防治黄瓜田杂草

第8（22）部分：除草剂防治大蒜田杂草

第9（23）部分：除草剂防治苜蓿田杂草

第10（35）部分：除草剂防治直播蔬菜田杂草

第11（36）部分：除草剂防治菠萝地杂草

第12（40）部分：除草剂防治免耕小麦田杂草

第13（41）部分：除草剂防治免耕油菜田杂草

第14（47）部分：除草剂防治林业防火道杂草

第15（55）部分：除草剂防治姜田杂草

第16（61）部分：除草剂防治高粱田杂草

第17（66）部分：除草剂防治谷子田杂草

第18（74）部分：除草剂防治葱田杂草

第19（80）部分：除草剂防治胡萝卜田杂草 *

第20（87）部分：除草剂防治甘薯田杂草 *

标记"*"的为已通过专家审定待发布标准。

参考文献

强胜，2009. 杂草学 [M]. 2 版. 北京：中国农业出版社.

农业部农药检定所，2004. 农药田间药效试验准则：GB/T 17980[S]. 北京：中国标准出版社.

（撰稿：陈杰；审稿：宋小玲）

除草剂微生物降解 microbial degradation of herbicide

细菌、真菌和藻类通过生物化学反应降解除草剂的过程。环境中 90% 以上的除草剂是经微生物降解的，是土壤表面、根际、富养污水及污水处理系统中除草剂最主要的降解途径。微生物降解效率极高，是因为其可简单直接从外界摄取化合物并排泄转化产物，以及丰富的酶。细菌是最主要的种类，其为单细胞生物，数量巨大，每克土壤细菌量超过 10 万个，适应于不同的环境，以不同的化合物为食物来源。

细菌降解除草剂的方式有三类：第一类是接触到除草剂即刻降解。除草剂可被细菌群体立即用作能量来源，导致除草剂消耗和细菌群体增长。大量近似天然能源物质的糖等碳水化合物、氨基酸、简单蛋白质、脂肪、乙醇、酸等是细菌最嗜好的物质。草甘膦和磺酰脲类除草剂属于这一类，因其理化性质近似天然产物，并可用作营养源。以磺酰脲类除草剂为例，微生物主要通过共代谢、水解、光解作用来降解磺酰脲类除草剂。共代谢是指微生物利用除草剂中一种物质作为碳源或其他所需物质的能源或者除草剂被微生物当做第二基质进行降解。另外，微生物为了促进化学水解的反应过程，会首先选择分解复杂物质的水解产物来进行化学反应，如有些结构复杂的磺酰脲类除草剂在反应过程中首先发生水解，然后微生物利用水解后的产物进行生化反应降解除草剂。土壤中的微生物会利用水解产生的苯环，最终使苯环降解为二氧化碳，这个步骤可以促进整个除草剂的降解过程。土壤中降解磺酰脲类除草剂的微生物主要包括细菌、放线菌和真菌，同一种微生物可以降解多种磺酰脲类除草剂，并且同一种磺酰脲类除草剂也可被不同的微生物所降解。

第二类是经过长时间适应后再降解。在将除草剂用作能源之前，细菌需要积累适应一个时期。这种适应包括潜在酶的诱导，适合降解种群驯化，或两者结合。一旦适应，降解速率迅速增大，直至除草剂匮乏。此类型极为普遍，因为大多数除草剂的结构与天然产物相差悬殊，酶系难以即刻满足降解的需求。在除草剂—降解细菌体系中添加有机肥，可加速适应。

第三类是除草剂不适合被细菌用作能源。此类化合物被称作顽固化合物如有机氯农药、地膜等。顽固化合物需要微生物转化之后才能进一步降解。常用除草剂均不属于顽固化合物。

参考文献

刘祥英，柏连阳，2006. 土壤微生物降解磺酰脲类除草剂的研究进展 [J]. 现代农药 (1): 29-32.

苏少泉，1993. 除草剂作用机制的生物化学与生物技术的应用 [J]. 生物工程进展，13(2): 30-34.

王新，孙诗雨，张惠文，2018. 微生物降解磺酰脲类除草剂的研究进展 [J]. 生态学杂志，37(11): 3449-3457.

吴春先，聂果，高立明，等，2014. 磺酰脲类除草剂的微生物降解研究进展 [J]. 农药科学与管理，35(9): 11-18.

尹乐斌，刘勇，张德咏，等，2010. 磺酰脲类除草剂残留的微生物降解研究进展 [J]. 微生物学通报，37(4): 594-600.

赵卫松，2015. 烟嘧磺隆和噻吩磺隆微生物降解研究 [D]. 北京：中国农业大学 .

BOSCHIN G, D'AGOSTINA A, ARNOLDI A, et al, 2003. Biodegradation of chlorsulfuron and metsulfuron-methyl by *Aspergillus niger* in laboratory conditions [J]. Journal of environmental science and health part B, pesticides, food contaminants, and agricultural wastes, 38(6): 737-746.

WHEELER W B, 2002. Pesticides in agriculture and the environment [M]. New York: Marcel Dekker, Inc.

（撰稿：纪明山；审稿：王金信）

除草剂吸收和传导　herbicide uptake and translocation

除草剂进入杂草体内并传导到作用部位是其杀死杂草的第一步。如果除草剂不能被杂草吸收，或吸收后不能被传导到作用部位，就不能发挥除草活性。除草剂进入植物体内及在植物体内的传导方式因施用方法及除草剂本身的特性不同而异。掌握除草剂的吸收和传导特性有助于正确使用除草剂，提高除草效果。

除草剂的吸收　杂草吸收除草剂的主要部位是茎叶、根系、幼芽、胚轴等。不同除草剂被杂草吸收的部位不同，土壤处理剂通过植物的根系、胚芽鞘和胚轴吸收，而茎叶处理剂主要是通过杂草出土的叶片吸收。

土壤处理除草剂的吸收　根吸收：根是土壤处理除草剂的主要吸收部位。除草剂易穿过植物根表皮层，溶解在水中的除草剂接触到根表面时，被根系连同水一起吸收。吸收过程是被动的，即简单的扩散现象。根细胞吸收除草剂的速度与除草剂的脂溶性呈正相关，具有极性的除草剂进入根细胞的速度较慢，而脂溶性的除草剂进入根细胞的速度较快。根

细胞对弱酸性除草剂的吸收受土壤溶液 pH 值的影响，在低 pH 值的情况下，吸收量大。

幼芽吸收：土壤处理除草剂除了被植物的根吸收外，也可被种子和未出土的幼芽（包括胚轴）吸收。在杂草出苗前，幼芽虽也有角质层，但其发育的程度比地上部低，所以，它不是除草剂进入植物的有效障碍。出土的幼芽吸收除草剂的能力因植物的种类和除草剂品种不同而异，一般来说，禾草的幼芽对除草剂较敏感。二硝基苯胺类、酰胺类、三氮苯类等均可通过未出土的幼芽吸收。除草剂对根、芽的联合作用为加成作用，即某种除草剂对根和芽分别作用的毒力和对根芽同时作用的毒力相等。

了解杂草和作物的根或芽对某种除草剂吸收的相对重要性能帮助我们有效、安全地使用该种除草剂。如以芽吸收为主的除草剂，将其施用在杂草芽所处的土层，可达到最大的除草作用。

茎叶吸收　除草剂喷施到达植物叶片后，有如下几种情形发生：①药滴下滴到土壤中。②变成气体挥发掉。③被雨水冲走。④溶剂挥发后变成不定性或定性结晶沉积在叶面。⑤脂溶性除草剂渗透到角质层后，滞留在脂质组分中。⑥除草剂被吸收，穿过角质层或透过气孔而进入细胞壁和木质部等非共质体中，或继续进入共质体。

角质层吸收：所有植株地上部表皮细胞外覆盖着角质层，角质层的主要功能是防止植物水分损失，同时也是外源物质渗入和微生物入侵的有效屏障。茎叶处理除草剂进入植物体内的最主要障碍就是角质层。

角质层发育程度因植物种类和生育期不同而异，即使在同一叶片的不同部位也有差异，同时也受到环境条件的影响。角质层由蜡质、果胶和角质组成。蜡质是不亲水物质，分为外角质层蜡质和角质层蜡质（包埋蜡质）。外角质层蜡质是由长链（$C_{20} \sim C_{37}$，少数的长可达 C_{50}）的醇、酮、醛、乙酸、酮醇、β- 二酮醇和酯的脂肪簇碳氢化合物组成，包埋蜡质则是由垂直于叶面的中等长链的脂肪酸（$C_{16} \sim C_{18}$）和长链碳氢化合物组成。角质的亲水性比蜡质强，由羟基化脂肪和由酯键连接的脂肪酸束组成，绝大多数链长为 $C_{16} \sim C_{18}$。在有水的情形下可发生水合作用。果胶是亲水物质，由富含脲酸的多聚糖组成，呈线状。

角质层的外层是高度亲脂，向内逐渐变成亲水。其结构象海绵状，由不连续的极性和非极性区域组成。角质是海绵的基质，包埋蜡质充满在海绵的孔隙中，海绵外覆盖着形状各异的外角质层蜡质，线状果胶伸展在海绵中间，但不穿过海绵。

除草剂进入角质层的主要障碍是蜡质。蜡质的组成影响到药滴液在叶片的湿润性和药剂穿透量。对同种植物来说，角质层的厚度与除草剂的穿透量呈负相关，即角质层越厚除草剂越难穿过。嫩叶吸收除草剂量大于老叶就是由于嫩叶的角质层比老叶薄。对不同植物来说，角质层的厚度与除草剂穿透的相关性则不大。

除草剂穿透角质层的能力受除草剂和外角质层蜡质理化性质的影响。如极性中等的除草剂比非极性或高度极性的除草剂易于穿透角质层，油溶性的除草剂比水溶性除草剂易于穿过。

气孔吸收：除草剂可从气孔直接渗透到气孔室。气孔吸收量的大小受药液在叶片的湿润程度影响大，而受气孔张开的程度影响小。一般来说，气孔对除草剂的吸收不很重要。气孔对除草剂的吸收的主要限制因子是药滴的表面张力。药液穿透气孔，表面张力需小于 $30mN/m^2$。然而，大多数农用除草剂药液的表面张力在 $30\sim35mN/m^2$，很难通过气孔渗入，但有些表面活性剂的活性极高，如有机硅表面活性剂，可大大降低药液的表面张力。如在除草剂中加入这类表面活性剂，则可提高气孔的吸收量。

质膜吸收：除了直接作用于质膜表面的除草剂，其他除草剂在达到作用位点时，必须通过质膜。大多数除草剂通过质膜是一种被动的扩散作用，不需要能量。有些除草剂，如苯氧羧酸类，则需要能量。水溶性除草剂通过质膜的量与除草剂分子大小呈负相关，而脂溶性除草剂通过质膜的量则与分子大小无关，而与脂溶性呈正相关。

幼芽吸收　有些除草剂是在种子萌芽出土的过程中，经胚芽鞘或幼芽吸收而发挥杀草作用的。如多种禾本科杂草对氟乐灵的吸收，主要是通过胚芽鞘进行的。甲草胺、乙草胺也是通过芽部吸收而对杂草起作用的，通过根部吸收的药量很少。此外，一些杂草的种子对除草剂也有吸收作用。

除草剂的传导　除草剂通过吸收进入植物体后，经过传导到达靶标位点才能起到杀草作用。除草剂传导可分为短距离传导和长距离传导两种方式。长距离传导又可分为质外体系传导和共质体系传导。

短距离传导　触杀型除草剂被植物吸收后，需经短距离传导后发挥杀草作用，例如从叶片传导至顶端生长点，从成熟叶片传导到新叶。短距离传导主要是除草剂经胞间连丝或细胞间隙，从一个细胞扩散到另一个细胞的过程。亲脂性除草剂分子可进入质膜，在细胞膜内短距离扩散，与质体醌在类囊体膜内移动类似。亲水性除草剂分子则在胞内或胞外的水介质中移动。研究证明，无论细胞壁还是胞间连丝都不能阻止除草剂短距离传导。大多数茎叶处理的触杀型除草剂通过破坏细胞膜而起作用，如敌草快被植物吸收后，通过抑制杂草叶片光合作用时的电子传递，还原状态的药剂在光诱导下，很快被氧化，形成活泼的过氧化氢，这种物质在植物细胞内大量积累使植物细胞膜被破坏，使叶片在短时间内枯黄死亡。这类除草剂在施用时要求药液全面覆盖杂草表面，否则达不到应有的药效。触杀型除草剂由于不能进入多年生杂草的地下根茎而难以达到彻底防除。触杀型除草剂通常对阔叶草比对禾本科杂草更有效。因为，禾本科杂草的幼苗的生长点位于土壤表面或表面以下的植物的冠区，因此，难以与喷雾药液接触；而阔叶杂草幼苗的生长点则易于与药液接触。

土壤处理的触杀型除草剂很容易被植物幼芽、芽鞘、幼根吸收，它们不需要输导，即可杀死杂草或抑制杂草萌发或生长。如氟乐灵被幼根吸收后只在根尖很少的细胞层中移动，通过干扰细胞分裂而抑制杂草根的生长。

长距离传导　对很多苗后处理除草剂来说，长距离的传导才能更有效杀灭杂草，特别是多年生杂草。如果长距离传导的除草剂量不够，则杂草不能完全被杀死，只部分枯死或

生长受到抑制，杂草很快可恢复生长。

共质体系传导：内吸型除草剂可以通过木质部、韧皮部或同时在两种输导体系中进行长距离传导。共质体系传导除草剂进入叶内后，在细胞间通过胞间连丝的通道进行移动，直至进入韧皮部，在韧皮部中输导的除草剂既可以向上又可以向下传导，能将吸收的药液输送到植物的根部和生长点，因此，可以有效防除多年生杂草。草甘膦是输导型除草剂的典型代表。

除草剂在共质体系中的转移速度，受植株龄期、用药量、温度、湿度等外界环境条件的影响。一般幼龄植株输导药剂的能力强于老龄植株。使用某些除草剂时，有时并不是药量越多效果越好，如 2,4- 滴防除多年生杂草，使用过量，易杀伤韧皮部而影响输导。

质外体系传导：除草剂经植物根部吸收后，随水分移动进入木质部，沿导管随蒸腾液流向上输导。木质部是一种无生命的组织，水分和营养物质通过木质部从植物的根转移到嫩枝和叶片。仅在木质部传导的除草剂在土壤施用或苗后早期处理时最有效，因为木质部中的运输仅从根到叶。莠去津是仅在木质部传导的除草剂的典型代表。

共质—质外体系传导：有些除草剂的输导，并不局限于单一的体系，而能同时发生于两种输导体系中，如麦草畏、氨氯吡啶酸等。

参考文献

徐汉虹, 2018. 植物化学保护学 [M]. 5 版 . 北京 : 中国农业出版社 .

COBB A H , READE J, 2010. Herbicides and plant physiology [M]. 2nd ed. Netherlands: Springer.

DALLAS E PETERSON, DOUGLAS E S, et al, 2015. Herbicide mode of action [M]. New York: Library of Congress Cataloging in Publication.

（撰稿：毕亚玲；审稿：王金信、宋小玲）

除草剂选择性　herbicide selectivity

除草剂在一定剂量下，能杀死农田杂草，而不杀死及伤害农作物的特性。常用选择性指数来表示，选择性指数越高，对作物的安全性越好。作物与杂草同时发生，而绝大多数杂草同作物一样属于高等植物，因此，要求除草剂具备特殊选择性或采用恰当的使用方式而使除草剂获得选择性，这样才能安全有效地应用于农田，能达到除草保苗的目的。

除草剂的选择性主要由植物形态不同造成的接收除草剂药量的差异、吸收和传导除草剂的差异、对除草剂代谢速度和途径的差异、靶标蛋白对除草剂的敏感性差异，以及耐受除草剂毒害能力的差异所致。即形态选择、生理和生化选择。土壤处理除草剂还可利用农作物与杂草间的播种时间和空间位置差异时时差和位差实现选择性。

除草剂的选择性主要可分为以下几种。

形态选择　是指由于杂草和作物植株形态差异，使得它

们接收药液量不同而实现的选择性。如水稻、麦类等禾本科作物叶片窄且直立，表面有较厚的蜡质层和角质层，使药液不易附着；它们的芽和生长点包在叶片里面，着药面积小，不易直接受伤害。而藜、苋等双子叶杂草则因叶片宽、平而展开，叶面角质层薄，其生长点着生在植株的顶端与叶腋处，幼芽裸露在外，易接触药液而受药害。

生理选择 即由于不同植物的根、茎、叶对不同除草剂的吸收与传导存在差异而产生的选择性（见生理选择性）。不同植物的发芽、出土特性不同，根芽形态特性存在差异，角质层发育程度不同，因而吸收除草剂的能力也不一样。如2,4-滴在禾本科和阔叶植物之间的选择性，部分原因是由于这两类植物吸收该药剂的能力差异造成的。除草剂必须从吸收部位传导到作用部位才能发挥生物活性。植物的传导能力决定了除草剂在作用部位的浓度，所以传导能力差异影响除草剂的选择性。如扑草净对棉花的选择性，其原因之一是由于该药剂在棉花体内被溶生腺捕获，不易传导。对除草剂容易吸收与传导的植物，常表现为敏感，反之则表现为耐药性。如双子叶杂草很易吸收2,4-滴并在体内传导，表现出对2,4-滴敏感；单子叶植物则很少吸收和转移2,4-滴，表现出耐药性因而获得选择。

生化选择 即利用除草剂在不同植物体内生化反应的差异，使除草剂活化或钝化。其中，活化反应差异也称激活增毒作用，指的是除草剂本身对植物并无毒害，但经植物体内酶系的生化反应，生成杀草活性强的物质。大豆、芹菜与苜蓿等植物β-氧化酶活性很低，施用2甲4氯丁酸而得以存活，而黎等杂草的β-氧化酶活性高，2甲4氯丁酸后活化成2甲4氯，毒性增强而被杀死。钝化作用也称解毒失活作用，其包括降解和共轭作用，以达到杀草保苗的目的（见生化选择性）。氧化是一种典型的除草剂降解方式，主要通过细胞色素P450单加氧酶或者多功能氧化酶完成。谷胱甘肽-S-转移酶可以催化还原型谷胱甘肽与各种亲电子外源除草剂的结合反应，获得无毒或者毒性低于母体除草剂的衍生物，使植物获得除草剂选择性，保护农作物不受到危害。ABC转运体参与植物对除草剂解毒过程，异丙甲草胺对大麦的选择性是由于异丙甲草胺与谷胱甘肽作用生成的轭合物可以借助ATP依赖型ABC转运蛋白通过主动运输转移至液泡内。此外作物体内还有一些特殊的解毒酶，如敌稗可以被水稻体内含有的酰胺水解酶分解；稗草则容易吸收敌稗，并不具备足量的酰胺水解酶使之分解，故中毒死亡。但这种选择性具有较大的相对性，会因用量、施用时期和方法不当而失去选择性。

时差位差选择 是人为利用作物与杂草在发芽及出苗期早晚的时间差异以及空间分布不同，使作物不接触或少接触除草剂，而使杂草大量接触除草剂实现的选择性。时差和位差选择性是土壤处理中实现选择性的主要途径，如播前土壤处理利用的是时差选择性，播后苗前利用的是位差选择性。在茎叶处理中也常用位置选择在高大的作物田如棉花、玉米中、后期实行行间喷施灭生性除草剂防除杂草（见时差和位差选择性）。

利用保护物质或安全剂获得选择性 某些除草剂选择性较差，可以利用保护物质或安全剂而获得选择性。活性炭是已广泛应用的保护物质，其吸附性能好，用它处理种子或种植时施入种子周围，可以使种子免遭除草剂的药害。如用活性炭处理水稻、玉米等作物种子，从而避免或降低三氮苯类、取代脲类等药剂的药害。利用安全剂提高某些除草剂的选择性，增加对作物的安全性，在生产中的应用非常广泛。例如小麦田禾本科杂草除草剂精噁唑禾草灵就是噁唑禾草灵与安全剂解草唑的混合。通常异丙甲草胺不宜用在高粱田，但在应用安全剂解草酮处理种子后，则能够相对安全地应用异丙甲草胺。

另外，除草剂的选择性是相对的而不是绝对的，除草剂的选择性是有条件的，上述所归纳的除草剂选择性原理不是彼此孤立的，实际上，除草剂在作物与杂草之间的选择可能是几种原理共同的结果。

利用作物基因改变获得的选择性 通过利用工程技术如转基因技术、基因编辑技术，或人工诱变，将微生物或其他来源的抗除草剂基因转入大豆、玉米、油菜、棉花等作物，培育成对除草剂特别是灭生性除草剂草甘膦、草铵膦具有抗性的作物。这样使得原来不能在作物田中使用的除草剂实现防除杂草而不伤害作物的选择性。2021年，为解决当前农业生产中面临的草害问题，农业农村部对已获得生产应用安全证书的耐除草剂转基因大豆和耐除草剂转基因玉米开展了产业化试点：转基因大豆和玉米使用同一种低残留除草剂，能够解决大豆玉米田使用不同除草剂互相影响的问题，有利于进行大豆和玉米间作和轮作，实现高效生产。

除草剂的选择性受多种因素影响，如作物品种、植株生长状况、环境因素、用药技术等诸多因素的影响。掌握不同除草剂的选择原理，对安全有效使用除草剂极有帮助。

参考文献

杜帅，2020. 甘蓝型油菜抗草甘膦基因遗传转化及抗性鉴定 [D]. 武汉：华中农业大学.

刘长令，2002. 世界农药大全：除草剂卷 [M]. 北京：化学工业出版社.

苏少泉，宋顺祖，1996. 中国农田杂草化学防治 [M]. 北京：中国农业出版社.

徐汉虹，2018. 植物化学保护学 [M]. 5 版. 北京：中国农业出版社.

邹俊杰，徐妙云，张兰，等. 2022. 转基因抗虫、耐除草剂及品质改良复合性状玉米 BBHTL8-1 的分子特征及功能评价 [J]. 中国农业科技导报，24(2): 77-85.

HATHWAY D E, 1989. Molecular Mechanisms of Herbicide Selectivity [M]. Oxford: Oxford University Press.

（撰稿：刘伟堂；审稿：王金信、宋小玲）

除草剂选择性分类 classification based on herbicide selection

根据对作物和防除对象杂草的选择性的大小，可将除草剂分为灭生性除草剂和选择性除草剂。

灭生性除草剂：又称非选择性除草剂，对植物的伤害无选择性，能同时杀死杂草和作物。由于灭生性除草剂在作物和杂草间没有选择性，因此该类除草剂是利用作物和杂草的空间位置和时间上的差异实现选择性的，主要用于非耕地、免耕地、林木苗圃、茶园、桑园、果园、咖啡、橡胶、剑麻、甘蔗、森林防火道等地防除杂草；同时，灭生性除草剂也可通过定向喷雾或保护性喷雾、作物播后苗前喷雾处理等用于作物田杂草的防除。

选择性除草剂：只杀死杂草而不伤害目标作物，甚至仅对某几种或某几类杂草具有除草活性的除草剂，凡具有这种选择作用特性的药剂称为选择性除草剂。大多数有机合成类除草剂属于选择性除草剂，如 2 甲 4 氯、苯磺隆、二氯喹啉酸、烟嘧磺隆等。选择性可通过作物和杂草的形态差异、生理和生化差异以及出苗的时间和位置差异来实现的，详见除草剂选择性。

除草剂的选择性不是绝对的，而是相对的，受植物发育阶段、环境条件（土壤条件、气候条件）、施药技术（用药量、用药时间）等客观因素、人为因素等诸多因素影响。选择性除草剂不是对作物完全没有影响，而是在一定剂量、用药技术和综合环境条件的基础上建立的选择性。除草剂在作物和杂草间的选择性高低由选择性指数来评价，选择性指数越高表明除草剂越安全。

参考文献

强胜，2009. 杂草学 [M]. 2 版 . 北京：中国农业出版社 .

徐汉虹，2018. 植物化学保护学 [M]. 5 版 . 北京：中国农业出版社 .

COBB A H, READE J P H, 2011. Herbicides and plant physiology [M]. Hoboken: John Wiley & Sons.

SHERWANI S I, ARIF I A, KHAN H A, 2015. Modes of Action of Different Classes of Herbicides [J]. Herbicides, physiology of action, and safety, 10: 165-186.

（撰稿：刘伟堂；审稿：王金信、宋小玲）

除草剂选择压　herbicide selection pressure

除草剂对杂草造成的进化压力，这种压力可以改变杂草进化的方向，从而使得适应除草剂选择压的杂草个体得以存活和繁衍，产生抗药性种群或者群落演替，使适应除草剂选择压的杂草逐步占据田间杂草群落的主要地位。

一般说来，杂草种群中，对除草剂敏感的个体占绝大多数，但也有少数个体对除草剂不敏感。在没有除草剂选择压力的情况下，敏感个体和抗性个体在相同的环境条件中，生长、繁衍等方面没有显著差异，种群中抗性个体的比例不会发生明显改变。在除草剂的选择压力之下，敏感个体被杀死，抗性个体获益，成功存活并繁衍后代。进入下个生长季节，杂草种群中抗性个体的比例便明显上升。经过连续多年除草剂选择后，杂草种群中抗性个体占据多数，就表现出对除草剂的抗药性。

除草剂选择压的大小，与除草剂本身的特性和使用方式都有关系。作用位点和作用机理单一、药效好的除草剂会形成较大的选择压。如乙酰乳酸合成酶（ALS）抑制剂类除草剂只作用于支链氨基酸生物合成过程中的 ALS 酶，其生物活性超高，通常田间推荐剂量可杀死田间杂草种群 90% 以上的个体，这种强大的压力迅速淘汰杂草种群中的敏感个体，保留抗药性水平较高的个体，并使其在种群中的比例迅速上升，因而能加速杂草种群的抗药性进化速度。土壤残留期长的除草剂也具有更高的选择压，如播后苗前应用长残效除草剂在全生长季控制杂草，抑制敏感杂草结实，因此选择压更高，抗药性产生的速度更快。同种除草剂或相同作用机理的除草剂使用越频繁，使用剂量越高，产生的选择压越大，越容易在生长季杀死种群中的敏感个体和抗药性水平较低的个体，会显著加速抗药性的形成。

在杂草治理中，可综合农业、物理、生物等多种措施，避免单一使用化学措施；在进行化学防治时，应选用不同作用机理的除草剂进行轮用、混用，降低除草剂选择压，可逐步恢复杂草群落的多样性或杂草种群对除草剂的敏感性，延缓杂草群落演替和抗药性的发生和发展。

参考文献

张朝贤，黄红娟，崔海兰，等，2013. 抗药性杂草与治理 [J]. 植物保护，39(5): 99-102.

JASIENIUK M, BRULE-BABLE A, MORRISON, 1996. The evolution and genetics of herbicide resistance in weeds [J]. Weed science, 44(1): 176-193.

（撰稿：李凌绪；审稿：王金信、宋小玲）

除草剂药害　herbicide injury

除草剂因使用不当、环境条件异常、长残留等原因对敏感农作物所造成的伤害。

作物药害症状会随着除草剂的品种、作物种类和作物的生育期不同而异。但同一类除草剂所引起的作物药害症状还是有些相似的：①激素类除草剂，激素类除草剂所造成的作物药害的典型症状是畸形，如叶片皱缩、呈葱叶状、茎和叶柄弯曲，抽穗困难，穗畸形。药害症状持续时间长，在作物生育初期受害，在后期仍能表现出受害症状。②酰胺类除草剂。此类除草剂的典型药害症状是幼苗矮化、畸形。单子叶作物受害症状为新叶紧紧卷曲，不能正常展开。双子叶作物幼苗叶片皱缩成杯状，中脉缩短，叶尖向内凹。③二硝基苯胺类除草剂。此类除草剂的典型症状是根生长受抑制，根短而粗，根尖变厚。茎基或胚轴膨大。严重受害时不能出苗。④硫代氨基甲酸酯类除草剂。此类除草剂造成禾本科作物叶片不能从胚芽鞘中正常抽出，阔叶作物叶片畸形呈杯状。⑤二苯醚类除草剂。此类除草剂的药害症状为叶片出现坏死斑。严重受害，整个叶片干枯、脱落。在正常剂量下，作物叶片也会有小烧伤斑点，但对作物生长无太大的影响。⑥三氮苯类除草剂：此类除草剂对作物药害症状为脉间失绿、叶缘发黄，进而叶片完全失绿、枯死。老叶片受害比新叶片重。⑦取代脲类除草剂。此类除草剂和三氮苯类除草剂的药害相似。⑧联吡啶类除草剂。此类除草剂的药害症状为叶片出现灼烧

除草剂药害案例（纪明山摄）

①硝磺草酮对玉米直接药害；②2,4-滴异辛酯对豇豆飘移药害；③异噁草松对小麦残留药害；④丙炔
氟草胺对花生直接药害；⑤甲嘧磺隆对水稻直接药害

斑、枯死和脱落。⑨磺酰脲类和咪唑啉酮类除草剂。此类除草剂的药害症状出现较慢，在施药后 1～2 周才逐渐出现分生组织区失绿、坏死，进而才发生叶片失绿、坏死。⑩芳氧苯氧丙酸类除草剂。此类除草剂最先影响幼嫩生长组织，新叶枯黄，继而老叶发黄、变紫，然后枯死，生长受抑制，植株矮小。

在生产中使用除草剂，有多种原因可引起作物药害：①误用。误用在生产中时有发生，错把除草剂当成杀虫剂使用，或使用的除草剂品种不对。②除草剂的质量问题。如制剂中含有其他活性成分，或加工质量差，出现分层等，由于药液不均匀导致药害。③使用技术不当。在生产中，许多药害是由于使用技术不当造成的；使用时期不正确、使用剂量过大或施药不均匀等都可能造成作物药害。④混用不当。有机磷或氨基甲酸酯类杀虫剂能严重抑制水稻植株体内芳基酰胺酶的活性，如把敌稗与这些杀虫剂混用，敌稗在水稻植株内不能迅速降解，而造成水稻药害。⑤雾滴飘移或挥发。喷施易挥发的除草剂，如短侧链的苯氧羧酸类除草剂，其雾滴易挥发、飘移到邻近的作物上而发生药害。⑥除草剂降解产生有毒物质。在通气不良的稻田，过量或多次使用杀草丹，杀草丹发生脱氯反应，生成脱氯杀草丹，会抑制水稻生长，造成矮化现象。⑦施药器具清洗不干净。喷施过除草剂的喷雾器或盛装过除草剂的药桶，应清洗干净；如未清洗干净，残留有除草剂，再次使用时，可能造成敏感作物的药害。⑧土壤残留。有些除草剂的残效期很长，被称为长残效除草剂。如绿磺隆、甲磺隆、胺苯磺隆、氯嘧磺隆、咪草烟、莠去津、广灭灵等。使用这些除草剂后，如下茬种植敏感作物有可能发生药害，这种药害被称为残留药害。⑨异常气候或不利的环境条件。使用除草剂后，遇到异常气候如低温、暴雨等可能导致药害发生。如在正常的气候条件下，乙草胺对大豆安全。但施用乙草胺后下暴雨，大豆则会受害。

除草剂药害鉴定，需要有扎实的专业基础知识，清楚植物的生长发育规律及其与其他生物和环境因素的相互作用，尤其要与病害、虫害、营养不平衡、大气污染物、水源污染物、异常环境条件（低温、高温、干旱、涝害、热风、灼伤）等导致的伤害相区分，如由病毒导致的植物畸形与合成激素类除草剂药害症状易混淆。土传病害及地下虫害危害导致的缺苗断垄，与一些播后苗前土壤处理除草剂药害症状近似。三氟羧草醚茎叶喷雾导致的大豆叶片枯斑，类似大豆褐斑病症状。玉米受线虫危害造成幼苗矮化与氟乐灵引起的矮化相似。莠去津造成的叶片中脉失绿与缺镁、缺铁症易于混淆。柑橘缺锰、桃叶缺铁与西玛津的药害相似。追施尿素伤害叶片的症状与一些触杀型除草剂如百草枯药害症状近似。

为了预防或避免药害，应遵循下列原则：由于除草剂的药效和安全性受多种因素影响，在大面积施用某种除草剂前，一定要先试验，即使该药在其他地方已大面积应用，也要遵循这一原则，在某地施用安全，但在另一地就不见得安全。而且要选用质量可靠的除草剂，适时、适量、均匀施用。施药后，彻底清洗施药器具。在异常气候下不要施用除草剂。特别是在早春作物地施用除草剂，施药前一定要注意天气变

化，在寒潮前不要施药。邻近有敏感的作物，不要施用易挥发或活性高的除草剂，以免产生飘移药害。合理混用除草剂是防止药害的有效方法。

在药害发生时为了减轻药害，应及时采取补救措施。及时准确判定药害，并视药害性质、轻重及时采取相应的补救措施；有些除草剂如二苯醚类除草剂引起的轻微药害，农作物可依靠自身强大的补偿能力而恢复生长，但需要加强田间管理，可适当叶面喷施促进农作物生长的植物生长调节剂和叶面肥缓解药害，严禁弃管；对于严重药害，应果断抓住农时，采取补种、补栽或彻底消毁再补种耐药性农作物的措施，将损失降到最低。也可使用安全保护剂 25788 防止和解除酰胺类除草剂的药害；使用 BNA-80 抑制杀草丹的脱氯、避免水稻矮化；喷施赤霉素或撒石灰、草木灰、活性炭等可以缓解激素型除草剂造成的药害；喷施芸薹素内酯可以缓解酰胺类除草剂的药害；土壤处理剂的药害可通过翻耕、泡田和反复冲洗土壤，尽量减少残留。

参考文献

强胜，2009. 杂草学 [M]. 2 版. 北京：中国农业出版社.

邢岩，耿贺利，2003. 除草剂药害图鉴 [M]. 北京：中国农业科学技术出版社.

MONACO, THOMAS J, 2002. Weed science: principles and practices [M]. 4th ed. New York: J. Wiley.

PHILLIPS A L, HODGES J C, 2007. Processing spinach response to selected herbicides for weed control, crop injury, and yield [J]. Weed technology, 21(3): 714-718.

（撰稿：纪明山；审稿：刘宇婧）

除草剂在环境中的归趋　environmental fate of herbicide

除草剂进入环境后，在各类环境因子的影响下，随时间推移有着复杂的迁移转化过程，包括挥发、淋溶、径流、吸附、生物降解、微生物降解、化学降解和光解等途径迁移或分解，称为除草剂的环境归趋。环境归趋是评价除草剂环境安全性的一个重要指标，也可为食品安全评价提供重要依据。

挥发　是除草剂以分子扩散形式逸入大气的现象。除草剂的挥发作用可产生在生产、储运、使用，以及施入农田后的各个阶段之中。各种除草剂通过挥发损失的数量约占使用量的百分之几到 50% 以上不等，这不仅影响除草剂的施用效果，还将会导致对周围环境的污染。除草剂的蒸气压是导致挥发的内在因素，不同除草剂品种的蒸气压差异很大，变化范围一般在 $1.333×10^{-6}～1.333×10^{-3}Pa$，因此除草剂的挥发性能差异亦很大。除草剂的蒸气压越高，挥发性越强。除草剂挥发环境因素影响中土壤温度和湿度的影响最大。

淋溶　是除草剂在土壤中随水垂直向下移动的现象。随着除草剂的向下移动，扩大了除草剂在土层中的分布范围，这一现象对药效、药害及其降解作用均有影响。对于通过根

系吸收的除草剂，从地表通过淋溶作用进入土层后，增加了其与根系接触的机会，有利于药效的发挥。除草剂的酸碱度、可溶性、土壤吸附性、剂型等会影响其在环境中的淋溶水平，水溶性强的除草剂可随水淋溶到土壤深层，从而可能导致对地下水的污染。影响除草剂在土壤中淋溶深度的环境因素主要有降水量、灌溉量、土壤湿度等，具体见除草剂淋溶。

径流　是指除草剂随着雨水或灌溉水在地表水平移动。当施药地块具有坡度、降水量超出土壤可渗透量时，径流则成为除草剂流失进入水体的主要途径。几乎所有除草剂均可以随径流迁移。径流会导致除草剂进入河流、湖泊等水体环境，造成严重的水环境污染。径流时除草剂可溶于水或吸附在土壤颗粒上，被土壤颗粒吸附的除草剂存在长期随土壤侵蚀流失的风险。除草剂使用过程中应严控径流的发生。具体见除草剂径流。

吸附　主要是指除草剂在环境中由气相或液相向固相分配的过程。在此过程中，固相中的浓度逐渐升高。它包括静电吸附、化学吸附、分配、沉淀、络合及共沉淀等反应。土壤是生态环境中重要的介质，也是除草剂在环境中的主要归趋，无论以何种方式施用除草剂，大部分都会进入到土壤中。这种归趋不仅取决于除草剂本身的性质，如化学特性、形状构造、水溶性、分子大小、极性、分子的酸碱度、极化程度、阳离子上的电荷分布等均能影响其在土壤环境中吸附特性。还与外部环境因素密切相关（如土壤性质和气候条件等）。除草剂的吸附主要发生在土壤或者沉积物中，是由土壤和沉积物中的矿物质成分以及有机质两部分共同作用的结果，其中，有机质对除草剂的吸附作用是主要的。除草剂在土壤中的吸附反应是一个动态的过程，当载体上的吸附和解吸附速率达到同一水平时，除草剂在载体上的吸附量保持不变，这一状态成为吸附—解吸附平衡。具体见除草剂的吸附与解吸附。

生物降解　除草剂施用后，有一部分会进入到植物和动物体内并转化。因除草剂主要喷洒于植物，被植物吸收的除草剂在植物体内发生降解，是除草剂生物转化的主要途径。在植物体内，除草剂经一系列代谢酶催化发生氧化、还原、水解、环化、开环、轭合等多种反应而消失。除草剂进入动物体内，可在各类酶作用下生物降解，有的与葡萄糖衍生物、氨基酸等化学物质发生共轭反应，使原来不溶于水的除草剂转化为易溶于水的共轭物而随尿和粪便排泄到体外。植物和动物通常不能将除草剂彻底矿化成 CO_2、Cl^-、PO_4^{3-}、NO_3^-、SO_4^{2-} 等，进一步的降解通过微生物降解完成。具体见除草剂生物降解。

微生物降解　是大多数除草剂在土壤中消失的主要途径。真菌、细菌与藻类等均参与除草剂降解。在微生物作用下，除草剂分子进行脱卤、脱烷基、水解、氧化、环羟基化与裂解、硝基还原、缩合以及形成轭合物，通过这些反应可把除草剂转化为 CO_2 和 H_2O 等无毒无害或毒性较小的其他物质。在微生物降解除草剂时，酶促作用方式中的氧化反应起到很重要的作用，包括有羟基化、氧化偶联、脱羧基等多种形式。如微生物通过酶将氧加到苯环结构上，然后插入一个羟基或形成一个环氧化物，形成易溶于水且极性很强的化合物即为羟基化。因此某种程度上苯环的羟基化是苯环开裂和进一

步分解的先决条件。具体见除草剂微生物降解。

化学降解　是除草剂在土壤中消失的重要途径之一，其中包括氧化、还原、水解以及形成非溶性盐类与络合物，其中水解是主要途径。水解是农药分子与水分子之间发生相互作用的过程，是除草剂在水环境中代谢转化的重要途径。水解多为酯酶、磷酸酶或酰胺酶等参与的反应，其条件稳定，无需辅助因子。除草剂水解时，一个亲核基团（OH-）进攻亲电基团（C、P、S），并取代离去基团。含有能发生水解反应基团的除草剂化合物在环境中分布广泛，如卤代脂肪烃类、酰胺类、脲类及环氧类化合物等。水解产生的物质毒性降低但稳定性较差。具体见除草剂化学降解。

光解　很多除草剂能够吸收紫外光和可见光的能量从而发生化学反应，除草剂接受光能后，其分子能量过剩，改变了除草剂的分子结构，加强了除草剂在环境中的转化与降解，这类反应都涉及化合物的分解，所以这类转化途径称为光解。光解是除草剂在土壤、水体和植株中降解的主要途径，会影响除草剂最终在环境中归趋与分布，决定了除草剂在环境中的残留水平。具体见除草剂光解。

参考文献

强胜，2009. 杂草学 [M]. 2 版. 北京：中国农业出版社.

GUNKEL G, STREIT B, 1980. Mechanisms of bioaccumulation of a herbicide (atrazine, s-triazine) in a freshwater mollusc (*Ancylus fluviatilis* Mull.) and a fish (*Coregonus fera* Jurine) [J]. Water research, 14(11): 1573-1584.

SMITH A E, AUBIN A J, 1993. Degradation of the sulfonylurea herbicide [14C]amidosulfuron (HOE 075032) in Saskatchewan soils under laboratory conditions [J]. Journal of agricultural & food chemistry, 40(12): 2500-2504.

VASUDEVAN D, COOPER E M, 2004. 2,4-D sorption in iron oxide-rich soils: role of soil phosphate and exchangeable Al [J]. Environmental science & technology, 38(1): 163-170.

（撰稿：纪明山；审稿：宋小玲、王金信）

除草剂作用靶标　herbicide action target

除草剂作用于植物体内的位点。除草剂是通过干扰和抑制植物的代谢过程而造成杂草死亡，这些代谢过程往往由不同的酶系统所诱导。除草剂的作用靶标多是不同的酶系统，通过对靶标酶的抑制，最终干扰植物的代谢过程，如光合作用、细胞分裂、蛋白质及脂类物质合成等。同一代谢过程系由一系列生物化学反应组成，其各个反应阶段又由不同的酶诱导。因此，不同类型除草剂可能抑制同一代谢反应，但是它们的作用位点（靶标酶）存在着明显差异。

已被证实的除草剂作用机理包括抑制植物的光合作用、破坏植物的呼吸作用、抑制植物的生物合成、干扰植物激素的平衡、抑制植物微管与组织发育等。在上述机理中涉及众多的除草剂靶标酶，下述按照除草剂所抑制的生理学过程，对重要的除草剂作用靶标进行一一论述。

植物的光合作用　光合作用是指光养生物利用光能把

无机物合成有机物的过程。绿色植物的光合作用分为光化学反应和暗化学反应两个阶段，分别发生在叶绿体的类囊体膜上和内液—基质中，属于放氧光合作用。在光化学反应中，光驱动下水分子氧化释放的电子通过电子传递系统（PSII 复合体→质体醌→CytB$_6$f 复合体→质蓝素→PSI 复合体）传递给 NADP$^+$，使它还原为 NADPH，同时基质中的质子被泵送到类囊体腔中，形成跨膜质子梯度，驱动 ADP 磷酸化生成 ATP。此过程主要涉及到电子传递和光合磷酸化，核心蛋白包括 D1 和 D2 多肽、质体醌、ADP 合成酶、Cytb$_6$f 复合体、铁氧还蛋白等。光合作用抑制剂类除草剂主要通过抑制光合电子传递链、分流光合电子传递链的电子、抑制光合磷酸化、抑制色素合成等抑制植物的光合作用。

D1 多肽　光系统 II（PSII）反应中心核心蛋白之一。光系统 II 由反应中心和光捕获色素蛋白组两个功能区域组成，其中反应中心包含两个同系蛋白，分别称为 D1 和 D2 多肽，分布于叶绿体的类囊体膜上，可分别与在光系统 II 电子传递中起重要作用的质体醌 Q$_B$ 和 Q$_A$ 相互结合，实现光合作用电子传递。D1 多肽由叶绿体基因 psbA 编码，氨基酸序列在植物界高度保守，是重要的除草剂作用靶标之一。其在结构上表现为 5 个跨类囊体膜的 α- 螺旋，而第四和第五 α- 螺旋之间的蛋白质区域被认为是 Q$_B$ 的相互作用位点。光系统 II 抑制剂类除草剂凭借其与 D1 多肽更高的亲和力，可以竞争性取代 Q$_B$ 结合位点，阻碍电子由 Q$_B$ 到 Q$_A$ 的正常传递，二氧化碳的固定、ATP 的合成随即受到干扰，从而抑制植物的光合作用。该类除草剂在结构上具有一种 sp^2 杂化碳毗连孤电子对氮的基本化学元素，可以分为多种不同化学结构类别，如取代脲类敌草隆和秀谷隆、三氮苯类嗪草酮和特丁津、苯并噻二嗪酮类灭草松等。根据不同除草剂在 D1 多肽结合口袋中的优先结合方向，可以进一步划分为与 Ser-264 位绑定类（取代脲类、三氮苯类等）和与 His-215 位绑定类（苯并噻二嗪酮类等）。

类囊体膜或 ATP 合成酶　光合作用电子传递过程偶联 ATP 合成过程，也被称为光合磷酸化，而 ATP 的合成主要发生在 ATP 合成酶上。抑制光合磷酸化主要有两种方式：第一种是解偶联剂，如苯氟磺胺、溴苯腈等，通过增加类囊体膜对质子的透性或增加偶联因子渗漏质子的能力，消除跨膜的 H$^+$ 电化学势，虽然电子传递仍可进行，但磷酸化作用不再进行，因而无 ATP 生成。另外一种是能量转换抑制剂，直接作用于 ATP 合成酶，通过抑制其活性阻断光合磷酸化过程，如 1,2,3- 硫吡唑基 - 苯脲类除草剂等。

光合系统 I 复合体（PSI）　在植物的质体中，铁氧还蛋白（Fd）：NADP$^+$ 氧化还原酶（FNR）是氧化还原代谢的中心。在植物光合作用中，铁氧还蛋白从光系统 I 接受电子，再将电子传递到铁氧还蛋白：NADP$^+$ 氧化还原酶，使 NADP$^+$ 还原。联吡啶类除草剂百草枯和敌草快等是光合电子传递链分流剂，它们作用于光合系统 I 复合体，截获电子传递链中的电子而被还原，阻止铁氧还蛋白的还原及其后的反应。联吡啶类除草剂杀死植物并不是直接由于截获光合系统的电子造成的，而是由于还原态的百草枯和敌草快自动氧化过程中产生过氧根阴离子导致生物膜中未饱和脂肪酸产生过氧化作用，破坏生物膜的半透性造成细胞的死亡，进而导致植物的死亡。

植物的呼吸作用　呼吸作用是植物将体内的物质不断分解的过程，是新陈代谢的异化作用。依据是否有氧参与，可将呼吸作用分为有氧呼吸和无氧呼吸两大类。高等植物的呼吸类型主要是有氧呼吸，但仍保留着无氧呼吸的能力。需氧生物呼吸代谢最主要的 3 个阶段为糖酵解、三羧酸循环和电子传递 / 氧化磷酸化，分别发生在细胞质、线粒体基质和线粒体内膜上。糖酵解在细胞质中将己糖分解为丙酮酸，在有氧条件下进入线粒体，逐步脱羧脱氢、彻底氧化分解，形成水和二氧化碳并释放能量。在上述过程中脱下的氢被 NAD$^+$ 和 FAD 所接受，生成 NADH+H$^+$ 和 FADH$_2$，经过呼吸传递后与分子氧结合生成水。

电子传递与氧化磷酸化：高等植物中的呼吸链电子传递具有多样性，其主路径为 NADH 提供的电子经过复合体 I、泛醌（醌分子经氧化还原实现电子传递）、复合体 III、细胞色素 c、复合体 IV，最终传递到 O$_2$。在电子传递的同时，H$^+$ 从线粒体基质运向内膜间隙，在线粒体内膜内外建立起 H$^+$ 电化学势梯度，一方面启动氧化磷酸化，另一方面抑制呼吸链中电子和质子的传递。因此，只有与磷酸化相偶联，呼吸链中的质子和电子传递才能不断进行。氧化磷酸化是指电子从 NADH 和 FADH$_2$ 经呼吸链传递给分子氧生成水，偶联 ADP 和 Pi 生成 ATP 的过程，是需氧生物合成 ATP 的主要途径。除草剂二硝基苯酚、敌稗等作为呼吸作用解偶联剂，主要影响植物呼吸电子传递与氧化磷酸化的偶联反应，可能通过破坏线粒体膜的通透性消除了跨膜的 H$^+$ 电化学势，或者通过直接抑制 ATP 合成酶的活性，抑制 ADP 生成 ATP 的反应过程，导致底物 ADP 累积并维持较高的浓度水平，在增强植物呼吸作用的同时，却不能生成 ATP 用于能量消耗，植物终因正常代谢受到干扰而死亡。

植物的生物合成　植物正常的生长代谢需要各种生物物质参与，如光合色素、氨基酸、脂肪酸、纤维素等。与动物不同，植物中重要的生物物质供给全部靠自身来合成，一旦合成受阻，植物便难以继续生存。因此，植物生物合成中的关键酶一直是除草剂研发中重要的作用靶标。

抑制光合色素的合成　叶绿素和类胡萝卜素是叶绿体内参与光合作用的重要色素。高等植物中叶绿素包括叶绿素 a 和叶绿素 b，其功能是捕获光能并驱动电子转移到反应中心。整个叶绿素生物合成过程主要分为两个部分：从 L- 谷氨酰 -tRNA 到原卟啉 IX 的生物合成和原卟啉 IX 到叶绿素的生物合成，涉及 15 个反应，各反应催化酶的活性抑制均会导致叶绿素含量降低，叶绿体发育受到抑制，有的甚至会导致植株死亡。类胡萝卜素是生物体内通过类异戊二烯途径合成而呈现黄色、橙红色和红色的一大类萜类色素物质。在高等植物光合作用中，类胡萝卜素担负着光吸收的辅助色素的重要功能，主要存在于植物叶片的叶绿体以及许多花和果实的有色体中，具有吸收和传递电子的能力，并在清除光合作用中产生的叶绿素三线态和单线态及超氧阴离子等自由基方面起着重要的作用。

原卟啉原氧化酶（Protox 或 PPO）：原卟啉原氧化酶是叶绿素和血红素生物合成中的关键酶，可以催化原卟啉原 IX 氧化形成原卟啉 IX，并在 Mg 螯合酶和 Fe 螯合酶作用下分别生成叶绿素和血红素。原卟啉原氧化酶被抑制后，造成原卟啉原 IX 的积累，并进入细胞质，在除草剂诱导的氧化因素作用下形成原卟啉 IX，进一步代谢产生单线态氧，从而引起细胞组分的过氧化分解，植物枯死。而正常情况下的原卟啉 IX 在叶绿体包封的环境中被保护，不会造成细胞膜的破坏。由于这个过程必须在光照下才能进行，因此这类除草剂作用速度和药效的发挥受到光的影响。原卟啉原氧化酶抑制类除草剂的典型代表为二苯醚类三氟羧草醚、乙羧氟草醚、氟磺胺草醚和乳氟禾草灵以及环亚胺类噁草酮、氟烯草酸、唑草酮和炔噁草酮等，它们造成植物体内光合作用受阻，以抑制叶绿素生物合成为起始，使积累的四吡咯类于光下得以活化，生成作为光合成电子传递及运动的氧基。氧基破坏类囊体膜造成光合成色素的渗漏，引起光分解的脱色作用，最终导致植物死亡。

八氢番茄红素脱氢酶（PDS）：八氢番茄红素脱氢酶是影响植物类胡萝卜素合成的一个重要限速酶，在质体内参与以异戊二烯焦磷酸（IPP）和二甲基丙烯焦磷酸（DMAPP）为前体生成类胡萝卜素的过程。该酶由 PDS 基因编码，定位于植物叶绿体的类囊体上且与类囊体膜相连，当其活性受抑制后，由八氢番茄红素脱氢生成 ζ- 胡萝卜素的合成路径受阻，进而抑制各种类胡萝卜素的生成。以 PDS 为靶标的抑制剂主要有哒嗪酮类氟草敏、吡啶类氟啶草酮、酰胺类氟丁酰草胺、氟吡酰草胺和吡氟酰草胺、苯基呋喃酮类呋草酮等，通过抑制 PDS 的活性干扰类胡萝卜素的生物合成，达到抑制植物光合作用的目的，使植株停止生长直至死亡。在上述除草剂中，使用最为广泛的为氟草敏，其能够与 PDS 所必需的辅酶因子质体醌（PQ）竞争在 PDS 上的结合位点，从而抑制 PDS 的催化活性。经此类抑制剂处理后的植株最为明显的表现是产生白化症状。

对羟基苯丙酮酸双加氧酶（HPPD） 对羟基苯丙酮酸双加氧酶是一种含非血红素 Fe^{2+}、依靠 α- 酮酸的双加氧酶，铁原子以非血红素 Fe^{2+} 作为酶的活性辅助因子参与反应。HPPD 广泛存在于几乎所有需氧生物中，在植物体内主要参与质体醌和 α- 生育酚的合成。当其活性受到抑制后，由 4- 羟苯基丙酮酸（HPP）氧化脱羧转变为尿黑酸（HGA）的合成路径受阻，尿黑酸是植物体内一种重要物质，它可以进一步脱酸、聚戊二烯基化和烷基化，生成光合作用中电子传递所需的质体醌和 α- 生育酚。质体醌是光合作用中电子传递的载体，同时还是八氢番茄红素脱氢酶（PDS）的一种关键辅助因子，质体醌的减少使八氢番茄红素脱氢酶的催化作用受阻，进而影响类胡萝卜素的生物合成，导致植物产生白化症状，最终使植物死亡。α- 生育酚是一种脂溶性维生素，其在叶绿体中含量十分丰富，由于结构中存在酚基而极易被过氧化物氧化，具有较强的抗氧化作用，可参与清除光合组织中的自由基，并能够在非光合组织中保护脂类双层膜上的多不饱和脂肪酸免受脂肪氧化酶的攻击。以 HPPD 为作用靶标的抑制剂一般具有 2 个基本结构特征：首先，化合物分子为弱酸性，便于被植物体吸收和传导；其次，化合物分子或其异构体或其代谢物中需要有 2- 苯甲酰基乙烯 -1- 醇基团，可以竞争性结合 HPPD 的底物催化位点。符合以上特征的HPPD 抑制剂类除草剂主要包括三酮类磺草酮、硝磺草酮、环磺酮、双环磺草酮、呋喃磺草酮和氟吡草酮、吡唑酮类苯

唑草酮、磺酰草吡唑、吡草酮和苄草唑以及异噁唑酮类异噁唑草酮等，上述除草剂主要应用于玉米田，部分也可以应用于水稻田、谷物田、甘蔗田等。

抑制氨基酸的合成 氨基酸在植物蛋白质合成、初级和次级代谢中均发挥着重要的作用，一些氨基酸作用于氮源的同化和源—库转运，另一些则是次生代谢产物如激素和植物防御相关物质的前体。氨基酸的合成直接或者间接影响到植物生长发育的各个方面。

5- 烯醇式丙酮脱莽草酸 -3- 磷酸合成酶（EPSPS）：在细菌、真菌、藻类和高等植物体内，EPSPS 是芳香族氨基酸苯丙氨酸、络氨酸和色氨酸生物合成途径中一个关键酶，其能够催化 3- 磷酸莽草酸（S3P）和磷酸烯醇式丙酮酸（PEP）缩合生成 5- 烯醇式丙酮脱莽草酸 -3- 磷酸（EPSP）的可逆反应。在高等植物中，芳香族氨基酸合成途径也可用于合成很多芳香族次生代谢物质，如植物激素生长素、色素、用于防卫的植物性抗毒素、具生物活性的生物碱和结构木质素等。而且，植物中约 20% 的碳是由芳香族氨基酸合成途径固定的，其中大部分用于合成木质素。当 EPSPS 被抑制后，导致分支酸合成受阻，阻断芳香族氨基酸和一些芳香化合物的生物合成，从而扰乱了生物体正常的代谢过程而使其死亡。以 EPSPS 为作用靶标的代表性除草剂为草甘膦，它是 PEP 的竞争性抑制剂和 S3P 的非竞争性抑制剂，可以阻断植物体香族氨基酸和某些由其参与合成的维生素、生物碱、吲哚衍生物、酚类物质、木质素等次生代谢物的生物合成，同时造成 S3P 和一些中间代谢物（如 NADP）的积累，对植物产生毒性，进而加速植物个体死亡。

谷氨酰胺合成酶（GS）：一种控制氮代谢的酶。植物中的谷氨酰胺合成酶为核编码的同工酶 GS1 和 GS2，分别存在于细胞质和质体中，均由八个亚基组成，每个亚基都有一个对底物具有结合能力的活性中心。该酶利用谷氨酸作为底物，催化其依赖于 ATP 的铵同化反应，通过催化作用形成一种高能中间体（γ- 谷氨酰磷酸）将谷氨酸和氨（NH_4^+）转化为谷氨酰胺，是无机氮转化为有机氮过程中的关键酶系，也是植物中唯一的解毒酶，可以解除由硝酸盐（NO_3^-）还原、氨基酸分解代谢以及光呼吸中释放出的氨的毒性。谷氨酰胺合成酶活性被抑制后，常导致植物组织中氨的积累，而这种高浓度的氨则会造成植物光合作用的中断、叶绿体结构的破坏以及基质的囊泡化，同时氨基酸及蛋白质合成受阻，导致细胞膜受损和细胞死亡。此外，谷氨酰胺合成酶的活性抑制可能进一步干扰了光合系统中核酮糖 -1,5- 二磷酸羧化酶 / 加氧酶的活性，打破了抗氧化酶系统的平衡，导致光合电子传递链中的过量电子与分子氧结合，形成活性氧（ROS）并导致脂膜过氧化，加速细胞死亡。有机膦类除草剂草铵膦和双丙氨膦是最主要的谷氨酰胺合成酶抑制剂，它们可以竞争性结合底物谷氨酸的催化位点，强烈抑制谷氨酰胺合成酶的活性，进而干扰植物的氮代谢和光合系统，最终导致植物死亡。

乙酰乳酸合成酶（ALS）：在植物体内，支链氨基酸缬氨酸、亮氨酸和异亮氨酸的合成场所为叶绿体，而乙酰乳酸合成酶是支链氨基酸生物合成过程第一阶段的关键酶，在缬氨酸和亮氨酸的合成中催化 2 分子丙酮酸生成乙酰乳酸和二氧化碳，

在异亮氨酸的合成中催化 1 分子丙酮酸与 1 分子 α- 丁酮酸生成 2- 乙醛基 -2- 羟基丁酸和二氧化碳。植物的 ALS 为核编码的酶，由催化亚基和调节亚基组成，其中催化亚基维持催化活性需要二价金属离子（Mg^{2+}）、焦磷酸硫胺素（ThDP）和黄素腺嘌呤二核苷酸（FAD）等必需辅助因子。ALS 的催化活性中心位于两个单体交界处，并深埋在晶体结构中。ALS 抑制剂类除草剂分子结构与 ALS 的催化底物结构差别较大，因此并不直接作用于酶的催化位点，而是通过阻断底物进入活性位点的通道，使反应底物无法通过通道到达催化活性位点。当 ALS 活性被抑制后，支链氨基酸的合成首先受阻，导致蛋白质的合成受到破坏，阻碍细胞分裂期的 DNA 合成，从而使植物细胞的有丝分裂停止在 G1 阶段的 S 期（DNA 合成期）和 G2 阶段的 M 期，干扰了 DNA 的合成，细胞因此不能完成有丝分裂，进而使植物停止生长，最终导致植物个体死亡。此外，ALS 的抑制将导致底物 α- 丁酮酸的积累，而 α- 丁酮酸会抑制天冬氨酸氨基转移酶的活性，进而干扰天冬氨酸到苏氨酸的合成过程。同时，累积的 α- 丁酮酸可以和乙酰辅酶 A 结合生成丙酰辅酶 A，高浓度的丙酰辅酶 A 会抑制正常的三羧酸循环。ALS 抑制剂类除草剂施用后，植物会出现矮化、叶片卷曲、黄化或变紫、根发育迟缓或出现断根等典型症状，严重的新叶黄化、停止生长，直至枯死。

以 ALS 为作用靶标的抑制剂类除草剂种类较多，根据化学结构可以划分为五大类：磺酰脲类（SU）甲磺隆、苯磺隆、氯磺隆、烟嘧磺隆、砜嘧磺隆、苄嘧磺隆和吡嘧磺隆；咪唑啉酮类（IMI）咪唑乙烟酸和甲氧咪草烟；三唑并嘧啶磺酰胺类（TP）磺草胺、唑嘧磺草胺、双氟磺草胺、五氟磺草胺和啶磺草胺；嘧啶硫苯甲酸酯类（PTB）双草醚和嘧草硫醚；磺酰胺基羰三唑啉酮类（SCT）氟唑磺隆等。不同化学类别除草剂的分子结构差异会影响其与 ALS 的结合程度，其中，① SU 类除草剂分子骨架主要由脲桥、芳基和杂环组成，在与 ALS 结合时涉及与约 16 个氨基酸残基的相互作用。除草剂分子中的磺酰基发生弯曲使芳基和杂环几乎呈现垂直状态，磺酰基和邻近的芳香环位于通向活性位点通道的入口，而分子的其余部分则插入通道内部，到达 ALS 催化中心——ALS 辅酶因子 ThDP 的 C2 原子 5 Å 范围以内。② IMI 类除草剂分子骨架主要由酸、主链与咪唑啉酮环组成，在与 ALS 结合时可以与约 12 个氨基酸残基发生广泛的非共价相互作用。除草剂分子中的咪唑啉酮环插入通道内部，到达距离 ThDP 的 C2 原子约 7 Å 以外，分子的其余部分则向蛋白质表面突出。SU 类和 IMI 类除草剂与 ALS 结合时存在 10 个共同的氨基酸作用位点，表明二者的绑定位点存在重叠，但是 SU 类对 ALS 的抑制活性显著高于 IMI 类，这可能归结于两个因素：第一，IMI 类除草剂分子与 ALS 结合时涉及到 28 个范德华键和 1 个氢键，而 SU 类除草剂则涉及到至少 50 个范德华键和 6 个氢键；第二，整体化学结构差异导致 IMI 类除草剂比 SU 类除草剂与 ALS 的表面更近（二者相差约 6 Å），即 SU 类除草剂比 IMI 类除草剂更靠近活性中心的 ThDP 的 C2 原子。③ TP 类除草剂分子骨架主要是三唑并嘧啶磺酰胺，可以通过对 SU 类除草剂进行改造并进一步修饰得到。其与 ALS 的结合模式与 SU 类除草剂类似，即除草剂分子会深入到活性通道中，并通过与多达八个

多肽段的相互作用来稳定占据丙酮酸的进入通道。TP 类除草剂分子与 ALS 结合后，其分子覆盖区会发生涉及到移动 Loop 环和 C 端臂组成的折叠以及 β 结构域之一的旋转，同时 ALS 辅酶因子 FAD 会从扁平构象转变为弯曲构象，β 结构域的取向也会随之调整，此过程可能导致活性位点的自由 O_2 被释放，并催化 ThDP 过乙酸盐（ThDP-peracetate）的形成，ThDP 过乙酸盐不能与丙酮酸反应并氧化 FAD，进而导致 ALS 失活。尽管此过程为可逆反应，但是需要完整的 ThDP 分子辅助。④ PTB 类除草剂分子骨架由苯甲酸盐和由硫或氧原子连接的嘧啶环组成，其中的嘧啶环插入到除草剂绑定位点的最深处，与 574 位色氨酸（Trp）形成移位的 π- 堆积作用，而苯甲酸环则与 206 位苯丙氨酸形成 T 型 π- 堆积相互作用。⑤ SCT 类除草剂分子骨架主要由三唑啉酮和磺基氨基羰基连接体组成，其与 ALS 的结合位点与 PTB 类除草剂分子和 ALS 相互作用的残基大部分相同，即二者与 ALS 的结合位置存在重叠。SCT 类除草剂分子中的三唑啉酮部分插入除草剂结合位点的最深处，与 574 位色氨酸（Trp）、121 位甘氨酸（Gly）形成 π- 堆积作用；分子骨架中一个暴露的氮可以与 377 位精氨酸（Arg）形成氢键；磺酰基中的 1 个氧与 377 位精氨酸（Arg）和 653 位丝氨酸（Ser）形成两个极性接触，另一个氧与水分子形成氢键，并与 256 位赖氨酸（Lys）和 197 位脯氨酸（Pro）发生疏水相互作用。

由于存在整体结构差异，不同类别除草剂与 ALS 的结合仅有部分的位置重叠，这主要涉及 SU 类的杂环（嘧啶或三嗪）、PTB 类的嘧啶环和 SCT 类的三唑啉酮环等，这些环类结构均绑定在除草剂通道最深处，与 574 位色氨酸之间存在共同的 π- 堆积作用。此外，除了 IMI 类除草剂以外，ALS 抑制剂的其他四个化学类别除草剂作用于 ALS 时均会导致 ThDP 的降解或者修饰，形成 C2 碳被去除的硫胺素氨基乙烯硫醇二磷酸（ThAthDP），或者羰基氧与 C2 碳连接后的硫胺素噻唑啉酮二磷酸（ThThDP），这两种状态的 ThDP 均不能维持 ALS 的催化活性。

抑制脂肪酸的合成　植物脂肪酸是带有高度还原烃链的羧酸，是细胞基本成分之一。高等植物中饱和脂肪酸的合成在叶绿体基质中进行，合成前体为乙酰 -CoA，其首先在乙酰辅酶 A 羧化酶的作用下合成丙二酸单酰辅酶 A，然后在脂肪酸合成酶催化下进行连续的聚合反应，进一步合成 16～18 个碳的饱和脂肪酸。上述饱和脂肪酸在酰基载体蛋白和脂肪酸硫酯酶等作用下从叶绿体中释放，进而由脂肪酸延长酶系统催化碳链继续延伸形成超长链脂肪酸（链长为 18 个及以上碳）。

乙酰辅酶 A 羧化酶（ACCase）：乙酰辅酶 A 羧化酶属于生物素包含酶，其含有生物素羧基载体蛋白功能域（BCCP）、生物素羧化酶功能域（BC）和羧基转移酶功能域（CT）3 个功能域。ACCase 广泛存在于各种生命形式中，其在植物体内定位于细胞溶质和叶绿体，参与脂肪酸生物合成过程中第一阶段，催化 ATP 依赖的乙酰 -CoA 羧化形成脂酰链延伸系统和脂肪合成等代谢反应的重要底物——丙二酸单酰 -CoA。植物体内有两种同工型的乙酰辅酶 A 羧化酶，即同质型（真核型，ACCase I，由 BC、BCCP、α-CT、β-CT 组成）和异质型（原核型，ACCase II，由 BC、BCCP、α-CT、 β-CT 组成）。大多数植物均具有上述两种类型的 ACCase，但是在禾本科植物中存在例外，其胞质溶胶和质体中均为同质型 ACCase I，该类型对除草剂较为敏感。因此，ACCase 抑制剂类除草剂主要用于选择性防除禾本科杂草，而对阔叶的双子叶植物安全。该酶在水稻、小麦等禾本科作物的质体中也是同质型，但是该类作物能够迅速代谢 ACCase 抑制剂类除草剂，进而实现与杂草间的除草剂选择性。以 ACCase 为作用靶标的除草剂根据化学结构可以划分为三类：芳氧苯氧丙酸酯类（APP）精喹禾灵、精吡氟禾草灵、高效氟吡甲禾灵、精噁唑禾草灵、氰氟草酯和噁唑酰草胺；环己烯酮类（CHD）烯禾啶和烯草酮；新苯基吡唑啉类（DEN）唑啉草酯等。尽管各类除草剂在化学结构上有很大不同，但是其作用靶标区域均为 ACCase I 的 CT 二聚体接合部位，通过竞争性结合 CT 功能域的底物催化部位而抑制靶标酶活性。具体来看，APP 类直接结合在二聚体界面的活性位点上，CHD 类与 APP 类存在重叠的结合位点，但总体上结合在二聚体界面的不同区域。DEN 类与 APP 类虽然结构差异较大，但是二者在一个与活性位点的结合域非常相似，这在一定程度上解释了除草剂的活性差异。这类除草剂施用后，典型症状为植物变色，节点及以上的分生组织被破坏，叶变成黄色或变红，有时枯萎，症状的产生较为缓慢。

脂肪酸延长酶（FAE）复合体: 由 3- 酮脂酰 -CoA 合成酶、3- 酮脂酰 -CoA 还原酶、3- 羟脂酰 -CoA 脱水酶及烯酰 -CoA 还原酶组成的膜结合的多酶复合体。在植物体内，极长侧链脂肪酸（VLCFAs）通常含有 18 个以上碳原子，通过内质网的微粒体延伸系统从硬脂酸（C16 ：0 脂肪酸）逐步形成，脂肪酸延长酶复合体催化 VLCFAs 生物合成过程中的多种延伸阶段。VLCFAs 被纳入主要的脂质池，包括三酰基甘油醇、蜡、磷脂、复合鞘脂等，其中磷脂和鞘脂是细胞分裂、极性和分化的必需物质，也是细胞膜运输和分泌的必需物质。VLCFAs 是甘油脂、蜡质、角质层和木质的重要组成部分，而不溶性蜡浸渍角质和木栓质分别构成了幼苗叶片和根系表皮组织对环境的重要屏障。以脂肪酸延长酶复合体为作用靶标的抑制剂类除草剂主要代表品种为氯乙酰胺类甲草胺和异丙甲草胺、硫代氨基甲酸酯类丙草丹等，这两类除草剂可能通过对 VLCFAs 延伸反应第一步的催化酶——浓缩酶的活性位点半胱氨酸残基进行共价修饰（结合）而发挥作用。该类抑制剂对单子叶植物表现出更高的除草活性。

抑制纤维素的合成　纤维素是由 β-1,4- 葡萄糖残基组成的不分支多糖，为植物细胞壁的主要成分。纤维素生物合成是植物细胞中最重要的生化过程，其合成抑制剂类除草剂（CBI）则具有植物专一性，对哺乳动物安全且基本上无田间抗性发生。人们普遍认为高等植物中纤维素的生物合成需要一个复杂玫瑰花环复合体（CSC），其不仅具有合成酶的功能，而且也可能具有将葡萄糖链运输到细胞质表面的功能。完整的玫瑰花环复合体在细胞膜上运动，是合成晶体化纤维素必需的。尽管纤维素生物合成过程尚不十分明确，但是已经成功开发了多种纤维素合成抑制剂类除草剂，如敌草腈、异噁酰草胺、氟胺草唑、三嗪氟草胺等，它们结构多样，具体作用机制也不尽相同，但都作用于植物生长细胞，可以直接或间接抑制纤维素生物合成，而分化细胞由于已构建了

自己的关键组分而不会被抑制剂影响。这类除草剂施用后会导致植物新根和新叶停止生长，随之茎叶部黄化，最后杂草枯死。

干扰植物激素平衡　在植物生活周期中，种子的形成、休眠、发芽、生长分化和衰老受到光照、温度等自然因素的影响，按照植物所具有的遗传信息正常地进行，这些过程由极微量的物质——植物激素所控制。生长素是一类重要的植物激素，可以影响植物生长发育各个方面，被认为是与其他植物激素相互作用的复杂网络中的一种"主激素"。在高等植物中，生长素主要由吲哚 -3- 乙酸（IAA）以及能够引起类似植物响应的内源分子物质组成，具有双相效应，即低浓度时刺激生长和发育，浓度增加则会引起各种生长和发育异常，甚至导致植物死亡。

生长素（Auxin）信号途径：生长素信号转导涉及多种蛋白类别，包括生长素转运子（PIN、ABCB、AUX/LAX）、转录抑制因子（Aux/IAAs）、生长素响应因子（ARF）和 SCF-TIR1/AFB 复合体（SCF$^{TIR1/AFB}$）等。Auxin 通过 PIN、ABCB 和 AUX/LAX 等转运子在细胞间运输，并可以与 SCF$^{TIR1/AFB}$ 复合体相互作用，在形成 SCF-Auxin-Aux/IAA 复合物后，导致 Aux/IAA 转录抑制因子的泛素化，进而激活 Auxin 响应基因的表达。合成生长素类除草剂主要是 IAA 结构衍生物，外源施用后会参与 IAA 信号途径，并在高浓度下持续激活 Auxin 响应基因表达，刺激乙烯和脱落酸的合成。在植物茎组织中，1- 氨基环丙烷 -1- 羧酸（ACC）是乙烯合成前体物质，其生物合成酶（ACS）基因属于早期生长素响应基因，当其受到高浓度合成生长素类除草剂的诱导后大量表达，促进了 ACC 合成酶的从头合成，导致 ACC 浓度升高和乙烯过量产生，同时伴随产生高植物毒性的氰化物。合成生长素类除草剂导致茎的卷曲；产生的乙烯引起叶片上翘和组织肿胀，并通过抑制生长素运输局部调节生长素水平；伴随产生的氰化物则会导致细胞死亡和组织坏死。此外，合成生长素类除草剂也可能通过受体信号途径刺激 9- 顺式环氧类胡萝卜素双氧化酶（NCED）基因的表达，该质体酶催化叶黄素分裂形成脱落酸合成的前体物质黄氧素，进而加速脱落酸的生物合成。同时，生长素诱导生成的乙烯可能通过调控 NCED 的转录后上调增加了 NCED 的合成、活性和 / 或稳定性，进而促进了脱落酸的大量积累。茎中生成的脱落酸经过系统性转运后，导致气孔关闭，限制蒸腾作用和碳同化速率，并直接影响细胞的生长和分裂。脱落酸造成的植物损伤会诱导多种活性氧（ROS）大量产生，加速叶片萎蔫、组织坏死和植物死亡。相比天然生长素 IAA，合成生长素类除草剂在植物中的稳定性更高，作用持续时间也更长，引起的反应更加强烈。此类除草剂均为有机酸类化合物，主要包括苯氧羧酸类 2,4- 二氯苯氧乙酸和 2 甲 4 氯、苯甲酸类麦草畏、芳基吡啶甲酸酯类氯氟吡啶酯和氟氯吡啶酯等，施用之后植物几乎立刻产生茎、叶弯曲或扭曲，随后的症状包括茎、叶、花的畸形以及根系的异常。使用不当时易对非靶标植物造成药害。

抑制微管与组织发育　微管、微丝和中间丝等组分是细胞骨架的主要组成部分，其中微管是存在于所有真核细胞中的丝状亚细胞结构，通常由 13 根原丝构成，是由 α- 和 β-

微管蛋白异源二聚体组成的中空圆柱体，直径约为 25nm。这些管状的微管蛋白聚合物可以长到 50μm，平均长度为 25μm，并且是高度动态的。微管在高等植物细胞周期中有周质微管、早前期微管、纺锤体微管和成膜微管 4 种排列方式。这些微管在植物细胞有丝分裂中发挥重要功能，特别是与染色体的运动密切相关。微管在细胞活动的不同阶段如细胞形态、细胞分裂、信号转导等过程中执行各种功能。

微管蛋白是微管的主要组成部分，直接参与基本过程，如亚细胞成分的空间组织、细胞内区室的动态分布、真核细胞形式的建立和维持等。微管蛋白是球蛋白小家族中的几个成员之一。微管蛋白超家族包括 6 个不同的家族，α-、β-、γ-、δ-、ε- 和 ζ- 微管蛋白，ζ- 微管蛋白家族只存在于动植物胚胎原生动物中。微管蛋白家族最常见的成员是 α- 和 β- 微管蛋白，这两种微管蛋白具有相似的三维结构，能够紧密地结合成二聚体，作为微管组装的亚基。α- 和 β- 亚基分别由 450 个和 455 个氨基酸组成，相对分子质量约为 55 kDa。这两种亚基有 35%～40% 的氨基酸序列同源，表明编码它们的基因可能由同一原始祖先演变而来。α- 和 β- 微管蛋白各有一个三磷酸鸟苷（GTP）结合位点，位于 α- 亚基上的 GTP 结合位点是不可逆的结合位点，结合上去的 GTP 不能被水解，也不能被二磷酸鸟苷（GDP）替换；位于 β- 亚基上的 GTP 结合位点结合 GTP 后能够被水解成 GDP，所以这个位点又称为可逆结合位点。微管蛋白的功能和活性取决于其亚细胞定位。

在细胞间期，微管对植物细胞的细胞壁合成起着重要的调控作用。此外，微管能被固定在质膜上，形成皮层微管，以帮助支持细胞形状。在有丝分裂期，双极纺锤体由微管组成，能够将染色体正确定位到细胞的中层，然后将分离的染色单体引导到细胞的两端。为了实现其移动功能，微管需要处于动态平衡状态。微管有一个正端和负端——正端使用 GTP 组装异质二聚体，而负端分解形成的异质二聚体。随着聚合和解聚的平衡，有丝分裂正常进行。基于微管在细胞生长过程中的关键作用，已经发展成为重要的除草剂作用靶标。抑制微管蛋白的除草剂类别主要有二硝基苯胺类氟乐灵、仲丁灵和二甲戊灵，氨基甲酸酯苯胺灵和氯苯胺灵，吡啶类噻唑烟酸和氟硫草定，苯甲酰胺类炔苯酰草胺等。由于除草剂类型与品种的不同，其对微管系统的抑制部位也不相同。

二硝基苯胺类除草剂如氟乐灵、仲丁灵、二甲戊灵等是抑制微管蛋白的典型代表，一般具有两个硝基和一种芳香胺苯胺结构。该类除草剂处理后，杂草外部症状表现为根尖呈棒状膨胀，根毛区与根尖端距离缩短，茎基也呈鱼鳞状膨大，根茎伸长均受到抑制。二硝基苯胺类除草剂已被证明是通过与 α-、β- 微管蛋白二聚体上的相关聚合位点进行竞争性结合而发挥作用的。它们与微管蛋白结合并抑制微管蛋白的聚合作用，造成纺锤体微管丧失，使细胞有丝分裂停留于前期或中期，产生异常的多形核。由于细胞极性丧失，液泡形成能力增强，故在伸长区进行放射性膨胀，结果造成根尖肿胀。氨基甲酸酯类除草剂是在发现苯胺灵的除草活性后逐步开发出来的，随后相继出现燕麦灵、甜菜宁、甜菜灵等产品。其中甜菜宁和甜菜灵为双氨基甲酸酯类。这类除草剂中并非所

有品种都影响细胞的有丝分裂，而且部分影响有丝分裂的除草剂其作用机制也不是抑制微管蛋白的聚合。氨基甲酸酯类除草剂作用于微管形成中心，阻碍微管的正常排列。同时，它还通过抑制 RNA 的合成从而抑制细胞分裂。在光学显微镜下，这些除草剂导致了多极的有丝分裂构象，即在有丝分裂后期，染色体向着 3 个或多个方向移动，而不像正常有丝分裂中移向两极。在苯胺灵或氯苯胺灵处理后的材料中，微管的排列出现小纺锤体构型，在多极移动分裂后，核膜在微核周围重新形成，高度分枝；同时产生了奇形怪状的成膜体，进而发展成为不规则的细胞壁。这些除草剂可能破坏了纺锤体微管中心，使纺锤体不能贯穿于整个细胞，而是被安排在了两极以外的其他位点，从而导致染色体在后期向多极移动。燕麦灵也属于以这种作用方式影响细胞有丝分裂的除草剂。

存在的问题及展望　自 20 世纪 40 年代以来，化学除草剂的出现彻底改变了农田杂草的防治策略，它取代了人工除草和机械除草，提高了工作效率的同时大大降低了成本，保障了粮食的稳产增收。时至今日，化学除草剂依旧是农田杂草防治中最为经济有效的手段之一。然而，除草剂的发展也同时面临着一些严峻的挑战，比如环境安全性、抗除草剂杂草的演变等。大多数除草剂作用靶标较为单一、除草剂的高频超量使用、转基因作物的大面积种植等诸多因素共同加速了抗药性杂草的发生和发展。在全球范围内已有 266 种杂草对 21 种作用机制的 164 种不同除草剂产生了抗药性，这些抗性杂草广泛分布于 71 个国家的 96 种作物田中。此外，近 30 年以来几乎没有任何新型作用靶标的除草剂问世，这对农田杂草的可持续性化学防治构成严重威胁。一些作用在植物激素系统、脂肪酸合成系统等靶标的除草剂作用机理还未十分清晰，相关的机制研究，比如鉴定特定靶标酶及其晶体结构分析等，以及针对现有除草剂进行化学结构修饰等可能会促进更加高效的、甚至是具有新型作用靶标的除草剂出现。因此在近几十年里，化学除草剂或许仍将是杂草综合防治策略中的"杀手锏"，但是在不久的将来，其终将会被一些新型技术，比如机器人除草机、基因工程生物除草剂等逐步取代。

参考文献

苟萍，索菲娅，马东建，2007. 高等植物铁氧还蛋白的结构与功能 [J]. 生命的化学，27(1): 51-53.

李理，叶非，2010. 除草剂中光合作用抑制剂的研究 [J]. 农药科学与管理，31(12): 25-28.

彭娟莹，杨仁斌，2006. 联吡啶类除草剂的作用机制及环境行为 [J]. 农业环境科学学报，25(51): 435-437.

任洪雷，2016. 乙酰乳酸合成酶及 *ALS* 基因研究概述 [J]. 中国农学通报，32(26): 37-42.

苏少泉，2011. 激素类除草剂的发展与杂草抗性 [J]. 农药研究与应用 (6): 1-6.

孙林静，王辉，张融雪，等，2020. 八氢番茄红素脱氢酶抑制剂类除草剂的研究进展 [J]. 林业科技情报，52(4): 1-5.

王平荣，张帆涛，高家旭，等，2009. 高等植物叶绿素生物合成的研究进展 [J]. 西北植物学报，29(3): 629-636.

王秀君，郎志宏，单安山，等，2008. 氨基酸生物合成抑制剂类

除草剂作用机理及耐除草剂转基因植物研究进展 [J]. 中国生物工程杂志, 28(2): 110-116.

王忠, 2000. 植物生理学 [M]. 北京: 中国农业出版社.

徐汉虹, 2018. 植物化学保护学 [M]. 5 版. 北京: 中国农业出版社.

张秀兰, 李正名, 2013. 纤维素生物合成抑制剂 (CBI) 类除草剂研究进展 [J]. 世界农药, 35(2): 10-15.

朱长甫, 陈星, 王英典, 2004. 植物类胡萝卜素生物合成及其相关基因在基因工程中的应用 [J]. 植物生理与分子生物学学报, 30(6): 609-618.

ANTHONY R G, HUSSEY P J, 1999. Dinitroaniline herbicide resistance and the microtubule cytoskeleton [J]. Trends in plant science, 4(3): 112-116.

BLUME Y B, NYPORKO A Y, YEMETS A I, et al, 2003. Structural modeling of the interaction of plant α-tubulin with dinitroaniline and phosphoroamidate herbicides [J]. Cell biology international, 2003, 27(3): 171-174.

BUSI R, 2014. Resistance to herbicides inhibiting the biosynthesis of very-long-chain fatty acids [J]. Pest management science, 70(9): 1378-1384.

CHU Z, CHEN J, NYPORKO A, et al, 2018. Novel α-tubulin mutations conferring resistance to dinitroaniline herbicides in Lolium rigidum [J]. Frontiers in plant science, 9: 97.

DÉLYE C, MENCHARI Y, MICHEL S, et al, 2004. Molecular bases for sensitivity to tubulin-binding herbicides in green foxtail [J]. Plant physiology, 136(4): 3920-3932.

DOSTÁL V, LIBUSOVÁ L, 2014. Microtubule drugs: action, selectivity, and resistance across the kingdoms of life [J]. Protoplasma, 251(5): 991-1005.

GARCIA M D, NOUWENS A, LONHIENNE T G, et al, 2017. Comprehensive understanding of acetohydroxy acid synthase inhibition by different herbicide families [J]. Proceedings of the national academy of sciences, 114(7): E1091-E1100.

GROSSMANN K, 2000. Mode of action of auxin herbicides: a new ending to a long, drawn out story [J]. Trends in plant science, 5(12): 506-508.

GROSSMANN K, 2010. Auxin herbicides: current status of mechanism and mode of action [J]. Pest management science, 66(2): 113-120.

HEAP I, 2014. Global perspective of herbicide-resistant weeds [J]. Pest management science, 70(9): 1306-1315.

KAUNDUN S S, 2014. Resistance to acetyl-CoA carboxylase-inhibiting herbicides [J]. Pest management science, 70(9): 1405-1417.

KIRKWOOD R C, 1991. Target Sites for Herbicide Action [M]. Switzerland: Springer Nature.

LONHIENNE T, GARCIA M D, PIERENS G, dt al, 2018. Structural insights into the mechanism of inhibition of AHAS by herbicides [J]. Proceedings of the national academy of sciences, 115(9): E1945-E1954.

MCCOURT J A, PANG S S, KING-SCOTT J, et al, 2006. Herbicide-binding sites revealed in the structure of plant acetohydroxy acid synthase [J]. Proceedings of the national academy of sciences, 103(3): 569-573.

TODD O E, FIGUEIREDO M R, MORRAN S, et al, 2020. Synthetic auxin herbicides: finding the lock and key to weed resistance [J]. Plant Science, 300: 110631.

WAKABAYASHI K, BÖGER P, 2002. Target sites for herbicides: entering the 21st century [J]. Pest management science, 58(11): 1149-1154.

YU Q, POWLES S B, 2014. Resistance to AHAS inhibitor herbicides: current understanding [J]. Pest management science, 70(9): 1340-1350.

（撰稿：赵宁；审稿：刘伟堂、宋小玲）

触杀型除草剂   contact herbicides

除草剂被植物吸收后，不能或很少在植物体内传导，只在吸收部位起作用。触杀型除草剂分为两类：触杀型茎叶处理剂和触杀型土壤处理剂。

触杀型茎叶处理剂   喷洒到杂草茎叶后，被杂草吸收后迅速在吸收部位起作用，在数小时内对杂草起杀伤作用，2～5天造成杂草死亡。因此，使用这类除草剂要力求施药均匀，药液全面覆盖杂草茎叶，以利于充分发挥药效。触杀型茎叶处理剂通常针对一年生杂草具有良好的防效。相反，由于这类除草剂在杂草体内不具有内吸传导性，因此很难到达杂草的地下根茎处，彻底根除地下部分，易导致杂草复发，所以不建议用于防除多年生杂草。常见的茎叶触杀型除草剂有二苯醚类的乙羧氟草醚、氟磺胺草醚，环状亚胺类噁草酮，杂环类的灭草松，以及灭生性除草剂敌草快和草铵膦（见表）。

触杀型土壤处理剂   该类除草剂使用到土壤后，被杂草的幼芽、芽鞘、幼根或胚轴等吸收，所以这类除草剂不需要传导也可以达到杀死杂草或抑制杂草的萌发或生长，主要有二苯醚类的乙氧氟草醚，二硝基苯胺类除草剂氟乐灵和二甲戊灵。乙氧氟草醚主要通过胚芽鞘、中胚轴进入植物体内，经根部吸收较少，只有极微量通过根部且不易向上运输进入叶部。二甲戊灵、氟乐灵等二硝基苯胺类除草剂是通过在土壤缝隙中形成蒸气压，杂草幼苗露出，接触后受到伤害。因此在使用时要特别注意土壤墒情，较好的土壤墒情，有利于杂草萌发，接触到触杀型土壤处理剂形成2～3cm严密的药土层后，才能保证土壤封闭效果。若施药时土壤干燥，杂草种子不萌发，难以迅速接触到药剂蒸汽，会影响除草剂的药效。因此，在用药前应先浇灌处理后再施药，以增加土壤吸附，减轻对作物的药害。但如果在施药后土壤湿度过大，或者短时间内遇雨，药物有可能进入作物播种层，容易对作物特别是比较敏感的作物产生药害。

对触杀型除草剂使用时要充分认识到其使用不当的危险性，避免药害的发生。如避免在刮风的天气下使用触杀型除草剂，以防止药剂飘移；喷雾器具要做到专器专用，且使用后及时清理。

参考文献
陈胜勇, 李观康, 汪云, 等, 2010, 谷氨酰胺合成酶的研究进展 [J]. 中国农学通报, 26(22): 45-49.

常见的触杀型除草剂

结构类型	吸收部位	作用部位	作用特性	应用作物田及防除对象	代表除草剂
二苯醚类除草剂	主要通过植物的茎叶吸收，基本不传导	吸收部位起作用，通过抑制叶绿体内的原卟啉原氧化酶，在接受日光后干枯死亡	选择性除草剂，除乙氧氟草醚为土壤处理剂，其余为茎叶处理剂	大多是用于旱田除草，少数用于水田除草，应用作物主要有大豆、玉米、小麦等众多作物，主要防治阔叶杂草	乙氧氟草醚 乙羧氟草醚 氟磺胺草醚
环状亚胺类除草剂	通过杂草幼芽或幼苗吸收	药剂积累在生长旺盛部位，抑制 ATP 的形成，致使杂草组织腐烂死亡	选择性土壤处理剂	主要用于水稻田，也可用于旱田如大豆、棉花、大蒜田防除一年生杂草。	噁草酮
腈类	杂草的茎叶对药剂具有一定的内吸性，基本上不传导	抑制类囊体膜中光合作用中的 PSII 电子传递	选择性苗后触杀型除草剂	适用于小麦、大麦、黑麦、玉米、高粱、亚麻等作物田，防除藜、苋、麦家公、猪毛菜等一年生阔叶杂草	溴苯腈
有机杂环类除草剂	茎叶吸收为主，水田中根系也可吸收	渗透传导叶绿体内，抑制光合作用	选择性茎叶处理剂	主要用于小麦、大豆田、甘蔗、草原牧场、茶园防除一年生阔叶杂草，水稻田防除莎草及部分阔叶杂草	灭草松
联吡啶类除草剂	植物的根茎叶均可吸收发挥药效，其中百草枯仅能在非原质体（木质部）传导	对叶绿体层膜破坏力极强，光合作用和叶绿素合成很快终止	灭生性除草剂	用于果园、桑园、橡胶园、稻田、旱地以及免耕种植地的除草，百草枯中国已禁用	百草枯 敌草快
二硝基苯胺类	杂草的幼芽、幼茎、幼根均可吸收药剂	与微管蛋白结合，抑制植物细胞有丝分裂	选择性土壤处理剂	适用于玉米、大豆、花生、棉花后苗前土壤处理及果园中防除一年生禾本科杂草和种子繁殖的多年生禾本科杂草和小粒种子的阔叶杂草。	氟乐灵 氨氟乐灵 二甲戊灵
有机磷类	茎叶吸收入体内，并依赖植物蒸腾作用在木质部进行传导	抑制杂草细胞液内和叶绿体内的谷氨酰胺合成酶，光合作用受阻，叶绿素合成减少	兼内吸型灭生性除草剂	非耕地防除杂草	草铵膦

李进，1984. 除草剂的作用方式 [J]. 新农业 (4): 22-23.

刘伊玲，1991. 农药实用技术手册 [M]. 长春：吉林科学技术出版社.

强胜，2009. 杂草学 [M]. 2 版. 北京：中国农业出版社.

苏少泉，耿贺利，2008. 百草枯特性与使用 [J]. 农药，47(4): 244-247.

徐汉虹，2018. 植物化学保护学 [M]. 5 版. 北京：中国农业出版社.

APPLEBY A, VALVERDE B, 1989. Behavior of dinitroaniline herbicides in plants [J]. Weed technology, 3(1): 198-206.

DAYAN F, BARKER A, TRANEL P, 2018, Origins and structure of chloroplastic and mitochondrial plant protoporphyrinogen oxidases: implications for the evolution of herbicide resistance [J]. Pest management science, 74(10): 2226-2234.

（撰稿：董立尧、王豪；审稿：王金信、宋小玲）

传播扩散能力　spread and dispersal ability

经过长期的人工生境选择，杂草的果实或种子演化出很强的传播扩散的能力，这种能力使得杂草很容易四处传播，向周边和远距离扩散。有些杂草具有适应自身果实或种子扩散的结构；有些杂草具有借外力，如风力、水，或者人类和动物的活动传播的结构或附属物，还可能具有适应长时间并在恶劣条件下传播的特点。防止杂草传播扩散是杂草治理的重要技术环节，也是杂草防控的有效手段。

适应杂草自身扩散　杂草的组织结构特点有利于其自身扩散，有些杂草的果实成熟后，随着果皮含水量减少，在收缩时产生扭裂现象，果皮可发生爆裂而将种子弹出一定距离，远的可达数米之外。如豆科杂草田菁的荚果、十字花科荠菜的角果以及石竹科鹅肠菜和酢浆草科酢浆草的蒴果等。此外，稗、杂草稻比栽培水稻早熟，并具有较强的落粒性，子实会在水稻收获之前陆续脱落扩散。

适应在环境中传播　杂草在自然环境中可通过多种途径蔓延。①借水流传播。许多杂草种子细小，质地较轻，且果实或种子形成有利于漂浮的结构，如菵草颖果的颖片气囊状，可通过地表径流汇聚到沟渠，然后借水流传播。农田主要杂草马唐、千金子、棒头草、耳基水苋、鹅肠菜、鸭舌草、异型莎草、鳢肠、稗、日本看麦娘、看麦娘、稻槎菜、泥胡菜、小藜、马齿苋、牛筋草、硬草等，都能在水中漂浮较长时间，甚至随江河的水流、海洋的潮汐进行长距离扩散。②借风传播。有的杂草种子细如尘土，如分枝列当种子长约 0.4mm，耳基水苋种子长约 0.5mm；另一方面，果实或种子常有翅和毛等附属物，如蛇床的分果的主棱扩大成翅，毛马唐颖果外有长柔毛。尤其是种类繁多的菊科杂草，种子上常有冠毛，如小蓬草、一年蓬、野塘蒿、苣荬菜、加拿大一枝黄花、钻形紫菀等，蒲公英瘦果长 4～5mm，有长约 6mm 的白色冠毛，这些都是适应风力传播的结构。大部分杂草种子的扩散范围距离扩散源相对较近（一般小于 100m），但也有一部分种子在极端天气条件，例如大风等影响下，扩散距离达到几百米，甚至能在垂直上升气流的作用下被裹挟到高空，使种子的水平扩散距离更远。当种子落地之后，进行二次扩散的可能性也非常大。③通过土壤传播。杂草种子落入土壤形成庞大的土壤种子库，每平方米农田的种子量常达万粒以上。杂草还可通过根、茎等组织的一部分进行无性繁殖，例如，加拿大一枝黄花的地下根茎，只需要 1cm 长度，就可以形成新的植株，空心莲子草主要靠地下根茎和匍匐茎繁殖。因此，繁殖器官在土壤中可随种苗调运，以及黏附于农具或农业机械传播。④借秸秆等传播。作物收获时，杂草植株往往与秸秆混杂一起，如稗、千金子、耳基水苋等植株往往很难与稻草分开，残留的种子可随秸秆及其初加工产品传播到别处。

适应借人类和动物活动传播　①携带传播。农田土壤表面或田埂上，杂草种子散落特别多，当人或动物经过时，可黏附于鞋底或动物的足上四处扩散。另一方面，杂草果实或种子往往具有一些特殊结构，如苍耳聚合瘦果的总苞上有刺，鬼针草、葎草等的果实有钩刺，土牛膝的果实有钩，窃衣带钩黏毛等，马鞭草、鼠尾草属的一些种类的果实具有宿存黏萼，可黏附于衣服或动物的皮毛和羽毛上，被携带至远处。尤其是近几十年来国际交往增多，出境旅游频繁，是杂草和外来入侵植物蔓延不可忽视的原因。②动物觅食传播。杂草种子被鸟兽等取食，在动物活动或迁徙过程中，没有被消化的种子随粪便进入新的生境，可以萌发形成新的种群。此外，还可通过蚂蚁等无脊椎动物和老鼠、松鼠等啮齿动物搬运而扩散。这是杂草扩散的重要方式。③随经济活动传播。杂草种子有拟态性，很难从粮食、蔬菜或花卉草坪的种子中剔除，可以通过种子、农产品和花卉等流通和国际贸易传播，或随包装材料及交通工具扩散到全球各地。从美国、阿根廷等进口的大豆等农产品中，经常能截获假高粱、豚草等检疫性杂草种子和其他大量的杂草种子。国际贸易是中国外来入侵植物种类大幅度增加的重要原因。

适应长时间在恶劣条件下传播　许多杂草种子表面含有较多蜡质，如假高粱等，不容易吸水腐烂，也不容易被病原微生物侵染。此外，许多杂草具有坚硬的种皮或者果皮，如豚草聚合瘦果的总苞上的喙可刺入汽车轮胎。稗等种子可耐受动物消化液的作用，种子随粪便排出体外仍能萌发生长。在不适宜环境，杂草种子有诱导休眠特性，处于休眠的种子对温度、水分、盐碱等胁迫的抗逆性更强。因此，杂草种子寿命长，如野燕麦、早熟禾、荠菜、泽漆、马齿苋、独行菜等都可存活数十年。正因为其长寿性，即使在逆境下经过长时间的长距离传播扩散后，仍能繁衍种群，这是杂草扩散蔓延和外来植物入侵的重要原因。

参考文献

郭琼霞，1998. 杂草种子彩色鉴定图鉴 [M]. 北京：中国农业出版社.

NATHAN R, MULLER-LANDAU H C, 2000. Spatial patterns of seed dispersal, their determinants and consequences for recruitment [J]. Trends in ecology & evolution , 15(7): 278-285.

ROGERS H S, BECKMAN N G, HARTIG F, et al, 2019. The total dispersal kernel: a review and future directions [J]. AoB PLANTS, 11(5): 1-13.

WICHMANN M C, ALEXANDER M J, SOONS M B, et al, 2009. Human-mediated dispersal of seeds over long distances [J]. Proceedings of the royal society of London B: Biological sciences, 276 (1656): 523-532.

（撰稿：朱金文、朱敏；审稿：宋小玲）

传入时间　introduction time

外来杂草首次传入某国或某地的具体时间。又名引入时间。需要强调的是，传入时间与定植时间（residence time）不同，传入时间指的是时间点，即物种首次传入的年份或年代；而定植时间指物种传入某生境后定植存活持续的时间长度。而且，传入时间与物种传入到某生境的时间也不同，很显然后者几乎总是晚于前者；即使在同一地区，外来杂草传入不同生境的时间也不同。但是，在某些情况下，也可不严格区分二者，假如一种杂草于 n 年前传入某地区，也就意味着该物种在该地区定居了 n 年，但这并不意味着它在该地区所有生境中持续存在 n 年。

中国外来杂草的传入时间大致可以分为 3 个阶段：①古代高峰期。汉朝开辟丝绸之路和 16 世纪开辟海上丝绸之路是中国古代史上 2 个引进物种的高峰期，如大麻和紫花苜蓿等为汉代引入，牵牛和土人参等为明朝时期传入。②古代缓慢期。16 世纪以后直到 18 世纪中国外来杂草种类增加缓慢，记录传入的种类较少。③近现代快速增加时期。19 世纪特别是鸦片战争以来至 20 世纪中期外来杂草种类增速加快，20 世纪后期随着对外贸易的增加，无意传入的危险性杂草种类迅速增加，到 21 世纪初，中国大部分外来入侵杂草为该时期传入。

传入时间的记载和其准确性与物种的传入途径和年代有关，近现代以来有意引入的物种，通常都详细记载了传入时间。古代有意引入的杂草，由于历史久远，资料缺乏，很多物种都无法确认其具体的传入年份。据万方浩等 2012 年出版的《生物入侵：中国外来入侵植物图鉴》，大麻约在东汉时期就已经传入中国，土人参于 1476 年传入，苋于 1403 年传入；而在马金双 2014 年出版的《中国外来入侵植物调研报告》华北篇中，大麻约东汉时期传入，土人参为 16 世纪传入，苋大约 10 世纪作为蔬菜引入。对于传入时间比较久远的物种，不同的资料记录了不同的传入时间，表明越是早期传入的物种，越难确定其具体的传入时间。

无意传入和自然传入的物种，很难知晓其确切的传入时间，资料中记载的多为首次发现时间。对于部分物种而言，首次发现时间与其真实的传入时间可能会有很大的差别。例如，2006 年在辽宁大连旅顺口最先发现的两栖蓑菜，随后的调查发现辽宁沈阳、鞍山、锦州、朝阳、铁岭等地都有分布，可以推断实际传入时间要早于 2006 年。2010 年在辽宁丹东鸭绿江口发现的禾叶慈姑，推断其传入时间比发现时间要早 10 年左右。

传入时间与外来杂草的分布范围有关。中国外来入侵植物分布地区的数目与传入中国的时间呈正相关关系。传入时间越长的物种，分布范围越广，因其有更长的时间在中国扩散，传播距离更远，分布更广。

定植时间与特定区域内该入侵杂草的分布数量有关。近期定植的入侵杂草种群通常在不断扩大，个体数量增加，危害也在不断变大。定植时间较长（因物种而异，通常超过 200 年）的杂草，种群扩张到一定阶段以后会出现衰退的现象，最终与本地种"和平共存"，甚至被本地种重新替代。

参考文献

黄乔乔，2009. 外来植物在中国的入侵模式：物种特性、环境因子、人类活动的作用 [D]. 杭州：浙江大学 .

马金双，2014. 中国外来入侵植物调研报告 [M]. 北京：高等教育出版社 .

万方浩，刘全儒，谢明，等，2012. 生物入侵：中国外来入侵植物图鉴 [M]. 北京：科学出版社 .

张淑梅，李增新，王青，等，2009. 中国藓菜属新记录——两栖藓菜 [J]. 热带亚热带植物学报，17(2): 176-178.

张彦文，黄胜君，赵兴楠，等，2010. 鸭绿江口湿地新记录外来种——禾叶慈姑 [J]. 武汉植物学研究，28(5): 631-633.

DOSTÁL P, MÜLLEROVÁ J, PYŠEK P, et al, 2013. The impact of an invasive plant changes over time [J]. Ecology letters, 16(10): 1277-1284.

GRUNTMAN M, SEGEV U, GLAUSER G, et al, 2017. Evolution of plant defences along an invasion chronosequence: defence is lost due to enemy release—but not forever [J]. Journal of ecology, 105(1): 255-264.

（撰稿：刘明超；审稿：冯玉龙）

传入途径　introduction pathway

外来杂草传入所凭借的自然或人为方式、方法。外来杂草的传入途径多种多样，概括起来可分为 3 个大类，即有意引入、无意传入和自然传入。

有意引入　指人为着目的而有意引进的植物物种。中国从国外引种的历史悠久，最早可追溯到汉朝。引种目的包括粮食和经济作物、牧草和饲料、观赏和环境保护植物等。由于管理不当，或因其具有极强的扩散能力，部分物种逐渐脱离人工栽培环境，逸生形成野生群，最后发展成为入侵杂草。中国已知的外来入侵杂草中，有很大一部分是人为引种导致的。

作为饲料或牧草引进　空心莲子草、紫花苜蓿、白花草木樨、白车轴草、苏丹草、多花黑麦草等都是作为饲料或牧草引入后因管理不当而形成的入侵杂草。例如，空心莲子草是 20 世纪 30 年代末日本侵华时作为马饲料引入中国上海郊区予以栽培的物种，1958 年开始作为猪、牛饲料在中国大面积推广培植，后传播到华东、华中、华南和西南等广大地区，沦为恶性杂草。已经成为蔬菜、甘薯等作物田及柑橘园的主要害草。

作为观赏植物引进　凤眼莲、牵牛、加拿大一枝黄花、南美蟛蜞菊、秋英和含羞草等最初都是作为观赏植物引入的物种，后来形成入侵杂草。例如，凤眼莲（又叫水葫芦）于 1901 年作为花卉引入中国台湾，随后进入大陆，20 世纪 50～60 年代作为猪饲料在长江流域及其以南普遍推广，90 年代以来，在中国南方地区逸生形成恶性的水生入侵杂草。凤眼莲导致水下植物得不到充足的光照而死亡，同时破坏水生动物的食物链，阻碍水上运输和渔业发展，中国政府每年投资数亿元打捞。加拿大一枝黄花于 1926 年作为观赏植物引入浙江、上海和南京等地，随后逸生形成入侵杂草，目前在浙江、上海、安徽、湖北、江苏、四川、江西、云南和广西等地均有分布，并且呈不断扩散的趋势。

作为环境保护植物引进　互花米草、大米草、野牛草等均是以保护环境为目的引进的植物，后来形成入侵杂草。如互花米草于 1979 年以保护沿海滩涂为目的，替代因植株较矮、产量低、不便收割等早期引入的大米草。互花米草 1980 年试种成功后，在广东、福建、浙江、江苏和山东等地推广；后来，因其具有极强的入侵性以及人类活动的影响，在辽宁至广西的沿海滩涂形成入侵杂草。

作为药用植物引进　中医在中国的发展历史悠久，传统药用植物已超过 12 000 多种，绝大部分为中国原产，但也有部分物种引自国外。例如，垂序商陆、决明、土人参和洋金花等均是作为药用植物引入后形成的入侵杂草。

无意传入　指随着贸易、运输、旅行等人为活动无意传入的杂草。无意传入是因为人类进行这些活动时没有意识到带入有害物种的风险，或者没有足够的知识、技能来识别或阻止其传入。假高粱等入侵杂草均是随着粮食进口夹杂在其中传入中国；瘤突苍耳、大狼把草等种子带刺、芒或钩，有很强的附着能力，随着货物调运、人类旅行等传入中国。随着国际贸易的发展，无意传入中国的杂草数量不断增加，仅 1998 年，大连、青岛、上海、张家港、南京、广州等 12 个口岸就截获了 49 科 547 种和 5 个变种杂草，这些杂草来自 30 个国家。

自然传入　指随气流、水流、动物迁徙等自然因素传入的杂草。杂草种子可以通过气流、水流、动物迁徙等进行传播。种子带冠毛的杂草，容易随风和水流传播，例如，入侵中国西南地区的紫茎泽兰和飞机草，除了随着交通运输传播外，风和水流是导致其自然传入中国的主要原因；入侵中国南方地区的薇甘菊可能是种子随风从东南亚传入广东的。2010 年在丹东鸭绿江口发现的禾叶慈姑，推测可能是随鸟类迁徙由澳大利亚传入。

参考文献

冯玉龙，2020. 东北地区入侵植物 [M]. 北京：科学出版社 .

黄斌，郭莹，宋菁，等，2004. 水葫芦防治的现状与展望 [J]. 武夷科学 (20): 149-154.

林金成，强胜，2006. 空心莲子草对南京春季杂草群落组成和物种多样性的影响 [J]. 植物生态学报，30(4): 585-592.

万方浩，侯有明，蒋明星，2015. 入侵生物学 [M]. 北京：科学出版社 .

易小燕，2008. 外来入侵植物的扩散路径与入侵风险管理研究 [D]. 南京：南京农业大学 .

（撰稿：刘明超；审稿：冯玉龙）

春飞蓬 *Erigeron philadelphicus* L.

　　林地、农田、山坡一二年生外来入侵杂草。又名费城小蓬草、春一年蓬、费城飞蓬。英文名 philadelphia fleabane。菊科飞蓬属。

形态特征

　　成株　高 30～90cm（图①②）。双子叶植物。茎直立，较粗壮，绿色，上部有分枝，全体被开展长硬毛及短硬毛。叶互生，基生叶莲座状，卵形或卵状倒披针形，长 5～12cm、宽 2～4cm，顶端急尖或钝，基部楔形下延具翅长柄，叶柄基部常带紫红色，两面被倒伏的硬毛，叶缘具粗齿，花期不枯萎，匙形，茎生叶半抱茎；中上部叶披针形或条状线形，长 3～6cm、宽 5～16mm，顶端尖，基部渐狭无柄，边缘有疏齿，被硬毛（图③）。头状花序数枚，直径 1～1.5cm，排成伞房或圆锥状花序（图④）；总苞半球形，直径 6～8mm，总苞片 3 层，草质，披针形，长 3～5mm，淡绿色，边缘半透明，中脉褐色，背面被毛；舌状花 2 层，雌性，舌片线形，长约 6mm，平展，蕾期下垂或倾斜，花期仍斜举，舌状花白色略带粉红色，管状花两性，黄色。

　　子实　瘦果披针形，长约 1.5mm，压扁，被疏柔毛（图⑤）；雌花瘦果冠毛 1 层，极短而连接成环状膜质小冠；两性花瘦果冠毛 2 层，外层鳞片状，内层糙毛状，长约 2mm，10～15 条。

　　生物学特性　春飞蓬喜土壤肥沃，阳光充足处。路旁、旷野、山坡、林缘及林下普遍生长。春飞蓬靠种子繁殖，种子萌发高峰期的温度和降水量会影响萌发率。花期 3～5 月。春飞蓬种子轻小（千粒重仅 0.03～0.04g），易于随风力扩散。种子萌发对光照长度要求不严，无光照下仍能萌发；在 pH6～8 的环境中均可萌发，在 pH7 时萌发率最高；在酸性（pH4～5）和碱性（pH9～10）环境中均不能萌发；小于 –0.05MPa 的渗透势浓度下，种子的萌发率显著降低；具有一定的耐盐性，能在 0.05～0.10mol/L 盐浓度条件下萌发。春飞蓬花期较短，单一优势种群的时间也比一年蓬早。过酸和过碱的土壤环境不利于春飞蓬生长。化学他感作用是春飞蓬成功入侵的内在原因之一，目前从春飞蓬的营养器官中分离出近 30 种化合物，其中包括酸、酮、酯、萜类等化学成分；

春飞蓬植株形态（①强胜摄，其余张治摄）

①②危害状；③成株；④花序；⑤果实；⑥幼苗

其浸提液对部分作物种子的萌发率和幼根生长有抑制作用。

分布与危害　原产于北美洲，19世纪末在中国被发现，但直到2008年左右才发现在上海及其临近的浙江、江苏境内局部地区大量发生。至2011年已入侵中国上海、浙江、福建、江苏、安徽等28个省（自治区、直辖市），2020年报道在陕西西安也发现了春飞蓬。春飞蓬遍布于草坪、人工林、路边、果园等生境，往往形成单优势种群，并对当地的生态系统造成危害。春飞蓬在中国有广泛的潜在分布区，主要适生区包括上海、江苏、浙江、安徽、河南、湖北、湖南、江西等地，其目前的实际分布远未达到最大潜在分布范围，仍有可能继续扩散。

防除技术

农业防治　严格执行检疫制度，防止通过苗木、种子等向尚未发生春飞蓬的适生分布区扩散蔓延。尽量避免其种子的传播，在花期之前对其防除，花期之后应谨慎对其进行人工或机械铲除，以防残余花蕾在适宜条件下成熟而成为"二次扩散源"。

化学防治　见小飞蓬。

综合利用　春飞蓬可以作为中药，具有散寒解表、活血舒筋、止痛、消积的功效。而且对于感冒头痛鼻塞、风湿痹痛等症状也有缓解作用。可作果园绿肥。

参考文献

韩琪，郝建华，胡花，等，2012. 几种生态因子对菊科外来入侵植物春飞蓬种子萌发的影响 [J]. 常熟理工学院学报，26(2): 71-75.

刘培亮，柴永福，权佳馨，等，2020. 陕西省4种外来入侵植物新记录 [J]. 陕西林业科技，48(2): 38-41.

王辉，赵睿，黄陆军，等，2016. 入侵植物春飞蓬的生物检定与化学成分初探 [J]. 山东科学，29(1): 21-24, 32.

张颖，李君，林蔚，等，2011. 基于最大熵生态位元模型的入侵杂草春飞蓬在中国潜在分布区的预测 [J]. 应用生态学报，22(11): 2970-2976.

MIYAZAWA M, TOKUGAWA M, KAMEOKA H, 2014. The Constituents of the essential oil from *Erigeron philadelphicus* [J]. Agricultural and biological chemistry, 45(2): 507-510.

IIJIMA T, YAOITA, KIKUCHI M, 2003. Five new sesquiterpenoids and a new diterpenoid from *Erigeron annuus* (L.) Pers. , *Erigeron philadelphicus* L. and *Erigeron sumatrensis* Retz. [J]. Chemical and pharmaceutical bulletin, 34(42): 545-549.

（撰稿：杜道林、游文华；审稿：宋小玲）

刺萼龙葵　*Solanum rostratum* Dunal.

秋熟旱作物田一年生外来入侵杂草。又名黄花刺茄。英文名 buffalobur、kansas thistle。茄科茄属。

形态特征

成株　株高30～70cm（图①②）。茎直立，除花冠外，全株密被锥状硬刺。主根发达，多须根。叶互生，叶柄长0.5～5cm，密被刺及星状毛；叶片卵形或椭圆形，不规则羽状深裂及部分裂片又羽状半裂，裂片椭圆形或近圆形，表面疏被星状毛、背面密被分叉星状毛，两面脉上疏具刺。蝎

尾状聚伞花序腋外生，花期花轴伸长变成总状花序，花冠黄色，5裂，辐射对称。雄蕊二型，1大4小，大雄蕊长而粗壮，顶端弯曲，略带紫色；雌蕊柱头稍弯曲，淡黄色（图③）。

子实　浆果球形，为宿存具刺筒钟状萼片包被，成熟时青褐色或黑色（图④）；种子厚扁平状，不规则肾形，表面具蜂窝状凹陷，黑色或深褐色（图⑤）。

幼苗　单叶互生，叶片卵形或椭圆形，呈不规则羽状深裂，与西瓜叶片相似（图⑥）。

生物学特性　花果期为6～10月。刺萼龙葵是自交亲和的植物，具有异型雄蕊和镜像花柱等特殊的花部特征，繁殖能力极强，一株成熟植株上的浆果所含种子数量可达上万粒。种子是刺萼龙葵传播扩散的主要载体，具有多种传播方式，既能通过风、水流不断传播，也可利用刺萼扎入动物的皮毛及人的衣服上进行传播。种子散布后通常以休眠状态潜伏在土壤中，等待适宜萌发的时机。处于休眠状态的刺萼龙葵种子对外界环境具有惊人的适应性，在土壤中埋藏17年后仍能萌发出苗。在适宜的生长季节，通常陆续萌发，出苗期长达3个多月。刺萼龙葵的种群空间格局在不同资源环境条件下均呈现有利于种群扩散的分布特征，且不同株型间易形成互利的生态关系，是其成功入侵的主要驱动因素之一。

分布与危害　中国分布于辽宁、吉林、北京、河北、内蒙古、山西及新疆等地；原产新热带区北美洲和美国西南部，除佛罗里达州已经遍布美国，已分布到加拿大、墨西哥、俄罗斯、韩国、南非、澳大利亚等国家或地区。主要危害棉花、玉米和大豆等农作物，造成作物严重减产并降低产品品质。其须根可扎到相邻植物的根系中汲取营养和水分；单株地上部分投影面积呈指数增长，有利于其争夺更多的光照、养料和生长空间，对其他植物的压制态势、排挤性伤害极为明显。

刺萼龙葵植株含有神经毒素茄碱，牲畜一旦误食，轻者呼吸困难、身体虚弱和发生颤抖等症状，严重者可出现肠炎、出血、身体抽搐等症状甚至死亡。此外，刺萼龙葵的茎干、叶片和花萼都布满密集的利刺，有着非常强的物理防御性，能够轻易伤害到牲畜。刺萼龙葵是检疫害虫马铃薯甲虫的寄主，也是马铃薯卷叶病毒、花叶病毒等有害生物的寄主。刺萼龙葵有着物理和化学两种防御武器，并且具有强大的环境适应和竞争能力，鉴于其潜在的巨大危害，许多国家将其列为入侵杂草或检疫杂草。

防除技术

植物检疫　主要通过种子远距离传播。中国海关和边境口岸应严格口岸检疫，并对国内调运的种子进行检查，防止人为传播扩散。中国山东、河南和陕西均适合刺萼龙葵生长，但目前均未见刺萼龙葵的侵入报道，对这些特殊地区更应严格检疫；河北、辽宁和内蒙古等地虽已有刺萼龙葵分布，但尚未蔓延，因此也同样要加强检疫。在刺萼龙葵发生的地区，应加强发生分布的排查，发现后及时人工拔除、机械铲除，铲除后的刺萼龙葵须经晾晒、焚烧深埋，做到扑灭根除。

农业防治　4叶期前的刺萼龙葵幼苗还未形成刺，此时采用人工或机械拔除的物理手段最为安全和有效。成熟植株全身具刺，则不易铲除。由于其休眠种子在数年后仍可不断萌发，因此，对其发生地域一定要进行长时间、多频次的铲除工作。刺萼龙葵幼苗生长较为缓慢，竞争力稍弱。种植紫

刺萼龙葵植株形态（魏守辉摄）

①所处生境；②成株；③花序；④果实；⑤种子；⑥幼苗

花苜蓿、羊茅、羊草和紫穗槐等生长速度快、易形成密丛的替代植物或组合，对刺萼龙葵有较好的防控效果。种植高秆作物（如玉米与向日葵），利用它们的生长优势对刺萼龙葵进行抑制，并覆盖塑料地膜，对刺萼龙葵有显著的防控效果。

化学防治　土壤处理除草剂酰胺类甲草胺、乙草胺、精异丙甲草胺，有机杂环类异噁草松，二硝基苯胺类二甲戊灵均能抑制刺萼龙葵种子萌发。茎叶处理可用激素类除草剂 2 甲 4 氯、2,4- 滴、氯氟吡氧乙酸、三氯吡氧乙酸、氨氯吡啶酸，三氮苯类除草剂莠去津，灭生性除草剂草甘膦及腈类除草剂辛酰溴苯腈等，在 3 ~ 5 叶期前对其进行茎叶喷雾处理，杀死植株，防止刺萼龙葵结实产生种子。根据刺萼龙葵发生的作物类型，选择上述土壤处理和茎叶处理除草剂单剂或复配剂均能有效防除刺萼龙葵。

参考文献

陈菁，马方舟，张彦静，等，2020. 不同生境中刺萼龙葵空间点格局分析 [J]. 南方农业学报，51(2): 342-349.

李霄峰，2018. 利用高秆作物对刺萼龙葵进行生物防控的方法 [J]. 西华师范大学学报（自然科学版），39(2): 143-146, 152.

吕飞南，2020. 外来入侵植物刺萼龙葵潜在分布区预测及化学成分研究 [D]. 沈阳：沈阳农业大学 .

庞立东，孙余卓，2016. 刺萼龙葵的入侵机理与控制策略研究进展 [J]. 中国植保导刊，36(8): 20-25.

魏守辉，张朝贤，刘延，等，2007. 外来杂草刺萼龙葵及其风险评估 [J]. 中国农学通报，23(3): 347-351.

张延菊，曲波，刘更林，等，2010. 外来入侵有害植物刺萼龙葵 (Solanum rostratum Dunal.) 幼苗的形态学特征初步研究 [J]. 种子，29(3): 51-55, 59.

（撰稿：魏守辉；审稿：宋小玲）

刺儿菜　*Cephalanoplos segetum* (Bunge) Kitam.

秋熟旱作物和夏熟作物田多年生杂草。又名小蓟、刺刺芽、蓟蓟草、刺蓟等。英文名 little thistle。菊科蓟属。

形态特征

成株　株高 20 ~ 50cm（图①②）。具地下横走根状茎。茎直立，无毛或被白色蛛丝状毛，有棱，基部直径 3 ~ 5mm，上部有少数分枝。叶互生，无柄，基生叶较大，花期枯萎，茎生叶较小；叶片椭圆形或长圆状披针形，全缘或边缘有刺状细锯齿，长 5 ~ 10cm、宽 1.5 ~ 3cm，叶片两面绿色，被蛛丝状疏毛。头状花序单生茎端，花单性，雌雄异株。雄花序较小，总苞长约 18mm，花冠长 17 ~ 20mm；雌花序较大，总苞长约 23mm，花冠长约 26mm；总苞钟形，苞片多层，外层甚短，矩圆状披针形，顶端具刺；内层披针形，顶端长尖。花冠全为管状花，紫红色。雌花管长为檐部的 4 倍，雄花管长为檐部的 2 ~ 3 倍（图③）。

子实　瘦果淡黄色至褐色，椭圆形或长卵形略扁，有波状横皱纹，表面具 1 条明显的纵脊线。冠毛白色，羽毛状，整体脱落（图④⑤）。

幼苗　子叶出土，阔椭圆形，长约 7mm、宽约 5mm，先端钝圆，基部楔形，具短柄，全缘。初生叶 1，椭圆形，先端急尖，基部楔形，叶缘有齿，齿尖带刺状毛，中脉明显，无毛。第二片真叶与初生真叶对生（图⑥）。

生物学特性　以根状茎芽繁殖为主，种子繁殖为辅。中国中北部，最早于 3 ~ 4 月出苗，5 ~ 9 月开花、结果，6 ~ 10 月果实渐次成熟。种子借风力飞散。实生苗当年只进行营养生长，第二年才能开花。刺儿菜是难以防除的恶性杂草，根

刺儿菜植株形态（①④强胜摄；②③⑤⑥张治摄）
①②群体及植株；③花序；④果序；⑤果实；⑥幼苗

状茎芽在生长季节内随时都可萌发。而且在地上部分拔除掉或根茎被切断，仍能再生新株。

分布与危害　几乎遍布中国各地，尤以北方更为普遍。农田、果园的常见杂草，常成优势种群单生或混生于农田、荒地和路旁。主要危害玉米、大豆、棉花等多种秋熟旱作物，也发生危害小麦、油菜等夏熟作物，是难除的恶性杂草之一。此外，也是棉蚜、地老虎、麦圆蜘蛛和烟草线虫根瘤病、向日葵菌核病的寄主。由于其根状茎很发达，耐药性强，根治难度较大。

防除技术　采用农业防治和化学防治相结合的综合防治措施。

农业防治　精选种子，剔除杂草种子。种子调运时加强检疫，可减少杂草种子长距离传播。使用充分腐熟的有机肥，防止种子传入农田。合理轮作，大豆与禾谷类作物轮作可控制大刺儿菜等难防杂草的发生数量。适时耕作管理，采用伏秋深耕深翻、机械中耕、播前整地等措施，可以将多年生宿根性杂草的地下根茎翻出暴晒或冷冻，可减少刺儿菜等多年生杂草70%～80% 的发生数量，切碎地下根茎诱导杂草出苗均匀，为化学除草创造条件。适当调整播期，可防除部分已发芽或已出土杂草，可减缓杂草的生长速度，提高化学除草效果。

化学防治　是防除刺儿菜最主要的技术措施。不同作物田使用的除草剂不同。大豆田在播后苗前土壤处理，可用异噁草松（大豆拱土期施药效果好）、唑嘧磺草胺、丙炔氟草胺等单剂或与精异丙甲草胺的混配剂；出苗的刺儿菜进行茎叶处理，可用灭草松、氟磺胺草醚、咪唑乙烟酸等混配剂，在大豆苗后真叶期至 2 片复叶期施药效果好，加入喷雾助剂可提高防效。玉米田播后苗前土壤处理除草剂对刺儿菜防效均较低，因此，应选用苗后茎叶处理除草剂，可用二氯吡啶酸、氯氟吡氧乙酸、麦草畏、2 甲 4 氯、烟嘧磺隆、氟嘧磺隆、砜嘧磺隆、硝磺草酮、苯唑草酮或其混配剂。此外噻酮磺隆·异噁唑草酮复配剂在玉米 3～5 叶期使用防治效果良好。

参考文献

黄春艳，陈铁保，王金信，等，2003. 大豆田、花生田、苜蓿田杂草化学防除 [M]. 北京：化学工业出版社 .

浑之英，袁立兵，陈书龙，2012. 农田杂草识别原色图谱 [M]. 北京：中国农业出版社 .

李扬汉，1998. 中国杂草志 [M]. 北京：中国农业出版社：284-285.

鲁传涛，等，2014. 农田杂草识别与防治原色图鉴 [M]. 北京：中国农业科学技术出版社 .

路兴涛，张勇，张成玲，等，2012. 不同除草剂对恶性杂草刺儿菜的田间药效试验研究 [J]. 中国农学通报，28(27)：241-245.

苏少泉，宋顺祖，1996. 中国农田杂草化学防治 [M]. 北京：中国农业出版社：115-116.

（撰稿：于惠林、黄春艳；审稿：宋小玲）

刺果瓜　*Sicyos angulatus* L.

一年生大型藤本外来入侵植物，危害秋熟旱作田。又名刺瓜藤、刺果藤。英文名 burcucumber。葫芦科刺果瓜属。

形态特征

成株 茎长 5～6m，最长可达 10m 以上，具有纵向排列的棱槽，其上散生硬毛，在叶片着生处毛尤其多（图①②）。通过分岔的卷须攀缘生长，卷须 3～5 裂。单叶互生，叶圆形或卵圆形，长和宽近等长，5～20cm；具有 3～5 角或裂，裂片三角形；叶基深缺刻，叶缘具有锯齿，叶两面微糙；叶柄长，有时短，具有短柔毛。花雌雄同株，雄花排列成总状花序或头状聚伞花序（图③）；花序梗长 10～20cm，具有短柔毛；花托长 4～5mm，具有柔毛；花萼 5，长约 1mm，披针形至锥形；花冠直径 9～14mm，白色至淡黄绿色，具有绿色脉，裂片 5，三角形至披针形，长 3～4mm；雌花较小，聚成头状，无柄，10～15 朵着生在 1～2cm 长的花序梗顶端（图④）。

子实 果实簇生，长卵圆形，长度 10～15mm，顶端尖，似小黄瓜，其上密布长刚毛，不开裂，内含种子 1 枚。种子橄榄形至扁卵形，光滑，长 7～10mm（图⑤）。

幼苗 子叶与普通的黄瓜子叶很相像，厚而成椭圆形，其上撒布着许多毛，子叶下面的胚轴也有许多短毛。

生物学特性 种子繁殖。花果期 6～11 月。刺果瓜的果实上具有附着性很强的长刚毛，可以附着在动物的身体、人的衣物及各种物体的表面到处传播。春季出苗，生长迅速，横向匍匐占领土地资源，纵向攀缘到树冠的顶端，遮盖住部分甚至整个树冠，从而影响树木的光合作用，阻止其他植物生长，能够在短时间内迅速占领空间资源。刺果瓜花期 5～10 月，具有极高的结实率和种子萌发率，每株刺果瓜可结 100 多粒种子。植株抗寒性强，在秋季其他植物凋谢的时候，刺果瓜仍可生长，具有极高的适应性。刺果瓜属阴生植物，在潮湿、背阴的环境中扩张能力强。在背阴的环境下，刺果瓜呈现出生长繁茂的特点：叶色碧绿而有光泽，瓜藤向四周迅速蔓延或向高处迅速攀缘，蔓的长度可达 10m，结果率高，果实丰满。在阳光充足的环境下，刺果瓜也能生长，但长势明显不如阴生环境，表现出叶色偏暗，缺少光泽，瓜藤向四周蔓延或向高处攀缘的速度慢，蔓的长度不会超过 3m，结果率低，果实也不丰满。刺果瓜种子具有防水性的种皮，其种子休眠性是由种皮导致的物理休眠和生理休眠共同作用的结果，经过干燥储存生理后熟的种子萌发率显著提高。刺果瓜在中国潜在适生区主要分布黄淮海地区、环渤海地区、南部沿海地区、东南沿海地区及中国台湾地区、云贵高原及重庆大部分地区。

刺果瓜的甲醇提取物有一定的化感作用，其根、茎甲醇提取物对苹果、芥菜、亚麻、白菜和谷子有一定的抑制作用。

分布与危害 刺果瓜原产北美洲北部和中部，早期被作为观赏植物或通过种子运输等途径扩散到欧洲、亚洲的部分国家和地区。1999 年在中国台湾、2002 年在河北、2003 年在辽宁大连和山东青岛、2010 年在北京发现刺果瓜。

刺果瓜具有很强的入侵性，对生态环境危害极大，主要侵袭自然栖息地、河流、森林边缘和其他开放区域，可完全覆盖原生植被，即使根系被拔除仍能通过卷须吸取寄主水分

刺果瓜植株形态（曾佑派摄）
①群体；②植株；③雄花序；④雌花序；⑤果序

及营养，一旦发生，极难治理。该杂草还可能损坏电缆和电话线等基础设施，在入侵河流或河流两岸甚至会限制流水量，对河溪治理带来一系列问题。同时刺果瓜也可对侵入地的农业生产安全构成严重威胁，一棵刺果瓜苗可危害 333m² 的玉米生长，防治不及时的地块玉米田减产 50%～80%。2016 年刺果瓜被列入《中国自然生态系统外来入侵物种名单（第四批）》。

防除技术

农业防治　严格执行检疫制度，防止入侵尚没有分布的地区。根据刺果瓜生理生态特征进行人工清除，幼苗期拔秧，彻底清除刺果瓜，在生长期进行剪枝，避免其攀缘生长，绞杀本土植物。在结果期进行烧果，避免刺果瓜种子扩散。春季拔苗：刺果瓜幼苗易识别和拔除，此时组织人力连根拔起，可从根本上杜绝其传播。夏季剪秧：刺果瓜根部被茂密的藤蔓和叶子遮盖严实，难以连根拔起，应遇着藤蔓就剪断，可以使剪断的部分枯死，降低对作物的覆盖，减轻危害。秋季烧果：秋季将果实收集起来用火烧掉，防止其在原地繁衍和在其他地方传播。地膜覆盖能有效抑制种子萌发，减轻危害。

化学防治　非耕地在花期前后使用灭生性除草剂草甘膦、草铵膦、敌草快茎叶喷雾处理。玉米田可用硝磺草酮、莠去津、嘧磺隆的复配剂，也可用烟嘧磺隆和莠去津的复配剂进行茎叶喷雾处理。

参考文献：

曹志艳，张金林，王艳辉，等，2014. 外来入侵杂草刺果瓜（*Sicyos angulatus* L.）严重危害玉米 [J]. 植物保护，40(2): 187-188.

杨冬臣，王佳颖，李静，等，2019. 基于 Maxent 生态位模型的外来入侵植物刺果瓜在中国的适生区预测 [J]. 河北农业大学学报，42(3): 45-50.

张淑梅，王青，姜学品，等，2007. 大连地区外来植物——刺果瓜（*Sicyos angulatus* L.）对大连生态的影响及防治对策 [J]. 辽宁师范大学学报（自然科学版），30(3): 355-358.

ESBENSHADE W R, CURRAN W S, ROTH G W, et al, 2001. Effect of row spacing and herbicides on burcucumber (*Sicyos angulatus*) control in herbicide-resistant corn (*Zea mays*) [J]. Weed technology, 15(2): 348-354.

KANG C K, OH Y J, LEE S B, et al, 2011. Herbicidal activity of naturally developed d - limonene against *Sicyos angulatus* L. under the greenhouse and open field condition [J]. Weed & turfgrass science, 31(4): 368-374.

MESSERSMITH D T, CURRAN W S, HARTWIG N L, et al, 1999. Evaluation of several herbicides for burcucumber (*Sicyos angulatus*) control in corn (*Zea mays*) [J]. Weed technology, 13(3): 520-524.

QU X, BASKIN J M, BASKIN C C, 2012. Combinational dormancy in seeds of *Sicyos angulatus* (Cucurbitaceae, tribe Sicyeae) [J]. Plant species biology, 27(2): 119-123.

（撰稿：解洪杰；审稿：宋小玲）

刺果毛茛　*Ranunculus muricatus* L.

夏熟作物田一二年生杂草。又名野芹菜、刺果小毛茛。

英文名 spinyfruit buttercup。毛茛科毛茛属。

形态特征

成株　高 10～40cm（图①～③）。茎自基部多分枝，倾斜上升，生于干燥处的植株呈莲座状，生于阴湿地的可高达 40cm，近无毛。单叶，有长柄，叶柄长 2～12cm；叶片近圆形，长 1.5～3.5cm，宽 1.7～4cm，3 浅裂至深裂，裂片边缘有粗齿；基部楔形、截形或近肾形；茎上部叶较小，叶柄较短，叶柄基部向两侧延展、渐薄，边缘有睫毛状齿。花直径 1.5～2cm，与叶对生，散生柔毛（图④）；萼片窄卵形，稍反曲；花瓣 5，黄色，狭倒卵形至宽卵形，基部狭窄成爪，蜜腺上有小鳞片。

子实　聚合果球形，直径约 1cm（图⑤）；瘦果扁平，倒卵圆形或椭圆形，长约 5mm、宽约 3mm，周围有宽约 0.4mm 的棱翼，两面中部有刺；喙基部宽厚，顶端稍弯，长达 2mm（图⑥）。

幼苗　幼苗全株光滑无毛（图⑦）。下胚轴较发达，上胚轴不发育。子叶长椭圆形，长 7mm、宽 4.5mm，先端钝圆，叶基楔形，有明显的离基三出脉，具长柄；初生叶掌状 5 浅裂，叶脉明显，有长柄；后生叶掌状 7 浅裂，其余与初生叶相似。

生物学特性　种子及营养繁殖。花果期 3～6 月。秋季 10 月至翌年 3 月前出苗。扩散途径为随农作活动传播。喜温凉湿润气候，喜生于田野、湿地、河岸、沟边及阴湿的草丛中，忌土壤干旱。可能扩散的区域为长江流域、华北及东北等地。

分布与危害　为外来入侵种，中国目前已在安徽、上海、江苏、浙江、河南、陕西、湖北、江西和广西等地广泛分布，可能扩散至华北和东北等更多地区；原产亚洲西部及欧洲，北美洲、大洋洲及亚洲其他地区也有分布。生于绿化带、庭院杂草丛、田边、路旁、山坡及荒地等。为麦类、果园和茶园等常见杂草。发生量逐渐加大，应引起重视。

防除技术　采取包括农业防治、化学防治相结合的方法。此外，也应该考虑综合利用措施。

农业防治　刺果毛茛带刺的瘦果可以黏附在收获机械、秸秆，甚至随动物及人的活动传播，因此，需特别注意清洁机械，防止田块间甚至远距离传播。

化学防治　麦田可用 2 甲 4 氯、灭草松、苯磺隆适时使用，防效良好。其中苯磺隆宜在冬除时使用，春除效果较差。苯达松、2 甲 4 氯及其二者复配使用，不论冬、春对刺果毛茛防效均较好。冬油菜田可用草除灵、二氯吡啶酸、氨氯·二氯吡等进行茎叶喷雾。

综合利用　刺果毛茛全草可用于治疗疮疖，堕胎。茎为印度药用植物，具有解热作用。

参考文献

江纪武，2005. 药用植物辞典 [M]. 天津：天津科学技术出版社：672.

李扬汉，1998. 中国杂草志 [M]. 北京：中国农业出版社：839-840.

刘启新，2015. 江苏植物志：第 2 卷 [M]. 南京：江苏凤凰科学技术出版社：76-81.

王湘云，高俊，奚本贵，等，2001. 麦田刺果毛茛药剂防除试验

刺果毛茛植株形态（①～③郝建华摄；④～⑦张冶摄）

①群体；②水生植株；③陆生植株；④花；⑤聚合果；⑥果实；⑦幼苗

周边截平或具棱。

报告 [J]. 杂草科学 (4): 24-25.

　　徐海根，强胜，2018. 中国外来入侵生物 [M]. 修订版 . 北京：科学出版社：223-225.

（撰稿：郝建华；审稿：宋小玲）

刺藜　*Teloxys aristata* (L.) moq.

秋熟旱作田、果园一年生杂草。又名红小扫帚苗、铁扫帚苗、刺穗藜。英文名 awned goosefoot。藜科刺藜属。

形态特征

成株　高 10～40cm（图①②）。植物体通常呈圆锥形，无粉，秋后常带紫红色。茎直立，圆柱形或有棱，具色条，无毛或稍有毛，有多数分枝。叶互生，呈条形至狭披针形，长 7cm、宽约 1cm，全缘，先端渐尖，基部收缩成短柄，中脉黄白色。复二歧式聚伞花序生于枝端及叶腋，最末端的分枝针刺状；花两性，几无柄；花被裂片 5，狭椭圆形，先端钝或骤尖，背面稍肥厚，边缘膜质，果时开展；雄蕊 5。

子实　胞果顶基扁（底面稍凸），圆形，黑褐色，长不及 1mm，有光泽；果皮透明，与种子贴生。种子横生，顶基扁，

幼苗　子叶长椭圆形，长约 3mm，先端急尖或钝圆，基部楔形，叶背常带紫红色，具柄（图③）。初生叶 1，狭披针形，叶面疏生短毛，具短柄。上胚轴和下胚轴均较发达，下胚轴被短毛。

生物学特性　种子繁殖，经冬季休眠后于 4～5 月发芽出苗。花果期 8～11 月。种子量大，一株刺藜可产生数百粒至数万粒种子，种子活力可保持数年。

分布与危害　中国分布于黑龙江、吉林、辽宁、内蒙古、河北、山东、山西、河南、陕西、宁夏、甘肃、四川、青海及新疆等地；在欧洲也有分布。适生沙地路旁、山坡、荒地等处，极耐旱。主要在小麦、高粱、玉米、谷子、马铃薯、胡麻、果园及菜地发生危害，甚至是部分丘陵旱坡地马铃薯、胡麻田的主要杂草，也发生于田边、草坪等。

防除技术　应采用农业防治与化学防治结合的方式，兼顾综合利用等措施。

农业防治　精选作物种子，汰除杂草种子；施用经过高温堆沤处理充分腐熟的有机肥，使其种子失去生命力；在刺藜发生较少田块，于开花前彻底人工拔除；采用各种工具进行中耕除草；及时清除田块周边杂草。制定合理的种植轮作制度，形成不利于麦田杂草生长和种子保存的生态环境，减少刺藜的发生。

刺藜植株形态（杨娟、张利辉摄）
①植株危害状况；②植株；③幼苗

化学防治　麦田可以取代脲类除草剂异丙隆、取代吡啶基酰苯胺类除草剂吡氟酰草胺进行土壤封闭处理，或用苯磺隆、氯氟吡氧乙酸、2甲4氯、麦草畏等进行茎叶喷雾处理。玉米田可用莠去津、烟嘧磺隆、硝磺草酮防除。马铃薯田在播后苗前可用氟乐灵、二甲戊乐灵、扑草净、乙草胺做土壤封闭处理，或用灭草松、嗪草酮进行茎叶处理。胡麻田用氟乐灵做土壤封闭处理或用2甲4氯、溴苯腈进行茎叶喷雾处理。

综合利用　全草可入药，有祛风止痒功效。煎汤外洗，治荨麻疹及皮肤瘙痒。嫩茎叶可食用。

参考文献

哈斯巴根，音扎布，1995. 内蒙古藜科野生可食植物资源的研究 [J]. 内蒙古师大学报（自然科学汉文版）(3): 59-63.

李扬汉，1998. 中国杂草志 [M]. 北京：中国农业出版社：207-208.

刘生瑞，陈兰珍，1999. 旱地农田杂草的化学防除技术 [J]. 农业科技与信息 (9): 16.

（撰稿：杨娟、张利辉；审稿：宋小玲）

刺苋　*Amaranthus spinosus* L.

秋熟旱作物田一年生外来入侵杂草。又名勒苋菜、竻苋菜。英文名 spiny amaranth。苋科苋属。

形态特征

成株　高30～100cm（图①）。茎直立，圆柱形或钝棱形，多分枝，有纵条纹，绿色或带紫色，无毛或稍有柔毛。叶互生，菱状卵形或卵状披针形（图②），长3～12cm、宽1～5.5cm，顶端圆钝，具微突头，基部楔形，全缘，无毛或幼时沿叶脉稍有柔毛；叶柄长1～8cm，无毛，在其旁有2刺，刺长5～10mm。圆锥花序腋生及顶生，长3～25cm，下部顶生花穗常全部为雄花（图③）；苞片在腋生花簇及顶生花穗的基部者变成尖锐直刺，长5～15mm，在顶生花穗的上部者狭披针形，长1.5mm，顶端急尖，具突尖，中脉绿色；小苞片狭披针形，长约1.5mm；花被片绿色，顶端急尖，具突尖，边缘透明，中脉绿色或带紫色，雄花的花被片矩圆形，长2～2.5mm，雌花的花被片矩圆状匙形，长1.5mm。

雄蕊5，花丝略和花被片等长或较短；柱头3，有时2。

子实　胞果矩圆形，长1～1.2mm，在中部以下不规则横裂，包裹在宿存花被片内。种子近球形，直径约1mm，黑色或带棕黑色，有光泽，周缘成带状，上有细颗粒条纹；种脐位于基端（图④）。

幼苗　子叶出土，卵状披针形，先端锐尖，全缘，基部楔形，具长柄（图⑤）；下胚轴发达，上胚轴极短，均呈紫红色。初生叶1片，阔卵形，先端钝，具凹缺，基部宽楔形，有明显中脉，具长柄；后生叶与初生叶相似；自第二后生叶其先端凹缺的中央有1小尖头。

生物学特性　花果期7～11月。胞果边熟边开裂，散落种子于土壤中入侵旷地、园圃、农耕地等，常大量滋生危害旱作农田、蔬菜地及果园。刺苋是C_4植物，高光合效率、CO_2补偿点低，生长快、子实多、传播速度快、适应性强等特点。刺苋的化感作用对周围生物的生长产生抑制，对自身种群的扩散起着促进作用。盐与干旱胁迫条件下刺苋的生长表现出一定的适应性，但偏酸性条件不利于刺苋生长。

分布与危害　刺苋原产热带美洲，世界热带及部分温带地区有分布。现已经成为中国热带地区常见的杂草。在中国由东部、南部沿海以及西南边境向内陆扩散蔓延。在东部沿海，20世纪20年代，刺苋主要分布在东部沿海如江苏，20世纪30年代在临近江苏、浙江的内陆地区已有刺苋的分布记录，如湖北、安徽，江西；在南部沿海，20世纪20年代最早在海南发现刺苋，其后在海南岛扩散蔓延，50年代向北扩散到了广东、广西以及贵州；在西南地区，最早于20世纪30年代在中国的西南边境也发现了刺苋，其后相继在云南的中部和北部发现刺苋。刺苋在中国的入侵仍然处在扩散阶段。目前在陕西、河南、安徽、江苏、浙江、江西、湖南、湖北、四川、云南、贵州、广西、广东、福建、台湾等地均有分布。该种叶腋有刺，且部分苞片变形成刺，极易和本属其他种区别，其刺可扎伤人手脚。危害旱作物田、蔬菜地及果园，严重消耗土壤肥力。对生长在其周围植物的萌发和光合速率都会有一定的影响，降低多种作物的生长和产量。2010年被中国环境保护部列入《中国第二批外来入侵物种名单》，成为中国第二批10种外来入侵杂草之一。

C

刺苋植株形态（张治摄）

①植株；②叶柄基部的对刺；③花序；④种子；⑤幼苗

防除技术　因刺苋仍处于扩散阶段，因此应加强检疫，严防其种子传入尚未入侵的区域。结合当前已经入侵的区域来看刺苋已经基本上完全侵占了除西藏东南部以外的所有适生区域。因此，应特别注意刺苋向西藏东南部地区的扩散。

其他防除技术见反枝苋。目前并未有报道刺苋对除草剂产生抗药性，因此，大豆田常用的防除阔叶杂草的除草剂如氟磺胺草醚、三氟羧草醚、灭草松、乳氟禾草灵等田间推荐剂量均可用于防治刺苋。

综合利用　刺苋全草多作民间药用，有清热解毒、利尿、止痛、明目功效，用于治疗甲状腺肿大、消化道出血等，疗效显著。

参考文献

李鹏程, 2016. 刺苋潜在化感物质对农作物生长的影响及生理生化机制 [D]. 杭州：中国计量大学.

李扬汉, 1998. 中国杂草志 [M]. 北京：中国农业出版社：90-91.

王瑞, 2006. 中国严重威胁性外来入侵植物入侵与扩散历史过程重建及其潜在分布区的预测 [D]. 北京：中国科学院植物研究所.

吴志瑰, 胡生福, 付小梅, 等, 2016. 刺苋的形态与显微鉴别 [J]. 中国实验方剂学杂志, 22(10): 25-27.

（撰稿：黄兆峰；审稿：宋小玲）

粗毛牛膝菊　*Galinsoga quadriradiata* Ruiz et Pav.

秋熟旱作物田一年生外来入侵杂草。又名睫毛牛膝菊。菊科牛膝菊属。

形态特征

成株　高 10～80cm（图③④）。近地的茎及茎节均可长出不定根。根系发达。有分枝，主茎节间短；侧枝发生于叶腋间，生长旺盛，节间较长，每片叶的叶腋间可发生 1 条以上的侧枝。茎密被展开的长柔毛，而茎顶和花序轴被少量腺毛。叶对生，卵形或长椭圆状卵形，长 2.5～5.5cm、宽 1.2～3.5cm，基部圆形、宽或狭楔形，顶端渐尖或钝，具基出 3 脉，或不明显的 5 脉；叶两面被长柔毛，边缘有粗锯齿或犬齿。头状花序半球形，花序梗的毛长约 0.5mm，多数在茎枝顶端排成疏松的伞房花序（图⑤）。总苞半球形或宽钟状，总苞片 2 层，外层苞片绿色，长椭圆形，背面密被腺毛；内层苞片近膜质。舌状花 5 个，雌性，舌片白色，顶端 3 齿裂，裂片规则，筒部细管状，外面被稠密白色短毛。管状花黄色，两性，顶端 5 齿裂，冠毛（萼片）先端具钻形尖头，短于花冠筒。花托圆锥形，托片膜质，披针形，边缘具不等长纤毛。

子实　瘦果楔形,黑色或黑褐色,长1~1.5mm,常压扁,被白色微毛;舌状花瘦果具3棱,冠毛刚毛状宿存;管状花瘦果4~5棱,被白色微毛,流苏状冠毛宿存。

幼苗　子叶2,卵圆形,长约5mm、宽3~4mm,光滑无毛,先端微凹(图⑥⑦)。初生叶2片,长卵圆形,先端锐尖,基部浅心形,叶缘疏锐锯齿,具短柄,叶片及叶柄均疏被茸毛。下胚轴发达,紫红色。

生物学特性　粗毛牛膝菊的生物学特性同牛膝菊,二者常同时出现。花果期5~10月。以种子繁殖为主,种子量大,小而轻,长为1.3~2mm,千粒重为0.2286~0.2303g,具伞形冠毛,可利于借助风力、附着于交通工具、人畜等远距离传播扩散。种子发芽率随土壤深度增加而下降,埋种深度为0~2cm时,发芽率较高,埋种深度为10cm时,发芽率仅约13%;10~35℃条件下种子均可萌发,最适温度为25℃。在适宜的生境下实现萌发生长和种群扩增。在倒伏或贴地面生长的茎秆上萌生无数的不定根,进一步实现植物体的无性扩繁。粗毛牛膝菊和牛膝菊在长达半年的花果期内可以边开花、边结实、边传播种子、边萌发长成植株。

相比于同属的其他植物,粗毛牛膝菊的单叶面积和比重较大,可以提高光合作用效率、保持体内营养物质,能更好地适应资源贫瘠和干旱的环境,传播扩散能力更强;粗毛牛膝菊上表皮气孔密度小于下表皮且差异显著,这样的气孔分布特点,能让植物抵御外界强烈的日光照射、减少呼吸和蒸腾作用以达到降低水分散失的目的,说明粗毛牛膝菊属于典型的阳生植物;粗毛牛膝菊叶片上表皮细胞厚度大于下表皮,栅栏组织与海绵组织的厚度比分别为0.7963和0.9224,栅栏组织与海绵组织的厚度比越大其耐寒、耐旱性越强。

粗毛牛膝菊能富集镉,转移到地上部分,是一种潜在的

粗毛牛膝菊植株形态(周小刚摄)
①危害蔬菜;②危害玉米;③成株;④茎;⑤花序;⑥幼苗;⑦大苗

镉富集植物。

分布与危害 原产中、南美洲，20世纪中叶随园艺植物引种传入中国，现分布于辽宁、吉林、内蒙古、甘肃、江西、安徽、江苏、上海、浙江、台湾、贵州、云南、四川、广西等地，且呈暴发性生长趋势，甚至在秦巴山区形成单优势种群。粗毛牛膝菊生境多样，主要出现在农田、撂荒地、苗圃和路边等受到过人为活动干扰的生境中，且其种群密度在不同生境间差异显著。在苗圃中的粗毛牛膝菊种群密度最高，而在农田和撂荒地中的种群密度最低。农田系统中，对秋收作物（玉米、大豆、甘薯）、蔬菜、观赏花卉、果树及茶树危害较重（图①②）。入侵草坪、绿地，可能造成草坪的荒废，给城市绿化和生物多样性带来巨大威胁。

防除技术 应采取农业防治和化学防治相结合的方法。此外，也应考虑综合利用等措施。

农业防治 粗毛牛膝菊种子小，深埋后出苗率下降，结合耕翻、整地，消灭土表的杂草种子。实行定期的水旱轮作或是单双子叶作物轮作，减少杂草的发生。覆盖作物小麦秆、碎木屑等覆盖能显著降低出苗率。施用充分腐熟的堆肥，杀死草种，减少粗毛牛膝菊发生率。清理田埂杂草，防止杂草种子传入田间。提高播种质量，一播全苗，以苗压草。在开花结实前采用拔、铲、锄等人工方式防除，或通过中耕除草机、除草施药机等进行机械除草，并把植株带出田间集中销毁

化学防治 在秋熟旱作田可选用乙草胺、异丙甲草胺、精异丙甲草胺、氟乐灵、二甲戊乐灵以及异噁草松进行土壤封闭处理。针对不同秋熟旱作物种类可选取针对性的除草剂品种，玉米田还可用异噁唑草酮，玉米和大豆田可用唑嘧磺草胺，大豆和棉花田可用丙炔氟草胺、扑草净。对于没有完全封闭防除的残存植株可进行茎叶喷雾处理，大豆、花生田可用乳氟禾草灵、氟磺胺草醚、乙羧氟草醚、灭草松。玉米田还可用莠去津、2甲4氯、氯氟吡氧乙酸、烟嘧磺隆、噻吩磺隆、氟嘧磺隆、砜嘧磺隆以及硝磺草酮、苯唑草酮等，或者硝磺草酮＋莠去津、烟嘧磺隆与2甲4氯、莠去津、砜嘧磺隆等混配剂等。棉花田可用三氟啶磺隆，或用乙羧氟草醚、氟磺胺草醚、三氟羧草醚定向喷雾。田埂、沟边等非耕地可用灭生性除草剂草甘膦和草铵膦茎叶喷施处理。

综合利用 嫩茎叶能够食用，具有特殊的香味。全株入药，具有止泻、消炎的作用。可作为土壤修复物种。

参考文献

昌恩梓，齐淑艳，孔令群，等，2012. 牛膝菊属两种外来入侵植物叶片的形态解剖结构比较研究 [J]. 东北师大学报（自然科学版），44(4): 108-113.

李振宇，解焱，2002. 中国外来入侵种 [M]. 北京：中国林业出版社.

刘刚，张璐璐，孔彬彬，等，2016. 外来种粗毛牛膝菊在秦巴山区的种群发展动态 [J]. 生态学报，36(11): 3350-3361.

田陌，张峰，王璐，等，2011. 入侵物种粗毛牛膝菊（*Galinsoga quadriradiata*）在秦岭地区的生态适应性 [J]. 陕西师范大学学报（自然科学版），39(5): 71-75.

徐海根，强胜，2011. 中国外来入侵生物 [M]. 北京：科学出版社.

杨霞，2020. 粗毛牛膝菊的入侵生物学特性及化学防除 [D]. 呼和浩特：内蒙古师范大学.

杨霞，贺俊英，2020. 入侵植物粗毛牛膝菊种子形态及其萌发特性的研究 [J]. 内蒙古师范大学学报（自然科学汉文版），49(5): 453-459.

（撰稿：周小刚、刘胜男；审稿：黄春艳）

粗叶耳草 *Hedyotis verticillata* (L.) Lam.

秋熟作物田一年生杂草。英文名 woody borreria、harsh-leaved hedyotis。茜草科耳草属。

形态特征

成株 高达 30cm（图①②）。枝粗糙或被硬毛。叶对生，具短柄或无柄，纸质或薄革质，椭圆形或卵状披针形，长 2.5～5cm、宽 0.6～2cm，先端短尖或渐尖，基部楔形，

粗叶耳草植株形态（②陈炳华摄；其余朱鑫鑫摄）

①②植株及生境；③茎叶；④花序

两面被硬毛，边缘卷，侧脉不明显；托叶略被毛，基部与叶柄合生成鞘，顶部具刺毛（图③）。团伞花序腋生（图④），无花序梗，有 2～6 花；花 4 数，无梗；花萼长约 3mm，花冠裂片顶端有髯毛外无毛；花冠白色，近漏斗状，长约 4.5mm，裂片披针形，顶端有簇毛。雄蕊生于冠筒喉部，花药伸出。

子实　蒴果卵形，长 1.5～2.5mm，径 1.5～2mm，被硬毛，萼裂片宿存，成熟时顶部开裂。种子多数，具棱，干时浅褐色。

幼苗　上胚轴四棱形，棱上有毛，子叶 2，披针形；初生叶 2，长圆状披针形。

生物学特性　一年生披散草本，种子繁殖。生于海拔 200～1600m 的丘陵地带的草丛或路旁和疏林下。花期 3～11 月。

分布与危害　中国分布于海南、广西、广东、云南、福建、贵州、浙江、香港和台湾等地；国外分布于印度、尼泊尔、不丹、越南、缅甸、孟加拉国、泰国、马来西亚、印度尼西亚、新加坡、菲律宾和琉球群岛。生于路旁、草丛、疏林下或农田中，部分旱作田、幼龄果园和橡胶园常见，具有一定程度的危害。粗叶耳草为秋熟作物田一般性杂草。

防除技术　见金毛耳草。

综合利用　全草入药，具有清热利湿、消肿解毒的功效，用于治疗肝炎、毒蛇咬伤、风湿关节痛、疝气、多发性脓肿。

参考文献

黄秀珍，邹秀红，2015. 福建泉州茜草科药用植物资源的调查研究 [J]. 种子，34(5)：55-59.

李扬汉，1998. 中国杂草志 [M]. 北京：中国农业出版社：877-878.

CHEN T, ZHU H, CHEN J R, et al, 2011. Rubiaceae [M]//Wu Z Y, Raven P H eds. Flora of China. Beijing: Science Press: 172.

CHUAH T S, JULIANA K, ISMAIL B S, 2010. Improved control of woody borreria (*Hedyotis verticillata* Lam.) by foliar application of metsulfuron tank mixtures at the vegetative stage [J]. Plant protection quarterly, 25(3): 133-136.

（撰稿：范志伟；审稿：宋小玲）

促进养分循环和保护土壤有益微生物效应
effect on promotion of nutrient cycling and pre-rvation of soil beneficial microorganism

指通过杂草多样性的增加促进土壤养分的循环，为土壤系统输入更多的有机物质，提高土壤质量；以及改善微生物生长的微环境，为微生物提供更多的营养物质和能源物质，从而提高有益微生物的生物量及多样性。总之，杂草在土壤生态系统维持和土壤微生物群落维持中发挥着重要的作用。

土壤是陆地表面由矿物质、有机质、水、空气和生物组成，具有肥力，能生长植物的未固结层。自然土壤中，土壤养分主要来源于土壤矿物质和土壤有机质，其次是大气降水、坡渗水和地下水。在耕作土壤中，还来源于施肥和灌溉。主要包括氮、磷、钾、钙、镁、硫、铁、硼、钼、锌、锰、铜和氯等 13 种元素。土壤养分循环指在生物因子参与下，营养元素从土壤到生物，再从生物到土壤的循环过程。杂草多样性的维持对土壤理化性质的影响主要体现在维持土壤湿度、提高土壤孔隙度、土壤团聚体含量、有机质含量、养分含量、微生物数量、土壤酶活性等。

土壤微生物是土壤中一切肉眼看不见或看不清楚的微小生物的总称，包括细菌、真菌、放线菌和原生动物等。它们是有机质分解、土壤养分转化循环的重要参与者。微生物活动中碳源和氮源来源之一是植物，微生物又分解碳源和氮源，为植物提供养分从而达到互惠互利。不同杂草的根系产生的碳源类型不同，从而促进土壤微生物群落的形成，有益微生物又会促进土壤养分的提高，改善土壤结构，形成良性循环。另外杂草可与土壤菌根真菌形成菌根，促进根圈微生物的固氮菌、磷细菌生长，并对共生固氮微生物的结瘤有良好的影响，同时提高其他宿主对养分的吸收率。

形成和发展过程　自古以来就有利用杂草来恢复土壤肥力以种植作物的例子。例如《诗经·周颂·良耜》说："其镈斯赵，以薅荼蓼；荼蓼朽止，黍稷茂止。"这两句诗的意思是："磨快你的锄头，锄掉田间杂草，杂草腐烂了，田里的庄稼也就旺盛了。"西汉时，人们开始有意识地利用休闲地让杂草丛生，到春耕时，耕翻杂草作为肥源。而到西晋时，人们则开始种植绿肥，这是中国人工种植绿肥的开端。

由于植被破坏和大量施用农药与化肥引起的生态环境破坏日益严重。已有大量研究表明，植物多样性的增加能提高土壤肥力，增加土壤有益微生物品种与含量。而中国已启动了"天然林资源保护工程"和"退耕还林还草工程"，目的是恢复与重建植被，恢复土壤肥力。

基本内容

促进养分循环　杂草的植株残体及其根系分泌物能改善土壤有机质含量、pH 值和功能微生物的生存环境，从而改变土壤养分的形态、增加土壤中营养成分的含量。研究发现有杂草植被覆盖的土壤有机质含量、全磷含量以及全氮含量等高于裸地。如鸡眼草覆盖的土壤有机质含量明显高于裸地 8.1%。小麦田保留一定量的播娘蒿、田旋花、猪殃殃和小花糖芥等杂草，0～60cm 土壤层的碱解氮储量消耗最少，速效 P 和速效 K 储量增加。除旱地环境，水田中保留浮萍、藻类等湿生杂草可增加土壤氮素含量、保持碳素收支平衡。此外，土壤中的解磷微生物对土壤难溶性磷的转化和促进磷素循环有重要作用。农用坡地杂草群落中不同杂草根际土壤解磷细菌、真菌、放线菌平均数量分别是没有杂草覆盖的非根际土壤的 19.18、27.86 和 14.2 倍；杂草根际解磷平均强度是非根际土壤的 5.71 倍。红壤坡地幼龄果园中保持杂草多样性，土壤有效磷明显提高，利于磷营养的释放。1990—2020 年研究报道统计分析显示，与不生草果园相比，果园生草土壤有机质、碱解氮、速效磷含量可分别提高 18%、11%、27%，土壤容重降低 20%。对于不同科草来讲，果园 0～60cm 土壤有机质增加幅度表现为：十字花科＞马齿苋科＞豆科＞自然生草＞禾本科；土壤速效磷增加幅度表现为：禾本科＞豆科＞自然生草。梨园生草白三叶可降低土壤容重、

pH，增加土壤有机质含量。

保护土壤有益微生物　杂草对微生物的影响主要通过两个途径：一是通过改变土壤结构和性质来改变微生物的生长环境。二是通过根系分泌物对微生物区系特别是根系的微生物群落产生影响。梨园生草鼠茅草，倒伏后为土壤微生物参与果园物质循环创造条件，土壤放线菌数量大大增加，是对照的 5 倍。放线菌的数量、种类与土壤肥力有着极为密切的关系，是土壤肥力高低的标志之一。土壤放线菌对决定土壤肥力水平的土壤团聚体的形成与稳定性有着重要作用。放线菌中的弗兰克氏菌能与多种非豆科木本植物共生，形成根瘤固定氮素，对自然界有机氮积累有重要作用。山核桃林种植白三叶、紫云英后，石灰性土壤的微生物多样性指数显著提高。龙眼果园生草能增加土壤中微生物数量，提高碳、氮含量和磷循环相关酶活性，改良土壤环境。桑园行间种植毛叶苕子能提高土壤细菌、真菌和放线菌的数量。枣园行间种植紫花苜蓿，刈割后覆盖影响了土壤理化性质，从而显著甚至极显著增加了枣树根际可培养细菌、真菌、放线菌数量和微生物 C、N 含量。苹果园生草沙画眉草、弯叶画眉草和加拿大披碱草增加土壤中微生物的数量，并不同程度地改变了细菌和真菌的丰富度和多样性，其中弯叶画眉草可提高土壤中细菌丰富度和多样性；沙画眉草处理土壤细菌中的芽单胞菌门、浮霉菌门、绿弯菌门相对丰度降低；加拿大披碱草提高了土壤中的球囊菌门相对丰度。自然植物群落中 90% 以上的高等植物能与丛枝菌根真菌建立共生关系，形成菌根结构。在坡地生态系统 39 个杂草物种的测定中发现，大多数杂草是菌根真菌的宿主，可以与土壤的菌根真菌形成菌根，杂草根际丛枝菌根真菌的孢子数是非根际土壤的 2.3 倍，孢子是丛枝菌根真菌的繁殖体之一，其数量的增加说明杂草的存在利于丛枝菌根真菌对宿主植物的侵染和繁殖，以促进宿主对营养元素 P、N、K、Cu、Zn 等的吸收，提高宿主植物的抗逆能力。

科学意义和应用价值　杂草多样性能显著促进养分循环，保护土壤有益微生物，除用于耕地质量提升的应用技术中，还可用于果园生草。果园生草是指在作物行间选留原生杂草或者种植非原生草类、绿肥作物等，并加以管理，是草类与作物协调共生的一种土壤管理方式。生草栽培具有控制杂草生长、提高土壤有机质含量、提高土壤肥力、改善土壤微生物生存环境等综合效应以达到提高作物产量和品质的目的。

存在问题和发展趋势　以往的研究显示，不能完全确认究竟是植物还是土壤微生物在调控生态系统养分循环过程中起关键作用，但可以肯定的是，植物与土壤微生物在这个生态系统中共同调控着土壤养分的有效性与分配。在杂草—土壤生态系统中，现有研究多是杂草对土壤物理、化学和生物属性层面的影响分析，对于杂草—土壤微生物—土壤养分之间的影响机制尚缺乏研究，其主要问题在于对土壤微生物种类和功能群的鉴定与分类制约着对土壤微生物多样性及其功能的认识。土壤微生物因其种类多，数量大，很难完全通过纯化培养的方式对其功能开展研究。宏基因组学提供了一条新的研究突进，它不依赖微生物的分离与培养，可以全面地分析微生物群落的结果以及基因功能的组成。利用宏基因

组学技术，未来将通过更全面的机理研究来阐述杂草的促进养分循环与土壤有益微生物保护效应，以指导环境保护与绿色农业。另外，土壤微生物多样性与杂草多样性之间的关系仍需深入研究，杂草物种多样性、杂草物种化学组分的多样性，以及生物量与土壤微生物多样性之间的关系仍需明确。再者，杂草与土壤微生物通过多种途径对土壤养分循环进行调节，使系统处于一种相对稳定的状态，杂草与土壤微生物以及二者的作用与反馈对养分的调节依赖于杂草与土壤微生物的种类与数量、生态系统类型、环境条件以及外界干扰等，探寻杂草与微生物对特定环境的适应性反应，以及二者对养分循环的调控作用，仍需开展深入研究。此外，果园生草栽培模式中，草种开发与建植技术是未来研究的重点。对于果园生草栽培模式，目前的研究大多集中在自然生草、禾本科和豆科杂草，因为不同种类杂草功能不同，要考虑不同种类的杂草复合种植模式，找出更合理的配制，如猕猴桃园生草黑麦草、白三叶、早熟禾、红三叶复合种植和黑麦草、白三叶、早熟禾、红三叶、紫羊茅、毛苕子、波斯菊、百日草复合种植两种模式中，土壤微生物群落功能多样性指数高于自然生草处理。气候条件的不同也使得南北方的草种选择差异较大，目前已成熟使用的草种更多是适合北方的冷季型草，而适合南方果园的草种只有几种。因地制宜筛选适合当地气候环境的杂草是草种筛选的迫切需求。果园生草时，除了考虑适宜的草种，还要结合合理的水肥管理措施，以防出现杂草与作物争夺养分和水分的情况。

参考文献

陈欣，唐建军，赵惠明，等，2003. 农业生态系统中杂草资源的可持续利用 [J]. 自然资源学报，18(3): 340-346.

方治国，2002. 红壤坡地杂草多样性保持及其生态学效应 [D]. 杭州：浙江大学.

郭晓睿，宋涛，邓丽娟，等，2021. 果园生草对中国果园土壤肥料和生产力影响的整合分析 [J]. 应用生态学报，32(11): 4021-4028.

何堂熹，罗聪，刘源，等，2021. 生草栽培对杧果园土壤生境和果实品质的影响 [J]. 中国南方果树，50(5): 106-111.

胡婵娟，郭雷，2012. 植被恢复的生态效应研究进展 [J]. 生态环境学报，21(9): 1640-1646.

李晓刚，邵明灿，杨青松，等，2017. 梨园生草白三叶栽培对梨园杂草的抑制作用及其土壤理化性状的影响研究 [J]. 上海农业科技 (2): 106-107, 142.

林峰，杨殿林，王华玲，等，2020. 猕猴桃园生草对土壤微生物多样性的影响 [J]. 江苏农业科学，48(10): 293-297.

刘广勤，朱海军，周蓓蓓，等，2010. 鼠茅草覆盖对梨园杂草控制及土壤微生物和酶活性的影响 [J]. 果树学报，27(6): 1024-1028.

刘业萍，毛云飞，胡艳丽，等，2021. 苹果园生草对土壤微生物多样性、酶活性剂碳组分的影响 [J]. 植物营养与肥料学报，27(10): 1792-1805.

罗建华，2016. 枣园生草对土壤微生物多样性的影响 [J]. 防护林科技 (8): 19-20.

潘介春，徐石兰，丁峰，等，2019. 生草栽培对龙眼果园土壤理化性质和微生物学性状的影响 [J]. 中国果树 (6): 59-64.

钱进芳，吴家森，黄坚钦，2014. 生草栽培对山核桃林地土壤养

分及微生物多样性的影响 [J]. 生态学报，34(15): 4324-4332.

孙向伟，王晓娟，张贵启，等，2009. 分子标记在丛枝菌根研究中的应用 [J]. 云南农业大学学报，24(2): 278-285.

徐克章，1999. 生物多样性及其在农田作物生产中的意义和作用 [J]. 吉林农业大学学报，21(2): 76-80.

张磊，欧阳竹，董玉红，等，2005. 农田生态系统杂草的养分和水分效应研究 [J]. 水土保持学报，19(2): 69-72, 113.

CHEN X, TANG J J, FANG Z G, et al, 2002. Phosphate-solubilizing microbes in rhizosphere soils of 19 weeds in southeastern China [J]. Journal of Zhejiang University science, 3(3): 106-112.

MANUELA G, CRISTIANA S, ANNA S, et al, 1996. Analysis of factors involved in fungal recognition responses to host-derived signals by arbuscular mycorrhizal fungi [J]. New phytologist, 133(1): 65-71.

READ D J, 1998. Plant on web [J]. Nature, 396(6706): 22.

（撰稿：张瑞萍；审稿：宋小玲）

酢浆草 *Oxalis corniculata* L.

秋熟旱作物田、草坪、果园一年生杂草。又名酸三叶、酸醋酱、鸠酸、酸味草。英文名 creeping woodsorrel。酢浆草科酢浆草属。

形态特征

成株 高 10～35cm。全株被柔毛。根茎稍肥厚。茎细弱，多分枝（图①②），直立或匍匐，匍匐茎节上生根。托叶小，长圆形或卵形，边缘被密长柔毛，基部与叶柄合生，或同一植株下部托叶明显而上部托叶不明显；叶柄长 1～13cm，基部具关节；三出复叶，基生或茎上互生，小叶无柄，倒心形，长 4～16mm、宽 4～22mm，先端凹入，基部宽楔形，两面被柔毛或表面无毛，沿脉被毛较密，边缘具贴伏缘毛。花单生或数朵集为伞形花序状（图③），腋生，总花梗淡红色，与叶近等长；花梗长 4～15mm，果后延伸；小苞片 2，披针形，长 2.5～4mm，膜质（花梗基部）；萼片 5，披针形或长圆状披针形，长 3～5mm，背面和边缘被柔毛，宿存；花瓣 5，黄色，长圆状倒卵形，长 6～8mm、宽 4～5mm。雄蕊 10，花丝白色半透明，有时被疏短柔毛，基部合生，长、短互间，长者花药较大且早熟；子房长圆形，5 室，被短伏毛，花柱 5，柱头头状。

子实 蒴果长圆柱形（图④），长 1～2.5cm，5 棱。种子多数（图⑤），长卵形，长 1.2～1.5mm、宽 0.7～0.8mm，扁平，表面具有隆起的波状横皱纹，侧缘有沟和脊棱，熟时红褐色。胚直立，胚乳丰富。

幼苗 子叶椭圆形，先端圆，基部宽楔形，无毛，有短柄。初生叶 1 片，为指状三出复叶，小叶倒心形，叶柄淡红色，叶柄及叶缘均有白色长柔毛，叶有酸味（图⑥）。下胚轴不发达，淡红色，具白色长柔毛。

生物学特性 一年生纤细小草本。种子繁殖，匍匐茎也能长出新植株。华北地区 3～4 月出苗，花期 5～9 月，果期 6～10 月，喜向阳、温暖、湿润的环境，抗旱能力较强，不耐寒，对土壤适应性较强，一般园土均可生长，但以腐殖质丰富的砂质壤土生长旺盛，夏季有短期的休眠。酢浆草能分泌化感物质，对杂草马齿苋、鬼针草和早熟禾的种子发芽、幼苗根长和茎长均具有明显抑制作用。

分布与危害 中国各地均有分布；亚洲温带和亚热带、欧洲、地中海和北美皆有分布。生于山坡草地、河谷沿岸、

酢浆草植株形态（张治摄）
①②植株及其生境；③花；④果；⑤种子；⑥幼苗

路边、田边、荒地或林下阴湿处等。旱作物地蔬菜田、苗圃、果园、茶园等较常见，对草坪、果园等危害严重。牛、羊食其过多可中毒致死。

防除技术

农业防治　发生面积不大时可人工清除，注意连同匍匐茎一起清除干净，带出田间集中销毁，防止再生。对草坪进行定期适时修剪。不仅可使草坪保持良好的景观状态，还可剪去杂草生长点以上部分，使其难以正常生长和开花结实，降低杂草的生长力和繁殖力，从而避免翌年杂草的大面积发生。茶园施用除草酯和套种绿豆能抑制酢浆草的生长，减轻危害。

化学防治　秋熟旱作田、蔬菜地、果园等可根据作物不同在播后苗前用二硝基苯胺类二甲戊灵或二苯醚类乙氧氟草醚进行土壤封闭处理。玉米田的酢浆草可用三氮苯类扑草净与酰胺类乙草胺的复配剂进行播后苗前土壤处理；出苗后可用激素类氯氟吡氧乙酸、2甲4氯，或乙酰乳酸合成酶（ALS）抑制剂烟嘧磺隆、氯吡嘧磺隆、砜嘧磺隆，或对羟基丙酮酸单加氧酶抑制剂硝磺草酮、苯唑草酮，以及三氮苯类莠去津、嗪草酮等，或用它们的复配剂，如苯唑草酮与莠去津的复配剂，进行茎叶喷雾处理，对酢浆草也有良好的防除效果。对于危害禾本科草坪的酢浆草可用ALS抑制剂啶嘧磺隆、三氟啶磺隆茎叶喷雾处理。分布于果园的酢浆草，可用灭生性除草剂如草甘膦、草铵膦进行防除。

综合利用　全草入药，能解热利尿、消肿散瘀。酢浆草主要含黄酮类、酚酸类和生物碱等化学成分，临床观察发现酢浆草对肝炎、肾盂肾炎、病毒性疱疹等有较好疗效，还具有祛痰平喘、止痛的作用。酢浆草是优良的绿化植物，外形美观，环境适应性强，栽培条件简单，具有很高的观赏价值和生态价值。茎叶含草酸，可用以磨镜或擦铜器，使其具光泽。

参考文献

陈明林，王友保，2008. 水分胁迫下外来种铜锤草和本地种酢浆草的生理指标比较研究 [J]. 草业学报，17(6): 52-59.

戴为光，周小军，马赵江，2006. 扑草净·乙草胺防除玉米田杂草的效果 [J]. 杂草科学 (4): 52-53.

李黎，胡奎，牛俊凡，等，2015. 宜昌市柑橘园杂草种群分布特点 [J]. 长江大学学报 (自科版)，12(33): 5-8, 28.

余阳，王福楷，任梦星，等，2020. 天胡荽与酢浆草浸提液对耐旱型杂草萌发及生长的影响 [J]. 贵州农业科学，48(6): 67-71.

张宝，彭潇，何燕玲，2018. 酢浆草的化学成分研究 [J]. 中药材，41(8): 1883-1886.

张萌，王俊丽，2012. 酢浆草研究进展 [J]. 黑龙江农业科学 (8): 150-155.

周小刚，刘晓莉，陈庆华，等，2009. 成都市城市绿地杂草调查及化学防除研究 [J]. 西南农业学报，22(4): 972-977.

（撰稿：陈景超、宋小玲；审稿：黄春艳）

D

打碗花　*Calystegia hederacea* Wall.

夏熟作物、秋熟旱作物田多年生杂草。又名小旋花、燕覆子、扶子苗等。英文名 ivy glorybind。旋花科打碗花属。

形态特征

成株　高 8～30cm（图①②）。全株光滑，具乳汁。常自基部分枝，具有细长白色的根状茎，茎细、平卧，有细棱。基部叶片长圆形，长 2～3cm、宽 1～2.5cm，顶端圆，基部戟形，上部叶片 3 裂，中裂片长圆形或长圆状披针形，侧裂片近三角形，全缘或 2～3 裂，叶片基部心形或戟形，叶柄长 1～5cm。花单独腋生，花梗长于叶柄，有细棱（图③）；苞片 2 枚，宽卵形，长 0.8～1.6cm，顶端钝或锐尖至渐尖，包住花萼，宿存；萼片 5，长圆形，长 0.6～1cm，顶端钝，具小短尖头，内萼片稍短；花冠淡紫色或淡红色，漏斗状，长 2～4cm，冠檐近截形或微裂；雄蕊 5 枚，近等长，花丝基部扩大，贴生花冠管基部，被小鳞毛；子房无毛，柱头 2 裂，裂片长圆形，扁平。

子实　蒴果卵球形，长约 1cm，宿存萼片与之近等长或稍短（图④）。种子黑褐色（图⑥），长 4～5mm，表面有小疣。

幼苗　子叶近方形，长约 1cm，先端微凹，基部近截形（图⑤）。初生叶 1，阔卵形，先端圆，基部稍耳状，叶脉明显，叶柄与叶片几乎等长。

生物学特性　喜欢温和湿润气候，耐瘠薄干旱，喜肥沃土壤，多生长于农田、平原、荒地及路旁。苗期 3～6 月，花期 5～9 月，成熟期 6～10 月。以地下根茎和种子进行繁殖，耕地除草时，地下根茎易断裂，切断后每段都能发出新芽，生命力极强。其地上茎缠绕作物，对作物生长和产量造成严重危害，且不易防除。打碗花虽不似田旋花对草甘膦具有天然耐药性，但是发现对草甘膦耐药能力有增强的趋势。

分布与危害　中国各地均有分布，从平原到高海拔地区均有生长。作为杂草，在长江流域及其以南地区，主要危害夏熟作物小麦等，东北、华北、西北等地，除危害麦类、油菜等夏熟作物外，还危害玉米、大豆、棉花等秋熟旱作物。在华北地区春夏秋季皆可萌发生长，是小麦、玉米、花生、大豆田等主要杂草。在关中地区，打碗花于春季小麦返青后开始萌发，3 月下旬至 4 月上旬达到出苗盛期，5 月沿小麦秆缠绕向上生长，顶部叶片通常长到麦穗以上，能导致小麦倒伏，并有碍机械收割。发生严重的田块，地下盘根错节，地上缠绕拧股，可以覆盖整块地面。在整个生育期与小麦争光、争水、争肥，大量消耗土壤养分和水分，影响小麦的正常生长发育，严重影响产量。

防除技术

农业防治　冬季小麦出苗后至春季小麦拔节前及时锄草，一般冬前 11 月 1 次，春季 3 月再进行 1 次。晴天或多云天气进行，要锄深一些，挖出根茎，利用阳光晒死；结合深翻，人工捡拾根状茎节，用于饲喂牛羊，是很好的营养性饲料。注意捡拾应做到干净彻底。轮作倒茬，小麦与油菜、玉米、高粱等高秆作物轮作，利用高秆下的荫蔽、遮光小气候，来抑制打碗花的生长发育，可有效减轻杂草的危害。

化学防治　小麦田可在冬小麦返青期或分蘖盛期至拔节期，用 2 甲 4 氯、氯氟吡氧乙酸、苯磺隆或其复配剂茎叶喷雾处理，对打碗花的株防效和鲜重防效均在 90% 以上。在 9 月初即"白露"前喷药为最佳防治时期，用氯氟吡氧乙酸与苯磺隆可杀死地下根茎，作用时间长，防效显著。

参考文献

寇慧苹，2011. 玉米田打碗花综合防治技术 [J]. 现代农业科技 (13): 163.

刘建敏，2020. 石家庄市绿地常见有害蔓性杂草的发生利用与防治对策 [J]. 中国林副特产 (1): 35-37, 40.

柳建伟，岳德成，李青梅，2019. 几种除草剂对恶性杂草苣荬菜和打碗花的防除效果 [J]. 农药，58(6): 458-461.

孙军仓，燕鹏，王敬昌，等，2020. 关中地区麦田杂草田旋花和打碗花的发生特点及防治对策 [J]. 农技服务，37(4): 81-82.

（撰稿：黄兆峰；审稿：贾春虹）

大巢菜　*Vicia sativa* L.

夏熟作物田一二年生杂草。又名救荒野豌豆、马豆、野毛豆、箭叶野豌豆、春巢菜。英文名 common vetch、fodder fetch。豆科野豌豆属。

形态特征

成株　高 15～90（～105）cm（图①②）。茎斜升或攀缘，单一或多分枝，具纵棱，被微柔毛。偶数羽状复叶，具小叶 2～8 对，长 2～10cm，先端截形，凹入，有细尖，基部楔形，侧脉不甚明显，两面被贴伏黄柔毛；叶轴顶端卷须有 2～3 分枝；托叶戟形，通常 2～4 裂齿，长 0.3～0.4cm、宽 0.15～0.35cm；花 1～2（～4）腋生，近无梗；萼钟形，萼齿 5，外面被柔毛，披针形或锥形；花冠紫红色或红色

打碗花植株形态（②黄兆峰摄；其余张治摄）
①所处生境；②成株；③花；④果实；⑤幼苗；⑥种子

（图③），旗瓣长倒卵圆形，先端圆，微凹，中部缢缩，翼瓣短于旗瓣，长于龙骨瓣；子房线形，微被柔毛，胚珠4～8，子房具短柄，花柱上部被淡黄白色髯毛。

子实　荚果线状长圆形（图④⑤），长4～6cm、宽0.5～0.8cm，表皮土黄色，种间缢缩，有毛，成熟时背腹开裂，果瓣扭曲，长2.5～4.5cm，稍扁，果皮平滑无毛，成

熟时呈棕色，2瓣裂，果瓣扭曲张开，内含种子4～8粒。种子近球形，表面光滑无光泽，有时具模糊的深色花纹，直径4.5～6mm。种脐线形，长1.8～2mm、宽约0.5mm，淡黄色。合点黑色，丘状突起，靠近种脐。种皮革质，内无胚乳，胚体大，子叶肥厚。

幼苗　子叶留土（图⑥）。下胚轴不发育，上胚轴发达。

D

大巢菜植株形态（①②④⑥黄红娟摄；③⑤张治摄）

①所处生境；②成株；③花；④果实；⑤果实和种子；⑥幼苗

初生叶鳞片状，主茎上叶由 1 对小叶所成的复叶，顶端具有一小尖头或卷须。小叶狭椭圆形，有短睫毛，具短柄，侧枝上的叶为倒卵形小叶所组成的羽状复叶，小叶先端钝圆或平截；托叶戟形。

生物学特性 多发生在小麦田或油菜田，以小麦田中危害最重。果实随熟随开裂，散出种子，或同小麦一同收割，草籽混杂是其重要的传播途径。具有较强的适生能力，能够同小麦一起越冬，具有攀缘习性，可以攀附到小麦上，造成小麦倒伏。大巢菜为二倍体植物，染色体 2n=10，12，14。

分布与危害 大巢菜为局部地区夏熟作物田危害较为严重的杂草，同时危害油菜等作物，果园、桑园、荒地、路旁也大量发生，以长江以南、南岭以北地区为发生最为严重的区域。

防除技术

农业防治 精选种子，减少播种带入草籽；及时清除田埂边的植株，减少种源。此外可采用合理密植，减少杂草的生存空间，抑制杂草生长。在大巢菜种子未成熟时也可采用人工拔除的方式进行防治。

化学防治 可采用土壤封闭处理或茎叶喷雾处理的方式进行化学防除。可采用异丙隆、吡氟酰草胺、呋草酮·氟噻草胺等，在小麦播后苗前进行土壤喷雾处理。茎叶处理可采用氯吡·唑草酮、氯氟吡氧乙酸、氯氟吡氧乙酸异辛酯、氟吡·双唑酮可分散油悬浮剂等，在小麦 3～4 叶期、杂草 2～3 叶期使用，可使大巢菜叶片绝大部分僵化萎缩停止生长；春季施药可掌握在小麦拔节前喷施。

在油菜田中，可采用二氯吡啶酸对大巢菜的除草效果较好，40 天内的防效均为 93% 以上，在 60 天内密度防效和鲜重均维持在 94% 以上，而且持效期较长，在竞争临界期内，基本能将杂草危害控制在经济阈值以下，在油菜移栽后杂草累积出苗高峰时进行茎叶处理，一般可以获得比较理想的除草效果，并且对油菜安全。

参考文献

顾慧玲，周加春，李红阳，等，2012. 氯吡·唑草酮 WP 对大麦田阔叶杂草的防效及安全性 [J]. 江西农业学报，24(4): 96-99.

李扬汉，1998. 中国杂草志 [M]. 北京：中国农业出版社.

相世刚，张瑞萍，李光宁，等，2019. 新型生物助剂安融乐对小麦田激素型除草剂的增效作用 [J]. 杂草学报，37(4): 56-62.

张宏军，郭嗣斌，朱文达，等，2009. 75% 二氯吡啶酸对油菜田阔叶杂草的防除效果 [J]. 华中农业大学学报，28(1): 27-30.

中国科学院中国植物志编辑委员会，1998. 中国植物志：第四十二卷 第二册 [M]. 北京：科学出版社：268.

（撰稿：黄红娟；审稿：贾春虹）

大刺儿菜 *Cephalanoplos setosum* (Willd.) Kitam.

秋熟旱作物田多年生杂草。又名大蓟、刻叶刺儿菜、刺蓟。英文名 setose thistle。菊科蓟属。

形态特征

成株 高 50～100cm（图①②）。具细长横走根状茎。茎直立具棱，粗壮，上部多分枝，密被蛛丝状绵毛。叶互生，基生叶具柄，花期枯萎；中、下部叶披针形或长椭圆状披针形，先端钝，具尖刺，无柄，耳状半抱茎，边缘有缺刻状粗齿或浅裂，齿端有刺，刺长 5～15mm，两面绿色，上面疏生长 3～8mm 的黄色针刺，下面脉上被柔毛；上部叶小，条状披针形近全缘，边缘具疏刺齿，幼时背面密生蛛丝状白绵毛。

雌雄异株，头状花序大，单生或 1～2 个集生于茎顶端排列成伞房状（图④）。总苞钟形，密被蛛丝状茸毛，苞片 8 层，外层短，卵状披针形，先端有尖刺，内层披针形，先端略扩大，干膜质，边缘常细裂并具尖头。花冠暗紫红色，全为管状花，花冠裂片裂至上筒部的基部，长约 3.8cm，筒部较檐部长约 2 倍。

子实　瘦果倒卵形，具 4 棱，长 2.5～3.5mm，淡褐色，无毛，略弯曲；冠毛羽状多层，黄白色，基部带褐色。

幼苗　子叶出土，阔椭圆形，全缘，基部楔形（图③）。下胚轴发达，上胚轴不发育。初生叶 1，椭圆形，缘具齿状刺毛。

生物学特性　根茎和种子繁殖。根状茎分布在地下，早春为发芽出苗高峰期。7～9 月进入开花期，边开花边结果。同时又可从水平生长的根茎上不断产生不定芽，形成新株。地下根茎被切断后，每段可长出新植株。种子有冠毛，通过风传播，也可以种子、根茎混入收获物、农家肥、基质等途径传播。生于田间、荒地、沟边、山野，为旱地农田中常见杂草。大刺儿菜与刺儿菜的主要区别是，大刺儿菜植株较高大，花序多数集生枝顶成伞房状。

分布与危害　大刺儿菜较抗寒，主要分布在东北、华北和西北地区的旱作物田，可危害玉米、大豆、马铃薯等秋熟作物，也危害春小麦、春油菜等夏熟作物。由于长期使用化学除草剂灭除一年生杂草，使大刺儿菜等多年生杂草发生量增大，危害逐渐加重，成为农田中难防除的恶性杂草。在黑龙江，大刺儿菜常和刺儿菜混生在南部、西部、东部地区，发生密度大的可超过 100 株 /m²。不同前茬作物和土壤类型对发生密度有影响。鸭跖草、刺儿菜（大刺儿菜）、苣荬菜等成为大豆主产区优势种群，俗称"三菜"，占杂草发生总量的 90% 以上，危害严重，防除困难。在青海，大刺儿菜主要分布在东部农业区的川水地区、浅山地区、半山半脑地区及部分脑山地区，是农田中的重要恶性杂草，局部地块发生危害严重。

防除技术　采用农业防治和化学防治相结合的综合利用等措施。

农业防治　精选种子，剔除杂草种子。加强植物检疫，种子调运时加强检疫，可减少杂草种子长距离传播。使用充分腐熟的有机肥，防治种子传入农田。合理轮作，大豆与禾谷类作物轮作可控制大刺儿菜等难防杂草的发生数量。适时耕作管理，采用伏秋深耕深翻、机械中耕、播前整地等措施，可以将多年生宿根性杂草的地下根茎翻出暴晒或冷冻，可减少刺儿菜等多年生杂草 70%～80% 的发生数量，切碎地下根茎诱导杂草出苗均匀，为化学除草创造条件。适当调整播期，可防除部分已发芽或已出土杂草，可减缓杂草的生长速度，提高化学除草效果。

化学防治　化学防治仍然是防除大刺儿菜最主要的技术措施。不同作物田使用的除草剂不同。大豆田在播后苗前土壤处理，可用异噁草松（大豆拱土期施药效果好）、唑嘧磺草胺、丙炔氟草胺等单剂或与精异丙甲草胺的混配剂；出苗的大刺儿菜进行茎叶处理，可用灭草松、氟磺胺草醚、咪唑乙烟酸等混配剂，在大豆苗后真叶期至 2 片复叶期施药效果好，加入喷雾助剂可提高防效。玉米田播后苗前土壤处理除草剂对刺儿菜防效均较低，因此，应选用苗后茎叶处理除

大刺儿菜植株形态（黄春艳摄）

①生境；②植株；③幼苗；④花序

草剂，可用二氯吡啶酸、氯氟吡氧乙酸、麦草畏、2 甲 4 氯、烟嘧磺隆、砜嘧磺隆、硝磺草酮、苯唑草酮或其混配剂。此外噻酮磺隆·异噁唑草酮复配剂在玉米 3～5 叶期使用防治效果良好。

综合利用　大刺儿菜全草入药，性味甘苦、凉，具有凉血、止血、消瘀散肿的功效，主治吐血、鼻出血、尿血、子宫出血、黄疸、疮痈。大刺儿菜嫩茎叶可食用，嫩茎叶烹调后，食疗效果最佳。

参考文献

关成宏，马红，董爱书，等，2010. 大豆田难治杂草防除技术进展 [J]. 现代化农业 (5): 5-6.

李扬汉，1998. 中国杂草志 [M]. 北京：中国农业出版社：285.

刘煜财，郑建波，李德春，等，2012. 26.7% 噻酮磺隆·异噁唑草酮悬浮剂对玉米田杂草防效及安全性 [J]. 农药，51(12): 912-914.

邱学林，郭青云，辛存岳，等，2004. 青海农田苣荬菜、大刺儿菜等多年生杂草发生危害调查报告 [J]. 青海农林科技 (4): 15-18.

王万霞，2008. 北部高寒区大豆田恶性杂草生长特点及化学防控技术 [J]. 杂草科学 (4): 41-42.

中国科学院中国植物志编辑委员会，1987. 中国植物志：第七十八卷 第一分册 [M]. 北京：科学出版社：127.

（撰稿：黄春艳；审稿：宋小玲）

大狗尾草　*Setaria faberi* Herrm.

秋熟旱作田一年生杂草。又名法氏狗尾草。英文名称 faber bristlegrass。禾本科狗尾草属。

形态特征

成株　高 120～160cm（图①）。秆直立或基部膝曲并具支柱根，较坚硬而高大，径达 6mm。叶鞘松弛，无毛，边缘具细纤毛；叶舌膜质，顶端呈密集纤毛，叶片长 10～40cm，宽 5～15mm，无毛或腹面具疣毛，先端渐尖细，基部钝圆或渐狭窄。圆锥花序紧呈圆柱状（图②），长 2～10cm、宽 6～10mm（刚毛除外），通常稍弯垂，主轴具柔毛；数枚小穗簇生；小穗椭圆形，长约 3mm。先端尖；刚毛粗糙，长 5～15mm；第一颖长为小穗的 1/3～1/2，广卵形，先端尖，具 3 脉；第二颖长约为小穗的 3/4，具 5 脉；第一小花外稃与小穗等长，具 5 脉；内稃极退化，膜质；第二小花椭圆形，先端尖，与小穗等长，具横皱纹，成熟后背部极膨胀隆起。

子实　颖果近卵形，腹面扁平，外紧包颖片和稃片，带稃颖果长约 3mm，其第二颖长为小穗的 3/4（图③）；表面具极细横皱纹，成熟后背部极为膨胀而隆起。

幼苗　子叶留土。第一片真叶线状披针形，长 2～3cm、宽 3～4mm，有 31 条直出平行脉，无毛；叶舌退化为一圈短纤毛；叶鞘边缘有长柔毛。以后出现的真叶为线形，其他与第一真叶相似。

生物学特性　一年生草本。种子繁殖。夏秋抽穗结实，花果期 6～10 月。大狗尾草出苗后数周开始分枝，一株健壮的大狗尾草可产生 20～30 个基生分枝和 10～20 个茎生分枝。

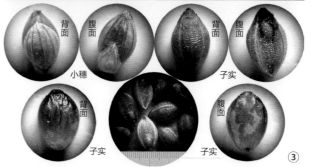

大狗尾草植株形态（①②强胜摄；③张治摄）
①群体植株；②花序；③子实

分布与危害　中国分布于东北、江苏、浙江、湖北、四川等地。主要分布在荒野及山坡上，较耐干旱。大狗尾草可危害玉米、大豆等作物的生长，主要与作物竞争光、水、肥，影响作物生长，造成玉米穗头变小，大豆单株结荚数量变少，其次是大豆每荚粒数减少和子粒变小。

国外报道大狗尾草对乙酰乳酸合成酶抑制剂、光合系统 PS Ⅱ 抑制剂、乙酰辅酶 A 羧化酶抑制剂等多种除草剂产生了抗药性。

防除技术　见狗尾草。

综合利用　大狗尾草全草或根入药，具有清热消疳、祛风止痛的功效。大狗尾草粗蛋白含量较高，钙磷比例适中，在孕穗以前，茎叶柔软，是马、牛、驴、羊等饲草；种子产量高，是各种畜禽的优质精饲料。大狗尾草可用来放牧，亦可刈割调制干草。

参考文献

陈洁，李玉双，庞莉莉，等，2015. 狗尾草属 5 种植物叶片的形态特征 [J]. 热带亚热带植物学报，23(5): 501-510.

郭峰，张朝贤，黄红娟，等，2011. 杂草对 ACCase 抑制剂的抗性，杂草科学，29(3): 1-6.

李扬汉，1998. 中国杂草志 [M]. 北京：中国农业出版社：1330-1331.

刘士阳，2011. 金狗尾草和大狗尾草对硝磺草酮耐药性差异研究 [D]. 北京：中国农业科学院.

龙迪，王彦辉，曾东强，2021. 杂草对光系统 II 抑制剂的抗药性研究进展 [J]. 分子植物育种，19(4): 1383-1392.

王建荣，邓必玉，李海燕，等，2010. 海南省禾本科药用植物资源概况 [J]. 热带农业科学，30(2): 13-18.

姚安庆，杨华春，2004. 异丙草胺·莠去津混配比例筛选及其悬乳剂的研究 [J]. 农药学学报，6(1): 93-96.

中国饲用植物志编辑委员会，1989. 中国饲用植物志：第四卷 [M]. 北京：中国农业出版社：114-116.

（撰稿：张宗俭、张鹏；审稿：宋小玲）

大果琉璃草　*Cynoglossum divaricatum* Steph. ex Lehm.

夏熟作物、秋熟旱作物田二年生或多年生杂草。又名展枝倒提壶、大赖毛子。英文名 divaricate houndstongue。紫草科琉璃草属。

形态特征

成株　株高 25～100cm（图①）。茎直立，中空，具肋棱，由上部分枝，分枝开展，被向下贴伏的柔毛。单叶互生；基生叶和茎下部叶长圆状披针形或披针形，长 7～15cm、宽 2～4cm，先端钝或渐尖，基部渐狭成柄，灰绿色，上下面均密生贴伏的短柔毛；茎中部及上部叶无柄，狭披针形，被灰色短柔毛。聚伞花序顶生及腋生（图②），长约 10cm，花稀疏，集为疏松的圆锥状花序；苞片狭披针形或线形；花梗细弱，结果时花梗伸长并下弯，密被贴伏柔毛；花萼长 2～3mm，外面密生短柔毛，5 裂，裂片卵形或卵状披针形，果期几不增大，向下反折；花冠蓝紫色，长约 3mm，檐部直径 3～5mm，5 深裂至下 1/3，裂片卵圆形，先端微凹，喉部有 5 个梯形附属物，附属物长约 0.5mm；花药卵球形，长约 0.6mm，着生花冠筒中部以上；花柱肥厚，扁平。

子实　小坚果卵形（图③），长 4.5～6mm、宽约 5mm，密生锚状刺，背面平，腹面中部以上有卵圆形的着生面。

生物学特性　大果琉璃草的叶被蜡质，减小蒸腾作用；主根粗壮且须根发达易吸收水分；内部结构疏导组织发达，水分运输高效快速。基于大果琉璃草的外部及内部形态特征，其对土壤、湿度、温度的要求较低，对环境的适应性很强，在草地、山坡、沙丘、石滩及路边都可以生长繁殖。种子及根蘖繁殖。花期 6～7 月，果期 8 月。

分布与危害　中国主要分布于黑龙江、辽宁、吉林、内蒙古、河北、陕西、山西、甘肃、江西、浙江、江苏、广东、四川、云南等地。海拔 100～3040m。生于干山坡、沙丘及沙地上。偶侵入果园和农田，数量较少，危害不重。大果琉璃草在内蒙古科尔沁右翼前旗农田中属较严重杂草；在其他地区的农田属一般杂草。

草场上生长的大果琉璃草果实具刺，成熟后常常附着在羊毛上，降低羊毛质量，影响草地经济效益。

防除技术　应采取包括农业防治、化学防治、综合利用相结合的方法。

农业防治　结合种子处理清除杂草的种子，并结合耕

大果琉璃草植株形态（周小刚摄）

①植株；②花序；③果实

翻、整地，消灭土表的杂草种子。实行定期的水旱轮作，减少杂草的发生。提高播种的质量，一播全苗，以苗压草。采用机械中耕除草，并把根茎带出田间集中销毁。草场中发生的大果琉璃草应在春季及时进行人工挖除，同时补播优良豆料牧草，既消灭杂草，又改良草场。

化学防治　不同作物田选择性应用合适的除草剂种类。在麦类作物田，可选用异丙隆、吡氟酰草胺等除草剂进行土壤封闭处理。也可选用氯氟吡氧乙酸、2甲4氯、麦草畏、苯磺隆、双氟磺草胺、唑嘧磺草胺，或者它们的复配剂如苯磺隆与氯氟吡氧乙酸、双氟磺草胺与唑嘧磺草胺、2甲4氯与双氟磺草胺等的复配剂进行茎叶喷雾处理。油菜田选用乙草胺、精异丙甲草胺、异噁草松等除草剂土壤封闭处理，草除灵、二氯吡啶酸茎叶处理。禾本科草原牧场中发生的可用苯达松或氯氨吡啶酸茎叶喷雾处理。

综合利用　根入药，用于清热解毒，主治扁桃体炎及疮疖痈肿。

参考文献

李扬汉，1998. 中国杂草志 [M]. 北京：中国农业出版社：125-126.

任鹏辉，李文龙，马现成，等，2015. 大果琉璃草生物学特性的初步研究 [J]. 内蒙古农业科技，43(2): 32-33, 71.

尹明浩，田向阳，陈青山，等，2003. 科右前旗农田杂草种类与分区研究 [J]. 内蒙古农业科技 (S2): 101-102.

中国科学院中国植物志编辑委员会，1989. 中国植物志：第六十四卷　第二分册 [M]. 北京：科学出版社：221.

（撰稿：刘胜男；审稿：宋小玲）

广西、海南等地；菲律宾、阿富汗、巴基斯坦、印度、泰国、斯里兰卡、马来西亚、孟加拉国、印度尼西亚、尼泊尔、突尼斯、毛里求斯、波多黎各、英国、美国等也有分布。为果园、园林树木一般性杂草。

大花菟丝子分布广，对寄主的选择性不强。在云南可寄生在66科161属181种植物上，其中木本植物有116种，草本植物有65种。在木本寄主中，有云南白杨、构树、桑树、红果树、合欢、刺槐、花椒等经济树种；花卉有九重葛、蜡梅、木香、蔷薇、九里香、素馨花、迎春花、女贞、夹竹桃、夜来香、金银花等园林观赏树种；果树有山楂、沙梨、棠梨、葡萄、石榴、荔枝、番石榴等。在草本寄主中，有紫茉莉、旱金莲、天竺葵、金刚纂、牵牛花、一串红、牛膝、茴香、马铃薯、南瓜、佛手瓜等。大花菟丝子在南洋杉、侧柏和禾本科植物上仅能进行营养生长，不能开花结实。蔷薇、苦刺、迎春花、女贞、夹竹桃、夜来香、接骨木等是大花菟丝子的最适寄主，在这些寄主上大花菟丝子不仅生长迅速，而且结实率高，子粒饱满。

防除技术

农业防治　见日本菟丝子。

人工防治　见日本菟丝子。

生物防治　半裸镰孢用玉米粉与河沙1：1培养基产孢较优，可作为生防菌种。在室内，喷施半裸镰孢的孢子悬浮液到寄生在盆栽寄主上的大花菟丝子上，一周内大花菟丝子藤茎全部感病死亡，而寄主未见受侵染。

化学防治　同或见日本菟丝子。

注意事项：果树新梢嫩叶期、开花结果期不能喷药，以

大花菟丝子　*Cuscuta reflexa* Roxb.

园林、果树一年生寄生性杂草。又名云南菟丝子、金丝藤、红无娘藤、黄藤草、无根花等。英文名 giant dodder。旋花科菟丝子属。

形态特征

成株　茎缠绕，粗壮，直径2～3mm，黄绿色，有褐斑，无叶（图①②）。花较大（图③），形成总状或圆锥状花序，花梗和花序轴均具褐斑或小瘤；花萼杯状，5深裂，裂片宽卵形，先端钝；花冠筒状，白色或淡黄色，长5～9mm，裂片三角状卵形，常向外反折，有时直立，早落，鳞片长圆形，长达冠筒中部，边缘具细短而密的流苏。雄蕊着生于花冠喉部，花丝很短，花药长卵形，柱头2，舌状长圆形，花柱1，极短。

子实　蒴果圆锥状球形，成熟时呈方形，顶端钝，直径达1cm，果皮稍肉质，周裂；种子较大，长约4mm，长圆形，喙不明显，种皮呈黑褐色，种脐线形。

生物学特性　一年生茎寄生性缠绕杂草。喜光，多寄生于海拔900～2800m的路边、山谷阳坡的乔灌木上。以种子繁殖为主，断茎也能进行无性营养繁殖。侵染循环类似于日本菟丝子。

分布与危害　中国分布于湖南、四川、云南、西藏、广东、

大花菟丝子植株形态（马跃峰摄）

①寄生危害状；②藤茎吸盘；③花序

免产生药害。宣传普及菟丝子的危害性，不随意将菟丝子藤茎乱挂乱丢于农作物或园林树木上。严禁将感染菟丝子的苗木种子长途运输，以防传播。

综合利用　大花菟丝子具有止痉、抗惊厥、抗类固醇生成、降血压、助肌肉松弛、强心、利尿、抗病毒、抗菌、抗氧化以及助毛发生长等一系列药用作用。从大花菟丝子中提取的有效化学成分有岩白菜素、阿马别林、β-谷甾醇、豆甾醇、山奈酚、半乳糖醇、杨梅酮、槲皮素、香豆素和齐墩果酸等。

参考文献

李扬汉，1998. 中国杂草志 [M]. 北京：中国农业出版社：491.

梁帝允，张治，2013. 中国农区杂草识别图册 [M]. 北京：中国农业科学技术出版社：287.

马跃峰，郭成林，马永林，等，2013. 广西园林菟丝子发生危害情况调查与分析 [J]. 南方农业学报，44(12)：2001-2006.

中国科学院植物研究所，1974. 中国高等植物图鉴：第三册 [M]. 北京：科学出版社：523.

（撰稿：马跃峰；审核：范志伟）

大狼杷草　*Bidens frondosa* L.

水田、秋熟旱地一年生湿生杂草。又名大狼把草、接力草、外国脱力草。英文名 bevil's beggarticks。菊科鬼针草属。

形态特征

成株　株高 80～150cm（图①②）。茎直立，略成四棱形，上部多分枝，常带紫色。叶对生，奇数羽状复叶；下部叶柄长达 8cm，至茎上部渐短；小叶 3～5 枚，茎中部、下部复叶基部的小叶又常 3 裂，小叶披针形至长圆状披针形，长 3～9.5cm、宽 1～3cm，基部楔形或偏斜，顶端尾尖，边缘具胼胝尖的粗锯齿，叶背被稀疏的短柔毛。头状花序，单生于茎顶及枝端（图③）；总苞半球形，外层总苞片 7～12 枚，倒披针状线形或长圆状线形，长 1～2cm，叶状，开展，边缘有纤毛；花序全为两性管状花，花柱 2 裂，裂片顶端有三角形、着生细硬毛的附器。

子实　瘦果楔形，扁平，长 5～9mm，顶部宽 2.1～2.3mm，被糙伏毛（图④）；顶端芒刺 2，长 3～3.5mm，上有倒刺毛。

幼苗　子叶出土，带状，先端钝圆，全缘，叶基阔楔形，具长柄。下胚轴与上胚轴均非常发达，并带紫红色。初生叶 2 片，对生，三出式羽状复叶，基部一对小叶小，顶小叶长卵圆状，无毛，具长柄。后生叶与初生叶相似（图⑤）。

生物学特性　苗期 4～5 月，花果期 7～10 月。种子繁殖，以瘦果芒刺上的倒刺毛钩于牲畜体毛以及交通工具和农产品调运等传播扩散。适应性强，喜于湿润的土壤上生长，生长在荒地、路边和沟边，在低洼的水湿处及稻田的田埂上生长更多（图①）。大狼杷草植株中含有大量酚类和黄酮类物质，具有较强的化感作用，其醇提物和水提物对北美车前、胜红蓟和鸡眼草的种子萌发、幼苗生长和干重均有显著抑制作用。

分布与危害　原产北美洲，现在西欧、俄罗斯和日本也有分布。通过旅行或农产品贸易无意引入中国东部。1926 年 9 月在江苏采集到标本，保存于中国科学院植物研究所标本馆。现中国分布于黑龙江、吉林、辽宁、河北、安徽、浙江、江苏、湖南、云南等地。适应性强，发生于水田、秋熟旱作物田、果园、沟渠岸边，在低洼的水湿处及稻田的田埂上生长更多。在旱直播稻田中，常入侵田中大量发生，但在一般情况下发生量小，危害轻，是一般性杂草。

大狼杷草植株形态（张治摄）

①群落；②植株；③花；④子实；⑤幼苗

防除技术

化学防除　可使用防除阔叶杂草的除草剂如苄嘧磺隆、吡嘧磺隆、乙氧氟草醚、噁草酮、丙炔噁草酮、苯达松、氯氟吡氧乙酸、五氟磺草胺、嘧啶肟草醚、氟吡磺隆、环胺嘧磺隆、双草醚等。

综合利用　全草入药，有强壮、清热解毒的功效；主治体虚乏力、盗汗、咳血、痢疾和疳积等症。也可用于修复重金属污染土壤，其幼苗对有机污染物三氯生和重金属镉、铅、锰、锌具有较好的吸附能力。大狼把草具有较强的耐污能力，在 50～200mg/L 的氨氮浓度范围的废水中都能生长，适合用于去除畜禽养殖废水中的污染物，起到较好的净化效果。

参考文献

李扬汉，1998. 中国杂草志 [M]. 北京：中国农业出版社 .

王岸英，张玉茹，2002. 菊科 8 种鬼针草属 (Bidens L.) 杂草种子的鉴别 [J]. 吉林农业大学学报，24(3): 57-59.

王翌臣，王焕军，张玲，等，2018. 大狼把草的化学成分液质联用快速鉴定分析 [J]. 中国实验方剂学杂志，24(17): 80-87.

徐海根，强胜，2018. 中国外来入侵生物 [M]. 修订版 . 北京：科学出版社 .

闫小红，曾建军，周兵，等，2012. 外来入侵植物大狼把草提取物的化感潜力 [J]. 扬州大学学报 (农业与生命科学版)，33(2): 88-94.

张彩莹，王妍艳，王岩，2011. 大狼把草对猪场废水中污染物的净化效果 [J]. 农业工程学报，27(4): 264-268.

（撰稿：杨向宏、强胜；审稿：纪明山）

大米草　*Spartina anglica* Hubb.

原产英国滨海湿地的多年生外来入侵杂草。英文名 common cordgrass。禾本科米草属。

形态特征

成株　高 20～150cm（图①）。根有两类：一为长根，数量较少，不分枝，入土深度可达 1m 以下；另一为须根，向四面伸展，密布于 30～40cm 的土层内。具根状茎；丛径 1～3m；秆直立，不易倒伏。叶舌为一圈密生的纤毛，叶片

大米草植株形态（曲波摄）

①群落；②叶片；③叶舌和叶耳；④蘖生幼苗；⑤花序；⑥小穗；⑦子实

狭披针形（图②③），宽 7～15mm，被蜡质，光滑，两面均有盐腺。花序长 7～11cm，劲直而靠近主轴（图⑤），先端常延伸成芒刺状，穗轴具 3 棱，无毛，2～6 枚总状着生于主轴上；小穗单生，长卵状披针形，疏生短柔毛，长 14～18mm，无柄，成熟时整个脱落（图⑥）；第一颖草质，先端长渐尖，长 6～7mm，具 1 脉；第二颖先端略钝，长 14～16mm，具 1～3 脉；外稃草质，长约 10mm，具 1 脉，脊上微粗糙；内稃膜质，长约 11mm，具 2 脉；花药黄色，长约 5mm，柱头白色羽毛状；子房无毛。

子实　颖果圆柱形（图⑦），长约 10mm，光滑无毛，胚细长，与胚乳近等长，约 10mm，宽约为颖果的 1/3。

幼苗　实生苗较少，主要以蘖生苗为主。基部腋芽可萌发新蘖，地下茎在土层中横向生长，然后弯曲向上生长，形成新株（图④）。

生物学特性　生于潮水能经常到达的海滩沼泽中。对温度适应范围广，从中国辽宁东港至广东电白均能生长。以种子和根状茎越冬繁殖。

大米草是宿根性强的草本植物，根系发达，耐盐、耐淹，能在其他植物不能生长的潮水经常淹到的海滩中潮带生长，也可在淡水、淡土、软硬泥滩和沙滩地上生长。对土壤的适应范围广，在黏土、壤土、粉沙和砂土中均能生长。在正常海水盐浓度和海滩土壤含盐量情况下，均能生长正常，能耐 6%～7% 的含盐量。种子胎生，结实率低，基本上无休眠期，室温下 7～10 周即失去活力，但储存在 5℃ 水面上的种子寿命可超过 1 年，在淡水中萌发最快。

适应泥沙淤埋的能力较强，其地下茎和地上茎能随海滩泥沙淤积相应生长，根系纵横交错，特别发达。嫌气条件下，根系不易腐烂，根区细菌多。

春季返青早，12℃ 以上生长迅速。冬季，在南方部分地区，其地下茎继续生长，植株仍能分蘖。花期长，5～11 月陆续开花，10～11 月种子成熟，入冬后逐渐枯死。

分布与危害　原产英国南海岸，是欧洲海岸米草和美洲米草的天然杂交种。20 世纪 60 年代开始引入中国部分沿海地区以保滩护岸、改良土壤、促淤造陆等，其逸生野化种群形成入侵。20 世纪 90 年代，出现了严重自然衰退，表现植株矮化，生长发育极不正常，生物量减少和有性繁殖基本丧失。2020 年，中国分布于辽宁、河北、山东、江苏、福建和广东的海岸带。通过人类活动或借助自然力量扩散传播。在原引种地以外地段滋生蔓延，形成优势种群，排挤其他植物，影响入侵地区的鸟类、鱼、贝、虾等，还影响海水交换能力，导致水质下降并诱发赤潮，堵塞航道，影响各类船只出港，造成生物多样性降低和生态系统退化。伴随种群扩张，大米草改变了当地自然环境和生态系统过程，严重威胁引入地的生态、经济及社会安全。

防除技术　应采用物理、化学及二者相结合的方法，也可考虑综合利用等措施。

物理防治　面积较小的大米草可人工打捞、割除或拔除；对滩涂上面积较大的大米草可以使用轻型履带车碾压，将大米草压进淤泥里；也可采用遮盖、水淹、火烧等方法遏制大米草的生长。

化学防治　对除草剂的生态安全性要求较高。吡氟甲禾灵能有效控制大米草蔓延，施用浓度 1.5%，在一个生长季内喷施 2 次，防效可达 95%。也可在大米草扬花期，喷施米草败育剂，0.3kg/hm² 的用量可以使大米草 100% 败育。药剂清除大米草后再种植芦苇，后者形成茂密种群有效抑制大米草的再次侵入。

综合利用　开发用于防浪、防潮、生活污水净化，打捞后可作饲料，也可作为能源材料提取"生物柴油"和黄酮类等化学物质。

参考文献

刘建，杜文琴，马丽娜，等，2005. 大米草人工败育技术研究 [J]. 海洋环境科学，24(4): 45-47.

刘琳，安树青，智颖飙，等，2016. 不同土壤质地和淤积深度对大米草生长繁殖的影响 [J]. 生物多样性，24(11): 1279-1287.

仇伟传，朱文荣，2015. 沿海滩涂"大米草"机械化治理技术研究 [J]. 农业机械 (19): 67-69.

吴贤锋，刘远，高承芳，等，2020. 大米草不同精粗比饲粮对福清山羊日增重、血液生化指标的影响 [J]. 中国草食动物科学，40(1): 80-82.

闫茂华，薛华杰，陆长梅，等，2006. 中国米草生态工程的功与过 [J]. 生物学杂志，23(5): 5-8.

张秀玲，2007. 米草属引入中国海岸带的利弊分析 [J]. 生态学杂志，26(11): 1878-1883.

曾俊棋，岳万福，2015. 大米草饲料资源开发的研究进展 [J]. 畜牧与饲料科学，36(11): 38-39.

左平，刘长安，赵书河，等，2009. 米草属植物在中国海岸带的分布现状 [J]. 海洋学报（中文版），31(5): 101-111.

HUBBARD J C E, 1968. Grasses [M]. 2nd ed. London: Penguin Books.

（撰稿：曲波；审稿：冯玉龙）

大披针薹草　*Carex lanceolata* Boott

园地、林地多年生草本。英文名 big lanceolate sedge。莎草科薹草属。

形态特征

成株　高 10～35cm（图①）。根状茎粗壮，斜生。秆密丛生，纤细，粗约 1.5mm，扁三棱形，上部稍粗糙。叶初时短于秆，后渐延伸，与秆近等长或超出，平张，宽 1～2.5mm，质软，边缘稍粗糙，基部具紫褐色分裂呈纤维状的宿存叶鞘；苞片佛焰苞状，苞鞘背部淡褐色，其余绿色具淡褐色线纹，腹面及鞘口边缘白色膜质，下部的在顶端具刚毛状的短苞叶，上部的呈突尖状。小穗 3～6 个，彼此疏远（图②～④）；顶生的 1 个雄性，线状圆柱形，长 5～15mm、粗 1.5～2mm，低于其下的雌小穗或与之等高；侧生的 2～5 个小穗雌性，长圆形或长圆状圆柱形，长 1～1.7cm，粗 2.5～3mm，有 5～10 余朵疏生或稍密生的花；小穗柄通常不伸出苞鞘外，仅下部的 1 个稍外露；小穗轴微呈"之"字形曲折。雄花鳞片长圆状披针形，长 8～8.5mm，顶端急尖，膜质，褐色或褐棕色，具宽的白色膜质边缘，有 1 条中脉；雌花鳞片披针形或倒卵状披针

大披针薹草植株形态（赵良成摄）
①植株；②③④花序；⑤种子

形，长 5～6mm，顶端急尖或渐尖，具短尖，纸质，两侧紫褐色，有宽的白色膜质边缘，中间淡绿色，有 3 条脉。5～6 月于丛叶间抽出茎秆并开花，6～7 月子实成熟。

子实　果囊明显短于鳞片，倒卵状长圆形，钝三棱形（图⑤），长约 3mm，纸质，淡绿色，密被短柔毛，具 2 侧脉及若干隆起的细脉，基部骤缩成长柄，顶端圆，具短喙，喙口截形。小坚果倒卵状椭圆形，三棱形，长 2.5～2.8mm，基部具短柄，顶端具外弯的短喙；花柱基部稍增粗，柱头 3 个。

生物学特性　生于草坡、林下、路旁、林缘草地、阳坡干燥草地，海拔 110～2300m。是黄土高原森林区、森林草原区和草原区广泛分布的群落优势伴生种，为林下草本层的优势种。

耐阴喜湿，适宜生长在雨量充足、气候凉爽的地区，有较强的适应性，耐瘠薄力较强，耐寒耐热力强。

分布与危害　中国主要分布于黑龙江、吉林、辽宁、内蒙古、河北、山西、陕西、甘肃、山东、江苏、安徽、浙江、江西、河南、四川、贵州、云南等地。是农田田埂、林地等常见杂草之一。

防除技术　生活力强，应采取农业防治为主的防除技术和综合利用等措施。

农业防治　在春耕时铲除田岸、路边、旱地的大披针薹草丛，并挖掘其根系，清除残留在土壤中的大、小根系，以达到彻底清除的目的。

综合利用　茎叶可造纸，嫩叶可作饲料。返青早，幼嫩时期适口性好，是早春优良牧草。牛、马春夏季喜食，羊在整个生长季均喜食。但随着生长，草质变得粗糙，适口性降低。从化学成分看，植株内钙的含量较高。

参考文献

陈美玲，上官周平，2008. 黄土高原子午岭大披针薹草能量与养分特征 [J]. 应用生态学报，19(1): 50-56.

（撰稿：赵良成；审稿：张志翔）

大青　*Clerodendrum cyrtophyllum* Turcz.

林地灌木或小乔木杂草。又名路边青、土地骨皮、山靛青、淡婆、羊味青。英文名 manyflower glorybower。马鞭草科大青属。

形态特征

成株　灌木或小乔木，高 1～10m（图①）。幼枝被短柔毛，枝黄褐色，髓坚实；冬芽圆锥状，芽鳞褐色，被毛。叶片纸质（图②），椭圆形、卵状椭圆形、长圆形或长圆状披针形，长 6～20cm、宽 3～9cm，顶端渐尖或急尖，基部圆形或宽楔形，通常全缘，两面无毛或沿脉疏生短柔毛，背面常有腺点，侧脉 6～10 对；叶柄长 1～8cm。伞房状聚伞花序，生于枝顶或叶腋（图③④），长 10～16cm、宽 20～25cm；苞片线形，长 3～7mm；花小，有橘香味；萼杯状，外面被黄褐色短茸毛和不明显的腺点，长 3～4mm，顶端 5 裂，裂片三角状卵形，长约 1mm；花冠白色，外面疏生细毛和腺点，花冠管细长，长约 1cm，顶端 5 裂，裂片卵形，长约 5mm；雄蕊 4，花丝长约 1.6cm，与花柱同伸出花冠外；子房 4 室，每室 1 胚珠，常不完全发育；柱头 2 浅裂。

子实　果实球形或倒卵形，径 5～10mm，绿色，成熟时蓝紫色，为红色的宿萼所托。

生物学特性　喜温暖、湿润、阳光充足的环境，不耐寒，抗热性较好，要求肥沃、疏松和排水良好的砂质土壤，在贫瘠土地上生长不良，适宜的土壤 pH4.2～7.1。在安徽 4 月中旬发芽返青、6 月现蕾开花，9～10 月种子成熟，11 月中旬开始落叶枯黄，花果期 6 月至翌年 2 月。以种子繁殖。喜生于海拔 1700m 以下的平原、丘陵、山地林下或溪谷旁，常与黄山大青、映山红等形成稀疏的灌木层片。

分布与危害　分布于华东、中南和西南（四川除外）各地。大青为其分布区内人工林常见的木本杂灌之一，常与幼苗期的或浅根系的人工林争夺水分和养分。

防除技术　应采取包括农业防治、生物防治和化学防治相结合的方法。此外，也应该考虑大青做药用、饲料、绿化观赏、绿肥或薪炭用柴综合措施与利用等，以降低大青对人工林的危害。

农业防治　使用机械工具，耕翻林内土地，使大青植株连根拔起，达到根除的目的。收获的植株可以作为牲畜越冬的饲料，或用作绿肥，或用作薪炭用柴。由于大青的叶柔嫩多汁，牛、羊等牲畜多采食。大青叶营养丰富，相关地区可用大青叶来喂食或放养牲畜，以降低大青对人工林的危害。

综合利用　由于大青可以做药用和绿化观赏等，通过综合利用可以不同程度降低大青对人工林的危害。大青的叶含有大青苷（cyrtophyllin）、蜂花醇（melissylalcohol）、半乳糖醇（galactitol）、正二十五烷（n-pentacosane）、γ- 谷甾醇（γ-sitosterol）、异戊二烯聚合体（isoprene polymer）、豆甾醇（stimasterol）；鞣质及黄酮等。大青入药后称"大青叶"，味苦，性寒。有清热解毒、消炎镇痛、祛风除湿的功能。用于治疗感冒高烧、流脑、乙脑、偏头痛、高血压、肠炎痢疾、喉痹肿痛、风湿性关节炎、痈疖丹毒及蛇虫咬伤。其药理为抗炎、利尿、退热和抗菌。因此，大青产地采收人工林下的大青叶作为中药，也会降低大青对人工林的危害。大青花白色，果圆球形，成熟时蓝色，为优良的观赏花卉，可丛植于庭园，也可盆栽观赏。因此大量采挖、销售人工林内的大青幼苗，也是一种减轻大青对人工林危害的途径。

参考文献

陈默君，贾慎修，2002. 中国饲用植物 [M]. 北京：中国农业出版社 .

梁帝允，张治，2013. 中国农区杂草识别图册 [M]. 北京：中国农业科学技术出版社 .

强胜，2009. 杂草学 [M]. 2 版 . 北京：中国农业出版社 .

肖培根，连文琰，1999. 中药植物原色图鉴 [M]. 北京：中国农业出版社 .

大青植株形态（闫双喜摄）
①植株；②叶形；③④花序

邢福武，曾庆文，陈红锋，等，2009. 中国景观植物 [M]. 武汉：华中科技大学出版社.

闫双喜，李永，王志勇，等，2016. 2000 种观花植物原色图鉴 [M]. 郑州：河南科学技术出版社.

闫双喜，刘保国，李永华，2013. 景观园林植物图鉴 [M]. 郑州：河南科学技术出版社.

（撰稿：闫双喜；审稿：张志翔）

大油芒 *Spodiopogon sibiricus* Trin.

是林地、农田、田埂多年生杂草。又名大荻、山黄管。英文名 siberia spodiopogon。禾本科大油芒属。

形态特征

成株　高 70～150cm（图①）。具质地坚硬的根状茎。秆直立，通常单一，具 5～9 节。叶鞘大多长于其节间，无毛或上部生柔毛，鞘口具长柔毛；叶舌干膜质，截平，长 1～2mm；叶片线状披针形，长 15～30cm（顶生者较短）、宽 8～15mm，顶端渐尖，基部渐狭，中脉粗壮隆起，两面贴生柔毛或基部被疣基柔毛。圆锥花序长 10～20cm，主轴无毛，腋间生柔毛（图②③）；分枝近轮生，下部裸露，上部单纯或具 2 小枝；总状花序长 1～2cm，具有 2～4 节，节具髯毛，两侧具长纤毛，背部粗糙，顶端膨大成杯状；小穗长 5～5.5mm、宽披针形，草黄色或稍带紫色，基盘具长约 1mm 之短毛；雄蕊 3 枚，花药长约 2.5mm，第二小花两性，外稃顶端深裂，自 2 裂片间伸出一芒；芒长 8～15mm，中部膝曲；芒柱栗色，扭转无毛，稍露出于小穗之外；内稃顶端尖，下部宽大，短于其外稃，无毛；柱头棕褐色，长 2～3mm，帚刷状，近小穗顶端两侧伸出。

子实　颖果长圆状披针形，棕栗色，长约 2mm，胚长约为果体之半。花果期 7～8 月。

生物学特性　大油芒再生性强，返青早，喜生于向阳的石质山坡或干燥的沟谷底部，也散生在固定沙丘上。生长迅速，特别在向阳坡或草甸草原，可以形成小片单种群落，在森林区的阳坡，森林破坏和撂荒后可以大量生长，成为植被演替的根茎禾草阶段。对土壤要求不严，在干旱贫瘠的土壤上也可以生长良好。广泛分布在亚洲北部的温带区域，在中国，以华北地区最为普遍。

分布与危害　中国主要发生在云南、贵州、四川、江苏、浙江、江西、湖南、福建、台湾、广东、广西、海南等地。是农田田埂、旱地、人工林地等的主要杂草之一。

防除技术　应采取农业防治为主的防除技术和综合利用等措施，非农田可用草甘膦、草铵膦防除。

农业防治　在春耕时铲除田岸、路边、旱地的大油芒丛，并挖掘其根系，彻底清除残留在土壤中的大、小根系，以达到彻底清除的目的。

综合防治　大油芒的嫩叶是牛、马、羊的青饲料，因此结合田岸管理，培育大油芒青草饲料，发展养牛业，增加农业收入。此外，秆纤维用途较广，作造纸原料等。

参考文献

中国科学院中国植物志编辑委员会，1990. 中国植物志：第十卷第二分册 [M]. 北京：科学出版社.

（撰稿：郑宝江；审稿：张志翔）

大油芒植株形态（周繇摄）

①植株；②花序；③花序特写（部分）

淡竹叶 *Lophatherum gracile* Brongn.

农田和人工林中的多年生杂草。英文名 common lophantherum。禾本科淡竹叶属。

形态特征

成株　高 30～80cm（图①）。多年生，须根中部膨大呈纺锤形小块根。茎直立，稀疏丛生，5～6 节。叶鞘长于其节间（图②），叶鞘平滑或外侧边缘具纤毛；叶片质硬，长 0.1cm，褐色，背有糙毛；叶片披针形，长 6～20cm、宽 1.5～2.5cm，具横脉，有时被柔毛或疣状小刺毛，基部收窄成柄状。圆锥花序长 12～25cm，分枝斜升或开展，长 5～10cm；小穗线状披针形，长 0.7～1.2cm、宽 0.15cm，具极短柄；颖顶端钝，具 5 脉，第一颖长 0.3cm，第二颖长 0.5cm；第一外稃长 0.6cm、宽 0.3cm，具 7 脉，顶端具尖头，内稃

淡竹叶植株形态（刘仁林摄）
①株形和生境；②叶及叶鞘；③果序

《全国中草药汇编》编写组，1978. 全国中草药汇编：下册 [M].
北京：人民卫生出版社．

中国科学院中国植物志编辑委员会，2002. 中国植物志：第九
卷 第二分册 [M].北京：科学出版社．

（撰稿：刘仁林；审稿：张志翔）

倒提壶 *Cynoglossum amabile* Stapf et Drumm.

夏熟作物田多年生杂草。又名狗尿蓝花、蓝布裙、粘粘草、牛舌头花。英文名 Chinese forget-me-not。紫草科琉璃草属。

形态特征

成株　株高 15～60cm（图①②）。茎直立，上部分枝，密生贴伏短柔毛。单叶互生；基生叶具长柄，长圆状披针形或披针形，长 5～20cm（包括叶柄）、宽 1.5～4cm，两面密生短柔毛；茎生叶长圆形或披针形，无柄，长 2～7cm，侧脉极明显。聚伞花序顶生或腋生，分枝紧密，向上直伸，集为圆锥状，无苞片（图③）；花序分枝与主轴成锐角；花梗长 2～3mm，果期稍增长；花萼长 2.5～3.5mm，外面密生柔毛，5 深裂，裂片卵形或长圆形，先端尖；花通常蓝色，稀白色，长 5～6mm，檐部直径 8～10mm，5 裂，裂片圆形，长约 2.5mm，有明显的网脉，喉部具 5 个梯形附属物，附属物长约 1mm；花丝长约 0.5mm，着生花冠筒中部，花药长圆形，长约 1mm；花柱线状圆柱形，与花萼近等长或较短。

子实　小坚果卵形，长 3～4mm，背面微凹，密生锚状刺，边缘锚状刺基部连合，成狭或宽的翅状边，腹面中部以上有三角形着生面（图④）。

生物学特性　生海拔 1250～4565m 山坡草地、山地灌丛、干旱路边及针叶林缘。种子繁殖。花果期 5～9 月。

倒提壶属于重金属镉低积累植物，适合在中国西南高海拔地区生长，可以考虑作为镉污染农田安全利用经济植物。

分布与危害　中国产云南、贵州西部、西藏西南部至东南部、四川西部及甘肃南部。不丹也有分布。可侵入玉米、油菜、小麦等农作物田以及中药材、亚麻、果园等经济作物田，危害程度轻至中等。

防除技术　应采取包括农业防治、生物防治、化学防治、综合利用相结合的方法。

农业防治　结合种子处理清除杂草的种子，并结合耕翻、整地，消灭土表的杂草种子。实行定期的水旱轮作，减少杂草的发生。提高播种的质量，一播全苗，以苗压草。通过玉米田养鹅技术，利用鹅的啄食和踩踏，可以一定程度控制倒提壶的危害。

化学防治　可以针对不同夏熟作物种类选取针对性的茎叶处理除草剂品种。麦类作物田可选用麦草畏、2,4- 滴二甲胺盐、氯氟吡氧乙酸，乙酰乳酸合成酶抑制剂双氟磺草胺，原卟啉原氧化酶抑制剂唑草酮等茎叶喷雾处理。油菜田选用激素类草除灵、二氯吡啶酸等，进行茎叶处理可以在一定程度上抑制倒提壶地上部生物量。休耕期的作物田、果园、苗圃、草坪等地的倒提壶也可通过定向喷施或涂抹草甘膦防治。

较短，其后具长 0.3cm 的小穗轴；不育外稃向上渐狭小，互相密集包卷，顶端具长 0.2cm 短芒。雄蕊 2 枚（图③）。

子实　颖果长椭圆形。

生物学特性　适宜水田、沼泽和田岸或路边，在撂荒水田、农田边危害较严重。以种子繁殖为主，兼有很强的营养器官繁殖特性，能迅速通过茎节产生不定根和芽而繁殖。南方森林边缘和疏林内或路边也常见分布。花果期 6～10 月。

分布与危害　中国主要分布于江苏、安徽、浙江、江西、福建、台湾、湖南、广东、广西、四川、云南等地。是林地、农田边的常见杂草之一。

防除技术　应采取农业防治为主的防除技术和综合利用措施。

农业防治　在春耕时节铲除田边、农田和人工林中的淡竹叶，并挖掘其全部根系，以达到彻底清除的目的。

化学防治　选用除草剂氟吡甲禾灵、盖草能、草甘膦、草铵膦防除。4～5 月嫩草期喷施。

综合利用　淡竹叶可药用。嫩叶为清凉解热药，晒干代茶叶饮用；小块根也作药用。

因此可采用规范管理技术，清除其周围杂草、松土、修剪，收获全株，增加收入。

参考文献

罗瑞献，1992. 实用中草药彩色图集：第一册 [M]. 广州：广东科技出版社．

倒提壶植株形态（周小刚摄）

①苗期植株；②成株；③花序；④果实

综合利用　倒提壶花朵浓密、花色艳丽，可种植在园林中岩石园、草坪边缘、路边，具有较高的观赏价值。根及全草入药，清热利湿，散瘀止血，止咳等。

参考文献

李扬汉，1998. 中国杂草志 [M]. 北京：中国农业出版社：125.

连中学，赵惠，王文仙，等，2016. 松鸣岩地区中药材田间常见杂草种类调查 [J]. 甘肃农业科技 (2)：58-61.

张龙，张云霞，宋波，等，2020. 云南兰坪铅锌矿区优势植物重金属富集特性及应用潜力 [J]. 环境科学，41(9)：4210-4217.

张宇阳，沙志鹏，关法春，等，2014. 玉米田养鹅措施对杂草群落生态特征的影响 [J]. 生物多样性，22(4)：492-501.

中国科学院中国植物志编辑委员会，1989. 中国植物志：第六十四卷 第二分册 [M]. 北京：科学出版社：225.

（撰稿：刘胜男；审稿：宋小玲）

稻槎菜 *Lapsanastrum apogonoides* (Maxim.) Pak & K. Bremer

夏熟作物田一二年生杂草。又名稻搓菜。英文名 common nipplewort。菊科稻槎菜属。

形态特征

成株　高 7～20cm（图①②）。矮小草本，茎细，自基部发出多数或少数的簇生分枝及莲座状叶丛；全部茎枝柔软，被细柔毛或无毛。基生叶全形椭圆形、长椭圆状匙形或长匙形，长 3～7cm，宽 1～2.5cm，大头羽状全裂或几全裂，有长 1～4cm 的叶柄，顶裂片卵形、菱形或椭圆形，边缘有极稀疏的小尖头，或长椭圆形而边缘大锯齿，齿顶有小尖头，侧裂片 2～3 对，椭圆形，边缘全缘或有极稀疏针刺状小尖头；茎生叶少数，与基生叶同形并等样分裂，向上茎叶渐小，不裂。全部叶质地柔软，两面同色，绿色，或下面色淡，淡绿色，几无毛。头状花序小，果期下垂或歪斜，少数（6～8 枚）在茎枝顶端排列成疏松的伞房状圆锥花序，花序梗纤细，总苞椭圆形或长圆形，长约 5mm；总苞片 2 层，外层卵状披针形，长达 1mm、宽 0.5mm，内层椭圆状披针形，长 5mm、宽 1～1.2mm，先端喙状；全部总苞片草质，外面无毛。舌状小花黄色，两性（图③）。

子实　瘦果淡黄色，稍压扁，长椭圆形或长椭圆状倒披针形，长 4.5mm、宽 1mm，有 12 条粗细不等细纵肋，肋上有微粗毛，顶端两侧各有 1 枚下垂的长钩刺，无冠毛（图④）。

幼苗　子叶出土，阔卵形，顶端圆钝，全缘，具柄。第一片真叶卵圆形，全缘，具柄；第二片真叶与第一片真叶相似（图⑤⑥）。

生物学特性　种子繁殖。在长江流域，于秋、冬季出苗，花果期翌年 4～6 月。喜湿，生于水稻后茬菜田、油菜田等田间及田埂和沟边、潮湿荒地等。

分布与危害　中国分布于华东、华中、华南、西南各地及河南南部地区等；朝鲜、韩国、日本、美国也有分布。可在稻茬油菜田、小麦田、马铃薯田形成较重的草害，长江中下游地区多发于稻、麦或稻、油轮作田，稻槎菜与早熟禾、

D

稻槎菜植株形态（①～③陈国奇摄；④～⑥张治摄）
①生境；②植株；③花序；④果实；⑤⑥幼苗

阿拉伯婆婆纳等杂草在部分区域危害严重，防除较困难，对小麦生产造成严重危害，为区域性优势杂草。安徽南部草害区以稻麦轮作种植模式为主，气候湿润，日本看麦娘、看麦娘、菵草、稻槎菜相对优势度高。稻槎菜是黄淮海地区稻茬小麦田优势杂草，主要发生于河南南部。

防除技术　在稻槎菜种子库庞大的作物田，夏熟作物播种前可采用深翻耕处理控制其出苗基数。稻、麦或稻、油轮作改为旱作轮作，可改变稻槎菜的生存环境，降低危害。稻秸秆冬季覆盖还田对稻槎菜的发生有抑制效应。

化学防除　根据除草剂产品标签，麦田可使用吡氧酰草胺、乙草胺、噻吩磺隆、氯吡嘧磺隆、呋草酮等单剂或相关复配剂在播后苗前进行土壤封闭处理。麦田在冬前或早春杂草齐苗后，可用激素类氯氟吡氧乙酸、2甲4氯、麦草畏，乙酰乳酸合成酶抑制剂苯磺隆、双氟磺草胺、唑嘧磺草胺，或者它们的复配剂如苯磺隆与氯氟吡氧乙酸、双氟磺草胺与唑嘧磺草胺、2甲4氯与双氟磺草胺等复配剂进行茎叶喷雾处理。在春小麦3～5叶期、稻槎菜2～4叶期时用激素类除草剂二氯吡啶酸进行茎叶喷雾处理，防除效果好。

油菜田出苗后的稻槎菜在3～5叶期可用激素类除草剂二氯吡啶酸进行茎叶喷雾处理。春油菜田可用二氯吡啶酸与草除灵的复配剂进行茎叶喷雾处理。

综合利用　全草入药，具有清热解毒，利咽透疹，治痢及虫蛇咬伤等功效。为民间常用中草药。稻槎菜植株钙和铁含量高，尤其是地上部分。稻槎菜地上部分提取物成分以多糖类为主，且含菊糖。此外，稻槎菜是一种镉超富集植物，在镉污染稻田植物修复应用方面具有潜力。

参考文献

高兴祥，李美，房锋，等，2019. 黄淮海地区稻茬小麦田杂草组成及群落特征 [J]. 植物保护学报，46(2): 472-478.

韩云静，张勇，周振荣，等，2020. 安徽省麦田杂草种类组成变化及群落特征分析 [J]. 46(4): 210-216.

黄红娟，黄兆峰，姜翠兰，等，2021. 长江中下游小麦田杂草发生组成及群落特征 [J]. 植物保护，47(1): 203-211.

李扬汉，1998. 中国杂草志 [M]. 北京：中国农业出版社.

林立金，石军，刘春阳，等，2016. 稻田冬季杂草稻槎菜的镉积累特性研究 [J]. 华北农学报，31(2): 146-152.

汪鹏飞，2018. 稻槎菜活性成分的纯化研究 [D]. 南昌：南昌大学化学学院.

张宏军，郭嗣斌，朱文达，等，2009. 75% 二氯吡啶酸对油菜田阔叶杂草的防除效果 [J]. 华中农业大学学报，28(1): 27-30.

中国科学院中国植物志编辑委员会，1997. 中国植物志：第八十卷 第一分册 [M]. 北京：科学出版社: 209.

（撰稿：陈国奇；审稿：宋小玲）

地耳草　*Hypericum japonicum* Thunb. ex Murray

夏熟作物田一至多年生偶见杂草。又名田基黄。英文名 Japanese St. John's wort、matted St. John's-wort、swamp hypericum。金丝桃科金丝桃属。

形态特征

成株　高2～45cm（图①②）。茎单一或多少簇生，直立、外倾或匍地而在基部生根，在花序下部不分枝或各式分枝，具4纵线棱，散布淡色腺点。叶对生，无柄，叶片通常卵形或卵状三角形至长圆形或椭圆形（图③），长0.2～1.8cm、宽 0.1～1cm，先端近锐尖至圆形，基部心形抱茎至截形，边缘全缘，坚纸质，上面绿色，下面淡绿但有时带苍白色，具 1 条基生主脉和 1～2 对侧脉，但无明显脉网，无边缘生的腺点，全面散布透明腺点。花序具 1～30 花，二歧状或多少呈单歧状，有或无侧生的小花枝（图④）；苞片及小苞片线形、披针形至叶状，微小至与叶等长。花小，直径 4～8mm，黄色；花萼、花瓣各 5，几等长；花梗长 2～5mm。雄蕊 10 枚以上，基部合生，花药黄色，具松脂状腺体；花柱 3，长 0.4～1mm，自基部离生，开展，子房卵形至椭圆形，长约 2mm，胚珠多数，中轴胎座。

子实　蒴果短圆柱形至圆球形（图⑤），长 2.5～6mm，宽 1.3～2.8mm，无腺条纹，成熟时 3 裂。种子淡黄色，圆柱形，长约 0.5mm，两端锐尖，表面有细蜂窝纹（图⑥）。

幼苗　子叶阔卵形，长约 10mm、宽约 0.7mm，先端钝，叶基近圆形，无柄。上、下胚轴均不发达。初生叶 2 片，对生，抱茎，卵形，有 1 条明显中脉，后生叶与初生叶相似。幼苗全株无毛。

生物学特性　种子繁殖。苗期秋冬季至翌年春季，花果期 3～10 月。生田边、沟边、草地以及撂荒地上。产辽宁、山东至长江以南各地。东亚、南亚、东南亚、大洋洲、美国均有分布。

分布与危害　田埂、路边偶见杂草，通常危害轻。

防除技术　因植株矮小，通常危害较轻，不需采取针对性防控措施。

综合利用　全草入药，主要用于清热解毒、止血消肿，治疗急慢性肝炎以及肠胃紊乱等。从地耳草中得到的化合物类型主要有间苯三酚衍生物类、黄酮类、酮类、吡喃酮类及二肽。地耳草的提取物或次生代谢产物具有保肝护肝、抗氧化、抗肿瘤、抗病毒、抑菌、抗疟和预防心血管疾病等多种药理活性。

参考文献

李扬汉，1998. 中国杂草志 [M]. 北京：中国农业出版社：529-530.

张雪珂、陈勇、胡琳珍，2020. 地耳草化学成分及药理活性研究进展 [J]. 中草药，51(6)：1660-1668.

中国科学院中国植物志编辑委员会，1990. 中国植物志：第五十卷 第二分册 [M]. 北京：科学出版社：47.

（撰稿：陈国奇；审稿：宋小玲）

地肤　*Bassia scoparia* (L.) A. T. Scott

秋熟旱作物田、果园一年生杂草。又名地麦、落帚、扫帚苗、扫帚菜、孔雀松。异名 *Kochia scoparia* (L.) Schrad。英文名 burningbush。藜科地肤属。

形态特征

成株　株高 50～100cm（图①～③）。根略呈纺锤形。茎直立，株形呈卵形、倒卵形或椭圆形，分枝多而密，具短柔毛，茎基部半木质化。单叶互生，叶纤细，叶片披针形或线状披针形，长 2～5mm、宽 3～7mm，全缘，先端短渐尖，基部渐狭，近基三出脉；叶上面无毛或具细软毛，边缘疏生缘毛；上部的叶较小，具 1 脉。花两性或雌性，无梗，通常 1～3 朵生于枝条上部的叶腋中，构成疏穗状圆锥花序，花下有时有锈色长柔毛（图④）；花近球形，花被黄绿色，花被裂片近三角形，5 枚，基部合生，果期自背部生三角状横突起呈翅，翅端附属物三角形至倒卵形，有时近扇形，膜质，脉不很明显，边缘微波状或具缺刻；雄蕊 5，花丝丝状，花药淡黄色；花柱极短，紫褐色，柱头 2，线形。

地耳草植株形态（②③④陈国奇摄；①～⑥张治摄）

①群体；②植株；③茎叶；④花；⑤果序；⑥种子

子实　胞果扁球形,包于宿存的花被内。种子扁平,倒卵形,黑褐色,长 1.5～2mm,稍有光泽(图⑤)。

幼苗　子叶线形,叶背紫红色,无柄(图⑥)。除子叶外,全体密生长柔毛。初生叶 1 片,椭圆形,全缘,有睫毛,先端急尖,无柄。

生物学特性　种子繁殖。花期 6～9 月,果期 8～10 月。结籽量大,且种子小可随风远距离传播,加速了地肤的传播危害。地肤适应性强,喜温、喜光、耐干旱,地肤种子和幼苗具有较广的 pH 适应范围,在 pH 小于 3 和大于 9 时,仍能生长,且存在 2 个最适 pH 范围,即 pH4～5 和 pH8～10,说明地肤在碱性土壤和酸性土壤中均具有很强的适应能力。位于表层土壤中的地肤种子更易萌发,当埋深大于 8cm 时,地肤种子不能萌发。

地肤根系分泌物对共生作物有一定的化感作用,如地肤根系分泌物可抑制胡麻种子的发芽势、发芽率、发芽指数和活力指数,使胡麻幼苗的根变细变长,且根系分泌物浓度越高,抑制效果越明显。

长期以来,除草剂的使用对地肤起到了良好的防控效果,但是,随着除草剂的长时间使用,地肤已对多种除草剂,如草甘膦、莠去津、氯磺隆、麦草畏等产生了抗药性。

分布与危害　分布中国各地,以北方地区更为普遍,多生于荒地、路边、田间、河岸、沟边和屋边,耐盐碱,耐干旱,对土壤要求不严,为农田常见杂草。地肤可危害玉米、高粱、小麦、大豆等农作物,即影响作物的产量和品质,同时妨碍机械收获。6 株 /m² 地肤可使向日葵产量下降 27%;70 株 /m² 地肤可使小麦和高粱产量分别降低 58% 和 38%。

防除技术　农业防治是防除地肤的有效方法,但是随着免耕技术的推行,化学防治成为最主要的杂草防除方法。

农业防治　在地肤严重发生的农田和荒地,在作物收获后或播种前进行深翻,将地肤种子深翻至土壤深层,减少杂草萌发危害。清除田块四周、路旁、田埂、渠道内外的植株,特别是在杂草种子尚未成熟之前可结合耕作或人工拔除等措施及时清除,防止其扩散。

化学防治　在小麦 3 叶期至拔节期,大部分杂草出苗后 2～4 叶期施药最为适宜,可用噻吩磺隆、单嘧磺酯、苯磺隆、氯氟吡氧乙酸茎叶喷雾处理。

综合利用　地肤子是地肤的成熟干果,具备清热、止痒、利尿的效果,临床用于治疗尿急、小便涩痛、皮肤瘙痒、荨麻疹和湿疹等。地肤子正丁醇相和乙酸乙酯相具有较高的 α-葡萄糖苷酶抑制活性,有潜力开发为治疗糖尿病的药物。幼苗、嫩叶和幼茎可食用;老叶可做饲料,种子含油 15%,供食用及工业用。也可用于园林造景。地肤提取物对苹果树腐烂病有较强的抑制作用;地肤氯仿提取物对朱砂叶螨卵发

地肤植株形态(①②⑥马小艳提供;③～⑤张治摄)
①②③成株;④花序;⑤果实(上)与种子(下);⑥幼苗

育具有较强的抑制作用，且对朱砂叶螨雌成螨的繁殖力有明显的抑制作用，有潜力开发为生物农药。

参考文献

陈雪梅，胡嘉琪，1992. 盐浓度和 pH 值对地肤 [*Kochia scoparia* (L.) Schral.] 种子萌发和幼苗生长的影响 [J]. 复旦学报（自然科学版），31(2): 206-212.

侯辉，2004. 地肤提取物的杀螨活性及其作用机理的研究 [D]. 泰安：山东农业大学.

李扬汉，1998. 中国杂草志 [M]. 北京：中国农业出版社.

张卫，冯松浩，张雨，2020. 地肤子提取物对 α- 葡萄糖苷酶的抑制效应研究 [J]. 28(12): 16-18.

赵利，牛俊义，胡冠芳，等，2012. 地肤根系分泌物对胡麻的化感作用 [J]. 草业科学，29(6): 894-897.

CHODOVA D, MIKULKA J, 2002. Differences in germination and emergence rates of kochia [*Kochia scoparia* (L.) Schrad.] resistant and sensitive to chlorsulfuron and atrazine [J]. Journal of plant diseases and protection, 18(4): 213-218.

SCHWINGHAMER T D, ACKER R C V, 2008. Emergence timing and persistence of KOCHIA (*Kochia Scoparia*) [J]. Weed science, 56(1): 37-41.

WAITE J, THOMPSON C R, PETERSON E D, et al, 2013. Differential kochia (*Kochia scoparia*) populations response to glyphosate [J]. Weed science, 61(2): 193-200.

（撰稿：马小艳；审稿：宋小玲）

地锦草　*Euphorbia humifusa* Willd.

秋熟旱作物田一年生匍匐杂草。又名红丝草、血见愁、奶浆草。英文名 humifuse euphorbia。大戟科大戟属。

形态特征

成株　根纤细，长 10～18cm、直径 2～3mm，常不分枝。（图①②）茎匍匐，自基部以上多分枝，偶尔先端斜向上伸展，基部常红色或淡红色，长达 20（30）cm、直径 1～3mm，无毛。叶对生，矩圆形或椭圆形，长 5～10mm、宽 3～6mm，先端钝圆，基部偏斜，略渐狭，边缘常于中部以上具细锯齿（图③）；叶面绿色，叶背淡绿色，有时淡红色，两面被疏柔毛；叶柄极短，长 1～2mm。杯状花序单生于叶腋，基部具 1～3mm 的短柄；总苞倒圆锥状，淡红色，高与直径各约 1mm，边缘 4 裂，裂片长三角形；腺体 4，矩圆形，边缘具白色或淡红色附属物。花单性，无花被；雄花仅有 1 枚雄蕊，近与总苞边缘等长；雌花 1 枚，单生于总苞的中央，子房柄伸出至总苞边缘；子房三棱状卵形，光滑无毛；花柱分离；柱头 2 裂。

子实　蒴果三棱状卵球形，直径约 2mm，成熟时分裂为 3 个分果瓣，花柱宿存。种子三棱状卵球形，长约 1.2mm、宽径约 0.7mm，黑褐色（图④）。

幼苗　幼苗平卧地面，茎红色，折断有乳汁。子叶长圆形，先端钝圆，基部楔形，具短柄。初生叶 2 片，与子叶交互对生，倒卵状椭圆形，无毛，全缘，叶缘先端具细锯齿，

具柄。上胚轴不发达，下胚轴较发达，光滑，通常暗红色。

生物学特性　生于原野荒地、路旁、田间、沙丘、海滩、山坡等地，较常见，特别是中国长江以北地区。广布于欧亚大陆温带，喜温暖湿润气候，夏、秋二季采收资源丰富。花果期 5～10 月。

地锦草以种子脱落于土中越冬。在自然条件下，3 月底至 4 月上旬，种子萌芽生长。最早 5 月中旬植株便能开花，自开花至种子成熟仅为 6～8 天。种子极易脱落，只要土中含水量合适，种子随即就能发芽，在气温 25～36℃下，从种子发芽到开花结籽仅为 17～25 天，每年繁殖 6～7 次，霜冻出现迟的年份可达 8～10 次。据定点株观察，地锦草边开花结籽，成熟种子边脱落，同时茎叶不断生长蔓延，从 5～11 月植株枯萎。在中等肥力的土中，每株结籽数为 6 万～7 万粒。从植株上脱落的种子遇上雨天，虽能发芽，但在厚实繁茂的枝叶遮蔽下，很快因缺光和通气不良死去。地锦草种子在土壤含水量为 35% 时完全不能发芽；含水量 50% 时少数种子（为 3%～5%）可发芽；含水量 65%，发芽率可达 85% 左右，地锦草幼嫩植株耐旱性很差，在干旱天气容易死亡，而长成植株由于根系发达，入土深因而具有很强的耐旱力。

分布与危害　中国除广东、广西外，分布于全国。适生于较湿润而肥沃的土壤，也耐干旱，主要危害旱地作物，如棉花、豆类、蔬菜等，草坪、果园、路旁等也常见。过度践踏的草坪地块和因管理不善而出现裸地的草坪地块发生量较多。利用重力传播种子的地锦在草坪中呈片分布，极大地破坏了草坪的均一美观性。地锦草一般只能从草块铺植的间隙中长出，然后扩展蔓延，但由于结籽数量多，可连续不断地生长繁殖，仍为主要杂草。

防除技术

农业防治　地锦草主根不发达，节处不生不定根，可人工拔除。采用秸秆覆盖可有效抑制地锦草种子萌发。中耕除草，铲除出苗的杂草，防止结实再次传播扩散。在高秆旱地蔬菜田中，将鸭赶进田中取食地锦草，也能收到良好的除草效果。

化学防治　蔬菜地采用播种前或移栽前土壤处理，在十字花科、葫芦科、茄科、百合科、伞形花科蔬菜田，可选用二硝基苯胺类除草剂二甲戊灵、仲丁灵，酰胺类除草剂异丙甲草胺、乙草胺；豆科蔬菜耐药性相对较强，可选用酰胺类除草剂乙草胺、精异丙甲草胺等进行土壤处理，或选用二苯醚类除草剂氟磺胺草醚、乙羧氟草醚，杂环类除草剂灭草松进行苗后茎叶处理。禾本科草坪防除地锦草，可用二甲戊乐灵·苄嘧磺隆复配剂进行土壤封闭处理。

综合利用　地锦草含有多糖、生物碱、有机酸、黄酮、甾体类、鞣质，还有不饱和脂肪酸和维生素等，具有抗菌、抗病毒、抑制和清除氧自由基等多重生物活性。全草入药，具有抗菌、抗氧化、抗炎、抗过敏、抗肿瘤、免疫调节、保肝、止血等作用。采用地锦草治疗菌痢、肠炎、多种原因引起的出血症等疾病已被应用于中医临床。

参考文献

李胜男，2017. 地锦草多糖的提取、降解优化及其益生活性初步研究 [D]. 保定：河北大学.

地锦草植株形态（①宋小玲摄；②③纪明山摄；④张治摄）
①群体；②单株；③枝条；④种子

李扬汉，1998，中国杂草志 [M]. 北京：中国农业出版社：500-501.

裴英鸽，2007. 地锦草化学成分及生物活性研究 [D]. 兰州：兰州大学.

王穿才，2009. 几种南方主要草坪杂草生物学特性及抗逆性 [J]. 植物保护，35(3): 123-126.

张怡，禹云霞，樊中庆，2013. 4 种药剂防治压砂西瓜田一年生杂草田间药效试验 [J]. 杂草科学，31(3): 59-61.

周小军，马赵江，何锦豪，等，2008. 25% 二甲戊乐灵·苄嘧磺隆防除禾本科草坪杂草效果 [J]. 广东农业科学 (4): 53-54.

（撰稿：纪明山；审稿：宋小玲）

节间甚短，被柔毛。单叶对生，有短柄；叶片条形，长 3～5cm、宽 2～5mm。先端渐尖，基部楔形，全缘，两面均有短毛，下面中脉隆起。伞形聚伞花序腋生，有 3～8 朵花，梗短；花萼 5 深裂，裂片卵状披针形，外面被柔毛，花冠绿白色，辐状，裂片 5；副花冠杯状，裂片披针形，渐尖，长于合蕊冠；

地梢瓜　*Cynanchum thesioides* (Freyn) K. Schum.

秋熟旱作物田多年生杂草。又名地梢花、女菁、蒿瓜、地瓜飘、蒿瓜子。萝藦科鹅绒藤属。

形态特征

成株　株高 15～25cm（见图）。茎自基部多分枝，细弱，

地梢瓜植株形态（强胜摄）

花药顶有一膜质体，花粉块在每一花药内有 2 个，下垂，柱头短。

子实　蓇葖果纺锤形，两端短尖，中部膨大，长 5～6cm、宽 1.5～2.5cm。种子卵形，棕褐色，扁平，顶端具有白色绢质长约 2cm 的种毛。

生物学特性　地梢瓜为多年生草本，地下茎单轴横生，春季由根状茎萌发，种子萌发的实生苗少见。地梢瓜适应性很强，具有抗寒、耐热、耐肥、耐贫瘠、耐旱、耐强光等特点。主要分布于祁连山区海拔 1700～2200m 的林缘、草丛、石坡、沙石滩等地。地梢瓜种子萌发最低温度为 10℃，发芽适温 25℃左右，生长发育适温为 20～30℃。偏干旱条件有利于开花结实。水分适宜有利于其营养生长，但水分过多易造成徒长，结果数明显减少。地梢瓜为异花授粉，花期为 5～8 月，果期为 8～10 月。当年生种子的发芽率为 70% 左右。

分布与危害　中国分布于东北、华北、内蒙古、江苏、安徽、陕西、甘肃、新疆等地。地梢瓜作为杂草危害秋熟旱作物如玉米、大豆、花生、甘薯等，也发生于果园、荒地等。生长于干旱沙地、荒地、水沟边。野生地梢瓜呈片状、星状分布。

防除技术

地梢瓜作为药用植物，具有重要的经济和生态价值，主要以综合利用为主。

化学防治　用灭生性除草剂草甘膦茎叶喷雾处理可有效防除地梢瓜地上部分，且持效期长。玉米地可选用莠去津、烟嘧磺隆、硝磺草酮、苯唑草酮、氯氟吡氧乙酸、2,4-滴二甲胺盐、2 甲 4 氯等防除。大豆、花生地则可用乙羧氟草醚、氟磺胺草醚、三氟羧草醚等茎叶处理。

综合利用　地梢瓜药食两用，营养丰富，生长旺盛，病虫害较少。以全草及果实入药，性甘、平，益气、通乳，主治体虚，乳汁不下，外用治瘊子。地梢瓜全草中分离鉴定出三萜类、甘油三酯、地梢瓜苷、黄酮醇 4 类主要化合物，这些化合物均具有药理活性，临床表现为抗菌解毒、促进细胞再生、预防心脑血管疾病等，可作为药材开发利用。民间自古以来就有直接采食其嫩果的习惯，或把嫩果凉拌食用，因此被视为绿色食品和营养蔬菜，深受当地居民青睐，可进行栽培种植。地梢瓜能为人体提供多种营养元素，其中矿物质和微量元素高于其他蔬菜，特别是富含硒，是野生蔬菜和绿色食品，营养价值较高，不仅可生食、做汤，也可以罐头、酿制果干、腌制品等多种食品类型进行开发利用，还可和其他中药材制作代茶饮。地梢瓜茎、叶中粗蛋白的含量、粗脂肪的含量较高，是具有较高营养价值的优质饲草，从 5 月中下旬返青，10 月中旬才开始逐渐枯黄，可供牲畜食用时间长。全草中不但含有橡胶及树脂，而且含有大量乳汁，其成分和柴油相似；果实收获后，种毛还可作填充料，因此又可作为工业原料利用。地梢瓜还是一种良好的水土保持植物。

参考文献

陈叶，罗光宏，王进，等，2005. 药食两用野菜——地梢瓜 [J]. 蔬菜 (11): 22-23.

李扬汉，1998, 中国杂草志 [M]. 北京：中国农业出版社：112-113.

王利民，2001. 豫北地区果园草害与除草剂复配防除技术 [J]. 农村科技开发 (3): 21.

王小龙，祁宗峰，陈叶，2006. 特菜地梢瓜栽培要点 [J]. 西北园艺 (2): 15-16.

翟学靖，2018. 地梢瓜胚胎生物学研究 [D]. 呼和浩特：内蒙古农业大学.

（撰稿：鲁焕、宋小玲；审稿：强胜）

地桃花　*Urena lobata* L.

园地常见多年生亚灌木状杂草。又名肖梵天花、野棉花、黐头婆、厚皮草。英文名 caesarweed、rose mallow。锦葵科梵天花属。

形态特征

成株　高达 1m（图①）。直立亚灌木状草本，小枝被星状茸毛。单叶互生，茎下部的叶近圆形，长 4～5cm、宽 5～6cm，先端浅 3 裂，基部圆形或近心形，边缘具锯齿；中部的叶卵形，长 5～7cm、宽 3～6.5cm；上部的叶长圆形至披针形，长 4～7cm、宽 1.5～3cm；叶上面被柔毛，下面被灰白色星状茸毛；叶柄长 1～4cm，被灰白色星状毛；托

地桃花植株形态（马永林、李华英摄）
①成株；②花；③种子；④幼苗

叶线形，长约 2mm，早落。花单生叶腋，或 2～3 朵丛生，淡红色，直径约 1.5cm（图②）；花梗长约 3mm，被绵毛；小苞片 5，长约 6mm，基部 1/3 合生；花萼杯状，裂片 5，较小苞片略短，两者均被星状柔毛；花冠淡红色，花瓣 5，离生，倒卵形，长约 1.5cm，外面被星状柔毛。雄蕊柱长约 1.5cm，无毛或被红色疏毛；花柱枝 10，微被长硬毛，红色。

子实　蒴果扁球形，直径 0.5～1cm，干时灰黄色，分果瓣具钩状刺毛和锚状刺（图③），成熟时与中轴分离，每个瓣中有 1 颗种子；种子侧面为月牙形，表面光滑。

幼苗　子叶出土幼苗（图④）。肾形，长 1.3cm、宽 1.8cm，先端钝圆，具微凹，全缘，叶基心形，掌状叶脉，具叶柄，下胚轴很发达，上胚轴较明显。初生叶 1 片，互生，单叶，阔卵形，叶缘有细锯齿，叶基心形，掌状叶脉，叶脉在叶的腹面下陷，而在背面隆起，具叶柄；后生叶卵圆形，其他与初生叶相似。全株密被短柔毛。

生物学特性　为直立半灌木多年生草本。适生于干热环境，常生于荒坡、路边、村旁、草丛中。种子繁殖。花期 7～10 月，果期为翌年 1～2 月。地桃花种子具浅生理休眠，冷层积和外源 GA_3、KNO_3 溶液能有效地打破休眠，机械或化学的方法破坏种皮有助于种子萌发；种子的适宜萌发温度是 25℃；种子的出苗率在光照条件下（65%）比黑暗条件下有所提高（46%）；土壤表层的种子出苗率最高，在 2cm 土层下的出苗率是土表的 50%，在超过 4cm 土层的种子出苗受到明显抑制，出苗率下降 93%。地桃花和紫茎泽兰可以共生，并表现出一定的竞争优势，具有一定的化感作用。

分布与危害　中国分布于长江以南各地，广布于亚热带其他地区，是中国长江以南极常见的野生植物，对幼龄橡胶树、茶树、果树等作物危害较重，是广东茶园的恶性杂草。

防除技术　见赛葵。

综合利用　茎皮富含坚韧的纤维，供纺织和搓绳索，常用作麻类的代用品；以根、地上部分或全草入药，是中国壮族、水族、侗族等少数民族用药，主要含有黄酮、木脂素、大柱香波龙烷和酚酸类成分，具有抗菌、抗炎、抗氧化等药理作用；能祛风利湿、活血消肿、清热解毒；主治风湿痹痛、跌打肿痛、喉痹、乳痈、毒蛇咬伤等。梵天花属植物可治疗眼镜蛇咬伤，其与猫爪草、异烟肼合用可治疗淋巴结核，疗效明显，无副作用。梵天花属植物还可以降低血压。地桃花在广西、福建当地作为一种引产的辅助药物，效果明显。地桃花提取物对杂草如稗草和刺苋的根和茎生长有抑制效果，有潜力开发为植物源除草剂。

参考文献

陈贵，夏樱子，史娟，等，2020. 地桃花化学成分、药理作用及质量控制研究进展 [J]. 中成药，42(7): 1858-1864.

陈乃德，郑守炎，2001. 猫爪草、肖梵天花和异烟肼治疗淋巴结核病疗效的探索 [J]. 海峡药学，13(1): 83.

冯泳，刘贝贝，唐安军，2014. 药用植物地桃花种子休眠与萌发特性的研究 [J]. 种子，33(4): 39-41.

李扬汉，1998. 中国杂草志 [M]. 北京：中国农业出版社：703.

林威鹏，张泰劼，郑海，等，2021. 广东茶园杂草危害评价与分级方法的建立与探讨 [J]. 中国茶叶，43(7): 19-26.

魏进，刘霞，张静，等，2018. 地桃花提取物对 10 种植物的抑制

活性 [J]. 杂草学报，36(3): 24-28.

中国科学院中国植物志编辑委员会，1984. 中国植物志：第四十九卷　第二分册 [M]. 北京：科学出版社：44-46.

AWAN T H, CHAUHAN B S, CRUZ P C, 2014. Influence of environmental factors on the germination of *Urena lobata* L. and its response to herbicides [J]. PLoS ONE, 9(3): e90305

（撰稿：马永林；审核：宋小玲）

丁香蓼　*Ludwigia prostrata* Roxb.

水田一年生恶性杂草。又名红豇豆、草龙、小疗药、小石榴叶、小石榴树。异名 *Jussiaea prostrata* (Roxb.) Lév.。英文名 heusenkraut、climbing seedbox。柳叶菜科丁香蓼属。

形态特征

成株　高 30～80（100）cm（图①）。茎直立或基部斜升；下部圆柱状，上部四棱形，常淡红色，近无毛，多分枝，小枝近水平开展。叶互生，披针形或长圆状披针形，长 2～5（8）cm、宽 4～15（28）mm，先端锐尖或稍钝，基部狭楔形，两面近无毛或幼时脉上疏生微柔毛；叶柄长 3～10mm，稍具翅；托叶几乎全退化。花单生于叶腋（图②），无梗，基部有 2 小苞片，花萼筒与子房合生，裂片 4，卵状披针形，绿色，外面略被短柔毛；花瓣 4，黄色，倒卵形，稍短于花萼裂片，长 1.2～2mm、宽 0.4～0.8mm。雄蕊 4，花丝长 0.8～1.2mm；花药扁圆形，宽 0.4～0.5mm，开花时以四合花粉直接授在柱头上；花柱长约 1mm；子房下位；柱头近卵状或球状，径约 0.6mm。

子实　蒴果线状柱形（图③），具四钝棱，长 1.5～3cm、粗 1.5～2mm，淡褐色，无毛，熟后不规则室背开裂；果梗长 3～5mm。种子呈一列横卧于每室内，卵状，长 0.5～0.6mm，棕黄色（图④）。

幼苗　上下胚轴均发达。子叶出土，呈阔卵形（图⑤），长约 5mm、宽 3mm，先端钝尖，全缘，有 1 条明显中脉，具柄，常在早期脱落。初生叶 2 片，对生，叶片，近菱形，先端钝尖，全缘，叶基楔形，仅具一条明显中脉，具短柄。第一对后生叶与初生叶类似，但具有明显的羽状叶脉；第二对后生叶呈卵形，叶基圆形，其他与第一对后生叶相似。全株光滑无毛，主根末端常呈紫红色。

生物学特性　种子繁殖。苗期 4～6 月，花果期 6～9 月。染色体数 2n=16，对重金属具有一定的富集能力。

分布与危害　分布几遍全中国。是中国水稻田危害最重的阔叶杂草之一，也常见于湿润的秋熟旱作物田（图⑥）。长期使用乙酰乳酸合成酶（ALS 或 AHAS）抑制剂类除草剂导致丁香蓼产生了抗药性。

防除技术

农业防治　丁香蓼种子埋土深度 20cm 时出苗率下降至 15.5%，可采用深翻耕控制丁香蓼出苗。有条件时也可采用诱萌杀灭。

生物防治　可通过"稻—虾""稻—鸭"综合种养模式防控。

化学防治　可采用丁草胺、二甲戊灵、噁草酮、丙炔噁草酮、氯吡嘧磺隆、吡嘧磺隆等土壤处理剂和 2 甲 4 氯、灭

D

丁香蓼植株形态（张治摄）
①植株；②花；③果；④种子；⑤幼苗；⑥生境

草松、氯氟吡氧乙酸等茎叶处理剂防除。

综合利用　全草入药，有清热利尿功效，地上部分可作为抗细菌性痢疾药用。

参考文献

李扬汉，1998. 中国杂草志 [M]. 北京：中国农业出版社．

谢加飞，张欣，牛浩鹏，2018. 江苏高邮市水稻田丁香蓼防除试验 [J]. 农业工程技术，38(35): 20-21.

颜玉树，1990. 水田杂草幼苗原色图谱 [M]. 北京：科学技术文献出版社．

（撰稿：陈国奇；审稿：纪明山）

顶极杂草群落　climax of weed community

杂草群落经过演替形成可适应相关农业措施和生态环境作用总和的动态稳定结构。农田杂草群落是在一定环境因素的综合影响下，构成一定杂草种群的有机组合。农田环境的不断变化导致适生性杂草种类发生变化，耕作制度和种植结构的改变导致杂草优势种的变更，长期单一除草剂导致了杂草种类均质化。在群落演替初期，物种的分布是杂乱无章的，随着自组织演替过程的进行，优势种群聚集在一起，不断向外围辐射，逐渐把劣势物种竞争排斥掉，压缩它们的生存空间，从而使优势物种的空间呈现出集群化、斑块化的趋势，优势种群斑块不断扩大，最后形成稳定的顶极群落。

自然环境与农业的地域分异规律决定了各地区光、热、水、土等自然条件以及农业生产措施的不同，从而导致了不同时期、不同地域的农田顶极杂草群落的组成差异。

农田杂草群落演替的趋势通常与农作物生长周期相一致。也就是说，作物是一年一熟或一年多熟的农田，其杂草群落的演替总是由最初的多年生杂草为主趋向于以一年生杂草为主的演替方向，反之亦然。例如在中国黑龙江垦区农田杂草群落的演替，开垦初期以小叶獐 [Aeluropus sinensis (Debeaux) Tzvel.]、芦苇及蒿属等多年生植物为主；经 7～8 年耕作，则演变为以苣荬菜、鸭跖草为主的杂草群落；又经 5～6 年后，则演变为以稗草为优势种的杂草群落。再如，河北柏各庄垦区，开垦初期以藻类、碱蓬（Suaeda spp.）、芦苇等为主，盐碱较重；种稻后，经水洗盐，演变为以扁秆藨草为主的群落；继续洗盐、施肥的情况下，土壤含盐量降至更低，土壤结构改良，稗草群落代替扁秆藨草群落。这其中，演替过程中经历的群落为中间过渡型杂草群落，最终演替为顶级群落。

在中国，水稻田的顶极杂草群落以稗草为优势种的杂草群落，尽管人类不断汰除，但由于稗草为水稻的伴生性，使之处于相对稳定状态。不过，随着水稻耕作栽培方式的改变，稻茬麦田的顶极杂草群落是以看麦娘属为优势种的杂草群落，华北旱茬麦田是以播娘蒿、猪殃殃阔叶草为优势种顶极杂草群落；西北麦田多存在以野燕麦为优势种的顶极杂草群落；不过，随外来植物入侵加剧，外来杂草节节麦、多花黑麦草逐渐演替成为与播娘蒿、猪殃殃共优势种的禾草和阔叶草的顶极杂草群落。秋熟旱作物田的顶极杂草群落大多是以马唐为优势种的杂草群落。以江苏沿海农田为例，棉套麦作田中出现以阿拉伯婆婆纳、猪殃殃为优势种的顶极杂草群落，在稻麦轮作制麦田中将是以硬草、日本看麦娘为优势种的顶极杂草群落，在稻麦旱（棉、玉米）麦轮荏麦田将会出现硬草、日本看麦娘、猪殃殃为主体的混生顶极杂草群落。

杂草群落不断经受着农作活动及各种随机变化的环境因子的影响，因此顶极群落的稳定性受到干扰，顶极杂草群落并不是绝对稳定的，而是处于不断变化的相对稳定状态。

在近几十年来，在除草剂的选择压力下，不同地区的杂草优势种群发生了不同的变化，一些不耐受的、不具有相应生态适应性的敏感种群，在除草剂的使用下逐渐消亡或被逐出农田，而能够适应生态系统的杂草种群则不断地演替形成新的优势种，农田逐渐由多样的杂草群落演变为单一稳定的杂草群落。此外在除草剂的不合理的使用下，抗药性的出现更加稳定了这些优势群落转变为顶极杂草群落。中国长江中下游地区由于在小麦和油菜田不断使用乙酰辅酶 A 羧化酶抑制剂类除草剂导致茼草抗性种群演化，茼草演替为优势种的顶级杂草群落。在全球变化大背景下，外来生物入侵、气候变化以及除草技术手段的更新，顶级杂草群落还在不断发生新的演替。研究和预测这些演替趋势是杂草学研究中重要的领域。

参考文献

李淑顺，强胜，焦骏森，2009. 轻型栽培技术对稻田潜杂草群落多样性的影响 [J]. 应用生态学报，20(10): 2437-2445.

强胜，2009. 杂草学 [M]. 2 版. 北京：中国农业出版社.

杨宝珍，吕德滋，1984. 河北省柏各庄垦区水稻 – 杂草群落及杂草的生物生态学特性 [J]. 植物生态学与地植物学丛刊 (4): 305-312.

于学仁，苏少泉，1984. 黑龙江省农田杂草种类、分布与发生规律的研究 [J]. 植物保护 (3): 44-47.

QIANG S, 2002. Weed diversity of arable land in China [J]. Journal of Korean weed science, 22(3): 187-198.

QIANG S, 2005. Multivariate analysis, description, and ecological interpretation of weed vegetation in the summer crop fields of Anhui Province, China [J]. Journal of integrative plant biology, 47(10): 1193-1210.

（撰稿：张峥；审稿：强胜）

定向喷雾　Site-specific application

一种施药方法，指在杂草出苗后，利用作物和杂草在田间空间分布差异以及株高上的差异将除草剂定向喷洒或人工将药液涂抹到杂草茎、叶、芽上，杂草吸收除草剂或接触除草剂后杀死杂草的方法。

定向喷雾时，通过人为控制药液喷洒方向或安装防护罩把药液施于杂草而不喷施作物，从而杀死杂草而不伤害作物。定向喷雾主要应用于：①在高秆作物田防除中下层杂草。有些植株高大的作物生长至某一生育期，或达到一定高度时，定向喷施灭生性除草剂草甘膦、草铵膦，或者非灭生性除草剂如苯嘧磺草胺等防除杂草。如草甘膦、草铵膦可用于果园、桑园、茶园、橡胶园、甘蔗、剑麻、林木；草甘膦

还可用于棉花田；苯嘧磺草胺可用于柑橘园和苹果园；莠灭净、敌草隆与 2 甲 4 氯的复配剂于甘蔗 3～4 叶期，杂草出齐后施药，施药时应压低喷头定向喷雾，应尽量避免药液喷在甘蔗心叶上。②作物行间定向喷雾。在未封垄宽行距的玉米、大豆、棉花等以及中药材等田喷施。如砜嘧磺隆可在烟草和马铃薯田行间定向喷雾，在喷药时，应控制喷头高度，使药液正好覆盖在作物行间，沿行间均匀喷施，严禁将药液直接喷到作物叶上，防除一年生阔叶杂草及部分禾本科杂草；草甘膦在免耕冬油菜、春玉米、夏玉米、棉花定向喷雾防除行间杂草。此外，广义的定向喷雾也可将下列两类归入：①人工涂抹。对多年生杂草和寄生性杂草，可将药液直接涂抹于杂草茎叶上，针对性防除杂草。例如，防除作物田的芦苇将精喹禾灵或高效氟吡甲禾灵直接涂抹至芦苇叶片，或先用剪刀将芦苇剪断，然后在断层面涂抹草甘膦，促进芦苇连根坏死；将草甘膦稀释液涂于瓜列当茎，防除瓜列当，而不伤害寄主。②作物催枯。有些作物在收获前可用除草剂定向喷雾，促进作物叶片枯黄，便于作物成熟和收获。如敌草快于马铃薯即将成熟期兑水均匀定向喷雾，棉花催枯于棉花生长后期，棉桃自然开裂60% 左右定向喷雾，便于收获。由于定向喷雾的主要目的是采用对作物不安全的除草剂杀死杂草，杂草与作物距离近，因此应在无风或微风天气下施药，防止药液飘移到作物上产生药害，同时也防止药液飘移对周围敏感作物产生药害。

参考文献

耿亚玲，浑之英，袁立兵，2017. 草铵膦等对甘薯田行间杂草的防治作用 [J]. 农药，56(2): 151-155.

李欢欢，马小艳，姜伟丽，等，2019. 棉田化学除草现状及对策 [J]. 中国棉花，46(5): 1-7, 10.

（撰稿：杜龙；审稿：王金信、宋小玲）

东北甜茅　*Glyceria triflora* (Korsh.) Kom.

稻田常见的多年生杂草。又名散穗甜茅。禾本科甜茅属。

形态特征

成株　高 50～150cm（图①）。具根茎。秆单生，直立，粗壮。叶鞘闭合几达口部，光滑，具横脉纹，短于节间；叶舌膜质透明，稍硬，长 2～4mm，顶端截平，钝圆或有小突尖；叶片扁平或边缘纵卷，长 15～25cm、宽 5～10mm，上面以及边缘粗糙，下面光滑或微粗糙，基部具 2 个褐色斑点。圆锥花序（图②），开展，长 20～30cm，每节具 3～4 分枝；分枝上升，主枝长达 18cm，粗糙至光滑；小穗淡绿色或成熟后带紫色（图③），卵形或长圆形，含 5～8 小花，长 5～8mm；颖膜质，卵形至卵圆形，钝或稍尖，具 1 脉，第一颖长 1.5～2mm，第二颖长 2～3mm；外稃草质，顶端稍膜质，钝圆，不整齐或凹缺，具 7 脉，脉上粗糙，第一外稃长 2.5～3mm；内稃较短或等长于外稃，顶端截平，有时凹陷；雄蕊 3，花药长 0.8～1.5mm。

子实　颖果红棕色，倒卵形，长约 1.2mm。千粒重 0.362±0.0153g。

D

东北甜茅植株形态（林秦文提供）
①成株及生境；②③花序

幼苗　子叶留土。第一片真叶线形，长 2.7cm、宽 0.7mm，先端急尖，具 3 条直出平行脉，叶片与叶鞘之间有一片三角形膜质叶舌，无叶耳，叶鞘开放；第二片真叶与第一叶类似，但叶鞘闭合；全株光滑无毛。

生物学特性　东北甜茅每穗结实率 24.2%±3.31%。于 4 月上旬至 5 月上旬气温 5～12℃时出苗，花期 6～7 月。果期 7～9 月。染色体 2n=20。

分布与危害　中国分布于黑龙江、吉林、辽宁、内蒙古和河北；哈萨克斯坦、朝鲜、蒙古、俄罗斯以及欧洲的乌拉尔山脉地区也有。发生在湖边湿地和草滩，常见于田埂，为东北稻田常见杂草。

防除技术

农业防治　深耕耙地可使其根茎和种子深埋，控制其发生基数。

化学防治　在水田可用丙草胺、乙氧氟草醚、噁草酮等土壤处理。

参考文献

白仁洙，金明哲，张春花，等，1991. 吉林省延边地区田间杂草初步调查 [J]. 延边农学院学报 (2): 21-33.

董海，王疏，邹小瑾，等，2005. 辽宁省水稻田杂草种类及群落分布规律研究 [J]. 杂草科学 (1): 8-13.

王险峰，1990. 黑龙江垦区农由杂草防除策略 [J]. 现代化农业 (1): 6-8.

王险峰，2018. 农业有害生物抗药性综合治理 [J]. 北方水稻，48(2): 40-46.

颜玉树，1989. 杂草幼苗识别图谱 [M]. 南京：江苏科学技术出版社 .

杨允菲，王萍，娄笑峰，1993. 禾本科牧草结实率和千粒重的环境效应及其生态多样性的探讨 [J]. 草业学报，2(2): 1-7.

（撰稿：强胜；审稿：刘宇婧）

东方泽泻　*Alisma orientale* (Samuel.) Juz.

水田多年生水生或沼生杂草。又名如芒芋、一枝花、天鹅蛋、水慈姑、水菠菜、车苦菜、匙子菜等。泽泻科泽泻属。

形态特征

成株　块茎直径 1～2cm，或较大（图①）。叶多数；挺水叶宽披针形、椭圆形，长 3.5～11.5cm、宽 1.3～6.8cm，先端渐尖，基部近圆形或浅心形，叶脉 5～7 条，叶柄较粗壮，基部渐宽，边缘窄膜质。花葶高 35～90cm，或更高（图②）；花序长 20～70cm，具 3～9 轮分枝，每轮分枝 3～9 枚；花两性，直径约 6mm；花梗不等长，（0.5～）1～2.5cm；外轮花被片卵形，长 2～2.5mm、宽约 1.5mm，边缘窄膜质，具 5～7 脉，内轮花被片近圆形，比外轮大，白色、淡红色，稀黄绿色，边缘波状；心皮排列不整齐，花柱长约 0.5mm，直立，柱头长约为花柱 1/5；花丝长 1～1.2mm，基部宽约 0.3mm，向上渐窄，花药黄绿色或黄色，长 0.5～0.6mm、宽 0.3～0.4mm；花托在果期中部呈凹形。

子实　瘦果椭圆形（图③），长 1.5～2mm、宽 1～1.2mm，背部具 1～2 条浅沟，腹部自果喙处凸起，呈膜质翅，两侧果皮纸质，半透明或否，果喙长约 0.5mm，自腹侧中上部伸出。种子紫红色，长约 1.1mm、宽 0.8mm。

幼苗　子叶出土。初生叶单叶互生，带状披针形，叶片上有数条平行脉，露出水面后逐渐变为椭圆形。全株光滑无毛。

生物学特性　花果期 5～9 月。喜光，喜温暖，生长的适宜温度为 18～30℃，低于 10℃时停止生长，最低泥土温度不得低于 5℃。幼苗喜荫蔽，成株喜阳光。既能种子繁殖也可宿生根繁殖，5 月中下旬宿生根先开始出苗，6 月上中旬种子开始萌发。染色体数 2n=14。

东方泽泻植株形态（①②强胜摄；③许京璇摄）
①成株；②花果；③种子

分布与危害 中国产黑龙江、吉林、辽宁、内蒙古、河北、山西、陕西、宁夏、甘肃、青海、新疆、山东、江苏、安徽、浙江、江西、福建、河南、湖北、湖南、广东、广西、四川、贵州、云南等地；俄罗斯、蒙古、日本亦有分布。生于海拔几十米至2500m左右的湖泊、水塘、沟渠、沼泽及积水湿地。稻田常见杂草，偶见危害严重，对水稻产量有一定影响。

防除技术

农业防治 主要通过耕作措施和调节水层。冬季深耕土层，将东方泽泻的地下块茎翻至土表，使之因干旱或冻害而失去发芽能力，部分深埋土下，逐渐腐烂。选择生长量大、早生快发的优质水稻品种，适当密植，以群体优势降低东方泽泻种群的竞争力，并提倡水旱轮作的种植模式，通过破坏东方泽泻水生或沼生的生活习性，干湿交替、翻耕晒土等农耕措施降低发生量。

化学防治 ①水稻移栽前2～3天，噁草酮＋吡嘧磺隆兑水喷雾，保持水层3～5cm，保水2～3天。②水稻插秧返青后，丙草胺＋吡嘧磺隆，毒土法施用；苯达松＋二氯喹啉酸混用进行茎叶喷雾处理。

综合利用 块茎入药，主治肾炎水肿、肾盂肾炎、肠炎泄泻、小便不利等症。花叶美观，也常栽为水景植物。

参考文献

何占祥，李照荣，秦立新，1993. 泽泻等稻田常见杂草对水稻产量的影响 [J]. 贵州农业科学 (5): 27-31.

江苏省植物研究所，1977. 江苏植物志：上册 [M]. 北京：江苏人民出版社.

李扬汉，1998. 中国杂草志 [M]. 北京：中国农业出版社.

王新华，1999. 泽泻研究进展 [J]. 中草药，30(7): 557-559.

颜玉树，1989. 杂草幼苗识别图谱 [M]. 南京：江苏科学技术出版社.

中国科学院北京植物研究所，1976. 中国高等植物图鉴：第五册 [M]. 北京：科学出版社.

中国科学院中国植物志编辑委员会，1992. 中国植物志：第八卷 [M]. 北京：科学出版社.

（撰稿：戴伟民；审稿：刘宇婧）

东亚市藜 *Chenopodium urbicum* L. subsp. *sinicum* Kung et G.L.Chu

秋熟旱作物田一年生杂草。英文名 city goosefoot。藜科藜属。

形态特征

成株 株高20～100cm（见图）。全株无粉，幼叶及花序轴有时稍有绵毛。茎直立，较粗壮，有条棱及色条，分枝或不分枝。单叶互生，叶片菱形至菱状卵形，茎下部叶的叶片长达15cm，宽度与长度相等或较小，稍肥厚，先端急尖或渐尖，基部近截形或宽楔形，两面近同色，边缘具不整齐锯齿，近基部的1对锯齿较大呈裂片状；叶柄长2～4cm。花两性兼有雄蕊不发育的雌花，以顶生穗状圆锥花序为主；花簇由多数花密集而成；花被裂片3～5，狭倒卵形，花被基部狭细呈柄状；花药矩圆形，花丝稍短于花被。

子实 种子横生、斜生及直立，直径0.5～0.7mm，红褐色至黑色，有光泽，表面具清晰的点纹，边缘锐。

幼苗 全株光滑无毛，稍肉质。子叶卵形，长约3mm，具柄。初生叶2，卵形，长约1.4cm，有时叶被略呈粉红色，柄长约为叶片的1/2。上、下胚轴均较发达。

生物学特性 种子繁殖。花期8～9月，果期10月。为泌盐盐生植物，具有较强的耐盐性，喜盐碱、耐高湿，适宜在盐土或盐碱土低洼湿润区生长。植株和种子中的酚含量均较高，且根部和种子中含有大量的游离多酚，具有较好的抗氧化活性，可作为天然抗氧剂来源，用于制药工业和食品添加剂生产。

分布与危害 中国分布于黑龙江、吉林、辽宁、内蒙古、河北、山西、山东、陕西、新疆、江苏北部。生于戈壁、田边等处。为新疆北部棉田常见杂草，在河北等地局部发生，优势度和频度较小，对玉米等作物田影响极微，为一般杂草。

防除技术 在新疆地膜覆盖种植条件下，对东亚市藜等杂草的防除应因地制宜，合理应用农业、物理、化学等一系列防治措施，有机地组合成防治的综合体系，将危害性杂草有效地控制在生态经济阈值水平以下,确保作物的安全生产。

农业防治 在草荒严重的农田和荒地,在作物收获后或播种前进行深翻,将东亚市藜等一年生杂草种子深翻至土壤深层,减少杂草萌发危害。清除田块四周、路旁、田埂、渠道内外的杂草,特别是在杂草种子尚未成熟之前可结合耕地、人工拔除等措施及时清除,防止其扩散。

结合放苗等田间作业拔除膜上和行间杂草,并及时用土封洞,充分发挥地膜覆盖的灭草效果。入秋后在杂草种子成熟前人工拔除田间草龄较大的杂草,并带离作物田,避免成熟杂草种子落入田间,增加土壤中杂草种子量,加重来年杂草防除难度。对东亚市藜等阔叶杂草发生严重的棉田,可采取棉花与玉米、棉花与小麦轮作,在种植玉米或小麦时,选用相应的除草剂防除阔叶杂草。

化学防治 新疆棉花田东亚市藜等阔叶杂草的防除仍以化学防除为主,可在棉花播种前,选用二甲戊灵或其与丙炔氟草胺、扑草净、乙草胺、异丙甲草胺、敌草隆等混配剂,进行土壤喷雾处理。

综合利用 全草可入药,具有清热、利湿、杀虫的作用。为藏药的一种,全草可治皮疹。

参考文献

阿依古丽·阿不都热苏力,2014. 阿勒泰地区药用植物区系研究 [D]. 乌鲁木齐:新疆大学.

努尔古丽·阿木提,2013. 新疆藜科植物系统分类学研究 [D]. 乌鲁木齐:新疆大学.

王春海,2015. 中国藜属及近缘属植物的系统学研究 [D]. 曲阜:曲阜师范大学.

魏守辉,张朝贤,翟国英,等,2006. 河北省玉米田杂草组成及群落特征 [J]. 植物保护学报,33(2): 212-218.

周三,韩军丽,赵可夫,2001. 泌盐盐生植物研究进展 [J]. 应用与环境生物学报,7(5): 496-501.

中国科学院中国植物志编辑委员会,1979. 中国植物志 [M]. 北京:科学出版社.

NOWAK R, SZEWCZYK K, GAWLIK D U, et al, 2016. Antioxidative and cytotoxic potential of some *Chenopodium* L. species growing in Poland [J]. Saudi journal of biological sciences, 23(1): 15-23.

（撰稿:马小艳;审稿:宋小玲）

冬葵 *Malva verticillata* L.

夏熟作物、秋熟旱作物田一年生杂草。又名葵菜、冬寒（苋）菜（湖南、贵州、四川）、薪菜（江西）。英文名cluster mallow。锦葵科锦葵属。

形态特征

成株 高50～100cm（图①②）。茎直立,有星状长柔毛。单叶互生,叶片肾形至近圆形,掌状5或7浅裂,两面无毛至疏被糙伏毛或星状毛;有长柄,长2～8cm,柄上有毛茸;托叶有星状柔毛。花小,淡红色,簇生于叶腋,近于无梗;小苞片3,有细毛（图③）;花萼杯状,5齿裂;花瓣5片,倒卵形,先端凹入。雄蕊多数,花丝结合成圆形雄蕊柱;花柱与心皮数相等,子房10～11室,花柱线形。

子实 果实扁圆形（图④）,直径8mm,淡黄褐色,果瓣背面有网纹,有时网纹不明显,网脊较低,熟时果瓣彼此分离并与中轴脱离。种子近圆形,直径2～2.5mm,红褐色（图⑤）;种脐褐色至黑褐色,位于腹面凹口内,常为残留的株柄所覆盖。

幼苗 子叶心形,先端钝,叶基部圆形,具长柄;下胚轴很发达,粉红色,上胚轴不发育;初生叶互生,肾形,掌状叶脉,先端钝圆,叶基心形,叶缘为不规则的粗锯齿,具长柄,后生叶与初生叶相似。

生物学特性 种子繁殖。花果期4～10月。

分布与危害 全中国分布。常生于田野、路埂,为玉米、高粱、谷地、马铃薯、甜菜等秋熟作物田常见杂草。

防除技术 见苘麻。

综合利用 中国早在汉代以前即已栽培供蔬食,目前在

东亚市藜植株形态（强胜摄）

D

冬葵植株形态（①④⑤张治摄；②③崔海兰摄）

①②植株及群落；③花；④果；⑤种子

湖南、四川、江西、贵州、云南等地仍有栽培嫩苗以供蔬食。其叶圆，边缘折皱曲旋，秀丽多姿，是园林观赏的佳品，地植与盆栽均宜。冬葵果含有挥发油、糖类、氨基酸以及蛋白质、黏液质、微量元素，特别是钾和硒元素等化学成分，有利尿、抗氧化、抑菌以及增强免疫等作用。

参考文献

李扬汉，1998. 中国杂草志 [M]. 北京：中国农业出版社：697-698.

孟和毕力格，吴香杰，2012. 蒙药材冬葵果的研究进展 [J]. 中国民族医药杂志，18(12): 37-40.

（撰稿：崔海兰；审稿：宋小玲）

豆田杂草 soybean field weed

根据杂草生境特征划分的属于秋熟旱作物田中非常重要的一类杂草，能够在大豆、小豆、绿豆等豆科作物田中不断自然延续其种群。

发生与分布 大豆种植行距较宽，封垄前杂草持续发生，危害严重。据调查，有 23 科 68 属 90 种杂草可以入侵大豆田。

春大豆生长期长，田间杂草发生随季节性变化表现出明显的春、夏、秋季相，4～5 月多年生或越年生杂草萌发，5～6 月一年生杂草大量出土，形成第一个出草高峰，也是控制杂草的关键时期；7 月喜温杂草陆续萌发，形成第二个出草高峰。近几年受栽培措施和防除措施的影响，鸭跖草、狼巴草、酸模叶蓼、苍耳、龙葵、风花菜、苘麻、苣荬菜、小蓟、大蓟等阔叶杂草已逐渐取代了稗草、野燕麦、狗尾草等禾本科杂草，刺儿菜、苣荬菜、鸭跖草成为防除难点。夏大豆生长季节处于高温多雨的夏季，田间杂草发生时期集中在 6～8 月，其中播后 1 个月内出草数量达 90%，而且杂草发生密度大，生长势强，易形成草荒，产量损失大，单双子叶杂草混生且以一年生杂草占绝大多数。其中黄淮海夏大豆田杂草发生分为集中发生型和分散发生型，集中发生型一般播后 5 天出现萌发高峰，25 天杂草出苗可达总数 90% 以上，分散发生型在播后 10 天左右出现萌发高峰，直到播后 40 天才大部分出土，杂草出土期持续 70 天左右。

按照气候条件和种植区域，大豆田大致可以分为：①东北一年一熟春大豆区，主要杂草有稗草、狗尾草、马唐、野燕麦、牛筋草、蓼、藜、反枝苋、苍耳、鸭跖草、龙葵、苘麻、卷茎蓼、铁苋菜、香薷、鼬瓣花、繁缕、刺儿菜、苣荬菜、问荆、芦苇等。该地区大豆行距较宽，前期以一年生早春杂草占优势，后期以晚熟或夏季杂草为主。②黄淮海一年二熟或二年三熟大豆区，主要杂草有马唐、牛筋草、藜、狗尾草、反枝苋、苘麻、苍耳、鳢肠、铁苋菜、田旋花、香附子、鸭跖草等，前茬多为小麦，常与玉米间作。③长江流域大豆区，主要杂草有千金子、马唐、稗草、苍耳、反枝苋、牛筋草、碎米莎草、凹头苋、狗尾草等。④华南春秋大豆区，主要杂草有马唐、稗草、碎米莎草、胜红蓟、青葙、鳢肠、狗尾草、空心莲子草、香附子等。

东北豆区的反枝苋、藜发生数量较大，氟磺胺草醚是长期防除的主打品种，但抗性和土壤残留问题已极为严重。铁苋菜、马齿苋在黄淮及以南豆区发生较为普遍，多数用氟磺胺草醚进行茎叶处理，但触杀性药剂防除效果不彻底，易复发。

防除技术

农业防治　深翻、中耕可防除部分多年生杂草。窄行密植栽培增加作物的种植密度，提高作物与杂草的竞争力。通过与不同作物的轮作可以有效地防除一些难防杂草，如通过大豆与小麦或玉米轮作，可以在小麦或玉米田利用化学除草来防除大豆田难以防除的阔叶杂草（如苣荬菜、刺儿菜、卷茎蓼等）。秸秆覆盖或地膜覆盖对大豆田杂草有明显的抑制作用。

化学防治　通常采用大豆播后苗前土壤封闭与苗后茎叶处理相结合的化学防治措施，播后苗前土壤处理剂主要有酰胺类（乙草胺、异丙草胺、异丙甲草胺）、咪唑啉酮类（咪唑乙烟酸、甲氧咪草烟）、二硝基苯胺类（氟乐灵、二甲戊灵、仲丁灵）以及噻吩磺隆、唑嘧磺草胺、异噁草松、嗪草酮、氯嘧磺隆、丙炔氟草胺等，可防除一年生禾本科杂草和/或阔叶杂草，但土壤处理剂活性受土壤类型、有机质含量、pH 值、气象条件影响较大，且咪唑啉酮类部分品种土壤残留期较长，不适宜在一年两熟或多熟制地区使用，低温多雨条件下丙炔氟草胺、嗪草酮对大豆有药害风险；苗后茎叶处理剂主要有芳氧基苯氧基丙酸类（精喹禾灵、高效氟吡甲禾灵、精吡氟禾草灵）、环己烯酮类（烯草酮、稀禾啶）、二苯醚类（氟磺胺草醚、乙羧氟草醚、三氟羧草醚、乳氟禾草灵）、咪唑啉酮类（咪唑乙烟酸、甲氧咪草烟）以及异噁草松、苯达松等，针对性防除禾本科杂草或阔叶杂草，但应根据杂草种类、土壤墒情及天气状况选择适宜的除草剂品种和确定使用剂量，不良环境或喷雾不当或时期不适时药效不理想或易产生药害，部分品种缺乏广泛适应性，局限于部分区域使用。

生物防治　画眉草弯孢霉（*Curvularia eragrostidis*）菌株 QZ-2000 对小藜、马唐的致病作用，草茎点霉（*Phoma herbarum* Westend）对鸭跖草的致病力等可用于大豆田杂草生物防除。

杂草抗性及治理　据报道，目前全球报道大豆田有 50 种杂草对一种或几种除草剂具有抗性，如抗氟磺胺草醚的铁苋菜，抗氯嘧磺隆、咪唑乙烟酸、草甘膦的绿穗苋，抗氟磺胺草醚、草甘膦、咪唑乙烟酸、二甲戊灵、精异丙甲草胺的长芒苋，抗乙羧氟草醚、氟磺胺草醚、咪唑乙烟酸的反枝苋、

糙果苋、抗氟磺胺草醚、草甘膦、咪唑乙烟酸、百草枯的小飞蓬，抗噻吩磺隆、嗪草酮的藜，抗精噁唑禾草灵、吡氟禾草灵、氟吡甲禾灵、噁草酸、烯禾啶、草甘膦的马唐、升马唐、光头稗、旱稗、牛筋草、狗尾草、大狗尾草、黑麦草，其中中国报道了抗精噁唑禾草灵、精喹禾灵的稗草，抗氟磺胺草醚的铁苋菜，抗三氟羧草醚、乙羧氟草醚、氟磺胺草醚、咪唑乙烟酸、乳氟禾草灵的反枝苋。生产中需要轮换使用作用靶标不同的除草剂种类，并加强不同作用靶标除草剂的混用，完善杂草早期治理技术。同时，辅以中耕、轮作、覆盖等措施技术有利于进一步抑制杂草生长、降低土壤种子库数量、减轻杂草危害。

参考文献

杜金河，吕述斗，2003. 淮北夏大豆田杂草发生及化除技术研究 [J]. 农药，42(2): 35-37.

李茹，赵桂东，周玉梅，等，2004. 杂草不同危害程度对豇豆产量影响及其防除技术 [J]. 上海农业科技 (3): 111.

李扬汉，1998. 中国杂草志 [M]. 北京：中国农业出版社.

强胜，2009. 杂草学 [M]. 2 版. 北京：中国农业出版社.

（撰稿：李贵、黄春燕；审稿：宋小玲、郭凤根）

独脚金属　*Striga* L.

一年生或多年生草本半寄生检疫性杂草。英文名 witchweed。玄参科独脚金属。独脚金属近 30 种，分布在非洲、亚洲和大洋洲的热带和亚热带地区，大部分为非洲特有种。中国有 4 种，分别是独脚金 [*Striga asiatica* (L.) Kuntze]、大独脚金（*S. masuria* Benth）、狭叶独脚金 [*S. angustifolia* (D. Don) C. J. Saldanha] 和密花独脚金（*S. densiflora* Benth）。

形态特征

成株　高 10 ~ 20cm。全株被刚毛。茎方形或圆形，分枝。叶对生或近对生，或下部叶对生，上部叶互生，条形，有时退化成鳞片状。花无梗，花序密集或松散，穗状或总状花序，稀单生；花萼筒状，具有 5 ~ 15 条明显的纵棱，4 ~ 8 裂，常为 5 裂或具 5 齿，裂片近等长。花冠黄、红、白、粉或紫色等，高脚碟状；花冠管在中部或中部以上弯曲，檐部开展，双唇形，上唇短，全缘，微凹或 2 裂，下唇 3 裂。雄蕊 4 枚，2 强，花药仅 1 室，室背开裂，顶端有突尖，基部无距；柱头棒状。

子实　蒴果椭圆形或近卵圆形，室背开裂（图①）。种子众多，形态多变，卵圆形、椭圆形、矩圆形、三角形、菱形或不规则形状等。种子常扭曲或因在蒴果中拥挤而呈现角棱；个体微小，似灰尘，长 0.2 ~ 0.6mm、宽和厚均 0.1 ~ 0.3mm；橙色、褐色、灰色等，在高倍放大镜下有时呈现彩色光芒。种子表面光洁，可见明显的纵向或斜对角向的索状网纹，网壁常呈螺旋状扭曲，有时隆起像田垄（图②）。胚芽细长，胚乳可见。

幼苗　独脚金幼苗在地下生长，接触寄主根后产生吸器，从寄主吸取营养。

生物学特性　独脚金属植物种子小，结实量高，单株种

D

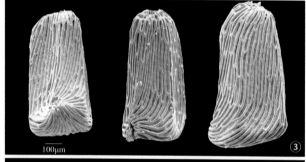

独脚金属果实形态和代表植物种的种子形态图

（①徐瑛提供；②～④范晓红摄）

①独脚金属果实；②独脚金种子（标尺：100μm）；③大独脚金种子（标尺：100μm）；④密花独脚金种子（标尺：50μm）扫描电镜图

子产量可达 3.7 万～5 万粒；种子寿命长，埋入土中 20 年仍有 50% 的萌发率。种子萌发的最适温度为 30～40℃，气温低于 15℃或高于 45℃则不发芽。土壤温湿度适宜时，种子感受寄主植物根系分泌物的刺激而萌发，并形成吸盘寄生寄主根系。出苗前完全寄生在寄主根系，出苗后合成叶绿素，具有光合能力，但仍从寄主根系吸取无机资源，如水分和矿质元素。也有一些种类，出苗后不能合成叶绿素，仍保持完全寄生直至成熟。生长周期一般为 90～120 天。

分布与危害　2007 年，中国将独脚金属所有种都列入进境植物检疫性有害生物名录。中国主要分布于云南、贵州、广西、广东、湖南、江西、福建、台湾；亚洲热带和非洲热带广布。生长在低海拔庄稼地、荒山草地、田边、沟谷、耕地等处。寄生于寄主的根上。独脚金属植物主要寄生禾本科植物，如水稻、玉米、高粱、甘蔗等；早期为地下生长，很难被彻底清除。独脚金属植物出土前为全寄生，出土后具光合能力，为半寄生；在整个生长过程，利用吸器附着寄主根部获取自身生长所需的全部无机资源。从出苗到开花，它们逐渐抑制寄主植物生长，造成寄主枯萎甚至死亡，作物减产 40%～100%。

防除技术

人工防治　应用高粱等寄主植物的刺激物，诱导独脚金种子萌发，然后再将独脚金清除干净。另外，轮作、深耕和灌溉等综合防治措施也可用于控制独脚金。

化学防治　独脚金属植物严重影响寄主的时期为完全寄生的出土前的幼苗期，苗后除草剂的控制效果常不理想。棉花根系分泌的独脚金萌素（strigol）是一种醌类化合物，该物质及其 5 个类似物现已能够人工合成，并广泛用于玉米、高粱和甘蔗田的独脚金的防除。

生物防治　国际热带农业研究所将取自加纳、马里和尼日利亚以及非洲普遍存在的甘薯枯萎病菌［尖镰孢菌甘薯专化型 *Fusarium oxysporum* f.sp. *batatas* (Wollenweber) Snyder et Hansen］孢子与萃取于该地区常见树的有机黏合剂混合，采用该混合物覆盖谷物种子的方法，提高作物抗独脚金寄生的能力。

综合利用　在中国，独脚金是一种重要的药用植物，全株具有健脾消毒，清热利尿，防治黄疸肝炎、结膜炎的功效，对小儿疳积、食积和腹泻有独特疗效。

参考文献

陈世国，强胜，2015. 生物除草剂研究与开发的现状及未来的发展趋势 [J]. 中国生物防治学报，31(5): 770-779.

范晓虹，印丽萍，徐瑛，等，2012. 独脚金属检疫鉴定方法：SN/T 3442-2012[S]. 北京：中国标准出版社.

李扬汉，1998. 中国杂草志 [M]. 北京：中国农业出版社.

席家文，娄巍，1995. 独脚金的生物学及危害 [J]. 植物检疫，9(2): 97-98.

印丽萍，2018. 中国进境植物检疫性有害生物：杂草卷 [M]. 北京：中国农业出版社.

印丽萍，颜玉树，1997. 杂草种子图鉴 [M]. 北京：中国农业科技出版社.

中国科学院中国植物志编辑委员会，1979. 中国植物志 [M]. 北京：科学出版社.

（撰稿：伏建国、徐瑛；审稿：冯玉龙）

杜茎山　*Maesa japonica* (Thunb.) Moritzi. ex Zoll.

林地多年生常绿灌木状杂草。英文名 Japanese maesa。紫金牛科杜茎山属。

形态特征

成株　高 80～200cm（图①②）。直立，有时攀缘状。小枝无毛，疏生皮孔。叶片革质，椭圆状披针形或倒卵状披针形，顶端渐尖、钝或尾状渐尖，基部楔形或圆形，长 7～10cm、宽 2～3.5cm，近全缘或中部以上具疏锯齿，两面无毛，叶背面中脉隆起而明显，侧脉 5～8 对，不甚明显，尾端直达齿尖；叶柄长 0.5～1.3cm，无毛。总状花序或圆锥花序（图⑤⑥），1～3 个腋生，长 1～3cm，仅近基部具少数分枝，被微毛；小苞片 2 枚，长 0.1cm，常紧贴于花萼基部或着生于花梗上；花 5 数，两性；花梗长 0.3cm，无毛或被微柔毛；小苞片紧贴花萼基部，无毛，具疏细缘毛或腺点。花萼萼管包被子房的下半部或更多；花萼裂片镊合状排列，具脉状腺条纹或腺点，宿存，长 0.1cm，顶端钝或圆形，无毛，具细缘毛；花冠白色，钟形，管长 0.35cm，具明显的脉状腺条纹，裂片长为管的 1/3 或更短，顶端钝；雄蕊着生于花冠管中部略上，内藏；花丝与花药等长，花药背部具腺点（图②⑧）；半下位或下位子房，中央特立胎座，胚珠多数

杜茎山植株形态（刘仁林摄）

①②植株形态；③果实；④幼果；⑤花；⑥花芽未开放；⑦子房纵切，中央特立胎座，皮基部与花托上端愈合并向子房中央伸长的特立中央短柄；⑧子房横切，隔膜消失，胚珠多数

无隔膜，着生于近球形的中轴上。

子实 肉质浆果（图③④），球形直径 0.5cm，具脉状腺条纹，宿存萼包果顶端，具宿存花柱；种子细小、多数，具棱角。

生物学特性 杜茎山适生于南方农田岸边或路边。以种子传播繁殖为主，兼有根、茎营养繁殖如人工铲、伐后翌春由根茎或保留在土壤中的根产生芽而再生。营养生长期 5～9 月，花期 1～4 月，果期 10 月至翌年 4 月。

分布与危害 中国南方农田或路边均有分布，主要分布于云南、四川、贵州、广西、湖南、湖北、江西、广东、福建、浙江、台湾等地。杜茎山生长旺盛，扩展迅速，影响人工林幼树和幼苗的生长。

防除技术 应采取农业防治为主的防除技术和综合利用措施，不宜使用化学除草剂。在南方山区森林中网脉酸藤子分布较常见，没有危害作用，不需要采取防治措施。

农业防治 在春耕时节铲除农田边的杂草和杂灌，对杜茎山这类多年生木本植物还应挖掘其根系，以达到彻底清除的目的。

综合利用 可药用又可园林观赏。全株供药用，有祛风寒、消肿之功效，因此可采用药用植物规范管理技术，清除其周围杂草、松土、修剪，收获茎皮或嫩叶，增加收入。另外，杜茎山稍耐阴，果期长，在园林上可作林下绿带配置，因此可结合挖掘清除工作将植物移植苗圃栽培、管理。

参考文献

胡适宜，2005. 被子植物生殖生物学 [M]. 北京：高等教育出版社.

刘仁林，朱恒，2015. 江西木本及珍稀植物图志 [M]. 北京：中国林业出版社.

罗献瑞，1999. 实用中草药彩色图集：第二册 [M]. 广州：广东科技出版社：45.

中国科学院中国植物志编辑委员会，1999. 中国植物志：第五十八卷 [M]. 北京：科学出版社.

（撰稿：刘仁林；审稿：张志翔）

对照药剂 control herbicide

在除草剂田间药效试验中，包括小区试验和大区试验，为了判断供试药剂的防治效果和对作物的安全性，必须选择一个可供参照比较的标准物，即为对照药剂。通过设置对照药剂，比较供试药剂和对照药剂对杂草的防除效果和对作物的安全性，能科学得出试验药剂的推荐剂量、使用技术等，为其作为除草剂产品登记提供技术资料。

在除草剂田间药效试验中，对照药剂的选择至关重要。一般对于单剂，对照药剂原则上应是已登记注册的并在实践中证明有较好安全性和除草效果的产品。对照药剂化学结构类型和作用方式、作用机理、使用方法应同试验药剂相近或相同，并按当地常规使用量使用。还应注意供试药剂试验的作物田，通常选择登记过该使用范围的单剂作为对照药剂，单剂未登记过该使用范围，建议使用登记在该使用范围上的其他常用单剂作为对照药剂。对于老品种对照药剂，如果生产上实际用量已高于登记用量，应采用生产上实际用量作为对照用量。

对于混剂来说，对照药剂应选择混剂中的各单剂及当地防除靶标杂草相同的常用药剂为对照药剂。原则上是已登记注册的并在实践中证明有较好效果的产品。如果单剂未登记，试验委托方需提供配制的制剂样品作为对照药剂。对照药剂的类型和作用方式应同试验药剂相近或相同，并按当地常规使用量使用。通常各单剂均登记过该使用范围，使用各单剂作为对照药剂；有效成分单剂部分登记过该使用范围，部分未登记过该使用范围，使用各有效成分的单剂作为对照药剂，同时视情况补充当地常用对照药剂；有效成分单剂均未登记过该使用范围，使用各有效成分的单剂以及当地常用药剂作为对照药剂。

对照药剂剂量应为已登记的推荐剂量或当地常规用量，对于混剂而言，还需注意单剂对照药剂有效成分的用药量应不低于混配制剂中间剂量用药量中各有效成分的用药量。对照药剂的防效需达到防治目标，试验药剂的防治效果显著高于或与对照药剂防效相当，说明试验药剂对杂草具有较好的防治效果。如果是新除草剂品种，没有类似的对照药剂，则选择相近的已经登记的除草剂作为对照药剂。

参考文献

强胜，2009. 杂草学 [M]. 2 版. 北京：中国农业出版社.

农业部农药检定所，2004. 农药田间药效试验准则：GB/T 17980[S]. 北京：中国标准出版社.

（撰稿：陈杰；审稿：宋小玲）

盾果草 *Thyrocarpus sampsonii* Hance

夏熟作物田一二年生杂草。又名盾形草。英文名为 sampson thyrocarpus。紫草科盾果草属。

形态特征

成株 高达 50cm（图①）。茎直立或斜升，下部常分枝，被开展长硬毛及短链毛；基生叶丛生，匙形，长 5～20cm，全缘或疏生细齿，两面被具基盘长硬毛及短缱毛，具短柄；茎生叶互生，较小，窄长圆形或倒披针形，无柄。聚伞花序长 7～20cm（图②）；苞片窄卵形或披针形；花多生于腋外；花梗长 1.5～3mm；花萼长约 3mm，裂片窄椭圆形，外面及边缘被开展长硬毛，内面疏被短伏毛；花冠淡蓝或白色，花冠筒直立，与花萼等长，而不同于弯齿盾果草，冠筒较冠檐短，冠檐径 5～6mm，裂片长圆形，开展，喉部有 5 个附属物，长约 0.7mm，肥厚，被乳头突起，先端微缺；花丝长约 0.3mm，花药卵状长圆形，长约 0.5mm。

子实 小坚果 4，卵圆形（图③），长约 2mm，黑褐色，密生小疣状突起，外层有 2 层碗状突起，突起直立，而不同于弯齿盾果草，突起边缘色淡，齿约为碗高一半，顶端不膨大，内层全缘。

生物学特性 种子繁殖。苗期秋冬或翌年早春，花果期 4～7 月。

D

盾果草植株形态（强胜摄）

①成株；②花序；③子实

分布与危害　中国分布于河南、陕西、江苏、安徽、浙江、江西、台湾、广东、广西、湖南、湖北、四川、贵州、云南等地。生山坡草丛或灌丛下，为路埂杂草，有时危害果树、苗木，偶发于夏熟小麦作物田，但发生量小，危害轻。

防除技术　见弯齿盾果草。

综合利用　全草可供药用，清热解毒，消肿。主治痈疖疔疮，菌痢，肠炎。

参考文献

李扬汉，1998. 中国杂草志 [M]. 北京：中国农业出版社：142-143.

刘全儒，2000. 北京及河北植物新记录 [J]. 北京师范大学学报（自然科学版），36(5): 674-676.

王开金，强胜，2007. 江苏麦田杂草群落的数量分析 [J]. 草业学报，16(1): 118-126.

只佳增，陈鸿洁，钱云，等，2017. 河口低热河谷区辣木林四季杂草调查研究 [J]. 热带农业科学，37(4): 66-69, 75.

中国科学院中国植物志编辑委员会，1985. 中国植物志：第五十五卷 第二分册 [M]. 北京：科学出版社：232-233.

（撰稿：宋小玲、付卫东；审稿：贾春虹）

多花黑麦草　*Lolium multiflorum* L.

夏熟作物田一二年生杂草。又名意大利黑麦草。英文名 Italian ryegrass。禾本科黑麦草属。

形态特征

成株　高 50～130cm（图①）。秆直立或基部偃卧，节上生根，具 4～5 节，较细弱至粗壮。叶鞘疏松；叶舌长达 4mm，有时具叶耳；叶片扁平，长 10～20cm、宽 3～8mm，无毛，上面微粗糙。穗形总状花序直立或弯曲，长 15～30cm、宽 5～8mm（图②）；穗轴柔软，节间长 10～15mm，无毛，上面微粗糙；小穗含 10～15 小花，长 10～18mm、宽 3～5mm；小穗轴节间长约 1mm，平滑无毛；颖披针形，质地较硬，具 5～7 脉，长 5～8mm，具狭膜质边缘，顶端钝，通常与第一小花等长；外稃长圆状披针形，长约 6mm，具 5 脉，基盘小，顶端膜质透明，具长 5（～15）mm 细芒，或上部小花无芒；内稃约与外稃等长，脊上具纤毛。

子实　颖果长圆形（图③），长 2.5～3.4mm、宽 1～1.2mm，褐色至棕褐色，顶端钝圆，具茸毛；腹面凹陷，中间具沟。

幼苗　胚芽鞘 7～12mm（图④），紫色。叶片长 3.5～6.5cm，5 脉，光滑无毛。

生物学特性　一年生、越年生或短期多年生，喜温暖湿润气候。种子繁殖，异花授粉。苗期 11 月至翌年 3 月，花果期 5～8 月，全生育期 194～290 天，正常情况下一株多花黑麦草可有 60 多个分蘖，种子量达 15 000 余粒。种子可随收获机械携带传播扩散。目前，全世界已经有大量报道多花黑麦草对各种除草剂的抗药性，其中报道较多的是抗乙酰辅酶 A 羧化酶（ACCase）抑制剂、乙酰乳酸合成酶（ALS）抑制剂或草甘膦的生物型，也有一些生物型对氟噻草胺、异丙隆具有抗药性。在中国河南、山东、江苏北部地

多花黑麦草植株形态（①～③陈国奇摄；④汪金源提供）
①田间危害；②花序；③子实；④幼苗

区麦田也发现了抗 ACCase 抑制剂的多花黑麦草种群。中国小麦田多花黑麦草种群中有二倍体、四倍体 2 种染色体倍性类型。

分布与危害　中国新疆、陕西、甘肃、宁夏、青海、辽宁、河北、河南、山东、江苏、安徽、上海、浙江、湖北、湖南、贵州、云南、四川、重庆、江西等地均有分布；原产于欧洲，现广布世界小麦主产区。优良牧草引种后逸生至麦类作物田成灾，小麦田恶性杂草，可对小麦产量和品质造成严重影响，也是赤霉病和冠锈病的寄主。

防除技术

农业防治　多花黑麦草主要在旱连作小麦田危害重，防控困难，因此，在多花黑麦草种子库大的田块，有条件的情况下采用水旱连作或者轮作阔叶类夏熟作物可以有效降低其危害。在夏熟作物播种前采用深翻耕可以有效减少其出苗。

化学防治　小麦田土壤处理可用酰胺类乙草胺与取代脲类异丙隆的复配剂；茎叶处理可用 ACCase 抑制剂唑啉草酯、炔草酯或两者的复配剂，以及 ALS 抑制剂啶磺草胺、甲基二磺隆、氟唑磺隆，或环己烯酮类三甲苯草酮。注意茎叶处理应在杂草 2～5 叶期进行才能取得较好的防除效果。

综合利用　多花黑麦草是中国南方推广种植的一年生禾本科牧草，秋季种植、冬春季利用，其牧草产量和品质高。多花黑麦草产草时间集中在 12 月至翌年 5 月，3～5 月为高峰期。通过多年的引种筛选和品种选育，中国已引进和培育了一批优良的多花黑麦草品种，尤其是四倍体品种。并且系统研究了多花黑麦草丰产栽培技术，中国四川、江苏有大面积的多花黑麦草草种生产基地。

参考文献

李扬汉, 1998. 中国杂草志 [M]. 北京：中国农业出版社：1267-1268.

徐海根, 强胜, 2018. 中国外来入侵生物 [M]. 修订版. 北京：科学出版社.

张佩, 2018. 小麦田多花黑麦草 (*Lolium multiforum*) 对精噁唑禾草灵的抗药性及其治理研究 [D]. 南京：南京农业大学.

中国科学院中国植物志编辑委员会, 2002. 中国植物志：第九卷 第二分册 [M]. 北京：科学出版社：290.

（撰稿：陈国奇；审稿：宋小玲）

多花水苋菜　*Ammannia multiflora* Roxb.

稻田一年生杂草。又名仙桃草、水灵丹、节节花、结筋草。千屈菜科水苋菜属。

形态特征

成株　高 8～35（～65）cm。茎直立，须根系，多分枝，无毛，茎上部略具 4 棱。叶对生，膜质，长椭圆形（图①②），长 8～25mm、宽 2～8mm，顶端渐尖，茎下部的叶基部渐狭，中部以上的叶基部通常耳形或稍圆形，抱茎。多花或疏散的二歧聚伞花序（图③④），腋生较密集，总花梗短，长约 2mm，纤细，花梗长约 1mm；小苞片 2 枚，微小，线形；萼筒钟形，长 1.5mm，稍呈四棱，结实时半球形，裂片 4，短三角形，比萼筒短；花瓣 4，倒卵形，小而早落。雄蕊 4，稀 6～8，生于萼筒中部，与花萼裂片等长或稍长，花柱长 0.5～1mm，线形。

子实　蒴果扁球形，直径约 1.5mm，成熟时暗红色，上半部突出宿存萼之外（图⑤）。种子半椭圆形。

幼苗　子叶出土，梨形，叶先端圆形，全缘，具柄。初生叶 2 枚，对生，单叶，呈卵状披针形，后生叶与初生叶相似，全株光滑无毛。

生物学特性

生于湿地或水田中，常与同属的水苋菜、耳叶水苋混生，田间常有浅水的稻田发生较多。性喜强光，在无日光直射的明亮之处也能较好生长；喜温暖，怕寒冷，在 22～28℃的温度范围内生长良好。幼苗期 5～6 月，花期 7～9 月，果期 8～10 月。

多花水苋的种子不耐深播，入土深度超过 2cm，萌发率减少 50%；萌发时对土壤水分要求高，土壤含水量低于 40% 时，发芽率显著降低；种子对淹水环境具有较强的适用能力，10cm 水层深度下依然可以萌发。

分布与危害

中国多分布于秦岭、淮河一线以南地区，常生于低山区的湿地或水田中，在长江流域常有浅水的稻田发生较多，主要危害中晚稻，但发生频率和发生量远不及同属的水苋菜和耳叶水苋。但其繁殖系数高，发生密度大，发生周期长，与水稻抢夺养分资源，严重影响水稻生长及后期产量。近年长江流域多地推广稻、麦浅旋栽培以及土地流转规模种植户的种植管理精细化程度降低，使得水苋菜属杂草有蔓延趋势。

防除技术

农业防治　翻耕，将多花水苋种子翻入 3cm 以下的土层中可以显著降低种子萌发的基数。保障水稻种植的齐苗性。

化学防治　多花水苋 4 叶期后对除草剂的抗性会显著增加，化学防治需尽快尽早。选择噁草酮、丙炔噁草酮、丙草胺或丁草胺 + 苄嘧磺隆或吡嘧磺隆等成分根据水稻的栽培方式，在种植前后进行封闭处理，抑制幼苗基数；苗后茎叶处理选择 2 甲 4 氯·灭草松、氯氟吡氧乙酸、氯氟吡啶酯成分进行喷雾灭杀。

综合利用　全草可以入药，具有散瘀止血、除湿解毒之

多花水苋菜植株形态（张治摄）

①生境；②成株；③④花果序；⑤种子

功效。用于跌打损伤、内外伤出血、骨折、风湿痹痛、蛇咬伤、痈疮肿毒、疥癣等。

参考文献

强胜，2001. 杂草学 [M]. 北京：中国农业出版社：45.

田志慧，袁国徽，王依明，等，2018. 上海市水稻田杂草种类组成及群落特征 [J]. 植物保护，44(6): 152-157.

中国科学院中国植物志编辑委员会，1983. 中国植物志：第五十二卷 第二分册 [M]. 北京：科学出版社：70.

HARISH C, UPADHYAY, 2019. Medicinal chemistry of alternative therapeutics: novelty and hopes with Genus *Ammannia* [J]. Cureent topic in medicinal chemistry, 10(19): 784-794.

（撰稿：杨林；审稿：纪明山）

多年生杂草　perennial weed

按生物学特性划分的一类杂草，是指寿命超过两年以上的杂草。

形态特征　多年生杂草在形态特征上存在丰富的多样性，一般可将其分为多年生阔叶草、多年生禾草和多年生莎草等 3 大类。

生物学特性　多年生杂草都有两年以上的寿命，既能进行种子繁殖，也能进行营养繁殖，而且后者是多年生杂草的主要繁殖方式。它们在一生中可开花结实多次，开花结实后地上部分死亡，但其地下器官能存活多年，翌年春季又可再生出新的植株，如白茅、香附子等。根据芽位的不同，多年生杂草可被分为以下 4 类：①越冬芽在水中的水生杂草，如眼子菜等。②越冬或越夏芽在地表的地表芽杂草，如蛇莓、艾蒿等。③越冬或越夏芽接近地表的半地下芽杂草，如蒲公英等。④越冬或越夏芽在土壤中的地下芽杂草。其中地下芽杂草又可根据营养繁殖器官的不同被分为以下 5 类：①根状茎类杂草，如刺儿菜、苣荬菜、双穗雀稗、白茅、问荆等。②块茎类杂草，如香附子、水莎草、扁秆藨草等。③球茎类杂草，如野慈姑等。④鳞茎类杂草，如小根蒜等。⑤直根类杂草，如车前、羊蹄等。

分布与危害　多年生杂草也是农田中最常见的杂草，它们种类多、分布广、繁殖能力强、危害严重。

扁秆藨草、水莎草、牛毛毡、眼子菜、问荆、苹、矮慈姑、野慈姑、水龙、水竹叶等多年生杂草生长于水生环境，主要危害水稻；荩草、乌蔹莓、艾蒿、刺儿菜、蒲公英、田旋花、打碗花、双穗雀稗、香附子等多年生杂草则生长于旱地，主要危害夏熟旱作物田、秋熟旱作物田、蔬菜和多种经济林木；空心莲子草等多年生杂草既可生长于水中，也可发生于旱地，是危害严重的外来恶性杂草。多年生杂草通过与作物争夺养分而使作物减产。

防除技术　多年生杂草的防除可采用农业防治及生态防治、化学防治、生物防治和综合利用等多种策略。合理轮作、覆盖治草、稻田养鸭等措施有助于多年生杂草的防治；中耕除草虽可消灭一些多年生杂草的植株，但因为促进了它们的营养繁殖和传播而收效甚微。化学防治是防除多年生杂草的主要途径，能防除多年生杂草的除草剂一般均有较高的内吸传导性。如用激素类除草剂氯氟吡氧乙酸茎叶处理可防除禾本科作物田的部分多年生阔叶草；用乙酰乳酸合成酶抑制剂类苄嘧磺隆、醚磺隆、吡嘧磺隆等可防除稻田部分多年生杂草；用氯嘧磺隆可防治大豆田的部分多年生杂草；用氯吡嘧磺隆能防治甘蔗、高粱、玉米田的部分多年生杂草等。果园、桑园、茶园可用灭生性除草剂草甘膦定向茎叶喷雾处理。生物防治是环境友好型除草技术，如曲纹叶甲的野外释放对河道、湖泊等水体中空心莲子草的防治取得了良好的效果；水花生叶斑病菌对空心莲子草也有较好的控制作用；泽兰实蝇的释放可使紫茎泽兰茎形成虫瘿而削弱其长势，用尾孢菌和链格孢菌的真菌除草剂也可以控制紫茎泽兰等。此外，车前草、蒲公英等是中国各地广为食用的野生蔬菜，狗牙根、空心莲子草、大藻等是优等饲料，香附子、艾蒿、白茅等可药用，芦苇、斑茅、芒、白茅、扁秆藨草等可用于造纸或编织，可通过对这些杂草的综合利用来达到防除的目的。

参考文献

关佩聪，刘厚诚，罗冠英，2013. 中国野生蔬菜资源 [M]. 广州：广东科技出版社.

李扬汉，1998. 中国杂草志 [M]. 北京：中国农业出版社.

强胜，2009. 杂草学 [M]. 2 版. 北京：中国农业出版社.

《全国中草药汇编》编写组，2000. 全国中草药汇编 [M]. 北京：人民卫生出版社.

王宗训，1989. 中国资源植物利用手册 [M]. 北京：中国科学技术出版社.

（撰稿：郭凤根；审稿：宋小玲）

E

恶性杂草　worst weed

根据危害性程度划分的一类杂草，为分布发生范围广泛、种群密度高、防除困难、对人类生产和生活造成严重损失的杂草。分布发生范围广泛是指在中国各类人工生境中，50%以上的范围发生，比如稗草在农田生境中，90%以上水稻种植面积发生，还会发生在部分秋熟旱作物田；种群密度高意为多是杂草群落的优势种或主要杂草；防除困难主要是因为兼具营养繁殖和种子繁殖等多种繁殖方式，迅速扩大种群密度，有时是除而不死，亦或是能够迅速演化出对除草剂的抗性；由于密度大，竞争性强，总是占据群落优势地位，又难以根本控制其危害，导致巨大经济和生态损失。

全世界约有100种恶性杂草，其中水稻田有稗草、杂草稻和千金子等三大恶性杂草。据《中国杂草志》记载，中国有农田恶性杂草19科38种；而根据强胜主编的《杂草学》记载，中国有农田恶性杂草16科37种；两者虽然在个别杂草种类的等级处理上略有不同，但绝大多数恶性杂草是相同的。恶性杂草种类也随着田间种植制度以及除草剂使用等的改变而发生变化，如随着轻型栽培技术的应用，杂草稻已经成为稻田的恶性杂草。根据《杂草学》记载，禾草类恶性杂草有看麦娘、野燕麦、茵草、马唐、毛马唐、稗、无芒稗、旱稗、牛筋草、千金子、狗尾草、白茅12种；莎草类恶性杂草有异型莎草、碎米莎草、香附子、牛毛毡、水莎草、扁秆藨草6种；阔叶草类恶性杂草分布在不同的科：菊科的刺儿菜、鳢肠和泥胡菜，蓼科的萹蓄和酸模叶蓼，十字花科的荠和播娘蒿，藜科的藜，苋科的空心莲子草，马齿苋科的马齿苋，石竹科的牛繁缕，旋花科的打碗花，大戟科的铁苋菜，豆科的大巢菜，千屈菜科的节节菜，茜草科的猪殃殃，泽泻科的矮慈姑，雨久花科的鸭舌草，眼子菜科的眼子菜。

生物学特性　中国的农田恶性杂草可分为一年生杂草、二年生杂草和多年生杂草3种类型，有直立、平卧（如萹蓄）、匍匐（如马唐）、缠绕（如打碗花）和攀缘（如大巢菜）等多种生长习性，生活在水体和旱地两大生境。它们抗逆性强、可塑性大、群体数量巨大且竞争能力极强、有性繁殖能力强、种子量大且寿命长、种子成熟及萌发时期参差不齐、营养繁殖能力强、传播途径广泛，有些恶性杂草还具有拟态性。

分布与危害　稗草是稻田发生最普遍且危害最严重的恶性杂草，无芒稗和旱稗也在稻田较多见，千金子、空心莲子草、鳢肠、异型莎草、丁香蓼、水苋草、双穗雀稗、杂草稻、矮慈姑、扁秆藨草、鸭舌草、眼子菜等也都是危害水稻的恶性杂草；马唐、毛马唐、牛筋草、狗尾草、香附子、碎米莎草、刺儿菜、马齿苋、铁苋菜、酸模叶蓼等恶性杂草主要危害玉米、棉花、大豆、高粱、甘蔗、烟草等秋熟旱田作物；其中，除马齿苋和香附子外，也在直播等轻型栽培水稻田危害。而看麦娘、日本看麦娘、野燕麦、茵草、猪殃殃、牛繁缕、播娘蒿、酸模叶蓼、打碗花、藜、刺儿菜、荠、大巢菜等恶性杂草主要危害大麦、小麦和油菜等夏熟旱田作物；白茅主要危害果园、桑园、茶园。恶性杂草的危害主要表现在以下几个方面：①恶性杂草与农作物争水、争肥、争阳光，导致作物减产或绝收、品质下降。②许多恶性杂草是多种病虫害的寄主，会加剧作物病虫害的发生和传播，有些种类还能毒害人和家禽。③空心莲子草等恶性杂草大量发生时会覆盖水面、堵塞河流和沟渠，带来一系列的环境污染问题。④藤本类恶性杂草缠绕在作物上，影响棉花的机械采收和其他作物田的农事操作。⑤外来入侵恶性杂草的大量发生排挤掉本地植物，导致当地生物多样性的丧失和生态失衡。

防除技术　恶性杂草是杂草防除的最主要对象和目标，必须采取综合的管理措施。

物理防治　在发生初期可人工拔除；在其营养生长旺盛期或种子成熟前刈割、锄草以降低种子的数量；在有条件的地区也可采用机械除草；覆盖有色膜和药膜也能有效地抑制恶性杂草的生长。

农业及生态防治　实施水旱轮作或旱旱轮作、合理灌溉、深耕、施用腐熟的有机肥、检疫或精选种子、减少秸秆还田时杂草种子的传播、清理田边地头的杂草等措施都有助于恶性杂草的防除；实施替代种植，即用有经济或生态价值的本地植物取代恶性杂草，也能收到较好的效果。

化学防治　这是目前控制恶性杂草的主要手段，如用氯氟吡氧乙酸对春麦田猪殃殃的防除效果良好；用氯酯磺草胺和麦草畏可有效防除刺儿菜；用氯吡嘧磺隆、噻吩磺隆或2甲4氯与灭草松及敌草隆的复配剂都能有效防除蔗园恶性杂草香附子。针对不同种类作物田恶性杂草的化学防除具体见各杂草条目。

生物防治　这是很有潜力的环境友好型防除恶性杂草的手段，已经取得了一些成果，如曲纹叶甲的野外释放对河道、湖泊等水体中空心莲子草的防治取得了良好的效果，水花生叶斑病菌对空心莲子草也有较好的控制作用。

综合利用　许多恶性杂草具有食用或药用等价值，可通过综合利用来达到控制的目的，如水葫芦、空心莲子草等是很好的饲料；牛繁缕、荠菜、马齿苋等是优秀的野生蔬菜；

香附子的块茎可药用或提取芳香油等。

参考文献

曹坳程，郭美霞，张向才，等，2004. 我国主要的外来恶性杂草及防治技术 [J]. 中国植保导刊，24(3): 4-7.

李扬汉，1998. 中国杂草志 [M]. 北京：中国农业出版社.

强胜，2009. 杂草学 [M]. 2 版. 北京：中国农业出版社.

苏少泉，1993. 杂草学 [M]. 北京：农业出版社.

（撰稿：郭凤根；审稿：宋小玲）

遏蓝菜　*Thlaspi arvense* L.

夏熟作物田一二年生杂草。又名菥蓂。英文名 field pennycress。十字花科菥蓂属。

形态特征

成株　高 9～60cm（图①②）。草本，无毛；茎直立，不分枝或分枝，具棱。基生叶倒卵状长圆形，有柄，叶柄长 1～3cm。茎生叶互生，长圆状披针形或倒披针形，顶端圆钝，基部抱茎，两侧箭形，边缘具疏锯齿。总状花序顶生（图②）；花梗纤细，长 5～10mm；花萼 4，离生；萼片直立，卵形，长约 2mm，顶端圆钝；花白色，直径约 2mm，花瓣 4，呈"十"字形排列，花瓣长圆状倒卵形，长 2～4mm，顶端圆钝或微凹。

子实　短角果倒卵形或近圆形，长 13～16mm、宽 9～13mm，扁平，顶端凹入，边缘有翅宽约 3mm（图③）。种子每室 2～8 个，倒卵形，长约 1.5mm，稍扁平，黄褐色，有同心环状条纹（图④）。

幼苗　子叶出土，阔椭圆形，一边常有缺失，先端钝圆，基部圆形，具长柄（图⑤）。下胚轴发达，上胚轴不发育。初生叶 2 片，对生，近圆形，先端微凹，基部阔楔形，全缘，具长柄。

生物学特性　种子繁殖。苗期 10 月至翌年 5 月，花果期 3～6 月。生在林地、沟边、荒地等。遏蓝菜种子具有休眠特性，GA_3、层积处理均能显著提高种子萌发率，

遏蓝菜植株形态（④张治摄；其余强胜摄）

①群体；②花序；③果实；④种子；⑤幼苗

GA₃ 浓度为 10mmol/L 时其种子萌发率最高。此外，GA₃ 处理植株可增加子代种子萌发率。青海湟中地区遏蓝菜全生育期约为 115 天，出苗高峰期为 5 月上旬至中旬。种子发芽出苗最适土壤深度为 1～3cm；单株结子量平均 690 粒。

分布与危害　分布几遍全中国；亚洲、欧洲、北美洲分布普遍，南美洲、非洲、大洋洲也有分布。常在夏熟作物田形成草害，在华北、西北、东北地区危害较重，华东、华中、西南也有分布和危害。遏蓝菜在油菜全生育期均表现出对作物有较强争夺养分的能力，其发生量与油菜籽产量呈极显著负相关。也危害小麦，局部较重。

防除技术

农业防治　可在作物播种前采用深翻耕，控制遏蓝菜出苗。精选种子，经过筛选，可汰除大部分混入作物种子的遏蓝菜种子。通过增加作物种植密度提高作物的群体竞争能力，抑制杂草的生长。在出苗后结实前结合中耕及时清除，降低危害。实行油—麦—油或麦—油—麦轮作，能有效地控制危害。

化学防治　根据除草剂产品标签，小麦田可选用吡氧氟草胺、噻吩磺隆、氯吡嘧磺隆等单剂或复配剂进行土壤封闭处理，小麦田可选用双氟磺草胺、苯磺隆、唑嘧磺草胺、唑草酮、2 甲 4 氯、氯氟吡氧乙酸、2,4- 滴等有效成分的除草剂，进行茎叶喷雾处理，有较好的防除效果。油菜田可用酰胺类除草剂作土壤封闭处理：直播油菜可在播后杂草出苗前用精异丙甲草胺和敌草胺土壤喷雾；移栽油菜在移栽前 1～3 天可用乙草胺或乙草胺与有机杂环类异噁草松的复配剂土壤喷雾，移栽后 1～2 天可用精异丙甲草胺、敌草胺。油菜田出苗后的遏蓝菜在 3～5 叶期可用激素类除草剂二氯吡啶酸、氨氯吡啶酸或者二氯吡啶酸与氨氯吡啶酸的复配剂进行茎叶喷雾处理。二氯吡啶酸能用于甘蓝型、白菜型油菜，氨氯吡啶酸只用于甘蓝型油菜。

综合利用　中药名菥蓂始载于《神农本草经》，列为上品。种子油供制肥皂，也作润滑油，还可食用；全草、嫩苗和种子均入药，全草清热解毒、消肿排脓；种子利肝明目；嫩苗和中益气、利肝明目；嫩苗用水焯后，浸去酸辣味，加油盐调食。

遏蓝菜是 Zn 和 Cd 超累积植物，在被 Zn 和 Cd 污染的土壤中，遏蓝菜中的 Zn 和 Cd 含量是普通草本植物中相应元素含量的 100 倍以上。遏蓝菜种子中含油量约 36%，其中 94% 是不饱和脂肪酸，最丰富的不饱和脂肪酸是芥酸，其油脂氧化稳定性高，籽油的性质符合生物柴油生产的原料要求，在生物燃料方面具有很大的发展前景。此外，遏蓝菜油具有作为润滑剂使用的潜力。由于遏蓝菜分布在高海拔地区，通过其基因组分析，能为植物适应高海拔的机制分析提供基础。

参考文献

郭青云，2003. 油菜田遏蓝菜发生规律与化学防除 [J]. 植物保护，29(6): 29-32.

李扬汉，1998. 中国杂草志 [M]. 北京：中国农业出版社：472.

刘静果，2021. 东北地区不同种源菥蓂种子油提取工艺优化及油品质比较分析 [D]. 哈尔滨：东北林业大学.

刘静果，张宝山，张玉红，等. 2020. 中草药菥蓂的研究现状及展望 [J]. 江苏农业科学，48(22): 15-21.

中国科学院中国植物志编辑委员会，1987. 中国植物志：第三十三卷 [M]. 北京：科学出版社：80.

GENG Y P, GUAN Y B, QIONG L, et al, 2021. Genomic analysis of field pennycress (Thlaspi arvense) provides insights into mechanisms of adaptation to high elevation [J]. BMC biology, 19(1): 143-143.

（撰稿：陈国奇；审稿：宋小玲）

E

耳基水苋　*Ammannia auriculata* Willd.

水田一年生杂草。又名耳叶水苋菜、耳叶苋菜、水旱莲等。异名 *Ammannia arenaria* H. B. K.。英文名 eared redstem、earleaf ammannia、sand ammannia。千屈菜科水苋菜属。

形态特征

成株　株高 15～60cm（图①）。茎直立，上部有四棱或略具狭翅。叶对生，无柄，膜质，线状披针形或狭披针形（图⑤），长 1.5～7.5cm、宽 3～15mm，顶端渐尖或稍急尖，基部扩大，呈心状耳形，半抱茎。聚伞花序腋生（图②③），通常有花 3～7 朵，可多至 15 朵花，排列较疏松；花序梗细，长 3～5mm，花梗极短，长 1～2mm；花萼筒钟状，长 1.5～2mm，最初基部狭，结实时近半球形，有略明显的棱 4～8 条，裂片 4 枚，阔三角形。花瓣 4 枚，淡紫色或白色，长约 1.2mm，早落，有时无花瓣；雄蕊 4～8 枚，约一半突出萼裂片之上；子房球形，长约 1mm，花柱与子房等长或更长，稍伸出于萼筒外。

子实　蒴果扁球形，表面光滑（图④），成熟时约 1/3 突出于萼筒之外，紫红色，直径 1.5～3.5mm，呈不规则周裂。种子散落，借水流传播。种子极小而多，近三角锥状，淡棕色或褐色，无胚乳。子叶 1 对，三角形或菱形，长 1～1.5cm、最宽处 5～6mm，淡绿色。

幼苗　子叶出土，卵形，叶尖圆形，全缘，叶基近圆形，有 1 条明显主脉，具叶柄。长 5.5mm、宽 1.5mm，上胚轴下胚轴均较发达，并呈四棱形。初生叶 2 枚，对生，单叶，卵状椭圆形，先端钝尖，全缘，叶基圆形，具叶柄；后生叶与初生叶相似；成株的后生叶叶基呈现微耳垂形。全株光滑无毛。

生物学特性　耳基水苋在水稻播种后 60 天内可持续出苗，其中第一周和第三周为发生高峰期，至 45 天种群数量达到高峰，随后种群数量逐渐下降。种子萌发适宜温度 23～27℃，在土壤含水量 40%～60% 时发芽率较高。以种子繁殖。苗期 5～7 月，花果期 8～12 月。细胞染色体 2n=30、32。

分布与危害　中国分布于江苏、安徽、浙江、江西、湖北、湖南、河南、河北南部、陕西、甘肃南部等地；亚洲其他地区、美洲、非洲、大洋洲也有。喜生于水田、菜地、沼泽、浅湿地或稻田中，常成片生长，在灌水条件较好、田间常有浅水的稻田发生较多；有些地方由于数量多，对作物有一定危害。

E

耳基水苋植株形态（张治摄）
①成株；②③花；④种子；⑤茎叶

防除技术　土壤翻耕是控制耳基水苋危害的一条有效途径。

化学防治　对杂草基数高的直播稻田，用噁草酮、丁草胺和丙·苄于整地后播种前进行土壤封闭处理，能有效控制耳基水苋的发生。水稻4～6叶期，使用2甲·灭草松等喷雾，能有效控制耳基水苋的危害。在水稻分蘖期，及时用氯氟吡氧乙酸乳油进行补除，可明显减轻危害，也有利于减少翌年耳基水苋发生量。

参考文献

李涛，沈国辉，平立锋，等，2011. 稻田耳叶水苋发生规律及生物学特性研究 [J]. 植物保护，37(5): 172-175.

陆保理，张建新，王云香，等，2008. 耳叶水苋药剂防除试验初报 [J]. 上海农业科技 (4): 127-128.

颜玉树，1990. 水田杂草幼苗原色图谱 [M]. 北京：科学技术文献出版社.

于丹，2009. 防除直播稻田耳叶水苋适用药 [J]. 农药市场信息 (18): 41.

（撰稿：郝建华；审稿：宋小玲）

二裂委陵菜 *Sibbaldianthe bifurca* (L.) Kurtto et T. Erikss.

夏熟作物田多年生杂草。又名二裂叶委陵菜、鸡冠茶、叉叶委陵菜、痔疮草、黄瓜绿草、地红花、土地榆、黄瓜瓜苗、二裂翻白草、希日根（蒙名）。异名 *Potentilla bifurca* L.。英文名 bifurcate cinquefoil。蔷薇科毛莓草属。

形态特征

成株　株高 1～30cm（图①～③）。根圆柱形，纤细，木质。茎多平铺，稀直立，自基部多分枝，密被疏柔毛或微硬毛。羽状复叶，有小叶 5～8 对，最上面 2～3 对小叶基部下延与叶轴汇合，连叶柄长 3～8cm；叶柄密被疏柔毛或微硬毛，小叶片无柄，对生稀互生，椭圆形或倒卵椭圆形，长 0.5～1.5cm，宽 0.4～0.8cm，顶端常 2 裂，稀 3 裂，基部楔形或宽楔形，两面绿色，伏生疏柔毛；下部叶托叶膜质，褐色，外面被微硬毛，稀脱落几无毛，上部茎生叶托叶草质，绿色，卵状椭圆形，常全缘稀有齿。近伞房状聚伞花序，顶生，疏散，有花 3～5 朵（图④）；花直径 0.7～1cm；副萼片椭圆形，顶端急尖或钝，比萼片短或近等长，外面被疏柔毛；萼片卵圆形，顶端急尖；花瓣 5，黄色，倒卵形，顶端圆钝，比萼片稍长；心皮沿腹部有稀疏柔毛；花柱侧生，棒形，基部较细，顶端缢缩，柱头扩大。

子实　瘦果表面光滑。

幼苗　子叶出土，2，阔卵形，先端钝圆，全缘。下胚轴发达，带紫色，上胚轴部发育。初生叶 1 片，互生。

生物学特性

主要以根茎繁殖。花期 5～8 月，果期 8～9 月。二裂委陵菜种子的发芽率、发芽势和发芽指数在 10℃时最高。当发芽温度为 5℃或者超过 20℃时，发芽特性均下降。

分布与危害

中国分布于黑龙江、内蒙古、新疆、青海、河北、陕西、甘肃、山西、宁夏、四川、西藏；欧洲中部至亚洲温带其他地区也有。多生于生田间、地边、道旁、沙滩、山坡草地、黄土坡上、半干旱荒漠草原及疏林下，海拔 800～4300m。为低山丘陵或高平原夏熟田一般性杂草，危害莜麦、荞麦、马铃薯、春小麦、青稞、油菜等。

防除技术

农业防治　通过人工、机械耕翻检出土壤中的根茎，以减少繁殖体。

化学防治　麦类作物田可用 2 甲 4 氯、苯磺隆、氯氟吡氧乙酸或双氟磺草胺和唑嘧磺草胺的复配剂等进行茎叶喷雾处理；油菜田可用草除灵、二氯吡啶酸茎叶喷雾处理。

综合利用　以带根全草或垫状茎基入药，主治产后出血、治痒、治痢疾。又为中等饲料植物，羊与骆驼均喜食。

参考文献

谷雪菲，张笑宇，赵桂琴，等，2011. 内蒙古武川地区燕麦田杂草发生情况 [J]. 中国农学通报，27(24): 61-68.

李鹏业，曾阳，马祥忠，等，2012. 委陵菜属植物的化学成分及药理作用研究进展 [J]. 青海师范大学学报（自然科学版），28(3): 61-64.

李阳，毛少利，李倩，2016. 不同温度对二裂委陵菜种子发芽特性的影 [J]. 种子，35(8): 21-23.

李扬汉，1998. 中国杂草志 [M]. 北京：中国农业出版社 .

（撰稿：魏有海；审稿：宋小玲）

二裂委陵菜植株形态（魏有海摄）

①②③成株；④花序

二年生杂草　biennial weed

按生物学特性划分的一类杂草，是指在 2 个生长季节内或跨越 2 个日历年份完成从出苗、生长至开花结实生活史的杂草。

形态特征　二年生杂草在形态特征上存在丰富的多样性，一般可将其分为二年生阔叶草和二年生禾草 2 类（见一年生杂草条目中阔叶草类和禾草类的形态描述）。

生物学特性　二年生杂草靠种子繁殖，一生只开花结实一次。其生活史跨越了 2 个日历年：一般在第一年的秋末冬初发芽并形成庞大的根系和莲座状的叶簇，然后以休眠状态度过寒冬，经低温春化作用后在第二年的春季或夏季开花、结实，待种子成熟后植株死亡，如看麦娘、日本看麦娘、茵草、野胡萝卜、苦苣菜、黄花蒿、一年蓬、益母草、宝盖草、播娘蒿、遏蓝菜、泽漆等。因此有时也称为越年生杂草。二年生杂草多发生于夏熟作物田。有不少二年生杂草也表现出一年生杂草的特性，如看麦娘、日本看麦娘、大巢菜等，即有部分种子在年后春天萌发，在一个生长季完成从出苗、生长、开花结实的生活史。

分布与危害　看麦娘、茵草、遏蓝菜、泽漆等二年生杂草的分布几乎遍及中国各地；日本看麦娘等二年生杂草只发生在长江流域及以南地区；播娘蒿、麦家公、田旋花等二年生杂草只发生在北方或西南的高海拔地区。二年生杂草主要危害大麦、小麦、油菜、蚕豆等夏熟旱地作物，也危害蔬菜和果树、桑树、茶树等经济林木，通过与作物争夺养分而使作物减产。

防除技术　二年生杂草的防除可采用物理防治、农业及生态防治、化学防治和综合利用等多种策略。精选种子、合理轮作、中耕除草、覆盖治草等措施有助于二年生杂草的防治。二年生杂草在莲座叶丛期对除草剂敏感，易于用除草剂进行化学防除，方法与一年生杂草类似。有些二年生杂草具有食用和药用等利用价值，如苦苣菜、遏蓝菜等是广为食用的野生蔬菜，黄花蒿、益母草等可药用，可通过对这些杂草的综合利用来达到防除的目的。

参考文献

关佩聪，刘厚诚，罗冠英，2013. 中国野生蔬菜资源 [M]. 广州：广东科技出版社.

李扬汉，1998. 中国杂草志 [M]. 北京：中国农业出版社.

强胜，2009. 杂草学 [M]. 2 版. 北京：中国农业出版社.

（撰稿：郭凤根；审稿：宋小玲）

F

繁缕　*Stellaria media* (L.) Villars

夏熟作物田一二年生杂草。又名繁蒌、滋草、鹅肠菜、鹅鹅藤、五爪龙、狗蚤菜、鹅馄饨、圆酸菜、野墨菜、和尚菜、乌云草等。英文名 common chickweed。石竹科繁缕属。

形态特征

成株　株高 10～30cm（图①②）。全株黄绿色，茎基部分枝多。茎细弱，下部伏卧，节上生根常假二叉分枝，被 1 列纵柔毛（图⑥），其余部分无毛。叶对生，叶片卵形，长 1～2cm、宽 0.8～1.5cm，基部圆形，先端急尖，两面无毛，中脉较明显，具短柄；上部叶较小，具短柄。茎基部分枝多，下部节上生根，叶卵形，上部无叶柄，下部有叶柄。花单生于叶腋或排成顶生疏散的聚伞花序（图③），花萼 5，背部被柔毛；花瓣 5，白色，比萼片短，2 深裂几达基部；雄蕊常 3～5，花柱 3，不同于牛繁缕的 5 枚。

子实　蒴果卵圆形，比萼稍长，6 瓣裂，不同于牛繁缕的 5 瓣裂。种子近圆形（图④），两侧略平，褐色，径约 1mm，表面有数列细小突起，边缘有数列半球形钝疣状突起。

幼苗　子叶出土，2 片，条形，先端锐尖（图⑤）。初生叶 2 片，对生，卵圆形，先端突尖，叶基圆形；具长柄，柄上疏生长柔毛，两柄基部相连合抱轴。

生物学特性

秋季小麦播种后，繁缕随小麦出苗也陆续出苗，随之越冬。苗期 11 月至翌年 2 月，花期 3～5 月，

繁缕植株形态（张治摄）
①群体；②成株；③花；④种子；⑤幼苗；⑥茎上的毛列

果期4～6月。果实成熟后即开裂，种子散落土壤，植株常比作物早枯。繁缕种子结实量在200～20 000粒，数量多。结实期长，从每年的5月中旬一直可持续到秋季。种子成熟后，即落入土壤中。种子发芽温度为5～25℃，适宜温度在15～20℃；适宜土层深度为0～3cm；最适宜的土壤含水量为20%～30%，但是含水量较高的洼地，甚至浸入水中也能发芽。种子一般5月中旬开始成熟，种皮硬而厚，耐旱性极强，在土壤中可存活10年以上。繁缕除种子繁殖外，还可以进行无性繁殖，断茎便可生根存活，难以人工拔除干净。

分布与危害　世界广布种；在中国广泛分布。发生在夏熟作物小麦、油菜、蔬菜、果园、路边、荒地，尤其是旱茬麦（油）田发生量较大，危害更为严重，常与猪殃殃、看麦娘等混生于麦田，对小麦、油菜生产危害严重。一般麦田发生密度为30～50株/m²，重者100～200株/m²，甚至多达300～500株/m²以上，可使小麦减产8%～20%，有的地块因繁缕茎缠绕在小麦上，竟使收割机无法作业。繁缕种子主要依靠流水和畜禽粪肥传播。由于繁缕是理想的饲料，拔草喂猪、牛、鸡等畜禽，也可使繁缕种子扩散和传播。

防除技术

农业防治　繁缕以种子进行繁殖，因此应在种子成熟之前人工拔除，冬春灌溉过的麦田，早春应及时中耕除草，或者在小麦返青拔节期进行人工除草。注意切勿将拔掉的植株随意丢弃在田边和水渠边，应集中处理。采取轮作倒茬、深翻整地、清除杂草等措施，对繁缕有一定的控制效果。

化学防治　麦田可用防除阔叶杂草的除草剂苯磺隆、唑酮草酯、氨基嘧磺隆、双氟磺草胺和唑嘧磺草胺、啶磺草胺及其混配剂进行茎叶喷雾处理，均可有效防除。一般选择在秋末冬前进行防除，如果危害较重，可在小麦返青期补喷一次，但必须在小麦拔节之前完成。直播油菜在播种前可用氟乐灵、精异丙甲草胺进行土壤封闭处理，油菜在移栽后可用乙草胺、精异丙甲草胺、敌草胺进行土壤封闭处理；油菜田出苗后的繁缕可用草除灵、二氯吡啶酸、氨氯吡啶酸、丙酯草醚、异丙酯草醚进行茎叶喷雾处理。

综合利用　可作为野菜或牲畜饲料食用。茎、叶及种子入药，有抗菌、消炎、解热、利尿、催乳和活血的作用。

参考文献

李扬汉，1998. 中国杂草志[M]. 北京：中国农业出版社：183-184.

张朝贤，张跃进，倪汉文，等，2000. 农田杂草防除手册[M]. 北京：中国农业出版社.

中国科学院中国植物志编辑委员会，1996. 中国植物志：第二十六卷[M]. 北京：科学出版社：104.

中华人民共和国农业部农药检定所，日本国（财）日本植物调节剂研究协会，2000. 中国杂草原色图鉴[M]. 日本国世德印刷股份公司.

（撰稿：魏守辉；审稿：贾春虹）

反枝苋　*Amaranthus retroflexus* L.

秋熟旱作物田一年生杂草。原产于美洲，被世界上很多地方列为恶性杂草。又名野苋菜、苋菜、西风谷。英文名

redroot pigweed。苋科苋属。

形态特征

成株　株高20～80cm（图①②）。少数会超过100cm，茎直立且粗壮，单一或分枝，呈淡绿色有时具紫色条纹，稍具钝棱，生有致密的短茸毛，幼茎接近四棱状，老茎呈现明显的棱状。叶互生，呈现菱状的卵形或椭圆状卵形，长5～12cm、宽2～5cm，顶端锐尖或尖凹，有小突尖，基部呈楔形，叶缘为微波状，叶片正反面及边缘伴有柔毛，叶脉的柔毛致密，叶柄长1.5～5.5cm，淡绿色，有时淡紫色，有柔毛。圆锥花序粗壮（图③），顶生或腋生，直立，直径2～4cm，由多数穗状花序组成，顶生花穗较侧生者长；苞片及小苞片干膜质，透明，钻形，长4～6mm，白色，背面具1淡绿色龙骨状突起，伸出顶端成白色尖芒；花被片5，矩圆形或矩圆状倒卵形，长2～2.5mm，薄膜质，白色，有1淡绿色细中脉，顶端急尖或尖凹，具突尖。雄蕊5，比花被片稍长；柱头3，长刺锥状。

子实　胞果扁卵形，长约1.5mm，短于宿存的花被片，因之包裹在宿存花被片内，果实成熟时环状横裂。种子细小，直径1mm，圆卵形，略扁，表面有黑色光泽（图⑤）。

幼苗　子叶2，长椭圆形，先端钝，基部楔形，具柄，子叶腹面呈灰绿色，背面紫红色。初生叶互生，全缘，卵形，顶端微凹，背面紫红色，后生叶有毛，柄长。下胚轴发达，呈紫红色，上胚轴不发达（图④）。

生物学特性　反枝苋原产于美洲，现广泛传播并归化于世界各地。种子繁殖。花期7～8月，果期8～9月。反枝苋是C_4植物，光合效率高、CO_2补偿点低，生长快、子实多，单株种子产量高达1万～3万粒，千粒重0.3100～0.3500g。反枝苋种皮不完全透水，种子含有发芽抑制物质ABA，导致其具有休眠性。变温可解除休眠。种子发芽适宜温度为30～35℃，种子萌发需要光照，在全黑暗条件下的萌发率小于5%；种子土层内出苗深度为0～5cm。反枝苋具有较强的表型可塑性，如在低光照的条件下，反枝苋增加对叶的资源分配比例，加强分枝结构以增大对光的截获；当对光的竞争增强时，反枝苋增加直立生长的能力，加大顶端优势。相对于低海拔地点，高海拔处的反枝苋具有萌发基础温度低、萌发热量需求高、变幅小的特点。

国外报道反枝苋对莠去津、利谷隆、苯达松、咪唑乙烟酸、甲磺隆、噻吩磺隆、苯磺隆、烟嘧磺隆等除草剂产生了抗药性。中国大豆田部分反枝苋种群已对咪唑乙烟酸、氟磺胺草醚、烟嘧磺隆等多种除草剂产生抗药性，且部分种群对乙酰乳酸合成酶抑制剂类除草剂和原卟啉原氧化酶抑制剂类除草剂产生了多抗性。

分布与危害　反枝苋是世界广布性入侵杂草，也是中国目前苋属植物中入侵数量居首位和分布最为广泛的一种。在中国主要分布在黑龙江、吉林、辽宁、内蒙古、北京、河北、河南、山东、山西、陕西、江苏、上海、安徽、浙江、江西、湖北、湖南、广东、广西、海南、四川、重庆、云南、贵州、甘肃、宁夏、新疆、青海、西藏等地。危害大豆、玉米、棉花、烟草、蔬菜等秋熟旱田作物。反枝苋植株高大，与作物争光照、水分和营养物质，还分泌化感物质，抑制作物生长，即使在低密度下也可导致作物大量减产，产生严重的经济损

反枝苋植株形态（①③⑤黄兆锋摄；②④张治摄）
①生境；②植株；③花序；④幼苗；⑤种子

失。反枝苋会污染各种蔬菜种子，如若不进行有效防治，将会严重影响蔬菜的质量。反枝苋作为危害作物害虫等有害生物的宿主间接影响作物的生长，在果园中是桃蚜的寄主；在蔬菜中是列当的寄主，也是黄瓜花叶病毒的寄主。在马铃薯田中，反枝苋可导致马铃薯感染早疫病，同时也是小地老虎、美国盲草牧蝽、欧洲玉米螟等虫害的中间寄主。反枝苋在不同的生长时期和环境条件下，都具有积累硝酸盐的能力。其茎和枝是贮存硝酸盐的主要组织，动物食用后容易中毒，严重的导致死亡。

防除技术

农业防治　加强检疫，在反枝苋未分布的地区应加强对从其危害严重地区进入的作物种子的检验，尽量减少反枝苋入侵的机会，新疆的中部和南部、四川、云南和西藏的东南部以及河南都是反枝苋的潜在分布区，应特别注意反枝苋向这些地区的扩散。反枝苋种子出苗深度浅，通过翻耕和深耕土壤，把种子埋到土壤深层，抑制其萌发。适时开展中耕除草，通过创造不利杂草生长的环境，促进作物生长。对植株高大的个体，在结实前及时铲除，防止种子落入土壤，降低杂草种子库，并及时清理田边杂草，防止传入农田，减轻翌年危害。轮作倒茬，水旱轮作，改变杂草草相。果园或宽行作物在行间覆盖地膜或作物秸秆，抑制种子萌发和出苗；还可在行间种植生长期短、植株矮小的作物，如花生、大豆、地瓜等，或者牧草或绿肥，达到覆盖地面、占据生存空间、抑制杂草生长的目的，还可防止水土流失。

化学防治　尽管在长期的除草剂使用中，反枝苋对多类除草剂产生了明显的抗药性，但抗药性是长期进化的结果，目前的除草剂在反枝苋的防治上仍旧是可用的。

在作物播前或播后苗前进行土壤封闭处理，可有效抑制反枝苋萌发，减轻危害。玉米田可用除草剂异噁唑草酮。玉米和大豆田可用唑嘧磺草胺。大豆和棉花田可用丙炔氟草胺。大豆田用唑嘧磺草胺、丙炔氟草胺和乙草的复配剂对反枝苋具有良好的防除效果。棉花田可用扑草净、氟啶草酮，对反枝苋、苘麻等阔叶杂草以及禾本科杂草均有较好的防除效果。对于没有完全封闭的残存植株可进行茎叶喷雾处理，反枝苋生长速度快，应出苗后尽早防除。大豆、花生田可用乙羧氟草醚、三氟羧草醚等以及灭草松。玉米田还可用莠去津、烟嘧磺隆、氟嘧磺隆、砜嘧磺隆、硝磺草酮、苯唑草酮或者莠去津与烟嘧磺隆的复配剂等茎叶处理。棉花田可用三氟啶磺隆茎叶处理，对反枝苋具有良好的防效。因部分反枝苋种群对多种除草剂产生了抗药性，化学防除应注意轮换使用作用机制不同的除草剂种类。

综合利用　嫩茎叶为野菜，可做家畜饲料；种子做青葙子入药，全草药用，治疗腹痛、痢疾、痔疮出血等症状。

参考文献

李扬汉，1998. 中国杂草志 [M]. 北京：中国农业出版社：88-90.

王瑞，2006. 中国严重威胁性外来入侵植物入侵与扩散历史过程重建及其潜在分布区的预测 [D]. 北京：中国科学院植物研究所.

王雅馨，杨婷，魏永胜，等，2020. 渭河阶地不同生境反枝苋种子萌发的热量需求研究 [J]. 西北农业学报, 29(12): 1831-1838.

魏莹, 李倩, 李阳, 等, 2020. 外来入侵植物反枝苋的研究进展 [J]. 生态学杂志, 39(1): 282-291.

HUANG Z F, HUANG H J, CHEN J Y, et al, 2019. Nicosulfuron-resistant *Amaranthus retroflexus* L. in Northeast China [J]. Crop protection, 122: 79-83.

WANG H, WANG H Z, ZHU B L, et al, 2019. Multiple resistance to PPO and ALS inhibitors in redroot pigweed (*Amaranthus retroflexus*) [J]. Weed science, 68(1): 19-26.

（撰稿：黄兆峰；审稿：宋小玲）

饭包草　*Commelina benghalensis* L.

秋熟旱作田、茶园、苗圃地多年生披散草本杂草。又名火柴头、竹叶菜、卵叶鸭跖草、圆叶鸭跖草。英文名 benghal dayflower、tropical spiderwort。鸭跖草科鸭跖草属。

形态特征

成株　茎大部分匍匐，节与节明显，节上生根，茎上部及分枝上部直立上升，基部匍匐，被疏柔毛（图①②）。单叶互生，叶片卵形或宽卵形，全缘，长 3～7cm，宽 1.5～3.5cm，顶端钝或急尖，基部急缩成扁阔的叶柄，近无毛；叶鞘口沿有疏而长的睫毛。总苞片下部合生成漏斗状，与叶对生，常数个集于枝顶，下部边缘合生，长 8～12mm，被疏毛，顶端短急尖或钝，柄极短（图③）；聚伞花序有花数朵，下面一枝梗细长，具 1～3 朵不孕的花，伸出佛焰苞，上面一枝有花数朵，结实，不伸出佛焰苞；萼片 3，膜质，披针形，长约 2mm，无毛（图④⑤）；花瓣 3，蓝色，圆形，长 4～5mm；内面 2 枚具长爪，雄蕊 6，能育者 3。

子实　蒴果，椭圆状，长 4～6mm，3 室，3 瓣裂，腹面 2 室每室具两颗种子，开裂，后面一室仅有 1 颗种子，或无种子，不裂。种子长近 2mm，多皱并有不规则网纹，黑色（图⑥）。

幼苗　子叶出土。下胚轴发达，上胚轴不明显。初生叶 1 片，椭圆形，有 5 条弧形脉，叶鞘及鞘口均有长柔毛。后生叶呈卵形（图⑦）。

生物学特性　适生于沼泽地、阴湿地、沟渠旁或林下潮湿的地方，适应性强。喜高温多湿，湿润而肥沃的土壤。染色体数目 2n=22。花期 7～10 月，果期 10～11 月。饭包草在田间的分布呈斑块状、片状或连续分布。每株结种子约 1600 粒。主要用葡匐茎和种子繁殖，有性生殖是主要繁殖方式，且具有特殊的生殖方式。植株生长过程中可发育形成两类性质的 3 种生殖茎：具有负向地性生长的气生生殖茎、向地性生长的贴地生殖茎和地下生殖茎。气生生殖茎一般位于直立茎末端，是主要的生殖茎；贴地生殖茎是由主茎基部 1～5 节上的侧芽活动突破叶鞘生长而产生，节上叶片退化仅含叶鞘，淡绿色，具有一定的向地性，能贴着地表发育形成花苞，当土壤松软时，这些生殖茎会迅速扎入土层，可在地表下 3～5cm 穿行；地下生殖茎具有明显的向地性，形成过程与贴地生殖茎相似，长度可达 15cm，因其生长过程没有光照，不含任何色素。通过地上、地下不同生殖方式产生 4 种类型的种子，它们的形态、大小特征及内在的生物学特性各不相同，地上大种、小种和地下大种、小种，各自

饭包草植株形态（①⑦冯莉摄；②～⑤宋小玲摄；⑥张治摄）

①群体；②植株；③总苞；④⑤花；⑥种子；⑦幼苗

的百粒重分别约为 0.614g、0.316g、1.030g 和 0.454g，这四类种子具有不同的休眠程度，随着采收存放时间的延长，其种子发芽率提高，且大种的发芽率高于小种。四类种子萌发特性存在差异，光诱导能提高种子的萌发率，地下种子对光的敏感性强于地上种子；四类种子出苗最适土层深度基本一致，为 0～4cm，但出苗深度与种子大小呈正相关。不同类型的种子对不同环境的适应性，增强了其种族延续能力。

四种类型种子实生植株个体水平上对新种群的贡献具有差异，地上大种子表现为最大，地下小种子则最小；四种类型种子实生植株在资源的繁殖配置上存在着差异，大种子尤其是地上大种子对有性繁殖的资源分配最大，而地下小种子最小，小种子特别是地下小种子实生植株的繁殖投资最小。饭包草在正常条件下其繁殖对策取向于以地上种子繁殖方式为主，在逆境时可能增加对地下繁殖构件的投资，并以增加高繁殖代价的地下繁殖方式来保证其物种的延续。

分布与危害　中国山东、河北、河南、陕西、四川、云南、广西、海南、广东、湖南、湖北、江西、安徽、江苏、浙江、福建和台湾等地海拔 350～2300m 的湿地均有分布。广布于亚洲和非洲的热带、亚热带。饭包草是危害果园、茶园和苗圃的主要杂草之一，也经常发生在潮湿的菜田、稻田、玉米田、大豆田和甘蔗等秋熟旱作物地。在水分、气候条件适宜时，植株生长很快、分枝多，能迅速形成与作物争光、争肥的群体而影响作物的生长，造成作物产量损失。饭包草能明显降低大豆的有效荚数及百粒重，使大豆产量减少，危害的时间越长，大豆减产越严重；且不同的危害时期对大豆的产量影响不同，其中大豆花芽分化至豆荚形成是竞争临界期。饭包草也能分泌化感物质，抑制作物种子萌发。

防除技术　应采取包括农业防治、物理防治和化学防治相结合的防治策略。也可以考虑综合利用。

农业防治　及时清除田埂、沟渠旁、潮湿地发生的饭包草。在作物苗期和生长中期，结合施肥，采取机械中耕培土，清除作物行间杂草，最好连根清除，如果只割除地上部分，残留的茎仍可长出新的分枝。物理措施，如用可降解地膜覆盖或各种作物秸秆覆盖 5cm 以上，可控制饭包草种子萌发或幼苗生长。

化学防治　在果园春季杂草萌发出苗前、旱田作物移栽前，采用土壤封闭除草措施控制其种子萌发。可根据作物种类选择性地使用酰胺类乙草胺、异丙甲草胺、异丙草胺，二苯醚类乙氧氟草醚，类胡萝卜素合成抑制剂吡氟酰草胺，三氮苯类莠去津、莠灭净，取代脲类敌草隆等；对于发生在秋熟旱作田埂、沟渠旁的饭包草，用灭草松、草甘膦、草铵膦定向茎叶喷雾，注意避免药液飘移；在作物休耕或换茬时，可用 2 甲 4 氯、草甘膦、草铵膦等及其复配剂对饭包草进行苗后茎叶处理。大豆田和玉米田等的化学防除措施见鸭跖草。

综合利用　饭包草可以盆栽用作观赏植物。全草入药，有清热解毒、消肿利湿的功效，主治水肿、肾炎、小便短赤涩痛、赤痢、小儿肺炎、疔疮肿毒。

参考文献

顾庆龙，何井瑞，熊飞，等，2012. 火柴头田间分布及其在大豆田中的竞争临界期研究 [J]. 扬州大学学报（农业与生命科学版），33(4): 61-65.

李扬汉，1998. 中国杂草志 [M]. 北京：中国农业出版社：1045-1046.

闵海燕，陈刚，孙国荣，等，2008. 火柴头（Commelina benghalensis）实生植株资源配置及繁殖代价 [J]. 生态学报，28(4): 1802-1809.

魏传芬，2005. 关于火柴头种子生物学特性的研究 [D]. 扬州：扬州大学.

杨田甜，2012. 火柴头浸提液对 4 种作物化感作用的初步研究 [D]. 扬州：扬州大学.

中国科学院中国植物志编辑委员会，1997. 中国植物志：第十三卷 第三分册 [M]. 北京：科学出版社.

（撰稿：冯莉、宋小玲；审稿：黄春艳）

梵天花　*Urena procumbens* L.

果园、茶园、桑园多年生杂草。又名三合枫、三角枫、山棉花、红野棉花、狗脚迹、叶瓣花、小叶田芙蓉、铁包金、小桃花、黐头婆、虱麻头。英文名 procumbent indian mallow、bur mallow。锦葵科梵天花属，下分梵天花（原变种）和小叶梵天花。

形态特征

成株　高 80cm。枝平铺，小枝被星状茸毛。单叶互生，茎下部叶圆卵形，上部叶菱状卵形或卵形，多数 3～5 深裂或中裂，边缘有钝锯齿，两面均被星状短硬毛；叶柄长 4～15mm，被茸毛；托叶钻形，长约 1.5mm，早落（图①）。花单生或近簇生，花梗长 2～3mm；小苞片长约 7mm，基部 1/3 处合生，疏被星状毛；萼短于小苞片或近等长，卵形，尖头，被星状毛；花冠淡红色，花瓣长 10～15mm；雄蕊柱无毛，与花瓣等长（图②）。

子实　果球形，直径约 6mm，具刺和长硬毛，刺端有倒钩，种子平滑无毛。

生物学特性　直立半灌木。种子繁殖。华南 3～4 月出苗，花果期 6～12 月。果实有钩状刺毛，可借人、畜、机具等传播。

分布与危害　中国分布于福建、广东、广西、海南、贵州、湖南、江西、浙江、台湾等地。梵天花常生于海拔 500m 的丘陵草坡、山坡小灌丛、田边路旁等处，对果园、幼林、苗圃有一定的危害。

防除技术

人工或机械防治　在幼苗期或开花前，用人工锄草，或机械翻耕、割草机割除。一年要进行 2 次以上。

生物防治　种植生命力强、覆盖性好的植物进行替代控制，以草治草。

化学防治　在幼苗期或开花前，常用的茎叶除草剂有草甘膦、草铵膦、氯氟吡氧乙酸等，注意定向喷施。萌发前至萌发早期，可用土壤封闭除草剂莠灭净、莠去津等防治。

综合利用　茎皮纤维可代麻，是制人造棉、袋、绳索的原料；根叶入药，可祛风解毒、行气活血，治痢疾、痛经等症。梵天花根部富集重金属，可以用于重金属污染地修复。

F

梵天花植株形态（李晓霞、杨虎彪摄）

①茎叶；②花枝

参考文献

李扬汉，1998. 中国杂草志 [M]. 北京：中国农业出版社：704-705.

孙琛，赵兵，李文婧，等，2012. 梵天花属药学研究进展 [J]. 安徽农业科学，40(13)：7710，7738.

中国科学院中国植物志编辑委员会，1984. 中国植物志：第四十九卷 第二分册 [M]. 北京：科学出版社：47.

（撰稿：范志伟；审稿：宋小玲）

飞机草 *Chromolaena odorata* (L.) R.M.King & H.Robinson

原产中美洲的多年生半灌木外来入侵杂草，是中国进境检疫性杂草。又名香泽兰、暹罗草。异名 *Eupatorium odoratum* L.。英文名 camfhur grass、fragrant eupatorium herb、siam weed。菊科飞机草属。

形态特征

成株 高 1～3m（图①）。主根不发达，根系浅，深 25～30cm。根茎粗壮，发达横走。茎直立，有细条纹，被稠密黄白色茸毛或短柔毛，分枝伸展粗壮，常对生，水平射出，与主茎成近直角，茎枝被柔毛。叶对生，卵形、三角形或卵状三角形，长 4～10cm、宽 1.5～5.0cm，上面绿色，下面色淡，两面粗涩，被长柔毛及红棕色腺点，边缘有稀疏的粗大而不规则的锯齿，基部平截或浅心形或宽楔形，顶端急尖，基出 3 脉，侧面纤细，在叶下面稍突起；叶柄长 1～2cm。头状花序小（图②③），在茎顶或枝端排列成伞房或复伞房花序，花序梗粗壮，被稠密短柔毛；总苞圆柱形，长约 1cm、宽 4～5mm，约含 20 朵小花；总苞片 3～4 层，覆瓦状排列，外层苞片卵形，长约 2mm，外面被短柔毛，顶端钝，苞片向内渐长，中层及内层苞片长圆形，长 7～8mm，顶端渐尖，有 3 条深绿色的宽中脉，成熟后为淡黄色，无腺点；花白色或粉红色，花冠管状，长约 5mm，淡黄色，基部稍膨大，顶端 5 齿裂，裂片三角形；雌蕊柱头粉红色。

子实 果实为瘦果（图④），黑褐色，长条状，长 3.5～4.1mm、宽 0.4～0.5mm，表面具 3～6 条（多数 5 条）细纵棱状突起，棱脊上各附一条冠毛状的、不与果体紧贴而生的淡黄色附属物，其上着生向上的淡黄色短柔毛，顶端截平，衣领状环黄色，不膨大；冠毛宿存，淡黄色，细长芒状，长约 4.9mm；果脐小，位于端部，近圆形，黄白色，位于果实基部凹陷内。果实内含种子 1 粒，种子与果实同形，种皮膜质，胚直生，黄褐色，种子无胚乳。

幼苗 子叶长卵圆形，先端渐尖；初生叶对生，菱状卵形，无柄，带紫红色；基出三脉，边缘有稀疏而不规则的圆锯齿。

生物学特性 飞机草主要分布于北纬30°至南纬30°（包括原产地及入侵地的大部分区域）：海拔 1000m 以下、年降水量 800mm 以上、气温 20～37℃的热带、亚热带地区，具有较广生态幅和较强环境适应能力，广泛入侵农田、种植园、草场、林间带、路边、废弃地和荒地等，在肥沃生境生长旺盛，分枝多。飞机草具有无性和有性两种繁殖方式，可通过根茎萌蘖和须状根入土萌发克隆分枝等方式进行无性繁殖，常形成直径 25～37cm 的植丛，甚至扦插的茎段也能存活；有性繁殖能力强，单株可产生 7.2 万～38.7 万粒种子，并且种子质量极轻，千粒重仅 0.17～0.19g，其带冠毛瘦果可随风传播，在风速 1m/s 时能飘至 2.5～3m 高、5～10m 远。种子休眠期短，在约 28℃的最适萌发温度下，4～5 天可萌发出苗，幼苗能耐受一定程度的土壤干旱。飞机草花期在南北半球不同，分别为 4～5 月和 9～12 月。在中国，飞机草海南岛种群一年开花 2 次，分别在 4～5 月和 9～10 月；在广州地区，一般在 11 月至翌年的 2 月开花，2～4 月结实。

飞机草植株形态（吴海荣摄）
①幼苗；②③花果序；④带冠毛瘦果

分布与危害　飞机草为严重入侵中国的外来物种，2003年被列入《中国第一批外来入侵物种名单》，2013年被列入《中国首批重点管理外来入侵物种名录》，是全球性的100种恶性外来入侵物种之一。飞机草原产于中美洲，现已广泛分布于越南、柬埔寨、老挝、泰国、缅甸、菲律宾、马来西亚、印度尼西亚、斯里兰卡、印度、尼泊尔、象牙海岸、加纳、尼日利亚、南非、澳大利亚、墨西哥、洪都拉斯、萨尔瓦多、哥斯达黎加、巴拿马、多米尼加、牙买加、特立尼达、波多黎各、委内瑞拉和秘鲁等30多个国家和地区。中国于1934年在云南南部首次发现，现已广泛入侵福建、湖南、云南、贵州、广西、广东、香港、澳门、海南和台湾等地，入侵区域广，严重威胁当地农牧业生产和生物多样性。在入侵区域，飞机草通常形成大片的单一优势种群，抑制群落内的当地植物的生长，降低当地生物多样性；其根系分泌物可以抑制本地植物种子萌发和幼苗生长，加剧其竞争优势。入侵的飞机草抑制橡胶、油棕、椰子、柚木、茶、菠萝、烟草、棉花、谷物作物、甘蔗和牧草等生长，破坏农林牧业生产。飞机草入侵可造成粮食减产3%～11%；桑叶、花椒减产4%～8%；香蕉植株减少2～3片功能叶，株高降低1m左右；幼树难以成林，经济林木推迟成材投产。飞机草叶片含有香豆素，会引发家畜等中毒，危害畜牧业；也能引起接触者皮肤红肿和起泡，误食者头晕呕吐，甚至更严重的中毒症状等，威胁人类健康。

防除技术　飞机草种子产量大并可无性繁殖，意味着难以防除。常用的防治方法包括农业防治、化学防治、生物防治、综合防治与利用等。

农业防治　针对飞机草浅根系的成株特征，可在季节性干旱期，人工拔除刚侵入或新定居的小斑块的入侵种群；对于大面积的单一优势种群，可利用农业机械设备翻耕，然后收集全部植株并及时焚烧。

化学防治　防除飞机草幼苗的常用除草剂有敌草隆和莠去津，防除成株可用草铵膦、氨氯吡啶酸、草甘膦和2,4-滴。在高剂量下，草甘膦对成株期飞机草的防效可达90%。

生物防治　引进香泽兰灯蛾（*Pareuchaetes pseudoinsulata*）、香泽兰瘿实蝇（*Cecidochares connexa*）和安娴珍蝶（*Actinote anteas*）等天敌具有一定生物防治效果。不过，在引入原产地专性天敌控制时需要进行生态风险评估，严防发生寄主转移，取食当地物种等。因此，寻找破坏根、茎、叶或繁殖器官的土著昆虫和病原真菌等是生物控制飞机草的重要研究方向。

综合利用　飞机草挥发油对水稻稻瘟病菌（*Pyricularia grisea*）和长春花疫病菌（*Phytophthora nicotianae*）有抑制作用，其叶片及叶片提取物对谷物害虫也有明显的驱避和毒杀作用。在东南亚，飞机草还作为药用植物用于治疗皮肤感染、齿槽炎和昆虫叮咬等。

参考文献

李扬汉，1998. 中国杂草志 [M]. 北京：中国农业出版社：315-316.

全国明，毛丹鹃，章家恩，等，2011. 飞机草的繁殖能力与种子的萌发特性 [J]. 生态环境学报，20(1): 72-78.

万方浩，刘全儒，谢明，等，2012. 生物入侵：中国外来入侵植物图鉴 [M]. 北京：科学出版社 .

吴海荣，胡学难，秦新生，等，2009. 泽兰属检疫杂草快速鉴定研究 [J]. 杂草科学 (1): 27-28.

徐海根，强胜，2018. 中国外来入侵生物 [M]. 修订版 . 北京：科学出版社 .

于胜祥，陈瑞辉，2020. 中国口岸外来入侵植物彩色图鉴 [M]. 郑州：河南科学技术出版社 .

余香琴，冯玉龙，李巧明，2010. 外来入侵植物飞机草的研究进展与展望 [J]. 植物生态学报，34(5): 591-600.

张建华，范志伟，沈奕德，等，2008. 外来杂草飞机草的特性及防治措施 [J]. 广西热带农业 (3): 26-28.

（撰稿：吴海荣；审稿：冯玉龙）

飞扬草　*Euphorbia hirta* L.

秋熟旱作物田、果园、路边、向阳山坡、灌丛下及农田边一年生杂草。又名乳籽草、大飞扬、节节花。英文名 asthma plant、garden spurge。大戟科大戟属。

形态特征

成株　株高 30～70cm（图①②）。根纤细，长 5～11cm，常不分枝，偶 3～5 分枝。茎单一，自中部向上分枝或不分枝，直径约 3mm，被褐色或黄褐色粗硬毛。叶对生，披针状长圆形、长椭圆状卵形或卵状披针形，长 1～5cm、宽 5～13mm，基部略偏斜；边缘于中部以上有细锯齿，中部以下较少或全缘；叶面绿色，叶背灰绿色，有时具紫色斑，两面均具柔毛，叶背面脉上的毛较密；叶柄极短，长 1～2mm。杯状聚伞花序多数，于叶腋处密集成头状，基部无梗或仅具极短的柄，且具柔毛（图③）；总苞钟状，高与直径各约 1mm，被柔毛，边缘 5 裂，裂片三角状卵形；腺体 4，漏斗状，边缘具白色附属物；雄花数枚，微达总苞边缘；雌花 1 枚，具短梗，伸出总苞之外；子房三棱状，被少许柔毛；花柱 3，分离；柱头 2 浅裂。

子实　蒴果三棱状，长与直径均 1～1.5mm，被短柔毛，成熟时分裂为 3 个分果瓣。种子近圆状四棱形，每个棱面有数个纵槽，无种阜。

幼苗　幼苗平卧，茎淡红色，折断后有白色乳汁。子叶长圆形，长约 2mm，先端钝圆或微凹，基部楔形，具短柄；初生叶 2，与子叶交互对生，倒卵形，长约 5mm，先端钝圆，基部楔形，全缘，叶片与叶柄具毛，叶片下面微带粉色。上胚轴和下胚轴均不发达。

生物学特性　多见于农田边、路旁、草丛、灌丛及山坡处，喜光耐旱，耐贫瘠，在华南温暖的环境下可周年生长。种子繁殖。苗期 4～7 月，花果期 6～12 月。飞扬草种子在

飞扬草植株形态（冯莉、田兴山、岳茂峰摄）
①群体生境；②单株；③花序

20～40℃范围内均可萌发，其中30℃为种子萌发的最适温度；25℃时幼苗生长最好；12～16小时光照为飞扬草种子萌发和幼苗生长的最佳光照条件。

分布与危害　中国分布于江西、湖南、福建、台湾、广东、广西、海南、四川、贵州和云南；原产美洲，分布于世界热带和亚热带。在旱地作物田如甘蔗田、玉米田以及果园、茶园和苗圃地有发生，危害一般。飞扬草也是外来有害生物螺旋粉虱（*Aleurodicusdisperses* Russell）和病原真菌粉孢属（*Oidium* sp.）的主要寄主，具有向热带果蔬传播病虫害的危险。

防除技术　应采取包括农业防治和化学防治相结合的综合防治策略。也可以考虑综合利用。

农业防治　旱地作物田用可降解地膜或秸秆覆盖控草，结合中耕进行人工或机械除草，建立合理的水旱轮作制度。在果园或茶园可种植绿肥，以草控草。

化学防治　作物播后苗前有针对性地选用土壤处理除草剂控制飞扬草出苗危害。甘蔗田常用土壤处理除草剂有取代脲类敌草隆、三氮苯类西玛津、莠灭净、扑草净或莠灭净与乙草胺的复配剂、有机杂环类异噁草松等。作物出苗后，可在苗后早期4叶期前用茎叶处理除草剂防除飞扬草。甘蔗田选用激素类2甲4氯与莠灭净和敌草隆的三元复配剂，或用对羟基苯基丙酮酸双加氧酶抑制剂硝磺草酮与莠去津、莠灭净、2甲4氯的复配剂，或莠灭净与腈类除草剂溴苯腈的复配剂。果园、茶园和苗圃地出苗后的飞扬草，可用灭生性除草剂草甘膦、草铵膦，或敌草快等定向喷雾处理。注意避免药液飘移产生药害。

综合利用　飞扬草全草可入药，具有清热解毒，利湿止痒，通乳的功效。用于治疗肺痈、乳痈、疔疮肿毒、牙疳、痢疾、泄泻、热淋、血尿、湿疹、产后少乳，鲜汁外用治癣类。飞扬草含有三萜、二萜、甾体、香豆素、木脂素、黄酮和酚类等化合物，并具有多种药理作用，如抗过敏、抗焦虑、抗炎、镇静止痛、抗疟、抗氧化和抗癌等，具有进一步开发为医药的潜力。

参考文献

李雪枫，周高羽，王坚，2017. 温度、光照和水分对飞扬草种子萌发和幼苗生长的影响 [J]. 草业科学，34(7): 1452-1458.

李扬汉，1998. 中国杂草志 [M]. 北京：中国农业出版社：499-500.

舒佳为，石宽，杨光忠，2018. 飞扬草化学成分的研究 [J]. 华中师范大学学报（自然科学版），52(1): 48-52, 57.

宋龙，徐宏喜，杨莉，等，2012. 飞扬草的化学成分与药理活性研究概况 [J]. 中药材，35(6): 1003-1009.

中国科学院华南植物研究所，1987. 广东植物志：第一卷 [M]. 广州：广东科技出版社：143-144.

（撰稿：冯莉；审稿：黄春艳）

非耕地杂草　ruderal weeds

根据杂草的生境特征划分的一类杂草，是指能够在渠坝、堤岸、分洪河道、公路、铁路、建筑物周围、易燃品仓库、荒地、荒坡等生境中不断自然繁衍的植物。非耕地杂草种类多，在形态特征上存在着丰富的多样性，可分为一年生、二年生及多年生杂草。除草本植物外，也有木本植物。

发生与分布　与耕地杂草相对而言，非耕地杂草泛指生长在耕地以外的杂草，包括林地杂草、草地杂草、水生杂草和环境杂草等。主要发生的生境有林地、草地、荒地、沟渠、河道、滩涂、公路、铁路、机场、仓库、厂区、宅旁等。中国有杂草1400多种，绝大多数能在非耕地中生长，很多非耕地杂草也常出现在耕地中，反之亦然。南北方地区、气候差异杂草种类存在显著差异。非耕地杂草破坏景观，阻碍群落演替及植被恢复，影响城市美观，破坏交通沿线绿化带，影响仓储安全，或成某些病虫害的中间寄主或越冬场所，从而给城市绿化或农林牧渔业生产带来危害。

非耕地杂草竞争力强，植株耐干扰、践踏，生活周期短，传播方式多样，具有较高生活力和间歇性发芽能力，能迅速扩大分布范围。春季杂草多为矮小丛生型种类，秋季杂草在垂直空间上产生分层现象。人畜活动程度，交通频繁程度，光照条件，土壤坚实度、盐分和湿度等是影响非耕地杂草生态分布的重要因素。

非耕地杂草发生量大，一般荒地每平方米杂草密度可达几百株，株高可达1.5m以上，杂草地上部分鲜重可达5kg以上。非耕地杂草既能进行种子繁殖，也能进行营养繁殖，而且后者是许多多年生杂草的主要繁殖方式。一年生杂草通常结实量大，如牛筋草和小飞蓬等。多年生杂草在一生中可开花结实多次，开花结实后地上部分死亡，但其根状茎、块茎、鳞茎、球茎、块根、直根等地下器官能存活多年，翌年春季又可从地下器官再生出新的植株，如白茅、香附子等。刺萼龙葵、三裂叶豚草、小花山桃草、一年蓬、苏门白酒草、加拿大一枝黄花、飞机草和紫茎泽兰等，它们在林缘、荒地、草场、河滩、路边等多种生境中极易形成单优群落。狗牙根、马唐、蒲公英、酢浆草、葎草、小飞蓬等主要分布于公园、居住区、单位、道路、工厂及其他人类活动较多的生境。

目前，非耕地杂草已成为农田和城市绿地管理中面临的主要难题之一。非耕地杂草大量繁殖，导致消耗灌溉用水、堵塞水渠河道、破坏桥梁公路，而且杂草干枯后易引起火灾。有些杂草可攀缘爬上电线杆、高压线路，造成事故。非耕地杂草不仅是有些作物病虫害的中间寄主或越冬场所，还是鼠类藏身之所，造成邻近农作物被鼠类啃食及病虫害发生。非耕地杂草生长于林地、草坪、公路、铁路、仓库、田埂、水沟、森林防火道旁等，例如牛筋草、小飞蓬等，还影响城市美观。

非耕地杂草存在的生境多样，有些非耕地杂草生长于水生或湿生环境，如扁秆藨草、水莎草、牛毛毡、眼子菜、问荆、苇、矮慈姑、野慈姑、水龙、水竹叶等；有些非耕地杂草则生长于旱地，如牛繁缕、葎草、乌蔹莓、艾蒿、刺儿菜、蒲公英、田旋花、打碗花、双穗雀稗、香附子等；还有些非耕地杂草既可生长于水中，也可发生于旱地，如空心莲子草等。非耕地杂草对经济、社会和环境的影响体现在减少生物多样性、控制成本、水质退化、火灾危险增加等。

防除技术　非耕地杂草的防除分为有植被的非耕地杂

草与无植被的非耕地杂草，可采用人工防治、农业防治、化学防除和生物防治等多种策略。

①人工除草、机械除草等措施有助于非耕地杂草的防治。中耕除草对于一年生非耕地杂草的植株有效，但由于多年生杂草具有地下营养繁殖器官，而效果较小。分布面积较少的非耕地杂草可通过人工刈割或直接拔除防治。草地和绿地等景观地带应加强养护，利用栽培手段预防杂草生长。

②化学防治是防除非耕地杂草的主要途径，荒地、路边、机场、仓库和河滩等非耕地杂草可利用灭生性除草剂防除，如草甘膦、草铵膦以及两者的复配剂，还可用2甲4氯异丙胺盐、2,4-滴、氯氟吡氧乙酸、三氯吡氧乙酸、麦草畏或乙羧氟草醚与草甘膦的二元复配剂，麦草畏与三氯吡氧乙酸草甘膦的三元复配剂；乙羧氟草醚、丙炔氟草胺与草铵膦的二元复配剂，此外敌草快、甲嘧磺隆、氯氟吡氧乙酸异辛酯、三氯吡氧乙酸三乙胺盐也常用于非耕地杂草的防除。使用时应该注意避免飘移到邻近作物田及果树幼嫩茎叶上，以免产生药害，使用过程中要注意防止除草剂污染地下水或地表水。还应结合整体环境整治及绿化措施综合开展。

③生物防治就是利用农业生态系统中的昆虫、病原微生物及动植物等生物，通过相生相克关系，将杂草控制在其经济危害水平以下的一种杂草治理措施，主要包括以虫治草、以菌治草、以食草动物治草及以植物治草等。也可用麦冬、紫花苜蓿、羊草和披碱草等植物对非耕地杂草进行生态替代控制。

抗药性杂草及其治理　据报道，目前全球报道路边杂草有67种、铁路有34种杂草对一种或几种除草剂，主要包括对草甘膦、激素类、光合作用抑制剂、乙酰乳酸合成酶抑制剂和乙酰辅酶A羧化酶抑制剂类除草剂产生了抗性。虽然目前在该网上没有中国非耕地杂草的报道，但应在中国开展非耕地杂草抗性的调查和研究，监测抗性发展，为有效防控杂草提供基础。

参考文献

高龙银，马雪莉，郭凤法，等，2014. 几种化学除草剂对非耕地主要杂草防除效果的比较[J]. 农业灾害研究，4(7): 25-27.

洪海林，丁坤明，饶漾萍，等，2016. 咸宁茶园杂草发生特点及生态控制技术[J]. 植物医生，29(11): 62-65.

强胜，2001. 杂草学[M]. 北京：中国农业出版社.

王勇，胡天印，郭水良，2008. 上海地区早春非耕地杂草分布与环境因子关系的统计生态学研究[J]. 生物数学学报，23(3): 525-533.

薛光，马建霞，武菊英，等，2004. 草坪、园林杂草化学防除[M]. 北京：化学工业出版社.

（撰稿：戴伟民、冯玉龙；审稿：宋小玲、郭凤根）

分布的影响因素　effect factors of distribution

中国外来杂草存在地区间分布差异。云南、广东、广西及台湾等地的外来杂草种类较多，宁夏、甘肃、青海及西藏等地的外来杂草种类较少。整体上，中国外来杂草的分布呈现出由西南和东部沿海地区到内陆逐渐递减的变化趋势。这种空间分布差异受外来杂草原产地因素、气候条件、生态环境，以及人类活动等多因素的共同影响。

原产地的影响因素　每种外来杂草都是在原产地的固有生态条件下形成的，导致这些杂草对其原产地特定的生态条件具有适应性。受原产地气候影响，不同地理来源的杂草在中国的分布也表现空间地理差异。例如，起源北美洲、北欧、地中海地区、西亚至中亚、东亚、欧洲等的外来入侵植物易并多分布于中国的北方地区；而源于大洋洲、非洲、热带亚洲、热带美洲和泛热带等地区的杂草则主要分布在中国低纬度、温暖潮湿的地区。同时，外来杂草在中国的分布也可能受地质历史因素的影响，比如，中国东部地区的种子植物区系有相当一部分为东亚—北美间断分布，反映出东亚地区和北美在地质历史上的相关性。原产北美的一些杂草更容易传入中国，并迅速扩散。

外来杂草自身生物学特性的影响　外来杂草自身的生物学特性是影响其入侵和分布的重要因素。其中重要的特性就是传播能力，包括自身传播能力和借助人类的生产和生活活动的传播。外来杂草自身有适应于传播的特征，如凤眼莲漂浮于水面，可随水流传播；菊科外来杂草加拿大一枝黄花、紫茎泽兰等不但瘦果重量轻，还带有冠毛，会借助风力远距离传播；有些外来杂草具有很强的拟态性，能混杂在栽培植物中，在引种过程中传播，如毒麦。有些则是作为栽培植物引种后逸生为杂草，如空心莲子草、大薸、牵牛等。外来植物能否成为外来杂草还与其能否不断进化以适应入侵地区的环境有密切关系。外来植物可通过表型可塑性或遗传变异来适应入侵地的不同环境，如紫茎泽兰耐冷快速演化向北入侵是由于CBF冷响应信号通路上的转录因子*ICE1*去甲基化变异，介导其表达量提高，引起整个通路下游基因的高表达，导致紫茎泽兰耐寒生理响应，耐寒性增强所致。对加拿大一枝黄花成功入侵起关键作用的是入侵地多倍体可以耐受高温使胚胎正常发育产生可育的种子，通过高温避让机制在更适宜的气候条件下产生巨量的种子，种子随风飘移，迅速扩散蔓延；同时甲基化抑制多倍体加拿大一枝黄花耐寒基因*ICE1*多拷贝的表达，减弱耐寒性而增强耐热性的温度平衡适应性分化，这些均是其成功入侵的分子机制。

环境条件的影响因素　纬度、年均温、年均降水量、无霜期等是影响物种生存和分布的主要环境因子。有效积温以及降水量是影响植物生存的关键因素，两者共同影响了外来杂草在中国的分布格局。从中国范围看，中国热带地区的外来杂草种类比温带地区的多，南部地区比北部地区的多。

社会经济和人类活动的影响因素　除气候和自然环境，人类活动对外来种分布格局的影响越来越大。当地人口密度、GDP、交通线路的增加与外来杂草的数量常表现正相关关系。

中国东南沿海地区经济发达，人口稠密，人类活动活跃，有意或无意引入外来植物的概率高，导致外来杂草的种类高于其他地区。便利的交通加快了地区间的物种交流，频繁的交通运输增加了植物种子或其他繁殖体的扩散机会。公路、铁路建设导致生境破碎化，创造出许多空生态位，这利于外来植物的传入与定殖。邻近沿海的内陆地区也有海关（空港和陆路）连接其他国家和地区，频繁交流也利于外来杂草的引入。

大多数外来杂草通过海陆贸易港进入中国。中国沿海地区港口数量多、规模大，成为外来植物引入的初始点。在西南地区，外来植物通过陆路贸易、旅游等方式传入中国。中国对外开放由南向北推进，对应地，人类活动由北向南逐渐活跃。中国东南沿海及西南地区的外来杂草种类多，已成为向国内其他地区扩散的源头。类似地，与以上地区相邻的一些地区，如安徽、河北、河南、湖北、湖南、江西、贵州、四川等地的外来杂草物种数高于内陆其他地区，表明从沿海和西南地区进入中国的外来植物借助省际交通等逐渐向内陆地区扩散。因此，在中国经济高速发展和村村通道路工程的背景下，也需要关注外来杂草在内陆的扩散。目前内陆地区对外来杂草的防控能力相对较弱，应引起人们的重视。

参考文献

王国欢，白帆，桑卫国，2017. 中国外来入侵生物的空间分布格局及其影响因素 [J]. 植物科学学报，35(4): 513-524.

许玥，李鹏，刘晔，等，2016. 怒江河谷入侵植物与乡土植物丰富度的分布格局与影响因子 [J]. 生物多样性，24(4): 389-398.

张帅，郭水良，管铭，等，2010. 中国入侵植物多样性的区域差异及其影响因素——以 74 个地区数据为基础 [J]. 生态学报，30(16): 4241-4256.

CHENG J L, LI J, ZHANG Z, et al, 2020. Autopolyploidy-driven range expansion of a temperate-originated plant to pan-tropic under global change [J]. Ecological monographs, 91(2): e01445.

HUANG D C, ZHANG R Z, KIM K C, et al, 2012. Spatial pattern and determinants of the first detection locations of invasive alien species in mainland China [J]. PLoS ONE, 7(2): e 31734.

LIPPE M V D, KOWARIK I, 2012. Interactions between propagule pressure and seed traits shape human-mediated seed dispersal along roads [J]. Perspectives in plant ecology, evolution and systematics, 14(2): 123-130.

LU H, XUE L F, CHENG J L, et al, 2020. Polyploidization-driven differentiation of freezing tolerance in *Solidago canadensis* [J]. Plant cell and environment, 43(6): 1394-1403.

PYŠEK P, JAROŠÍK V, HULME P E, et al, 2010. Disentangling the role of environmental and human pressures on biological invasions across Europe [J]. PNAS, 107(27): 12157-12162.

TROMBULAK S C, FRISSEL C A, 2000. Review of ecological effects of roads on terrestrial and aquatic communities [J]. Conservation biology, 14(1): 18-30.

WU S H, SUN H T, TENG Y C, et al, 2010. Patterns of plant invasions in China: taxonomic, biogeographic, climatic approaches and anthropogenic effects [J]. Biological invasions, 12(7): 2179-2206.

XIE H J, LI H, LIU D, et al, 2015. *ICE1* demethylation drives the range expansion of a plant invader through cold tolerance divergence [J]. Molecular ecology, 24(4): 835-850.

（撰稿：闫小玲；审稿：宋小玲）

风轮菜 *Clinopodium chinense* (Benth.) O. Ktze.

夏熟作物田多年生杂草。又名野薄荷、山薄荷、九层塔、苦刀草、野凉粉藤。英文名 Chinese clinopodium。唇形科风轮菜属。

形态特征

成株　高可达 40～100cm。茎基部匍匐生根（图①），上部上升，多分枝，茎四棱形，具细条纹，密被短柔毛及腺微柔毛。单叶对生，卵圆形，长 2～4cm、宽 1.3～2.6cm，先端急尖或钝，基部圆形呈阔楔形，边缘具大小均匀的圆齿状锯齿，坚纸质，上面橄绿色，密被平伏短硬毛，下面灰白色，被疏柔毛，脉上尤密，侧脉 5～7 对，与中肋在上面微凹陷下面隆起，网脉在下面清晰可见；叶柄长 3～8mm，腹凹背凸，密被疏柔毛。轮伞花序多花密集（图②③），半球状，苞叶叶状，向上渐小至针状，苞片针状，极细，无明显中肋，长 3～6mm，多数，被柔毛状缘毛及微柔毛；总梗长 1～2mm，分枝多数；花梗长约 2.5mm，与总梗及序轴被柔毛状缘毛及微柔毛；花萼狭管状，常染紫红色，长约 6mm，13 脉，外面主要沿脉上被疏柔毛及腺微柔毛，内面在齿上被疏柔毛，果时基部稍一边膨胀，上唇 3 齿，齿近外反，长三角形，先端具硬尖，下唇 2 齿，齿稍长，直伸，先端芒尖；花冠紫红色，二唇形，长约 9mm，冠筒伸出，向上渐扩大，至喉部宽近 2mm，外面被微柔毛，上唇直伸，先端微缺，下唇 3 裂，内面在下唇下方喉部具 2 列毛茸，中裂片稍大；雄蕊 4，前对稍长，均内藏或前对微露出，花药 2 室；花柱微露出，先端不相等 2 浅裂；花盘平顶。子房无毛。

子实　小坚果倒卵形（图④），长约 1.2mm、宽约 0.9mm，黄褐色，有 3 条不明显的纵条纹。

生物学特性　多年生草本。花果期 5～10 月。以匍匐茎进行营养繁殖及种子繁殖。风轮菜匍匐茎连接组根系活力最高，花序轮数最多，花序数量自移栽后 20～38 天始终高于分株来自同一基株、匍匐茎剪断组和分株来自不同基株组，这说明克隆植物风轮菜分株根系存在自我身份识别响应特征。

分布与危害　中国分布于山东、浙江、江苏、安徽、江西、福建、台湾、湖南、湖北、广东、广西及云南等地；朝鲜、韩国、日本广泛分布，美国也有分布。生于山坡、草丛、路边、沟边、灌丛、林下，分布地海拔在 1000m 以下。夏熟作物田、茶园、果园等均有发生，危害轻。

防除技术　危害轻，通常不需采取针对性措施防除。

化学防治　在茶园和果园发生量大时，采用灭生性除草剂草甘膦、草铵膦定向喷雾处理防除。在非耕地防除风轮菜可采用草甘膦、草铵膦、三氯吡氧乙酸等。麦田、油菜田见宝盖草。

综合利用　嫩叶可食、全草入药。《中国药典》（2015 版）记载风轮菜是治疗各种出血症的传统民间药物，其主要药效成分是三萜皂苷和黄酮类物质。风轮菜三萜皂苷类化合物具有止血、抗炎抑菌、抗肿瘤、增强免疫力等活性；风轮菜黄酮类化合物主要是黄酮和二氢黄酮类，具有抗氧化、抗炎等药效。

风轮菜植株形态（①④张治摄；②③张斌提供）
①植株及生境；②③花序；④果实

参考文献

刁雪，宋会兴，2021. 基于根系与繁殖特征的风轮菜自我身份识别研究 [J]. 江西农业大学学报，43(3): 529-536.

李扬汉，1998. 中国杂草志 [M]. 北京：中国农业出版社：539-540.

中国科学院中国植物志编辑委员会，1977. 中国植物志：第六十六卷 [M]. 北京：科学出版社：226.

钟明亮，许旭东，余世春，等，2012. 风轮菜属药用植物的研究进展 [J]. 中草药，43(4): 820-828.

（撰稿：陈国奇；审稿：宋小玲）

凤眼莲　*Eichhornia crassipes* (Mart.) Solme

　　原产巴西的多年生浮水外来入侵杂草。又名水葫芦、凤眼蓝。异名 *Pontederia crassipes* Mart.。英文名 water hyacinth。雨久花科凤眼莲属。

形态特征

　　成株　须根发达，棕黑色（图③④）。根状茎粗短，密生多数细长须根；匍匐枝淡绿色。叶基生，莲座式排列；叶片光滑，卵形、倒卵形至肾圆形，大小不一，宽 4～12cm；叶柄长短不等，基部带紫红色、膨大呈葫芦状气囊，内有许多多边形柱状细胞组成的气室，维管束散布其间；叶柄基部有鞘状黄绿色苞片。花葶从叶柄基部的鞘状苞片腋内伸出，长 34～46cm，多棱（图⑤）；穗状花序通常具 9～12 朵花；花瓣紫蓝色，花冠略两侧对称，四周淡紫红色，中间蓝色，在蓝色中央有 1 黄色圆斑；花被片基部合生成筒；雄蕊贴生于花被筒上，花丝上有腺毛，花药蓝灰色，花粉粒黄色；子房长梨形，花柱长约 2cm，柱头上密生腺毛。

　　子实　蒴果卵圆形。

　　幼苗　子叶浅心形，全缘，具弧形脉，表面亮绿色，质地厚实，两边微向上卷，顶部略向下翻卷；初生叶近圆形。

生物学特性

　　凤眼莲为喜温暖湿润、阳光充足环境的 C_3 植物，分布于海拔 200～1500m 的湖泊、沼泽地、水库、沟渠、水流缓慢的河流及稻田。适宜水温 18～23℃，超过 35℃也可生长；气温低于 10℃ 则停止生长。喜生浅水，在流速缓慢水体中也能生长；可随水漂流、扩散。有性繁殖时，花茎弯入水中，子房在水中发育膨大。一枝花序可结约 300 粒种子。成熟种子的水下存活期最短 5 年，最长达 20 年。

凤眼莲以匍匐枝与母株分离的克隆繁殖为主，植株数量可在5天内增加1倍。通常，在8个月内能从10棵增至60万棵，达到约200万株/hm^2的种群密度，是公认的生长最快的植物之一。花期7～10月，果期8～11月。

分布与危害　凤眼莲在原产地巴西仅为一种零散分布于水体的观赏性植物，在1844年美国博览会被喻为"美化世界的淡紫色花冠"。19世纪，引入东南亚，1901年作为花卉引入中国，30年代开始作为畜禽饲料引入各地，并作为观赏和净化水质的植物推广种植，后逸为野生。2003年被列入《中国第一批外来入侵物种名单》，2013年被列入《中国首批重点管理外来入侵物种名录》。其无性繁殖速度快，已广泛分布于华南、西南、华东、华中和华北。凤眼莲常在各种水生生境大面积暴发，威胁水生生态系统安全、渔业生产、水上交通运输和水源安全等。大面积连片暴发时，降低水体光强，抑制沉水植物光合作用；升高水中CO_2含量，加速水体酸化，妨碍浮游生物、沉水植物、鱼类和底栖动物等各种水生生物的生长发育；并阻滞水体流动，阻断航道，影响航运和排涝泄洪；还滋生血吸虫、脑炎流感等病菌和蚊蝇等。水面的凤眼莲可使水蒸发量提高8～10倍，加速水分损失；分解的凤眼莲残体升高水色度和水嗅值，污染水体（图①②）。

防除技术　常用的防治方法有农业防治、化学防治、生物防治、开发利用和综合防治。

农业防治　小面积凤眼莲种群可人工打捞，见效快，但劳动强度大，成本高。大面积种群可机械打捞，如用打捞船结合粉碎机或"全自动凤眼莲清理装置"等。

化学防治　草甘膦、莠灭净、溴苯腈等多种药剂可有效抑制凤眼莲生长。利用赤霉素喷雾处理可以抑制凤眼莲克隆繁殖。但化学防治后的残体容易导致水体污染。

生物防治　水葫芦象甲（*Neochetina eichhorniae*）、水葫芦螟蛾（*Niphograpta albiguttalis*）和叶螨（*Orthogalumna terebrantis*）等均为凤眼莲的自然天敌。中国已成功引种水葫芦象甲，该象甲在其他30个国家和地区引种释放，其中26个国家建立了种群，在13个国家成功控制了凤眼莲扩散。

开发利用　可制成优质农田肥料、沼气和青饲料。新鲜凤眼莲含水量在95%左右，需先挤压脱水，含水量80%左右时可进行高温堆肥，挤压渣堆体无须添加任何辅料，堆肥25天后物料腐熟，凤眼莲有机肥的全氮和有机质含量分别为2.1%和34.05%。凤眼莲也是良好的沼气发酵材料，1t新鲜凤眼莲可产16.8m^3沼气（折合23kg标准煤）和约800kg沼液（氮、磷、钾含量分别为928g、128g和2240g）。凤眼莲干物质的氮、磷和钾元素含量高，可加工成青饲料，用于畜

凤眼莲植株形态（吴海荣摄）

①②凤眼莲危害状况；③④植株；⑤花序

禽养殖。凤眼莲可以减轻水田富营养化以及遏制蓝藻的爆发。

综合防治 发挥机械、化学和生物防治各自优势，建立污水治理为长期目标，生物防治为主要方法、人工机械打捞为补充、化学防治为预备的凤眼莲综合治理方案。加强监控预报，在侵入初期，及时打捞清理凤眼莲，尤其在河道中上游；在凤眼莲大面积暴发区域，释放水葫芦象甲进行长期控制；必要时，使用化学除草剂，但要避免水体和环境污染。

参考文献

段惠，强胜，吴海荣，等，2003. 水葫芦 [*Eichhornia crassipes* (Mart.) Solms.][J]. 杂草科学，2: 39-40.

江洪涛，张红梅，2003. 国内外水葫芦防治研究综述 [J]. 中国农业科技导报，5(3): 72-75.

金樑，王晓娟，高雷，等，2005. 上海市凤眼莲种群的时空分布及控制对策 [J]. 生态学杂志，24(12): 1454-1459.

李扬汉，1998. 中国杂草志 [M]. 北京：中国农业出版社.

李振宇，解焱，2002. 中国外来入侵种 [M]. 北京：中国林业出版社.

秦智雅，陶景怡，胡辰，等，2016. 我国水域水葫芦的分布、影响和防治措施 [J]. 安徽农业科学，44(28): 81-84.

史新泉，也水英，曾海龙，2011. 水葫芦生物入侵的危害、防治及其开发利用 [J]. 景德镇高专学报，26(4): 42-43.

万方浩，刘全儒，谢明，等，2012. 生物入侵：中国外来入侵植物图鉴 [M]. 北京：科学出版社.

许静，李晶，陶贵荣，2021. 赤霉素对入侵植物凤眼莲营养生长和克隆繁殖的调控 [J]. 生物安全学报，30(3): 200-205.

张吉鹍，2011. 凤眼莲的生物学特性及其对鄱阳湖湿地生态环境的潜在危害 [J]. 江西畜牧兽医杂志 (6): 28-32.

郑建初，盛婧，张志勇，等，2011. 凤眼莲的生态功能及其利用 [J]. 江苏农业学报，27(2): 426-429.

（撰稿：吴海荣；审稿：冯玉龙）

浮萍 *Lemna minor* L.

水田多年生浮水杂草。又名水萍草、水浮萍、浮萍草、田萍、青萍。英文名 common duckweed。天南星科浮萍属。

形态特征

成株 背面垂生丝状根 1 条，根白色，长 3～4cm，根冠钝头，根鞘无翅（图①③）。叶状体对称，表面绿色，背面浅黄色或绿白色或常为紫色，近圆形、倒卵形或倒卵状椭圆形，全缘，长 1.5～5mm、宽 2～3mm，上面稍凸起或沿中线隆起，脉 3，不明显（图②）。叶状体背面一侧具囊，新叶状体于囊内形成浮出，以极短的细柄与母体相连，随后脱落。雌花具弯生胚珠 1 枚。

子实 胞果无翅，近陀螺状。种子具凸出的胚乳并具 12～15 条纵肋。

生物学特性 花期 6～7 月，一般不常开花，以芽进行无性繁殖，生育期 4～11 月。春季由越冬芽浮于水表面生长，夏季开花结果，入冬芽沉入水底越冬。

分布与危害 中国南北各地均有分布；分布几遍全世界温暖地区，但不见于印度尼西亚、爪哇。生于水田、池沼或其他静水水域，常密集水面，形成漂浮群落，单一或与紫萍混生，形成密布水面的漂浮群落，通常在群落中占绝对优势。为稻田、水生蔬菜田常见杂草，一般危害不严重。

防除技术

化学防治 水田可用扑草净、苄嘧磺隆等除草剂。

综合利用 饲用：浮萍是鳊鱼、草鱼、鲫鱼的好饲料。直接使用新鲜浮萍投喂罗非鱼和鲤鱼时能够明显提高鱼产量，而且使用浮萍饲养鲤鱼的生长和饲料转换效率明显高于豆粕，浮萍也可以用作饲料添加剂，显著提高鱼体的蛋白和脂肪含量。

药用：全草药用，有发汗、利水、消肿毒之功效，治风湿脚气、风疹热毒、衄血、水肿、小便不利、斑疹不透、感冒发热无汗。

生态应用：浮萍也是生态毒理学研究中常用植物材料，不仅可作为毒理监测中的指示植物，还广泛应用于氮磷、重

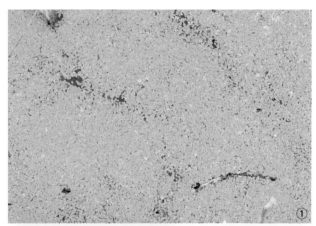

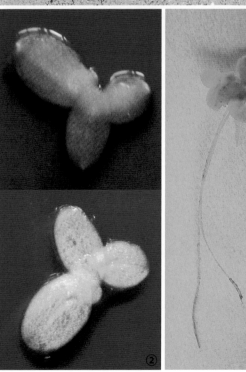

浮萍植株形态（①强胜摄；②③张治摄）

①植株群体；②叶片；③假根

金属、有机污染物等的污染修复。

参考文献

杨晶晶，赵旭耀，李高洁，等，2021. 浮萍的研究及应用 [J]. 科学通报，66(9): 1026-1045.

种云霄，胡洪营，崔理华，等，2006. 浮萍植物在污水处理中的应用研究进展 [J]. 环境污染治理技术与设备，7(3): 14-18.

（撰稿：周凤艳；审稿：刘宇婧）

附地菜　*Trigonotis peduncularis* (Trev.) Benth. ex Baker et Moore

夏熟作物田一二年生杂草。又名鸡肠、鸡肠草、地胡椒、雀扑拉。英文名 pedunculate trigonotis。紫草科附地菜属。

形态特征

成株　株高 5～30cm（图①）。茎通常自基部分枝，枝纤细，匍匐、直立或丛生，具平伏细毛。叶互生，长 2～5mm，匙形、椭圆形或披针形，先端圆钝或尖锐，基部狭窄，两面均具平伏粗毛；下部叶具短柄，上部叶无柄。聚伞花序，生于枝端，幼时卷曲呈蝎尾状，后渐次伸长（图②），长 5～20cm，通常占全茎的 1/2～4/5，只在基部具 2～3 个叶状苞片，其余部分无苞片。无苞片或只在基部具有 1～3 苞叶，有短伏毛；花梗细，长 3～4mm；花萼 5 深裂，裂片倒卵状长圆形，先端钝圆，被短粗糙伏毛；花冠蓝色，直径 3～4mm，冠筒较

花萼短，先端 5 裂，裂片卵圆形，喉部黄色，有 5 个附属物；雄蕊 5，内藏，子房 4 裂。

子实　小坚果黑色，斜三棱锥状四面体形（图③），长约 1mm，被毛，稀无毛，背面三角状卵形，具锐棱，腹面两侧面近等大，基底面稍小，着生面具短柄。

幼苗　全株被糙伏毛（图④⑤）。上下胚轴均不发达。子叶近圆形，直径 2～3mm，全缘，具短柄。初生叶 1，与子叶相似，中脉微凹，具长柄。

生物学特性　以种子进行繁殖。秋季或早春出苗，秋季萌发的幼苗，冬季停止生长，以幼苗越冬，翌春开花结实。附地菜为早春植物，初春即可开花。花期 3～6 月，果期 5～7 月，随后逐渐枯萎。

分布与危害　附地菜几乎遍布中国各地，主要在东北、华北、华东、西北、华中、西南、广东和广西北部、江西、福建等地。生平原、丘陵草地、林缘、田间及荒地。为麦田、菜田常见杂草，部分农作物受害较重。

防除技术

农业防治　精选种子，对清选出的草籽及时收集处理，切断种子传播。施用经过高温堆沤处理的堆肥。及时清理田边、路边、沟渠边的附地菜，防止传入田间。覆盖地膜或秸秆，抑制杂草种子萌发和生长。

化学防治　小麦田可在冬前或早春小麦拔节前，选用 2 甲 4 氯、氯氟吡氧乙酸、苯达松或其复配剂进行喷雾处理。

综合利用　附地菜全草入药，能温中健胃，消肿止痛，止血；嫩叶可供食用；花美观，可用以点缀花园。

附地菜植株形态（①⑤马小艳提供；②～④张治摄）
①成株；②花序；③果实；④⑤幼苗

参考文献

黄红娟，黄兆峰，姜翠兰，等，2021. 长江中下游小麦田杂草发生组成及群落特征 [J]. 47(1): 203-211.

李扬汉，1998. 中国杂草志 [M]. 北京：中国农业出版社.

王庆瑞，1982. 中国附地菜属植物分类与分布的研究 [J]. 云南植物研究，4(1): 31-45.

尹泳彪，杨晖，张国秀，2001. 附地菜有效成分分析 [J]. 中国林副特产，56(1): 13.

（撰稿：马小艳；审稿：宋小玲）

F

复合抗药性　herbicide multiple resistance

指在多种除草剂选择下，抗药性杂草生物型对两种或两种以上不同作用机制的除草剂具有抗药性。例如，在使用除草剂 A 后，某种杂草的生物型对该药产生了抗药性。使用另一种作用机制的除草剂 B 后，该生物型又对除草剂 B 产生了抗药性。根据"国际抗药性杂草调查网站"的统计数据，截至 2020 年 10 月 11 日，全球共有 123 种杂草对两类及两类以上除草剂产生复合抗药性。硬直黑麦草是全球复合抗药性最严重的杂草，据统计，硬直黑麦草对 14 种不同作用机制的除草剂具有抗药性，包括氯磺隆、咪唑乙烟酸、甲氧咪草烟、禾草灵、烯禾啶、肟草酮、唑啉草酯、炔草酯、氟乐灵、异丙甲草胺、杀草强、莠去津、草甘膦、百草枯等。其次是无芒稗和早熟禾，分别对 11 种和 10 种作用机制的除草剂产生了复合抗药性。长芒苋、野燕麦、牛筋草、多年生黑麦草均对 8 种作用机制的除草剂产生了抗药性。相对而言，禾本科杂草比阔叶杂草更容易进化出复合抗药性，在全球复合抗药性最严重的 10 种杂草中，有 8 种禾本科杂草（硬直黑麦草、无芒稗、早熟禾、野燕麦、牛筋草、多年生黑麦草、大穗看麦娘、光头稗）和两种阔叶类杂草（长芒苋、糙果苋）。异花授粉杂草基因交流的几率远远超过自花授粉杂草，因而也更容易进化出复合抗药性。有些除草剂的作用靶标抗性突变起始频率较高，更容易进化出复合抗药性，ALS 和 ACCase 抗性突变位点和氨基酸形式多样，起始频率高，因此在杂草中最常见的是对 ACCase 抑制剂和 ALS 抑制剂类除草剂的复合抗药性，硬直黑麦草、野燕麦、牛筋草、早熟禾、稗草、假高粱、大穗看麦娘、雀麦、狗尾草、马唐都对这两类除草剂有复合抗药性。在相同或相近时间内连续施用不同作用机理的除草剂也可能会诱导复合抗药性，澳大利亚的硬直黑麦草就是在经历了多种作用机制除草剂的筛选后进化出了严重的复合抗药性；欧洲小麦田的大穗看麦娘经绿麦隆、异丙隆、精噁唑禾草灵、炔草酯、甲基二磺隆等的筛选，也进化出了复合抗药性；中国小麦田的菵草、日本看麦娘等杂草也是在经过 ACCase 抑制剂和 ALS 抑制剂的筛选后进化出了复合

抗药性。

在中国，已有多种杂草产生了对除草剂的复合抗药性，例如小麦田看麦娘、日本看麦娘对精噁唑禾草灵、甲基二磺隆产生复合抗药性，菵草对啶磺草胺、甲基二磺隆、氟唑磺隆、精噁唑禾草灵、炔草酯、唑啉草酯产生复合抗药性，牛繁缕对苯磺隆、咪唑乙烟酸、啶磺草胺、吡氟酰草胺产生抗药性；水稻田稗草对氰氟草酯、丙草胺、二氯喹啉酸产生复合抗药性；大豆田反枝苋对咪唑乙烟酸、氟磺胺草醚、莠去津产生抗药性；香蕉园牛筋草对草甘膦、百草枯有复合抗药性等。复合抗药性杂草的形成，往往有两种甚至更多种机制存在。其一，杂草出现多种除草剂靶标位点的突变，如 ALS Trp-574-Leu 突变及 ACCase Asp-2078-Gly 突变，可导致看麦娘同时对精噁唑禾草灵及甲基二磺隆产生高抗性。其二是杂草对除草剂吸收、转运及代谢发生变化而产生了非靶标抗性，更常见的是杂草体内代谢除草剂酶类增多（见杂草抗药性）。例如水稻稗 P450 活性增强可使其对禾草灵、唑啉草酯、苄嘧磺隆、五氟磺胺、硝磺草酮、异噁草酮等多种作用机制的除草剂产生抗药性。其三，靶标机制与非靶标机制同时存在，例如牛筋草种群因传导、代谢除草剂能力低及 EPSPS Pro-106-Ser 突变导致对百草枯、禾草灵、甲氧咪草烟三类除草剂产生不同程度抗药性；牛繁缕种群因 ALS Pro-197-Ala 突变及 P450 代谢增强导致了对 ALS 抑制剂类除草剂（苯磺隆、双氟磺草胺、氟唑磺隆等）及八氢番茄红素脱氢酶 PDS 抑制剂类除草剂（吡氟酰草胺）等产生了抗药性。

对于产生复合抗药性的杂草，避免再次使用与已产生抗药性的除草剂类别一致的除草剂进行治理。相比对于产生交叉抗药性杂草的治理来说，复合抗药性杂草的治理更为困难。面对这些问题时，许多杂草科学家希望能回归到长期采用的包括翻耕、焚烧、覆盖作物、作物轮作等传统的除草方式进行除草。

参考文献

强胜，2009. 杂草学 [M]. 2 版. 北京：中国农业出版社.

BECKIE H, TRADIF F. 2012. Herbicide cross resistance in weeds [J]. Crop protection, 35: 15-28.

DIMAANO G, IWAKAMI S. 2020. Cytochrome P450-mediated herbicide metabolism in plants: current understanding and prospects [J]. Pest management science, 77(1): 22-32.

HEAP I, 2006. The International Survey of Herbicide Resistant Weeds. [J]. Weed technology, 4(1): 220.

LI L X, LIU W T, CHI Y C, et al, 2015. Molecular mechanism of mesosulfuron-methyl resistance in multiply-resistant American sloughgrass (*Beckmannia syzigachne*) [J]. Weed science, 63(4): 781-787.

LIU X Y, MERCHANT A, XIANG S H, et al, 2021. Managing herbicide resistance in China [J]. Weed science, 69(1): 4-17.

（撰稿：白霜、李凌绪；审稿：王金信、宋小玲）

改良环境效应　improved environment effect

　　指杂草在生态系统中起到的水土保持、土壤改良、消除环境污染的作用。

　　与作物相比，杂草普遍具有较强的抗逆能力和争夺光、水、肥能力的特点，是一类人为与自然选择下产生的高度进化的植物类群，具有抗逆性强、生物量大、生长迅速的特点，在水土保持、土壤改良和农业生态系统中生物多样性的维持等方面起着重要的作用。

　　形成和发展过程　中国一直有被盐碱地困扰，自古以来就有利用杂草来治理盐碱地的方法。清代《救荒简易书》指出："祥符县老农曰苜蓿性耐碱，宜种碱地。并且性能吃碱。久种苜蓿，能使碱地不碱。"《救荒简易书》说："滑县老农曰扫帚菜性耐碱，宜种碱地，并且性能吃碱，久种扫帚菜，能使碱地不碱。"

　　随着工农业的发展，环境污染问题日益突出，可利用杂草净化空气、净化污染水以及对污染土壤进行修复。在二十世纪前期研究人员提出了利用杂草对土壤进行修复这种方式，在最初阶段所构想的操作过程就是利用杂草的富集作用对已经被污染以后的土壤中超标的重金属进行处理。

　　基本内容

　　水土保持　杂草在生态护坡中的力学效应有深根的锚固作用和浅根的加筋作用，二者的有效结合可以较好地防止坡面局部的水土流失。杂草的垂直根系穿过坡体浅层的松散分化带，锚固到深处较稳定的岩石土层上，起到预应力锚杆的作用。草本植物的根系在土中错综盘结，使边坡土体在其延伸范围内成为土与根的复合材料，草根被视为带预应力的三维加筋材料。作为水土保持的杂草应选择抗逆性好、生长快、覆盖度高等生性粗放物种，确保在极端不利的条件下仍能保持良好的植被覆盖；同时所选择的杂草要有发达的根系，特别是根状茎或匍匐茎的物种更适合用于水土保持。研究表明，在侵蚀严重的红壤坡地上，种植鸡眼草、画眉草可明显降低土壤侵蚀、增强土壤保水能力。百脉根在裸露坡地种植进行边坡防护时具有良好的水土保持性能，是理想的城市绿化和水土保持植物。离子草根虽然纤细，但具有很强的抗拉强度，被广泛应用于稳定沙面、减轻沙尘、土壤改良与防治水土流失等方面。另外，狗牙根、毛花雀稗、三裂蟛蜞菊、双穗雀稗、白香草木樨、葛藤等杂草根系发达、抗逆能力强，也是护坡固堤的常用植被。

　　消除环境污染　环境污染主要是指工农业发展产生的废气、废水和废渣对空气、水体和土壤造成的污染。在众多的修复方法中，植物修复是一个简单易操作、有效而又廉价的修复方法。因此，杂草成为植物修复的主要筛选植被，多数典型杂草表现出的修复效果业已取得了良好的应用价值。其作用机理是，杂草通过自身的光合、呼吸、蒸腾和分泌等代谢活动与环境中的污染物和微生态环境发生交互反应，从而通过吸收、分解、挥发、固定等过程使污染物达到净化和脱毒的修复效果。

　　土壤修复：土壤污染是当今世界面临的严峻问题之一。土壤污染物大致可分为无机污染物和有机污染物两大类。无机污染物主要包括酸、碱、重金属，盐类，放射性元素铯、锶的化合物、含砷、硒、氟的化合物等。有机污染物主要包括有机农药、酚类、氰化物、石油、合成洗涤剂、3,4-苯并芘以及由城市污水、污泥及厩肥带来的有害微生物等。利用杂草对污染土壤的修复类型主要有植物降解、植物萃取、植物固定和植物挥发等。

　　植物降解：植物吸收污染物后，在体内同化污染物或释放出某种酶，将有毒物质降解为低毒或无毒物质。如种植羊茅草可以加速土壤中多环芳烃的降解；黑麦草降解土壤中菲和芘的污染物效果显著；黑麦草与大豆轮作可降低土壤中总石油烃（TPH）污染。因此，植物降解技术可以在石油化工污染治理、燃料泄露污染治理、有机农药治理以及炸药废物治理之中加以合理应用。

　　植物萃取：植物从土壤中吸收重金属污染物，并在植物地上部富集，对植物体收获后进行处理。如杂草十字花科的遏蓝菜植物是一种锌和镉的超积累植物，在污染土壤中连续种植该植物14茬，锌含量降低32%。在中国湖南、广西南方等地存在大面积的蜈蚣草等蕨类植物，具有超富集砷的能力。黑麦草、籽粒苋对镉、铜、铅有较好的富集特性，可以作为提取改良的富集植物使用。已报道的超积累植物主要有：Cu—海州香薷、鸭跖草；Ni—北方庭荠；As—蜈蚣草、大叶井口边草；Zn—东南景天、龙葵、狼把草；Mn—商陆；Cr—扁穗牛鞭草、野薄荷；Pb、Zn—续断菊、圆锥南芥；Pb—紫花苜蓿；Cd—小酸浆、龙葵、山苦菜、苣荬菜、大刺儿菜、欧洲千里光、欧亚旋覆花、狼把草、繁缕、印度芥菜等。不同杂草对同一污染物的积累能力也不尽相同，铅污染处理下，13种杂草根系铅含量与对照均存在极显著差异，醉浆草＞黑麦草＞鼠曲草＞野豌豆＞野燕麦＞北美车前＞早熟禾＞鸡眼草＞婆婆纳＞升马唐＞无芒稗＞苦荬菜＞白车轴草。

　　植物固定：利用植物根际的一些特殊物质（分泌物）

使土壤中的污染物转化为相对无害物质，从而降低土壤中有毒金属的移动性、生物有效性，减少金属被淋溶到地下水或通过空气扩散进一步污染环境的可能性，使其不能为生物所利用的一种方法。藜其有钝化固定 Pb 的能力，常被用于铅污染土壤的植物固定和植被恢复。黑麦草在铜尾矿修复中的作用即是利用其对 Cu、Zn、Mo 和 Cd 的固定作用，将重金属主要累积在根部，减少向茎叶的转移。东方香蒲对土壤中的 As、Cd 和 Pb 的累积也主要在根部，其累积量可达 31.69、35.12、87.12mg/kg，茎叶中仅为 2.06、2.83、20.18mg/kg，因此被看作 As、Cd、Pb 污染土壤植物固定修复的潜在目标杂草之一。目前，该技术适合废弃矿区的重金属污染或者放射性元素的治理。

植物挥发：植物吸收污染物后，将其降解散发到大气中，或把原先非挥发性污染物变为挥发性污染物释放到大气中。如杂草吸收汞、硒、砷后，其能够转化成甲基化挥发到空气中，达到修复土壤的目的。研究发现，土壤中 50% 以上 Se^{3+} 经过洋麻作用能够向 Se^{2+} 转化，挥发到空气中，降低硒的毒性作用。甲基汞具有较高的毒性，而拟南芥则能够有效吸收甲基汞，并转化为原子汞，经过叶片释放到空气中，减轻毒性作用。

空气治理与净化：吸收 CO_2 通过光合作用释放氧气，提升空气的含氧量是杂草重要作用，同时，杂草还具有吸收醚、醇以及某些致癌物质的功能。杂草改良空气是通过两种方式开展的，包括去除和持留。去除主要指的是依靠植物同化、降解以及吸收等功能的发挥达到修复目的的一种方式。持留主要指依靠植物滞留、截获等功能的发挥达到修复目的的方法之一，如吸附高相对分子质量的多环芳烃化合物，即便杂草无法对吸附后的多环芳烃化合物完全降解，但却可以使此类物质在空气中的数量减少，即通过吸附，可促使空气中的此类物质的浓度大幅度降低，提升去除大气环境中多环芳烃化合物的速度。狗牙根、多年生黑麦草、䅟草、灰绿藜、艾蒿具有较强的吸附 SO_2 的能力，多被用来净化空气使用。

污水治理与净化：水环境中的污染大致可以分为三类：无机营养物超量如氮、磷等；有机污染物如农药、杀虫剂等；重金属的污染。杂草对污水的净化包括吸附、吸收、富集和降解几个环节。利用水生植物去除由氮、磷等无机营养物引起的水体富营养化问题已有大量研究，如有研究凤眼莲净化总氮、氨氮、总磷和水溶性磷富集效果分别为 98.4%、97%、88.2% 和 100%，这说明高等水生杂草能有效净化水体中的氮磷等富营养化物质，可用于处理生活污水和畜牧场污水。在石油化工废水中（经生化处理后）投放凤眼莲、龙须眼子菜等水生杂草，20 天后可使石油类、氰化物的浓度明显降低，达到渔业水质标准，对污水中的酚、COD、浊度等也有明显的净化效果。空心莲子草对废水中镉具有富集作用，可以净化水体中的金属污染。浮萍在 8 天内把 90% 的酚代谢为毒性更小的产物，也可以富集水环境中的杀虫剂 DDT，并能将 1%～13% 的 DDT 降解为 DDD 和 DDE；轮叶黑藻和狐尾藻通过自身及其分泌物可以代谢和降解污水的双酚 -A（BPA），可以净化水体中有机污染物。灌溉沟渠保留游草、水莎草、丁香蓼、水竹叶、鸭舌草、空心莲子草、陌上菜、鳢肠等，灌溉水中 NO_3^-、NH_4^+、Cl^- 浓度分别比无杂草的灌溉水降低 59.27%、26.56% 和 16.34%，有利于灌溉水的净化。常用的人工生态沟渠的杂草刈割是沟渠管理的重要方法，也是去除沟渠体系中氮、磷的有效途径。研究表明，秋季芦苇和茭草刈割以后，可带走 463～515kg/hm² 氮、127～149kg/hm² 磷，按照黄漪平的计算标准，每年 1hm² 的天然湿地植物可拦截 2.3～3.2hm² 农田流失的氮肥、1.3～3.0hm² 农田流失的磷肥。

科学意义和应用价值　氮、磷是植物生长必须的营养元素，也是重要的农业面源污染物。水生杂草在水体中的生态功能使其在农业面源污染控制中起着十分重要的作用，其本身不仅可以从水层和底泥中吸收氮、磷，提高泥沙对氮、磷的滞留量，而且其发达的根系还可以为微生物提供优良的生存环境，改变基质的通透性，增加污染物在沟渠中的转化和去除效应。因此利用杂草减轻农田面源污染具有广阔的应用前景。植物修复重金属污染方面还不成熟，主要原因在于已发现的超富集植物修复效率比较低，突出表现在生物量较小、生育期较长等方面增加对杂草在污染治理方面的研究，可以弥补现有修复植物的缺点和不足。目前以杂草为主体的植物修复技术因其独特的优势和潜力，很快受到许多国家的重视并向商业化方向运作。如英国利物浦大学的 Bradshaw 成功开发出针对不同重金属矿山废弃地的可商业化应用的耐性植物。另外，某些杂草还有"环境指示"作用。例如羊茅草、大麦草能指示空气中被锌、铅、铬和镍等污染的程度；早熟禾可测定空气中的 SO_2 的污染状况。

存在问题和发展趋势　利用杂草可以显著改善环境，杂草对土壤被重金属污染、空气净化和污染物处理有着非常好的作用，它是一种比较理想的修复资源，但也表现出一定的局限性。修复杂草种子小、难收集。修复杂草对污染物质的耐性是有限的，超过其忍耐限度的污染土壤并不适合植物修复。污染土壤往往是有机、无机污染物共同作用的复合污染，一种或几种修复杂草往往难以满足修复要求。针对不同的修复杂草和目标污染物，要研究配套的田间管理措施，以获得最佳的修复效果。虽然有的杂草根系最深处可达地面以下几米，但是大多数杂草根系的大部分集中在土壤表层，对于超过修复杂草根系作用范围的污染土壤或不利于修复植物生长的土层，修复难以奏效。随着分子生物技术迅猛发展，逐步将分子生物学和基因工程技术应用于植物修复中，是未来研究领域中的重要方向。目前已有成功的案例利用转基因植物将重金属污染物进行转化和去除，如转 *merAPe9* 基因的拟南芥较对照植物对 $HgCl_2$ 污染的土壤耐受性更强。因此，筛选新的功能基因，培育修复能力强的杂草来提高杂草对环境的改善效果相当重要。就除草剂污染的植物修复而言，目前已发现的许多抗性杂草可作为优良基因的重要来源。

参考文献

白彦真，谢英荷，陈灿灿，等，2012. 14 种本土草本植物对污染土壤铅形态特征与含量的影响 [J]. 水土保持学报，26(1): 136-140.

陈凡学，2009. 中国古代土壤改良技术研究 [D]. 南京：南京农业大学.

陈同斌，韦朝阳，2002. 砷超富集植物蜈蚣草及其对砷的富集特征 [J]. 科学通报，47(3): 207-210.

陈卓，吴礼丽，夏晓武，2019. 论重金属污染土壤修复中杂草资源的利用 [J]. 环境与发展，31(1): 38, 40.

高洁，刘文英，陈卫军，2012. 电镀污染区植物对复合重金属的富集、转移和对污染土壤的修复潜力 [J]. 生态与农村环境学报，28(4): 468-472.

蒋先军，骆永明，赵其国，等，2000. 重金属污染土壤的植物修复研究 I. 金属富集植物 Brassica juncea 对铜、锌、镉、铅污染的响应 [J]. 土壤，32(2): 71-74.

李兵，孙晓丹，刘沙沙，2019. 关于城市大气污染的植物修复研究 [J]. 中国地名 (7): 38-39.

刘冰，张光生，周青，等，2005. 城市环境污染的植物修复 [J]. 环境科学与技术，28(1): 109-111.

龙新宪，杨肖娥，叶正钱，等，2002. 四种景天属植物对锌吸收和积累差异的研究 [J]. 植物学报，44(2): 152-157.

师帅，2020. 植物修复及其在环境污染治理中的作用 [J]. 节能与环保 (10): 102-103.

宋祥莆，邹国燕，吴伟明，等，1998. 浮床水稻对富营养化水体中氮、磷的去除效果及规律研究 [J]. 环境科学学报，18(5): 43-48.

汤叶涛，仇荣亮，曾晓雯，等，2005. 一种新的多金属超富集植物：圆锥南芥 (Arabis paniculata L.) [J]. 中山大学学报：自然科学版，(44): 135-136.

唐仁仲，汪金叶，张建东，1988. 凤眼莲、龙须子菜净化石油化工污水试验初报 [J]. 农业环境保护，9(2): 25-26.

韦朝阳，陈同斌，黄泽春，等，2002. 大叶井口边草 – 新发现的一种富集砷的植物 [J]. 生态学报，22(5): 776-778.

魏树和，周启星，王新，2003. 18 种杂草对重金属的超级累特性研究 [J]. 应用基础与工程科学学报，11(2): 152-160.

严密，2007. 农田杂草对铅的富集和耐性机制研究 [D]. 芜湖：安徽师范大学.

杨晖，梁巧玲，赵鹏，等，2012. 7 种蔬菜型作物重金属积累效应及间作鸡眼草对其重金属吸收的影响 [J]. 水土保持学报，26(6): 209-214.

杨帅，2020. 植物修复及其在环境污染治理中的作用分析 [J]. 环境与发展，32(2): 17, 20.

叶春和，2002. 紫花苜蓿对铅污染土壤修复能力及机理研究 [J]. 土壤与环境，11(4): 331-334.

叶少萍，曾秀华，辛国荣，等，2013. 不同磷水平下丛枝菌根真菌 (AMF) 对狗牙根生长与再生的影响 [J]. 草业学报，22(1): 46-52.

张爱清，2004. 水生植物对污染物的清除及其应用 [J]. 环境污染与防治，26(4): 319.

赵怡阳，陶祥云，张易旻，2021. 农田重金属污染土壤的植物修复工程研究 [J]. 浙江农业科学，63(2): 391-395.

ADEL Z, SUVARNALATHA G, NORMAN T, 1998. Phytoaccumulation of trace elements by wetland plants: I. Duckweed [J]. Journal of environmental quality, 27(3): 715-721.

BANUELOS G S, AJWA H A, MACKEY B, et al, 1997. Evaluation of different plant species uesd for phytoremediation of high soil selenium [J]. Journal of environmental quality, 26(3): 639-646.

BROADHURST C L, CHANEY R L, ANGLE J S, et al, 2004. Simultaneous hyperaccumulation of nickel, manganese, and calcium in Alyssum leaf trichomes [J]. Environmental science and technology, 38(21): 5797-5802.

BROOKS R R, LEE J, REEVES R D, et al, 1977. Detection of nickeliferous rocks by analysis of herbarium specimens of indicator plants [J]. Geochem explor, 7(1): 49-57.

CHANEY R L, 1983. Plant uptake of inorganic waste constituents [J]. Land treatment of hazardous wastes: 50-76.

DOTY S L, SHANG T Q, WILSON A M, et al, 2000. Enhanced metabolism of halogenated hydrocarbons in treansgenic plants containing mammalian cytochrome P450 2E1[J]. Proceeding of the National Academy of Sciences of the United States of America, 97 (12): 6287-6291.

DUSHENKOV V, KUMAR P B A N, HARRY M, et al, 1995. Rhizofiltration: The use of plants to remove heavy metals from agueous streams [J]. Environmatal science and technology, 29(5): 1239-1245.

GAO Y, MIAO C Y, MAO L, et al, 2010. Improvement of phytoextraction and antioxidative defense in Solanum nigrum L. under cadmium stress by application of cadmium-resistant strain and citric acid [J]. Hazardous materials, 181(1-3): 771-777.

KAWAHIGASHI H, 2009. Transgenic plants for phytoremediation of herbicides [J]. Curent, opinion in biotechnology, 20(2): 225-230.

LI H, LUO Y M, SONG J, et al, 2006. Degradation of benzo [a]pyrene in an experimentally contaminated paddy soil by vetiver grass(Vetiveria zizanioides) [J]. Environmental geochemistry and health, 28(1-2): 183-188.

MEAGHER R B, 2000. Phytoremediation of toxic elemental and organic pollutants [J]. Curent, opinion on plant biology, 3(2): 153-162.

NIE L, SHAH S, RASHID A, et al, 2002. Phytoremediation of arsenate contaminated soil by transgenic canola and the plant growth-promoting bacterium Enterobacte cloacae CAL2[J]. Plant physiology and biochemistry, 40(4): 355-361.

ZHANG Y M, MAIER W J, MILLER R M, 1997. Effect of rhamnolipids on the dissolution, bioavailability, and biodegradation of phenanthrene [J]. Environmental science and technology, 31(8): 2211-2217.

（撰稿：张瑞萍；审稿：宋小玲）

盖度　coverage

指杂草地上部分垂直投影面积占样方面积的百分比，即投影盖度。盖度可分为分盖度（种盖度）、层盖度（种组盖度）和总盖度（群落盖度）。通常，分盖度或层盖度之和大于总盖度。杂草群落中某一杂草物种的分盖度占所有杂草物种分盖度之和的百分比，即相对盖度。某一杂草物种的盖度与盖度最大杂草物种的盖度之比称为盖度比（cover ratio）。

杂草盖度也是评价杂草发生、危害和防除效果的重要数量指标。在定量调查研究某块田或某地区或某种杂草发生危害状况时，除了杂草密度外，通常也用杂草盖度进行度量。也可只用杂草盖度大致度量杂草危害程度。杂草盖度能够反映杂草占据空间的状况及与作物的竞争关系。在用目测法调查杂草群落的发生和分布规律时，杂草盖度是一个最重要的指标，再结合多度和相对高度，做出草害级别的判断。此外，为提高效率，在评估杂草防除技术或除草剂的防效时会用估计值调查法，该方法中杂草盖度也是一个重要指标。

杂草盖度的调查取样方法多采用样方法，即根据小区或调查田地的面积和实际需要设置若干样方，样方是以样方框进行取样，调查样方中每种杂草的盖度。随着信息技术的普及，也可用遥感分析法和图像处理方法计算杂草盖度。特别是与人工智能结合起来，可以实现草害的远程自动监控。

杂草盖度可以较针对性地判断杂草在群落所处的地位，相较于杂草密度会受到杂草植株大小的影响，杂草盖度更能准确反映杂草在群落中的重要性。杂草盖度的调查较快，效率较高，获取过程耗费的人力和时间较少，因此取样的数量可以较大，取样的代表性更好。但是，杂草盖度是一个目测估计值，受人为影响较大，一定程度上影响到盖度的准确性，因而调查人员进行调查前须进行训练。

参考文献

韩正笑，刘涛，陈瑛瑛，等，2015. 基于图像处理技术的稻田杂草盖度计算研究 [J]. 中国农机化学报，36(4): 193-196.

李博，2000. 生态学 [M]. 北京：高等教育出版社：120.

强胜，2009. 杂草学 [M]. 2 版. 北京：中国农业出版社：261-262.

王薇，王惠，苗福泓，等，2017. 不同杂草盖度夏播紫花苜蓿人工草地 N、P 生态化学计量特征 [J]. 青岛农业大学学报（自然科学版），34(3): 183-190.

（撰稿：李儒海；审稿：强胜）

刚莠竹 *Microstegium ciliatum* (Trin.) A. Camus

为园林、林地多年生杂草。英文名 ciliate microstegiu。禾本科莠竹属。

形态特征

成株　秆高约 1m（图①）。下部节上生根，具分枝，花序以下和节均被柔毛。叶鞘长于其节间，背部具柔毛或无毛；叶舌膜质，长 0.1cm，具纤毛；叶片披针形，长 10~20cm、宽 0.6~1.5cm，两面具柔毛或无毛，或近基部有疣基柔毛，顶端渐尖，中脉白色。总状花序 5~15 枚着生于短缩主轴上呈指状排列（图②），长 6~10cm；总状花序轴节间长 0.4cm；有柄小穗与无柄者同形，小穗柄长 0.2cm，边缘密生纤毛；无柄小穗披针形，长 0.3cm，基盘毛长 0.1cm；第一颖背部具凹沟，无毛或上部具微毛，二脊无翼，边缘具纤毛，顶端钝或有 2 微齿，第二颖舟形，具 3 脉，中脉呈脊状，上部具纤毛，顶端延伸成小尖头；第一外稃不存在或微小；第一内稃长 0.1cm；第二外稃狭长圆形，长约 0.08cm；芒长 0.8~1cm；雄蕊 3 枚，花药长 0.1cm。

子实　颖果长圆形，长 0.2cm。

生物学特性　适生于南方水沟、农田边、沼泽地和人工林地。以种子传播繁殖为主，兼有根、茎营养繁殖，如翌春由根茎处或保留在土壤中的根产生芽而再生。营养生长期 5~9 月，花期 7~10 月，果期 9~12 月。

分布与危害　在江西、湖南、福建、台湾、广东、海南、广西、四川、云南等海拔 1200m 以下的农田、水沟、田边均有分布。刚莠竹植株形成的局部小环境是农业害虫产卵、越冬的场所，危害农作物和林木。

防除技术　应采取农业技术为主的防除技术和综合利用等措施。

农业防治　在春耕时节铲除农田、水沟边的杂草，并对刚莠竹挖掘全部根系，以达到彻底清除的目的。

综合利用　嫩叶质地柔嫩，营养丰富，为家畜的优质饲料。可采用规范管理技术，清除其周围杂草，兼营饲料植物、松土、修剪，收获全株，增加收入。

参考文献

联合国粮食及农业组织，1981. 热带饲料 [M]. 罗马：罗马出版社.

罗瑞献，2000. 实用中草药彩色图集：第五册 [M]. 广州：广东科技出版社：160.

中国科学院中国植物志编辑委员会，1997. 中国植物志：第十卷 第二分册 [M]. 北京：科学出版社.

（撰稿：刘仁林；审稿：张志翔）

刚莠竹植株形态（强胜摄）
①群体；②花序

根寄生杂草 root-parasitic weeds

根据寄生部位划分的一类寄生杂草，寄生在寄主植物的根上，从寄主植物吸收全部或部分所需营养的杂草。

形态特征 根寄生杂草有一年生草本、二年生草本和多年生草本等，在地下与寄主的根相连，但在地上部分则与寄主分离。根据叶绿素的有无，根寄生杂草可分为全寄生杂草和半寄生杂草两类：列当科列当属杂草是根部全寄生杂草的代表，它们不具有正常的根和叶片，不含叶绿素，不能独立地同化碳素，其导管和筛管分别与寄主植物的维管组织木质部导管和韧皮部筛管相通，从寄主植物获取自身生活需要的全部营养物质；而玄参科独脚金属杂草是根部半寄生杂草的代表，它们的叶片绿色或退化成鳞片状，地上营养器官含有叶绿素，能够进行光合作用，但需要靠吸器从寄主植物根部吸取水分和无机盐，吸器中只有导管与寄主植物的导管相连，韧皮部部分未相连。

生物学特性 根寄生杂草依靠种子繁殖，其种子普遍存在休眠现象，在土壤中可存活 10 年以上。它们的种子只有在寄主根的分泌物（如独脚金内酯、高粱内酯、列当醇等）作用下才能萌发，当接触到寄主根后形成吸器并开始寄生生活，而且仅在幼苗时期具有寄生能力。根寄生杂草具有很强的繁殖能力，花果期长，一株杂草可结出数十万粒种子，并可通过风、水流和人类活动等传播。

分布与危害 根寄生杂草种类多、分布广、危害严重。如列当属杂草从作物中吸取水分、矿物质和光合产物，从而降低了寄主生长和竞争的能力，导致寄主作物生长缓慢甚至死亡，还会显著降低粮食和果实的品质。独脚金属杂草主要分布于热带和亚热带地区，寄生在玉米、甘蔗、水稻、高粱等禾本科植物和豆类作物的根上。

防除技术 见全寄生杂草和半寄生杂草。

参考文献

李扬汉, 1998. 中国杂草志 [M]. 北京：中国农业出版社.

庞智黎, 席真, 2017. 根寄生杂草种子萌发剂概述 [J]. 农药学学报, 19(3): 273-281.

桑晓清, 孙永艳, 杨文杰, 等, 2013. 寄生杂草研究进展 [J]. 江西农业大学学报, 35(1): 84-91, 96.

宋文坚, 曹栋栋, 金宗来, 等, 2005. 中国主要根寄生杂草列当的寄主、危害及防治对策 [J]. 植物检疫, 19(4): 230-232.

王靖, 崔超, 李亚珍, 等, 2015. 全寄生杂草向日葵列当研究现状与展望 [J]. 江苏农业科学, 43(5): 144-147.

王亚娇, 纪莉景, 栗秋生, 等, 2015. 寄生性杂草列当的种类调查及鉴定 [J]. 杂草科学, 33(3): 6-10.

（撰稿：郭凤根；审稿：宋小玲）

耕地杂草 agrestal weeds

根据杂草的生境特征划分的一类杂草。指能够在人们为了获取农业产品进行耕作的土壤中不断自然延续其种群的植物。有时也统称为田园杂草。

耕地杂草包括农田杂草和果、茶、桑园杂草，甚至包括人工草场杂草，其中农田杂草包括水田杂草、秋熟作物田杂草和夏熟作物田杂草。耕地杂草种类多样，大部分属于被子植物，绝大多数具有叶绿体，光合自养，也有些杂草营寄生生活；它们能进行有性生殖、无性生殖和营养繁殖。按照形态特征，可分为禾草类、莎草类和阔叶草类等 3 大类型。也有少数种类属于藻类、苔藓和蕨类。

生物学特性 耕地杂草在生活史上可分为一年生杂草、二年生杂草和多年生杂草。由于果园、茶园、桑园均为多年生木本，许多杂草种类与秋熟作物田杂草或夏熟作物田杂草类似，但多年生杂草比例较高，部分种类少见于农田，在生长习性上可分为草本类杂草、藤本类杂草、木本类杂草和寄生杂草等。

在人为和自然选择压力下，杂草与其伴生作物在形态特征、生长发育规律以及生态因子需求等方面具有明显的相似性；杂草在个体大小、形态特征、组织结构、种子成熟度、萌发率、生长发育周期等方面也表现出明显可塑性；C_4 植物比例明显较高，在与作物竞争水、光、养分等有限资源过程中表现出更强的生长势；有性生殖过程中杂草一般既可异花受精，又能自花或闭花受精，且多数杂草具有远源亲和性和自交亲和性，因此导致后代的变异性、遗传背景复杂，杂草的多样性、多型性和多态性丰富，在与作物竞争中适应性、抗逆性和竞争力更强。另外，杂草繁殖能力强、种子量大且寿命长、传播途径广泛，从而不断延续。

分布与危害 中国有耕地杂草 1400 余种。由于农田耕作过程频繁，农田杂草是以一、二年生种子繁殖的短生命周期的杂草种类为主，但也有一些多年生的恶性杂草，约占耕地杂草的 1/3。其中，全球水田杂草群落结构具有相似性，几乎均以稗草为优势种。而秋熟作物田杂草和夏熟作物田杂草则由于播种季节不同、适应的生态环境条件差异明显，不同地区间环境、气候、土壤及水分的差异，其发生的杂草类型有显著差异，杂草群落分布的区域特点较为明显。但在纬度较高地区，两者界限变得模糊。耕地杂草伴随作物生长，并通过与栽培作物争夺养料、水分、阳光和空间以及化感作用抑制作物生长发育，妨碍田间通风透光，增加局部气候温度，导致作物产量和品质下降，大约导致作物产量损失 $10\% \sim 50\%$。有些杂草是病虫中间寄主，促进病虫害发生，如刺儿菜、龙葵。寄生性杂草直接从作物体内吸收养分，从而降低作物的产量和品质，如菟丝子、列当。有的杂草植株或种子，能使人畜中毒，如狼毒、醉马草；有的杂草花粉能引起人的过敏反应，如豚草。由于果园、茶园、桑园等地的立地环境多样性，管理相对于农田更为粗放，因此，杂草种类占多数，且由于耕作间隔周期长，不仅有农田杂草发生，还有很多有特色的多年生杂草种类，甚至木本类杂草。

由于杂草干扰人工耕作环境的维持，人们需要投入大量的人力、财力、物力进行杂草控制，自农耕社会一开始，人类就时刻在与杂草作斗争。同时，耕地杂草也具有重要的生态学意义，在农业生态系统中杂草具有维持生物多样性、防止土壤侵蚀、促进养分循环、消除环境污染等生态功能。很多杂草也有良好的经济价值，如芦苇、小蓟可入药，马唐、苋是家禽家畜的饲料，荠菜、苋菜已被用于蔬菜种植，水葫芦可用于污染水体治理。

防除技术 杂草防治方法包括物理防治、农业防治、化学防治、生物防治、生态防治等，而且随着生物工程技术的发展，杂草治理的新途径、新方法不断形成并应用于生产实践，但任何单一的治理方法都有其局限性，都无法根除杂草。人工除草、机械除草等物理措施效率低下、破坏土壤结构、影响作物生长、适用范围有限；耕作、栽培、轮作、农艺、覆盖等农业措施和化感作用、竞争抑制等生态措施受环境条件、种植制度、丰产技术和经济水平的制约，见效慢且可能加速杂草群落的演替。目前农林生产普遍通过化学除草剂控制杂草危害，根据杂草种类和作物种类不同，选用相适用的除草剂品种，通常先采用土壤处理，再配合应用茎叶处理。园地杂草种类多样，发生的季节节律性较弱，多采用灭生性除草剂。但对化学除草剂的过度依赖导致杂草抗药性、作物药害、土壤残留、生态平衡等问题突出。生物措施效果慢且不稳定，技术条件较严格。由于耕作栽培制度的变革，耕地杂草也在农林生产过程中不断演化，因此，生产中需要合理运用多种治理措施，进行杂草综合治理，将杂草危害控制在生态经济阈值之下，实现最佳经济效益和社会效益。另外，果园、茶园、桑园杂草治理多采用生草覆盖、化学防治、种养结合、间作套种等措施。因过度依赖除草剂引起抗性杂草种群形成、省工轻型作物栽培管理措施广泛应用，以及外来

杂草入侵导致杂草群落的演替，耕地杂草防除需要面对这些新的挑战。

参考文献

李扬汉，1998. 中国杂草志 [M]. 北京：中国农业出版社.

强胜，2009. 杂草学 [M]. 2 版. 北京：中国农业出版社.

（撰稿：李贵；审稿：郭凤根、宋小玲）

耿氏假硬草 *Pseudosclerochloa kengiana* (Ohwi) Tzvelev

夏熟作物田一二年生杂草。又名硬草、耿氏硬草、耿氏碱茅。异名 *Sclerochloa kengiana* (Ohwi) Tzvel.。英文名 keng stiffgrass。禾本科假硬草属。

形态特征

成株 高 15～40cm（图①②）。秆直立或基部斜升，平滑，径约 2mm，具 3 节，节部较肿胀。叶鞘平滑，下部闭合，长于节间，具脊，顶生叶鞘长 4～11cm；叶舌干膜质，长 2～3.5mm，顶端截平或具细齿裂；叶片线形，长 5～14cm、宽 3～4mm，扁平或对折，边缘呈波状。圆锥花序直立，坚硬，长 8～12cm、宽 1～3cm，紧缩而密集（图③）；分枝平滑，粗壮，直立开展，常一长一短孪生于各节，长者达 3cm，短

耿氏假硬草植株形态（张治摄）
①生境；②成株；③花序；④子实；⑤幼苗

者具 1～2 枚小穗；小穗柄粗，侧生者长 0.5～1mm，顶生者长 2.5mm；小穗含 2～7 小花，长 4～5.5mm，草绿色或淡褐色；小穗轴节间粗厚，长约 1mm；颖卵状长圆形，顶端钝或尖，第一颖长约 1.5mm，具 1 脉，第二颖长 2～3mm，具 3（5）脉；外稃宽卵形，具 5 脉，中脉粗壮隆起成脊，边缘具狭膜质，先端微糙涩，基部平滑无毛，第一外稃长约 3mm；内稃长 2～2.5mm，宽约 0.8mm，脊微粗糙，顶端有缺口；花药长约 1mm。

子实 颖果纺锤形（图④），长约 1.5mm。

幼苗 子叶留土（图⑤）。第 1 片真叶线状披针形，先端锐尖，全缘，有 3 条直出平行脉，叶舌 2～3 齿裂，无叶耳；第 2 片真叶与前者不同的是叶缘有极细的刺状齿，有 9 条直出平行脉。

生物学特性 是喜湿性杂草，常发生于稻茬麦田和油菜田。通过与作物竞争养分、水分和光照等资源，直接或间接影响作物的产量和品质。耿氏假硬草一般在 10 月中下旬开始萌发出苗，该草秋季较小麦出苗略迟或基本同步，苗期持续至春季。适期播种的稻茬麦田耿氏假硬草第一个出草高峰发生在小麦播种后 15～25 天，翌年 3 月出现第二个出草高峰。3 叶期自主茎开始分蘖，单株分蘖数可达 8～10 个。翌年 4 月中旬开始陆续抽穗，5 月中下旬全部成熟，比小麦成熟期提前 20 天左右。

自 20 世纪 90 年代开始，耿氏假硬草在稻茬麦田发生基数不断增加，逐渐成为杂草群落的优势种群。精噁唑禾草灵是麦田防除耿氏假硬草等禾本科杂草的常用除草剂，在中国部分麦田应用有十几年历史。但是由于长期单一使用，抗药性耿氏假硬草出现，抗性杂草的乙酰辅酶 A 羧化酶基因突变导致酶结构改变，阻碍了除草剂与靶标酶结合而产生抗药性。其他除草剂的累年施用同样使耿氏假硬草的抗药性呈现明显的上升趋势，防治效果逐年下降，田间耿氏假硬草基数越来越高，不仅与麦苗争夺肥料，而且影响到作物通风透光，增加了病虫害发生，严重地影响了农业生产。

耿氏假硬草也是稻—油连作的油菜田优势杂草，冬油菜田的发生高峰主要在冬前，春季虽还有一个小的出草高峰，但数量较少。

分布与危害 中国分布于河北、山东、河南、安徽、江苏、上海、浙江、江西、广西等地。稻茬夏熟作物小麦、油菜田区域性恶性杂草，尤其在稍盐碱性土壤的稻茬麦田发生数量大。

耿氏假硬草植株个体不大，但群体数量大，危害程度较重的田块群里密度可达 2000～6000 茎 /m²，耿氏假硬草与小麦苗争夺养分、水分和光照等植物生长的资源，严重抑制小麦有效分蘖的发生，导致小麦产量大幅下降。在小麦 4 叶期之前，小麦与耿氏假硬草个体均较小，各方面竞争不强，小麦 7 叶期后，小麦已具备了相当的竞争能力，不会导致小麦产量的显著损失。故小麦 4～7 叶期内，是耿氏假硬草对小麦产量影响最大的时期。耿氏假硬草平均每穗可结实 150 粒，近半脱落于田中，成为翌年的杂草种子源。

防除技术 耿氏假硬草的防除可采用农业防治、化学防治等措施。

农业防治 耿氏假硬草对水分胁迫、土壤埋藏等条件非常敏感，在种植前进行深翻，可大大降低翌年杂草出苗的基数。同时，旱作作物与小麦或油菜轮作，也能有助于形成不利于耿氏假硬草种子萌发的生态环境，减少土壤中耿氏假硬草种子数量，降低其发生量。

化学防治 在抗药性不明显时，精噁唑禾草灵、炔草酸、唑啉草酯、甲基二磺隆、啶磺草胺、异丙隆对冬小麦田耿氏假硬草均有很好的防除效果，可根据实际情况单用或复配混合施用。甲基二磺隆与异丙隆混用、唑啉草酯与异丙隆混用对耿氏假硬草均有较好的防治效果，且对小麦生长安全。合理使用助剂也能增强除草剂的防除效果。施用异丙隆应注意避免低温对小麦产生药害。

直播油菜在播种前可用氟乐灵、精异丙甲草胺进行土壤封闭处理，移栽油菜在移栽后可用乙草胺、精异丙甲草胺进行土壤封闭处理；油菜田出苗后的耿氏假硬草可用精喹禾灵、精吡氟禾草灵、烯草酮在杂草 3～4 叶期进行茎叶喷雾处理。

随着耿氏假硬草叶龄期增大，各除草剂的防效均会显著降低。因此，在农业生产中防除耿氏假硬草应尽可能提早用药，在小麦 4 叶期前完成对耿氏假硬草的防除，同时采取不同作用机制除草剂交替使用，以延缓抗药性杂草的发生，延长除草剂的使用寿命，保障农业可持续发展。

参考文献

蔡傅红，曲润波，王耀强，等，2019. 水稻秸秆提取物对几种杂草的抑制效果及其安全性研究 [J]. 现代农业科技 (5): 91-93.

高海涛，2017. 耿氏假硬草 (*Pseudosclerochloa kengiana*) 种子生物学特性及对精噁唑禾草灵抗药性的研究 [D]. 南京：南京农业大学.

高兴祥，李美，房锋，等，2019. 黄淮海地区稻茬小麦田杂草组成及群落特征 [J]. 植物保护学报，46(2): 472-478.

葛吉芳，焦骏森，贾勤，等，2015. 不同除草剂对冬小麦硬草、茵草的防效研究 [J]. 现代农业科技 (22): 121-122.

李春梅，施保国，唐才尧，等，2021. 2 种除草剂与异丙隆混配对小麦田硬草的防治效果研究 [J]. 现代农业科技 (5): 123-125.

强胜，2009. 杂草学 [M]. 2 版. 北京：中国农业出版社.

于文泳，2020. 不同除草剂防除麦田硬草试验简报 [J]. 上海农业科技 (4): 137-138.

袁国徽，2016. 小麦田耿氏硬草对精噁唑禾草灵的抗性研究 [D]. 泰安：山东农业大学.

袁国徽，李涛，钱振官，等，2019. 抗精噁唑禾草灵耿氏硬草乙酰辅酶 A 羧化酶基因研究 [J]. 麦类作物学报，39(8): 928-933.

赵延存，娄远来，2004. 长江下游地区油菜田杂草发生规律和综合防治 [J]. 杂草科学 (3): 15-17.

中国科学院中国植物志编辑委员会，2002. 中国植物志：第九卷第二分册 [M]. 北京：科学出版社：278.

（撰稿：宋小玲、梁蓉；审稿：强胜）

弓果黍　*Cyrtococcum patens* (L.) A. Camus

园地、林地一年生杂草。英文名 spreading cytococcum。禾本科弓果黍属。

形态特征

成株 高 15～30cm（图①）。一年生草本植物。茎纤细，

弓果黍植株形态（刘仁林摄）
①植株；②③叶特征；④⑤花序

节上生根，上部直立。叶鞘常短于节间，边缘及鞘口被疣基毛或仅见疣基，脉间亦散生疣基毛；叶舌膜质，长 0.1cm，顶端圆形；叶片披针形，长 3～8cm，宽 0.3～1.6cm，顶端长渐尖，基部稍收狭或近圆形，两面贴生短毛，老时渐脱落，边缘稍粗糙，近基部边缘具疣基纤毛（图②③）。圆锥花序由茎先端抽出，较开展（图④⑤），长 5～15cm；分枝纤细；小穗柄长于小穗；小穗长 0.16cm，被细毛或无毛，颖具 3 脉，第一颖长为小穗的 1/2，顶端尖头；第二颖长为小穗的 2/3，顶端钝；第一外稃约与小穗等长，具 5 脉，边缘具纤毛；第二外稃长 0.15cm，背部弓状隆起，顶端具鸡冠状小瘤体状毛；第二内稃包于外稃中。雄蕊 3，花柱基分离。

生物学特性 适宜水田、沼泽、田边或路边，在抛荒水田或耕作旱地危害较严重。以种子繁殖为主，兼有很强的营养器官繁殖特性，能迅速通过茎节产生不定根和芽而繁殖。水稻田经过多次中耕将全株翻起、踩压于泥土中，使其腐熟成为有机肥，有利于禾苗生长发育。因此耕作方式对弓果黍的发生、扩展有较大的影响。花果期 9 月至翌年 2 月。

分布与危害 中国主要分布于江西、广东、广西、福建、台湾和云南等地。是稻田、甘薯等经济作物农田旱地和人工林地的主要杂草之一。

防除技术 应采取农业防治和综合利用措施，不宜使用化学除草剂，避免污染环境。

农业防治 在春耕时通过翻耕将其翻压在土壤中，通过中耕多次将其全株翻起压于土壤下，使其形成有机肥料，既节约成本又促进作物生长发育，以达到彻底清除的目的。

综合利用 弓果黍是牛的青饲料，幼嫩、可口。因此结合田间管理，培育弓果黍饲料青草，发展养牛业，增加农业收入。

参考文献

罗瑞献，1994. 实用中草药彩色图集：第三册 [M]. 广州：广东科技出版社：253.

中国科学院中国植物志编辑委员会，1990. 中国植物志：第十卷 第一分册 [M]. 北京：科学出版社.

（撰稿：刘仁林；审稿：张志翔）

狗脊蕨　*Woodwardia japonica* (L. f.) Sm.

林地多年生杂草。英文名 East Asian chain fern。乌毛蕨科狗脊蕨属。

形态特征

成株　高 80～120cm（图①②）。根状茎粗壮，横卧，与叶柄基部密被披针形或线状披针形鳞片。叶近生；柄长 15～70cm、粗 3～6mm，暗浅棕色，坚硬，下部密被与根状茎上相同而较小的鳞片，向上至叶轴逐渐稀疏，老时脱落；叶片长卵形，长 25～80cm、下部宽 18～40cm，先端渐尖，二回羽裂，侧生羽片（4）7～16 对，无柄或近无柄，基部一对略缩短，下部羽片较长，线状披针形，长 12～22（～25）cm、宽 2～3.5（～5）cm，先端长渐尖，基部圆楔形或圆截形，羽状半裂，裂片 11～16 对，三角形或三角状圆形。叶脉明显，两面均隆起，在羽轴及主脉两侧各有 1 行狭长网眼，其余小脉分离。叶近革质，两面无毛或下面疏被短柔毛。

子实　孢子囊群线形（图③），着生于主脉两侧的狭长网眼上，也有时生于羽轴两侧的狭长网眼上，不连续，呈单行排列；囊群盖线形，质厚，棕褐色，成熟时开向主脉或羽轴，宿存。

生物学特性　狗脊蕨喜温暖阴湿环境，生林缘或疏林下，为丘陵地区常见的酸性土指示植物。狗脊蕨在自然界以孢子繁殖为主。孢子成熟后从孢子囊中脱落，待条件合适即萌发为配子体，受精后生长为新的植株。

分布与危害　中国广布于长江流域以南地区。是亚热带地区林缘及疏林下常见的杂草之一，但危害较小。

防除技术　主要采取人工和化学防治相结合的方法。此外，也应该考虑综合利用等措施。

农业防治　对于小块面积或零星分布的狗脊蕨，适时刈割就能有效防治。

化学防治　采用一般的除草剂即可有效防治，如草甘膦等。

综合利用　狗脊蕨根状茎可药用，有镇痛、利尿及强壮之效，为中国应用已久的中药。此外，亦可植于林缘、溪边作园林绿化。

参考文献

中国科学院中国植物志编辑委员会，1999. 中国植物志：第四卷 第二分册 [M]. 北京：科学出版社 .

（撰稿：张钢民；审稿：张志翔）

狗脊蕨植株形态（张钢民摄）

①②植株；③孢子囊群

狗尾草　*Setaria viridis* (L.) Beauv.

秋熟旱作田和果园、茶园等的一年生杂草。又名莠、谷莠子。英文名称 green bristlegrass、green foxtail、green pigeongrass。禾本科狗尾草属。

形态特征

成株　高 20～60cm（图①）。秆丛生，直立或倾斜，基部偶有分枝。叶片线状披针形，顶端渐尖，基部圆形，长 6～20cm、宽 2～18mm，叶舌膜质，长 1～2mm，具毛环。圆锥花序紧密呈圆柱状（图②），长 2～10cm，直立或微倾斜；小穗长 2～2.5mm，2 至数枚成簇生于缩短的分枝上，基部有刚毛状小枝 1～6 条，成熟后刚毛分离而脱落；第一颖长为小穗的 1/3，具 1～3 脉；第二颖与小穗等长或稍短，具 5～6 脉；第一小花外稃与小穗等长，具 5 脉；第二小花外稃较第一小花外稃为短，有细点状皱纹，成熟时背部稍隆起，边缘卷包内稃。

子实　颖果近卵形，腹面扁平，外紧包颖片和稃片

狗尾草植株形态（张治摄）

①植株；②花果序；③子实；④幼苗

（图③），长约2.5mm，其第二颖与小穗等长；脐圆形，乳白色带灰色，长1.2～1.3mm、宽0.8～0.9mm。

幼苗　第一叶倒披针状椭圆形（图④），先端锐尖，长8～9mm、宽2.3～2.9mm，绿色，无毛，叶片近地面，斜向上伸出；第2～3叶倒披针形，先端尖，长20～30mm、宽2.5～4mm，叶舌毛状，叶鞘无毛，被绿色粗毛。叶耳两侧各有1紫红色斑。

生物学特性　狗尾草为C_4植物。种子繁殖。5月上旬气温稳定在10℃以上开始出苗，5月下旬至6月上旬达到出苗高峰，出苗时间可持续整个生长季节，直到8月还有新出土的幼苗。7月中下旬抽穗开花，8月中旬开始成熟，成熟期可延续到9月上旬，生育期95～110天。狗尾草在3叶期前生长缓慢，主要依靠种子储藏的营养物质生长；从分蘖期开始根系大量生长，抗逆性增强；拔节期茎叶旺盛生长，植株各部分体积迅速增大。种子经越冬休眠后萌发，种子发芽适宜温度为15～30℃，出土适宜深度为2～5cm，具有很强的休眠特性，种子在深层土壤中可存活10～15年；适生性强，耐旱耐贫瘠，酸性或碱性土壤均可生长。种子在4℃冰箱中低温湿藏4周后，并在23℃黑暗环境下风干有利于解除休眠。

中国部分玉米田狗尾草已对烟嘧磺隆产生了一定的抗药性。

分布与危害　中国广泛分布于各地。狗尾草是秋熟旱作物地主要杂草之一，耕作粗放地块尤为严重。其根系发达，吸收土壤水分和养分的能力很强，生长优势强，与农作物争夺水分、养分和光能，干扰并限制作物生长，对玉米、大豆、谷子、高粱、马铃薯、甘薯等作物危害严重，也是果园、桑园、茶园的优势杂草。狗尾草是水稻细菌性褐斑病及粒黑穗病的寄主，还是黏虫、棉苗小地老虎、叶蝉、蓟马、蚜虫等害虫的传播媒介。

防除技术　田间杂草可以采取农业防治、生物防治、化学防治等多种方法综合防除。因狗尾草对谷子具有拟态性，两者对除草剂的反应较一致，谷子田缺乏选择性除草剂，因此谷子田中的狗尾草最难防除，农业措施对防治谷子田中的狗尾草更为重要。

农业防治　可采取以下措施：①秋深耕、秋施肥。该措施可将狗尾草种子翻到15cm土层中，抑制狗尾草种子发芽，秋施肥可熟化土壤，使狗尾草种子腐烂分解。②精选种子。该措施可以去除作物种子中的杂草种子，减少狗尾草等杂草的发生率。③施用腐熟有机肥。该措施可将有机肥中的杂草种子杀死，减少杂草发生率。④采用出苗前后耙地除草、行间中耕除草、人工除草等措施减轻田间狗尾草的危害。⑤合理轮作，特别是对谷子田，谷子与其他作物轮作有利于在苗期将狗尾草除净，减少翌年狗尾草发生率。

化学防治　根据作物田不同，选取合适的除草剂，适期用药，能达到理想的防除效果。在秋熟旱作田可选用乙草胺、异丙甲草胺和氟乐灵、二甲戊灵以及异噁草松进行土壤封闭处理。针对不同秋熟旱作种类可选取针对性的除草剂品种，玉米田可用异噁唑草酮作土壤封闭处理；大豆和花生田可用丙炔氟草胺进行土壤封闭处理，对狗尾草有一致的抑制效果，同时能防除其他许多除草剂不能有效防除的杂草，如藜、苋、水莴麻、黄花稔、地肤、豚草等阔叶杂草，对大豆安全；棉花田可用氟啶草酮于播后苗前土壤封闭处理，不但对禾本科杂草狗尾草、牛筋草、稗草、马唐和阔叶杂草马泡瓜、反枝苋、苘麻、鳢肠均有较好的防除效果。谷子田可用单嘧磺隆在播后苗前进行土壤封闭处理，对谷子安全。对于没有完全封闭住的残存个体，阔叶作物大豆可用烯禾啶、烯草酮和精吡氟禾草灵、精喹禾灵、高效氟吡甲禾灵等进行茎叶处理。玉米田可用莠去津、烟嘧磺隆、砜嘧磺隆、异噁唑草酮、硝磺草酮以及苯唑草酮及其复配剂等进行茎叶喷雾处理，其中苯唑草酮对抗性狗尾草具有较好的防效。狗尾草对硝磺草酮具有一定的耐性。

综合利用　狗尾草富含多糖和酚类物质，并含有钙、磷、镁、钾、钠、硫、氯等元素，种子粒中含有48%～50%的淀粉。可作为牧草，是养牛的好饲料。狗尾草入药，性平、味淡、无毒，具有清热利湿、祛风明目、解毒、杀虫等功效，可治疗痈肿、疮癣、赤眼等。

狗尾草是谷子（Setaria italica）的祖先，两者属于禾本科狗尾草属一年生草本植物，是二倍体生物（2n=18），谷子和狗尾草的基因组测序工作已于2012年完成。由于狗尾草植株矮小、易于种植、容易转化、基因组小、二倍体、能产生大量自交系种子等优点，是优良的单子叶模式植物。又由于具有C_4光合作用系统，与谷子、玉米、高粱、甘蔗、薏苡以及重要能源草类亲缘关系接近，是优秀的C_4植物模型。狗尾草对非生物胁迫耐受能力强，抗性基因丰富，可挖掘其抗性基因培育抗性作物。

参考文献

段笑影，曹冬冬，崔强，等，2019. 狗尾草多酚的提取工艺及抗氧化活性研究 [J]. 中国酿造，38(7): 168-172.

樊建斌，李光玉，陆俊娇，等，2018. 烟嘧磺隆·莠去津·硝磺草酮复配剂防除玉米田杂草效果 [J]. 中国植保导刊，38(10): 72-74.

付迎春，朴亨三，穆瑞娜，1986. 狗尾草某些生物学特性的研究简报 [J]. 植物保护学报，13(3): 186, 200.

贾风勤，2017. 人工老化处理时间与不同休眠程度狗尾草种子萌发特征间关系的研究 [J]. 种子，36(12): 81-84.

李扬汉，1998. 中国杂草志 [M]. 北京：中国农业出版社：1335-1336.

刘建平，康瑞芳，田志远，2014. 谷莠子形成的原因及防除措施 [J]. 河北农业 (2): 30-31.

王丽英，董燕飞，郭芳，2019. 山西省玉米田杂草种类调查及其防除技术研究 [J]. 农业科技通讯 (8): 87-90.

吴翠霞，张宏军，张佳，等，2016. 玉米田主要杂草对烟嘧磺隆的抗性 [J]. 植物保护，42(3): 198-203, 260.

徐洪乐，樊金星，苏旺苍，等，2018. 42%氟啶草酮悬浮剂的除草活性及对棉花的安全性 [J]. 中国棉花，45(11): 14-18.

赵辉，张丽丽，郭静远，等，2017. 氯化钠胁迫下模式植物狗尾草种子萌发期抗盐性鉴定与评价指标研究 [J]. 38(12): 2273-2279.

中国农垦进出口公司，1992. 农田杂草化学防除大全 [M]. 上海：上海科学技术文献技术出版社.

BENNETZEN J L, SCHMUTZ J, WANG H, et al, 2012. Reference genome sequence of the model plant Setaria [J]. Nature biotechnology, 30(6): 555-561.

（撰稿：张宗俭、张鹏；审稿：宋小玲）

狗牙根　*Cynodon dactylon* (L.) Pers.

果园、桑园、茶园、橡胶园多年生杂草。又名绊根草、爬根草、铁线草。英文名 bermuda grass。禾本科狗牙根属。

形态特征

成株　地下根茎，茎匍匐地面，上部及着花枝斜向上，花序轴直立。叶片线形，互生，下部者因节间短缩似对生；叶舌短，有纤毛。叶鞘有脊，鞘口常有柔毛（图①②）。穗状花序，3～6枚呈指状簇生于秆顶；小穗灰绿色或带紫色，长2～2.5mm，通常有1小花，颖在中脉处形成背脊，有膜质边缘，长1.5～2mm，和第二颖等长或稍长，外稃草质，与小穗等长，具3脉，脊上有毛，内稃与外稃几等长，有2脊；花药黄色或紫色（图③④）。

子实　颖果矩圆形，长约1mm，淡棕色或褐色，顶端具宿存花柱，无毛茸；脐圆形，紫黑色，胚矩圆形，突起(图⑤)。

幼苗　子叶留土。第一片真叶带状，先端急尖，缘具极细的刺状齿，叶片有5条直出平行脉；叶舌膜质环状，顶端细齿裂，鞘紫红色；第二片真叶线状披针形，有9条直出平行脉。

生物学特性　狗牙根为适应性很强的多年生草本。对土壤要求不严格，能适应壤土、黏土、砂土等不同类型土壤，土壤适宜 pH5.5～7.5。不同地区或不同生境狗牙根的高度、营养器官长度和株形差异较大，随着纬度增加，株形趋向直立、色泽变浅，根状茎愈加发达。狗牙根耐旱、耐涝性强，耐盐碱，对光敏感。土壤含水量10cm土层10.65%，20cm土层12.4%，30cm土层14.8%时仍生长较好。地下根茎在水中浸12天后，发芽率仍高达53.3%；在浸水96天后，还有一定的发芽率。狗牙根营养繁殖体主要是通过茎的伸长与增粗、改变叶片形态、产生不定根和丧失部分生物量来适应水淹环境。狗牙根抗寒性差，适生温度为24～35℃。日均温低于16℃时停止生长，7～10℃开始枯黄，当日均温为-3～-2℃时，茎叶死亡。以根茎越冬，翌年则靠根茎上的休眠芽萌发生长，根茎发芽温度在30～40℃，土壤含水量为15%～20%、土深0～3cm时生长最快。苗期为3～5月，花果期6～10月，结实能力极差，种子成熟后易脱落。多以根茎或匍匐茎繁殖，种子亦可繁殖，具有一定的自播能力。但只有极少部分能产生种子，种子具有休眠期。其种子萌发前期受水分胁迫的影响较大，萌发时间会推迟，生物量随着水分胁迫强度的增加显著下降。农作措施影响狗牙根的再生，土壤施磷能显著增加刈割后狗牙根地上部生物量的积累，并加快再生生长速度。

狗牙根叶内含有抑制禾本科杂草种子萌发及幼苗生长的化感物质原儿茶酚等，具有开发为禾本科杂草除草剂的潜力。狗牙根茎叶水浸提液处理对多花黑麦草、早熟禾、马唐、稗草和牛筋草种子萌发及幼苗生长均产生显著的化感抑制作用，其中对多花黑麦草、马唐和牛筋草的抑制作用尤为明显，在0.15g/ml浓度处理下，化感综合效应平均指数分别为58.5%、66.1%和56.1%。

分布与危害　中国主要分布黄河流域及以南各地，但在华南、华中、西南、西北、华北南部也有分布；广布于世界

G

狗牙根植株形态（张治摄）
①②植株丛；③④花序；⑤子实

暖温带及亚热带。狗牙根为果园、桑园、茶园、橡胶园等主要杂草。虽然狗牙根植株矮小，在新开发的地块不是主要杂草，但其繁殖能力强，且为多年生草本，其植株的根茎和匍匐茎着土即又生根复活，一旦控制不当便难以根除，特别是经营较粗糙的果园，危害尤为严重。

防除技术　应采取包括农业防治、生物防治和化学防治相结合的方法。此外，也可考虑综合利用等措施。

农业防治　春季进行2～3次中耕除草，将匍匐茎带出果园进行烧毁。果园深耕可切断大部分根茎，将其暴露于地表阳光下晒死，深耕还可将种子埋于深土层而失去萌发能力。在园地行间铺草或锯末，可以有效地阻挡光照，被覆盖的杂草会因缺乏光照而黄化枯死，从而使杂草的发生数量大大减少。对发生在农田的狗牙根，可采用水旱轮作的方式进行防除。

生物防治　在果园养鸭、鸡等，通过啄食或踩踏的方式进行控制。

化学防治　在果园、桑园、茶园等可使用草甘膦、草铵膦等进行定向喷雾防除；另外，在果园、桑园也可使用高效氟吡甲禾灵、精喹禾灵等单剂或混剂进行防除。

综合利用　全草入药，有解热生肌之效，可治跌打损伤、风湿骨痛、劳伤吐血、刀伤、狗咬伤等症。狗牙根因其具有抗寒性、耐盐碱性、抗旱性、耐践踏性、植株矮小而繁殖能力强等特点被国内外广泛用于建造运动场、草坪、公园、墓地及固土护坡等优良植被。狗牙根的草茎内蛋白质含量高，质地柔软，味淡，茎微甜，叶量丰富，适口性好，是马、牛、羊、兔和草食性鱼类优质青饲料。

参考文献

胡红，曹昀，王颖，2013. 水分胁迫对狗牙根种子萌发及幼苗生长的影响 [J]. 草业科学，30(1): 63-68.

李扬汉，1998. 中国杂草志 [M]. 北京：中国农业出版社：1196-1197.

叶少萍，曾秀华，辛国荣，等，2013. 不同磷水平下丛枝菌根真菌 (AMF) 对狗牙根生长与再生的影响 [J]. 草业学报，22(1): 46-52.

曾成城，王振夏，陈锦平，等，2016. 不同水分处理对狗牙根种内相互作用的影响 [J]. 生态学报，36(3): 696-704.

BOUNE J M, 2000. Morocco's native perennial turfgrasses are a treasure trove of diversity and they're disappearing [J]. Diversity, 16(1-2): 53-54.

（撰稿：叶照春、何永福、覃建林；审稿：范志伟）

构树　*Broussonetia papyrifera* (L.) L'Heritier ex Ventenat

林地、环境多年生杂草。又名构桃树、构乳树、楮树、楮实子、沙纸树、谷木、谷浆树、假杨梅。英文名 paper mulberry。桑科构属。

形态特征

成株　高达 10～20m（图①②）。落叶乔木，树皮暗灰色；小枝密生柔毛。叶螺旋状排列，广卵形至长椭圆状卵形（图③），长 6～18cm、宽 5～9cm，先端渐尖，基部心形，两侧常不相等，边缘具粗锯齿，不分裂或 3～5 裂，小树之叶常有明显分裂，表面粗糙，疏生糙毛，背面密被茸毛，叶脉基部三出，侧脉 6～7 对；叶柄长 2.5～8cm，密被糙毛；托叶大，卵形，狭渐尖，长 1.5～2cm，宽 0.8～1cm。花雌雄异株（图④⑤）；雄花序为柔荑花序，粗壮，长 3～8cm，苞片披针形，被毛，花被 4 裂，裂片三角状卵形，被毛，雄蕊 4，花药近球形，退化雌蕊小；雌花序球形头状，苞片棍棒状，顶端被毛，花被管状，顶端与花柱紧贴，子房卵圆形，柱头线形，被毛。

子实　聚花果直径 1.5～3cm，成熟时橙红色（图⑥），肉质；瘦果具柄，表面有小瘤，龙骨双层，外果皮壳质。

生物学特性　构树为强喜光树种，适应性强，耐干旱瘠薄，耐烟尘，抗大气污染力强，常野生或栽于村庄附近的荒地、田园及沟旁。生长快，具有较强的萌芽力和分蘖力，耐修剪。靠鸟类传播种子繁殖，繁殖量大，扩散快，成林迅速。花期 4～5 月，果期 6～7 月。

分布与危害　产中国南北各地；印度、缅甸、泰国、越南、马来西亚、日本、朝鲜也有，野生或栽培。构树具生命力旺盛、生长迅速、繁殖能力强、分布广、易繁殖的特点。其根系浅，侧根分布很广，生长快，萌芽力和分蘖力强，通过种群的迅速扩散，占据生长空间，挤压其他林木，影响其生长，影响当地的生物多样性。构树靠种子繁殖，通过鸟类食用果实后进行传播和扩散，在幼龄林、人工林和林间空地及林缘落地发芽，迅速成林，对原有林木造成影响。

防除技术

农业防治　林地清理时及时连根铲除构树，尤其在构树幼苗期清除最佳。

化学防治　采用氯氟吡氧乙酸进行防治。该乳液在 5 天短期内效果表现不佳，但在 10 天内构树迅速枯死，可达到治理的效果。

综合利用　构树叶蛋白质含量高达 20%～30%，氨基酸、维生素、碳水化合物及微量元素等营养成分也十分丰富，经科学加工后可用于生产全价畜禽饲料。嫩叶是猪的青饲料。利用生物技术发酵生产的构树叶饲料具有独特的清香味，猪喜吃。根据饲养性猪品种的不同和生长阶段的不同，饲料消

构树植株形态（张志翔摄）

①树皮；②树形；③叶片；④雄花序；⑤雌花序；⑥聚花果

化率达 80% 以上。

参考文献

谢彪，2014. 安徽省长江以北地区高速公路绿化养护管理技术的研究 [D]. 合肥：安徽农业大学.

中国科学院中国植物志编辑委员会，1990. 中国植物志：第二十三卷 第一分册 [M]. 北京：科学出版社：24.

（撰稿：郑宝江；审稿：张志翔）

谷精草　*Eriocaulon buergerianum* Koern.

水田一年生杂草。又名连萼谷精草、珍珠草。英文名 buerger pipewort。谷精草科谷精草属。

形态特征

成株　高 10～30cm（图①）。小草本。全为基生叶，叶片线形或狭长披针形，叶簇生，线状披针形，长 8～18cm、中部宽 3～4mm，先端稍钝，无毛。花葶多数，粗 0.5mm，扭转，具 4～5 棱；鞘状苞片长 3～5cm，口部斜裂；花序熟时近球形（图②），禾秆色，长 3～5mm、宽 4～5mm；总苞片倒卵形至近圆形，禾秆色，下半部较硬，上半部纸质，不反折，长 2～2.5mm、宽 1.5～1.8mm，无毛或边缘有少数毛，下部的毛较长；总（花）托常有密柔毛；苞片倒卵形至长倒卵形，长 1.7～2.5mm、宽 0.9～1.6mm，背面上部及顶端有白短毛；雄花生于花序中央，花萼佛焰苞状，外侧裂开，3 浅裂，长 1.8～2.5mm，背面及顶端多少有毛；花冠裂片 3，近锥形，几等大，近顶处各有 1 黑色腺体，端部常有 2 细胞的白短毛；雄蕊 6 枚，花药黑色；雌花萼合生，外侧开裂，顶端 3 浅裂，长 1.8～2.5mm，背面及顶端有短毛，外侧裂口边缘有毛，下长上短；花瓣 3 枚，离生，匙状倒披针形，肉质，顶端各具 1 黑色腺体及若干白短毛，果成熟时毛易落，内面常有长柔毛；子房 3 室，花柱分枝 3，短于花柱。

子实　蒴果，长约 1mm。种子矩圆状，长 0.5～0.75mm，表面具横格及"T"字形突起。

幼苗　子叶留土。上、下胚轴均不发育。初生叶 1 片，互生，线状披针形，有 1 条明显中脉及其两侧的横出平行脉。

生物学特性　谷精草具大量须根，着生于水底泥中，喜温暖潮湿气候，忌干旱、忌严寒。花果期 7～12 月。

分布与危害　中国分布于陕西、江苏、安徽、浙江、江西、福建、台湾、湖北、湖南、广东、广西、四川、贵州、云南等地；日本也有。常生于沼泽、稻田中，水稻收获后，生长特多。

防除技术

农业防治　通过水旱轮作可以有效控制其发生量。也可以通过覆膜等方法减少该种杂草发生可能。

化学防治　苗前或出苗早期在稻田可以用丁草胺＋噁草酮、丙草胺＋苄嘧磺隆、苯噻草胺＋苄嘧磺隆土壤封闭处理。

综合利用　全草可入药，多用于明目，且有疏散风热的效果。

参考文献

农业大词典编辑委员会，1998. 农业大词典 [M]. 北京：中国农业出版社.

《杭州植物志》编纂委员会，2017. 杭州植物志：第 3 卷 [M]. 杭州：浙江大学出版社.

李扬汉，1998. 中国杂草志 [M]. 北京：中国农业出版社.

（撰稿：陈勇；审稿：刘宇婧）

谷精草植株形态（强胜摄）

①植株；②花序

瓜列当　*Orobanche aegytiaca* Pers

秋熟旱作物田一年生全寄生性草本杂草，在甜瓜、西瓜和加工番茄等重要经济作物上发生，造成严重的经济损失。又名分枝列当、埃及列当。俗称"瓜丁"。英文名 Egyptian broomrape。列当科列当属。

成株　（见图）全株被腺毛。茎直立、坚挺，具条纹，自基部或中部以上分枝；全株包括苞片、小苞片、花萼和花冠外面密被腺毛。叶稀疏，鳞片状，卵状披针形，长 0.8～1mm，黄褐色，先端尖。穗状花序顶生枝端，长 8～15cm，圆柱形，具较稀疏排列的多数花；苞片贴生于花梗的基部，卵状披针形或披针形；小苞片 2 枚，条状钻形，短于花萼；花萼短钟状，近膜质，淡黄色，长 1～1.4cm，先端 4～5 裂，裂片线状披针形，长约为花萼的 1/2；花冠唇形，蓝紫色，长 2～3.5cm，近直立，筒部漏斗状，上唇 2 浅裂，下唇长于上唇，3 裂，

瓜列当植株形态（左）及危害状况（右）（马永清摄）

裂片椭圆形。雄蕊 4，2 强，花药密被白色绵毛状长柔毛。

子实 蒴果长圆形，长 0.4～0.6mm、直径 0.25mm，2 瓣裂；种子极小，长卵形，长 0.4～0.6mm，直径 0.25mm，种皮黑褐色，具网状纹饰，网眼底部具网状纹饰。

生物学特性 瓜列当没有叶绿素，叶不能制造有机物，借吸器吸取栽培作物的汁液而生活。种子繁殖。瓜列当繁殖能力强，种子量大，每株产生 11.4～114 万粒种子；种子细小，平均千粒重约 12.27mg。瓜列当生活史包括种子的萌发、吸器的形成、吸器与寄主根系的黏结、寄生关系的形成和新种子产生。瓜列当种子在适宜温、湿度条件下，在萌发刺激物质的诱导下萌发并长出芽管。芽管在吸器诱导物质的作用下形成吸器并吸附于周围的寄主根系上。吸器通过刺入寄主根系的皮质与寄主的维管组织连接并从寄主获取水分和营养物质，形成寄生关系。列当在寄主植物根部形成用于贮存养分的块茎，再从块茎上长出茎，伸出土壤，形成花序并产生新的种子。列当种子的萌发需要在特殊化学物质的诱导下完成。诱导列当种子萌发的天然化合物主要为独脚金内酯类化合物等 20 多种物质。一些人工合成的独脚金内酯类似物（GR24）也具有诱导瓜列当种子的萌发。

分布与危害 中国主要分布在新疆和内蒙古；国外主要分布于欧洲西南部、非洲西北部、中东、前苏联南部、阿富汗、巴基斯坦、印度北部和尼泊尔。新疆是瓜列当发生最严重的地区，且主要集中在东疆和南疆地区。瓜列当主要寄生于瓜类和茄科的番茄、马铃薯、茄子和烟草等作物上，也可寄生于葫芦科、豆科、伞形科、菊科。瓜列当对寄主的寄生率一般为 30%～40%，危害严重的农田其寄生率高达 100%，严重影响作物的生长及果实的产量和品质。瓜列当的发生可使甜瓜和西瓜减产 20%～70%，加工番茄减产 30%～80%。

防除技术 目前提出的防除列当的措施包括植物检疫、农业防治、化学防治等。

植物检疫 严格执行检疫制度，严禁从疫区调运混有瓜列当的农作物种子，防止蔓延。

农业防治 一是人工拔除，瓜列当出土时将其拔除或铲除并集中烧毁或深埋，能够防止瓜列当开花结实后产生大量的种子。人工拔除可以在一定程度上防止瓜列当种子的蔓延及土壤中瓜列当种子数量的增加。人工拔除只适用于危害程度较小的地块或经过其他防除措施后仍然剩余的少量瓜列当的防除，只能作为一种防除的辅助措施。二是深耕，深耕将土壤中的瓜列当种子埋入更深的土层中，可通过减少瓜列当种子的萌发及与寄主植物根系的接触来降低寄生率。这种方法只能采用 1 次，否则埋入土壤深层的瓜列当种子又会被重新翻到土壤上层，当再次种植寄主作物时瓜列当会再次造成危害。三是调整播期，瓜列当寄生需要合适的温度、湿度等条件，且瓜列当多寄生在寄主较幼嫩的根系上。通过调整寄主的播期，实行早播或晚播，可以使萌发后的瓜列当不能正常开花结籽。四是土壤暴晒，在地表覆盖黑色或白色聚乙烯薄膜，通过长时间（4～6 周甚至更长时间）高温日光暴晒，使土壤中瓜列当种子失活从而降低寄生。由于暴晒需要一段较长时间高温、晴朗的天气及湿润的土壤环境且地膜覆盖所需费用较高，故不适用于大面积推广应用此方法。五是培育和种植抗性作物品种，种植抗性品种可以暂时减缓瓜列当对农田造成的危害，但随着抗性品种种植时间的延长以及外源新的瓜列当种子材料的进入，新的危害更重的瓜列当小种便会出现并寄生于抗性品种上，使抗性品种的抗性逐步减弱或者消失。六是轮作诱捕作物，诱捕作物是一类其根系分泌物能够诱导瓜列当种子萌发的非瓜列当寄生类作物。将瓜列当的寄主作物与非寄主作物实行轮作是减轻瓜列当危害的重要措施之一。由于瓜列当种子能够在土壤中保持活力达 20 年之久，消除瓜列当土壤种子库是治本的方法。七是增施氮肥、磷肥，当氮、磷元素缺乏时，瓜列当的寄主作物会增加独脚金内酯的分泌量，提高瓜列当的寄生率，通过增施氮肥、磷肥可以减轻瓜列当危害；增施有机肥也有助于减轻瓜列当造成的危害。

化学防治　化学除草剂对瓜列当的选择性差，在防除瓜列当的同时往往对寄主作物也会造成损害。对已经出土的瓜列当，可用草甘膦稀释液涂瓜列当茎，但不能碰到作物茎及叶。结合新疆甜瓜栽培灌溉模式，将乙酰乳酸合成酶（ALS）抑制剂磺酰磺隆和甲基咪草烟随浇水冲入瓜沟的施用方式，使除草剂直接作用于甜瓜根际，能有效防治甜瓜整个生长期的瓜列当。但在作物整个生长季不断有瓜列当出土，因此需反复多次施药才能有效防除瓜列当。

参考文献

陈连芳，支金虎，马永清，等，2017. 加工番茄不同播期对瓜列当寄生及其产量的影响 [J]. 北方园艺 (18): 62-65.

马永清，2017. 采用植物化感作用与诱捕作物消除列当土壤种子库 [J]. 中国生态农业学报，25(1): 27-35.

宋文坚，曹栋栋，金宗来，等，2005. 中国主要根寄生杂草列当的寄主、危害及防治对策 [J]. 植物检疫，19(4): 230-232.

王焕，赵文团，陈连芳，等，2016. 列当（Orobanche spp. and Phelipanche spp.）种子的采集与预处理方法 [J]. 杂草科学，34(1): 22-25.

张红，李俊华，王豪杰，等，2021. 瓜列当对新疆甜瓜的危害及化学防治初探 [J]. 中国瓜菜，34(4): 122-125.

张学坤，姚兆群，赵思峰，等，2012. 分枝（瓜）列当在新疆的分布，危害及其风险评估 [J]. 植物检疫，26(6): 31-33.

中国科学院中国植物志编辑委员会，1990. 中国植物志：第六十九卷 [M]. 北京：科学出版社：103-104.

BOUWMEESTER H J, MATUSOVA R, ZHONGKUI S, et al, 2003. Secondary metabolite signalling in host-parasitic plant interactions [J]. Current opinion in plant biology, 6(4): 358-364.

DRAIE R, PERON T, POUVEREAU J B, et al, 2011. Invertases involved in the development of the parasitic plant Phelipanche ramosa: Characterization of the dominant soluble acid isoform, PrSAI1[J]. Molecular plant pathology, 12(7): 638-652.

JOEL D M, 2000. The long-term approach to parasitic weeds control: manipulation of specific developmental mechanisms of the parasite [J]. Crop protection, 19(8-10): 753-758.

HAYAT S, WANG K, LIU B, et al, 2020. A two-year simulated crop rotation confirmed the differential infestation of broomrape species in China is associated with crop-based biostimulants [J]. Agronomy, 10(1): 18.

YE X X, JIA J N, MAY Q, et al, 2016. Effectiveness of ten commercial maize cultivars in inducing Egyptian broomrape germination [J]. Frontiers of agricultural science & engineering, 3(2): 137-146.

YONEYAMA K, XIE X, KUSUMOTO D, et al, 2007. Nitrogen deficiency as well as phosphorus deficiency in sorghum promotes the production and exudation of 5-deoxystrigol, the host recognition signal for arbuscular mycorrhizal fungi and root parasites [J]. Planta, 227(1): 125-132.

ZWANENBURG B, POSPÍŠIL T, ZELJKOVIĆ S Ć. 2016. Strigolactones: new plant hormones in action [J]. Planta, 243(6): 1311-1326.

（撰稿：马永清；审稿：宋小玲）

挂金灯　*Alkekengi officinarum* var. *franchetii* (Mast.) R. J. Wang

秋熟旱作物田多年生杂草。为酸浆（*Alkekengi officinarum* Moench）的变种，可食用、药用。又名天泡（四川）、锦灯笼（广东、陕西）、泡泡草（江西）、红姑娘（东北、河北）（变种）。异名 *Physalis alkekengi* var. *franchetii*（Mast.）Makino。英文名 groundcherry。茄科酸浆属。

形态特征

成株　与酸浆的区别是，茎较粗壮，茎节膨大（图①）；叶仅叶缘有短毛；花梗近无毛或仅有稀疏柔毛，果时无毛；花萼除裂片密生毛外，萼筒部毛被稀疏，果萼毛被脱落而光滑无毛。

子实　宿萼膨大而薄，略呈灯笼状，多皱缩或压扁（图②），长2.5～4.5cm，直径2～4cm；表面橘红色或淡绿色，有5条明显的纵棱，棱间具网状细脉纹，先端渐尖，微5裂，基部内凹，有细果柄。体轻，质韧，中空，或内有类球形浆果，直径约1.2cm，橘黄色或橘红色，表面皱缩，果实微甜、微酸，内含多数种子。种子细小，扁圆形，黄棕色。气微，宿萼味苦（图③）。

生物学特性　多年生草本，具地下根状茎。种子和根状茎繁殖。花期5～7月，果期8～10月。

分布与危害　中国除西藏尚未见到外，其他各地均有分布，主要分布于吉林、河北、新疆、山东等地，黑龙江、辽宁、山西、安徽、江苏、浙江等地亦产；朝鲜和日本也有分布。常生长于田野、沟边、山坡草地、林下或路旁水边，是一般性杂草，对农作物危害不大。亦普遍栽培。

防除技术　见酸浆。

综合利用　挂金灯具有重要的药用价值，从其地上部分、花萼和果实中分离出的化学成分近90种，包括甾体类、黄酮类、苯丙素类、生物碱类及多糖类化合物等，其中黄酮类和甾体类为其主要化学成分，具有显著的抗炎、抗菌、抗肿瘤、抗哮喘、抗氧化、防治糖尿病和利尿等药理活性。药用部位为带有成熟果实的宿萼，秋季果实成熟、宿萼呈红色或红黄色时摘下，去掉果实或连同果实一起晒干。挂金灯的药性味酸，性寒，无毒。具有清热、解毒、清肺利咽、化痰利水等功效。主治骨蒸劳热、咳嗽、咽喉肿痛、黄疸、水肿、天泡湿疮。此外，挂金灯以果实供食用，是营养较丰富的水果蔬菜。挂金灯与酸浆相似，适合庭院栽培，城市园林做多年生花坛，极具观赏价值。

参考文献

李扬汉，1998. 中国杂草志 [M]. 北京：中国农业出版社：946-947.

吴爽，倪蕾，张云杰，等，2019. 近十年锦灯笼研究进展 [J]. 中药材，42(10): 2462-2467.

LI A L, CHEN B J, LI G H, et al, 2018. *Physalis alkekengi* L. var. *franchetii* (Mast.) Makino: An ethnomedical, phytochemical and pharmacological review [J]. Journal of ethnopharmacology, 210: 260-274.

（撰稿：黄春艳；审稿：宋小玲）

G

挂金灯植株形态（张治摄）
①带花植株；②果实；③种子；④幼苗

光风轮菜　*Clinopodium confine* (Hance) O. Ktze.

夏熟作物田、茶园、果园二年生杂草。又名邻近风轮菜。俗名迥文草、四季草、球花邻近风轮菜。英文名 adjion clinopodium。唇形科风轮菜属。

形态特征

成株　高5～15cm（图①②③）。纤细草本，茎铺散，基部生根。茎四棱形，无毛或疏被微柔毛。单叶对生，叶卵圆形，先端钝，基部圆形或阔楔形，边缘自近基部以上具圆齿状锯齿，每侧5～7齿，薄纸质，两面均无毛，侧脉3～4对，与中脉两面均明显，腹平背凸，疏被微柔毛。轮伞花序多花密集，近球形，分离；苞叶叶状（图④）；苞片极小；花梗长1～2mm，被微柔毛；花萼管状，萼筒等宽，基部略狭，花时长约5mm，果时略增大，外面全无毛或沿脉上有极稀少的毛，内面喉部被小疏柔毛，上唇3齿，三角形，下唇2齿，长三角形，略伸长，齿边缘均被睫毛；花冠粉红至紫红色，稍超出花萼，外面被微柔毛，冠筒向上渐扩大，至喉部宽1.2mm，冠檐二唇形，上唇直伸，长0.6mm，先端微缺，下唇上唇等长，3裂，中裂片较大，内面在下唇片下方略被毛或近无毛；雄蕊4，内藏，前对能育，后对退化，花药2室，室略叉开；花柱先端略增粗，2浅裂；花盘平顶；子房无毛。

子实　小坚果卵球形，长0.8mm，褐色，表面具网纹，背面稍拱凸，腹面稍内弯（图⑤）。

生物学特性

种子繁殖。花果期4～8月。生于田边、山坡、草地。

分布与危害

中国产江苏、安徽、浙江、河南南部、江西、福建、广东、湖南、广西、贵州及四川；日本也有。夏熟作物小麦、油菜以及茶园和果园偶见杂草，危害轻。

防除技术

危害轻，通常不需采取针对性防除措施。如需防除见风轮菜。

综合利用　全草入药，可用于治疗疥疮、感冒、中暑、肝炎等病症。

光风轮菜植株形态（①②④陈国奇摄；③⑤张治摄）
①植株；②③生境；④花序；⑤果实

参考文献

李扬汉，1998. 中国杂草志 [M]. 北京：中国农业出版社 .

中国科学院中国植物志编辑委员会，1977. 中国植物志：第六十六卷 [M]. 北京：科学出版社：238.

（撰稿：陈国奇；审稿：宋小玲）

雌蕊无毛，花柱短。

子实　蒴果角状圆筒形，长 1.8～2.6cm，光滑无毛，裂成 3 瓣（图②）。种子倒卵形，长约 2mm（图③）。

生物学特性　种子繁殖，生长于草坡、田边或多石处，果期秋、冬季。染色体 2n=20，核型公式为 K(2n)=2x=20=16m+4sm，相对长度组成为 2n=20=10M2+10M1，核型为 "2A" 型。

分布与危害　中国分布于内蒙古、甘肃、河北、山东、河南、江苏、安徽、湖北、四川等地。喜生于丘陵和山坡多石处，耐干旱，为果园、茶园和路埂一般性杂草，发生量很小，不常见。

防除技术　见甜麻。

综合利用　茎皮纤维可代黄麻制作绳索及麻袋。茎、叶可做牲畜饲料。

参考文献

李扬汉，1998. 中国杂草志 [M]. 北京：中国农业出版社：965.

杨德奎，田海霞，2006. 光果田麻的染色体数目和核型分析 [J]. 山东科学，19(1): 35-36.

TANG Y, GILBERT M G, DORR L J, 2007. Flora of China [M]. Beijing: Science Press: 326-327.

（撰稿：范志伟；审稿：宋小玲）

光果田麻　*Corchocopsis crenata* Sieb. et Zucc. var. *hupehensis* Pampanini

秋熟作物田一年生杂草。异名 *Corchoropsis psilocarpa* Harms et Loesener。英文名 glabrousfruit corchoropsis、jute。梧桐科田麻属。

形态特征

成株　高 30～60cm（图①）。分枝带紫红色，有白色短柔毛和平展的长柔毛。单叶互生，卵形或狭卵形，长 1.5～4cm、宽 0.6～2.2cm，边缘有钝牙齿，两面均密生星状短柔毛，基出脉 3 条；叶柄长 0.2～1.2cm；托叶钻形，长约 3mm，脱落。花单生于叶腋，直径约 6mm（图②）；萼片 5，狭披针形，长约 2.5mm；花瓣 5 片，黄色，倒卵形。雄蕊 20，其中 5 枚无花药，发育雄蕊和退化雄蕊近等长；

光果田麻植株形态（张治摄）
①植株；②花果；③种子；④幼苗

光头稗　*Echinochloa colona* (L.) Link

秋熟旱作物田一年生杂草。又名芒稷、扒草。英文名 jungle rice。禾本科稗属。

形态特征

成株　高 10～60cm（图①②）。秆直立。叶鞘压扁而背具脊，无毛，无叶舌。叶片线形，长 3～20cm、宽 3～7mm，无毛，边缘稍粗糙。圆锥花序狭窄（图③），长 5～10cm；主轴具棱，通常无疣基长毛，棱边上粗糙。花序分枝长 1～2cm，稀疏排列于穗轴的一侧，直立上升或贴向主轴，穗轴无疣基长毛或仅基部被 1～2 根疣基长毛（图④）；小穗有 2 小花，卵圆形，长 2～2.5cm，被小硬毛，顶端极尖而无芒，紧贴而较规则地成 4 行排列于分枝轴的一侧；第一颖三角形，长约为小穗的 1/2，具 3 脉；第二颖与第一外稃等长而同形，顶端具小尖头，具 5～7 脉，间脉常不达基部；第一小花常中性，其外稃具 7 脉，内稃膜质，稍短于外稃，脊上被短纤毛；第二外稃椭圆形，平滑，光亮，边缘内卷，包着同质的内稃；鳞被 2，膜质。

子实　谷粒卵圆形，长约 2mm，具小尖头，平滑光亮，其内稃顶端露出。

幼苗　幼苗全株无毛，第一片真叶线状披针形，具 11 条直出平行脉，叶鞘具同数脉，无叶耳、叶舌，叶片和叶鞘间界限不显。

生物学特性　一年生草本，花果期为夏秋季，以种子越冬繁殖为主。多生于田野、园圃或路边湿润处，为秋熟旱作物田常见杂草。光头稗是广西甘蔗田主要杂草，具有强分蘖能力、强抗逆性等特点，为甘蔗田杂草防控的重点和难点，甘蔗田的光头稗对敌草隆产生了抗药性。

分布与危害　中国主要分布于河北、河南、安徽、江苏、浙江、江西、湖北、湖南、陕西、四川、贵州、福建、广东、广西、海南、云南、西藏、新疆及台湾；在世界上其他温暖地区也均有分布。光头稗常发生于湿润的大豆、花生、玉米、棉花等秋熟旱作物地，发生危害程度一般。

防除技术

农业防治　精选作物种子，提高播种质量；提高播种密度，培育壮苗，以苗压草；在田间覆盖薄膜或使用作物秸秆、稻壳等抑制出苗；施用腐熟的有机肥，清除田边、路旁的杂草防止光头稗种子入田，防止杂草侵入农田；在作物收获后，及时深耕，将种子深埋在土中，可减少翌年的出苗数；播种前耕耙土表，晾晒数天，杀死萌动的种子后播种；在作物生长期，结合机械施肥和中耕培土，防除行间杂草，可有效抑制光头稗的危害。

化学防治　见马唐。

综合利用　光头稗可作饲料。光头稗入药，具有利水消肿的功效，治疗水肿、腹水和咯血。

参考文献

李扬汉，1998. 中国杂草志 [M]. 北京：中国农业出版社：1215-1216.

龙迪，2020. 广西甘蔗田光头稗对敌草隆的抗性水平测定及抗性机理研究 [D]. 南宁：广西大学.

强胜，2001. 杂草学 [M]. 北京：中国农业出版社.

王建荣，邓必玉，李海燕，等，2010. 海南省禾本科药用植物资源概况 [J]. 热带农业科学，30(2)：13-18.

中国科学院中国植物志编辑委员会，1990. 中国植物志：第十卷 第一分册 [M]. 北京：科学出版社：252.

CHEN S, PHILLIPS S M, 2006. Flora of China [M]. Beijing: Science Press: 515-518.

（撰稿：魏守辉；审稿：宋小玲）

光头稗植株形态（魏守辉摄）

①②植株及所处生境；③④花序

一 guang 广 195

广布野豌豆　*Vicia cracca* L.

夏熟作物田多年生杂草。又名鬼豆角、落豆秧、草藤、灰野豌豆。英文名 bird vetch、cow vetch、crow vetch。豆科野豌豆属。

形态特征

成株　株高 40～150cm（图①②）。根细长，多分枝。茎攀缘或蔓生，具棱，被柔毛。偶数羽状复叶，叶轴顶端具 2～3 分枝的卷须；托叶半箭头形或戟形；小叶 5～12 对互生，线形、长圆形或披针状线形，长 1.1～3cm，宽 0.2～0.8cm，先端锐尖或圆形，具短尖头，基部近圆形或近楔形，全缘，上面无毛，下面有短柔毛；叶脉稀疏，呈三出脉状，不甚清晰。总状花序腋生（图③④），与叶轴近等长，花多数，10～20（40）朵密集一面着生于总花序轴上部；花萼斜钟状，萼齿 5，上面 2 齿较长，近三角状披针形；花冠紫色、蓝紫色或紫红色，长 0.8～1.5cm；旗瓣提琴形，先端微缺，翼瓣与旗瓣近等长，明显长于龙骨瓣；子房有柄，胚珠 4～7，花柱上部四周被毛。

子实　荚果长圆形或长圆菱形（图⑤⑥），两端尖，膨胀，长 2～2.5cm、宽约 0.5cm，先端有喙，果梗长约 0.3cm。种子 3～6 粒，扁圆球形，直径约 0.2cm；种皮黑褐色，种脐长相当于种子周长 1/3。

幼苗　子叶留土萌发。初生叶为 1～2 对小叶组成的羽状复叶，小叶狭椭圆形，先端急尖，基部圆楔形，顶端小叶呈小尖头状或卷须。托叶披针形。

生物学特性　多年生蔓性草本。种子繁殖。花果期 5～9 月。2n=14，28。

分布与危害　中国广泛分布于东北、华北、河南、陕西、甘肃及长江流域等地。多生于山坡草地、林缘、灌丛及农田，部分麦田受害较重。

防除技术

农业防治　精选种子，严格控制境内及境内各区域间的检疫，播前选种减少草种子。施用腐熟的有机肥，减少草种活性。人工清理田间地头杂草等，减少杂草种子成熟率。翻耕治草，中耕灭草，轮作抑草，间作控草。

化学防治　见大巢菜。

参考文献

李扬汉，1998. 中国杂草志 [M]. 北京：中国农业出版社 .

中国科学院中国植物志编辑委员会，1999. 中国植物志：第四十二卷　第二分册 [M]. 北京：科学出版社：236.

中华人民共和国农业部农药检定所，日本国（财）日本植物调节剂研究协会，2000. 中国杂草原色图鉴 [M]. 日本国世德印刷股份公司 .

（撰稿：黄红娟；审稿：贾春虹）

广布野豌豆植株形态（①～③⑤黄红娟摄；④⑥张治摄）
①②群落生境；③④花序；⑤果实；⑥果实及种子

广东蛇葡萄　*Nekemias cantoniensis* (Hook. et Arn.) J. Wen et Z. L. Nie

南方林地的一般性本质藤本杂草，其卷须攀缠于林木枝叶上，削弱林木的光合作用。又名牛果藤、粤蛇葡萄、牛健须、田浦茶。异名 *Ampelopsis cantoniensis* (Hook. et Arn.) Planch. P.。英文名 guangdong amur ampelopsis。葡萄科牛果藤属。

形态特征

成株　木质藤本。小枝圆柱形（图①②），有纵棱纹，

广东蛇葡萄植株形态（秦新生摄）

①枝叶；②幼枝；③果序

嫩枝或多或少被短柔毛。卷须二叉分枝，相隔 2 节间断与叶对生。叶为二回羽状复叶或小枝上部着生有一回羽状复叶，二回羽状复叶者基部一对小叶常为 3 小叶，侧生小叶和顶生小叶大多形状各异，侧生小叶大小和叶形变化较大，通常卵形、卵状椭圆形或长椭圆形，长 3～11cm、宽 1.5～6cm，顶端急尖、渐尖或骤尾尖，基部多为阔楔形，上面深绿色，在扩大镜下常可见有浅色小圆点，下面浅黄褐绿色，常在脉基部疏生短柔毛，以后脱落几无毛；侧脉 4～7 对，下面最后一级网脉显著但不突出，叶柄长 2～8cm，顶生小叶柄长 1～3cm，侧生小叶柄长 0～2.5cm，嫩时被稀疏短柔毛，以后脱落几无毛。花序为伞房状多歧聚伞花序，顶生或与叶对生；花序梗长 2～4cm，嫩时或多或少被稀疏短柔毛，花轴被短柔毛；花梗长 1～3mm，几无毛；花蕾卵形，高 2～3mm，顶端圆形；萼碟形，边缘呈波状，无毛；花瓣 5，卵椭圆形，高 1.7～2.7mm，无毛。雄蕊 5，花药卵椭圆形，长略大于宽；花盘发达，边缘浅裂；子房下部与花盘合生，花柱明显，柱头扩大不明显。

子实　浆果近球形（图③），直径 0.6～0.8cm，有种子 2～4 颗；种子倒卵圆形，顶端圆形，基部喙尖锐，种脐在种子背面中部呈椭圆形，背部中棱脊突出，表面有肋纹突起，腹部中棱脊突出，两侧洼穴外观不明显，微下凹，周围有肋纹突出。

生物学特性　喜光喜温暖气候，生于灌丛或山谷林中。温暖地区四季常绿，较寒冷地区冬季落叶。花期 4～7 月，果期 8～11 月。

分布与危害　天然分布于中国华南、西南及华中地区。该种借助卷须攀缠于马尾松、肉桂、八角、油茶等林木枝叶上，覆盖林木树冠，削弱林木的光合作用，影响林木生长。对人工林造成一定的潜在影响。

防除技术

农业防治　造林前对林地的广东蛇葡萄藤蔓进行清理；消除潜在威胁。定期进行林木抚育，清除幼林中广东蛇葡萄的幼苗及萌生植株。

人工防治　对已攀附在林木上的广东蛇葡萄，采用人工措施从地面砍断藤蔓，挖除地下根系，可达到控制其危害的效果。

综合利用　全株药用，性甘、微苦、凉。有清热解毒、解暑作用。用于治疗暑热感冒、皮肤湿疹、咽喉痛、口腔溃疡、肝炎、肾炎等。广东蛇葡萄的炮制品中分得蛇葡萄素（ampelopsin）和杨梅素（myricetin）2 种黄酮成分；藤茎含白藜芦醇（1）、5,7- 二羟基香豆素、山奈酚、二氢木樨草素，槲皮素等 13 种化学成分。挥发性成分分离鉴定出 27 个组分、主要成分为烷烃类、有机酸类、酚类、醇类及甾醇等化合物，主成分穿贝海绵甾醇含量超过 30%。地上部分的乙酸乙酯提取物具有抗血管生成的活性。广东蛇葡萄叶营养较为丰富，干叶蛋白质含量 9.25%，富含矿质元素 K、Ca、Fe、Zn、K/Na 比例适中，富含维生素 E、维生素 B_1、维生素 B_2 等；总黄酮含量 4.73%，是一种较好的天然营养保健食品资源。叶可制茶，称白茶、藤茶、田浦茶、山甜茶。

参考文献

魏建国，杨大松，陈维云，等，2014. 粤蛇葡萄的化学成分及其

抗血管生成活性研究 [J]. 中草药, 45(7): 900-905.

吴新星, 黄日明, 徐志防, 等, 2014. 广东蛇葡萄的化学成分研究 [J]. 天然产物研究与开发, 26(11): 1771-1774.

徐志宏, 张雁, 张孝祺, 等, 2000. 粤蛇葡萄叶营养成分和总黄酮的分析评价 [J]. 食品科学, 21(12): 113-114.

郁浩翔, 郁建平, 2012. 贵州梵净山藤茶及其近缘种广东蛇葡萄挥发性成分比较 [J]. 山地农业生物学报, 31(6): 557-560.

中国科学院中国植物志编辑委员会, 1998. 中国植物志：第四十八卷 第二分册 [M]. 北京：科学出版社.

（撰稿：冯志坚；审稿：张志翔）

广寄生　*Taxillus chinensis*（DC.）Danser

园地半寄生性杂草。又名桑寄生。英文名 Chinese taxillus。桑寄生科钝果寄生属。

形态特征

成株　嫩枝、叶密被锈色星状毛（图①），有时具疏生叠生星状毛，稍后茸毛呈粉状脱落，枝、叶变无毛，具细小皮孔。叶对生或有时近对生，厚纸质，卵形至长卵形，长3～6cm，宽2.5～4cm。聚伞形花序1～3侧生于叶腋，具花1～4朵，通常2朵，花序和花被星状毛，总花梗长2～4mm；花梗长6～7mm；苞片鳞片状，长约0.5mm；花褐色，花托椭圆状或卵球形，长2mm；副萼环状；花冠花蕾时管状，长2.5～2.7cm，稍弯，下半部膨胀，顶部卵球形，裂片4枚，匙形，长约6mm，反折；雄蕊着生于花冠裂片上，花丝约1mm，花药长3mm，药室具横隔；花盘环状；花柱线状，柱头头状（图②）。

子实　浆果椭圆状或近球形，果皮密生小瘤体，具疏毛，成熟果浅黄色，长8～10mm、直径5～6mm，果皮变平滑。具1粒种子。

生物学特性　多年生半寄生常绿小灌木，花果期4月至翌年1月，种子繁殖。叶形变异较大，幼嫩时被锈色星状毛，长成时无毛。广寄生种子是典型的顽拗性种子，易失活，低温敏感性强。0℃为广寄生种子最敏感的低温界限。种子主要由鸟类传播。广寄生种子从寄主植物的枝干上萌发后，胚芽长成枝叶，其胚根侵入部位的寄主组织由于受到刺激，产生明显的肿大。肿大可视为发生广寄生的标志之一，有时肿大部位还能长出多个广寄生的枝条，使广寄生整体呈丛枝状。胚芽长成的枝条不是向空中生长，而是形成匍匐茎，匍匐茎生长的方向基本与寄主的枝条平行。在匍匐茎生长的过程中，每隔一段距离会长出新的吸根侵入寄主枝条，同样在侵入部位也会产生肿大，使寄主呈"竹节"状。广寄生的枝条有时反复缠绕多轮，被缠绕的寄主枝条可以观察到明显的症状，如变色、坏死、枯萎、畸形等，很多情况下也缠绕广寄生本身的枝条，但在此时广寄生不会长出吸根侵入本身。

分布与危害　在中国福建南部、广东、海南、云南、广西等地均有危害。国外分布于柬埔寨、印度尼西亚、老挝、马来西亚、菲律宾、泰国和越南。广寄生虽然自身营光合作用，但以其吸根侵入寄主组织吸取水分和无机盐，挤占寄主植物的光合作用空间而危害寄主植物。广寄生寄主广泛，常寄生于山茶科、壳斗科、桑科等30个科的植物上，使寄主植物生长缓慢，如寄生在橡胶树上，造成胶水减产。

防除技术

人工或物理防治　在每年冬季清园时，结合修枝整形，进行人工砍除，并集中烧毁。

化学防治　对于橡胶树广寄生，可采用树头钻孔施药法注入中国热带农业科学院研发的灭桑灵药剂防除。此法操作简单、安全经济。但要注意在橡胶树生长期不能施用，以免产生药害。

综合利用　整株入药，药材称"桑寄生"，系中药材桑寄生主要品种，为历版《中国药典》收载品种，也是广西乃至中国极具特色的道地寄生类药材，可治风湿痹痛、腰膝酸软、胎动、胎漏、高血压等。民间草药以寄生于桑树、桃树、马尾松的疗效较佳；寄生于夹竹桃的有毒，不宜药用。广寄生的活性成分广寄生苷、槲皮苷、槲皮素等具有降压、降糖、降脂、抗炎及保护神经以及抑菌作用，具有进一步开发应用的潜力。

广寄生作为森林和林地的关键性资源，可为鸟类等动物分类群提供重要的食物资源和巢址，并影响当地的生物多样性。

参考文献

黄思璐, 2021. 桑寄生抑菌有效成分及作用机制的研究 [D]. 长

广寄生植株形态（杨虎彪、李晓霞摄）
①枝叶；②花果；③危害橡胶树

春：吉林大学.

李扬汉，1998.中国杂草志 [M].北京：中国农业出版社：681.

刘均成，吴柳尧，吴奉奇，等，2016.广寄生 *Taxillus chinensis* 寄生在园林树木上的细节观察 [J].广东园林，38(2)：82-84.

中国植物志编辑委员会，1988.中国植物志 [M].北京：科学出版社：131.

（撰稿：范志伟；审核：宋小玲）

鬼蜡烛　*Phleum paniculatum* Huds.

夏熟作物田一二年生杂草。又名蜡烛草、假看麦娘。英文名 british timothy。禾本科梯牧草属。

形态特征

成株　株高 10～45cm（图①②）。根须细软且柔弱，秆直立丛生且较细弱，基部常呈膝曲状，一般具 3～5 节。叶鞘短于节间，长 8mm 左右，无毛，紧密或松弛，并具有 3 条脉；叶舌为薄膜质，呈细齿裂状，长 2～4mm，两侧下延与鞘口边缘相合，叶片为扁平状并向斜上方生长，长 3～15cm、宽 2～6mm，叶片尖端突尖，基部通常倾斜，不具叶耳。圆锥花序（图③④），呈柱状且紧密，长 2～10cm、宽 4～8mm，初始时为绿色，成熟后逐渐变为黄色，小穗状倒卵形，颖长 2～3mm；一般有 3 脉，各脉间具有深沟，脊上有硬纤毛或者无毛，顶端有长 0.5mm 左右的尖头；外稃呈卵形，长 1.3～2mm，具贴生的短毛，内稃几等长于外稃，花药长 0.8mm 左右。

子实　瘦小颖果（图⑤），长约 1mm、宽 0.2mm，多为黄褐色，卵圆形，不具光泽。种子腹面多凸起，种脐呈长圆形或近长圆形，花柱基宿存，胚比约为 2/5。

幼苗　子叶留土。第一片真叶线形，长 4.4cm、宽 0.5mm，有 3 条脉；叶舌呈细齿裂，无叶耳，叶鞘长 8mm，无毛，亦有 3 条脉。第二片真叶与前者相似。

生物学特性　一般在每年 9～10 月出苗，翌年 4～6 月开花，依靠种子繁殖。鬼蜡烛种子体积小，在自然条件下可自行脱落于田间，容易随着水流、风、动物以及人类活动向周围扩散和传播。种子在 10～25℃均可萌发，15～20℃最为适宜，在低于 5℃或高于 30℃时不能萌发。光照不是鬼蜡烛萌发过程的必要条件，且不同光照周期对其萌发率无显著影响。pH4～10 范围内对蜡烛草萌发率没有抑制作用。鬼蜡烛种子萌发对盐胁迫具有一定耐受力，对水势胁迫较为敏感，当溶液水势下降至 –0.42 MPa 或 NaCl 浓度达到 113mmol/L 时，萌发率可达 50%。在土表时出苗率最高，随着播种深度的增加，出苗率逐渐降低，播种深度达到 4cm 时不能出苗，播种深度达 6cm 处的种子仍能萌发但不能出苗。

分布与危害　多生长在温带欧亚大陆地区，在中国境内常分布于长江流域及其以北的河南、山东、陕西、山西、甘肃等地。过去鬼蜡烛作为路边杂草发生在路边田埂等潮湿低洼处，鲜有发生在小麦田。然而，现已成为麦田较为常见的杂草，部分地区危害日益加重，如鬼蜡烛在陕西多地区已上升成为小麦田主要杂草；在长江中下游地区局部小麦田也已发展为危害程度仅次于日本看麦娘和菵草的重要杂草。此外，鬼蜡烛还可作为小麦丛矮病毒（wheat rosette stunt virus, WRSV）和燕麦胞囊线虫（heterodera avenae）的寄主植物，前者可引起小麦丛矮病，后者可引起禾谷抱囊线虫病，故其危害程度不可小视。

防除技术

农业防治　根据鬼蜡烛种子在地下 4cm 处不能出苗的生物学特性，可以采取深耕的农业措施对其进行防治，减少种子的出苗率，破坏其种群的建立。另外，对田间、田埂和路边的鬼蜡烛及时拔除，减少土壤种子库中鬼蜡烛种子的数量。

化学防治　可用吡氟酰草胺、丙草胺、绿麦隆、异丙隆进行土壤封闭处理。也可用炔草酯、精噁唑禾草灵、唑啉草酯、啶磺草胺、肟草酮、异丙隆等在小麦返青期、杂草 3～5 叶期茎叶喷雾处理能有效防除冬小麦田中的鬼蜡烛。

参考文献

高兴祥，李美，葛秋岭，等，2011.啶磺草胺等 8 种除草剂对小麦田 8 种禾本科杂草的生物活性 [J].植物保护学报，38(6): 557-562.

李扬汉，1998.中国杂草志 [M].北京：中国农业出版社.

鬼蜡烛植株形态（张治摄）
①②成株；③④花序；⑤子实

阮义理，金登迪，林瑞芬，1982. 小麦丛矮病 (NCMV) 寄主范围的研究 [J]. 植物病理学报 (2): 23-26.

王亚红，2004. 陕西关中灌区麦田杂草发生现状及防除技术研究 [D]. 杨凌 : 西北农林科技大学 .

吴晗，2018. 鬼蜡烛 (*Phleum paniculatum* Huds.) 种子生物学、幼苗抗逆性及化学防除研究 [D]. 南京 : 南京农业大学 .

赵杰，张管曲，彭德良，等，2013. 节节麦、鬼蜡烛—燕麦抱囊线虫的两种新寄主 [J]. 植物保护学报，40(4): 379-380.

WU H, ZHANG P, CHEN G Q, et al, 2018. Environmental factors on seed germination and seedling emergence of *Phleum paniculatum* Huds [J]. Chilean journal of agricultural research, 78(3): 370-377.

（撰稿：唐伟；审稿：宋小玲）

果、桑、茶、胶园杂草　plantation weeds

根据杂草的生境特征划分的一类耕地杂草，是能够在果、桑、茶、胶园中不断繁衍其种群的植物。果、桑、茶、胶园杂草以多年生杂草危害为主，也包括一年生杂草及部分木本杂草，兼有农田杂草。新的果、桑、茶、胶园株间空地较多，杂草发生严重，影响作物的生长。成年的果、桑、茶、胶园，杂草种类相对稳定，一年生杂草和多年生杂草丛生，不仅影响产量和品质，还会妨碍作物的生产管理和收获。此外，杂草还是多种病虫害的中间媒介或寄主，如危害杏和其他核果类果树的菱蒿病，是一种轮枝孢属真菌所致的病害，这种真菌可在多种杂草的根部寄生。

发生与分布　一般在果、桑、茶、胶园危害，包括夏熟旱作田杂草和秋熟旱作田杂草 2 大类。中国果、桑、茶、胶园分布广，环境条件多样，使杂草在形态特征上存在着丰富的多样性。杂草有 400 多种，从南到北，从东到西都有分布，不同园地、不同生态区和不同管理水平的杂草种类各有不同特点。南方果树主要有柑橘、香蕉、杧果、菠萝、荔枝、龙眼、枇杷等，北方果树主要有苹果、梨、桃、李、枣、葡萄等。

由于果、桑、茶、胶园农作频率较低，其间杂草包括夏熟旱作田杂草和秋熟作田杂草的许多种类，多年生杂草比例高。夏熟旱作田杂草多为冬春发生型，冬春出苗，春末、夏初开花结实，而秋熟旱作田杂草多是夏秋发生型。果、桑、茶、胶园杂草多数为旱地型杂草，如马唐、牛筋草、狗尾草、光头稗、千金子、碎米莎草、鳢肠、刺儿菜、反枝苋、青葙、马齿苋、龙葵、铁苋菜、牛繁缕、葎草、乌蔹莓、艾蒿、双穗雀稗、香附子等；有些果、桑、茶、胶园杂草既可生长于水中，也可发生于旱地，如空心莲子草等。杂草的发生特点：①杂草种类多，包括一年生、越年生和多年生杂草。②发生期长，杂草一年四季均可发生，其中夏季杂草生长旺盛，易成草荒，危害严重。③多年生杂草多，如白茅、芦苇等繁殖能力强，地下繁殖器官不易根绝。④杂草的发生具有区域性，不同的区域杂草群落组成有差异。

果、桑、茶、胶园杂草主要有藜科的灰绿藜、藜，蓼科的齿果酸模，车前科的车前草，酢浆草科的酢浆草，菊科的野艾蒿、刺儿菜、苍耳，玄参科的婆婆纳，石竹科的繁缕、米瓦罐，十字花科的播娘蒿、荠菜、野油菜，茄科的龙葵、曼陀罗，豆科的大巢菜，大戟科的猫儿眼，马齿苋科的马齿苋，苋科的刺苋、反枝苋，桑科的葎草，锦葵科的苘麻，唇形科的宝盖草，茜草科的茜草、猪殃殃，禾本科的稗草、马唐、牛筋草、千金子、狗尾草、野燕麦、看麦娘、芦苇，莎草科的香附子、水莎草、牛毛毡，旋花科的菟丝子、牵牛花等 20 个科 60 多种。从杂草发生的时间看，早春型杂草发生早、种类少、寿命短，如藜、荠菜等，应该注意发生量，若发生量大则应及时防除；晚春型和夏型杂草数量大、生长茂盛、寿命长，严重危害果、桑、茶、胶园，是防除的重点，如酸模、刺苋、苍耳、车前草、稗草、狗尾草、黄花蒿、香附子、马唐、牛筋草等。6～8 月是防除这些杂草的关键时期，因为这时杂草发生量大，种子即将成熟。防除杂草不但有助于果树生长，而且可以大量减少杂草种子，为防除翌年杂草创造有利条件。

南方果、桑、茶、胶园主要杂草有假臭草、胜红蓟、飞机草、牛繁缕、空心莲子草、阔叶丰花草、马唐、狗牙根、牛筋草、白茅、香附子等。不同地区各有特色，如：广西龙眼、荔枝园杂草有 19 科 53 种，优势种为胜红蓟、马唐、香附子等，香蕉园杂草有 17 科 33 种，优势种为酸模叶蓼、胜红蓟、母草等。福建茶园杂草有 64 科 194 种，常见杂草有马唐、胜红蓟、小飞蓬等。云南果园杂草有 49 科 243 种，常绿果园主要危害杂草有胜红蓟、飞机草、白茅等 14 种，落叶果园主要有狼尾草、白茅、狗牙根等 19 种。

长江流域果、桑、茶、胶园杂草主要有马唐、狗尾草、牛筋草、狗牙根、空心莲子草、小飞蓬、香附子、阿拉伯婆婆纳、荠菜、看麦娘、刺儿菜、棒头草、小飞蓬、一年蓬等。江苏果园杂草有 39 科 152 种，茶园杂草有 49 科 166 种，桑园杂草有 44 科 206 种，主要恶性杂草和优势种有马唐、狗尾草、牛筋草、狗牙根、繁缕、阿拉伯婆婆纳、荠菜、看麦娘、刺儿菜等 10 余种。浙江果园杂草有 53 科 205 种，茶园杂草有 32 科 87 种，桑园杂草有 30 科 100 多种，分为春草类（主要有早熟禾、繁缕、牛繁缕等）、夏草类（主要有香附子、空心莲子草、马唐等）、秋草类（主要有叶下珠、铁苋菜、腋花蓼等）和冬草类（早熟禾、猪殃殃、看麦娘等）。安徽茶园杂草有 44 科 152 种，主要杂草为马唐、狗尾草、狗牙根、白茅、野塘蒿、野艾蒿等 27 种。湖北柑橘园杂草有 36 科 112 种，优势杂草有棒头草、小飞蓬、一年蓬、酢浆草等。湖南果园杂草有 68 科 168 属 217 种。四川茶园杂草有 38 科 106 属 144 种，主要有马唐、白茅、狗牙根等；桑园杂草有 20 多科 70 多属 90 多种，主要有看麦娘、狗牙根、马唐等。

北方果园、桑园、主要杂草有反枝苋、藜、马齿苋、皱叶酸模、葎草、问荆、刺儿菜、苣荬菜、马唐、牛筋草、狗牙根、狗尾草、早熟禾、白茅、芦苇、香附子等。如：黑龙江果园禾本科杂草主要有马唐、稗草、金狗尾草和狗尾草，占总发生量的 71%，阔叶杂草主要有藜、反枝苋、刺苋、独行菜和马齿苋等，占总发生量的 29%。天津果园杂草有 29 科 79 种，优势种群 17 种，常发的有附地菜、马唐、小藜等。河北保定苹果园杂草有 26 科 58 属 67 种，春季杂草主要有荠菜、小藜、藜、刺儿菜等 12 种，夏季杂草主要有通泉草、狗尾草、苋菜等 10 种。山西果园杂草有 30 科约 110 种，危害严重和发生量大的有宿根性的白茅、碱草、刺儿菜等和一年生的马唐、狗尾草、画眉草等 20 余种。陕西果园杂草有 100 多种，其中常见且造成危害的有 26 科 64 种，主要有马唐、狗尾草、牛筋草、香附子等，每年可使果园减产 10%～15%。河南果园杂草有 57 科 222 属 402 种，主要有葎草、刺儿菜、野苋菜、香附子等。甘肃兰州园地杂草有 28 科 80 属 108 种，优势种灰绿藜、藜、马齿苋、旱稗、苣荬菜等。

防除技术 果、桑、茶、胶园杂草的防除可采用人工防治、化学防治、生物防治和综合利用等多种策略。

人工防治 秸秆覆盖法、地膜覆盖法、绿肥生草法、深翻土地、中耕除草等措施有助于果、桑、茶、胶园杂草的防治。此外，可以采用火焰、水蒸气、超声波、地膜、割草机等控制杂草。人工除草虽可以消灭一些果、桑、茶、胶园杂草的植株，但由于果、桑、茶、胶园农作频率较低，尚有一些杂草则更适应于这样的生境，发生数量较大，危害较为严重，且人工防除措施难以奏效。

化学防治 省工省时，减轻劳动强度，是目前防治果园、桑园、茶园、胶园杂草的主要途径。按使用时期分为 2 类除草剂：①萌芽前土壤处理剂，如莠去津可用于橡胶园、苹果园、梨园、茶园、甘蔗田；扑草净可用于成年果园、茶园、甘蔗田等。②生长期茎叶喷雾处理剂，如草甘膦及草甘膦异丙胺盐、草甘膦铵盐可用于各类果园、茶园以及橡胶园；草甘膦与 2 甲 4 氯钠的复配剂或莠灭净与乙氧氟草醚的复配剂可用于苹果园；草铵膦可用于茶园、柑橘园等。施用灭生性除草剂草甘膦和草铵膦时应注意避免喷到作物茎叶上，以免产生药害。生物防治间套作物控草：种植花生、大豆、番薯、当归等经济作物、中药材控草。以草控草：包括自然生草和种草控草，可以种植豆科覆盖植物（如三叶草、苜蓿、苕子、柱花草、平托花生、印度豇豆等）、禾本科覆盖植物（如百喜草、黑麦草、鼠茅等）、菊科覆盖植物（如胜红蓟、蟛蜞菊等）和其他覆盖植物（蛇莓、夏至草、诸葛菜、阔叶丰花草等）控草，一些植物还具有驱虫防病的功效。以虫治草：用空心莲子草跳甲防治空心莲子草、养蝗治草等。以菌治草：用黑粉菌菌株防治狗牙根，双曲孢霉菌菌株防治马唐、狗尾草、稗草等，胶孢炭疽菌菌株防治婆婆纳、猪殃殃等阔叶杂草。以畜禽治草：养殖牛、羊、兔、鹅、鸭、鸡等食草控草。覆盖秸秆枯草控草：用秸秆枯草覆盖园地，可以控草增肥保土。

综合利用 大部分可以饲用、医用、农药用或食用等，也具有保持水土、改良土壤和调节园地小气候的生态意义，所以要变草为宝，加以利用，才是最好的控制。

抗药性杂草及其治理 由于长期大量使用同种类除草剂，果园杂草对除草剂产生了抗性。据报道，目前全球报道果园有 81 种杂草对草甘膦、草铵膦，以及光合作用抑制剂、乙酰乳酸合成酶抑制剂和乙酰辅酶 A 羧化酶抑制剂类除草剂产生了抗性。中国果园报道了小飞蓬和牛筋草对草甘膦的抗性。因此，应加强其他杂草防治措施在果园、茶园、胶园的使用，延缓抗性杂草的产生。

参考文献

高龙银，马雪莉，郭风法，等，2014. 几种化学除草剂对非耕地主要杂草防除效果的比较 [J]. 农业灾害研究，4(7): 25-27.

晋图强，2014. 果园杂草的常见种类和综合控制 [J]. 果农之友 (4): 35.

强胜，2001. 杂草学 [M]. 北京：中国农业出版社.

吴建荣，丁惠兰，陆秋华，等，1991. 桑园杂草的发生消长与防除 [J]. 江苏农业科学，20(5): 38-39.

徐海根，强胜，韩正敏，等，2004. 中国外来入侵物种的分布与传入路径分析 [J]. 生物多样性，12(6): 626-638.

赵丰华，吕立哲，任红楼，等，2011. 茶园杂草的种类及无公害防治措施 [J]. 安徽农学通报，17(15): 136.

（撰稿：戴伟民、范志伟；审稿：宋小玲、郭风根）

H

海滨酸模　*Rumex maritimus* L.

夏熟作物田一二年生杂草。又名长刺酸模、假波菜、野波菜、连明子等。英文名 golden dock。蓼科酸模属。

形态特征

成株　株高 19～100cm（图①～③）。主根常粗壮。茎有显著棱条，中空。叶具短柄；茎下部叶片披针形或披针状长圆形，长 5～15（～20）cm、宽 1～3（～4）cm，顶端急尖，基部狭楔形，边缘微波状，叶柄长 1～2.5cm；茎中部叶片披针形或狭披针形，长 5～14cm，宽 1～2.5cm，基部楔形，先端稍锐尖，全缘；茎上部叶片渐小，近无柄；托叶鞘膜质，早落。花两性，轮生于茎上部叶腋中，呈总状，全株花序呈圆锥花序（图④⑤）；花柄基部具关节；花被片 6，绿色，2 轮，于花时几等长，外轮花被片椭圆形，长约 2mm，果期外展；内轮花被片于果期扩大，狭三角状卵形，长 2.5～3mm、宽 1～1.3mm，顶端急尖，基部截形，每侧边缘具 2～3（4）枚针刺，针刺长 2～2.5mm；背面皆有大而隆起的长圆状小瘤，小瘤长约 1.5mm。雄蕊 6；子房三棱形，柱头 3，柱头画笔状。

子实　瘦果三棱状椭圆形，两端急尖，黄褐色，有光泽，长约 1.5mm（图⑥）。

幼苗　子叶出土，卵状披针形，先端急尖，基部楔形，具长柄。下胚轴发达，上胚轴不发育。初生叶 1 片，互生，卵状长圆形，具长柄，基部有膜质透明的托叶鞘。

生物学特性　生于田边、水沟边、河边湿地、田边路旁

海滨酸模植株形态（强胜摄）
①②③成株；④⑤花果序；⑥果实

等。当成熟时，被宿存的花被包裹的果实落于水面，随水的流动而传播。以种子繁殖。苗期 10～12 月，花期 5～6 月，果期 6～7 月。海滨酸模为二倍体植物，染色体数 n=20。

分布与危害　中国分布于东北、华北、长江流域及东南沿海各地；欧洲、亚洲、非洲、中南美洲及北美洲也有。适生于水生湿地，为夏熟作物田杂草。尤其在低洼稻茬麦和油菜田常发生严重，有一定的危害性。

防除技术

农业防治　在稻麦（油）连作田田间灌水初期，拦截漂浮的种子并及时最大程度清除水面漂浮的种子，阻止杂草种子的沉降，不断缩小土壤杂草种子库的规模。海滨酸模宿存在果实上的带刺花被片可以黏附在收获机械、秸秆上，也可造成动物及人的活动传播，因此，需特别注意清洁机械，防止田块间甚至远距离传播。

化学仿治　见齿果酸模。

综合利用　全草全年可采收，鲜用或晒干，可作饲料。全草及根药用，有杀虫、解毒、凉血的作用。

参考文献

李扬汉，1998. 中国杂草志 [M]. 北京：中国农业出版社：807-808.

刘启新，2015. 江苏植物志：第 2 卷 [M]. 南京：江苏凤凰科学技术出版社：308.

南京中医药大学，2006. 中药大辞典 [M]. 2 版. 上海：上海科学技术出版社：2968-2969.

SHI X L, LI R H, ZHANG Z, et al, 2021. Microstructure determines floating ability of weed seeds [J]. Pest management science, 77(1): 440-454.

ZHANG Z, LI R H, ZHAO C, et al, 2021. Reduction in weed infestation through integrated depletion of the weed seed bank in a rice-wheat cropping system [J]. Agronomy for sustainable development, 41(1): 1-10.

（撰稿：郝建华；审稿：宋小玲）

海金沙　*Lygodium japonicum* (Thunb.) Sw.

果园、茶园、橡胶园多年生杂草。又名蛤蟆藤、罗网藤、铁线藤。英文名 Japanese creeping fern、Japanese climbing fern。海金沙科海金沙属。

形态特征

成株　高达 1～4m（图①②）。攀缘植物。叶的羽片生于叶轴上的短枝两侧，短枝长 3～5mm，叶纸质，连同叶轴、羽轴均被短毛；营养叶羽片尖三角形，二回羽状复叶，末回小羽片通常掌状三裂，边缘有不整齐的圆钝齿；孢子叶羽片卵状三角形，羽状深裂（图③）。孢子囊穗长 2～4mm，长往往远超过小羽片的中央不育部分，排列稀疏，暗褐色，无毛。

生物学特性　多年生草本藤本，以孢子繁殖，配子体发育要经历孢子萌发、丝状体、原叶体等阶段。雄配子体数量较多，易产生分枝；成熟雌配子体呈心形。播种 50 天左右在雌配子体生长点下方产生颈卵器。

海金沙植株形态（①③强胜摄；②李晓霞摄）

①植株及生境；②茎叶；③叶背孢子囊群

分布与危害　中国分布于安徽、重庆、福建、甘肃、广东、广西、贵州、海南、河南、湖北、湖南、江苏、江西、陕西、上海、四川、台湾、西藏、云南、浙江。生路边或山坡疏灌丛中，海拔达1000m。果园、茶园、橡胶园均有发生，但危害轻，为一般性杂草。

防除技术

人工或机械防治　在幼龄期或孢子成熟前，人工锄草和机械防除。

生物防治　采用覆盖植物替代控制，以草治草。

化学防治　常用灭生性除草剂草甘膦和草铵膦茎叶处理，注意需定向喷施。

综合利用　全草或干燥成熟孢子入药，味淡，性凉，能清热利湿、解毒凉血、收敛止血、通淋止痢。茎叶水浸液可治棉蚜虫、红蜘蛛。坡鹿喜吃。

参考文献

郭严冬，2014. 海金沙配子体发育和卵发生的细胞学研究 [D]. 上海：上海师范大学.

李扬汉，1998. 中国杂草志 [M]. 北京：中国农业出版社：53.

袁喜才，刘晓明，王骏，等，1990. 海南坡鹿食性的研究 [J]. 东北林业大学学报，18(1): 66-71.

中国科学院中国植物志编辑委员会，1959. 中国植物志：第二卷 [M]. 北京：科学出版社：113.

（撰稿：范志伟；审稿：宋小玲）

害虫天敌保护效应　protection effect on the natural enemy of insect

指杂草多样性的增加能为害虫天敌提供食物、繁衍栖息场所从而达到保护害虫天敌的作用。天敌是害虫的自然制约因素，增强对天敌的有利因素例如田间或田埂周围保留部分杂草来增加植物多样性就能达到控制害虫的作用。

食物来源、栖息环境等对害虫天敌的存活至关重要。天敌可取食的食物来源种类越多，栖息环境越好，在该环境下其生存可能性越大。植物中的汁液、花粉、花蜜等都可以起到代替食物的作用，所以保持杂草多样性能丰富食物网，使自然生态中多种多样物种间产生内在营养联系。农业系统中作物品种基因库变小，遗传同质性增加，再加之田间及周围杂草又常被彻底铲除与杀虫剂的广泛利用，破坏了自然生态系统中群落的复杂结构，缩小了天敌昆虫的取食范围和生存空间，使得天敌种群数量减少，农业生态系统变得单纯而不稳定。所以利用杂草能有效地保护天敌以达到抑制害虫大量繁殖的目的。有研究发现多样性高的果园中天敌与害虫的空间共生和时间同步性更强，经过植物多样化处理果园中天敌与草食动物的时空生态位重叠更紧密，这可能是由于天敌能够对草食动物的发生做出快速反应，从而抑制它们。研究发现未除杂草样地昆虫生态位宽度比人工管理除草样地高。生态位宽者在空间上有较大优势，即有较大的环境资源利用能力，而经过杂草管理的枣园害虫天敌的生态位宽度明显窄于未经过管理的枣园害虫天敌的生态位，也就是说杂草多样

性高，害虫天敌更易存活。田边保留杂草有利于天敌的存活，研究发现大豆田边保留杂草有利于蜘蛛迁居田内捕食害虫。天敌能在棉田和棉田边缘杂草上分布与转移，有效保护了天敌，增强天敌对棉花害虫的自然控制能力。因此保持杂草多样性有利于害虫天敌生存繁衍，以降低害虫的发生程度。

形成和发展过程　早期人们就意识到单一作物大量种植的区域相对于多作物混合种植区害虫容易暴发成灾。例如在1961年Pimentel就提出在单纯的十字花科蔬菜区，蚜虫、跳甲和鳞翅目害虫易达到暴发水平，因此提倡多作物混合种植以减少害虫种群暴发概率。此后，基于物种多样性和稳定性等生态理论基础上的生态调控和依据生态学原理而提出的综合治理开始受到重视。例如，1997年国际水稻研究所建立了由中国、泰国和菲律宾等国参加的"利用生物多样性稳定控制水稻病虫害"的研究项目，通过5年的研究发现，建立杂草和低矮植物的绿色走廊，可以将其作为天敌生存繁衍栖息地，各种天敌在水稻生长季节可随时迁移到稻田中，从而能有效控制水稻病虫群体数量和增值速度。人们意识到在多作物混合种植区害虫种群密度较低的一个原因归功于植物的多样性增强了天敌的作用，这是因为单一作物大面积种植使得天敌昆虫的食物（花粉和花蜜）、替代寄主或猎物、越冬和繁殖场所等资源严重不足，而植物多样性的增加可为天敌提供更适合的微观环境、更多的食物和替代寄主或猎物等资源。

基本内容　增强天敌控制作用主要有两个途径：一个是通过削弱对天敌不利因素，如应用行动阈值减少农药用量和使用高效低毒农药减轻对天敌的杀伤作用等；二是增强对天敌有利的因素如有意识提高植物多样性以增加天敌的食物（如花粉和花蜜）等。害虫天敌保护效应能为天敌昆虫提供食物、提供越冬和繁殖场所、提供逃避农药和耕作干扰等恶劣条件的庇护所以及适宜生长的微观环境。这些植物体系构成了害虫天敌的植物支持系统。主要包括蜜源植物、栖境植物、诱集植物、储蓄植物、指示植物和护卫植物等，杂草在这些方面均有重要贡献。

杂草作为蜜源植物　蜜源植物是指那些能为天敌，特别是寄生性天敌提供花粉、花蜜或花外蜜露的植物种类，主要是指花粉、花蜜等自然蜜源丰富且能被天敌获取的显花植物。蜜源植物的花粉、花蜜和花外蜜露等能作为补偿性食物源、替代食物或猎物，因而对天敌的种群数量、个体生存和发育、寿命和繁殖力、捕食和行为等方面均有积极影响。杂草种类多样，有的花粉量大，有的能产生花蜜，是天敌的蜜源植物。如矢车菊的花外蜜露能增加异色瓢虫的寿命和繁殖力；琉璃苣、紫花苜蓿能延长食蚜蝇、草蛉的寿命；果园生态系统中，杏园中分别套种油菜、芫菁和紫花苜蓿三种蜜源植物后，杏园中的节肢动物天敌群落的物种多样性指数和均匀度指数均增高，而害虫群落的物种多样性指数和均匀度指数均下降。在苹果园保留夏至草，或间作苜蓿、三叶草、白花草木樨、百脉根等可提高天敌昆虫的多样性，有助于发挥天敌昆虫的作用。陕西黄土高原苹果园内杂草种类丰富，不同海拔高度的果园中杂草优势种群各异，根据杂草与果树天敌昆虫群落相似性比较结果，在间作紫花苜蓿的果园中保留狗尾草和兔

耕果园中保留反枝苋、刺苋以及三叶鬼针草有助于提高果园天敌昆虫种群数量和发挥天敌对害虫的控制作用，反枝苋、刺苋正值花期，可能是吸引天敌昆虫的原因。

杂草作为栖境植物　栖境植物是天敌生长繁育的必须场所。栖境植物生长在田头、地埂、路边、沟渠、灌木丛、篱笆栅栏及防护林带等所靠近作物边缘，或者作物中间的路堤或与作物间作，即构成所谓的花带或甲虫储藏库等，也包括果园内树行间的生草，为有益生物提供食物、繁殖场所、越冬或夏眠场所等，改善天敌生存的微气候，在作物收获或施药等农事操作干扰时为天敌提供庇护所，利于天敌种群的增长、维护农业生态系统的平衡，是保护性生物防治的重要组成部分。研究表明，稻田周围的杂草地是稻飞虱捕食性天敌黑肩绿盲蝽的临时栖息地，当水稻移栽后，非稻田生境的卵寄生蜂能快速迁回到稻田中寄生稻飞虱卵。与田埂非留草稻田相比，田埂保留杂草（千金子、稗草、水苋菜、游草等）的水稻田捕食性天敌的个体数量、丰富度、多样性指数分别显著增加 31.96%、25.73% 和 5.59%。果园周围种植防护林，园内栽培蜜源植物，果树行间种苜牧草或矮秆作物的生态环境下，为天敌提供了猎物和活动繁殖场所，增强了对果树蚜虫、螨类等害虫的自然控制能力。多花带主要是由开花的草本植物混播而形成的，富产花蜜和花粉，可为天敌提供充足的营养和替代食物，也可作为天敌的生境和庇护所。如种植黑麦草、白三叶、紫花苜蓿利于天敌昆虫瓢虫、草蛉、花蝽、食蚜蝇、姬蜂的繁殖，利于对害虫苹果绵蚜、山楂叶螨、小绿叶蝉生物防控；另外，紫花苜蓿还是天敌捕食性步甲的栖息植物，常被生境调控使用，来防治玉米螟、黏虫，麦蚜等害虫。甲虫堤是建在大田中央的土堤，一般高约 0.4m，宽 1～5m，长有丰富的丛生草，可为天敌提供越冬地，扩大天敌到农田中捕食害虫的范围。甲虫堤上的鸭茅、绒毛草、牛尾草、燕麦草、梯牧草等杂草是天敌步甲、隐翅虫、蜘蛛的栖境植物，为害虫麦蚜的防治提供了天敌寄生场所。

杂草作为诱集植物　诱集植物一般比目标作物对靶标害虫有更强的吸引作用，害虫被吸引后转向诱集植物并在其上停留，从而减少对目标作物的损害。杂草可作为诱集植物，例如，欧洲山芥诱杀欧小菜蛾，苏丹草和香根草诱杀二化螟等。诱集植物是害虫的发生源，利于及时采取措施在害虫迁出之前集中治理，从而减少化学防治等措施对天敌的影响，保护了天敌。诱集植物使害虫趋于集中，也利于吸引田间天敌觅食，对于增强天敌保护作用很有帮助。诱集植物如果结合天敌释放开展生物防治，则又起到栖境植物或储蓄植物的作用。

杂草作为储蓄植物　储蓄植物也称载体植物，是储蓄植物系统重要组成部分。储蓄植物系统也叫开放式天敌饲养系统，由储蓄植物、有益生物和替代食物三个要素组成。该系统是在作物中有意添加或建立的用于温室或大田害虫防治的系统。培养储蓄植物系统需要预先在储蓄植物上饲养一定量的寄主或猎物，之后把天敌引入到储蓄植物，天敌利用储蓄植物提供的寄主或猎物繁殖后代建立种群。当把携带天敌的储蓄植物放入到目标作物环境时，天敌会不断地从储蓄植物扩散到作物上而长期控制作物上的靶标害虫，储蓄植物事实上就成了一个小型的天敌饲养场所。在目前的研究报道中，

使用较为广泛是利用大麦或小麦、番木瓜、玉米、荞麦、观赏辣椒等农作物作为天敌的储蓄植物，来防治温室蔬菜或观赏草本植物上的棉蚜和桃蚜、烟粉虱、二斑叶螨、蓟马等害虫。利用杂草作为储蓄植物的报道中，具有代表性的杂草有牛筋草，它是棉蚜害虫天敌狭臀瓢虫、六斑月瓢虫的储蓄植物，主要用于温室内蔬菜作物上的蚜虫防治；罗勒则是捕食性天敌矮小长脊盲蝽的储蓄植物，用于温室内番茄白粉虱的防治。另外，棉蚜田埂留种藜科杂草如碱蓬作为储蓄植物，利于捕食性天敌多异瓢虫种群密度的增加，其密度是对照棉田的 1.9 倍；多异瓢虫与棉蚜的益害比均高于无杂草棉田，益害比是对照棉田的 8.8 倍。

科学意义和应用价值　杂草往往与作物伴生出现，是长期适应气候、土壤、作物、耕作制度、社会因素与栽培作物竞争的结果。长期以来，在农业生产活动中，人们遵循的是"有草必除"的原则，但实践告诉人们，并不是任何情况下的杂草都必须防除，不然有时会得到事倍功半的结果，而只有当杂草的组成和密度超过一定的限度，造成的损失大于除草所需花的代价时，进行除草才是经济有效的。有些杂草是天敌昆虫越冬、栖息和大量增殖的主要场所，对天敌有保护和增殖作用。在生产实践中可以通过改变作物周围非作物生境的植被组成包括杂草及其他特征来改变农业生态系统中害虫与天敌的相互关系提高天敌对害虫的控制效能。如通过人为创建一些非靶标作物的生境，为天敌提供越冬和避难场所。即保留作物田块周边的适宜杂草或在新建的庇护场所播种一些杂草，如黑麦草、鸭茅草、剪股颖、绒毛草等，在作物生长期间，减少使用除草剂，为迁入的天敌提供种库，形成利用天敌开展生物防治的有利局面，以减少化学农药的使用，为延缓害虫抗药性、保护生态环境均有重要的生态价值。

存在问题和发展趋势　杂草是农田周围的非作物生境中的主要植被，作为庇护场所对助长天敌和减轻作物虫害起了重要作用。而化学除草或者冬季烧荒，作为杂草防除的常用手段，很难做到除害存益，往往随着杂草的全部去除，害虫天敌的种类及数量受到显著影响，几乎不增长甚至负增长。因此，筛选、优化植被组合方案、增强杂草生长环境生物多样性是利用杂草增效害虫天敌研究工作的重点，找到杂草在不影响作物生长的同时又能提供天敌食物和栖息地的植物配置方案，明确组合中的杂草种类、数量并结合合理布局等因素。

另外，利用杂草提升非作物生境生物多样性防治靶标作物害虫时，应处理好害虫—害虫天敌—杂草害虫的关系。应加强杂草害虫及其天敌的生态学机制，杂草群落影响天敌的规律，配置非作物生境内植被的种类和时空格局方案，杂草群落与其他生态系统之间的相互关系以及对影响邻近作物田的物种多样性和天敌昆虫的数量的影响等问题的深入研究，阐明这些问题将使农田非作物生境的调控与害虫综合治理提高到一个新的水平。

参考文献

陈学新，刘银泉，任顺祥，等，2014. 害虫天敌的植物支持系统[J]. 应用昆虫学报，51(1): 1-12.

董杰，2006. 桃园生草与释放天敌对害虫控制效果的研究 [D]. 北京：中国农业大学.

杜相革, 严毓骅, 1998. 生草园中夏至草—害虫—小花蝽相互关系的研究 [J]. 昆虫学报, 41(增刊): 202-204.

方艳, 王杰, 覃杨, 等, 2021. 蜜源植物波斯菊对捕食性天敌种群动态的影响 [J]. 中国生物防治学报, 37(5): 877-884.

姜玉兰, 2003. 苹果园生草与释放天敌对害虫的控制效应 [D]. 泰安 : 山东农业大学 .

廖晓军, 谢彦, 刘志峰, 等, 2020. 柑橘园生草栽培对害虫天敌消长的影响 [J]. 农业灾害研究, 10(2): 15-17 .

刘长海, 曹四平, 赵桂玲, 等, 2018. 枣园主要害虫及其天敌生态位的研究 [J]. 林业与生态科学, 33(1): 82-87.

吕昭智, 田长彦, 胡明芳, 等, 2002. 棉田及其边缘杂草对天敌的影响 [J]. 植物保护 (5): 22-24.

汤圣祥, 丁立, 王中秋, 1999. 利用生物多样性稳定控制水稻病虫害 [J]. 世界农业 (1): 28.

魏永平, 张雅林, 汪晓光, 2011. 苹果园杂草多样性及其天敌昆虫的影响 [J]. 植物保护学报, 38(2): 189-190.

杨朗, 陈恩海, 梁广文, 2003. 害虫生物防治在害虫生态控制中的作用 [J]. 中南林学院学报, 23(4): 111-115, 119.

DAVID P, 1961. Species diversity and insect population outbreaks [J]. Annals of the Entomological Society of America, 54(1): 76-86.

LANDIS D A, WRATTEN S D, GURR G M, 1999. Habitat management to conserve natural enemies of arthropod pests in agriculture [J]. Annual review of entomology, 45: 175-201.

Wan N F, Ji X Y, Deng J Y, et al, 2019. Plant diversification promotes biocontrol services in peach orchards by shaping the ecological niches of insect herbivores and their natural enemies [J]. Ecological Indicators, 99(1): 387-392.

（撰稿：张瑞萍；审稿：宋小玲）

含羞草　*Mimosa pudica* L.

秋熟旱作物田和果园常见多年生杂草。又名呼喝草、感应草、知羞草、怕丑草。英文名 sensitive plant。豆科含羞草属。

形态特征

成株　直立、蔓生或攀缘半灌木（图①②），高 1m 左右。茎多分枝，有刺毛及钩刺。叶互生，二回羽状复叶，掌状排列，羽片 2～4 个，小叶 14～48 片，触摸时，小叶闭合，叶柄下垂，因而得名。小叶片长圆形，叶缘及叶脉有刺毛。头状花序，2～3 个生于叶腋（图③）；花萼钟状，有 8 个微齿；花冠淡红色，花瓣 4 片，基部合生，外面有短柔毛；雄蕊 4 枚，伸出花瓣之外；子房无毛。

子实　荚果长圆形（图④），长 1～2cm、宽约 5mm，扁平，稍弯曲，荚缘波状，具刺毛，每节有 1 粒种子，成熟时荚节脱落，荚缘宿存；种子卵形（图⑤），长 3.5mm。

幼苗　子叶出土，近方形，稍肥厚，先端微凹，基部略呈箭形，具短柄（图⑥）。下胚轴发达，密生短柔毛，与初生根交界处有一膨大的颈环，上胚轴不发达。初生叶 1 片，偶数羽状复叶，3 对，叶缘具稀睫毛。第一后生叶分为 2 叉，每枝为偶数羽状复叶。

生物学特性　多年生半灌木状草本，种子繁殖。苗期春夏季，花果期 9～10 月。种皮是影响其萌发的主要因素，在 95℃下烫种 1 分钟对含羞草种子萌发作用明显，发芽率、发芽势可以超过 90%；浓硫酸处理 50 分钟也可促进含羞草种子萌发，发芽率、发芽势可以达到 80%。含羞草种子萌发最适温度为 30℃，具有生长快、喜光、耐寒性差的特点，能分泌化感物质，抑制其他植物如鬼针草的根生长。

分布与危害　原产于美洲热带，现已成为泛热带杂草。明朝末期作为观赏植物引入华南地区，现为南方秋熟旱作田薯类、花生等以及果园常见杂草，华南及西南部分地区发生数量大。也是南部地区（广东、广西、海南等地）草坪杂草。

防除技术

农业防治　控制引种栽培，一旦发现逸生要及时根除。果园含羞草的防除可以采用间种覆盖控草的方法，该方法对作物和环境安全，不会造成污染，联合作业时成本低、可操作性强。机械除草可用于大型农场或粗放生产大面积田块中，可以减少化学除草剂对作物产生的药害和抑制作用，但是机械除草影响作物根系的生长发育，且对作物种植和行距规格等要求较严。

化学防治　分布于果园的含羞草，可以喷施灭生性除草剂草甘膦、草铵膦等对其进行防控。花生、大豆、马铃薯、甘蔗、茶园、果园可用原卟啉原氧化酶抑制剂噁草酮在播后苗前进行土壤封闭处理，抑制含羞草种子萌发。花生、大豆田可用二苯醚类除草剂氟磺胺草醚、乙羧氟草醚以及有机杂环类灭草松进行茎叶喷雾处理。

综合利用　含羞草具有清热利尿、化痰止咳、安神止痛、凉血止血之功效，临床多用于急性肝炎、神经衰弱、失眠、肺结核咳血、血尿、结膜炎、跌打损伤、带状疱疹等症。含羞草中含有大量对人体有益的活性物质，包括黄酮类、酚类、生物活性多糖、氨基酸类、有机酸类和其他微量元素。其中的黄酮类化合物具有显著的生理活性，如抗脂质过氧化、抗衰老、清除自由基、抗肿瘤、降低血脂、抗菌抑菌、增强免疫力等作用。含羞草羽叶纤细秀丽，叶片一碰即闭合；其花多而清秀，可在庭院栽培观赏，但因其成分含羞草碱有微毒，不适宜在室内栽培。含羞草叶子开合及快慢与天气有关，可预测天气变化。

参考文献

范志伟, 张建华, 程汉亭, 等, 2014. 海南不同市县旱田代表性杂草发生规律研究 [J]. 热带作物学报, 35(12): 2502-2512.

李晓霞, 沈奕德, 黄乔乔, 等, 2014. 海南剑麻园杂草种类调查及防除技术研究 [J]. 中国麻业科学, 36(2): 89-97.

李扬汉, 1998. 中国杂草志 [M]. 北京 : 中国农业出版社 : 642-643.

王桔红, 史生晶, 陈文, 等, 2020. 鬼针草与含羞草化感作用及其入侵性的研究 [J]. 草业学报, 29(4): 81-91.

姚和金, 陈志军, 蓝卸云, 等, 2009. 外来入侵种对中国园林绿地的危害及防治措施 [J]. 世界林业研究, 22(3): 76-80.

张莹, 李思锋, 王庆, 等, 2010. 含羞草种子萌发特性研究 [J]. 中国农学通报, 26(24): 52-55.

（撰稿：陈景超、宋小玲；审稿：黄春艳）

H

含羞草植株形态（张治摄）

①②植株及所处生境；③花序；④果实；⑤种子；⑥幼苗

葶菜 *Rorippa indica* (L.) Hiern

夏熟作物田二年生杂草。又名印度葶菜。英文名 variableleaf yellowcress。十字花科葶菜属。

形态特征

成株 高 20～40cm（图①②）。植株较粗壮，无毛或具疏毛。茎单一或分枝，表面具纵沟。叶互生，基生叶及茎下部叶具长柄，叶形多变化，通常大头羽状分裂，长 4～10cm、宽 1.5～2.5cm，顶端裂片大，卵状披针形，边缘具不整齐牙齿，侧裂片 1～5 对；茎上部叶片宽披针形或匙形，边缘具疏齿，具短柄或基部耳状抱茎。总状花序顶生或侧生，花小，多数，具细花梗（图③）；花萼 4，离生；萼片卵状长圆形，长 3～4mm；花瓣 4，呈"十"字形，黄色，匙形，基部渐狭成短爪，与萼片近等长；雄蕊 6，2 枚稍短。

子实 长角果线状圆柱形，短而粗（图④），长 1～2cm、宽 1～1.5mm，直立或稍内弯，成熟时果瓣隆起；果梗纤细，长 3～5mm，斜升或近水平开展。种子每室 2 行（图⑤），多数，细小，卵圆形而扁，一端微凹，表面褐色，具细网纹。

幼苗 子叶阔圆形（图⑥），长 3mm、宽 2.5mm，先端微凹，具柄。下胚轴不甚发达，上胚轴不发育。初生叶 1 片，阔卵形，先端钝圆，叶基阔楔形，具长柄，无明显叶脉；后生叶阔圆形，叶缘具疏锯齿，全株光滑无毛。

生物学特性

种子繁殖。苗期 10～12 月，花果期 4～8 月。生于夏熟作物田及路边、荒地等潮湿生境下。葶菜的光饱和点为 1239.380mol/（m²·s），光补偿点为 37.834mol/（m²·s），最大净光合速率（CO_2）为 18.404mol/（m²·s），暗呼吸速率（CO_2）为 2.679mol/（m²·s），表观量子效率为 0.075。葶菜具有耐旱、耐湿的特性。葶菜核型为 2A 型，属于基本对称型；有丝分裂中期染色体核型公式为 2n=48=12sm+28m+6M+2st；染色体绝对长度在 1.19～2.41m，其中长度小于 2m 的染色体占 77%。

分布与危害

中国分布于山东、河南、陕西、甘肃、江苏、安徽、浙江、福建、广西、广东、云南、贵州、重庆、四川、湖南、湖北、江西、台湾等地；亚洲、欧洲、北美洲、南美洲、非洲均有分布。常见于夏熟作物田，可在麦类、油菜、蔬菜作物田造成轻度危害。

防除技术

见碎米荠。

综合利用 全草入药，其主要有效成分为葶菜素和葶菜酰胺。在《本草纲目》中记载其"利胸膈，豁冷痰，心腹痛"，有清热下火、祛痰止咳、祛湿的作用，可治疗伤风发烧、老年支气管炎等。外用治痈肿疮毒及烫火伤。葶菜是油菜远缘杂交育种的重要种质资源。

参考文献

高兴祥，李美，房锋，等，2016. 河南省冬小麦田杂草组成及群落特征 [J]. 麦类作物学报，36(10): 1402-1408.

李扬汉，1998. 中国杂草志 [M]. 北京：中国农业出版社.

涂伟凤，张洋，汤洁，等，2018. 印度葶菜 (*Rorippa indica*) 有丝分裂进程观察与核型分析 [J]. 江西农业学报，30(11): 6-9.

文予陌，范增丽，黎云祥，等，2017. 葶菜光合 - 光响应曲线及模型拟合 [J]. 浙江农业科学，58(10): 1779-1783.

熊任香，涂伟凤，涂玉琴，等，2011. 甘蓝型油菜与葶菜远缘杂交后代抗旱性鉴定及综合评价 [J]. 江西农业学报，23(12): 1-6.

中国科学院中国植物志编辑委员会，1987. 中国植物志：第三十三卷 [M]. 北京：科学出版社：301.

（撰稿：陈国奇；审稿：宋小玲）

葶菜植株形态（①④陈国奇提供；②③强胜摄；⑤⑥张治摄）

①②植株；③花序；④果实；⑤种子；⑥幼苗

禾草类 grass weed

根据杂草的形态特征划分的一类杂草，主要包括一二年生或多年生禾本科杂草。

形态特征　禾草类的茎呈圆柱形或略扁，节和节间区别明显，节间常中空，常于茎基部分枝（分蘖）。叶片狭窄而长，二列互生，叶鞘边缘分离而覆盖，叶鞘包裹芽，常有叶舌，平行叶脉。须根系。颖片、稃片和1至多数小花组成小穗，再由小穗组成穗状、总状或圆锥花序。颖果，胚具1枚子叶。

生物学特性　禾草按生物学特性被分为一年生禾草、二年生禾草和多年生禾草。一年生禾草主要依靠种子繁殖，有些也行克隆繁殖，每年能产生数量巨大的具休眠的种子，一般在初夏发芽，不需低温春化就可开花，经历夏季高温后于当年秋季产生种子并越冬，如狗尾草、马唐等。二年生禾草也靠种子繁殖，在秋冬季发芽，于翌年春季或早夏种子成熟并在土壤中休眠、越夏，如野燕麦、看麦娘、日本看麦娘、菵草等。多年生禾草的寿命在两年以上，一生中能多次开花结实，依靠地下器官越冬并再生出新的植株，能进行种子繁殖，但营养繁殖是其主要的繁殖方式，如芦苇、白茅等。

由于对作物类型、土壤水分等条件的适应性不同，不同禾草的生境差异较大，如稗草、千金子多发生于稻田或湿生生境中，马唐、毛马唐、牛筋草、狗尾草则常发生于秋熟旱地等旱生环境，看麦娘、日本看麦娘、硬草、早熟禾、棒头草等发生于湿润夏熟作物田，而野燕麦、节节麦、雀麦等则发生于干旱的夏熟作物地。

通过较强的可塑性、拟态性和生长势与作物竞争水、光、养分等有限资源，导致作物产量降低、品质下降，并通过形态结构多型性、生活史多态性、营养方式多样性、强大的繁殖能力、广泛的传播途径等适应不同环境，实现种群延续和扩散。据统计，单子叶植物中有80%是C_4植物且主要集中在禾本科中，约占禾本科的一半，固碳效率大大提高的同时减少了水分蒸发，提高了C_4植物在高温、缺水环境下的存活率。禾本科植物通过无融合生殖表现出极其复杂的种间、种内差异性和多变性，更容易在少量甚至单株情况下快速繁衍、建立种群，具有更强的入侵性。通常禾草类杂草种子数量大、萌发迅速、根系分布深、营养生长与生殖生长同时进行。禾本科茎、叶结构使除草剂不易附着，生长点位于植株的基部或地下，包藏在多层紧裹的叶鞘之中，不易受到除草剂的影响。

分布与危害　常见的禾草类杂草约60多种，分布于耕地或非耕地，其中看麦娘属、马唐属、稗属、画眉草属、李氏禾属、硬草属、雀麦属、山羊草属、棒头草属、菵草属、千金子属、黑麦草属、早熟禾属、狗尾草属等杂草是重要的农田杂草。水田主要禾草类杂草有稗草、千金子、双穗雀稗、李氏禾等，随着轻型栽培技术的推广，马唐、牛筋草、杂草稻等禾草类杂草在水稻田的发生和危害日趋严重。夏熟旱作物田主要禾草类杂草有看麦娘、日本看麦娘、菵草、硬草、棒头草、早熟禾、雀麦、野燕麦等，由于耕作技术和栽培制度变化、机械化跨区作业等导致小麦田禾草类杂草种类和数量呈明显增长趋势，节节麦、大穗看麦娘、多花黑麦草等在部分地区危害上升，甚至已成为区域性优势杂草。秋熟旱作物田主要禾草类杂草有马唐、牛筋草、狗尾草、旱稗、千金子、双穗雀稗等，且通常情况下免耕旱作物田禾草类杂草发生量明显高于翻耕田。直播田、免耕作物田禾草类杂草基数大、出苗快、生长迅速、危害严重。另外，毒麦、互花米草、假高粱等还是重要的外来入侵杂草。

防除技术　合理轮作、中耕除草、种子精选、适度密植、覆盖治草、稻田养鸭、清洁灌溉水、拦网网捞杂草子实的消减杂草种子库等措施也有助于禾草类杂草的防治。

生产上主要采用化学除草剂进行杂草防除，通常的技术策略包括杂草萌发前的土壤封闭结合杂草3～5叶期的茎叶喷雾。其中在水稻田使用的防除禾草类杂草的除草剂品种有酰胺类丙草胺、丁草胺、苯噻酰草胺；激素类除草剂如二氯喹啉酸；乙酰乳酸合成酶（ALS）抑制剂类苄嘧磺隆、吡嘧磺隆、五氟磺草胺等；乙酰辅酶A羧化酶（ACCase）抑制剂类氰氟草酯、噁唑酰草胺等。小麦田使用的防除禾草类杂草的除草剂品种有光合作用抑制剂类异丙隆，ALS酶抑制剂类甲基二磺隆、氟唑磺隆、啶磺草胺，ACCase抑制剂类精噁唑禾草灵、炔草酯、唑啉草酯等。其他阔叶作物田防除禾草类杂草的除草剂品种有ACCase抑制剂类除草剂精喹禾灵、高效氟吡甲禾灵、精吡氟禾草灵、烯草酮、烯禾啶。由于二氯喹啉酸、精噁唑禾草灵、甲基二磺隆、炔草酯、唑啉草酯、高效氟吡甲禾灵、精吡氟禾草灵等除草剂的长期使用，稗草、看麦娘、菵草等禾草类杂草在一些地区产生了不同程度的抗药性，生产上需要根据作物类型、栽培条件、环境因素、杂草种类及其叶龄选择合适的除草剂，提倡适当混用或复配使用，鼓励除草剂轮换使用以延缓杂草抗药性，综合运用物理、生物、生态等措施进行杂草控制，降低化学除草剂使用量。

许多禾草是优等牧草，如羊茅为亚高山草甸的优势植物和催膘植物，稗草、狗尾草、棒头草等禾草的茎叶或子实可喂养各种牲畜和家禽。禾草还可用作食品和药品，如菰的秸秆基部被黑粉菌寄生后变得肥嫩膨大，成为食用蔬菜茭白，其根茎和谷粒入药有助于治疗心脏病；芦苇的根茎富含淀粉和蛋白质，可供熬糖和酿酒，根茎（芦根）和茎秆（芦茎）均可入药；白茅的根状茎可制糖、酿酒，也可入药。早熟禾属、羊茅属、剪股颖属、黑麦草属、结缕草属、狗牙根属、假俭草属、雀稗属和地毯草属等禾草的栽培品系被广泛种植为人工草坪。芦苇、斑茅和芒等禾草是重要的纤维和生物质能，有时也作为景观植物，因此可考虑综合利用禾草类杂草。

参考文献

高兴祥，李美，房锋，等，2014. 防除多花黑麦草等4种禾本科杂草的药剂活性测定 [J]. 草业学报，23(6): 349-354.

李扬汉，1998. 中国杂草志 [M]. 北京：中国农业出版社.

强胜，2009. 杂草学 [M]. 2版. 北京：中国农业出版社.

吴明荣，唐伟，陈杰，2013. 中国小麦田除草剂应用及杂草抗药性现状 [J]. 农药，52(6): 457-460.

（撰稿：李贵；审稿：郭凤根、宋小玲）

合萌　*Aeschynomene indica* L.

秋熟旱作物田和水稻田一年生亚灌木杂草。又名田皂角、镰刀草、水松柏、水槐子、水通草。英文名 common aeschynomene。豆科合萌属。

形态特征

成株　高 0.3～1m（图①②）。茎直立，多分枝，圆柱形，无毛，具小突点而稍粗糙，小枝绿色。偶数羽状复叶，具 20～30 对小叶或更多；托叶膜质，卵形至披针形，长约 1cm，基部下延成耳状，通常有缺刻或啮蚀状；叶柄长约 3mm；小叶近无柄，薄纸质，线状长圆形，长 5～10（～15）mm、宽 2～2.5（～3.5）mm，上面密布腺点，下面稍带白粉，先端钝圆或微凹，具细刺尖头，基部歪斜，全缘；小托叶极小。总状花序比叶短，腋生，长 1.5～2cm（图③）；总花梗长 8～12mm；花梗长约 1cm；苞片 2，膜质，边缘有锯齿；花萼 2，唇形，上唇 2 裂，下唇 3 裂；花冠淡黄色，具紫色的纵脉纹，易脱落，旗瓣大，近圆形，基部具极短的瓣柄，无爪，翼瓣有爪，龙骨瓣比翼瓣短。雄蕊 10 枚，为 5+5 二体雄蕊；子房扁平，线形，无毛，有柄。

子实　荚果线状长圆形，直或弯曲，长 3～4cm、宽约 3mm，腹缝直，背缝多少呈波状（图④）；荚节 4～8（～10），平滑或中央有小疣突，不开裂，每节有 1 粒种子，成熟时逐节脱落。种子黑棕色，肾形，长 3～3.5mm、宽 2.5～3mm（图⑤）。

幼苗　鲜绿色，全株无毛（图⑥）。上下胚轴均较发达。子叶长圆形，长 8～10mm、宽 3～4mm，先端钝圆，基部圆形，略凹陷，柄极短。初生叶 1，羽状复叶，小叶长圆形。

生物学特性　生于湿润草地、田边、路旁及河岸沙地。种子繁殖。花期 7～9 月，果期 8～10 月。体细胞染色体 2n=40。合萌为直根系，主根深达 20cm；陆生主根发达，侧根较多，水生主根不发达，侧根少而粗。荚果成熟后不裂，可使种子免受虫鸟危害，逐节断裂的特性有利于种子的均匀散布；果皮轻软增厚，有利于风力和水流携带传播扩散；果皮具有极强的吸水和保水力，利于种子吸胀和萌发。种子有休眠现象，最适宜的发芽温度为 15～22℃。由于花果期长、成熟期不一致，同时有较厚的种皮和外壳，因而出苗较迟，发生期较长。5 月始苗，田间无明显高峰期，整个生育期均可陆续出苗。出苗要求土壤有较高的湿度，土壤含水量 10% 以下很难出苗。合萌耐酸、耐高温、耐水淹，但干旱能抑制其生长发育，10～15cm 土深处含水量仅约 4% 时，植株细矮，难以开花结实。生长良好的合萌株高可达 160cm 左右，全株结荚多达约 250 个。田间施用磷肥较多，也有利于其生长。果实含生物碱、皂苷、鞣质。种子含脂肪油，有毒，不可食用。

分布与危害　中国分布较广，黄河、长江流域以南地区均有分布。在低湿旱田及稻田均有发生，秋熟旱作田发生量较小，多为一般杂草。随着直播稻的大力推广，特别是在江苏、浙江地区，合萌的发生频率和发生量呈现上升趋势，有发展成主要杂草的风险。

防除技术　应采取农业防治和化学防治相结合的方法，也应考虑综合利用等措施。

农业防治　精选种子，防止合萌种子通过混入作物种子

合萌植株形态（张治摄）

①群体；②植株；③花序；④果实；⑤种子；⑥幼苗

中传入农田。施用充分腐熟的堆肥，杀死草种，减少发生率。清理田埂杂草，防止种子传入田间。薄膜覆盖，控制出草。建立良好的田间排水系统，降低田间湿度，抑制合萌萌发和生长。提高播种质量，合理密植，适当缩小作物行距，促使提前封行，抑制合萌出苗和生长。水稻田采取拦网网捞等措施洁净灌溉水，防止种子通过水流传入田间。在合萌开花前采用拔、铲、锄等人工方式防除，或中耕除草机等进行机械除草。

化学防治　在秋熟旱作田可选用酰胺类除草剂乙草胺、异丙甲草胺、精异丙甲草胺和二硝基苯胺类氟乐灵、二甲戊灵以及有机杂环类除草剂异噁草松进行土壤封闭处理。针对不同秋熟旱作物种类可选取针对性的除草剂品种，玉米田还可用对羟基苯丙酮酸双加氧酶（HPPD）抑制剂类除草剂异噁唑草酮。玉米和大豆田可用乙酰乳酸合成酶抑制剂唑嘧磺草胺。大豆、花生和棉花田可用原卟啉原氧化酶抑制剂丙炔氟草胺。对于没有完全封闭防除的残存植株可进行茎叶喷雾处理，大豆、花生田可用二苯醚类除草剂氟磺胺草醚、乙羧氟草醚以及有机杂环类除草剂灭草松。玉米田还可用激素类除草剂二氯吡啶酸、氯氟吡氧乙酸，乙酰乳酸合成酶抑制剂烟嘧磺隆、砜嘧磺隆，以及对羟基丙酮酸单加氧酶抑制剂硝磺草酮、苯唑草酮等。棉花田可用乙羧氟草醚进行茎叶处理。

防除水稻田的合萌，可以在水稻4叶期后，选用激素类除草剂氯氟吡氧乙酸、2甲4氯、氯氟吡啶酯，对合萌防除效果较好。

综合利用　合萌具有较强的固氮潜力，也具有很强的富集锌能力，其质地柔软，茎叶肥嫩，适口性好，营养价值高，且含有动物所需的全部氨基酸，是优良的绿肥作物。合萌味甘、苦，性微寒，归肺、胃经，全草入药，具有清热利湿、利尿、通乳等功效。合萌含有槲皮素、萹蓄苷、异槲皮苷、芦丁等黄酮类物质，具有抗氧化、抑菌、抗炎及抗过敏等药理活性，具有开发为药物的潜力。合萌茎髓质地轻软，耐水湿，可制遮阳帽、浮子、救生圈和瓶塞等。

参考文献

崔伟，邹长明，张晓红，等，2017. 7种豆科作物的光合作用和养分富集特征 [J]. 湖南农业大学学报（自然科学版），43(1): 7-11.

李儒海，褚世海，黄启超，等，2017. 湖北省花生主产区花生田杂草种类与群落特征 [J]. 中国油料作物学报，39(1): 106-112.

石磊，邹利军，沈旦军，2015. 稻田杂草发生与防治技术探讨 [J]. 农药市场信息 (10): 52-53.

萧运峰，孙发政，尹良治，1989. 合萌的生态生物学特性及其经济性状评价 [J]. 中国草地 (5): 23-28.

朱媛媛，2017. 合萌黄酮类成分的提取分离及其生物活性的研究 [D]. 镇江：江苏大学.

左然玲，2007. 稻麦轮作田杂草迁移动态规律研究及其调控技术 [D]. 南京：南京农业大学.

（撰稿：周小刚、宋小玲、朱建义；审稿：黄春艳）

鹤虱　*Lappula myosotis* Moench

夏熟作物田一年生杂草。又名赖毛子、粘珠子、东北鹤虱。英文名 european stickseed。紫草科鹤虱属。

形态特征

成株　高30～60cm。茎直立，中部以上多分枝，密被白色短糙毛（图①②）。单叶互生；基生叶长圆状匙形，全缘，先端钝，基部渐狭成长柄，长达7cm（包括叶柄），宽3～9mm，两面密被有白色基盘的长糙毛；茎生叶较短而狭，披针形或线形，扁平或沿中肋纵折，先端尖，基部渐狭，无叶柄。（图③）花序在花期短，果期伸长，长10～17cm；苞片线形，较果实稍长；花梗果期伸长，长约3mm，直立而被毛；花萼5深裂，几达基部，裂片线形，急尖，有毛，花期长2～3mm，果期增大呈狭披针形，长约5mm，星状开展或反折；花冠比萼片稍长，淡蓝色，漏斗状至钟状，长约4mm，檐部直径3～4mm，裂片长圆状卵形，喉部具5个长圆形的附属物；子房深4裂，柱头扁球形。

子实　小坚果卵状（图④），长3～4mm，背面狭卵形或长圆状披针形，通常有颗粒状疣突，稀平滑或沿中线龙骨状突起上有小棘突，边缘有2行近等长的锚状刺，内行刺长1.5～2mm，基部不连合，外行刺较内行刺稍短或近等长，通常直立，小坚果腹面通常具棘状突起或有小疣状突起；花柱伸出小坚果但不超过小坚果上方的刺。

幼苗　子叶出土，阔卵形，长9mm，宽6mm，有小突尖，被短睫毛，上面密生白色短茸毛，具短柄。下胚轴发达，上胚轴不发育。初生叶2，阔椭圆形，被长睫毛。后生叶长椭圆形，其他与初生叶相似。

生物学特性　鹤虱具有旺盛的生命力，耐旱、耐贫瘠、抗寒、抗病虫害，对环境适应能力强。种子繁殖，在整个生育期内种子随时可以萌发，并开花结实。花期5～6月，果期7～8月。特别干旱时植株仍能结实，完成其生活周期。有时可一年完成2次生活周期。

分布与危害　中国主要分布于东北、华北、西北地区。在干旱、砂质土壤的丘陵、道路两旁、荒地、草地、林间空地，甚至农田里都有鹤虱呈点状、带状、片状分布。

鹤虱侵入小麦、青稞、燕麦、油菜、牧草场之后，能迅速繁殖，形成优势种群，抑制作物和牧草生长，造成作物产量损失和草场品质下降。此外，鹤虱的果实成熟后，其钩刺十分坚硬，对羊造成机械损伤，使羊不同程度地发生乳房炎、阴囊炎、蹄甲炎及跛行；羊采食后容易刺伤口腔，刺破肠胃黏膜等，影响正常的消化吸收功能，严重时造成肠胃穿孔，引起死亡。

防除技术　应采取包括农业防治、化学防治、综合利用相结合的方法。

农业防治　结合种子处理清除杂草的种子，并结合耕翻、整地，消灭土表的杂草种子。实行定期的水旱轮作或单双子叶作物轮作，减少杂草的发生。提高播种的质量，一播全苗，以苗压草。

化学防治　麦类作物田可选用异丙隆、氟噻草胺、吡氟酰草胺，或者氟噻草胺与吡氟酰草胺复配剂在播后苗前进行土壤封闭处理；氯氟吡氧乙酸异辛酯、吡氟酰草胺、苯磺隆、啶磺草胺、环吡氟草酮、吡草醚、啶磺草胺与氟氯吡啶酯的复配剂等茎叶处理均可有效防除鹤虱。禾本科草原牧场中发生的鹤虱可用苯达松、氯氨吡啶酸茎叶喷雾处理。油菜田可选用草除灵、二氯吡啶酸等，进行茎叶处理。

鹤虱植株形态（周小刚摄）

①植株；②茎；③花序；④果实

综合利用　果实入中药，具有杀虫功效，临床用于治疗蛔虫病、蛲虫病等所引起的虫积腹痛。

参考文献

苟智强，刘欢，赵桂琴，等，2018. 两种除草剂混配在燕麦田的应用效果研究 [J]. 草原与草坪，38(3): 73-78.

李扬汉，1998. 中国杂草志 [M]. 北京：中国农业出版社：131-132.

潘巧芝，郭满平，2020. 环县小麦田杂草发生种类及危害情况调查 [J]. 现代农业科技 (10): 79-80.

王波，刘会，1996. 双辽县草场的东北鹤虱草及其危害 [J]. 草业科学，13(3): 55-56.

中国科学院中国植物志编辑委员会，1989. 中国植物志：第六十四卷 第二分册 [M]. 北京：科学出版社：193.

（撰稿：刘胜男；审稿：宋小玲）

红果黄鹌菜　*Youngia erythrocarpa* (Vant.) Babc. et Stebb.

夏熟作物田、园地一二年生杂草。英文名 redfruit youngia。菊科黄鹌菜属。

形态特征

成株　高 50～100cm（图①②）。根细，生多数细根与须根。茎直立，全茎多分枝，分枝伞房圆锥花序状或仅上部伞房圆锥状，分枝纤细，全部茎枝无毛。基生叶全形倒披针形，长 6cm、宽 3cm，大头羽状全裂，有长达 5cm 的叶柄，顶裂片宽卵状三角形或三角状戟形，顶端急尖或钝，边缘有锯齿，齿顶有小尖头，侧裂片 2～3 对或 1 对，顶端急尖，边缘有锯齿；茎生叶互生，多数，与基生叶同形并等样分裂，基部有短柄；接花序分枝处的叶不裂，长椭圆形，向两端收窄，基部无柄或有短柄；全部叶两面被稀疏的皱波状多细胞节毛或脱毛。头状花序多数，在茎枝顶端排成伞房圆锥花序，花序梗纤细，含 10～13 枚舌状小花（图③）；总苞圆柱状，长 4～6mm；外层总苞片极小，卵形或宽卵形，长 0.5～0.8mm、宽 0.5～0.6mm，顶端急尖或短渐尖，内层披针形，长 4～6mm、宽约 1mm，顶端急尖，边缘白色狭膜质，内面被稀疏贴伏的短糙毛；舌状小花黄色，花冠管外面有白色短柔毛。

子实　瘦果暗红色，纺锤状，长约 2.5mm，向顶渐窄成粗短的喙状物，有 11～14 条粗细不等的纵肋（图④⑤）。冠毛白色，长 2.5mm，微糙毛状。

幼苗　初生真叶多发育完全，呈椭圆形，基部有裂（图⑥）。可耐低温。

生物学特性　主要以种子繁殖，种子萌发需光，在中强光刺激下萌发率较高。秋季发芽出苗，以幼苗越冬，来年返青营养生长，5～7 月开花、结果。种子边成熟边脱落，借冠毛随风传播。

红果黄鹌菜植株形态（张治摄）
①②植株及生境；③花序；④⑤果实；⑥幼苗

分布与危害 中国分布于安徽、浙江、四川、贵州和云南等地。适生于海拔460～1850m的山坡草丛、沟地及平原荒地。对温度、湿度无太多要求，具有很强的适应性。常生于荒地、路边或灌丛内。通过不断长出新植株，并向周围扩展的方式危害果树、茶树，也是路埂杂草。夏熟作物田发生量小，危害轻。

红果黄鹌菜对紫花苜蓿具有化感作用，使紫花苜蓿种子萌发率和幼苗生长都受到了抑制。

防除技术 见黄鹌菜。

综合利用 全草入药，有清热消炎、止痛止痒之效。另外，嫩叶供食用或作饲料。红果黄鹌菜对镉元素具有超富集能力，可以减少和治理镉对土壤的污染。

参考文献

董旭，2014. 应用园林植物替代控制城市杂草的方案研究——以上海地区为例 [D]. 上海：上海师范大学.

李扬汉，1998. 中国杂草志 [M]. 北京：中国农业出版社：393-394.

宁博，2014. 红果黄鹌菜（Youngia erythrocarpa）对 Cd 的超富集机理研究 [D]. 成都：四川农业大学.

强胜，2009. 杂草学 [M]. 2 版. 北京：中国农业出版社.

尹亚丽，李红旭，王俊，等，2009. 杂草对紫花苜蓿的化感作用 [J]. 草业科学，26(12): 131-135.

中国科学院中国植物志编辑委员会，1979. 中国植物志：第八十卷 第一分册 [M]. 北京：科学出版社：158.

LIN L J, NING B, LIAO M A, et al, 2015. Youngia erythrocarpa, a newly discovered cadmium hyperaccumulator plant [J]. Environment monitor assessment, 187(1): 4205.

（撰稿：左娇、毛志远；审稿：宋小玲）

红花酢浆草 *Oxalis corymbosa* DC.

秋熟旱作物田多年生杂草。又名铜锤草、大酸味草、多花酢浆草、紫花酢浆草、南天七。英文名 pink woodsorrel。酢浆草科酢浆草属。

形态特征

成株 无地上茎，地下部分有球状鳞茎（图②），外层鳞片膜质，褐色，背具 3 条肋状纵脉，被长缘毛，内层鳞片呈三角形，无毛。指状三出复叶，基生（图①）；叶柄长 5～30cm 或更长，被毛；小叶扁圆状倒心形，长 1～4cm、宽 1.5～6cm，顶端凹入，两侧角圆形，基部宽楔形，表面绿色，被毛或近无毛；背面浅绿色，通常两面或有时仅边缘有干后呈棕黑色的小腺体，背面尤甚并被疏毛；托叶长圆形，顶部狭尖，与叶柄基部合生。总花梗基生，二歧聚伞花序，通常排列成伞形花序式，总花梗长 10～40cm 或更长，被毛；花梗、苞片、萼片均被毛；花梗长 5～25mm，每花梗有披针形干膜质苞片 2 枚；萼片 5，披针形，长 4～7mm，先端有暗红色长圆形的小腺体 2 枚，顶部腹面被疏柔毛；花瓣 5，倒心形，长 1.5～2cm，为萼长的 2～4 倍，淡紫色至紫红色，基部颜色较深。雄蕊 10 枚，长的 5 枚超出花柱，另 5 枚长至子房中部，花丝被长柔毛；子房 5 室，花柱 5，被锈色长柔毛，柱头浅 2 裂（图③④）。

子实 蒴果，短条形，角果状，长 1.7～2cm，有毛。

幼苗 子叶出土，卵圆形；下胚轴发达，略带红色，上胚轴不发达；初生叶 1 片，互生，小叶 3，宽倒心形至倒肾形，先端凹缺，被毛和红棕色小腺点。

生物学特性 多年生无茎草本，适生于潮湿、疏松的土壤，生于低海拔的山地、路旁、荒地中。红花酢浆草耐瘠薄、耐渍、耐酸碱性土壤，抗寒性强，对环境适应性极强。以地下鳞茎繁殖为主，也有种子繁殖。花果期 6～9 月。鳞茎是无性繁殖体，数量多，极易分离，再生能力强，繁殖迅速；鳞茎也是种群抵抗不良环境条件的休眠体。红花酢浆草具有很强的可塑性，如水分胁迫下，植株株形紧缩，叶柄缩短，叶表面积减小，叶片寿命缩短；种群生长期缩短，存活率提高，无性繁殖产量降低。竞争条件下，株形高大，生物量在单株和鳞茎上的分配显著增加；植株生长速率增加，生长期延长。遮阴条件下，种群生长期缩短，提早繁殖、提前死亡，快速完成生活史。研究表明红花酢浆草比同属本地种酢浆草有更强的耐旱能力，且在混合种植下具有较强的夺水和光合竞争能力。

分布与危害 原产南美热带地区，中国长江以北各地作为观赏植物引入，南方各地已逸为野生，日本亦然。中国分布于华东、华中、华南、河北、陕西、四川和云南等地；中国南北各地均有栽培。红花酢浆草是秋熟旱作田、蔬菜地、果园地常见杂草，能明显抑制本地物种的萌发和生长，形成优势种群，对生物多样性、生态环境、农业生产和城市园林绿化美化构成了严重的影响。发生在玉米田的红花酢浆草在玉米长出 3～4 片叶时达到繁殖的高峰期，其长势强和生长速度快，快速遮盖玉米幼苗，与玉米争光、争水、争肥，抑制玉米生长，导致玉米长势弱，影响产量。

防除技术

农业防治 高度重视红花酢浆草刚入侵的耕地，发现后应立即连地下部分一起人工清除，避免其繁殖，增加除草成本。选择在红花酢浆草生长旺盛期前或未形成鳞茎前人工或机械拔除，并及时清除翻出土壤的鳞茎。长期水渍、干旱能使植株枯黄，花的数量减少，因此发生严重的田块如有条件

红花酢浆草植株形态（①张治摄；其余宋小玲摄）

①植株；②球状鳞茎；③花序；④花

可以通过长期淹水或干旱来防除。

化学防治　见酢浆草。除草剂仅能杀死地上部分，对地下部分影响不大。

综合利用　红花酢浆草全草可入药，有清热、消肿之效。盆栽或作草坪供观赏和绿化。

参考文献

陈明林，王友保，2008. 水分胁迫下外来种铜锤草和本地种酢浆草的生理指标比较研究 [J]. 草业学报，17(6): 52-59.

李扬汉，1998. 中国杂草志 [M]. 北京：中国农业出版社：731.

孙永明，李小飞，俞素琴，等，2017. 茶园不同控草措施效果比较 [J]. 南方农业学报，48(10): 1832-1837.

杨娟，2001. 爆发型种群（*Explosive population*）铜锤草数量动态，及其生态学机制研究 [D]. 重庆：西南师范大学.

中国科学院中国植物志编辑委员会，1979. 中国植物志：第四十三卷 第一分册 [M]. 北京：科学出版社：10.

（撰稿：姚贝贝；审稿：宋小玲）

红鳞扁莎　*Pycreus sanguinolentus* (Vahl) Nees

水田常见一年生杂草。有矮红鳞扁莎、红边扁莎、黑扁莎 3 个变型。英文名 purple-glume flat sedge、loodred pycreus。莎草科扁莎属。

形态特征

成株　高 7～40cm（图①②）。根为须根。秆密丛生，扁三棱形，平滑。叶稍多，常短于秆，少有长于秆，宽 2～4mm，平展，边缘具白色透明的细刺。苞片 3～4 枚，叶状，近于平向展开，长于花序；简单长侧枝聚伞花序具 3～5 个辐射枝（图③）；辐射枝有时极短，因而花序近似头状，有时可长达 4.5cm，由 4～12 个或更多的小穗密聚成短的穗状花序；小穗辐射展开，长圆形、线状长圆形或长圆状披针形，长 5～12mm、宽 2.5～3mm，具 6～24 朵花；小穗轴直，四棱形，无翅；鳞片稍疏松地覆瓦状排列，膜质，卵形，顶端钝，长约 2mm，背面中间部分黄绿色，具 3～5 条脉，两侧具较宽的槽，麦秆黄色或褐黄色，边缘暗血红色或暗褐红色；雄蕊 3，少 2，花药线形；花柱长，柱头 2，细长，伸出于鳞片之外。

子实　小坚果圆倒卵形或长圆状倒卵形，双凸状，稍肿胀，长为鳞片的 1/2～3/5，成熟时黑色（图④）。

幼苗　子叶留土。种子萌发时，首先胚芽伸出地面，外表裹着膜质透明的胚芽鞘，其形状呈长方形，上半部有红色斑点，先端具有突尖，中央有一条红色叶脉，随后，从胚芽鞘穿出第一片真叶，叶片呈线形，长 1.2cm、宽 0.5mm，横剖面呈三角形，有 5 条明显的直出平行脉；叶鞘膜质，有 10 条紫红色的脉；第二片真叶与前叶相似。暗绿色，直立，无毛。

生物学特性　生长于河滩、田边、潮湿地，或长于浅水处，多在向阳的地方。种子繁殖，自 4～6 月，种子不断萌发形成幼苗。花果期 7～12 月。

分布与危害　分布很广，遍及中国大部分地区，包括东北、内蒙古、山西、陕西、甘肃、新疆、山东、河北、河南、江西、湖南、江西、福建、广东、广西、贵州、云南、四川等地；中南半岛、非洲、印度、菲律宾、印度尼西亚、日本、俄罗斯、澳大利亚也有分布。红鳞扁莎分布虽广，但发生量小，危害轻。主要危害水稻及水生蔬菜等，于排、灌渠两侧生长尤多。

防除技术

农业防治　机械清除或人工拔除。通过及时清除田边杂草、选用清洁灌溉水源或在水源入田前进行适当过滤、翻耕深埋杂草种子等措施，减少土壤中可萌发种子数量。

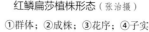
红鳞扁莎植株形态（张治摄）
①群体；②成株；③花序；④子实

化学防治　水稻等种植前用丙草胺、苯噻草胺、丁草胺等进行封闭，能在很大程度上抑制其种子的萌发和出苗。出苗后可选用 2 甲 4 氯、灭草松、苄嘧磺隆等选择性除草剂进行防除。非耕地则选用草甘膦、草铵膦来进行防除。

生物防治　果园等可以种植覆盖性好的植物进行替代控制。提升播种质量，以苗压草。通过水田养殖鸭、鱼、虾、蟹等，抑制杂草萌发与生长。

综合利用　有医药用途。根可用于医治肝炎。全草有清热解毒、除湿退黄的作用。

参考文献

丁邦元，周代友，2007. 直播稻田杂草的防除技术 [J]. 安徽农学通报，13(4): 196-196.

李扬汉，1998. 中国杂草志 [M]. 北京：中国农业出版社.

梁帝允，张治，2013. 中国农区杂草识别图册 [M]. 北京：中国农业科学技术出版社.

刘刚，2017. 山东省稻田杂草综合治理技术 [J]. 农药市场信息 (21): 56-57.

颜玉树，1990. 水田杂草幼苗原色图谱 [M]. 北京：科学技术文献出版社.

（撰稿：姚贝贝；审稿：刘宇靖）

红尾翎　*Digitaria radicosa* (Presl) Miq.

秋熟作物田一年生杂草。又名小马唐。英文名 trailing crabgrass。禾本科马唐属。

形态特征

成株　秆匍匐地面，下部节生根，直立部分高 30～50cm（见图）。叶鞘短于节间，无毛至密生或散生柔毛或疣基柔毛；叶舌长约 1mm；叶片较小，披针形，长 2～6cm、宽 3～7mm，下面及顶端微粗糙，无毛或贴生短毛，下部有少数疣柔毛。总状花序 2～3（4）枚，长 4～10cm，着生于长 1～2cm 的主轴上，穗轴具翼，无毛，边缘近平滑至微粗糙；小穗孪生，柄顶端截平，粗糙；小穗狭披针形，长 2.8～3mm，为其宽的 4～5 倍，顶端尖或渐尖；小穗含有小花 2 朵；第一颖三角形，长约 0.2mm；第二颖长为小穗 1/3～2/3，具 1～3 脉，长柄小穗的颖较长大，脉间与边缘生柔毛；第一外稃等长于小穗，具 5～7 脉，中脉与其两侧的脉间距离较宽，正面见有 3 脉，脉平滑，不具锯齿状粗糙，侧脉及边缘生柔毛；第二外稃黄色，厚纸质，有纵细条纹；花药 3，长 0.5～1mm。

子实　颖果狭披针形，长约 3mm、宽 0.5～0.7mm，稃片边缘有柔毛或光滑无毛。

生物学特性　为一年生草本植物，以种子繁殖。适生于农田、丘陵、路边、湿润草地上。花果期夏秋季。红尾翎为二倍体植物，染色体 $2n=18$。

分布与危害　中国分布于安徽、福建、重庆、广东、广西、贵州、湖南、湖北、海南、江苏、江西、四川、台湾、云南、浙江；国外分布于印度、印度尼西亚、日本、马来西亚、缅甸、尼泊尔、菲律宾、泰国、澳大利亚、马达加斯加、印度洋岛、太平洋群岛；被引进巴基斯坦、坦桑尼亚和其他一些地方。危害玉米、大豆、蔬菜、甘蔗等秋熟作物，为一般性杂草。

防除技术

农业防治　见马唐。

化学防治　根据作物田不同，选取合适的除草剂，适期用药，能达到理想的防除效果。在秋熟旱作田可选用乙草胺、异丙甲草胺、氟乐灵、二甲戊乐灵以及异噁草松在红尾翎种子萌芽前或者萌发期，进行土壤封闭处理。针对不同秋熟旱作物种类可选取针对性的除草剂品种，玉米田还可用异噁唑草酮作土壤封闭处理。对于没有完全封闭住的残存个体，在红尾翎开花前，阔叶作物大豆田等中可用烯禾啶、烯草酮和精吡氟禾草灵、精喹禾灵、高效氟吡甲禾灵等进行茎叶处理；玉米田可用莠去津、烟嘧磺隆、砜嘧磺隆、异噁唑草酮、硝磺草酮等进行茎叶喷雾处理。

综合利用　红尾翎是一种优良牧草，可以饲养畜禽。红尾翎叶片提取物具有显著的体外抗氧化潜力和良好的抗菌活性。

参考文献

李扬汉，1998. 中国杂草志 [M]. 北京：中国农业出版社：1208-1209.

朱云枝，强胜，2004. 马唐病原真菌的分离筛选及其致病力测定 [J]. 中国生物防治 (3): 206-210.

CHEN S L, LI D Z, ZHU G H, et al, 2006. Flora of China [M]. Beijing: Science Press: 542.

KALAIYARASU T, KARTHI N, SHARMILA G V, et al, 2016. In vitro assessment of antioxidant and antibacterial activity of green synthesized sliver nanoparticles from *Digitaria radicosa* leaves [J]. Asian journal pharmaceutical & clinical research, 9(1): 297-302.

（撰稿：范志伟；审稿：宋小玲）

红尾翎植株形态（范志伟摄）

红足蒿 *Artemisia rubripes* Nakai

林地、农田、路边、果园、茶园多年生杂草。又名大狭叶蒿、小香艾、红茎蒿。英文名 ruber wormwood、redfoot wormwood。菊科蒿属。

形态特征

成株 高 75～180cm。双子叶植物。茎少数或单生，有细纵棱，基部通常红色，上部褐色或红色（见图）；中部以上分枝，枝长 10～20（～30）cm；茎、枝初时微被短柔毛，后脱落无毛。叶互生，上面绿色无毛或近无毛，背面除中脉外密被灰白色蛛丝状茸毛；营养枝叶与茎下部叶近圆形或宽卵形，二回羽状全裂或深裂，具短柄；中部叶卵形、长卵形或宽卵形，长 7～13cm、宽 4～10cm；（一至）二回羽状分裂，第一回全裂；每侧裂片 3～4，再次羽状深裂或全裂，每侧具 2～3 小裂片或为浅裂齿，叶柄长 0.5～1cm，基部常有小型假托叶；上部叶椭圆形，羽状全裂，每侧具裂片 2～3，裂片线状披针形或线形，先端锐尖，不再分裂或偶有小裂齿，无柄，基部有小型的假托叶；苞片叶小，3～5 全裂或不裂。头状花序筒状或狭钟状，长 2～2.5mm、直径 1～1.5mm，下具短梗，于茎端及枝端排列成疏松的圆锥花序；总苞片 3 层，稍被蛛丝状毛，边缘膜质，外围小花雌性，花冠细管状，中央花两性，花冠狭钟状，檐部紫或黄色。花序托凸起，裸露。

子实 瘦果长圆状椭圆形，长 1.3～1.5mm，浅褐色，有纵条棱，顶端有短冠状膜质冠毛。

幼苗 子叶对生，近圆形，基部下延成短鞘状的叶柄，第一对真叶对生，椭圆形，长 1.3～1.4cm、宽约 7mm，下延成长 6mm 的叶柄，背面有少数蛛丝状毛，腹面有稀疏的短毛，第三片真叶掌状 3 裂，中央裂片常见 3 浅裂，背面有稀疏单毛及蛛丝状毛，边缘有稀疏的齿尖。

生物学特性 主要生于低海拔地区的荒地、草坡、森林草原、灌丛、林缘、路旁、河边及草甸等。以种子及根茎繁殖。花期 8～9 月，果期 9～10 月。染色体 2n=16。

分布与危害 中国主要分布于黑龙江、吉林、辽宁、内蒙古（东部）、河北、山西、山东、江苏、安徽、浙江、江西（北部）及福建（北部）等地。集中分布在森林草原和草原地带，多生于林缘灌丛、草坡或沙地上，形成优势种破坏生物多样性。侵入到农田、路旁、果园和茶园内危害。红足蒿可与农作物争夺水分、养分和光能，其根系发达，吸收土壤水分和养分的能力很强，而且生长优势强，耗水、耗肥，

常超过作物生长的消耗；其株高常高出作物，影响作物对光能利用，干扰并限制作物的生长。此外，作为作物病害和虫害的中间寄主，病菌和害虫常年在红足蒿植株上或根部寄生或过冬，翌年春天再迁移到作物上进行危害，进而降低农作物产量和品质。

防除技术 见艾蒿。

综合利用 入药作"艾"的代用品，有温经、散寒、止血作用。红足蒿为朝鲜民族的传统草药，临床用于治疗胃痛、呕吐、腹泻和止血等症。湖南红足蒿野生资源十分丰富，民间为药食两用植物，其乙醇提取对大肠杆菌（*Escherichia coli*）、枯草芽孢杆菌（*Bacillus subtilis*）的抑菌效果明显。红足蒿挥发油对烟草甲（*Lasioderma serricorne*）具有明显的趋避效果，具有进一步开发为植物源农药的潜力。

参考文献

程昉，张雨薇，邵明凯，等，2019. 5 种蒿属植物挥发油对烟草甲和嗜卷书虱的趋避活性分析 [J]. 烟草科技，52(11): 17-22.

戴小阳，董新荣，2010. 湖南红足蒿嫩叶化学成分研究 [J]. 西北植物学报，30(6): 1259-1263.

戴小阳，谢勉，李霞，等，2012. 红足蒿提取物抑菌活性的筛选 [J]. 安徽农业科学，40(10): 5886-5890.

李扬汉，1998. 中国杂草志 [M]. 北京：中国农业出版社：259-260.

中国科学院中国植物志编辑委员会，1991. 中国植物志：第七十六卷 第二册 [M]. 北京：科学出版社：115.

JUNG S, LEE J H, LEE Y C, et al, 2012. Inhibition effects of isolated compounds from *Artemisia rubripes* Nakai of the classical pathway on the complement system [J]. Journal of immunopharmacology, 34(2): 244-246.

（撰稿：杜道林、游文华；审稿：宋小玲）

红足蒿花枝（周立新摄）

狐尾藻 *Myriophyllum verticillatum* L.

水田多年生沉水杂草。又名轮叶狐尾藻。英文名 verticillate watermilfoil、whorlleaf watermilfoil。小二仙草科狐尾藻属。

形态特征

成株 长 20～40cm（图①②）。茎圆柱形，多分枝。叶 3～5 枚轮生，通常 4 枚；水中叶较长，长 4～5cm，丝状全裂，裂片 8～13 对，互生，长 0.7～1.5cm，无叶柄；水上叶互生，披针形，较强壮，鲜绿色，长约 1.5cm，裂片较宽。秋季于叶腋中生出棍棒状冬芽而越冬。花单性（图③），雌雄同株、单生于水上叶腋内，每轮有 4 朵花，花无柄，比叶片短；雌花生于水上茎下部叶腋中；萼片与子房合生，顶端 4 裂，裂片较小，长不到 1mm，卵状三角形；花瓣 4，椭圆形，早落；雌蕊 1，子房广卵形，4 室，柱头 4 裂、裂片三角形；雄花有雄蕊 8，花药椭圆形，长 2mm，淡黄色，花丝丝状，开花后伸出花冠外。

子实 果实广卵形，长 3mm，具 4 条浅槽，顶端具残存的萼片及花柱。种子小，有胚乳。

幼苗 子叶出土。子叶呈带状，长 8mm、宽 0.6mm，

狐尾藻植株形态（强胜摄）
①生境群落；②植株；③花果序

先端急尖，全缘，两叶基部互相连合，无明显叶脉，无叶柄。下胚轴很发达，上胚轴不甚发达，呈圆柱状。初生叶 2 片，对生，单叶，叶片为羽状裂叶，裂片呈线状，先端急尖，全缘，无明显叶脉。后生叶与初生叶类似。幼苗光滑无毛。

生物学特性　喜无日光直射的明亮之处，其性喜温暖，较耐低温，在 16～26℃的温度范围内生长较好，越冬温度不宜低于 4℃。夏季从露出水面的叶腋中开白色小花。越冬芽、根茎及种子繁殖。

分布与危害　中国南北各地均有分布。生于静水的池沼中，常与穗状狐尾藻混在一起；河川、水渠中也有，为世界广布种。常发于持水水稻、莲藕、慈姑田，滋生耗氧，争夺养分，造成水稻等作物减产。人工养殖狐尾藻虽然可用于净化湖水中的水质，但是狐尾藻对环境的适应能力强，生长繁殖速度快，不严格管理会很快遍布整个水域，产生竞争效应，导致其他水生植物死亡，破坏水生生态系统植物多样性，情况严重的时候会堵塞河道，还容易滋生病虫害。

防除技术

农业防治　目前，狐尾藻的防除主要靠人工打捞进行治理。

化学防治　水田可用扑草净进行处理。

综合利用　狐尾藻作为园林水景植物和室内观赏水族养殖过程中的布景材料应用比较广泛。同时，狐尾藻也用于解决地表水体富营养化，尤其对于去除地表水中大量存在的氮磷具有显著的效果。全草可以作为鱼和猪饲料。

参考文献

贾一非、袁涛、马映东，2015. 狐尾藻对园林水景污染水体的净化作用 [J]. 西北林学院学报，30(6): 250-254.

李扬汉，1998. 中国杂草志 [M]. 北京：中国农业出版社.

潘畅，2011. 生态沟渠对氮磷的净化及狐尾藻对氮的去除研究 [D]. 武汉：华中农业大学.

颜玉树，1990. 水田杂草幼苗原色图谱 [M]. 北京：科学技术文献出版社.

朱兴娜、施雪良，2011. 狐尾藻的生产栽培与园林应用 [J]. 南方农业（园林花卉版），5(12): 15-16.

（撰稿：周凤艳；审稿：刘宇婧）

湖南省杂草防治协同创新中心　Hunan Provincial Collaborative Innovation Center for Field Weeds Control

于 2012 年成立并于 2014 年经湖南省认定的省级协同创新中心。现任中心主任金晨钟教授，首席专家柏连阳院士。

2011 年，由湖南人文科技学院柏连阳教授倡议并牵头，联合湖南农业大学、湖南省农业科学院（湖南省植物保护研究所）、湖南海利高新技术产业集团有限公司（湖南海利化工股份有限公司）等单位杂草防控相关人员和平台资源，共同组建面向行业产业的"农田杂草防控技术与应用协同创新中心"，各共建单位于 2012 年正式签署共建协议，各方就科学研究、知识产权、社会服务、人才培养和队伍建设等方面进行深度合作，保障协同创新中心内部研究平台资源、技术资源、人才资源和知识成果共享达成共识；中心于 2014 年经专家评审认定为"省级 2011 协同创新中心"。柏连阳教授担任首届中心主任兼首席专家。

协同中心成立以来，主要针对湖南及长江中下游地区农田草害，开展杂草防控技术开发和应用研究。现有杂草抗药性监测与治理、新型高效除草剂研制与开发、除草剂安全剂研究、生态控草技术研究与开发应用、农田杂草生物学研究和农田杂草高效安全防控技术集成等 6 个研究方向。经过多年的探索和实践，中心形成了以任务导向和目标导向为核心的独立性、紧密型科研组织形式，中心的主要目标为探索农田杂草综合防控技术与应用的新体系,实现产学研用一体化,为中国农田杂草综合防控技术的可持续发展提供理论、技术、产品和人才支撑。牵头单位与协同单位间通过任务、项目、目标导向建立创新团队,网罗人才,展开研究,在农田杂草防控技术与应用领域获得了一批协同创新研究新成果。自中心组建以来,中心共承担了与杂草防控相关的国家级科研项目 10 项,省部级科研项目 37 项,企事业单位重大研发项目 12 项。

在杂草抗药性方面,阐明了稗草通过增强代谢降解除草剂,分泌化感物质抑制水稻生长以适应环境胁迫的新机制,以及牛筋草草甘膦抗性新机制;发明了早期即时的杂草抗药性快速检测方法;制订了首个杂草抗药性监测国家行业标准,完成中国首个杂草抗药性监测动态平台。在杂草防控技术集成和药害治理方面,发明了"抑芽、控长、杀苗"的有机控草肥抑草技术,以降解菌剂和植物源安全剂协同治理除草剂药害为核心,建立了以有效控制杂草、作物安全生产为目标的除草剂药害安全高效防控技术体系。累计获得授权发明专利 15 项,开发新产品 8 个,制定行业标准 6 个,获国家级科技奖励 3 项,省部级科技奖励 6 项。

（撰稿：李静波；审稿：金晨钟）

虎尾草　*Chloris virgata* Swartz

秋熟旱作物田一年生杂草。又名棒槌草、刷子头、盘草。英文名 showy chloris。禾本科虎尾草属。

形态特征

成株　株高 20～60cm（图①②）。秆丛生,直立、斜升或基部膝曲,无毛,淡紫红色。叶鞘无毛,背具脊,叶舌具微纤毛;叶片条状披针形。穗状花序 4～10 枚簇生秆顶,呈指状排列（图③）;小穗排列于穗轴的一侧,长 3～4mm,含 2～3 朵小花,第二小花不孕并较小;颖膜质,具 1 脉,第二颖有短芒;第一外稃具 3 脉,两边脉上密生长柔毛,生于上部的毛约与外稃等长;芒自顶端的下部伸出,长 4～8mm。

子实　颖果,长约 2mm,狭椭圆形或纺锤形,具光泽,透明,淡棕色或淡黄色（图④⑤）。

幼苗　第一叶长 6～8mm,叶下面多毛,叶鞘边缘膜质,有毛,叶舌极短（图⑥）。植株幼时铺散成盘状。

生物学特性　虎尾草是 C_4 植物,多生长在路旁荒野、河岸沙地、土墙及房顶上,适生于向阳地,砂质地更常见。种子繁殖,借风或黏附在动物体传播。华北地区 4～5 月出苗,花期 6～7 月,果期 7～9 月。虎尾草是一种典型的盐生植物,植株根系发达,茂密,具有较强的耐盐碱与耐旱性,可在盐碱地生存,甚至形成单优势盐生植物群落。虎尾草种子在盐溶液中保持一定活力,胁迫解除之后,仍能迅速萌发。经一定浓度盐锻炼后,虎尾草幼苗恢复生长的能力明显提高。国外报道虎尾草对草甘膦产生了抗药性;中国部分玉米田虎尾草种群对烟嘧磺隆产生了抗药性。

分布与危害　中国遍布各地;全球热带至温带均有分布。在黑龙江三江平原地区普遍发生。常见于农田,多群生。主要危害旱作物如棉花、玉米、谷子、高粱、花生、豆类等,果园及菜地也有生长;对花生危害较重,一般造成花生减产 5%～13%。虎尾草是高粱蚜的寄主。

防除技术

农业防治　作物种植之前,可对虎尾草种子进行诱发,减少土壤种子库中的种子量,从而达到竭库的目的,减少危

虎尾草植株形态（张治摄）
①生境；②成株；③花序；④⑤子实；⑥幼苗

害。深翻土壤，把掉落在表层土壤的虎尾草种子深翻至土层深处，可以减少出苗数量，同时也能灭除田间已经出苗的虎尾草。在作物生长期，结合机械施肥和中耕培土，防除行间杂草，可有效抑制虎尾草的危害，减少结实量，从而减少翌年发生量。稗草的新月弯孢菌株 ZXL07289a 和狗尾草平脐孺孢菌株 ZXL07290a 对虎尾草致病性强，且表现出寄主专一性，具有作为杂草生防菌株进一步开发成为微生物除草剂的潜力。

化学防治　以虎尾草危害较为严重的花生田为例，常用酰胺类除草剂如精异丙甲草胺、异丙甲草胺，在花生播前或播后苗前进行土壤封闭处理。出苗后的虎尾草可用乙酰辅酶A羧化酶抑制剂类除草剂精噁唑禾草灵、精喹禾灵等进行苗后茎叶处理。高粱田的虎尾草可用对羟基苯丙酮酸双加氧酶抑制剂类新型除草剂喹草酮或其与三氮苯类除草剂莠去津的复配剂茎叶喷雾处理，有极好的防除效果。其他秋熟旱作田见马唐。

综合利用　虎尾草是禾本科一年生优质牧草，广泛分布于中国各地，尤以北方居多，其富含大量的蛋白质，是家畜喜食的优质牧草。从虎尾草植株中提取的总黄酮对脑梗死也有一定的治疗作用。

参考文献

高兴祥，张纪文，李美，等，2020. 喹草酮与莠去津复配防除杂草效果及对高粱的安全性 [J]. 植物保护学报，47(6): 1370-1376.

刘杰，张建坤，张学政，2013. NaCl 胁迫下虎尾草种子萌发特性的研究 [J]. 北方园艺 (21): 92-94.

王英男，齐明明，张金伟，等，2015. 水势介导的不同胁迫对虎尾草种子发芽的影响 [J]. 草原与草坪，35(5): 28-31, 36.

吴翠霞，张宏军，张佳，等，2016. 玉米田主要杂草对烟嘧磺隆的抗性 [J]. 植物保护，42(3): 198-203, 260.

武玉和，2008. 虎尾草总黄酮胶囊治疗脑梗死 (瘀血阻络证)48 例的临床研究 [D]. 长春 : 长春中医药大学 .

张金林，庞民好，刘颖超，等，2005. 坪草腐霉病菌毒素产生除草活性物质的条件优化 [J]. 河北农业大学学报，28(4): 84-88.

赵杏利，2009. 中国北方部分地区主要禾本科杂草病原真菌资源研究 [D]. 北京 : 中国农业科学院 .

NGO T D, KRISHNAN M, BOUTSALIS P, et al, 2018. Target-site mutations conferring resistance to glyphosate in feathertop Rhodes grass (Chloris virgata) populations in Australia [J]. Pest management science, 74(5): 1094-1100.

（撰稿：陈景超、宋小玲；审稿：黄春艳）

互花米草　*Spartina alterniflora* L.

原产美洲的多年生外来入侵杂草。英文名 smooth cordgrass、atlantic cordgrass、saltmarsh cordgrass。禾本科米草属。

形态特征

成株　高 1~3m（图②）。植株茎秆坚韧、直立，直径在 1cm 以上。茎节具叶鞘，叶腋有腋芽。叶互生，呈长披针形，长可达 90cm、宽 1.5~2cm，具盐腺，根吸收的盐分大都由盐腺排出体外，因而叶表面往往有白色粉状的盐霜出现（图⑤）。地下部分通常由短而细的须根和长而粗的地下茎（根状茎）组成（图④）。根系发达，常密布于地下 30cm 深的土层内，有时可深达 50~100cm。圆锥花序长 20~45cm，具 10~20 个穗形总状花序，有 16~24 个小穗，小穗侧扁，长约 1cm；两性花；子房平滑，两柱头很长，呈白色羽毛状。雄蕊 3 个，花药成熟时纵向开裂，花粉黄色（图③）。

子实　种子通常 8~12 月成熟，颖果长 0.8~1.5cm，胚呈浅绿色或蜡黄色。

幼苗　种子留土萌发。第一片真叶带状，长 2~5cm、宽 2~3mm，先端急尖，有 3 条直出平行脉，叶片与叶鞘之间有 1 片叶舌。叶鞘绿色，数条脉。第二片真叶呈带状披针形。

生物学特性　C_4 克隆植物。具有泌盐特性，茎秆和叶片上均有泌盐组织，能将体内盐分排出体外。互花米草的最适生长盐度为 1%~2%，超过该范围时，其生长才会受到抑制，盐度越高抑制作用越强。但也有研究发现，互花米草具有较强的耐盐能力，最高可耐受 6% 的盐度。

互花米草具有高度发达的通气组织，能为其根部提供充足的氧气，因此，对淹水也具有较强的耐受能力。一定强度的淹水可促进互花米草生长，尽管过久过频的水淹会抑制其生长。互花米草可耐受每天 12 小时的浸泡，年淹水 30 天左右时叶生长速率最高。

互花米草通常生长在河口和海湾等沿海滩涂的潮间带及受潮汐影响的河滩上，并形成密集的单物种群落（图①）。其分布往往有一定的高程范围。在原产地，互花米草在滩涂上的分布范围是从平均海平面以下 0.7m 至平均高潮位；在美国西北部华盛顿州的威拉帕海湾，互花米草的分布范围是平均低潮位以上 1.8~2.8m，而人工移栽可使互花米草在平均低潮位以上 1m 处存活。在中国长江口地区，互花米草分布的高程下限是平均高潮位以下 0.4m。

互花米草生长迅速，在适宜条件下，3~4 个月即可达到性成熟。花期与地理分布有关，在北美一般是 6~10 月，在南美是 12 月到翌年 6 月，在欧洲是 7~11 月。但在有些地方，如新西兰和美国华盛顿州的帕迪拉海湾，互花米草并不开花；在华盛顿州的威拉帕海湾，互花米草也是在引种 50 年后才开花。在中国，互花米草花期为 6~10 月，与原产地北美一致；因南方气温高于北方，互花米草花期由南向北逐渐推迟，花期长度也逐渐缩短，开花同步性亦逐渐增加。

互花米草每个无性株的种子产量为 133~636 粒，种子存活期约 8 个月，无持久性土壤种子库。通常春天萌发，种子需要浸泡大约 6 周后才具有萌发力，在淡水中种子萌发率高达 90%，在 7% 盐度下的萌发率只有 1.2%。

分布与危害　原产北美洲与南美洲的大西洋沿岸，现广泛分布于非洲、欧洲、大洋洲和亚洲的海岸带盐沼湿地。1979 年引入中国，现广泛入侵中国南起广西北至辽宁的海岸带盐沼湿地（图①）。2003 年被列入《中国首批外来入侵物种名单》，2013 年被列入《中国首批重点管理外来入侵物种名录》。互花米草成功入侵后会导致一系列的生态后果。

H

互花米草植株形态（徐晓摄）

①入侵状况；②植株及无性苗；③花序；④根及根状茎；⑤叶片盐霜

首先，互花米草入侵会降低土著植物的多样性和多度。其影响方式主要有 2 种。①在潮间带，互花米草会竞争排除土著植物。在美国威拉帕海湾和旧金山海湾，互花米草会强烈排斥大叶藻、弗吉尼亚盐角草、海韭菜等土著植物。在中国长江口等地的潮间带，互花米草通过竞争排斥土著植物海三棱藨草和芦苇。②互花米草可对土著米草属植物造成遗传侵蚀。互花米草具有较大的雄性适合度，通过种间杂交导致叶米草种群的基因均质化，降低遗传多样性。互花米草和叶米草的种间杂交后代，在潮间带的分布范围类似于其亲本互花米草，能分布在低潮带，从而进一步加剧了互花米草对叶米草的竞争排斥作用。互花米草入侵欧洲后，与当地的欧洲米草杂交形成不育的杂种，该杂种通过染色体加倍形成新的物种——大米草。

其次，在入侵地，互花米草取代土著植物并改变潮间带环境，导致鸟类、昆虫、鱼类和底栖动物等的种群数量与群落结构发生变化。一般情况下，在无互花米草入侵的自然湿地中，迁徙鸟类、越冬涉禽以及其他湿地特有鸟类的多度和丰度都要高于同类型的入侵地；在中国长江口地区和美国旧金山湾，互花米草入侵严重影响了水鸟的觅食和栖息。在美国华盛顿州的威拉帕海湾，互花米草斑块底泥中底栖无脊椎动物数量少于潮间带光滩，物种多度也显著降低；在帕迪拉海湾，大叶藻群落被互花米草取代后，导致马苏大麻哈鱼、英国箬塌鱼等鱼类的避难所受到威胁和食物来源减少。

防除技术　防治措施包括物理防治、化学防治、生物防治和生物替代等专项措施以及综合控制措施。

物理防治　常见的物理防治方法包括拔除、挖掘、火烧、刈割、碾埋、遮盖、水淹等。拔除和挖掘是指通过人工或机械措施将植株从基质中连根拔起或挖出；火烧是指对互花米草进行焚烧处理以控制植株生长或防止成熟种子散播；刈割是指用人工或机械措施对植株进行收割，反复刈割对互花米草具有明显的抑制作用，通常在 2 个生长季内连续刈割 10 次能有效控制互花米草；碾埋是将互花米草压倒后深埋于基质中，一般全株埋于地面 45cm 以下就能阻止其再次萌发；遮盖是用遮盖物（如黑色塑料膜）将互花米草地上部分覆盖起来使其光饥饿而死亡，但遮盖时间一般需持续 1 年或更久才能奏效；水淹是指刈割互花米草地上部分后，使地下部分浸没于水中，浸没时间需至少 180 天，水深保持在 40cm 以上。

化学防治　常用的 2 种除草剂为高效氟吡甲禾灵或灭草烟，于互花米草营养生长期，喷施 4～5 次，可有效防除。

生物防治　原产北美的光蝉是互花米草的专性自然天敌，可在寄主叶片中产卵，破坏叶片维管系统结构，幼虫和成虫还可吸食叶韧皮部的汁液，消耗植株能量，能有效控制互花米草。但引进天敌控制入侵植物具有生态风险，引入原产地自然天敌控制互花米草仍需进一步深入研究。

生物替代　根据植物群落演替规律，利用有经济或生态价值的土著植物取代入侵植物。在长江口盐沼湿地，大面积清除入侵互花米草种群后种植土著植物芦苇，可有效恢复土著种群。在福建及以南地区，引种生长快并能够迅速郁闭成林的无瓣海桑可成功抑制互花米草生长，但该方法的后续生态风险还有待进一步评估。

综合利用　在河北唐山滦南湿地，在互花米草营养生长期，机械或人工刈割成片的互花米草种群 30～60 天后，采用无人机或人工措施喷施浓度为 10.8% 的高效氟吡甲禾灵制剂或 0.5%～1.5% 的灭草烟制剂，每 1～2 个月喷施 1 次，连续喷施 2～3 次，可较好地杀灭互花米草的活体植株。在入侵种群得到有效控制后，种植适应性好、竞争能力强的土著湿地植物，如耐盐型芦苇等，占据空出的生态位，可加快入侵受损湿地的生态恢复。在上海崇明东滩湿地，"刈割 + 淹水 + 生物替代"综合生态工程成功控制了 24.2 km² 的互花米草入侵种群。该工程首先在互花米草入侵区域修筑堤坝，阻隔其向外围继续扩散；在营养生长末期，机械刈割成片的互花米草种群；10 天内进行水淹处理，淹水深度保持在 40～60cm，持续 6 个月；排水晒地后，种植适应长江口湿地的芦苇和海三棱藨草等土著植物。

参考文献

上海科学院，1999. 上海植物志 [M]. 上海：上海科学技术文献出版社.

王广军，邓秋香，2017. 广西北海滨海国家湿地公园互花米草治理试验研究 [J]. 中国农业信息 (2): 74-76.

王卿，安树青，马志军，等，2006. 入侵植物互花米草——生物学、生态学及管理 [J]. 植物分类学报，44 (5): 559-588.

ANTTILA C K, DAEHLER C C, RANK N E, et al, 1998. Greater male fitness of a rare invader (*Spartina alterniflora*, Poaceae) threatens a common native (*Spartina foliosa*) with hybridization [J]. American journal of botany, 85(11): 1597-1601.

BALTHUIS D A, SCOTT B A, 1993. Effects of application of glyphosate on cordgrass, *Spartina alterniflora*, and adjacent native salt marsh vegetation in Padilla Bay, Washington [R]. Washington State Department of Ecology, Padilla Bay National Estuarine Research Reserve Technical Report No. 7, Mount Vernon, Washington. 29.

CALLAWAY J C, JOSSELYN M N, 1992. The introduction and spread of smooth cordgrass (*Spartina alterniflora*) in South San Francisco Bay [J]. Estuaries, 15(2): 218-226.

CORKHILL P, 1984. *Spartina* at Lindisfarne NNR and details of recent attempts to control its spread [A]. In: Doody Ped. *Spartina anglica* in Great Britain [C]. Attingham: Nature Conservancy Council, 60-63.

CHEN Z Y, LI B, ZHONG Y, et al, 2004. Local competitive effects of introduced *Spartina alterniflora* on *Scirpus mariqueter* at Dongtan of Chongming Island, the Yangtze River estuary and their potential ecological consequences [J]. Hydrobiologia, 528(1-3): 99-106.

LANDIN M C, 1991. Growth habits and other considerations of smooth cordgrass, *Spartina alterniflora* Loisel [D]. Seattle: University of Washington.

QIU S Y, XU X, LIU S S, et al, 2018. Latitudinal pattern of flowering synchrony in an invasive wind-pollinated plant [J]. Proceedings of the Royal Society B, 285(1884): 1072.

（撰稿：徐晓、鞠瑞亭；审稿：李博）

H

花点草 *Nanocnide japonica* B.

夏熟作物田多年生杂草。又名倒剥麻、幼油草、高墩草。英文名 Japanese nanocnide。荨麻科花点草属。

形态特征

成株 高 5～30cm（图①②④）。植株直立或斜生，茎自基部分枝，被上倾微硬毛。叶互生，三角状卵形或近扇形，长 1.5～3（～4）cm，先端钝圆，基部宽楔形、圆形或近平截，具 4～7 对圆齿或粗牙齿，上面疏生短柔毛和少数螯毛，基出脉 3～5，托叶宽卵形，长 1～1.5mm；茎下部叶柄较长。雌雄同株或异株（图③）；雄花序为多回二歧聚伞花序，生于枝顶叶腋，具长梗，分枝疏，花序梗被上倾毛；雄花紫红色，花被 5 深裂，裂片卵形，背面近中部有横向鸡冠状突起，上缘具长毛；雄蕊 5；雌花序成团伞花序，雌花长约 1mm，花被绿色，不等 4 深裂，外面一对生于雌蕊的背腹面，较大，稍长于子房，具龙骨状突起，先端有 1～2 根透明长刺毛；内面一对裂片，生于雌蕊的两侧，较窄小，顶生一根透明长刺毛。

子实 瘦果卵圆形，黄褐色，长约 1mm，有疣点状突起。

生物学特性

种子和地下根繁殖。春季发芽生苗，生长到 4～5 月开花，果实成熟期在 5～7 月，11 月后渐枯死。

分布与危害

中国主要分布于台湾、福建、浙江、江苏、安徽、江西、湖北、湖南、贵州、云南东部、四川、陕西、甘肃等地；日本和朝鲜也有分布。一般生长在海拔 100～1600m 的山谷林下和石缝阴湿处，发生于果园、茶园、油菜等夏熟作物田，危害不重。

防除技术

农业防治 在耕作前可深翻土地，将土壤中的根茎翻出拾尽带出农田集中处理；也可覆膜、铺放秸秆抑制其生长。

化学防治 果园可用灭生性除草剂如草甘膦、草铵膦、敌草快等单剂或复配制剂进行定向茎叶喷雾处理。油菜田可用防除阔叶杂草的除草剂草除灵、二氯吡啶酸和氨氯吡啶酸进行茎叶处理。

综合利用 全草药用，性凉，味辛苦，具有化痰止咳、止血的功效。也具有观赏价值。

参考文献

李扬汉，1998. 中国杂草志 [M]. 北京：中国农业出版社：993-994.

谢敏，吴春敏，1998. 薄层扫描法测定毛花点草中 β- 谷甾醇含量 [J]. 海峡药学，10(4): 36-37.

中国科学院中国植物志编辑委员会，1995. 中国植物志：第

花点草植株形态（朱仁斌摄）
①成株；②群体；③花果序；④幼苗

二十三卷 第二分册 [M]. 北京 : 科学出版社 : 28.

中华人民共和国农业部农药检定所, 日本国 (财) 日本植物调节剂研究协会, 2000. 中国杂草原色图鉴 [M]. 日本国世德印刷股份公司 : 17.

（撰稿：付卫东、宋小玲；审稿：贾春虹）

花花柴　*Karelinia caspica* (Pall.) Less.

棉花、麦类、玉米、向日葵等旱地作物多年生杂草。又名胖姑娘娘、卵叶花花柴、狭叶花花柴。英文名 firewood。菊科花花柴属。

形态特征

成株　高 50～100cm，有时达 150cm（图①②）。茎粗壮，直立，圆柱形，中空，多分枝，基部径 8～10mm，幼枝有沟或多角形，被密糙毛或柔毛，老枝除有疣状突起外，几无毛，节间长 1～5cm。叶互生，无柄；叶厚，几肉质，卵圆形、长卵圆形或长椭圆形，长 1.5～6.5cm、宽 0.5～2.5cm，顶端钝或圆形，基部等宽或稍狭，有圆形或戟形的小耳，抱茎，全缘，有时具稀疏而不规则的短齿，两面被短糙毛，后有时无毛；中脉和侧脉纤细，在下面稍高起。头状花序长 13～15mm，3～7 个生于枝端成伞房状，有的单生（图③）；花序梗长 5～25mm；苞叶渐小，卵圆形或披针形。总苞卵圆形或短圆柱形，长 10～13mm；总苞片约 5 层，外层卵圆形，顶端圆形，是内层的 1/3～1/4，内层长披针形，顶端稍尖，厚纸质，外面被短毡状毛，边缘有较长的缘毛。小花黄色或紫红色；外围为雌花，多数，花冠丝状，长 7～9mm，檐部 4～5 裂，裂片窄三角形；花柱分枝细长，顶端稍尖，上端 2 裂；中央花两性，花冠细管状，长 9～10mm，上部黄色或紫红色，

约 1/4 稍宽大，有卵形被短毛的裂片，冠毛多层。

子实　瘦果长约 1.5mm，圆柱形，基部较狭窄，有 4～5 纵棱（图④）。

生物学特性　主要靠地下根茎繁殖。4～5 月间从地下根茎上抽芽生长，花期 7～9 月，果期 9～10 月。10 月后地上部分冻死。也有从种子发芽成苗的。

花花柴是泌盐盐生植物，喜生于荒漠地带的盐生草甸、戈壁滩地、沙丘、草甸盐碱地、覆沙或不覆沙的盐渍化低地、土壤轻中度盐渍化或重度盐渍化生境，湿润、苇地水田旁和农田边，对盐渍环境有着极强的适应能力，对高温具有极强的耐受性，海拔 500～1200m 处常大片群生，极常见。

分布与危害　中国分布于新疆准噶尔盆地、青海、甘肃、内蒙古西部；在蒙古、中亚和欧洲东部、伊朗和土耳其等地也有广泛的分布。主要危害棉花、玉米、向日葵等秋熟旱地作物以及麦类等夏熟作物。

防除技术

农业防治　中耕作物与密植作物轮作，小麦等密植作物因苗密行窄不能中耕，而棉花等中耕作物苗稀行宽，方便机械中耕，因此，采用轮作可以控制花花柴。灭茬伏耕，耕时灭茬，再深度伏翻，把花花柴的根翻到地表，人工捡拾草根，可有效地减少发生量。冬耕时，把地下根茎翻到土表冻死。

化学防治　于花花柴生长盛期（9 月）施用茎叶处理除草剂，玉米田可用 2,4- 滴异辛酯、二氯吡啶酸、氯氟吡氧乙酸、烟嘧磺隆、砜嘧磺隆、硝磺草酮或辛酰溴苯腈等进行茎叶喷雾处理；棉花田可用三氟啶磺隆进行茎叶喷雾处理，或用乙羧氟草醚、氟磺胺草醚、三氟羧草醚定向喷雾。也可在玉米、棉花株高 >50cm 后，行间保护性定向施用灭生性除草剂草甘膦进行防治，一定注意控制喷头高度，防止药液飘移。

综合利用　盐渍生境上的土壤改良植物和生态防护植物，是改良内陆盐渍环境的优良先锋植物。花花柴有极强

花花柴植株形态（林秦文摄）

①生境；②植株；③花序；④果序

的脱盐能力，生长第一年能使土壤全盐降低约50%，第二年降低约80%，使0～40cm土壤含盐量降到1%以下，基本达到复耕水平。其脱盐机理与它结构上有泌盐腺、泌盐孔、特殊的表皮收集细胞和活跃的离子跨膜运输等密切相关。

可做饲料牧草，花花柴的适口性较差，羊、牛和骆驼可采食，驴少量采食，马几乎不食。调制成干草，山羊、牛和骆驼都采食。花花柴含有必需氨基酸10种，特别是亮氨酸、缬氨酸含量较高，蛋白质含量中等，与禾草基本相似，含较高无氮浸出物和灰分，能满足家畜对矿物质的需要。在缺乏优良牧草的地区，仍可作为饲草利用。

参考文献

何江波，牛燕芬，陈武荣，等，2016. 花花柴化学成分的研究 [J]. 中成药，38(5): 1062-1066.

贾磊，安黎哲，2004. 花花柴脱盐能力及脱盐结构研究 [J]. 西北植物学报，24(3): 510-515.

李扬汉，1998, 中国杂草志 [M]. 北京：中国农业出版社：343.

王彦芹，石新建，李志军，2017. 沙漠植物花花柴幼苗对高温耐受性评价 [J]. 生物技术通报，33(4): 157-163.

闫纯博，王锋，闫惠，1995. 新疆垦区农田杂草配套防除技术 [J]. 新疆农垦科技 (1): 17-19.

杨亮杰，谢丽琼，郭栋良，等，2019. 花花柴地上部分化学成分的研究 [J]. 中成药，41(6): 1303-1307.

中国科学院中国植物志编辑委员会，1979. 中国植物志：第七十五卷 [M]. 北京：科学出版社：54.

（撰稿：黄春艳；审稿：宋小玲）

化感物质　allelochemicals

植物产生的能直接或间接影响其他植物或其自身生长发育的化学物质。化感物质是植物的次生代谢产物，存在于植物的各部分组织中，通常通过适当的途径被释放到环境中。这些途径包括植物地上部分的淋溶、挥发，根系分泌以及植株残体的降解等方式释放到环境中，从而对邻近或后茬植物生长发育造成影响。多数化感物质具有低浓度促进而高浓度抑制的特点。化感物质具有多样性、相对分子质量小、结构简单等特点，主要有酚类、萜类、含氮化合物和其他次生代谢物质。其中，酚类和萜类化合物是化感物质最重要的两大类。不过，有些化感物质是经过植物死亡残体在环境中分解或经过微生物转化才间接产生并释放出的。

化感物质在植物体内主要是通过乙酸或莽草酸途径合成的次生代谢途径，Rice（1984）将化感物质分为以下几类：①简单的水溶性有机酸、直链醇、脂肪醇、脂肪族醛和酮。②简单的不饱和内酯。③长链脂肪酸和多炔。④醌类。⑤简单的酚类、苯甲酸及其衍生物。⑥肉桂酸及其衍生物。⑦香豆素类。⑧黄酮类。⑨单宁类。⑩萜类和甾族化合物。⑪氨基酸和多肽。⑫生物碱和氰醇。⑬糖苷硫氰酸酯。⑭嘌呤和核酸。⑮其他化合物。目前鉴定的植物化感物质涉及各个有机化合物类型，但最集中的是酚类和萜类化学物质。

化感物质引起的化感作用通常是由多种化感物质共同作用的结果，各种不同的化感物质之间具有加和、协同或拮抗作用，其中加和与协同作用最有意义。例如研究发现，杂草胜红蓟挥发油具有较强的化感活性，其中含有多种挥发性萜类物质，其中单一的早熟素Ⅰ、早熟素Ⅱ、丁香烯都具有化感活性，但活性均弱于挥发油的活性，其中丁香烯并无活性，但早熟素Ⅱ与丁香烯混合时则表现出较强的化感活性，说明胜红蓟各化感物质之间具有协同作用。化感物质的加和或协同作用机制主要为：①抑制受体对化感物质的解毒机制。②改变非活性化感物质的结构，激活其活性。③增强化感物质的运输能力以更接近受体部位。④同时影响多个生物合成过程。

植物化感物质种类多样，作用机制涉及受体植物的多个生理代谢过程，同一化感物质对不同受体植物作用差异较大，因此正确认识化感物质的本质，全面掌握化感物质的作用方式，结合不同类型化感物质结构类型与作用特点，发现其作用规律，可以为植物源除草剂的开发提供理论依据，也为充分利用自然规律实现可持续杂草防控提供新的防治策略。迄今，已经利用植物化感物质结构及其作用机理成功研发出商业化的化学除草剂。如康庚草醚是以植物中提取的桉树脑为模板，成功地开发出的一类高效广谱除草剂。该化合物进入抗性植物如水稻、大豆、棉花、花生体内可被代谢成羟基衍生物，并与植物体内的糖苷结合成共轭化合物而失去毒性。三酮除草剂磺草酮和硝磺草酮，是以芳香油纤精酮为先导化合物开发出来的，纤精酮是对羟基苯丙酮酸双加氧酶（HPPD）的高效抑制剂，用该化合物进行芽前和苗后处理时，可使一些禾本科与阔叶杂草受害产生白化症状，而玉米对其具有耐性。

化感物质是生态系统中各生物长期以来相互竞争和自然选择的结果。利用作物或杂草产生的化感物质，可以抑制杂草，成为绿色控草的重要技术手段。不过，一些作物或杂草产生的化感物质会导致连作障碍。所以应当合理利用此生态机制，尽量避免化感作用的有害影响，而尽可能地利用其正面效应，达到经济效益、社会效益、生态效益三者统一，实现农业可持续发展。

参考文献

陈世国，强胜，2015. 生物除草剂研究与开发的现状及未来的发展趋势 [J]. 中国生物防治学报，31(5): 770-779.

孔垂华，胡飞，王朋，2016. 植物化感（相生相克）作用 [M]. 北京：高等教育出版社.

DUKE S O, 2015. Proving allelopathy in crop-weed interactions [J]. Weed science, 63 (SI): 121-132.

RICE E L, 1984. Allelopathy [M]. Orland: Academic Press.

（撰稿：黄红娟；审稿：强胜）

化感作用机制　allelopathic mechanism

化感物质影响杂草生长发育通常是通过影响其生理生

化过程而实现的，迄今已经发现化感物质能够影响细胞膜、能量产生步骤和能量使用过程，少部分化感物质只是影响某一特定酶步骤，包括植物的生长调节、光合作用、呼吸代谢、营养吸收、蛋白质和核酸代谢等植物生理生化过程的几乎所有主要方面。

化感物质对植物生长的影响，主要是通过影响植物生长和分化、生物酶的合成和功能，以及植物激素互作等方面。例如一些酚类化合物能够促进吲哚乙酸氧化酶与植物激素的相互作用而影响植物生长。挥发性萜类化感物质能抑制萌发中的黄瓜种子的胚根和下胚轴的伸长，且显著降低其细胞分化；而香豆素能够抑制萝卜根的细胞伸长和分化。多酚类化感物质还可以影响赤霉素和脱落酸的浓度，影响到植物生长。

有的化感物质影响植物的光合作用。据报道，丁香酸、咖啡酸和原儿茶酚可以降低植物叶绿素 a、总叶绿素和叶绿素 a/b 的比例，研究表明，酚酸能够抑制植物对离子的吸收，导致受体植物叶绿素含量降低。醌类物质高粱醌通过阻断光系统 II 质体醌 A 和 B 间的电子传递而阻止质体醌 B 的氧化。此外，它还能抑制对羟基苯丙酮酸双加氧酶（HPPD）活性，阻碍类胡萝卜烷的合成而导致植物叶片白化。一些黄酮类物质直接抑制光合磷酸化过程。

有些化感物质还影响植物的呼吸作用。例如，通过影响呼吸过程中的氧吸收过程、电子转移、NADH 的氧化等重要过程。胡桃醌和高粱醌在较低浓度下就能影响植物线粒体，导致植物呼吸作用减少，诱导氧化磷酸化中间体的耦合，减缓电子向氧的流动，引起其他植物呼吸作用。

一些化感物质能够影响植物蛋白质以及 RNA 和 DNA 的合成。许多生物碱如乌头碱、黄连素和奎宁等均能影响 DNA 的相互作用、DNA 聚合酶 I 以及蛋白质合成和膜的稳定性。转录组研究表明胡桃醌可以抑制水稻根系与细胞生长、细胞壁形成、脱毒和胁迫等相关基因表达，特别是信号转导通路中的关键蛋白激酶基因 MAPK 的表达。

一些化感物质能够影响植物对养分和水分的吸收，如苹果酸、肉桂酸、四羟基黄酮等影响植物根部对磷和钾素等矿物质的吸收，影响植物对营养元素需求的平衡。加拿大一枝黄花能够显著抑制与之处于同一生境的糖槭树的氮、磷和钾元素的吸收。化感物质影响植物矿质元素吸收导致细胞水分平衡被打破。例如香豆素和阿魏酸影响高粱和大豆幼苗叶片的水势，从而导致叶片细胞的渗透压和膨胀压的改变。许多化感物质可以影响植物根系吸收水分。

此外，有的萜类化感物质还是一些根寄生植物种子萌发的信号物质。例如，萜类化合物独脚金醇类似物能够刺激独脚金属（Striga）和列当属（Orobanche）多种植物的种子萌发，其作用机制是通过受体介导的信号识别机制而起作用；倍半萜类化合物脱落酸能够抑制向日葵（Helianthus annuus）、水稻（Oryza sativa）等种子萌发。

化感作用涉及较为复杂的机制，多数化感物质具有广谱的化感作用机制，对植物生长的多个生理生化过程有较大影响，然而主要的化感作用机制是影响植物细胞膜、光合作用和能量产生步骤及能量使用过程，对呼吸过程以及酶同步过程的影响是次要的。

植物化感作用也会受到环境因子的影响。例如，光照强度会影响反枝苋和狗尾草残株对玉米的化感效应，光照能够促进玉米根系分泌更高浓度的化感物质异羟基肟酸，提高玉米的化感作用。因此，随着化感物质作用机制研究的不断深入，新技术的发展应用，明确化感物质的作用靶点是未来化感研究的重要方向。

化感作用机制的研究除了帮助人类深入理解自然界存在的化感作用现象外，更为重要的是有助于基于化感物质的作用机制研制新型化学除草剂。例如，研究发现植物芳香油纤精酮（leptospermone）是 HPPD 酶的高效抑制剂，以此为先导化合物开发出了三酮除草剂磺草酮（sulcotrione）和硝磺草酮（mesotrione）；并且在此基础上又研发了 5- 羟基吡唑酮类以及异噁唑类除草剂。

参考文献

陈世国，强胜，2015. 生物除草剂研究与开发的现状及未来的发展趋势 [J]. 中国生物防治学报，31(5): 770-779.

孔垂华，胡飞，王朋，2016. 植物化感（相生相克）作用 [M]. 北京：高等教育出版社 .

DUKE S O, 2015. Proving allelopathy in crop-weed interactions [J]. Weed science, 63 (SI): 121-132.

RICE E L, 1984. Allelopathy [M]. Orlando: Academic Press.

（撰稿：黄红娟；审稿：强胜）

化感作用治草　use of allelopathy in weed control

合理利用植物的化感物质抑制杂草发生和生长，达到控制杂草的目的。利用植物释放化感物质影响其他杂草萌发和生长，是利用自然界普遍存在的相生相克现象，不需要更多投入化学品，因此是杂草的绿色防控。植株残株覆盖、作物轮间套作、化感作物培育等是化感作用在控草方面运用较为广泛的技术。

目前在生产实践中运用最广泛有效的方法是采用植株残体覆盖的方式进行杂草防控。植物残体覆盖除了可以遮蔽光照外，具有化感作用的植物残体覆盖大田后能有效释放其中的化感物质，影响杂草种子的萌发和幼苗的生长，达到控制杂草的目的。例如，利用化感作物高粱、玉米、黑麦等秸秆进行覆盖，通过淋溶和土壤微生物降解途径释放化感物质而抑制杂草的种子萌发和幼苗的生长，从而降低杂草的发生量，可以减少除草剂的应用。一些水稻品种或者稻草在收割后留在稻田里能够产生并释放化感物质而抑制邻近植物的生长，对耳叶水苋和稗草有化感抑制作用。

利用农作物的化感特性进行化感品种培育，已经在实践中得到应用。作物是由野生型驯化而来，驯化过程中一些品种保留了野生型的化感基因而具有化感作用，一些具有化感作用的作物能够通过释放化感物质抑制邻近的杂草种子萌发或幼苗生长，从而起到化感抑草的作用。例如水稻、高粱、黑麦、大麦和向日葵等作物具有较多的化感品种，可以在杂草防控方面进行应用。如育种培育出的水稻化感新品种'化感稻 3 号'结合田间综合管理，包括种植密度 4 万株 / 亩、

10cm 深度淹水 10 天以及移栽后 15 天供氮等措施能有效地控制稻田杂草，除草剂至少可以减量 50% 以上，这无疑对水稻生产和稻田杂草控制具有积极意义。

此外在农田或果园中，通过覆盖或间种 / 套种具有化感作用的杂草，可以抑制其他有害杂草的种子萌发，削减杂草种子库，减少杂草的发生量，同时减少化学除草剂的使用。一些植物不仅能够释放化感物质抑制一些杂草的萌发和生长，同时还可以作为绿肥应用具有控草增产的双重效果。例如芹菜残留在土壤中的根系能够抑制稗草、龙葵、马唐、碎米莎草、马齿苋等。

因此，合理利用杂草或作物化感作用及其化感物质，不仅能够减少化学除草剂的应用，还能够为开发新型环境友好的生物源除草剂提供物质基础。利用化感作用控制杂草是一个前景广阔的新途径。由于这种控制措施是利用植物在生态系统中的自身防御系统或抗逆能力，没有向系统中引入难降解的化学物质，不会带来诸如农药残留等环境问题，故利用化感作用控制田间杂草是一种具有潜力的可持续发展农业的杂草控制措施。利用植物的化感物质防治有害生物，无疑是植物保护的发展方向之一。

参考文献

孔垂华，胡飞，王朋，2016. 植物化感（相生相克）作用 [M]. 北京：高等教育出版社 .

RICE E L, 1984. Allelopathy [M]. Orlando: Academic Press.

BEN-H M, GHORBAL H, KREMER R J, et al, 2001. Allelopathic effects of barley extracts on germination and seedlings growth of bread and durum wheats [J]. Agronomie, 21: 65-71.

KONG C H, CHEN X H, HU F, et al, 2011. Breeding of commercially acceptable allelopathic rice cultivars in China [J]. Pest management science, 67(9): 1100-1106.

OLOFSDOTTER M, JENSEN L B, COURTOIS B, 2002. Improving crop competitive ability using allelopathyan example from rice[J]. Plant breed, 121(1): 1-9.

WU H, PRATLEY J, LEMERLE D, et al, 2000. Evaluation of seedling allelopathy in 453 wheat (*Triticum aestivum*) accessions against annual ryegrass (*Lolium rigidum*) by the equal-compartment-agar method [J]. Australian journal of agricultural research, 51: 937-944.

（撰稿：黄红娟；审稿：强胜）

化学除草剂的使用方法　the application method of chemical herbicides

把化学除草剂施用到目标物上所采用的各种施药技术措施，是科学使用化学除草剂的重要环节。农作物和杂草种类众多，且形态、结构及不同时期对不同化学除草剂的敏感程度各异，因此必须根据化学除草剂的性质和农作物或杂草的形态结构、生育期、对除草剂的敏感程度等选用适当的使用方法。用同一种化学除草剂防治同一种杂草，选用的使用方法不同则产生的防治效果和对农作物的安全性往往会有显著的差异。按化学除草剂的剂型和喷撒方式主要有喷雾法、撒施法、涂抹法、瓶甩法等。由于耕作制度的演变，新剂型、新药械的不断出现，以及人们环境保护意识的不断提高，施药技术还在继续发展和提高。

形成和发展过程　与其他种类的农药相比，化学除草剂的使用历史较晚。自 19 世纪末法国、德国、美国同时发现硫酸和硫酸铜等的除草作用，并用于小麦田除草以来，喷雾法就是化学除草剂的重要使用方法之一。19 世纪末洛德曼（ E. G. Lodeman ）设计了多种雾化部件，使药液分散成为较细的雾状分散体系。实际上洛氏的雾化部件设计原理一直沿用至今，只是目前的雾化部件设计更为精细。20 世纪 20 年代飞机喷雾法获得成功。第二次世界大战结束后，随着液态农药制剂的迅速发展，喷雾法得到更广泛的应用，成为最主要的化学除草剂使用方法。20 世纪 60 年代以来，为了降低农药的施液量，减少农药流失、提高农药在作物上的沉积效率和分布均匀性，在对农药雾滴运动特性展开系统理论研究的基础上，发展出了低容量和超低容量的喷雾技术，每公顷喷液量可低至 $1 \sim 1.5L$，实现了喷雾法的一次重大技术突破。

基本内容　除草剂科学使用，应掌握以下基础理论和知识：①熟知靶标生物和非靶标生物的生物学特性、发生和发展特点。②了解除草剂的理化性质、生物活性、作用方式、防治谱等。③掌握农药剂型及制剂特点，以确定施药方法。④了解施药地的自然环境条件，尤其是小气候条件。⑤对施药机械工作原理应有所了解，以利操作和提高施药质量；并需理解除草剂喷撒出去后的运动行为，达到靶标后的演变与自然环境条件的关系等。

除草剂防除农田杂草的使用方法很多，按除草剂的喷洒目标可分为土壤处理法和茎叶处理法。按施药方法又可划分为喷雾法、撒施法、瓶甩法、涂抹法等。

总之，除草剂的科学使用是建立在对农药特性、剂型特点、防治对象和保护对象的生物学特性以及环境条件的全面了解和科学分析的基础上进行的。要根据防除对象的发生规律、药剂性质、剂型特点及环境条件的不同来选择适当的施药方法，以取得最好的除草效果。

喷雾法　喷雾法是利用喷雾器械将液态除草剂或其稀释液雾化并分散到空气中，形成液气分散体系的施药方法，是目前使用频率最高的除草剂施药方法。除草效果的好坏，在很大程度上取决于喷雾质量的高低。所以，在喷药时一定要匀速前进，同时保持喷雾器在恒定的压力下工作，使得药液雾滴均匀覆盖在地表或杂草植株上。喷雾法按照喷洒的目标又可分为土壤喷雾法和茎叶喷雾法。土壤喷雾法对土壤墒情有较高要求，过于干旱的土壤不利于药效发挥，而土壤湿度过大或低洼积水处则容易产生药害。目前，土壤喷雾法在玉米田、水稻田、棉花田和花生田等使用较为广泛。与土壤喷雾法相比，茎叶喷雾法受土壤环境条件影响较小，且可根据杂草发生种类与作物类型选用除草剂，如在小麦田、玉米田、水稻田等禾本科作物田可选择氯氟吡氧乙酸等进行茎叶喷雾防治阔叶杂草，而在花生田、大豆田等阔叶作物田可选择精喹禾灵、高效氟吡甲禾灵等进行茎叶喷雾防治禾本科杂草。草甘膦、草铵膦等灭生性除草剂一般采用茎叶喷雾法施药。

喷雾法使用较多的器械是背负式喷雾器或喷杆喷雾机，一般采用液力雾化法，药液在液力下通过狭小喷孔得以雾化，喷液量一般在 150L/hm^2 以上，具有目标性强、穿透性好、覆盖度好、受环境因素影响小等优点，但单位面积施药量多，用水量大，农药利用率偏低，环境污染较大。近 10 年来，无人机植保技术在中国发展迅速。据统计，中国农用无人机保有量已由 2012 年的几百台提高到 2020 年的 11 万台以上，作业达 10 亿亩次。与传统喷雾器相比，无人机喷雾具有作业效率高、喷雾质量好、劳动强度小、自动化程度高等优点，可有效解决高秆作物、水田和丘陵山地人工和地面机械作业难以下地等问题，是应对大面积突发性病虫草害防治、缓解农村劳动力不足、减少农药对施药人员的伤害等问题的有效方式。与有人驾驶固定翼或大型直升机相比，植保无人机具有灵活、起降方便、适应性强等优点，非常适合中国户均耕地面积小、田块分散、作物种植类型多或民居稠密的区域。无人机喷雾一般采用旋转离心雾化法，喷液量可低至 5～15L/hm^2；且无人机采用低空低量喷施方式，旋翼产生的下压风场有助于增加雾滴对叶片的穿透性，防治效果相比人工或机械喷施方式有所提高。

国内用于植保作业的无人机产品型号、品牌众多，从升力部件类型来分，主要有单旋翼植保无人机和多旋翼植保无人机等类型；从动力部件类型来分，主要有电动植保无人机和油动植保无人机等类型；从起降类型来分，主要有垂直起降型和非垂直起降型。其中，非垂直起降型无人飞机的飞行速度高、无法定点悬停，现有技术条件下不能满足植保作业要求，常用来进行遥感航拍等作业。目前市场上常见的植保无人机机型主要是油动单旋翼植保无人机、电动单旋翼植保无人机和电动多旋翼植保无人机 3 种类型。

从作物类型看，无人机喷雾在水稻田应用较为广泛，在小麦、玉米、花生、大豆等旱作物田使用频次相对较低。从农药类型看，无人机多用于喷施杀虫剂和杀菌剂，利用无人机进行除草剂喷雾的比例仍不高。由于无人机喷雾产生的雾滴更小，容易受风的影响，因此无人机喷施除草剂时须特别注意可能对周围作物带来的飘移药害。

撒施法　颗粒剂、泡腾粒剂、泡腾片剂等除草剂可直接撒施，其他剂型在必要时可用细土或沙子拌成毒土或毒沙后撒施。粉剂除草剂可以直接用细土或沙子拌和，液剂除草剂必须先加少量的水稀释后，最好用喷雾器喷到细土或沙子上，边喷边拌和。撒施法主要用于水稻田除草，施药时应保证田间有一定深度的水层（如 3～5cm，且不能超过水稻秧苗心叶高度），并保水 5～7 天，以保证药效。环嗪酮颗粒剂用于森林防火道除草或一些莲藕田登记的除草剂，也可以采用撒施法施药。

涂抹法　是用涂抹器直接将药液涂抹到杂草上。如在草坪，杂草一般比草坪高，用涂抹方法施药，能有效防除杂草，而对草坪安全。在用于防治寄生性杂草时，也可采用涂抹法，将除草剂涂抹到杂草上，而避免对某些较敏感的寄主造成药害。

瓶甩法　是将除草剂直接甩撒到保持有一定深度水层的田中。可以用于瓶甩法施用的除草剂的加工剂型应能使药剂在水面或水中自然扩散。该方法多见于水稻移栽田，一般

在水稻移栽前 3～5 天将除草剂制剂直接甩施于稻田水层中，其有效成分在水面迅速扩散后沉入土壤表层，形成封闭药膜，施药后一般要求保持水层数天。

科学意义及应用价值　对除草剂的科学使用并非易事，现代除草剂使用技术的目标是使除草剂最大限度地击中靶标生物而对非靶标生物及环境影响最小。实现这一目标的影响因素很多，内在因素如药剂本身的性质、剂型的种类以及药械的性能等。外在因素更为复杂，而且往往具有可变性，诸如不同作物种类、不同发育阶段、不同土壤性质、施药前后的气候条件等。这些因素对施药质量和效果既可产生有利作用，也可能产生不利影响，甚至副作用。例如，对作物产生药害，有益生物中毒以及环境污染等。

存在问题和发展趋势　传统化学除草剂使用技术通常根据全田块发生杂草的总体情况，采用全面喷洒的方式来保证目标区域接受足够的化学除草剂。但由于田间土壤状况、环境条件和喷雾目标个体特征等的不均匀性，全面均匀施药难以达到最高的除草剂利用率，从而带来一系列不可忽略的问题，如显著增加除草剂使用成本乃至农林生产成本，操作者、土壤、水体和其他非靶标生物等在施药过程中易受污染，农林产品的除草剂残留量易超标等。

目前快速发展的无人机喷雾技术也存在一些问题：一是无人机喷雾技术基础研究滞后。目前国内对植保无人机在喷药过程中的基础研究才刚刚起步，主要集中在 2 个方面：①无人机喷雾雾滴沉积规律及各因素影响的模型研究，通过空气动力学或喷施试验结果建立飞机喷雾的雾滴分布数学模型，研究飞行速度、飞行高度、风速、风向、雾滴粒径等因素对雾滴沉积与飘移的影响。②基于农情信息的精准施药控制技术研究，即通过航空遥感技术获取不同作业区域的作物长势、病虫害等农情信息，生成处方图并确定不同区域航空喷施所需的农药制剂及施用量，通过变量控制技术实现植保无人机的精准施药。目前中国在上述领域的研究仍处在探索阶段。二是缺乏高性能的植保无人机喷雾关键部件。目前，国内大多数植保无人机的航空喷雾设备均是借用常规喷雾设备或由其改装而来，缺乏专门针对植保无人机设计的高效轻量化喷施关键部件。三是缺乏植保无人机作业规范。现阶段无人机植保作业大多凭经验或参考地面喷雾确定剂量和配置方法，但无人机植保作业要求与地面机械施药有很大的不同，往往因为配置或方法不科学影响作业质量，也容易对环境造成较大的负面影响。四是缺乏适用于植保无人机低容量喷雾的专用除草剂和助剂。除上述施药技术方面的问题外，无人机喷雾还存在缺乏植保无人机相关标准和无人机监督管理不足等问题。

当前，化学除草剂的使用方法向着精准化的方向发展，即利用现代农林生产工艺和先进技术，设计在自然环境中基于实时视觉传感或基于地图的化学除草剂精准施用方法。该方法涵盖施药过程中的目标信息采集、目标识别、施药决策、可变量喷雾执行等化学除草剂精准使用的主要技术要点，以节约用量、提高除草剂使用效率和减轻环境污染，实现杂草防治过程中化学除草剂使用技术的智能化、精准化和自动化，促进生态环境保护和农林生产的可持续发展。美国伊利诺依大学农业与生物工程系研究开发的定点杂草控制技术包括三

部分：①实时可视杂草识别系统采用 CCD 摄像头和图像采集卡实时采集田间杂草和作物图像，通过计算机图像处理获取杂草长势和密度特征。②最佳喷量专家决策系统。根据识别出的杂草信息，综合数据库内的其他信息，如气象条件、作业记录、作业速度和农药类型等，按最佳效益模型决定施药量。③喷雾量控制系统。根据专家决策系统给出的电子数据表分别对各单个喷头的喷量通过喷雾法进行控制。

参考文献

郭永旺，闫晓静，兰玉彬，等，2020. 农业航空植保技术应用指南 [M]. 北京：中国农业出版社 .

兰玉彬，陈盛德，邓继忠，等，2019. 中国植保无人机发展形势及问题分析 [J]. 华南农业大学学报，40(5): 217-225.

徐汉虹，2018. 植物化学保护学 [M]. 5 版 . 北京：中国农业出版社 .

中国农业百科全书总编辑委员会农药卷编辑委员会，中国农业百科全书编辑部，1993. 中国农业百科全书：农药卷 [M]. 北京：农业出版社 .

（撰稿：郭文磊；审稿：王金信、宋小玲）

化学防治　chemical control

利用化学除草剂防治农田、果桑茶园、花卉苗圃、草原及非耕地等处杂草的一种方法。它的特点是具有见效快、效果显著、使用方便、比较效益高等其他防治措施无法替代的优点，特别适于大面积应用，是杂草综合治理中不可缺少的一环。不过，化学除草剂过度使用也带来了杂草抗性、环境污染和食品安全等负面影响。

形成和发展过程　早在 19 世纪末人们发现用硫酸铜可以防除麦田一些十字花科杂草，后来用硫酸、矿物油等防除杂草。真正能够选择性地防除作物田杂草除草剂的发现应是在 1932 年，二硝酚、地乐酚可以防除部分禾谷类作物田中的阔叶杂草。除草剂大规模应用可追溯到 1942 年，发现了 2,4- 滴的除草活性，后相继发现了 2 甲 4 氯等除草剂，这些除草剂选择性更强，对作物更安全。

随着植物生理、生化技术、化工合成等领域的发展，除草剂发展也十分迅速。20 世纪 60 ～ 70 年代，以酰胺类、三氮苯类、取代脲类、氨基甲酸酯类、二硝基苯胺类、联吡啶类等除草剂大量问世，丰富了农田化学除草剂品种，化学除草迅速在欧美、日本等发达国家发展起来。尤其是 70 年代后期，基于对靶分子设计合成的超高效、广谱、高选择性除草剂大量涌现，如乙酰乳酸合成酶（ALS）抑制剂类、乙酰辅酶 A 羧化酶（ACCase）抑制剂类、对羟基苯丙酮酸双加氧酶（HPPD）抑制剂类的发现与广泛应用，农田化学除草面积迅猛发展。20 世纪末转基因抗除草剂作物商业化、灭生性除草剂草甘膦可以安全应用在作物田，使化学除草剂更加方便、经济和高效。

中国从 1956 年开始在麦田推广使用 2,4- 滴防除杂草。1960 年代初开始试验五氯酚钠、2 甲 4 氯、敌稗和除草醚除稻田杂草，推广燕麦灵防除麦田杂草野燕麦以及利谷隆防除大豆田杂草。1970 年代，绿麦隆在长江流域小麦田示范推广，伏草隆防除棉田杂草获得成功。同时，灭生性除草剂

草甘膦开始推广应用，防除果园、桑园、茶园和免耕地杂草。化学除草在稻、麦、棉、大豆等作物田和果园有了较大发展，1975 年，中国农田化学除草面积达到 170 万 hm²。

20 世纪 80 年代以来，中国农田杂草化学防治进入了快速发展阶段。通过试验示范，引进了如酰胺类、三氮苯类、二硝基苯胺类、取代脲类、氨基甲酸酯类、二苯醚类等不同类别的大量除草剂品种；以及灭生性除草剂草甘膦、百草枯、草铵膦、敌草快，其他类除草剂噁草酮、二氯喹啉酸、灭草松、异噁草松、氯氟吡氧乙酸等；特别是进入 90 年代，一系列高效除草剂进入中国，如 ALS 抑制剂类除草剂等，乙酰辅酶 A 羧化酶（ACCase）抑制剂类除草剂等、对羟基苯丙酮酸双加氧酶（HPPD）抑制剂类除草剂等、在这期间，除草剂混用得到了快速发展，如丁草胺、乙草胺与苄嘧磺隆，氰氟草酯与五氟磺草胺等在水稻田应用；乙草胺、异丙甲草胺、异丙草胺、烟嘧磺隆、硝磺草酮与莠去津混用等在玉米田推广应用；精喹禾灵、高效氟吡甲禾灵、烯草酮、烯禾净与氟磺胺草醚等在大豆田混用。这些高效、高选择性除草剂的引进与生产极大地推进了中国化学除草的发展。与此同时，除草剂剂型研发更加注重环保，如水悬浮剂、水剂、水分散粒剂、可分散油悬浮剂等剂型在除草剂制剂中的占比越来越大。随着除草剂品种的不断丰富，除草剂应用技术也不断完善，玉米、大豆等旱田作物土壤处理与茎叶处理的结合，水田一次性除草技术的推广以及封杀结合的二次或三次施药技术，除草剂助剂的研制与推广，大规模除草剂喷洒施药器械（包括无人机）的研制与推广，使得除草剂施药技术更加精准、快速。

综上所述，随着社会的进步和科学技术的飞速发展，杂草化学防治技术也在不断发展和完善。无论是除草剂品种还是剂型及施药技术，总的发展趋势是对靶标生物高效，对环境及非靶标生物安全。

基本内容　杂草化学防治涉及的内容广泛。在杂草方面，首先要弄清作物田杂草的种类、群落组成、分布、发生规律，还要密切关注杂草群落的演替规律；在作物方面，不仅要根据作物的种植方式制定合理的施药技术和防除策略，而且要避免除草剂药害，不同作物品种、不同作物生育阶段对除草剂敏感性不同；在除草剂方面，要掌握除草剂的分类，明确除草剂的作用原理和常见除草剂品种的作用特性、防治对象、使用方法，环境因素对除草剂药效及安全性的影响，以及除草剂对非靶标及环境的影响。在研发领域，要加强除草剂生物测定技术的研究，通过科学的大田药效试验，明确除草剂的作用特性、使用技术，以及影响除草剂药效、作物安全性的环境因素。另外，长期单一使用同一种除草剂或同一类作用机制的除草剂，将导致杂草抗药性的发生，使杂草防治失败，因此要加强除草剂抗性监测、抗性机制研究。

除草剂的使用技术是杂草化学防除的核心内容之一，是保障除草剂作用效果和作物安全性的重要决定性因素。除草剂的使用方法，按喷洒的目标可划分为土壤处理法和茎叶处理法，常见的化学除草剂类别及其使用方法见表。其中，土壤处理又包括播前或移栽前土壤处理、播后苗前土壤处理和移栽后土壤处理；茎叶处理法分为播前或移栽前茎叶处理、播后苗前茎叶处理、作物生育期茎叶处理，而作物生育期茎

常见的除草剂类别及其使用方法

除草剂化学结构类别	主要施用方法	代表性除草剂品种
苯氧羧酸类	茎叶处理，部分品种可土壤处理	2,4- 滴异辛酯、2 甲 4 氯钠盐
芳氧苯氧基丙酸酯类	茎叶处理	精喹禾灵、炔草酯、高效氟吡甲禾灵、氰氟草酯
环己烯酮类	茎叶处理	烯禾啶、烯草酮
二硝基苯胺类	土壤处理	二甲戊灵
三氮苯类	土壤兼茎叶处理	莠去津、扑草净、嗪草酮
酰胺类	土壤处理	乙草胺、异丙甲草胺、敌草胺、丁草胺、苯噻酰草胺
二苯醚类	土壤或茎叶处理	氟磺胺草醚、乙氟羧草醚、乙氧氟草醚
环状亚胺类	土壤或茎叶处理	唑草酮、噁草酮、丙炔氟草胺
磺酰脲类	土壤兼茎叶处理	苯磺隆、甲基二磺隆、氟唑磺隆、烟嘧磺隆、苄嘧磺隆
咪唑啉酮类	土壤兼茎叶处理	咪唑乙烟酸
磺酰胺类	主要为茎叶处理	双氟磺草胺、五氟磺草胺
嘧啶水杨酸类	茎叶处理	嘧草硫醚
取代脲类	土壤处理为主，兼茎叶处理	异丙隆、绿麦隆
有机磷类	茎叶处理	草甘膦、草铵膦
三酮类	土壤或茎叶处理	硝磺草酮、环磺酮、苯唑草酮、双唑草酮、环吡氟草酮
联吡啶类	茎叶处理	百草枯、敌草快
有机杂环类	茎叶处理	氯氟吡氧乙酸

叶处理包括全面喷雾、定向和保护性喷雾。按施药方法划分，除草剂的使用方法有喷雾法、撒施法、泼浇法、甩施法、涂抹法、滴灌法等。除草剂的应用效果受到人为因素如用药时期、施药量及施药方法，以及环境因素如土壤因素（土壤类型、土壤含水量、土壤微生物等）、气象因素（温度、湿度、光照、降雨、风）等多种因素的影响。

下面简略介绍各类除草剂的特点、使用范围和注意事项。

苯氧羧酸类：生产上应用除草剂品种为其盐类和酯类，为选择性内吸型茎叶处理剂，用于小麦、玉米、水稻等作物防除阔叶杂草，部分品种可防治莎草科杂草；该类药剂易挥发、飘移导致临近敏感作物药害，使用时注意喷雾器清洗要彻底，于适宜的用药期施药并严格控制使用量。

芳氧苯氧基丙酸酯类：为选择性内吸传导型茎叶处理剂，多用于阔叶作物田，少数品种可用于水稻和高粱田；用来防除一年生和多年生禾本科杂草；多数品种环境中降解较快；生产中应注意单一重复使用该类药剂易产生抗药性。

环己烯酮类：为选择性输导型茎叶处理剂，对双子叶作物安全，用于防除禾本科杂草；在土壤中易分解，对后茬作物较安全；生产中应注意单一重复使用该类药剂易产生抗药性。

二硝基苯胺类：为选择性触杀型土壤处理剂，适宜于多种秋熟旱作物田防除禾本科杂草，对阔叶杂草防效差。在生产中为了提高防效常与防除阔叶杂草的特效除草剂混用。但需注意该类药剂部分品种易挥发和光解，田间喷药后应尽快进行耙地混土。

三氮苯类：为选择性内吸传导型土壤兼茎叶处理剂，常用于玉米、水稻、甘蔗等作物田防除禾本科及阔叶杂草，对阔叶杂草效果优于禾本科杂草。生产中应用最广泛的为该类

除草剂与其他类别除草剂（如酰胺类）的混剂产品。部分品种残留较大（如莠去津、西玛津），如施用量过大，可能对后茬小麦产生药害。

酰胺类：为选择性内吸传导型土壤处理剂，适应于多种秋熟旱作田防除禾本科杂草及部分小粒种子阔叶杂草；部分种类如苯噻酰草胺用于稻田，有的加安全剂后也可用于稻田，如丙草胺加安全剂。为扩大杀草谱，生产中应用最广泛的为该类除草剂与防除阔叶杂草的除草剂混用产品，如乙草胺与三氮苯类，或丁草胺与苄嘧磺隆的混剂。

二苯醚类、环状亚胺类：为选择性触杀型茎叶处理剂，部分品种可土壤处理，多用于防除阔叶杂草，一些品种可防除禾本科杂草。有些茎叶处理的二苯醚类除草剂如氟磺胺草醚易产生药害，部分品种土壤处理剂在作物出苗后用药不安全。

磺酰脲类、磺酰胺类、咪唑啉酮类：为选择性内吸传导型除草剂。该类除草剂具有超高活性，用量低；其杀草谱广，所有品种都能防除阔叶杂草，部分品种还可防除禾本科或莎草科杂草；选择性强，对作物安全；使用方便，多数品种既可进行土壤处理，也可进行茎叶处理；使用范围广泛，可用于麦田、稻田、大豆、玉米以及非耕地。但有些品种土壤残留较长，特别是咪唑啉酮类，影响下茬敏感作物，如咪唑乙烟酸只宜在东北单季大豆田使用，施用后翌年不宜种植水稻、小麦、甜菜、油菜、棉花等敏感作物；该类除草剂容易产生抗药性，因此生产中应注意单一重复使用该类药剂。

嘧啶水杨酸类：具有超高活性，用量低，杀草谱广，该类除草剂均可防治阔叶杂草，大多数品种也可防治禾本科杂草，有的还防治莎草科杂草，可用于水稻、小麦田，多数品种在土壤中残留期短。

取代脲类：为选择性内吸传导传导型除草剂。大多数除草剂主要做苗前土壤处理剂，防除一年生禾本科和阔叶杂草，可用于麦类、水稻、玉米、棉花等作物田。异丙隆则可做苗前和苗后处理剂，在杂草 2～5 叶期施用仍有效。但注意该类除草剂与土壤墒情关系极大，在土壤干燥时施用除草效果不好，在砂质土慎用，以免发生药害。异丙隆在小麦田使用时注意避免在低温前后用药，以免产生冻药害。

三酮类：具有内吸传导和触杀选择性除草剂。该类除草剂可做茎叶处理和土壤处理。硝磺草酮杀草谱广，活性高，用量少，主要用于玉米田防除一年生阔叶杂草和某些禾本科杂草。对当茬玉米以及后茬作物安全，并对磺酰脲类除草剂产生抗性的杂草有效。双环磺草酮可用于水稻田，该药剂杀草谱广，对水稻安全，能防除水田中主要杂草以及一些难除杂草。

有机磷类：多数品种为灭生性内吸型茎叶处理剂，土壤活性极低。主要用于非耕地以及果园定向喷雾防除杂草，也可用于部分作物如棉花田保护性喷雾防除杂草。

科学意义与应用价值 杂草化学防治在农业生产中起重要作用，主要体现在以下几个方面：①化学除草是先进、经济、有效的除草措施。农业生产中杂草防治是一项劳动强度最大的农业活动，大部分耕作措施的目的之一是防除杂草，而化学除草在一定程度上能够替代这些作业，从而减少了耕作次数，使农民从繁重的体力劳动中解放出来，投入到其他的经济活动中去，极大地提高了生产力。②化学除草促进了耕作栽培制度的改革。耕作制度的改革一方面可以减少水土流失，少耕、免耕是减少和防止土壤风蚀或水蚀的重要途径，化学除草是实现少耕或免耕的必要条件；二是作物覆膜栽培技术离不开化学除草，大量杂草生长在膜下，无法采用其他措施除草，化学除草可以实现膜下除草；三是密植、窄行作物田采用人工、机械等措施除草难度较大，采用化学除草即可有效防除这些作物田的杂草；四是一些种植方式的改革是在有效的化学除草措施下实现的，如水稻直播、机械插秧、抛秧等种植方式，没有化学除草是难以实现的。③化学除草是实现农业现代化的必备措施。大规模机械施药技术、无人机飞防技术在杂草防除中得到快速发展，得益于高效、安全化学除草剂的广泛应用，进而也大大提高了生产力。

存在问题和发展趋势 由于高频率地重复使用除草剂，杂草化学防治目前存在着下列几个主要问题：①农田杂草群落演替加速。由于连续使用同一类除草剂后，使部分敏感性杂草逐年减少，耐药性杂草幸存并不断繁殖，农田杂草种群变化和群落演替加速，一些次要杂草逐渐成为主要杂草，多年生杂草和农田难治、恶性杂草发展而危害加重。例如，东北地区玉米田连续使用乙草胺、莠去津等除草剂后，难防杂草刺儿菜、鸭跖草和苣荬菜逐年加重；在果园长年使用百草枯使多年生莎草、白茅成为严重问题。②除草剂药害时有发生。长残效除草剂氯嘧磺隆、氯磺隆、咪唑乙烟酸，具有用药量少、除草效果好、杀草谱广和用药成本低的优点，但这些除草剂品种在土壤中的持效期过长，对后茬敏感作物能造成严重减产，甚至绝产的致命缺点。2,4- 滴丁酯是易挥发除草剂，对临近作物飘移药害多有发生，等等。另外，农民错用除草剂、过量使用除草剂导致的药害现象也时有发生。

③抗药性杂草问题。近些年来，杂草抗药性逐渐蔓延，已成为全球关注的严重问题。中国小麦田阔叶杂草对苯磺隆、双氟磺草胺的抗性，禾本科杂草对精噁唑禾草灵、炔草酯、甲基二磺隆的抗性已经十分严重。水稻田阔叶杂草对苄嘧磺隆、稗草、千金子对氰氟草酯、五氟磺草胺的抗药性逐渐蔓延。另外，草甘膦抗性、百草枯抗性案例的报道在中国也越来越多。④除草剂对环境的污染。同其他化学农药一样，大量不合理的应用除草剂，可能对土壤、水体以及粮食作物产生残留污染，对生态环境及食品安全带来一定的影响。

随着人们对环境保护的重视，今后应大量减少化学除草剂的使用剂量和次数，努力摆脱对除草剂的依赖。人们已认识到，除草剂并不是万能的，杂草综合治理才是持续控制杂草危害的根本出路。今后应系统研究粮、棉、油、菜等作物田杂草发生消长规律、土壤杂草种子库动态，开展农田杂草预测预报技术研究；开展农田杂草复合危害水平研究，制定农田杂草防治指标，研制杂草综合治理专家决策支持系统；研究农作物—农田杂草—农田生态环境间的相互作用，强化农田生态调控作用，提高作物群体生长势，增强作物自身竞争力，持续控制杂草危害；研究环境条件对药效的影响及解决措施，提高化学除草剂的有效利用率；研发新型高效低毒化学除草剂、生物除草剂、RNAi 除草剂；利用现代生物工程技术培育抗草作物新品种；研究农田化学除草中药害与环境的关系和治理措施；运用常规生物测定技术和分子技术对抗药性杂草进行监测，研究延缓抗药性和抗药性杂草治理技术；制定农田化学除草剂应用规范；积极建立区域性农田杂草综合治理技术体系，引导农田杂草综合治理持续、健康发展。

参考文献

苏少泉, 1993. 杂草学 [M]. 北京：农业出版社.

苏少泉, 宋顺祖, 1996. 中国农田杂草化学防治 [M]. 北京：中国农业出版社.

吴文君, 罗万春, 2020. 农药学 [M]. 2 版. 北京：中国农业出版社.

徐汉虹, 2018. 植物化学保护学 [M]. 5 版. 北京：中国农业出版社.

张朝贤, 钱益新, 2001, 中国农田化学除草现状与努力方向 [J]. 植保技术与推广, 21(10): 35-37.

（撰稿：王金信；审稿：刘伟堂）

画眉草 *Eragrostis pilosa* (L.) Beauv.

秋熟旱作物田和非耕地一年生杂草。又名星星草、蚊子草。英文名 lovegrass。禾本科画眉草属。

形态特征

成株 高 15～60cm（见图）。秆丛生，直立或基部膝曲，径约 2mm，通常具 4 节，光滑。叶鞘松裹茎，压扁，无毛，有光泽，基部叶鞘常带紫色，鞘口有长 2～3mm 的柔毛，成熟后常脱落；叶舌退化为一圈纤毛，长约 0.5mm；叶片线形扁平或内卷，长 6～20cm、宽 2～3mm，背面光滑，表面粗糙。圆锥花序较开展或紧缩，长 15～25cm、宽 2～10cm，分枝单生、簇生或轮生，多直立向上，腋间具长柔毛；小穗具柄，长 3～10mm、宽 1～1.5mm，含 4～14 小花，成熟后，

画眉草植株形态（纪明山提供）

暗绿色或带紫黑色；颖为膜质，披针形，先端渐尖，第一颖长约 1mm，常无脉，第二颖长 1～1.5mm，具 1 脉；第一外稃长约 1.8mm，广卵形，先端尖，具 3 脉；内稃长约 1.5mm，稍作弓形弯曲，脊上有纤毛，迟落或宿存。雄蕊 3，花药长约 0.3mm。

子实　颖果长圆形，长 0.6～1mm。花果期 8～11 月。

幼苗　子叶留土；秆丛生，匍匐状；第一片真叶线形，先端锐尖，叶缘具细齿，直出平行脉 5 条，叶鞘边缘上端具柔毛，无叶舌和叶耳；第二片真叶线状披针形，直出平行脉 7 条，叶舌和叶耳均呈毛状。

生物学特性　画眉草为 C_4 植物，喜光，抗干旱。适应性强，对气候和土壤要求均不严。适生于秋熟旱作田、果园、路旁及非耕地。幼苗期 5～8 月，花果期 8～11 月。画眉草为二倍体植物，染色体 2n=40。画眉草新种子具有较强的原生休眠，4 个月的干藏和冷藏处理对解除种子休眠作用不明显，但较长时间的储藏（干藏 1 年）则能促进种子成熟。画眉草种子在光照和黑暗条件下都能萌发，但较强的光照更有利于种子萌发，种子萌发适宜温度是 28℃，温度升高和降低都会导致画眉草种子萌发率下降。画眉草在遭受洪水、火灾等自然灾害时还能保持较大的种群。

分布与危害　中国各地均有分布；分布于全世界温暖地区，多生于路边、荒地。危害玉米、大豆、西瓜等秋熟旱田作物。画眉草是陕北糜子田的主要杂草。

防除技术

农业防治　见马唐。糜子田可在间苗时进行人工或机械清除田间幼嫩的画眉草。

化学防治　是防治画眉草最主要的措施。根据作物田不同，选取合适的除草剂，适期用药，能达到理想的防除效果。在秋熟旱作田可选用酰胺类除草剂乙草胺、异丙甲草胺、敌草胺和二硝基苯胺类氟乐灵、二甲戊乐灵以及有机杂环类除草剂异噁草松进行土壤封闭处理，其中西瓜田用异丙甲草胺、敌草胺可有效防除画眉草等禾本科杂草，对西瓜安全；玉米田还可用对羟基苯丙酮酸双加氧酶（HPPD）抑制剂类除草剂异噁唑草酮作土壤封闭处理。对于没有完全封闭住的残存个体，阔叶作物大豆、棉花田等可用环己烯酮类除草剂烯禾啶、烯草酮和芳氧苯氧基丙酸类除草剂精吡氟禾草灵、精喹禾灵、高效氟吡甲禾灵等进行茎叶处理；棉花田还可用磺酰脲类除草剂三氟啶磺隆，对画眉草的防除效果可达 90%，同时还能防除难除杂草香附子等，但要严格限制用量，以免产生药害；玉米田可用三氮苯类除草剂莠去津、磺酰脲类除草剂烟嘧磺隆、砜嘧磺隆，HPPD 抑制剂类除草剂异噁唑草酮、硝磺草酮以及苯唑草酮等进行茎叶喷雾处理，均可以有效防治画眉草，但不能过量使用，以免对玉米产生药害。

综合利用　画眉草具有利尿通淋、清热活血的功效。用于热淋、石淋、目赤痒痛、跌打损伤。在埃塞俄比亚等国家，将画眉草作为粮食食用。与小麦、黑麦、大麦、燕麦等谷物相比，画眉草谷类含有较高的蛋氨酸、异亮氨酸、亮氨酸和缬氨酸，但赖氨酸、精氨酸和苏氨酸含量较低。画眉草干草还是家畜饲养必不可少的优良饲料，广泛用于饲喂绵羊，尤其在一年中的长干旱季节，可作为保土固坡植物。画眉草也可作为园林景观中的点缀植物，以单株或列植种植观赏效果最好。

参考文献

李雪华，李晓兰，蒋德明，等，2006. 画眉草种子萌发对策及生态适应性 [J]. 应用生态学报，17(4): 4607-4610.

李扬汉，1998. 中国杂草志 [M]. 北京：中国农业出版社：1234.

王茂云，李蓉荣，刘纯，等，2014. 三氟啶磺隆除草活性及对棉花的安全性评价 [J]. 农药学学报，16(1): 23-28.

王蓉，2017. 画眉草属 (Eragrostis) 的系统学位置研究 [D]. 济南：山东师范大学.

尹俊，孙振中，蒋龙，2009. 画眉草研究进展 [J]. 草业科学，26(12): 60-67.

查顺清，戴蓬博，冯佰利，等，2014. 陕北地区糜子田杂草组成及群落特征 [J]. 西北农业学报，23(5): 164-170.

张怡，禹云霞，樊中庆，2013. 4 种药剂防治压砂西瓜田一年生杂草田间药效试验 [J]. 杂草科学，31(3): 59-61.

祝士惠，2013. 画眉草中多糖成分提取及其性能、结构研究 [D]. 无锡：江南大学.

（撰稿：纪明山；审稿：宋小玲）

槐叶苹　*Salvinia natans* (L.) All.

水田一年生漂浮杂草。又名槐叶苹、蜈蚣苹、山椒藻、水百脚、马萍。英文名 duck-weed、water spangles。苹科槐叶苹属。

H

槐叶苹植株形态（①强胜摄；②③张治摄；④许京璇摄）
①生境危害状；②植株；③沉水叶；④子囊果

形态特征

成株　植株形似槐叶漂浮水面（图②）。茎细而横走，长 3～10cm，被褐色节状毛。三叶轮生，上面二叶漂浮水面，矩形、椭圆形或卵形，较厚，表面绿色，密被乳头状突起，背面灰褐色，密被短粗毛，长 8～12mm、宽 5～6mm，全缘，顶部钝圆，基部圆形或略呈心形，有短柄，中脉明显，有 15～20 对羽状侧脉；1 列沉水叶细裂成须状假根，悬垂水中，密生粗毛（图③）。

孢子　子囊果近圆形，具粗短毛（图④），葡萄粒状簇生于须状假根（沉水叶）的基部，每个须状假根基部有 4～8个，其中较小的为大孢子囊果，表面淡棕色，内含少数大孢子囊，每个大孢子囊具 1 个大孢子；稍大的为小孢子囊果，表面淡黄色，内含多量小孢子囊。

生物学特性

以孢子繁殖，冬季植物体枯萎，孢子囊果沉入水底，翌年 4～5 月孢子体萌发，10 月孢子囊成熟；或以植物断裂进行营养繁殖，发育成新植株。槐叶苹喜热喜肥，在 22～32℃温度范围内生长良好。

分布与危害　生长于湖泊、池塘、河流、水田、溪沟、沼泽等地。在相对静止、封闭的河道中可见呈大面积单一种群分布，覆盖度达 100%（图①）。常与同为浮水植物的满江红、紫萍、浮萍等组成群落，互为优势种和伴生种。中国广泛分布于长江流域和华北、东北以及新疆。常在 7～9 月发生高峰期，部分遮阴比开放生境有较高的生物量。槐叶苹铺满水面，影响氧气进入水、土壤中，并且遮挡光照，影响水温的提高，降低了水稻、莲藕的有效积温。同时槐叶苹也会消耗水中的大量溶氧和氮、磷等养分，从而造成水体、土壤缺氧、缺肥，影响鱼类和水稻、莲藕根系的生长。

防除技术

农业防治　利用鸭子食用槐叶苹的特点，既可以控制槐叶苹的发生，又能利用鸭排泄物作为肥料，促进水稻、莲藕生长。引入槐叶苹寄主的专一食性天敌槐叶苹象甲进行防治，是一种安全的生物控制方法。人工捞取，最佳时间应在秋季孢子囊果未产生或未落时进行。

化学防治　使用 2,4- 滴，植株会出现枯斑、随后腐烂。

综合利用　全草入药，治虚劳发热、湿疹、丹毒、疔疮和烫伤。作为饲料，家禽产蛋量提高，并有利于其换羽，也可防治一般消化疾病。槐叶苹叶形美观，植株小巧别致，适宜用作景观点缀。

参考文献

李扬汉 , 1998. 中国杂草志 [M]. 北京：中国农业出版社 .

王玉山 , 2017. 水稻病虫草害诊断与防治 [M]. 北京：中国农业科学技术出版社 .

（撰稿：周振荣；审稿：纪明山）

环境因子　environmental factor

环境中对杂草的生长、发育、繁殖、行为和分布有着直接或间接影响的环境因素，如土壤类型及酸碱度、水分、肥力、地形地貌、轮作和种植制度、土壤耕作、气候和海拔、季节、作物等。杂草群落的形成、结构、组成和分布，直接受农田生态环境因子的制约和影响。

土壤类型　不同类型土壤的含砂量、团粒结构、保水性能、通气性能不同。按土壤质地，土壤一般分为三大类：砂质土、黏质土、壤土。例如，亚热带地区的水稻土，通常形成犁底层阻止水分下渗，高湿度环境十分利于喜湿看麦娘发生，成为稻茬麦田优势种；灰潮土多为长江冲积土淤积形成，土质疏松，保水性差，则适宜以卷耳和阿拉伯婆婆纳为优势种。

地形、地貌　是指地势高低起伏的变化，即地表的形态，分为高原、山地、平原、丘陵、盆地五大基本地形（地貌形态）。不同地形地貌，往往会导致温度、湿度、降水量、光照、土壤类型、土壤水分、土壤养分等的不同。例如，在安徽麦田调查时发现，由于田块不平整，在同一块田低洼处看麦娘多，少或无猪殃殃；高处则多猪殃殃、大巢菜，而看麦娘数量少。在安徽调查农田中杂草与山地和谷田地形的关系，结果表明山顶和半山坡为野燕麦、猪殃殃为优势的杂草群落，山脚缓地为看麦娘、雀舌草、稻槎菜等组成的杂草群落，山谷洼地为看麦娘、荩草、牛繁缕、海滨酸模组成的杂草群落。湖滩地地势低洼、积水，多荩草、牛繁缕、海滨酸模。

土壤肥力　土壤肥力是反映土壤肥沃性的一个重要指标，是土壤作为自然资源和农业生产资料的物质基础，也可以衡量土壤提供杂草生长所需的各种养分的能力。不同土壤肥力往往会影响不同杂草的生长。例如，土壤氮含量高时，马齿苋、刺苋、藜等杂草生长旺盛；土壤缺磷时，反枝苋、牛繁缕则从群落中消失。野老鹳草、鼠麹草对肥力的耐受力显著高于其他杂草。球穗扁莎和萤蔺等在长期不施肥土壤中可以良好生长。土壤为杂草生长供应和协调养分、水分、空气和热量的能力，是土壤物理、化学和生物学性质的综合反应；四大肥力影响因素为养分因素、物理因素、化学因素、生物因素。养分因素指土壤中的养分储量、强度因素和容量因素，主要取决于土壤矿物质及有机质的数量和组成。物理因素指土壤的质地、结构状况、孔隙度、水分和温度状况等，它们影响土壤的含氧量、氧化还原性和通气状况，从而影响土壤中养分的转化速率和存在状态、土壤水分的性质和运行规律以及杂草根系的生长力和生理活动；物理因素对土壤中水、肥、气、热各个方面的变化有明显的制约作用。化学因素指土壤的酸碱度、阳离子吸附及交换性能、土壤还原性物质、土壤含盐量，以及其他有毒物质的含量等，它们直接影响杂草的生长和土壤养分的转化、释放及有效性。生物因素指土壤中的微生物及其生理活性，它们对土壤氮、磷、硫等营养元素的转化和有效性具有明显影响。

种植制度　是一个地区或生产单位的作物组成、配置、熟制与间套作、轮连作、换茬等种植方式的总称。例如，稻麦连作时，麦田多以看麦娘为优势种，野燕麦等不能存在或生存能力有限。在江南地区，旱茬麦田多发生以猪殃殃、野燕麦为优势种的杂草群落等。在江苏稻—棉水旱轮作棉田，发生以稗草、马唐、鳢肠和千金子等构成的杂草群落，而旱连作棉田则以马唐、狗尾草等为优势种的杂草群落。不同作物要求不同的播种期、群体密度、施肥、耕作方式、植物保护措施、收获期等，由于不同的轮作，这些因素通过改变农田生境而影响杂草群落的结构，轮作方式的改变，对土壤里的种子库中的杂草繁殖体保存十分不利，从而导致杂草群落的改变。例如，大豆菟丝子的发生与大豆重茬密切相关，重茬2年菟丝子感染率达7%，间隔4年种大豆则感染率为零。

土壤水分　土壤水分是影响杂草群落结构的最基本要素之一。上述很多因素也是直接或间接通过影响土壤水分含量而作用杂草种群的。猪殃殃、野燕麦要求较低的土壤水分含量，这是因为水分含量过高，会使它们的子实萌发能力降低或丧失。而看麦娘、日本看麦娘、雀舌草等需要较高水分含量的土壤条件。眼子菜、扁秆藨草、野慈姑则需要长期土壤淹水的条件。土壤水分饱和，马唐、牛筋草等则生长不良。虮子草要求较干燥的土壤，而同属的千金子则要求土壤含水量高或饱和的条件。

季节　季节不同，气候条件如气温、降雨、光照都不同，因而显著影响着杂草群落的发生。同是水稻，双季晚稻田稗草苗较少，而旱稻、中、单晚稻田则稗草为发生量大的杂草，这是因为早、中稻等的生长季节与稗草的萌发生长正好相一致。而双季晚稻栽插时，在早稻田中成熟的稗草子实正处于休眠中。

土壤酸碱度　土壤酸碱度常会成为杂草生长的限制因子。在pH高的盐碱土，多会有藜、小藜、眼子菜、扁秆藨草、硬草发生和危害；而蓼等则需要pH较低的土壤。

土壤耕作　土壤耕作方式是根据作物对土壤的要求和土壤特性，采用机械或非机械方法改善土壤耕层结构和理化性质，以达到提高肥力、利于作物生长而采取的一系列耕作措施，如深耕、浅耕、旋耕、免耕等。不同杂草对土壤耕作的反应和忍耐力不同。深耕可使问荆、刺儿菜和苣荬菜等多年生杂草成倍减少。频繁的耕作，在降低多年生杂草的同时，一年生或越年生杂草会增加。深耕可以从底部切断多年生杂草地下根茎，截断营养来源，把根茎深埋入耕层底部，强制消耗根茎营养，降低拱土能力，使其延缓出土或减弱生长势，甚至达到窒息的效果。此外，深耕还会使地下根茎翻露土表，经暴晒或霜冻而死。

气候和海拔　气候和海拔通过温度、日照或降水量影响农田杂草群落的结构。温性杂草播娘蒿、麦瓶草、麦仁珠、麦蓝菜等，多出现在淮河流域以北的温带地区，以南地区则少，甚至无。高海拔地区有适应高寒气候条件的薄蒴草等，而热带则多有 C_4 植物喜温性杂草如飞扬草、铺地黍等。例如，云南元谋的海拔为 $950\sim1000m$，年均温为 $22℃$，夏季发生的主要杂草有马唐、龙爪茅、飞扬草和辣子草等热带和亚热带杂草，冬季发生的杂草中，看麦娘、牛繁缕、大巢菜和棒头草等只占少数；撒营盘的海拔 $2100\sim2400m$，年均温为 $10℃$ 左右，主要杂草是野燕麦、尼泊尔蓼、辣子草、香薷、苦荞麦、繁缕、猪殃殃和欧洲千里光等；马鹿的海拔 $2700\sim3000m$，年均温为 $7\sim8℃$，主要杂草有尼泊尔蓼、欧洲千里光、香薷、苦荞麦、繁缕等。这3地水平距离不到

100km，但随着海拔增高，杂草种类则从南亚热带逐渐过渡到温带杂草类型。

作物　作为杂草的环境因子，作物可以通过相互竞争影响杂草的发生，随着杂草群落的发生，作物生长量减少；如果作物长势健壮、茂密，则其竞争能力强，能抑制杂草的生长；如果作物长势弱、稀疏，则其竞争能力弱，不能抑制杂草的生长，反而杂草长势旺盛，对作物造成更大危害。作物也可以与杂草相互依存，不同的作物有伴生杂草，这是因为某些杂草与某类作物的形态、生长性质和对环境需求都十分相似。例如，水稻中常混有稗草子实，导致稗草常伴生水稻；小麦常伴生野燕麦等。不同作物所需的环境条件不尽相同，栽培方式也就不同，从而影响到农田生态环境，而决定着杂草群落类型。

参考文献

杜丽思，李铆，董玉梅，等，2019. 胜红蓟种子萌发/出苗对环境因子的响应 [J]. 生态学报，39(15): 5662-5669.

强胜，2009. 杂草学 [M]. 2 版. 北京：中国农业出版社：25-28.

吴昊，韩美旭，韩雪，2020. 环境因子对入侵杂草空心莲子草化学计量特征的影响 [J]. 西南农业学报，33(8): 1816-1823.

章超斌，马波，强胜，2012. 江苏省主要农田杂草种子库物种组成和多样性及其与环境因子的相关性分析 [J]. 植物资源与环境学报，21(1): 1-13.

（撰稿：李儒海、刘宇婧；审稿：强胜）

环境杂草　environmental weed

能够在人文景观、自然保护区和宅旁、路边等生境中不断自然繁衍其种群的植物。环境杂草包括意外或故意引入的外来植物，有些会演变为外来入侵杂草，以及本土的栽培植物由于管理不当演变为杂草。环境杂草在形态特征上存在着丰富的多样性，一般可将其分为多年生杂草和一年生杂草等2 大类。

发生与分布　环境杂草具有种子数量多，易传播，生活力强，发育快，争光、争水、争肥能力强，成熟期不一致，分蘖力强，出苗期不整齐，子实或营养繁殖器官能较好地保存到下个适宜的生长季节等特点。

环境杂草以菊科、禾本科、十字花科和苋科植物居多。刺苍耳、假高粱、刺苋、假臭草、一年蓬、小蓬草、黄顶菊、加拿大一枝黄花、豚草、少花蒺藜草、臭荠、荠菜、野燕麦、狗牙根、反枝苋、阿拉伯婆婆纳、土荆芥、野胡萝卜和香根草等主要分布在人文景观、宅旁、路边和其他空旷地。互花米草和大米草等主要分布在滩涂环境。薇甘菊、空心莲子草、刺花莲子草、大薸、凤眼莲、水盾草和粉绿狐尾藻等主要分布在湿地。白茅、刺萼龙葵和少花蒺藜草等主要分布在河滩地。

环境杂草具有重大的经济和社会影响以及环境影响。在人为干扰强度较高的路边、宅旁和人文景观的环境杂草以本地杂草为主要类群。站场、仓库和机场等地常会出现一些新进入当地的外来杂草，如豚草、刺萼龙葵最先出现于粮库周

边。自然生态系统中的环境杂草以外来杂草为主，如河滩的刺萼龙葵和少花蒺藜草、路边的豚草、滩涂的互花米草、河道与沟渠中的凤眼莲和空心莲子草等。构树则常危害城垣、人工林和绿化地带等。有些环境杂草既可生长于水中或湿生环境，也可发生于旱地，如空心莲子草、加拿大一枝黄花、一年蓬等。

环境杂草可通过人类活动、鸟类迁徙、工程建设、交通工具、自然扩散、绿化或改善环境等多种途径传播，易在人为干扰较强的生境中建立种群。一些进入自然生态系统中的环境杂草可通过以下方式改变生态系统功能：与当地土著植物竞争光照、水分和养分，抑制本地植物生长、建立稳定种群；形成优势种群后可能会改变生境地貌，降低水位，影响生境中水文循环，改变土壤养分结构；提高原生植被中生物质燃料含量，增加火灾发生机会；改变原生植物群落可能会影响与此相关的动物群落。环境杂草可融入干扰生境、自然生态系统边缘和裸地，逐渐取代本地种成为优势植物，从而排挤掉大部分本地植物，导致依赖本地植物的某些野生生物种群逐渐减少，进而改变生态系统的空间和时间格局。

环境杂草降低自然生态系统的社会经济价值，破坏原有的生态系统景观；可成为作物等病虫害潜在或转主寄主；有些环境杂草具芒刺，牲畜食后常引起口腔或胃肠炎，直接危害牲畜生长。有的环境杂草产生有毒花粉使人发生花粉热，或人与牲畜误食后中毒。机场周边地区杂草为鸟类提供栖息地与食物，严重影响机场飞行安全。此外，导致丧失生态旅游机会、影响娱乐活动、影响景观、水质退化、火灾危险增加。在其发生区常形成单种优群落，排挤本地植物，影响天然林的恢复；侵入经济林地和农田，影响栽培植物生长；堵塞水渠，阻碍交通；全株有毒性，危害畜牧业；滋生蚊蝇，危害人类健康。

防除技术　环境杂草的防除可采用人工防治、农业防治、化学防治和生物防治等多种策略。

机械、人工防治　适用于密度较小或新入侵的种群。通过评价环境杂草的生物学特性、在其他地区成为杂草的历史、气候适应性等，进行有针对性的预防。及时发现，在环境杂草建立种群早期进行根除。

化学防治　自然生态系统外的环境杂草可使用选择性化学除草剂防治。如草甘膦、草铵膦以及两者的复配剂，还可用 2 甲 4 氯异丙胺盐、2,4- 滴、氯氟吡氧乙酸、三氯吡氧乙酸、麦草畏或二羧氟草醚与草甘膦的二元复配剂，麦草畏与三氯吡氧乙酸及草甘膦的三元复配剂，乙羧氟草醚、丙炔氟草胺与草铵膦的二元复配剂。此外，敌草快、甲嘧磺隆、氯氟吡氧乙酸异辛酯、三氯吡氧乙酸三乙胺盐也用于环境杂草的防除。如草甘膦、敌草快、麦草畏等多种除草剂对紫茎泽兰地上部分有一定的控制作用，但对于根部效果较差；氨氯吡啶酸对紫茎泽兰及灌木有很好的防治效果。氯氟吡氧乙酸或氯氟吡氧乙酸异辛酯等除草剂作化学防除对空心莲子草具有良好防除效果。春季正值加拿大一枝黄花幼苗期，是化学防治的好时机。筛选化学药剂试验表明，氯吡嘧磺隆与草甘膦铵盐的复配剂，施药后 30 天株防效可达到 90% 以上，60 天株防效依然可达到 90% 以上，能够有效控制加拿大一枝黄花生长。

生物防治　如用泽兰实蝇防治紫茎泽兰，用专食性天敌昆虫莲草直胸跳甲防治水生型空心莲子草植株等。用齐整小核菌 SC64 结合翻耕能有效控制加拿大一枝黄花。根据土地使用功能，开展土地资源再利用，耕地及时复耕复种，工业用地及时修建工业厂房，荒地加强绿化、用绿化植物覆盖，彻底断绝加拿大一枝黄花滋生的土壤和空间。对于一些失管果园、荒地、预征地等，有条件的可进行复耕复种，也可结合土地流转、绿色村庄建设、街景整治等工作，最大限度地利用闲置土地，防止环境杂草大面积发生。另外，发展本地竞争性强的物种，进行替代种植。如用红三叶草、狗牙根等植物替代控制紫茎泽兰有一定成效。采用适应力强的乡土植被对已经受损的生态系统进行修复，减少裸地、荒地等人为干扰强烈的生境，尽快恢复其生态结构和功能；也可利用天敌防治环境杂草。

参考文献

陈艳，刘坤，张国良，等，2007. 外来入侵杂草黄顶菊生物活性及化学成分研究进展 [J]. 杂草科学，25(4): 1-3.

段惠，强胜，吴海荣，等，2003. 紫茎泽兰 (Eupatorium adenophorum Spreng) [J]. 杂草科学，21(2): 37-39.

贺俊英，强胜，2005. 外来入侵种——紫茎泽兰花芽分化和胚胎学研究 [J]. 植物学通报，22(4): 419-425.

强胜，2001. 杂草学 [M]. 北京：中国农业出版社.

任艳萍，古松，江莎，等，2009. 外来植物黄顶菊营养器官解剖特征及其生态适应性 [J]. 生态学杂志，28(7): 1239-1244.

任艳萍，江莎，古松，等，2008. 外来植物黄顶菊 (Flaveria bidentis) 的研究进展 [J]. 热带亚热带植物学报，16(4): 390-396.

吴海荣，强胜，2005. 加拿大一枝黄花生物生态学特性及防治 [J]. 杂草科学，23(1): 52-56.

向业勋，1991. 紫茎泽兰的分布、危害及防除意见 [J]. 杂草科学，5(4): 10-11.

熊战之，郭小山，陈香华，等，2006. 加拿大一枝黄花的发生、危害及防治方法 [J]. 上海农业科技 (3): 120.

徐海根，强胜，韩正敏，等，2004. 中国外来入侵物种的分布与传入路径分析 [J]. 生物多样性，12(6): 626-638.

（撰稿：戴伟民、冯玉龙；审稿：宋小玲、郭凤根）

缓解药害方法　method of alleviating herbicide injury

减轻由于除草剂使用不当对作物产生药害的方法。除草剂对作物的选择性是相对的，在生产中有多种原因可引起作物药害，为了减轻由于药害对作物生长、发育以及产量的影响，需采取措施来缓解药害，降低对作物产量的损失。一般有两种手段：除草剂药害产生前，可采用施用安全剂、解毒剂、深翻、选种耐药作物种类等措施预防药害。除草剂药害产生后，如果药害轻微，作物能够自行恢复正常生长，可不采用任何措施；药害较重时，应及时采用淋洗、喷施植物生长调节剂、加强田间管理等措施；对于严重药害，应果断采取毁种或隔年种植的措施缓解药害。

药害发生前的预防措施

施用安全剂　安全剂又称保护剂，是指用来保护作物免受除草剂的药害，从而增加作物的安全性和改进杂草防除效果的化合物，在除草剂中添加安全剂来增强除草剂的选择性。现有 30 余种除草剂安全剂品种应用于生产，以保护作物。例如 1,8- 萘二甲酸酐可以保护玉米及高粱免受苯磺隆、苄嘧磺隆、砜嘧磺隆等磺酰脲类除草剂的药害。二氯丙烯胺俗称氯草烯胺，是一种能解除乙草胺、丁草胺、异丙甲草胺、茵草敌等除草剂药害的安全剂，可以保护玉米、水稻、小麦、草坪等免受药害影响。解草腈是肟醚类安全剂，用作种衣剂使用可以减少异丙甲草胺对水稻和高粱的药害，同时对膦酸磺酸酯产生的药害也有较好的解毒作用。解草啶在苗前处理种子可缓解丙草胺对水稻的药害，大大提高丙草胺对水稻的选择性。解草酮是异丙甲草胺、精异丙甲草胺等除草剂的安全剂，喷施以上除草剂时加入解草酮可降低玉米的药害。解草酯可以增强小麦、黑麦和黑小麦等谷物对炔草酯的耐受性。吡唑解草酯可缓解（精）噁唑禾草灵、甲基碘磺隆钠盐、甲基二磺隆、酰嘧磺隆对小麦的药害。双苯噁唑酸可增强玉米对烟嘧磺隆、砜嘧磺隆、硝磺草酮等的耐受性。环丙磺酰胺对磺酰脲类、氯乙酰苯胺类、环己二酮类、咪唑啉酮类等除草剂具有明显解毒作用。

使用解毒剂　通过添加活性炭、微生物菌剂、植物生长调节剂等处理土壤、种子包衣或与除草剂混合使用，以达到减少药害发生的目的。活性炭可以吸附许多脂溶性除草剂，降低或消除药害风险。种植高附加值的设施蔬菜、瓜果、花卉、药用植物等时，耕层土壤中均匀掺混活性炭，可缓解除草剂药害。用活性炭浆蘸根或包衣作物种子，亦可缓解药害，如移栽番茄时蘸根可缓解氟乐灵药害，移栽草莓时蘸根可缓解西玛津药害。用活性炭浆包衣作物种子，可缓解一些花卉或药用植物的敌草隆药害。活性炭对除草剂的吸附作用具有选择性。例如，活性炭对莠去津和二氯喹啉酸有较好的吸附去除效果，而对五氟磺草胺和苄嘧磺隆的吸附去除效果较差。因此，使用前应先开展试验研究，确认效果。除活性炭外，土壤施用生石灰、微生物菌剂等，亦可通过吸附或加速降解来缓解除草剂药害。如土壤施用生石灰可缓解二氯喹啉酸对烟草的残留药害。印度梨形孢是一种内生真菌，具有促进植物生长，增强植物抗逆性的作用，用其拌种油菜种子能减轻乙草胺对油菜出苗后的药害，主要原因是印度梨形孢可以加快油菜幼苗中乙草胺的代谢，加快其降解的速率。"益微"是含有枯草芽孢杆菌和胶冻样类芽孢杆菌的微生物菌剂，用其拌油菜种子能减轻乙草胺对油菜药害，原因是能提高油菜植株中还原型谷胱甘肽含量和谷胱甘肽转移酶活性。0.136%赤·吲乙·芸薹可湿性粉剂与双草醚在水稻田混合施用，能够在一定程度上阻碍水稻功能叶叶绿素含量的下降，增加光合作用，促进叶片中可溶性糖含量的累积，延缓叶片衰老，从而减少除草剂对水稻的药害。

深翻　对于淋溶性较差、表层土壤中含量较高的长残留除草剂，如氟乐灵、莠去津、咪唑乙烟酸等，将土壤深翻40cm 左右，能够稀释土壤中残留的除草剂，并促其挥发、光解及微生物降解，以缓解对小麦、谷子、西瓜等下茬敏感作物的残留药害。

种植耐药作物 对于土壤残留药害的缓解，在明确前茬作物除草剂使用品种和剂量，并掌握土壤中残留量的情况下，应主动选择种植耐药农作物种类。如上茬大豆田施用了异噁草松，下茬不宜种植春小麦、大麦、谷子等，可种植花生、马铃薯、烟草、油菜等。玉米田土壤处理施用莠去津后，下茬可继续种植玉米或者种植高粱、甘蔗，若种植大豆、辣椒、烟草等则会产生残留药害。邻地常年种植玉米的地块，不宜种植黄瓜、芸豆、葡萄、五味子等，中间应留出足够的缓冲带，尤其是下风向地块，防止产生飘移药害。

药害发生后补救措施

喷施植物生长调节剂 是除草剂药害发生后的常用补救措施，可促进植物生长，增加植物免疫力，帮助作物更快的从药害中恢复过来。对于抑制或干扰植物生长的除草剂药害，以及对叶面药斑、叶缘枯焦或植株黄化等症状的药害，在发生药害后，都可以茎叶喷施赤·吲乙·芸薹（碧护）、芸薹素内酯、赤霉素、复硝酚钠等植物生长调节剂，缓解药害，促进植株恢复生长能力。如叶面喷施赤·吲乙·芸薹与磷酸二氢钾混用，能够有效缓解异噁草松对春小麦造成的残留药害。二氯喹啉酸是稻田常用除稗剂，在水稻苗床期或移栽缓苗期使用极易出现药害。水稻出现二氯喹啉酸药害后，水稻分蘖和株高较正常水稻少和低，产量减产。喷施碧护和芸薹素内酯的水稻尽管还有少量叶片扭曲，但分蘖和株高已和正常水稻的差异不大，产量与无药害区持平，修复效果明显。在药害出现前喷施萘乙酸或药害后期喷施芸薹素内酯、赤霉酸均可缓解2甲4氯钠对玉米造成的徒长，药害后期喷施萘乙酸、胺鲜酯、芸薹素内酯等均可提高玉米的叶绿素含量，进而改善植物的生长发育情况。芸薹素内酯可有效缓解苯唑·二甲钠对糜子的伤害，使糜子叶片叶绿素含量、株高、茎粗、穗长和穗重增加，促进糜子的生长发育及叶片的光合作用，显著提高糜子产量。

淋洗 对于茎叶吸收的灭生性除草剂如草甘膦、草铵膦、敌草快等，因误施或飘移产生的药害，可以迅速用大量清水淋洗2～3次受药害的作物叶面，尽量把植株表面上的除草剂洗除，以减轻药害。西草净、扑草净、莠去津对水稻苗造成药害时，可立即排掉含毒田水，连续用清水灌排3～4次缓解药害。对于一些遇碱性物质易分解失效的除草剂可用低浓度生石灰或碳酸钠稀释液喷洗作物。但乙草胺、丙草胺、丁草胺对水稻苗造成药害时，切记不能采用淋洗措施，否则会进一步加重药害。药害缓解在实际生产中往往需要多举措并用，例如土壤处理剂的药害可通过翻耕、泡田和反复冲洗土壤，减少残留。

加强田间管理 在发生药害的农作物上，包括合成生长素类除草剂在内的除草剂药害，可迅速施尿素或磷酸二氢钾等速效肥料增加养分，促进作物生长，提高作物植株抗逆性，增强自身恢复药害的能力。还可利用锌、铁、钼等微肥及叶面肥促进作物生长，有效减轻药害。乙草胺、硝磺草酮、烟嘧磺隆对玉米，二氯喹啉酸对水稻及氟磺胺草醚、三氟羧草醚对大豆造成的当茬直接轻微药害，可采取耘耥、追肥、及时喷施杀虫剂、杀菌剂防治病虫害等田间管理措施，促进农作物恢复生长、增强抗逆能力、缓解除草剂药害。

参考文献

陈然，江慧，李黎，等，2016. 益微生物菌剂对乙草胺油菜药害的缓解效果及作用机制初步研究 [J]. 河南农业科学，45(5): 82-86.

高新菊，葛玉红，王恒亮，等，2014. 缓解剂对2甲4氯钠玉米药害的缓解作用 [J]. 农药，53(2): 109-112.

韩飞，2017. 印度梨形孢缓解乙草胺对油菜药害及其机理研究 [D]. 荆州：长江大学.

刘树海，陈国毅，2008. 农作物除草剂药害诊断与防治技术分析 [J]. 新疆农业科技 (4): 70-71.

马玉萍，潘长虹，陶小祥，等，2017. 除草剂药害类型、发生原因及药害补救预防措施的探讨 [J]. 青海农业科技 (3): 47-50.

倪青，王国荣，黄福旦，等，2020. 2种化学产品对直播水稻田除草剂药害的解除效果 [J]. 浙江农业科学，61(3): 421-422, 425.

宋存宇，2017. 几种药剂对水稻二氯喹啉酸药害的修复作用 [J]. 北方水稻，47(1): 41-42.

唐剑峰，吴建挺，袁雪，2021. 除草剂安全剂的研究进展概况 [J]. 世界农药，43(2): 6-14.

魏佳峰，郭玉莲，王宇，等，2018. 0.136% 赤·吲乙·芸苔 WP 与水稻田除草剂混用安全增效性研究 [J]. 农药，57(10): 773-777, 780.

杨森，黄化刚，龙友华，等，2017. 除草剂土壤残留致烟草药害及其修复技术 [J]. 山地农业生物学报，36(3): 61-67.

张泰劼，冯莉，田兴山，等，2017. 活性炭对水体中4中常用除草剂的去除效果 [J]. 杂草学报，35(3): 55-60.

赵霞，夏丽娟，李婷，等，2021. 42% 氟啶草酮悬浮剂对棉花后茬作物的安全性 [J]. 农药，60(12): 897-899.

MONACO T J, WELLER S C, ASHTON F M, 2002. Weed science principles and practices [M]. 4th ed. Hoboken: John Wiley & Sons Inc.

（撰稿：纪明山、张瑞萍；审稿：宋小玲）

黄鹌菜 *Youngia japonica* (L.) DC.

夏熟作物田一二年生杂草。又名黄瓜菜、黄花菜、黄花枝香草、苦药菜。英文名 Japanese youngia。菊科黄鹌菜属。

形态特征

成株 高10～100cm（图①）。根垂直直伸，生多数须根。茎直立，单生或少数茎成簇生，粗壮或细，顶端伞房状分枝或下部有长分枝，下部被稀疏的皱波状长或短毛。基生叶通常莲座状，倒披针形、椭圆形、长椭圆形，长2.5～13cm、宽1～4.5cm，大头羽状深裂或全裂，极少有不裂的，叶柄长1～7cm，有狭翼、宽翼或无翼，顶裂片卵形、倒卵形或卵状披针形，顶端圆形或急尖，边缘有锯齿或几全缘，侧裂片3～7对，椭圆形，向下渐小，最下方的侧裂片耳状，全部侧裂片边缘有锯齿或细锯齿或边缘有小尖头，极少边缘全缘；无茎叶或极少有1～2枚茎生叶，且与基生叶同形并等样分裂；全部叶及叶柄被皱波状长或短柔毛。头花序含10～20枚舌状小花（图②③），少数或多数在茎枝顶端排成伞房花序，花序梗细；总苞片2层，外层总苞片5枚，三角状或卵形，内层总苞片8枚，披针形；舌状小花黄色，先端具5齿。

黄鹤菜植株形态（张治摄）
①植株及生境；②③花序；④⑤果实；⑥幼苗

子实　瘦果纺锤形，棕红色（图④⑤），长 1.5～2mm，稍扁平，两端尖锐，具棱 11～13 条，棱粗细不均匀。冠毛白色，长 2～4mm，一层，基部相连。

幼苗　初生叶多发育完全（图⑥），呈披针形或椭圆形，全缘。可耐低温。

生物学特性　以种子繁殖，种子萌发需光，在中强光刺激下萌发率较高。秋季发芽出苗，以幼苗越冬，来年返青营养生长，4～9 月开花、结果。种子边成熟边脱落，借冠毛随风传播。

分布与危害　中国分布于河南、陕西、甘肃、江苏、安徽、上海、浙江、湖北、广东、广西、四川、云南和贵州等地；朝鲜、日本、印度、越南和菲律宾也有。适生于山坡、山谷及山沟林缘、林下、林间草地及潮湿地、河边沼泽地、田间与荒地上。温度、湿度无太多要求，具有很强的适应性。通过不断长出新植株，并向周围扩展的方式危害蔬菜、果树和茶树，有时也侵入小麦、油菜等夏熟作物田，发生量小，危害轻。

黄鹤菜对紫花苜蓿具有化感作用，黄鹤菜茎叶浸提液使紫花苜蓿种子萌发率和幼苗生长都受到抑制；也使萝卜种子萌发受较强的抑制。

防除技术

农业防治　结合种子处理清除杂草的种子，并结合耕翻、整地，消灭土表的杂草种子。施用苜蓿、覆盖秸秆等可以抑制出苗，达到良好的防治效果。

生物防治　用园林植物白车轴草群落进行替代可以有效控制黄鹤菜的发生。白车轴草种群密度越高效果越好。

化学防治　稻茬免耕麦田可在播种前 3～4 天，用草甘膦均匀喷雾灭茬。在小麦播后至苗前，用异丙隆进行土壤封闭处理。已经出苗的杂草在冬前或早春小麦田可选用氯氟吡氧乙酸、2 甲 4 氯、苯磺隆、双氟磺草胺、苯达松、唑草酮或其复配制剂进行茎叶喷雾处理。油菜田出苗后的黄鹤菜可用二氯吡啶酸、氨氯吡啶酸或者二氯吡啶酸与氨氯吡啶酸的复配剂进行茎叶喷雾处理。

综合利用　《救荒本草》中记载，黄鹤菜具有清热解毒、利尿消肿之功效，可做野菜用。民间用来治感冒、咽喉肿痛、结膜炎、乳痈、疮疖肿毒、毒蛇咬伤、痢疾、肝硬化腹水、急性肾炎、淋浊、血尿、带下、风湿性关节炎、跌打损伤等病症，尤其是在岭南地区常用。嫩叶可供食用或可作饲料。

参考文献

董旭，2014. 应用园林植物替代控制城市杂草的方案研究——以上海地区为例 [D]. 上海：上海师范大学.

国家中医药管理局《中华本草》编委会，1999. 中华本草 [M]. 上海：上海科学技术出版社.

李桃，崔雪仪，袁品贤，等，2009. 岭南草药黄鹤菜研究概况 [J].

中国中医药信息杂志 , 16(S1): 100-101.

李扬汉 , 1998. 中国杂草志 [M]. 北京 : 中国农业出版社 .

南京中医药大学 , 2006. 中药大辞典 [M]. 2 版 . 上海 : 上海科学技术出版社 : 2866.

强胜 , 2009. 杂草学 [M]. 2 版 . 北京 : 中国农业出版社 .

中国科学院中国植物志编辑委员会 , 1979. 中国植物志 : 第八十卷 第一分册 [M]. 北京 : 科学出版社 : 155.

（撰稿 : 左娇、毛志远 ; 审稿 : 宋小玲）

黄花蒿　*Artemisia annua* L.

秋熟作物田（玉米、大豆、甘薯、甘蔗）、蔬菜地、果园、桑园、茶园和路埂一年生杂草。又名草蒿、青蒿等。英文名 sweet wormwood。菊科蒿属。

形态特征

成株　高 50～200cm。植株有浓烈的挥发性香气（图①②）。主根纺锤状。茎直立，无毛，基部直径可达 1cm，有纵棱，幼时绿色，后变褐色或红褐色，多分枝；茎下部叶无柄，三回羽状分裂；长 4～7cm、宽 1.5～3cm，裂片线形，叶轴无小裂片，腹面深绿色，背面淡绿色，直径约 2mm，无毛或略有细软毛；上部叶无柄，常为羽状深裂。头状花序球形，淡黄色，直径约 2mm，由多数花序排成圆锥状；总苞片 2～3 层，外层总苞片狭椭圆形，绿色，草质，有狭膜质边缘，内层总苞片宽卵形或卵形，膜质，边缘宽。花序托花后突出。花冠筒状，外层花雌性，内层花两性，两者均结实。

子实　瘦果小，长圆形，长约 0.7mm、宽 0.2mm，红褐色（图③）。

幼苗　子叶近圆形，长、宽各 3mm，具短柄（图④）；下胚轴发达，红色，上胚轴不发育；初生叶 2 片，对生，卵形，顶端极尖，叶基楔形，叶缘两侧各有 1 尖齿，有柄；第

黄花蒿植株形态（张治摄）

①生境；②植株；③果实；④幼苗

一后生叶羽状深裂，第 2 后生叶为二回羽状深裂。幼苗除子叶和下胚轴均被有"丁"字毛。

生物学特性　黄花蒿为短日照植物，种子繁殖，无休眠期。花果期 8～11 月，全生育期 240～250 天。黄花蒿属于浅根系植物，主根短，侧根发达，抗旱、抗涝能力较强。黄花蒿在生长过程中不断释放除草活性物质抑制其他植物或杂草的萌发和生长，因而在它们所形成的群落中，很少有其他植物或杂草生长。

分布与危害　中国分布于各地；亚洲其他地区、欧洲东部及北美洲也有分布。喜生于向阳平地和山坡，耐干旱，是玉米、大豆、甘薯、甘蔗等秋熟作物田，以及蔬菜地、果园、桑园、茶园和路埂常见杂草，但发生量小，危害轻。

防除技术

农业防治　轮作换茬，改变其生态环境；清除田头、路边、沟渠杂草，特别是在其种子成熟之前采取防除措施，杜绝其扩散。深耕深翻土壤，把杂草种子翻入深土层，抑制其萌发。

化学防治　大豆田在播后（最好在播后 3 天内）杂草出苗前用丙炔氟草胺喷雾处理，不但能抑制杂草的萌发还能杀死刚出苗的杂草。大豆、玉米田播前可用唑嘧磺草胺进行土壤封闭处理。出苗后的黄花蒿，大豆田可选择灭草松、乙羧氟草醚、三氟羧草醚、乳氟禾草灵、嗪草酮、氯酯磺草胺、噻吩磺隆、原卟啉原氧化酶类抑制剂嗪草酸甲酯等轮换使用，应在大豆封垄前、黄花蒿出苗后早期使用，用药太晚则防效差。玉米田可选用烟嘧磺隆、2 甲 4 氯、氯氟吡氧乙酸、莠去津、氰草津、嗪草酸甲酯、硝磺草酮、苯唑草酮等进行茎叶喷雾处理。

综合利用　黄花蒿入药，作清热、解暑、截疟、凉血用；还作外用药，亦可用作香料、牲畜饲料。黄花蒿含挥发油，并含青蒿素、黄酮类化合物等。中国科技工作者于 20 世纪 70 年代首次从中分离出青蒿素，为抗疟的主要有效成分。中国黄花蒿资源极为丰富，分布甚广。有些地区已经出现了大规模生产黄花蒿的基地。在广西桂北地区自然条件下，黄花蒿从 10 月下旬至 11 月上旬种子采收至翌年 5 月中旬前均可播种。光照对青蒿素含量的影响较大，对土壤质地及 pH 要求不严，pH5.4～5.7 对叶片产量及青蒿素含量无大的影响，但性喜开阔向阳的湿润环境，宜排水良好、微偏酸性的少宿根性草本植物的黄壤、冲积土和紫色土。

黄花蒿提取物抑制小麦、黄瓜、萝卜的根和苗的生长；抑制反枝苋、苘麻、狗尾草和稗草杂草种子的萌发；还可诱导向日葵列当和瓜列当种子萌发。黄花蒿挥发性油对赤拟谷盗成虫和幼虫具有触杀活性和明显的趋避作用，因此具有开发为生物农药的潜力。

黄花蒿能抑制紫茎泽兰种群数量的扩增，因此在紫茎泽兰等外来杂草入侵早期，利用黄花蒿进行替代控制，可获得较好的防治效果。

参考文献

程昉，邵亚洲，杨盈盈，等，2020. 黄花蒿挥发油对赤拟谷盗成虫和幼虫的生物活性研究 [J]. 中国粮油学报，35(11): 119-124.

贾雪婷，2016. 黄花蒿对列当种子萌发的诱导作用初步研究 [D]. 杨凌：西北农林科技大学.

李香菊，梁帝允，袁会珠，2014. 除草剂科学使用指南 [M]. 北京：中国农业科学技术出版社.

鲁传涛，等，2014. 农田杂草识别与防治原色图鉴 [M]. 北京：中国农业科学技术出版社.

沈慧敏，2006. 黄花蒿 (Artemisia annua L.) 化感物质释放途径及化感作用机理研究 [D]. 兰州：甘肃农业大学.

孙娜娜，谭永钦，马洪菊，等，2015. 黄花蒿对紫茎泽兰竞争效应的影响 [J]. 华中农业大学学报，34(1): 38-44.

谭洪鹤，2017. 黄花蒿除草活性物质的提取、分离及结构鉴定 [J]. 哈尔滨：东北农业大学.

韦美丽，崔秀明，陈中坚，等，2005. 黄花蒿栽培研究进展 [J]. 现在中药研究与实践，19(5): 60-64.

张利辉，王艳辉，董金皋，2016. 玉米田杂草防治原色图鉴 [M]. 北京：科学出版社.

（撰稿：于惠林；审稿：宋小玲）

黄花稔　*Sida acuta* Burm. F.

果园、桑园、茶园多年生杂草。又名扫把麻（海南）、"亚罕闷"（云南西双版纳傣语）。英文名 common wireweed。锦葵科黄花稔属。

形态特征

成株　高 1～2m（图①）。直立亚灌木状草本，茎直立，分枝多，小枝被柔毛至近无毛。单叶互生，披针形，长 2～5cm、宽 4～10mm，先端短尖或渐尖，基部圆或钝，具锯齿，两面均无毛或疏被星状柔毛，上面偶被单毛；叶柄长 4～6mm，疏被柔毛；托叶线形，与叶柄近等长，常宿存。花单朵或成对生于叶腋（图②），花梗长 4～12mm，被柔毛，中部具节；无小苞片（副萼）；花萼浅杯状，无毛，长约 6mm，下半部合生，裂片 5，尾状渐尖；花冠黄色，直径 8～10mm，花瓣 5，分离，倒卵形，先端圆，基部狭长，6～7mm，被纤毛。雄蕊柱长约 4mm，疏被硬毛；雌蕊心皮 4～9 个，但以 5 者为多，包藏于萼内。

子实　蒴果近圆球形（图③），分果瓣 4～9，但通常为 5～6，长约 3.5mm，顶端具 2 短芒，果皮具网状皱纹。种子近球形，径约 4mm，背面拱起，表面光滑，黄褐色，长约 1.5mm（图④）。

幼苗　子叶阔卵形，长、宽各 9mm，先端钝，微凹，叶基圆形，叶缘密生混杂毛，三出脉，具长柄；下胚轴及上胚轴均较发达；初生叶互生，阔卵形，先端钝，叶缘有大小不规则的粗锯齿，具长柄，柄上着生混杂毛；后生叶与初生叶相似。幼苗全株被有单毛、星状毛和乳头状腺毛。

生物学特性　常生于山坡灌丛间、路边、荒坡或果园等。为果园、桑园、茶园杂草，较少侵入农田。多以种子繁殖。秋、冬季开花。种子萌发属于低萌类型，主要特点为萌发率很低，甚至不萌发，用 0.05% GA 处理能提高种子萌发率。种子千粒重 2.66±0.557g。

分布与危害　中国主要分布于台湾、福建、广东、广西、云南和海南等地。原产印度，现分布于不丹、柬埔寨、印

黄花稔植株形态（覃建林、马永林摄）
①成株；②花；③果实；④种子

度、老挝、尼泊尔、泰国和越南。黄花稔为果园、桑园、茶园一般性杂草。黄花稔是中国黄花稔曲叶病毒（sida yellow mosaic China virus，SiYMCNV）的中间宿主，首次于2005年在海南儋州表现黄化、花叶症状的黄花稔上分离，该病毒是侵染海南儋州雪茄烟的重要病原，发病植株完全丧失经济价值，造成绝收。

防除技术 见赛葵。

综合利用 黄花稔具有清湿热、解毒消肿、活血止痛的功效。主治湿热泄痢、乳痈、痔疮、疮疡肿痛、跌打损伤、骨折、外伤出血等症。药理研究表明，黄花稔具有抗癌、抗氧化等作用。茎皮纤维可制作绳索。

参考文献

国家中医药管理局《中华本草》编委会，1999. 中华本草 [M]. 上海：上海科学技术出版社.

李萌，夏长剑，杨金广，等，2019. 侵染海南雪茄烟的中国黄花稔曲叶病毒侵染性克隆的构建 [J]. 中国烟草学报，25(6): 133-137.

李扬汉，1998. 中国杂草志 [M]. 北京：中国农业出版社.

赵怀宝，羊金殿，黎明，2016. 15 种杂草的种实特征及萌发特性研究 [J]. 种子，35(8): 83-87.

中国科学院中国植物志编辑委员会，1984. 中国植物志：第四十九卷 第二分册 [M]. 北京：科学出版社：19-20.

SENGUL U, RENETA G, IBRAHIME S K, et al, 2021. New perspectives into the chemical characterization of *Sida acuta* Burm. F. extracts with respect to its anti-cancer, antioxidant and enzyme inhibitory effects [J]. Process biochemistry, 105: 91-101.

（撰稿：马永林；审稿：宋小玲）

黄堇　*Corydalis pallida* (Thunb.) Pers.

夏熟作物田多年生杂草。又名山黄堇、珠果黄堇、黄花地丁。英文名 yellow flower corydalis。罂粟科紫堇属。

形态特征

成株　高20～60cm（图①②）。具主根，少数侧根发达，呈须根状。茎1至多条，发自基生叶腋，具棱，常上部分枝。基生叶多数，莲座状，花期枯萎；茎生叶稍密集，下部的具柄，上部的近无柄，上面绿色，下面苍白色，二回羽状全裂，一回羽片4～6对，具短柄至无柄，二回羽片无柄，卵圆形至长圆形，顶生的较大，长1.5～2cm、宽1.2～1.5cm，3深裂，裂片边缘具圆齿状裂片，裂片顶端圆钝，近具短尖，侧生的较小，常具4～5圆齿。总状花序顶生和腋生，有时对生，长约5cm，疏具多花（图③）；苞片披针形至长圆形，具短尖，约与花梗等长；花梗长4～7mm；花黄色至淡黄色，较粗大，平展，萼片近圆形，中央着生，直径约1mm，边缘具齿；外花瓣顶端勺状，具短尖，无鸡冠状突起，或有时仅上花瓣具浅鸡冠状突起；上花瓣长1.7～2.3cm；距约占花瓣全长的1/3，背部平直，腹部下垂，稍下弯，蜜腺体约占距长的2/3，末端钩状弯曲；下花瓣长约1.4cm；内花瓣长约1.3cm，具鸡冠状突起，爪约与瓣片等长；雄蕊束披针形；子房线形；柱头具横向伸出的2臂，各枝顶端具3乳突。

子实　蒴果线形，念珠状，长2～4cm、宽约2mm，斜伸至下垂，具1列种子（图④）。种子黑亮，直径约2mm，表面密具圆锥状突起，中部较低平（图⑤）；种阜帽状，约包裹种子的1/2。

生物学特性

灰绿色丛生草本。种子繁殖。花期4～6月，果期5～7月。生于火烧迹地、林缘、河岸或多石地。

分布与危害

中国分布于黑龙江、吉林、辽宁、河北、内蒙古、山西、山东、河南、陕西、湖北、江西、安徽、江苏、浙江、福建等地。果园较常见，也发生于小麦、油菜等夏熟作物田，一般性杂草。危害较轻。牲畜误食后会中毒。

防除技术

人工防治结合化学防治。

化学防治　麦田苗期使用辛酰溴苯腈防除。

综合利用　可作为中草药，对治疗牛瘤胃膨气有一定作用。

参考文献

陈树文，苏少范，2007. 农田杂草识别与防除新技术 [M]. 北京：中国农业出版社.

李扬汉，1998. 中国杂草志 [M]. 北京：中国农业出版社.

强胜，2009. 杂草学 [M]. 2版. 北京：中国农业出版社.

《中国高等植物彩色图鉴》编辑委员会，2016. 中国高等植物彩色图鉴 [M]. 北京：科学出版社.

中国科学院中国植物志编辑委员会，1999. 中国植物志：第三十二卷 [M]. 北京：科学出版社.

（撰稿：贺俊英；审稿：宋小玲）

黄堇植株形态（①徐杰、贺俊英摄；其余张治摄）

①植株；②群体；③花序；④果实；⑤种子

灰绿碱蓬 *Suaeda glauca* (Bunge) Bunge

夏熟作物田一年生杂草。又名碱蒿、盐蒿。英文名 common seepweed。藜科碱蓬属。

形态特征

成株 高可达 1m（图①～③）。茎直立，粗壮，圆柱状，浅绿色，有条棱，上部多分枝；枝细长，上升或斜伸。叶丝状条形，半圆柱状，通常长 1.5～5cm、宽约 1.5mm，灰绿色，光滑无毛，稍向上弯曲，先端微尖，基部稍收缩。花两性兼

灰绿碱蓬植株形态（强胜摄）

①所处生境；②③成株；④花果

有雌性，单生或 2～5 朵团集，大多着生于叶的近基部处；两性花花被杯状，长 1～1.5mm，黄绿色（图④）；雌花花被近球形，直径约 0.7mm，较肥厚，灰绿色；花被裂片卵状三角形，先端钝，果时增厚，使花被略呈五角星状，干后变黑色；雄蕊 5，花药宽卵形至矩圆形，长约 0.9mm；柱头 2，黑褐色，稍外弯。

子实 胞果包在花被内，果皮膜质。种子横生或斜生，双凸镜形，黑色，直径约 2mm，周边钝或锐，表面具清晰的颗粒状点纹，稍有光泽。胚乳很少（图④）。

幼苗 子叶线状，肉质，长 2.2cm、宽约 2mm，先端有小刺尖，基部渐狭，无柄。初生叶 1，形状与子叶相同，与其他叶片排列较紧密，光滑无毛。下胚轴发达，上胚轴较短。

生物学特性 一年生草本。种子繁殖。花果期 7～9 月。生于海滨、荒地、渠岸、田边等含盐碱的土壤上，是 Na$^+$、Cl$^-$ 富集性植物。

分布与危害 中国分布于黑龙江、辽宁、内蒙古、河北、山东、河南、江苏、安徽、浙江、山西、陕西、宁夏、甘肃、青海、新疆等地。常见于盐碱性草地、田边，危害较轻。

防除技术 以人工防治为主。

化学防治 不同作物田防治选用的除草剂有所不同。麦田可选用可用 2 甲 4 氯、苯达松、苯磺隆适时使用，防效良好。油菜田可用草除灵、二氯吡啶酸、氨氯·二氯吡等进行茎叶喷雾，不过，芥菜型和白菜型油菜品种敏感型有差异，要在确保安全下才能使用。玉米田可选用异丙甲草胺、莠去津＋乙草胺土壤封闭处理；烟嘧磺隆、甲基磺草酮等茎叶处理。

综合利用 为湿地、草原退化后次生植被的优势种，为维持盐碱化生态环境的指示性植物，对盐碱化环境的生态稳定发挥着重要的作用。

参考文献

白红霞，斯琴巴特尔，秦树辉，等，2012. 草地盐碱化对灰绿碱蓬生物量及其土壤酶活性的影响 [J]. 时珍国医国药，23(2): 3129-3131.

强胜，2009. 杂草学 [M]. 2 版. 北京：中国农业出版社.

《中国高等植物彩色图鉴》编辑委员会，2016. 中国高等植物彩色图鉴 [M]. 北京：科学出版社.

中国科学院中国植物志编辑委员会，1979. 中国植物志 [M]. 北京：科学出版社.

（撰稿：贺俊英；审稿：宋小玲）

灰绿藜 *Chenopodium glaucum* L.

夏熟作物田一年生杂草。又名盐灰菜、小灰菜。英文名 oakleaf goosefoot。藜科藜属。

形态特征

成株 株高 10～45cm（图①）。茎通常由基部分枝，斜上或平卧，有沟槽，具红色或黄绿色条纹，光滑无毛。单叶互生，有短柄，叶片厚，带肉质，椭圆状卵形至卵状披针形，长 2～4cm、宽 5～20mm，先端急尖或钝，边缘有波状齿，基部渐狭，边缘具缺刻状牙齿，表面绿色，平滑，背面灰白色，密被粉粒，稍带紫红色；中脉明显，黄绿色；叶柄长 5～10mm。

花两性兼有雌性，通常数花聚成团伞花序，再于分枝上排列成有间断而通常短于叶的穗状或圆锥状花序，腋生或顶生（图②）；花被裂片3～4，少至5，浅绿色，肥厚，基部合生，狭矩圆形或倒卵状披针形，长不及1mm，先端通常钝；雄蕊1～2，花丝不伸出花被，花药球形；柱头2，极短。

子实　胞果顶端露出于花被外，果皮膜质，黄白色。种子扁球形，直径0.75mm，横生、斜生及直立，暗褐色或红褐色，边缘钝，表面有细点纹（图③）。

幼苗　子叶2，呈紫红色，狭披针形，先端钝，基部略宽，肉质，具短柄。初生叶2，互生，三角状卵形，先端圆，叶基戟形，主脉明显，叶柄与叶片近等长，叶片下面有白粉。上胚轴及下胚轴均发达，下胚轴呈紫红色。后生叶椭圆形或卵形，叶缘有疏钝齿（图④⑤）。

生物学特性　种子繁殖。灰绿藜种子没有休眠期，种子成熟后只要环境条件适宜便可萌发。种子萌发的温度范围较广，在15～45℃范围内均有50%以上的种子可以正常萌发，其对高温的耐受力较强，对光不敏感。灰绿藜作为泌盐盐生植物，其种子在萌发时对盐分有较强的耐受性，NaCl和KCl浓度达到400mmol/L时，种子的萌发率仍在90%以上，

盐对灰绿藜种子萌发的抑制作用主要表现在种子萌发时间的延迟，低浓度的NaCl和KCl反而可以促进灰绿藜幼苗的生长，子叶生长状态明显改善，胚轴的生长也受到促进。通常情况下，灰绿藜4～5月出苗，花期6～9月，果期8～10月，新疆荒漠地区的灰绿藜种子通常7月下旬开始成熟，单株结实量大，种子细小，千粒重为0.2442±0.0052g。

异速生长是指植物不同器官或不同性状之间的生长关系，灰绿藜形态性状与繁殖性状之间存在显著的异速生长关系，如灰绿藜越小，花序密度越高。另外，晚萌发的灰绿藜将更多的资源投入到繁殖生长，这些都是灰绿藜通过提高繁殖率，确保其种群延续的策略。

灰绿藜叶绿体全基因组大小为152191bp，包含一个大的单拷贝区（83675bp）、一个小的单拷贝区（18130bp）和2个反向重复区（25193bp），总GC含量为37.2%。共注释了113个独特的基因，包括79个蛋白质编码基因、30个tRNAs和4个rRNAs。

分布与危害　中国除台湾、福建、江西、广东、广西、贵州等地外，其他各地都有分布。灰绿藜广泛分布于全球温带地区，喜轻盐碱地。但是，主要危害东北、华北、西北等

灰绿藜植株形态（张治摄）
①成株；②花序；③果实（上）、种子（下）；④⑤幼苗

夏熟作物麦类、油菜整个生育期以及秋熟旱作物玉米、大豆等苗期。灰绿藜耐盐性较强，广泛分布于西北、华北干旱区的中低度盐碱地区农田。

灰绿藜根系庞大，极易在农田中繁殖。在长期与小麦生存竞争的过程中，与小麦争肥、争水、争光、争空间，造成小麦个体发育不良，群体结构变小，田间小麦整齐度降低，使小麦产量降低，品质下降，严重影响小麦生产。

防除技术 灰绿藜防除应遵循"预防为主，综合防治"的原则，建立杂草综合防治技术体系，把杂草危害控制在最低程度。

农业防治 精选作物种子，努力抓好播前选种，清除杂草种子。施用腐熟有机肥，经腐熟的有机肥料，可使大部分杂草种子丧失发芽率，也可提高肥效。通过耕作栽培措施，如秋翻冬灌，将草籽深翻入土中，使其窒息死亡。清理田埂、路边的杂草，防止传入田间。经过化学防除而没有死亡的植株，在结实前人工拔除。

化学防治 麦田灰绿藜危害较重时，可于杂草幼苗期，选用2甲4氯钠、氯氟吡氧乙酸以及两者的复配剂，或双氟磺草胺或其复配制剂进行茎叶喷雾处理，防除效果较好。

西瓜田灰绿藜的化学防除可于西瓜播后苗前，选择地乐胺或精异丙甲草胺进行土壤封闭处理；

综合利用 灰绿藜具有清热、祛湿、解毒、消肿等功效，叶片富含蛋白质，可作为猪、牛、羊等家畜的饲料添加剂，用于预防与治疗家畜的发热、咳嗽、腹泻等病症；在盐碱地种植灰绿藜可以降低土壤含盐量并增加土壤有机质含量，因此灰绿藜可作为改良盐碱土壤的一种潜在的经济盐生植物。

参考文献

陈莎莎，姚世响，袁军文，等，2010.新疆荒漠地区盐生植物灰绿藜种子的萌发特性及其对生境的适应性[J].植物生理学通讯，46(1):75-79.

耿辉辉，蒋晴，王亚萍，等，2019.不同药剂处理对灰绿藜防效试验[J].安徽农学通报，25(13):115,136.

黄迎新，宋彦涛，范高华，等，2015.灰绿藜形态状与繁殖性状的异速关系[J].草地学报，23(5):905-913.

任家博，闻志彬，2019.不同浓度NaCl处理对灰绿藜种子萌发及幼苗生长发育的影响[J].植物研究，39(5):716-721.

王璐，蔡明，兰海燕，2015.藜科植物藜与灰绿藜耐盐性的比较[J].植物生理学报，51(11):1846-1854.

谢明欣，王园，王瑞芳，等，2020.灰绿藜的营养成分及其作用的研究进展[J].饲料研究，43(12):117-120.

YAO Y, LI X, WU X, et al, 2019. Characterization of the complete chloroplast genome of an annual halophyte, *Chenopodium glaucum* (Amaranthaceae) [J]. Mitochondrial DNA Part B, 4(2): 3898-3899.

（撰稿：马小艳；审稿：宋小玲）

茴茴蒜 *Ranunculus chinensis* Bunge

夏熟作物田一二年生杂草。又名鸭脚板、水辣椒、土细辛等。英文名chinese buttercup。毛茛科毛茛属。

形态特征

成株 株高15～50cm（图①）。茎与叶柄均密被伸展的

白色或淡黄色的长硬毛。三出复叶，互生，叶片宽卵形，长2.5～7.5cm、宽2.5～8cm；小叶具柄，长8～16mm，叶片多一至二回深裂，小裂片狭长，有多数不规则锯齿，两面伏生糙毛；茎上部叶渐变小。花序顶生，花3至多数，花梗贴生糙毛，花直径6～7mm（图②）；萼片5，反曲，淡绿色，船形，长约4mm，外面疏被柔毛；花瓣5，黄色，倒卵形或

茴茴蒜植株形态（①③郝建华提供；②④张治摄）

①植株；②花；③聚合果；④瘦果

宽椭圆形，长约 3.2mm，基部有蜜槽，蜜腺被有卵形小鳞片；雄蕊和心皮均为多数，心皮密生白短毛（图②）。花托在果期伸长。

　　子实　聚合果长圆形或椭圆柱形（图③），长约 1cm、宽 7～8mm；瘦果扁平，倒卵状椭圆形，长约 3.2mm，无毛，具窄边（图④）。喙极短，呈点状，微弯，长 0.1～0.2mm。

　　幼苗　子叶出土。上、下胚轴均不发达。子叶呈阔卵形，先端钝圆，并且微凹，全缘，有明显羽状脉，具长柄。初生叶 1 枚，叶片 3 浅裂，掌状，具长柄并在基部两侧有半透明膜质边缘。后生叶为 3 深裂掌状叶，叶缘有睫毛，叶柄密生长柔毛。

　　生物学特性　种子繁殖。苗期秋冬季至翌年春季，花、果期 4～9 月。生活力强。

　　分布与危害　中国分布于各地；朝鲜、日本、俄罗斯西伯利亚地区、印度、尼泊尔也有分布。曾在美国的小麦、印度的中药材中发现。茴茴蒜喜欢湿度较大的环境，一般发生较轻，危害较小，但也有部分地区发生较为严重，是稻茬麦田和油菜田的常见杂草。

　　全草有毒。误食会导致口腔灼热，引起恶心、呕吐、腹部剧痛等症状，严重者会呼吸衰竭而死。含有乌头碱、飞燕草碱、银莲花素等。

　　防除技术　见禺毛茛。

　　综合利用　全草药用，鲜草捣烂外敷可治肝炎、肝硬化、疟疾，揉烂治牛皮癣；为有毒植物，可作外用药，具消肿止痛、截疟退黄作用。水浸液作农药，可防治菜青虫、黏虫、小麦枯斑病。

参考文献

常向前，李儒海，褚世海，等，2008. 湖北省油菜主产区杂草群落的数量分析 [J]. 中国油料作物学报，30(4): 491-496, 500.

李亚，2015. 江苏农业野生植物资源 [M]. 南京：东南大学出版社：247-248.

李扬汉，1998. 中国杂草志 [M]. 北京：中国农业出版社：837-838.

刘启新，2015. 江苏植物志：第 2 卷 [M]. 南京：江苏凤凰科学技术出版社：78.

印丽萍，颜玉树，1997. 杂草种子图鉴 [M]. 北京：中国农业科技出版社：10.

　　　　　　　　　　　　（撰稿：郝建华、宋小玲；审稿：强胜）

火炭母　*Persicaria chinense* (L.) H. Gross

　　秋熟旱地作物田埂、沟边、路旁及园地多年生杂草。又名赤地利、火炭藤。英文名 Chinese knotweed。蓼科蓼属。

　　形态特征

　　成株　高 70～100cm。根状茎粗壮。茎近直立或攀缘状，基部近木质，通常无毛，具纵棱，多分枝（图①②），节短，基部匍匐节上可生不定根。叶互生，卵形或长卵形

火炭母植株形态（冯莉、田兴山、陈国奇摄）
①群体；②茎叶；③④花序；⑤托叶鞘；⑥小苗

（图③），长 4～10cm、宽 2～4cm，顶端短渐尖，基部截形或楔形，并向下延伸至叶柄，边缘全缘但具细微圆齿；上面绿色，常有"人"字形褐色斑，下面浅绿色，两面均无毛，有时下面沿叶脉疏生短柔毛；下部叶具叶柄，叶柄长 1～2cm，通常基部具草质耳状片，耳片通常早落，上部叶近无柄或抱茎；托叶鞘膜质，无毛，长 1.5～2.5cm，具脉纹，顶端偏斜，无缘毛（图⑤）。花序头状，通常数个排成圆锥状，顶生或腋生，花序梗被腺毛（图③④）；苞片宽卵形，每苞内具 1～3 花；花被 5 深裂，白色或淡红色，裂片卵形，果时增大，呈肉质，蓝黑色。雄蕊 8，比花被短；花柱 3，中下部合生。

子实　瘦果幼时明显三棱形，成熟时近球形，棱角不明显，长 3～4mm，黑色，具光泽，包于富含汁液、白色透明或稍带紫色而略微增大的花被内。种子长 0.5～1.5mm。

生物学特性　生于山谷湿地、山坡草地、沟边、田边肥沃潮湿处。喜温暖湿润环境。以疏松、肥沃的腐叶土最适宜生长。花期 7～9 月，果期 8～10 月。早在 1977 年就报道火炭母在同一种群中同时具有长柱型（L 型）和短柱型（S 型）2 种花型，属于二型花柱（Heterostyly）植物，表现出互补式雌雄异位的花部特征。野外存在单型种群。L 型单花序开花数为 38～145 朵，均值为 85.00±4.96 朵，S 型单花序开花数为 27～109 朵，均值为 63.27±4.41 朵。花粉活力开花后 1 小时后达到最高，S 型花花粉活力（16.41%）高于 L 型花粉活力（10.09%），直到 7 小时后失活。L 型和 S 型种群的结实率分别为 20.42%±2.342% 和 12.14%±1.51%，两者差异显著。L 型千粒重为 4.21±0.06g，S 型为 4.78±0.15g，差异显著。

分布与危害　中国陕西南部、甘肃南部、华东、华中、华南和西南等地有分布；日本、菲律宾、马来西亚、印度尼西亚等地也有分布。为秋熟旱作田埂、沟边、路旁等相对潮湿环境常发生的杂草，田间危害较轻。

防除技术　采取包括农业防治和化学防治相结合的防治策略。也可以考虑综合利用。

农业防治　及时人工或机械清除田埂、沟渠旁潮湿地发生的火炭母，避免其扩散到农田危害。

化学防治　对于发生在沟边、田边和田埂上的火炭母，用草甘膦、草铵膦或其复配剂进行茎叶喷雾处理，注意避免药液飘移危害作物。草甘膦对火炭母防效一般。

综合利用　火炭母属广东地产药材，是民间常用中草药。全草入药，性酸、甘、寒，归肝、脾经，具有清热利湿、凉血解毒、平肝明目、活血舒筋等功效，用于痢疾、泄泻、咽喉肿痛、肺热咳嗽、肝炎等。火炭母也是广东凉茶，如王老吉等中药保健品主要原料之一。从火炭母中分离出多种化合物，包括黄酮类化合物槲皮苷、异槲皮苷、柚皮素等 10 余种，还有酚酸类、挥发油以及甾体类物质，具有抗氧化、抑菌、抗炎和抗肿瘤的活性，有进一步开发为药物的潜力。

参考文献

蔡家驹, 曾聪彦, 梅全喜, 2014. 火炭母化学成分与药理作用研究进展 [J]. 亚太传统医药, 10(24): 32-34.

李扬汉, 1998. 中国杂草志 [M]. 北京：中国农业出版社：772-773.

张万灵, 2013. 两种蓼科二型花柱植物金荞麦和火炭母的繁殖生态学研究 [D]. 南昌：江西农业大学.

中国科学院中国植物志编委会, 1998. 中国植物志：第二十五卷 第一分册 [M]. 北京：科学出版社：55.

REDDY N P, BAHADURB, KUMARP V, 1977. Heterostyly in *Polygonum chinense* L. [J]. Journal of genetics, 63(2): 79-82.

（撰稿：冯莉、宋小玲；审稿：黄春艳）

J

机械除草　mechanical weed control

运用机械驱动的除草机械（装置）进行除草的方法。它具有省时省力的特点，而且能解决因频繁使用化学除草剂而导致环境污染的问题，是一种环境友好型的杂草治理技术，在当前对食品安全要求越来越高且人工智能等新技术发展的背景下，机械除草有了快速发展。

形成和发展过程　20 世纪初叶，在发动机技术发展带动下，为了改善农业操作和生产环境，提高劳动效率，减轻农民劳动强度，欧美等国家开始在大型农场应用机械除草，成为当时最主要的除草手段。20 世纪 50 年代日本开始研发应用稻田除草机。20 世纪 60 年代开始了除草机器人的研究，并于 20 世纪 90 年代开始进入实用化。21 世纪初，智能除草机器人出现。

50 年代开始，随着化学除草剂的广泛应用，喷施除草剂机械应运而生并得到广泛应用，在作物种植带，还发展应用飞机喷施除草剂。

随着人们对化学除草剂大量应用所带来负面影响的逐渐认识，在 20 世纪 90 年代，研究利用物理原理的火焰、蒸汽、微波、激光除草技术，主要为机械驱动的火焰、蒸汽、微波、激光除草机。

在中国，50 年代开始在大型国营农场开始使用机械除草，后也开始研制除草机械。60～70 年代也曾经用农用飞机喷施除草剂。90 年代喷施除草剂的机械开始得到普及。2010 年之后，无人机喷药开始出现。

基本内容

传统机械除草　除草机械包括直接用于治理杂草的中耕除草机、除草施药机、火焰除草机和兼有耕翻和除草功能的耕翻机械。

①中耕除草机械的种类众多，最常见的为中耕除草机（cultivator），其后为了适应不同种类作物、不同栽培模式，以及不同经济成本开发了指状除草机（finger weeder）、刷状除草机（brush weeder）、扭转除草机（torsion weeder）、弹簧齿耙（spring-tine harrow）等低技术除草机械，前三种除草机主要用于种植密度较低的作物生产中，后一种适用于窄行高种植密度的作物生产中，通过将杂草连根拔起、切割损伤杂草叶片、在杂草上覆土等多种方式治理杂草。农民可以基于作物特点、农场规模以及生产成本来选择适用的除草机械。

通常中耕除草机（图 1）是在轮子上或轮子一侧装有框架，各种形式的铲具等就固定于框架的支柱上，工作时锋利的金属楔形铲按预定深度在土壤时移动，铲掉已出苗的杂草。包括旱田中耕除草机和水地中耕除草机。

旱地中耕除草机：国外从 20 世纪 50 年代开始研究，经过多年改进，机具已经非常成熟。如美国 JD970 滚刀式除草耙，其工作部件随机器向前推进，滚切刀外缘刀刃切断草根，完成除草功能，效率高，能耗低，且除草机具工作部件为滚动作业，因此不会发生堵塞问题。国内研发的中耕除草机械的工作部件形式多样，包括旋转锄式、弹齿式、垂直圆盘式、水平圆盘式、锥形圆盘式、链齿式、轻耙式等。其中，垂直双圆盘除草部件因具有结构合理、除草效果好等优点，应用较广。如 SHM 型垂直双圆盘苗间除草机，可安装在龙江 1 号播种中耕机和联合播种机等机架上进行中耕除草等作业。黑龙江农业机械工程科学研究院研制的 3ZS-2 型中耕除草机以 GTX-2（3）小型通用耕作机的机架为主框架，垄帮和垄沟除草分别选用单翼铲和双翼铲部件，苗间除草采用垂直双圆盘部件，提高了机具除草效率，同时实现松土功能。东北农业大学研制的 xQ-7 型驱动式中耕除草复式作业机，设置了除草轮、旋耕部件和喷药装置 3 种工作部件，完成除草作业。

水田中耕除草机：种类众多，按照机械按行走方式可分为步进式和乘坐式；按照除草方式分为株间机械除草和行间机械除草；按照除草切割器类型分为圆盘式、甩刀式和往复式等。

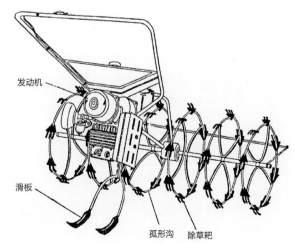

图 1　水田中耕除草机

步进式水田中耕除草机一般采用驱动式除草部件，整机结构简单，重量较轻，有些机型还可在田间提起换行来避免压苗，易于生产与运输，工作时一次可除去2~3行杂草。但步进式水田中耕除草机效率普遍低下，而且劳动强度大，不适合长时间大面积作业。乘坐式水田除草机一般以三轮或四轮水田拖拉机为动力，除草部件可分为驱动型与从动型。驱动型除草部件一般采用除草耙或摆动梳齿等，主动旋转或摆动除去杂草；从动型除草部件一般采用除草轮或除草弹丝等，主要根据水田泥土特性以及秧苗与根系力学特性的差异除去杂草。工作时，除草部件随水田拖拉机在田间行驶，一次作业可除去5~9行杂草，作业效率相对于步进式除草机有较大的提升。但现有的乘坐式水田除草机一般结构复杂，除草部件阻力大，并且除草部件与水田拖拉机为刚性连接，在弯曲的苗带间行驶时会为机手的操作带来较大的困难，造成机具伤苗，降低整机作业效率。

当前以日本为代表的水稻移栽田常采用基于苗草根系差异特点的株间机械除草技术，该技术主要是根据作物与杂草根系深浅差异，控制除草部件工作深度，除去杂草但不损伤作物的除草技术。该技术无需对作物或杂草定位，工作效率高，但是除草率相对较低，除草作业时需要作物扎好根、作物苗龄一般"四叶期"以上。其关键部件主要可分为对转式、固定弹齿式和弹齿耙式等。对转式株间除草部件：由一对相对转动的橡胶指盘、毛刷或者弹齿盘组成，主要对杂草拔和埋压，除草深度一般控制在10~30mm。固定弹齿式株间除草部件：由一对连接在固定机架上的扭转弹簧齿组成。弹簧齿由两个部分组成：垂直部分以一定角度指向土壤表面；水平部分指向作物。机具工作时，株间除草部件横跨在作物两侧，随着机具前进拖、拔或埋没株间杂草。弹齿耙式株间除草部件：主要由安装在固定机架上的弹簧耙齿组成，工作深度和强度的变化通过调节弹簧齿的工作角度和张紧力完成，可同时完成行株间除草作业。

现有机械化水田除草机均根据水稻与杂草根系差异特点对水稻和杂草统一处理，株间除草率较低，仅为60%左右，需多次作业才能完成除草要求。借鉴智能化技术识别和定位水稻或杂草的功能可提高除草精度和除草效果。

②除草施药机是将机械和化学除草相结合，采用动力机械施用化学除草剂达到治理杂草的目的。通常是在动力机械上安装配备可以施用除草剂的装置，在机械作业的同时，喷施化学除草剂，可有效节约劳动力成本，提高工作效率。包括旱地除草施药机和水田除草施药机。

旱地中耕除草施药机（图2）：在机械的一侧装有固定的支架，在支架的下端装高度可调的"个"字形金属铲，铲的前方配有一对可活动脚板，除草剂通过延伸到脚板上的橡胶或塑料管流入土壤中，可使中耕松土、机械除草和化学除草三者合一，使除草效率大大提高。

水田除草施药机：适用于有水或湿润田块的杂草治理。机直播水稻田"播喷同步"除草施药机（图3）和机插秧田"插喷同步"除草施药机就是在水稻直播机或插秧机后部安装了喷药装置，在机直播或机插秧的同时喷施推荐的封闭除草剂，将播种/插秧与除草合二为一，精准高效治理杂草的同时，对水稻生长安全。

农用飞机除草施药：通常欧美国家大面积无序种植条件下，采用农用飞机喷施化学除草剂，达到治理杂草的目的。中国目前种粮大户为了节约劳动力成本，常采用无人机喷施化学除草剂治理杂草，但存在除草剂飘移对周边作物产生药害的风险。

③兼有耕翻和除草功能的耕翻机械在生产中主要用于耕翻，同时又兼有除草效果，如电耕犁、机耕犁、旋耕机等，可以提高生产作业效率。

杂草子实碾碎机 杂草子实碾碎机（weed seed destructor）是在收获过程中分离谷壳中的杂草种子，利用笼式碾磨机碾碎杂草子实的装置，通常附加在谷物收割机后面。其主要的功能是截留和粉碎杂草种子返回土壤种子库，达到控制下季杂草的目的。主要用于抗性杂草的防治。澳大利亚首先研制并商业化的哈林顿种子碾碎机（Harrington seed destructor, HSD）。其优点是不依赖化学除草剂，绿色。但是，针对边熟边落的杂草作用较小，机器投入和运行过程中消耗能源，因此成本较高。

除草机器人 除草机器人内容涵盖系统控制、导航定位和机器视觉等领域。当前，智能除草机器人的研发具有商品化、信息化和全球化的特点，技术革新投入逐渐加大，致力于提供全套系统化的综合解决方案。因此除草机器人是将人工智能和除草机械结合起来，通过人工智能进行杂草定位和

图2 旱地中耕除草施药机

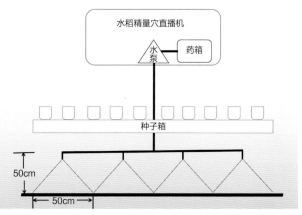

图3 机直播水稻田"播喷同步"封闭除草技术工作示意图

识别，精确控制机械锄或除草剂喷头实现自动除草的机器。它包括锄草机器人和除草剂喷施机器人两种。但是智能机器人的商业化发展还处于初级阶段，在生产上应用的产品不多，主要有丹麦生产的 Robovator、英国生产的 Robocrop、荷兰生产的 IC-Cultivator 和意大利生产的 Remoweed 等。

锄草机器人：锄草机器人（mechanic weeding robot）是通过杂草信息获取、鉴定、定位以及自动控制机械锄头进行锄草的机器。除草机器人装置通过杂草识别和定位系统确定杂草，自动精准控制一对微型锄头的锄草动作。

日本研制的柔性辊刷式水田除草机器人是利用气垫船的原理向下喷气使其浮于水田表面，配有天线后可根据 GPS 自动导航行驶，可按预定路线或人为遥控在水田自动行走，采用柔性辊刷进行除草。可在水田里纵、横、斜地自由行走，完成行间、株间除草，具有高效率、低伤苗率的优点。

日本津山工业高等专门学校开发了稻田除草机器人，通过电容式触摸传感器输出电压值的变化检测水稻位置，并通过方向传感器实现全方位运动，能有效保护水稻植株，同时在水田中搅动水土，阻碍杂草光合作用，进而实现除草功能。

中国在研制稻田锄草机器人方面取得了较大进展。江苏大学对棉花田杂草的形态学特征进行提取识别，研发的除草机器人系统主要包括车体平台、喷药装置和视觉识别系统，车体平台配备了梁结构减震以维持车身稳定，喷药装置采用汽油发动机驱动，识别系统自带光源。

除草剂喷施机器人：除草剂喷施机器人（herbicide spray robot）是通过杂草信息获取、鉴定、定位以及自动控制喷施除草剂的喷雾机器。该机器人通常由视觉识别系统、定位系统和喷药系统三部分组成，前者可以识别出杂草和作物，定位系统精确定位，自动控制系统调控相应的喷头，针对杂草精确施药。

美国加州大学戴维斯分校设计了一种精确喷施除草机器人，它基于以耕作机为平台的机器视觉系统，采用贝叶斯分离函数识别植物叶片形态来区分作物和杂草，经处理器运算后将杂草位置信息传送给精确喷施控制器，经驱动器使指定喷施执行器实施动作，完成除草剂喷施工作。

澳大利亚昆士兰科技大学研究了采用模块化设计的 AgBotII 除草机器人，主要结构包括平台和除草模块，其中除草模块包括割草和喷药 2 个功能模块，且可互相替换。AgBotII 当自身驱动电量临近耗尽时，可以自行移动到最近的充电桩利用太阳能进行充电。AgBotII 搭载杂草分类与决策处理高速系统，能够识别新型杂草并选择合适的除草方法。

存在问题与发展趋势 除草机械的出现，无疑是除草技术上的重要变革，它显著提高了除草劳动效率，具有用工少、工效高、防效尚好等特点，还对环境友好。另外，机械除草除进行常规的中耕除草外，还可进行深耕灭草、播前封闭除草、出苗后耕草、苗间除草、行间中耕除草等，是农机和农艺紧密结合的配套除草措施，在作业方式上多样灵活，可进行水作、旱作，也可进行平作或垄作等，在绝大多数作物田中都可应用机械除草。但是由于机械除草的笨重机器轮子辗压土地，易造成土壤板结，影响作物根系的生长发育，且对作物种植和行距规格及操作驾驭技术要求较严，加之株间杂草难以防除，因而机械除草多用于大型农场或粗放生产的农区的大面积田块中。

随着人工智能、大数据、机器视觉技术和全球定位技术的不断发展，融合环境分析、路径导航、视觉识别和运动控制等多技术的智能除草机器人成为研究热点和发展方向。目前围绕除草机器人各领域的研究取得了一定的进展与成果，但仍面临识别性能不稳定、动作及其控制不精准、智能性和功能性不足以及研究成果难以落地转化等问题。未来的研究应遵从发展趋势，交叉融合多种高新技术，协调联动硬件设备，注重结构的可重构性，推动除草机器人向智能化、自动化和功能复合化方向发展，研制出更加精准可靠的除草机器人应用于生产中，实现农业生产中的精准除草作业。

参考文献

高建邦，潘铁夫，胡矛玉，1957. 大豆的机械除草 [J]. 中国农垦 (5): 11.

兰天，李端玲，张忠海，等，2021. 智能农业除草机器人研究现状与趋势分析 [J]. 计算机测量与控制, 29(5): 1-7.

李江国，刘占良，张晋国，等，2006. 国内外田间机械除草技术研究现状 [J]. 农机化研究 (10): 14-16.

齐龙，刘闯，蒋郁，2020. 水稻机械除草技术装备研究现状及智能化发展趋势 [J]. 华南农业大学学报, 41(6): 29-36.

强胜，2009. 杂草学 [M]. 2 版. 北京：中国农业出版社：132-133.

杨永杰，张建萍，唐伟，等，2020. 水稻"播喷同步"和"插喷同步"封闭除草技术 [J]. 中国稻米, 26(5): 48-52.

张建萍，唐伟，于晓玥，等，2018. 机直播水稻"播喷同步"机械化除草新技术 [J]. 杂草学报, 36(1): 37-41.

BOND W, GRUNDY A C, 2001. Non-chemical weed management in organic farming systems [J]. Weed research, 41(5): 383-406.

FONTANELLIM, FRASCONIA C, MARTELLONIB L, et al, 2015. Innovative strategies and machines for physical weed control in organic and integrated vegetable crops [J]. Chemical engineering transactions, 44: 211-216.

MATHIASSEN S K, BAK T, CHRISTENSEN S, et al, 2006. The effect of laser treatment as a weed control method [J]. Biosystems engineering, 95(4): 497-505.

PERUZZIA, MARTELLONI L, FRASCONI C, et al, 2017. Machines for non-chemical intra-row weed control in narrow and wide-row crops: a review [J]. Journal of agricultural engineering, XLVIII: 583: 57-70.

（撰稿：张建萍；审稿：强胜）

鸡矢藤 *Paederia foetida* L.

果园、桑园、茶园多年生杂草。又名鸡屎藤、臭藤、女青、牛鼻冻。英文名 Chinese fevervine、skunk vine、stink vine。茜草科鸡矢藤属。

形态特征

成株 茎无毛或被柔毛，长至 5m（图①）。叶对生，膜质，卵形或披针形，长 5～10cm、宽 2～4cm，顶端短尖或削尖，基部浑圆，有时心状，叶上面无毛，在下面脉上被微毛；侧脉每边 4～5 条，在上面柔弱，在下面突起；叶柄长 1～3cm；托叶卵状披针形，长 2～3mm，顶部 2 裂。圆锥花序腋生或顶生，长 6～18cm，扩展（图②③）；小苞片微小，卵形或锥形，有小睫毛；花有小梗，生于柔弱的常作蝎尾状的三歧聚伞花序上；花萼钟形，萼檐裂片钝齿形；花冠紫蓝色，长 12～16mm，通常被茸毛，裂片短。

鸡矢藤植株形态（②李晓霞、杨虎彪提供；其余张治摄）
①植株；②③花枝；④⑤果实；⑥⑦幼苗

子实　核果阔椭圆形，压扁（图④⑤），长、宽各 6～8mm，熟时黄色，光亮平滑，顶部冠以圆锥形的花盘和微小宿存的萼檐裂片，内有 1～2 核，黑色，无翅。

幼苗　子叶卵状肾形，长 1.2cm、宽 1.4mm，先端钝尖，叶基近心形，有明显羽状脉，具长柄。下胚轴极发达，四棱形，两面被短毛，另两面光滑，带红色；上胚轴成发达圆柱形，带紫红色，被柔毛。初生叶 2 片，对生，卵形，先端渐尖，边缘有睫毛，叶基心形，密被短柔毛；具长柄；后生叶与初生叶相似（图⑥⑦）。

生物学特性　多年生缠绕藤本，草质至灌木，喜较温暖环境，对土壤要求不严，但以肥沃的腐殖质壤土和砂壤土生长较好，生长于海拔 200～2000m 的疏林、林缘、沟谷灌丛和山坡。花期 5～10 月，果期 7～12 月。种子繁殖或分株繁殖。

分布与危害　中国广布于安徽、福建、广东、广西、海南、贵州、河南、河北、北京、湖北、江苏、江西、山东、山西、陕西、甘肃、四川、台湾、云南、浙江、辽宁等地；孟加拉国、不丹、柬埔寨、印度、印度尼西亚、日本、朝鲜、老挝、马来西亚、缅甸、尼泊尔、菲律宾、泰国、越南等也间或栽培，美国或斯里兰卡有归化。为果园、桑园、茶园、胶园常见杂草，由于茎能缠绕上升，覆盖度大，遮蔽阳光，严重妨碍作物生长，局部地区危害严重。也是芦苇地的恶性杂草。

防除技术

人工或机械防治　在幼龄期至开花前人工锄草，或机械中耕除草，深耕掩埋种子。

生物防治　在果园可用覆盖植物替代控制，以草治草。

化学防治　在萌发前或萌发后早期，可用土壤封闭处理除草剂莠灭净、莠去津等防治。在幼龄期至开花前，选用茎叶处理除草剂麦草畏、草甘膦、草铵膦、氯氟吡氧乙酸等防除。

综合利用　叶片可食，是一些地方的特色食品，可做凉茶、蒸菜、汤圆、鸡矢果；根可炖排骨、猪脚等。鸡矢藤含有环烯醚萜类、三萜类、甾体类、黄酮类、挥发油及其他多种成分，具有抗炎、镇痛、降尿酸和保肾等多种生物活性，能治风湿筋骨痛、跌打损伤等外伤性疼痛，以及肝胆及胃肠绞痛、消化不良、小儿疳积、支气管炎和放射性引起的白血球减少症；外用可治疗皮炎、湿疹及疮疡肿毒。茎皮为造纸和人造棉原料。可作地被观赏植物，用于公路护坡等。

参考文献

李扬汉，1998. 中国杂草志 [M]. 北京：中国农业出版社：878-879.

宋敦砚，荣照山，1994. 百草敌防除芦苇杂草鸡矢藤试验 [J]. 湖北植保 (1): 19.

王鑫杰，缪刘萍，周海凤，等，2012. 鸡矢藤的研究进展 [J]. 世界临床药物，33(5): 303-311.

中国科学院中国植物志编辑委员会，1999. 中国植物志：第七十一卷 第二分册 [M]. 北京：科学出版社：112.

（撰稿：范志伟；审稿：宋小玲）

鸡眼草　*Kummerowia striata* (Thunb.) Schindl.

果园、茶园、草坪一年生杂草。又名人字草、鸡眼豆、牛黄草、公母草、掐不齐等。英文名 Japanese clover、common lespedeza。豆科鸡眼草属。

形态特征

成株　高（5～）10～45cm（图①）。披散或平卧，多分枝，茎和枝上被倒生的白色细毛。叶互生，三出复叶；托叶大，膜质，卵状长圆形，比叶柄长，长 3～4mm，具条纹，有缘毛；叶柄极短；小叶纸质，倒卵形、长倒卵形或长圆形，较小，长 6～22mm，宽 3～8mm，先端圆形，稀微缺，基部近圆形或宽楔形，全缘；两面沿中脉及边缘有白色粗毛，但上面毛较稀少，侧脉多而密。花小，单生或 2～3 朵簇生于叶腋（图②③）；花梗下端具 2 枚大小不等的苞片，萼基部具 4 枚小苞片，其中 1 枚极小，位于花梗关节处，小苞片常具 5～7 条纵脉；花萼钟状，带紫色，5 裂，裂片宽卵形，具网状脉，外面及边缘具白毛；蝶形花冠粉红色或紫色，长 5～6mm，较萼约长 1 倍，旗瓣 1，椭圆形，下部渐狭成瓣柄，具耳，龙骨瓣 2，合生，比旗瓣稍长或近等长，翼瓣 2，比龙骨瓣稍短。雄蕊 10 枚，成 9+1 二体雄蕊；子房上位，单心皮雌蕊。

子实　荚果圆形或倒卵形（图④⑤），稍侧扁，长 3.5～5mm，较萼稍长或长达 1 倍，先端短尖，被小柔毛，不开裂，种子 1 粒。

幼苗　子叶出土，下胚轴极发达，具细茸毛，上胚轴明显，密被斜垂直生毛。初生叶 2 片，单叶对生，叶片倒卵形，先端微凹；后生叶为三出掌状复叶，小叶三角状倒卵形，先端微凹，具小突尖，叶基楔形；总叶柄基部有膜质托叶，柄上密生短柔毛。

生物学特性　鸡眼草具有生活力和适应性强的特征，抗寒、耐热、耐旱、耐酸、耐瘠、耐阴、耐渍、耐践踏和耐重金属。以种子繁殖。花期 6～9 月，果期 8～10 月。种子具有一定的硬实性，不仅能在较长时期内保持生活力，而且能在种子成熟后的不同时期内受环境条件的影响改变种皮透性，使不同个体先后发芽，对其种族的延续和传播极为有利。鸡眼草生物量大，根系发达，繁殖能力强，极易入侵草坪、菜地、果园、茶园等，常能连片生长成地毯状。在湖南草坪，鸡眼草垫状厚度平均 6.5±2.6cm，主茎长平均 12.1±4.6cm，分枝数平均 27±15.4 个，种子数平均 120±97.8 粒，根分布面积平均 352.7±596.0cm^2，覆盖度平均 6.7%±7.9%，密度平均 5±1.6 株 /cm^2。

分布与危害　中国分布于黑龙江、吉林、辽宁、内蒙古、山东、山西、安徽、福建、台湾、广东、广西、贵州、河北、河南、湖北、湖南、江苏、江西、浙江、四川、云南。生于海拔 500m 以下的山坡、沙地、溪边、路边、草地、林缘和林下等潮湿环境，危害果园、茶园和草坪等。

防除技术

农业防治　清除地边、路旁、园地周边的杂草，以减少园地杂草来源。使用腐熟的有机肥，防止种子传入园地。在鸡眼草萌发后尚未蔓延前及时人工或机械拔除、铲除。结合中耕施肥等措施利用各种机械进行耕翻、耙、中耕松土等措施清除鸡眼草。利用作物秸秆或薄膜覆盖，抑制鸡眼草的萌发和生长。种植生命力强、覆盖性好的植物进行替代控制，如茶园可与牧草间作，占据生存空间，降低鸡眼草的危害。

化学防治　茶园可在直播茶园种子播后苗前，用莠去津

鸡眼草植株形态（①②范志伟、刘延摄；③~⑤张治摄）
①植株；②③花枝；④果枝；⑤果实（上）和种子（下）

作土壤封闭处理抑制鸡眼草出苗。出苗后的鸡眼草，可用茎叶处理除草剂：果园、茶园等可用草甘膦、草铵膦，三氮苯类莠去津、西玛津、扑草净，或者有机杂环类灭草松茎叶喷雾处理；果园还可用激素类 2 甲 4 氯与草甘膦的复配剂茎叶喷雾处理；柑橘园和苹果园还可用原卟啉原氧化酶抑制剂苯嘧磺草胺茎叶喷雾处理。注意喷雾时避开果树和茶树等作物。草坪中的鸡眼草可根据草坪种类不同选用合适的茎叶处理除草剂防除：狗牙根草坪可用激素类氯氟吡氧乙酸异辛酯或其与氨氯吡啶酸的复配剂；高羊茅草坪可用氯氟吡氧乙酸与乙酰乳酸合成酶（ALS）抑制剂双氟磺草胺的复配剂；暖季型草坪可用 ALS 抑制剂三氟啶磺隆钠盐，高羊茅草坪可用激素类 2 甲 4 氯钠。

综合利用　优良饲、药和草坪兼用植物。从鸡眼草中分离得到多种化合物，主要成分为黄酮类化合物，包括染料木素、槲皮素、山柰酚、木樨草素、芹菜素及其葡萄糖苷等；全草药用，有解热止痢、利尿等功效，治疗小儿疳积、尿路感染、黄疸型肝炎、感冒发烧、咳嗽胸痛等。全草作饲料和绿肥，营养丰富。覆盖成坪，可观赏、保持水土、固氮增肥。金属型植物，重金属超积累，与蔬菜间作可降低蔬菜重金属积累。

参考文献

李扬汉，1998. 中国杂草志 [M]. 北京：中国农业出版社：625-626.

王云，向群，彭友林，2011. 常德市鸡眼草生物学特征及危害特性的研究 [J]. 草业学报，20(5): 231-236.

吴瑞云，黄丽丹，蒋婷，等，2016. 不同产地鸡眼草总黄酮含量及动态变化研究 [J]. 中南民族大学学报（自然科学版），35(3): 51-53, 61.

萧运峰，孙发政，任涛，等，1983. 鸡眼草的生态学特性及其栽培利用前途 [J]. 四川草原 (1): 32-38.

颜玉树，1989. 杂草幼苗识别图谱 [M]. 南京：江苏科学技术出版社：132.

杨晖，梁巧玲，赵鹏，等，2012. 7 种蔬菜型作物重金属积累效应及间作鸡眼草对其重金属吸收的影响 [J]. 水土保持学报，26(6): 209-214.

中国科学院中国植物志编辑委员会，1995. 中国植物志：第四十一卷 [M]. 北京：科学出版社：159.

（撰稿：范志伟；审稿：宋小玲）

蒺藜　*Tribulus terrestris* L.

秋熟旱作物田、果园一年生杂草。又名白蒺藜、屈人。英文名 puncturevine caltrap。蒺藜科蒺藜属。

成株　植株平卧，茎由基部分枝，长可达 1m 左右，淡褐色，全株被绢丝状柔毛（图①）。偶数羽状复叶，互生，长 1.5~5cm；小叶对生，6~14 对，长圆形，长 6~17mm、宽 2～5mm，先端锐尖或钝，基部稍偏斜，近圆形，全缘。上面叶脉上有细毛，下面密生白色伏毛；托叶小，披针形，边缘半透明状膜质，有叶柄和小叶柄。花单生叶腋，花梗短于叶，花小，黄色；萼片 5，宿存；花瓣 5。雄蕊 10，生于花盘基部，5 枚花丝较短的基部有鳞片状腺体；子房 5 棱，柱头 5 裂，每室 3～4 胚珠。

子实　蒴果有分果瓣 5，扁球形，每果瓣具长短棘刺各 1 对（图②）；背面有短硬毛或瘤状突起。有种子 2～3 粒，种子间有隔膜。

幼苗　平卧地面，除子叶外，其余均被毛。子叶长圆形，长约 0.8cm，先端平截或微凹，基部楔形，叶下面灰绿色，上面绿色，主脉凹陷，具短叶柄。初生叶 1 片，为具有 4～8 对小叶的偶数羽状复叶，小叶长椭圆形，基部两侧不等，具短柄。

生物学特性　一年生 C₄ 草本，多生于干热地区临海的砂质土草地，为草场有害植物。花期 5～8 月，果期 6～9 月。茎基部膝曲或横卧地面而于节处生根，下部节间短且常具分枝，须根粗壮。果实由 5 个分果瓣即 5 个集合繁殖体（synaptospermy）组成，坚硬的附属物饱含水分并包裹 1～4 粒种子，萌发前不开裂。在 25℃恒温、光照/黑暗各 12 小时、细沙含水量为 5% 的条件下各集合繁殖体萌发率最高。萌发大多开始于最早成熟的集合繁殖体上，只有位于长刺端的种子在当季能萌发，而短刺端的种子在当季未见萌发，属非随机萌发，具有间歇性萌发特性。集合繁殖体是指两颗或多颗种子（或单种子果实）在萌发前聚合在一起形成一个联合的传播体单元（synspermy），是植物对不稳定环境的一种独特适应方式。蒺藜耐干旱、贫瘠，生活力强。蒺藜的叶子具有极为明显的向光性运动，提高了对光能的利用率。

分布与危害　中国各地都有分布，主要分布于河南、河北、山东、安徽、江苏、四川、山西、陕西等地，长江以北最普遍；全球温带地区均有。喜钙质土及砂质土壤，多生于荒丘、海滨沙地、河床沙地及旱作田间和田边，主要危害玉米田、西瓜田等旱作物田。

防除技术

农业防治　利用具备风选、筛选、比重选的机械，精选作物种子，剔除草籽，减少作物种子携带蒺藜种子。施用腐熟有机肥，减少田间杂草来源。合理施肥与密植，以苗控草。合理轮作和间作，抑制杂草生长。在幼苗期采用人工、机械等方法清除蒺藜植株，连根拔起，集中销毁。利用碎草、秸秆、麦糠、地膜等进行土层覆盖抑制杂草出苗。

化学防治　土壤封闭处理配合后期茎叶处理对蒺藜有一定的防除效果。玉米田可选用莠去津和乙草胺、异丙甲草胺进行土壤封闭处理，也可用两者的复配剂；出苗后可用烟嘧磺隆、氟嘧磺隆、砜嘧磺隆等进行茎叶喷雾处理。花生田可用乙草胺、扑草净、氟乐灵进行土壤封闭处理，出苗后可用灭草松进行茎叶喷雾处理。非耕地可用草甘膦茎叶喷雾处理。

综合利用　蒺藜性辛、苦，微温，青鲜时可做饲料。果入药能平肝明目，散风行血，用于头痛眩晕、胸胁胀痛、乳闭乳痈、目赤翳障、风疹瘙痒。研究表明蒺藜中所含的化学成分主要有黄酮类、皂苷类、皂苷元类、酰胺类化合物、

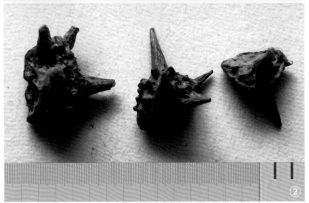

蒺藜植株形态（强胜摄）
①茎叶；②果实

生物碱类化合物、甾醇类、有机酸、蒽醌类、蛋白质及氨基酸类，具有抗血栓形成和抑制血小板聚集、保护内皮细胞及抗动脉粥样硬化、抗心肌缺血及心肌保护、降血脂、降血压等作用，可有效预防和治疗心脑血管疾病；还具有抗癌、改善记忆力及抗衰老、降血糖作用。另外，蒺藜提取液还有抑菌、抗炎的作用。因此，蒺藜具有巨大开发为药物的潜力。茎皮纤维可用作造纸原料。

参考文献

侯爽，陈长军，杨博，等，2014. 蒺藜成分及主要药理作用研究进展 [J]. 中国医药导报，11(35): 156-159.

雷虹，2002. 陕西省夏玉米田杂草发生及防治策略 [J]. 杂草科学 (2): 33-35.

李扬汉，1998，中国杂草志 [M]. 北京：中国农业出版社：1023-1024.

孟雅冰，李新蓉，2015. 蒺藜集合繁殖体形态及间歇性萌发特性 [J]. 植物生态学报，39(5): 508-516.

杨世杰，余炳生，1981. C4 植物蒺藜 (Tribulus terrestris L.) 叶部的解剖学特点及其向光性运动 [J]. 北京农业大学学报 (1): 84-90.

张俊，刘娟，臧秀旺，等，2016. 花生田常见杂草防治措施及展望 [J]. 江苏农业科学，44(1): 141-145.

中国科学院中国植物志编辑委员会，1998. 中国植物志：第四十三卷 第一分册 [M]. 北京：科学出版社：142-144.

（撰稿：鲁焕、宋小玲；审稿：强胜）

蚊子草 *Leptochloa panicea* (Retz.) Ohwi

秋熟旱作物田一年生杂草。英文名 mucronate sprangletop。禾本科千金子属。

形态特征

成株 高 30～60cm（图①②）。根须状。秆丛生，直立，基部常膝曲或倾斜，着土后节上易生不定根。叶鞘通常疏生有疣基的柔毛而不同于千金子（图③）。圆锥花序长 10～30cm，分枝细弱，微粗糙（图④）；小穗灰绿色或带紫色，长 1～2mm，含 2～4 小花；颖膜质，具 1 脉，脊上粗糙，第一颖较狭窄，顶端渐尖，长约 1mm，第二颖较宽，长约 1.4mm；外稃具 3 脉，脉上被细短毛，第一外稃长约 1mm，顶端钝；内稃稍短于外稃，脊上具纤毛；花药长约 0.2mm。

子实 颖果圆球形，长约 0.5mm。

幼苗 第一片真叶呈卵形，不同于千金子的长椭圆形。叶鞘疏生有疣基的柔毛；叶舌膜质，多撕裂，或顶端作不规则齿裂，长约 2mm；叶片质薄，扁平，长 6～18cm、宽 3～6mm，无毛或疏生疣毛。

生物学特性 蚊子草为一年生草本，花果期为 7～10 月，以种子越冬繁殖为主。多生于田野、路边或园圃内，是秋熟旱作物田常见杂草。蚊子草不存在休眠特性，种子 20～40℃范围内都可萌发，最适温度为 30℃，最适光周期为 12h/12h（L/D），种子在无光条件下也可萌发，但发芽率仅为 12%；种子萌发对水势较为敏感，在 −0.2～0MPa 范围内可以正常萌发；种子在 pH5～9 范围内发芽率没有显著差异，对不同范围的 pH 条件具有很强的适应能力；土层表面的种子出苗率最高，当埋土深度大于 1cm 时种子不能出苗；当土壤含水量为 25% 时，蚊子草种子出苗率最高。

分布与危害 中国主要分布于江苏、安徽、浙江、台湾、福建、江西、湖北、湖南、河南、陕西、四川、广西、广东、云南等地；广布于全球热带和亚热带地区。常发生于湿润的玉米、棉花、大豆等秋熟旱作物地，在旱直播的水稻田也有发生危害。

防除技术

农业防治 精选作物种子，提高播种质量；提高播种密度，培育壮苗，以苗压草；在田间覆盖薄膜或使用作物秸秆、稻壳等抑制出苗；施用腐熟的有机肥，清除田边、路旁的杂草，防止蚊子草种子入田；在作物收获后，及时深耕，将种子深埋在土中，可减少翌年的出苗数；播种前耕耙土表，晾晒数天，杀死萌动的种子后播种；在作物生长期，结合机械施肥和中耕培土，防除行间杂草，可有效抑制蚊子草的危害。稻田保持田间水层抑制出苗。

化学防治 秋熟旱作田防除见马唐。直播稻田可用噁草

蚊子草植株形态（魏守辉摄）
①群体；②成株；③叶鞘；④花序

酮与丁草胺复配剂在播后苗前进行土壤封闭处理；用噁唑酰草胺与敌稗茎叶喷雾处理对蚊子草具有较好的防效。

综合利用　蚊子草草质柔软，可作优良牧草。

参考文献

李扬汉，1998. 中国杂草志 [M]. 北京：中国农业出版社：1264.

潘炎，2018. 蚊子草种子萌发条件及防除药剂筛选研究 [D]. 扬州：扬州大学.

强胜，2001. 杂草学 [M]. 北京：中国农业出版社.

中国科学院中国植物志编辑委员会，1990. 中国植物志：第十卷第一分册 [M]. 北京：科学出版社：57.

CHEN S, PHILLIPS S M, 2006. Flora of China [M]. Beijing: Science Press: 469-470.

（撰稿：魏守辉；审稿：宋小玲）

戟叶滨藜植株形态（强胜摄）

张科，田长彦，李春俭，2009. 一年生盐生植物耐盐机制研究进展 [J]. 植物生态学报，33(6): 1220-1231.

中国科学院中国植物志编辑委员会，1979. 中国植物志：第二十五卷 第二分册 [M]. 北京：科学出版社：34.

CARTER C T, UNGAR I A, 2003. Germination response of dimorphic seeds of two halophyte species to environmentally controlled and natural conditions [J]. Canadian journal of botany, 81: 918-926.

KATEMBE W J, UNGAR I A, JOHN P M, 1998. Effect of salinity on germination and seedling growth of two *Atriplex* species [J]. Annals of botany, 82: 167-175.

（撰稿：刘胜男；审稿：宋小玲）

戟叶滨藜　*Atriplex prostrata* Boucher ex Candolle

夏熟作物、秋熟旱作物田一年生杂草。异名 *Atriplex hastata* L.。英文名 halberdleaf saltbush。藜科滨藜属。

形态特征

成株　高可达 1m（见图）。茎直立，通常较粗壮，圆柱形，有钝条棱及绿色色条，无粉或幼嫩部分有粉；分枝细瘦，斜伸。单叶互生或近对生；叶片三角状戟形，长 5～10cm、宽 4～10cm，上面无粉，下面稍有粉，边缘具不整齐粗锯齿，或仅中部以下有 1～3 对不等大的锯齿状裂片，先端渐尖或急尖，基部凹或近截平；叶柄长 1～3cm。花序穗状或穗状圆锥状，生于茎和枝的上部；花单性，雄花花被近球形，黄色，裂片 5。雄蕊 5；雌花无花被，具 2 苞片，苞片果期卵形至卵状三角形，有密粉，通常全缘，仅基部边缘合生，表面有时有隆起。

子实　胞果直径约 1.2mm，果皮淡黄白色，与种子贴生。种子扁，圆形，黑褐色，有光泽。

生物学特性　属于 C_4 植物。种子繁殖。花期 7～8 月，果期 9～10 月。室内和田间条件下小种子的萌发率为 50% 左右，大种子的萌发率都在 90% 以上。

戟叶滨藜为盐生植物，在盐胁迫下，叶片厚度增加即肉质化，或者叶片和茎部的表皮细胞在发育过程中分化成盐囊泡，将盐分泌出植株体外。

分布与危害　中国在新疆北部、内蒙古东部、西藏有分布。戟叶滨藜在农区为田间杂草，零散分布，轻度危害。戟叶滨藜多生于山谷湿地、路旁、盐碱荒漠或草原等。

防除技术　见中亚滨藜。

综合利用　戟叶滨藜单株产量高，是中等饲用价值牧草。青绿时绵羊喜食，牛采食较少，马不采食；干枯后，叶片凋落，残存的茎枝供绵羊、山羊采食。粗蛋白质含量也较高，牲畜采食后，可满足部分矿物质的需要，也可调制干草，若制成草粉，猪也喜食。

参考文献

冯缨，段士民，牟书勇，等，2012. 新疆荒漠地区 C_4 植物的生态分布与区系分析 [J]. 干旱区地理，35(1): 145-153.

戟叶蓼　*Polygonum thunbergii* Sieb. et Zucc.

秋熟旱作物田及水田一年生杂草。又名小青草、沟荞麦、蝶叶蓼、地荞麦、藏氏蓼、火烫草、叶蓼、鹿蹄草、凹叶蓼、水麻蓼、水麻芍、水蝴蝶等。英文名 thunberg knotweed。蓼科蓼属。

形态特征

成株　株高 30～90cm（图①）。茎直立或上升，具纵棱，沿棱具倒生皮刺，基部外倾，节部生根，上部多分枝。叶戟形，长 4～8cm、宽 2～4cm，顶端渐尖，基部截形或近心形，两面疏生刺毛，极少具稀疏的星状毛，边缘具短缘毛，中部裂片卵形或宽卵形，侧生裂片较小，卵形；叶柄长 2～5cm，具倒生皮刺，通常具狭翅；托叶鞘膜质，边缘具叶状翅，翅近全缘，具粗缘毛。头状花序聚伞状，顶生或腋生，分枝，花序梗具腺毛及短柔毛；苞片披针形，顶端渐尖，边缘具缘毛，每苞内具 2～3 花；花梗无毛（图②③），比苞片短，花被 5 深裂，淡红色或白色，花被片椭圆形，长 3～4mm。雄蕊 8，成 2 轮，比花被短；花柱 3，中下部合生，柱头头状。

子实　瘦果宽卵形，具三棱，黄褐色至黑褐色，有光泽，长 3～3.5mm，包于宿存花被内（图④）。

幼苗　子叶卵形（图⑤）。初生叶 1，戟形，具长柄。幼苗茎和后生叶、叶柄均具倒钩刺。

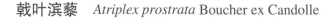

戟叶蓼植株形态（①②郭怡卿摄；③～⑤张治摄）
①成株；②花序；③花；④果实；⑤幼苗

生物学特性　地下、地上部分不形成连合体，具直立茎和匍匐茎。山坡、草丛及田边湿地、旱地均可生长，喜肥又耐贫瘠，喜阳光充足温暖环境，耐高温且耐冷。以种子和匍匐茎繁殖，种子受重力作用散落在植株四周。花果期7～10月。

分布与危害　在中国广泛分布于海拔90～2400m的东北、华北、陕西、甘肃、华东、华中、华南及西南地区；北亚热带至暖温带、温带至寒温带气候区常见杂草。低湿农田夏季一年生杂草，主要危害夏熟作物，如小麦、油菜、春玉米等，危害轻。

防除技术

农业防治　见两栖蓼。

化学防治　旱地作物播后苗前进行土壤封闭处理。根据作物不同可选用甲草胺、乙草胺、异丙甲草胺、丁草胺、氟乐灵、二甲戊灵、仲丁灵、乙氧氟草醚等进行土壤封闭处理。出苗后的戟叶蓼可用苗后茎叶处理剂防除。麦田可用苯磺隆、氯氟吡氧乙酸、2甲4氯、麦草畏等。油菜田可用草除灵、二氯吡啶酸等。玉米田可用莠去津、砜嘧磺隆、烟嘧磺隆等除草剂进行茎叶喷雾处理。

综合利用　戟叶蓼全草入药，含水蓼素、槲皮苷。其芽叶中含矢车菊苷、卡宁、花青素、鼠李葡萄糖苷、石蒜花青苷、芍药花苷、矢车菊素、飞燕草素、芍药花素、锦葵花素和2,6-二甲氧基苯酚。槲皮苷具有抗病毒作用，对鼠体组织和鸡胚中的流感病毒A有消除作用，也有抗水疱性口炎病毒作用。戟叶蓼溶剂萃取物能抑制乙酰胆碱酯酶活性，具抗老年性痴呆症药物开发前景。此外，戟叶蓼对污水中总氮、总磷综合净化能力较高，对镉、汞、铅具有富集作用，吸收累积综合效果好，同时对镉的转移系数较高，可用于污水净化、重金属污染治理植物景观的构建。

参考文献

高先涛，申慕真，姚景勇，等，2001. 鲁西南地区旱田杂草种类及发生规律初探 [J]. 杂草科学 (3): 5-6.

殷帅文，刘丽萍，王安萍，等，2012. 井冈山区63种植物不同溶剂萃取物乙酰胆碱酯酶抑制活性的初步研究 [J]. 天然产物研究与开发，24(10): 1429-1436, 1453.

张人君，何锦豪，郑晋元，等，2000. 浙江省麦田和油菜田杂草发生种类及危害 [J]. 浙江农业学报，12(6): 308-316.

赵爽，薛阳，姜虎生，等，2015. 浑河底泥重金属污染评价及植物筛选 [J]. 环境工程，33(10): 104-107, 162.

赵妍，王旭和，戚继忠，2012. 十九种植物净化生活污水总氮及总磷能力的比较 [J]. 北方园艺 (17): 81-84.

中国科学院中国植物志编辑委员会，1998. 中国植物志：第二十五卷　第一分册 [M]. 北京：科学出版社：70.

（撰稿：郭怡卿；审稿：宋小玲）

荠菜 *Capsella bursa-pastoris* (L.) Medic.

夏熟作物田的一二年生杂草。又名荠荠菜、护生草、清明草、血压草、粽子菜、枕头草、三角草、地菜、菱角菜等。英文名 shepherd's purse。十字花科荠属。

形态特征

成株 株高 20～50cm（图①②）。茎直立，有分枝，被分枝毛、星状毛及单毛。基生叶莲座状，大头羽状分裂，偶有全缘，长 10～12cm、宽约 2.5cm，顶生裂片较大，卵形至长圆形，长 5～30mm、宽 2～20mm，侧裂片 3～8 对，长圆形至卵形，长 5～15mm，狭长，先端渐尖，浅裂或有不规则锯齿或近全缘，具长叶柄；茎生叶狭披针形，长 5～6.5mm、宽 2～15mm，基部箭形，基部抱茎，边缘有缺刻或锯齿。总状花序顶生及腋生，果期伸长，长达 20cm（图③）；花梗长 3～8mm；花白色；花萼 4，萼片长圆形，长 1.5～2mm；花 4，卵形，长 2～3mm，有短爪。

子实 短角果，倒三角形或心形，扁平，先端微凹，有极短的宿存花柱（图④）。种子 2 行，长椭圆形，长约 1mm，淡棕褐色（图⑤）。

幼苗 子叶椭圆形，长约 0.3cm，先端圆，基部渐狭至柄，无毛（图⑥）。初生叶 2 片，卵形，灰绿色，先端钝圆，长约 0.6cm，具柄，叶片及叶柄均被有分枝毛。下胚轴与上胚轴均不发达。后生叶互生，叶形变化很大。

生物学特性

以种子繁殖，生育期 250 天左右。荠菜多在冬小麦播种后 7 天左右开始出苗，10 月下旬达出苗高峰，至 11 月中旬停止出苗，入冬前多数处于 5～10 叶期，随后与小麦一起越冬和返青，4 月初荠菜开始现蕾、抽茎，现蕾、抽茎前一般最多可以达 20 片叶。4 月中下旬进入结实期，华北地区 4～6 月为花果期，长江流域花果期为 3～5 月，6 月初种子成熟。种子发芽温度 20～25℃，在 20℃日照较短时生长迅速。始发后 10 天左右达出苗高峰，之后陆续出苗，并随气温、土壤湿度等气候条件的变化而依次出现若干个小高峰，至 11 月中旬停止出苗。翌年 3 月下旬，随着气温升高，荠菜又开始出苗，4 月中、下旬达出苗高峰，至 5 月中旬基本停止。越冬前出苗的荠菜称为秋荠菜，春季出苗的荠菜称为春荠菜。秋、春荠菜在单位面积内的出苗数量与气温和土壤湿度有关。从总体看，麦田荠菜以秋荠菜为主，秋季发生量一般占荠菜发生总量的 80%～90%。荠菜种子成熟落地后有短暂的原生休眠期，到秋季才能发芽。

荠菜为耐寒性植物，适宜于冷凉和湿润的气候，对土壤的要求不严格，亦耐干旱。

分布与危害

分布几乎遍及中国各地；全世界广布。在华北地区主要危害夏熟作物，如小麦、油菜、蔬菜等，果园

荠菜植株形态（⑤张治摄；其余魏守辉提供）

①所处生境危害状；②成株；③花序；④果实；⑤种子；⑥幼苗

也能生长。在长江流域及西南地区主要危害稻茬麦田和油菜田。荠菜发生严重时常连片生长，形成优势种群，密被地面，强烈抑制作物生长，通常可造成小麦减产 10%～15%，严重时可达 50%。

防除技术

农业防治　深翻深耕，在夏秋作物播种前进行土壤深翻深耕，种子埋藏深度超过 5cm 就很难发芽，从而减少荠菜出苗率，降低危害。使用腐熟的农家肥、秸秆等都是荠菜种子混杂的集中场所，使用高温沤制的充分腐熟农家肥，防止把荠菜种子带入田间。合理密植可减少田间空隙度，进而减少荠菜生存空间。

化学防治　麦田可用 2 甲 4 氯、麦草畏、苯磺隆、双氟磺草胺、唑嘧磺草胺进行茎叶喷雾处理，对荠菜、播娘蒿为主的杂草群落有较好的防效。直播油菜在播种前可用氟乐灵、精异丙甲草胺进行土壤封闭处理，移栽油菜在移栽后可用乙草胺、精异丙甲草胺、敌草胺进行土壤封闭处理；油菜田出苗后的荠菜可用草除灵、氨氯吡啶酸进行茎叶喷雾处理。

综合利用　荠菜富含维生素 C，可作为野菜或牲畜饲料食用。全草入药，有利尿、止血、清热明目、消积的功效。

参考文献

李扬汉，1998. 中国杂草志 [M]. 北京：中国农业出版社：433-434.

张朝贤，张跃进，倪汉文，等，2000. 农田杂草防除手册 [M]. 北京：中国农业出版社.

中国科学院中国植物志编辑委员会，1987. 中国植物志：第三十三卷 [M]. 北京：科学出版社：85.

中华人民共和国农业部农药检定所，日本国（财）日本植物调节剂研究协会，2000. 中国杂草原色图鉴 [M]. 日本国世德印刷股份公司.

（撰稿：魏守辉；审稿：贾春虹）

剂量—反应曲线　Dose-response curve

在除草剂生物测定时，供试生物对除草剂不同剂量（x）的反应程度（y）的线性关系即为剂量—反应曲线。通常随除草剂剂量的提高，供试生物的反应就越强烈，这一般存在一个关系方程，对应于剂量—反应关系的曲线。除草剂生物测定中一般是采用机率值转化的线性回归直线型和 Logistic 非线性拟合 S 型曲线。

除草剂生物测定具有 3 个基本组成要素：除草剂、供试生物（杂草）和生物（杂草）反应程度（株高、鲜重等与对照相比的变化）。一种有效的除草剂作用于杂草后，杂草一般会表现出相应的反应。在其他条件固定时，这种反应的程度与该药剂的剂量存在相关性，剂量—反应曲线就是反应这种关系的曲线。具体是指以表示量反应强度的计量单位如干重、鲜重、株高或表示质反应的百分率如抑制率为纵坐标（因变量）、以剂量为横坐标（自变量）绘制的曲线。

在生物测定中（试验处理步骤见除草剂生物测定），用一个剂量处理一组生物群体时，生物个体存在差异，它们对

除草剂的耐受力不同，有少数个体对药剂很敏感，在较低剂量下起反应，而另外有少数个体耐药性较强，需要在较高剂量下才起反应，大多数个体对药剂的反应居中。生物群体对某一药剂反应的概率（或次数）分布曲线为非正态分布，由于有些个体对药剂的耐受力极强，在很高剂量下仍然不起反应，在右侧形成拖尾。将剂量转化成对数值，反应的概率（或次数）分布曲线则变成正态分布。如果反应用累积概率来表示，剂量—反应曲线变为 S 型曲线。如将反应概率转换为几率值（Y），剂量（x）转化为对数值，S 形曲线变为直线：$Y=a+b\lg(x)$。几率值可通过几率值表查，当几率值等于 5 时所对应的剂量为有效中量（ED$_{50}$），几率值为 6.28 时所对应的剂量为 ED$_{90}$，即对 90% 个体有效的剂量。

在除草剂生物测定时，常以数量参数来表示供试生物对除草剂的反应程度，且不同生物测定方法，所用指标不同，如出苗率、株高、地上部分鲜重或干重、地下部分鲜重或干重以及综合药害指数，对于已知作用机制的除草剂，可以是药剂处理后植物的生理指标，如叶绿素含量、电导率、CO_2 释放量等。这些量反应 y 与剂量 x 之间的关系可用四参数的 S 形曲线方程表示：

$$y=C+(D-C)/\left[1+\left(\frac{x}{x_0}\right)^b\right]$$

S 型剂量—反应曲线由四个参数定义：基线反应（底部），最大反应（顶部），斜率，和产生一个位于基线和最大值中间的反应值（EC$_{50}$/IC$_{50}$）的药物浓度（剂量）。曲线方程，式中，D 是上限；C 是下限；x_0 是有效中剂量或浓度；b 是斜率。该方程的优越性在于使剂量反应更加直观，且参数具有生物学意义：D 表示无药处理对照的平均反应；C 表示在极高剂量处理时的平均反应；x_0 表示有效中剂量，即引起 50% 的个体反应的剂量，它决定曲线的水平位置；b 表示曲线在有效中剂量附近的斜率，b 值越大，曲线的坡度越陡。在作这种剂量—反应曲线时，x 轴的剂量应用对数值表示，y 轴则直接用反应量，如鲜重、株高、CO_2 浓度等。在制作这种剂量—反应曲线时，x 轴的剂量取对数（几何级数），y 轴则直接用反应量，如鲜重、株高、CO_2 浓度等。

根据剂量反应曲线，可计算出 ED$_{10}$、ED$_{50}$ 和 ED$_{90}$，根据这些值才能评价除草剂活性或除草剂对作物的安全性，具体见除草剂活性、除草剂选择性。

参考文献

盖均镒，2000. 试验统计方法 [M]. 北京：中国农业出版社.

强胜，2001. 杂草学 [M]. 北京：中国农业出版社.

沈晋良，2013. 农药生物测定 [M]. 北京：中国农业出版社.

BURGOS N R，2015. Whole-plant and seed bioassays for resistance confirmation [J]. Weed science (63): 152-165.

（撰稿：董立尧、葛鲁安；审稿：王金信、宋小玲）

寄生杂草　parasitic weed

营寄生性生活，从寄主植物吸收全部或部分所需营养的杂草。

形态特征　全世界有 22 科 270 属 4500 种寄生植物，对农林业生产造成危害的寄生杂草主要分布在菟丝子科、列当科、玄参科、檀香科、樟科、桑寄生科等 10 多个科中。寄生杂草呈现了丰富的形态多样性和生长习性，有灌木类、藤本类、一年生草本、二年生草本和多年生草本等类型。虽然外形上千差万别，但所有的寄生杂草均有一个共同的器官——吸器（寄生根），这是寄生植物特有的适应其寄生习性的固着和吸收器官，它能穿透寄主植物的表皮、皮层而到达维管束，并与寄主植物的维管束相通，是寄生植物从寄主植物体内吸取营养物质的通道。

生物学特性　寄生杂草具有寄生性、繁殖方式的多样性和高效性、传播途径的多样性等生物学特性。在寄生性方面，大多数寄生杂草存在泛寄生现象，寄主专一性不强，如日本菟丝子和大花菟丝子仅在云南就分别有 144 种和 181 种寄主，而少数专性寄生杂草只能寄生在 1 种寄主上。寄生杂草主要进行种子繁殖，结实力惊人，如列当花果期长达 3～4 个月，1 株列当能结出数十万粒尘末般的种子。寄生杂草的种子往往有休眠现象，其萌发除需常规的环境条件外还需要来自寄主植物的萌发刺激物质，如独脚金的种子萌发需要独脚金醇等独脚金内酯，列当种子的萌发需要列当醇等。菟丝子属寄生杂草的藤茎断裂后还能与寄主建立起寄生关系，在热带地区菟丝子的吸器组织也能再生出新的藤茎，营养繁殖的能力较强。寄生杂草的传播途径多样：主要依靠风力或鸟类传播；也可与寄主种子一起随调运而传播；少数寄生植物的种子成熟时果实吸水并膨胀开裂，将种子弹射出去。根据有无叶绿素，寄生杂草可分为全寄生杂草和半寄生杂草；根据寄生的部位，寄生杂草又可分为根寄生杂草和茎寄生杂草。

分布与危害　菟丝子属杂草能危害农作物和经济林木，其危害方式一是吸收寄主营养，二是覆盖寄主后影响寄主光合作用。与此类似的是无根藤，它在中国南方给桉树、木麻黄、油茶、柑橘、柿等经济林木造成了巨大的损失。列当属杂草在东北和新疆等地区对向日葵、瓜类、烟草等作物造成严重危害，如向日葵被寄生后植株瘦弱、花盘小、秕粒多、含油量低、品质差，一旦在苗期被寄生后便不能形成花盘，甚至枯萎死亡；烟草被寄生后减产 15%～30%，严重时达 50%，加工烟的品质低劣。独脚金属杂草危害禾本科植物和豆类作物，在非洲西部危害严重。桑寄生科杂草严重影响橡胶树的产胶量和胶的品质，还严重影响栎树、桦树、榆树、油杉等经济林木的生长和材质，如云杉矮槲寄生害在青海发生面积近 1 万 hm²，发病严重区域受害株率高达 90%。

防除技术　寄生杂草的防除可采取物理防治、农业与生态防治、化学防治、生物防治和综合利用等综合防除手段。如当菟丝子属或列当属杂草零星发生时，采用人工清除的方法，有时连同寄主作物一起拔除，以控制蔓延。加强对菟丝子属、列当属、独脚金属等检疫性寄生杂草的检疫、实施作物轮作和旱改水轮作、种植抗性作物等农业或生态措施也是防除寄生杂草的有效途径。在化学防除方面，除草剂对寄生性杂草的选择性差，在防除杂草的同时往往对寄主作物也会造成损害，因此施用时一定注意对作物的安全性。对大豆田的菟丝子属杂草可用二硝基苯胺类除草剂仲丁灵土壤封闭处理；对菟丝子属杂草发生较普遍的果园和高大的果株，可用

草甘膦茎叶处理防除，如进行除草剂复配和低剂量多次喷施效果更佳。防除向日葵列当，向日葵播前或播后苗前用二硝基苯胺类除草剂氟乐灵进行土壤封闭处理，或用草甘膦稀释液涂向日葵茎。在生物防治方面，利用“鲁保一号”真菌孢子生物防除菟丝子属杂草取得了明显成效。有些寄生杂草也是重要的资源植物，可通过综合利用加以防除：如菟丝子属的种子是补肾固精、养肝明目、降压舒筋的良药；列当属植株和种子具有生津、助消化、驱风健体的功效；无根藤全草入药能清热利湿、凉血解毒；独脚金能防治黄疸肝炎、小儿疳积、食积和腹泻等；桑寄生能补肝肾、祛风湿、强筋骨、养血、安胎、下乳、降血压。

参考文献

黄建中，李扬汉，1990. 寄生杂草的适应性 [J]. 杂草科学 (2): 1-3.

黄建中，姚东瑞，李扬汉，1992. 中国寄生杂草研究进展 [J]. 杂草科学 (4): 8-11.

李钧敏，董鸣，2011. 植物寄生对生态系统结构和功能的影响 [J]. 生态学报，31(4): 1174-1184.

李扬汉，1998. 中国杂草志 [M]. 北京：中国农业出版社.

罗淋淋，韦春梅，吴华俊，等，2013. 寄生杂草的防治方法 [J]. 中国植保导刊，33(12): 25-29.

强胜，2009. 杂草学 [M]. 2 版. 北京：中国农业出版社.

桑晓清，孙永艳，杨文杰，等，2013. 寄生杂草研究进展 [J]. 江西农业大学学报，35(1): 84-91.

盛晋华，张雄杰，刘宏义，等，2006. 寄生植物概述 [J]. 生物学通报，41(3): 9-13.

周在豹，许志春，田呈明，等，2007. 矮槲寄生的生物学特性及管理策略 [J]. 中国森林病虫，26(4): 37-39.

（撰稿：郭凤根；审稿：宋小玲）

寄主范围及安全性　host range and safety

寄主范围即寄生性生物的宿主生物范围。感染性病原体（病毒、细菌和真菌）、昆虫、线虫、食草动物或其他高等植物可以在某些植物个体上生长，但不能在其他植物个体上生长，这取决于寄主本身及其目标寄主的基因型。对于生物防治而言，寄主范围的测定是推进生物防治的重要环节。安全性是指天敌对目标杂草有较强的专一性，而对非目标杂草，特别是对栽培作物和有重要社会、经济及生态价值的植物不产生危害和威胁。安全性是选择生防作用物的标准之一，对安全性进行严格测定是杂草生物防治程序的关键一步。寄主范围和安全性在实际应用中二者密不可分，前者是安全性评价的主要依据。

形成和发展过程　就防治杂草而言，早期的杂草生防实践中寄主范围和安全性测定比较简单。20 世纪 60 年代以来得到了迅速的发展，但人们对于可作为杂草生物防治的植食性动物、昆虫或植物病源微生物的研究所坚持的一贯原则是寄主专一性。近些年的研究工作却发现，有效性和安全性是人们在生物防治中最为关心的两个问题，也是筛选适宜目标寄主的两个重要标准。全面且成功的寄主范围和安全性测定

可以为生物防治提供重要的理论支撑。

基本内容　寄主范围指病原菌株、植食性昆虫或其他天敌利用的寄主植物种类的相对数量。就杂草防治而言，作为评估方法，寄主范围测定的目的是预测新环境中存在的所有潜在非靶标植物受到危害的可能性。一般要先在其原产地进行测定后，再在引入地进行补充测定。寄主的安全性测定的目的是试图决定其寄主植物的范围。寄主范围因测定环境（实验室、温室、室外）的不同而存在不同程度的差异，可进一步细分为基础寄主范围和现实寄主范围。前者代表最宽泛的寄主范围，包括所有被接受和利用的寄主植物；而后者通常指在野外开放条件下所表现出的寄主范围。确定安全性有三种方法：①作物检验法（crop testing method），对被测作用物提供广泛的作物种，而不必提供与目标杂草有关的植物种；②生物相关法（biologically relevant method），测试的植物应包括与杂草有关的栽培植物、受到与该寄主有密切亲缘关系的种所攻击的植物、任何记载有该寄主的植物。两种方法并不相互排斥，常常相互结合使用。当寄主为昆虫时，通常采用饥饿实验或产卵选择实验。发现供试昆虫在目标杂草以外的植物上可以取食和发育时，则通过解剖雌虫，观察其卵黄细胞是否形成，以排除该虫在强制饥饿条件下，取食非寄主植物的可能性。饥饿实验或产卵选择实验并不足以证实测试植物种不能被该寄主所接受，更重要的是有可能导致拒绝某种有价值的生防作用物。因此，寄主的安全性还应包括对其生物学、生理学、形态学、物候学、生态学或病理学的适合性进行研究，有条件的还应进行寄主植物专一性的化学和物理学基础研究。③离心系统发育检验法（centrifugal phylogenetic testing method），将所测试的植物按与杂草亲缘关系从近到远的顺序测定生防作用的范围。其作为防止离心法与检验法失败的一种保证，应该参照生物相关法中选择植物的标准。在实践中。通常将上述 3 种方法综合考虑，并结合目标杂草分布区的地理环境、气候、植被相及作物种植分布区进行考虑。

科学意义和应用价值　寄主范围和安全性测试是杂草生防成功不可少的一项工作，同时是揭示生物防治的经济价值并能为将来提供科技信息。经济效益分析表明，成功的寄主范围和安全性测试对生物防治的效益会持续增加。严格测定活性菌株、昆虫等的安全性，是杂草生物防治程序中关键的一步。通过寄主范围和安全性检测，以揭示其对一些代表性植物的敏感性、确定其安全性程度及可能发现新的寄主，从而明确其可能应用的范围，为生物防治提供理论依据。与化学除草剂的筛选一样，安全性和有效性是生物防治中最为关心的两个问题和标准。

存在问题和发展趋势　目前寄主范围和安全性检测还存在一些亟需解决的问题。第一，寄主范围和安全性检测的结果不可能对未来发生的风险作出确定的断言，而只能估计其发生的概率。因为有许多变量难以准确预测，如气候变化、植被变化、寄主变异和进化等。这一系列测定结果只能为风险评估和防治策略提供主要依据，所有引进的寄主对本土非靶标生物都有一定程度的潜在风险。第二，对于目标寄主认识单一，不能全面了解其各种生物学特性（如致病性、专化性、适应条件），对各种作物的敏感性和与环境的竞争能力

了解不足等是制约研发效率的重要因素。第三，对目标生物以外生物的影响评价也是很困难的事情。但在预想范围内对环境有什么影响是必须考虑的。系统的测定标准诸如应该设立哪些项目、怎样进行评价都是尚未解决的问题。第四，通常寄主的靶标范围较窄，但是杂草发生危害通常是以群落形式，这与客观上希望寄主有较广杀草谱之间产生了矛盾。如在美国，用棕榈疫霉（*Phytophthora palmivora*）防治柑橘园的莫伦藤（*Morrenia odrata*），但由于寄主范围的原因，只限制在柑橘园使用。因此，对于具有良好防治杂草潜力的菌株、昆虫等，应该在寄主范围和安全性方面开展足够的基础研究，同时生物防治工作者有必要、有责任利用科学发展的新知识和新技术，来不断优化寄主范围和安全性测定方法，客观解释测定结果，从而作出科学的预测，为后期商业化提供坚实的理论基础和技术支持。

参考文献

谷祖敏，2008. 草茎点霉作为生物除草剂防除鸭跖草的潜力及环境生物安全评价 [D]. 沈阳：沈阳农业大学 .

李保平，孟玲，2006. 杂草生物防治中天敌昆虫寄主专一性测定及其风险分析 [J]. 中国生物防治，22(3): 161-168.

强胜，2009. 杂草学 [M]. 2 版 . 北京：中国农业出版社 .

万方浩，叶正楚，Harris P，1997. 生物防治作用物风险评价的方法 [J]. 中国生物防治，13(1): 37-41.

张希福，熊建伟，1997. 杂草生物防治的现状与展望 [J]. 河南科技学院学报（自然科学版）(4): 8-14.

HALLETT SG, 2005. Where are the bioherbicides?[J]. Weed science, 53: 404-415.

（撰稿：陈世国；审稿：强胜）

加成作用　addition

指 2 种或 2 种以上的除草剂混用后的毒力表现为各单剂毒力之和。大量的除草剂之间的混用多表现为加成作用，尤其是活性结构类似、作用机制相同的除草剂混用时。生产中这类除草剂的混用主要考虑各品种之间的速效性、残留活性、杀草谱、选择性及价格方面的差异，将这些品种相混可以取长补短，增加效益。

加成作用除草剂混用原则　①混用的除草剂在使用时期与使用方法上应基本一致。②杀草谱不同的除草剂。③尽可能选择杀草原理不同的除草剂混用，以提高杀草效果。④要考虑混用中各种除草剂的相容性，避免混用后发生分层及沉淀现象。⑤在实现扩大杀草谱和提高除草效果基础上，还要考虑不加重药害。

加成作用混用的优缺点分析　每种除草剂都有固定的杀草谱，而生产实际中，农田中的杂草种类较为多样，扩大杀草谱是除草剂混用的重要目的之一。通常加成作用是除草剂混用后表现出的最常见的联合作用类型。

混用效果的判断方法　除草剂混用后加成作用的判定主要有 Gowing 法、Colby 法、Sun & Johnson 法与等效线法。例如，采用 Gowing 法研究发现异丙隆与噁草酮以质量比

（3.3～10）：1复配时对节节麦的实际鲜重抑制率与理论鲜重抑制率之差在 3.66%～5.00%，联合作用呈现加成作用。Colby 法研究发现，氟噻草胺、丙草胺与吡氟酰草胺在 1：2.5：3 的配比条件，对莴草和荠菜防效相当，实际鲜重抑制率与理论鲜重抑制率之差在 –10%～10%，联合作用为加成作用。采用 Sun & Johnson 法研究莠去津、二氯喹啉酸和氯吡嘧磺隆复配应用于薏苡田杂草防治的合理配比，结果发现，当三者以 12：6：1 的质量比复配时，对马唐的共毒系数为 157.47，增效作用显著。

加成作用混用的注意事项　①不影响药剂的化学性质。②不破坏药剂的物理性状。③扩大除草范围，提高防除效果。④延长除草持效期，减少用药次数。⑤减少药害，提高安全性。⑥降低成本，提高效益。

参考文献

顾祖维，2005. 现代毒理学概论 [M]. 北京：化学工业出版社.

林长福，杨玉廷，2002. 除草剂混用、混剂及其药效评价 [J]. 农药，43(8): 5-7.

王恒智，赵孔平，张晓林，等，2021. 土壤处理防治小麦田杂草节节麦药剂筛选 [J]. 农药学学报，23(3): 523-529.

徐雅飞，赵梅勤，范伟赠，2018. 莠去津、二氯喹啉酸和氯吡嘧磺隆混剂防除薏苡田杂草室内活性配方筛选 [J]. 浙江农业科学，59(7): 1204-1205, 1210.

张法颜，苏少泉，1985. 除草剂混用与相互作用 [J]. 农药丛译，7(3): 32-37.

张健，2019. 以抗精噁唑禾草灵菵草为优势种的小麦田杂草化学防除技术研究 [D]. 南京：南京农业大学.

（撰稿：张乐乐；审稿：刘伟堂、宋小玲）

加拿大一枝黄花　*Solidago canadensis* L.

园地、非耕地多年生外来入侵杂草。又名麒麟草、幸福草、黄莺、金棒草。英文名 canada goldenrod、garden goldenrod。菊科一枝黄花属。

形态特征

成株　多年生宿根草本（图①）。地上部一年生，地下横走长根状茎多年生。主根不发达，多为侧根。地上部主茎直立，高达 2.5m，幼茎上部被开展柔毛，成熟茎表皮被糙毛；成株茎粗壮近木质化。地下根状茎发达（图②），着生地表以下茎基部，在浅层土中向四周延伸，有明显的节和节间，顶部有芽可萌发产生新植株。单叶互生，基生叶与茎下部叶很早脱落，茎中上部叶呈披针形或线状披针形，长 5～15cm、宽 0.5～2.2cm，离基三出脉，边缘有稀疏的钝牙齿，基部渐狭，无柄或下部叶有柄，上面深绿色，粗糙，近无毛，下面被开展的密柔毛。头状花序很小，在花序分枝上单面排列成蝎尾状，再组成开展的圆锥花序（图③）。总苞片呈覆瓦状排列，长 3～4mm，线状披针形，顶端渐尖或急尖，微黄色。舌状花雌性，舌片短而细，管状花两性。

子实　瘦果基部楔形，淡褐色或深褐色，常具 7 条纵肋，被脊及被间糙毛（图④⑤）。冠毛 1 层，浅黄色，长 2～3mm，上被短糙毛。

幼苗　子叶出土，椭圆形，长约 3mm、宽约 1.8mm，顶端微突，全缘，基部圆形（图⑥）；下胚轴发达，光滑无毛，根颈处骤然变细，上胚轴部发育；第一片真叶互生，单叶，宽卵形，长 6mm、宽 3mm，先端短尖，全缘，叶缘具睫毛，基部楔形，叶柄边缘也具睫毛，部明显的离基 3 出脉，但中脉明显，两面均光滑无毛；第一片真叶互生，与第一真叶类似（图⑥）。

生物学特性　在入侵地中国，随风散落在土壤中的种子在 3～9 月均可持续出苗，4～9 月为营养生长期，9 月末至 10 月上旬开花，11 月末至 12 月中旬果实成熟。随后种子随风扩散进入土壤种子库。在经历霜冻后植株地上部分逐渐枯死。9 月后土壤中的种子和根状茎能萌发产生一些幼苗，以幼株形式越冬，待翌年温度回升后迅速生长；春季是种子出苗和根状茎萌发的高峰期。加拿大一枝黄花具有很强的有性和无性繁殖能力，如在入侵地中国单株能产生 3 万粒种子，移栽 3 个月的根状茎扩散的距离可达 16～20cm；具有强烈的化感作用，入侵地四倍体和六倍体种群的地上部分组织和根际土壤中积累大量酚类物质，从而对本地植物产生显著的化感抑制作用。目前入侵中国且猖獗的加拿大一枝黄花全部是多倍体（主要是六倍体），而原产地则以二倍体为主，二倍体种群仅能入侵欧洲和东亚的温带地区。加拿大一枝黄花的倍性水平与纬度分布呈显著负相关，与温度呈显著正相关；20～24℃等温线是二倍体和多倍体的入侵范围气候生态位的分化带，这种分化是由于同源多倍化驱动的该物种耐热性增强的结果。对成功入侵起关键作用的是入侵地多倍体可以耐受高温使胚胎正常发育产生可育的种子，并且它们还显著延迟到秋季温度降低时旺盛开花，通过高温避让机制在更适宜的气候条件下产生巨量的种子，随风飘移，迅速扩散蔓延；而二倍体在夏季高温气候条件下胚胎败育导致花而不实。这种倍性依赖的耐热性以及有性生殖特性的演化是预适应和入侵后迅速演化共同作用的结果。甲基化抑制多倍体加拿大一枝黄花耐寒基因 *ICE1* 多拷贝的表达，减弱耐寒性而增强耐热性的温度平衡适应性（tradeoff）分化；加拿大一枝黄花通过木质素代谢通路调控维管组织的木质部而减少韧皮部发育的平衡适应性分化；多倍化促进加拿大一枝黄花与土壤微生物互作增强其入侵能力，这些均是其成功入侵的机制。

分布与危害　原产于北美温带地区，现已入侵到欧洲、亚洲和大洋洲。最早在 20 世纪 30 年代作为观赏植物被首次引入中国，后逃逸成为中国危害最严重的入侵杂草之一，现在中国上海、江苏、浙江、江西、湖北、湖南、广西、重庆、四川、云南、新疆、台湾均有分布。加拿大一枝黄花最先入侵生物多样性较低或认为干扰严重的生境，如荒地、废弃地、公路和铁路沿线、农田边、庭院、住宅边，也发生在茶园、果园、桑园。喜湿润的土壤条件，长期干旱或淹水的地块较少发生；喜阳，在隐蔽的环境下很难生长。入侵后降低本地生物多样性，降低土壤铵态氮、有效磷、全磷和全氮含量，降低土壤肥力。入侵果园和茶园后影响经济作物的产量和品质。

防除技术

农业防治　可在加拿大一枝黄花种子还未成熟时，迅速将所有植株连根拔除，并通过中耕将遗留在土壤中的根茎等

加拿大一枝黄花植株形态（⑤施星雷摄；其余强胜摄）
①发生状况；②根状茎；③花序；④果序；⑤果实；⑥幼苗

无性繁殖器官拣除，带出田外集中焚烧销毁，做到斩草除根，注意在清除过程中需确保所有植株及其地下根茎完全清除，彻底损毁，并杜绝植株繁殖体在运输期掉落的可能。也可以在开花期剪去花枝，减少种子形成数量。此外，长期灌水既不利于加拿大一枝黄花发芽出苗，也不利于其生长。因此尽量种植水稻等灌水时间较长的水生农作物，可有效控制加拿大一枝黄花的发生。在暴发区，也可用芦苇进行替代控制法治理加拿大一枝黄花，相比人工和机械控制方法，该方法成本低、控制效果稳定，且有利于保护环境。

生物防治　南京农业大学从加拿大一枝黄花白绢病病株上分离得到的齐整小核菌（Sclerotium rolfsii）菌株 SC64 开发的生物除草剂，结合刈割和翻耕，可以根除加拿大一枝黄花，防除效果显著；且生物防治后本地物种群恢复程度明显优于化学防除。

化学防治　果园、茶园等可在其幼苗期和营养生长期，利用灭生性除草剂草甘膦、草铵膦或草甘膦与草铵膦的复配剂茎叶喷雾处理，注意定向喷雾，避免对作物造成伤害。非耕地可用草甘膦、草铵膦或激素类氯氟吡氧乙酸、氨氯吡啶酸、三氯吡氧乙酸等茎叶喷雾处理，也可用草甘膦与草铵膦、或草甘膦与氯氟吡氧乙酸、氨氯吡啶酸、三氯吡氧乙酸、草铵膦与氯氟吡氧乙酸等复配剂茎叶喷雾处理。化学防治虽然可以有效杀死植株的地上部分植株及减少种子结实，但对加拿大一枝黄花庞大的植株地下根茎部分影响较小，往往不能够达到根除的效果。此外，灭生性除草剂在灭除加拿大一枝黄花的同时，也杀死了生境内几乎所有其他植物，导致入侵生境的群落结构以及生物多样性被彻底破坏。因此，一种理想的针对加拿大一枝黄花的防控方案需要在保证防控效果的前提下兼顾对环境生物多样性的恢复作用。

综合利用　加拿大一枝黄花色泽艳丽，可做观赏植物。人工种植的加拿大一枝黄花通称"黄莺花"的鲜切花是二倍体，花农选择二倍体种植的原因是开花早，因此，它目前不会在24℃等温线以南地区导致入侵，可以被允许种植。但是，在20℃等温线以北的东北、华北北部、西北、西南以及其他有相似气候的地区种植具有逃逸的风险，应被严格禁止。全草可入药，有散热去湿、消积解毒功效，可治肾炎、膀胱炎和食道癌。另外可利用其研制天然营养霜、其止痒作用的沐浴露等。此外，可利用加拿大一枝黄花植株制作栽培食用菌，从而缓解食用菌生产原料短缺问题。还可做青绿饲料喂养动物。

参考文献

董梅，陆建忠，张文驹，等，2006. 加拿大一枝黄花——一种正在迅速扩张的外来入侵植物 [J]. 植物分类学报，44(1): 72-85.

李扬汉，1998. 中国杂草志 [M]. 北京：中国农业出版社：372.

CHENG J L, LI J, ZHANG Z, et al, 2020. Autopolyploidy-driven range expansion of a temperate-originated plant to pan-tropic under global change [J]. Ecological monographs, 91(2): e01445.

CHENG J L, YANG X H, XUE L F, et al, 2020. Polyploidization contributes to evolution of competitive ability: A long term common garden study on the invasive *Solidago canadensis* in China [J]. Oikos, 129(5): 700-713.

GRUL'OVÁ D, PL'UCHTOVÁ M, FEJÉR J, et al, 2020. Influence of six essential oils on invasive *Solidago canadensis* L. seed germination [J]. Natural product research, 34(22): 3231-3233.

LU H, XUE L F, CHENG J L, et al, 2020. Polyploidization-driven differentiation of freezing tolerance in *Solidago canadensis* [J]. Plant cell and environment, 43(6): 1390-1403.

SHELEPOVA O, VINOGRADOVA Y, VERGUN O, et al, 2019. Invasive *Solidago canadensis* L. as a resource of valuable biological compounds [J]. Potravinarstvo, 3(1): 280-286.

WU S Q, CHENG J L, XU X Y, et al, 2019, Polyploidy in invasive *Solidago canadensis* increased plant nitrogen uptake, and abundance and activity of microbes and nematodes in soil [J]. Soil biology and biochemistry, 138: 107594.

ZHANG Y, XU L J, CHEN S G, et al, 2020. Transcription-mediated tissue-specific lignification of vascular bundle causes trade-offs between growth and defence capacity during invasion of Solidago canadensis [J]. Plant science, 301: 110638.

ZHANG Y, YANG X H, ZHU Y B, et al, 2019. Biological control of *Solidago canadensis* using a bioherbicide isolate of *Sclerotium rolfsii* SC64 increased the biodiversity in invaded habitats [J]. Biological control, 139: 104093.

（撰稿：宋小玲；审稿：强胜）

假臭草　*Praxelis clematidea* (Griseb.) R. M. King & H. Rob

秋熟旱作田外来一年生草本杂草。又名猫腥菊。英文名 praxelis。菊科假臭草属。

形态特征

成株　高 0.3～1.5m（图①②④）。茎直立，亮绿色，多分枝，全株被柔毛。叶对生，揉搓叶片可闻到类似猫尿的刺激性味道；叶片卵圆形至菱形，长 2.5～6.0cm、宽 1～4cm，具腺点，先端急尖，基部圆楔形，具三脉，边缘具锯齿，每边 5～8 齿，急尖。叶柄长 0.3～2.0cm。头状花序生于茎、枝端（图⑤），总苞钟形，长 7～10mm×4～5mm，总苞片 4～5 层，小花 25～30 朵，藏蓝色或淡紫色，花冠长 3.5～4.8mm。

子实　瘦果黑色（图⑥⑧），条状，长 2～3mm，具 3～5 棱，无毛或具稀疏柔毛。种子长 2～3mm、宽约 0.6mm，顶端具 1 圈白色冠毛，冠毛长 3.5～4.5mm。

生物学特性

在热带、亚热带地区花期通常为 5～11 月，种子成熟和传播主要在夏秋两季，在广州、海南花果期为全年。假臭草以种子繁殖为主，种子数量多而细小，顶端有冠毛，易通过风力、水流、动物、交通工具等媒介进行传播。在适宜条件下，种子萌发率达到 74%，且全年可萌发。假臭草也具有无性繁殖的能力，可从下部茎秆产生不定根扎入土壤形成新的植株，其嫩枝也极易扦插成活。

假臭草喜较湿润及阳光充足的环境，常发生于路旁、荒地、农田和草地等人类干扰频繁的生境。假臭草体细胞染色体 2n=28，在旷野、林缘和林中生境下的核型公式存在差异，其核型特征受光环境的影响，高（正常）光照生境下假臭草核型进化程度较高，低光照生境条件下，核型进化程度较低，意味着在高光照生境条件下，假臭草具有更高的入侵性。该杂草对干旱胁迫有较强的耐受性，能够根据环境水分条件调节体内丙二醛、脯氨酸、叶绿素的含量，并降低叶片的净光合速率和蒸腾速率。假臭草的平均净光合速率、光饱和点均显著高于伴生种，光补偿点低于伴生种，较高的光能利用力与较强的光合响应机制是其能成功入侵的生理基础。

假臭草是一种化感植物，其挥发油中含有多种萜类和黄酮类化合物，对伴生植物，如牛筋草、三叶鬼针草、飞机草和苘麻等种子萌发具有一定的抑制作用，也能使幼根完全停止发育。

分布与危害

原产于南美洲中部的巴西、玻利维亚、阿根廷等国家，后逐渐扩散到东半球热带地区，并于 20 世纪 80 年代在中国香港首次被发现，90 年代在深圳被发现，目前主要分布于中国华南和西南的热带、亚热带区域，包括广东、福建、澳门、香港、台湾、海南、广西、云南、四川等地。危害果园（杧果、荔枝、龙眼）、苗圃和人工幼龄林等（图⑦）。假臭草生态位宽度大，竞争能力强，在入侵地常形成单一优势群落，排挤其他低矮草本植物，导致原有植被群落衰退甚至消失，对本地区生物物种多样性和遗传多样性构成极大威胁。

假臭草对土壤养分的吸收力强，在入侵建群的过程中生长迅速，导致土壤有机质、全氮、碱解氮、速效钾含量降低 46%～58%，土壤脲酶、蛋白酶、蔗糖酶和过氧化氢酶等土壤酶活性也显著降低，造成土壤肥力严重下降并制约本地植物的生长发育。在冬季假臭草植株干枯后，群落下方裸露的地表则会促进土壤有机质矿化，使养分渗流与水土流失加剧。此外，假臭草入侵会改变土壤微生物群落结构，降低微生物丰度及其功能多样性，进而导致土壤微生物群落的碳素利用

J

假臭草植株形态 (周小刚摄)

①植株；②老茎上发的植株；③幼苗；④大苗；⑤花序；⑥果序；⑦危害果园；⑧果实

强度和整体代谢活性下降。

入侵农田、果园等农业生境后,假臭草能快速消耗地力,严重破坏土壤的可耕性,并产生多种化感物质抑制作物生长,造成粮食、经济作物减产甚至绝收。假臭草侵占草场、草甸后排挤牧草,导致牧草贫乏,同时分泌物有恶臭味,影响家畜的觅食,严重阻碍畜牧业发展。

防除技术 应加强植物检疫,并采取农业防治和化学防治相结合的防控手段,也应考虑综合利用等措施。

农业防治 假臭草多入侵果园,可随带土种苗及交通工具进行长距离扩散,检验检疫部门应在入侵地加强对品种、苗木及其包装物、运输工具检疫,控制其向未发生区传播。在种群密度较小的地区或新入侵地,可结合种子处理清除杂草种子,并结合耕翻、整地,消灭土表的杂草种子,也可采取人工或机械铲除,必须将其根部挖除,否则植株会很快再生。

化学防治 在秋熟旱作田可选用乙草胺、异丙甲草胺、精异丙甲草胺、氟乐灵、二甲戊灵进行土壤封闭处理。对于没有完全封闭防除的残存植株可进行茎叶喷雾处理,大豆、花生田可用乳氟禾草灵、氟磺胺草醚、乙羧氟草醚、灭草松。玉米田还可用二氯吡啶酸、氯氟吡氧乙酸、烟嘧磺隆、氟嘧磺隆、砜嘧磺隆以及硝磺草酮、苯唑草酮等。

综合利用 假臭草花精油对柑橘木虱成虫有显著的驱避和毒杀作用,其植物精油能够抑制小菜蛾幼虫的生长。假臭草提取物对多种植物病原真菌生长有抑制作用,如水稻纹枯病菌、香蕉炭疽病菌等,具有开发为植物源农药的潜力。

参考文献

陈伟,兰国玉,安锋,等,2007.海南外来杂草——假臭草群落生态位特征研究 [J].西北林学院学报,22(2): 24-27.

黄小荣,庞世龙,申文辉,等,2016.广西喀斯特地区假臭草入侵群落的草本植物多样性及其影响因素 [J].应用生态学报,27(3): 815-821.

阚丽艳,谢贵水,王纪坤,2009.干旱胁迫对入侵植物假臭草幼苗生长和生理生态指标的影响 [J].热带作物学报,30(5): 608-612.

李光义,陈贞蓉,邓晓,等,2007.假臭草对南方几种常见大田杂草的化感作用 [J].中国农学通报,23(5): 425-427.

李光义,喻龙,邓晓,等,2006.假臭草化感作用研究 [J].杂草科学 (4): 19-21.

吴海荣,胡学难,钟国强,等,2008.外来杂草假臭草的特征特性 [J].杂草科学 (3): 69-71.

张颖,黎丽倩,钟军弟,等,2019.假臭草 (Praxelis clematidea) 染色体制片条件优化及核型对光照环境变化的响应 [J].分子植物育种,17(7): 2312-2319.

全国明,代亭亭,章家恩,等,2016.假臭草入侵对土壤养分与微生物群落功能多样性的影响 [J].生态学杂志,35(11): 2883-2889.

朱慧,马瑞君,2010.入侵植物假臭草及其伴生种的光合特性 [J].福建林学院学报,30(2): 145-149.

(撰稿:周小刚、赵浩宇;审稿:黄春艳)

假稻 *Leersia japonica* (Makino) Honda

水田常见的多年生杂草。又名鞘糠、李氏禾、过江龙。

英文名 common cutgrass。禾本科假稻属。

形态特征

成株 高 60～80cm(图①)。秆下部伏卧地面,节生多分枝的须根,上部向上斜升,节密生白色倒毛。叶鞘短于节间,微粗糙;叶舌长 1～3mm,基部两侧下延与叶鞘连合;叶片长 6～15cm、宽 4～8mm,粗糙或下面平滑。圆锥花序长 9～12cm,分枝平滑,直立或斜升,有角棱(图②③),稍扁,分枝再具有小枝;小穗长 5～6mm,带紫色;外稃具 5 脉,脊具刺毛;内稃具 3 脉,中脉生刺毛;雄蕊 6,花药长 3mm。

子实 果实为椭圆形颖果,包裹在稻壳状稃片内,长 4～5mm、宽 2～2.5mm(图④)。

假稻植株形态(①张治摄;其余强胜摄)
①生境及成株;②③花序;④子实

幼苗 第一片真叶只有叶鞘，无叶片，叶鞘长 7mm，有 7 条叶脉，叶鞘抱茎；第二片真叶开始为完全叶，叶片线形，长 1.9cm、宽 1.7cm，在叶片与叶鞘之间有一片膜质裂齿状的叶舌；继之，出现的真叶与第二叶相似，并以 2 行交互排列。幼苗全株光滑无毛。

生物学特性 以匍匐茎和种子繁殖。水稻封行前假稻以横向生长为主，茎节伏地形成新的植株；水稻封行后以向上生长为主。假稻具有很强的分蘖能力，10 月底水稻收割，稻田中的假稻已处于穗花期，根基部仍继续分蘖生长。假稻具有很强的再生能力，被机械翻耕切割的根茎 10～15 天能形成新的再生株。一般，4～5 月假稻大量出苗，7～10 月上旬迅速生长、蔓延和繁殖。花果期 5～10 月，成穗率低，部分花秆在节处弯折，12 月遇霜冻，地上部分逐渐枯死，地下根系越冬。

分布与危害 中国分布于江苏、浙江、湖南、湖北、四川、贵州、广西、河南、河北。假稻耐水湿，多生于池塘、水田、溪沟湖旁水湿地。在灌水条件好、长期保持水湿状态的稻田危害严重。黑龙江等地稻田危害面积逐年扩大，某些地区已成为逐步代替稗草的恶性杂草。

防除技术
农业防治 假稻的发生主要由稻种带入农田，因此在播种前应严格筛选优质稻种。及时对大田杂草进行调查，发现异常稻株及时人工拔除，做到"拔早、拔小、拔尽"。

化学防治 双草醚加助剂以及嘧啶肟草醚对假稻有较好的防治效果。同时结合整田前用非选择性除草剂（如草甘膦等）清田，用丁草胺等封闭，以达到更好的防治效果。

综合利用 假稻的根茎对铬（Cr）有很强的富集能力，且对 Cr 有较强的耐受性，这种耐受性有其光和生理和根系形态学上的基础，因而，假稻在净化 Cr 污染的水体环境上很有应用前景。

参考文献
管铭，裴立，郭水良，等，2010. 假稻对铬的富集作用及其耐受能力研究 [J]. 环境科学与管理，35(3)：125-130.
李扬汉，1998. 中国杂草志 [M]. 北京：中国农业出版社.
孙会锋，朱晓群，姜春育，等，2013. 假稻生物学特性与化学防治技术初探 [J]. 浙江农业科学 (6)：707-708.
颜玉树，1989. 杂草幼苗识别图谱 [M]. 南京：江苏科学技术出版社.

（撰稿：周凤艳；审稿：刘宇婧）

假高粱 *Sorghum halepense* (L.) Persoon

原产地中海地区的园地多年生外来入侵杂草，为中国进境检疫性杂草。又称石茅、宿根高粱、约翰逊草。英文名 Johnsongrass。禾本科高粱属。

形态特征
成株 匍匐根状茎发达（图①）。茎干直立，高 1～3m，直径约 5mm。叶片阔线形至线状披针形，长 25～80cm、宽 1～4cm，基部有白色绢状疏柔毛，中脉白色且厚；叶舌长约 1.8mm，具缘毛。圆锥花序，长 20～50cm，淡紫色至紫黑色，主轴粗糙，分枝轮生，基部有白色柔毛，上部分出小枝，小枝顶端着生总状花序（图②③）。穗轴具关节，易断，小穗柄纤细，具纤毛；小穗成对，1 具柄，1 无柄；在顶端的一节有 3 小穗，1 无柄，2 具柄；有柄小穗较狭，长约 4mm，颖片草质，无芒；无柄小穗椭圆形，长 3.5～4mm、宽 1.8～2.2mm，二颖片革质，近等长，被柔毛；第一颖顶端具 3 齿，第二颖的上部 1/3 处具脊；第一外稃膜质透明，被纤毛；第二外稃长约为颖的 1/3，顶端微 2 裂，主脉由齿间伸出成小尖头或芒（图④⑤）；雄蕊 3 枚，花柱 2（图⑥）。

子实 带颖片的果实椭圆形，长约 5mm，宽约 2mm，厚约 1.4mm，暗紫色，光亮，被柔毛；第二颖基部带有一枚小穗轴节段和一枚有柄小穗的小穗柄，二者均具纤毛；颖果倒卵形至椭圆形，长 2.6～3.2mm、宽 1.5～2mm，棕褐色，顶端圆，具 2 枚宿存花柱（图⑦）。

幼苗 第一叶片平行于地面，叶片无毛，边缘光滑，中脉基部发白。

生物学特性 以种子和地下根茎繁殖蔓延。在亚热带地区，根茎长出的芽苗一般在清明前后出土，发生较早，叶鞘呈紫红色；出苗约 20 天，地下茎形成短枝并开始分蘖，随气温上升，地上茎叶生长加快；6 月上旬开始抽穗开花，一直延续到 9 月。7 月上旬颖果开始成熟，随熟随落，每个花序结籽 500～2000 粒。假高粱生长旺盛，一个生长季能长出 8 kg 的鲜种和 70m 长的地下茎，单株结籽高达 2.8 万粒。新成熟的颖果当年秋天不发芽，经休眠，翌年 4～5 月，气温回升到 18℃ 时开始出苗，种子苗生长慢于根茎芽苗。在开花期，假高粱地下根茎生长迅速，鲜重在 4 天能增加 2 倍以上，在黏土中生长较慢。根茎形成的最低气温是 15～20℃，到秋季进入休眠，大量扩散的越冬根茎是其难以防治的主要原因。

假高粱倍性 2n=40，为异源四倍体，由蜀黍（*Sorghum arundinaceum*）和拟高粱（*Sorghum propinquum*）杂交而来。

分布与危害 假高粱为十大恶性杂草之一。目前，主要在辽宁、北京、河北、山东、江苏、上海、安徽、湖南、湖北、福建、广西、广东、香港、海南、重庆、四川、云南等地的局部地区零星发生。

假高粱广泛侵入热带和亚热带地区的农田、果园、河岸、沟渠、湖岸湿地和荒地等，是谷类、棉花、苜蓿、甘蔗、麻类等 30 多种作物田的有害杂草，其繁殖力、适应性和竞争力均较强，与当地作物和野生植物竞争土壤养分、水分和生存空间，造成作物减产，抑制当地土著植物种群，威胁农田和自然生态系统安全。根系分泌物能抑制作物和土著植物种子萌发和幼苗生长。能与同属近缘种杂交，导致基因渗渐，污染高粱属作物品种。幼苗和嫩芽含有氰苷酸，家畜误食会中毒。另外，假高粱还是多种高粱属作物病原菌和害虫的寄主。

防除技术 假高粱的防控应以预防和早期防除为主，避免其在野外定植。假高粱种子混杂在进口或调运的粮食中进行远距离传播，必须加强检疫；对混有假高粱种子的粮食，统一监管并加强对暂存地周边杂草的监测，杜绝新种源传入。对已成功入侵的假高粱的防控策略包括人工挖除、化学防除、

假高粱植株形态（①②③⑥强胜摄；④⑤⑦徐瑛摄）
①群体及植株；②根状茎；③分枝花序；④⑤小穗；⑥花；⑦子实

生物防除和综合防治等。

人工防治　对于新侵入、发生面积小，且根系尚不发达的假高粱，可人工挖除。人工挖除需注意以下4点：①应从植株分布范围向外扩1m左右，挖出可能扩展出的地下根和根茎。②植株的每个根茎都有根尖，要挖深挖透。③挖出的根茎及植株要集中晒干烧毁，防止其成活。④定期复查，确保清除干净。

化学防治　对于大面积发生且不宜人工挖除的假高粱单一优势种群，可采取化学防除。常用药剂为甲嘧磺隆和草甘膦。另外，吡氟禾草灵、精禾草克、烯草酮等苗期使用对假高粱也都有较好的防除效果。

生物防治　生物除草剂可作为化学除草剂的搭配或补

充。链霉菌（*Streptomyces* sp.）发酵液可有效抑制假高粱的子实萌发、胚根和幼苗生长，抑制效率表现剂量效应。至今，生物防除假高粱的国内外报道仍较少。

参考文献

廖飞勇，夏青芳，蔡思琪，等，2015. 假高粱的生物学特征及防治对策的研究进展 [J]. 草业学报，24(11): 218-225.

强胜，2001. 杂草学 [M]. 北京：中国农业出版社.

邵秀玲，尼秀媚，宋涛，等，SN/T 1362-2011: 假高粱检疫鉴定方法.

王建书，庞建光，吕艳春，等，1999. 链霉菌对假高粱防治效果的初步探讨 [J]. 河南科学，17(专辑): 158-159.

许志刚，2008. 植物检疫学 [M]. 3 版. 北京：高等教育出版社.

印丽萍，2018. 中国进境植物检疫性有害生物：杂草卷 [M]. 北京：中国农业出版社.

印丽萍，颜玉树，1997. 杂草种子图鉴 [M]. 北京：中国农业科技出版社.

张瑞平，詹逢吉，2000. 假高粱的生物学特性及防除方法 [J]. 杂草科学 (3): 11, 14.

中国科学院中国植物志编辑委员会，1979. 中国植物志：第十卷 [M]. 北京：科学出版社.

（撰稿：伏建国、徐瑛；审稿：王维斌）

尖瓣花　*Sphenoclea zeylanica* Gaertn.

水田一年生杂草。英文名 ceylon sphenoclea。桔梗科尖瓣花属。

形态特征

成株　高 20～70cm（图②）。植株全体无毛。茎直立，直径可达 1cm，通常多分枝。叶互生，有长达 1cm 的叶柄，叶片长椭圆形、长椭圆状披针形或卵状披针形，长 2～9cm、宽 0.5～2cm，全缘，上面绿色，下面灰色或绿色。穗状花序与叶对生，或生于枝顶，长 1～4cm（图③）。苞片卵形，顶端渐尖；小苞片宽条形而小；花小，长不过 2mm；花萼裂片卵圆形；花冠白色，长 1.5mm，浅裂，裂片开展。

子实　蒴果扁球形，直径 2～4mm。种子细小，长圆形，棕黄色，长约 0.5mm。

幼苗　子叶出土，2 片，长卵形，先端圆钝，基部楔形，全缘（图④）。真叶成对，狭披针形，先端圆凸。

生物学特性　种子繁殖。苗期 3～5 月，花果期 6～8 月。

分布与危害　多生于水沟、水田边和池塘边等湿地。尖瓣花主要危害产区的水田，部分田块发生较重，造成水稻减产。

尖瓣花植株形态（陈国奇摄）

①稻田生境；②植株；③花果序；④幼苗

防除技术

农业防治　及时清除田埂及水渠边杂草，减少种子来源。通过深耕措施，掩埋种子，减少种子萌发。

化学防治　二甲戊灵、双草醚或两者复配剂、二氯喹啉酸·双草醚均对尖瓣花有较好的防效。

生物防治　通过养殖鸭、鱼、虾、蟹等，抑制杂草萌发与生长。

参考文献

李扬汉, 1998. 中国杂草志 [M]. 北京 : 中国农业出版社.

梁帝允, 张治, 2013. 中国农区杂草识别图册 [M]. 北京 : 中国农业科学技术出版社.

肖学明, 沈雪峰, 陈勇, 2013. 33% 二甲戊灵乳油防治水稻旱直播田杂草试验 [J]. 杂草科学, 31(4): 50-53.

肖学明, 沈雪峰, 陈勇, 2014. 80% 双草醚可湿性粉剂防除水稻直播田杂草试验 [J]. 作物杂志 (2): 142-145.

钟锦, 王小龙, 陈勇, 2018. 35% 二氯·双草醚悬浮剂防除水稻直播田杂草试验 [J]. 农药, 57(10): 768-772.

（撰稿 : 姚贝贝；审稿 : 纪明山）

尖裂假还阳参　*Crepidiastrum sonchifolium* (Maximowicz) Pak & Kawano

夏熟旱作物田及园地多年生草本杂草。又名抱茎苦荬菜、抱茎小苦荬、苦碟子、苦荬菜。异名 *Ixeris sonchifolia* (Bunge) Hance。英文名 sowthiotle-leaf ixeris。菊科假还阳参属。

形态特征

成株　高 15～60cm（图①②）。根垂直直伸，不分枝或分枝。根状茎极短。茎单生，直立，基部直径 1～4mm，上部伞房花序状或伞房圆锥花序状分枝，全部茎枝无毛。基生叶莲座状，匙形、长倒披针形或长椭圆形，基部渐狭宽翼柄，边缘有锯齿或缺刻状牙齿，顶端圆形或急尖，或大头羽状深裂，顶裂片大，近圆形、椭圆形或卵状椭圆形，顶端圆形或急尖，边缘有锯齿，侧裂片 3～7 对，半圆形、三角形或线形，边缘有小锯齿；茎生叶互生，较狭小，椭圆形、长卵形、卵形，羽状分裂或边缘有不规则的牙齿，最宽处在叶的基部，先端极尖，基部无柄，扩大成耳形或戟形抱茎，茎叶生基部的耳廓呈圆形，边缘常有小尖齿。头状花序多数或少数，在茎枝顶端排成伞房花序或伞房圆锥花序（图③④）；总苞圆柱形，长 5～6mm；总苞片 2 层，外层总苞片 5，短小，卵形或长卵形，顶端急尖，内层较长，线状披针形，顶端急尖；舌状花黄色，先端 5 齿裂。

子实　瘦果纺锤形（图⑤⑥），黑色，长 2.2～2.5mm，有 10 条纵棱，喙长约 0.7mm，喙先端有白色盘状物，并有白色的环状的边缘；冠毛白色，长约 2.5mm，上着生短糙毛。

幼苗　子叶出土，倒卵形，顶端圆形。出生叶阔倒卵形，基部圆形至宽楔形，先端圆钝，边缘波状至疏齿。

生物学特性　为既喜温又抗寒的作物，土壤温度 5～6℃时种子能够萌发，在 40～45℃高温条件下也能够萌发。生长时可耐 -5～-4℃的霜冻。具有很强的再生能力，被刈割或啃食的植株，能从残茬的叶腋处生出新芽，长出多枝的株

尖裂假还阳参植株形态（张治摄）
①②植株及生境；③④花序；⑤⑥果实

丛。花期 6～7 月，果期 7～8 月。

分布与危害　中国分布于东北、华北和内蒙古；朝鲜及俄罗斯远东地区也有。该种是中生性杂草。适生于海拔 100～2700m 的山坡或平原路旁、林下、河滩地、岩石上或庭院中。分布区以砂质土壤为主，偏碱性。

防除技术　见苦荬菜。

综合利用　全草含白色乳汁，叶量大，脆嫩多汁，茎叶纤维少，含有丰富的粗蛋白质，矿物质含量丰富，氨基酸种类齐全，还富含维生素。茎叶营养价值高，适口性好，能增进食欲，帮助消化，是各种畜禽的良好青饲料。用 30% 尖裂假还阳参代替混合料喂猪是较理想的青精搭配组合。用尖裂假还阳参代替部分精料饲养番鸭，番鸭的肉质紧凑，口感好。用尖裂假还阳参喂蛋鸡，产蛋率提高约 10%。尖叶假还阳参含黄酮类、三萜类及倍半萜内酯类化合物，此外还含有香豆素、木脂素、甾醇、有机酸、氨基酸等，全草可入药，能清热、解毒、消肿，用于治疗无名肿疼、腹腔脓肿、乳痈疖肿、阑尾炎、肝炎等各种炎症以及肺热咳嗽、肺结核等，

同时对冠心病和糖尿病有疗效。

参考文献

李健栋, 2008. 抱茎苦荬菜野生驯化生物学基础研究 [D]. 长春：吉林农业大学 .

李扬汉, 1998. 中国杂草志 [M]. 北京：中国农业出版社：339.

强胜, 2009. 杂草学 [M]. 2 版. 北京：中国农业出版社 .

赵春阳, 姜明燕, 2016. 抱茎苦荬菜的化学成分及其抗氧化活性 [J]. 药学实践杂志, 34(1): 24-27, 51.

（撰稿：左娇、毛志远；审稿：宋小玲）

尖叶铁扫帚　*Lespedeza juncea* (L. f.) Pers.

林地小灌木状杂草。豆科胡枝子属。

形态特征

成株　高可达 1m（图①②）。全株被伏毛，分枝或上

尖叶铁扫帚植株形态（张志翔摄）
①②全株；③叶序；④花枝

部分枝呈扫帚状。托叶线形，长约 2mm（图③）；叶柄长 0.5～1cm；羽状复叶具 3 小叶；小叶倒披针形、线状长圆形或狭长圆形，长 1.5～3.5cm、宽（2～）3～7mm，先端稍尖或钝圆，有小刺尖，基部渐狭，边缘稍反卷，上面近无毛，下面密被伏毛。总状花序腋生（图④），稍超出叶，有 3～7 朵排列较密集的花，近似伞形花序；总花梗长；苞片及小苞片卵状披针形或狭披针形，长约 1mm；花萼狭钟状，长 3～4mm，5 深裂，裂片披针形，先端锐尖，外面被白色伏毛，花开后具明显 3 脉；花冠白色或淡黄色，旗瓣基部带紫斑，花期不反卷或稀反卷，龙骨瓣先端带紫色，旗瓣、翼瓣与龙骨瓣近等长，有时旗瓣较短；闭锁花簇生于叶腋，近无梗。

子实　荚果宽卵形，两面被白色伏毛，稍超出宿存萼。花期 7～9 月，果期 9～10 月。

生物学特性　较耐寒冷，在 -30℃ 低温不受冻害。在年降水量 250mm，或季节性干旱常发生的地方，它都能够生长良好。但其适生条件是年平均气温 -10～-2℃，降水量 400～1000mm 的地区。当沙地含水量低于 0.77% 时才萎蔫。耐风蚀，根系被风蚀部分露出地面，仍能生长。喜光，在全光条件下能够正常生长和天然更新。但它也能耐一定程度的荫蔽，在郁闭度 0.4 的林荫下可正常生长，故可在林下栽培。不过在郁闭度 0.6 左右的林下，将受到抑制，枝条极稀，叶数减少，并变大变薄，不见开花结实。根系发达，主根不明显，侧根呈网状盘踞在 0～40cm 沙层中，根幅可达 3.2m，须根非常发达。由于根系生长快，利于生存和适应逆境。

分布与危害　中国发生在辽宁（西部及南部）、河北、山西、陕西、宁夏、甘肃、青海、山东、江苏、安徽、江西、福建、河南、湖北、广东、四川等地。在农田田岸、疏林地和人工林地中均有分布。

防除技术　应采取农业防治为主的防除技术和综合利用措施，不宜使用化学除草剂。

农业防治　在春耕时节铲除农田岸边的杂草和杂灌，对尖叶铁扫帚多年生木本植物还应挖掘其根系，以达到彻底清除的目的。

综合利用　尖叶铁扫帚根系发达，有根瘤菌，宜做水土保持及防护林下层树种。营养期牛喜食其嫩茎叶。果熟期，牛、羊均食其荚果。全株治疗水泻、痢疾、感冒、跌打损伤、小儿遗尿、外用治疗刀枪伤、烫伤。

参考文献

强胜，2009. 杂草学 [M]. 2 版. 北京：中国农业出版社.

（撰稿：张志翔；审稿：刘仁林）

检疫杂草　Quarantine weeds

那些以立法形式确立的在国家或地区间限制或禁止输入或输出的具危险性、有毒、有害杂草，例如毒麦、列当、独脚金等。确立检疫杂草的主要依据是：国家和地区无分布或分布不广、危害不严重；对农、林、牧业危害严重，将造成巨大经济损失；杂草本身生活力顽强、适应性广、传播迅速、治理困难；本国或本地区有适合该种杂草生长繁殖的生境条件；助长病虫害的发展和蔓延或直接为病虫的重要寄主；经由口岸传入的可能性大，截获概率高等。中国检疫杂草的名单由中国检疫性有害生物审定委员会按规定的标准审定、修订和补充。为了便于地方因地制宜开展杂草检疫工作，各地农村行政部门可根据本地区的需要，制定本地的检疫杂草补充名单。

中国进境植物检疫性有害生物名单中，1954 年无杂草，1966 年 1 种，1980 年 1 种，1986 年 3 种，1992 年 4 种，2007 年 41 种。2011 年增列 1 种，现 42 种 / 类。

美国 2010 年版的联邦有害杂草名录列出了水生、寄生、陆生的共 112 种（属）杂草。此外美国各州也制定了各自州的有害杂草名录。澳大利亚较为重视杂草检疫工作，1979 年公布了禁止输入的杂草名单多达 144 种（属），成为世界上最长的一份禁止输入的检疫杂草名单。此外，智利、新西兰、罗马尼亚、捷克、斯洛伐克等许多国家也都有自己的杂草检疫法规和检疫杂草名录。

《中国农业植检检疫性有害生物名单》中，1957 年 2 种，1966 年 1 种，1983 年 1 中，1995 年 1 种，2006 年 3 种，2009 年 5 种，2020 年 3 种 / 类。

表1　中国进境植物检疫杂草名录

编号	拉丁学名和中文名称	科	属
1	*Bunias orientalis* L. 疣果匙荠	十字花科 Brassicaceae	匙荠属 *Bunias* L.
2	Subgen *Acnida* L. 异株苋亚属（2011 年 6 月 20 日增列）	苋科 Amaranthaceae	异株苋亚属 *Acnida* L.
3	*Emex australis* Steinh. 南方三棘果	蓼科 Polygonaceae	亦模属 *Emex* Campd.
4	*Emex spinosa*（L.）Campd. 刺亦模	蓼科 Polygonaceae	亦模属 *Emex* Campd.
5	*Crotalaria spectabilis* Roth 美丽猪屎豆	豆科 Fabaceae	猪屎豆属 *Crotalaria* L.
6	*Oxalis latifolia* Kubth 宽叶酢浆草	酢浆草科 Oxalidaceae	酢浆草属 *Oxalis* L.
7	*Tribulus alatus* Delile 翅蒺藜	蒺藜科 Zygophyllaceae	蒺藜属 *Tribulus* L.
8	*Euphorbia dentata* Michx. 齿裂大戟	大戟科 Euphorbiaceae	大戟属 *Euphorbia* L.
9	*Ammi majus* L. 大阿米芹	伞形科 Apiaceae	阿米芹属 *Ammi* L.
10	*Caucalis latifolia* L. 宽叶高加利	伞形科 Apiaceae	欧芹属 *Caucalis* L.

（续）

编号	拉丁学名和中文名称	科	属
11	*Cuscuta* spp. 菟丝子（属）	旋花科 Convolvulaceae	菟丝子属 *Cuscuta* L.
12	*Ipomoea pandurata*（L.）G.F.W.Mey. 提琴叶牵牛花	旋花科 Convolvulaceae	番薯属 *Ipomoea* L.
13	*Solanum carolinense* L. 北美刺龙葵	茄科 Solanaceae	茄属 *Solanum* L.
14	*Solanum elaeagnifolium* Cay. 银毛龙葵	茄科 Solanaceae	茄属 *Solanum* L.
15	*Solanum rostratum* Dunal. 刺萼龙葵	茄科 Solanaceae	茄属 *Solanum* L.
16	*Solanum torvum* Swartz 刺茄	茄科 Solanaceae	茄属 *Solanum* L.
17	*Orobanche* spp. 列当（属）	列当科 Orobanchaceae	列当属 *Orobanche* L.
18	*Striga* spp.（non-Chinese species）独脚金（属）（非中国种）	列当科 Orobanchaceae	独脚金属 *Striga* Lour.
19	*Knautia arvensis*（L.）Coulter 欧洲山萝卜	川续断科 Dipsacaceae	山萝卜属 *Knautia* L.
20	*Ambrosia* spp. 豚草（属）	菊科 Asteraceae	豚草属 *Ambrosia* L.
21	*Centaurea diffusa* Lamarck 铺散矢车菊	菊科 Asteraceae	矢车菊属 *Centaurea* L.
22	*Centaurea repens* L. 匍匐矢车菊	菊科 Asteraceae	矢车菊属 *Centaurea* L.
23	*Chromolaena odorata* (Linnaeus) R. M. King & H. Robinson 飞机草	菊科 Asteraceae	飞机草属 *Chromolaena* DC.
24	*Eupatorium adenophorum* Spreng. 紫茎泽兰	菊科 Asteraceae	泽兰属 *Eupatorium*
25	*Flaveria bidentis*（L.）Kuntze 黄顶菊	菊科 Asteraceae	黄顶菊属 *Flaveria* L.
26	*Iva axillaris* Pursh 小花假苍耳	菊科 Asteraceae	假菓耳属 *Iva* L.
27	*Iva xanthifolia* Nutt. 假苍耳	菊科 Asteraceae	假菓耳属 *Iva* L.
28	*Lactuca pulchella*（Pursh）DC. 野莴苣	菊科 Asteraceae	野莴苣属 *Lactuca* L.
29	*Lactuca serriola* L. 毒莴苣	菊科 Asteraceae	野莴苣属 *Lactuca* L.
30	*Mikania micrantha* Kunth 薇甘菊	菊科 Asteraceae	假泽兰属 *Mikania* Willd
31	*Senecio jacobaea* L. 臭千里光	菊科 Asteraceae	千里光属 *Senecio* L.
32	*Xanthium* spp.（non-Chinese species）苍耳（属）（非中国种）	菊科 Asteraceae	苍耳属 *Xanthium* L.
33	*Aegilops cylindrica* Horst 具节山羊草	禾本科 Poaceae	山羊草属 *Aegilops* L.
34	*Aegilops squarrosa* L. 节节麦	禾本科 Poaceae	山羊草属 *Aegilops* L.
35	*Avena barbata* Brot. 细茎野燕麦	禾本科 Poaceae	燕麦属 *Avena* L.
36	*Avena ludoviciana* Durien 法国野燕麦	禾本科 Poaceae	燕麦属 *Avena* L.
37	*Avena sterilis* L. 不实野燕麦	禾本科 Poaceae	燕麦属 *Avena* L.
38	*Bromus rigidus* Roth 硬雀麦	禾本科 Poaceae	雀麦属 *Bromus* L.
39	*Cenchrus* spp.（non-Chinese species）蒺藜草(属)（非中国种）	禾本科 Poaceae	蒺藜草属 *Cenchrus* L.
40	*Lolium temulentum* L. 毒麦	禾本科 Poaceae	黑麦草属 *Lolium* L.
41	*Sorghum almum* Parodi. 黑高粱	禾本科 Poaceae	高粱属 *Sorghum* L.
42	*Sorghum halepense*（L.）Pers.（Johnsongrass and its cross breeds）假高粱（及其杂交种）	禾本科 Poaceae	高粱属 *Sorghum* L.

（来源：《中华人民共和国进境植物检疫性有害生物名录》，2017年6月14日发布，更新至2017年6月；42种/类）

表2 中国农业植物检疫杂草名单

编号	拉丁学名和中文名称	科	属
1	*Orobanche* spp. 列当属	列当科 Orobanchaceae	列当属 *Orobanche* L.
2	*Lolium temulentum* L. 毒麦	禾本科 Poaceae	黑麦草属 *Lolium* L.
3	*Sorghum halepense*（L.）Pers. 假高粱	禾本科 Poaceae	高粱属 *Sorghum* L.

（来源：《中国农业植物检疫性有害生物名单》，2020年11月10日发布）

《中国林业检疫性有害生物名单》中，1984年、1996年、2004年、2013年名单皆未列杂草；2003年4月7日发布的《林业危险性有害生物名单》列有24种/类，2013年《中国林业危险性有害生物名单》列有6种/类。

表3　中国林业危险性有害生物杂草名单

编号	拉丁学名和中文名称	科	属
1	*Cassytha filiformis* L. 无根藤	樟科 Lauraceae	无根藤属 *Cassytha* L.
2	*Cuscuta* spp. 菟丝子（属）	旋花科 Convolvulaceae	菟丝子属 *Cuscuta* L.
3	*Ipomoea cairica*（Linn.）Sweet 五爪金龙	旋花科 Convolvulaceae	虎掌藤属 *Ipomoea* L.
4	*Merremia boisiana*（Gagnep.）Oostr. 金钟藤	旋花科 Convolvulaceae	鱼黄草属 *Merremia* Dennst.
5	*Eupatorium adenophorum* Spreng. 紫茎泽兰	菊科 Asteraceae	泽兰属 *Eupatorium* L.
6	*Solidago canadensis* L. 加拿大一枝黄花	菊科 Asteraceae	一枝黄花属 *Solidago* L.

（来源：《中国林业危险性有害生物名单》，2013年1月9日发布）

参考文献

国家林业局．公告 2013 年第 4 号．"中国林业检疫性有害生物名单"和"中国林业危险性有害生物名单"．

农业农村部．公告 2020 年第 351 号．中国农业植物检疫性有害生物名单．

农业农村部，海关总署，2021．中华人民共和国进境植物检疫性有害生物名录（更新至 2021 年 4 月，446 种）．

强胜，2009．杂草学 [M]．2 版．北京：中国农业出版社．

徐文兴，王英超，2019．植物检疫原理与方法 [M]，北京：科学出版社．

（撰稿：叶保华；审稿：王金信、宋小玲）

江苏省农学会杂草研究分会　Weed Research Branch of Jiangsu Association of Agricultural Science Societies

原江苏省杂草研究会，于 1981 年春在南京成立，这是中国最早成立的省级杂草科学学术团体。由中国著名杂草学专家李扬汉以及陆志华、刘浩章、江荣昌、马晓渊等倡导和发起组织，先后由李扬汉、江荣昌、李希平、冯维卓、张敦阳、强胜、张绍明担任江苏省杂草研究会理事长，目前该分会有会员 250 多人，形成了以农业科研、农业教育、农技推广、农垦、农药研制生产、农药销售等为一体的遍布全省城乡的会员网络。40 年来，该分会通过开展杂草科学研究、教育和人才培养、技术推广服务和信息宣传等对江苏、乃至中国杂草科学研究事业的进步和农田杂草防除技术水平的提高做出了重大贡献，涌现了一大批有突出贡献杂草专家和杂草专业技术人才。2018 年根据国家相关民间学术团体组织的政策规定，江苏省杂草研究会更名为江苏省农学会杂草研究分会。

学术活动　江苏省农学会杂草研究分会对江苏农田杂草区系、生态分布以及主要杂草生物生态学特性进行了较系统的研究，揭示了主要农田杂草的发生危害特点和生物生态学的基本规律，并研究以化学除草剂为主体的杂草综合治理技术体系，为江苏乃至中国杂草有效防除实践提供了强有力的技术支撑。21 世纪以来，以南京农业大学、江苏省农业农村厅、江苏省农业科学院、扬州大学、江苏农垦集团等单位为代表的江苏省农学会杂草研究分会各会员单位在杂草生物生态学及可持续管理、生物除草剂研究、外来植物（包括转基因作物和外来植物）杂草化的安全性评价、外来危险性入侵杂草的分子生态适应机制、农田杂草抗药性机制、杂草的化学防治、化学除草剂减量使用技术等方面开展了卓有成效的研究，南京农业大学、扬州大学、江苏省农业科学院等单位承担了多项国家、各部门和省重点项目，取得了 30 多项国家和省级科研成果，编写出版了《中国杂草志》《杂草学》《中国外来入侵生物》等专著、教材近 30 部，发表科技论文 1000 多篇，其中 SCI 论文 100 多篇，培养国内外杂草科学硕士及博士约 200 人。建立了中国杂草标本室和中国杂草信息服务系统。

江苏省农学会杂草研究分会自成立以来，每 2 年举办一次年会，分别在南京、盐城、扬州、昆山、淮阴、常州、无锡、淮安等地召开了 17 次学术年会。与会人数大多超过 200 人，会议主题涉及 "杂草科学与农业生产安全" "生物除草剂" "杂草稻论坛" 等，同时组织会员积极参加中国乃至国际性学术会议，积极开展国际学术组织间的交流，曾与韩国杂草学会建立定期交流机制，充分体现了江苏杂草科学研究良好的人才优势和学术氛围。

学术期刊　江苏省农学会杂草研究分会主办杂草科学专业刊物《杂草学报》，主要报道杂草科学研究的最新动态和研究成果、杂草防除技术、化学除草剂新品种及其使用技术等。该刊物于 1983 年创刊，刊名为《江苏杂草科学》，1988 年更名为《杂草科学》，中国公开发行，2016 年更名为《杂草学报》，英文刊名为 *Journal of Weed Science*。30 多年来，编辑出版约 150 期，刊登近 3000 篇文章，发行面遍及中国 30 个省（自治区、直辖市）。《杂草学报》是目前中国唯一公开发行的杂草科学专业学术类期刊，属中国科技核心期刊、江苏省一级期刊，已全文加入多种电子期刊数据库，影响因子居中国植物保护类期刊第一名。通过交流农田杂草防除技术与经验、介绍国内外杂草科学成果技术经验和动态、普及杂草科学知识，推动江苏乃至中国杂草科学研究和杂草防除技术的发展。

（撰稿：李贵；审稿：强胜）

J

江苏省杂草防治技术工程技术中心　Jiangsu Weed Control Technology Engineering Center

江苏省杂草防治技术工程技术中心是江苏省科技厅于 2011 年批准设立并于 2014 年验收合格的省级科研平台。依托于国内最早的杂草科研专门机构南京农业大学杂草研究室。该中心具有完整组织机构，中心现有职工 25 人，其中教授 5 名，副教授 6 名，讲师 5 名，兼职客座教授 5 人。中心主任是强胜教授。中心拥有开展研究的软硬条件，设有生物除草剂实验室、分子实验室、天然除草活性物质化学实验室、显微镜室、植物培养室以及杂草标本室等配套平台，实验及办公总面积约 700m²，并配备有温室、网室以及大田试验基地，基地分布于南京、南通、金坛、宿迁多地。中心仪器设备总数 311 台 / 套，可以满足从宏观到微观的各项试验研究。

中心紧紧围绕"杂草发生危害和综合治理"这个核心科学问题，以"把握国家农业发展战略，立足江苏、胸怀中国、面向世界，为农业可持续发展提供杂草治理的先进技术方案"为使命。中心设有杂草生物生态学及防治研究分中心、生物除草剂创制与开发研究分中心、外来入侵杂草防控研究分中心和农业转基因植物安全评估分中心。在对中国农田杂草发生和危害规律长期系统调查研究基础上，研发了稻—麦田复配剂产品，针对水直播稻的"一封、二杀"和直播的"一封、二杀、三补"配套技术体系，累计推广应用约 1600hm²，"长江中下游地区农田杂草发生规律及其控制技术"获 2011 年江苏省科技成果二等奖。基于"断源、截流、竭库"的杂草综合治理的理念，研发了消减杂草群落的稻麦连作田生态控草技术，该技术入选农业农村部 2021 年中国农业主推技术、江苏省绿色防控产品和技术名录。利用杂草致病真菌，研发了活菌或其代谢物的系列生物除草剂产品及使用技术。利用从加拿大一枝黄花分离获得的齐整小核菌研发的真菌除草剂产品专利技术已经转让企业进行产业化。研究发现了链格孢菌代谢物细交链孢菌酮酸杀草的作用机制和靶标，确认为新型光系统 II 抑制剂，具有开发新型除草剂的潜力。长期开展外来入侵杂草及其防控的研究，揭示了紫茎泽兰和加拿大一枝黄花通过冷响应转录因子 *ICE1* 甲基化调控以及多倍化对温度快速适应性演化的入侵机制。主持制定了首个杂草检疫国际标准——国际假高粱检疫规程；主编出版了《中国外来入侵生物》专著，收录外来入侵杂草 368 种。"外来入侵杂草防控预警、监测及综合防治技术"获得教育部科技进步二等奖（2019 年）。先后承担了国家"973"项目、国家转基因重大专项以及国家自然科学基金课题，开展转基因水稻、大豆和油菜的环境安全性研究及评价方法的研究，承接了抗除草剂及抗虫转基因大豆安全性评估 4 项，抗除草剂及抗除草剂和抗虫复合性状转基因水稻安全性评估 6 项。主持或参与制定行业和地方转基因水稻、大豆环境安全评价技术规程或标准 2 件。中心坚持"产学研结合"的发展思路，自中心成立以来，已经承担了国家"973""863"、国家科技支撑、国家重点研发计划、国家自然科学基金、国际协作等项目 20 余项，同时还承担企业和社会机构委托的横向服务项目。截至 2021 年，中心已申请国内外发明专利 50 余件，已获授权 30 余件；获国家、省部教学和科研成果奖 10 余项；转化杂草防除技术成果 6 项；发表学术论文近 200 篇，出版专著、教材 12 部；制定国际、国内标准 4 项；提供技术指导和技术培训累计百余次；网络信息服务两百万人次。每年稳定招收和培养了大量优秀的研究生，目前在学博士研究生近 20 人，硕士研究生 30 余人，累计培养杂草科学的硕士及博士超 200 人。中心积极开展国际和国内合作，主持召开的杂草科学和生物安全领域的学术研讨会 6 次，国际互访和交流频繁，年均 30 余人次，有力推动了在杂草科学研究和人才培养的国际交流。

（撰稿：宋小玲；审稿：强胜）

交叉抗药性　herbicide cross resistance

在一种除草剂选择下，一种植物生物型对该种除草剂产生抗药性后，对相同作用机制的其他除草剂也产生抗药性。例如，在使用除草剂 A 后，某种植物的生物型对该药产生了抗药性后，对未使用过的相同作用机制的除草剂 B 也产生了抗药性。交叉抗药性可在同类化学结构的不同除草剂间发生，也可在不同类型化学结构除草剂间发生。野慈姑对乙酰乳酸合成酶（ALS）抑制剂苄嘧磺隆产生抗药性后，经测定对吡嘧磺隆也产生了抗药性，苄嘧磺隆和吡嘧磺隆都是磺酰脲类除草剂，因此这种交叉抗药性是发生在同类化学结构除草剂之间的。小麦田日本看麦娘对精噁唑禾草灵产生抗药性后，对唑啉草酯也产生了抗药性，这种交叉抗药性是发生在不同类化学结构除草剂之间的，精噁唑禾草灵属于芳氧苯氧羧酸酯类，唑啉草酯属于新苯基吡唑啉类，二者均是乙酰辅酶 A 羧化酶（ACCase）抑制剂，但化学结构差异巨大。

一般来说，交叉抗药性产生的原因大多与靶标突变有关。比如，高等植物的 ALS 氨基酸序列具有 5 个不连续的保守区：Domain A、Domain B、Domain C、Domain D 和 Domain E。在这 5 个保守区内，已有 8 个位点的氨基酸突变可使杂草对 ALS 抑制剂产生抗药性，ALS 不同位点的氨基酸突变及其不同形式会赋予杂草不同的交叉抗药性模式。据报道，Pro197 位点位于 ALS 通道入口处 α 螺旋最末端，能够与磺酰脲类除草剂分子结构中的苯环直接作用，但不与咪唑啉酮类除草剂直接作用；而 Trp574 位点不仅对 ALS 催化位点通道的构象有着决定性作用，还是除草剂与 ALS 的结合位点，因此这 2 个位点突变导致的交叉抗药性模式也不同。例如，看麦娘 ALS 基因 197 位脯氨酸变异为酪氨酸，会对磺酰脲类、三唑并嘧啶类及磺酰胺羰基三唑啉酮类除草剂分别产生不同程度的交叉抗药性，该案例已在看麦娘中被报道，具有 Pro-197-Tyr 突变的看麦娘对咪唑乙烟酸、啶磺草胺、嘧草硫醚、氟唑磺隆产生由中等到高等水平的抗药性；197 位脯氨酸突变为丙氨酸的小蓬草，仅对氯磺隆产生抗性而对咪唑乙烟酸敏感；574 位色氨酸变异，往往使杂草对磺酰脲类及咪唑啉酮类除草剂均产生抗药性，比如 Trp574 突变的猪殃殃、稗草、三叶鬼针草等对咪唑乙烟酸及氯磺隆均产生 10 倍以上抗药性；574 位色氨酸被亮氨酸取代后，交叉抗药性更加严重，可对五类化学结构的 ALS 抑制剂均产生抗药性，比如已报道的播娘蒿、麦家公，对苯磺隆、嘧草硫醚、啶磺草胺、双氟磺草胺、咪唑乙烟酸均产生高水平抗药性；122 位亮氨酸变异杂草往往对咪啶酮类产生抗药性而对磺酰脲类敏感，比如 122 位丙氨酸突变的龙葵对甲氧咪草烟、咪唑乙烟酸抗性较高而对氟嘧磺隆无交叉抗药性。除 ALS 抑制剂之外，ACCase 抑制剂的交叉抗药性也有类似的机理。禾本科杂草 ACCase 酶 1781、2078、2088 位氨基酸变异后，往往同时对芳氧苯氧羧酸酯类的精噁唑禾草灵、新苯基吡唑啉类的唑啉草酯、环己烯酮类的烯禾啶、烯草酮产生不同水平的抗药性；2041 位和 2096 氨基酸只影响芳氧苯氧羧酸酯类除草剂芳环与 ACCase 的结合，因此往往仅对芳氧苯氧基羧酸酯类产生抗药性而对环己烯酮类敏感。非靶标机制也可能导致杂草产生交叉抗药性，比如 P450 活性增强导致的快速代谢可使硬直黑麦草对莠去津和西玛津、大穗看麦娘对绿麦隆和异丙隆产生交叉抗药性。

随着除草剂应用水平的提高，越来越多的杂草对多种药剂产生了交叉抗药性，其准确数字已难以统计，其交叉抗药性谱已涵盖多种作用机理。比如，美国报道地肤对苯甲酸类除草剂麦草畏产生抗药性后，对苯氧羧酸类除草剂 2,4- 滴和羧酸类除草剂氯氟吡氧乙酸也具有交叉抗药性；意大利胡萝卜田马齿苋对莠去津和氰草津有交叉抗药性；水生杂草黑藻因八氢番茄红素脱氢酶突变对氟啶草酮和达草灭产生了交叉抗药性。一般认为原卟啉原氧化酶（PPO）抑制剂是抗药性风险较低的除草剂，但美国伊利诺伊州的糙果苋对乳氟禾草灵产生抗药性后，对 PPO 抑制剂中的三氟羧草醚、丙炔氟草胺、氟磺胺草醚、氟胺草酯等都产生了一定水平的交叉抗药性。

已明确产生交叉抗药性的杂草，不应再继续使用相同作用机制的药剂进行防除，可减少不必要的环境污染。对已经产生交叉抗药性的杂草，防治起来往往较为困难，可以采用更换不同作用机制的除草剂进行除草。

参考文献

强胜 , 2009. 杂草学 [M]. 2 版 . 北京 : 中国农业出版社 .

BECKIE H, TRADIF F, 2012. Herbicide cross resistance in weeds [J]. Crop protection, 35: 15-28.

MASABNI J, ZANDSTR A, 1999. Discovery of a common purslane (*Portulaca oleracea*) biotype resistant to linuron [J]. Weed technology, 13: 599-605.

PATZOLDT W, TRANLE P, HAGER A, 2005. A waterhemp (*Amaranthus tuberculatus*) biotype with multiple resistance across three herbicide sites of action [J]. Weed science, 53: 30-36.

POWLES S B, PRESTON C, 1995. Herbicide cross resistance and multiple resistance in plants [J]. The herbicide resistance action wmnlittee, Monegraphz, 10: 1038.

YU Q, POWLES S B, 2014. Metabolism-based herbicide resistance and cross-resistance in crop weeds: a threat to herbicide sustainability and global crop production [J]. Plant physiology, 166(3): 1106-1118.

YU Q, POWLES S B, 2014. Resistance to AHAS inhibitor herbicides: current understanding [J]. Pest management science, 70: 1340-1350.

（撰稿：白霜、李凌绪；审稿：王金信、宋小玲）

角茴香　*Hypecoum erectum* L.

夏熟作物田一二年生杂草。又名咽喉草、麦黄草、黄花草、雪里青。英文名 erect hypecoum。罂粟科角茴香属。

形态特征

成株　株高 15～30cm（见图）。根圆柱形，长 8～15cm，向下渐狭，具少数细根。花茎多，圆柱形，二歧状分枝。基生叶多数，叶片轮廓倒披针形，长 3～8cm，多回羽状细裂，裂片线形，先端尖；叶柄细，基部扩大成鞘；茎生叶同基生叶，但较小。二歧聚伞花序多花，苞片钻形，长 2～5mm；萼片卵形，长约 2mm，先端渐尖，全缘；花瓣淡黄色，长 1～1.2cm，无毛，外面 2 枚倒卵形或近楔形，先端宽，3 浅裂，中裂片三角形，长约 2mm，里面 2 枚倒三角形，长约 1cm，3 裂至中部以上，侧裂片较宽，长约 5mm，具微缺刻，中裂片狭，匙形，长约 3mm，先端近圆形。雄蕊 4，长约 8mm，花丝宽线形，长约 5mm，扁平，下半部加宽，花药狭长圆形，

角茴香植株形态（徐杰、贺俊英摄）

长约 3mm；子房狭圆柱形，长约 1cm、粗约 0.5mm，花柱长约 1mm，柱头 2 深裂，裂片细，向两侧伸展。

子实　蒴果长圆柱形，长 4～6cm、粗 1～1.5mm，直立，先端渐尖，两侧稍压扁，成熟时分裂成 2 果瓣。种子多数，近四棱形，两面均具 "十" 字形的突起。

幼苗　子叶线形，基部扩大抱茎；初生叶 2，先端 3 裂，裂片细线状。

生物学特性　种子繁殖。苗期秋冬季至翌年春季，花期 4～5 月，果期 5～10 月。开花强度分布频度上出现高、低强度的分异趋势是吸引传粉者、促进结实的有效生殖对策。根和茎叶水浸液均对反枝苋表现出明显的化感作用。

分布与危害　中国分布于黑龙江、吉林、辽宁、内蒙古、陕西、山西、河北、北京、宁夏、甘肃、四川、新疆、青海、云南等地。适生于海拔 400～1200m 的荒地、草地、田边、沙地、固定沙丘。偶见小麦、油菜等夏熟作物田，危害较轻。

防除技术　人工防除为主。

综合利用　可作为蒙药，具有解毒、解热、止痛等功能。主治流感、黏热、疫热、毒热、炽热、高热、讧热、希日热、转筋症等。

参考文献

陈礼玲，庞珂佳，李同臣，等，2011. 角茴香根和地上部水浸液对杂草反枝苋的化感作用 [J]. 西北林学院学报，26(1): 138-142.

胡日查，特木儿，2015. 蒙药材角茴香的研究进展 [J]. 中国民族医药杂志，21(1): 28-30.

强胜，2009. 杂草学 [M]. 2 版. 北京：中国农业出版社.

杨姗霖，周永萍，施翔，等，2016. 短命植物角茴香的开花物候与生殖特征 [J]. 西北植物学报，36(9): 1855-1863.

《中国高等植物彩色图鉴》编辑委员会，2016. 中国高等植物彩色图鉴 [M]. 北京：科学出版社.

中国科学院中国植物志编辑委员会，1999. 中国植物志：第三十二卷 [M]. 北京：科学出版社.

（撰稿：贺俊英；审稿：宋小玲）

节节菜　*Rotala indica* (Willd.) Koehne

水田一年生湿生或沼生杂草。又名节节草、水马齿苋。异名 *Ameletia uliginosa* Miq.。英文名 Indian toothcup、Indian rotala。千屈菜科节节菜属。

形态特征

成株　株高 6～35cm（图 1 ①②）。多分枝，茎呈不明显的四棱形，基部匍匐，上部近直立或稍披散，光滑，略带紫红色，下部伏地生不定根，行营养繁殖。叶对生，无柄或近无柄；叶片倒卵形、椭圆形或近匙状长圆形，长 0.4～1.7cm、宽 0.3～0.8cm，侧枝上的叶仅长约 0.5cm，叶先端圆钝，全缘，背脉凸起，边缘有一圈软骨质狭边。花小，长不及 3mm，排成腋生的长 0.8～2.5cm 的穗状花序，有花数朵（图 1 ③～⑤）；苞片叶状，倒卵状长椭圆形，长 4～5mm，小苞片 2 枚，狭披针形；花萼管钟状，膜质、半透明，裂片 4；花瓣 4 枚，极小，淡红色，短于萼齿；雄蕊 4，与萼管等长；雌蕊子房椭圆形，花柱线形，长为子房之半或

图 1　节节菜植株形态（①③⑥⑦张治摄；②④强胜摄；⑤许京璜摄）
①生境；②植株；③④花枝；⑤花；⑥子实；⑦幼苗

相等。

子实　蒴果椭圆形，长约 1.5mm，具横条纹，常 2 瓣裂（图 1⑥）。种子极细小，种子狭长卵形或呈棒状，褐色。

幼苗　种子子叶出土萌发。子叶匙状椭圆形，长 1.5mm、宽 0.5mm。先端钝圆，全缘，下胚轴粗短，带紫红色，上胚轴不发达，胚轴横切面呈圆形。初生叶 2 片，对生，单叶，匙状长椭圆形，先端钝状，全缘，具有一条明显中脉，无柄；第一对后生叶与初生叶相似，第二对后生叶阔椭圆形，并开始出现明显的羽状叶脉。全株光滑无毛（图 1⑦）。

生物学特性　一年生矮小草本，适生水田或湿地上，为稻田危害较为严重的杂草（图 2）。双季稻区，以晚稻田危害最为严重。发生重的田块，密生呈毡状。苗期 5～8 月，花果期 8～11 月。以种子越冬繁殖为主，兼以匍匐茎营养繁殖，特别是在进行人工防除或机械损伤的情况下，迅速通过茎上产生不定根而再生。农作措施影响节节菜的发生，旱直播栽培方式降低了节节菜的危害性，但长期不同施肥及秸秆还田措施对节节菜发生的影响较小。

在长期使用磺酰脲类除草剂的田块，节节菜会产生抗药性。最早报道节节菜产生抗药性的是日本，之后，韩国也发现了抗药性种群演化。在中国的浙江、江苏和安徽也陆续发现了抗磺酰脲类除草剂的节节菜种群。其抗性由乙酰乳酸合成酶突变引起。

节节菜提取物对水稻种子萌发率、发芽势、幼苗根长、苗高及鲜质量均有显著抑制作用。

在对千屈菜科水苋菜属和节节菜属 14 个种的导管研究发现，节节菜的导管是其中最短的，长度仅有 142.8μm，直径也较小仅 33.5μm。

分布与危害　中国主要水稻产区农田几乎均有发生，黑龙江、吉林、辽宁、内蒙古、北京、河北、河南、山东、山西、陕西、宁夏、甘肃、新疆、西藏、江苏、上海、浙江、安徽、江西、福建、湖北、湖南、重庆、四川、广东、广西、海南、贵州、云南等地。是水稻田最主要的杂草之一，也经常发生于湿润的玉米、大豆、棉花、甘蔗等秋熟旱作物田地。

20 世纪 80 年代期间，由于化学除草剂还没有普遍使用，调查表明节节菜那时是安徽、江苏、浙江等地的水稻田恶性杂草之一。进入 90 年代，由于大量化学除草剂的应用，节节菜的危害性位次明显下降。但是，进入 21 世纪以来，由于节节菜对磺酰脲类除草剂抗性的演化，在部分地区其危害有再次加重的趋势。

防除技术　应采取包括农业防治、生物和化学防治相结合的方法。此外，也应该考虑综合利用等措施。

农业防治　建立地平沟畅、保水性好、灌溉自如的水稻生产环境。结合种子处理清除杂草的种子，并结合耕翻、整地，消灭土表的杂草种子。实行定期的水旱轮作，减少杂草的发生。提高播种的质量，一播全苗，以苗压草。适度保持田间水层，抑制出苗。施用苜蓿或水稻秸秆、稻壳等覆盖抑草。

生物防治　通过稻田养鸭和稻田养鱼技术，利用鸭或鱼啄食种子或幼苗以及浑水抑制萌发等可以有效控制节节菜危害。利用齐整小核菌发展的新型生物除草剂在田间应用可以达到 70% 以上的效果。

图 2 节节菜危害状（强胜摄）

化学防治　是防除节节菜最主要的技术措施。最常用的除草剂是磺酰脲类除草剂如苄嘧磺隆或吡嘧磺隆以及它们与酰胺类除草剂的复配剂进行土壤处理，或者氟吡磺隆、五氟磺草胺以及灭草松、氯氟吡氧乙酸和 2 甲 4 氯等茎叶处理。

综合利用　节节菜嫩苗可作蔬菜食用。全草入药，能清热解毒。也可以在庭院浅水池中种植作为观赏，并具有净化水质的作用。

参考文献

李儒海，强胜，邱多生，等，2008. 长期不同施肥方式对稻油轮作制水稻田杂草群落的影响 [J]. 生态学报，28(7): 3236-3243.

李淑顺，强胜，焦骏森，2009. 轻型栽培技术对稻田潜杂草群落多样性的影响 [J]. 应用生态学报，20(10): 2437-2445.

李扬汉，1998. 中国杂草志 [M]. 北京：中国农业出版社.

强胜，2009. 杂草学 [M]. 2 版. 北京：中国农业出版社.

强胜，李扬汉，1994. 安徽沿江圩丘农区水稻田杂草区系及莹害的研究 [J]. 安徽农业科学，22(2): 135-138.

强胜，马波，2004. 综观以化学除草剂为主体的稻田杂草防治技术体系 [J]. 杂草科学，79(2): 1-4, 15.

唐伟，朱云枝，强胜，2012. 室内模拟旱直播稻田环境下齐整小核菌 *Sclerotium rolfsii* 菌株 SC64 致病力的影响因子及除草效果的研究 [J]. 中国生物防治学报，28(1): 109-115.

王强，何锦豪，李妙寿，等，2000. 浙江省水稻田杂草发生种类及危害 [J]. 浙江农业学报，12(6): 317-324.

魏守辉，强胜，马波，等，2005. 稻鸭共作及其它控草措施对稻田杂草群落组成及物种多样性的影响 [J]. 应用生态学报，16(6): 1067-1071.

魏守辉，强胜，马波，等，2006. 长期稻鸭共作对稻田杂草群落组成及物种多样性的影响 [J]. 植物生态学报，30(1): 9-16.

薛达元，李扬汉，1988. 太湖农业区稻田杂草区系研究 [J]. 江苏农业科学 (5): 20-22.

余柳青，沈国辉，陆永良，等，2010. 长江下游水稻生产与杂草防控技术 [J]. 杂草科学 (1): 8-11.

岳茂峰，冯莉，田兴山，等，2012. 不同种类杂草危害对水稻产量影响 [J]. 广东农业科学，39(13): 98-109.

颜玉树，1989. 杂草幼苗识别图谱 [M]. 南京：江苏科学技术出版社.

张丹，闵庆文，成升魁，等，2010. 不同稻作方式对稻田杂草群落的影响 [J]. 应用生态学报，21(6): 1603-1608.

中国科学院中国植物志编辑委员会，1983. 中国植物志 [M]. 北京：科学出版社.

周兵，2011. 3 种克隆型伴生杂草提取物对水稻种子萌发和幼苗生长的影响 [J]. 西北农业学报，20(8): 71-76.

BLANCAVER M E A, ITOH I, USUI K, 2002. Response of the sulfonylurea herbicide-resistant *Rotala indica* Koehne var. *uliginosa* Koehne to bispyribac sodium and imazamox [J]. Weed biology and management, 2(1): 60-63.

KSHIRSAGAR A A, VAIKOS N P, 2012. Study of Vessel elements in the stem of Genus *Ammannia* and *Rotala* (Lytharaceae) [J]. Science research reporter, 2(1): 59-65.

KUK Y I, KWON O D, JUNG H I, et al, 2002. Cross-resistance pattern and alternative herbicides for *Rotala indica* resistant to imazosulfuron in Korea [J]. Pesticide biochemistry and physiology, 74(3): 129-138.

LI S S, WEI S H, ZUO R L, et al, 2012. Changes in the weed seed bank over 9 consecutive years of rice-duck cropping system[J]. Crop protection, 37: 42-50.

QIANG S, 2002. Weed diversity of arable land in China [J]. Korean journal of weed science, 22(3): 187-198.

TANG W, ZHU Y Z, HE H Q, et al, 2011. Field evaluation of Sclerotium rolfsii, a biological control agent for broadleaf weeds in dry, direct-seeded rice [J]. Crop protection, 30(10): 1315-1320.

XUAN T D, TSUZUKI E, TERAO H, et al, 2003. Alfalfa, rice by-products, and their incorporation for weed control in rice [J]. Weed biology and management, 3(2): 137-144.

（撰稿：强胜；审稿：刘宇婧）

节节草植株形态（张治摄）
①植株及生境；②孢子囊穗

节节草　*Equisetum ramosissimum* Desf

麦类、油菜等夏熟作物和棉花、玉米、甘薯等秋熟作物及果园、茶园多年生杂草。又名土木贼、锁眉草、笔杆、土麻黄、草麻黄、木草。英文名 branched horsetail。木贼科木贼属。

形态特征

成株　高 20～60cm（图①）。根茎直立，横走或斜升。地上茎同型，中部直径 1～3mm，节间长 2～6cm，绿色，主枝多在下部分枝，常形成簇生状，中空；主枝有脊 5～14 条，脊的背部弧形，有一行小瘤或有浅色小横纹；鞘筒狭长达 1cm，下部灰绿色，上部灰棕色；鞘齿 5～12 枚，三角形，灰白色，黑棕色或淡棕色，边缘为膜质，早落或宿存。侧枝较硬，圆柱状，有脊 5～8 条，脊上平滑或有一行小瘤或有浅色小横纹；鞘齿 5～8 个，披针形，革质但边缘膜质，上部棕色，宿存。孢子囊穗短棒状或椭圆形，生于茎顶（图②），长 0.5～2.5cm、中部直径 0.4～0.7cm，顶端有小尖突，无柄。

生物学特性　

以根状茎繁殖或以孢子繁殖，根状茎 3 月发芽，4～5 月产孢子囊穗，成熟后散落萌发，成为秋季杂草。

喜阴湿环境，生于湿地、溪边、湿沙地、路旁、果园、茶园。

分布与危害　

中国分布于黑龙江、吉林、辽宁、内蒙古、北京、天津、河北、河南、山西、山东、江苏、安徽、浙江、江西、陕西、甘肃、新疆、湖北、湖南、四川、重庆；在日本、朝鲜半岛、俄罗斯、欧洲、北美及中美洲也有分布。常发生在水稻、玉米、高粱、蚕豆、花生、大豆、棉花、小麦、马铃薯等作物田及果园、茶园，发生量小，危害轻。虽然农田发生面积不是很大，但由于很多除草剂对其防效高，局部地区危害性增强。

防除技术

农业防治　在节节草刚萌发时，及时人工清除。作物播种（移栽）前，深翻可从底部切断根茎，截断营养器官，把根茎深埋于地下，降低其拱土能力；作物出苗前及生育期内，利用农机具或农业机械进行耕、耙或中耕松土，控制节节草发生。采用薄膜覆盖，提高膜下温度、增加湿度、减少气体交换，使节节草窒息死亡。宽行作物或果树，可在行间种植草木樨、苕子、三叶草等牧草或绿肥，可覆盖地面，抑制杂草生长。

化学防治　选择性除草剂防除难度大。在棉田，可用草甘膦，在棉花现蕾后，株高 30～40cm，在棉花行间定向喷雾。节节草也可在棉花收获后喷施草甘膦防治。在玉米田用氯氟吡氧乙酸或者 2 甲 4 氯钠对节节草有一定防治效果。在水稻田防治节节草，用草甘膦喷雾，喷药后 2～3 天才可播插作物；也可用嘧苯胺磺隆做土壤封闭处理或茎叶喷雾处理。非耕地可用草甘膦与氯氟吡氧乙酸茎叶喷雾处理，对地上部分具有较好的防除效果，对地下根茎均有相对较好的抑制作用。

综合利用　全草入药，具有清热、明目、止血、利尿之功效，主要用于治疗风热感冒、咳嗽、目赤肿痛等。药理研究表明，节节草的活性成分具有降压、镇痛、保护血管内皮细胞及抗肿瘤、抑菌等作用，具有开发为药物的潜力。

参考文献

黄丹娜，莫单丹，周小雷，2018. 节节草的研究进展 [J]. 广西中医药，41(3): 78-80.

李扬汉，1998. 中国杂草志 [M]. 北京：中国农业出版社：50-51.

刘清河，甘志忠，吴振江，等，2015. 二甲四氯钠与草甘膦混用防除棉田节节草的效果 [J]. 棉花科学，37: 62-64.

沈庭贤，蔡良华，2013. 草甘膦等防除非耕地大龄节节草的效果 [J]. 杂草科学，31(1): 60-61.

张俊生，2012. 节节草活性成分的提取分离及抗氧化、抑菌研究 [D]. 吉首：吉首大学.

中国科学院中国植物志编辑委员会，2004. 中国植物志：第六卷 第三分册 [M]. 北京：科学出版社：234.

（撰稿：于惠林、李香菊；审稿：宋小玲）

节节麦　*Aegilops tauschii* Coss.

夏熟作物田一二年生杂草。又名山羊草、粗山羊草。英文名 goatgrass。禾本科山羊草属。

形态特征

成株　株高 20～40cm（图①②）。丛生，基部弯曲，茎细、软、中空且富于弹性；根茎处为红褐色或紫红色，茎秆有 3～5 个节间，自上而下节间长度渐长。叶片浅绿色，薄小且狭长，叶片宽约 3mm，微粗糙，基部有柔毛；叶鞘紧抱秆，平滑无毛而边缘有纤毛；叶舌薄膜质，长 0.5～1mm。穗状花序圆柱状，顶生，长 7～10cm，含 5～13 枚小穗（图③④）；小穗紧贴于穗轴节间，单生且节间顶端膨大，圆柱形，长 8～10mm，含 3～5 小花，小穗穗轴硬而脆，成熟时除基部 1～2 小穗外，自然断裂逐节脱落；小穗具 2 颖，颖革质或软骨质，扁平无脊，长方形，具多脉，顶端截平或有微齿；基部小穗外稃通常无芒，上部小穗外稃有时有短芒，顶端小穗外稃具 3～7cm 的长芒，且有时下弯。

子实　颖果呈暗黄褐色，椭圆形，表面乌暗无光泽（图⑤），长 4.5～6mm、宽 2.5～3mm。背部圆形隆起，顶端具密毛，腹面较平或凹入，近两侧缘各有一细纵沟，中央有一细纵沟，颖果背腹压扁。

幼苗　基部呈淡紫红色，幼叶初出时卷为筒状，展开后为长条形（图⑥）。

生物学特性　在幼苗期时，节节麦与麦苗形态相似，不易辨认。节节麦多以幼苗越冬，花果期为 5～6 月。分蘖、繁殖能力强，每株节节麦有 10～20 个分蘖，最多可达 40 个分蘖，1 株节节麦当年即可产生 100～800 粒种子。相较于小麦，节节麦成熟早，其颖果成熟后逐节脱落，大量种子落入农田或混入小麦种子中，可随水流、人、畜、农机具等携带而传播。节节麦传播途径主要有 3 种：一是随小麦种子传播。小麦引种、调种过程中种子管理不当，造成节节麦远

节节麦植株形态（魏守辉摄）
①生境危害状；②成株；③④花果序；⑤小穗与颖果；⑥幼苗

距离扩散危害，农户之间相互串种等也致使节节麦发生区扩大。二是随风雨、水流传播。三是机械跨区作业传播，这是导致节节麦暴发的重要因素。随着大型联合收割机跨区作业的快速发展，节节麦等麦田恶性禾本科杂草也从北到南迅速传播，目前在江苏、安徽和湖北等地已发生危害。

节节麦可随施用未腐熟的农家肥再入农田，这也是节节麦的传播途径之一。耕作制度的改变，是导致节节麦蔓延的重要原因。小麦播种前浅旋耕方式，致使大量落地的节节麦种子集中在浅土层，给节节麦种子萌发生长提供了有利的环境。另外，还有许多农户在后期拔除时，把节节麦随意堆积在田边、地头、道边，草籽成熟后继续流入大田，这也导致节节麦在田间能持续蔓延危害，难以有效根除。

节节麦种子在 5～25℃均可发芽，最适温度 20～25℃，适宜土层 0～10cm，深度超过 15cm 时几乎不出苗。在田间，节节麦种子主要集中在 3～8cm 的土层中萌发出苗。

分布与危害　中国主要分布于河北、山东、山西、河南、江苏、安徽北部、陕西、重庆等地。原产小亚细亚地区，作为牧草和育种材料引进，逸生为外来入侵杂草。主要入侵危害小麦，也发生在田头、路边、果园等生境。麦田发生危害面积已达 33 万 hm²，目前有扩大蔓延的趋势，对中国小麦安全生产和粮食安全造成严重威胁。一般点片发生地块导致小麦减产 5%～10%，普遍发生地块减产 50%～80%，甚至绝收。

防除技术　采取化学防治为主，辅以农业防治以及生物防治的综合治理措施。

人工防治　由于节节麦种子一旦成熟，一触即落，因此必须在节节麦抽穗后立即实施人工拔除。除坚持冬春中耕除草外，必须加大小麦生长中后期人工除草的力度，拔除时间越早越好，拔除的杂草带出田外。另外，春季拔除后作为牲畜饲料的杂草，饲喂前要经过充分的粉碎加工，牲畜粪便和麦秆、麦糠要经过充分发酵腐熟后再作为有机肥施入田间。

农业防治　①土壤深耕，在夏秋作物播种前进行土壤深翻深耕，深度在 30cm 以上，降低杂草出苗率。②轮作倒茬，在节节麦发生危害较重的地区，应将小麦与豆类、油菜、瓜类、棉花、蔬菜等非禾本科作物进行轮作倒茬。③合理密植，科学施肥，形成麦苗的群体生长优势，可起到以麦压草的效果。④种子检疫，在小麦种子调运、引种过程中，必须进行植物检疫和种子检疫，不可将带有节节麦的种子调入种植。农户自留麦种，也要做好精选去杂工作。

化学防治　采用甲基二磺隆防治节节麦有效。秋末冬前，在小麦 3～4 叶期、杂草 2～3 叶期是防治的最佳时期，使用甲基碘磺隆·甲基二磺隆喷雾处理。在 2 月下旬到 3 月中旬进行补防，用甲基二磺隆均匀喷雾。秋末冬前使用甲基碘磺隆·甲基二磺隆，施药时间以小麦 3～5 叶期为宜。

如果错过秋末防治机会，可以在春季施药作为补防措施，秋季施药可适量加大剂量，但要注意不要超限。春季施药不宜在 3 月底以后使用，以防药害发生。施药时做到药要准，水量要足，喷雾要细，喷洒要均匀，不漏喷、不重喷，以气温高于 10℃的晴天为宜，施药后 2 天内不得灌水，否则会影响除草效果或对小麦及下茬作物产生药害。

参考文献

房锋，高兴祥，魏守辉，等，2015. 麦田恶性杂草节节麦在中国的发生发展 [J]. 草业学报，24(2): 194-201.

李扬汉，1998. 中国杂草志 [M]. 北京：中国农业出版社：1149-1150.

牛宏波，李香菊，崔海兰，等，2013. 助剂对甲基二磺隆防除节节麦的增效作用及增效机制 [J]. 农药，52(4): 301-303.

中国科学院中国植物志编辑委员会，1987. 中国植物志：第九卷第三分册 [M]. 北京：科学出版社：39.

中华人民共和国农业部农药检定所，日本国（财）日本植物调节剂研究协会，2000. 中国杂草原色图鉴 [M]. 日本国世德印刷股份公司 .

（撰稿：魏守辉；审稿：贾春虹）

拮抗作用　antagonism

指 2 种或 3 种除草剂混用后的毒力明显低于各单剂的单用毒力之和。生产中这类除草剂混用后，对杂草的防除效果降低，有时还可能产生药害，因此应注意避免发生。例如，生产中发现触杀型除草剂（如敌草快）与茎叶处理的内吸传导型除草剂混用通常会产生拮抗作用。这是由于前者能迅速破坏叶片组织，干扰了植物对其他除草剂的吸收与传导。防除禾本科杂草的除草剂与灭草松、激素类除草剂如 2 甲 4 氯混用会产生拮抗作用。

拮抗作用有以下特点：①与杂草种类有关。某些混用组合对一种杂草有拮抗作用，而对另外几种杂草却无拮抗作用，如乙草胺与莠去津混用对苘麻有拮抗作用，对马唐却有显著的增效作用。②与药剂特性有关。百草枯与 2,4- 滴丁酯混用不易产生拮抗，若与 2,4- 滴的铵盐或钠盐混用则拮抗明显。③与环境条件有关。随着温度升高，2 甲 4 氯钠与禾草灵混用的拮抗作用加强。④与辅助物质有关。硫酸铵、磷酸铵、硝酸铵能有效克服灭草松和烯禾啶二者之间的拮抗作用。⑤与连用间隔时间有关。2 甲 4 氯钠 + 禾草灵连用随时间拉长，拮抗作用降低。

除草剂混用后拮抗作用的判定主要有 Gowing 法、Colby 法、Sun & Johnson 法与等效线法。例如，王恒亮等采用 Gowing 法研究发现烟嘧磺隆与硝磺草酮、溴苯腈、2 甲 4 氯钠盐、氯氟吡氧乙酸或硝磺草酮混用时对金黄色狗尾草表现出拮抗作用。

参考文献

顾祖维，2005. 现代毒理学概论 [M]. 北京：化学工业出版社 .

林长福，杨玉廷，2002. 除草剂混用、混剂及其药效评价 [J]. 农药，43(8): 5-7.

王恒亮，吴仁海，张永超，等，2010. 烟嘧磺隆与几种除草剂联合作用效果研究 [J]. 河南农业科学，2010(10): 76-79.

张法颜，1985. 除草剂混用与相互作用 [J]. 农药丛译，7(3): 32-37.

（撰稿：张乐乐；审稿：刘伟堂、宋小玲）

金锦香　*Osbeckia chinensis* L.

果园、茶园、橡胶园和夏熟作物田多年生草本或亚灌木杂草。又名金香炉、天香炉。英文名 Chinese osbeckia。野牡丹科金锦香属。阔叶金锦香 [*Osbeckia chinensis* var. *angustifolia* (D. Don) C. Y. Wu & C. Chen] 是该种一变种。

形态特征

成株　株高 30～60cm。茎四棱形，具紧贴糙伏毛。单叶对生，叶片坚纸质，线形或线状披针形，极稀卵状披针形，顶端急尖，基部钝或近圆形，长 2～5cm、宽 3～12mm，全缘，两面被糙伏毛，3～5 基出脉，于背面隆起，细脉不明显；叶柄短或几无，被糙伏毛。头状花序，顶生，有花 2～8（～10）朵，基部具叶状总苞 2～6 枚，苞片卵形，被毛或背面无毛，无花梗，萼管长约 6mm，通常带红色，无毛或具 1～5 枚刺毛突起，裂片 4，三角状披针形，与萼管等长，具缘毛，各裂片间外缘具 1 刺毛突起，果时随萼片脱落；花瓣 4，淡紫红色或粉红色，倒卵形，长约 1cm，具缘毛（图①）；雄蕊 8，

常偏向一侧，花丝与花药等长，花药顶部具长喙，喙长为花药的 1/2，药隔基部微膨大呈盘状；子房近球形，顶端有刚毛 16 条。

子实　蒴果紫红色，顶端 4 孔开裂，具宿存萼坛状，外面无毛或具少数刺毛突起（图②）。

生物学特性　种子繁殖，根状茎粗壮，花期 7～9 月，果期 9～11 月。生于海拔 1100m 以下的荒山草坡、路旁、田地边或疏林下阳处。

分布与危害　中国分布于吉林、江苏、浙江、安徽、福建、江西、湖北、湖南、广东、广西、海南、四川、贵州、云南、台湾、香港。

防除技术

生物防治　在果园种植绿肥覆盖植物，以草控草。

化学防治　萌发前至萌发后早期，可用土壤封闭除草剂莠灭净、莠去津等防治。苗高 20cm 至开花前，可用茎叶处理除草剂草甘膦、草铵膦、氯氟吡氧乙酸等防治，注意定向喷施。

综合利用　全草入药，能清热解毒、收敛止血，治痢疾止泻，又能治蛇咬伤，具有降血糖、抗氧化增效和护肝作用。鲜草捣碎外敷，治痈疮肿毒以及外伤止血。

参考文献

李扬汉，1998. 中国杂草志 [M]. 北京：中国农业出版社：706.

刘杰，陈海生，张卫东，2001. 金锦香属植物的研究概况 [J]. 解放军药学学报，17(3): 151-153.

中国科学院中国植物志编辑委员会，1984. 中国植物志：第五十三卷 第一分册 [M]. 北京：科学出版社：140.

（撰稿：范志伟；审稿：宋小玲）

金锦香植株形态（袁华炳摄）

①花；②果序

金毛耳草　*Hedyotis chrysotricha* (Palib.) Merr.

秋熟旱作物田及园地多年生披散杂草。又名黄毛耳草、石打穿、伤口草。英文名 golden hedyotis。茜草科耳草属。

形态特征

成株　植株披散，全株被金黄色硬毛（图①）。叶对生，纸质，宽披针形、椭圆形或卵形，长 2～2.8cm、宽 1～1.2cm，先端短尖，基部楔形，上面疏被硬毛，下面被黄色茸毛，脉上毛密，侧脉 2～3 对；叶柄长 1～3mm；托叶短，合生，上部长渐尖，具疏齿，被疏柔毛。聚伞花序腋生，1～3 花，被金黄色疏柔毛（图②）；花近无梗；萼筒近球形，长约 1.3mm，萼裂片 4，披针形；花冠白或紫红色，漏斗状，长 5～6mm，花冠裂片 4，长圆形，与冠筒等长或略短；雄蕊 4 枚，着生于花冠喉部，花药不伸出外而内藏；花盘小，子房下位，2 室，柱头棒状，2 裂。

子实　蒴果小，球形，径约 2mm，被疏硬毛，成熟时不裂，内有种子数粒。

生物学特性　金毛耳草为多年生，亦或一年生草本，属于半湿生植物，种子及匍匐茎繁殖，匍匐茎贴地面生长，可达 50cm 以上。生于海拔 100～900m 的山谷杂木林下或山坡灌木丛中，极常见，田埂和路旁亦有生长。花期几全年。金毛耳草的一个重要特征为具有两型花柱（Distyle），根据

花药与柱头的相对高度分为长花柱型（L）和短花柱型（S）2种花。前者花柱长至花冠口，雄蕊着生于花冠筒的中部或者近基部；后者花柱仅长至花冠筒的中部，雄蕊则生长至近花冠口，这种花柱花药异位可有效地减少自花和同型花传粉、促进异型花间的传粉，从而减少自交衰退和提高个体的生存力。

分布与危害　中国分布于海南、广东、广西、福建、江西、江苏、浙江、湖北、湖南、安徽、贵州、云南、台湾等地；国外分布于日本、韩国。金毛耳草为秋熟作物田一般性杂草；在粤北茶区的生长优势度高于粤东和粤西茶区，为粤北地区

金毛耳草植株形态（强胜摄）

①植株；②花；③幼苗

茶园优势杂草。

防除技术

　　农业防治　施用充分腐熟的堆肥，杀死草种，减少发生率。清理田埂杂草，防止杂草种子传入田间。薄膜覆盖，控制出草，如在茶园行间铺稻草，可有效抑制杂草的发生。合理密植，适当缩小作物行距，促使提前封行，通过冠层覆盖，抑制杂草生长。建立良好的田间排水系统，降低田间湿度，能有效抑制金毛耳草生长。匍匐茎已经蔓延的地块可人工或机械清除，整个植株拔起带出田间集中销毁。茶园或果园行间间作对杂草竞争力强的豌豆、大豆、白三叶等豆科作物，可占据生存空间，有效控制金毛耳草生长。

　　化学防治　在秋熟旱作田可选用酰胺类除草剂乙草胺、异丙甲草胺、精异丙甲草胺和二硝基苯胺类氟乐灵、二甲戊乐灵以及有机杂环类除草剂异噁草松进行土壤封闭处理。大豆田还可用乙酰乳酸合成酶（ALS）抑制剂唑嘧磺草胺、丙炔氟草胺等单剂或与酰胺类精异丙甲草胺的混配剂。出苗后金毛耳草进行茎叶处理，大豆、花生田可用二苯醚类除草剂氟磺胺草醚、乙羧氟草醚等以及有机杂环类除草剂灭草松。玉米田可用激素类二氯吡啶酸、氯氟吡氧乙酸、2甲4氯等，ALS抑制剂烟嘧磺、氟嘧磺隆、砜嘧磺隆，对羟基丙酮酸单加氧酶抑制剂硝磺草酮、苯唑草酮或其混配剂。棉花田可用灭生性除草剂草甘膦或二苯醚类乙羧氟草醚在棉花生长到一定高度后定向喷雾。茶园可用灭草松定向喷雾。非耕地可用激素类三氯吡氧乙酸或其与草甘膦的复配剂。

　　综合利用　耳草属植物主要含有环烯醚萜类、黄酮类、蒽醌类、三萜类、生物碱等化学成分，该属植物具有抗肿瘤、调节免疫、肝保护、抑菌、抗炎、抗氧化等多种药理作用。金毛耳草含环烯醚萜类、黄酮类、三萜类等多种活性化合物，具有较强的抗氧化、防衰老、抗菌等广泛的药理作用，为消炎内用和扭伤外敷药。金毛耳草是中药复方制剂肠炎宁颗粒的主要成分之一，该制剂清热利湿、行气，用于治疗急慢性胃肠炎、腹泻、细菌性痢疾、小儿消化不良。由于金毛耳草具有两型花柱，被用于研究近期生境片断化对植物种群遗传多样性的影响。

参考文献

陈宣，伍琦，操宇琳，等，2014. 江西棉田常见杂草种群的发生与危害性调查 [J]. 36(6): 48-53.

林威鹏，郑海，张泰劼，等，2021. 广东主要茶区春季杂草群落调查与区域差异分析 [J]. 中国农学通报, 37(1): 138-146.

马明娟，罗永明，杨美华，2011. 黄毛耳草的研究进展 [J]. 中国药业 (24): 21-24.

王勇，姚沁，任亚峰，等，2018. 茶园杂草危害的防控现状及治理策略的探讨 [J]. 中国农学通报, 34(18): 138-150.

吴育强，吴玉菌，2018. 肠炎宁颗粒质量标准控制研究 [J]. 中国医药导刊, 20(10): 619-622.

袁娜，2015. 生境片断化对三种不同植物种群遗传学影响的比较研究 [D]. 杭州：浙江大学.

CHEN T, ZHU H, CHEN J R, et al, 2011. Rubiaceae [M]//WU Z Y, RAVEN P H eds. Flora of China. Beijing: Science press.

（撰稿：范志伟；审稿：宋小玲）

金钮扣　*Acmella paniculata* (Wall ex DC.) R. K. Jansan

秋熟旱地作物田偶见一年生草本杂草。又名遍地红、红细水草、黄花草、散血草、小铜锤。英文名 paniculates potflower、paracress、toothache plant。菊科金钮扣属。

形态特征

成株　株高 15～80cm（图①②）。茎直立或斜升，多分枝，带紫红色，着地生根，有明显的纵条纹，被短柔毛或近无毛；节间长 2～6cm。单叶对生、卵形、宽卵圆形或椭圆形，长 3～5cm，宽 0.6～2.5cm，顶端短尖或稍钝，基部宽楔形至圆形，全缘、波状或具波状钝锯齿，侧脉细，2～3 对；叶柄长 3～15mm，被短毛或近无毛。头状花序作二歧聚伞花序排列（图③④），花序梗较短，长 2.5～6cm，少有更长，顶端有疏短毛；总苞片约 8 个，2 层，绿色，卵形或卵状长圆形，顶端钝或稍尖，长 2.5～3.5mm，无毛或边缘有缘毛；花托锥形，长 3～6mm，托片膜质，倒卵形；花黄色，雌花舌状，舌片宽卵形或近圆形，长 1～1.5mm，顶端 3 浅裂；两性花花冠管状，长约 2mm，有 4～5 个裂片。

子实　瘦果长圆形，一侧扁平，一侧微凹，长 1.5～2mm，暗褐色，基部缩小，有白色的软骨质边缘，上端稍厚，有疣状腺体及疏微毛，边缘（有时一侧）有缘毛，顶端有 1～2 个不等长的细芒。

生物学特性　喜温暖、湿润、阳光充足的环境，不耐旱，喜疏松、肥沃的壤土，常生于果园、田边、沟边、溪旁潮湿地、荒地、路旁及林缘。金钮扣种子萌发的适宜温度范围为 15～40℃。花期 4～11 月，果期 6～12 月。有时会形成单优势种群落。

分布与危害　中国主要分布于广东、广西、海南、云南及台湾等地；在印度、尼泊尔、缅甸、泰国、越南、老挝、柬埔寨、印度尼西亚、马来西亚和日本等地也有分布。常生于田边、沟边、溪旁潮湿地、荒地、路旁及林缘，海拔 800～1900m 处。在甘蔗、玉米、花生、蔬菜等旱地作物田偶见，果园常见，危害一般。

金钮扣植株形态（①徐晔春摄；其余冯莉、陈国奇、田兴山摄）

①植株及生境；②分枝茎叶；③④花序

防除技术　采用农业防治和化学防治相结合的防治策略。也可以考虑综合利用。

农业防治　及时清除田埂、水沟边的杂草，建立合理的水旱轮作制度。

化学防治　玉米田播后苗前土壤封闭处理，常用二硝基苯胺类二甲戊灵，或酰胺类乙草胺、异丙甲草胺、乙草胺与三氮苯类莠去津的复配剂；玉米苗后 7 叶期之前，金钮扣 3～5 叶期，茎叶处理常用对羟基苯丙酮酸双加氧酶抑制剂硝磺草酮与乙酰乳酸合成酶抑制剂烟嘧磺隆及莠去津等的混配剂。大豆田播后苗前土壤处理，常用除草剂有乙草胺、异丙甲草胺，以及原卟啉原氧化酶抑制剂丙炔氟草胺等；大豆苗后茎叶处理，常用防除阔叶杂草的除草剂如二苯醚类乙羧氟草醚、氟磺胺草醚，或有机杂环类灭草松等。非作物田生长后期的金钮扣，可用灭生性除草剂草甘膦、草铵膦茎叶喷雾处理。

综合利用　金钮扣具有很高的药用价值，全草可供药用，有解毒、消炎、消肿、祛风除湿、止痛、止咳定喘等功效。还可用作香料、防腐剂、抗菌剂、抗疟疾剂以及治疗牙痛、流感、咳嗽、狂犬病和肺结核的药物成分。

参考文献

黄庆芳，冯承恩，房志坚，等，2012. 金钮扣提取物的解热、镇痛作用 [J]. 中国医院药学杂志，32(13): 1066-1068.

李扬汉，1998. 中国杂草志 [M]. 北京：中国农业出版社：378.

颜萍花，唐玉荣，曾祥燕，等，2015. 壮药金钮扣质量标准初步研究 [J]. 广西中医药，38(3): 78-80.

（撰稿：冯莉；审稿：黄春艳）

金色狗尾草　*Setaria pumila* (Poiret) Roemer et Schultes

秋熟旱作物和果园、茶园一年生杂草。异名 *Setaria glauca* (L.) Beauv.。英文名 golden bristlegrass。禾本科狗尾草属。

形态特征

成株　高 20～90cm（图①）。秆直立或基部倾斜。叶片线形，长 5～40cm、宽 2～10mm，顶端长渐尖，基部钝圆，通常两面无毛或仅于腹面基部疏被长柔毛；叶鞘无毛，下部者压扁具脊，上部者圆柱状；叶舌退化为一圈长约 1mm 的柔毛。圆锥花序紧缩，圆柱状（图②），长 3～17cm、宽 4～8mm（刚毛除外），主轴被微柔毛；刚毛稍粗糙，金黄色或稍带褐色，长 4～8mm；小穗椭圆形，长约 3mm，顶端尖，通常在一簇中仅一个发育（小穗单生）；第一颖宽卵形，长约为小穗的 1/3，顶端尖，具 3 脉；第二颖长约为小穗的 1/2，顶端钝，具 5～7 脉（图③上）；第一小花雄性，有雄蕊 3 枚，其外稃约与小穗等长，具 5 脉，内稃膜质，长和宽约与第二小花相等；第二小花两性，外稃之长约与第一小花的相等，顶端尖，黄色或灰色，背部隆起，具明显的横皱纹，成熟时与颖一起脱落。

子实　颖果近卵形（图③下），腹面扁平，外紧包颖片和稃片，带稃颖果长约 3mm，其第二颖长为小穗的一半；表面具极细横皱纹，成熟后背部极为膨胀而隆起。颖果宽卵形，暗灰色或灰绿色；脐明显，近圆形，褐黄色；腹面扁平，胚椭圆形，长占颖果的 2/3～3/4，色与颖果同。

幼苗　第一叶线状长椭圆形，先端锐尖，长 15～18mm、宽 3.5mm；2～5 叶为线状披针形，先端尖，黄绿色，基部具长毛，叶鞘无毛。

生物学特性　一年生草本。种子繁殖。花果期 6～10 月。南方 4～5 月出苗，6～10 月开花结果。黑龙江 5 月开始出苗，7～8 月开花，8～9 月种子成熟。

国外报道金色狗尾草对光合系统 PS II 抑制剂莠去津产生了抗药性。

分布与危害　中国广泛分布于各地，在黑龙江三江平原普遍发生。生于旱作物地、田边、路旁和荒芜的园地及荒野，为秋熟旱地作物的常见杂草，在果园、桑园、茶园危害较重，路旁、荒野则发生量大。主要危害谷子、玉米、高粱、大豆、茄子、番茄、辣椒、马铃薯、甘薯等多种作物，对烟

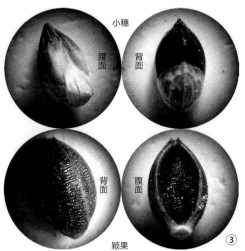

金色狗尾草植株形态（①②强胜摄；③张治摄）

①植株；②花序；③小穗与颖果

草田危害较重，一般可造成烟草减产 10%～20%。金色狗尾草是黑龙江东部和西北部向日葵田的主要优势杂草之一；其种子是黔中蔬菜地土壤种子库的优势种，占数量的 25.9%；是新疆伊犁河谷玉米田发生普遍、危害严重的 5 种杂草之一。金色狗尾草也普遍发生在旱直播稻田，或为重要的危害性杂草。

防除技术　见狗尾草。

化学防治　直播稻田可用噁草酮与丁草胺复配剂在播后苗前进行土壤封闭处理；用噁唑酰草胺与敌稗茎叶喷雾处理对金色狗尾草具有较好的防效。

综合利用　金色狗尾草叶量大，草质柔嫩，适合饲喂兔、羊、鹅及草食性鱼类。除青饲外，还可调制干草或青贮。全草入药，具有除热、去湿、消肿的功效。

参考文献

车晋滇，索宗芬，杨宝珍，等，2000. 河北省坝上农田杂草种类及其危害研究 [J]. 杂草科学 (4): 9-11.

陈祥，陈卫民，梁巧玲，等，2010. 新疆伊犁河谷玉米田杂草发生现状及防除对策 [J]. 杂草科学 (2): 36-38.

黄春艳，2010. 黑龙江省东部地区向日葵田杂草调查初报 [J]. 黑龙江农业科学 (9): 53-55.

李扬汉，1998. 中国杂草志 [M]. 北京：中国农业出版社：1333-1334.

蔺秀荣，金沛文，2008. 五常市蔬菜田杂草种类及防治试验 [J]. 现代化农业 (2): 13.

王建荣，邓必玉，李海燕，等，2010. 海南省禾本科药用植物资源概况 [J]. 热带农业科学，30(2): 13-18.

郑庆伟，2014. 金狗尾草的识别与化学防控 [J]. 农药市场信息 (28): 53.

中国农垦进出口公司，1992. 农田杂草化学防除大全 [M]. 上海：上海科学技术文献出版社.

（撰稿：张鹏、张宗俭；审稿：宋小玲）

金腰箭　*Synedrella nodiflora* (L.) Gaertn.

秋熟旱作物田和果园一年生茎直立草本杂草。又名苞壳菊。英文名 cinderella weed、nodeweed。菊科金腰箭属。

形态特征

成株　株高 0.5～1m（图①）。茎直立，二歧分枝，茎被贴生粗毛或后脱毛，节间长 6～22cm，通常长约 10cm。单叶对生，阔卵形至卵状披针形，连叶柄长 7～12cm、宽 3.5～6.5cm，基部下延成 2～5mm 宽的翅状宽柄，顶端短渐尖或有时钝，两面被贴生、基部为疣状的糙毛，在下面的毛较密，近基三出主脉，在上面明显，在下面稍凸起，有时两侧的 1 对基部外向分枝而似 5 主脉，中脉中上部常有 1～4 对细弱的侧脉，网脉明显或仅在下面明显。头状花序径 4～5mm、长约 10mm，无或有短花序梗（图②），常 2～6 簇生于叶腋，或在顶端呈扁球状，稀单生；小花黄色；总苞卵形或长圆形；苞片数个，外层总苞片绿色，叶状，卵状长圆形或披针形，长 10～20mm，背面被贴生的糙毛，顶端钝或稍尖，基部有

金腰箭植株形态（冯莉、陈国奇、岳茂峰摄）

①植株；②花序；③果实

时渐狭，内层总苞片干膜质，鳞片状，长圆形至线形，长4～8mm，背面被疏糙毛或无毛。托片线形，长6～8mm、宽0.5～1mm；舌状花连管部长约10mm，舌片椭圆形，顶端2浅裂；管状花向上渐扩大，长约10mm，檐部4浅裂，裂片卵状或三角状渐尖。

子实　雌花瘦果倒卵状长圆形（图③），扁平，长约5mm、宽约2.5mm，边缘有增厚、污白色宽翅，翅缘各有6～8个长硬尖刺；冠毛2，挺直，刚刺状，长约2mm，向基部粗厚，顶端锐尖；两性花瘦果倒锥形或倒卵状圆柱形，长4～5mm、宽约1mm，黑色，有纵棱，腹面压扁，两面有疣状突起，腹面突起粗密；冠毛2～5，叉开，刚刺状，等长或不等长，基部略粗肿，顶端锐尖。

生物学特性　一年生草本，喜温暖、湿润、阳光充足的环境。为二倍体植物，染色体 2n=40。金腰箭种子都没有深度休眠，种子萌发适宜的温度范围为 25～40℃，种群的扩张可能受到低温限制。花期6～10月，繁殖力极强。生长在全光下的种子产量大于生长在遮阴下的种子，但生长在遮阴下植株产生倒锥形瘦果比例更高。

分布与危害　中国东南至西南，包括台湾、广东、广西、云南、海南等地；广布于世界热带和亚热带地区。生长于海拔110～1450m的地区，多发生于路旁、旷野、耕地及宅旁。在旱地作物玉米、大豆、花生、甘蔗、木薯和多种蔬菜田有发生，在果园、茶园以及农田田埂常见。

防除技术　见金钮扣。

综合利用　金腰箭含有生物碱、类黄酮、黄酮醇皂苷、三萜类和多聚糖，能入药，金腰箭提取物化学成分还具有较强的杀菌和杀虫活性，对多种果蔬害虫具有趋避、拒食、抗幼虫活性。

参考文献

李扬汉，1998. 中国杂草志 [M]. 北京：中国农业出版社：379.

王彦阳，崔志新，梁广文，2011. 小菜蛾对金腰箭挥发油的触角电位反应及趋性 [J]. 植物保护，37(3)：128-130.

章玉苹，黄炳球，陈霞，2001. 金腰箭叶提取物对菜青虫生长发育的抑制作用 [J]. 中国蔬菜 (6)：8-10.

CHAUHAN B S, JOHNSON D E, 2009. Seed germination and seedling emergence of synedrella (*Synedrella nodiflora*) in a tropical environment [J]. Weed science, 57(1): 36-42.

HAQUE A, ZAHAN R, NAHAR L, et al, 2012. Anti-inflammatory and insecticidal activities of *Synedrella nodiflora* [J]. Molecular and clinical pharmacology, 2(2): 60-67.

（撰稿：冯莉；审稿：黄春艳）

金樱子　*Rosa laevigata* Michx.

园地、林地常绿攀缘灌木杂草。又名糖罐子、山石榴。英文名 cherokee rose。蔷薇科蔷薇属。

形态特征

成株　高可达5m。常绿攀缘灌木，小枝粗壮，散生扁

弯皮刺，无毛，幼时被腺毛，老时逐渐脱落减少。小叶革质，通常3，稀5，连叶柄长5～10cm；小叶片椭圆状卵形、倒卵形或披针状卵形，长2～6cm、宽1.2～3.5cm，先端急尖或圆钝，稀尾状渐尖，边缘有锐锯齿，上面亮绿色，无毛，下面黄绿色，幼时沿中肋有腺毛，老时逐渐脱落无毛；小叶柄和叶轴有皮刺和腺毛；托叶离生或基部与叶柄合生，披针形，边缘有细齿，齿尖有腺体，早落。花单生于叶腋，直径5～7cm；花梗长1.8～2.5cm，偶有3cm者，花梗和萼筒密被腺毛，随果实成长变为针刺；萼片卵状披针形，先端呈叶状，边缘羽状浅裂或全缘，常有刺毛和腺毛，内面密被柔毛，比花瓣稍短；花瓣白色，宽倒卵形，先端微凹。雄蕊多数；心皮多数，花柱离生，有毛，比雄蕊短很多（图①②）。

金樱子植株形态（喻勋林摄）

①花枝；②花枝（幼果）；③果枝（成熟果实）

子实 果梨形、倒卵形，稀近球形，紫褐色，外面密被刺毛，果梗长约3cm，萼片宿存。为由花托发育而成的假果，呈倒卵形，长 2.5～4cm、直径 1～1.5cm，果实表面为红黄色或棕红色，微有光泽，具多数刺状突起的小点，是毛刺脱落后的残基，顶端宿萼，平展如盘状，中央有黄色柱基，下端狭细成柄，形似小花柄，质坚硬，果皮厚 1.5～2mm，内表面密生淡黄色有光泽的茸毛，内含多数小瘦果（种子）（图③）。

生物学特性 喜温暖湿润和阳光充足环境，较耐寒，耐干旱，以肥沃的土壤生长特别旺盛，一般生于海拔 200～1600m 的向阳山坡、田边、溪边灌丛中，耐阴性差。每年 3～4 月开花，夏秋结果实，秋末冬初果实成熟。

分布与危害 中国分布于陕西、安徽、江西、江苏、浙江、湖北、湖南、广东、广西、台湾、福建、四川、云南、贵州等地。对于人工林幼龄林以及灌木林危害较大，常攀缘在树上，在树顶生长浓密的枝叶，形成遮阴层，导致下方林木因缺乏阳光，生长缓慢甚至死亡。由于金樱子枝上具大的皮刺，在人工清理时容易被扎伤，也间接保护了林地杂草，使林地中杂草滋生。

防除技术 金樱子的防治以农业防治为主，达到减少金樱子危害的目的，并可以适当考虑其利用价值，以利用代替清除（如挖取根系药用）。

农业防治 金樱子的萌发能力强，在对植株进行清理时须连根挖除，在造林之前翻耕土地，可起到清除杂草种子的作用。合理密植，可在苗木幼龄时增加郁闭度，减少林下杂草的滋生。幼林阶段如果有金樱子危害，可于春、夏季结合造林抚育清除林地内的金樱子。

综合利用 根皮含鞣质可制栲胶。成熟果实可生食，可熬糖及酿酒、泡酒。根、叶、果均入药，根有活血散瘀、祛风除湿、解毒收敛及杀虫等功效；叶及根皮外用治疮疖、烧烫伤；果能止腹泻并对流感病毒有抑制作用。

参考文献

李石平，2013. 金樱子根的化学成分研究 [D]. 合肥：安徽大学.

刘龙元，郑璇璇，翁环，等，2013. 植物生长调节剂对金樱子扦插繁殖的影响 [J]. 中药材，36(11): 1731-1734.

刘学贵，李佳骆，高品一，等，2013. 药食两用金樱子的研究进展 [J]. 食品科学，34(11): 392-398.

刘焱，李丽，高智席，等，2010. 药食同源野生果金樱子的研究进展 [J]. 安徽农业科学，38(14): 7276-7280, 7284.

闵俊，李燕燕，余华，2008. 金樱子的化学成分、药理作用及临床应用研究进展 [J]. 环球中医药 (2): 16-18.

闵运江，刘文中，陈乃富，2001. 皖西大别山区金樱子野生资源贮备量的调查研究 [J]. 生物学杂志 (2): 26-28.

田湘，赵瑛，于永辉，等，2014. 人工抚育对桉树人工林下生物多样性的影响 [J]. 南方农业学报 (1): 85-89.

徐高福，余启国，孙益群，等，2010. 新时期森林抚育经营技术与措施 [J]. 林业调查规划 (5): 131-134, 139.

邹洪涛，杨艳，陈世军，2006. 金樱子的饮料开发资源价值与展望 [J]. 食品工业科技，27(10): 193-195.

（撰稿：喻勋林；审稿：张志翔）

J

金盏银盘 *Bidens biternata* (Lour.) Merr. et Sherff

秋熟旱作物田、果园外来一年生杂草。又名黄花雾、金杯银盏、黄花草、盲肠草、一把针、金丝苦令等。英文名 yellow-flowered blackjack。菊科鬼针草属。

形态特征

成株 株高 30～150cm（图①）。茎直立，略具四棱，无毛或被稀疏卷曲短柔毛，基部直径 1～9mm。下部叶对生，上部叶有时互生；叶为一至二回羽状复叶，顶生小叶卵

金盏银盘植株形态（张治摄）

①植株；②花序；③果序；④果实

形至长圆状卵形或卵状披针形，长 2～7cm、宽 1～2.5cm，先端渐尖，基部楔形，边缘具稍密且近于均匀的锯齿，有时一侧深裂为一小裂片，两面均被柔毛，侧生小叶 1～2 对，卵形或卵状长圆形，近顶部的一对稍小，通常不分裂，基部下延，无柄或具短柄，下部的一对约与顶生小叶相等，具明显的柄，三出复叶状分裂或仅一侧具一裂片，裂片椭圆形，边缘有锯齿；总叶柄长 1.5～5cm，无毛或被疏柔毛。头状花序生在花序梗的顶端，直径 7～10mm，花序梗长 1.5～5.5cm，果时长 4.5～11cm（图②）。总苞基部有短柔毛，外层苞片 8～10 枚，草质，条形，长 3～6.5mm，先端锐尖，背面密被短柔毛，内层苞片长椭圆形或长圆状披针形，长 5～6mm，背面褐色，有深色纵条纹，被短柔毛；舌状花通常 3～5 朵，不育，舌片淡黄色，长椭圆形，长约 4mm、宽 2.5～3mm，先端 3 齿裂，或有时无舌状花；盘花筒状，黄色，长 4～5.5mm，冠檐 5 齿裂。

子实　瘦果条形（图③④），黑色，长 9～19mm、宽 1mm，具 4 棱，两端稍狭，多少被小刚毛，顶端芒刺 3～4 枚，长 3～4mm，具倒刺毛。

幼苗　上、下胚轴均发达，微红色。子叶长 2.5～3cm，长圆状披针形，光滑无毛，先端急尖，基部渐狭至柄部。初生叶 2 片，二回羽状深裂，叶缘有缘毛，中脉有稀疏的短毛。

生物学特性　一年生草本。春季 4～5 月发芽，7～8 月开花结实，成熟果实的芒刺钩在动物毛上和人的衣服上带到其他地方，在土壤中度过冬季，于春季出苗。土层深度为 5.5cm 能够显著降低种子的发芽率。

分布与危害　中国分布于辽宁、河北、山西、华南、华东、华中以及西南等地；朝鲜、日本、东南亚各国以及非洲、大洋洲等地区和国家也有分布。适应性很强，分布广，既能生长在潮湿地，也能生长在阳坡干旱的地方；能适应高肥，也耐贫瘠。多生长在沟边、田边、路旁、房前屋后、山坡、荒地、疏林等处。

金盏银盘常在玉米、棉花、甘薯和大豆田中危害，在茶园、果园、苗圃、药园和竹园等处也常侵入。发生量小，危害轻，属于一般性杂草。

防除技术

农业防治　机械清除或人工拔除，选择在植株开花前清除，减少翌年可萌发种子的数量。由于金盏银盘的种子可挂在衣服及动物皮毛上传播，所以路边及田块周边的植株也需要清除。播前翻耕土壤，将地表的种子深埋，降低种子发芽率。在果园可种植覆盖性好的植物进行替代控制。作物田可提升播种质量，以苗压草。

化学防治　秋熟旱作田可选用乙草胺、异丙甲草胺、精异丙甲草胺、氟乐灵、二甲戊乐灵以及异噁草松进行土壤封闭处理。对于没有完全封闭防除的残存植株可进行茎叶喷雾处理，大豆、花生田可用乳氟禾草灵、氟磺胺草醚、乙羧氟草醚以及灭草松。玉米田还可用辛酰溴苯腈、莠去津、莠灭净、2 甲 4 氯、二氯吡啶酸、三氯吡氧乙酸、氯氟吡氧乙酸、烟嘧磺隆、氟嘧磺隆、砜嘧磺隆、硝磺草酮、苯唑草酮等。棉花田可用三氟啶磺隆。对于非耕地和果园，可选择灭生性除草剂草甘膦、草铵膦进行防除，施药时期尽量选择杂草苗期，防除效果更好。

综合利用　金盏银盘是民间常用中草药，具有清热解毒、活血散瘀的功效，主治咽喉肿痛、腹泻、疟疾、痢疾、肝炎、胃痛、跌打损伤等症，全草可入药。

参考文献

国家中医药管理局《中华本草》编委会，1999. 中华本草 [M]. 上海：上海科学技术出版社.

李斌，刘昕，熊杰，等，2011. 金盏银盘化学成分的分离 [J]. 江西中医药，42(10): 51-53.

李扬汉，1998. 中国杂草志 [M]. 北京：中国农业出版社：269-270.

郑欣颖，薛立，2018. 入侵植物三叶鬼针草与近缘本地种金盏银盘的可塑性研究进展 [J]. 生态学杂志，37(2): 580-587.

中国科学院中国植物志编辑委员会，1979. 中国植物志：第七十五卷 [M]. 北京：科学出版社.

（撰稿：姚贝贝；审稿：宋小玲）

荩草　*Arthraxon hispidus* (Thunb.) Makino

果园、桑园、茶园和路埂一年生杂草。英文名 hispid arthraxon。禾本科荩草属。

形态特征

成株　高 30～45cm（图①～③）。秆细弱无毛，基部倾斜，具多节，常分枝。叶鞘短于节间，被短硬疣毛；叶片卵状披针形，两面无毛，长 2～4cm、宽 8～15mm，下部边缘有纤毛。总状花序细弱（图⑤），长 1.5～3cm，2～10 个指状排列或簇生于秆顶；穗轴节间无毛，有柄小穗退化成很短的柄；无柄小穗卵状披针形，长 4～4.5mm，灰绿色或带紫色，第一颖边缘带膜质，有软毛，毛基部不显著膨大呈疣状，有 7～9 脉，脉上粗糙，先端钝，第二颖近膜质，与第一颖等长，有 3 脉，侧脉不明显，先端尖；第一外稃透明膜质，长圆形，第二外稃与第一外稃近等长，近基部伸出一膝曲的芒，芒长 6～9mm，伸出小穗之外。雄蕊 2 枚，花药长 0.7～1mm。

子实　颖果长圆形，与稃体几等长（图⑥）。

幼苗　子叶留土（图④）。胚芽外裹紫红色胚芽鞘首先伸出地面；第一片真叶初呈深蓝色，穿出胚芽鞘后转变为绿色，叶片卵圆形，长 5mm、宽 3mm，先端钝尖，全缘，具睫毛，直出平行脉；叶鞘外表有长柔毛，叶舌膜质，呈环状。第二片真叶卵状披针形，叶舌顶端呈齿裂，其他与第一真叶相似。

生物学特性　种子繁殖。花果期 9～11 月。荩草多分布在山坡疏林草地、山路旁、沟边阴湿处、林坡或林缘及干旱的山坡上，在自然状态的丘陵区断面上，常有荩草分布，甚至在大于 70° 的断面坡上能形成单一种群，可见荩草具有极强的抗旱、耐贫瘠能力；为紫色土丘陵区常见的乡土草种，野生资源丰富，生态型多，生长期长，生长速度快，再生性好，具有广泛生态适应。

分布与危害　为果园、桑园、茶园常见杂草，发生量较大，危害较重。广布于中国各地。

荩草发生相对盖度较大，与果树、桑树、茶树争水、争肥、争生长空间，而且还带来一些病虫害，影响作物产量和品质。

荩草植株形态（①～④叶照春摄；⑤⑥张治摄）

①危害状；②③植株；④幼苗；⑤花序；⑥子实

防除技术 应采取包括农业防治、生物防治和化学防治相结合的方法。此外，可考虑综合利用等措施。

农业防治 采用人工除草配合机械翻耕，将杂草带出田间进行烧毁。

化学防治 在果园、桑园、茶园常用草甘膦、草铵膦等进行定向喷雾防除；在荩草幼苗期也可用精喹禾灵、高效氯吡甲禾灵、炔草酯等单剂或混剂进行防除。

综合利用 荩草植株可作牧草；秆叶入药治久咳等。也可作为优良的固土护坡草种资源加以开发利用。

参考文献

耿锐梅，傅扬，张文明，等，2008. 麦根腐平脐蠕孢和薏苡平脐蠕孢防治稻田稗草的生物活性和安全性 [J]. 中国水稻科学 (3): 307-312.

李扬汉，1998. 中国杂草志 [M]. 北京：中国农业出版社：1163-1164.

刘金平，2013. 坡度对野生荩草分株特征及生殖分配的影响 [J]. 草业科学 (10): 1602-1607.

龙建友，钱勇，师宝君，等，2006. 一株放线菌代谢产物除草活性的初步研究 [J]. 微生物学杂志 (1): 106-108.

张小晶，蔡捡，刘金平，等，2015. 不同遮阴度对荩草构件性状和生物量分配影响的差异性分析 [J]. 西南农业学报 (6): 2720-2725.

（撰稿：叶照春；审稿：何永福）

茎寄生杂草 stem-parasitic weed

根据寄生部位划分的一类寄生杂草，寄生在寄主植物的茎叶上，从寄主植物吸收全部或部分所需营养的杂草。

形态特征 茎寄生杂草有灌木（桑寄生科桑寄生属和槲寄生属等）和草质藤本（旋花科菟丝子属和樟科无根藤属等）2 种生长习性，在形态特征上差异较大：桑寄生科和无根藤属的杂草属于半寄生杂草，它们的地上营养器官含有叶绿素，能通过光合作用合成有机物质，但仍需靠吸器从寄主植物获得水分和无机盐，吸器中的导管与寄主植物的导管直接相连；菟丝子属杂草是全寄生杂草，它们不具有正常的根和叶片，不含叶绿素，不能独立地同化碳素和氮素，其导管和筛管分别与寄主植物的木质部导管和韧皮部筛管相通，从寄主植物获取自身生活需要的全部营养物质。

生物学特性 菟丝子属杂草既能进行种子繁殖，又能依靠断茎或吸器组织来再生；它们的种子存在因种皮厚硬而引起的外源休眠现象，种子萌发不需要寄主分泌的刺激物质，幼苗能右旋缠绕寄主并形成吸器，如遇不到寄主则死亡；其种子常混杂在作物子实中，随机械和人类的活动传播。无根藤属杂草只能进行种子繁殖，也存在外源休眠，种子萌发也不需要寄主分泌的刺激物质。桑寄生科杂草主要进行种子繁殖，也能通过不定根和吸器组织来进行营养繁殖；它们的种子主要靠鸟类传播，一般没有休眠期，环境条件适宜时便可萌发，在热带地区可周年开花结实。

分布与危害 茎寄生杂草具有泛寄生现象，对寄主的专一性不强，如日本菟丝子和大花菟丝子的寄主多达百种以上，涉及乔木、灌木和草本，危害面相当广。它们从寄主中吸取水分、矿物质乃至有机物，通过缠绕覆盖影响寄主光合作用的进行或与寄主争夺光照等资源，从而降低了寄主的生长和竞争能力，导致寄主作物生长缓慢、枝梢枯死或全株死亡。在海南橡胶树桑寄生的平均寄生率和寄生指数达 25% 和 10.2，受害橡胶树单株胶乳减少 10.3%～56.3%。广州城区 80 条道路的 6013 株行道树受桑寄生危害的道路占 45%，大叶榕、木麻黄、细叶榕、石栗、木棉这 5 种广州绿化骨干树种的桑寄生危害率达 95.7%。桑寄生在广西东南的主城区有 58 种寄主，城区乔木寄生率达 22.8%，其中木麻黄和小叶桉的寄生率分别达 100% 和 98%。油杉寄生属的云杉矮槲寄生在青海发生面积近 1 万 hm²，发病严重区域受害株率高达 90%，已成为青海三江源地区林业生产的最大危害。无根藤属杂草分布于热带和亚热带地区，主要危害油茶、茶树、桉树、木麻黄、樟树、马尾松、杉木、柑橘、柿子等经济林木。

防除技术 见全寄生杂草和半寄生杂草。

参考文献

胡岳，马明呈，张晶晶，2014. 乙烯利对云杉矮槲寄生的防治 [J]. 青海大学学报（自然科学版），32(6): 15-19.

姜宁，孙秀玲，李学武，等，2017. 青海云杉矮槲寄生害的危害评估 [J]. 西北林学院学报，32(1): 190-196.

李开祥，梁晓静，覃平，等，2011. 桑寄生研究进展 [J]. 广西林业科学，40(4): 311-314.

李扬汉，姚东瑞，黄建中，1991. 寄生杂草无根藤的特性、危害与防除 [J]. 杂草科学 (3): 4-5.

罗淋淋，韦春梅，吴华俊，等，2013. 寄生杂草的防治方法 [J]. 中国植保导刊，33(12): 25-29.

庞瑞媛，李桂芬，黎建玲，2004. 桂东南城区园林树木桑寄生危害的调查研究 [J]. 广西园艺，15(1): 7-10.

彭华达，2010. 树叉打孔注射农达防治橡胶树桑寄生研究 [J]. 热带农业工程，34(5): 40-42.

桑晓清，孙永艳，杨文杰，等，2013. 寄生杂草研究进展 [J]. 江西农业大学学报，35(1): 84-91.

王文通，周厚高，2003. 广州城区行道树受桑寄生侵害的调查研究 [J]. 中国园林 (12): 68-70.

（撰稿：郭凤根；审稿：宋小玲）

茎叶处理 foliar application

一种施药方法，在杂草出苗后，将除草剂直接喷洒或涂抹到杂草茎、叶、芽上，让杂草因接触除草剂或吸收除草剂而致死的方法。

茎叶处理通常是指作物生长期间茎叶处理，在作物出苗后施用除草剂防除已经出苗的杂草。主要利用除草剂生理生化选择性来达到除草保苗的目的，客观上要求除草剂具有较高选择性。例如 2 甲 4 氯或氯氟吡氧乙酸防除麦田双子叶杂草，二氯喹啉酸防除稻田稗草，灭草松防除大豆田双子叶杂草等。生育期茎叶处理的施药适期掌握十分重要，宜在杂草敏感且对作物安全的生长阶段。例如用氯氟吡氧乙酸防除作物田双子叶杂草，小麦宜在 3～5 叶期至拔节期，水稻宜在 4 叶至拔节前，玉米宜在 3～5 叶期。另外，对于某些特殊情况，也可将高浓度药液直接涂抹至杂草叶片。例如将精喹禾灵或高效氟吡甲禾灵直接涂抹至芦苇叶片，将草甘膦稀释液涂瓜列当茎，可以防除这些杂草。生育期茎叶处理可根据实际需要选择不同的施药方式，无特殊要求时可在田间均匀喷施，但对可能发生飘移药害的除草剂可通过压低喷雾喷头、采用防飘移喷头、安装防护罩等方式降低飘移药害；施用草甘膦等灭生性除草剂时采用定向喷雾等手段，避免作物受害。

此外，还有播前茎叶处理，是指在作物播种或移栽前喷洒药剂。播前茎叶处理常选择残留期短的广谱或灭生性除草剂，药剂落入土壤后不至影响种植作物，如灭生性除草剂草铵膦、草甘膦以及敌草快等。该方法通常用来防除已出苗的杂草，部分药剂兼有一定土壤处理活性，在防除已出土杂草的同时也可抑制未出土杂草的发生，如苯嘧磺草胺，这类除草剂应考虑对播种作物的安全性。

茎叶处理具有针对性强、用药适期长、受土壤物理、化学性质影响小等优点，但其对杂草防效受杂草生长时期（生物因素）、气候环境（环境因素）、施药方法（人为因素）等多方面影响。

生物因素　选择合适的喷药时期是获得良好除草效果的关键，施药过早，大部分杂草尚未出土，防效难以保证。例如作物田喷施甲咪唑烟酸、氯吡嘧磺隆等防除香附子，过早施药无法有效防除尚未出土的杂草；施药过迟，杂草过大导致对除草剂的敏感性降低，耐药性增强，降低除草效果，例如防除大龄千金子需提高氰氟草酯用量，大龄反枝苋、藜等对灭草松、氟磺胺草醚敏感性降低。

环境因素　影响除草剂药效的环境因素主要有温度、湿度、光和风等。适宜的或略偏高的温度利于除草剂被杂草吸收，从而提高防效，但过高的温度（常伴有强烈阳光照射）容易导致药液蒸发过快，降低杂草吸收，同时易导致作物药害，例如正午高温喷施氟磺胺草醚易导致大豆叶片灼伤斑点，过低的温度降低药效的同时也可导致作物药害发生，例如异丙隆、甲基二磺隆在低温下施用对小麦的药害。在适宜或偏大的湿度条件下，利于杂草叶片气孔开放且延长杂草叶面药液干燥时间，利于除草剂的吸收，从而提高药效，但应避免湿度过大导致药液在杂草上聚滴流失。某些需光性除草剂例如氟磺胺草醚、乙羧氟草醚等在光下发挥除草活性，但是也应避开正午阳光直射时喷施。风对茎叶处理剂施用影响较大，当环境风力大于3级时，易导致喷雾不均匀，同时增加某些药剂的飘移药害如2,4-滴丁酯。

人为因素　标准、规范、科学的施药方法是保证药效的关键因素，其目的就是将药液均匀喷洒至靶标杂草，并提高药液在杂草上的分散、展布、渗透等性状，提高除草效果。如利用扇形喷头提高施药均匀性，避免重喷漏喷；根据天气因素选用合适的喷雾压力及喷孔大小，避免因喷雾药滴过大或过小而导致药液流失或飘失，例如常规条件下使用TEEJET TP11002喷头，喷雾压力0.2kPa，离地高度0.5m喷雾，在风力较大或需定向喷雾需求下使用TEEJET DG11002防飘移喷头喷雾；在施药时根据除草剂特性适当添加十二烷基苯磺酸钠、植物油等表面活性剂可降低药液表面张力，增加药液接触角，提高药液在杂草叶片上的展布、润湿性能；添加氮酮、噻酮、有机硅等助剂提高药剂在叶片上的渗透性。

目前，可用于茎叶喷雾施药器械多种多样：背负式手动喷雾器、背负式机动（电动）喷雾器、担架式机动喷雾器、自走式喷杆喷雾器、无人机喷雾器。背负式喷雾器价格低廉，适用范围广，但因人为操作误差大，难以精确控制喷药量，在喷雾均匀性方面略差，需要操作人员熟练掌握行走速度、喷雾高度。担架式机动喷雾器喷液量易于控制，多用于果园、林地除草。自走式喷杆喷雾器可准确控制喷液量、喷雾高度、行走速度等，可显著提高作业效率高，适于多种行播作物田。随着无人机飞行控制、定位技术的发展，无人机喷雾器尤其是多旋翼电动无人机喷雾器以其灵活、高效、精准、喷液量少等优势成为现代农用航空植保的新突破。目前已有在玉米田、水稻田、花生田、非耕地利用无人机喷施茎叶除草剂的尝试，杂草防效优异。但是，因无人机作业时存在严重的药液飘移，即使添加沉降助剂，对邻近作物的安全性仍不容忽视，这是制约无人机喷施除草剂推广的一大问题。

参考文献

董向丽，王思芳，孙家隆，2019. 农药科学使用技术 [M]. 2 版 . 北京 : 化学工业出版社 .

徐汉虹，2007. 植物化学保护学 [M]. 4 版 . 北京 : 中国农业出版社 .

（撰稿：杜龙；审稿：王金信、宋小玲）

茎叶处理剂　post-emergence herbicide

杂草出苗后，直接施用于杂草叶面、整株杂草上，抑制或杀死杂草的除草剂。茎叶处理剂主要是通过杂草的茎、叶等部位进入杂草体内对杂草产生毒害作用，茎叶处理剂主要类型见表。例如：磺酰脲类除草剂主要通过植物的茎、叶吸收，抑制植物体内的乙酰乳酸合成酶活性，进而影响植物生长。茎叶处理剂主要是利用形态选择和生理生化选择以及人为选择性来达到灭草保苗的目的。形态选择是利用杂草和作物植株形态差异，使得它们接收药量不同而实现的选择性。除草剂的生理生化选择性主要是由于植物茎叶或根系对除草剂吸收与传导的差异以及植物利用除草剂在体内生物化学反应的差异而产生的选择性。人为选择性是指在施药时利用杂草与作物在空间位置上的差异或利用作物与杂草发芽及出苗期早晚的差异。如防除果园杂草时，应用草甘膦、草铵膦定向喷雾，杀死杂草，不伤害作物；蔬菜田种植前，使用草甘膦，杀死已萌发的杂草。

茎叶处理剂通常具有以下优点：①施药时杂草已经出苗，可以直观地根据杂草种类和大小选择相应的除草剂品种并确定合适的施药剂量，灵活和机动性强。②除草效果受土壤特性影响小，药效相对比较稳定。③茎叶处理剂对大粒种子的杂草和多年生杂草的防除效果明显好于土壤处理剂。但也具有以下缺点：①在土壤中持效期相对较短，大多数茎叶处理剂在土壤中易降解，对已出土杂草有效，对未出土杂草效果差，控草时间相对较短，即持效期短。②除草效果受天气影响明显，天气过于干旱，杂草为了避免体内水分过多蒸腾，叶片气孔会关闭；进而影响除草剂的吸收，导致除草效果降低；温度过高或过低均不利于药效发挥。③施药后短时

主要茎叶处理剂

除草剂种类	作用机制	结构类型	代表除草剂
乙酰辅酶 A 羧化酶抑制剂类除草剂	抑制乙酰辅酶 A 羧化酶活性	芳氧基苯氧基丙酸类	炔草酯、氰氟草酯、禾草灵、精恶唑禾草灵、精吡氟禾草灵、恶唑酰草胺、精喹禾灵、喹禾糠酯
		环己二酮类	烯草酮、烯禾定
		苯基吡唑啉类	唑啉草酯
乙酰乳酸合成酶抑制剂类除草剂	抑制乙酰乳酸合成酶，阻碍支链氨基酸合成	嘧啶基硫代苯甲酸酯	双草醚、嘧啶肟草醚、环酯草醚、嘧草硫醚
		三唑啉酮类	氟唑磺隆
		磺酰脲类	酰嘧磺隆、甲基二磺隆、烟嘧磺隆、苯磺隆
		磺酰胺类除草剂	双氟磺草胺、五氟磺草胺、啶磺草胺
PSII 抑制剂类除草剂	抑制光合作用中的电子传递	酰胺类	敌稗
		腈类	溴苯腈
		杂环类	灭草松
		苯氨基甲酸酯类	甜菜宁
PS I 抑制剂类除草剂	抑制光合作用中的电子传递	联吡啶类	敌草快
PPO 抑制剂类除草剂	抑制原卟啉原氧化酶，阻碍叶绿素的合成	二苯醚类	氟磺胺草醚
		嘧啶二酮类	苯嘧磺草胺
		三唑啉酮类	唑草酮
HPPD 抑制剂类除草剂	抑制对羟基苯丙酮酸双加氧酶活性	其他	双环磺草酮
		三酮类	磺草酮、苯唑草酮、环磺酮
莽草酸磷酸合成酶抑制剂类除草剂	作用靶标为磷酸合成酶 EPSPS	有机磷类	草甘膦
谷氨酰胺合成酶抑制剂类除草剂	抑制植物的谷氨酰胺合成酶	有机磷类	草铵膦
激素类除草剂	干扰植物体内的激素平衡	苯甲酸类	麦草畏
		苯氧羧酸类	2,4- 滴丁酯
		吡啶羧酸类	三氯吡氧乙酸、二氯吡啶酸、氯氟吡氧乙酸
		喹啉羧酸类	二氯喹啉酸
		芳基吡啶甲酸酯类	氯氟吡啶酯、氟氯吡啶酯

间内降雨会因药剂被雨水冲刷而无效，需要重喷。④除草效果受杂草叶龄影响很大，一般茎叶处理剂在杂草幼苗期施药效果最佳，多在 2～5 叶期。⑤有些茎叶处理剂受土壤含水量影响较大，在干旱时除草效果下降，如芳氧苯氧基丙酸类除草剂。

茎叶处理剂的施药时期如下：①播前或播后苗前茎叶处理。指在农作物未播种、移栽之前或播种后尚未出苗前将除草药液喷洒在已出土的杂草上，能够完全有效地杀死杂草。对这类除草剂的要求是广谱性，且在土壤中很快分解，目前最常用的灭生性除草剂有草甘膦、草铵膦。②作物生长期茎叶处理。指在农作物出苗后喷洒除草剂来防治田间杂草。这种处理方法既将除草剂喷洒到杂草上又喷洒到作物上，因此，对除草剂选择性要求高。③生产中茎叶处理。可采用涂抹法施药，该方法利用内吸传导型除草剂的特点，应用涂抹器械将除草剂喷涂到杂草植株上，通过吸收和传导使药剂进入杂草体内。如在大豆田用精喹禾灵防治芦苇等多年生杂草；还可用涂抹的方法出去草坪、园林风景区的非观赏性高大杂草以及作物田寄生性杂草，如芦苇可在切断的茎上涂抹草甘膦，促进芦苇连根坏死；将草甘膦稀释液涂瓜列当茎，防除瓜列

当，而不伤害寄主。④作物催枯。有些作物在收获前可用除草剂定向喷雾，促进作物叶片枯黄，便于作物成熟和收获。如敌草快于马铃薯即将成熟期兑水均匀定向喷雾，于棉花生长后期，棉桃自然开裂 60% 左右定向喷雾，便于收获。

参考文献

刘长令，2002. 世界农药大全：除草剂卷 [M]. 北京：化学工业出版社.
强胜，2009. 杂草学 [M]. 2 版. 北京：中国农业出版社.
徐汉虹，2018. 植物化学保护学 [M]. 5 版. 北京：中国农业出版社.
中国农业百科全书总编辑委员会农药卷编辑委员会，中国农业百科全书编辑部，1993. 中国农业百科全书：农药卷 [M]. 北京：农业出版社.

（撰稿：李琦；审稿：刘伟堂、宋小玲）

茎叶兼土壤处理剂　post and pre-emergence herbicide

一类既可用于土壤处理，也可用于茎叶处理的除草剂，既可用于作物芽前土壤处理，抑制或杀死正在萌发的杂草，

主要茎叶兼土壤处理剂

除草剂种类	作用机制	结构类型	代表除草剂
乙酰乳酸合成酶抑制剂类除草剂	抑制乙酰乳酸合成酶，阻碍支链氨基酸合成	咪唑啉酮类	咪唑乙烟酸、咪唑喹啉酸
		嘧啶水杨酸	嘧草硫醚
		磺酰脲类	苄嘧磺隆、氯嘧磺隆、氯吡嘧磺隆、噻吩磺隆
		磺酰胺类除草剂	唑嘧磺草胺
PSII 抑制剂类除草剂	抑制光合作用中的电子传递	取代脲类	敌草隆、异丙隆
		三氮苯类	莠去津、特丁津、嗪草酮、扑草净
PPO 抑制剂类除草剂	抑制原卟啉原氧化酶，阻碍叶绿素的合成	二苯醚类	乙氧氟草醚
		环状亚胺类除草剂	丙炔氟草胺
		二唑酮类	噁草酮
八氢番茄红素抑制剂类除草剂	抑制植物体内类胡萝卜素生物合成	吡啶酰胺类	吡氟酰草胺
HPPD 抑制剂类除草剂	抑制对羟基苯丙酮酸双加氧酶活性	苯甲酰环己二酮类	硝磺草酮
双萜化合物抑制剂类除草剂	阻碍胡萝卜素和叶绿素的生物合成	杂环类	异噁草松
超长链脂肪酸合成抑制剂类除草剂	抑制植物体内类胡萝卜素生物合成	氧化乙酰胺类	氟噻草胺
激素类除草剂	干扰植物体内的激素平衡	苯氧羧酸类	2 甲 4 氯

也可在作物出苗后进行茎叶处理，抑制或杀死苗期杂草的除草剂。该类除草剂既可通过施用到土壤表面，被杂草的根、芽鞘或上下胚轴等吸收发挥作用而杀死未出土杂草（见土壤处理），又可以在杂草出苗后，直接施用于杂草叶面、整株杂草上，通过植株茎叶吸收发挥除草剂作用而抑制或杀死出苗的杂草（见茎叶处理），主要类型的茎叶兼土壤处理剂见表。土壤封闭处理不仅除草效果好，杂草不易对其产生抗性，而且还能减轻后期化除的压力，降低药害风险。

茎叶兼土壤处理除草剂既可以通过土壤水分作为媒介进入植物，也可以通过茎叶进入植物起作用。这类药剂的用药时间可分别按土壤处理阶段与茎叶处理阶段使用。土壤兼茎叶处理剂通常有以下特点：①具有封、杀双重作用，不仅具有土壤处理活性防除未出的杂草，又同时具有茎叶处理活性对已出的杂草也具有防除作用；具有封杀作用的除草剂使作物田一次用药防除杂草成为可能，在生产中受到广泛欢迎。此外，具有封杀作用的除草剂组合在生产中也广泛应用，如玉米田代表性的除草剂组合乙草胺·烟嘧磺隆·莠去津。②可根据当地气候、土壤特点、作物种类选择相应的处理方法，处理方法灵活。如气候、土壤条件不利于土壤处理剂药效发挥时做茎叶处理；小粒种子的作物田不适宜进行土壤处理进行杂草防除，可选择茎叶处理方式。③单从除草效果上考虑，最佳的用药时期为杂草出苗后早期最佳。④兼有土壤处理剂和茎叶处理剂的优点。

参考文献

刘长令，2002. 世界农药大全：除草剂卷 [M]. 北京：化学工业出版社.

徐汉虹，2018. 植物化学保护学 [M]. 5 版. 北京：中国农业出版社.

中国农业百科全书总编辑委员会农药卷编辑委员会，中国农业百科全书编辑部，1993. 中国农业百科全书：农药卷 [M]. 北京：农业出版社.

（撰稿：刘伟堂；审稿：王金信、宋小玲）

经典生物防治　classical biological control

将外来杂草原产地的具有寄主专一性的自然天敌，如某些昆虫、病原真菌、细菌、病毒、线虫、食草动物和高等植物，引入到入侵地杂草种群，通过天敌与杂草相互作用的生态学途径防治杂草的方法。经典生物防治需要从杂草原产地的生态系统中寻找有效的天敌，再经过寄主专化性、有效性测试和评价，经批准引进后，再对其在控制地入侵杂草种群的生态适应性和有效性进一步评价，然后规模释放，利用物种相互作用的生态学规律将杂草控制在经济、生态、美学可接受的水平。经典生物防治的优点是一旦选定了安全有效的天敌进行释放，就可以通过生态途径有效防治杂草，"一劳永逸"，因而经济、绿色环保。但是，也存在生态安全风险，因为，天敌一旦释放，在防治了目标杂草之后，存在转移寄主的风险。

形成和发展过程　早在 1795 年，印度从巴西引入胭脂虫（*Dactylopius ceylonicus*）成功抑制了印度北部的霸王树仙人掌（*Opuntia vulgaris*），由此揭开了杂草生物防治的序幕。1840 年，澳大利亚政府从美洲、印度、南非引进天敌昆虫以防治仙人掌草害，发现斑螟科的阿根廷蛾（*Cactoblastis cactorum*）幼虫对防治仙人掌特别有效，这也是早期的生物防治成功案例。1944 年，美国加利福尼亚州从澳大利亚引进金丝桃甲（*Chrysolina hyperici*）和四重叶甲（*Chrysdina quadrigemina*）成功消灭了泛滥的克拉马思草。1965 年，美国佛罗里达州通过释放一种能吃茎叶的甲虫（*Agasicles hygrophila*）成功控制了水生杂草空心莲子草，取得了杂草生物防治史上水生杂草生物防治成功的第一例。20 世纪 60～70 年代，美国和加拿大发现豚草条纹叶甲（*Zygogramma suturalis*）是一种较为理想的治理豚草的天敌昆虫。1978 年，苏联引进该虫后，成功地控制住了豚草的危害。早期杂草生物防治的成功有力地促进和推动了现代杂草生物防治工作的开展。1961 年第一届国际杂草生防讨论会确定了杂草生防的学术地位，世界上最早开展杂草生防的国家有澳大利亚、美国、加拿大等。截至 1998 年底，世界上已有 70 个国家对39 科 133 种目标杂草开展了生物防治，利用的天敌多达 369种，释放近 1000 次。中国对经典生物防治的探索可以追溯到 1982 年，江苏农学院在沿海棉区发现了一种天敌尖翅筒喙象用以防控黄花蒿，一年发生 1～2 代，成虫喜食黄花蒿嫩头、嫩叶，并以喙咬破植株表皮，产卵于其中，以幼虫取食黄花蒿茎秆维管组织，形成虫道，致使植物折断枯死，其自然侵蚀控草率在 82.7% 以上。1984 年，中国科学院昆明生态研究所借鉴国内外关于利用泽兰实蝇治理紫茎泽兰的成功经验，在西藏聂拉木县樟木区考察时找到了泽兰实蝇，经检疫、食性专一性测定等研究后，翌年陆续在云南紫茎泽兰主要发生危害区释放，均获成功，并已定居扩散。释放区紫茎泽兰枝条寄生率可达 60%～70%，其危害逐步减轻。1987年中国农业科学院生防室先后从加拿大和苏联分别引进豚草条纹叶甲用以控制豚草，该虫的物候期与寄主的物候期相吻合，繁殖力高，在辽宁的沈阳、丹东、铁岭等地成功释放。1987 年，中国自美国引进空心莲子草叶甲，在四川北培一水塘释放，将塘内空心莲子草基本清除。翌年在湖南长沙的水库中释放，也取得了对空心莲子草的良好防治效果。此外，90 年代末，中国发现广聚萤叶甲（Ophraella communa）在豚草开花季节大量啃食叶片，致使花而不实，逐渐使华东、华中等地豚草种群消失，取得了巨大成功。目前，应用昆虫除草在世界各国已得到广泛重视，并取得了不少生防成果。

利用病原微生物防除杂草也有不少成功的实例，有的已大面积推广应用。1954 年，在澳大利亚昆士兰的紫茎泽兰叶片上首次发现叶斑病的真菌——泽兰尾孢菌（Cercospora eupatorii Peck.），它可引起叶片失绿，阻碍植株的生长，在南方和新西兰等国被批准用于控制紫茎泽兰。1960 年，澳大利亚利用从地中海地区发现的一种寄生锈菌（Puccinia chondrillina）有效抑制了灯性草粉苞苣（Chondrilla juncea）的蔓延，该菌能够侵染灯心草粉苞苣的茎和花萼，使花和种子减少，种子活力下降，影响其繁殖能力。经研究引入后获得巨大成功，田间释放后致病率可达 50%～70%。这也是利用植物病原菌防治农田杂草的第一个成功例子。20 世纪80 年代，中国云南省农业科学院应用拉宾黑粉菌（Ustilago robenhorstiana）防治旱田杂草马唐进行初步实验，证明该菌为专性寄生菌，可有效控制马唐的大量发生。

基本内容 经典生物防治大多用于防除由国外或外地传播来的杂草，该方法利用动物、病原微生物在自然界中的地位，通过植物生态学、动物生态学原理控制杂草种群的发生，从而将杂草种群控制在可接受的经济、生态范围内。值得注意的是，传统的生物控制通常是由公共组织在地区、国家甚至是更大区域进行协调或管制。对于外来杂草进行生物防治的程序一般包括：①确定适于生物防治的目标杂草。②潜在的杂草生物防治作用物的搜寻及有效天敌的筛选。③寄主专一性的测定。④有效生物防治作用物的引进、释放与种群建立。⑤生防作用的效果评价。按生防作用物分类，经典生物防治主要包括以虫治草和以病原微生物治草。

以虫治草是利用昆虫对杂草的相对专一的取食性来控制杂草的生长与蔓延的方法。用于生物防治的天敌昆虫应具备的特性包括：①直接或间接地杀死或阻止其寄主植物繁殖扩散地能力。②高度地传播扩散和善于发现寄主地能力。③对目标杂草及其大部分自然分布区地环境条件由良好地适应性。④高繁殖力。⑤避免或降低被寄主和被捕食的防御能力。目前，利用昆虫有效治理杂草取得成功的例子主要集中于对外来杂草的防治，而对本地杂草尚未有成功应用的实例。在利用昆虫防治杂草的过程中，应研究昆虫对杂草的危害症状、危害部位、危害程度等。一种昆虫能危害一种杂草且造成很重的伤害，这并不意味着就可以用于生防。因为，有些昆虫的食性很杂或属多食性，除可食用目标杂草外，还能取食其他植物，特别是同属、同科植物。

以病原微生物治草是利用特定病原微生物对某种植物侵染的高度专一性，来感染杂草使其发病，从而影响杂草生长发育和繁殖的一种防治杂草方法。利用病原真菌治理杂草的机理主要包括对杂草的侵染能力（包括侵染途径、部位、侵入后在组织中的感染能力等），侵染速度（与病原真菌的侵染能力、侵入组织后的生长发育状态、被侵染杂草对该病原菌的抗耐性大小和侵染时的环境因子适合度有关）和对杂草的损伤性（主要表现为引起杂草严重的病症比如炭疽、枯萎、萎蔫、叶斑等，通常与真菌的特异性毒素有关）等。只有在病原微生物的侵染速度高于杂草生长速度时，杂草才能受到明显伤害，得到有效控制。目前，已有不少利用病原菌微生物防除杂草的实例。

科学意义和应用价值 过去化学农药的大量使用，杂草逐渐产生抗药性，且化学农药通常具有环境毒性，严重破坏生态平衡。与之相对的，生物防治是基于生态平衡的原理，利用自然界中生物种群间的相互制约，调节有害种群的生物密度，使其长期维持在阈值之下不致害的水平，但又不至于过低灭绝。经典生物防除的优点是成本较低，引入释放后天敌可自行繁殖扩散，自行寻找需要侵害的目标，在一次或有限次的释放后即可对外来杂草进行持续性防治，且不会对农作物及环境造成污染和损害。特别是无法实施防除技术的特殊生境，经典生物防治利用的天敌生物，可以自身飞行或经风传，实现流行并控制。传统生物防治在生物多样性保护种，尤其在控制外来种的扩散危害方面，可获得持久的控制效果，是任何别的方法都难以替代的技术，能够取得最佳的生态效益、经济效益和社会效益。

存在问题和发展趋势 经典式生物防治法通过引入杂草原产地的有效天敌，利用生态学途径对杂草进行防除，显然具备无可替代的优点，但依赖于寻找宿主高度特异性的天敌。高度的寄主专一性直接影响其实际控制效果，这一问题可以通过几种寄主专一性天敌搭配或与除草剂的混合使用克服。另外，随着全球贸易增长，人们在同一地区不得不防治来自世界各地的杂草。在没有天敌的情况下，这些外来杂草的数量会迅速增加，极易造成"草害暴发"。由于天敌的多样性，单一栽培作物田有害生物的传播远远多于多元栽培田，这也大大降低了利用现有有益天敌种群控制新杂草入侵和扩散的可能性，从而导致一些杂草种群暴发，造成严重的生态危害和经济损失。

经典生物防治的顺利实现不仅需要正确理解目标杂草的特性，而且还需要确定足够具体、安全有效的释放策略。天敌一旦被释放，其生长完全由生态过程控制，人类很难对其进行操控，有可能对农作物造成潜在的危险，导致生态安全风险问题。以往经典生物防治的研究中，生物学家主要强调生物作用物的控制作用及在农业生态系统中有经济重要性，很少考虑长期的生态后果，特别是引进的天敌若改变其寄主，对邻近自然保护区、国家公园等非目标地区的发展。因此，传统生防的关键问题仍然在于发展选择天敌的严格标准与程序，完善法律法规，遵守科学管理程序。为了中国杂草生防的健康发展，应在遵守有关动植物检疫法、环境保护法、稀有或濒危植物保护法等现行法律法规的基础上，建立起监督管理及咨询审查机构与机制，完善监管项目进行与所有生物防治天敌的释放与否的决定。虽然需要消耗更长的时间，但完善的评价体系是生防可靠性和安全性的有力保证。

此外，外来杂草具有国际间互相入侵性的特点，为防除入侵杂草，势必要加强国际合作，力争突破。合作内容不仅包括实现国际间自然天敌引进利用，加强国际间抗药性杂草信息、检测技术和控制方法的交流；也包括合作开展起源地与入侵地间地理分布、生理生态适应性和种群遗传结构等比较研究；加强杂草与其他生物的相互作用机制与靶标等基础理论研究的交流，完善改进相关研究方法和技术等。

参考文献

包建中，古德祥，1998. 中国生物防治 [M]. 太原：山西科学技术出版社.

刘占山，刘爱中，黄安辉，2008. 现代农药发展中的问题及应用前景 [J]. 农药研究与应用，12(5): 18-21.

吕宝乾，彭正强，金启安，等，2013. 2013 年中国害虫生物防治学术研讨会论文集 [C]. 重庆：中国昆虫学会.

马晓渊，2007. 加强杂草生物防除的研究和应用 [J]. 杂草科学 (3): 1-6.

强胜，2009. 杂草学 [M]. 2 版. 北京：中国农业出版社.

强胜，2010. 中国杂草学研究现状及其发展策略 [J]. 植物保护，36(4): 1-5.

曾士迈，1994. 植保系统工程导论 [M]. 北京：北京农业大学出版社：35-36.

（撰稿：陈世国；审稿：强胜）

经济阈值　economic threshold

除草后作物增收效益与防除费用相等时的草害水平。当杂草草害压力高于经济阈值时，控制杂草将带来更高的净回报。当杂草压力低于经济阈值时，控制杂草将导致较低的净回报。为了使草害防治有良好的经济效益，防治费用应小于或等于杂草防除获得的效益。杂草防除措施的经济效益取决于作物增产的幅度和防除成本。当田间杂草密度超过杂草密度阈值时进行防除，收益就会高于防除的成本（见图）。因此，在生产中，见草就打药或除草务尽都是不科学的。杂

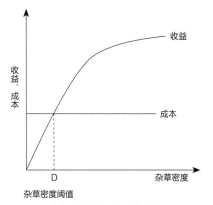

杂草危害经济阈值模式图

草经济阈值可以帮助农民提高农田杂草防治效果，控制农田管理成本，减少一些不必要的除草劳动，将经济效益和生态效益相结合，完善杂草综合治理的生态经济学原理，对农业生产和作物科学管理带来极大启示。在确定杂草的经济阈值时，需要考虑多种因素，包括：潜在作物产量、单位杂草密度的作物产量损失、粮价、除草剂成本、除草剂功效和由给定除草剂控制的物种数量。这些因素又反过来受到其他条件的影响，包括作物类型和竞争能力、作物密度、杂草种类、作物和杂草出现的相对时间、土壤肥力、温度和湿度对作物相对于杂草的影响。例如，当播种延迟时，暖季杂草相对于冷季作物生长得更快，因为暖季有利于杂草生长。在实际操作中，大多数农民更可能将他们的杂草控制决策建立在一个被称为"行动阈值"的基础上。行动阈值是指导致农民实施控制措施的杂草侵扰程度。虽然行动阈值考虑了与经济阈值相同的因素，但行动阈值也受到其他因素的影响，如农民自身的直觉、风险评估和其他社会压力。也有学者建议使用基于长期杂草种群的模型，特别是杂草种子库。这种方法的目标是在数年内耗尽土壤中的杂草种子，同时最大限度地提高长期盈利能力。该模型需要对杂草种群动态有很好的了解，并支持使用综合杂草管理策略。尽管目前国内外对农田杂草生态经济阈值的研究，已经涉及多种农作物和杂草种类，但大多数研究仅仅关注于单季杂草控制的经济阈值，其把当前作物的净收益作为主要考虑因素，而很少有研究将长期控制杂草的成本纳入到经济阈值中。例如，杂草可能会将大量种子返回种子库，造成未来杂草问题的可能性。因此，今后应该将杂草长效控制的成本纳入到经济阈值的研究当中，作为使用经济阈值来制定杂草控制决策的替代方法。

推荐阅读　Economic thresholds based on weed populations are generally a short-term approach to weed management and can cause build-up of weed seeds in the soil seedbank. https://www.umanitoba.ca/outreach/naturalagriculture/weed/files/herbicide/thresholds_e.htm

参考文献

强胜，2009. 杂草学 [M]. 2 版. 北京：中国农业出版社.

COBLE H D, MORTENSEN D A, 1992. The threshold concept and its application to weed science [J]. Weed technology, 6: 191-195.

JONES R E, MEDD R W, 2000. Economic thresholds and the case

for long-term term approaches to population management of weeds [J]. Weed technology, 14(2): 337-350.

STERN V M, SMITH R F, BOSCH R V D, et al, 1959. The integrated control concept [J]. Hilgardia, 29: 81-85.

ZHANG Z, LI R H, ZHAO C, et al, 2021. Reduction in weed infestation through integrated depletion of the weed seed bank in a rice-wheat cropping system [J]. Agronomy for sustainable development, 41(1): 1-14.

（撰稿：郭辉；审稿：强胜）

荆条 *Vitex negundo* L. var. *heterophylla* (Franch.) Rehd.

林地灌木或小乔木状杂草。又名荆棵、刻叶荆条、黄荆条、荆梢子。英文名 heterophyllous chastetree。马鞭草科牡荆属。

形态特征

成株　灌木或小乔木（图①）；小枝四棱形，密生灰白

荆条植株形态（闫双喜摄）
①植株；②叶形；③④花序；⑤果序；⑥种子；⑦幼苗

色茸毛。掌状复叶，小叶5，少有3（图②）；小叶片长圆状披针形至披针形，顶端渐尖，基部楔形，小叶片边缘有缺刻状锯齿，浅裂至深裂，背面密被灰白色茸毛；中间小叶长4～13cm、宽1～4cm，两侧小叶依次变小，若具5小叶时，中间3片小叶有柄，最外侧的2片小叶无柄或近于无柄。聚伞花序排成圆锥状花序，顶生，长10～27cm，花序梗密生灰白色茸毛（图③④）；花萼钟状，顶端有5裂齿，外有灰白色茸毛；花冠淡紫色，外有微柔毛，顶端5裂，二唇形；雄蕊伸出花冠管外；子房近无毛。

子实　荆条果实呈卵球形或近球形，包于宿存花萼内，黑褐色，表面粗糙，无光泽，圆头状凸起紧密排列在果实表面，呈波浪状。果实长短轴大小为2.93mm×2.48mm。荆条果实内含种子1～4枚，呈倒卵形，种皮厚膜质，淡黄色，是双子叶无胚乳种子（图⑤⑥）。

生物学特性　荆条为低海拔山地植物，多生长在1000m以下。自然分布区的降水量一般在400～500mm以上。对土壤要求不严，在肥地、瘠地、砂质、石砾质、河卵石滩、石灰质及各种岩石风化母质之上均能良好生长，适应土壤pH 6～8。自然生长于山地阳坡的干燥地带，常见于山地、沙石山坡、山沟、林边、谷底、河边、路旁、荒地，形成灌丛，或与酸枣等混生为群落，或在盐碱沙荒地与蒿类自然混生，是山地阳坡常见的优势灌木。荆条果实量大，荆条以种子繁殖，繁殖力强。在华北地区6月开花，花期长达2个多月，10月下旬开始枯黄。长江以南花期4～5月，果期7～10月。

分布与危害　中国广泛分布于辽宁、河北、山西、山东、河南、陕西、甘肃、江苏、安徽、江西、湖南、贵州、四川、台湾等地区的太行山、燕山、中条山、沂蒙山、大巴山、伏牛山和黄山等山区。北京北部山区、河北承德、内蒙古赤峰和鄂尔多斯等地都有自然分布。荆条为其分布区内人工林常见的木本杂草之一。由其根茎萌发力强，常与幼苗期或浅根系的人工林争夺水分和养分。

防除技术　应采取包括农业防治、生物防治和化学防治相结合的方法。此外，也应该考虑荆条做药用、饲料、绿化、观赏盆景、绿肥或薪炭用柴等综合利用措施，以降低荆条对人工林的危害。

农业防治　使用机械工具，耕翻林内土地，使荆条植株连根拔起，达到根除的目的。收获的植株可以作为牲畜越冬的饲料，或用作园林绿化、绿肥、薪炭用柴等。

综合利用　荆条具有很高的经济价值，具有多方面的用途。由于荆条可以做药用和绿化观赏等，通过综合利用可以不同程度地降低荆条对人工林的危害。

荆条营养丰富，粗蛋白质含量为13.4%～17%，粗纤维含量为25.1%～24.4%，其钙、磷、氨基酸含量丰富，苗期荆条的赖氨酸含量达1.06%，开花期时为0.83%。荆条铁、锰、硫、锌等元素含量较丰富。嫩枝叶的粗蛋白质含量中等，脂肪含量高，结实期前营养成分均衡，谷氨酸含量较高，用于喂食或放养牲畜，以降低荆条对人工林的危害。

荆条传统用于编织，可以编出结实而又精致的背篓、驮篓、箩头、筐、篮子等器物，用于日常生活。荆笆常用于滩涂改造、建筑工地、矿山改造、公路建设等。还可用来编织储酒容器——酒海。

荆条叶味苦、性凉，有解表、除湿、止痢、止痛的功能，用于感冒、中暑、胃病等症，临床应用于治疗慢性气管炎。荆条带宿存花萼的果实味辛、苦，性温，有散风、祛痰、止咳、理气止痛功能，用于慢性气管炎、感冒咳嗽、哮喘、胃痛等。因此，荆条产地采收人工林下的荆条叶和果实作为中药，也会降低荆条的生物量和子实的产量，从而降低荆条对人工林的危害。

荆条是良好的水土保持植物，其蓄水量为7730kg/hm^2。可改良土壤，用于山区绿化、小流域治理的环境保护和荒山绿化。

荆条由于其叶秀丽、耐修剪，花芳香，花色丰富，可用于装点城市、公园、景区及庭院，给环境增添无限生机，可栽培作为观赏植物。利用其奇异形态，还能培育出优质的荆条盆景。荆条种子可食用，能作鸡饲料，种子油为很好的工业用油，可制造肥皂及其他工业品。

参考文献

陈金法，2011. 荆条的特性及经营管理 [J]. 科学种养 (6): 19-20.

陈默君，贾慎修，2002. 中国饲用植物 [M]. 北京：中国农业出版社.

韩保强，杜一鸣，张建平，等，2013. 荆条果实的形态、结构与组分 [J]. 河北科技师范学院学报，27(3): 1-5.

李兴泰，2013. 荆条的饲用价值及栽培 [J]. 四川畜牧兽医，40(9): 42.

梁帝允，张治，2013. 中国农区杂草识别图册 [M]. 北京：中国农业科学技术出版社.

强胜，2009. 杂草学 [M]. 2 版. 北京：中国农业出版社.

肖培根，连文琰，1999. 中药植物原色图鉴 [M]. 北京：中国农业出版社.

邢福武，曾庆文，陈红锋，等，2009. 中国景观植物 [M]. 武汉：华中科技大学出版社.

闫双喜，李永，王志勇，等，2016. 2000 种观花植物原色图鉴 [M]. 郑州：河南科学技术出版社.

闫双喜，刘保国，李永华，2013. 景观园林植物图鉴 [M]. 郑州：河南科学技术出版社.

（撰稿：闫双喜；审稿：张志翔）

井栏边草　*Pteris multifida* Poiret

果园、茶园、胶园多年生杂草。又名井口边草、井栏草、凤尾草、乌脚鸡。英文名 Chinese hen fern spider brake、spider brake。凤尾蕨科凤尾蕨属。

形态特征

成株　植株高20～45（～85）cm（图①）。根茎短而直立，粗1～1.5cm，先端被黑褐色鳞片。叶多数，密而簇生，明显二型；不育叶柄长15～25cm，禾秆色或暗褐色而有禾秆色的边，稍有光泽，光滑；叶片卵状长圆形，一回羽状，羽片通常3对，对生，斜向上，无柄，线状披针形，先端渐尖，叶缘有不整齐的尖锯齿并有软骨质的边，下部1～2对通常分叉，有时近羽状，顶生三叉羽片及上部羽片的基部显著下延，在叶轴两侧形成宽3～5mm的狭翅（翅的下部渐狭）；

井栏边草植株形态（张治摄）
①植株；②③叶；④孢子叶及孢子囊

能育叶有较长的柄，羽片 4～6 对，狭线形，仅不育部分具锯齿，余均全缘，基部 1 对有时近羽状，有长约 1cm 的柄，余均无柄，下部 2～3 对通常 2～3 叉，上部几对的基部长下延，在叶轴两侧形成宽 3～4mm 的翅。主脉两面均隆起，禾秆色，侧脉明显，稀疏，单一或分叉，有时在侧脉间具有或多或少的与侧脉平行的细条纹（脉状异形细胞）。叶干后草质，暗绿色，遍体无毛；叶轴禾秆色，稍有光泽（图②③）。

　　子实　孢子囊群沿叶边连续排列（图④）。

　　生物学特性　多年生草本，以孢子繁殖。生于海拔约 1000m 以下的墙壁、井边及石灰岩缝隙或灌丛，喜温暖湿润和半阴环境，在有蔽荫、无日光直晒和土壤湿润、肥沃、排水良好处生长旺盛。在酸性到碱性土壤中均能生长良好，为钙质土指示植物。

　　孢子为淡褐色、三裂缝，赤道面观呈椭圆形，极面观呈钝三角形、有瘤状纹饰。孢子培养 7～9 天开始萌发，通常为切线形，幼时丝状体阶段为 3 细胞长。培养 80～100 天后原叶体成熟，其精子器呈球形，颈卵器为高等蕨类植物典型类型。鬼针草根分泌物和茎水提液对配子体的生长和发育具有抑制作用。

　　在浙江嘉兴，井栏边草 11 月引种，翌年 3 月上旬至 10 月下旬都不断有拳芽萌发，展叶和孢子成熟时间随着拳芽萌发的时间不同而异。4 月中下旬开始展叶，在展叶初期即可见到能育叶边缘的孢子囊群盖，6 月上旬始见孢子成熟。冬季保持常绿。孢子播种在草炭土与田园土、珍珠岩或素沙 1:1 的基质，12～14 天即萌发，22～24 天形成配子体，138～152 天形成孢子体。

　　分布与危害　中国分布于安徽、重庆、福建、广东、广西、海南、贵州、河北（北戴河）、河南、湖北、湖南、江苏、江西、陕西（秦岭）、山东（崂山、庐山、泰山）、四川、台湾、浙江。为茶园、橡胶园常见杂草，发生量小，危害轻。

　　防除技术

　　人工或机械防治　在幼龄期或孢子成熟前，人工锄草或机械防除。

　　生物防治　用覆盖植物替代控制，以草治草。

化学防治　用灭生性茎叶处理除草剂草甘膦或草铵膦防治，注意需定向喷施。

综合利用　全草入药，能清热利湿、凉血解毒、收敛止血、强筋活络、治痢止泻，用于治疗痢疾、肠炎、肝炎、咽喉炎、泌尿系统炎症、扁桃体炎、痈疮疖肿、风湿和肿瘤等。适作盆栽观叶，园林地被植物。提取物对水稻纹枯病菌有明显的抑制作用。可以用于修复砷—铅污染的土壤。

参考文献

邓滔，2008. 井栏边草和蜈蚣草对 As-Pb 胁迫的富集作用 [D]. 南京：南京林业大学 .

董旭，2014. 应用园林植物替代控制城市杂草的方案研究——以上海地区为例 [D]. 上海：上海师范大学 .

黄超群，2013. 井栏边草引种栽培及孢子繁殖研究 [J]. 黑龙江农业科学 (5): 54-56.

季敏，孙国俊，朱叶芹，等，2014. 不同树龄茶园杂草群落物种组成及多样性差异 [J]. 杂草科学 , 32(1): 19-29.

李扬汉，1998. 中国杂草志 [M]. 北京：中国农业出版社 : 57.

刘颖，沈羽，张开梅，等，2015. 三叶鬼针草根系分泌物对井栏边草配子体生长和发育的影响 [J]. 西北农业学报 , 24(7): 149-155.

王虎琴，孙国俊，王哲明，等，2016. 茅山丘陵金坛茶园秋季杂草发生危害调查 [J]. 江西农业学报 , 28(3): 53-57.

王金宇，尹彪，彭喜旭，等，2011. 井栏边草提取物对水稻纹枯病菌的抑制活性 [J]. 江苏农业科学 , 39(4): 125-126.

杨建民，1990. 井栏边草 (*Pteris multifida* Poir.) 配子体的培养与观察 [J]. 湖北大学学报 (自然科学版), 12(4): 353-357.

张开梅，沈羽，方炎明，等，2016. 三叶鬼针草茎水提液对井栏边草配子体的化感响应 [J]. 青岛科技大学学报 (自然科学版), 37(6): 603-608.

中国科学院中国植物志编辑委员会 , 1990. 中国植物志：第三卷 第一分册 [M]. 北京：科学出版社 : 41.

（撰稿：范志伟；审稿：宋小玲）

竞争临界期　critical period of competition

作物对杂草竞争敏感的时期。当杂草生长存留对作物产量的损失和无草状态下作物产量增加量相等时的天数，即为杂草竞争的临界期，其亦可被称为杂草干扰临界期或杂草防治临界期。竞争临界期有多种定义。Zimdahl（1993）将其定义为从播种或出苗后杂草竞争不降低作物产量到杂草竞争不再降低作物产量之间的时间跨度。Knezevic 等（2002）将竞争临界期描述为作物生长周期中的"窗口"，在此期间必须控制杂草以防止不可接受的产量损失。杂草竞争临界期的概念已经引入了 40 多年。这一概念基于这样一个假设，即杂草在整个季节对作物的危害并不相同，而且在作物发育过程中，与其他因素相比杂草对产量的影响最大。初期的杂草幼苗还不足以对作物构成竞争，造成危害。随着杂草幼苗的生长，竞争就逐渐产生，起初这种竞争是微弱的，是不造成作物产量明显损失的草、苗共存期。这期间，作物可以耐受杂草通过竞争对其造成的影响。但随着时间的推

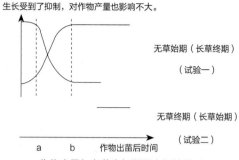

作物产量与杂草生长期限之间的关系

移，这种竞争作用逐渐增强，对作物产量的影响就越来越明显。

杂草竞争临界期可通过图中的 2 种试验来确定。其中，a 与 b 之间的生长期为杂草竞争临界期。在作物出苗到 a 期时，杂草生长对作物产量影响不大。因为，在此期间，杂草和作物均较小，环境资源充足，杂草和作物之间未发生竞争作用。在 b 期以后，由于作物较大，已占据空间，在竞争中处于优势地位，杂草再发生，生长受到了抑制，对作物产量也影响不大。

不同作物之间的竞争临界期存在差异，而且同种作物的竞争临界期也可能会有很大差异，这主要取决于影响作物或杂草竞争能力的诸多因素，例如土壤、气候、水肥管理等多种因素。在临界期，杂草对作物产量造成的损失将非常显著。一般情况下，杂草竞争临界期在作物出苗后 1～2 周到作物封行期间，这一期限约占作物全生育期的 1/4，40 天左右，但不同的作物其期限长短有所差异。因此，竞争的临界期是进行杂草防除的关键时期，其对于杂草综合控制和杂草控制战略的精确规划以及除草剂和其他杂草控制措施的合理使用至关重要。只有在此期限除草，才是最经济有效的。过早除草可能会做无用功，而过迟则对作物的产量影响已无法挽回。例如，有研究表明四川水直播稻田杂草与水稻的竞争临界期为播后 16～55 天，在此期间喷施氯氟吡啶酯 + 丙草胺等除草剂对水直播稻田总杂草的鲜重防效均在 98% 以上，且对水稻安全。目前关于杂草竞争临界期研究已有较多文献报道，涉及的作物包括水稻、小麦、玉米以及棉花等，但是关于单子叶、双子叶杂草混合种群与作物竞争临界期的相关研究仍较为欠缺，后续的研究应注重于多种杂草同时存在时其竞争临界期的变化。与此同时，在气温升高，降水格局改变以及氮沉降增多的全球变化背景下，更应该关注这些全球变化因子对于杂草竞争临界期的影响，以便更好地服务于农田杂草的防治工作。

参考文献

李儒海，褚世海，魏守辉，等，2014. 麦田恶性杂草猪殃殃与冬小麦的竞争临界期研究 [J]. 湖北农业科学 , 53(24): 6026-6029.

强胜，2009. 杂草学 [M]. 2 版 . 北京：中国农业出版社 .

赵浩宇，李旭毅，朱建义，等，2020. 水直播稻田杂草竞争临界期及苗后一次化除研究 [J]. 杂草学报 , 38(1): 49-54.

IVANEK M M, OSTOJIĆ Z, BARIĆ K, et al, 2010. Importance of critical period of weed competition for crop growing [J]. Poljoprivreda, 16(1): 57-61.

KUMAR M, GHORAI A K, SINGH A, et al, 2015. The critical period for weed competition in relation to fibre yield of jute (*Corchorusolitorius* L.) [J]. Journal of agriculture search, 2(3): 225-228.

（撰稿：郭辉；审稿：强胜）

菊苣　*Cichorium intybus* L.

秋熟旱作物多年生杂草。又名苦苣、苦白菜、咖啡草。英文名 wild chicory。菊科菊苣属。

形态特征

成株　株高 30～150cm。主根粗壮，圆柱形，侧根纤维状，主根直径可达 2cm，深达 1.5m。茎中空，有细棱，节间长，下部被糙毛或全株无毛。基生叶长圆形，长 6～20cm、宽 1～4cm，倒向羽裂或不裂而具齿，侧裂片为不规则的三角形，顶端裂片大，基部渐窄而下延于叶柄成翅；茎生叶少数，披针状卵形至披针形，向上渐小、全缘、无柄，所有叶两面被糙毛，尤以中脉为密。头状花序的着生有 2 种，一种无梗，1～3 个生于叶腋或花序梗腋，一种单生于花序梗端，梗长 2～6cm，向上略变粗，于花序下缩，有时梗中部也生花序；总苞圆柱形，长 8～14mm，总苞片 2 层，外层 5，少 6～7，卵状披针形，长 5～7mm，无毛或略具睫毛，内层 8，条状披针形，长 8～13mm，先端渐尖，无毛或于先端有少数糙毛；舌状花蓝色，长 14mm，舌片宽约 3mm，花柱长约 9mm，柱头 2 裂（见图）。

幼苗　下胚轴短，子叶浅绿色，长圆状匙形，通常长度大于宽度的 2 倍，有短柄，基部连接成浅杯状。真叶莲座状着生于根颈环上，长圆状倒卵形，质薄，淡绿色，表面有光泽，边缘有不规则的浅裂片；叶柄有狭翅，具软毛。

子实　瘦果倒卵状、椭圆状或倒楔形，外层瘦果压扁，紧贴内层总苞片，3～5 棱，顶端截形，向下收窄，褐色，有棕黑色色斑。冠毛极短，2～3 层，膜片状，长 0.2～0.3mm。果脐大，五角形，有时六角形，维管束痕隐约可见。果实横剖面近五角状椭圆形。

生物学特性　适生于山前平原、荒地及农田边，海拔 500～1200m。以种子和根茎繁殖。花期 6～8 月。适应性较强，耐多次刈割、耐寒、耐旱、耐盐碱、喜水肥，无虫害，病害极少，在 -8℃ 左右能安全越冬，能在多种气候条件和生态环境中生长。菊苣喜温暖湿润气候，15～30℃ 生长尤为迅速，较耐寒，地下肉质根可耐 -20～-15℃ 低温，夏季高温季节，只要水分供应充足，仍具有较强的再生能力。

分布与危害　中国分布于新疆福海、阿勒泰、乌鲁木齐等地，东北、华北、西北各地有分布；亚洲其他地区、欧洲、非洲、大洋洲也有分布。

主要危害棉花、大豆、玉米等，也生于田埂和路边。根蘖和种子繁殖力强，生长迅速，争夺水肥和生存空间，对农作物可造成排挤性危害。

防除技术

农业防治　人工物理防除是目前最有效的防除方法之一，在菊苣营养生长期采用此法铲除菊苣是不二之选。需要注意的是，在物理防除过程中，无论是人工拔除还是机械除草，新鲜的残体都需要被带出田间，统一处理，以免残留部分的再生，影响防效。结合种子处理清除杂草种子，并结合耕翻、整地，消灭土表的杂草种子。实行定期的水旱轮作或是单双子叶作物轮作，减少杂草的发生。

化学防治　根据杂草种类、作物品种、土壤类型和气候条件等因素，选用适宜的除草剂品种。在大豆、棉花、玉米等秋熟旱作田，选用酰胺类除草剂乙草胺、异丙甲草胺、精异丙甲草胺，二硝基苯胺类除草剂氟乐灵、二甲戊灵。玉米田还可选用乙酰乳酸合成酶抑制剂唑嘧磺草胺进行土壤喷雾处理。烟草田可在移栽前选用酰胺类除草剂敌草胺进行土壤喷雾处理。对于没有完全封闭防除的残存植株，花生、大豆田可用二苯醚类除草剂乙羧氟草醚、氟磺胺草醚、三氟羧草醚等以及有机杂环类除草剂灭草松进行茎叶喷雾处理。玉米田还可用激素类除草剂二氯吡啶酸、氯氟吡氧乙酸，乙酰乳酸合成酶抑制剂烟嘧磺隆、氟嘧磺隆、砜嘧磺隆，对羟基苯丙酮酸双加氧酶抑制剂硝磺草酮或其他类型除草剂辛酰溴苯

菊苣植株形态（强胜摄）

腈等进行茎叶喷雾处理。棉花田可用三氟啶磺隆进行茎叶喷雾处理，或用乙羧氟草醚、氟磺胺草醚、三氟羧草醚定向喷雾。也可在玉米、棉花株高大于 50cm 后，行间保护性定向施用灭生性除草剂草甘膦进行防治，一定注意控制喷头高度，防止药液飘移。

综合利用　菊苣为药食两用植物，叶可调制生菜，根含菊糖及芳香族物质，可提制代用咖啡，促进人体消化器官活动。菊苣为新疆地区维吾尔族常用药材，其全草、根、籽入药，是清热卡森颗粒等中成药的主要原料药材。菊苣子药性干寒，具有生干生寒、调节异常血液质、开通肝阻、清热消炎、消除黄疸、利尿退肿等功能，主治湿热性或血液质性疾病，如肝脏阻塞、湿热性肝炎、黄疸型肝炎、全身性水肿、小便不利等。菊苣提取的低聚果糖，可促进对钙的吸收，吸收率可提高 26%～58%，这一研究成果预示了人类解决补钙难题的一个全新途径。

菊苣还是优良的饲料作物，具有较低的光饱和点和光补偿点，可充分利用果林下较弱的光能，转化成有机物与养分，获得高的鲜、干草产量。菊苣草质优良，富含各种营养物质，蛋白质含量 20%～23%、粗纤维 12.5%、无氮浸出物35%～42%、粗脂肪 4.6%、粗灰分 12.3%、钙 1.3%、磷 0.5%。全年收获的鲜菊苣粗蛋白质含量平均为 17%，且粗蛋白质中氨基酸成分齐全。

参考文献

艾尔肯·米吉提，帕尔哈提·吐尔逊，古丽努尔·塔力甫，2011. 不同种植基地菊苣药材的质量对比研究 [J]. 中国民族医药杂志，17(9): 82-85.

韩芳，2018. 菊苣的利用优势及栽培技术 [J]. 饲料博览 (6): 88.

李扬汉，1998. 中国杂草志 [M]. 北京：中国农业出版社：286.

新疆林业有害生物防治检疫局，2012. 新疆林业有害生物图谱：病害、有害植物及鼠 (兔) 害卷 [M]. 北京：中国林业出版社.

新疆植物志编辑委员会，1999. 新疆植物志：第五卷 [M]. 乌鲁木齐：新疆科技卫生出版社.

张霞，王绍明，惠俊爱，等，2003. 新疆野生菊苣生物学特性的初步研究 [J]. 石河子大学学报 (自然科学版)(1): 55-58.

中国科学院中国植物志编辑委员会，1997. 中国植物志：第八十卷 第一分册 [M]. 北京：科学出版社.

（撰稿：马德英；审稿：黄春艳）

菊叶香藜　*Dysphania schraderiana* (Roemer & Schultes) Mosyakin & Clemants

秋熟旱作物田一年生杂草。又名臭藜。异名 *Chenopodium foetidum* Schrad.。英文名 foetid goosefoot。藜科藜属。

形态特征

成株　株高 20～60cm（图①②）。有强烈气味，全株疏被柔毛。茎直立，具绿色条，通常有分枝。叶互生，叶

菊叶香藜植株形态（强胜摄）
①群体；②植株；③④花序；⑤幼苗

片矩圆形，长 2～6cm、宽 1.5～3.5cm，边缘羽状浅裂至深裂，先端钝或渐尖，有时具短尖头，基部渐狭，正面无毛或幼嫩时稍有毛，背面具短柔毛并兼有黄色无柄的颗粒状腺体，很少近于无毛；叶柄长 2～10mm。复二歧聚伞花序腋生（图③④）；花两性；花小，花被直径 1～1.5mm，5 深裂；裂片卵形至狭卵形，有狭膜质边缘，背面通常有具刺状突起的纵隆脊并有短柔毛和颗粒状腺体，果时开展。雄蕊 5，花丝扁平，花药近球形。

子实 胞果扁球形，果皮膜质。种子横生，周边钝，直径 0.5～0.8mm，红褐色或黑色，有光泽，具细网纹；胚半环形，围绕外胚乳。

幼苗 子叶近卵形，较肥厚具柄（图⑤）。初生叶 1，长圆形，中脉凹陷，后生叶与成株叶相似。上下胚轴均不发达。

生物学特性 种子繁殖。苗期 4～5 月，花果期 7～10 月。为二倍体植物，染色体 2n=18。

分布与危害 麦田常见杂草，中国广泛分布于辽宁、河北、内蒙古、山西、陕西、宁夏、甘肃、青海、新疆、四川、云南、西藏等地；在欧洲和非洲也有分布。适生林缘草地、沟岸、河沿、住宅附近，有时也为农田杂草。

防除技术 见刺藜。

综合利用 菊叶香藜因其生长于辐射强、温差大的高原环境中，具有较强的极端环境耐受力，可用于改善生态环境。菊叶香藜具有抗肿瘤活性，可清热解毒，用于治疗感冒、头疼、皮肤瘙痒等。此外，菊叶香藜具有强烈的刺激性气味，挥发精油对大肠杆菌、枯草芽孢杆菌、玉米象、螨虫具有一定的抑制效果。全草入药，中药味微甘，性平，平喘解痉，止痛。提取物具有抑菌作用。

参考文献

李扬汉，1998. 中国杂草志 [M]. 北京：中国农业出版社：208.

石梦菲，2015. 菊叶香藜精油的提取、成分分析及抑菌活性研究 [D]. 拉萨：西藏大学.

吴征镒，1983. 西藏植物志：第一卷 [M]. 北京：科学出版社.

《全国中草药汇编》编写组，1996. 全国中草药汇编 [M]. 北京：人民卫生出版社.

中国科学院西北高原生物研究所，1991. 藏药志 [M]. 西宁：青海人民出版社.

（撰稿：杨娟、张利辉；审稿：宋小玲）

苣荬菜 *Sonchus wightianus* DC.

夏熟作物田、秋熟旱作物田多年生杂草。又名匍茎苦菜、野苦菜、苦葛麻、田野苦荬菜、取麻菜、苣菜、曲麻菜。异名 *Sonchus arvensis* L.。英文名 perennial sowthistle。菊科苦苣菜属。

形态特征

成株 株高 30～150cm（图①②）。茎直立，分枝或不分枝，基生叶及下部茎生叶披针形或长椭圆状披针形，顶端渐尖，边缘有锯齿或羽状深裂，裂片宽披针形，或长圆状披针形，末端裂片长，边缘及侧裂片上有齿，基部深心形，

叉开并急尖，向上叶相似而渐小；头状花序排列成伞房状（图③），生于茎枝顶端，花序下及附近的花序梗上有或疏或密的白色茸毛或腺毛；总苞钟状，长 1～1.5cm、宽 0.8～1cm，基部有稀疏或稍稠密的长或短茸毛；总苞片 3～4 层，外层披针形，长 4～6mm、宽 1～1.5mm，中内层披针形，长达 1.5cm、宽 3mm；全部总苞片顶端长渐尖，外面沿中脉有 1 行头状具柄的腺毛。花全部为舌状花，黄色，舌片长 7mm。

子实 瘦果椭圆形或纺锤形（图④～⑥），亮黄色或棕褐色，除侧棱外，两边各有一中棱，各棱间复有 2 条细棱，冠毛白色，易脱落。

幼苗 两子叶同时出土（图⑦⑧），子叶椭圆形，7～10 天后，幼苗第一片真叶长出。

生物学特性 苣荬菜繁殖能力强，以种子和根茎进行繁殖。花期 6～9 月，果期 7～11 月，随分布地区温度、水分条件存在差异。苣荬菜根芽以休眠的方式度过寒冷的冬季，翌年萌发生长。苣荬菜的休眠进程大致分为预休眠期、真休眠期和强迫休眠期，10 月中下旬至 11 月上中旬，苣荬菜逐渐进入休眠状态，萌发率急剧降低；12 月初至翌年 1 月，苣荬菜进入真休眠期，萌发率保持在较低水平；2 月底至 3 月初进入强制休眠期，杂草萌发率开始升高，休眠逐渐解除，只要环境条件适宜即可萌发。

苣荬菜喜光、耐寒、耐旱、耐盐碱，适应性强。在干旱胁迫下，苣荬菜能够保持高水平的抗氧化酶活性，减少活性氧的毒害，同时积累合成有机渗透调节物质以降低渗透势，避免渗透胁迫对自身的伤害，同时，其地下横走的匍匐茎，有利于在水分亏缺环境中吸收水分，因此，苣荬菜具有较强的耐旱能力。

适当施用氮肥（180kg/hm²）和遮阴（透光率约 60%）有利于苣荬菜生长和营养的积累，重度遮阴（透光率低于 40%）将导致苣荬菜生长不良，植株幼小且产量低，氮肥过量会抑制生长。

分布与危害 苣荬菜遍布中国各地，主要在黑龙江、吉林、辽宁、河北、北京、天津、内蒙古、山东、山西、江苏、上海、安徽、浙江、福建、陕西、宁夏、甘肃、青海、新疆、湖北、湖南、广西、四川、重庆、贵州、云南、西藏等地。多生于山坡草地、林缘、平原、草甸、潮湿地或近水旁、农田及其附近。常形成单一群落，对农田具有较强的侵占性，造成小麦、大豆、油菜、玉米等作物严重减产。在东北某些地区，苣荬菜的危害造成大豆减产 6.1%～54.0%；青海油菜田中，当苣荬菜种群密度为 6～10 株/m² 时，油菜减产 10%，当杂草密度达 11～20 株/m² 时，油菜减产 15%，当杂草密度达 20 株/m² 以上时，减少 20% 以上。甘肃陇东地区干旱少雨加之除草剂常年大量使用，导致多年生杂草在田间的危害逐年加剧，苣荬菜已逐渐成为该地区危害胡麻、玉米等作物的一种常见性顽固杂草，危害面积越来越大。

苣荬菜根芽在土层中分布较深，大豆等阔叶作物田中，除草剂只对其地上部分有效，而对地下的营养繁殖器官则难以防除。在化学除草为主、普遍连作的情况下，大豆等作物田中的苣荬菜危害日益加重。

防除技术

农业防治 在作物收获后或播种前进行深翻，将杂草种

苣荬菜植株形态（①～⑤张治摄；⑥～⑧马小艳提供）
①②成株；③花序；④⑤⑥果实；⑦⑧幼苗

子深翻至土壤深层，同时将苣荬菜根茎翻至地表，被风干或冻死，减少翌年杂草萌发危害；及时及早清除田块四周、路旁、田埂等的植株，防止扩散，同时尽量清除地下部根茎。

化学防治　冬小麦田可用氯氟吡氧乙酸、苯磺隆、唑草酮、辛酰溴苯腈等进行茎叶处理；春小麦田可用二氯吡啶酸与氯氟吡氧乙酸异辛酯或 2 甲 4 氯的混配剂。油菜田可用二氯吡啶酸进行茎叶处理。大豆田可用氯酯磺草胺、苯达松茎叶喷雾处理。

综合利用　药、食两用的野菜之一，植株的幼苗、嫩茎及叶可以食用。苣荬菜是菊科优质牧草，适应性强、生物量大、再生性强，可作为家禽和牲畜的优质青饲料。苣荬菜中含有的营养成分主要有氨基酸和微量元素，化学成分主要有脂类、烷烃类、萜类、甾体类、黄酮类、香豆素类等，具有治疗肝炎、降血压、降胆固醇、抗菌、抗心率失调、抗肿瘤等功效。

参考文献

董庆海，李雅萌，吴福林，等，2018. 苣荬菜的研究进展 [J]. 特产研究 (3): 75-78.

李扬汉，1998. 中国杂草志 [M]. 北京：中国农业出版社 .

时丽冉，刘志华，2010. 干旱胁迫对苣荬菜抗氧化酶和渗透调节物质的影响 [J]. 草地学报，18(5): 673-677.

王宇，黄春艳，黄元炬，等，2015. 茎叶处理除草剂对恶性杂草苣荬菜的防除效果评价 [J]. 农药科学与管理，36(2): 52-55.

夏正祥，唐中艳，梁敬，等，2012. 苦苣菜属植物化学成分与药理作用研究进展 [J]. 中国实验方剂学杂志，18(14): 300-306.

赵长山，史娜，何付丽，等，2008. 苣荬菜芽根休眠过程中碳水化学物变化的研究 [J]. 杂草科学 (3): 10-13.

（撰稿：马小艳；审稿：宋小玲）

蕨　*Pteridium aquilinum* (L.) Kuhn var. *latiusculum* (Desvaux) Underwood ex A. Heller

园地常见多年生草本杂草。又名如意蕨、狼蕨。英文名 western brackenfern、bracken brake。蕨科蕨属。为原种欧洲蕨［*Pteridium aquilinum* (Linnaeus) Kuhn］一变种。

形态特征

成株 株高达 1m（图①～③）。根茎长而横走，密被锈黄色柔毛。叶疏生，叶柄褐棕色，光滑；叶片宽三角形或长圆状三角形，下部对生，上部互生，基部 1 对最大；小羽片约 10 对，互生，斜展；末回小羽片或裂片互生，矩圆形，先端圆钝，或下部有时具 1～3 对线裂或呈波状圆齿；叶脉隆出下面，叶近革质，上面光滑，下面沿脉多少被疏毛，叶轴与羽轴光滑，仅小羽轴下面多少被毛，各回羽轴上面均具纵沟，无毛。

生物学特性 以孢子繁殖。

分布与危害 中国各地均有发生，但主要产于长江流域及以北地区，亚热带地区也有分布；世界其他热带及温带地区广布。生于海拔 100～800m，为果园、桑园、茶园、橡胶园常见杂草，发生量大，危害较重。

防除技术

人工或机械防治 在幼龄期或孢子成熟前，人工锄草或机械防除。

生物防治 可采用覆盖植物替代控制，以草治草。

化学防治 在孢子成熟前，用灭生性除草剂草甘膦、环嗪酮等防治，注意需定向喷施。

综合利用 根状茎可制淀粉（蕨粉），供食用；嫩叶可食，称蕨菜。全株入药，驱风湿、利尿、解热，又可作驱虫剂。根状茎纤维可制绳缆、纸浆板和人造纤维板，耐水湿。全株含鞣质，可提制栲胶。

参考文献

李扬汉，1998. 中国杂草志 [M]. 北京：中国农业出版社：56.

杨胜利，吴卫阳，卢国跃，等，2004. 森泰药剂在山地果园除草试验 [J]. 林业勘察设计 (1): 71-74.

张传根，周全胜，郑兆阳，等，2014. 泾县茶园有害生物种类及发生危害状况 [J]. 贵州农业科学，42(9): 124-130.

郑景生，王隆都，1996. 蕨类杂草的药剂防除效果 [J]. 福建热作科技，21(3): 33-34.

中国科学院中国植物志编辑委员会，1990. 中国植物志：第三卷 第一分册 [M]. 北京：科学出版社：2.

（撰稿：范志伟；审稿：宋小玲）

蕨植株形态（强胜摄）

①②植株；③拳卷叶

K

看麦娘 *Alopecurus aequalis* Sobol.

　　夏熟作物田一二年生杂草。又名棒棒草、棒槌草、三月黄。英文名 shortawn foxtail。禾本科看麦娘属。

形态特征

　　成株　高 15～40cm（图①②）。茎秆通常丛生，细瘦，光滑，节处常膝曲。叶鞘光滑，短于节间；叶舌膜质，三角形，长 2～5mm，顶端 3 齿裂；叶片扁平，长 3～10cm、宽 2～6mm。圆锥花序圆柱状，灰绿色（图③），长 2～7cm、宽 3～6mm；小穗椭圆形或卵状长圆形，长 2～3mm；颖膜质，基部互相连合，具 3 脉，脊上有细纤毛，侧脉下部有短毛；外稃膜质，先端钝，等大或稍长于颖，下部边缘互相连合，芒长 1.5～3.5mm，约于稃体下部 1/4 处伸出，隐藏或稍外露；花药橙黄色，长 0.5～0.8mm。

　　子实　颖果卵圆形，长约 1mm，棕褐色，胚椭圆形，长约占果体 1/4（图④）。

　　幼苗　幼苗第一片真叶呈带状披针形，长 1.5cm，具直出平行脉 3 条，叶鞘亦具 3 条脉（图⑤⑥）。叶及叶鞘均光滑无毛，叶舌膜质，2～3 深裂，叶耳缺。

生物学特性　看麦娘喜生于海拔较低、土壤潮湿的地方，在 10 月初至翌年 2 月均可陆续出苗。其中 11 月为第一出苗高峰。开花期在 3～5 月。种子通常在 4～5 月成熟，边熟边落，种子成熟期一般比小麦提前 15～30 天。小麦田看麦娘对芳氧苯氧基丙酸类除草剂精噁唑禾草灵和磺酰脲类甲基二磺隆产生了抗药性。油菜田看麦娘已对芳氧苯氧基丙酸类除草剂精喹禾灵、高效盖草等，以及环己烯酮类除草剂烯禾啶和烯草酮产生了抗药性，有的种群对这两类除草剂产生了交互抗性。

　　看麦娘种子具有越夏、越冬休眠特性，种子成熟、脱落入土后有 2～3 个月的原生休眠期。干燥不利于解除休眠，低温可使种子萌发时间推迟。在湿润环境中，看麦娘子实可

看麦娘植株形态（①魏守辉摄；②③强胜摄；④～⑥张治摄）
①群体；②成株；③花序；④子实；⑤⑥幼苗

存活 2～3 年，而在干旱条件下子实活力迅速丧失，寿命一般只有 1 年左右。不同地区种子休眠和萌发特性差异较大，导致出苗期较长，不便进行集中防除。种子在 5～23℃ 的温度范围内均可萌发，最适温度 15～20℃。适宜土层深度 0～2cm。田间浸水或湿生环境是看麦娘种子的最适保存条件，能显著提高种子萌发率，导致其在稻茬麦田容易发生。看麦娘种子通常吸水 3 天达饱和，但在干旱土壤中吸足水分需较长时间，种子较难萌发。

分布与危害　分布于中国大部分地区。在欧亚大陆的寒温和温暖地区与北美也有分布。作为夏熟作物田恶性杂草主要发生于中国长江流域、西南及华南地区的稻茬夏熟作物小麦、大麦、油菜、蚕豆、蔬菜等作物田。喜生于潮湿地及路边、田野、沟旁。看麦娘种子主要通过水流传播，在下茬水稻灌溉整田时，带稃种子漂浮在水面上随水流大量传播。种子可随鸟类、牲畜及人类活动等携带传播，也可混杂在麦种中、附着在农具或其他货物上，随交通工具远距离扩散。麦油收获时看麦娘种子脱落田间，在土壤中越夏，种子量高达 3 万～5 万粒/m²。秋冬季节，看麦娘种子随作物播种陆续出苗，密度可达 500～1000 株/m²，与作物争夺水、肥、光和生长空间。一般可造成小麦减产 10%～20%，严重的田块减产可达 50%；也造成油菜减产。看麦娘还是稻叶蝉、稻蓟马等害虫的中间寄主。

防除技术　根据不同地区麦田看麦娘的发生危害规律，在合理利用耕作、栽培、轮作等农业防治和生物防治措施的基础上，结合除草剂的应用，可有效控制看麦娘的危害。

农业防治　消除种源。种子是看麦娘发生危害的根源，因此要采取各种措施，降低种源基数。首先应精选麦种，汰除草籽，防止种子通过小麦播种进入农田。下茬灌溉整田时注意清洁水源，在灌、排水口用尼龙滤网（孔径 <0.3mm，60 目）滤除看麦娘种子。冬闲田要提早翻耕，在 5 月上、中旬看麦娘未结子前将其消灭，并及时根除田间地头和沟边的看麦娘，减少种源。采取轮作换茬。因看麦娘属于喜湿性杂草，在看麦娘发生严重的田块，可将下茬水稻改种大豆、玉米或芝麻等旱地作物，恶化看麦娘种子的储藏和休眠环境，降低种子活力，减轻草害发生；小麦田还可适当进行冬季休闲或改种油菜、豌豆等阔叶作物，或种植绿肥，抑制看麦娘生长。

生物防治　采用小麦高产栽培技术，适当密植，平衡氮、磷、钾供应，争取小麦早苗、匀苗、壮苗，增强小麦群体竞争能力，抑制杂草生长。加强小麦苗期田间管理，深沟窄厢，保持排水沟渠通畅，降低土壤湿度，可显著减少看麦娘发生数量。

化学防治　越冬前苗基本出齐，植株 2～4 叶期施药，应根据发生数量和草龄大小确定具体的防除方案。如果冬前看麦娘发生量较大，则应在 4 叶期前用药，以后根据发生情况，考虑是否在春季再次用药；如果看麦娘发生较迟，可以选用适合在低温期使用的药剂，待早春杂草基本出齐时集中用药。主要方法：一是播前灭茬，前茬水稻收获后，若看麦娘发生早、数量大，可在小麦或油菜播种前 3～5 天，用灭生性除草剂草甘膦进行化学防除。二是播后苗前土壤处理，小麦播种后发芽前，可用异丙隆进行土壤封闭处理。若使用高渗异丙隆（异丙隆加高渗助剂），不仅能有效防除看麦娘等禾本科杂草，而且可兼治猪殃殃、大巢菜等阔叶杂草。三是苗后茎叶处理，小麦出苗后，可在看麦娘 3 叶 1 心期前，使用甲基二磺隆、精噁唑禾草灵或炔草酯进行茎叶喷雾处理。在冬季低温期，可使用唑啉·炔草酯，不仅对看麦娘有良好效果，而且对小麦安全性高。以看麦娘为主的小麦田，可以优先使用啶磺草胺，该药能在低温期使用，对大龄看麦娘也有较好防效。直播油菜在播种前可用氟乐灵进行土壤封闭处理，移栽油菜在移栽后可用乙草胺、敌草胺进行土壤封闭处理；油菜田出苗后的看麦娘可用精喹禾灵、精吡氟禾草灵、烯草酮、丙酯草醚、异丙酯草醚茎叶喷雾处理。但要注意已产生抗药性的田块，应轮换使用其他除草剂并采取其他防除措施。

参考文献

李扬汉，1998. 中国杂草志 [M]. 北京：中国农业出版社：1157-1158.

张朝贤，张跃进，倪汉文，等，2000. 农田杂草防除手册 [M]. 北京：中国农业出版社.

中国科学院中国植物志编辑委员会，1987. 中国植物志：第九卷第三分册 [M]. 北京：科学出版社：264.

中华人民共和国农业部农药检定所，日本国（财）日本植物调节剂研究协会，2000. 中国杂草原色图鉴 [M]. 日本国世德印刷股份公司.

ZHANG Z, LI R H, ZHAO C, et al, 2021. Reduction in weed infestation through integrated depletion of the weed seed bank in a rice-wheat cropping system [J]. Agronomy for sustainable development, 41: 10.

（撰稿：魏守辉；审稿：贾春虹）

糠稷　*Panicum bisulcatum* Thunb.

秋熟旱作物田及水田一年生草本杂草。英文名 wild panicgrass。禾本科黍属。

形态特征

成株　高 0.5～1m（图①②）。秆纤细，较坚硬，直立或基部伏地，节上可生根。叶鞘松弛，边缘被纤毛；叶舌膜质，长约 0.5mm，顶端具纤毛；叶片质薄，狭披针形，长 5～20cm、宽 3～15mm，顶端渐尖，基部近圆形，几无毛。圆锥花序长 15～30cm，分枝纤细，斜举或平展，无毛或粗糙（图③）；小穗含 2 小花，椭圆形，长 2～2.5mm，绿色或有时带紫色，具细柄；第一颖近三角形，长约为小穗的 1/2，具 1～3 脉，基部略微包卷小穗；第二颖与第一外稃同形并且等长，均具 5 脉，外被细毛或后脱落；第一内稃缺；第二外稃椭圆形，长约 1.8mm，顶端尖，表面平滑，光亮，成熟时黑褐色。鳞被膜质，长约 0.26mm、宽约 0.19mm，具 3 脉，透明或不透明，折叠。

子实　颖果紫黑色，椭圆形，背腹略扁，长 1～2mm、宽不及 1mm，胚较大而明显，长约为颖果全长的 2/5（图④）。

幼苗　子叶出土。第一片真叶卵形，有 11 条直出平行脉，无叶舌、叶耳，叶片与叶鞘均无毛。第二片真叶卵状披针形，

糠稷植株形态（张治摄）
①②植株及所处生境；③花序；④子实

K

叶鞘一层有长柔毛，另一层无毛。

生物学特性 多生于潮湿地、水旁或丘陵地灌木丛中，是喜阴杂草。花果期 9～11 月。染色体 2n=36。

中国玉米田部分种群对玉米田常用除草剂硝磺草酮和莠去津产生了不同程度的抗药性。

分布与危害 中国分布于华南、西南、东北和江苏、浙江、湖北。危害玉米、棉花、大豆、甘薯，为一般性杂草，是鄂东北地区花生田的次要杂草。也发生于果园、茶园和路埂。随着北方玉米田糠稷密度增加，危害逐年加重，且缺乏选择性除草剂防除。

防除技术

农业防治 精选作物种子，对清选出的草籽及时收集处理，切断种子传播途径；施用经过高温堆沤处理的堆肥，及时清除田边、路旁的杂草防止侵入农田。采用小麦、油菜秸秆覆盖，减少糠稷的发生。玉米田行间套种其他作物如大豆、花生等，占据生存空间，抑制糠稷的发生。强化肥水管理，促进作物封垄，提高作物对杂草的竞争能力。轮作换茬，如东北可以通过玉米与大豆、水稻或其他杂粮作物轮作，降低玉米田难除杂草糠稷种群基数。

化学防治　根据作物田不同，选取合适的除草剂，适期用药，能达到理想的防除效果。在秋熟旱作田可选用酰胺类除草剂乙草胺、异丙甲草胺和二硝基苯胺类氟乐灵、二甲戊灵以及有机杂环类除草剂异噁草松进行土壤封闭处理。玉米田还可用乙草胺、异丙甲草胺等与三氮苯类除草剂莠去津或氰草津、西玛津的混配剂等作土壤封闭处理。对于没有完全封闭住的残存个体，可用莠去津，磺酰脲类除草剂烟嘧磺隆、砜嘧磺隆，HPPD 抑制剂类除草剂异噁唑草酮、硝磺草酮以及苯唑草酮及其复配剂等进行茎叶喷雾处理，密度较大时可选用烟嘧磺隆 + 硝磺草酮（苯唑草酮）+ 莠去津组合，效果较好。

综合利用　糠稷可适应干旱环境，因此作为生态恢复和石漠化治理工程筛选抗旱性较强的乡土草种。

参考文献

李儒海，褚世海，黄启超，等，2017. 湖北省花生主产区花生田杂草种类与群落特征 [J]. 中国油料作物学报，39(1): 106-112.

李香菊，2018. 近年中国农田杂草防控中的突出问题与治理对策 [J]. 植物保护，44(5): 77-84.

李扬汉，1998. 中国杂草志 [M]. 北京：中国农业出版社：1280-1281.

刘成名，2015. 石漠化治理区抗旱性牧草筛选种植技术与示范 [D]. 贵阳：贵州师范大学 .

刘成名，熊康宁，苏孝良，等，2014. 干旱胁迫对石漠化地区 3 种乡土草种光合作用的影响 [J]. 四川农业大学学报，32(4): 382-387.

孟威，孙玉龙，尉士伟，等，2020. 春玉米田 3 种杂草对硝磺草酮和莠去津敏感性测定 [J]. 农药，59(10): 778-780.

徐正浩，戚航英，陆永良，等，2014. 杂草识别与防治 [M]. 杭州：浙江大学出版社：12.

（撰稿：纪明山；审稿：宋小玲）

抗（耐）除草剂作物

通过生物技术，包括转基因技术、基因编辑技术，以及人工诱变技术等，使作物获得或增强对除草剂的抗（耐）性，从而解决除草剂在使用过程中对作物的安全性问题。如获得对灭生性除草剂的抗性，使原来在农田不能直接使用的灭生性除草剂可以在这种抗性作物田中应用，并能有效杀死田间绝大多数杂草。还有的除草剂只能在特定的作物田中杀死特定的某一类杂草，如果作物获得抗性，就能使这类除草剂在原来不能使用的作物田中应用，如抗 2,4- 滴棉花和抗麦草畏大豆。目前为止对农业生产贡献最大的是通过转基因技术培育的抗（耐）性作物，最成功的要数抗草甘膦作物。

形成和发展过程　1983 年科学家首次完成了对烟草的遗传改造，之后转基因作物以惊人的速度发展，特别是抗（耐）除草剂转基因作物。从国际转基因作物田间试验性状来看，抗（耐）除草剂性状试验数量持续增长，且占比最多。截至 2019 年，批准种植数量最多的前 10 个转化体中有 7 个都含有抗除草剂性状。

但抗除草剂转基因作物由于抗性基因多数不是来源于植物本身，多是来源于细菌，因此其安全性问题一直倍受争议。人们试图通过人工诱变技术培育出抗（耐）除草剂作物。人工诱变也叫人工引变，是指利用物理因素或化学诱变使植物发生基因突变。这种方法可提高突变率，创造人们需要的变异类型，目前国际上已有人工诱变的抗（耐）性除草剂水稻、油菜的商业化种植。人工诱变虽可以获得抗性突变体，但是随机性太过严重，工作量较大且不可控。随着基因编辑技术的诞生，通过修饰植物内源基因来改变其本身基因产生对除草剂的抗（耐）性的技术也逐步发展，培育出抗（耐）除草剂作物。其中的 CRISPR/Cas9 系统在抗（耐）除草剂作物中已经得到较为广泛的应用。但目前仅有通过该技术获得的抗（耐）性除草剂油菜的商业化种植。

基本内容

抗（耐）除草剂作物的抗（耐）性机制　主要有：①提高靶标酶或靶蛋白的表达量：通过过量表达靶标酶基因产生过量的靶标酶，使植物产生抗（耐）性。②靶标同源抗性基因的导入：把对除草剂不敏感的同源靶标酶基因导入作物中，使原本对除草剂敏感的作物获得抗性。③靶标基因的突变：天然状态下的靶标酶对除草剂是敏感的。通过各种方法突变靶标基因，使靶标酶与除草剂结合位点的氨基酸发生改变，丧失与除草剂的结合能力，从而产生抗性。④产生可使除草剂降解的酶或酶系统：将以除草剂或其有毒代谢物为底物的酶基因转入植物，该基因编码的酶可以催化降解除草剂而产生抗（耐）性。

转基因技术获得的抗（耐）除草剂作物　1996 年转基因作物商业化种植，抗（耐）除草剂转基因作物的种植面积当年仅为 60 万 hm^2，约占总转基因作物面积的 20%；1997—2019 年种植面积始终占据首位。就单一性状，种植面积在 1998—2014 年一直保持增长态势，此后呈现下降趋势。但复合性状从 1998 年的 30 万 hm^2 增加到 851 万 hm^2，占总面积的比例从不到 1% 增加到约 45%。因此含有抗（耐）除草剂性状的转基因作物占总面积的比例从 72% 增加到约 88%。转基因抗（耐）除草剂性状主要分布于大豆、玉米、油菜和棉花等作物中。根据 ISAAA 统计的数据，截至 2021 年 4 月，抗（耐）除草剂转化事件有 560 个，占总转化事件的 38.94%。主要涉及的除草剂为草甘膦、草铵膦、咪唑啉酮类和磺酰脲类、2,4- 滴、麦草畏、硝磺草酮和异噁唑草酮。

抗（耐）草甘膦转化事件占总抗（耐）除草剂转化事件的 39.64%。抗草甘膦转基因作物的抗性基因有三类：第一类自于根癌农杆菌 CP4 菌株的 cp4-epsps 基因，该基因编码的蛋白能够降低作物对草甘膦的亲和力。第二类是草甘膦 N- 乙酰转移酶基因（gat4601 和 gat4621），该酶能够将羧基基团从 CoA 转移到草甘膦的 N 端，使草甘膦失活；以及草甘膦氧化酶基因（goxv247），该基因可以表达降解草甘膦的蛋白酶，使草甘膦的 C—N 键断裂而失去活性。此外还有改良 EPSP 合成酶蛋白基因（*epsps grg23ace5*）、EPSPS 修饰合成酶基因（*mepsps*）和双突变型 EPSPS 修饰合成酶基因（*2mepsps*）。抗草铵膦转化事件占总除草剂转化事件的 43.39%。抗草铵膦基因有 2 种，分别是膦丝菌素 *N*- 乙酰转移酶基因 *bar* 和 *pat*。这两个基因产生的酶均能使作物体内的草铵膦乙酰化而失活。

抗（耐）咪唑啉酮和磺酰脲类除草剂转化事件占总草剂转化事件的 5.18%，这两类均是点突变或人工修饰的植物基因，使得突变的 ALS 具有耐磺酰脲类特性。抗（耐）2,4- 滴转化事件占总除草剂转化事件的 5.18%。抗（耐）基因有 2 种：一种基因编码的氨基酸能够合成甲基转移酶；另一种基因编码的氨基酸能够合成芳氧基链烷酸酯双加氧酶（AAD）。抗（耐）麦草畏转化事件占总除草剂转化事件的 3.21%。抗性 *dmo* 基因编码合成的麦草畏单加氧酶。抗(耐)异噁唑草酮转化事件占 0.89%。抗性基因是经突变的对羟苯基丙酮酸双加氧酶基因，该基因编码的 HPPD 蛋白降低了与除草剂的结合能力。抗(耐)硝磺草酮转化事件占 0.17%。抗性基因来源于燕麦的对羟苯基丙酮酸双加氧酶基因，其蛋白能降低与除草剂的结合能力。

中国尚没有批准的转基因抗除草剂作物的商业化种植。但已经培育出一批转基因抗除草剂作物。农业农村部科技教育司发布的 2019 年和 2020 年农业转基因生物安全证书（生产应用）批准清单中，如下 4 个玉米和 3 个大豆品种先后获得安全证书：大北农玉米 DBN9936、DBN9858、DBN9501、杭州瑞丰生物科技有限公司和浙江大学玉米瑞丰 125；以及大北农大豆 DBN9004、上海交通大学大豆 SHZD3201、中国农业科学院大豆中黄 6106。

人工诱变获得的抗（耐）除草剂作物　目前应用较多的是化学诱变获得的抗（耐）性。通过对作物的花粉、小孢子、种子等组织或器官进行诱变处理，之后在加有特定除草剂有效成分的培养基中进行筛选，从而获得抗性种质。加拿大研究者利用小孢子化学诱变技术得到了具有咪唑啉酮类抗性的油菜突变体 PM1 和 PM2，国外已商业化的抗咪唑啉酮类油菜 Clearfield 都是由 PM1、PM2 转育而成。美国通过 EMS 诱变水稻种子并结合常规育种手段，先后培育了系列抗咪唑啉酮类除草剂水稻，以 Clearfield 品牌进行商品化种植，成功解决了美国南部水稻种植区最难治的杂草杂草稻的危害。巴斯夫还通过诱变技术获得抗（耐）乙酰辅酶 A 羧化酶类除草剂的水稻系统 Provisia™，该系统 2018 年在美国获准上市。中国深圳兴旺生物种业有限公司利用 EMS 诱变水稻品种，筛选获得抗咪唑啉酮类除草剂的突变植株。中国广东创新科研团对也通过化学诱变筛选方法研发出抗除草剂水稻材料"洁田稻"。江苏省农业科学院对籼稻优良恢复系的 EMS 突变植株进行长期不断的筛选，发现了乙酰乳酸合成酶基因不同位点发生突变的蛋白，使水稻具有 ALS 抑制剂类咪唑啉酮类和磺酰脲类除草剂的抗（耐）性；筛选到自然突变的抗咪唑啉酮类除草剂的甘蓝型油菜，并应用杂交、回交等植物常规育种方法将该基因导入其他对咪唑啉酮类除草剂无抗性的油菜品种或品系，提高了目标品种或品系对咪唑啉酮类除草剂的耐受性，获得了系列抗性品种。

基因编辑技术获得的抗（耐）除草剂作物　目前已有报道利用该技术成功创制出抗磺酰脲类除草剂的玉米、大豆、水稻和西瓜等。中国农业科学院植物保护研究所周焕斌团队提出并应用单碱基编辑技术介导的植物内源基因定向进化技术，开发出具有除草剂抗性的水稻新种质。中国科学院遗传与发育生物生物所利用胞嘧啶碱基编辑器定向突变国审小麦的 *TaALS* 或 *TaACCase* 基因，产生了对磺酰脲类、咪唑啉酮类或芳氧苯氧丙酸类除草剂具有抗性的突变体，创制了一系列抗（耐）除草剂小麦新种质，为麦田杂草防控提供了育种新材料及技术途径。扬州大学利用 CRISPR/Cas9 单碱基编辑系统成功对 *BnALS1* 基因 Pro197 进行靶向突变，获得 *BnALS1* 基因 P197S 纯合突变体在 3 倍田间推荐喷施剂量的浓度下均未表现任何药害症状，且突变体可稳定遗传。第一个也是目前唯一一个非转基因的基因组编辑作物抗磺酰脲除草剂油菜 TM（SU CanolaTM）2015 年首次在美国商业化种植，并为种植者提供了适应于种植该抗性油菜的杂草控制方案。

科学意义与应用价值　由于抗（耐）除草剂作物的发展，除草剂的选择性已不再成为除草剂应用的主要障碍。种植抗多种除草剂的作物还可通过科学轮换使用不同除草剂来防治抗性杂草，同时也能延缓抗性杂草的产生。种植抗（耐）除草剂作物能简化除草作业，降低杂草防治的费用，由于多是广谱性除草剂种类而提高除草效果，促进作物增产；且因免耕或少耕技术的应用，避免了土壤侵蚀，节约了能源、化肥和水。随着抗（耐）除草剂作物的推广，原有的许多除草剂可用于作物田间杂草防除，降低了除草剂开发费用，产生了极大的经济和社会效益。

存在问题和发展趋势　尽管抗（耐）除草剂作物商业化，提高了作物种植的效益。但抗性基因飘流以及杂草抗药性的生态安全风险需要密切关注。如果抗（耐）除草剂基因在花粉介导下飘流到某些与作物近缘的杂草上，将使这类杂草加速对相应除草剂的适应性进化，增加人们对杂草防除的难度，甚至引发新一轮灾难性草害。因此，抗（耐）除草剂作物必须经过严格的生态安全风险评价，证明风险可控方能进入市场。同时，还必须建立抗（耐）性"基因飘流"监测系统，拟订有效控制含抗性基因杂草蔓延的措施。

2020 年 10 月 17 日，《中华人民共和国生物安全法》（以下简称《生物安全法》）通过中国人大常委会的审议，自 2021 年 4 月 15 日起施行。生物技术的研究与应用安全是《生物安全法》涉及的主要内容之一，《生物安全法》规定了生物技术研究和应用的基本原则和要求，明确了具体风险防范和应对制度。

由于转基因技术培育的抗（耐）除草剂作物含有外源基因，因此抗（耐）除草剂转基因作物的生态风险受到了普遍关注，各国均采取了严格的管理措施。中华人民共和国国务院颁布的《农业转基因生物安全管理条例》和农业农村部颁布的《农业转基因生物安全评价管理办法》对转基因作物的安全管理做出了具体规定。通过花粉传播是抗性基因飘流的最主要途径，与转基因作物和近缘种的亲和性、花期同步性、地理位置的距离、种植面积等有密切关系。如种植作物的地区有野生近缘种的分布，则必须采取相应的隔离措施，降低基因飘流频率。可通过种植距离和调整作物和近缘野生种的花期进行隔离，中国主要作物距离和花期隔离时间均有具体规定，如小麦隔离距离 100m 或花期隔离 20 天以上。设置一定的空间和时间隔离措施，可以大大降低基因飘流。除物理隔离外，还可以培育和近缘物种亲和性较低的抗（耐）性作物，从根本上降低基因飘流的风险。如油菜染色体是 AACC 型，杂草野芥菜染色体组是 AABB 型，抗性基因位于油菜 C 染色体上向杂草野芥菜飘流的风险明显低于位于 A 染色体上的风险，这是因为 C 染色体与野芥菜的染色体同源程度低所致。

基因编辑技术能通过后代的自然分离获得无外源基因的遗传材料，因此许多政府，包括阿根廷、巴西、智利等认为不属于监管范畴；美国豁免了对目前已培育出的基因编辑作物的监管；而欧盟认为基因编辑技术产品应按照转基因技术产品进行监管。中国制定了《农业用基因编辑植物安全评价指南（试行）》，对基因编辑作物的分子特征、遗传稳定性、环境安全以及食用安全的分析做出了具体的要求规范。本次指南的发布，将基因编辑这项革命性的技术纳入有效管理，为基因编辑产业化的应用指明方向，对于保障国家粮食安全具有重要意义。

此外，抗（耐）除草剂作物种植使得除草剂品种单一化，长期重复使用同种或同类作用机制的除草剂，除草剂选择压大，加快了抗性杂草的演化，甚至使得这些杂草失控，最终将会降低抗（耐）性作物的商业价值甚至导致抗（耐）除草剂作物失败。因此，还需要防范抗性杂草的产生。美国转基因作物种植后不久抗性杂草开始出现并迅速蔓延，2000 年首先在美国（特拉华州）抗草甘膦大豆田发现抗草甘膦小飞蓬。随后，在转基因棉花、玉米、大豆田普遍发现了抗草甘膦长芒苋、糙果苋和地肤，其中两种苋属杂草还对多种除草剂产生抗性，已经演化成转基因抗草甘膦作物田恶性杂草。目前经过人工诱变的抗（耐）除草剂作物尚没有相关监管措施，但其抗性基因飘流可能引起的生态风险同转基因作物和基因编辑作物同样存在，因此也应对这类抗（耐）性作物做出监管。在中南美洲和亚洲地区推广种植的通过化学诱变的抗咪唑啉酮类除草剂的 Clearfield® 水稻田中发现了大量对目标除草剂有抗性的杂草稻。这些例子都警示人们在抗（耐）除草剂作物种植过程中，不应该完全依赖单一的除草剂来防治杂草，尝试各种除草剂联合使用，特别是利用土壤封闭处理除草剂，通过各种措施防范抗性杂草产生，有效降低抗性杂草产生的风险，达到增产增收的目的。还应培育抗不同作用机制除草剂的作物品种，通过轮换使用除草剂来延缓抗性杂草的产生；同时也应研发配套除草剂使用技术，包括除草剂推荐使用的增效助剂等。

参考文献

管文杰，张付贵，闫贵欣，等，2021. 油菜抗除草剂机理与种质创制研究进展 [J]. 中国油料作物学报，43(6): 1159-1173.

王盼娣，熊小娟，付萍，等，2021.《生物安全法》实施背景下基因编辑技术的安全评价与监管 [J]. 中国油料作物学报，43(1): 15-21, 2.

张玉池，王晓蕾，徐文蓉，等，2017. 国内外抗除草剂基因专利的分析 [J]. 杂草学报，35: 1-22.

HEAP I, DUKE S O, 2018. Overview of glyphosate-resistant weeds worldwide [J]. Pest management science, 74(5): 1040-1049.

KUANG Y J, LI S F, REN B, et al, 2020. Base-editing-mediated artificial evolution of *OsALS1* in planta to develop novel herbicide-tolerant rice germplasms [J]. Molecular Plant, 13(4): 565-572.

OWEN M D K, 2008. Weed species shifts in glyphosate-resistant crops [J]. Pest management science, 64(4): 377-387.

RUZMI R, AHMAD-H M S, ABIDIN M Z Z, et al, 2021. Evolution of imidazolinone-resistant weedy rice in Malaysia: the current status [J]. Weed science, 69(5): 598-608.

SONG X L, YAN J, ZHANG Y C, et al, 2021. Gene Flow Risks From Transgenic Herbicide-Tolerant Crops to Their Wild Relatives Can Be Mitigated by Utilizing Alien Chromosomes [J]. Frontiers in plant science, 12: 670209.

SWANSON E B, HERRGESELL M J, ARNOLDO M, et al, 1989. Micro spore mutagenesis and selection: Canola plants with field tolerance to the imidazolinones [J]. Theoretical and applied genetics, 78(4): 525-530.

ZHANG R, LIU J X, CHAI Z Z, et al, 2019. Generation of herbicide tolerance traits and a new selectable marker in wheat using base editing [J]. Nature plants (5): 480-485.

（撰稿：宋小玲；审稿：强胜）

柯孟披碱草　*Elymus kamoji* (Ohwi) S. L. Chen

果园、桑园、茶园多年生杂草。又名鹅观草、弯穗鹅观草、莓串草。英文名 common roegneria。禾本科披碱草属。

形态特征

成株　高 30～100cm。根须状。秆丛生，直立或基部倾斜。叶片长 5～40cm、宽 3～13mm，通常扁平，光滑或较粗糙，叶舌长仅 0.5mm，纸质，截平。叶鞘光滑，长于节间或上部的较短，外侧边缘常具纤毛（图①②）。穗状花序长 7～20cm，下垂，穗轴节间长 8～16mm，基部的可长达 25mm，边缘粗糙或具短纤毛，小穗绿色或带紫色，长 13～25mm（芒除外），有 3～10 小花；小穗轴节间长 2～2.5mm，被微小短毛，颖卵状披针形至长圆状披针形，先端锐尖，渐尖至具短芒（芒长 2～7mm），具 3～5 明显而粗壮的脉，中脉上端常粗糙，边缘具白色的膜质，第一颖长 4～6mm，第二颖长 5～9mm（芒除外）；外稃披针形，具有较宽的膜质的边缘，背部以及基盘均近于无毛，或仅基盘两侧具有极微小的短毛，上部具明显的 5 脉，脉上稍粗糙，第一小花外稃长 8～11mm，先端延伸成芒；芒粗糙，劲直或上部稍有曲折，长 20～40mm；内稃稍长或稍短于外稃，先端钝头，脊显著具翼，翼缘具有细小纤毛；子房先端具毛茸，倒卵状长圆形，长约 2mm（图③）。

生物学特性　主要依靠种子繁殖。一般 3 月底或 4 月初返青，花果期 6～9 月。分布的生态幅比较宽，喜生于山坡、草地、河滩、沟谷、林缘、灌丛、田边、路边、路旁。适应的降水范围是 400～1700mm；既可在砂质土上生长，也可在黏质土上定居，适应的土壤 pH4.5～8；适应的绝对最低

温 -30℃、绝对最高温为 35℃。

分布与危害 中国除新疆、青海、西藏等地外，分布几遍全国；日本和朝鲜也有分布。在玉米、甘蔗、菠萝、香蕉和杧果等田地均有发生，为一般性杂草。

防除技术 应采取包括农业防治、生物防治和化学防治相结合的方法。此外，也可考虑综合利用等措施。

农业防治 精选播种材料，减少田间杂草种子来源。清除地边、路旁的杂草，以防止扩散。用杂草沤制农家肥时，应将含有杂草种子的肥料用薄膜覆盖，高温堆沤 2～4 周，腐熟成有机肥料，杀死其发芽力后再用。利用农机具或大型农业机械进行各种耕翻、耙、中耕松土等措施除草或直接杀

柯孟披碱草植株形态（叶照春摄）

①植株；②群体；③花序

死、刈割或铲除杂草。也可覆盖塑料薄膜、防草布、秸秆等抑制杂草生长。

生物防治 柯孟披碱草对小蓬草精油极为敏感，可提取小蓬草精油进行防除。

化学防治 在果园、桑园、茶园柯孟披碱草生长旺盛期可使用草甘膦、草铵膦等进行定向喷雾防除；出苗前可使用乙草胺、异丙甲草胺、丁草胺等进行防除；另外，在幼苗期也可用高效氟吡甲禾灵、精喹禾灵等单剂或混剂进行防除。

综合利用 早春萌发的叶质柔软而繁盛，收获量大，可食性高，是牲畜及鹅很好的饲料。

参考文献

陈仕勇，2013. 小麦族披碱草属、鹅观草属六倍体物种分子系统学研究 [D]. 雅安：四川农业大学 .

李扬汉，1998. 中国杂草志 [M]. 北京：中国农业出版社 .

刘姗姗，2011. 小蓬草 (*Conyza canadensis*) 精油的除草活性组分研究 [D]. 哈尔滨：东北林业大学 .

解继红，德英，穆怀彬，等，2013. NaCl 胁迫对鹅观草苗期生理生化物质的影响 [J]. 中国草地学报 (5): 152-155.

（撰稿：何永福，叶照春；审稿：范志伟）

空心莲子草　*Alternanthera philoxeroides* (Mart.) Griseb.

秋熟旱作物、水田多年生宿根性杂草。又名喜旱莲子草、水花生、革命草。英文名 alligator weed。苋科莲子草属。

形态特征

成株 株高 55～100cm（图③④）。茎基部匍匐，节处生根，上部斜升，管状中空，具不明显四棱，长 55～120cm。叶对生，矩圆形、矩圆状倒卵形或倒卵状披针形，长 2.5～5cm、宽 7～20mm，顶端圆钝或具短尖，基部渐狭，全缘，革质，两面无毛或上面有贴生毛及缘毛，下面有颗粒状突起；叶柄长 3～10mm，无毛或微有柔毛。花密生，头状花序单生于叶腋，直径 8～15mm，总花序梗长约 4cm（图⑤）；苞片及小苞片干膜质，宿存，白色，尖端渐尖，具 1 脉；苞片卵形，长 2～2.5mm，小苞片披针形，长 2mm；花被片 5，矩圆形，长 5～6mm，白色，光亮，无毛，顶端急尖，背部侧扁；雄蕊 5，花丝长 2.5～3mm，基部合生；退化雄蕊矩圆状条形，和雄蕊约等长，顶端裂成窄条；子房倒卵形，具短柄，背面侧扁，顶端圆形。

子实 胞果扁平，边缘具翅，略增厚，透镜状。种子透镜状，种皮革质，胚环形。

幼苗 下胚轴显著，无毛（图①②）；子叶出土，长椭圆形，长约 7mm，无毛，具短柄；上胚轴和茎均被两行柔毛，初生叶和成长叶相似而较小，几无毛。

生物学特性 空心莲子草花期 5～10 月。但极少形成发育完全的种子，营养生殖是其主要的繁殖方式。无性繁殖体主要有茎段、根状茎和条状储藏根 3 类，在水分充足的环境下，繁殖体大小超过 0.06g 即可形成新的植株，超强的营

养生殖能力使其一旦定殖便极难被根除。外力干扰对空心莲子草的生长与繁殖影响很小，在诸如洪水、飓风等气象灾害之后能够迅速恢复群落规模，频繁的人类干扰反而会促使其远距离传播。

　　空心莲子草具有水生型和陆生型2种生活型，在不同水分条件下可以互相转化，这一特性使其能够广泛适应各种淡水和陆地生态系统，如湖泊、河滩、沟渠、农田、林地、荒地等生境。在水生环境下，空心莲子草茎中空，只具初生构造，节间长，节上形成须根，无根毛，基部匍匐蔓生于水中形成分枝挺拔、密集的毯状结构；而在相对干旱的陆生环境中其茎部具有木质化的次生结构，髓腔变小或实心，分枝短小、平卧，一般为斑块状或浓密的成片草垫状。

　　在入侵地，空心莲子草具有生长迅速、繁殖力高、拓

空心莲子草植株形态（⑥刘胜男摄；其余周小刚摄）

①幼苗；②大苗；③成株；④群体；⑤花序；⑥危害玉米；⑦危害烟草

殖能力强、对环境胁迫的高耐受性等特点。该杂草喜光，但也能在10%全日照的遮阴环境下存活，光强对其种群生物量、叶面积和丛高的影响非常显著，但不影响出芽率和生物量分配模式。空心莲子草生长的最适宜温度约为30℃，在10～40℃均可正常生长，低于5℃则不能出芽。土壤养分亏缺可以显著提高空心莲子草的根冠比，增加储藏根的比例。在光照、养分、水分均充足的环境下，其幼嫩植株可呈指数生长，生物量、叶面积和主枝长度的日增长率分别为11.7%、11.3%和4.3%。

分布与危害 于20世纪30年代引入中国，后逸为野生。在中国几乎遍及黄河流域以南各地，包括河南和陕西南部、安徽、江苏、上海、浙江、福建、江西、湖南、湖北、广东、广西、海南、四川、重庆、贵州、云南等地。是水稻田、玉米、大豆、花生、烟草、番茄等多种秋熟旱作物田和果园的主要杂草之一（图⑥⑦）。

在农田、果园、苗圃等生境，空心莲子草生长迅速，地面部分繁茂，通常在与作物的光竞争中处于优势；其地下根系发达，能通过产生大量不定根来优先利用土壤表层的养分，进而使作物生长受抑，产量受损。空心莲子草在田埂和田间成片生长严重影响农事操作，在田间沟渠内大量繁殖阻碍农田排灌，导致排灌机械损坏。

空心莲子草入侵性强，在陆地上往往形成单一优势群落，抑制伴生植物的生长，降低本地生态系统的生物多样性。在河道、湖泊、池塘、水库等生境中该杂草可形成厚度约30cm的条带状植毡层，封闭水面，显著降低水体的光照和含氧量，从而影响沉水植物、浮游生物、底栖动物、鱼类以及昆虫等的定居和生长，并阻塞航道，影响水上交通和沿岸居民的生活。在水面形成的植毡层不易被水流、风浪等自然力破坏断裂，在汛期可能导致泄洪困难，增加洪水威胁。

空心莲子草易侵害草坪和园林景观，破坏景观的自然性和完整性，增加护养成本。该杂草在路边、公用绿地、居民区等生境成片生长会影响环境美观，同时容易滋生蚊虫，传播各种人畜疾病，危害人类健康。

防除技术 应采取农业防治、生物防治和化学防治相结合的防控手段，也应考虑综合利用等措施。

农业防治 在种群密度较小的地区或新发现的入侵地可采取人工挖除，要求深挖1～1.5m，以保证地下可繁殖的根茎被全部清除，防止其再生。蔬菜、烟草等起垄覆膜栽培的作物可选用黑色塑料地膜，较宽的行间也可覆盖黑色塑料膜或地布控制杂草。

生物防治 目前主要通过释放天敌生物莲草直胸跳甲防控空心莲子草。该方法要求日最低气温在10℃以上，早春宜在中午气温较高且无风天气释放，夏季宜在傍晚或早晨气温较低的时段释放。

化学防治 土壤封闭处理对空心莲子草难以达到理想的防治效果，常用茎叶处理除草剂防除。除灭生性除草剂草甘膦和草铵膦外，激素类除草剂氯氟吡氧乙酸、二氯吡啶酸、三氯吡氧乙酸，以及新型除草剂二氯喹啉草酮对空心莲子草的地上部分枝数和地下根茎再生分枝数的抑制作用明显，防除效果优秀，其中二氯吡啶酸有较好的持续性，对空心莲子草有较好的根除作用。因此，玉米田苗期可用氯氟吡氧乙酸、

二氯吡啶酸进行茎叶喷雾处理。棉花田可用乙酰乳酸合成酶抑制剂三氟啶磺隆。棉花、烟草、番茄等阔叶秋熟作物成株后，较宽的行间也可保护性喷施灭生性除草剂草甘膦、草铵膦，一定注意控制喷头高度，防止药液飘移。非耕地和果园可选用草甘膦、草铵膦、氯氟吡氧乙酸、二氯吡啶酸、三氯吡氧乙酸防除空心莲子草。水稻田可用二氯喹啉草酮、氯氟吡氧乙酸进行茎叶喷雾处理。

综合利用 可做青饲料供牛、马食用，也可制成草浆投喂草鱼、白鲢等养殖鱼类。全草可药用，有清热利尿、凉血解毒之功效，主治血症、淋浊、疔疖、毒蛇咬伤等病症；其提取物对疱疹病毒、柯萨奇病毒、乙型脑炎、流行性出血热病毒和登革病毒等病原体有拮抗作用。此外，也可用于净化富营养化及重金属污染的水体。

参考文献

陈凯，乔广行，2009. 空心莲子草的综合利用研究进展 [J]. 杂草科学 (3): 9-13.

姜立志，王东，刘树楠，等，2010. 光照和氮素对喜旱莲子草形态特征和生物量分配的影响 [J]. 水生生物学报, 34(1): 101-107.

马明勇，傅建炜，朱道弘，等，2009. 不同除草剂对空心莲子草的控制作用评价 [J]. 植物保护, 35(4): 154-157.

潘晓云，2005. 冠层恒定性：外来入侵者喜旱莲子草对遮阴、密度和干扰的生长反应 [D]. 上海：复旦大学.

潘晓云，耿宇鹏，ALEJANDRO S，等，2007. 入侵植物喜旱莲子草——生物学、生态学及管理 [J]. 植物分类学报, 45(6): 884-900.

王桂芹，高瑞如，王玉良，等，2011. 异质生境空心莲子草的结构基础与生态适应性 [J]. 草业学报, 20(4): 143-152.

王颖，李为花，李丹，等，2015. 喜旱莲子草入侵机制及防治策略研究进展 [J]. 浙江农林大学学报, 32(4): 625-634.

吴田乡，贺建荣，王红春，等，2019. 外来入侵植物空心莲子草对不同除草剂的敏感性 [J]. 杂草学报, 37(4): 45 - 49.

BUCKINGHAM G R, 1996. Biological control of alligatorweed, *Alternanthera philoxeroides*, the world's firstaquatic weed success story [J]. Castanea, 61(3): 232-243.

JULIEN M H, BOURNE A S, LOW V H K, 1992. Growth of the weed *Alternanthera philoxeroides* (Martius) Grisebach, (alligator weed) in aquatic and terrestrial habitats in Australia [J]. Plant protection quarterly, 7: 102-108.

（撰稿：周小刚、赵浩宇；审稿：黄春艳）

苦苣菜 *Sonchus oleraceus* L.

夏熟作物田、果园一二年生杂草。又名苦菜、滇苦菜。英文名annual sowthistle。菊科苦苣菜属。

形态特征

成株 株高30～100cm（图①②）。茎直立，中空，无毛或上部有具黑头的腺毛，有纵沟，不分枝或上部分枝。叶片柔软，无毛，长圆状倒披针形，羽状深裂，大头羽状全裂或羽状半裂，裂片边缘具有不规则的短软刺状齿至小尖齿，柔软；基生叶片基部下延成翼柄；茎生叶互生，基部抱茎，

叶耳略呈戟形。头状花序顶生组成伞房状花序，花序梗常有腺毛或初期有蛛丝状毛（图③）；总苞钟状，长1.5cm、宽1cm；总苞片3～4层，覆瓦状排列，向内层渐长，革质，绿色；外层长披针形或长三角形，长3～7mm、宽1～3mm，中内层长披针形至线状披针形，长8～11mm、宽1～2mm；全部总苞片顶端长急尖，外面无毛或外层或中内层上部沿中脉有少数头状具柄的腺毛；花冠全部为舌状，小花多数，黄色，长约16mm。

子实 瘦果长椭圆倒卵形，扁压，两端截形，红褐色，每侧有隆起的纵肋3～5条，肋间有横皱纹（图④⑤）；冠毛白色细软，易脱落，脱落后顶端有冠毛环，中央有白色花柱残痕。

幼苗 子叶阔卵形，长4.5mm、宽4mm，先端钝圆，叶基圆形，具短柄。下胚轴发达，上胚轴不发育。初生叶1片，近圆形，先端突尖，叶缘具疏细齿，叶基阔楔形，无毛，具长柄；第1后生叶与初生叶相似；第2后生叶阔卵圆形，叶基下延至柄基部成翼，疏生柔毛；第3后生叶开始叶缘具粗齿，叶基呈箭形，并下延成翼，有较多的柔毛（图⑥⑦）。

生物学特性 种子繁殖。花期5～9月，果期6～10月。苗期秋冬季，在5～35℃在温度条件下，苦苣菜种子均可萌发，其中最适温度为15～25℃；光照有利于种子的

萌发；当杂草种子位于土壤表层（埋深<2cm）时，较易萌发且可保持约8个月的生活力，随着埋深的增加，种子萌发率逐渐降低，但其活力可保持30个月或更长时间；当水势为-0.8MPa时发芽率为0～4%，当水势达-1.0MPa时种子不发芽，导致种子发芽率降低50%的水势范围为-0.48～-0.38MPa。苦苣菜生长受环境湿度影响较小，但是当环境中CO_2浓度升高时，有利于杂草的生长，叶片数、芽数及种子数均有所增加。

苦苣菜具有较强的耐盐性，在盐胁迫下可诱导植株体内逆境蛋白、抗氧化物、渗透保护物质、次生代谢物质及内吞作用、吞噬体途径等相关基因的表达，激活一系列生理代谢途径，增强渗透调节能力及抗氧化能力，从而缓解钠离子的毒害及渗透压力。低剂量草甘膦处理对苦苣菜幼苗生长具有促进作用，可显著提高植株的株高和叶片数，并且结籽量也显著增加。由于抗草甘膦作物的长时间种植，澳大利亚已经发现苦苣菜的抗草甘膦生物型。

分布与危害 遍布中国各地，生于农田及其附近、路旁、果园、疏林地及各种弃耕地或撂荒地。当苦苣菜密度达43～52株/m^2时，可造成小麦减产50%。

苦苣菜作为一种先锋植物，较易入侵过度开垦或遭受人为或自然破坏的生境，一旦入侵，因其结实量大、种子的低

苦苣菜植株形态（①②马小艳提供；③～⑦张治摄）
①②成株；③花；④⑤果实；⑥⑦幼苗

休眠率及快速生长和繁殖的特性，常易形成优势种群，对农业生态系统造成危害。当苦苣菜密度达 62～63 株 /m² 时，结籽量可达 3000 粒 / 株，因瘦果成熟后超过 95% 被风吹走，同时，瘦果也可随水或随动物或鸟类取食传播，进一步增加了其扩散能力。

防除技术　化学防治是苦苣菜的主要防除措施，但实际生产中，可结合农业防治等进行综合防除。

农业防治　采取轮作的方式，当油菜田苦苣菜发生危害较重时，可与小麦轮作，在小麦种植期，施用 2 甲 4 氯等防除苦苣菜，以减轻其在油菜田的危害；在苦苣菜严重发生的农田，在作物收获后或播种前进行深翻，将杂草种子深翻至土壤深层，同时将苦苣菜根茎翻至地表，被风干或冻死，减少萌发危害；及时清除田块四周、路旁、田埂、渠道内外的植株，特别是在杂草种子尚未成熟之前可结合耕作或人工拔除等措施及时清除，防止种子扩散。

化学防治　出苗后的苦苣菜在小麦田可选用 2 甲 4 氯、氯氟吡氧乙酸、苯磺隆、双氟磺草胺、唑草酮或其复配剂进行茎叶喷雾处理。油菜田可选用二氯吡啶酸、氨氯吡啶酸或其复配剂进行茎叶喷雾处理。在作物种植前或收获后，可选用灭生性除草剂草甘膦或草铵膦等进行茎叶喷雾防除苦苣菜。

综合利用　苦苣菜茎叶柔嫩多汁，常常作为野菜，或者作为良好的青绿饲料使用；全草可入药，具有清热解毒，凉血止血的作用。苦苣菜属植物含有倍半萜类和黄酮类，此外，还有香豆素类、甘油酸酯苷类、木脂素类等，具有降血糖、降压、降脂、利尿、保肝、抗肿瘤等多种药理作用。

参考文献

贾鹏燕，2017. 盐胁迫下苦苣菜的生理响应及转录组分析 [D]. 杨凌：西北农林科技大学 .

李扬汉，1998. 中国杂草志 [M]. 北京：中国农业出版社：376-377.

王振苗，董丽荣，贾评，等，2017. 苦苣菜水提物抗急性炎症活性及其机制研究 [J]. 中国医药导报，14(10): 31-34.

周延萌，张小敏，范文岩，等，2012. 苦苣菜水提物的镇咳祛痰及抗炎作用研究 [J]. 时珍国医国药，23(4): 1027-1028.

AHMADREZA M, SINGARAYER F K, PRASHANT J, et al, 2020. Response of glyphosate-resistant and glyphosate-susceptible biotypes of annual sowthistle (*Sonchus oleraceus*) to increased carbon dioxide and variable soil moisture [J]. Weed science, 68(6): 6575-581.

HAIDERA H, KEBASO L, MANALIL S, et al, 2020. Emergence and germination response of *Sonchus oleraceus* and *Rapistrum rugosum* to different temperatures and moisture stress regimes [J]. Plant species biology, 35(1): 16-23.

MANALIL S, HAIDER A H, SINGH C B, 2020. Interference of annual sowthistle (*Sonchus oleraceus*) in wheat [J]. Weed science, 68(1): 98-103.

PEERZADAA M, O' DONNELL C, ADKINS S, 2019. Biology, impact, and management of common sowthistle (*Sonchus oleraceus* L.) [J]. Acta physiologiae plantarum, 41(8): 136.

（撰稿：马小艳；审稿：宋小玲）

苦荬菜　*Ixeris polycephala* Cass.

夏熟作物田二年生杂草。又名多头苦荬菜、老鹳菜。英文名 cephalus ixeris。菊科苦荬菜属。

形态特征

成株　株高 10～80cm（图①～③）。根垂直直伸，生多数须根。茎直立，基部直径 2～4mm，上部伞房状分枝，或自基部多分枝或少分枝，分枝弯曲斜升，全部茎枝无毛。基生叶花期生存，线形或线状披针形，包括叶柄，长 7～12cm、宽 5～8mm，全缘或少有羽状分裂，顶端急尖，基部渐狭成长或短柄；茎生叶互生，茎生叶椭圆状披针形，顶端急尖，基部箭形抱茎，向上或最上部的叶渐小，基部箭头状半抱茎或长椭圆形，基部收窄，但不成箭头状半抱茎；全部叶两面无毛，通常边缘全缘，极少下部边缘有稀疏的小尖头。头状花序多数，在茎枝顶端排成伞房状花序，花序梗细（图④）；总苞圆柱状，长 5～7mm，果期扩大成卵球形；总苞片 2 层，外层极小，卵状三角形，长 0.5mm、宽 0.2mm，顶端急尖，内层线状披针形，长 7mm、宽 2～3mm；舌状花黄色，先端 5 齿裂。

子实　瘦果压扁，成熟时黄棕色，纺锤形，无毛，有 10 条高起的尖翅肋，顶端急尖成长 1.5mm 的喙，喙细、细丝状（图⑤⑥）。冠毛白色，纤细，微糙，不等长，长达 4mm。

生物学特性　种子于秋季萌发生长成幼苗，早春营养体生长，晚春初夏开花结实（花果期 3～6 月）。喜温暖湿润气候，当土壤温度 5～6℃时，种子即能萌发，15℃以上生长加快，25～35℃时生长最快。耐热性强，在 35～40℃高温条件下能正常生长；耐寒性较强，成株可抵抗 –7～–5℃的低温。对水分要求较多，但不能耐积水。对土壤要求不严，各种土壤均可种植，但在排水良好、肥力较好的土壤上生长良好。耐轻度盐碱，在 pH 小于 8 的碱性土壤上生长良好。耐阴，可在果林行间种植。具有很强的再生能力，被刈割或啃食的植株，能从残茬的叶腋处生出新芽，长出多枝的株丛。为二倍体植物，染色体数目均为 2n=18。

分布与危害　中国分布于东北、华北、华东、华南、华中及西南等地；朝鲜、日本、印度也有。适生于田间、路旁及山坡草地。通过不断长出新植株，并向周围扩展的方式危害果园、桑园、夏熟作物（麦类和油菜）和蔬菜等的正常生长，发生频度较高，为夏熟作物田常见杂草，但发生量不大，危害轻。

防除技术

农业防治　结合种子处理清除杂草的种子，并结合耕翻、整地，消灭土表的杂草种子。实行定期的水旱轮作，减少杂草的发生。提高播种的质量，一播全苗，以苗压草。秸秆覆盖可以抑制出苗，达到良好的防治效果。

化学防治　稻茬免耕作物田可在播种前用灭生性除草剂草甘膦喷雾灭茬。在小麦播后至苗前，用取代脲类除草剂异丙隆进行土壤封闭处理。已经出苗的杂草在冬前或早春小麦田可选用激素类氯氟吡氧乙酸、2 甲 4 氯，乙酰乳酸合成酶抑制剂苯磺隆、双氟磺草胺，原卟啉原氧化酶抑制剂唑草

苦荬菜植株形态（①④⑤强胜摄；②③⑥张治摄）
①生境群体；②③植株；④花果序；⑤果序；⑥果实

酮，或者有机杂环类灭草松或它们的复配制剂进行茎叶喷雾处理。油菜田出苗后的苦荬菜可用激素类二氯吡啶酸、氨氯吡啶酸或者二氯吡啶酸与氨氯吡啶酸的复配剂进行茎叶喷雾处理。

综合利用 苦荬菜作为一种优良的牧草品种，具有高营养、高产量、适口性好等特点，是各种畜禽的良好青饲料，有很高的栽培利用价值。同时全草入药，具有清热解毒、止血之效，也有很高的药用价值。

参考文献

李富荣，黄莹，梁士楚，等，2011. 几种菊科入侵植物和非入侵植物的化感作用比较 [J]. 生态环境学报，20(5): 813-818.

李扬汉，1998. 中国杂草志 [M]. 北京：中国农业出版社：337-338.

中国科学院中国植物志编辑委员会，1977. 中国植物志：第八十卷 第一分册 [M]. 北京：科学出版社：243.

（撰稿：左娇、毛志远；审稿：宋小玲）

苦荞麦 *Fagopyrum tataricum* (L.) Gaertn.

夏熟作物一年生杂草。又名鞑靼蓼。英文名 tartary buckwheat。蓼科荞麦属。

形态特征

成株 株高 30～90cm（图①）。茎直立，有分枝，绿色或略带紫色，质软，具细纵条纹，一侧具乳头状突起。下部叶具长叶柄，上部叶较小具短柄，叶片宽三角形，有时呈戟形，长 2～7cm，两面沿叶脉具乳头状突起，长与宽近相等，先端急尖，基部心形，全缘，边缘脉上被短柔毛；托叶鞘膜质，黄褐色，长约 5mm。总状花序顶生或腋生（图②）；花序轴细长，花排列稀疏；苞片卵形，绿色，无膜质边，长 2～3mm，每苞内具 2～4 花；花梗中部具关节；花白色或淡红色；花被 5 深裂，裂片椭圆形，长约 2mm；雄蕊 8 枚，稍短于花被，排成 2 轮，内 3 外 5；花柱 3，柱头头状。

子实 瘦果锥状卵形（图③），长 5～6mm，具 3 棱及 3 条纵沟，棱上部锐利，下部钝圆有时具波状齿，黑褐色，无光泽，比宿存花被长。

幼苗 种子出土萌发。子叶不规则肾形，先端凹缺，叶缘微波状，叶基心形，具长柄，下胚轴非常发达，紫红色，上胚轴亦很发达。初生叶 1 片，互生，单叶，卵状三角形，先端渐尖，基部心状箭形，托叶鞘膜质。后生叶与初生叶相似。全株光滑无毛。

生物学特性 种子繁殖。生活力强，花期 6～8 月，果期 8～10 月。果皮的存在有利于苦荞麦种子的萌发，保留果皮的种子萌发进程较快，去果皮的种子萌发较慢。

苦荞麦同源四倍体和原种二倍体在不同生育期的光合生理特性及黄酮含量存在差异，苦荞麦同源四倍体叶片平均叶绿素含量比二倍体高 3.5%，叶片平均光合速率比二倍体高 10.4%，面粉中黄酮含量比二倍体高 50%。

分布与危害 中国主要分布于东北、西北和西南山区；

苦荞麦植株形态（周兵提供）
①生境及植株；②花序；③果实

同选择甲草胺、乙草胺、异丙甲草胺、扑草净、氟乐灵、二甲戊灵、仲丁灵、乙氧氟草醚进行土壤封闭处理。出苗后的苦荞麦根据作物不同可选择2甲4氯、麦草畏、氨氯吡啶酸、乙羧氟草醚、氟磺胺草醚、乳氟禾草灵、莠去津、苯磺隆、砜嘧磺隆、烟嘧磺隆等进行茎叶喷雾处理。氨氯吡啶酸是防除胡麻田苦荞麦的高效除草剂，但需采用防护罩喷头进行定向喷雾。

综合利用 苦荞麦种子富含淀粉、蛋白质、脂肪、维生素等营养物质，可供食用或作饲料。同时，其富含黄酮类化合物，可用于治疗炎症性疾病、高血压、白血病和糖尿病等，还可增强免疫力。

参考文献

何伟俊，曾荣，白永亮，等，2019. 苦荞麦的营养价值及开发利用研究进展 [J]. 农产品加工，23(12): 69-75.

李扬汉，1998. 中国杂草志 [M]. 北京：中国农业出版社.

梅红，李天林，王琳，等，2002. 云南省玉米地杂草发生危害及防治初步研究 [J]. 云南农业大学学报，17(2): 150-153.

王安虎，2009. 苦荞麦同源四倍体与原种二倍体主要生理指标比较分析 [J]. 江苏农业科学 (2): 93-95.

周兵，闫小红，杨芳珍，等，2016. 果皮对不同甜荞和苦荞品种种子萌发特性的影响 [J]. 井冈山大学学报（自然科学版），37(6): 42-47.

KARKI R, PARK C H, KIM D W, 2013. Extract of buckwheat sprouts scavenges oxidation and inhibits pro-inflammatory mediators in lipopolysaccharide-stimulated macrophages (RAW264. 7) [J]. Journal of integrative medicine, 11(4): 246-252.

LEE C C, LEE B H, LAI Y J, 2015. Antioxidation and antiglycation of *Fagopyrum tataricum* ethanol extract [J]. Journal of food science & technology, 52(2): 1110-1116.

REN W, QIAO Z, WANG H, et al, 2001. Tartary buckwheat flavonoid activates caspase 3 and induces HL-60 cell apoptosis [J]. Methods & findings in experimental & clinical pharmacology, 23(8): 427-432.

TSAI H, DENG H, TSAI S, et al, 2012. Bioactivity comparison of extracts from various parts of common and tartary buckwheats: Evaluation of the antioxidant and angiotensin-converting enzyme inhibitory activities [J]. Chemistry central journal, 6(1): 78-82.

（撰稿：周兵；审稿：宋小玲）

欧洲、美洲和亚洲广泛分布。野生或栽培。为旱地杂草，主要危害小麦、玉米、青稞、甜荞、马铃薯、豆类、胡麻等夏熟或秋熟旱地作物。

防除技术

农业防治 通过轮作倒茬、精耕细作、施用充分腐熟的农家肥、合理密植等农业措施控制苦荞麦的发生。少量发生的田块可采取人工拔除方法，也可采取地膜覆盖法有效控制苦荞麦的发生和生长。因缺乏荞麦田防除阔叶杂草的除草剂，在荞麦田的苦荞麦只能采用农业措施进行防治。可在荞麦出苗后5～7cm时和开花封垄前分别进行人工除草一次；也可在封垄前机械除草，以苗压草。

化学防治 作物播前进行土壤封闭处理，可根据作物不

苦蘵 *Physalis angulata* L.

秋熟旱作物田一年生杂草。又名灯笼果、黄姑娘、天泡子等。英文名 cutleaf ground cherry。茄科酸浆属。

形态特征

成株 株高30～50cm（图①②）。被疏短柔毛或近无毛，茎多分枝，分枝纤细。叶互生，叶柄长1～5cm，叶片卵形至卵状椭圆形，顶端渐尖或急尖，基部阔楔形或楔形，全缘或有不等大的齿，两面近无毛，长3～6cm，宽2～4cm。花梗长5～12mm，纤细7和花萼一样生短柔毛，长4～5mm，5中裂，裂片披针形，生缘毛；花较小，直径6～8mm；花

萼钟状，结果时扩大成囊状包裹浆果；花冠淡黄色，喉部常有紫色斑纹（图③）；花药蓝紫色或有时黄色，长约1.5mm。

子实　浆果球形（图①），直径约1.2cm，外包以膨大的草绿色宿存花萼，果萼卵球状，直径1.5～2.5cm，薄纸质；种子圆盘状，长约2mm，淡棕褐色，表面具细网状纹，网孔密而深。

幼苗　子叶阔卵形，先端急尖，边缘具睫毛，叶基圆形具长柄（图④）。下胚轴极发达，上胚轴较明显，被柔毛及少数腺毛。初生叶一片，阔卵形，先端急尖，全缘，有长叶柄。后生叶的叶缘呈波状，有不规则粗锯齿。

生物学特性　一年生草本植物。种子繁殖，种子具有休眠性。花果期5～12月。

分布与危害　中国分布于华东、华中、华南及西南。常生于山坡、林下或田边路旁，为棉花、玉米、大豆等秋熟旱作田常见杂草，发生危害较重。也发生于路埂。

防除技术　见龙葵。

综合利用　苦蘵的果、根或全草皆可入药，具有清热利尿、解毒的功效，能用于治疗疟疾、哮喘、咽炎、前列腺炎、慢性乙肝、消化和肠道疾病。从苦蘵中分离出的甾体类化合物酸浆苦素类（physagulin）化合物以及睡茄内酯类（withanolide）具有较高的抗肿瘤活性，酸浆苦素R可能具有抗生素及抗炎药物活性，是目前国内外研究的热点。

参考文献

康利花，蒙琪琪，俞彤苑，等，2020. 药食两用模式植物苦蘵基因功能研究方法的建立 [J]. 杭州师范大学学报 (自然科学版), 19(1): 41-46, 56.

李扬汉，1998. 中国杂草志 [M]. 北京：中国农业出版社：947-948.

中国科学院中国植物志编辑委员会，1997. 中国植物志：第六十七卷 第一分册 [M]. 北京：科学出版社：76.

FAROOQ S, ONEN H, OZASLAN C, et al, 2021. Characteristics and methods to release seed dormancy of two ground cherry (*Physalis*) species [J]. Journal of applied research on medicinal and aromatic plants, 25(4): 100337.

（撰稿：黄红娟；审稿：宋小玲）

苦蘵植株形态（黄红娟摄）

①带花果成株及所处生境；②植株；③花；④幼苗

宽叶酢浆草　*Oxalis latifolia* Kunth

原产于南美洲的园地多年生草本外来入侵杂草。又名三片瓦。酢浆草科酢浆草属。

形态特征

成株　叶光滑无毛，小叶三片，分离，叶端呈典型宽鱼尾状（图①）。地下部分由鳞茎、不定根和匍匐茎组成；成熟的母鳞球茎直径4～20mm，由外层鳞片和内层鳞片两部分组成；外层鳞片褐色、纸质，包裹保护内层鳞片，内层鳞片肉质，披针形；成熟的内层鳞片中间可见3～5条清晰突起的红色脉，中间一条长，平行于其两边的稍短；子鳞球直径1.5～5mm，颜色根据子球茎的成熟度，白色至深棕色，脉不明显；普通型的子球茎单生于4～10cm长的匍匐茎（地中茎）顶端，数目多达30以上。叶光滑无毛，叶柄30cm左右；小叶3片，分离，小叶直径3～6cm。根据植株形态不同分为普通型（the common form）和康沃尔型（the Cornwall form）。普通型叶端呈典型宽鱼尾状（图②），小叶在夜间沿中脉折叠闭合。无叶花茎1～4枝，高30cm，光滑或被稀疏软毛；伞状花序（图④⑥），花5～12朵，每朵直径1～2cm；花梗长1～1.8cm，开花时直立，开花前和开花后弯折；花萼5片，长约3.5mm，披针形，尖端有2个橙色腺体；花瓣5，粉色至浅紫色，向基部变浅白，花瓣基部为绿色；雄蕊10，花柱5～6。康沃尔型的小叶（图③）顶端边缘圆形不呈典型宽鱼尾状。无叶花茎1～4枝，高可达30cm，光滑或被稀疏软毛；伞状花序（图⑤⑦），具5～17朵花；萼片5片，长约3.5mm，披针形，尖端有两个橙色腺体，较

K

宽叶酢浆草植株形态（①④⑤⑧郭怡卿摄；②③⑥⑦⑨⑩胡媛媛摄）

①成株群体；②普通型叶；③康沃尔型叶；④普通型花序；⑤康沃尔型花序；⑥普通型花丝与花柱；⑦康沃尔型花丝与花柱；⑧幼苗群体；⑨普通型幼苗；⑩康沃尔型幼苗

普通型的偏圆；花瓣 5 片，颜色较普通型稍浅；雄蕊 10，花柱 5～7。

生物学特性　宽叶酢浆草对环境条件有极高的适应性，在原生地之外不产生种子，以鳞茎进行繁殖和传播。通常情况在夏季生长，冬季地上部枯萎死亡，全生育期 120 天左右。生长发育分为 4 个阶段，即萌发出苗期，第 1～2 周；苗期，第 3～5 周，也是物质积累始期，植株各器官中干物质开始缓慢积累，地下部分干物质增长快于地上部分，不定根和匍匐茎相对生长率较高；旺长期，第 6～12 周，为干物质快速积累期，匍匐茎生长并且顶端开始生长出新的鳞茎（子球）；衰退期，第 13 周及其后，植株各器官相对生长率开始下降，与此同时，净同化率和芽叶面积比也开始下降，植株开始走向衰老、地上部分死亡。低温、水分不足等不利条件鳞茎进入休眠状态，15℃以上鳞茎开始萌发，0～7cm 土层的鳞茎萌发最多，埋深 25cm 萌发率可达 20%。普通型由内鳞茎萌发产生地上部分的幼叶，单个鳞茎一次萌发出 1～3 叶；鳞茎在地下部分产生须根，同时也产生匍匐茎（又称地中茎或收缩根）往远端生长，茎的顶端膨大形成子球。康沃尔型鳞茎的外鳞片不明显，内鳞片较大、包裹较松，每一个鳞片均可以萌发产生地上部分的幼叶；鳞茎在地下部分产生须根，同时也产生匍匐茎往远端生长，在顶端膨大形成子球，但相对于普通型，由地中茎产生子球较少，而多数情况是直接在鳞茎周围形成子球，且鳞茎下方会形成布满须根类似于"萝卜形"的主根，因此其他地下部分能够在更深的土层生长繁殖。在同等环境条件下，康沃尔型比普通型具有更强的适应性，以及繁殖、入侵和定殖能力。

分布与危害　原产于南美洲，遍及热带、温带和地中海气候带，且在热带、亚热带区域分布有不断扩大的趋势。随着全球气候变化，分布区域逐步向温带发展。目前在 37 个国家被认为是杂草，影响 30 多种不同的作物，造成棉花、马铃薯、大豆、苹果、玉米、萝卜等产量损失可高达 56%。在印度、新西兰、澳大利亚、南非和乌干达被列为农田主要杂草，2007 年在中国被列入《中华人民共和国进境植物检疫性有害生物名录》。

中国的宽叶酢浆草标本由孙洪范 1957 年 7 月 7 日采于印度尼西亚，现存于中国科学院华南植物园标本馆（IBSC0227197）。植株于 1996 年在昆明植物园发现，至 2008 年在昆明的景观绿地以及园林地带普遍发现分布；2012 年在云南多地发现，以公园绿地、道路绿化带、园林地以及苗木种植地发生较为普遍；2017 年 7 月在昆明寻甸的大豆地中发现了宽叶酢浆草的农田分布及危害。目前在中国云南、广东、广西和福建有分布，仅云南报道在农田发生，危害大豆、玉米、烟草、蔬菜、马铃薯等多种农作物。对宽叶酢浆草在中国潜在适生区进行预测，结果表明宽叶酢浆草在中国的适生区主要在华中、华南和西南的大部分地区，除新疆、西藏、青海、甘肃、内蒙古、黑龙江、吉林、辽宁、陕西中北部、山西中北部、河北等地，其余地方均有不同的适生程度，其中高度适生区包括云南、广西、四川东部、重庆、海南和广东。

防除技术　加强监测并采取农业防治与化学防治相结合进行防控。

检疫与监测　植物检疫是防范生物入侵的第一道防线。目前，宽叶酢浆草在中国的分布主要在园林绿化区，在引种和苗木调运中，应加强对苗木、包装材料及运输车辆的检查及清洁；对引种种植区域开展定期实地检查，控制其远距离传播扩散。此外，在适生区建立监测点开展定期调查，一旦发现及时报告、预警及采取一次性防除及辅助措施进行控制，做到早发现、早防除及连续性、重点性及针对性防治。

农业防治　实行免耕少耕，减少土壤耕作层翻动可防止在田间的扩散。作物水旱轮作可有效减少土壤中鳞茎萌发及数量。利用 30cm 以上的秸秆覆盖，控制鳞茎萌发、地上部分分枝及生长。

化学防治　依据作物类型，宽叶酢浆草可用乙羧氟草醚、硝磺草酮、氯氟吡氧乙酸、灭草松、烟嘧磺隆防除。非农田生境可用草甘膦防除。

参考文献

邓都，阮颖，马平，等，2012. 基于生态位和 GIS 的宽叶酢浆草在中国的适生性分析 [J]. 西南农业学报，25(6): 2272-2278.

郭怡卿，马博，申开元，等，2018. 首次在云南昆明发现检疫性杂草宽叶酢浆草入侵农田 [J]. 植物检疫，32(2): 46-49.

李兴盛，叶雨亭，奚佳诚，等，2020. 外来入侵杂草宽叶酢浆草在云南的分布与危害调查 [J]. 植物检疫，34(2): 67-72.

汤东生，寸植贤，方海燕，等，2015. 土壤湿度和播种深度对检疫性杂草宽叶酢浆草繁殖的效应 [J]. 云南农业大学学报（自然科学），30 (3): 333-337.

汤东生，刘萍，傅杨，2013. 中国发现新的检疫性杂草宽叶酢浆草 [J]. 中国农学通报，29(9): 172-177.

张伟平，李锄，顾小军，等，2018. 除草剂防治宽叶酢浆草的田间药效评价 [J]. 植物保护，44(4): 212-216.

张伟平，沈云峰，肖文祥，等，2018. 玉米地除草剂防治宽叶酢浆草的田间药效评价 [J]. 杂草学报，36(3): 41-45.

ARYA M P S, SINGH R V, 1998. Direct and residual effect of oxadiazon and oxyflourfen herbicides on the control of *Oxalis latifolia* in soybean [J]. Indian journal of weed science, 30(1): 36-38.

ARYA M P S, SINGH R V, S GOVINDRA, 1994. Crop-weed competition in soybean (*Glycine max*) with special reference to *Oxalis latifolia*. [J]. Indian journal of agronomy, 39(1): 136-139.

CHAWDHRY M A, SAGAR G R, 1974. Dormancy and sprouting of bulbs on *Oxalis latifolia* H. B. K. and *O. pes-caprae* L [J]. Weed research, 14(6): 349-354.

JACKSON D I, 1960. A growth study of *Oxalis latifolia* H. B. K [J]. New Zealand journal of science, 3: 600-609.

MARSHALL G, GITARI J N, 1988. Studies on the growth and development of *Oxalis latifolia* [J]. Annals of applied biology, 112(1): 143-150.

ROYO A, LOPEZ M L, 2008. Biology of *Oxalis latifolia*: a review of the origin, annual cycle, most important biological characteristics and taxonomic forms [J]. Agronomía mesoamericana, 19 (2): 291-309.

ROYO A, LÓPEZ M L, 2007. Effect of burial on productivity and extinction of *Oxalis latifolia* Kunth [J]. Current science, 92(7): 979-983.

（撰稿：郭怡卿；审稿：宋小玲）

宽叶母草　*Lindernia nummularifolia* (D. Don) Wettst.

秋熟旱作物田一年生杂草。又名圆叶母草。英文名 broadleaf falsepimpernel。玄参科母草属。

形态特征

成株　株高 5～15cm（图①②）。直立矮小草本，茎

宽叶母草植株形态（周小刚摄）

①②植株；③花序

四方形，通常多分枝，叶对生，几无柄，叶片圆形或倒卵形，长 5～15mm，基部宽楔形至近心形，边缘有齿，齿顶有小尖，侧脉 2～3 对，近基部生出。伞形花序顶生或腋生（图③），花少数，二型，花无柄或有柄，长约 1cm，花萼 5 裂仅达中部，花冠紫色，少有蓝色或白色，唇形，上唇直立，2 裂，下唇 3 裂，雄蕊 4，全育。

子实　蒴果长椭圆形，渐尖，比花萼长 1～2 倍，室间开裂，蒴果内含多数种子。细小，种皮粗糙。

生物学特性　生于海拔 1800m 以下的水沟边、路旁草地、湿地和部分作物田。种子繁殖。春季萌发，花期 7～9 月，果期 8～11 月。

分布与危害　中国华中、西南各地及浙江、江西、甘肃、陕西、江苏等地均有分布；国外尼泊尔、印度有分布。宽叶母草在旱作物田及田边沟渠有发生，但危害一般。在广东中部地区，高温季节蔬菜田以及郊区菜地和水稻田中的沟渠边较为常见，常与长蒴母草、虾钳菜等伴生。在浙江部分地区蔬菜田中有分布，且在部分乡镇蔬菜种植基地已蔓延成优势种，但在周边乡镇以传统方式耕作的农田中并未发现该草。近年在福建福州仓山、晋安、闽侯等多地的草坪、菜地旁或水库旁等均有零星发现，推测是随草坪移植时从广东等地带入。四川烟草田也有宽叶母草。在贵州间作白芋的茶园中，宽叶母草上升为优势杂草。

防除技术　见狭叶母草。

综合利用　宽叶母草含有木樨草素、金合欢素等黄酮类物质，但齐墩果酸含量低于母草，也不含有绿原酸。绿原酸具有抗菌消炎、抗病毒、保肝利胆、保护心血管、抗突变及抗癌的临床药理作用，因此，宽叶母草抗菌消炎作用应比含绿原酸的母草弱，两者不能混用。全草入药，清热解毒、凉血，主治呛咳出血，此外可治蜂类蜇伤。

参考文献

曹雨虹，2014. 四川母草属药用植物研究 [D]. 成都：西南交通大学.

陈国奇，冯莉，田兴山，2015. 广东中部地区高温季节蔬菜田杂草群落特征 [J]. 生态科学，34(5): 115-121.

李扬汉，1998. 中国杂草志 [M]. 北京：中国农业出版社：910-911.

刘西，郑方东，张芬耀，等，2017. 发现于泰顺的 5 种浙江新记录植物 [J]. 浙江大学学报（理学版），44(2): 198-200, 227.

孙丽娟，余红萍，陈洁，等，2018. 福建省新分布植物（Ⅴ）[J]. 福建师范大学学报（自然科学版），34(5): 67-72.

周聪颖，张孟婷，张洪，2020. 间作白芋对茶园夏季杂草种类及防治效果的影响 [J]. 贵州农业科学，48(2): 50-55.

（撰稿：周小刚、赵浩宇；审稿：黄春艳）

阔叶草类　broad leaf weed

根据杂草的形态特征划分的一类杂草，主要包括所有的双子叶植物杂草和叶片广阔的单子叶植物杂草。

形态特征　阔叶草类杂草为一年生至多年生草本，多具

直根系。茎圆形或四棱形，有明显的节和节间的区分，节上长叶和芽，节间实心或空心，大多数种类的茎内维管束呈环状排列，有形成层，次生组织发达。叶片宽阔、平展，多数种类具网状脉和叶柄，少数种类具平行脉或弧形脉、无叶柄或有叶鞘。芽裸露。花两性或单性，排成各式花序，多为5基数或4基数，稀为3基数。果实类型多样。胚常具2枚子叶，稀具1枚子叶。

生物学特性 按生物学特性阔叶草可被分为一年生阔叶草、二年生阔叶草和多年生阔叶草。一年生阔叶草靠种子繁殖，每年能产生大量的存在休眠的种子，一般在春夏季发芽，不需低温春化就可开花，于当年秋冬季种子成熟，如藜、苋、野西瓜苗等。二年生阔叶草也靠种子繁殖，在秋冬季发芽，需低温春化才可开花，于翌年春季或早夏种子成熟，如播娘蒿等。多年生阔叶杂草的寿命在两年以上，一生中能多次开花结实，依靠地下器官越冬并再生出新的植株，虽能进行种子繁殖，但营养繁殖是其主要的繁殖方式，如刺儿菜、苣荬菜、车前草等。

由于对作物类型及环境如土壤水分的适应性不同，不同阔叶草的生境差异较大，如鸭舌草、雨久花、圆叶节节菜、眼子菜、矮慈姑、酸模叶蓼、水蓼、鸭跖草等多发生于水田或湿生环境中，鳢肠、刺儿菜、苍耳、胜红蓟、反枝苋、马齿苋、猪殃殃、阿拉伯婆婆纳、播娘蒿、遏蓝菜、附地菜、宝盖草、打碗花、泽漆等主要生长于旱地，空心莲子草在水体和旱地均可发生。

阔叶草类杂草能适应多种环境条件，具有繁殖能力强且方式多样、结实率高且传播方式多样、种子异步化发育且寿命长等特点，广泛分布于水田、旱田、草坪、林地、非耕地等生境，并与其他类杂草形成多种群落结构。它们不仅与作物争夺肥、光、水分、空间，降低作物产量和品质，增加管理用工和生产成本，而且很多杂草是病虫的中间寄主，促进病虫害发生，影响人畜健康。随着化学除草剂大量使用，特别是乙酰乳酸合成酶（ALS）抑制剂类、乙酰辅酶A羧化酶（ACCase）抑制剂类及酰胺类除草剂长期使用，导致部分阔叶杂草抗药性发展迅速，发生数量与危害面积逐年上升，如水苋菜、猪殃殃、播娘蒿等。由于暖冬气候明显，麦田阔叶杂草发生期提前至越冬前和越冬期，田间出草时间延长，增加了化学防除的难度。

分布与危害 常见的阔叶草类杂草有250多种，主要包括菊科、唇形科、豆科、蓼科、十字花科、藜科、玄参科、石竹科、蔷薇科、伞形科、苋科、旋花科等，伴随不同作物一年四季均可发生，如冬春季发生的蘵蓄、小藜、牛繁缕、婆婆纳、猪殃殃、荠菜、播娘蒿、马齿苋、田旋花、打碗花等，主要危害小麦、油菜等夏熟作物；夏秋季发生的水苋菜、节节菜、丁香蓼、鳢肠、鸭舌草、空心莲子草、苘麻、铁苋菜、反枝苋等，主要危害水稻、玉米、大豆、棉花等秋熟作物。阔叶杂草种类多、分布广、生长旺盛、单株覆盖面积大，因此与作物竞争激烈，影响作物品质和产量，尤其是对大豆、花生、棉花、油菜、蔬菜等阔叶作物田的阔叶杂草的防除，仍需要更大投入。

防除技术 生产上用来防除阔叶草类杂草的化学除草剂品种较多，主要有激素类除草剂如苯氧羧酸类、苯甲酸类、ALS抑制剂类除草剂如磺酰脲类、咪唑啉酮类、磺酰胺类、嘧啶水杨酸类等；光合作用抑制剂如三氮苯类和三氮苯酮类；对羟基苯丙酮酸酯双加氧酶抑制剂类如双环磺草酮、硝磺草酮等，但需要根据作物类型、栽培条件、环境因素、杂草种类及其叶龄选择适合的除草剂品种，提倡适当混用或复配使用，鼓励除草剂轮换使用和杂草综合控制，降低化学除草剂使用量。

许多阔叶草具有食用、药用、观赏、改良土壤等多方面的利用价值，如荠菜、马齿苋、蒲公英、马兰等是中国各地广为食用的野生蔬菜；野苋、空心莲子草、水葫芦、大藻、白花三叶草、草木樨、苣荬菜等是很好的饲料；马齿苋、王不留行、车前草、蒲公英、黄花蒿、野菊花、益母草等可药用，大巢菜、小巢菜、广布野豌豆等豆科杂草可以肥田；水葫芦、牵牛花等可供观赏，因此可在防除的同时综合利用。

参考文献

高孝华，李凤云，曲耀训，2010. 棉田阔叶杂草发生危害与化除应用 [J]. 中国棉花，37(6): 25.

李扬汉，1998. 中国杂草志 [M]. 北京：中国农业出版社.

强胜，2009. 杂草学 [M]. 2 版. 北京：中国农业出版社.

吴翠霞，刘伟堂，路兴涛，等，2016. 河南省3种麦田阔叶杂草对苯磺隆的抗性 [J]. 麦类作物学报，36(9): 1264-1268.

（撰稿：李贵；审稿：郭凤根、宋小玲）

阔叶丰花草 *Spermacoce alata* Aublet

华南园地和旱作物田一年生或多年生杂草。又名日本草。英文名 winged false button weed。茜草科丰花草属。

形态特征

成株 茎和枝均为明显的四棱柱形，棱上具狭翅（图①）。叶椭圆形或卵状长圆形，长度变化大，长2～7.5cm、宽1～4cm，顶端锐尖或钝，基部阔楔形而下延，边缘波浪形，鲜时黄绿色，叶面平滑；侧脉每边5～6条，略明显；叶柄长4～10mm，扁平；托叶膜质，被粗毛，顶部有数条长于鞘的刺毛。花数朵丛生于托叶鞘内，无梗；小苞片略长于花萼；萼管圆筒形，长约1mm，被粗毛，萼檐4裂，裂片长2mm；花冠漏斗形，浅紫色，罕白色，长3～6mm，里面被疏散柔毛，基部具1毛环，顶部4裂，裂片外面被毛或无毛；花柱长5～7mm，柱头2，裂片线形。

子实 蒴果椭圆形，长约3mm、直径约2mm，被毛，成熟时从顶部纵裂至基部，隔膜不脱落或1个分果瓣的隔膜脱落。种子近椭圆形，两端钝，长约2mm、直径约1mm，干后浅褐色或黑褐色，无光泽，有小颗粒。

生物学特性 喜阳性旱地杂草，常生于红壤上。种子繁殖，花果期5～10月。在浙江温州为一年生，具有休眠特性，寿命不超过1年；在自然条件下于4月下旬至7月底萌发出苗，10月处于繁殖生长旺盛期，冬季枯死，至春季无出苗，夏季出苗后快速生长，至秋季达绝对优势种。生长期和花果期长，单株总结实量平均为723粒，单位面积的种子产量可达50 794 粒 /m²，且果实边成熟边脱落。阔叶丰花草降低群落物种多样性，占有最大的生态位宽度。其水提液对多种作物种子萌发和幼苗生长有明显的化感作用。

分布与危害 原产于南美洲热带地区。于1937年引进广东等地作为军马饲料，1965年引进福建作为绿肥，后常作地被植物栽培，现在已成为华南地区常见杂草，浙江、湖南、云南均有发生。入侵花生、甘蔗、蔬菜、木薯等一年生旱作物地，危害重。对果园、茶园、桑园、咖啡园、橡胶园等多年生作物园是否有危害，有待进一步评价。

防除技术

人工或机械防治 小面积发生时用人工锄草或机械防除，防除时间要选择在阔叶丰花草的苗期，5～7月是控制的有利时机；也可配合伏耕和秋耕除草，降低其长势和繁殖力。

生物防治 采用覆盖植物替代控制。苦楝枝叶和水芹菜植株水提液对阔叶丰花草种子萌发和幼苗生长有一定的抑制作用，可以开发利用。

化学防治 大面积发生需借助化学防除。甘蔗田可以选用2甲4氯、敌草隆、莠灭净防治株高3～8cm的阔叶丰花草。果园可以选用草甘膦和草铵膦等防治成株期（株高25～45cm）的阔叶丰花草。

综合利用 茎叶可作饲料，喂养畜禽。绿肥覆盖植物，适宜在果园、茶园、林地等种植，保持水土，改良土壤，增加有机质。全株可分离70多种化合物，具有抗菌活性，可用于治疗疟疾。

参考文献

曹晓晓，柴丽君，蔡晓梦，等，2013. 外来入侵植物阔叶丰花草的生长与繁殖特性 [J]. 温州大学学报，34(2): 29-35.

高末，丁炳扬，罗清应，等，2006. 阔叶丰花草——浙江茜草科一新归化种 [J]. 植物研究，26(5): 520-521.

李朝会，2014. 苦楝等三种植物水浸提液对阔叶丰花草化感作用的研究 [D]. 杭州：浙江农林大学.

罗应，徐巧林，董丽梅，等，2015. 阔叶丰花草的三萜酸类化学成分研究 [J]. 热带亚热带植物学报，23(4): 463-468.

马永林，马跃峰，郭成林，等，2016. 阔叶丰花草水浸提液对5种作物的化感作用 [J]. 种子，35(10): 32-35.

马永林，覃建林，马跃峰，等，2013. 4种除草剂对柑桔园杂草阔叶丰花草的防除效果 [J]. 中国南方果树，42(3): 57-58.

倪炳卿，谢启庚，陈远辉，等，2014. 日本草在南方红壤山边沟果园套种适应性研究 [J]. 南昌工程学院学报，33(4): 37-43.

汤鸣绍，2001. 适宜茶园推广的好绿肥——日本草 [J]. 茶叶科学技术 (2): 37.

陶文琴，许镇健，黄丽宜，等，2014, 阔叶丰花草对茄科作物的化感效应 [J]. 贵州农业科学，42(10): 91-94.

郑思思，戴玲，林培，等，2009. 阔叶丰花草入侵群落物种组成及其土壤种子库季节动态 [J]. 浙江大学学报，35(6): 677-685.

中国科学院中国植物志编辑委员会，1999. 中国植物志：第七十卷 第二分册 [M]. 北京：科学出版社：207.

（撰稿：范志伟；审稿：宋小玲）

阔叶丰花草植株形态（范志伟摄）

①植株；②幼苗

L

来源地分析　analysis of origin

中国幅员辽阔，地理条件和气候类型多样。世界上大多数动植物可在中国找到适生区。中国外来杂草中，源自北美洲的种类最多，约占 35%，其次为南美洲，约占 30%；原产欧洲的约占 15%；非洲约占 10%，亚洲约占 8%，大洋洲的只有少数几种，还有一些物种来源不详。

中国外来杂草来源的洲际种类差异大，这与中国与各洲的地理位置、气候类型和植物区系特征等的相似度有关。在所有外来杂草中，美洲起源的杂草最多，如菊科外来入侵杂草藿香蓟、豚草、三裂叶豚草、紫茎泽兰、加拿大一枝黄花、黄顶菊、薇甘菊等，主要原因是：①由大陆漂移假说，原本相连的东亚和北美大陆在被子植物形成之后分离，长期的地理隔离造成大量新物种的产生，部分新物种并未完全丧失对原大陆气候的适应潜能。②北美和东亚基本处在相同的纬度范围，北美洲植物对东亚的气候环境有高的适应能力，洲际气候差异也利于具有扩散潜力种类的积累。这些植物一旦被引入中国，可快速适应，并建立野化种群。因此，北美与东亚植物区系相似的遗传背景可提高其植物适应东亚气候的可能性，增大在中国的生存与成功扩散概率，因而所占比例最高。③南美洲与亚洲相隔较远，物种隔离度高，部分外来种容易逃离当地自然天敌，包括专性和广谱性天敌，以及竞争者等的限制，成功建群，且南美洲大部分地区属于热带美洲，物种多样性高，气候条件与中国南方沿海地区相类似，也有利于源自该地区的外来杂草成功侵入中国。许多种类生态适应范围相当广泛，这说明美洲来源的植物成为中国外来杂草的可能性最大。

亚洲和欧洲陆地相连，形成全球最大的陆块——欧亚大陆，相对其他大洲，欧洲地区和中国的地理隔离较小，在人类出现前就开始了植物种质交流，植物相似度高，进入中国的欧洲植物的存活概率更大。如续断菊、毒麦、假高粱、大米草等来源于欧洲。类似地，来源于亚洲其他国家的外来杂草进入中国，主要是因为地理距离较近，气候条件相似，如苋、紫苜蓿、节节麦等。以上充分支持了气候匹配假说在中国外来杂草引入中的重要作用。非洲曾经和印度相连，印度特有的植物区系成分移到亚洲，后来，由于地理障碍的减小，与中国植物区系在地质史上的交流逐渐开始并增强，因此一些广布性植物已在漫长的地质年代中完成了扩散分布区的过程，所以人类活动导致来源自非洲的外来杂草种类较少，如五爪金龙、红毛草和大黍等。

参考文献

查尔斯·埃尔顿，2003. 动植物入侵生态学 [M]. 张润志，任立，译. 北京：中国环境科学出版社.

冯建孟，董晓东，徐成东，2009. 中国外来入侵植物区系成分的聚类分析和排序 [J]. 大理学院学报，8(4): 58-63.

强胜，2009. 杂草学 [M]. 2 版. 北京：中国农业出版社.

强胜，曹学章，2000. 中国异域杂草的考察与分析 [J]. 植物资源与环境学报，9(4): 34-38.

徐海根，强胜，2018. 中国外来入侵生物 [M]. 修订版. 北京：科学出版社.

（撰稿：闫小玲；审稿：宋小玲）

赖草　*Leymus secalinus* (Georgi) Tzvel.

夏熟作物田、果园多年生杂草。又名冰草、滨草、厚穗赖草、老披碱。英文名 common leymus。禾本科赖草属。

形态特征

成株　株高 40～100cm（图①）。具下伸和横走的根茎。秆单生或丛生，直立，具 3～5 节，光滑无毛或在花序下密被柔毛。叶鞘光滑无毛，或在幼嫩时边缘具纤毛；叶舌膜质，平截，长 1～1.5mm；叶片长 8～30cm、宽 4～7mm，扁平或内卷。穗状花序直立（图②③④），长 10～15（24）cm、宽 10～17mm，灰绿色；穗轴被短柔毛，节与边缘被长柔毛，节间长 3～7mm，基部者长达 20mm；小穗通常 2～3，稀 1 或 4 枚生于每节，长 10～20mm，含 4～7 个小花；小穗轴节间长 1～1.5mm，贴生短毛；颖短于小穗，线状披针形，先端狭窄如芒，不覆盖第一外稃的基部，具不明显的 3 脉，上半部粗糙，边缘具纤毛，第一颖短于第二颖，长 8～15mm；外稃披针形，边缘膜质，先端渐尖或具长 1～3mm 的芒，背具 5 脉，被短柔毛或上半部无毛，基盘具长约 1mm 的柔毛，第一外稃长 8～10mm；内稃与外稃等长，先端常微 2 裂，脊的上半部具纤毛；花药长 3.5～4mm。

子实　颖果狭椭圆形，单株最高结种量达 1358.6 粒，平均结种量为 468.4 粒。

幼苗　叶片边缘具纤毛（图⑤）；叶片长 8～30mm、宽 2～3mm，扁平或内卷，上面及边缘粗糙或具短柔毛，下面平滑或微粗糙。

生物学特性

种子和根茎均可繁殖。花期 6～9 月，果期 8～10 月。苗期 4～5 月，6 月、7 月仍有 10%～15% 根

赖草植株形态（魏有海摄）
①群体危害状；②③④花序；⑤幼苗

芽出苗。全生育期约 147 天。单株最高结种量达 1358.6 粒，平均结种量为 468.4 粒。

分布与危害 中国分布于黑龙江、吉林、辽宁、内蒙古、河北、山西、陕西、甘肃、宁夏、青海、新疆、四川、云南、西藏等地。生境范围较广，可见于沙地、平原绿洲及山地草原带，侵入小麦、大麦、油菜等夏熟作物田、果园。赖草在中国青海农田危害频率为 12.49%，危害指数为 3.45。主要发生在田边，离田边 5～15m 宽的土地被严重危害，在干旱年份，小麦减产率为 30%～40%，降水量多的年份，小麦减产率为 15%～20%。如全田发生，则无法耕种。在果园危害更加严重，危害频率达 70%，危害指数达 45.8。

防除技术

农业防治 田间发生量较小时，应采用人工、机械深耕，捡出地下根茎，减少翌年危害来源。

化学防治 防治赖草时，应首先从田埂入手，可用草甘膦在赖草生长旺盛期茎叶喷雾处理防除田埂赖草。小麦田可用甲基二磺隆、精噁唑禾草灵或炔草酯进行茎叶喷雾处理。春油菜田或春马铃薯田，可选用高效氟吡甲禾灵、烯草酮或精喹禾灵做茎叶喷雾处理。

综合利用 根茎或全草入药。根茎味苦，性微寒。有清热利湿，止血之功效。主治感冒、淋病、赤白带下、哮喘、鼻出血、痰中带血。

参考文献

陈本建，2006. 甘肃省赖草属植物种质资源与利用前景 [J]. 草原与草坪 (1): 8-11.

李扬汉，1998. 中国杂草志 [M]. 北京：中国农业出版社：1265-1266.

乔斌，何彤慧，于骥，等，2016. 赖草种群有性生殖期构件生物量动态变化研究 [J]. 广东农业科学，43(8): 80-85.

史静，赖大伟，梁永良，等，2016. 赖草种子发芽特性研究 [J]. 青海草业，25(3): 5-8.

王传旗，梁莎，张文静，等，2018. 温度和水分对赖草种子萌发

的影响 [J]. 草业科学，35(6): 1459-1464.

王丽焕，道理刚，肖冰雪，等，2007. 赖草抗旱性研究进展 [J]. 草业与畜牧 (11): 1-4, 14.

王林生，2007. 赖草属植物的遗传学研究与利用 [J]. 生物学通报 (8): 7-9.

温涛，陈伟，史静，等，2013. 温度对赖草种子萌发及幼苗生长的影响 [J]. 青海草业，22(Z1): 2-5.

辛存岳，郭青云，许建业，等，2008. 大黄田赖草的生物学特性、危害与防治 [J]. 中国农学通报 (9): 335-338.

（撰稿：魏有海；审稿：宋小玲）

蓝刺鹤虱　*Lappula consanguinea* (Fisch. et Mey.) Gurke

夏熟作物田一二年生杂草。英文名 bluespine stickseed。紫草科鹤虱属。

形态特征

成株　株高可达 60cm（图①）。茎通常单生，稀 2～3 个簇生，上部具分枝，被糙伏毛或开展的硬毛。单叶互生；基生叶长圆状披针形，长达 5cm，密生白色长硬毛，果期均枯萎；茎生叶披针形或线形，长 2～5cm、宽 3～6mm，扁平或沿中肋对折，先端钝，基部渐狭，两面密被具基盘的长硬毛，中脉在上面凹陷、下面明显突起。聚伞花序生茎及小枝顶端，果期伸长，长 7～25cm（图②③）；苞片小，线形；果梗极短，长 1～3mm，被糙伏毛，直立；花萼深裂至基部，裂片线形，长 2.5～3mm，果期增大，长 4～5mm，呈星状开展；花冠淡蓝紫色，钟状，长 3.5～4mm，檐部直径 2.5～3mm，裂片长圆形或宽倒卵形，喉部附属物高约 0.5mm。

子实　小坚果 4，直立，合成–圆锥体，长 2.5～3mm、宽 3.5mm（图④）；小坚果尖卵状，下半部宽，上部尖，故 4 个小坚果的基部相互靠紧而上部则有长圆形的空档，背面狭卵形，具颗粒状突起，边缘具 3 行锚状刺，第一行（内行）

刺长约 1.5mm，细而硬，斜升或直立，基部略增宽但相互离生，第二行刺稍短而硬呈棒状，第三行刺极短，仅生小坚果的腹面下部，小坚果腹面散生小疣状突起而其空档处平滑且有光泽；花柱伸出小坚果约 1mm。

生物学特性　种子繁殖。秋冬季至翌年春季出苗，花期 6～7 月，果期 7～9 月。

分布与危害　中国产新疆、甘肃、青海、宁夏、内蒙古及河北等地。生长于海拔 800～2200m 荒地、畜圈旁、石质山坡或山前干旱坡地。蓝刺鹤虱主要分布在荒地、路旁或草场，其果实成熟后的钩刺十分坚硬，对羊造成机械损伤，使羊不同程度地发生乳房炎、阴囊炎、蹄甲炎及跛行；羊采食后容易刺伤口腔，刺破肠胃黏膜等，影响正常的消化吸收功能，严重时造成肠胃穿孔，引起死亡。蓝刺鹤虱主要在小麦、青稞、油菜等农田发生，危害较轻。

防除技术　蓝刺鹤虱对夏熟作物田危害轻，如需防除见鹤虱。

参考文献

李扬汉，1998. 中国杂草志 [M]. 北京：中国农业出版社：131.

中国科学院中国植物志编辑委员会，1989. 中国植物志：第六十四卷 第二分册 [M]. 北京：科学出版社：200.

（撰稿：刘胜男；审稿：宋小玲）

狼毒　*Stellera chamaejasme* L.

草原、草地多年生杂草。英文名 Chinese stellera。瑞香科狼毒属。

形态特征

成株　株高 20～50cm（图①②）。直根系，根粗壮木质化，圆柱形，外皮棕褐色，具褶皱，断面淡黄色，具有绵性纤维。茎丛生、直立，少则 2～6 个，多则 15 个以上或更多，不分枝，无毛，基部具轻微木质化。叶散生，无柄，披针形或长圆状披针形，薄纸质，全缘，无毛，顶端渐尖锐，基部为钝形或

蓝刺鹤虱植株形态（朱鑫鑫提供）
①植株；②花枝；③花序；④果实

楔形，长 12～28mm、宽 3～10mm，上表皮绿色，下表皮淡绿色至灰绿色。多花的头状花序，顶生，圆球形，花白色、黄色至带紫色，芳香（图③）；花萼筒管状，长 9～11mm，内面白色，外面紫红色，后期变淡，先端 5 裂，裂片具紫红色网纹，卵状长圆形，长 2～4mm、宽约 2mm；雄蕊 10，2 轮，着生花萼筒的中上部；子房椭圆形，几无柄，长约 2 mm，直径 1.2mm；花柱短，柱头头状。

子实　小坚果圆锥形，长 5mm、直径约 2mm，上部或顶部有灰白色柔毛，为宿存的花萼筒所包围；种皮膜质，淡紫色（图⑥）。

狼毒植株形态（①②邱学林摄；③～⑥魏有海摄）
①生境；②植株；③花序；④⑤幼苗；⑥果实

幼苗　种子发芽成苗后，狼毒的茎基部在每年9、10月就会形成膨大凸起的越冬芽，进入休眠状态（图④⑤）。翌年越冬芽长出地面后变红，而后变绿，迅速生长。

生物学特性　种子与根蘖繁殖。分布于北方各地及西南地区，多生长于海拔1300～4200m，平均温度在0℃左右的干燥山坡、沙地、草原、向阳河滩台地和高山草甸区等。狼毒的物候期较草原上其他物种开始早，一般在春季回温时立刻返青，盛夏前就已经完成整个生命周期，结实后进行夏眠。花期4～6月，果期7～9月。在每个头状花序中，由外向内依次开放，每个花序中从第1朵花开放到最后1朵花开放大5～11天，自开花到结实全过程需17～21天。以种子扩散进行下一代的繁殖扩展。狼毒的越冬芽为混合芽，同时含有枝芽和花芽，每个越冬芽在花芽分化过程中形成一个花序。一龄植株当年发育成茎叶，能开花但不结实；二、三龄植株处于生殖生长阶段，能开花但结实量少，而后结实量逐年增多。

分布与危害　中国分布于北方各地及西南地区。全株有毒，牲畜在饥不择食时误食中毒。狼毒在退化草地上扩散蔓延，助推着天然草地持续退化，是草原或土地退化至荒漠化的先锋植物。也是"草原蜕变成沙漠的最后一道风景"。严重影响草地畜牧业的可持续发展与生态安全。

防除技术

物理防治　狼毒可采取人工挖除或破坏根上生长点防治。

化学防治　可选用能灭除双子叶杂草的内吸性选择除草剂，有防除效果的除草剂有2,4-滴丁酯、三氯吡氧乙酸，或2,4-滴丁酯与麦草畏的复配剂等。施药后表现为短期内对地上部分影响较大，茎叶干枯死亡，生长点坏死，随后根部坏死，腐烂中空；翌年灭除狼毒返青率很低，几乎接近为零，防除效果都能达到90%以上。此外，有机硅助剂的使用可以减少化学除草剂的使用量，同时起到增效的效果。还可采用喷施除草剂＋短期禁牧的形式也能显著提高毒杂草型草地的退化。防除狼毒的最佳施药时期是现蕾开花初期，均匀喷药，最佳时间是晴朗、无风的清晨或傍晚。

综合利用　狼毒根毒性强，可入药。民族地区利用狼毒根造纸用于印刷经卷便于长期保存。

参考文献

郭丽珠，王堃，2018. 瑞香狼毒生物学生态学研究进展 [J]. 草地学报，26(3): 525-532.

李扬汉，1998. 中国杂草志 [M]. 北京：中国农业出版社.

吴国林，魏有海，2006. 青海草地毒草狼毒的发生及防治对策 [J]. 青海农林科技 (2): 63-64.

赵猛，亢晶，2019. 瑞香狼毒的民族植物学、植物化学及其药理学研究进展 [J]. 中国野生植物资源，38(3): 70-74.

中华人民共和国农业部农药检定所，日本国（财）日本植物调节剂研究协会，2000. 中国杂草原色图鉴 [M]. 日本国世德印刷股份公司.

（撰稿：邱学林；审稿：范志伟）

狼杷草　*Bidens tripartita* L.

稻田常见一年生杂草。又名狼把草、矮狼杷草。异名 *Bidens shimadai* Hayata、*Bidens repens* D. Don。英文名 bur beggarticks。菊科鬼针草属。

形态特征

成株　株高30～150cm（图②③）。茎直立，无毛。常带紫色，多分枝，有棱。叶对生，叶柄有狭翅，中下部叶通常羽状3～5裂，顶端裂片较大，椭圆形或长圆状披针形，边缘有锯齿；上部叶3裂或不裂。（图④）头状花序顶生或腋生，直径1～3cm；总苞片多数，外层叶状倒披针形，长1～4cm，有睫毛；内层卵状披针形，膜质，长6～9mm；花黄色，全为管状花，两性，花冠顶端4裂。

子实　瘦果扁平，倒卵状楔形，长6～11mm，两侧边缘各有一列倒刺毛，顶端芒刺通常2，偶有3～4，上具倒勾刺。

幼苗　子叶出土，带状，长18mm、宽3.5mm，先端钝圆，全缘，叶基阔楔形，具长柄。下胚轴与上胚轴均非常发达，并带紫红色。初生叶2片，对生，单叶，3深裂，叶片1～2个粗锯齿，先端急尖，叶基楔形，羽状叶脉，无毛，具长柄。后生叶为羽状深裂至全裂，其他与初生叶相似。

生物学特性　适生于低湿地，生长于水边、湿地或潮湿的土壤中；在水稻田常见。5～6月出苗，花果期8～10月。种子繁殖，常以芒刺钩附于动物体或漂浮于水面而传播。

分布与危害　中国广布于黑龙江、吉林、辽宁、河北、陕西、江苏、上海、安徽、浙江、江西、湖北、湖南、四川、云南、新疆等地区；亚洲、欧洲、非洲北部及大洋洲也有分布。主要危害水稻（图①），通常发生量小，但偶尔发生量大，而成为主要阔叶杂草。

防除技术

化学防除　可使用防除阔叶杂草的除草剂如吡嘧磺隆、苯达松、五氟磺草胺、嘧啶肟草醚、氟吡磺隆、乙氧氟草醚、环胺嘧磺隆、噁草酮、丙炔噁草酮、双草醚等。

综合利用　全草药用，具有清热解毒、活血散瘀、养阴敛汗等功能。

参考文献

北京市通州区植物保护站，2015. 常见杂草系统识别图谱 [M]. 北京：中国农业科学技术出版社：344.

李扬汉，1998. 中国杂草志 [M]. 北京：中国农业出版社.

王岸英，张玉茹，2002. 菊科8种鬼针草属 (*Bidens* L.) 杂草种子的鉴别 [J]. 吉林农业大学学报，24(3): 57-59.

王天勇，南凤仙，杨文远，1996. RP-HPLC法同时测定狼把草中的木犀草素、槲皮素和芹黄素 [J]. 宁夏大学学报（自然科学版），17(4): 16-18.

王险峰，刘友香，2014. 水稻、大豆、玉米田杂草发生与群落演替及除草剂市场分析 [J]. 现代化农业 (11): 1-3.

颜玉树，1989. 杂草幼苗识别图谱 [M]. 南京：江苏科学技术出版社.

（撰稿：杨向宏、强胜；审稿：纪明山）

狼杷草植株形态（①强胜摄；②～④张治摄）

①群落；②③植株；④花序

狼尾草　*Pennisetum alopecuroides* (L.) Spreng.

果园、桑园、茶园多年生杂草。又名莨草、芮草、老鼠狼。英文名 Chinese pennisetum、Chinese fountaingrass。禾本科狼尾草属。

形态特征

成株　高 30～120cm（图①②）。须根较粗壮。秆丛生，直立，在花序以下密生柔毛。叶片长 10～80cm、宽 3～8mm，先端长渐尖，基部生疣毛；叶舌短小，具长约 2.5mm 纤毛。叶鞘光滑，两侧压扁，基部彼此跨生。圆锥花序直立（图②～④），长 5～25cm、宽 1.5～3.5cm，主轴密生柔毛；小穗簇具明显的长 2～3（～5）mm 的总梗；刚毛粗糙，淡绿色或紫色，长 1.5～3cm；小穗通常单生，线状披针形，长 5～8mm；第一颖微小或缺，膜质，脉不明显或具 1 脉，第二颖卵状披针形，具 3～5 脉，长约为小穗 1/3～2/3，第一小花中性，第一外稃与小穗等长，具 7～11 脉，第二外

稃与小穗等长，具 5～7 脉，边缘包着同质的内稃；鳞被 2，楔形；雄蕊 3；花柱基部联合。

子实　颖果灰褐色至近棕色，长圆形，长约 3.5mm，顶端具易折断的残存花柱，胚大而显著，为颖果全长的 1/2～3/5（图⑤）。

幼苗　子叶留土。第一片真叶线状椭圆形，长 1.4cm、宽 2mm，有 11 条直出平行脉、叶舌呈毛状，无叶耳，但两侧具 2 根长毛；叶片与叶鞘均无毛。第二片真叶线状披针形，鞘口两侧有 3～4 根长毛，其他与前者相似。

生物学特性　以种子和地下芽繁殖。花果期 8～10 月。多生于海拔 50～3200m 的田岸、荒地及道旁。喜寒冷湿气候。狼尾草种子适宜的发芽温度为 20～30℃。耐旱，耐砂土贫瘠土壤；对土壤的适应性很好，无论是有机质含量 2.0% 的壤土，还是有机质含量只有 0.41% 的黏土，都能够健康生长。

分布与危害　中国自东北、华北经华东、中南至西南各地均有分布；在日本、印度、朝鲜、缅甸、巴基斯坦、越南、菲律宾、马来西亚、大洋洲及非洲也有分布。狼尾草是果园、

狼尾草植株形态（①③⑤张治摄；②④叶照春摄）
①②成株；③④花序；⑤子实

桑园、茶园危害较重的杂草，也经常发生于田岸、荒地及道旁。作为观赏植物及其品种在异地引种后逃逸为危害性很高的入侵种，其根系发达，吸收土壤水分和养分的能力很强，将对作物造成严重危害和经济损失。

防除技术　应采取包括农业防治、生物防治和化学防治相结合的方法。此外，也可考虑综合利用等措施。

农业防治　在果园、茶园、草坪等地及时拔除杂草，并带出田间进行销毁，对田地周围的杂草及时清除，防止入侵田地。注意防除时间，最好在杂草开花结实之前进行人工除草，避免种子传播。可进行防草布、稻草等覆盖，抑制杂草的生长。

生物防治　可在果园、桑园、茶园引种苏铁和释放长安拟叩甲防治狼尾草。

化学防治　在果园、桑园、茶园狼尾草生长旺盛期可使用草甘膦、草铵膦等进行定向喷雾防除；在狼尾草出苗前可使用乙草胺、异丙甲草胺、丁草胺等进行防除；另外，在狼尾草幼苗期也可用高效氟吡甲禾灵、精喹禾灵等单剂或混剂进行防除。

综合利用　狼尾草是新型园林观赏植物，在中国具有广阔的发展前景；植株可作编织或造纸的原料，也常作为土法打油的油耙子；还可作固堤防沙植物。另外，狼尾草的提取物 2,4- 二叔丁基苯酚（2,4- 滴 TBP）、邻苯二甲酸单 -2- 乙基己基酯（MEHP）对千金子根、茎生长有抑制作用，可探索开发生物源除草剂。

参考文献

慈华聪，田晓明，张楚涵，等，2013. 不同盐分处理对狼尾草和大油芒发芽与幼苗生长的影响 [J]. 生态学杂志，32(5): 1167-1174.

焦树英，李永强，沙依拉，等，2009. 干旱胁迫对 3 种狼尾草种子萌发和幼苗生长的影响 [J]. 西北植物学报，29(2): 308-313.

李扬汉，1998. 中国杂草志 [M]. 北京：中国农业出版社：1294-1295.

杨柳林，2004. 长安拟叩甲转主寄生的观察 [J]. 福建林业科技，31(4): 67-72.

于艾鑫，林菲，徐汉虹，等，2015. 从紫狼尾草中提取的化合物可有效防除旱稻田中的杂草千金子 [J]. 世界农业，37(4): 55-58.

（撰稿：叶照春；审稿：何永福）

狼紫草　*Anchusa ovata* Lehmann

夏熟作物田一年生杂草。异名 *Lycopsis orientalis* L.。英文名 oriental lycopsis。紫草科狼紫草属。

形态特征

成株　株高 10～40cm（图①）。常自下部分枝，有开展的稀疏长硬毛。基生叶和茎下部叶有柄，其余无柄，倒披

狼紫草植株形态（魏有海摄）

①成株；②花序

针形至线状长圆形，长4～14cm、宽1.2～3cm，两面疏生硬毛，边缘有微波状小牙齿。聚伞花序，花后逐渐伸长达25cm（图②）；苞片比叶小，卵形至线状披针形；花梗长约2mm，果期伸长可达1.5cm；花萼长约7mm，5裂至基部，有半贴伏的硬毛，裂片钻形，稍不等长，果期增大，星状开展；花冠蓝紫色，有时紫红色，长约7mm，无毛，筒下部稍膝曲，裂片开展，宽度稍大于长度，附属物疣状至鳞片状，密生短毛。雄蕊着生花冠筒中部之下，花丝极短，花药长约1mm；花柱长约2.5mm，柱头球形，2裂。

子实　小坚果肾形，淡褐色，长3～3.5mm、宽约2mm，表面有网状皱纹和小疣点，着生面碗状，边缘无齿。种子褐色，子叶狭长卵形，肥厚，胚根在上方。

幼苗　子叶出土，长卵形至椭圆形，密被短茸毛。第一真叶1片，被长柔毛。

生物学特性　种子繁殖。春季出苗，花果期5～9月。

由于高耐磺酰脲类除草剂，其种群数量在连续使用苯磺隆等磺酰脲类除草剂的山东、河南、河北等地的旱地麦田中正在迅速上升。

分布与危害　中国主要分布在河北、山西、河南、内蒙古、陕西、宁夏、甘肃、青海、新疆及西藏。生长于山坡、河滩、田边等处。部分小麦受害较重，也对油菜田产生严重的影响，辣椒、洋葱、韭菜等作物上个别发生，对其危害不大。

防除技术

农业防治　精选种子，并在播种前清选，切断种子传播；施用经过高温堆沤处理堆肥和厩肥；及时清理田边、路边、沟边、渠埂杂草；适时晚播，作物推迟7～10天，可使土壤中的杂草种子提前萌发，通过耕翻措施暴晒在阳光下，导致部分杂草死亡。

化学防治　小麦或青稞田可选用苯磺隆、苄嘧磺隆、唑嘧磺草胺，或唑草酮进行茎叶喷雾处理。油菜田可选用草除灵在狼紫草1～3叶时对茎叶喷雾处理。

综合利用　狼紫草种子富含油脂，可榨油供食用。富含多不饱和脂肪酸，尤其含有医疗保健价值较高、且在自然界中存在较少的γ-亚麻酸。对其研究有重要的科学意义和经济价值。

参考文献

李扬汉，1998. 中国杂草志 [M]. 北京：中国农业出版社：137-138.

吴超，2013. 高寒地区旱作春油菜高产关键技术措施 [J]. 现代农业科技 (7): 65.

吴超，2013. 高寒旱作区白菜型春油菜田间杂草防除措施 [J]. 甘肃农业科技 (4): 60-61.

杨绪启，安承熙，王发春，等，1998. 狼紫草籽油中脂肪酸组成的研究 [J]. 中国油脂 (2): 3-5.

余旭，2003. 青海高原13种野生植物油脂中ω-6脂肪酸和ω-3脂肪酸分析 [J]. 高原医学杂志 (3): 55-57.

（撰稿：魏有海；审稿：宋小玲）

老鸦瓣　*Amana edulis* (Miq.) Honda

夏熟作物田、果园多年生杂草。又名山慈姑。异名 *Tulipa edulis* (Miq.) Baker。英文名 edible tulip。百合科老鸦瓣属。

形态特征

成株　株高10～25cm（图①）。鳞茎卵形，长约2cm、直径1.5～2.5cm，外包有褐色纤维状皮壳，纸质，里面生茸毛。叶1对，条形，长15～25cm、宽3～13mm。花葶单一或分叉成2，从1对叶中生出（图②），高10～20cm，有2枚对生或3枚轮生的苞片，苞片条形，长2～3cm；顶生花1朵，花被6，长圆状披针形，长1.8～2.5cm，白色，有紫脉纹。雄蕊6，3长3短，花丝长6～8mm，向下渐扩大，无毛，花药长3.5～4mm，雄蕊与雌蕊等长，子房长椭圆形，

老鸦瓣植株形态（陈国奇摄）
①植株；②花

长6～7mm，顶端渐狭，花柱长约4mm。

子实　蒴果近球形，直径约1.2cm，具有宿存的花柱，种子红色。

生物学特性　多年生鳞茎草本，秋季出苗，2～3月开花。生于山坡、草地、路边等生境，可在茶园、果园、竹林、林地及夏熟作物田发生。鳞茎是老鸦瓣干物质分配的主要器官，全生育期植株总干物质积累及鳞茎干物质积累呈递增趋势，且果实成熟期最高。果实成熟期、枯萎期、休眠期鳞茎生物量无显著差异。老鸦瓣种子在成熟时其胚仅为一团尚未分化的细胞，体积很小，胚的长度不足整个种子长度的10%；种皮无透水障碍。种子只有先经历30天25℃的高温再经历60天的15℃中等温度层积过程后才能解除休眠。解除休眠的种子在10～15℃黑暗条件下萌发率最高。

分布与危害　中国分布于辽宁、陕西、河南、山东、江苏、浙江、安徽、湖北、湖南、江西等地；朝鲜、韩国、日本、美国也有分布。夏熟作物田常见杂草，通常危害较轻。

防除技术　发生较早，通常危害较轻，可不采取针对性防控措施。

综合利用　鳞茎可提取淀粉，食用。中药材光慈姑为其去掉膜质皮和茸毛后的干燥鳞茎，具有解毒散结、行血化瘀之功效，多用于治疗痢疾、小儿痰厥、痛风等，外治疔疮疖肿、咽喉肿痛、蛇虫狂犬伤等。目前也是治疗多种肿瘤的常用药，如咽喉癌、淋巴瘤、乳腺癌等。

参考文献：

李扬汉，1998. 中国杂草志[M]. 北京：中国农业出版社：1381.

吴正军，朱再标，郭巧生，等，2012. 老鸦瓣种子生理及其萌发特性研究[J]. 中国中药杂志，37(5): 575-579.

杨小苗，郭巧生，朱再标，等，2016. 不同采收期老鸦瓣生物量积累及药材品质研究[J]. 中国中药杂志，41(4): 624-629.

朱迎夏，2012. 老鸦瓣种子萌发及中药材骨碎补显微鉴定方法的研究[D]. 北京：北京协和医学院中国医学科学院.

（撰稿：陈国奇；审稿：宋小玲）

冷水花　*Pilea notata* C. H. Wright

秋熟旱作物田、果园多年生杂草。英文名common clearweed。荨麻科冷水花属。

形态特征

成株　株高25～70cm（图①）。具匍匐茎，茎肉质，中部稍膨大，粗2～4mm，无毛，稀上部有短柔毛，密布条形钟乳体。叶对生，纸质，狭卵形、卵状披针形或卵形，长4～11cm、宽1.5～4.5cm，先端尾状渐尖或渐尖，基部圆形，稀宽楔形，边缘自下部至先端有浅锯齿，稀有重锯齿，上面深绿，有光泽，下面浅绿色，钟乳体条形，长0.5～0.6mm，两面密布，基出脉3条，其侧出的2条弧曲，伸达上部与侧脉环结，侧脉8～13对，稍斜展呈网脉，叶柄纤细，长17cm，常无毛，稀有短柔毛，托叶大，带绿色，长圆形，长8～12mm，脱落。花雌雄异株；雄花序聚伞总状，长2～5cm，有少数分枝，团伞花簇疏生于花枝上（图②③）；雌聚伞花序较短而密集；雄花具梗或近无梗，在芽时长约1mm；花被片绿黄色，4深裂，卵状长圆形，先端锐尖，外面近先端处有短角状突起；雄蕊4，花药白色或带粉红色，花丝与药隔红色；退化雌蕊小，圆锥状。

子实　瘦果小，卵圆形，顶端歪斜，长近0.8mm，熟时绿褐色，有明显刺状小疣点突起；宿存花被片3深裂，等大，卵状长圆形，先端钝，长约为果的1/3。

生物学特性　冷水花适应性强，容易繁殖。生长适温15～25℃，冬季不可低于5℃。冬季地上部分枯萎，翌春

4～5月发芽，长出新的茎叶。到7～8月开花；果熟期是8～9月，种子随熟随落，春季萌发长出幼苗。

分布与危害　中国分布于广西、广东、长江流域中下游各地，北达陕西南部和河南南部；越南、日本也有分布。喜温暖、湿润的气候，喜疏松肥沃的砂土。生于山谷、溪旁或林下阴湿处，海拔300～1500m。在农田发生较少，危害较轻。

防除技术　应采取包括农业防治、化学防治相结合的方法。此外，也可考虑综合利用等措施。

农业防治　在耕作前可深翻土地，将土壤中的匍匐根茎拾尽烧毁来减轻此杂草的繁殖。也可覆膜、铺放麦秆或玉米秸秆抑制生长。

化学防治　玉米田可用除草剂如莠去津、烟嘧磺隆、氯氟吡氧乙酸、2甲4氯、麦草畏等进行茎叶处理。

综合利用　冷水花株丛小巧素雅，叶翠绿可爱，是一种良好的室内观叶植物。其对空气中的有毒物质有一定的抵抗能力，并能吸收甲醛、硫化物等有害气体，能净化厨房烹饪时所散发的油烟，是厨房内理想的环保植物。全草药用，有清热利湿、生津止渴和退黄护肝之效。

参考文献

陈家瑞，1982. 中国荨麻科冷水花属的研究 [J]. 植物研究 (3)：1-132.

李扬汉，1998. 中国杂草志 [M]. 北京：中国农业出版社：996.

于淑玲，2010. 冷水花的盆栽要点 [J]. 特种经济动植物 (7)：30-30.

（撰稿：叶照春；审稿：宋小玲）

冷水花植株形态（①③朱鑫鑫提供；②黄江华提供）

①生境群落；②带花植株；③雄花序

离子芥　*Chorispora tenella* (P.) DC.

夏熟作物田一二年生杂草。又名离子草、红花荠菜、荠儿菜。英文名 tender chorispora。十字花科离子芥属。

形态特征

成株　高5～30cm（图①②）。植株具稀疏单毛和腺毛。根纤细，侧根很少。茎斜上或铺散，从基部分枝。基生叶丛生，宽披针形，长3～8cm、宽5～15mm，边缘具疏齿或羽状分裂；茎生叶互生，披针形，较基生叶小，长2～4cm、宽3～10mm，边缘具数对凹波状浅齿或近全缘。总状花序顶生（图③）。花梗极短。花萼、花瓣4，离生；萼片披针形，绿色或暗紫色，具白色膜质边缘；花瓣淡蓝紫色至粉红色，近基部白色，花瓣长7～10mm、宽约1mm，顶端钝圆，下部具细爪。

子实　长角果圆柱形（图④），长1.5～3cm，略向内弯曲，上部渐狭成喙，具横节，节片长方形，扁平，每节含1粒种子，果不开裂，但逐节脱落；果梗长3～4mm，与果实近等粗。种子长椭圆形，略扁平，黄褐色，长约2mm、宽1.5mm。子叶（斜）缘倚胚根。

幼苗　子叶椭圆形，长6～7mm、宽3～5mm，先端钝，基部渐狭，边缘生腺毛，具柄。上下胚轴均不发达。初生叶1片，近卵形，全缘。后生叶羽状浅裂，两面均有腺毛。

生物学特性　秋冬季至翌年春季出苗，幼苗或种子越冬。种子繁殖。花果期4～8月。离子草植株不高，主根长，侧根很多，根系浅，主要分布在土壤的表层。浅根系有利于在短时间内快速吸收土壤表层的水分，适合离子草在短期内迅速发育。离子草的根、茎、叶解剖结构表明，根的次生木质部发达，导管腔较大，茎的导管腔比根小，叶的导管比茎小；茎、叶表皮有一定厚度的角质层，且茎、叶表皮细胞壁均匀加厚，叶表皮上有单毛和腺毛；茎髓部有大型和特大型薄壁细胞，特别是茎中央出现髓腔，这些特征有利于其利用早春土壤中湿润条件下快速生长和发育，在生长后期土壤及气候较干旱的情况下，只有靠髓细胞自身解体来满足对水分的需要。这是其长期生长在特殊环境下适应的结果。

L

离子芥植株形态（①④周小刚摄；②③张治摄）
①②植株；③花序；④果实

　　离子草可在固定或半固定沙丘、砾石荒漠及漠钙土中生长，并且极能适应低磷土壤。它可通过挥发、雨水淋溶等途径向周围环境释放化感物质，抑制苜蓿幼苗苗长、干质量以及种子的萌发率。

　　分布与危害　在中国辽宁、内蒙古、河北、山西、山东、河南、陕西、甘肃、宁夏、青海、新疆、江苏、安徽北部等地均有分布，是西北地区常见的田间杂草。生于干燥荒地、荒滩、牧场、山坡草丛、路旁沟边及农田中，海拔700～2200m。离子草是甘肃、山西、陕西等地小麦田的主要杂草，发生密度大、危害程度中等至较重。也危害马铃薯、甜菜等作物生产。

　　防除技术　应采取包括农业防治、化学防治、综合利用相结合的方法。

　　农业防治　结合种子处理清除杂草的种子。播前深耕，把土表的草籽埋入土壤深层，利用土壤缺氧达到灭草目的。提高播种的质量，抑制出苗，以苗压草。可在离子草开花前采取机械中耕除草或人工拔除，不仅可以减轻危害，而且还可防止离子草等杂草种子的散落或再度传播。

　　化学防治　麦田可用异丙隆、吡氟酰草胺在播后苗前进行土壤封闭处理。出苗后可用苯磺隆、双氟磺草胺、啶磺草胺，或激素类除草剂2甲4氯、麦草畏、氯氟吡氧乙酸等进行茎叶处理。

　　综合利用　嫩株可作野菜食用。亦作饲料。离子草属于早春短命植物，其旺盛生长对于稳定沙面、减轻沙尘有很大贡献，在荒漠植物群落演替、物种多样性及区域生态系统稳定性维持及土壤改良与防治水土流失等方面有较大的生态学价值，是荒漠植被恢复的先锋植物。

参考文献

李扬汉，1998. 中国杂草志 [M]. 北京：中国农业出版社：444.

刘琳，曾幼玲，张富春，2009. 离子草的组织培养与快速繁殖 [J]. 植物生理学通讯，45(2): 153-154.

王烨，1993. 新疆早春短命及类短命植物的物候观测 [J]. 干旱区研究，10(3): 34-39.

王毅民，2012. 6 种杂草对紫花苜蓿的化感作用 [J]. 陇东学院学报，23(5): 35-39.

尹力初，张杨珠，周卫军，等，2007. 婆婆纳、离子草与小花糖芥三种麦田杂草吸收 NO_3^-，$H_2PO_4^-$，K^+ 的动力学研究 [J]. 土壤通报，38(1): 68-71.

于喜凤，1995. 新疆十字花科短命植物离子芥的形态学研究——I 离子芥的营养器官解剖结构 [J]. 新疆师范大学学报（自然科学版），14(1): 61-65.

中国科学院中国植物志编辑委员会，1987. 中国植物志：第三十三卷 [M]. 北京：科学出版社：348.

（撰稿：刘胜男、陈国齐；审稿：宋小玲）

篱打碗花　*Calystegia sepium* (L) R. Br.

夏熟作物田多年生杂草。又名篱天箭。英文名 hedge glorybind。旋花科打碗花属。

形态特征

成株　高 30～90cm（图①）。全体无毛。根状茎细圆柱形，白色。茎缠绕，有细棱。叶互生，三角状卵形或宽卵形，长 4～15cm、宽 2～10cm 或更宽，先端渐尖或锐尖，基部戟形或心形，全缘或基部稍伸展为具 2～3 个大齿缺的裂片；叶柄短于叶片或近等长。花单生于叶腋，花梗长 6～10cm（图②）；苞片 2，广卵形，长 1.5～2.3cm，先端锐尖，基部心形，包住花萼，宿存；萼片 5，卵形，长 1.2～1.6cm，先端渐尖；花冠漏斗状，比打碗花大，白色或淡红或紫色，长 5～7cm，冠檐微 5 裂；雄蕊 5，花丝基部扩大，有小鳞毛；子房无毛，柱头 2 裂。

子实　蒴果卵形（图③），长约 1cm，为增大的宿存苞片和萼片所包被。种子黑褐色，长约 4mm，表面有小疣（图④）。

幼苗　子叶近方形，长约 1.5cm，先端微凹，基部心形。初生叶 1，长椭圆状三角形，先端钝尖，基部心形，叶基有 2 小侧裂片；均具长柄。

生物学特性　根芽和种子繁殖。3～4 月出苗，花期 5～7 月，果期 6～8 月。喜冷凉湿润的环境，耐热、耐寒、耐瘠薄，适应性强，对土壤要求不严，以排水良好、向阳、湿润而肥沃疏松的砂质壤土栽培最好。土壤过于干燥容易造成根状茎纤维化，土壤湿度过大，则易使根状茎腐烂。

分布与危害　中国东北、华北、西北、华东、华中、西南及华南部分地区有发生，华北及西北地区为重发区。常见于田间、路旁、荒山、林缘、河边、沙地草原。农田杂草，危害小麦，有时形成单优种群。

防除技术　见打碗花。

综合利用　性凉味甘，民间有以其全草或根部入药，可用于治疗小便不利、高血压、妇女白带等病症；具有清热解毒之效，外用可治丹毒、创伤等。可做饲料。

参考文献

高兴祥，李美，房锋，2016. 河南省冬小麦田杂草组成及群落特

篱打碗花植株形态（张治摄）

①植株；②花；③果实；④种子

征 [J]. 麦类作物学报，36(10): 1402-1408.

李扬汉，1998. 中国杂草志 [M]. 北京：中国农业出版社：402.

石舒雅，2019. 宽叶打碗花化学成分及其降糖活性初步研究 [D].
广州：广东药科大学．

（撰稿：黄兆峰；审稿：贾春虹）

藜 *Chenopodium album* L.

秋熟旱作田一年生杂草。又名灰藜、灰菜。英文名
common lambsquarters。藜科藜属。

形态特征

成株　株高 30～150cm（图①②）。根为直根系，入
土较深。茎直立且粗壮，具有条棱及呈紫红色或绿色的色条；
多分枝，枝条倾斜上升或完全展开。单叶，互生，无托叶，
叶片菱状卵形至三角形，至茎上部叶宽披针形，长 3～6cm、
宽 2.5～5cm，先端急尖或微钝，基部楔形至宽楔形，上面
通常无粉，有时嫩叶上面有紫红色粉粒，下面有粉粒，边缘
具不整齐锯齿；叶柄与叶片近等长，或为叶片长度的 1/2。

花小、黄绿色、两性，生于叶腋和枝顶（图③），萼片 2～5
裂，每 8～15 朵聚生成一花簇，花簇于枝上部排列成或大
或小的穗状圆锥状或圆锥状花序；花被裂片 5，宽卵形至椭
圆形，背面具纵隆脊，有粉，先端微凹，边缘膜质；雄蕊 5，
子房扁球形，花药伸出花被；花柱短，柱头 2。

子实　胞果稍扁（图④），近圆形，包于花被内或顶部
稍外露，果皮薄且与种子贴生。种子横生，直径 1.2～1.5mm，
双凸镜状，边缘钝，黑色，有光泽，表面有浅沟纹，胚环形。
种子表皮有一层水溶性皂苷，在做食物前，需采用浸泡或碾
压的方法将种皮中的皂苷去除。

幼苗　子叶近线形或披针形（图⑤），先端钝，边缘略
呈波状，主脉明显，叶片下面多呈紫红色。上、下胚轴均较
发达，呈紫红色；叶互生，叶形变化明显，三角状卵形，全
缘或有锯齿。

生物学特性

苗期 3～4 月，花果期 5～10 月。藜以种
子繁殖，生长速度快，尤其是在短日照、天气较为寒冷时其
生长速度更快。属于二倍体植物，2n=18，36，54。

藜具有耐寒、耐旱、耐盐碱及耐瘠薄的生物学特性。因
此，在比较炎热的干燥环境中，如沙漠和高原地区均能生长。
藜虽然是 C_3 植物，但独特的生理机制使其能够避免水分不

藜植株形态（①③黄兆峰摄；②④⑤强胜摄）

①②植株；③花序；④子实；⑤幼苗

足，很好地耐受和抵御土壤低水分环境，提高了其对水分的利用效率。虽然藜属于耐盐碱植物，但是排水良好、有机质含量高、海拔适中的中性土壤更适宜藜生长。

分布与危害　中国遍布全国各地。适应干旱环境，适生于农田、菜园、村舍附近或有轻度盐碱的土地，主要危害旱作物田。作为农田杂草在北方发生危害为主。藜是北方春小麦田主要杂草，也在棉花、豆类、薯类、蔬菜、花生、玉米、果树等田地发生，常形成单一群落，构成较大危害，是北方农田恶性杂草，也是地老虎、棉铃虫、棉蚜的寄主。

在农田生态系统因藜的生长特征和农事操作有利于其与作物竞争养分、水分、光和空间，严重影响了作物产量。免耕、作物轮作、施肥过量等都会促进藜的发生。

藜生长发育迅速，小麦拔节前与小麦争肥、争空间，严重影响小麦幼穗分化。近几年由于大量除草剂的广泛使用，加速了藜抗药性的进化，藜对一种或多种 ALS 抑制除草剂具有抗药性，藜的危害有逐渐加重的趋势。

防除技术

农业防治　一是结合农事活动，利用农机具或大型农业机械进行各种耕翻、耙、中耕松土等措施进行播种前、出苗前及各生育期等不同时期除草，直接杀死、刈割或铲除杂草。二是在杂草萌发后或生长时期直接进行人工拔除或铲除，或结合中耕施肥等农耕措施剔除杂草。利用覆盖、遮光等原理，用塑料薄膜覆盖或播种其他作物等方法进行除草。

化学防治　不同田间可使用不同除草剂对藜有效防除。小麦田可选用双氟磺草胺、唑草酮、苯磺隆、2甲4氯钠、氟氯吡啶酯等，于2～4叶期进行喷雾处理。玉米田可用莠去津、烟嘧磺隆、硝磺草酮等茎叶处理。

综合利用　全草均可入药，具有清热利湿、杀虫止痒、利尿、通便、增加平滑肌运动的功效及止痛止痒、降脂降压等作用，主要用于治疗皮肤瘙痒、荨麻疹、银屑病等变态反应性疾病。幼嫩植株可做猪饲料。

参考文献

董玮，2012. 阿尔泰生态系统的盐生植物—藜科植物 [J]. 畜牧与饲料科学，33(Z2): 149-151.

贾芳，陈景超，崔海兰，等，2020. 玉米田两种阔叶杂草苍耳和藜对草铵膦敏感性测定 [J]. 中国生物防治学报：518-524.

刘松艳，张沐新，吴月红，等．2011. 藜中黄酮类的化学成分 [J]. 吉林大学学报 (理学版)，49(1): 149-152.

苏少泉，1993. 除草剂作用机制的生物化学与生物技术的应用 [J]. 生物工程进展 (2): 30-34.

王满意，寇俊杰，鞠国栋，等，2008. 麦田杂草藜乙酰乳酸合成酶的跟踪测定 [J]. 杂草科学 (2): 18-21.

（撰稿：黄兆峰；审稿：贾春虹）

李璞　Li Pu

李璞（1924—2013），著名杂草科学家、湖南省植物保护研究所研究员。

个人简介　湖南祁阳人。1924 年 6 月生于湖南祁阳县文

明铺一个贫苦家庭，1936 年起开始求学生涯，1951 年以优异的成绩考入武汉大学农学院，1956—1960 年公派留学在苏联乌克兰季米里亚切夫农学院学习 4 年，获副博士学位。1961 年 6 月由国家科委分配至湖南省植物保护研究所，一直从事植保科学特别是农药研制、引进、应用和杂草防控研究，1996 年退休。历任湖南省植物保护研究所化验组组长、农药研究组组长、农药研究室主任等职，是中国杂草学会理事、杂草研究会及杂草学分会的创建人之一，历任《杂草学报》和《杂草科学》编委、杂草学分会第一届到第四届的理事（委员），为中国农业科研事业贡献了毕生心血，在中国杂草科学发展、除草剂高效应用、创建免耕栽培模式等方面做出了巨大贡献。

成果贡献　1961 年留学回国后，在中国率先开展农作物免耕法原理和技术研究、农田化学除草技术研究，这在当时中国的农业科学研究界是绝对的"冷门"。30 多年以来，先后主持开展了"棉花密植化学除草技术研究""双季稻田化学除草技术研究与示范""免耕棉田化学除草技术研究""多熟制地区免耕农作制对杂草防控作用的研究""长期免耕定位研究"等国家级和省级科研项目，研究出"化学除草不中耕""棉田高密度种植化学除草不中耕""简化棉花整枝打杈"等五打技术"，大面积推广应用后，在减轻劳动强度，节约劳力等方面应用成效显著，其中"棉油两熟制免耕技术"获农业部丰收奖和湖南省科技进步奖。这些研究成果为中国 20 世纪 80 年代开始大面积推广的农作物免耕技术和农作物化学除草技术奠定了基础，对中国农作物栽培方式和稻田耕作方式向轻简化方向发展产生了深远的影响。

1986 年在主持"高活性、低成本的水田除草剂混用技术及其产品研究"项目时发现，磺酰脲类除草剂与酰胺类某些除草剂混用对水田稗草、一年生莎草等主要杂草防除有显著增效作用，具有扩大杀草谱，提高除草活性的良好效果。随后，在这一方向的指引下，他复配筛选出多个高活性、低成本、广谱安全的除草剂品种，开创了水田除草剂研制的新方向。该项研究成果居国际同类研究的领先水平，为当时国际上除草剂应用技术领域的一项重大突破。杜邦公司称"该发现开创了除草剂应用新纪元，对中国水稻增产和除草剂使用成本的下降具有划时代意义"。1997 年该成果列入原国家科委"国家级科技成果重点推广计划"，并获国家科技进步三等奖。

参与了农药国家大田试验网和农业部农药田间药效试验网的建设，参与制定了农药田间药效试验准则国家标准，主持制定了水稻田、棉花田、油菜田除草剂田间药效试验准则 3 个国标，为中国农药田间药效试验的规范化和常态化建设作出了建设性的贡献。与瑞士先正达公司、德国拜耳公司、德国巴斯夫公司、英国捷利康公司、法国罗纳 – 普朗克公司、美国杜邦公司、美国富美实公司、日本日产化学公司、日本住友公司等国外一流农药企业合作，并开展应用推广研究，先后为国家引进安全、高效、低毒、低残留除草剂新品

L

种 30 多个，推广面积累计 100 多亿亩。与杜邦公司的合作项目取得美国专利，与瑞士先正达公司的合作项目获得瑞士国际农业博览会金奖，其成果达到了国际领先水平。

李璞团队研制的高活性、低成本、低残留水稻田除草剂在农业部获准登记的产品有 126 个，从 20 世纪 90 年代中开始至今，每年推广面积 2 亿亩以上，目前仍然是水稻田除草剂的主打品种。其推广的棉花免耕栽培技术成为了洞庭湖区、鄱阳湖区、巢湖地区以及新疆棉区棉农的主要栽培模式，每年推广面积在 2000 万亩以上。他是真正的把"论文写在大地上，成果留在农民家"的科学技术工作者典范。

所获奖誉　1981 年选为湖南省党代会代表，1983 年获湖南省劳动模范称号，1979—1997 年获得国家科技进步奖、湖南省科学大会成果奖等多项奖励。

（撰稿：马国兰；审稿：刘都才、张朝贤）

李氏禾　*Leersia hexandra* Swartz

水田多年生杂草。又名游草、六蕊假稻。英文名 cutgrass cutgrass。禾本科假稻属。

形态特征

成株　具发达匍匐茎和细瘦根状茎（图①）。秆倾卧地面并于节处生根，直立部分高 40～50cm，节部膨大且密被倒生微毛。叶鞘短于节间，多平滑（图③）；叶舌长 1～2mm，基部两侧下延与叶鞘边缘相愈合成鞘边；叶片披针形，长 5～12cm、宽 3～6mm，粗糙，质硬有时卷折。圆锥花序开展（图②），长 5～10cm，分枝较细，直升，不具小枝，长 4～5cm，具角棱；小穗长 3.5～4mm，宽约 1.5mm，具长约 0.5mm 的短柄；颖不存在；外稃 5 脉，脊与边缘具刺

李氏禾植株形态（强胜摄）

①生境；②花序；③茎叶；④种子

状纤毛，两侧具微刺毛；内稃与外稃等长，较窄，具 3 脉；脊生刺状纤毛；雄蕊 6 枚，花药长 2～2.5mm，包裹在稻壳状稃片内，长 3.5～4mm、宽 1.5～2mm。

子实　颖果长约 2.5mm（图④）。

幼苗　子叶留土。胚芽伸出地面，外面裹着膜质的胚芽鞘；第一片不完全叶仅有叶鞘而无叶片，叶鞘长 7mm，有 7 条叶脉，抱茎；第二片真叶为完全叶，叶片呈带状，长 1.9cm、宽 1.7mm，叶片与叶鞘之间有一片顶端齿裂的膜质叶舌；继之，出现的真叶均与第二片真叶相似，并以 2 行交互方式排列。全株光滑无毛。

生物学特性　匍匐茎和种子繁殖。苗期 4～6 月，果期 6～8 月，热带地区秋冬季也开花。李氏禾结实率高，但自然条件下种子萌发率相对较低，一般仅为 3.8%。李氏禾匍匐茎的萌芽能力高，所以无性繁殖是李氏禾繁衍的主要途径。在 15℃条件下，李氏禾生长速度极为缓慢；在 25℃条件下，李氏禾叶片显绿色，分蘖数多，分蘖后的新植株生长速度很快，为生长的最适温度。

分布与危害　中国分布于广东、广西、海南、台湾、福建；也分布于全球热带地区。多生于湿地、水田边和河沟等地。通常由田埂或沟边向水田中蔓延，如果不及时控制，局部会导致较重危害。实生苗易防除，危害性相对较小。再生苗不易防除，易产生较大危害。

防除技术

农业防治　深耕使其地下根茎暴露于土表，冷冻、晾晒及机械损伤降低根茎萌芽率。水旱轮作以减少种子来源和再生苗数量。及时清除田埂及水渠边杂草。

化学防治　双草醚加助剂可有效防除直播水稻田李氏禾，不过对水稻前期生长略有抑制，但能很快恢复生长，对产量无影响。嘧啶肟草醚对李氏禾也有较好的防治效果。同时结合整田前用非选择性除草剂（如草甘膦等）清田，用丁草胺等封闭，以达到更好的防治效果。

生物防治　果园等可以种植覆盖性好的植物进行替代控制。水田可通过养殖鸭、鱼、虾、蟹等，抑制杂草萌发与生长。

综合利用　李氏禾对铬具有超富集特性，因此在土壤重金属植物修复上有较好应用前景。李氏禾作为人工湿地的植物能够有效去除水体中铬、铜、镍重金属污染物，对氨氮的去除率在 80%～90%，对总磷的去除率在 80% 左右，作为人工湿地处理生活污水的植物具有一定的应用价值。将抗逆性强、尤其是将对水分逆境有较强抗性的李氏禾应用于消涨带植被恢复工程具有重要意义。

参考文献

蔡湘文，张学洪，2009. 光照强度和温度对铬超富集植物李氏禾生长的影响 [J]. 安徽农业科学，37(34): 16832-16834.

黄元炬，朴德万，黄春艳，等 . 2005. 农美利防除水稻直播田李氏禾效果及安全性 [J]. 杂草科学 (1): 32-34.

李丹，张杏锋，黄凯，等，2014. 李氏禾研究进展与应用现状 [J]. 安徽农业科学，42(6): 1671-1673，1794.

李扬汉，1998. 中国杂草志 [M]. 北京 : 中国农业出版社 .

梁帝允，张治，2013. 中国农区杂草识别图册 [M]. 北京 : 中国农业科学技术出版社 .

颜玉树，1990. 水田杂草幼苗原色图谱 [M]. 北京 : 科学技术文献出版社 .

朱桂才，姚振，罗春梅，等，2007. 李氏禾种子生活力的四唑法测定研究 [J]. 长江大学学报 (自科版) 农学卷，4(3): 40-41.

（撰稿：姚贝贝；审稿：纪明山）

李孙荣　Li Sunrong

李孙荣（1931—），博士，著名杂草学家，中国农业大学农学院农学系教授。

个人简介　浙江宁波人。1931 年 8 月生于浙江宁波。新中国诞生后，考取北京农业大学农学系农学专业学习，1956 年学成毕业后，因成绩优异，被公派到波兰弗罗茨瓦夫农学院（Wyższa Skoła we Wrocławiu）攻读研究生，1961 年 8 月学成并获波兰博士学位后回国。1961 年 11 月起，开始于北京农业大学农学系任教，先后受聘为该校助教、讲师、副教授和教授，从事耕作领域杂草及其防治学科的教学与科研工作。1983 年起，开始招收指导杂草学研究方向的研究生，成为新中国首批招收杂草科学专业领域的硕士研究生导师。1981—1992 年，兼任中国植物保护学会杂草研究会秘书长，1993—2000 年兼任中国植物保护学会杂草学分会副主任委员，2001 年起兼任本会顾问。1992—2000 年还兼任中国植物保护学会理事。

成果贡献　他长期从事杂草学的教学与科研工作，先后培养了 8 位硕士研究生，除了自立科研项目外，还参入了由张泽溥先生领导的"七五"国家重点科技攻关课题——"农田杂草综合治理研究"项目。先后发表学术论著数十篇（部）。

1979 年与南京农业大学李扬汉教授、中国农业科学院植保所农药室张泽溥研究员，共同组建了中国植物保护学会杂草研究会，成为中国植物保护学会杂草学分会前身的发起人之一，先后兼任中国植物保护学会杂草学专业委员会秘书长、副主任委员及中国植物保护学会理事，为学会和杂草科学的蓬勃发展、杂草防治及除草剂的推广使用，做出了显著贡献。

以农业部植物保护总站为领导，以他为主力完成的《中国农田杂草图册（第一集）》和《中国农田杂草图册（第二集）》，分别于 1988 年和 1990 年由化学工业出版社发行，为国内出版发行的首部杂草原色图册，开启了国内利用彩色图册鉴别农田杂草的新时代，为国内化学除草"对症下药"提供了可靠依据。

由他主编、东北农业大学苏少泉教授为副主编，1991 年由北京农业大学出版社出版发行的中国高等学校农科本科教材——七五建设规划教材《杂草及其防治》，成为国内首部《杂草学》中国统编教材和指定教学参考书，为推动国内杂草学科发展和人才培养奠定了基础。

1983—1986年，与中国耕作学会理事长姜秉权教授共同指导了以杂草防治为研究方向的研究生由振国，1985年中国野燕麦防治学术研讨会上，大会报告了"春小麦田野燕麦的经济阈值及防治策略"，首次提出了杂草经济阈值概念，论文1986年发表于中国农业科学院《农业技术经济》期刊上；1986年指导其研究生由振国完成了《夏大豆田间杂草与大豆的生态经济关系及其生态经济管理策略研究》研究生论文，对长期以来人们习以为常的"见草就除、除草务尽"的错误习惯，进行了深刻剖析，并在国际上首次提出了杂草生态经济阈值的新概念及杂草存利弊害的生态经济防除策略，开启了杂草生态经济研究的新纪元。1990年，北京农业大学出版社出版发行了他与其研究生合著的《农田杂草防治的生态经济原理》一书，为大豆、花生、旱稻田杂草的生态经济科学防除，提供了节本增效的量化防治指标和客观依据。

1995年，与由振国博士共同完成的《五种旱地作物的生态经济防除策略研究》，通过了农业部部级成果鉴定，研究成果部分达到国际领先水平。在国际上首次提出并系统研究了大豆、玉米、花生、旱稻和小麦5种主要旱地作物田间杂草的生态经济防除阈值与模型及生态经济防除阈期与模型，参与研制出了便于基层农技推广人员应用的《杂草鉴别专家系统》和《化学除草专家系统》配套"傻瓜式"电脑软件，详细阐述了其生态经济防除策略，系统提出了杂草生态经济学治理新理论，开创了杂草生态经济学新学科，也为落实21世纪的国家农药减量计划和有害生物的绿色防控技术，打下理论基础，提供了科学量化的防控依据。本研究成果1995年1月3日起，先后被国内《科技日报》《光明日报》《人民日报》、中央电视台及农业科技要闻，争相予以长篇报道，本成果还获得了中国农业大学1995年科技成果一等奖（共2个）。

1985年起，开始带领杨学君、杨世超、李善林和许学胜4位研究生，在国内率先涉足化感作用研究新领域，系统研究了多年生恶性杂草白茅的生物学特性，并通过盆栽法、根箱法、梯级循环装置法、化学提取、结构鉴定及大田试验，全面揭示了小麦通过向环境中分泌或释放P-OH苯甲酸等多个活性物质，它感克生白茅的化感作用原理，为白茅防治开辟了一个绿色农业防治的新途径。

秸秆覆盖免耕栽培技术是一套省工、节能、保水、养田、抗旱、防涝和经济的耕作方法，但必须有化学除草做后盾。为此，20世纪80年代后期，他又协同北京农业大学农机组及北京市农场局等，开展了包括化学除草在内的秸秆覆盖免耕栽培技术研究，研究成果于1988年1月通过了部级检定，并由北京市农场局在北京夏玉米推广应用了4.5万亩，1988年为此荣获了北京市科技进步二等奖。

他为人师表、谦逊低调。回顾他的成长历程，他感言自己所取得的成绩，离不开国家、组织、领导、老师、同事、学生们的大力指引、支持和协助，常心怀感恩。

所获奖誉 由于在教学与科研方面的突出贡献，1993年起获得了政府特殊津贴，2019年获得了庆祝中华人民共和国成立70周年的纪念章等。

性情爱好 李孙荣教授不仅在杂草学教研领域颇有建树，他还多才多艺，业余生活也相当丰富多彩。他钟爱骑行、游泳和摄影。数十年如一日，坚持每天来回骑行20多公里上下班，80多岁的年龄，还经常骑车、游泳。摄影则是他的另一个爱好，外出下田他总是相机不离身，这也成就了以他为主编写的国内出版发行的首部中国农田杂草原色图册。此外，他还精通波兰语，熟通英语。

参考文献

北京农业大学（中国农业大学）研究生论文1986-2000.

（撰稿：由振国；审稿：张朝贤）

李扬汉 Li Yanghan

李扬汉（1913—2004），著名杂草学家，南京农业大学生命科学院终身教授、博士生导师。

个人简介 字洪都，江西南昌人。1913年12月28日（农历）出生于江西九江吴城镇，1935年以优异成绩考入金陵大学农学院学习，主修农艺系，辅修园艺系，并取得奖学金。因受中学老师的影响，喜爱生物学，一年后转入植物学系（主系），辅修植物病理学系。这一选择，奠定了李扬汉一生的事业。1937年李扬汉随学校西迁成都。三年级时，由系主任聘为见习助教，承担普通植物学和植物生理学的实习课。1939年毕业后留校任教，1943年任讲师。1945年参加农林部选考，赴美国耶鲁大学林学研究院进修特别班学习，学成回国后在金陵大学农学院任副教授、教授。1952年院系调整后，在南京农学院（现南京农业大学）任教授。1956年加入中国民主同盟，1959年加入中国共产党。

李扬汉教授曾任南京农学院农学系副主任、主任，南京农业大学杂草研究室主任，并历任中国植物保护学会杂草研究会和江苏省杂草研究会首任理事长，中国植物保护学会副理事长，中国植物学会理事，江苏省植物学会副理事长，联合国粮农组织改进杂草管理专家组成员，亚太地区杂草管理指导委员会委员，国际杂草科学学会终身会员，美国杂草科学学会荣誉会员以及《杂草科学》等期刊主编，是享誉国内外的科学家和卓越的农业教育家。

他为中国农业高等教育事业辛勤工作了近70年，60年代初就招收硕士生，1988年又成为植物学博士生导师。他是最早在中国培养杂草科学方面硕士和博士研究生等高层次人才的教授，还先后招收两届研究生班，快速培养了一批国家急需的植物学和杂草学方面的高层次人才，共计培养了32名硕士和15名博士研究生，他们大多已经成为国内外各行各业的中坚力量。李扬汉教授著作等身，成果丰硕，桃李满天下。他一生心系教育事业，为南京农业大学农学院本科生、研究生设立李扬汉教授奖助学基金，他教学生专业知识，亦教为人之道。

成果贡献　李扬汉教授灵活地将植物学基础理论应用到农业科学，在中国率先开辟杂草科学研究事业，开展杂草及其防除、检疫、利用的研究，成为中国杂草科学事业的开拓者和奠基人。早在1953年，李扬汉教授就开始对中国大型国营农场农田杂草进行调查研究。20世纪60年代，组织开展了一系列杂草普查。1980年参加中央农垦部新疆垦区科学考察组对新疆的14个团场和9个科研单位进行了考察。从1982年起，在国家自然科学基金重点项目的资助下，历时9年，对中国杂草进行了实地调查、采集和鉴定，并进行深入研究，全面揭示了中国杂草分布危害的规律。这些成果集中反映在自1982年启动的《中国杂草志》中，他领导的编委会历经十数年辛劳，四易其稿，于1998年正式由中国农业出版社出版发行，这是一部全面反映中国（包括台湾）田园杂草种类、分布、生境、形态特征、生物学特性以及防除指南的200多万字的专业巨著。

1965年，组建了首个农业部杂草检疫试验站，1979年复校后改名为南京农业大学杂草研究室至今，主要以中国田园杂草为研究对象，研究中国农田杂草区系、生态分布以及主要害草的生物生态学特性，揭示杂草的发生危害特点和生物生态学的基本规律，探索杂草综合治理的措施，为生产实践服务。现在已经发展为国内领先的，有国际影响力的杂草科学专门研究机构，还成为江苏省杂草防治工程技术中心的省级专业科研平台。

1981年，创建了中国植物保护学会杂草研究会（1992年改为中国植物保护学会杂草学分会），组织研究了杂草研究会的工作目标和内容，为中国开展杂草科学学术活动，出版专业性刊物，编写杂草图册及科普读物。1982年和1984年分别在云南昆明和江苏南京组织召开了第一、第二次中国杂草学术讨论会，并于1984年在南京组织举办了首次杂草科学讲习班。为推动中国杂草科学事业的发展奠定了坚实基础，发挥了重大作用。发起成立江苏省杂草研究会，创办首个杂草科学杂志《江苏杂草科学》（现改名《杂草学报》）。

1984—1985年，建立了中国第一个杂草标本室。现已收藏各地田园杂草标本5万多份，隶属于132科594属2000多种，成为中国目前数量最多、覆盖中国的杂草标本室，受到来室访问的国际杂草界同行的高度评价。相关信息已经纳入中国杂草信息服务系统，网络访问超过120万次，成为了解中国杂草信息的最主要窗口。

1959—1985年，开展了对检疫杂草毒麦的研究。首次明确了中国毒麦种类并进行了命名，提出检疫、防除以及处理和利用建议，开创了中国对外来检疫性杂草的检疫、鉴定及利用和防治的先河。他多次到大连、秦皇岛、塘沽、宁波、厦门、广州和深圳等各口岸检疫局（所），调查、收集并鉴定他们截获的杂草子实。他还将检疫杂草菟丝子的综合防治方法做了全过程录像并亲自配以中外文解说，以供教学和培训之用，并传播到美国、澳大利亚及非洲一些国家，收到好评。受国家有关部门委托，举办了多期口岸杂草检疫讲习班，亲自授课，为中国培养了大量杂草检疫方面人才。

为适应农业生产需要，精心编著了《禾本科作物形态与解剖》和《蔬菜解剖与解剖技术》，阐述植物形态解剖学在农业生产上的应用和发展。

率先在农业院校农学和植保专业开设杂草科学课程，并于1981年编写出版了最早的杂草学课程教材《田园杂草和草害——识别、防除与检疫》，为中国杂草科学的教育普及做出了开创性的贡献。

他还是中国农业植物学教育事业的开拓者和奠基人。自1938年起一直从事植物学的教学和科研，他的教学既围绕教学大纲，又不拘泥其中，授课幽默风趣，广征博引，恰到好处地处理课堂严肃与活泼的关系，使听课者在不知不觉中获得知识，教学效果有口皆碑。受他影响，特别是受益于他前期的基础，南京农业大学植物学课程已经成为引领教学模式信息化改革的一面旗帜。

金陵大学过去植物学课程由美籍教授讲授，采用原版英文的《普通植物学》作教本。他留校任教后，在抗战条件异常艰苦的情况下，历时2年将该书译成中文，采用石印制版，邀请精工木刻，将图插入文中，后得以正式付梓，列为金陵大学农学院丛书，满足了当时国内高等院校教学的需要。留学回国后，他参考了国内外大量文献，结合中国实际，重编《普通植物学》（上、下册）。该书经教育部审定，列为大学丛书，1948年，由商务印书馆出版；1949年以后，该书在中国台湾继续出版至1972年，发行7版。1956年，他受农林部委托，主编和修订了历届中国统编《植物学》教材，至今已累计发行超过30多万册，影响广泛。他编写的《植物学》（上、中、下册）是一部内容全面系统的教学参考书，1958年由高等教育出版社出版，1990年重新修订再版。他十分重视科学知识普及，亲自组织编写《植物学浅说》《大众植物学》，为充实中学生文库，还合编《奇妙的植物适应》，他为《科学种田》（现更名为《当代农业》）编写了《植物学入门》，分期连载。

所获奖誉　由于李扬汉教授对中国高等教育事业做出突出贡献，受到国务院的表彰，荣获首批政府特殊津贴及证书，国家人事部特批为国家暂缓离退休高级专家（终身教授）。国家新闻出版署因他在编纂工作中做出的重要贡献，授予他荣誉证书。国际杂草科学学会、美国杂草科学学会和韩国杂草科学学会因他在杂草科学研究及教育方面做出的杰出贡献，特授予他金属表彰状，美国杂草科学学会还授予他荣誉会员。他还入选了《中国科学技术专家传略》。

性情爱好　李扬汉教授为人师表，注重对学生全面能力的培养，用自己良好的工作态度和生活习惯言传身教，影响学生；生活很有规律，每天早晨坚持体育锻炼，同时，十分关心研究生们的身体健康，亲自带领大家坚持打太极拳和八段锦，在锻炼了身体的同时，也锤炼了意志。

参考文献

李扬汉, 1998. 中国杂草志 [M]. 北京: 中国农业出版社.

《南京农业大学发展史》编委会, 2012. 南京农业大学发展史: 人物卷 [M]. 北京: 中国农业出版社: 285-290.

（撰稿：强胜；审稿：张朝贤）

鳢肠 *Eclipta prostrata* (L.) L.

秋熟旱作田和水稻田一年生湿生杂草。又名墨旱莲、旱莲草、墨莱。英文名 eclipta、American false daisy、yerba-de-tago。菊科鳢肠属。

形态特征

成株 高可达 60cm（图①②）。茎直立、斜升或平卧，通常自基部分枝，被贴生糙毛。叶长圆状披针形或披针形，无柄或有极短的柄，长 3～10cm、宽 0.5～2.5cm，顶端尖或渐尖，边缘有细锯齿或有时仅波状，两面被密硬糙毛。头状花序径 6～8mm，有长 2～4cm 的细花序梗（图③）；总苞球状钟形，总苞片绿色，草质，5～6 个排成 2 层，长圆形或长圆状披针形，外层较内层稍短，背面及边缘被白色短伏毛；外围的雌花 2 层，舌状，长 2～3mm，舌片短，顶端 2 浅裂或全缘，中央的两性花多数，花冠管状，白色，长约 1.5mm，顶端 4 齿裂；花柱分枝钝，有乳头状突起；花托凸，有披针形或线形的托片；托片中部以上有微毛。

子实 瘦果暗褐色（图④），长 2.8mm，雌花的瘦果三棱形，两性花的瘦果扁四棱形，顶端截形，具 1～3 个细齿，基部稍缩小，边缘具白色的肋，表面有小瘤状突起，无毛。

幼苗 子叶卵形（图⑤），具主脉 1 条和边脉 2 条，光滑无毛。下、上胚轴均发达，密被向上伏生毛。初生叶对生，全缘或具稀细齿，三出脉。

生物学特性

鳢肠喜生于湿润之处，见于路边、田边、塘边及河岸，亦生于潮湿荒地或丢荒的水田中，耐阴性强，能在阴湿地上良好生长。不耐干旱，在稍干旱之地，植株矮小，生长不良。在潮湿环境中生长比在干旱条件下生长茂盛。幼草阶段生长缓慢，3～4 叶期发生分枝，生长加快，主茎的生长点受损后，分枝增多，在潮湿的环境里被锄移位后，能生出不定根而恢复生长。种子繁殖，5 月开始出苗，6～7 月出苗达到高峰期，6～10 月开花结果，8～11 月种子陆续成熟落地。单株平均理论结实量约 1 万粒。鳢肠种子很小，千粒重为 0.4699g，一旦成熟，就具有萌发能力，无休眠期。鳢肠是光敏感型种子，在光照条件下才能萌发，种子对短日照敏感，短日照对其有诱导发芽的作用；最适萌发温度为 20～40℃，20℃下的萌发率达 80%，最佳温度为 35℃；鳢肠种子对 pH 值有广泛的适应性，在 pH4～10 范围内均可萌发；对水势非常敏感，随着溶液水势从 0 下降至 -0.5Mpa 时，萌发率从约 98% 降低至 4%。这说明鳢肠是一种既喜温又喜湿的杂草，高温伴随着高湿更有利于萌发。种子埋藏深度 0～0.2cm，发芽率达 95%；0.2～0.5cm，发芽率仅约 5%。种子可随耕作机械、雨水和灌溉水和风力等传播。

鳢肠全草含皂甙、烟碱、鞣质、维生素 A、鳢肠素、多种噻吩化合物等。叶含蟛蜞菊内酯、去甲基蟛蜞菊内

鳢肠植株形态（张治摄）
①群体；②植株；③花；④果实；⑤幼苗

酯、苦味质及异黄酮贰类。地上部分石油醚提取部分含豆甾醇、植物甾醇 A 及 β- 香树脂；乙醇提取物中尚含木樨草素 -7-O- 葡萄糖苷、植物甾醇 A 葡萄糖苷和一种三萜酸葡萄糖贰。

分布与危害　鳢肠是秋熟旱作物田和水稻田最主要的杂草，普遍危害玉米、棉花、大豆、花生、甘蔗、甘薯、烤烟等秋熟旱作物以及草坪。当鳢肠从低密度（5 株 /m²）增加至高密度（50 株 /m²）时，大豆产量损失率从 16.99% 显著增加至 73.01%，鳢肠对大豆的竞争主要是通过影响大豆的有效株数和单株有效荚数进而影响大豆产量。多在湿润农田，而干旱田地常不会成为主要杂草。轻型栽培如旱直播等加重了鳢肠在水稻田的危害性。分布几乎遍及全中国。东北、华北，西北以及广大的长江流域及其以南地区等地。世界热带及亚热带地区广泛分布。

鳢肠是番茄黄曲叶病毒（Tomato leaf curl New Delhi virus）和空心莲子草黄脉病毒（Alternanthera yellow vein virus）的寄主，能够增加作物感染病毒的风险。此外，由于水稻田长期使用苄嘧磺隆、吡嘧磺隆等磺酰脲类除草剂，江苏部分水稻田鳢肠对该类除草剂产生了抗性。

防除技术　应采取包括农业防治、生物防治和化学防治相结合的方法。此外，也应该考虑综合利用等措施。

农业防治　施用充分腐熟的堆肥，杀死草种，减少鳢肠发生率。清理田埂杂草，防止杂草种子传入田间。薄膜覆盖，控制出草。科学轮作，如玉米—麦类—大豆轮作田，鳢肠发生量明显减少。合理密植，适当缩小作物行距，促使提前封行，通过冠层覆盖，抑制鳢肠出苗，对已出土的小草也有明显的抑制生长作用。建立良好的田间排水系统，降低田间湿度，能有效抑制鳢肠生长。鳢肠的种子很小，顶土能力弱，播前深耕将种子埋藏在土壤深层，可减少种子萌发，降低危害。稻田实施清洁灌溉水、拦网网捞杂草种子，可有效减少田间杂草基数，降低危害。通过稻田养鸭和稻田养鱼技术，利用鸭或鱼啄食种子或幼苗以及浑水抑制萌发等可以有效控制危害。

生物防治　利用齐整小核菌发展的新型生物除草剂撒入田间，可以迅速侵染鳢肠的茎基部，使之腐烂，导致其地上部猝倒死亡，室内试验的防除效果可以达到 80% 以上，在田间应用的效果也可以达到 75% 以上。此外，利用水稻品种的自身化感作用可以控制鳢肠的危害。

化学防治　在秋熟旱作田可选用乙草胺、异丙甲草胺、精异丙甲草胺、氟乐灵、二甲戊灵以及异噁草松进行土壤封闭处理。在玉米田，可以用乙草胺·莠去津土壤处理，类似的配方还有异丙甲草胺·莠去津等。对于没有完全封闭防除的残存植株可进行茎叶喷雾处理，玉米田可以用烟嘧磺隆、噻吩磺隆、苯达松、麦草畏、2,4- 滴丁酯、2 甲 4 氯、氯氟吡氧乙酸、硝磺草酮、苯唑草酮等。棉花田可用三氮苯类除草剂扑草净、氟啶草酮。大豆、花生田可用乳氟禾草灵、氟磺胺草醚、乙羧氟草醚以及灭草松等。

在水稻田，最常用的除草剂包括乙酰乳酸合成酶抑制剂类苄嘧磺隆、吡嘧磺隆、五氟磺草胺，均能有效防除鳢肠及其他阔叶杂草及莎草科杂草，但要注意抗药性问题。

综合利用　鳢肠全草可作猪、牛、羊等饲料。全草入药为旱莲草，性味甘、酸、凉，有凉血、止血、滋补肝肾、清热解毒之效，有收敛止血排脓之功，可治各种吐血、肠出血等症。制成墨旱莲叶散，做止血药；捣汁涂眉发，能促进毛发生长；内服有乌发、黑发之功效。此外，还有抑菌、保肝、调节免疫、抗诱变等作用。全草可提栲胶，作为皮革鞣剂使用。

参考文献

葛传吉，万鹏，1990. 鳢肠的细胞学研究 [J]. 中国中药杂志，15(11): 16-18.

李淑顺，张连举，强胜，2009. 江苏中部轻型栽培稻田杂草群落特征及草害综合评价 [J]. 中国水稻科学，23(2): 207-214.

李扬汉，1998. 中国杂草志 [M]. 北京：中国农业出版社.

罗小娟，李俊，董立尧，2012. 大豆田鳢肠发生动态及其对大豆生长和产量的影响 [J]. 大豆科学，31(5): 789-792.

沈俊明，陈长军，冒宇翔，等，2001. 鳢肠马唐竞争作用研究 [J]. 南京农专学报，17(3): 35-38.

魏守辉，强胜，马波，等，2005. 不同作物轮作制度对土壤杂草种子库特征的影响 [J]. 生态学杂志，24(4): 385-389.

吴竞仑，李永丰，2004. 水层深度对稻田杂草化除效果及水稻生长的影响 [J]. 江苏农业学报，20(3): 173-179.

吴竞仑，李永丰，张志勇，等，2003. 土层深度对稻田杂草种子出苗及生长的影响 [J]. 江苏农业学报，19(3): 170-173.

原红霞，赵云丽，闫艳，等，2011. 墨旱莲的化学成分 [J]. 中国实验方剂学杂志，17(16): 103-105.

张金生，郭倩明，2001. 旱莲草化学成分的研究 [J]. 药学学报，36(1): 34-37.

周小军，戴为光，马赵江，2008. 磺草酮防除夏玉米地杂草的效果 [J]. 杂草科学 (2): 67-68.

左然玲，强胜，2008. 稻田水面漂浮的杂草种子种类及动态 [J]. 生物多样性，16(1): 8-14.

LI S S, WEI S H, ZUO R L, et al, 2012. Changes in the weed seed bank over 9 consecutive years of rice-duck cropping system [J]. Crop protection, 37: 42-50.

TANG W, ZHU Y Z, HE H Q, et al, 2011. Field evaluation of *Sclerotium rolfsii*, a biological control agent for broadleaf weeds in dry, direct-seeded rice [J]. Crop protection, 30(10): 1315-1320.

（撰稿：崔海兰；审稿：宋小玲）

荔枝草　*Salvia plebeia* R. Br.

夏熟作物田二年生杂草。又名雪见草、虾蟆草、蛤蟆皮、猴臂草等。英文名 sage weed。唇形科鼠尾草属。

形态特征

成株　株高 15～90cm。主根肥厚，向下直伸，有多数须根。茎直立，粗壮，多分枝，被向下的灰白色疏柔毛（图①）。叶椭圆状卵圆形或椭圆状披针形，长 2～6cm，宽 0.8～2.5cm，先端钝或急尖，基部圆形或楔形，边缘具圆齿、牙齿或尖锯齿，草质，上面被稀疏的微硬毛，下面被短疏柔毛，余部散布黄褐色腺点；叶柄长 4～15mm，腹凹背凸，密被疏柔毛。

荔枝草植株形态（①④~⑥强胜摄；②③⑦陈国奇摄）
①成株及所处生境；②③④花序；⑤果序；⑥果实；⑦幼苗

轮伞花序，在茎、枝顶端密集组成总状或总状圆锥花序，花序长 10~25cm，结果时延长（图②~④）；苞片披针形，长于或短于花萼，先端渐尖，基部渐狭，全缘，两面被疏柔毛，下面较密，边缘具缘毛；花梗长约 1mm，与花序轴密被疏柔毛；花萼钟形，长约 2.7mm，外面被疏柔毛，散布黄褐色腺点，内面喉部有微柔毛，二唇形，唇裂约至花萼长 1/3，上唇全缘，先端具 3 个小尖头，下唇深裂成 2 齿，齿三角形，锐尖；花冠淡红、淡紫、紫、蓝紫至蓝色，稀白色，长 4.5mm，冠筒外面无毛，内面中部有毛环，冠檐二唇形，上唇长圆形，长约 1.8mm、宽 1mm，先端微凹，外面密被微柔毛，两侧折合，下唇长约 1.7mm、宽 3mm，外面被微柔毛，3 裂，中裂片最大，阔倒心形，顶端微凹或呈浅波状，侧裂片近半圆形。能育雄蕊 2，着生于下唇基部，略伸出花冠外，花丝长 1.5mm，药隔长约 1.5mm，弯成弧形，上臂和下臂等长，上臂具药室，二下臂不育，膨大，互相联合；花柱和花冠等长，先端不相等 2 裂，前裂片较长；花盘前方微隆起。

子实 小坚果倒卵圆形（图⑤⑥），长 0.4~1.2mm、宽 0.6~0.8mm，背面拱形，腹面下半部隆起细纵脊棱；果皮暗褐色，粗糙，具小颗粒；果脐圆形。种子与果实同形，种

皮膜质；无胚乳；胚直生。

幼苗 子叶出土，阔卵形，长、宽均约 2mm，先端钝圆，叶基圆形，具柄（图⑦）；下胚轴较发达，上胚轴不发达；初生叶对生，阔卵形，先端钝圆，叶基楔形，叶缘微波状，有 1 条明显中脉，具叶柄；后生叶椭圆形，叶缘波状，表面微皱，有明显羽状叶脉。

生物学特性 种子繁殖，花果期 4~7 月。生于山坡、路旁、沟边、田野潮湿的土壤上，分布地海拔范围可至 2800m。全草富含黄酮类、萜类、酚酸类、挥发油类、植物甾醇类等药用活性物质。

分布与危害 除新疆、甘肃、青海及西藏外几产中国各地；亚洲东部、南部、西部地区以及澳大利亚均有分布。夏熟作物田、路边、果园、草地常见杂草，有时在麦田、油菜田、蔬菜田发生，通常危害轻。

防除技术 见宝盖草。

综合利用 全草入药，民间广泛用于跌打损伤、无名肿毒、流感、咽喉肿痛、小儿惊风、吐血、鼻衄、乳痈、淋巴腺炎、哮喘、腹水肿胀、肾炎水肿、疔疮疖肿、痔疮肿痛、子宫脱出、尿道炎、高血压、胃癌等症。

参考文献

李扬汉，1998. 中国杂草志 [M]. 北京：中国农业出版社：575-576.

师梅霞，2008. 荔枝草提取物的体外抗氧化活性研究 [D]. 西安：陕西师范大学.

中国科学院中国植物志编辑委员会，1977. 中国植物志 [M]. 北京：科学出版社：168.

（撰稿：陈国奇；审稿：宋小玲）

莲子草 *Alternanthera sessilis* (L.) DC.

秋熟旱作物多年生杂草。又名虾钳草。英文名 sessile joyweed。苋科莲子草属。

形态特征

成株　高 10～45cm（图①②）。圆锥根粗，直径可达 3mm。茎上升或匍匐，绿色或稍带紫色，有条纹及纵沟，沟内有柔毛，在节处有一行横生柔毛。叶片形状及大小有变化，条状披针形、矩圆形、倒卵形、卵状矩圆形，长 1～8cm、宽 2～20mm，顶端急尖、圆形或圆钝，基部渐狭，全缘或有不明显锯齿，两面无毛或疏生柔毛；叶柄长 1～4mm，无毛或有柔毛。头状花序 1～4 个，腋生（图③④），无总花梗，而不同于空心莲子草，初为球形，后渐成圆柱形，直径 3～6mm；花密生，花轴密生白色柔毛；苞片及小苞片白色，顶端短渐尖，无毛；苞片卵状披针形，长约 1mm，小苞片钻形，长 1～1.5mm；花被片卵形，长 2～3mm，白色，顶端渐尖或急尖，无毛，具 1 脉。雄蕊 3，花丝长约 0.7mm，基部连合成杯状，花药矩圆形；退化雄蕊三角状钻形，比雄蕊短，顶端渐尖，全缘；花柱极短，柱头短裂。

子实　胞果倒心形（图⑤），长 2～2.5mm，侧扁，翅状，深棕色，包在宿存花被片内。种子卵球形。

幼苗　上下胚轴发达，紫红色，轴两侧有一排密集的短柔毛；子叶阔椭圆形，长约 1cm、宽 0.7cm，先端钝圆，全缘；初生叶对生，椭圆形，先端钝尖，叶缘微波状，叶基楔形，羽状叶脉明显；成长叶与初生叶相似（图⑥）。

莲子草植株形态（①～③⑥周小刚摄；④⑤张治摄）

①②成株；③④花果序；⑤子实；⑥幼苗

生物学特性　以匍匐茎进行营养繁殖和种子繁殖。花期5～9月，果期7～10月。喜生于湿润地，为水田边、草地、果园、苗圃常见杂草，对干旱环境有较强的耐性。莲子草是空心莲子草在中国唯一的同属种，常与之伴生。莲子草的表型可塑性、水分利用效率、光合作用和补偿能力以及种间竞争能力均比空心莲子草低。最新研究表明，在天敌胁迫下，空心莲子草与莲子草的种间关系由竞争变为促进。

莲子草有较强的抗细菌和真菌能力，其植株叶片、节间片段愈伤组织提取液对革兰氏阴性普通变形杆菌、铜绿假单胞菌、伤寒沙门氏菌以及革兰氏阳性葡萄球菌、化脓性链球菌、枯草芽孢杆菌等具有抗菌活性，同时也对酿酒酵母和白色念珠菌有抗真菌活性。该杂草含有丰富的抗氧化成分，包括多种黄酮类和酚类物质，其植株乙醇提取物能够高效清除自由基。

分布与危害　中国主要分布于安徽、江苏、浙江、江西、湖南、湖北、四川、云南、贵州、福建、台湾、广东、广西等地。莲子草多危害湿润旱地作物田，也常见于果园、茶园，与作物争水争肥，造成产量损失。

防除技术　应采取农业防治和化学防治相结合的防控手段，也应考虑综合利用等措施。

农业防治　零星发生的田块可采取人工拔除，注意勿将残枝断节留在土中，以防止其再生。也可采用黑色塑料膜或地布覆盖垄上或行间，抑制其生长。

化学防治　果园防除方法（见空心莲子草）。秋熟旱作田常用土壤封闭处理剂均有一定的防除效果。可选用酰胺类除草剂乙草胺、异丙甲草胺、精异丙甲草胺和二硝基苯胺类氟乐灵、二甲戊灵以及有机杂环类除草剂异噁草松进行土壤封闭处理。对于没有完全封闭防除的残存植株可进行茎叶喷雾处理，玉米田还可用激素类除草剂氯氟吡氧乙酸、二氯吡啶酸、乙酰乳酸合成酶抑制剂烟嘧磺隆、氟嘧磺隆、砜嘧磺隆，以及对羟基苯丙酮酸双加氧酶抑制剂硝磺草酮、苯唑草酮等。大豆、花生田可用二苯醚类除草剂乙羧氟草醚、乙羧氟草醚。棉花田可用三氟啶磺隆，宽行棉花可用乙羧氟草醚、氟磺胺草醚、三氟羧草醚定向喷雾。

综合利用　莲子草茎叶可作饲料和绿肥。在菲律宾、斯里兰卡等地区作为蔬菜食用。全草药用，有散瘀消毒、清火退热及治痢疾和疥、癣功效。莲子草有重要的药用价值，最早被印度的阿育吠陀医学记载，其叶片熬煮制成的汤剂可以治疗皮肤瘙痒发热。在非洲和南亚的多个国家，这种植物被用于止痛和治疗胸闷、支气管炎、哮喘、血痢、溃疡等疾病以及刀伤、蛇咬伤等。研究发现用莲子草乙酸乙酯萃取物处理患有Ⅱ型糖尿病的大鼠，大鼠血糖水平、游离脂肪酸水平迅速降低，胰腺胰岛素含量和胰腺总歧化酶活性显著升高。在大鼠嗜碱性白血病细胞中，莲子草的乙醇提取物可以抑制免疫球蛋白IgE介导的过敏反应。

参考文献

李扬汉，1998. 中国杂草志 [M]. 北京：中国农业出版社：32.

马卓，李琼娅，范文乾，等，2008. 莲子草属药用植物的研究进展 [J]. 化学与生物工程，25(2): 1-6.

申思，郭文锋，王伟，等，2021. 地上 – 地下植食性天敌对入侵植物空心莲子草与本地种莲子草种间关系的影响 [J]. 应用生态学报，32(8): 2975-2981.

GENG Y P, PAN X Y, XU C Y, et al, 2006. Phenotypic plasticity of invasive *Alternanthera philoxeroides* in relation to different water availability, compared to its native congener [J]. Acta oecologica, 30(3): 380-385.

KUMARI E M, KRISHNAN D V, 2016. Antimicrobial Activity of *Alternanthera sessilis* (L)R. BR. Ex. DC and *Alternanthera philoxeroides* (Mart). Griseb. [J]. World journal of research and review, 3(3): 78-81.

RAYEES S, KUMAR A, RASOOL S, et al, 2013. Ethanolic extract of *Altemanthera sessilis* (AS-1) Inhibits IgE-mediated allergic response in RBL-2H3 Cells [J]. Immunological investigations, 42(6): 470-480.

TAN K K, KIM K H, 2013. *Alternanthera sessilis* red ethyl acetate fraction exhibits antidiabetic potential on obese type 2 diabetic rats [J]. Evidence-based complementary and alternative medicine, 845172.

（撰稿：周小刚、朱建义；审稿：黄春艳）

莲座蓟　*Cirsium esculentum* (Sievers) C. A. Mey.

秋熟农作物田及草原多年生杂草。又名食用蓟、食用莲、无茎蓟。英文名 rosette thistle。菊科蓟属。

形态特征

成株　茎基粗厚，生多数不定根（图①）。外围莲座状叶丛，叶倒披针形、椭圆形或长椭圆形，长6(10)～10(21)cm、宽2.5(3.5)～3(7)cm，羽状半裂、深裂或几全裂，基部渐窄成有翼柄，柄翼边缘有针刺或3～5个针刺组合成束；侧裂片4～7对，中部侧裂片稍大，全部侧裂片偏斜卵形或半椭圆形或半圆形，边缘有三角形刺齿及针刺，齿顶有针刺，齿顶针刺较长，长达1cm，边缘针刺较短，长2～4mm，基部的侧裂片常针刺化；叶两面同色，绿色，两面或沿脉或仅沿中脉被稠密或稀疏的多细胞长节毛。头状花序5～12个集生于茎基顶端的莲座状叶丛中（图②③）；总苞钟状，直径2.5～3cm，总苞片约6层，覆瓦状排列，向内层渐长；外层与中层长三角形至披针形，长1～2cm、宽2～4mm，顶端急尖，有长不足0.5mm的短尖头；内层及最内层线状披针形至线形，长2.5～3cm、宽2～3mm，顶端膜质渐尖；全部苞片无毛。小花紫色，花冠长2.7cm，檐部长1.2cm，不等5浅裂，细管部长1.5cm。

子实　瘦果淡黄色，楔状长椭圆形，压扁，长5mm、宽1.8mm，顶端斜截形（图③）。冠毛白色或污白色或稍带褐色或带黄色；多层，基部连合成环，整体脱落；冠毛刚毛长羽毛状，长2.7cm，向顶端渐细。

生物学特性　喜生于潮湿而通气良好的草甸土壤，是北方草原和森林中的杂草。以种子繁殖。花期8～9月。2n=34。

分布与危害　中国分布于四川、青海、新疆、内蒙古和东北地区。海拔500～3200m。该种叶片多刺，牲畜不能食用。莲座状叶丛有时直径可达50cm，抑制牧场上其他杂草生长，降低物种多样性，导致生境退化。

莲座蓟在青海均有分布，农田莲座蓟的发生率为

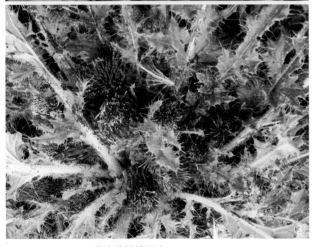

莲座蓟植株形态（周小刚摄）

①植株；②③花果序

15.8%，轻度危害。莲座蓟还是草地螟产卵和取食的寄主植物，直接影响害虫的传播及蔓延。

防除技术 见菊苣。

综合利用 全草入药，蒙医用于肺脓肿、肺痨、疮疡、"奇哈"病。

参考文献

姜玉英，康爱国，王春荣，等 . 2011. 草地螟产卵和取食寄主种类初报 [J]. 中国农学通报，27(7): 266-278.

李扬汉，1998. 中国杂草志 [M]. 北京：中国农业出版社：288.

邱学林，郭青云，辛存岳，等 . 2004. 青海农田苣荬菜、大刺儿菜等多年生杂草发生危害调查报告 [J]. 青海农林科技 (4): 15-18.

唐明坤，李明富，赵杰，等 . 2011. 四川若尔盖县不同退化程度高寒草地群落比较研究 [J]. 广西植物，31(6): 775-781, 848.

（撰稿：周小刚；审稿：黄春艳）

两耳草 *Paspalum conjugatum* Bergius

秋熟旱作田常见具匍匐茎的多年生杂草。英文名 sour grass。禾本科雀稗属。

形态特征

成株 茎秆纤细（图①②），直立部分高 20～60cm，平卧的匍匐茎长 2m 左右，节被粗毛。叶鞘松弛，压扁，背部具脊，无毛或边缘一侧被纤毛（图⑤）；叶舌膜质，极短；叶片平展而质薄，披针状线形，长 5～20cm、宽 5～10mm，两面被毛或背面无毛，腹面疏生疣基毛，边缘被纤毛。总状花序纤细，2 个对生，长 6～12cm，开展（图③④）；小穗有 2 小花，单生，卵圆形，平凸，两行呈覆瓦状排列于穗轴一侧；第一颖退化，第二颖边缘被丝状长柔毛，与第一小花外稃均质薄且脉不明显；第二小花扁平或一面略突起。

子实 颖果卵状扁球形，长约 1.2mm，淡灰褐色；胚卵形，长为颖果的 1/4～1/3，色同颖果。

幼苗 胚芽鞘长 2～3mm，无色，无毛。第一至第三叶光滑无毛或鞘口被毛。

生物学特性 以种子或匍匐茎繁殖，繁殖和再生能力强，一般于 3 月上旬返青，5 月中旬以后开始抽穗、开花，随着匍匐茎的伸长不断地由茎节处生根成株，并边抽穗、边开花、边结实、边成熟，花果期可延长到 10 月下旬或更长，春季首批开花者，一般在夏末种子即能成熟。在无霜冻或仅有轻霜冻的地区，在冬季仍能保持青绿，青草期可达 10～12 月之久。两耳草为二倍体植物，染色体 2n=40。对土壤要求不严格，除沼泽地外，在砂土至黏土各种类型的土壤均能生长。两耳草种子发芽对光不敏感，并具有很高的发芽率，易形成以两耳草为优势种的单一优势种群落。

分布与危害 中国主要分布于台湾、云南、海南、广西等地；广泛分布于全世界热带及温暖地区。在长期频繁使用草甘膦的田块，两耳草会产生抗药性。在阿根廷、巴拉圭和巴西已被确定对草甘膦产生了抗药性，是这几个国家的主要抗性杂草之一。两耳草是旱作物田和果园、茶园、桑园、橡胶林常见杂草，在夏秋季作物田如大豆和玉米危害严重，损失可达 80%。

防除技术 采用农业防治和化学防治相结合的防治策略，也可以考虑综合利用。

农业防治 见铺地黍。

化学防治 在秋熟旱作田，未出苗的两耳草可于作物播后苗前、移栽前进行土壤处理。如大豆、玉米、马铃薯、花生、芝麻、向日葵、烟草、棉花、甘蓝、番茄和菜豆等作

两耳草植株形态（冯莉、陈国奇、田兴山摄）
①群体；②植株；③花序；④小穗；⑤叶鞘

物田，可用酰胺类除草剂精异丙甲草胺；玉米、大豆田还可选用乙草胺、异丙甲草胺、异丙草胺；棉花、大豆田可选用二硝基苯胺类除草剂氟乐灵；玉米田还可用精异丙甲草胺＋莠去津混配剂。秋熟旱作田没有完全封闭住的两耳草，可于出苗后 3～5 叶期用茎叶处理除草剂喷雾处理，大豆、花生、棉花等阔叶作物田可选用苯氧基丙酸类除草剂精喹禾灵、精吡氟禾草灵、精噁唑禾草灵，大豆、棉花田还可选用环己烯酮类除草剂烯禾啶、烯草酮。发生在非作物农田生长后期的两耳草，可使用草甘膦、草铵膦、草甘膦与草铵膦混剂按产品推荐剂量进行茎叶喷雾处理。

综合利用　两耳草的叶、茎柔嫩多汁，无毒无异味，生长快，再生力强，无论青草、干草、马、牛和羊均喜食，是一种优良的饲草，具有一定的栽培利用价值。两耳草也比较耐践踏，产草量较高，既适宜放牧，也适宜刈割青草和晒制干草。两耳草可用作固土和草坪，还可作为植物修复材料用于稀土矿区生态修复和土壤复垦。

参考文献

李扬汉，1998. 中国杂草志 [M]. 北京：中国农业出版社：1289.

中国饲用植物志编辑委员会，1997. 中国饲用植物志：第六卷 [M]. 中国农业出版社：51-54.

（撰稿：冯莉；审稿：黄春艳）

两栖蓼　*Persicaria amphibia* (L.) S. F. Gray

秋熟旱作物田多年生水生、湿生和旱生杂草。又名湖蓼、扁蓄蓼、醋蓼等。异名 *Polygonum amphibium* L.。英文名 amphibious knotweed。蓼科蓼属。

形态特征

成株　株高 40～60cm。根状茎横走。生于水中者：茎漂浮，无毛，节部生不定根。叶长圆形或椭圆形，浮于水面，长 5～12cm，宽 2.5～4cm，顶端钝或微尖，基部近心形，两面无毛，全缘，无缘毛；叶柄长 0.5～3cm，自托叶鞘近中部发出；托叶鞘筒状，薄膜质，长 1～1.5cm，顶端截形，无缘毛（图①）。生于陆地者：茎直立，不分枝或自基部分枝，叶披针形或长圆状披针形，长 6～14cm，宽 1.5～2cm，顶端急尖，基部近圆形，两面被短硬伏毛，全缘，具缘毛；叶柄 3～5mm，自托叶鞘中部发出；托叶鞘筒状，膜质，长 1.5～2cm；疏生长硬毛，顶端截形，具短缘毛。总状花序呈穗状，顶生或腋生，长 2～4cm，苞片宽漏斗状；花被 5 深裂，淡红色或白色花被片长椭圆形，长 3～4mm。雄蕊通常 5，比花被短；花柱 2，比花被长，柱头头状（图②～④）。

子实　瘦果，小，近圆形，双凸镜状，直径 2.5～3mm，黑色，有光泽，包于宿存花被内。

　　幼苗　子叶出土，卵圆形。初生叶1，狭长形，具短柄。

　　生物学特性　适应性广，在湖泊水域边缘的浅水中，沟边、田边湿地以及旱地均可生长的多年生水生、湿生及旱生阔叶杂草。旱生型植株地上部分为直立型；根茎可横向延伸在较大范围形成连合体，或产生短分枝，在狭小范围形成连合体。水生型种子很小，且具有易于随风、水传播的结构。旱生型的休眠芽在地下，极少开花，种子无有助于散布的构造。喜肥又耐贫瘠，喜阳光充足温暖环境，耐高温，怕寒冷，在16～30℃的温度范围内生长良好，冬季温度5℃以上可安全越冬。以种子及根状茎繁殖。其外形（表型）会因水生、湿生环境发生相应的改变。花期7～10月。

　　分布与危害　在中国分布于东北、华北、西北、华东、华中和西南地区；全球北亚热带至暖温带气候区均有分布。发生期6～11月，危害水稻、玉米、麦类、油菜、高粱、棉花、陕北地区糜子等，在夏熟作物田危害生长后期的作物，一般性杂草或偶见杂草。

　　防除技术

　　农业防治　作物播种前进行土壤翻耕整地，深耕深耙清除杂草根状茎，并能减少土表的杂草种子。精选种子，并在播种前清除混杂的杂草种子，避免种子传播。提高作物播种质量，并适当增加播种量，提高作物种群密度，以苗压草。覆盖秸秆、织物以及地膜（如除草地膜、药膜及有色地膜）等，使土壤下面的杂草种子萌发受到抑制或已经萌发的杂草幼苗不能得到足够的光照，从而生长受到抑制甚至死亡。在两栖蓼开花结实之前，人工拔除或铲除，并把植株及根状茎集中处理。

　　化学防治　旱地作物播后苗前进行土壤封闭处理。根据作物不同可选用甲草胺、乙草胺、异丙甲草胺、丁草胺、扑

两栖蓼植株形态（郭怡卿摄）

①水生成株；②③④旱生成株

草净、氟乐灵、二甲戊灵、仲丁灵、乙氧氟草醚、噁草酮进行土壤封闭处理。花生田用噁草酮与乙草胺混用进行土壤封闭处理对两栖蓼具有优良的防除效果。

旱地作物出苗后的两栖蓼根据作物不同，麦类作物田可选择2甲4氯、麦草畏、苯磺隆、乙羧氟草醚、双氟磺草胺等，油菜田可用氨氯吡啶酸，大豆田可用乙羧氟草醚、氟磺胺草醚、乳氟禾草灵，玉米田可用莠去津、砜嘧磺隆、烟嘧磺隆等进行茎叶喷雾处理。

综合利用 可作为湿地或水景的观赏植物种植。全草可入药，具清热利湿的功效，如内服治疗痢疾，外用治疗疔疮。

参考文献

陈傲，陈新起，林伟，等，2012. 几种除草剂对花生地杂草小藜的防除效果 [J]. 广东农业科学，39(14): 95-97.

李扬汉，1998. 中国杂草志 [M]. 北京：中国农业出版社：767.

汪劲武，1996. 说不尽的蓼科植物（上）[J]. 植物杂志 (2): 27-29.

查顺清，戴蓬博，冯佰利，等，2014. 陕北地区糜子田杂草组成及群落特征 [J]. 西北农业学报，23(5): 164-170.

中国科学院中国植物志编辑委员会，1998. 中国植物志：第二十五卷 第一分册 [M]. 北京：科学出版社：17.

（撰稿：郭怡卿；审稿：宋小玲）

L

两歧飘拂草 *Fimbristylis dichotma* (L.) Vahl

水田一年生湿生杂草。又名线叶两歧飘拂草。异名 *Scirpus dichotomus* L.。英文名 annual fringerush。莎草科飘拂草属。

形态特征

成株 高15～50cm（见图）。无毛或被疏柔毛。叶线形，略短于秆或与秆等长，宽1～2.5mm，无毛或被毛，顶端急尖或钝；鞘革质，上端近于截形，膜质部分较宽而呈浅棕色。苞片3～4枚，叶状，通常有1～2枚长于花序，无毛或被毛；长侧枝聚伞花序复出，少有简单，疏散或紧密；小穗单生于辐射枝顶端，卵形、椭圆形或长圆形，长4～12mm、宽约2.5mm，具多数花；鳞片卵形、长圆状卵形或长圆形，长2～2.5mm，褐色，有光泽，脉3～5条，中脉顶端延伸

两歧飘拂草植株形态（强胜摄）

成短尖。雄蕊1～2个，花丝较短；花柱扁平，长于雄蕊，上部有缘毛，柱头2。

有2种变型：矮两歧飘拂草［*Fimbristylis dichotoma* f. *depauperata*（C. B. Clarke）Ohwi］，植株各部极为纤细。秆高5～17cm。叶刚毛状，有时较秆为长。小穗单个顶生，或由2～3小穗粗成聚伞花序。线叶两歧飘拂草［*Fimbristylis dichotoma* f. *annua*（All.）Ohw］，植株各部较为纤细。秆高5～25cm。叶狭线形，较秆为短，宽0.5～2mm。长侧枝聚伞花序简单，小穗较少，常为1～7个。

子实 小坚果宽倒卵形，双凸状，长约1mm，具7～9显著纵肋，网纹近似横长圆形，无疣状突起，具褐色的柄。

幼苗 子叶留土。幼苗第一片真叶从胚芽鞘伸出，叶片呈袋状，具有3条粗而显明的直出平行叶脉，叶背脉间被短茸毛，叶片横剖面呈肾形或椭圆形，叶鞘膜质，半透明，无毛，叶片与叶鞘之间无叶舌、叶耳，亦无明显交界处。第2～3片真叶的叶片与叶鞘之间两侧边缘有刺状睫毛，叶鞘被稀疏短茸毛。其他与第一片真叶相似。

生物学特性 喜生于河岸、湿地、沼泽浅水处、水田等湿润环境中。种子繁殖。花果期7～10月。

分布与危害 其分布广泛。中国常见于黑龙江、吉林、辽宁、河北、山东、山西、江苏、安徽、江西、浙江、福建、湖南、湖北、四川、广东、广西、台湾、贵州、云南等广大地区；在印度、中南半岛、大洋洲、非洲、俄罗斯等国家和地区也有分布。主要危害水稻，尤其是轻型栽培模式下，干湿交替十分有利其发生危害，还常能危害秋熟旱作物，如玉米、大豆、棉花、蔬菜等。

防除技术

农业防治 机械清除或人工拔除。进行定时的水旱轮作，可减少杂草发生。提升灌溉水源质量，结合高质量的翻耕、整地，减少土壤中杂草的种子数量，从而控制杂草发生。

生物防治 种植覆盖性好的植物进行替代控制。提升播种质量，以苗压草。

化学防治 水稻播前或播后苗前用丙草胺·苄嘧磺隆或丁草胺·噁草灵复配剂等进行土壤封闭处理，能在很大程度上减少种子的萌发。苗后可用2甲4氯、氯吡嘧磺隆、五氟磺草胺等都对该类杂草有较为理想的防效。

综合利用 可医用。全草可分离出双氢莎草醌、四氢莎草醌。有清热利尿、解毒的功效，用于治疗暑热、少尿、尿赤、胃肠炎、小腿劳伤肿痛等症。夏秋季采收，洗净，晒干，煎水饮用。

参考文献

丁邦元，周代友，2007. 直播稻田杂草的防除技术 [J]. 安徽农学通报，13(4): 196-196.

李扬汉，1998. 中国杂草志 [M]. 北京：中国农业出版社．

梁帝允，张治，2013. 中国农区杂草识别图册 [M]. 北京：中国农业科学技术出版社．

莫爱峰，2015. 水稻主要杂草特征及防治策略 [J]. 农技服务，32(6): 130-131.

颜玉树，1990. 水田杂草幼苗原色图谱 [M]. 北京：科学技术文献出版社．

（撰稿：姚贝贝；审稿：刘宇婧）

列当属　*Orobanche* L.

秋熟旱作物田一二年生或多年生肉质根全寄生检疫性杂草。又名兔子拐棍、独根草。英文名 broomrape、orobanche。列当科。在中国引起严重危害的主要有埃及列当（瓜列当）（*Orobanche aegyptiaca* Pers.）、分枝列当（大麻列当）（*Orobanche ramosa* L.）、向日葵列当（直立列当、二色列当）（*Orobanche cumana* Wallr.）、列当（*Orobanche coerulescens* Steph.）和弯管列当（欧亚列当）（*Orobanche cernua* Loefling.）。

形态特征

成株　全株浅黄色或紫褐色，无叶绿素；植株常被蛛丝状长绵（柔）毛或腺毛，极少近无毛。茎单生或分枝，粗壮或纤弱，圆柱形，常在基部稍增粗。叶鳞片状、卵形、卵状披针形或披针形，螺旋状排列，或生于茎基部的叶常紧密排列成覆瓦状。花两性多数，两侧对称，排成稠密或疏散的穗状或总状花序；苞片1枚，常与叶同形，苞片上方有小苞片2或无，小苞片常贴生于花萼基部，极少生于花梗上，无梗、几无梗或具极短的梗；花萼钟状或杯状，顶端4浅裂或近4～5深裂，偶见5～6齿裂，或花萼2深裂至基部或近基部，萼裂片全缘或又2齿裂；花冠弯曲，二唇形，上唇龙骨状、全缘，或成穹形而顶端微凹或2浅裂，下唇顶端3裂，短于、近等于或长于上唇。雄蕊4枚，2强，内藏，花丝纤细，着生于花冠筒的中部以下，基部常增粗并被柔毛或腺毛，稀近无毛，花药2室，平行，能育，卵形或长卵形，无毛或被短（长）柔毛；雌蕊由2合生心皮组成，子房上位，1室，侧膜胎座4，具多数倒生胚珠，花柱伸长，常宿存，柱头膨大，盾状或2～4浅裂。植株由下而上开花结实（图①②）。

子实　蒴果卵球形或椭圆形，2瓣开裂。种子极小似灰尘，长0.2～0.5mm，深黄褐色至暗褐色，多为倒卵形或不规则形，少有椭圆形、圆柱形或近球形；种脐明显或不明显，种皮表面凹凸不平，有脊状条纹突起形成网，网眼浅，方形或纵矩形，网壁平滑。网眼排列规则或不规则；网脊平无小突起，网眼底部网状或小凹坑状（图③）。

中国危害严重的列当属植物形态比较见表。

生物学特性　列当生活周期短，种子萌动到出土5～6天；出土至开花6～7天，开花至结实5～7天，结实至种子成熟13～17天，种子成熟至蒴果开裂需1～2天，即从幼苗出土至新种子扩散总计30～40天。在中国，列当的生长期存在种间差异，分枝列当和瓜列当为4～8月，列当为4～9月，欧亚列当为5～9月。在5～10cm土层的列当种子可存活5～10年。种子发芽很不整齐，在适宜季节每天都可萌发。在新疆，向日葵列当出苗期是7月末至8月上旬，8月中旬至9月初为出苗盛期。列当借昆虫传粉，每朵花发育出一个蒴果，内有500～2000粒种子，单株种子产量为5万～10万粒，最多可达45万粒。

列当种子细小，长200～400μm，千粒重15～25mg，有后熟期。后熟的列当种子须经过一定的温湿度条件，才会在特定的化学信号物质或萌发刺激物的作用下萌发。列当种子萌发需要充足的水分，合适的温度（15～25℃），高的土壤碱度（pH > 7.0）和寄主根部的分泌物。有些植物种子萌发时也能诱发列当萌发，但其根部却不被寄生，被称为"诱杀"植物。辣椒、绿豆和苜蓿对瓜列当的诱杀率在77.8%～88.9%。天然萌发刺激物主要有4种：独脚金醇、高粱内酯、列当醇以及人工合成的类似刺激物GR24、GR6、GR7等。

分布与危害　目前，全球列当属约有140种，主要分布在温带和亚热带地区，蒙古、朝鲜、希腊、埃及等国，美国及欧洲一些国家均有分布。中国约25种，分布于东北、华北和西北等地。列当寄主范围广泛，包括菊科、豆科、茄科、葫芦科、十字花科、大麻科、亚麻科和伞形科植物等，不同种类列当的寄主种类有差异，是危害严重的农田杂草。全寄生列当常导致寄主生长缓慢、矮化、叶片黄化萎蔫直至枯死，造成农作物产量和品质的严重下降，甚至绝收。列当种子数量多且极小似粉尘，易黏附在其他物体上，可随作物果实、种子或秸秆等扩散，也能借风力、水流、人畜和农机具等传播，常混杂在寄主种子里，随作物种子的远距离运输而快速传播。列当种子一旦传入，很难根除。

防除技术　列当种子产量高且极细小，在土壤中存活时间长，防除难度大，常用的防治方法包括植物检疫、农业

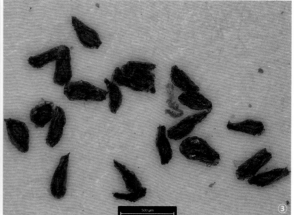

列当属植株形态（①③吴海荣摄；②马永清摄）
①向日葵列当花序；②瓜列当花序；③向日葵列当种子

中国危害严重的列当属植物形态比较

	瓜列当	向日葵列当	分枝列当	列当	弯管列当
株高（cm）	15～50	30～40	10～20	10～50	15～40
茎	中部以上分枝，被腺毛	不分枝，被浅黄色腺毛	基部多分枝	直立具明显条纹，密被白色蛛丝状长绵毛	不分枝，浅黄色腺毛
叶	卵状披针形，黄褐色	微小，无柄	小，黄色	卵状披针形，黄褐色	微小
花序	松散穗状花序	紧密穗状花序	紧密穗状花序	紧密穗状花序	松散穗状花序
苞片	2	1	3	2	无小苞片
花萼	钟状，浅4裂	2深裂，每裂片顶端2裂	钟状，浅4裂	2深裂至基部，每裂片顶端2浅裂	钟状，2深裂，每裂片顶端2裂
花冠	蓝紫色	蓝紫色	黄白或淡蓝色	淡紫色	淡蓝紫色
雄蕊	花药被绵毛	花药被细长茸毛	花药被绵毛	花药无毛，花丝有毛	花药被细长茸毛
雌蕊	花柱内藏	花柱下弯，蓝紫色	花柱细长	花柱细长	花柱下弯，蓝紫色
蒴果	长卵形	卵形或梨形	卵状椭圆形	卵状椭圆形	卵形
种子形态	深褐色，倒卵形、近球形至椭圆形	黑褐色，倒卵形至长椭圆形	灰褐色，阔椭圆形或卵状椭圆形	黑褐色，倒卵形至长椭圆形	黑褐色，椭圆形或卵圆形
种子大小（mm）	0.36～0.5 × 0.25～0.3	0.4～0.5 × 0.2～0.3	0.35～0.43 × 0.18～0.2	0.3～0.5 × 0.2～0.3	0.3～0.5 × 0.17～0.24

防治、化学防治和生物防治。

植物检疫 预防是最有效的防治方法。海关需要严格检验检疫，防止外来列当种子的无意引入；严禁从疫区调运混有列当的农作物种子，防止列当种子在国内传播。首次发现列当时，应及时向主管部门上报，采取应急措施予以清除。

农业防治 列当从出土到开花只有 10～15 天，需在其结实前及时拔除所有植株并集中烧毁。因其完全寄生于寄主根部，拔除时应尽量减少对寄主根系的伤害。种植诱杀植物或用天然萌发刺激物刺激土壤中列当种子萌发，降低列当土壤种子库密度，或种植列当非寄主植物，待列当土壤种子库耗尽后再种植寄主作物；加强中耕或深耕管理，实行轮作制度，适当延长轮作周期并与诱发出苗相结合可有效控制列当。在向日葵列当危害地区，实行禾本科植物、甜菜和大豆等与向日葵轮作，并持续5～6年以上，危害严重地区应持续8～10年，可取得明显的防治效果。

生物防治 微生物是防除根寄生列当的一条有效途径。密旋链霉菌（Streptomyces pactum）菌剂在田间试验中既降低了瓜列当的出土数量又增加了番茄的产量。病原菌的代谢产物制剂，如镰刀菌素"F798"可有效防除瓜列当等。此外，取食列当花茎和果实的列当蝇幼虫等也具有较好的防治效果，潜入列当种皮内的潜叶蝇（Phytomyza orobanchia）和小爪象（Smicronyx spp.）幼虫可蚕食幼嫩的列当种子，破坏新种子的产生。

化学防治 异丙甲草胺与草甘膦复配加水（1：3：40或1：4：50）喷雾7天后，瓜列当死亡率100%。8月中上旬，直接喷施20%的2甲4氯钠（200～300g/亩）或72%的2,4-滴丁酯乳油（50～100ml/亩）对向日葵列当幼苗有效率100%。以上2种药剂应在向日葵花盘直径超过10cm时施用，避免造成向日葵药害（茎秆叶片畸形，扭曲，花盘停止生长等）；不能在向日葵—大豆间作地块施用，因大豆敏感。

参考文献

黄建中，李扬汉，1994. 检疫性寄生杂草列当及其防除与检疫 [J]. 植物检疫，8(4): 7-9.

李扬汉，1998. 中国杂草志 [M]. 北京：中国农业出版社：725-729.

刘长江，1994. 列当属、野菰及独脚金种子的扫描电镜观察 [J]. 植物检疫，8(6): 335-337.

马永清，董淑琦，任祥祥，等，2012. 列当杂草及其防除措施展望 [J]. 中国生物防治学报，28(1): 133-138.

吴海荣，强胜，2006. 检疫杂草列当 (Orobanche L.) [J]. 杂草科学 (2): 58-60.

印丽萍，2018. 中国进境植物检疫性有害生物：杂草卷 [M]. 北京：中国农业出版社：55-59.

印丽萍，颜玉树，1997. 杂草种子图鉴 [M]. 北京：中国农业科技出版社：185-187.

张金兰，蒋青，1994. 菟丝子属和列当属杂草重要种的寄主和分布 [J]. 植物检疫，8(2): 69-73.

中国科学院中国植物志编辑委员会，1990. 中国植物志：第六十九卷 [M]. 北京：科学出版社：97.

（撰稿：吴海荣；审稿：冯玉龙）

裂叶牵牛 *Ipomoea nil* (L.) Roth

秋熟旱作田一年生杂草。又名牵牛、牵牛花、喇叭花。异名 *Pharbitis nil* (L.) Choisy。英文名 ivyleaf morningglory。旋花科虎掌藤属。

形态特征

成株 全株被粗硬毛（图①）；茎缠绕，多分枝；叶互生，叶具柄，长 5～7（15）cm，被毛；叶片宽卵形或近圆形，深或浅的 3 裂，偶 5 裂，基部圆或心形，中裂片长圆形或卵圆形，先端渐尖，侧裂片较短，三角形，裂口锐或圆，叶面或疏或密被微硬的柔毛。花腋生，花序有花 1～3 朵，总花梗略短于叶柄（图②）；萼片 5，近等长，披针形，长 2～2.5cm，先端尾常尖，基部密被开展的粗硬毛。花冠漏斗状，长 5～8（10）cm，顶端 5 浅裂；雄蕊 5；子房 3 室，柱头头状。

子实　蒴果近球形，径 0.8～1.3cm，长 5～6mm，被微柔毛（图③）；种子卵圆形或卵状三棱形，黑褐色或米黄色，5～6 个（图④）。

幼苗　粗壮。子叶近方形，长约 2cm，先端深凹缺刻几达叶片中部，基部心形，叶脉明显，具柄，柄部被短硬毛。上胚轴不发达，下胚轴发达，靠近子叶部分有短毛（图⑥）。

生物学特性　4～5 月萌发，花期 6～9 月，果期 7～10 月，以种子繁殖。一般每株结球形蒴果 15～50 个，内藏种子 5～6 粒。成熟蒴果皮薄，易破裂，大量种子散落进入土壤种子库。裂叶牵牛种子萌发的最适温度为 32/27℃，在 21/15℃、27/21℃和 32/27℃（白天／黑夜）下也能萌发，但在 15/10℃下不能萌发。在 pH 为 3～4 的酸性水溶液中可缩短种子萌发时间，并促进种子萌发；随着 pH 值的降低，幼苗的根长、苗高及鲜质量受到的抑制作用增大。裂叶牵牛虽为喜阳植物的特性，但对弱光条件的适应力也较强。

分布与危害　中国部分地区都有分布；该种原产于热带美洲，现已广植于热带和亚热带地区，有些地区栽培供观赏。生于田边、路旁、河谷、宅园、果园、山坡，适应性很广。部分果园、苗圃受害较重。田间生长的裂叶牵牛与作物争肥、水、光等，造成作物减产。裂叶牵牛对玉米产量的影响与攀绕玉米植株高度和每平方米株数均有关，攀绕高度在 130～150cm，1m² 有 26 株时，造成玉米减产 11.1%；攀绕高度在 210～260cm，1m² 有 15 株时，造成玉米减产

32.3%。裂叶牵牛茎蔓纵横盘结众多玉米植株，遭风灾时使玉米成片倒伏，减产更为严重。另外由于裂叶牵牛茎蔓纵横盘结，对后期田间作业造成极大障碍。在棉田，裂叶牵牛的密度为每米行长 0～0.87 株时，每米行长增加 0.1 株裂叶牵牛，棉花产量损失增加 5.9%。

防除技术

农业防治　精选作物种子，防止通过作物种子传入田间。作物种植之前，对裂叶牵牛种子进行诱发后杀灭，达到竭库目的，减少危害。通过深翻把掉落在土壤表层的种子埋至土层深处，减少田间出苗数。采用稻草、稻壳和木屑等覆盖能够抑制种子的萌发。在幼苗尚没有缠绕作物之前进行人工或机械清除，植株残体带出田间集中销毁。适时进行中耕除草，杀灭苗期裂叶牵牛，减少危害。合理密植，以苗压草。

化学防治　是防除裂叶牵牛最主要的技术措施。在玉米播后苗前，土壤喷雾施用莠去津与乙草胺的复配剂，能有效抑制种子萌发。在大豆播后苗前，土壤喷雾施用咪唑乙烟酸等。一般在土壤墒情较好的条件下，除草剂对杂草的防除效果比较好，如墒情差，可适当提高施药剂量。裂叶牵牛出苗后，可施用茎叶处理除草剂，在玉米田，裂叶牵牛 4 叶期前，可用激素类 2 甲 4 氯、硝磺草酮等。在大豆田，裂叶牵牛 4 叶期前，可咪唑乙烟酸、氟磺胺草醚、三氟羧草醚等。棉田花铃期可用乙氧氟草醚、草甘膦或吐絮期用草甘膦定向喷雾，可较好地防除裂叶牵牛。

综合利用　牵牛花品种很多，花的颜色有蓝、绯红、桃红、紫等，亦有混色的，花瓣边缘的变化较多，是常见的观赏植物。牵牛的种子里面有多种苷类和酸性成分，入药以后能起到泻水通便和消痰杀虫的作用，可用于人类蛔虫病和绦虫病以及痰多咳嗽等疾病的治疗，治疗效果特别出色。

裂叶牵牛植株形态（⑥魏守辉摄；其余张治摄）
①植株；②花；③果实；④种子；⑤生境；⑥幼苗

参考文献

李扬汉，1998，中国杂草志 [M]. 北京：中国农业出版社：412-413.

王继善，2009. 瓦房店市玉米田裂叶牵牛的发生及药剂防控对策 [J]. 现代农业科技 (10): 98.

吴彦琼，胡玉佳，2004. 外来植物南美蟛蜞菊、裂叶牵牛和五爪金龙的光合特性 [J]. 生态学报，24(10): 2334-2339.

ROGERS J B, MURRAY D S, VERHALEN L M, et al. , 1996. Ivyleaf morningglory (*Ipomoea hederacea*) interference with cotton (*Gossypium hirsutum*) [J]. Weed technology, 10(1): 107-114.

THULLEN R J, KEELEY P E. 1983. Germination, growth, and seed production of *Ipomoea hederacea* when planted at monthly intervals [J] . Weed science, 31(6): 837-840.

（撰稿：崔海兰；审稿：宋小玲）

琉璃草 *Cynoglossum furcatum* Wallich Wall. ex Roxb.

果园二年生或多年生杂草。又名叉花倒提壶、贴骨散、粘姑娘、猪尾巴。英文名 ceylon houndstongue。紫草科琉璃草属。

形态特征

成株 高 40～80cm。茎直立，粗壮，茎单一或数条丛生，密被伏黄褐色糙伏毛。叶互生，基生叶及茎下部叶具柄，长圆形或长圆状披针形，长 12～20cm，宽 3～5cm，先端钝，基部渐狭，上下两面密生贴伏的伏毛；茎上部叶无柄，狭小，被密伏的伏毛。花序顶生及腋生，分枝钝角叉状分开，无苞片，果期延长呈总状；花梗长 1～2mm，果期较花萼短，密生贴伏的糙伏毛；花萼长 1.5～2mm，果期稍增大，长约 3mm，裂片卵形或卵状长圆形，外面密伏短糙毛；花冠蓝色，漏斗状，长 3.5～4.5mm，檐部直径 5～7mm，裂片长圆形，先端圆钝，喉部有 5 个梯形附属物，附属物长约 1mm，先端微凹，边缘密生白柔毛；花药长圆形，长约 1mm，宽 0.5mm，花丝基部扩张，着生花冠筒上 1/3 处；花柱肥厚，略四棱形，长约 1mm，果期长达 2.5mm，较花萼稍短（见图）。

子实 小坚果卵球形，长 2～3mm，直径 1.5～2.5mm，背面突，密生锚状刺，边缘无翅边或稀中部以下具翅边。

幼苗 子叶 2 片。初生叶 2 片，单叶，不对称，通常绿色或黄绿色。具有一个完整的顶芽。下胚轴长到 0.5～1.0cm 时，子叶部分或全部脱出种皮，上胚轴不断生长，此时有部分种子有次生根生长，而主根茸状根毛渐消失。

生物学特性 喜温暖向阳，土壤要求深厚、肥沃、排水良好。在华南花果期几全年，其他地区 5～10 月；以种子和地下芽繁殖。

分布与危害 分布于西南、华南、华东至河南、陕西及甘肃南部、台湾等地。在阿富汗、巴基斯坦、印度、斯里兰卡、泰国、越南、菲律宾、马来西亚、巴布亚新几内亚、日本有分布。危害果树，偶侵入农田（危害麦类、油菜、甜菜和马铃薯等），但危害不重。

防除技术 应采取包括农业防治、化学防治相结合的方法。此外，也应该考虑综合利用等措施。

农业防治 琉璃草对农田危害不重，在田间发现侵入时可人工拔除；也可通过秸秆或地膜覆盖等措施防除。

化学防治 见大果琉璃草。

综合利用 琉璃草根叶供药用，性味微苦，性寒。有清热解毒、利尿消肿、活血调经等功效。主治急性肾炎、牙周炎、肝炎、月经不调、白带异常、水肿、下颌急性淋巴结炎及心绞痛。外用治疗疮疖痈肿、毒蛇咬伤及跌打损伤等，均具有较好疗效。利接骨，消肿，治骨折、脱臼、四肢水肿、疮疡痈肿。琉璃草水溶物具有较好的止血、抑菌、抗炎镇痛作用，在治疗痔疮方面具有较大的开发利用前景。

参考文献

李扬汉，1998. 中国杂草志 [M]. 北京：中国农业出版社：126-127.

徐庆军，张德志，2009. 琉璃草属植物的研究进展 [J]. 时珍国医国药，20(1): 144-146.

肖衍豪，韩莎莎，杨敬权，等，2020. 琉璃草根水提物抑菌作用及对小鼠凝血功能的影响 [J]. 广东化工，47(11): 29-30, 24.

殷惠玲，朱良学，2012. 农田杂草防除技术 [J]. 现代农业 (2): 36-37.

张国安，刘红，陈佐会，2001. 琉璃草水溶性浸出物对小鼠抗炎镇痛作用的研究 [J]. 湖北民族学院学报（医学版），18(4): 10-11.

郑智龙，高明山，魏凯旋，等，2004. 果园杂草化学防治技术 [J]. 河南林业科技，24(1): 54-55.

（撰稿：叶照春；审稿：宋小玲）

琉璃草植株形态（何永福摄）

柳叶刺蓼 *Persicaria bungeana* (Turcz.) (Nakai ex T. mori)

秋熟等旱作物田一年生杂草。又名本氏蓼。异名 *Polygonum bungeanum* Turcz.。英文名 prickly smartweed、willow leaf knotweed。蓼科蓼属。

形态特征

成株 株高 30～90cm（图①②）。茎直立或上升，分枝，具纵棱，被稀疏的倒生短钩刺，刺长 1～1.5mm。叶互生，披针形或狭椭圆形，长 3～10cm、宽 1～3cm，顶端通常急尖，基部楔形，上面沿叶脉具短硬伏毛，下面被短硬伏毛，边缘具短缘毛；叶柄长5～10mm，密生短硬伏毛；托叶鞘筒状，膜质，具硬伏毛，顶端截形，具长缘毛。总状花序呈穗状（图③），顶生或腋生，长5～9cm，通常分枝，下部间断，花序梗密被腺毛；苞片漏斗状，包围花序轴，无毛有时具腺毛，无缘毛，绿色或淡红色，每苞内具3～4花；花梗粗壮，比苞片稍长，花被5深裂，白色或淡红色，花被片椭圆形，长3～4mm；雄蕊7～8，比花被短；花柱2，中下部合生，柱头头状。

子实　瘦果近圆形，双凸镜状，黑色，无光泽，长约3mm，包于宿存的花被内。

幼苗　子叶出土，卵状披针形，长约1cm、宽4mm，叶下面红色，先端锐尖（图④）。初生叶1，阔卵形，先端钝圆，具叶柄，托叶鞘膜质，具1中脉；后生叶卵形或椭圆形，其他与初生叶相似。幼苗全株被紫红色乳头状腺毛。

生物学特性　种子繁殖。在中国北方春季4～5月出苗，7～8月开花结果，8月以后果实渐次成熟。种子经越冬休眠后萌发。种子发芽的适宜温度为15～20℃，适宜出苗深度为5cm以内。适生于山谷草地、田边、路旁，海拔50～1700m湿地，多生于较湿润的农田。

分布与危害　中国分布于黑龙江、辽宁、河北、山东、山西、甘肃、内蒙古及江苏；朝鲜、日本、俄罗斯（远东）也有分布，北美于1984年也发现了柳叶刺蓼。柳叶刺蓼危害大豆、玉米、小麦、马铃薯、甜菜、蔬菜、烟草、果树等。柳叶刺蓼是黑龙江春大豆和春玉米田主要杂草。在生长旺盛期植株比大豆高，生长占据空间大，对光、水等竞争性强，使大豆植株生长细弱，结荚稀少，对大豆的产量影响很大。在春玉米田，柳叶刺蓼单株的生长量很大，生长中期株高已与玉米相近，在其他杂草的共同竞争下，使玉米植株不能正常生长，造成严重减产。柳叶刺蓼在吉林春玉米田也是恶性杂草，对玉米危害较重，尤其是与玉米同期出苗时竞争力强，高密度下会严重影响玉米的正常生长发育，使玉米出现植株矮小、茎秆纤细、叶片发黄等症状，导致玉米中后期生长不良。随着柳叶刺蓼密度的增加，玉米的株高、茎粗、穗长、单穗重和百粒重均降低，空秆率增加，导致玉米产量下降。

防除技术　采用农业防治和化学防治相结合的综合防治措施。

农业防治　精选种子，剔除杂草种子。种子调运时加强检疫，减少杂草种子长距离传播。通过调整播期、耕作管理、伏秋翻地、播前整地等措施，诱导杂草均匀出苗，为化学除草创造条件。传统的机械灭草措施，如深耕深翻、机械中耕等，可消除一部分田间杂草，剩余杂草再进行化学除草，将能大大提高除草效果。

化学防治　大豆田播后苗前土壤处理可选用噻吩磺隆、唑嘧磺草胺、丙炔氟草胺、异噁草松等单剂；大豆苗后茎叶

柳叶刺蓼植株形态（①王宇摄；其余黄春艳摄）
①所处生境；②植株；③花序；④幼苗

处理可选用氟磺胺草醚、乙羧氟草醚、三氟羧草醚等，也可选用灭草松、氯酯磺草胺等单剂，使用上述除草剂的复配剂除草剂效果会更好。玉米田播后苗前土壤处理可选用异噁唑草酮、莠去津、2,4-滴异辛酯、噻吩磺隆、唑嘧磺草胺等单剂；玉米苗后茎叶处理可选用烟嘧磺隆、硝磺草酮、苯唑草酮、氯氟吡氧乙酸、2,4-滴二甲胺盐、2甲4氯等单剂，也可选用以上除草剂的复配剂。

参考文献

崔娟，李旋，许喆，等，2017. 柳叶刺蓼对玉米生长的影响及其经济阈值研究 [J]. 玉米科学，25(5): 141-144, 151.

黄春艳，王宇，黄元炬，等，2012. 不同杂草群落危害对春玉米产量损失的影响 [J]. 黑龙江农业科学 (10): 49-53.

李扬汉，1998，中国杂草志 [M]. 北京：中国农业出版社：770-771.

王宇，黄春艳，黄元炬，等，2014. 不同杂草群落对黑龙江春大豆产量损失的影响 [J]. 中国植保导刊，34(6): 10-12, 9.

中国科学院中国植物志编辑委员会，1998. 中国植物志：第二十五卷 第一分册 [M]. 北京：科学出版社：77.

ANDERSEN R N, LUESCHEN W E, ZAREMBA J R, 1985. Prickly smartweed (*Polygonum bungeanum*), a new weed in North America [J]. Weed science, 33(6): 805-806.

（撰稿：黄春艳；审稿：宋小玲）

柳叶箬植株形态（强胜摄）
①植株；②花；③果；④种子

柳叶箬 *Isachne globosa* (Thunb.) Kuntze

水田常见的多年生杂草。又名类黍柳叶箬。英文名swamp millet。禾本科柳叶箬属。

形态特征

成株 高 30～60cm（图①）。秆丛生，茎下部匍匐，节上生根，上部直立，节上无毛。叶鞘短于节间，无毛，但一侧边缘的上部或全部具疣基纤毛；叶舌纤毛状，长1～2mm；叶片披针形，长 3～10cm、宽 3～9mm，顶端短渐尖，基部钝圆或微心形，两面均具微细毛而粗糙，边缘质地增厚，全缘或微波状。圆锥花序卵圆形（图②），长 3～11cm、宽 1.5～4cm，分枝斜升或开展，每一分枝着生 1～3 小穗，分枝和小穗柄均具黄色腺点；小穗椭圆状球形，长 2～2.5mm，淡绿色，或成熟后带紫褐色；两颖具 6～8 脉，近等长，顶端钝或圆，边缘狭膜质；第一小花通常雄性，较第二小花稍窄狭；第二小花雌性，广椭圆形，外稃边缘和背部常有微毛，柱头紫色。

子实 颖果近球形（图③④），平凸，长 1.0～1.1mm、宽 0.9～1.0mm，深红棕色。

幼苗 子叶留土。第一片真叶卵形，长 5mm、宽2mm，先端急尖，叶缘具细睫毛，腹面被短茸毛，5 条直出平行脉，叶片边缘具长睫毛。第二片真叶宽披针形，余与第一真叶类似。幼苗全株密被短柔毛。

生物学特性 花果期夏秋季。种子具休眠特性，冷藏可以打破休眠，促进种子萌发。种子和根茎繁殖，萌生苗 4 月下旬萌发，种子苗迟至 5 月。属于 C₃ 植物。具有较强的竞争力，在群落中竞争优势明显，在没有防除措施下，往往会成为优势种群。具有富集 Pb 和 Zn 等的能力。

染色体 2n=60。

分布与危害 中国除东北外，几乎中国分布；国外分布于日本、印度、马来西亚、菲律宾、太平洋诸岛以及大洋洲。生于低海拔的缓坡、平原草地中。通常会沿沟渠传播扩散，从田埂向田间扩散蔓延，不及时采取防除措施，会逐渐成为优势种群，严重危害水稻生长。此外，还发生于秋熟旱作物、果园等。

防除技术

农业防治 翻耕有利于将种子和根茎深埋地下，减轻发生，控制危害。

化学防治　在水田可用丙草胺土壤处理，也可在苗期用精噁唑禾草灵防除。旱地可用烯禾啶、吡氟禾草灵、氟吡甲禾灵等苗期茎叶处理。果园可用草甘膦、草铵膦防除。

综合利用　柳叶箬可作为沟渠护坡植物、湿地恢复植物。柳叶箬根和叶中有内生真菌，可以加以利用。

参考文献

侯晓龙，陈加松，刘爱琴，等，2012. Pb 胁迫对金丝草和柳叶箬生长及富 Pb 特征的影响 [J]. 福建农林大学学报 (自然科学版)，41(3): 286-290.

刘贵华，袁龙义，苏睿丽，等，2005. 储藏条件和时间对六种多年生湿地植物种子萌发的影响 [J]. 生态学报，25(2): 371-374.

颜玉树，1990. 水田杂草幼苗原色图谱 [M]. 北京 : 科学技术文献出版社 .

周进，陈中义，陈家宽，2000. 普通野生稻 - 长喙毛茛泽泻 - 柳叶箬混作种群的竞争效应 [J]. 生态学报，20(4): 685-691.

LIU J G, DONG Y, XU H, et al, 2007. Accumulation of Cd, Pb and Zn by 19 wetland plant species in constructed wetland [J]. Journal of hazardous materials, 147(3): 947-953.

（撰稿：强胜；审稿：刘宇婧）

龙葵　*Solanum nigrum* L.

秋熟旱作物田一年生杂草。又名野辣虎、野海椒、山辣椒、野茄秧等。英文名 black nightshade。茄科茄属。

形态特征

成株　高 0.3 ~ 1m（图①）。茎绿色或紫色，多分枝，近无毛或被微柔毛。叶互生，卵形，长 2.5 ~ 10cm、宽 1.5 ~ 5.5cm，先端短尖，基部楔形至阔楔形而下延至叶柄，全缘或具不规则的波状粗齿，光滑或两面均被稀疏短柔毛，叶脉每边 5 ~ 6 条，叶柄长 1 ~ 2cm。蝎尾状聚伞花序腋外生，由 3 ~ 6（10）花组成（图②）；花萼浅杯状，直径 1.5 ~ 2mm，齿卵圆形；花冠白色，辐状，筒部隐于萼内，冠檐长约 2.5mm，5 深裂，长约 2mm。雄蕊 5，花丝短，花药黄色，长约 1.2mm，约为花丝长度的 4 倍，顶孔向内；子房卵形，直径约 0.5mm，花柱长约 1.5mm，中部以下被白色茸毛，柱头小，头状。

子实　浆果球形，直径约 8mm，熟时黑色（图③）。种子多数，近卵形，直径 1.5 ~ 2mm，两侧压扁，淡黄色，表面略具细网纹及小凹穴。

幼苗　子叶阔卵形，先端钝尖，叶基圆形，边缘混生杂毛，具长柄（图④）。下胚轴发达，密被混杂毛，上胚轴极短。初生叶 1 片，阔卵形，先端钝状，叶基圆形，叶缘混生杂毛。后生叶与初生叶相似。

生物学特性

种子繁殖，传播途径主要是成熟时浆果脱落土壤中，翌年种子萌发从土壤中出苗。种子通过风力、水力、鸟类传播；另外大量种子混杂在农家肥料的秸秆中传播。花期 4 ~ 6 月，果期 9 ~ 10 月。龙葵具有极高的繁殖力，种子可在春季和夏季萌发，萌发持续期较长，且具有很强的表型可塑性，如龙葵的球果数和种子数随萌发时间推迟而减少，4 月萌发的龙葵，每株可产球果数和种子数约 3478 个和 13 万粒，而 8 月萌发植株的单株果实数和单株结子量仅为约 27 个和 731 粒；但 4 月和 5 月萌发的龙葵植株种子千粒重显著低于 6 月之后萌发的龙葵植株，8 月萌发的植株，总结实量和结子量均较少，但种子千粒重可达 0.906g，是 4 月萌发植株所产种子千粒重（0.701g）的 1.3 倍。龙葵种子具有休眠性，萌发适宜的温度范围十分广泛，在 20 ~ 30℃ 范围内均能很好的萌发，光照和黑暗条件下均可萌发；龙葵对土壤酸碱度的适应性也较强，在 pH 4 ~ 10 的范围内，萌发率均可达 90% 以上。龙葵作为秋熟作物田杂草，中国各地的温度十分适合其种子萌发，因此有进一步扩散的可能性。细胞的染色体数目为 6n=72，也有四倍体的个体。

分布与危害

中国各地均有分布，在西北、东北地区发生危害较南方地区严重。喜生于田边、荒地。龙葵危害向日葵、棉花、大豆、玉米、高粱、粟（谷子）、花生、马铃薯等秋熟旱作物，导致产量和品质下降。龙葵在苗期与作物竞争光照、水分和营养，造成作物生长不良，造成的经济损失也随其种群密度的增加而增加；成熟期影响作物收获，浆果破裂会污染棉花和大豆，造成作物品质下降。

防除技术

农业防治　施用充分腐熟的有机肥和堆肥，杀死草种，减少龙葵发生率。清理田埂杂草，防止种子传入田间。采用覆膜的方式，利用膜下高温高湿的微环境，将龙葵幼苗杀死。秸秆覆盖也能抑制龙葵的萌发和生长。合理密植，利用作物的竞争优势抑制龙葵生长。可利用土壤耕作，例如深翻、中耕等耕作措施减少田间龙葵的发生量。人工防除也是有效防控龙葵的方式，进行人工拔除时，应及时铲除早期萌发的个体，并将有种子的植株带出棉田，防止杂草种子落入土壤，增加土壤种子库。

化学防治　化学防除是龙葵防治的主要手段，目前棉田龙葵的防治主要采用播前土壤封闭处理，可选用二硝基苯胺类氟乐灵、二甲戊灵，原卟啉原氧化酶抑制剂丙炔氟草胺，二苯醚类乙氧氟草醚以及新型除草剂氟啶草酮等单剂或复配剂，其中以氟啶草酮 + 二甲戊灵、丙炔氟草胺 + 二甲戊灵等复配剂对龙葵防治效果较好，但应注意丙炔氟草胺在湿度较大时容易产生药害，氟啶草酮在土壤中的半衰期较长，后茬只能继续种植棉花，或停用该药两年后才能种植其他作物。大豆田中播前或播后苗前土壤处理可选用含酰胺类乙草胺、精异丙甲草胺，或丙炔氟草胺、有机杂环类异噁草松、三氮苯类嗪草酮等有效成分的复配剂进行土壤封闭处理；在苗期可用二苯醚类氟磺胺草醚、乙羧氟草醚或有机杂环类灭草松，在大豆 1 ~ 2 复叶，龙葵 2 ~ 4 叶期茎叶喷雾处理。玉米田中可用含乙草胺、精异丙甲草胺、三氮苯类莠去津、对羟基苯丙酮酸双加氧酶抑制剂（HPPD）异噁唑草酮有效成分的复配剂在玉米播后苗前进行土壤封闭处理；在苗期可用乙酰乳酸合成酶抑制剂烟嘧磺隆、砜嘧磺隆，或 HPPD 类硝磺草酮，以及硝磺草酮与烟嘧磺隆的复配剂，特别是砜嘧磺隆对龙葵有特效，在玉米 3 ~ 5 叶期，龙葵 2 ~ 4 叶期进行茎叶喷雾。

综合利用　龙葵的整个植株均可药用，以叶多、色绿、茎枝嫩者为佳。龙葵含抗肿瘤作用的生物碱，性寒，味苦、微甘，有小毒，有清热解毒、利水消肿、活血、利尿的功能。

L

龙葵植株形态（黄红娟摄）

①植株；②花序；③果实；④幼苗

可用于治疗尿路感染、毒蛇咬伤、白带、疮肿、皮肤湿疹、老年慢性气管炎和支气管炎、前列腺炎、痢疾、发烧等症。龙葵是镉超积累植物，具有生物量大、适于刈割等特性，是实施土壤重金属植物修复的优良材料。

参考文献

付涛，付燕，张勇，等，2011. 龙葵的经济价值及栽培 [J]. 中国林副特产 (2): 46.

李扬汉，1998. 中国杂草志 [M]. 北京：中国农业出版社：952-953.

马小艳，任相亮，姜伟丽，等，2019. 不同萌发期龙葵的生长和繁殖特性比较 [J]. 杂草学报，37(3): 13-18.

邢维芹，刘辉，曾冰，等，2017. 光照和浸种对 5 种具有修复重金属污染土壤潜力的植物种子萌发的影响 [J]. 种子，36(9): 72-75.

中国科学院中国植物志编辑委员会，1997. 中国植物志：第六十七卷 第一分册 [M]. 北京：科学出版社：56.

朱玉永，赵冰梅，王林，2021. 新疆棉田杂草发生与防除现状及对策 [J]. 中国棉花，48(2): 1-7.

（撰稿：黄红娟；审稿：宋小玲）

龙芽草 *Agrimonia pilosa* Ldb.

林地多年生草本杂草。又名仙鹤草、狼芽草。英文名 agrimony。蔷薇科龙芽草属。

形态特征

成株　高 30～120cm。多年生草本（图①②）。根多呈块茎状，周围长出若干侧根，根茎短，基部常有 1 至数个地下芽。茎被疏柔毛及短柔毛，稀下部被稀疏长硬毛。叶为间断奇数羽状复叶，通常有小叶3～4对，稀2对，向上减少至3小叶，叶柄被稀疏柔毛或短柔毛（图③）；小叶片无柄或有短柄，倒卵形、倒卵椭圆形或倒卵披针形，长1.5～5cm、宽1～2.5cm，顶端急尖至圆钝，稀渐尖，基部楔形至宽楔形，边缘有急尖到圆钝锯齿，上面被疏柔毛，稀脱落几无毛，下面通常脉上伏生疏柔毛，稀脱落几无毛，有显著腺点；托叶草质，绿色，镰形，稀卵形，顶端急尖或渐尖，边缘有尖锐锯齿或裂片，稀全缘，茎下部托叶有时卵状披针形，常全缘。花序穗状总状顶生，分枝或不分枝，花序轴被柔毛，花梗长1～5mm，被柔毛（图④）；苞片通常深3裂，裂片带形，小苞片对生，卵形，全缘或边缘分裂；花直径6～9mm；萼片5，三角状卵形；花瓣黄色，长圆形；雄蕊5～15枚；花柱2，丝状，柱头头状。

　　子实　果实倒卵圆锥形，外面有10条肋，被疏柔毛，顶端有数层钩刺，幼时直立，成熟时靠合，连钩刺长7～8mm，最宽处直径3～4mm。

　　生物学特性　常生于溪边、路旁、草地、灌丛、林缘及疏林下，海拔100～3000m。喜砂质土壤。龙芽草在多种气候条件下都可生长，因而适应性较强，对土质要求不严。在温暖湿润的气候条件下，特别是7、8月地上部生长较快。地下茎是在秋季地上部枯萎时，气温较低的条件下形成，在当年生和根状茎上着生数个白色圆锥形、向上弯曲、长4～7cm的越冬芽。龙芽草靠种子繁殖，种子发芽适宜温度为17～20℃。花果期5～12月。龙芽草的果实上具钩刺，容易粘连在动物的皮毛或人的衣物上进行迁移扩散。

　　分布与危害　在中国南北各地，北至黑龙江、吉林、辽宁，南至海南、广东，各类人工林诸如杉木林、马尾松林、柳杉林中皆有发生，特别是在幼龄林、疏林和林缘处常成片生长。龙芽草是人工林中常见的杂草，上部分在秋冬时枯萎，第二年春季重新长出，吸收大量土壤中的养分，导致树木生长缓慢。

　　防除技术　应采取农业防治、生物防治及化学防治相结合的方法进行防治，也可考虑作为林下经济作物进行综合利用。

　　农业防治　一是合理密植，增加人工林郁闭度，以减少林下杂草的滋生；再是在龙芽草开花结果之前，趁土壤潮湿时连根拔除或挖除，并结合翻耕、整地，除去土壤表面留有的杂草种子。

　　生物防治　可以通过林下养殖鸡鸭来对龙芽草进行防治，龙芽草可作为饲用，利用鸡鸭啄食龙芽草幼苗来控制其生长，养殖数量可根据林下杂草的量来确定。

　　化学防治　于杂草苗期，采用草甘膦进行茎叶喷雾。使用甲嘧磺隆。对杨树、沙棘等阔叶树苗圃地，人工除草在地面湿润时连根拔除。使用除草剂灭草，要先试验后使用。

　　综合利用　龙芽草全草含仙鹤草素、黄酮苷类、仙鹤草内酯、挥发油、有机酸、维生素E、维生素K等；根芽含有鹤草酚。全草入药，能强壮、收敛、止血，兼有强心作用。龙芽草幼苗期可供牛、羊采食，龙芽草全草含鞣质，可提制栲胶。采自辽宁沈阳的龙芽草种子含油19.1%。油的碘值为171.9%，皂化值为189.2，可用于提取脂肪油。

龙芽草植株形态（喻勋林摄）

①②植株；③叶片；④花序

参考文献

巴晓雨，何永志，路芳，等，2011. 仙鹤草研究进展 [J]. 辽宁中医药大学学报，13(5): 258-261.

侯贵传，陈惠云，王建萍，1989. 龙芽草的开发与利用 [J]. 中国野生植物 (2): 31-32.

李玉祥，王庆彬，1987. 氟乐灵对杨树人工林灭草效果的研究 [J]. 东北林业大学学报 (2): 50-54.

王秉术，1996. 落叶松人工林采伐前后下层植被的演替 [J]. 东北林业大学学报，24(5): 82-86.

王德才，高允生，朱玉云，等，2003. 龙芽草乙醇提取物对兔血压和心率影响的实验研究 [J]. 泰山医学院学报，24(4): 319-321.

武海波，蓝晓聪，王文蜀，2012. 龙芽草化学成分研究 [J]. 天然产物研究与开发，24(1): 55-56, 65.

周莎，2016. 土沉香人工林林下植被健康经营模式研究 [D]. 长沙：中南林业科技大学.

（撰稿：喻勋林；审稿：张志翔）

龙爪茅　*Dactyloctenium aegyptium* (L.) Beauv.

秋熟旱作田一年生杂草。又名竹目草、埃及指梳茅、鸟足草、埃及草、海岸钮扣草、鸭草、德班鸟足草。英文名 crowfoot grass。禾本科龙爪茅属。

成株　高 15～60cm（图①）。一年生草本，单子叶植物。秆直立，或基部横卧地面，于节处生根且分枝。叶鞘松弛，边缘被柔毛；叶舌膜质，长 1～2mm，顶端具纤毛；叶片扁平，长 5～18cm，宽 2～6mm，顶端尖或渐尖，两面被疣基毛。穗状花序 2～7 个指状排列于秆顶，长 1～4cm、宽 3～6mm；小穗长 3～4mm，含 3 小花；第一颖沿脊龙骨状凸起，上具短硬纤毛，第二颖顶端具短芒，芒长 1～2mm；外稃中脉成脊，脊上被短硬毛，第一外稃长约 3mm；有近等长的内稃，其顶端 2 裂，背部具 2 脊，背缘有翼，翼缘具细纤毛；鳞被 2，楔形，折叠，具 5 脉。雄蕊 3，雌蕊子房卵形，花柱 2 枚，分离，基部联合，柱头帚状。

子实　颖果长 1mm，平均长宽比 1.4，红棕色，表面具皱纹，波状突起，种脐点状（图②）。

幼苗　胚芽鞘绿色，膜质，呈长方形，先端锐尖；中胚轴淡绿，无毛，圆柱状，常生有不定根；第 1 片真叶倒卵形，基部楔形，先端钝，边缘具小齿，绿色，膜质无毛，具 5 脉；叶鞘膜质，无毛全缘，透明；叶舌为膜质，基部截形，先端圆形。第 2 片真叶披针形，基部截形，先端渐尖，边缘、表面、叶鞘、叶脉以及叶舌与第 1 真叶相同。

生物学特性　龙爪茅是 C_4 植物，适生于路边、山坡、草地、海滩地。多发生在旱地作物田。花果期 5～10 月，繁殖方式主要是种子繁殖，带有节的茎亦可进行营养繁殖，茎节着地生根。龙爪茅一株植物可以产生多达 66 000 粒种子。种子由种皮对种胚的束缚引起的机械性休眠，种子放置 19 年仍然能保持 5% 的发芽率。种子萌发的最适温度 20～35℃、土壤 pH4～5，昼夜温度交替有利于发芽。能在小于 8.6g/L 的轻微盐碱化土壤中生长。龙爪茅为二倍体植物，染色体 2n=20。旱直播措施加剧了龙爪茅的发生。龙爪茅叶、花序和全株水提液对水稻出苗和幼苗生长均有明显的抑制作用。

分布与危害　中国分布于华东、华南和中南等地区，主要在浙江、江西、福建、台湾、广东、广西、云南和海南等地。全世界热带及温带地区均有分布，是秋熟旱作物田的主要杂草，危害大豆、棉花、甘蔗、花生、玉米、蔬菜作物以及旱稻。生长迅速，在作物前中期株高超过作物，造成危害。最近调查发现龙爪茅也发生在旱直播稻田中。

龙爪茅在华南地区棉田的发生量是仅次于马唐的禾本科杂草，其危害面积达到 16%，发生频率达到 58%，一般以马唐 + 龙爪茅 + 黄花稔为主要杂草群落。华南地区大豆田土壤中杂草种子库中龙爪茅的数量仅次于数量较大的粗叶耳草和粟米草；田间实际出草数量仅次于阔叶丰花草，占总出草量的 16.83%。

龙爪茅植株形态（强胜摄）

①植株；②子实

龙爪茅含较多氰苷，对人畜均有危害。

防除技术

农业防治　作物种植之前，可对龙爪茅种子进行诱发，减少土壤种子库中龙爪茅种子量，从而达到竭库的目的，减少龙爪茅的危害。在土壤表面保留上一年作物秸秆如小麦秸秆，可以减少龙爪茅出苗量。龙爪茅种子埋深时不能萌发。有条件的地区在整田时深翻土壤，把掉落在表层土壤的龙爪茅种子深翻至土层深处，可以减少龙爪茅田间出苗数；同时也能灭除田间已经出苗的杂草，减少结实量，从而减轻翌年危害。在作物生长期，结合机械施肥和中耕培土，防除行间杂草，可有效抑制龙爪茅的危害。

化学防治　在秋熟旱作田可选用乙草胺、异丙甲草胺和氟乐灵、二甲戊灵以及异噁草松进行土壤封闭处理。针对不同秋熟旱作物种类可选取针对性的除草剂品种，玉米田还可用异噁唑草酮作土壤封闭处理。对于没有完全封闭住的残存个体，阔叶作物大豆、棉花田等中可用烯禾啶、烯草酮和精吡氟禾草灵、精喹禾灵、高效氟吡甲禾灵等进行茎叶处理。玉米田可用莠去津、烟嘧磺隆、砜嘧磺隆、硝磺草酮等进行茎叶喷雾处理。

综合利用　可作为城市绿化草坪的草种。全草可入药，能够补虚益气。

参考文献

方越，牟英辉，沈雪峰，等，2012. 华南地区大豆田杂草种子库特征与化学防除的研究 [J]. 大豆科学，31(6): 966-971.

柯黄婷，2009. 龙爪茅与海滨雀稗坪用特性、抗寒性及抗盐性比较研究 [D]. 南京：南京农业大学 .

李扬汉，1998. 中国杂草志 [M]. 北京：中国农业出版社：1199.

郑广进，杨彬丽，韦佩花，等，2020. 龙爪茅种子休眠解除方法研究 [J]. 杂草学报，38(1): 31-34.

ADU A A, YEO A R, OKUSANYA O T, 1994. The response to salinity of a population of *Dactyloctenium aegyptium* from a saline habitat in southern Nigeria [J]. Journal of tropical ecology, 10(2): 219-228.

BURKE I C, THOMAS W E, SPEARS J F, 2003. Influence of environmental factors on after-ripened crowfootgrass (*Dactyloctenium aegyptium*) seed germination [J]. Weed science, 51(3): 342-347.

SINGH C. BHA G, 2011. Crowfootgrass (*Dactyloctenium aegyptium*) Germination and response to herbicides in the Philippines [J]. Weed science, 59(4): 512-516.

（撰稿：宋小玲、毛志远；审稿：强胜）

芦苇　*Phragmites communis* (Cav.) Trin. ex Steud.

水稻田、秋熟旱田、果园多年生杂草。又名苇子、芦柴。英文名 common reed。禾本科芦苇属。

形态特征

成株　株高 0.3～3m，最高可达 4～6m（图①②）。芦苇为多年生草本，具根状茎，茎径 2～10mm。叶鞘无毛或被细毛；叶舌短，叶片扁平，长 15～45cm、宽 1～3.5cm，

光滑而边缘粗糙。圆锥花序稠密（图③），开展，稍垂头，长 10～40cm，常呈淡紫红色。小穗 4～7 小花（图④），长 10～16mm，第一小花常为雄花，其外稃无毛，长 8～15mm，内稃，长 3～4mm；孕性花外稃长 9～16mm，顶端渐尖，基盘具 6～12mm 的柔毛，内稃长约 3.5mm，脊上粗糙。

子实　颖果长卵形，长 0.2～0.25mm、宽 0.4mm，与内稃和外稃分离。

幼苗　芦苇发芽期从 3 月末开始到 4 月中下旬结束，发芽末期有 3～4 片叶，株高 25～30cm，营养生长期从 5 月初开始到 7 月末结束，是温度敏感期，对水分和养分的要求也较高，芦苇密度基本确定，节间分化完成，茎秆节间伸长。

生物学特性　芦苇属多年生禾本科挺水草本植物，有较强的适应性和抗逆性，生长季节长，生长快、产量高，是滨海滩涂、湖泊、沼泽、河口等浅水湿地生态系统的优势种。这是由于芦苇体内发达的通气组织能将地上部分光合作用产生的氧气向地下部分运输，为根区微生物提供充足的氧；另外，芦苇可通过调节叶片溶质渗透水平以适应高盐环境。因此，芦苇在水深、盐度及极端气候等不同环境条件下，均能通过形态生理特征的变化来维持较高的繁殖能力。

芦苇的生境适应能力很强，因此具有极广的区域地理分布，受不同环境因素（如水深、盐度、气候、养分等）的相互影响，其株高、叶面积、茎粗、节数、生理响应、解创结构等生态特征均会产生变化；物候期在各地也不同，一般早春（3～5 月）萌发，夏季（5～8 月）为营养生长旺盛期，秋季（9～10 月）抽穗、开花、结实，冬季（11 至翌年 2 月）干枯，种子随风或水流传播。

繁殖方式以地下茎繁殖为主，种子繁殖为次要繁殖方式。芦苇为多年生高大草本。具 3 种类型的茎：一是地上茎即植株（shoot），为待成熟茎、秆状、粗硬挺直，进行光合作用和开花结实，高 0.5～5m，有节 15～30 个节间中空，表面光滑，富含纤维，质地坚韧。二是粗壮的地下茎（rhizome），径粗 0.3～1.6cm，在砂质地下可伸长达 10 余米，乳白色，节间中空，节上生芽和须根，主要功能是吸收水分与养分和营养繁殖。三是地下直立茎，从匍匐茎上萌发，直立向上生长，是地上茎的基础，但能分株。弃耕地中地下茎出苗的土壤深度在 25cm 以内，以 3～10cm 出苗数量占近 80%；在水稻田中地下茎出苗深度为 17.5cm，其中 0.5～7.5cm 数量占近 90%。子生芦苇出苗的土壤深度为 0～1.5cm，其中以 0～0.75cm 出苗数最多，占总数的 56.3%。芦苇每天可长高 2.5cm 以上。再生能力强，经拔除或割除一次，一般再生植株不能抽穗结实，其结籽株率仅占总数的 14% 以下，而未经拔除或割除的芦苇抽穗结籽株率为 80.7%，每穗结籽 6781～21 172 粒。

芦苇群落的就地扩展主要通过根状茎的克隆繁殖实现，种子繁殖主要出现在新的开放生境中的群落形成初期或补充因强烈干扰而受损的群落。芦苇一般产生大量细小的种子，但有时很多种子不育或不能在自然条件下正常萌发。

分布与危害　芦苇广泛分布于世界各地，生态幅宽广，适生于不同生境类型。由于芦苇植株比较高大，叶缘具锯齿，在作物田和果园里影响人的正常农事操作。同时，芦苇以其

芦苇植株形态（①纪明山摄；其余强胜摄）
①②植株及所处生境；③花果序；④花

极强的生命力和竞争力与作物争夺水、肥、空间等，严重影响作物生长和产量。为水稻田及旱地杂草。北方低洼地区农田发生普遍，黄河流域及局部地区尤以新垦农田受害较重。以根茎繁殖为主，也可种子繁殖，种子熟后随风扩散。

防除技术

农业防治　深挖刨根。即每年夏季伏天深刨出芦苇地下根茎，耙地晒田，把挖出的根茎晒干晒死，连续几年之后可以有效控制芦苇的危害。这种传统的方法效果虽好但操作比较麻烦。还有一种简单的方法就是在每次下雨之前，将芦苇从地里拔出，让雨水和泥沙流进芦苇拔出后在地上留下的小孔，可以让芦苇部分腐烂，生长停止，连续几次可以控制当年芦苇危害。水旱轮作减少杂草基数。

化学防治　果园、非耕地、田埂和路边的芦苇，可以喷施内吸传导型灭生性除草剂草甘膦防除。作物田播前可用草甘膦灭茬。如发生面积不大，可先用剪刀将芦苇剪断，然后在断层面点上草甘膦，促进芦苇连根坏死。玉米等垄作大田和果园、橡胶园等可定向喷施草甘膦雾。大面积的芦苇清除可以采用以下方法：玉米田可用三氮苯类除草剂莠去津、磺酰脲类除草剂烟嘧磺隆、HPPD 抑制剂类除草剂苯唑草酮及其复配剂等进行茎叶喷雾处理。大豆、花生、棉花等阔叶作物田，在芦苇 3～5 叶期喷施芳氧苯氧基丙酸类除草剂如精吡氟禾草灵、高效氟吡甲禾灵等，施药后芦苇即停止生长，5～7 天后叶片变褐，15～20 天后干枯死亡。芦苇稍大时，适当增加药量，也可获得理想效果。

综合利用　芦苇茎秆粗而韧，可作造纸和人造丝、人造棉原料，也可编织席、帘、筐、炊具、渔具和手提包等。花序可作扫帚，花絮可填枕头。芦苇末可作为栽培食用菌的基质，同时也可作为部分蔬菜栽培的基质。芦苇根系发达，是优良的固堤植物，广泛用于人工湿地，且具有净化水质和吸附重金属的作用，易于栽种，也具有很强的储碳固碳能力，能有效缓解温室效应。茂密生长的芦苇不仅增加了土壤的有机质含量，同时改善了土壤结构，从而增加了土壤抗侵蚀能力。芦苇嫩时含大量蛋白质和糖分，其营养成分高于一般牧草，还起到益菌素的功能，能维持消化道微生物生态平衡，促进共生微生物的生长，增强胃肠蠕动，提高畜禽的食欲，为优良饲料。芦苇全株都有药用价值，根状茎、芦花、芦笋均入药，性味甘、寒，入肺、脾、胃经，能清胃火、除肺热，具健胃、镇呕、利尿等功效。

参考文献

陈敏，林德城，黄勇，等，2019. 沿海湿地植物芦苇生态功能研究进展 [J]. 中国农学通报，35(20): 55-58.

李东，孙德超，胡艳玲，2013. 芦苇的栽培与管理 [J]. 湿地科学与管理，9(2): 42-44.

李亮，2020. 奉贤湿地蟹类对入侵种互花米草与本地种芦苇生长和更新的调控作用 [D]. 上海：华东师范大学.

鲁娟，刘增洪，司永兵，等，2007. 芦苇的特性、开发利用及其防除方法 [J]. 杂草科学 (3): 7-8, 24.

王永卫，阎纯博，许国清，等，1984. 芦苇的危害及防除 [J]. 新疆农垦科技 (2): 49-51.

徐正浩，陈雨宝，陈睿，等，2019. 农田杂草图谱及防治技术 [M]. 杭州：浙江大学出版社.

徐正浩，戚航英，陆永良，等，2014. 杂草识别与防治 [M]. 杭州：浙江大学出版社：12.

薛宇婷，2015. 芦苇不同生长阶段的耐盐特性研究 [D]. 南京：南京林业大学.

张淑萍，2001. 芦苇分子生态学研究 [D]. 哈尔滨：东北林业大学.

（撰稿：纪明山；审稿：宋小玲）

葎草 *Humulus scandens* (Lour.) Merr.

秋熟旱作物田、果园、桑园、茶园一年生或多年生杂草。又名锯锯藤、拉拉藤、葛勒子秧、勒草、拉拉秧、割人藤、拉狗蛋。英文名 Japanese hop。大麻科葎草属。

形态特征

成株 茎蔓生，茎和叶柄均密生倒钩刺（图①）。叶对生，叶片掌状 5～7 裂，直径 7～10cm，裂片卵状椭圆形，

葎草植株形态（①②④叶照春摄；③⑤强胜摄）
①植株；②③花序；④幼苗；⑤果实

叶缘具粗锯齿，两面均有粗糙刺毛，下面有黄色小腺点；叶柄长 5～20cm。花单性，雌雄异株（图②）；雄花排列成长 15～25cm 的圆锥花序，雄花小，淡黄绿色，花被片和雄蕊各 5；雌花排列成近圆形的穗状花序，腋生，每个苞片内有 2 片小苞片，每 1 小苞内都有 1 朵雌花，小苞片卵状披针形，被有白刺毛和黄色小腺点；花被片退化为全缘的膜质片，紧包子房，柱头 2，红褐色（图③）。

子实 瘦果扁球形，淡黄色或褐红色，直径约 3mm，被黄褐色腺点（图⑤）。

幼苗 子叶线形，长达 2～3cm，叶上面有短毛，无柄（图④）。下胚轴发达，微带红色，上胚轴不发达。初生叶 2 片，卵形，3 裂，每裂片边缘具钝齿；有柄，叶片与叶柄皆有毛。

生物学特性 一年生或多年生缠绕草本，常生于沟边、路边、荒地及田间。种子繁殖，适宜发芽温度为 10～20℃，最适为 15℃，发芽深度 2～4cm。花期 7～8 月，果期 9～10 月，9 月下旬种子成熟，生长也停止。通过对葎草核型和减数分裂的研究，表明葎草的性别决定方式为：雌株 2n=14+XX，雄株 2n=14+XXY。其中性染色体是最大的染色体。葎草适应能力非常强，适生幅度特别宽，再生能力也很强。

葎草全草中含黄酮类、生物碱类、挥发油类、鞣质、树脂、蛋白、微量元素等多种化学成分。

分布与危害 主要分布于北半球的亚热带和温带，在中国主要分布于东北、华北、中南、西南、陕西、甘肃；日本、朝鲜及俄罗斯远东也有。主要危害果树及作物，其茎缠绕在果树上影响果树生长。局部地区对小麦危害较严重，常成片生长。

防除技术 应采取包括农业防治、生物和化学防治相结合的方法。此外，也可考虑综合利用等措施。

农业防治 精选播种材料，尽量勿使杂草种子或繁殖器官进入作物田，以减少田间杂草来源。清除地边、路旁的杂草，防止扩散。人工除草结合农事活动以及利用农机具或大型农业机械进行各种耕翻、耙、中耕松土等措施进行除草；也可利用覆盖、遮光等原理，用塑料薄膜覆盖或播种其他作物（或草种）等方法进行除草。

生物防治 可利用天敌绿盲蝽进行防控。另外，许多畜禽如鸡、兔等都喜欢吃鲜嫩葎草，可通过在果园等地林下养鸡、兔等方法啄食杂草。

化学防治 在果园、桑园、茶园可选用草甘膦、草铵膦、莠去津等进行定向喷雾防除；在果园、桑园也可选用敌草快、氨氯吡啶酸、氯氟吡氧乙酸等单剂或混剂进行定向喷雾防除。

综合利用 全草入药，可清热解毒，种子榨油可供工业用；茎皮纤维可作造纸原料；由于其性强健、抗逆性强，也可用作水土保持植物。另外，葎草挥发物质对小麦、生菜、萝卜、黄瓜植物幼苗的生长有极显著的抑制作用；其所含的化学成分多糖、黄酮具有抑菌活性，可研究开发成相应的除草剂或杀菌剂。

参考文献

韩军艳，2014. 葎草总黄酮的提取及体内外抑菌效果观察 [D]. 郑州：河南农业大学.

李扬汉，1998. 中国杂草志 [M]. 北京：中国农业出版社：157-158.

刘欣，周科，熊磊，等，2011. 葎草挥发性物质化感作用及其化感物质的分析研究 [J]. 生物学杂志，28(3): 34-38.

严寒静，2004. 葎草的生药学研究 [J]. 中医药学刊，22(12): 2262-2264.

赵旭辉，2014. 绿盲蝽对 6 种寄主植物的取食选择行为研究 [D]. 泰安：山东农业大学.

（撰稿：叶照春；审稿：何永福）

卵盘鹤虱　*Lappula redowskii* (Hornem.) Greene

夏熟作物田一年生杂草。又名蒙古鹤虱、中间鹤虱。英文名 redowsk stickseed。紫草科鹤虱属。

形态特征

成株 株高达 60cm（图①）。主根单一，粗壮，圆锥形，长约 7cm。茎直立，通常单生，中部以上多分枝，小枝斜升，密被灰色糙毛。单叶互生，茎生叶较密，线形或狭披针形，长 2～5cm、宽 2～4mm，扁平或沿中肋纵向对折，直立，先端钝，两面有具基盘的长硬毛，但上面毛较稀疏。聚伞花序生于茎或小枝顶端（图②③），果期伸长，长 5～20cm；苞片下部者叶状，上部者渐小，呈线形，比果实稍长；花梗直立，花后稍伸长，下部者长 2～3mm，上部者较短；花萼 5 深裂，裂片线形，长约 3mm，果期增大，长达 5mm，星状开展；花冠蓝紫色至淡蓝色，钟状，长 3～3.5mm，较花萼稍长，筒部短，长约 1mm，檐部直径约 3mm，裂片长圆形，喉部缢缩，附属物生花冠筒中部以上。

子实 果实宽卵形或近球状，长约 3mm。小坚果宽卵形，长 2.5～3mm，具颗粒状突起，边缘具 1 行锚状刺，刺长 1～1.5mm，平展，基部略增宽相互邻接或离生，小坚果腹面常具皱褶；花柱短，长仅 0.5mm，隐藏于小坚果间。

生物学特性 种子繁殖。苗期秋冬季至翌年春季，花果期 5～8 月。

卵盘鹤虱种子萌发属于过渡型，具有萌发率适中或较高、萌发速率较快、萌发开始时间较早且萌发持续时间长的特点。此种萌发格局的特点使卵盘鹤虱更加适应高寒地区恶劣环境，更加耐旱、耐盐，是一种很好的固沙植物。

分布与危害 中国产东北、华北、西北、西藏及四川西北部。生荒地、田间、草原、沙地及干旱山坡等处。主要危害小麦、青稞、燕麦、油菜等作物，危害不重。卵盘鹤虱在长白山区的各市、县农田分布广泛，但危害程度较轻。

防除技术 侵入农田的卵盘鹤虱，防治方法见鹤虱。

综合利用 卵盘鹤虱籽油富含多种不饱和脂肪酸，有较高的医疗保健价值。可作蓝色野生花卉资源。

参考文献

李扬汉，1998. 中国杂草志 [M]. 北京：中国农业出版社：133.

马瑞鑫，姜杰，祁永，等，2018. 河北省蓝色野生花卉资源调查 [J]. 河北师范大学学报（自然科学版），42(4): 341-351.

王发春，杨绪启，安承熙，等，1999. 卵盘鹤虱籽油中脂肪酸组成测定 [J]. 青海大学学报（自然科学版）(6): 41-43.

张蕾，张春辉，吕俊平，等，2011. 青藏高原东缘 31 种常见杂草种子萌发特性及其与种子大小的关系 [J]. 生态学杂志，30(10): 2115-2121.

中国科学院新疆综合考察队，中国科学院植物研究所，1978.

卵盘鹤虱植株形态（①樊英鑫摄；②③李冬辉摄；④孙李光摄）
①成株；②花序；③幼苗

新疆植被及其利用 [M]. 北京 : 科学出版社 : 322.

　　周緜，2005. 长白山区农田杂草的调查研究 [J]. 湖北大学学报（自然科学版）(1): 61-67.

（撰稿：刘胜男；审稿：宋小玲）

乱草　*Eragrostis japonica* (Thunb.) Trin.

　　稻田常见的一年生杂草。又名碎米知风草。异名 *Poa japonica* Thunb.。英文名 pond lovegrass。禾本科画眉草属。

形态特征

　　成株　高 30～100cm（图①②）。秆直立或膝曲丛生，径 1.5～2.5mm，具 3～4 节。叶鞘一般比节间长，松裹茎，无毛；叶舌干膜质，长约 0.5mm；叶片平展，长 3～25cm、宽 3～5mm，光滑无毛。圆锥花序长圆形，长 6～15cm、宽 1.5～6cm，整个花序常超过植株一半以上，分枝纤细，簇生或轮生，腋间无毛（图③④）；小穗柄长 1～2mm；小穗卵圆形，长 1～2mm，有 4～8 小花，成熟后紫色，自小穗轴由上而下的逐节断落；颖近等长，长约 0.8mm，先端钝，具 1 脉；第一外稃长约 1mm，广椭圆形，先端钝，具 3 脉，侧脉明显；内稃长约 0.8mm，先端为 3 齿，具 2 脊，脊上疏生短纤毛；雄蕊 2 枚，花药长约 0.2mm。

　　子实　颖果棕红色并透明，卵圆形，长约 0.5mm（图⑤）。

　　幼苗　子叶出土。第一片真叶带形，长 5.5mm、宽 0.5mm，先端钝尖，明显的直出平行脉 5 条；叶鞘长 1.5mm，无毛；叶片与叶鞘之间无叶耳、叶舌。第二片呈带状披针形，先端锐尖，具有 9 条直出平行脉，其他与第一片真叶相似，幼苗全株光滑无毛。

　　生物学特性　种子繁殖，种子主要随水流或农业机械传播。苗期 5～9 月，花果期 6～11 月。常见于稻田、秋熟作物田、田埂、路边等潮湿生境。乱草对常用的水稻田茎叶处理除草剂如氰氟草酯、五氟磺草胺、双草醚、氯氟吡啶酯等有耐性。

　　分布与危害　中国分布在河南、安徽、江苏、浙江、台湾、湖南、湖北、江西、广东、广西、四川、贵州、云南等地；朝鲜、日本、印度也有分布。在粳稻田，乱草株高常高于水稻，与水稻激烈竞争光照及水肥资源，并且乱草茎秆细柔，其在田间大量发生时可密集覆盖水稻，造成严重减产；在直播稻田、漏水田可导致严重草害。

　　防除技术

　　农业防治　在有条件的情况下，对于乱草种子库庞大的作物田，可在整地完成后作物播栽前诱萌其种子进行集中杀灭的方法控制其危害。整地时采用深翻耕措施也可降低其出草基数。此外，乱草发生较重的稻田可以改用移栽的方式，利用水层控制乱草出苗危害。

　　生物防治　通过稻田养鸭等方式，可利用鸭采食乱草幼苗。

　　化学防治　对乱草有较好防效的水稻田土壤处理除草剂包括丙草胺、乙氧氟草醚、丁草胺、扑草净、噁草酮；对乱草具有较好防效的水稻田茎叶处理除草剂主要为噁唑酰草胺和精噁唑禾草灵。

　　综合利用　幼苗可做青饲料。

参考文献

李扬汉，1998. 中国杂草志 [M]. 北京 : 中国农业出版社 .

陈国奇，袁树忠，郭保卫，等，2020. 稻田除草剂安全高效使用技术 [M]. 北京 : 中国农业出版社 .

颜玉树，1990. 水田杂草幼苗原色图谱 [M]. 北京 : 科学技术文献出版社 .

（撰稿：陈国奇；审稿：纪明山）

L

乱草植株形态（张治摄）

①②植株及生境；③成株；④花序；⑤子实

轮藻　*Chara fragilis* Desv.

水田一年生藻类杂草。英文名 chara。轮藻科轮藻属。

形态特征

成株　高 18～30cm（图①②）。藻体绿色或鲜绿色，外被钙质；茎具 3 列式皮层，节间长于小枝；托叶双轮，不发达；小枝 7～8 枚 1 轮，由 8～11 个节片组成，除末端 1～2 个节片外均具皮层，每节通常具 7 枚苞片。雌雄同株，雌、雄配子囊生于小枝下部 3～4 个节上，藏卵器长不超过 1mm，藏卵器呈长圆形，外面由 5 列细胞包被，最下部的 5 个细胞长形，螺旋形围绕，位于藏卵器顶端的细胞很短，形成由 5 或 10 个细胞排列成一轮或二轮的冠（通称冠细胞）；藏精器呈球形，外壁由 8 个盾片状的细胞组成，盾片细胞内侧中央有盾柄细胞，其上产生排列成丝的单细胞精囊丝，每个细胞产生一个具 2 条鞭毛的精子。

生物学特性　卵式生殖，或以藻体断裂及产生珠芽行营养生殖。

分布与危害　中国分布于辽宁、宁夏、甘肃、江苏、安徽、浙江、台湾、四川等地；广布于世界各地。轮藻喜微酸性淡水，生于冬水田、池塘，发生量小，危害轻。

防除技术

物理防治　人工捞除。及时清除灌溉水渠内的轮藻，减少通过水源传播的轮藻数量。在不影响作物生长的前提下，及时选择轮藻生长旺盛时期的晴天晒田，适时、及时晒田 2～3 天，轮藻就会由于缺水而枯死，防效可达 100%，同时对其他漂浮或沉水的杂草也有很好的防治效果。改善排水灌溉条件，降低地下水位；在条件允许的地区，合理进行水旱轮作，也是非常有效的轮藻防除方法。

化学防治　常用的防治轮藻的药剂为硫酸铜，在轮藻发生初期施药，使用硫酸铜在进水口随灌水流入田块，施用后田间要保持 3cm 左右的浅水层。拌土撒施吡嘧磺隆、乙氧

轮藻植株形态（雷理恒摄）

氟草醚，也对轮藻有良好的防除效果。

生物防治　水田可通过养殖鸭、鱼、虾、蟹等，抑制轮藻生长。

综合利用　全草可入药，具有祛痰、止咳、平喘的功效。

参考文献

李扬汉，1998. 中国杂草志 [M]. 北京 : 中国农业出版社 .

刘应迪，1988. 湘西自治州稻田轮藻的种类及其防除 [J]. 吉首大学学报 (自然科学版)(2): 56-59.

（撰稿：姚贝贝；审稿：纪明山）

萝藦　*Metaplexis japonica* (Thunb.) Makino

荒地、果园、茶园、桑园多年生草质藤本杂草。又名羊婆奶、白环藤（河北）、奶浆藤、羊角、天浆壳（华北）、洋飘飘（江苏）、老鸹瓢（辽宁）。英文名 Japanese metaplexis, rough potato。萝藦科萝藦属。

形态特征

成株　双子叶植物（图①②）。全株含乳汁。茎缠绕，长可达 2m 以上，茎圆柱状，表面淡绿色，有纵条纹，幼时密被柔毛。叶对生，膜质，卵状心形，顶端短渐尖，基部心形；

叶柄长，顶端具丛生腺体。总状式聚伞花序腋生或腋外生，总花梗被短柔毛（图③④）；着花通常 13～15 朵；花蕾圆锥状，顶端尖；花萼 5 裂，裂片披针形，被柔毛；花冠 5 裂，白色，有淡紫红色斑纹，近辐状，顶端反折，内部被柔毛。副花冠环状，5 短裂，生于合蕊柱上；雄蕊连生成圆锥状，并包围雌蕊在其中，花药顶端具白色膜片，花粉块卵形，每室 1 个，下垂；子房无毛，柱头延伸成 1 长喙，顶端 2 裂。

子实　蓇葖果角状（图⑤），叉生，纺锤形，平滑无毛，长 8～9cm、直径 2cm，顶端急尖，基部膨大；种子扁平（图⑥⑦），卵圆形，长 5mm、宽 3mm，有膜质边缘，褐色，顶端具白色绢质种毛；种毛长 1.5cm。

幼苗　种子出土萌发（图⑧）。子叶长椭圆形，先端钝圆，叶基圆形，有明显羽状脉，全缘，具叶柄。上、下胚轴都很发达，绿色。初生叶 2 片，对生，卵形，先端急尖，叶基钝圆，具长柄；后生叶与初生叶相似。

生物学特性　萝藦为多年生缠绕草本。花期 7～8 月，果期 10～12 月。地下有横走根状茎，黄白色。由根芽和种子繁殖。萝藦授粉成功后会生长出 "V" 字形果荚，种子初期被包裹在果荚内逐渐发育成长，成熟后果荚炸裂释放出种子，种子尾部的长绢质种毛帮助其随着空气飘到适合生长的地方进行扩繁。萝藦种子的最适萌发温度为 20～30℃，种子对光不敏感。与恒温相比，变温条件更有利于其种子萌发以及幼苗生长。

分布与危害　中国广布于东北、华北、华东和陕西、河南和湖北等地，平原和山区均有。生长于林边荒地、山脚、河边、路旁灌木丛等潮湿环境，亦耐干旱。常攀缘到灌木甚至是乔木的树冠上。萝藦是果园、茶园以及桑园、芦苇田的常见杂草，也是旱作物地边杂草，有时可让作物受害较严重。萝藦的藤蔓较长，相互交错，枝条形成厚密的藤网，影响作物的采光，并压倒作物，影响作物的生长发育。

防除技术

农业防治　针对果园、茶园等萝藦的防治，农业防治是有效根除和杜绝萝藦的措施之一。施用充分沤制腐熟的有机肥，使萝藦草籽失去活力后再施用。为防止园外萝藦的侵入，还要做好田边、沟渠萝藦杂草的防除，防止向园内蔓延。萝藦以种子传播繁殖，也以地下茎进行无性繁殖。因此，清除萝藦应在其种子成熟之前铲除全株以及地下茎，以免产生种子扩散传播。还可采用地膜覆盖技术进行防治。茶树与豆科植物，如白三叶、红三叶等套作，通过作物群体的竞争能力，控制茶园萝藦发生。

化学防治　果园、茶园等利用灭生性除草剂草甘膦、草铵膦或草甘膦与草铵膦的复配剂，苹果园和柑橘园可用原卟啉原氧化酶抑制剂苯嘧磺草胺茎叶喷雾处理，柑橘园还可用草甘膦与 2,4- 滴的复配剂，注意定向喷雾，避免对作物造成伤害。非耕地可用草甘膦、草铵膦或激素类 2 甲 4 氯或 2,4-滴丁酯、氯氟吡氧乙酸、氨氯吡啶酸等茎叶喷雾处理，也可用草甘膦与草铵膦，或草甘膦与 2 甲 4 氯、2,4- 滴丁酯、氯氟吡氧乙酸、氨氯吡啶酸、三氯吡氧乙酸、草铵膦与氯氟吡氧乙酸、草甘膦与苯嘧磺草胺等复配剂茎叶喷雾处理。

综合利用　萝藦的根和地上部分中有不同结构母核的

萝藦植株形态（④宋小玲摄；其余祁珊珊、郭燕青摄）

①②植株；③④花序；⑤果实；⑥⑦种子；⑧幼苗

C$_{21}$ 甾类化合物和黄酮类等化合物，有抗肿瘤、抗炎镇痛、抗抑郁、免疫调节等多方面药理活性，具有十分重要的临床应用价值。此外，萝藦藤含有的酚类物质，在抗氧化、抗辐射、抗诱变以及抗肿瘤等方面具有药用价值；萝藦果壳多糖可诱导人肺癌 A549 细胞凋亡，为抗肿瘤新疗法的候选物。萝藦有补益壮精培元的功效，且可以清热解毒，其功效和金银花相当。其根可入药，治跌打损伤、蛇咬；茎叶可治小儿疳积；果实治劳伤，种子茸毛可以止血。萝藦种子的茸毛是天然功能纤维材料，可进行开发利用。另外，萝藦还可做地栽布置庭院，是矮墙、花廊、篱栅等处的良好垂直绿化材料。

参考文献

李佳楠，2021. 萝藦果壳多糖对人肺癌 A549 细胞凋亡和迁移的作用研究 [D]. 锦州：锦州医科大学.

李龙，李青丰，苏秋霞，2014. 萝藦种子萌发检验标准化研究 [J]. 种子，33(2): 115-117.

李扬汉，1998. 中国杂草志 [M]. 北京：中国农业出版社：113-114.

WANG X, MA Q Y, LIU C, et al, 2022. Three new C$_{21}$ steroidal glycosides isolated from *Metaplexis japonica* and their potential inhibitory effects on tyrosine protein kinases [J]. Natural roduct research, 36(8): 1988-1995.

WANG D C, SUN S H, SHI L N, et al, 2015. Chemical composition, antibacterial and antioxidant activity of the essential oils of *Metaplexis japonica* and their antibacterial components [J]. International journal of food science & technology, 50(2): 449-457.

（撰稿：杜道林、游文华；审稿：宋小玲）

裸花水竹叶　*Murdannia nudiflora*(L.) Brenan

秋熟旱作、水稻田、溪边、沟渠等处的多年生湿生杂草。英文名 doveweed。鸭跖草科水竹叶属。

形态特征

成株　根须状发达，纤细，直径小于 0.3mm（图①）。茎多条自基部发出，横卧披散，茎节下部生不定根，长 10～50cm，主茎发育。叶几乎全部茎生，有时有 1～2 枚条形长达 10cm 的基生叶，叶互生，通常全面被长刚毛，但也有相当一部分植株仅口部一侧密生长刚毛而别处无毛；叶片线状披针形，两面无毛或疏生刚毛，长 2.5～10cm，宽 0.5～1cm，上面深绿色，下面两侧有时具紫色斑点，全缘，边缘紫红色；具叶鞘，抱茎节，鲜紫红色，边缘有刚毛（图③）。蝎尾状聚伞花序数个，排成顶生圆锥花序（图①②）；总苞片下部的叶状，但较小，上部的很小，长不及 1cm。聚伞花序有数朵密集排列的花，具纤细而长达 4cm 的总梗；苞片早落；花梗细而挺直，长 3～5mm；萼片草质，卵状椭圆形，浅舟状，长约 3mm；花瓣小，天蓝色或紫色，长约 3mm；能育雄蕊 2 枚，退化不育雄蕊 2～4 枚，花丝下部有须毛；子房近球形，无毛，长约 1mm，花柱线形，宿存。

子实　蒴果卵圆状三棱形，长 3～4mm。每室有种子 1～2 颗，种子黄棕色，有深窝孔，或有浅窝孔和以胚盖为中心呈辐射状排列的白色瘤突。

幼苗　子叶出土。下胚轴发达或不发达，上胚轴不发育。初生叶 1 片，带状，基部叶鞘及鞘口有短柔毛，叶鞘不明显。后生叶窄披针形，叶脉明显。

生物学特性　喜湿，常生于林下溪边、河边、沟渠、水田及潮湿的荒地和草地。生于低海拔的水边潮湿处，少见于草丛中，在云南可达到海拔 1500m 处。花果期 6～11 月。种子在 35/25℃、30/20℃变温下的萌发率分别为 95% 和 72%，在 25/15℃下种子没有萌发；种子发芽需要光，黑暗下种子不发芽。土表的种子出苗率最高，当种子埋藏深度超过 2cm 时，几乎不出苗。

分布与危害　中国主要分布于云南、海南、广西、广东、湖南（雪峰山）、四川（峨眉、广汉）、河南南部（桐柏）、山东（泰山、崂山）、安徽（舒城）、江苏（云台山、无锡、溧阳）、浙江、江西、福建；老挝、印度、斯里兰卡、日本、印度尼西亚、巴布亚新几内亚、夏威夷等太平洋岛屿及印度

裸花水竹叶植株形态（冯莉、陈国奇、岳茂峰摄）
①群体（示茎叶和顶生花序）；②单株；③叶片和叶鞘

洋岛屿也有分布。是水稻田常见杂草之一，在潮湿的旱作田偶有发生。

防除技术　应采取包括农艺措施、物理措施和化学除草相结合的防治策略。也可以考虑综合利用。

农业防治　及时清除田埂、沟渠边的裸花水竹叶。因裸花水竹叶种子出苗深度浅，应深翻土壤，抑制出苗；采用秸秆覆盖也能显著抑制出苗。

化学防治　旱地见鸭跖草。水稻田发生的裸花水竹叶，在苗后 1～2 个分枝时，可选用灭草松、2 甲 4 氯钠、氯氟吡氧乙酸、氯吡嘧磺隆等除草剂茎叶处理。

综合利用　裸花水竹叶全草可入药，有清热解毒、止咳止血功效，可治肺热咳嗽、吐血、乳痈、肺痈、无名肿毒。全草和烧酒捣烂，外敷可治疮疖红肿。

参考文献

李扬汉，1998. 中国杂草志 [M]. 北京：中国农业出版社：1049-1050.

邢福武，曾庆文，谢左章，2007. 广州野生植物 [M]. 贵阳：贵州科技出版社.

中国科学院华南植物园，1987-2011. 广东植物志 [M]. 广州：广东科技出版社.

中国科学院中国植物志编辑委员会，1997. 中国植物志：第十三卷 第三分册 [M]. 北京：科学出版社.

AHMED S, OPENA, JL, Chauhan, BS. 2015. Seed germination ecology of Doveweed (*Murdannia nudiflora*) and its implication for management in dry-seeded rice [J]. Weed science, 63(2): 491-501.

（撰稿：冯莉、宋小玲；审稿：黄春艳）

裸柱菊　*Soliva anthemifolia* (Juss.) R. Br.

夏熟作物田一二年生杂草。又名座地菊、假吐金菊、九龙吐珠、七星坠地、七星菊、大龙珠草。英文名 camomileleaf soliva。菊科裸柱菊属。

形态特征

成株　矮小草本。株高 3～30cm（图①）。茎铺散或平卧，多分枝，成丛；植株被茸毛，有时无毛。叶多数，基生，茎生叶互生，有柄，长 5～10cm、宽约 2cm；叶片轮廓倒卵形至匙形，二至三回羽状分裂，裂片线形，长 5～9mm、宽 0.3～2mm，顶端急尖，全缘或 2～3 裂，两面被长柔毛或无毛。头状花序聚生于短茎上，近球形，直径 6～12mm（图②）；总苞直径 6～12mm；总苞片 2 层，长圆形或披针形，长 4～5mm，顶端渐尖，边缘干膜质。外围的雌花无花冠，1～8 层；中央的两性花 2～4 朵，花冠管状，黄色，长 1.2～2mm，顶端 3 裂齿，基部渐狭，常不育；雄蕊 3 枚，花药顶端钝，基部圆，无尾，花柱顶端盘状。

子实　瘦果扁平，倒披针形至楔状长圆形，长 1.3～2mm，有厚翅，下部翅上有横皱纹。顶端圆形，有时被长柔毛。花柱宿存，鞘状，变硬呈刺毛状，长 1.5～3mm，内弯，无冠毛。

生物学特性　以种子繁殖。秋冬季出苗，花果期 5～6 月。在南方花、果期全年。生于荒地、田间及路边，或为菜地、

花圃和花坛中的杂草。裸柱菊在湿地、湖缘地带和湖滩等水分较为充沛的生境生长良好，表现为湿生性。裸柱菊喜砂质土壤，在菜地形成优势种群，放牧等人类活动促进其扩散，种子借助水流、雨水和风力带至下游而迅速扩散。气温对裸柱菊的生长影响较大，在低温条件下生长相对缓慢。

裸柱菊无明显主根，母株有多数细根。根状茎密生多数细长须根，由根状茎长出匍匐枝，繁衍成的新植株，均形成多数细白根。裸柱菊的根状茎粗短，可进行无性繁殖，即通过匍匐茎的延伸而分枝出新的植株，从而形成庞大的"莲兜状"的植株体。通过这种方式，裸柱菊能够在较短时间内迅速蔓延，不断占领新的空间。因此，裸柱菊的繁殖方式包括种子繁殖和匍匐茎繁殖。

分布与危害　中国分布于安徽、江西、福建、广东、广西、海南和台湾等地；原产南美洲，大洋洲也有。常生于荒地及田野。危害夏熟作物（麦类和油菜）和蔬菜，局部区域有时发生量较大，有一定的危害性。

防除技术

化学防治　当裸柱菊危害面积较大时，利用化学除草剂仍是较常用的方法。如小麦田可以用 2 甲 4 氯、百草敌、氯氟吡氧乙酸等防除；百草敌与 2 甲 4 氯混用，可扩大杀草谱，对抗性杂草有效。油菜田则可以用乙草胺和草除灵防除。草

裸柱菊植株形态（吴海荣摄）

①成株；②花序

除灵一般在直播油菜 5 叶期、移栽后 7～10 天，阔叶杂草叶龄在 2～3 叶期使用。

综合利用　可用于治理环境污染。裸柱菊对重金属铜、铅和镉有较强的吸收富集能力，所以可将其用于植物修复技术上，用于治理受到上述重金属污染的土壤。另外还有药用价值，全草入药，可解毒散结，主要治疗痈疮疖肿、风毒流注、瘰疬、痔疮等。

参考文献

李扬汉，1998. 中国杂草志 [M]. 北京：中国农业出版社：373-374.

刘启新，2015. 江苏植物志：第 4 卷 [M]. 南京：江苏凤凰科学技术出版社：472.

徐海根，强胜，2018. 中国外来入侵生物 [M]. 修订版. 北京：科学出版社：589-590.

徐正浩，朱丽青，袁侠凡，等，2011. 区域性外来恶性杂草裸柱菊的入侵扩散特征及防治对策 [J]. 生态环境学报，20(5): 980-985.

（撰稿：郝建华；审稿：宋小玲）

络石　*Trachelospermum jasminoides* (Lindl.) Lem.

果园、茶园及林地多年生攀缘杂草。又名石龙藤、万字花、万字茉莉。英文名 star jasmine、confederate jasmine。夹竹桃科络石属。

形态特征

成株　双子叶植物。植株具乳汁，茎长达 10m（图①）。茎赤褐色，圆柱形，幼枝被黄色柔毛，常有气生根。叶对生，革质或近革质，椭圆形至卵状椭圆形，顶端锐尖至渐尖或钝，背面有柔毛，全缘（图②③）；二歧聚伞花序腋生或顶生，芳香；花萼 5 深裂，裂片线状披针形，花后外卷，里面有鳞片 5～10；花冠白色，高脚碟状，裂片 5，右旋，花冠筒中部膨大，喉部有毛，无副花冠。雄蕊 5，着生在花冠筒中部，花药箭头状，隐藏在花喉内；花盘环状 5 裂与子房等长（图④）；子房由 2 个离生心皮组成；每心皮有胚珠多颗，

络石植株形态（郭燕青、祁珊珊摄）
①种群；②全株；③藤；④花序

着生于2个并生的侧膜胎座上。

子实　蓇葖双生，叉开，无毛，线状披针形，向先端渐尖，长10～20cm、宽3～10mm；种子多数，褐色，线形，长1.6～2cm、直径约2mm，顶端有白色绢质种毛，种毛长1.5～3cm。

生物学特性　压条和种子繁殖。花期5～6月，果期9～10月。络石喜光，耐阴，喜空气湿度较大的环境。适宜在排水良好的酸性、中性土壤环境中生存。性强健，抗病能力强，生长旺盛，但以肥沃、排水良好的砂壤土生长更好，萌芽力强，如果遇到多年一遇的低温，地上部分全部受冻害，翌年春季会从地下萌发新的植株。生于山野、溪边、路旁、林缘或者杂木林中，经常会缠绕在树上或者攀缘在墙上或岩石上。络石生长快，叶常革质，表面有蜡质层，对有害气体如二氧化硫、氯化氢、氯化物及汽车尾气等光化学烟雾有较强抗性。

分布与危害　原种络石分布于中国东南部、黄河流域以南，在陕西、河南、河北、山东、安徽、上海、江苏、浙江、江西、湖南、湖北、重庆、四川、贵州和云南都有分布；日本、朝鲜和越南也有。络石耐阴，以气生根攀缘于墙壁、树皮和岩石上，对树木、果树危害加大。又生长于作物林下，覆盖地面，影响作物正常生长发育，降低作物经济价值。

防除技术

物理防治　果园、茶园可通过人工拔除或机械清除，必须彻底清除根系，防止再生。茶树与豆科，如白三叶、红三叶、百脉根的套作，通过作物群体的竞争能力，能很好地控制茶园杂草发生。可采用地膜覆盖技术抑制杂草生长。

化学防治　果园、茶园等利用灭生性除草剂草甘膦、草铵膦或草甘膦与草铵膦的复配剂，苹果园和柑橘园可用苯嘧磺草胺茎叶喷雾处理，注意定向喷雾，避免对作物造成伤害。非耕地可用草甘膦、草铵膦或激素类2甲4氯、氯氟吡氧乙酸、氨氯吡啶酸等茎叶喷雾处理，也可用草甘膦与草铵膦，或草甘膦与2甲4氯、氯氟比氧乙酸、氨氯吡啶酸、三氯吡氧乙酸、草铵膦与氯氟吡氧乙酸、草甘膦与苯嘧磺草胺等复配剂茎叶喷雾处理。

综合利用　络石茎中富含木脂素、黄酮、萜类、甾醇、生物碱等多种化学成分，具有抗炎镇痛、抗氧化、降血脂等药理活性，是重要的抗风湿清热药。祛风通络、凉血消肿。用于风湿热痹、筋脉拘挛、腰膝酸痛、痈肿等症，也广泛用于类风湿性关节炎、关节炎等疾病治疗。络石在园林中多作地被，或盆栽观赏，为芳香花卉。从络石藤中提取的新型天然纤维素纤维能用于纺织。

参考文献

李扬汉，1998. 中国杂草志 [M]. 北京：中国农业出版社：100-101.

王勇，姚沁，任亚峰，等，2018. 茶园杂草危害的防控现状及治理策略的探讨 [J]. 中国农学通报，34(18)：138-150.

章碧静，吕伟旗，陈健苗，2021. 络石藤两种木脂素含量测定与相关性分析 [J]. 浙江中西医结合杂志，31(3)：265-268，280.

赵娟，解君. 2021. 五彩络石的种植及其在园林景观设计中的运用 [J]. 农村实用技术 (3)：157-158.

AZUSA U, WATARU F, 2016. Morphological and Molecular Studies of Natural Hybridization between *Trachelospermum asiaticum* and *Trachelospermum jasminoides* (Apocynaceae) in Japan [J]. Acta phytotaxonomica et geobotanica, 67(3): 159-174.

GEDIK G, 2021. Extraction of new natural cellulosic fiber from *Trachelospermum jasminoides* (star jasmine) and its characterization for textile and composite uses [J]. Cellulose, 28: 6899-6915.

（撰稿：杜道林、游文华；审稿：宋小玲）

落粒性　seed shattering

杂草种子或果实在成熟过程中或成熟后从植株上自然脱落的现象。有利于杂草种子或果实的传播和建立土壤种子库，也是杂草逃脱人工收获的重要策略，对物种的生存繁殖有重要意义。脱落的组织区域及邻近的数层细胞被称为离区（abscission zone, AZ），它的形成、发育和降解是落粒的直接原因。植物激素产生促进或抑制脱落的信号，细胞壁水解酶可引起离区细胞的降解，形成离层（abscission layer），这些过程的发生受多个基因调控，且调控网络复杂。落粒性状是由全基因组分布的多基因位点控制的复杂数量性状，受多种环境因素和遗传因素的影响。

在人工除草时代，人们对杂草的关注主要在于是否容易人工防除。对落粒性的关注和研究很大程度上局限在作物的驯化过程。小麦、水稻、油菜、大豆等主要作物的野生资源均不同程度存在着落粒的习性。由于落粒会极大地影响可收获种子的数量，落粒性是作物驯化过程中被剔除的主要性状之一，并成为区别栽培作物和杂草的标志性状。进入到化学除草剂时代之后，杂草学成为一门独立学科，才开始将杂草的落粒性纳入到杂草的危害、成灾机制之中。

果实脱落引起的落粒　禾本科杂草的颖果从植株上脱落的现象是杂草落粒性的典型代表。对禾本科模式植物水稻的研究表明，颖果的落粒性受护颖和枝梗之间离层发育程度控制。首先在离区分化出离层细胞，离层是由几层小而圆的薄壁细胞组成，而周围的枝梗和颖片细胞是由大的厚壁细胞组成；当种子进入成熟期，离层细胞开始响应各种信号发生降解反应，其中植物激素是最主要的调控信号，离层细胞中的水解酶活性被激活，降解离层细胞的胞间层和细胞壁，只要有风吹过或者触碰就会脱落；在离层的分离面会形成保护层。

落粒性状是多基因控制的数量性状，因此表现为连续变化的趋势，同时单一个体上的落粒是连续变化的。达到脱落的条件后，不是所有的颖果都落粒。由于果穗上不同小花的授粉时间不同，造成它们的成熟时间及成熟程度不一样，因此其达到落粒的条件也不一致。目前发现的水稻中参与离层发育调控过程进而导致水稻落粒性发生差异的基因主要有 *qSH1*、*SH4*、*sh-h*、*SHAT1*、*SH5*、*SH3*、*OsSh1* 以及 *SNB*。*qSH1* 在水稻离层发育阶段会促进离层形成，正向控制水稻的落粒性；*SH4* 基因序列中第一个外显子中的单个碱基位点发生突变，使得栽培稻中的离层发育受到限制，表现为落粒性性状的缺失。这两个基因的表达会受到 *SHAT1* 的激活，*SHAT1* 正向调控水稻的离层发育。*SH5* 与 *qSH1* 高度同源，该基因会抑制木质素的生物合成，增强离层细胞的分化与发育，且同样维持 *SHAT1* 和 *SH4* 的表达。*OsSh1*

和 *SNB* 也参与调控离层细胞的分化。*sh-h* 基因是水稻中的隐性破碎基因编码座，该基因的存在抑制水稻中离层细胞的发育。

最新研究表明，*qSH1*、*SH5*、*SHAT1*、*OsSh1*、*SH3* 和 *SNB* 会正向调控栽培稻的离层发育，且在杂草稻与栽培稻种群各基因的表达趋势相同。*qSH1*、*SH5* 以及 *SHAT1* 均在离层发育早期高表达，随着离层的发育其表达量呈下降趋势；*SNB* 和 *SH3* 在离层发育后期有着较高的表达，且在落粒性较强的杂草稻种群中，其表达量显著高于伴生栽培稻。*sh-h* 负向调控栽培稻的离层发育，会抑制栽培稻中离层细胞的发育，其表达量测定结果显示该基因在花后 3～6 天有着较高的表达量，且在杂草稻的表达量显著低于伴生栽培稻种群。这说明调控栽培稻离层发育的基因网络中的关键基因同样会调控杂草稻种群的离层发育，且杂草稻种群与其伴生的栽培稻种群基因表达量的差异决定了杂草稻与栽培稻离层发育完整性的不同。植物激素 abscisic acid (ABA) 在杂草稻离层的形成过程中起到了关键的作用。

果实开裂引起的落粒　酢浆草的蒴果在成熟脱水过程中，在果壳中逐渐积聚开裂的弹性势能，当势能达到一定水平后就迅速开裂，将其中的种子弹射出去。机械触碰蒴果也会触发种子落粒。这种现象在油菜的角果、大豆的荚果上也很常见，俗称"爆荚"或"裂荚"。

在拟南芥中，目前至少有 11 个基因参与调控了角果的开裂。其核心调控通路中最上游的调控基因是 *SHP1* 和 *SHP2*。*SHP1* 和 *SHP2* 两个基因同时突变植株的角果边缘无法形成离层，导致角果无法开裂。*SHP1* 和 *SHP2* 是通过激活下游的 *IND* 和 *ALC* 两个基因来实现其调控角果开裂的功能。相应的，在 *IND* 或 *ALC* 突变体中，角果基本无法开裂。*IND* 和 *ALC* 又进一步调控了 *ADPG1/2* 和 *NST1* 等基因的组织特异性表达。其中 *NST1* 提高了离层细胞的木质化程度，而 *ADPG1/2* 的表达促进了果胶的降解。在这些因素的叠加下，最终形成离层，果皮开裂，种子从中脱落。其他相关基因如 *FUL*、*RPL*、*AP2* 等则是通过影响这些核心通路基因的表达来调控果皮开裂。值得注意的是，*SHP1/2*、*IND*、*ALC*、*ADPG1/2*、*NST1* 等基因对于角果开裂是正向调控功能，即这些基因的表达导致了角果开裂，而相反的，*FUL*、*RPL*、*AP2* 等在很多情况下是角果开裂的负向调控基因，即它们的高表达可能会导致角果不易开裂。

调控果荚开裂的基因通路在不同植物中具有很高的保守性。例如在十字花科杂草独行菜中，果皮不裂的突变体是通过 *AP2* 上调表达来抑制果皮开裂核心通路基因来实现的。同样的，油菜中 *IND* 的突变也造成果皮不易裂的表型。大豆中控制果荚开裂的基因 *SHAT1-5* 是拟南芥 *NST1* 的同源基因。

科学意义与应用价值　研究杂草的落粒性对于了解杂草子实传播机制至关重要。根据杂草的落粒性特点可以有针对性地在落粒之前对其进行清除，降低杂草种子回归土壤的数量，以降低下茬该杂草的发生密度。研究作物近缘杂草的落粒性能够揭示作物驯化过程，在指导育种方面具有重要意义。例如，利用落粒性的分子标记，可以帮助育种家揭示哪些育种材料是抗落粒材料，哪些是容易落粒材料，从而帮助

育种家培育抗落粒品种。

随着基因编辑技术的快速发展，以 CRISPR/Cas9 为代表的编辑工具能够对落粒相关基因进行精准编辑，迅速创造不易落粒的种质资源。通过对油菜 *ALC* 进行敲除，得到了不易裂荚的油菜材料。对水稻 *qSH1* 的敲除，也显著改良了种子落粒的不良性状。在番茄中对 *MBP21* 进行敲除，获得了更加容易采摘的番茄。

存在问题和发展趋势　虽然控制落粒性的分子机制在很多不同植物中具有一定的保守性，但是不同植物可能存在不同的落粒机制。特别是杂草种类多，生存繁衍的环境复杂多变，控制杂草落粒性的机制经过了不同的进化路线，因此阐明落粒机制任重而道远。生物技术的快速发展尤其是基因编辑技术的出现，为研究不同杂草落粒性的分子机制提供了强有力的工具。

参考文献

罗汝叶，巩鹏涛，2011. 植物落粒性状研究进展 [J]. 豆科基因组学与遗传学 (2): 1-13.

孟令超，2019. 杂草稻 (*Oryza sativa* f. *spontanea*) 落粒性表型多态性及其机制研究 [D]. 南京：南京农业大学 .

谢文刚，万依丽，张宗瑜，等，2021. 禾本科植物落粒机理研究进展 [J]. 草业学报，30(8): 186-198.

BRAATZ J, HARLOFF H, MASCHER M, et al., 2017. CRISPR-Cas9 targeted mutagenesis leads to simultaneous modification of different homoeologous gene copies in polyploid oilseed rape (*Brassica napus*) [J]. Plant physiology, 174: 935-942.

CAI H W, MORISHIMA H, 2000. Genomic regions affecting seed shattering and seed dormancy in rice [J]. Theoretical and applied genetics, 100(6): 840-846.

DI VITTORI V, GIOIA T, RODRIGUEZ M, et al., 2019. Convergent evolution of the seed shattering trait [J]. Genes, 10(1): 68.

DONG Y, WANG Y Z, 2015. Seed shattering: from models to crops [J]. Frontiers in plant science, 6: 476.

JIANG L, MA X, ZHAO S, et al., 2019. The APETALA2-like transcription factor SUPERNUMERARY BRACT controls rice seed shattering and seed size [J]. The plant cell, 31(1): 17-36.

LANG H, HE Y T, LI F C, et al, 2021. Integrative hormone and transcriptome analysis underline the role of abscisic acid in seed shattering of weedy rice [J]. Plant growth regulation, 94: 261-273.

LIN Z, GRIFFITH M E, LI X, et al., 2007. Origin of seed shattering in rice (*Oryza sativa* L.) [J]. Planta, 226(1): 11-20.

ROLDAN M V G, PÉRILLEUX C, MORIN H, et al., 2017. Natural and induced loss of function mutations in SlMBP21 MADS-box gene led to jointless-2 phenotype in tomato [J]. Scientific reports, 7(1): 4402.

SHENG X, SUN Z, WANG X, et al., 2020. Improvement of the rice "easy-to-shatter" trait via CRISPR/Cas9-mediated mutagenesis of the qSH1 gene [J]. Frontiers in plant science, 11: 619.

ZHOU Y, LU D, LI C, LUO J., et al., 2012. Genetic control of seed shattering in rice by the APETALA2 transcription factor SHATTERING ABORTION1 [J]. The plant cell, 24(3): 1034-1048.

（撰稿：姜临建；审稿：宋小玲）

L

M

马齿苋　*Portulaca oleracea* L.

秋熟旱作物田一年生杂草。又名马齿菜、马蛇子菜、马菜。英文名 purslane。马齿苋科马齿苋属。

马齿苋植株形态（王建平、刘小民、王贵启摄）
①植株；②花；③蒴果及种子；④幼苗

形态特征

成株　全株光滑无毛（图①）。茎伏卧，常带暗红色，肉质。单叶互生或近对生，肉质，上表面深绿色，下表面淡绿色或淡红色，叶楔状长圆形或倒卵形，长 10～25mm、宽 5～15mm，先端钝圆、截形或微凹，有短柄，有时具膜质的托叶。花小（图②），直径 3～5mm，无梗，3～5 朵生枝顶端；花萼 2 片；花瓣常为 5 片，也有 4 片，黄色，先端凹，倒卵形。雄蕊 10～12 枚；花柱顶端 4～5 裂，成线形；子房半下位，1 室，特立中央胎座。

子实　蒴果卵形至长圆形，盖裂（图③）。种子多数，细小，直径不及 1mm，肾状卵形，压扁，黑色，表面具细小疣状突起，排列成同心圆状，背面中央有 1 或 2 列突起较其他部位细密。种脐大而显，淡褐色至褐色；胚环状，环绕胚乳。

幼苗　子叶出土，卵形至椭圆形，先端钝圆，基部宽楔形，肥厚，带红色，具短柄（图④）；初生叶 2 片，对生，倒卵形，缘具波状红色狭边，基部楔形，具短柄。全株光滑无毛，稍带肉质。

生物学特性　马齿苋是 C_4 植物，种子繁殖，具有 6～8 个月的休眠期。种子萌发需要光照；发芽的适宜温度为 20～30℃，属喜温植物；适宜出苗深度在 3cm 以内。马齿苋发生时期较长，春、夏都有幼苗发生，盛夏开花，夏末秋初果熟，果实边熟边开裂，种子散落土壤中休眠越冬，到翌年春天环境条件适宜时开始发芽。单株可产生种子 14 400 粒以上，千粒重约 0.0795g，种子细小。在中国中北部地区，5 月出现第 1 次出苗高峰，8～9 月出现第 2 次出苗高峰，5～9 月陆续开花，6 月果实开始渐次成熟散落。马齿苋生命力极强，被铲掉的植株暴晒数日不死，再生能力强，植株断体在适宜温湿度条件下可长出不定根成活。中国棉田部分马齿苋种群对草甘膦产生了抗性。

分布与危害　分布遍及中国；也广布世界温带和热带，为世界性杂草。生于田间、地边、路旁，在土壤肥沃的蔬菜地和玉米、大豆、花生、棉花地危害严重，为秋熟旱作物田的主要杂草，以华北地区危害程度高。

防除技术

农业防治　马齿苋种子出苗深度浅，通过翻耕和深耕土壤，把土壤的种子埋到土壤深层，抑制其萌发。适时开展中耕除草，通过创造不利杂草生长的环境，促进作物生长，中耕除草在棉花、大豆生产上广泛采用，能有效控制马齿苋危害。宽行作物在行间覆盖地膜或作物秸秆，抑制种子萌发和出苗。

化学防治　化学防除是防治马齿苋的主要技术措施。在玉米播种后土壤封闭处理可选用三氮苯类莠去津、特丁津、对羟基苯丙酮酸双加氧酶抑制剂（HPPD）异噁唑草酮；在玉米苗后茎叶喷雾处理可选用乙酰乳酸合成酶（ALS）抑制剂烟嘧磺隆、HPPD类的硝磺草酮、磺草酮、激素类的氯氟吡氧乙酸单用或其复配剂。在棉花、大豆、花生播种后土壤封闭处理可选用酰胺类除草剂乙草胺、异丙甲草胺等，二硝基苯胺类二甲戊灵、原卟啉原氧化酶抑制剂类丙炔氟草胺、三氮苯类扑草净单用或其复配剂；在大豆苗期可用二苯醚类除草剂乙羧氟草醚、氟磺胺草醚、乳氟禾草灵、有机杂环类灭草松茎叶处理，均可有效防除马齿苋。棉田可用三氟啶磺隆，也可用草甘膦在棉花生长到一定时期进行定向喷雾。在黍子田可用激素类除草剂2,4-滴异辛酯、2甲4氯钠、ALS抑制剂苯磺隆茎叶喷雾处理，可有效防治马齿苋。因部分马齿苋种群对草甘膦产生了抗性，建议棉田尽量轮换使用不同种类除草剂。

综合利用　马齿苋幼嫩叶含有丰富的胡萝卜素和抗坏血酸、欧米伽3脂肪酸等营养成分，特别是钾元素的含量很高，作蔬菜可炒、炖、腌、做汤或凉拌，具有食用和保健功能，能降低血液胆固醇浓度，防止动脉粥样硬化，延缓血栓形成，还能降低血糖浓度。在中国部分地区马齿苋被称作"猪肥菜"，民间常用来饲喂牲畜以提高牲畜的抗病性和生长速度。

因其叶青、梗赤、花黄、根白、子黑，又称五行草，全草可入药。具有解毒、抑菌消炎、利尿止痢、润肠消滞、去虫、明目和抑制子宫出血等药效；外用可以治丹毒、毒蛇咬伤等症，中国各民族对其应用均具有悠久的历史。复方马齿苋颗粒对二型糖尿病患者控制血糖和降低炎性因子水平有较好效果，值得临床推广。

对马铃薯晚疫病孢子和小麦叶锈病夏孢子的萌发有抑制作用，具有开发为植物源农药的潜力。

参考文献

李香菊，王贵启，白素娥，等，1995. 免耕夏玉米田大龄杂草发生、危害与防除 [J]. 河北农业科学 (1): 22-24.

李扬汉，1998. 中国杂草志 [M]. 北京：中国农业出版社：810-811.

刘成鼎，龙朝明，李光全，等，2020. 复方马齿苋颗粒对2型糖尿病患者血糖和炎性因子水平的影响 [J]. 检验医学与临床，17(22): 3250-3252.

杨浩娜，2015. 棉田反枝苋和马齿苋对草甘膦的抗药性研究 [D]. 长沙：湖南农业大学.

杨子仪，2014. 野生型和栽培型马齿苋种子的萌发特性和抗逆性比较 [D]. 南京：南京师范大学.

DESTA M, MOLLA A, YUSUF Z, 2020. Characterization of physico-chemical properties and antioxidant activity of oil from seed, leaf and stem of purslane (*Portulaca oleracea* L.) [J]. Biotechnology reports, 27: e00512.

IRANSHAHY M, JAVADI B, IRANSHAHI M, et al, 2017. A review of traditional uses, phytochemistry and pharmacology of *Portulaca oleracea* L [J]. Journal of ethnopharmacology, 205: 158-172.

（撰稿：刘小民、宋小玲；审稿：王贵启）

马兜铃　*Aristolochia debilis* Sieb. & Zucc.

果园、茶园、桑园、竹园多年生杂草。又名兜铃根、独行根（唐本草）、青木香、一点气、天仙藤（江苏）、蛇参果（四川、贵州）、三百银药（福建）、野木香根（江西）、定海根（湖南）。英文名 slender dutchmanspipe、birthwort。马兜铃科马兜铃属。

形态特征

成株　草质藤本（图①②）。根圆柱形，直径3～15mm，外皮黄褐色，有香气，断面有油点。全株无毛。茎柔弱，有细纵棱，暗紫色或绿色，有腐肉味，纤细，缠绕。单叶互生，全缘，纸质，卵状三角形、长圆状卵形或戟形，长3～6cm、基部宽1.5～3.5cm、上部宽1.5～2.5cmm，顶端钝圆或短渐尖，基部心形，两侧裂片圆形，下垂或稍扩展，长1～1.5cm，两面无毛；基出脉5～7条，邻近中脉的两侧脉平行向上，略开叉，其余向侧边延伸，各级叶脉在两面均明显；叶柄长1～2cm，柔弱。花单生或2朵聚生于叶腋（图③）；花梗长1～1.5cm，开花后期近顶端常稍弯，基部具小苞片；小苞片三角形，长2～3mm，易脱落；花被长3～5.5cm，基部膨大呈球形，与子房连接处具关节，直径3～6mm，向上收狭成一长管，管长2～2.5cm、直径2～3mm，管口扩大呈漏斗状，黄绿色，口部有紫斑，外面无毛，内面有腺体状毛；檐部一侧极短，另一侧渐延伸成舌片；舌片卵状披针形，向上渐狭，长2～3cm，顶端钝；雄蕊6，环绕花柱排列，且与花柱联合；子房下位，6室，圆柱形，长约10mm，柱头6裂，稍具乳头状突起，裂片顶端钝，向下延伸形成波状圆环。

子实　蒴果近球形（图④），顶端圆形而微凹，长约6cm，直径约4cm，具6棱，成熟时黄绿色，由基部向上沿室间6瓣开裂；果梗长2.5～5cm，常撕裂成6条。种子扁平，钝三角形，长、宽均约4mm，边缘具白色膜质宽翅（图⑤）。

幼苗　子叶出土（图⑥）。上、下胚轴均发达。子叶近圆形，长、宽各约10mm，有5条明显叶脉，具长柄。初生叶1片，阔卵形，叶基耳垂形，有明显网状脉，具长柄。后生叶与初生叶相似。全株光滑无毛。

生物学特性　多年生草质藤本。以种子及根芽繁殖。种子边缘具白色膜质宽翅，能被风传播。花期6～9月，果期8～10月。

分布与危害　在中国安徽、福建、广东、广西、贵州、河北、河南、湖北、湖南、江苏、江西、浙江、山东、四川、甘肃等地均有发生。马兜铃生于海拔200～1500m的疏林、灌木丛、山坡、潮湿山谷、路旁，常于果园、茶园、桑园、竹园中危害，发生量少，不常见。

防除技术

农业防治　用割草机割除或人工拔除。种植生命力强、覆盖性好的植物进行替代控制。

化学防治　果园、茶园等可用灭生性除草剂草甘膦或草甘膦与草铵膦的复配剂；柑橘园还可用草甘膦与2甲4氯或2,4-滴的复配剂，注意定向喷雾，避免对作物造成伤害。非耕地可用草甘膦，也可用草甘膦与草铵膦，或草甘膦与激素

马兜铃植株形态（①③④袁颖摄；②⑤⑥张治摄）
①②植株及叶片；③花；④果实；⑤种子；⑥幼苗

类2甲4氯、2,4-滴丁酯、氯氟比氧乙酸、氨氯吡啶酸、三氯吡氧乙酸、草铵膦与氯氟比氧乙酸、草甘膦与苯嘧磺草胺等复配剂茎叶喷雾处理。

综合利用 果实称马兜铃，为镇咳祛痰药，治喘息、气管炎，外用治痔出血；根称青木香，可治霍乱、腹痛及高血压症，江西西北部和江苏民间用根粉末，用开水服，治中暑、发痧及肚痛有特效；茎称天仙藤，用作利尿药，镇疼病，并能消妊娠水肿；民间用叶煎水服或捣烂敷治毒蛇咬伤。马兜铃提取物对苹果褐腐病菌、番茄灰霉病菌均有抑制作用，具有开发为植物源农药的潜力。马兜铃酸类物质（aristolochic acids, AAs）由于具有不可逆转的肾脏毒性被列为 I 级致癌物；2017年报道马兜铃酸类物质导致的突变与肝癌发生密切相关，虽然 AAs 与肝癌发生的相关关系有待进一步证实，但应慎用含有马兜铃酸的植物。因其茎的缠绕习性，可作园林垂直绿化。

参考文献

李扬汉，1998. 中国杂草志 [M]. 北京：中国农业出版社：102-103.

许海燕，王旭，2015. 马兜铃酸肾病防治研究进展 [J]. 中国实用内科杂志，35(1): 74-76.

颜玉树，1989. 杂草幼苗识别图谱 [M]. 南京：江苏科学技术出版社：46.

负凯祎，徐志超，宋经元，2019. 含马兜铃酸中药及其检测研究进展 [J]. 中国科学：生命科学，49(3): 238-249.

中国科学院中国植物志编辑委员会，1988. 中国植物志：第二十四卷 [M]. 北京：科学出版社：233.

NG A W T, POON S L, HUANG M N, et al, 2017. Aristolochic acids and their derivatives are widely implicated in liver cancers in Taiwan and throughout Asia [J]. Science translational medicine, 9(412): 6446.

（撰稿：范志伟；审稿：宋小玲）

马泡瓜 *Cucumis melo* L. var. *agrestis* Naud.

秋熟旱作物田一年生杂草。又名菜瓜、生瓜、白瓜、稍瓜、越瓜。英文名 field muskmelon、weedy melon。葫芦科黄瓜属。

形态特征

成株 植株纤细、茎、枝有棱（图①②），有黄褐色或白色的糙硬毛和疣状突起。卷须纤细，单一，被微柔毛。叶有柄，具槽沟及短刚毛。单叶互生，叶片厚纸质，近圆形或肾形，上面粗糙，被白色糙硬毛，背面沿脉被糙硬毛，边缘不分裂或3～7浅裂，裂片先端圆钝，有锯齿，基部截形或具半圆形的弯缺，具掌状脉。花较小，花萼筒狭钟形，密被白色长柔毛（图③），裂片5，近钻形，直立或开展，比筒部短；花冠黄色，裂片5，卵状长圆形，急尖；单性，雌雄同株。雄花：数朵簇生于叶腋；花梗纤细，被柔毛；雄蕊3，花丝极短，药室折曲，药隔顶端引长；雌蕊退化；雌花：单生，花梗粗糙，被柔毛；子房长椭圆形，密被长柔毛和长糙硬毛，柱头3枚。

子实 瓠果，果实小，长圆形、球形或陀螺状，有香味，不甜，果肉极薄（图④）。种子污白色或黄白色，卵形或长圆形，先端尖，基部钝，表面光滑，无边缘（图⑤）。

幼苗 子叶出土，阔椭圆形，长1.6cm、宽1cm，先端微凹，全缘，叶基楔形，羽状脉，无毛，具叶柄。下胚轴发达，上胚轴不发育（图⑥）。初生叶1片，互生，单叶，三角状卵形，叶缘有波状尖齿，生睫毛，叶基圆形，羽状脉；后生叶类似，叶柄和幼茎密被茸毛。

生物学特性 一年生匍匐或攀缘草本，花果期夏季。耐涝、耐旱，适应性强，各种土壤均能生长。多生于路旁、田埂等处。种子繁殖。种子千粒重平均为6.9835g。光对种子

马泡瓜植株形态（①⑥李蓉荣摄；②～⑤强胜摄）
①②植株；③花；④果实；⑤种子；⑥幼苗

M

的萌发没有影响，在恒温 20℃和 35℃及 15/25℃和 30/40℃
变温（白天 / 黑夜）下种子的萌发率均能达 90% 以上，在
pH4～10 均可萌发；但对渗透压敏感，在 –0.6 MPa 下种子
萌发完全被抑制。表土种子出苗率约 98%，随着土层加深，
出苗率下降，当土层深度为 8cm 时，出苗率仅为约 7%。中
国部分马泡瓜种群已经对常用除草剂乙酰乳酸合成酶（ALS）
抑制剂烟嘧磺隆、甲咪唑烟酸和原卟啉原氧化酶（PPO）抑
制剂氟磺胺草醚产生了低水平抗性。

分布与危害　原产非洲，在中国南北各地有少许栽培。
现普遍逸为野生，中国分布于山东、江苏、安徽、上海等地；
朝鲜也有分布。

马泡瓜是中国玉米、大豆、花生等秋熟旱作田常见杂草，
在大多数地区均有发生，部分地区发生较重，防除后易反弹，
成为大豆、花生、玉米等阔叶作物田的恶性杂草。

防除技术

农业防治　施用充分腐熟的堆肥，杀死草种，减少发生
率。清理田埂杂草，防止种子传入田间。合理密植，适当缩
小作物行距，促使提前封行，通过冠层覆盖，抑制马泡瓜出
苗，并提升播种质量，以苗压草。播前深耕将马泡瓜种子埋
在土壤深层，可减少种子萌发，降低危害。田间发现马泡瓜
植株后人工拔除，及时清除。

化学防治　对于非耕地，可选择灭生性除草剂草甘膦茎
叶喷雾处理，施药时期尽量选择杂草苗期。二苯醚类乙氧氟
草醚、三氮苯类扑草净土壤封闭对马泡瓜防效良好。出苗后
的马泡瓜用茎叶处理除草剂防除，大豆和花生田可用乙氧氟

草醚、氟磺胺草醚茎叶喷雾处理，对 2～3 片真叶的马泡瓜
防效优异。玉米田可选用对羟基苯丙酮酸双加氧酶抑制剂硝
磺草酮，以及其与三氮苯类莠去津、ALS 抑制剂烟嘧磺隆
的复配剂，也可用激素类 2 甲 4 氯、氯氟吡氧乙酸，或它们
与烟嘧磺隆和莠去津的复配剂茎叶喷雾处理。棉花田可用草
甘膦或乙羧氟草醚定向喷雾。

综合利用　马泡瓜的种子含有大量的油分，可榨油，是
一种很好的、有发展前途的油料作物。马泡瓜果实中富含药
用成分葫芦素，具有一定的营养保健功能，可开发果汁、速
溶饮品等。可做观赏植物种植。

参考文献

马宗新，2020. 野生马泡瓜果实数量性状与产量的关系研究 [J].
安徽农学通报，26(6): 40-42.

马宗新，2020. 一种新型野生植物新食品资源调查研究 [J]. 农
业与技术，40(1): 32-34.

中国科学院中国植物志编辑委员会，1979. 中国植物志：第
七十三卷 第一分册 [M]. 北京：科学出版社：203.

XU H L, SU W C, LU C T, et al, 2018. Differential sensitivity of
field muskmelon (*Cucumis melo* L. var. *agrestis* Naud.) populations to
nicosulfuron, imazapic, fomesafen and bentazon [J]. Crop protection,
106: 58-63.

XU H L, SU W C, ZHANG D, et al, 2017. Influence of
environmental factors on *Cucumis melo* L. var. *agrestis* Naud. seed
germination and seedling emergence [J]. PLoS ONE, 12(6): e0178638.

（撰稿：姚贝贝；审稿：宋小玲）

马松子　*Melochia corchorifolia* L.

秋熟旱地作物田以及果园、茶园、苗圃地一年生杂草。又名野路葵。英文名 chocolate weed、redweed。梧桐科马松子属。

形态特征

成株　株高 30～100cm（图①②）。多分枝，枝略被散生星状短柔毛。单叶互生；叶薄纸质、卵形、矩圆状卵形或披针形，稀有不明显的 3 浅裂，长 2.5～7cm、宽 1～1.3cm，顶端急尖或钝，基部圆形或心形，边缘有锯齿，上面近无毛，下面略被星状柔毛，基出脉 5；叶柄长 0.5～2.5cm；托叶线状披针形。花排成密集的顶生或腋生密聚伞花序或团伞花序（图③）；小苞片条形，混生在花序内；花萼钟状，5 浅裂，长约 2.5mm，外面被毛，内面无毛；花瓣 5 片，白色或淡紫色，矩圆形，长约 6mm，基部收缩；雄蕊 5 枚，下部连合成筒，与花瓣对生；子房无柄，5 室，密被柔毛，花柱 5 枚，线状（图⑤）。

子实　蒴果近球形（图④⑥），有 5 棱，直径 5～6mm，密被长柔毛，成熟时室背开裂，每室有 1～2 个种子。种子褐黑色，卵圆形，略成三角状，粗糙，有鳞毛，长 2～3mm。

幼苗　幼苗子叶出土，圆形，有 5 条明显的脉，无毛，具长柄（图⑦）；下胚轴发达，被有混杂毛；初生叶 1 片，互生，扇形，叶缘上半部锯齿状，下半部全缘，具长柄，其

马松子植物形态（冯莉、田兴山、陈国奇摄）

①群体（发生在花生田）；②单株；③花序；④果序；⑤子房横切示 5 室；⑥蒴果；⑦幼苗

上密生极细的星状毛和乳头状腺毛；后生叶阔卵形，叶缘粗锯齿状，叶两面均密被短柔毛。

生物学特性　喜光耐旱，耐贫瘠，在华南温暖的环境下可周年生长。种子繁殖。苗期4～7月，花果期8～11月。划破种皮的马松子种子在35℃和40℃下萌发率较高，在10℃和45℃下不能萌发；在1cm和5cm土层中出苗率较高，但在0、8和10cm土层中没有出苗。

分布与危害　中国主要分布于长江以南、台湾和四川内江地区；亚洲热带地区多有分布。马松子常发生在甘薯、大豆、花生、玉米等旱作物田。在华南地区的部分果园、茶园、苗圃地和甘蔗田也有发生，野外常发生于丘陵地、旷野荒地和路旁。

防除技术　应采取包括农业防治、物理防治和化学防治相结合的综合防治策略。也可以考虑综合利用。

农业防治　在旱地作物田用可降解地膜或秸秆覆盖控草，结合中耕进行人工或机械除草，建立合理的水旱轮作制度。在果园可采用种植绿肥，以草抑草的控草措施。

化学防治　大豆田、花生田常用土壤处理除草剂，如酰胺类乙草胺、异丙甲草胺、异丙草胺，二硝基苯胺类二甲戊灵，二苯醚类乙氧氟草醚，原卟啉原氧化酶抑制剂丙炔氟草胺，乙酰乳酸合成酶（ALS）抑制剂噻吩磺隆等。甘蔗田可选用三氮苯类敌草隆、西玛津、莠灭净、扑草净，有机杂环类异噁草松或莠灭净+乙草胺等。作物出苗后，在马松子苗后早期4叶期前，用茎叶处理除草剂定向喷雾。大豆田、花生田常用灭草松、二苯醚类乙羧氟草醚、氟磺胺草醚、乳氟禾草灵。甘蔗田常用激素类2甲4氯+莠灭净+敌草隆，或对羟基丙酮酸单加氧酶抑制剂硝磺草酮+莠去津、硝磺草酮+莠灭净+2甲4氯、莠灭净+溴苯腈等复配制剂。玉米田常用硝磺草酮、激素类氯氟吡氧乙酸异辛酯、ALS抑制剂烟嘧磺隆，或烟嘧磺隆+2甲4氯+莠去津、硝磺草酮+烟嘧磺隆+莠去津、烟嘧磺隆+莠去津+氯氟吡氧乙酸等复配剂。棉花田可用灭生性除草剂草甘膦或二苯醚类乙羧氟草醚，在棉花生长到一定高度后定向喷雾。果园、茶园和苗圃地成株期的马松子，可用灭生性除草剂草甘膦、草铵膦、敌草快等，喷头加戴保护罩，定向茎叶喷雾，避免药剂飘移产生药害。

综合利用　马松子茎表皮富含纤维，可供纺织、造纸等，还可与黄麻混纺制麻袋。马松子的根、叶含吡啶类生物碱，有止痒退疹作用。最新研究表明，马松子提取物能抑制小鼠黑色素瘤细胞的黑色素生成，因此有开发为药物的潜力。

参考文献

李扬汉，1998. 中国杂草志 [M]. 北京：中国农业出版社：958-959.

中国科学院华南植物研究所，1987. 广东植物志：第一卷 [M]. 广州：广东科技出版社：143-144.

EASTINE F, 1983. Redweed (*Melochia corchorifolia*) germination as influenced by scarification, temperature, and seeding depth [J]. Weed science, 31(2): 229-231.

YUAN X H, TIAN Y D, OH J H, et al, 2020. *Melochia corchorifolia* extract inhibits melanogenesis in B16F10mouse melanoma cells via activation of the ERK signaling [J]. Journal of cosmetic dermatology, 19(9): 1-7.

（撰稿：冯莉、宋小玲；审稿：黄春艳）

马唐　*Digitaria sanguinalis* (L.) Scop.

秋熟旱作田、菜地、果园一年生杂草。又名羊麻、羊粟、马饭、莸。英文名 large crabgrass。禾本科马唐属。

形态特征

成株　茎基部匍匐，上部膝曲上升（图①②），高10～80cm，直径2～3mm，无毛或节生柔毛。叶鞘短于节间，无毛或散生疣基柔毛；叶舌长1～3mm；叶片线状披针形，长5～15cm、宽4～12mm，基部圆形，边缘较厚，微粗糙，具柔毛或无毛。总状花序（图①），长5～18cm，4～12枚成指状着生于长1～2cm的主轴上；穗轴直伸或开展，两侧具宽翼，边缘粗糙；小穗椭圆状披针形，长3～3.5mm，通常孪生，一个具长柄，一个具极短的柄或几无柄；小穗含有小花2朵；第一颖小，短三角形，无脉；第二颖具3脉，披针形，长为小穗的1/2左右，脉间及边缘大多具柔毛；第一外稃等长于小穗，具7脉，中脉平滑，两侧的脉间距离较宽，无毛，边脉上具锯齿状粗糙，脉间及边缘生柔毛；第二外稃近革质，灰绿色，顶端渐尖，等长于第一外稃；雄蕊3，柱头2，花药长约1mm。

子实　颖果圆卵形（图③），长约3mm，淡黄色或灰白色，种脐明显，圆形，胚卵形，长约为颖果的1/3。

幼苗　幼苗深绿色，密生柔毛（图④）；胚芽鞘阔披针形，半透明膜质，长2.5～3mm；第1片真叶卵状披针形，长6～8mm、宽2～3mm，具多条平行脉；叶舌狭小环状，顶端齿裂，叶缘具长睫毛；叶鞘密被柔毛，边缘粗糙；幼苗其他叶片长10～12mm、宽3～3.5mm，多脉，叶鞘及叶脉均密被长毛，边缘多少粗糙。

生物学特性　马唐为 C_4 植物。有多次出草现象，草龄大小不一，在田间分布不均，尤其高低不平的田块发生情况更加严重。马唐在低于20℃时，发芽慢，25～40℃发芽最快，种子萌发最适相对湿度63%～92%。花果期6～9月，8～10月结籽，以种子繁殖为主，种子边成熟边脱落，带有节的匍匐茎亦可进行营养繁殖，下部茎节着地生根，蔓延成片，难以拔出。为二倍体植物，染色体2n=28。

国外相继发现马唐对包括烯禾啶、精吡氟禾草灵、咪唑乙烟酸、烟嘧磺隆等多种除草剂产生了抗性。中国在玉米田发现了对乙酰乳酸合成酶（ALS）抑制剂类除草剂烟嘧磺隆产生抗性的马唐；棉花和大豆田发现了对乙酰辅酶 A 羧化酶（ACCase）抑制剂类除草剂产生抗性的马唐。

分布与危害　马唐是秋熟旱作物地恶性杂草，发生数量、分布范围在旱地杂草中均居首位。以秦岭—淮河一线以北地区发生面积最大，长江流域和西南、华南也都有大量发生，世界亚热带和温带地区也均有分布。马唐生长迅速，密度大，以作物生长的前中期危害为主。主要危害玉米、豆类、棉花、花生以及烟草、甘蔗、高粱等作物。

马唐植株形态（②宋小玲摄；其余强胜摄）
①②成株；③子实；④幼苗

马唐逐渐由旱地大量侵入旱直播稻田和旱稻田，危害加剧并上升为主要杂草。其分布中国各地。也是棉实夜蛾和稻飞虱的寄主，并能感染栗瘟病、麦雪腐病和菌核病等。

防除技术

农业防治　作物种植之前，可对马唐种子进行诱发，减少土壤种子库中的种子量，从而达到竭库的目的，减少危害。马唐在湿生和有水层的环境条件下，萌发和生长受到了很大的影响。因此有条件的地区可以采用水旱轮作的方法，既可以改善土壤环境，又可以减少马唐的危害。随着土层深度的增加，出苗率逐渐降低，种子埋深时不能萌发，所以有条件的地区在整田时深翻土壤，把掉落在表层土壤的种子深翻至土层深处，可以减少出苗数量，同时也能灭除田间已经出苗的马唐。在土壤表面保留上一年作物秸秆如小麦秸秆，可以减少出苗量。在作物生长期，结合机械施肥和中耕培土防除行间杂草，可有效抑制马唐的危害。玉米行间撒播或条播绿豆对玉米田马唐具有明显的控制效果，对玉米有增产效果。画眉草弯抱霉生物除草剂 QZ-2000 微囊剂对玉米和大豆田中的马唐均有良好防效。

化学防治　根据作物田不同，选取合适的除草剂，适期用药，能达到理想的防除效果。在秋熟旱作田可选用酰胺类除草剂乙草胺、异丙甲草胺和二硝基苯胺类氟乐灵、二甲戊灵以及有机杂环类除草剂异噁草松进行土壤封闭处理。针对不同秋熟旱作物种类可选取针对性的除草剂品种，玉米田还可用对羟基苯丙酮酸双加氧酶（HPPD）抑制剂类除草剂异噁唑草酮，以及新型广谱、高活性的异噁唑类除草剂砜吡草唑作土壤封闭处理；棉花田可用新型除草剂氟啶草酮作为播后苗前的土壤封闭处理剂，对马唐、狗尾草、牛筋草、稗草等禾本科杂草和阔叶杂草马泡瓜、反枝苋、苘麻、鳢肠均有较好的防除效果。谷子田可用 ALS 抑制剂单嘧磺隆在播后苗前进行土壤封闭处理防除马唐，对谷子安全。对于没有完全封闭住的残存个体，阔叶作物大豆、棉花田、苜蓿等可用 ACCase 抑制剂类烯禾啶、烯草酮、吡氟禾草灵、精喹禾灵、高效氟吡甲禾灵等进行茎叶处理。玉米田可用三氮苯类除草剂莠去津，磺酰脲类除草剂烟嘧磺隆、砜嘧磺隆，HPPD 抑制剂类除草剂异噁唑草酮、硝磺草酮以及苯唑草酮及其复配剂等进行茎叶喷雾处理，均可以有效防治马唐，但不能过量使用，以免对玉米产生药害。硝磺草酮对 4 叶期的马唐防治效果较差，应在 3 叶期前用药。马铃薯田可用砜嘧磺隆在马铃薯苗期 3～4 叶、杂草 2～4 叶期茎叶喷雾处理，能有效防除马唐，对马铃薯安全。因中国部分马唐种群对 ALS 抑制剂类除草剂烟嘧磺隆和 ACCase 抑制剂类除草剂已产生抗药性，应轮换使用作用机制不同的除草剂。

水稻田马唐可氰氟草酯、噁唑酰草胺等进行茎叶喷雾处理。

综合利用　马唐是一种可供牛羊取食的优良牧草。也可用于植被覆盖。全草可入药，能明目润肺。

参考文献

陈树文，苏少范，2007. 农田杂草识别与防除新技术 [M]. 北京：中国农业出版社.

陈扬，2021. 东北地区大豆田化学除草剂减量技术研究 [D]. 沈阳：沈阳农业大学.

郝宝强，任立瑞，程鸿燕，等，2021. 20% 烟嘧磺隆可分散油悬浮剂对玉米田一年生杂草的防除效果研究 [J]. 中国农学通报，37(7): 95-99.

梁德祺，2021. 硝磺草酮和烟嘧磺隆对玉米田杂草最低有效控制剂量的研究 [D]. 沈阳：沈阳农业大学.

魏伟，2014. 生物除草剂 QZ-2000 微囊剂的研究 [D]. 南京：南京农业大学.

温广月，钱振官，李涛，等，2014. 马唐生物学特性初步研究 [J]. 杂草科学，32(2): 1-4.

徐洪乐，樊金星，苏旺苍，等，2018. 42% 氟啶草酮悬浮剂的除草活性及对棉花的安全性 [J]. 中国棉花，45(11): 14-18.

徐洪乐，苏旺苍，冷秋丽，等，2021. 砜吡草唑对玉米田杂草的除草活性及其安全性评价 [J]. 玉米科学，29(2): 157-163.

杨肖艳，汤东生，姚宗泽，等，2019. 5% 砜嘧磺隆 OD 对云南冬早马铃薯田杂草的防效及安全性评价 [J]. 现代农药，18(6): 51-53, 56.

张陈川，2015. 大豆田马唐对高效氟吡甲禾灵的抗药性研究 [D]. 长沙：湖南农业大学.

张志强，赵梅勤，朱建义，等，2021. 20% 异噁唑草酮悬浮剂防除夏播玉米田杂草的效果试验研究 [J]. 绿色防控 (2): 42-45.

（撰稿：宋小玲、毛志远；审稿：强胜）

马晓渊　Ma Xiaoyuan

马晓渊（1927—2019），著名的杂草科学家，江苏省农业科学院植物保护研究所副研究员。

个人简介　1927 年 11 月 1 日出生，云南建水人，中国

共产党党员，1944 年考入上海圣约翰大学农学院，1946 年转至东吴大学生物系、金陵大学农学院。1949 年 5 月起先后任职于南京军管会驻中央农业实验所、南京建设局、南京孝陵卫农场、南京农林水利处、华东农业科学研究所作物生理室、中国农业科学院江苏分院原子能利用研究室，1960 年秋奉调西藏军区生产农牧处，1964 年后任西藏自治区农业科学研究所技师。1982 年后离藏，任江苏省农业科学院植物保护研究所副研究员。

成果贡献　1960 年秋马先生奉调西藏军区生产农牧处任技师，4 年后任西藏自治区农科所技师。他忍高原反应之苦、顶烈日披风霜开展杂草防除研究，明确藏区农田有杂草 39 科 140 属 199 种，致农作物年减产 5 万 t 以上。1967 年在西藏率先开展除草剂试验，攻克了野燕麦等防除难题，受到藏民及领导高度肯定。15 年后离藏疗养。为表彰他舍全家团聚，克艰难困苦，对援藏的开拓性重大贡献，1983 年 7 月，国家民委、人事部和中国科协授予他少数民族地区长期从事科技工作者荣誉证书。藏区成功推广他的研创成果，化除野燕麦研究与推广获 1985 年西藏自治区科技进步三等奖。

20 世纪 80 年代初，马先生与南京农业大学李扬汉先生等创建江苏杂草研究会，与陆志华等创办《江苏杂草科学》（现更名为《杂草学报》）。是中国杂草科学事业的开拓者之一。德国 W. Koch 教授在北京农业大学授杂草科学课之时，马晓渊作为翻译，以娴熟的英文杂草专业用语、流利精湛译释，获北京农业大学师生赞誉。1982 年他随郭豫元、李孙荣带队赴德国考察农药科研，凭借其生化、生态、植物生理等基础知识沉淀，使中德科技人员顺畅交流。20 世纪 80 年代上半叶，马晓渊秉承实事求是的作风，根据农业生产中应用杂草科学难题开展研究。与美国杂草科学家访宁时交流后认识到除草剂喷雾器喷嘴改圆锥形为扁扇形的重要性，并就此开展了研究。先后主持了稻麦田杂草与栽培的关系、眼子菜生育特性及防除适期、避高温下扑草净与敌草隆混用药害、除草剂对水稻中小苗影响及丁草胺应用等研究。制定"稻田恶性杂草化除技术表"在江苏推广，获江苏省科技进步四等奖。与蒋玲秀主持猪殃殃生物学特性和化除技术改进研究，研究成果获江苏省农业科学院三等奖。20 世纪 80 年代后半叶，研究的绿麦隆、百草敌、绿黄隆结合轮作控草技术成功推广。在中国较早提出长残留除草剂滞留及预防后茬作物受害的对策和除草剂的推荐量应大于 2 的安全系数理论。农艺师陈为民受国家派遣赴非洲援助种稻，马先生从国际水稻研究所的文献中摘译了 4000 多字的稻田杂草野稻防除的相关资料交给援外组。

离休后仍为杂草研究事业辛勤工作，参与了南京市科委"低产麦田改造配套技术研究"，推广了灭茬条播、播前保墒、巧施药剂、麦油轮作、油菜封行抑草、绿磺隆与

M

麦草灵控草的杂草综防技术，获南京市科技进步三等奖。20世纪90年代，将被实践证实可行的应用杂草科学理论，撰文留后人，他的论文有13篇为离休后所作。1988年，大胆提出用盖度、相对高度与频度乘积优势度（MDR）替代日本专家提出的加法优势度法来评价杂草在群落中的重要性，经多年应用，被证实其对杂草群落变化监测及草害预测的作用（《江苏农业学报》，1992）。他完成了西藏青稞小麦田杂草及防除研究（《杂草科学》，1999）。21世纪后，他抱病撰写发表了《论可持续的农田杂草治理》（《杂草学报》，2000）等6篇影响力较大的论文。

参考文献

ALDRICH R J, 马晓渊, 2011. 化感作用与杂草治理 [J]. 杂草学报, 29(4): 63-66.

马晓渊, 2000. 论可持续的农田杂草治理 [J]. 杂草学报 (1): 11-12, 16.

马晓渊, 2002. 农田杂草抗药性的发生危害、原因与治理 [J]. 杂草科学 (1): 5-9.

马晓渊, 2007. 加强杂草生物防除的研究和应用 [J]. 杂草科学 (3): 1-6.

马晓渊, 周正大, 1999. 西藏青稞小麦田主要杂草及其防除 [J]. 杂草科学 (2): 35-39.

薛光, 2020. 缅怀著名杂草科学家——马晓渊先生 [J]. 杂草学报, 38(3): 78.

（撰稿：薛光；审稿：强胜）

麦家公 *Lithospermum arvense* L.

夏熟作物田一二年生杂草。又名田紫草。英文名 corn gromwell。紫草科紫草属。

形态特征

成株　株高 15～35cm（图②③）。自基部或仅上部分枝，有短糙伏毛。叶片倒披针形至线形，长 2～4cm、宽 3～7mm，先端急尖，两面均有短糙伏毛，无柄。聚伞花序生枝上部，长可达 10cm（图④）；花序排列稀疏，有短花梗；苞片与叶同形而较小；花萼裂片线形，长 4～5.5mm，两面均有短伏毛，果期长可达 11mm 且基部稍硬化；花冠白色或淡蓝色，筒部长约 4mm，檐部长约为筒部的一半，5 裂，喉部无附属物，但有 5 条延伸到筒部的毛带；雄蕊着生花冠筒下部，花药顶端具短尖；子房 4 裂，柱头头状。

子实　小坚果三角状卵球形，长约 3mm，灰褐色，有疣状突起（图⑤）。

幼苗　子叶出土，阔卵形，先端微凹，基部圆形，具柄。初生叶 2 片，对生，椭圆形，先端钝尖或微凹，基部楔形（图⑥）。

生物学特性　种子繁殖。秋季或翌年春季萌发，花果期 4～6 月。中国多个小麦主产区麦家公对苯磺隆产生了抗性。

分布与危害　中国分布于东北、华北、华东地区，以及陕西、甘肃、新疆、河南、山东等地。生于丘陵、低山草坡、路边、田间。危害麦类、油菜及其他夏熟作物。为黄淮冬麦

麦家公植株形态（①③强胜摄；②④～⑥张治摄）

①群体；②③成株；④花序；⑤果实；⑥幼苗

区主要杂草，发生数量较大，局部中度至重度危害，导致减产。影响机械收割。

防除技术

化学防治　麦田在入冬前，可以选择唑草酮、辛酰溴苯腈、乙羧氟草醚、异丙隆和苯达松，这些除草剂对麦家公的防效较好。冬后返青期随着气温升高，可以选择苯磺隆、2,4-滴丁酯、2甲4氯钠、唑草酮、辛酰溴苯腈、双氟磺草胺等除草剂防除杂草。油菜田可用草除灵、二氯吡啶酸等茎叶喷雾处理。

综合利用　全草入药，具温中健胃、消肿止痛功效。

参考文献

高兴祥，李健，刘金华，等，2020. 喹草酮在小麦田的杀草谱及应用效果 [J]. 农药学学报，22(6): 993-1000.

李扬汉，1998. 中国杂草志 [M]. 北京：中国农业出版社.

王恒智，白霜，吴小虎，等，2019. 小麦田麦家公对苯磺隆的抗性机理 [J]. 植物保护学报，46(1): 216-223.

高兴祥，李美，房锋，等，2016. 恶性杂草麦家公防除药剂室内及田间效果测定 [J]. 农药，55(9): 688-691.

郭栋儒，陈明，陈石金，等，1991. 麦家公的发生危害规律及化除技术研究 [J]. 杂草科学 (1): 11-13, 10.

（撰稿：陈景超；审稿：贾春虹）

麦蓝菜　*Vaccaria hispanica* (Miller) Rauschert

夏熟作物田一二年生草本杂草。又名王不留行、灯盏窝。异名 *Vaccaria segetalis* (Neck.) Garcke。英文名 cow soapwort。石竹科麦蓝菜属。

形态特征

成株　高 30～70cm（图①②）。全株无毛，微被白粉，呈灰绿色。根为主根系。茎单生，直立，上部分枝（图③）。叶片卵状披针形或披针形，长 3～9cm、宽 1.5～4cm，基部圆形或近心形，微抱茎，顶端急尖，具 3 基出脉。聚伞花序生于枝端，呈伞房状（图④）；花梗细，长 1～4cm；苞片披针形，着生花梗中上部；花萼卵状圆锥形，长 10～15mm、宽 5～9mm，后期微膨大呈球形，棱绿色，棱间白色，近膜质，萼齿小，三角形，顶端急尖，边缘膜质；雌雄蕊柄极短；花瓣淡红色，长 14～17mm、宽 2～3mm，爪狭楔形，淡绿色，瓣片狭倒卵形，斜展或平展，微凹缺，有时具不明显的缺刻；雄蕊内藏；花柱线形，微外露。

子实　蒴果宽卵形或近圆球形，长 8～10mm。种子近圆球形，直径约 2mm，红褐色至黑色（图⑤）。

幼苗　子叶出土，卵状披针形，先端急尖，叶基渐狭，

麦蓝菜植株形态（⑤张治摄；其余强胜摄）
①群体；②植株；③茎叶；④花序；⑤种子

具柄。2 片初生叶，带状披针形，稍呈肉质，先端急尖，中脉明显，无柄。后生叶与初生叶相似。

生物学特性　多野生于荒地、路旁，耐干旱、耐瘠薄，也可与小麦一起生长，适应性极强。麦蓝菜种子具有一定的耐盐性，浓度为 0.7% 的 NaCl 是胁迫麦蓝菜种子萌发的极限浓度。

分布与危害　中国除华南外，大都有分布。以华北、西北等小麦主产区发生危害为主。随除草剂广泛应用，其危害发生范围和严重程度明显降低。生于草坡、撂荒地或麦田中，为温带地区麦田常见的杂草。对小麦整个生育期都构成危害，也危害油菜。

防除技术

化学防治　在小麦三叶期后，麦蓝菜在内的阔叶杂草出齐后，可用苯磺隆防除。

综合利用　麦蓝菜的种子等器官可入药，主要含有三萜皂苷、黄酮苷、环肽、类脂和脂肪酸、单糖等，具有行血通经、消肿敛疮等作用。

参考文献

关秋菊，张伟亮，刘荣青，等，2008. 麦田杂草发生与防除技术 [J]. 河北农业科技 (19): 24.

李扬汉，1998. 中国杂草志 [M]. 北京：中国农业出版社.

王淑敏，高永闯，2014. NaCl 对王不留行种子萌发的影响 [J]. 安徽农业科学，42(30): 10521-10522.

（撰稿：陈景超；审稿：贾春虹）

麦瓶草　*Silene conoidea* L.

夏熟作物田一二年生杂草。又名米瓦罐、面条菜、灯笼草、麦瓶子、麦黄菜。英文名 conical silene。石竹科绳子草属。

形态特征

成株　株高 25～60cm（图①②）。全株被腺毛。茎直立，单生或叉状分枝，节部略膨大。叶对生，无柄，基部联合，基生叶匙形，茎生叶矩圆形或披针形，长 5～8cm，宽 5～10mm，全缘，先端尖锐。二歧聚伞花序顶生或腋生，花少数，有梗（图③）；萼筒长 2～3cm，开花时呈筒状，结果时下部膨大呈卵形，具 30 条显著的脉，密生腺毛，萼齿 5 个，钻状披针形。花瓣 5 片，倒卵形，具爪，粉红色、紫红色、少有白色，喉部有 2 鳞片；雄蕊 10，花柱 3。

子实　蒴果梨状，包于宿存的萼筒内，长约 15mm，直径 6～8mm，中部以上变细，6 齿裂。种子多数，肾形、螺卷状，长约 1.5mm，暗褐色，有成行的疣状突起（图④）。

幼苗　子叶卵状披针形，子叶柄极短，略抱茎。初生叶 2，匙形，全缘，有长睫毛，具叶柄。后生叶与初生叶相似而稍大。

生物学特性　一年生或越年生草本。种子繁殖。以幼苗或种子越冬，秋季或翌年春季出苗，花果期 4～6 月。黄河中下游 9～10 月间出苗，早春出苗数量较少；花期 4～6 月，种子于 5 月即渐次成熟，多混杂于作物种子中传播，经 3～4 个月的休眠后萌发，发芽适宜温度为 6～10℃。麦瓶草具有较高的光饱和点及光补偿点，具有阳生植物的特性，且繁殖系数高，耐旱、抗盐碱性强，传播扩散较快。麦瓶草的染色体数目为 2n=20，核型公式为 2n=2x=6m+4st，核型不对称系数为 66.78%，核型分类为基本对称型的 2A 型。因长期使用苯磺隆防除麦田杂草，中国部分地区的麦瓶草种群对苯磺隆产生了抗药性。

分布与危害　多生于低山平原、旷野、荒地、路旁及农田中，是华北和西北地区夏熟作物田的主要杂草，尤对华北地区的麦类和油菜等夏熟作物危害严重。

麦瓶草植株形态（①～③魏守辉、黄红娟摄；④施星雷摄）
①田间植株形态；②营养枝；③花序；④种子

麦田中的麦瓶草与麦苗争水、肥、光，影响小麦产量，随着麦瓶草密度的增加，小麦亩穗数、穗粒数及千粒重都随之减少，亩穗数减少尤为明显，种子混杂于收获的作物中，影响面粉的品质。研究表明，根据经济允许水平计算麦瓶草防治指标为：每 0.11m² 约 1.5 株。

防除技术

农业防治 精选作物种子，防止通过作物种子带入农田。开展播前耙地和中耕除草，铲除已经出苗的杂草。人工拔除，麦瓶草以种子进行繁殖，可在种子成熟之前进行人工拔除。

化学防治 麦田中的麦瓶草可用茎叶处理除草剂，常用乙酰乳酸合成酶抑制剂类苯磺隆、噻吩磺隆、双氟磺草胺，以及激素类氯氟吡氧乙酸、2甲4氯、2,4-滴异辛酯或它们与唑草酮的复配剂防除；还可用双氟磺草胺与氟氯吡啶酯的复配剂；因麦瓶草对苯磺隆产生了抗药性，尽量避免用苯磺隆或含苯磺隆的复配剂。油菜田出苗后的麦瓶草可用草除灵或异丙酯草醚、丙酯草醚进行茎叶喷雾处理。

综合利用 麦瓶草幼苗俗称面条菜，营养丰富，气味清香、甘甜，可作野菜和饲料。全草供药用，具养阴、和血功效，治虚劳咳嗽、咯血、月经不调等。麦瓶草谷胱甘肽具有较好的体外抗氧化活性，有进一步开发利用价值。麦瓶草花还具有较高的观赏价值，可作为观赏植物利用。

参考文献

李爱莲，张红，2011. 米瓦罐种子发芽特性的研究 [J]. 种子，30(1): 75-76.

李扬汉，1998. 中国杂草志 [M]. 北京：中国农业出版社：174-175.

聂思政，孙国强，王焕民，等，1992. 麦瓶草生物学特性及化学防除技术的研究 [J]. 植物保护 (2): 40-41.

汪双喜，李书娴，甘海金，等，2020. 麦瓶草谷胱甘肽体外抗氧化活性研究 [J]. 实用中医内科杂志，34(9): 18-21.

张雷，姚洪庆，吴允鹏，等，2015. 麦瓶草的染色体数目观察及核型分析 [J]. 德州学院学报，31(4): 80-83.

张佩，2014. 麦瓶草群体遗传多样性研究及其抗药性的初步探讨 [D]. 郑州：河南农业大学.

郑庆伟，2015. 麦瓶草的识别与化学防控 [J]. 农药市场信息 (23): 54-55.

（撰稿：陈景超；审稿：宋小玲）

麦仁珠 *Galium tricornutum* Dandy

夏熟作物田一二年生杂草。又名三角猪殃殃、猪殃殃。异名 *Galium tricorne* Stokes。英文名 threehorn bedstraw。茜草科拉拉藤属。

形态特征

成株 （见图）株高 5～80cm。茎蔓生或匍匐，具四角棱，棱上有倒生的刺，少分枝。叶坚纸质，叶片呈带状倒披针形，6～8 片轮生，长 1～3.2cm、宽 2～6mm，顶端有尖刺，基部渐窄，常萎软状，干时常卷缩，两面无毛，在下

麦仁珠植株形态（强胜摄）

面中脉和边缘均有倒生的小刺，1 脉，在下面突起；无柄。聚伞花序腋生，总花梗长或短于叶，稍粗壮，有倒生的小刺，通常具 3～5 花，常向下垂；花小，4 数；花梗长 3～7mm，在花后较粗壮，具倒生的小刺，弓形下弯，果时更甚；花冠白色而不同于猪殃殃，辐状，直径 1～1.5mm，花冠裂片卵形；雄蕊伸出，花丝短；花柱 2，柱头头状。

子实 单生或双生果实，分果瓣近球形，直径 2～2.5mm，无刺，有小瘤状突起，果梗较粗壮，弓形下弯。

幼苗 下胚轴较发达。子叶长圆状椭圆形，长 8～10mm、宽 4～6mm，先端微凹，基部楔形，具柄。初生叶 4，轮生，披针形，近无柄；后生叶 4～6 片轮生。

生物学特性 喜旱，生于田野、旷野荒地、沟边等地。种子繁殖。苗期秋冬季至翌年春季，花期 4～6 月，果期 5 月至翌年 3 月。麦仁珠主要于春后生长，4 月中旬开始现蕾开花，5 月上旬相继种子成熟。麦仁珠种子通过麦种夹带进行远距离传播；未经化学防除的麦田平均每 50g 麦种中含有 91.9 粒麦仁珠种子。

分布与危害 中国分布于山西、陕西、甘肃、新疆、江苏、安徽、江西、河南、湖北、四川、贵州、西藏等地；亚洲中部和东部、地中海沿岸地区、非洲北部也有。喜生于较肥沃的农田中，以河灌区最多，主要发生于秦岭—淮河一线以北的华北及西北地区夏熟作物小麦、大麦、油菜等作物田，有时发生量大，危害较重。

防除技术

农业防治 精选作物种子可有效防止麦仁珠扩散。田间杂草种类多，单用一两种除草剂很难有效控制所有杂草危害，实行轮作换茬，可有效降低麦田杂草危害情况。

化学防治 见猪殃殃。

参考文献

李扬汉，1998. 中国杂草志 [M]. 北京：中国农业出版社：871-872.

王明发，张慧敏，1988. 麦仁珠的发生与防除研究 [J]. 杂草科学 (1): 12-14.

中国科学院中国植物志编辑委员会，1999. 中国植物志：第七十一卷 第二分册 [M]. 北京：科学出版社：233.

（撰稿：魏守辉；审稿：贾春虹）

麦田杂草 wheat field weed

根据杂草的生境特征划分的、属于夏熟作物田中非常重要的一类杂草，能够在麦类作物（小麦、大麦、燕麦、黑麦、青稞等）田中不断自然繁衍其种群的植物。麦田杂草在形态上存在着丰富的多样性，主要可将其分为禾本科杂草、阔叶杂草等。

发生与分布 中国小麦种植面积约 2450 万 hm²，分布遍及中国各省（自治区、直辖市），以冬小麦为主，占 90% 以上。冬小麦田优势杂草以越年生杂草和春季萌发的杂草为主，如播娘蒿、猪殃殃、雀麦等；春小麦田优势杂草则以春季萌发和夏季萌发的杂草为主，如藜、稗草等。麦田草害发生面积占小麦播种面积的 80%～90%，危害较重的占 30%～40%。小麦自出苗至收获，始终与杂草互相竞争。一方面，杂草与小麦争夺水分、养分；另一方面杂草侵占小麦生长所需的空间，影响小麦通风、透光、散热等，对小麦产量和品质都造成很大影响。杂草一般可造成小麦减产 15%～30%，严重地块可造成减产 50% 以上。

小麦田杂草多达 300 余种，其中危害较重的有 40 余种。杂草与小麦伴生，其群落构成、种类、分布、危害程度等与小麦的栽培特点、品种类型、耕作方式、轮作制度、生产水平等密切相关；另外，也与地理环境、自然条件、气候因素、用药种类和历史，以及外来杂草种子入侵、不同区域种子调拨、耕作机械跨区作业等密切相关。麦田杂草与小麦争水、争肥、争光，严重影响小麦的产量和品质。麦田杂草的发生期正值低温、少雨时期，所以杂草的出苗时间参差不齐。在冬麦区，大致分为冬前和春季 2 个出草高峰，不过出苗量也随气候条件而发生变化。在春麦区，常仅有 4 月间的一个出草高峰，但有时在 3～4 月间有一个春季杂草的出草高峰，4～5 月间有一个夏秋季杂草的出草高峰。

麦田杂草群落结构受地区差异、农田生态条件、耕作措施影响明显，大致可分为如下几种类型：以看麦娘（包括日本看麦娘）为优势种，另有阔叶杂草如牛繁缕、雀舌草或猪殃殃、大巢菜以及茵草等组成的群落，主要发生在淮河流域一线以南的稻茬麦田。以野燕麦和阔叶杂草共为优势种的杂草群落类型，其中阔叶杂草为猪殃殃、黏毛卷耳、阿拉伯婆婆纳等种类为优势种的杂草群落，主要发生在淮河流域以南地区的旱茬麦田。以播娘蒿、猪殃殃等阔叶杂草种类为主的杂草群落，发生在淮河流域以北地区的旱茬麦田。以阔叶杂草为优势种的杂草群落类型，其中包括以阿拉伯婆婆纳、黏毛卷耳、猪殃殃等为优势种的群落，分布于沿江及沿海地区的棉旱茬麦田。以播娘蒿等为优势种的群落，分布于北方旱茬麦田。

根据小麦的区域划分，把杂草的群落分布分为以下 9 个区，各区杂草的群落介绍如下。

黄淮冬（秋播）麦区 该区以一年二熟为主，轮作方式以冬小麦—夏玉米为主，也有花生、大豆、水稻等。旱茬麦田杂草主要有播娘蒿、荠菜、雀麦、节节麦、猪殃殃、麦家公、麦瓶草、小花糖芥、婆婆纳、野燕麦、泽漆、打碗花、刺儿菜、藜、大穗看麦娘、小藜、田旋花、野芥菜、泥胡菜、

蚤缀、宝盖草、繁缕、多花黑麦草等；稻茬麦田杂草主要有看麦娘、硬草、猪殃殃、繁缕、稻槎菜、荠菜、日本看麦娘、野老鹳草、碎米荠、大巢菜、通泉草、茵草、委陵菜、早熟禾、狗舌草、石龙芮、婆婆纳等。

北部冬（秋播）麦区 该区位于中国冬（秋播）小麦北界，两年三熟面积比较大，轮作方式主要有冬小麦－夏玉米、夏谷、糜、黍、豆类、荞麦等。主要杂草种类有播娘蒿、荠菜、藜、萹蓄、麦家公、麦瓶草、刺儿菜、节节麦、雀麦、野燕麦、圆叶牵牛、裂叶牵牛、打碗花、离子草、灰绿藜、卷茎蓼、酸模叶蓼、本氏蓼、刺儿菜、大刺儿菜、苍耳、田旋花、独行菜、葎草、碱茅等。

长江中下游冬（秋播）麦区 该区种植制度多为一年二熟至三熟。与小麦轮作的以水稻为主，也有棉花、玉米、花生、芝麻等。小麦田杂草主要有看麦娘、日本看麦娘、牛繁缕、繁缕、硬草、茵草、大巢菜、猪殃殃、藜、水蓼、春蓼、雀舌草、狗尾草、碎米荠、早熟禾、长芒棒头草、稻槎菜、黏毛卷耳、婆婆纳、刺儿菜、荠菜、萹蓄、泥胡菜、野老鹳草、野豌豆、酸模叶蓼、通泉草、薅菜、毛茛、羊蹄、泽漆、蛇床、一年蓬、小飞蓬等。

西南冬（秋播）麦区 该区海拔差异较大，种植制度多样，有一年一熟、一年二熟、一年三熟等多种方式。主要杂草种类有繁缕、猪殃殃、看麦娘、茵草、播娘蒿、荠菜、野油菜、藜、小藜、雀麦、婆婆纳、牛繁缕、早熟禾、雀舌草、大巢菜、泥胡菜、小飞蓬、野燕麦、酸模叶蓼、棒头草、萹蓄、田旋花、通泉草等。

华南冬（晚秋播）麦区 该区地形复杂，种植制度以一年三熟为主。主要杂草种类有看麦娘、日本看麦娘、雀麦、早熟禾、野燕麦、棒头草、多花黑麦草、雀舌草、猪殃殃、牛繁缕、婆婆纳、碎米荠、酸模叶蓼、大巢菜、荠菜、山苦荬、泥胡菜、酢浆草、泽漆、田旋花、小藜、萹蓄、齿果酸模、打碗花、稻槎菜、宝盖草、节节菜等。

东北春（播）麦区 本区冬季寒冷，种植制度主要为一年一熟。主要杂草有野燕麦、藜、灰绿藜、滨藜、萹蓄、鸭跖草、鼬瓣花、柳叶刺蓼、狼杷草、苣荬菜、田旋花、稗草、大刺儿菜、卷茎蓼、香薷、铁苋菜、离蕊芥、芦苇、香薷、反枝苋、刺儿菜、苍耳、苘麻、问荆、滨藜、野薄荷、龙葵、垂梗繁缕、麦家公、猪殃殃、猪毛菜等。

北部春（播）麦区 该区冬寒夏暑，春季多风，气候干燥，日照充足，种植制度主要为一年一熟。主要杂草有反枝苋、藜、酸模叶蓼、苍耳、田旋花、车前、马齿苋、刺儿菜、猪殃殃、苣荬菜、萹蓄、繁缕、稗草、马唐、狗尾草、芦苇、野燕麦等。

西北春（播）麦区 该区种植制度主要为一年一熟。主要杂草有野燕麦、猪殃殃、密花香薷、雀麦、旱雀麦、田旋花、藜、苣荬菜、离子草、大刺儿菜、小藜、萹蓄、荞麦蔓、播娘蒿、荠菜、卷茎蓼、尼泊尔蓼、遏蓝菜、繁缕、灰绿藜、打碗花、独行菜、麦瓶草、虎尾草、狗尾草、问荆等。

新疆和青藏地区春冬兼播麦区 该区自然条件差异大，冷凉地区种植制定以一年一熟为主，小麦为春小麦；温暖地区种植制定以一年二熟为主，小麦为冬小麦。主要杂草有播娘蒿、荠菜、野燕麦、薄蒴草、藜、田旋花、猪殃殃、荞麦

蔓、密花香薷、节裂角茴香、萹蓄、麦瓶草、狗尾草、芦苇、野豌豆、繁缕、苣荬菜、苦苣菜、大刺儿菜、黄花蒿、野油菜、遏蓝菜、硬草、看麦娘、旱雀麦、稗草、问荆等。

防除技术　小麦田杂草的防控应采用综合防控措施，如种子检疫、人工和机械防治、化学防治以及生态防治等。

植物检疫　小麦引种时，经过严格检疫，防止危险性杂草种子传入。节节麦、野燕麦极易随地区间麦种调运传播，麦种繁育基地要严格拔除田间杂草，麦种调运需严格检疫。

人工和机械防治　人工或利用农机具拔草、锄草等方法直接杀死杂草。①播前杂草诱萌、灭除，小麦适时晚播。黄淮海区玉米收获后 9 月下旬，按常规耕作后，田间浇水造墒，促进田间杂草种子提早萌发，在浇水后 25～30 天，等杂草基本出齐后，采用物理或化学方式灭除田间已出杂草，此杂草诱萌的措施防控秋季萌发杂草效果可达 90% 以上，可以大幅度降低除草剂的使用量。②播前深翻控制杂草危害，小麦播种前深翻可有效控制杂草危害。试验数据表明，不同土层的杂草萌发危害各不相同，0～5cm 土层的杂草种子大多数均可萌发危害，10～20cm 土层的杂草仅少数萌发出土，20cm 土层以下的杂草不能萌发出土。而传统的深翻措施可将多数杂草种子耕翻到 20～30cm 左右的土层，可以很好地控制杂草的萌发危害。③轮作换茬控制杂草危害，研究表明，改变轮作方式可以显著减少田间杂草基数。黄淮海区大面积常年采用小麦玉米的轮作方式，个别区域常年采用小麦水稻的轮作方式，这种不变的轮作方式杂草种类和基数远远大于其他多样变化的轮作方式。黄淮海区可采用种植春棉花、春大豆或春花生等作物与小麦、玉米二年三作，也可采用其他轮作方式。种植春茬作物的年份采用秋耕或 4 月杂草出齐后、结实前，翻耕土壤，将杂草翻耕到土壤中，可有效减少杂草基数，控制杂草危害。④小麦适当密植，小麦种植密度与杂草发生密切相关，适当增加小麦种植密度，可以有效抑制杂草的发生。小麦播种量适当增大 10%～20%，因品种而异，一般控制在亩苗数 12 万～15 万，后期有效分蘖 35 万～40 万穗。利用小麦生长快、分蘖力强的优势，提高小麦的地面覆盖率。在一定程度上可抑制杂草生长，减轻杂草危害。

化学防治　选择适当的时机施药，杂草叶龄小的时候，对除草剂相对敏感，因此，冬小麦田喷药一般掌握在杂草出齐后尽早施药。冬小麦田杂草防除有 2 个适宜的喷药时期，第一个适宜时期是冬前 11 月上中旬，小麦播后 30～40 天，小麦处于分蘖初期，此时田间越年生杂草 90% 以上都已出苗，杂草苗龄小，对除草剂较敏感，喷施除草剂除草效果较好；第二个适宜时期是春季气温回升后，小麦分蘖期至返青初期，2 月下旬至 3 月中旬，春季施药也宜早不宜迟。但这 2 个喷药时期都处于气温波动比较大的时期，不时有冷空气来袭，喷施除草剂前应关注气象预报信息，喷药前后 3 天内不宜有强降温（日低温低于 0℃），且要掌握在白天喷药时气温高于 10℃（日平均气温 8℃以上）时喷施除草剂，既有利于除草剂药效的发挥，同时也避免了小麦药害的发生。

抓住降雨或麦田浇水时机，及时施药，确保除草剂药效的发挥。黄淮海区冬小麦适宜喷药时期 11 月及翌年春季

往往干旱少雨，近几年，干旱情况日益严重。在干旱的情况下，除草剂杀草速度和防除效果均有较大影响，估计与除草剂随水分在杂草体内吸收、传导、运输、发挥作用有关。土壤墒情在 40%～60% 时最有利于除草剂药效的发挥，因此，除草剂的使用应结合浇水或降雨后的有利时机，及时用药。没有水浇条件的地块，尽量选用受墒情影响较小的除草剂或除草剂混配制剂，或加大兑水喷液量，1 亩地喷施药液 30～40kg 为宜，避免喷施除草剂不除草的现象发生。此外，喷施 2,4-滴异辛酯、2 甲 4 氯及含有它们的复配制剂时，与阔叶作物的安全间隔距离应在 200m 以上，避免飘移药害的发生，棉花种植区避免使用此类药剂。另外，干悬剂、可湿性粉剂型药剂要二次稀释使用，即先在小容器中加少量水溶解药剂，待充分溶解后再加入喷雾器中，加足水，摇匀后喷施。

根据不同杂草群落应采取适用于防除特定群落的除草剂配方，施用时期也应依据杂草发生高峰的特点适时开展。在小麦播种盖籽后 15 天内全面用土壤处理剂封闭，宜选用苯磺·异丙隆或异丙隆对水均匀喷雾。对播种后错过杂草防治适期、田间已有明显杂草发生的小麦田，可用苯磺·异丙隆或异丙隆加精噁唑禾草灵或加炔草酯封杀结合进行杂草防除。翌年早春一般在 2 月中旬前，对后生杂草较多的麦田进行茎叶处理，单子叶杂草发生较重的麦田，可用炔草酯、唑啉草酯·炔草酸或唑啉草酯进行防除；后生双子叶杂草发生严重的麦田，可用氯氟吡氧乙酸进行防除。

由于麦田除草剂选择性较强，每种除草剂都有其特定的防除对象，针对田间杂草群落特点，除草剂的选择建议如下。

①以播娘蒿、荠菜、藜等为优势杂草的地块可选用双氟磺草胺、2 甲 4 氯钠、苯磺隆（非抗性区域）或 2,4-滴异辛酯；或者选用复配制剂。

②以猪殃殃为优势杂草的地块可选用氯氟吡氧乙酸、氟氯吡啶酯、麦草畏、唑草酮或苄嘧磺隆；或含有这些药剂的复配制剂，如氯氟吡氧乙酸 + 双氟磺草胺等。

③猪殃殃、荠菜、播娘蒿等阔叶杂草混合发生的地块建议选用复配制剂，如氟氯吡啶酯 + 双氟磺草胺，或双氟磺草胺 + 氯氟吡氧乙酸，或双氟磺草胺 + 唑草酮等；可扩大杀草谱，提高防效。

④以阿拉伯婆婆纳为优势杂草的地块可选用苯磺隆（非抗性区域），或含有苯磺隆的复配制剂。

⑤以看麦娘、日本看麦娘、硬草、菵草为优势杂草的地块可选用啶磺草胺、精噁唑禾草灵（非抗性区域）、炔草酯、甲基二磺隆、唑啉草酯、异丙隆或肟草酮等药剂。

⑥以多花黑麦草、碱茅、棒头草为优势杂草的地块可选用炔草酯、唑啉草酯或啶磺草胺等。

⑦以大穗看麦娘为优势杂草的地块可选用啶磺草胺、精噁唑禾草灵、炔草酯、甲基二磺隆或唑啉草酯等，小麦越冬前使用，返青期使用甲基二磺隆或唑啉草酯等防效显著下降。

⑧以野燕麦为优势杂草的地块可选用精噁唑禾草灵、炔草酯、异丙隆或肟草酮等。

⑨以雀麦为优势杂草的地块可选用啶磺草胺、氟唑磺隆、甲基二磺隆。

⑩以早熟禾为优势杂草的地块可选用啶磺草胺、异丙

隆、甲基二磺隆。

⑪ 以节节麦为优势杂草的地块可选用甲基二磺隆。

⑫ 抗性播娘蒿等的地块可选用双氟磺草胺与唑草酮、2 甲 4 氯、2,4- 滴异辛酯、氟氯吡啶酯等的复配制剂。

⑬ 抗性荠菜等的地块可选用双氟磺草胺与 2 甲 4 氯、2,4- 滴异辛酯等的复配制剂。

生态防治 采用秸秆覆盖法，即利用作物秸秆，如粉碎的玉米秸秆、稻草等覆盖，有效控制杂草的萌发和生长。一般可覆盖粉碎的作物秸秆 150～200kg/ 亩。深耕可使多年生杂草如苣荬菜、刺儿菜、打碗花和问荆等地下根茎切断，翻露于土表，经日晒和霜冻，杀死部分营养繁殖器官。翻入深层土中的根茎，降低了拱土能力，延缓出土或减弱了生长势。在东北，通过春小麦的早播和密植，促其早发封垄和郁闭，能有效抑制晚春的稗草、马唐和鸭跖草的萌发、出苗及生长发育。通过作物的轮作，亦能达到控制麦田杂草的目的。在稻麦两熟制地区，实行麦—稻—肥—稻轮作制度，生长的绿肥，可以抑制麦田杂草看麦娘、牛繁缕和猪殃殃等的生长。同时，绿肥收获翻耕较早，可以减少或杜绝杂草子实的形成，减轻翌年麦田杂草的发生。东北地区连年连作小麦，多年生杂草增多，通过实行小麦与玉米或和大豆的轮作，由于玉米和大豆的播期较迟，种植时耙地，可将已萌发的多年生杂草的幼苗杀死，从而显著减轻这些杂草的危害。

抗药性杂草及其治理 但是随着化学除草剂的长期使用，麦田杂草群落构成和优势种也不断演替变化，如原来黄淮海区域冬小麦田以阔叶杂草为优势杂草，逐渐演变为单、双子叶杂草混合发生，雀麦、节节麦等禾本科杂草与播娘蒿等混合发生的区域越来越大，危害程度逐年加重；难防、恶性杂草，如节节麦、猪殃殃、麦家公、泽漆、婆婆纳等发生也逐年加重。另外，随除草剂的长时间使用，抗性杂草种类逐年增多、分布逐年加重。据报道，目前全球报道冬小麦田有 72 种杂草对一种或几种除草剂，主要是乙酰乳酸合成酶抑制剂类和乙酰辅酶 A 羧化酶抑制剂类除草剂产生了抗性。其中中国麦田报道了 7 种抗药性杂草，如播娘蒿、荠菜、猪殃殃等对苯磺隆的抗药性，看麦娘、日本看麦娘、菌草等对精噁唑禾草灵的抗药性等。因此应轮换使用作用机制不同的除草剂，同时也应加强采用农业、物理、生物措施防除麦田杂草，延缓抗性杂草的产生。

参考文献

郭文超，张淳，李新唐，等，2008. 新疆麦田杂草种类、分布危害及其综合防治技术 [J]. 新疆农业科学 (4): 676-681.

刘延虹，关侠，冯文涛，2005. 陕西省麦田杂草种类分布及防除技术 [J]. 杂草科学，23(4): 19-20.

强胜，2001. 杂草学 [M]. 北京 : 中国农业出版社 .

沈晴，杨平俊，李俊，2016. 苏州市小麦田杂草调查及防除对策 [J]. 上海农业科技 (6): 147-149.

赵广才，2010. 中国小麦种植区划研究（一）[J]. 麦类作物学报，30(5): 886-895.

赵广才，2010. 中国小麦种植区划研究（二）[J]. 麦类作物学报，30(6): 1140-1147.

（撰稿：戴伟民；审稿：宋小玲、郭凤根）

麦仙翁　*Agrostemma githago* L.

夏熟作物田一二年生杂草。又名麦毒草。英文名 corn cockle。石竹科麦仙翁属。

形态特征

成株 高 60～90cm（图①）。全株密被白色长硬毛。茎单生，直立，不分枝或上部分枝；叶线形或线状披针形，长 4～13cm、宽（0.2）0.5～1cm，基部微合生，两面均有半贴生长白毛，背面中脉突出。花大，单生于枝顶，直径 3cm（图②）；花梗长；花萼合生，萼筒椭圆状卵形，长 1.2～1.5cm，后期微膨大，萼裂片线形，长 2～3cm；花瓣 5，紫红色，较花萼短，先端截形，喉部无小鳞片，基部有长爪，爪窄楔形，白色；雄蕊 10 枚，比花瓣短；花柱 5，丝状，与花萼裂片互生。

子实 蒴果卵圆形，长 1.2～1.8cm，微长于宿萼，1 室，内含种子数粒，裂齿 5，外卷。种子卵形或圆肾形，长 2.5～3.5mm，黑色或近黑色，无光泽，表面有排成同心圆状的、大小不整齐的棘状突起（图③）。种脐位于下端，其两侧向内略凹入，形成浅缺刻；胚沿背面环生，围绕胚乳，呈淡黄色；胚乳丰富，洁白。

幼苗 子叶出土。全株呈灰绿色。上胚轴不发达，长 4～5mm，有长 1～1.5mm 的纤毛，灰白色，极明显；下胚轴发达无毛。子叶长椭圆形，长 12～25mm、宽 5～10mm，基部中脉突出；表面粗糙，上、下无毛。初生叶对生，无柄，中脉极明显，叶背凹。

生物学特性

适生于麦田中或路旁草地。喜阳光照射，耐寒冷，耐干旱，耐贫瘠。根系发达，后期根半木质化，多数分布于约 20cm 的耕层，生长旺盛。种子繁殖。花期 6～8 月，果期 7～9 月。麦仙翁种子生命力顽强，无休眠性，发芽迅速、整齐，个体差异较小。

分布与危害

原产欧洲，现在北非、西伯利亚西部、北美、南美和澳大利亚也有分布。种子及茎叶均有毒，为有毒杂草，早年随麦种引进而传入中国，19 世纪在中国东北发现，中国分布于黑龙江、吉林、内蒙古、新疆等地。常危害小麦、玉米、大豆等农作物。由于种子有毒，混入粮食中会对人和各种畜禽健康造成损害。人中毒有腹痛、呕吐、腹泻、头晕、低烧、脊柱剧烈疼痛和运动困难等症状，有时昏迷或死亡；动物连续少量采食种子可导致慢性中毒，主要症状有流涎、恶心、呕吐、腹泻、眩晕、呼吸困难以致昏迷、瘫痪等；大量连续采食则引起严重中毒，如强烈的肌肉疼痛、痉挛、呼吸抑制以致死亡。常见于半干旱的草原，生于麦田、路旁和草地，为麦类作物田的主要杂草。

防除技术

农业防治 种子流通标准化，麦仙翁的果不易开裂，一般是随作物（麦类）种子的收获而混入的。因此加强种子管理，提高种子质量，严格控制种子流通，使流通的种子一定要达到标准化要求，以控制麦仙翁的传播。产地检疫，麦仙翁是有毒性杂草，对疫区的种子严格控制外流，疫区各小麦种植单位限期更新种子，逐年淘汰混有麦仙翁种子的麦种，更不能引进带有麦仙翁的麦种，以做到及时消灭麦仙翁。精

麦仙翁植株形态（强胜摄）

①植株；②花；③种子

选种子，麦仙翁种子显著比麦种小，用一般清选机械就可以清除。轮作换茬，麦仙翁与麦类有一定的共生性，尚未发现其他作物中麦仙翁发生，因此通过轮作改变生境，不利麦仙翁生长，可以降低危害。人工拔除，麦仙翁花色鲜艳极易识别，小面积麦田可组织人力于花期拔除，减少结实量，降低翌年危害。

化学防治　麦田可用防除阔叶杂草的除草剂 2 甲 4 氯、麦草畏、氯氟吡氧乙酸、苯达松、苯磺隆、唑嘧磺草胺等进行茎叶喷雾处理。

综合利用　麦仙翁可入药，主治百日咳等，还可以用作观赏植物。麦仙翁种子中含有多种药用成分，种子的乙醇提取物可有效降低高胆固醇饮食小鼠血液中的胆固醇含量；种子中的皂苷与嵌合毒素的联合用药为肿瘤治疗开辟了新途径；麦仙翁种子和全草中含有麦仙翁素以及多种氨基酸，对小麦增产有促进作用。可进一步开发利用。由于其花大而美，很多地区作为观赏绿化植物在花坛、花境、岩石园等栽植。

参考文献

韩彪，解孝满，李文清，等，2020. 控氧控湿对麦仙翁种子老化过程中种子活力的影响 [J]. 分子植物育种 (18): 6174-6179.

李扬汉，1998. 中国杂草志 [M]. 北京：中国农业出版社：161-162.

刘满仓，1986. 麦仙翁及其防治的研究 [J]. 内蒙古农业科技 (3): 26-27.

叶文才，马骥，赵守训，1997. 麦仙翁中促进小麦增产的活性氨基酸成分研究 [J]. 中国药科大学学报，28(2): 65-68.

中国科学院中国植物志编辑委员会，1996. 中国植物志：第二十五卷 [M]. 北京：科学出版社：267.

（撰稿：付卫东、宋小玲；审稿：贾春虹）

脉耳草　*Hedyotis vestita* R. Br. ex G. Don

秋熟作物田多年生披散草本杂草。英文名 ribbed hedyotis、hairy starviolet。茜草科耳草属。

形态特征

成株　高 30～50cm（图①②）。除花和果被短毛外，全部被干后变金黄色疏毛；嫩枝方柱形，老时近圆柱形。叶对生，膜质，披针形或椭圆状披针形，长 5～8cm、宽 1.5～2.8cm，顶端渐尖，基部楔形而下延；侧脉每边 4～5 条，纤细，明显，与中脉成锐角斜向上伸；叶柄长 5～10mm；托叶膜质，基部合生，上部分裂成数条长 3～5mm 的针状刺。聚伞花序密集呈头状，单个腋生或数个排成总状花序式，有钻形、长达 1mm 的苞片（图③）；总花梗长 5～12mm；花

脉耳草植株形态（黄江华摄）
①植株及生境；②茎叶；③花序

芳香，无梗或具极短的梗；萼管陀螺状，长 0.5mm，萼 4～5 裂，檐裂片披针形，长约 1mm；花冠管状，白色或紫色，长 2.2～2.5mm，管长 1.2～1.5mm，喉部以上被毛，花冠顶部 4（稀 5）裂，裂片长椭圆形，长约 1mm，渐尖。雄蕊与花冠裂片同数，着生于冠管喉部，花丝极短，花药椭圆形、略扁，伸出；花柱长 1.2～1.5mm，中部以上被毛，柱头 2 裂，裂片线形。

子实 果近球形，直径 1～1.5mm，成熟时不开裂，宿存萼檐裂片三角形，广展，长 0.5mm；种子每室 3～4 粒，三棱形，干后黑色。

生物学特性 一年生或多年生草本，种子繁殖。生于海拔 400～2000m 的山谷林缘或草坡旷地上。花果期 7～11 月。

分布与危害 中国分布于海南、广东、广西、云南等地；国外分布于中南半岛、马来西亚、印度尼西亚、菲律宾和印度。脉耳草为秋熟作物田一般性杂草。

防除技术 见金毛耳草。

综合利用 全草药用可清热解毒、除湿、消炎、抗疟、接骨，用于疟疾、肝炎、风湿骨痛、目赤、骨折、外伤出血。

参考文献

江纪武，2005. 药用植物辞典 [M]. 天津：天津科学技术出版社：378-380.

李扬汉，1998. 中国杂草志 [M]. 北京：中国农业出版社：875-876.

中国科学院中国植物志编辑委员会，1999. 中国植物志：第七十一卷 第一分册 [M]. 北京：科学出版社：32.

（撰稿：范志伟；审稿：宋小玲）

满江红 *Azolla pinnata* R. Br. subsp. *asiatica* R. M. K. Saunders & K. Fowler

水田浮水杂草。又名红萍、紫藻、三角藻、红浮萍、常绿满江红、多果满江红。异名 *Azolla imbricata* (Roxb.) Nakai。英文名 overlapping azolla、water violet、whole river red。满江红科满江红属。

形态特征

成株 植株卵形或三角形（图①②）。根茎细长横走，侧枝腋生，假二歧分枝，向下生须根。叶小，互生，无柄，覆瓦状在茎枝排成 2 行；叶片背裂片长圆形或卵形，肉质，绿色，秋后随气温降低渐变为红色，边缘无色透明，上面密被乳头状瘤突，下面中部略凹陷，基部肥厚形成共生腔；腹裂片贝壳状，无色透明，稍紫红色，斜沉水中。孢子果双生于分枝处，大孢子果长卵形（图③～⑤），顶部喙状，具 1 个大孢子囊，大孢子囊产 1 个大孢子，大孢子囊外壁具

9 个浮膘，分上下 2 排附着大孢子囊体，上部 3 个较大，下部 6 个较小；小孢子果大，圆球形或桃形，顶端具短喙，果壁薄而透明，具多数有长柄的小孢子囊，每小孢子囊有 64 个小孢子，分别埋藏在 5～8 块无色海绵状泡胶上，泡胶块有丝状毛。

生物学特性 满江红的分布受到温度的限制，在中国主要分布于长江以南，水位稳定、水流缓的池塘、湖泊、水沟和稻田，北方地区也可以见到。温度变化直接影响满江红的生长速度、固氮能力、体形和色泽。满江红有无性繁殖和有性繁殖 2 种方式，无性繁殖主要靠营养体基部侧枝的断裂和新生侧芽；有性繁殖是通过孢子发育，秋天产生孢子果。

分布与危害 中国分布于南北各地；日本、朝鲜、斯里兰卡、越南、印度尼西亚也有。喜生于水田、水沟、池塘的水面，生长十分占优势，四季繁茂，冬季常成唯一的浮生植物。由于满江红生长速度快，会形成密布水面的飘浮群体，遮蔽水面，导致水中缺光、缺氧，降低水和土壤温度，影响水生植物正常生长发育，主要是有碍水稻分蘖，影响水稻产量。满江红水提物对水稻幼苗的根长有浓度依赖的抑制作用，高浓度时显著，低浓度时则有促进作用。

防除技术 应采取农业防治、生物防治和化学防治相结合的方法。此外，也应该考虑综合利用等措施。

农业防治 在水源条件好的地方可实行水旱轮作，减少满江红的发生量。在满江红繁殖期尽量减少向水中施过磷酸钙等有效磷含量高的肥料，以控制其繁殖量。

生物防治 稻田综合种养，利用鸭、鱼啄食满江红。

化学防治 当密度高影响水稻分蘖时，可用 2 甲 4 氯钠均匀喷雾灭除，让满江红自然死亡腐烂，可以肥田。

综合利用 满江红营养价值较高，含粗蛋白质 21% 以上，粗脂肪 2.57%，粗纤维 14.6%，无氮浸出物 0.97%，加上其大小适中，不需切碎加工，在春秋季节可直接为草食性鱼类提供天然优质青绿饲料。满江红可药用，能发汗，利尿，祛风湿，治顽癣。晒干后熏杀虫蚊。因植物体常与蓝藻共生，是优良的绿肥，可以在水稻分蘖期放养，除能提高氮素养分外，还可以抑制其他杂草发生。

参考文献

陈坚, 2003. 满江红在不同培养条件下的生产性能及其与营养成分变化的关系 [J]. 植物营养与肥料学报 (4): 467-472.

杜贤海, 2012. 红浮萍的利用与灭除技术 [J]. 四川农业科技 (1): 37-38.

胡家文, 沈子伟, 陈小江, 等, 2005. 满江红 *Azolla imbricata* (Roxb.)Nak 的生物学特征及其渔业利用 [J]. 渔业信息与战略, 20(11): 3-5.

黄毅斌, 翁伯琦, 唐龙飞, 2010. 从 "Azolla Event" 论满江红在生态农业中的应用 [J]. 中国农业科技导报, 12(5): 5-9.

邵波, 2013. 铈对满江红和槐叶萍降解苯胺类废水的效果分析 [J]. 浙江农业学报, 25(3): 577-581.

万合锋, 龙朝波, 兰晨, 等, 2015. 满江红资源化利用及对环境

满江红植株形态（张治摄）

①群落；②植株；③孢子果；④孢子体正面（放大）；⑤孢子体背面（放大）

修复作用的研究进展 [J]. 福建农业学报 , 30(11): 1120-1126.

王士卓 , 1980. 满江红在我国农业上的利用 [J]. 土壤通报 (6).45-47.

王在德 , 1995. 满江红与稻田综合利用 [J]. 生物学通报 , 30(4): 47-48.

中国科学院中国植物志编辑委员会 , 2000. 中国植物志 : 第六卷 第二分册 [M]. 北京 : 科学出版社 .

周兵 , 2011. 伴生蕨类植物满江红提取物对水稻生长的影响 [J]. 热带作物学报 , 32(7): 1229-1234.

BROUWER P, BRAUTIGAM A, KULAHOGLU C, et al, 2014. Azolla domestication towards a biobased economy? [J]. New phytol, 202(3): 1069-1082.

（撰稿 : 刘宇婧 ; 审稿 : 宋小玲）

蔓首乌　*Fallopia convolvulus* (L.) A. Love

夏熟作物、秋熟旱作物田一年生区域性恶性杂草。又名卷茎蓼、卷旋蓼、荞麦蔓。异名 *Polygonum convolvulus* L.。英文名 wild buckwheat。蓼科何首乌属。

形态特征

成株　高 1～1.5m（图①②）。缠绕茎，长 1～1.5m。叶互生，叶片卵形或心形，长 2～6cm、宽 1.5～4cm，边缘全缘，有叶柄，叶柄长 1.5～5cm，沿棱具小突起；托叶鞘膜质，长 3～4mm，偏斜，无缘毛。花序总状，腋生或顶生，稀疏，下部间断，有时成花簇，生于叶腋；苞片长卵形，顶端尖，每苞具 2～4 花；花梗细弱，比苞片长，中上部具关节；花被 5 深裂，淡绿色，边缘白色，花被片长椭圆形，外面 3 片背部具龙骨状突起或狭翅，被小突起；果时稍增大，雄蕊 8，比花被短；花柱 3，极短，柱头头状。

子实　瘦果椭圆形，具 3 棱，长 3～3.5mm，黑色，密被小颗粒，无光泽，包于宿存花被内。

幼苗　子叶出土，椭圆形，先端急尖，基部楔形，具短柄。下胚轴发达，表面密生极细的刺状毛，下胚轴亦发达，下段被子叶柄相连合成的"子叶管"所包裹，呈六棱形，棱角上密生极细的刺状毛。初生叶 1 片，互生，卵形，缘微波状，基部略戟形，具长柄，基部有一白色膜质的托叶鞘（图③）。

生物学特性　种子繁殖。苗期 3～5 月，花果期 5～9 月。在长期使用磺酰脲类除草剂的田块，蔓首乌会产生抗药性。最早报道蔓首乌产生抗药性的是澳大利亚，之后，加拿大、美国也相继发现了抗药性种群，其抗性是由于乙酰乳酸合成酶突变引起的。此外，美国也发现了蔓首乌对莠去津、西玛津、环草啶、氯草敏、赛克津、灭草松和利谷隆等产生抗药性。

分布与危害　中国分布于东北、华北、西北、湖北、四川、贵州、云南、西藏及台湾等地，其中，淮河流域及以南地区只偶见于秋熟旱作物田；在日本、朝鲜、蒙古、巴基斯坦、

蔓首乌植株形态（张利辉摄）

①②在玉米地危害状；③幼苗

阿富汗、伊朗、俄罗斯（西伯利亚、远东）、印度、欧洲、非洲北部及美洲北部也有分布。蔓首乌是麦类、油菜等夏熟作物田恶性杂草之一，危害麦类、春油菜、马铃薯、亚麻、甜菜等作物，同时也危害大豆、玉米等秋熟旱作物。蔓首乌缠绕作物，影响光照，易造成作物倒伏，造成减产。作物收获时，其茎会缠绕在收割机杆、脱粒滚筒和输送带上，严重影响机械化作业。

防除技术　应采用包括农业防治、化学防治相结合的防治方法。此外，也应考虑综合利用等措施。

农业防治　采用人工除草、机械除草进行防治。采用农业措施，如精选种子、减少秸秆直接还田、施用腐熟的有机肥、清理田边地头杂草以减少土壤种子库中的种子数量，通过深耕、间作套作等进行控草。

化学防治　麦田可用苯磺隆、氯氟吡氧乙酸、2 甲 4 氯、麦草畏等进行茎叶处理防除。油菜田用二氯吡啶酸茎叶喷雾处理对蔓首乌的控制效果非常显著。亚麻田播前用氟乐灵做土壤封闭处理，蔓首乌出苗后用 2 甲 4 氯、辛酰溴苯腈进行茎叶喷雾处理。马铃薯田在播后苗前可用氟乐灵、二甲戊乐灵、扑草净、乙草胺做土壤封闭处理，出苗后用苯达松、嗪草酮等进行茎叶喷雾处理。玉米田可用莠去津、烟嘧磺隆、硝磺草酮等处理。

综合利用　全草可入药，具有健脾消食的功效，主治消化不良、腹泻。

参考文献

蔡立强，安邦，王幼敏，1992. 几种新除草剂防除麦田卷茎蓼试验 [J]. 农药，31(4): 55-56.

李扬汉，1998. 中国杂草志 [M]. 北京：中国农业出版社.

刘洋，康爱国，张玉慧，等，2016. 冀西北亚麻田杂草群落结构及防控技术 [J]. 中国植保导刊，36(5): 34-39.

王清，张金慧，付智林，2012. 春油菜田杂草防除技术研究 [J]. 内蒙古农业科技 (5): 95-96.

张和平，方占军，2003. 麦田卷茎蓼的危害及防除技术 [J]. 植保技术与推广，23(3): 30.

BECKIE H J, WARWICK S I, SAUDER C A, 2012. Acetolactate Synthase (ALS) Inhibitor-Resistant Wild Buckwheat (*Polygonum convolvulus*) in Alberta [J]. Weed technology, 26(1): 156-160.

KUCHARSKI M. 2008. Populations of *Polygonum* spp. resistant to photosystem II inhibiting herbicides in South-Western Poland [J]. Journal of plant protection research, 48(3): 337-345.

PANDIAN B A, FRIESEN A, LAFOREST M, et al, 2020. Confirmation and characterization of the first case of acetolactate synthase (ALS)-inhibitor—resistant wild buckwheat (*Polygonum convolvulus* L.) in the United States [J]. Agronomy, 10(10): 1496.

（撰稿：张利辉；审稿：宋小玲）

芒　*Miscanthus sinensis* Anderss.

农田、旱地和林地多年生草本杂草。英文名 Chinese silvergrass。禾本科芒属。

形态特征

成株　高 80～200cm（图①）。多年生草本，芦苇状。秆无毛或在花序以下疏生柔毛。叶鞘无毛，长于其节间；叶舌膜质，长 1～3mm，顶端及其后面具纤毛（图②③）；叶片线形，长 20～50cm，宽 0.66～1.0cm，下面无毛或疏生柔毛及被白粉。圆锥花序直立，其主轴延伸至花序中部以下，短于其总状花序分枝，长 15～40cm，主轴无毛，分枝较直立，不再分枝或基部分枝具第二次分枝，长 10～30cm；小穗颖片背部平滑无毛，小穗披针形，长 0.5cm，基盘具等长于小穗的丝状毛（图⑥）；第一颖顶端渐尖，背部无毛；第二颖上部内折边缘具纤毛；第一外稃长圆形，膜质，长约 0.4cm，

芒植株形态（刘仁林摄）

①株丛；②③叶面、叶背和叶鞘特征；④⑤果序；⑥小穗基盘具等长于小穗的丝状毛

边缘具纤毛；第二外稃明显短于第一外稃，先端 2 裂，裂片间具 1 芒，芒长 1cm，芒柱稍扭曲，第二内稃长约为其外稃的 1/2；雄蕊 3 枚，先雌蕊而成熟；柱头羽状，从小穗中部两侧伸出。

子实 颖果长圆形，暗紫色（图④⑤）。

生物学特性 适宜农田边、路边，在撂荒农田、耕作旱地或林地危害较严重。以营养器官繁殖为主，具有很强的营养器官繁殖特性，能迅速通过根产生不定根和芽而繁殖。花果期 7～12 月。耕作方式对芒的发生、扩展有较大的影响，撂荒或间断性耕作常引起芒群落的扩展。森林边缘空旷地或路边也常见分布，但没有危害。

分布与危害 几乎全中国有分布，主要分布于江苏、浙江、江西、湖南、福建、台湾、广东、海南、广西、四川、贵州、云南等地。芒是分布区农田田埂、旱地等农田和人工林地的主要杂草之一。芒植株高大，生长快，繁殖能力强，扩展速度快，对人工林生长影响很大。

防除技术 应采取农业防治为主的防除技术和综合利用等措施，对森林危害可使用化学除草剂。

农业防治 在春耕时铲除田边、路边、旱地的芒丛，并挖掘其根系，彻底清除残留在土壤中的大、小根系，以达到彻底清除的目的。

化学防治 芒对次生林和人工林产生的危害可用除草剂草甘膦防治，用量为 0.2L，嫩草期喷施。

综合利用 芒的嫩叶是牛可口的青饲料，因此结合农田管理，培育芒青草饲料，发展养牛业，增加农业收入。此外，秆纤维用途较广，作造纸原料等。

参考文献

罗瑞献，1992. 实用中草药彩色图集：第一册 [M]. 广州：广东科技出版社：70.

中国科学院中国植物志编辑委员会，等，1997. 中国植物志：第十卷 第二分册 [M]. 北京：科学出版社.

（撰稿：刘仁林；审稿：张志翔）

芒萁植株形态（林秦文摄）
①②植株；③孢子囊群

芒萁 *Dicranopteris pedata* (Houtt.) Nakaive

南方荒坡或疏林下最为常见的多年生杂草。又名芦萁。英文名 oldworld forked fern。里白科芒萁属。

形态特征

成株 株高 45～90cm（图①②）。根状茎横走，密被暗锈色长毛。叶远生，柄长 24～56cm，粗 1.5～2mm，棕禾秆色，光滑，基部以上无毛；叶轴一至二（三）回二叉分枝，一回羽轴长约 9cm，被暗锈色毛，渐变光滑，二回羽轴长 3～5cm；各回分叉处两侧均各有一对托叶状的羽片，平展，宽披针形；末回羽片长 16～23.5cm、宽 4～5.5cm，披针形或宽披针形，篦齿状深裂几达羽轴；裂片平展，35～50 对，线状披针形，长 1.5～2.9cm、宽 3～4mm，顶端钝，常微凹，全缘，具软骨质的狭边。侧脉两面隆起，明显，斜展，每组有 3～4（5）条并行小脉，直达叶缘。叶为纸质，上面黄绿色或绿色，下面灰白色，沿中脉及侧脉疏被锈色毛。

子实 孢子囊群圆形，一列，着生于基部上侧或上下两侧小脉的弯弓处，由 5～8 个孢子囊组成，无囊群盖（图③）。

生物学特性 芒萁喜阳、耐酸、耐旱、耐贫瘠，在湿润、肥沃的土壤条件下生长茂盛，常自成群落。广泛生长于热带、亚热带强酸性的红壤丘陵、荒坡林缘或马尾松林下，属于典型的酸性土壤指示植物。根茎匍匐横走于土壤表层，营养繁殖，生长快速。常以孢子繁殖。

分布与危害 广泛分布于中国长江以南各地，产江苏南部、浙江、江西、安徽、湖北、湖南、贵州、四川、西藏、福建、台湾、广东、香港、广西、云南。生强酸性土的荒坡或林缘，在森林砍伐后或放荒后的坡地上常成优势群落，是南方热带亚热带地区常见的杂草之一，分布与危害较大。

防除技术 主要采取包括人工防治、机械防治和化学防治相结合的方法。此外，也应该考虑综合利用等措施。

人工防治 对小块面积或零星分布的芒萁，在其萌发后或生长时期直接进行人工拔除或铲除，或结合中耕施肥等农耕措施剔除。

机械防治 对面积较大或成片分布的芒萁，结合农事活动，利用农机具或大型农业机械进行各种耕翻等措施进行不同时期除草，直接杀死、刈割或铲除。

化学防治 可用草甘膦，加入小量洗衣粉进行喷杀，3～6月均可，以4～5月最佳。

综合利用 芒萁在山区多用于烧柴。叶柄可编织成手工艺品。根茎及叶可治冻伤，有清热解毒、祛瘀消肿、散瘀止血之功效。此外，芒萁是水土保持及改良土壤的好帮手，也是火灾后可以急速复原的植物。

参考文献

林夏馨，2004. 芒萁的生长发育规律及人工繁殖技术 [J]. 福建水土保持，16(2): 60-62.

潘标志，2000. 竹林化学防除芒萁骨为主杂草试验 [J]. 福建林业科技，27(2): 76-78.

苏育才，陈晓清，2012. 芒萁的研究进展 [J]. 生物学教学，37(2): 5-7.

中国科学院中国植物志编辑委员会，1959. 中国植物志：第二卷 [M]. 北京：科学出版社.

（撰稿：张钢民；审稿：张志翔）

毛花雀稗 *Paspalum dilatatum* Poir

园地、草坪多年生一般性杂草。英文名 caterpillar grass、dallis grass、golden grown grass、leichardt grass、water paspalum。禾本科雀稗属。

形态特征

成株 高50～80cm（图①）。秆直立或基部倾斜，少数丛生。叶鞘光滑，松弛；叶舌膜质，截头，长2～5mm；叶片长10～30cm、宽4～12mm，线形。总状花序3～6个，长5～8cm（图③）；小穗卵形，先端尖，长3～4mm、宽2～2.5mm，孪生，覆瓦状排列成4行，边缘具长丝状柔毛，两面贴生短毛；第一颖缺，第二颖与小穗等长，5～9脉；第一小花外稃等长于小穗，5～9脉，第二小花外稃卵状圆形，近革质，长2～2.5mm。

子实 颖果卵形，长约2mm，浅褐色或乳白色及乳黄色；腹面扁平，稍凹陷，先端稍下方具2枚宿存花柱；胚卵形，长约占颖果的1/2，色同颖果。

生物学特性 以种子繁殖为主，秋冬抽穗。种子轻且有毛，可随风飞扬自然繁殖。喜温暖湿润的气候，年降水量超过1000mm的地方生长更好；可耐-10℃的低温；在pH4.6～6酸性红壤、黄壤中均能生长，再生力强。

分布与危害 毛花雀稗为一般性杂草。原产南美，1962年中国从越南引入种子，现在云南、广东、福建、江西、湖北、贵州均有发生。毛花雀稗作为草坪种引入中国，但由于管理等方面的问题，加之较强的繁殖力，对当地的生态和生物多样性造成了威胁，严重影响中国果、桑、茶作物产量，被多地列入外来入侵植物，现已逐渐上升为中等危害杂草。

防除技术 应采取包括农业防治、生物防治和化学防治相结合的方法。此外，可考虑综合利用等措施。

农业防治 在果园、桑园、茶园等地及时拔除杂草，并带出田间进行销毁；对田地周围的杂草及时清除，最好在杂草开花结实之前进行人工除草，避免种子传播；施用的农家肥要经过充分腐熟。另外，在果园、桑园、茶园行间可覆盖玉米、小麦等秸秆抑制杂草生长；也可选择合适的绿肥进行

毛花雀稗植株形态（叶照春摄）
①发生危害状况；②幼苗；③花序

替代控草，实现以草控草的作用。

生物防治 在果园等地可通过养鸡、养鹅等啄食杂草幼苗等控制其危害。

化学防治 毛花雀稗大量发生时，在果园、桑园、茶园等地可使用草甘膦、草铵膦等进行防除，宜选择在其开花前定向喷雾，减少种子还田。

综合利用 因毛花雀稗产量和粗蛋白质含量较高，适口性好，各种家畜均喜吃，可作饲料，亦可养鱼，为南方优良牧草之一。因其适应性广，抗逆性强，生长速度快，在水土保持方面有重要地位。

参考文献

李扬汉，1998. 中国杂草志 [M]. 北京：中国农业出版社：1289.

申时才，张付斗，徐高峰，等，2012. 云南外来入侵农田杂草发生与危害特点 [J]. 西南农业学报，25(2)：554-561.

（撰稿：叶照春；审稿：何永福）

毛马唐 *Digitaria ciliaris* (Retz.) Koell. var. *chrysoblephara* (Figari & De Notaris) R. R. Stewart

秋熟旱作田、菜地、果园一年生草本杂草。又名黄缝马唐。英文名 hairy crabgrass。禾本科马唐属。

形态特征

成株 高 30～100cm（图①）。秆基部匍匐具分枝，叶鞘多短于其节间，常具柔毛；叶舌膜质，长 1～2mm；叶片线状披针形，长 5～20cm，宽 3～10mm，两面多少生柔毛，边缘微粗糙。总状花序 4～10 枚，长 5～12cm，呈指状排列于秆顶（图②）；穗轴宽约 1mm，中肋白色，约占其宽的 1/3，两侧之绿色翼缘具细刺状粗糙；小穗披针形，长 3～3.5mm，孪生于穗轴一侧（图③）；小穗柄三棱形，粗糙；第一颖小，三角形；第二颖披针形，长约为小穗的 2/3，具 3 脉，脉间及边缘生柔毛；第一外稃等长于小穗，具 7 脉，脉平滑，中脉两侧的脉间较宽而无毛，间脉与边脉间具柔毛及疣基刚毛，成熟后，两种毛均平展张开；第二外稃淡绿色，等长于小穗，边缘具长纤毛。

子实 带稃颖果椭圆状披针形，长约 3.5mm，第一小花外稃被丝状长睫毛；颖果圆卵形，长约 3mm，淡黄色或灰白色，种脐明显，圆形，胚卵形，长约为颖果的 1/3（图④⑤）。

幼苗 幼苗呈深绿色，有柔毛；胚芽鞘阔披针形，半透明膜质，长 0.5～3mm；中胚轴具有伸长能力，常生有不定根；第 1 片椭圆形，具 25 条平行脉，叶鞘脉 7 条。叶舌三角状膜质，顶端齿裂，叶鞘密被长柔毛；第 2 片真叶带状披针形，叶舌三角形，叶鞘与第 1 片真叶相同，全株被毛。

生物学特性 适生于草地和路旁田野。毛马唐是玉米田、大豆田等秋熟旱作田的恶性杂草，也是果园的主要杂草。毛马唐种子萌发受气温、降雨等气候因素影响，在低于 20℃时，发芽慢，25～35℃发芽最快；适宜的土壤深度 1～6cm，以 1～2cm 发芽率最高。在合适的温度和湿度下毛马唐种子萌发率在 80% 以上。以种子繁殖为主，带有节的匍匐茎亦可进行营养繁殖，下部茎节着地生根。为二倍体植物，染色体 2n=72。

国外调查发现大豆田毛马唐对乙酰辅酶 A 羧化酶（ACCase）抑制剂类除草剂产生了抗药性。

分布与危害 中国分布于黑龙江、吉林、辽宁、河北、山西、河南、甘肃、陕西、四川、安徽和江苏等地；世界亚热带和温带地区均有分布。毛马唐是秋熟旱地危害最严重的杂草之一，常与马唐混生危害。主要危害玉米、豆类、棉花、花生、烟草、甘蔗、高粱等作物。生长迅速，对作物前中期造成危害。

防除技术

农业防治 见马唐。

化学防治 见马唐。

综合利用 毛马唐是一种可供牛羊取食的优良牧草。也可用于植被覆盖。全草可入药，能明目润肺以及止血。

参考文献

陈树文，苏少范，2007. 农田杂草识别与防除新技术 [M]. 北京：

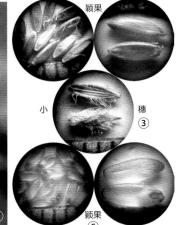

毛马唐植株形态（张治摄）

①植株；②花序；③小穗；④⑤颖果

中国农业出版社．

陈扬，2021. 东北地区大豆田化学除草剂减量技术研究 [D]. 沈阳：沈阳农业大学．

范光芝，2011. 松嫩平原不同播种时间毛马唐生长和生殖数量特征的比较 [D]. 长春：东北师范大学．

郝宝强，任立瑞，程鸿燕，等，2021. 20% 烟嘧磺隆可分散油悬浮剂对玉米田一年生杂草的防除效果研究 [J]. 中国农学通报，37(7): 95-99.

梁德祺，2021. 硝磺草酮和烟嘧磺隆对玉米田杂草最低有效控制剂量的研究 [D]. 沈阳：沈阳农业大学．

温广月，钱振官，李涛，等，2014. 马唐生物学特性初步研究 [J]. 杂草科学，32(2): 1-4.

张陈川，2015. 大豆田马唐对高效氟吡甲禾灵的抗药性研究 [D]. 长沙：湖南农业大学．

张志强，赵梅勤，朱建义，等，2021. 20% 异噁唑草酮悬浮剂防除夏播玉米田杂草的效果试验研究 [J]. 四川农业科技 (2): 42-45.

（撰稿：宋小玲、毛志远；审稿：强胜）

毛菍植株形态（李晓霞、杨虎彪摄）
①植株；②花；③果

毛菍　*Melastoma sanguineum* Sims

果园、桑园、茶园、胶园多年生一般性杂草。又名毛稔。英文名 red melasome。野牡丹科野牡丹属。

形态特征

成株　高 1.5～3m（图①）。茎、小枝、叶柄、花梗及花萼均被平展的长粗毛，毛基部膨大。叶片坚纸质，长 8～15（～22）cm、宽 2.5～5（～8）cm，全缘，基出脉 5；叶柄长 1.5～2.5（～4）cm。伞房花序（图②），顶生，常仅有花 1 朵，有时 3（～5）朵；苞片戟形，膜质，顶端渐尖，背面被短糙伏毛，以脊上为密，具缘毛；花梗长约 5mm，花萼管长 1～2cm、直径 1～2cm，有时毛外反，裂片 5（～7），三角形至三角状披针形，长约 1.2cm、宽 4mm，较萼管略短，脊上被糙伏毛，裂片间具线形或线状披针形小裂片，通常较裂片略短，花瓣粉红色或紫红色，5（～7）枚，广倒卵形，上部略偏斜，顶端微凹，长 3～5cm、宽 2～2.2cm；雄蕊长者药隔基部伸延，末端 2 裂，花药长 1.3cm，花丝较伸长的药隔略短，短者药隔不伸延，花药长 9mm，基部具 2 小瘤；子房半下位，密被刚毛。

子实　蒴果杯状球形，胎座肉质，为宿存萼所包；宿存萼密被红色长硬毛，长 1.5～2.2cm、直径 1.5～2cm（图③）。

生物学特性　多年生大灌木，花果期几乎全年，通常在 8～10 月，生于 400m 以下的低海拔地区，常见于坡脚、沟边、湿润草丛或矮灌丛中。毛菍种子萌发的最佳组合为 GA 350mg/L+IAA 100mg/L + 6-BA 20mg/L + 温度 23℃。毛菍嫩梢茎段可以离体培养繁殖。毛菍为自交亲和的异交种，需要昆虫传粉；人工自交和异交均具有较高的坐果率；不存在无融合生殖、主动自花授粉和滞后自交的生殖保障现象；其繁育系统是兼性自交。

分布与危害　中国分布于福建、广东、广西、海南、香港、澳门。为果园、桑园、茶园、胶园杂草。

防除技术

人工或机械防治　在幼龄期或开花前，人工锄草或机械防除。

生物防治　在果园种植绿肥覆盖植物，以草控草。

化学防治　在幼龄期或开花前，用灭生性茎叶处理除草剂草甘膦或氯氟吡氧乙酸等防除，注意定向喷施。在萌发前至萌后早期，可用土壤封闭除草剂莠灭净、莠去津等防治。

综合利用　果可食。根、叶可供药用，根有收敛止血、消食止痢的作用，可治水泻便血、妇女血崩、止血止痛，叶捣烂外敷有拔毒生肌止血的作用,可治刀伤跌打、接骨、疮疖、毛虫毒等。茎皮含鞣质。还可作园林景观植物和观赏花卉。

参考文献

彭东辉,兰思仁,吴沙沙,2012. 毛茛传粉生物学研究 [J]. 热带亚热带植物学报,20(6): 618-625.

唐淑玲,徐江宇,江鸣涛,等,2015. 毛茛种子萌发特征研究 [J]. 种子 (8): 23-26.

伍成厚,郑慈真,代色平,等,2014. 毛茛茎段离体培养 [J]. 经济林研究,32(4): 147-151

中国科学院中国植物志编辑委员会,1984. 中国植物志:第五十三卷 第一分册 [M]. 北京:科学出版社: 161.

(撰稿:范志伟;审稿:宋小玲)

毛蕊花 *Verbascum thapsus* L.

夏熟作物田、秋熟旱作物一二年生杂草。又名一柱香、大毛叶、寄鱼草。英文名 flannel mullein。玄参科毛蕊花属。

形态特征

成株 株高 50～150cm。全株密被淡黄色星状茸毛。基生叶和下部茎生的叶片倒披针状椭圆形,长达 15cm、宽达 6cm,边缘有浅钝齿或近全缘,有短柄;茎生叶逐渐缩小,叶片渐变为矩圆形、卵状矩圆形、长椭圆形或倒披针形,基部下延成狭翅。穗状花序顶生,圆柱状,长达 35cm,结果时还可以伸长和变粗。花 2 至数朵簇生;苞片密被星状茸毛;花萼 5 裂,长约 7mm,裂片宽披针形,被茸毛;花冠黄色,直径 1～2cm,喉部凹入。雄蕊 5,全育,后方 3 枚花丝有须毛,前方 2 枚花丝无毛;花药基部多少下延而成"个"字形(见图)。

子实 蒴果椭圆形,约与宿存花萼等长或稍超出,先端钝尖。种子短柱状,向下稍渐窄,长 0.6～1mm、宽 0.3～0.5mm,黑褐色,有短条状凸起,无光泽。

生物学特性 越年生草本。种子繁殖。花期 6～8 月,果期 7～10 月。

分布与危害 原产于欧亚大陆温带地区,在全球各大洲都有广泛分布。中国分布于甘肃、新疆、西藏、云南、四川和陕西秦巴山区。

常生于山坡、草地或空闲地,为一般性杂草,庭园中也常见栽培。毛蕊花具有非常强的抗逆、有性繁殖和扩散能力,虽然主要分布于中国西部海拔较高的地区,但在华东也有逸生,因此需要通过适生区模拟来预测其可能的地理分布区,为探测其入侵性提供参考。

防除技术

生物防治 生物除草往往受气候条件影响很大,杀草谱窄,且只在某种程度上降低草害程度,不能根除杂草。可利用毛蕊花蛾防除毛蕊花属杂草。

化学防治 麦田可用 2 甲 4 氯、啶磺草胺、双氟磺草胺、唑草酮等进行茎叶喷雾处理;也可用异丙隆和绿麦隆进行土壤封闭处理。油菜田可用草除灵进行茎叶喷雾处理。

综合利用 全草可作药用,有清热解毒、止血之功效。全株含有挥发油,具有消炎、增强免疫、抗缺氧、抗癌等药用价值,因而在中国许多地区被作为药用植物进行种植。叶可做曼陀罗的掺杂品。

参考文献

陈三斌,2008. 农用化工产品手册 [M]. 北京:金盾出版社: 431.

李扬汉,1998. 中国杂草志 [M]. 北京:中国农业出版社: 929.

刘启新,2015. 江苏植物志:第 4 卷 [M]. 南京:江苏凤凰科学技术出版社: 234-235.

王焱,叶建仁,2017. 引进植物及其携带有害生物风险评估 [M]. 上海:上海科学技术出版社: 210-211.

徐文修,万素梅,刘建国,2018. 农学概论 [M]. 北京:中国农业大学出版社: 231-232.

中国科学院中国植物志编辑委员会,2016. 中国植物志:第六十七卷 第二分册 [M]. 北京:科学出版社: 12-19.

(撰稿:郝建华;审稿:宋小玲)

毛蕊花植株（强胜摄）

酶水平测定 enzyme level bioassay

以除草剂作用的靶标酶作为测定指标,通过测定酶活性抑制程度来确定除草剂活性的一种生物测定方法。

一些除草剂是与生物体内某种特定的酶或受体结合,发生生物化学反应而表现活性的,因此可以以杂草的靶标酶为测定指标,开展生物测定,采用该方法的前提是要知道除草剂的作用靶标。根据酶的特点，酶的反应底物和产物都可以作为检测指标，并由此确定除草剂活性。典型的酶活性测定体系包括：①适当的缓冲液体系。②适当的反应速度，可以通过调整反应条件如温度、缓冲液的 pH 值和酶的浓度等条件控制反应速度。③单时间点快速测量产物的增加量或底物的减少量。

目前常用的酶水平除草剂生物测定方法主要有如下几类：①5- 烯醇式丙酮酰莽草酸 -3- 磷酸合成酶（5-enolpyruxylshikimate-3-phosphate synthase, EPSPS, EC 2.5.1.19）：该酶作为草甘膦的作用靶标，是芳香族氨基酸合成中的重要酶，抑制 EPSPS 合成酶的活性会导致植物体内莽草酸积累，因此测定植物体内莽草酸的积累量可以得知草甘膦活性的大小。例如，提取敏感和抗草甘膦多花黑麦草体内的 EPSPS 合成酶，在离体条件下加入底物进行酶促反应，通过测定反应体系中莽草酸的积累量，发现抗性多花黑麦草的基础 EPSPS 合成酶活性比敏感植株高 6 倍，但两者对草甘膦的 IC_{50} 值相似。②对羟苯丙酮酸双加氧酶（4-hydroxyphenylpyruvate dioxygenase, HPPD, EC1.13.11.27）：该酶是吡唑类、三酮类和异噁唑类除草剂的作用靶标，是植物体内酪氨酸代谢过程中重要的酶，抑制 HPPD 的活性，可以导致植物体内尿黑酸含量的降低，因此可以通过高效液相色谱测定 HGA 含量得知此类除草剂活性的大小；同时，可以通过引入尿黑酸双加氧酶（homogentisate 1,2-dioxygenase, HGD, EC 1.13.11.5），采用偶联法使用酶标仪间接快速地测定尿黑酸含量，从而达到高通量筛选 HPPD 抑制剂的目的。例如，利用原核表达和蛋白洗脱纯化技术获得高纯度的拟南芥（Arabidopsis thaliana）HPPD 蛋白和人源 HGD 蛋白，采用偶联法利用酶标仪在 15 分钟内快速测定了硝磺草酮和新型水稻田除草剂三唑磺草酮对拟南芥 HPPD 酶的抑制活性。③原卟啉原氧化酶（protoporphyrinogen oxidase, PPO，EC1.3.3.4）：该酶是二苯醚类和四氢邻苯二甲酸亚胺类除草剂的作用靶标，抑制剂与底物原卟啉原 IX 竞争性地与酶活性中心结合抑制原卟啉 IX 生成，因此可以通过测定产物原卟啉 IX 的生成量，确定抑制剂的抑制活性。例如，利用原核表达技术获得高纯度的拟南芥 PPO 蛋白，在反应体系中加入一系列浓度的除草剂，在体外通过测定 408 nm 处紫外吸光度计算原卟啉 IX 生成量，明确了氟嘧硫草酯等其他 PPO 抑制剂类除草剂对拟南芥 PPO 酶的抑制活性，结果发现，氟嘧硫草酯的抑制活性最高，是二苯醚类除草剂氟磺胺草醚、乙氧氟草醚和三氟羧草醚 3～134 倍。④乙酰乳酸合成酶（acetolactate synthase, ALS, EC4.1.3.18）：该酶是磺酰脲类、咪唑啉酮类、嘧啶硫代苯甲酸酯类、三唑并嘧啶类和磺酰胺羰基三唑啉酮类除草剂的作用靶标。ALS 酶可以催化两分子丙酮酸生成乙酰乳酸，乙酰乳酸加热脱羧后形成 3- 羟基 -2- 丁酮（乙偶姻），乙偶姻与肌酸和 α- 萘酚反应可生成红色络合物，因此可在 530 nm 下检测其吸光度值间接测得乙酰乳酸的含量，从而测定 ALS 酶的活性。例如，张乐乐等人利用该方法测定了采自中国河南小麦田 28 个抗性荠菜种群 ALS 酶对苯磺隆的剂量响应曲线。⑤乙酰辅酶 A 羧化酶（acetyl-coenzyme A carboxylase, ACCase, EC6.4.1.2）：该酶是芳氧苯氧基丙酸酯类除草剂的作用靶标，酶活测定主

要采用放射性同位素标记法，该方法基于如下反应式：

$$\text{acety1-CoA}+\text{H}^{14}\text{CO}_3+\text{ATP} \xrightarrow[\text{PH8.0-8.5}]{\text{Mg}^{2+}/\text{ACCase}} {}^{14}\text{[C]Malony1-COA}+\text{ADP}+\text{Pi}$$

活性测定反应结束后，通过加酸、加热除去未反应的 $[\text{H}^{14}\text{CO}_3]^-$，终产物是对热、对酸稳定的 $^{14}\text{[C]Malonyl-CoA}$，将 $^{14}\text{[C]Malonyl-CoA}$ 进行荧光标记，采用 KC18F 反相层析法进行检测，并通过测 $^{14}\text{[C]Malonyl-CoA}$ 的含量对 ACCase 活性进行评价。例如，Vila-Aiub 等利用该方法比较了敏感型、Ile-1781-Leu 突变型、Asp-2078-Gly 突变型 ACCase 酶促反应动力学差异。该方法的优点是检测周期短、灵敏度高，缺点是需要昂贵的标记试剂，且放射性对环境的污染及废液处理较为复杂。⑥八氢番茄红素脱氢酶（phytoene desaturase, PDS, EC 1.14.99）：该酶是氟草敏、氟啶草酮和吡氟酰草胺等除草剂的作用靶标。在类胡萝卜素的生物合成中，其催化从八氢番茄红素到 ζ- 胡萝卜素反应。ζ- 胡萝卜素在 424nm 处有最大吸收峰，可用分光光度计测定吸光度确定含量；例如，Liu 等利用该方法比较了莱茵衣藻（Chlamydomonas reinhardtii）天然 PDS 酶和基因工程氨基酸点突变的 PDS 酶之间的催化活性和两者对达草灭敏感性的差异。⑦谷氨酰胺合成酶（glutamine synthetase, GS, EC6.3.1.2）：该酶是草铵膦的作用靶标，在 ATP 和 Mg^{2+} 存在下，催化体内谷氨酸形成谷氨酰胺。在反应体系中，谷氨酰胺转化为 γ- 谷氨酰基异羟肟酸，进而在酸性条件下与铁形成红色的络合物，该络合物在 540nm 处有最大吸收峰，可用分光光度计测定。采用该方法发现抗草铵膦香根草种群谷氨酰胺合成酶的活性是敏感种群的两倍，而其对草铵膦的敏感性低于敏感种群 35 倍以上。

不同于常规除草剂生物测定，在酶水平上进行的生物测定方法可应用分子生物学、计算机和自动化控制等新技术，试验周期短，使用除草剂样品微量（样品用量在几微升到几百微升或者微克至毫克级之间），样品加样、活性检测乃至数据处理高度自动化，工作量比较小，节省了人力和物力，非常适合新除草剂化合物的高通量筛选，以杂草的某种酶为靶标，直接快速大量地筛选靶标酶的抑制剂，该方法在药剂开发方面应用前景十分广阔。此外，随着各种酶活试剂盒的出现，更加扩大了其应用范围。然而，其局限性也十分明显。首先，该技术采用的主要是分子水平的体外实验模型，而植物是一个复杂的有机体，具有众多的器官和结构，任何模型都不可能充分反映除草剂的全面毒理作用，要建立反映植物体全部生理机能或药物对整个植物体毒理作用的理想模型，也是不现实的，通过该技术筛选出来的化合物最终还是要经过整株水平的生物测定进行验证。此外，在酶水平上进行生物测定对试验条件要求十分苛刻，如靶标酶保存和酶促反应对温度的要求高、酶促反应的体系复杂，配制繁琐等。

参考文献

范志金，陈俊鹏，党宏斌，等，2003. 单嘧磺隆对靶标乙酰乳酸合成酶活性的影响 [J]. 现代农药，2(2): 15-17.

沈晋良，2013. 农药生物测定 [M]. 北京：中国农业出版社 .

杨文超，林红艳，杨盛刚，等，2013. 对羟基苯基丙酮酸双氧化

酶抑制剂筛选方法研究进展 [J]. 农药学学报 , 15(2): 129-134.

DAYAN F E, OWENS D K, CORNIANI N, et al, 2015. Biochemical markers and enzyme assays for herbicide mode of action and resistance studies [J]. Weed science, 63(SP1): 23-63.

FUCHS M A, GEIGER D R, REYNOLDS T L, et al, 2002. Mechanisms of glyphosate toxicity in velvetleaf (*Abutilon theophrasti* medikus*) [J]. Pesticide biochemistry and physiology, 74(1): 27-39.

LIU J, GERKEN H, HUANG J, et al, 2013. Engineering of an endogenous phytoene desaturase gene as a dominant selectable marker for *Chlamydomonas reinhardtii* transformation and enhanced biosynthesis of carotenoids [J]. Process biochemistry, 48(5-6): 788-795.

PARK J, AHN Y O, NAM J W, et al, 2018. Biochemical and physiological mode of action of tiafenacil, a new protoporphyrinogen IX oxidase-inhibiting herbicide [J]. Pesticide biochemistry and physiology, 152: 38-44.

PLINE W A, WU J, HATZIOS K K, 1999. Effects of temperature and chemical additives on the response of transgenic herbicide-resistant soybeans to glufosinate and glyphosate applications [J]. Pesticide biochemistry and physiology, 65(2): 119-131.

PRASERTSONGSKUN S, SANGDUEN N, SUWANWONG S, et al, 2002. Increased activity and reduced sensitivity of glutamine synthetase in glufosinate-resistant vetiver (*Vetiveria zizanioides* Nash) cells [J]. Weed biology and management, 2(4): 171-176.

SALAS R A, DAYAN F E, PAN Z, et al, 2012. EPSPS gene amplification in glyphosate-resistant Italian ryegrass (*Lolium perenne* ssp. *multiflorum*) from Arkansas [J]. Pest management science, 68(9): 1223-1230.

VILA-AIUB M M, YU Q, HAN H, et al, 2015. Effect of herbicide resistance endowing Ile-1781-Leu and Asp-2078-Gly ACCase gene mutations on ACCase kinetics and growth traits in *Lolium rigidum* [J]. Journal of experimental botany, 66(15): 4711-4718.

WANG H, WANG L, ZHANG X, et al, 2021. Unravelling phytotoxicity and mode of action of tripyrasulfone, a novel herbicide [J]. Journal of agricultural and food chemistry, 69(25): 7168-7177.

ZHANG L, GUO W, LI Q, et al, 2017. Tribenuron-methyl resistance and mutation diversity of the AHAS gene in shepherd's purse (*Capsella bursa-pastoris* (L.) Medik.) in Henan Province, China [J].

Pesticide biochemistry and physiology, 143: 239-245.

（撰稿：王恒智；审稿：王金信、宋小玲）

美洲茜草 *Richardia scabra* L.

果园、茶园、桑园、橡胶园一年生重要杂草。又名墨苜蓿。英文名 florida pusley、rough mexican clover。茜草科墨苜蓿属。

形态特征

成株 茎被硬毛，分枝疏，长达 80cm。叶对生，厚纸质，卵形、椭圆形或披针形，长 1～5cm、宽 0.5～2.5cm，先端短尖或钝，基部渐窄，两面粗糙，有缘毛，侧脉约 3 对；叶柄长 0.5～1cm，托叶鞘状，顶部平截，边缘有数条长 2～5mm 刚毛（图①②）。头状花序多花，顶生，几无花序梗，有 1～2 对叶状苞片。花（5）6 数；花萼长 2.5～3.5mm，萼筒顶部缢缩，裂片披针形，长为萼筒 2 倍，被缘毛；花冠白色，漏斗状或高脚碟状，冠筒长 2～8mm，内面基部有一环白色长毛，裂片 6，花时星状展开。雄蕊 6；柱头 3 裂（图③）。

子实 分果瓣 3～6，长 2～3.5mm，长圆形或倒卵形，背面密被小乳突和糙伏毛，腹面有窄沟槽，基部微凹。

生物学特性
匍匐或近直立草本，种子繁殖。花期春夏间。生低海拔旷野草地或滨海沙地。

分布与危害
原产安的列斯群岛、热带美洲，20 世纪 80 年代传入中国，分布于广东、海南、广西、福建、台湾、浙江、北京、香港及西沙群岛。为耕地常见杂草。

防除技术

人工或机械防治 在幼龄期或开花前，人工锄草或机械防除。

生物防治 在果园可用覆盖植物替代控制，以草治草。

化学防治 在萌发前或萌发后早期，可用土壤封闭处理除草剂莠灭净、莠去津等防治。在幼龄期至开花前，选用茎叶处理除草剂草甘膦、草铵膦、氯氟吡氧乙酸等防除。

综合利用 饲用，喂养畜禽。

参考文献

林春蕊，沈晓琳，黄俞淞，等，2012. 广西外来种子植物新记录

美洲茜草植株形态（范志伟摄）
①植株；②幼苗；③花

[J]. 广西植物，32(4): 446-449.

　　刘全儒，车晋滇，贯潞生，等，2005. 北京及河北植物新记录 (III) [J]. 北京师范大学学报（自然科学版），41(5): 510-512.

　　潘媛媛，陆厉芳，范倩莹，等，2014. 温州地区茜草科植物的分类研究 [J]. 温州大学学报（自然科学版），35(2): 32-43.

　　曾宪锋，邱贺媛，林静兰，2012. 福建省 2 种新记录归化植物 [J]. 广东农业科学 (10): 186.

　　中国科学院中国植物志编辑委员会，1999. 中国植物志：第七十一卷 第二分册 [M]. 北京：科学出版社：203.

（撰稿：范志伟；审稿：宋小玲）

美洲商陆　*Phytolacca americana* L.

园地多年生一般性杂草。又名垂序商陆、洋商陆、美商陆、美国商陆、十蕊商陆。英文名 American pokeweed、common pokeweed、coakum。商陆科商陆属。

形态特征

成株　高 1～2m（见图）。根肥大，肉质，倒圆锥形。茎直立，肉质、粗壮，圆柱形，无毛，常为紫红色。单叶互生，全缘，卵状长圆形至长圆状披针形，长 15～30cm、宽 3～10cm，先端短尖，基部楔形。总状花序长顶生或与叶对生，长 5～20cm，下垂；花梗长 6～8mm，花白色，微带红晕，直径约 6mm；花被片 5 枚。雄蕊、心皮及花柱均为 10，心皮合生，区别于本地物种商陆。

子实　果穗下垂，浆果扁球形，熟时紫黑色，种子肾圆形，平滑，黑褐色，径约 3mm。

幼苗　子叶 2，对生，椭圆形或卵状椭圆形，先端急尖，基部楔形下延，全缘，侧脉羽状，主脉粗壮，正面绿色，背面淡紫红色；上胚轴紫红色，下胚轴的上、下部分别为紫红色和姜黄色；初生叶 1 枚，阔椭圆形，正面绿色，背面淡紫红色；初生叶互生，卵形，侧脉 6～7 对，第一、二片初生叶的正面呈绿色，背面淡紫红色，第三片叶开始逐渐变成叶

美洲商陆植株形态（强胜摄）

两面均为绿色。

生物学特性　美洲商陆春季萌发。果实落地后地上部分死亡，种子在土壤中越冬，种子及根茎繁殖。花期 6～8 月，果期 8～10 月。美洲商陆生态适应性广，繁殖能力强，能通过鸟类等食果动物迅速传播和扩散危害。美洲商陆自然条件下坐果率接近 100%，自花授粉结实率高达约 93%，具有自交、异交的混合繁育系统，需要传粉者授粉。美洲商陆花粉活性高、柱头可授性强，且两者时间相吻合，易于自交的发生，是其入侵定植的保障。种子结实量为 1000～10 000 粒 / 株，寿命可长达 39 年。美洲商陆种子具有休眠性，主要原因是种皮的高硬实率。温度是限制种子萌发的主要因素，光照能提高种子的萌发率，光照下种子的萌发率是黑暗下的 1.5 倍。美洲商陆块根春季平均气温达 10℃以上时开始萌发，萌发后 2 个月内营养生长接近高峰，当旬平均气温达 15℃以上时，一级花序开始抽放，然后大约每间隔 5 天接连抽放二级、三级、四级、五级花序，小花开放后约 1 周幼果开始生长发育，开花后约 15 天果实生长达最高值，旬平均气温达 20℃时，果实开始成熟；秋季当旬平均气温降到 15℃以下时，新梢停止抽放，整株停止生长，平均气温降至 10℃以下时，地上部分死亡，块根储藏养料能直接影响翌年的生长和结实。美洲商陆对光适应范围广，具有较低光补偿点和较高的饱和光强，能根据光环境的变化来调整外部形态及生理代谢。美洲商陆提取物或根系分泌物对部分杂草以及同科本地植物商陆种子萌发和幼苗的生长有显著抑制作用，这也是其成功入侵的机制之一。

分布与危害　美洲商陆原产北美，现广泛归化于亚洲和欧洲。最早作为药用植物和观赏植物引入中国，1935 年首次在中国浙江杭州发现，1960 年以后遍及中国河北、河南、陕西、山东、江苏、浙江、湖北、湖南、安徽、江西、福建、台湾、广东、四川、贵州、云南等近 23 个省（自治区、直辖市）。喜光温暖湿润环境，对土壤要求不严格，常生于水边、林下、路旁、田野，是茶园、果园、竹林、油茶林和油桐林常见杂草，严重抑制入侵地乔、灌木以及其他植物的更新和生长，降低当地生物多样性。美洲商陆在沿海地区的迅速蔓延，降低了沿海防护林周边的生物多样性，制约了沿海地区生态环境的良性发展。

美洲商陆全株有毒，果实和茎易被人和家畜误食引起中毒，可引起嗜睡或昏迷、惊厥或阵发性痉挛、言语困难、血压上升、心率减慢、呼吸增快、恶心呕吐、腹痛腹泻等多系统的毒性反应，给入侵地人类安全和草地畜牧业的发展带来严重威胁。

防除技术

农业防治　加强美洲商陆的普查和监测工作，及时、准确掌握实际分布情况，提高广大群众对美洲商陆的特征和危害性的认识，提高防范意识，防止其传播扩散。一旦发现，应在幼苗期进行人工清除，防止其结实。在已经入侵的地块，及早刈割，至少要在果实成熟前刈割处理，以有效减少种子结实量，也要防止鸟类取食成熟果实扩散传播。在美洲商陆发生较多的地块，可采用替代种植的方式，抑制其生长，牧草拉巴豆‘润高’（*Dolichos lablab* ‘Rongai’）和美洲商陆混种阻碍了美洲商陆的生长，拉巴豆对美洲商陆具有较强的

控制潜力，可替代控制美洲商陆。

化学防治 果园、茶园等可用灭生性除草剂草甘膦或草甘膦与草铵膦的复配剂；柑橘园还可用草甘膦与 2 甲 4 氯的复配剂，注意定向喷雾，避免对作物造成伤害。非耕地可用草甘膦，也可用草甘膦与草铵膦，或草甘膦与激素类 2 甲 4 氯、2,4-滴丁酯、氯氟吡氧乙酸、氨氯吡啶酸、三氯吡氧乙酸、草铵膦与氯氟吡氧乙酸、草甘膦与苯嘧磺草胺等复配剂茎叶喷雾处理。

综合利用 以根入药，主治白带、风湿、慢性肾炎、肋膜炎、腹水、脚气和癌症等，外用可治无名肿毒。商陆多糖具有增强免疫、抗肿瘤和保护造血等功能。美洲商陆抗病毒蛋白对巨细胞病毒、脊髓灰质炎病毒、流感病毒等，以及黄瓜花叶病毒、烟草花叶病毒、烟草坏死病毒等动植物病毒均具有较强的抑制作用；对真菌和细菌也有一定的抑制作用。美洲商陆提取物对柑橘绿霉病菌与小麦纹枯病菌有较强的抑制作用；也有较强的杀虫活性或驱避效果；商陆总皂苷对钉螺也具有较强的杀灭效果。美洲商陆浆果红色素，水溶性好，对酸、热稳定性好，具有抗氧化、抗癌等生理功能，可作为一种食用色素使用。美洲商陆具有极强的锰耐性和累积能力，可作为超富集植物用于锰污染土壤修复。

参考文献

丁伟，张永强，陈仕江，等，2003. 14 种中药植物杀虫活性的初步研究 [J]. 西南农业大学学报 (自然科学版)，25(5): 417-420, 424.

董周焱，柏新富，张靖梓，等，2014. 入侵植物美洲商陆对光环境的适应性 [J]. 生态学杂志，33(2): 316-320.

付鸣佳，吴祖建，林奇英，等，2002. 美洲商陆抗病毒蛋白研究进展 [J]. 生物技术通讯，13(1): 66-71.

江泽，蒋明涛，朱哲文，2007. 商陆红色素的稳定性和抗氧化性研究 [J]. 湖北民族学院学报 (自然科学版)，25(3): 357-360.

李扬汉，1998. 中国杂草志 [M]. 北京 : 中国农业出版社 : 747.

潘云柳，2018. 美洲商陆对几种常见杂草苗期的化感作用研究 [D]. 长沙 : 湖南农业大学 .

王森森，贾宏定，张志飞，等，2021. 入侵植物美洲商陆与 3 种牧草的竞争效应研究 [J]. 草地学报，29(1): 95-102.

吴冉冉，2020. 常春藤、爬山虎、五叶地锦与美洲商陆的传粉生态学特性比较研究 [D]. 烟台 : 鲁东大学 .

薛生国，叶晟，周菲，等，2008. 锰超富集植物垂序商陆 (Phytolacca americana L.) 的认定 [J]. 生态学报，6344-6347.

周国海，杨美霞，于华忠，等，2004. 商陆生物学特性的初步研究 [J]. 中国野生植物资源，23(4): 37-40.

ORROCK J L, LEVEY D J DANIELSON B J, et al, 2006. Seed predation, not seed dispersal, explains the landscape-level abundance of an early-successional plant [J]. Journal of ecology, 94(4): 838-845.

PEPE M, GRATANI L, FABRINI G, et al, 2020. Seed germination traits of *Ailanthus altissima*, *Phytolacca americana* and *Robinia pseudoacacia* in response to different thermal and light requirements [J]. Plant species biology, 35(4): 300-314.

（撰稿：覃建林、范志伟；审稿：宋小玲）

虻眼 *Dopatrium junceum* (Roxburgh) Buchanan-Hamilton ex Bentham

水田一年生杂草。英文名 horsefly's eye、rushlike dopatrium。玄参科虻眼属。

形态特征

成株 株高 8～25cm（图①②）。全株无毛，稍肉质。茎自基部多分枝，枝圆柱形。叶对生，无柄，长圆形或宽条形，长 1～2cm，全缘，生于上部者小而疏离。花小，单生于叶腋，在茎顶的花成稀疏的总状花序（图③）；花梗纤细，下部者短，向上渐长，可达 1cm；无小苞片；花萼钟状，长 2mm，5 裂，裂超中部，裂片钝；花冠淡红色，长于萼片 2 倍，二唇形，上唇短而直立，2 裂，下唇 3 裂，开展；雄蕊 4，两枚发育。

子实 蒴果球形，直径 2mm，室背 2 裂（图④）。种子极小，具网状饰纹。

幼苗 全株肉质，光滑无毛。子叶条形，长约 7mm，先端锐尖，基部略狭，无柄。初生叶 2 片，条形，先端锐尖，无柄。上胚轴发达，下胚轴不发达。

生物学特性 种子繁殖。苗期 5～7 月，花果期 8～11 月。

虻眼植株形态（③朱仁斌摄；其余吴棣飞摄）
①②生境及植株；③花；④子实

分布与危害　中国分布于河南、陕西、江苏、江西、云南、广东、广西、台湾等地；日本、韩国、印度、东南亚、澳大利亚、非洲、美国南部均有分布。喜生于潮湿处及浅水处，常见于稻田，通常危害轻。

防除技术　危害轻，采取针对性的防控措施。

参考文献

李扬汉，1998. 中国杂草志 [M]. 北京：中国农业出版社.

中国科学院中国植物志编辑委员会，1979. 中国植物志：第六十七卷 第二分册 [M]. 北京：科学出版社.

（撰稿：陈杰；审稿：纪明山）

蒙山莴苣　*Lactuca tatarica* (L.) C. A. Mey.

旱作田多年生区域性恶性杂草。又名苦苦菜、苦菜、苦苣菜、紫花山莴苣、乳苣。英文名 tartarian lettuce。菊科乳苣属。

形态特征

成株　高 15～60cm（图①）。根垂直直伸。茎直立，光滑无毛，有细条棱或条纹。中下部茎生叶互生，无柄；叶片长椭圆形、线状长椭圆形或线形，基部渐狭成短柄，柄长1～1.5cm 或无柄，叶长 6～19cm、宽 2～6cm，倒向羽状浅裂或半裂或边缘有多数或少数大锯齿，顶端钝或急尖，侧裂片 2～5 对，中部侧裂片较大，向两端的侧裂片渐小，全部侧裂片半椭圆形或偏斜的宽或狭三角形，边缘全缘或有稀疏的小尖头或边缘多锯齿，顶裂片披针形或长三角形，边缘全缘或边缘细锯齿或稀锯齿；向上的叶与中部茎叶裂片减少或全缘，上部叶仅具小刺尖，无柄；全部叶质稍肥厚，灰绿色，两面光滑无毛，叶被中脉白色，微凸出。头状花序约含20 枚小花（图②），多数，在茎枝顶端排列成圆锥状花序，长短不一；总苞向上直伸呈圆柱状，长 2cm、宽约 0.8mm，果期不为卵球形；苞片 4 层，外层短，内层长，顶端渐尖或钝，绿色而有紫色斑点，有时为紫色；花全部为舌状花，紫色或蓝紫色，管部有白色短柔毛。

子实　瘦果长圆状披针形（图③），稍压扁，灰黑色，长 5mm、宽约 1mm，每面有 5～7 条高起的纵肋，中肋稍粗厚，顶端渐尖成长 1mm 的喙。冠毛 2 层，全部同形，白色，长1cm，分散脱落。

生物学特性　以根和种子进行繁殖。花果期 6～9 月。其直伸根上能产生水平根，根上能产生不定芽，繁殖能力和再生能力很强。生于河滩、湖边、农田、草甸、路旁及荒地，在湿润的轻度盐碱地或干燥的土壤上均能生长，海拔

蒙山莴苣植株形态（黄红娟摄）

①成株；②花序；③果实；④幼苗

1200～4300m。

分布与危害 中国分布于东北、华北和西北。主要危害小麦、油菜、甜菜、棉花、玉米、大豆等作物和果树。局部地区发生量大，危害严重，属于区域性恶性杂草。

防除技术 蒙山莴苣为多年生杂草，再生能力强，防治难度较大。

农业防治 可采用深翻，将直伸根翻出，减少翌年杂草基数。

化学防治 蒙山莴苣为多年生杂草，化学防治较难以根除，在小麦拔节前可采用茎叶喷雾，用2甲4氯、氯氟吡氧乙酸、二氯吡啶酸等除草剂进行防治。

参考文献

李扬汉，1998. 中国杂草志 [M]. 北京：中国农业出版社.

中国科学院中国植物志编辑委员会，1997. 中国植物志：第八十卷 第一分册 [M]. 北京：科学出版社：75.

（撰稿：黄红娟；审稿：贾春虹）

密度 density

密度指单位面积上的杂草株数用公式表示为：

$$d = \frac{N}{S}$$

式中，d 为密度；N 为样方内某种杂草的个体数目；S 为样方面积。

某一物种的密度占群落中密度最高的物种密度的百分比称为密度比（density ratio）。相对密度（relative density）是某一物种的密度占群落中所有物种总密度的百分比。

杂草密度是评价杂草发生、危害和防除效果的最重要的定量指标。在定量调查研究某块田或某地区或某种杂草发生危害状况时，通常是用杂草密度进行度量。在研究杂草发生动态时，也多使用密度作为最重要的监测指标。在研究杂草引起作物产量损失时，也主要依据杂草密度，建立杂草对作物产量损失的经验模型，进行预测。此外，在确定杂草防除阈值时，主要也是基于杂草密度确定。不过，利用杂草密度度量大范围杂草发生危害情况时，杂草密度虽精确但限于取样量的代表性反而影响到反映杂草实际危害状况的准确性。因此，有时会使用综合草害指数等综合定量指标进行定量评估。

在评估杂草防除技术或除草剂的防效中使用最多的定量指标就是杂草密度。一般在防除措施实施前，进行一次密度测量，在实施之后一定时间内根据需要再进行1～3次密度测量，基于前后杂草密度的变化，评估防效。一般相关除草技术标准中，涉及防效的均有密度指标作为评价依据。土壤处理除草剂则以未处理空白中的杂草密度作为对照，评估防效。

杂草密度的调查取样方法多采用样方法，即根据小区或调查田地的面积和实际需要设置若干样方，样方是以样方框进行取样，调查计数样方中每种杂草的株数，苗期时每株杂草单独计测，而在生长期或成熟期，一般来说，阔叶杂草以整株或有多分枝的采用分枝计数，禾本科杂草则以分蘖计数。此外，还可以用样线法调查取样。

杂草密度是一个精确的指标，株数计数受人为影响较小。但是，获取的过程耗费较大的人力和时间，从而也限制了取样的数量，影响到取样的代表性，密度数值反映草害或防效的准确性受到影响。此外，在杂草生长期、成熟期（花果期）调查取样时，杂草植株已经长大，对于株数的判断，即分枝或分蘖数的计测，不同人会有不同，一定程度上影响到密度的准确性。

参考文献

刘德立，LOVETT J V, JOHNSON I R, 1991. 杂草对作物产量损失的经验模型 [J]. 植物保护学报 (4): 371-377.

强胜，2009. 杂草学 [M]. 2版. 北京：中国农业出版社.

由振国，1993. 夏大豆田稗草的生态经济防治阈期研究 [J]. 生态学报 (4): 334-341.

朱文达，胡祥恩，钱益新，等，1996. 湖北省棉田恶性杂草的调查及综合治理 [J]. 湖北农业科学 (6): 40-46.

HOLZNER W, NUMATA M, 1982. Biology and ecology of weeds [M]. Hague: Dr W. Junk Publishers.

（撰稿：李儒海；审稿：强胜）

密花香薷 *Elsholtzia densa* Benth.

夏熟作物田一年生草本杂草。又名螅蟋巴、臭香茹、时紫苏、咳嗽草、细穗密花香薷、矮株密花香薷。英文名 denseflower elsholtzia。唇形科香薷属。

形态特征

成株 高20～60cm（图①）。茎直立，自基部多分枝，茎及枝均四棱形，具槽，被短柔毛。叶对生，长圆状披针形至椭圆形，长1～4cm、宽0.5～1.5cm，先端急尖或微钝，基部宽楔形或近圆形，边缘在基部以上具锯齿，两面被短柔毛，侧脉6～9对，与中脉在上面下陷下面明显；叶柄长0.3～1.3cm，背腹扁平，被短柔毛。密集的轮伞花序组成穗状花序（图②⑥），长圆形或近圆形，长2～6cm、宽1cm，密被紫色串珠状长柔毛；最下的一对苞叶与叶同形，向上呈苞片状，卵圆形，长约1.5mm，外面及边缘被具节长柔毛；花萼钟状，长约1mm，萼齿5，果时膨大，近球形，长4mm、宽3mm，外面被极密串珠状紫色长柔毛。花冠小，淡紫色，长约2.5mm，外面及边缘密被紫色串珠状长柔毛，内面在花丝基部具不明显的小疏柔毛环，冠筒向上渐宽大，冠檐二唇形，上唇直立，先端微缺，下唇稍开展，3裂，中裂片较侧裂片短；雄蕊4，前对较长，微露出，花药近圆形；花柱伸出，柱头2裂。

子实 小坚果卵珠形（图③），长2.1～2.7mm、宽1.41～1.81mm，千粒重2.808g，暗褐色，被极细微柔毛，腹面略具棱，顶端具小疣突起。

幼苗 子叶2，对生，马蹄形，基部内凹呈心形，柄长0.5～1cm，密被短柔毛（图④⑤）。真叶长圆状披针形

密花香薷植株形态（魏有海摄）
①群体危害状；②⑥花序；③果实；④⑤幼苗

至椭圆形，长1～4cm、宽0.5～1.5cm，先端急尖或微钝，基部宽楔形或近圆形，边缘在基部以上具锯齿，两面被短柔毛，侧脉3～4对，与中脉在上面下陷下面明显；叶柄长0.3～1.3cm，背腹扁平，被短柔毛。

生物学特性　种子繁殖。苗期秋冬季至翌年春季，花期7～9月，果期8～10月。结实能力强，单株平均可产种子约900粒，落粒性强，土壤中宿存种子多，并能长期保持发芽能力。萌发早、密度大、生长快，极易淹没种植的作物。

在青海等地因长期单一使用土壤处理除草剂氟乐灵，密花香薷对氟乐灵产生抗药性，防效逐年下降。

分布与危害　中国分布于华北、西北、西南地区。适生耕地、田边、路旁、沟边、荒地及山坡等地。危害麦类、油菜等春播夏熟作物；尤其在春油菜田危害更甚。

防除技术

农业防治　由于密花香薷具有极强的结实能力，而且种子成熟不一致，落粒性强的特性，因此必须结实前清除，严格控制使其不能结实，以防止种子落入土壤；采取翻耕和浅耕相结合的方式，第一次翻耕达到 20～25cm 的深度，从而将上层的大量种子深埋于下层土，抑制其萌发。随后采用浅耙播种，不再翻转土层，可以大量减少密花香薷的出苗，减轻危害。提高播种的质量，以苗压草。

生物防治　利用层出镰孢菌（*Fusarium proliferatum*）、极细链格孢（*Alternariatenuissima*）等真菌，中度嗜盐细菌高地芽孢杆菌（*Bacillus altitudinis*）等细菌进行防除，田间应用效果可达 70% 以上。

化学防治　小麦或青稞田可选用苯磺隆、唑嘧磺草胺、双氟磺草胺、氯氟吡氧乙酸、唑草酮茎叶喷雾处理。在春油菜田选用氟乐灵、二甲戊灵、精异丙甲草胺进行土壤封闭处理；或在油菜 2～4 片真叶时选用草除灵、二氯吡啶酸、氨氯吡啶酸等进行茎叶喷雾处理。油菜田注意不同除草机理除草剂品种轮换使用，以降低和延缓杂草对除草剂的抗性。

综合利用　西藏代香薷用，兼可外用于脓疮及皮肤病。密花香薷总黄酮具有很好的抗氧化活性，可作为一种天然抗氧化剂，且总黄酮对肿瘤细胞生长有一定的抑制效应，可作为抗肿瘤药物进一步研究。

参考文献

李宁，沈宁东，韦梅琴，等，2012. 密花香薷种子形态及萌发特性研究 [J]. 种子，31(3): 31-34.

李扬汉，1998. 中国杂草志 [M]. 北京：中国农业出版社：545-546.

任秋蓉，王亚男，王玥，等，2017. 密花香薷总黄酮体外抗氧化及抗肿瘤活性研究 [J]. 天然产物研究与开发，29(1): 14-21.

许鹏，田允温，刘霞，1983. 恶性杂草密花香薷的防除 [J]. 新疆八一农学院学报 (2): 45-49.

朱海霞，马永强，郭青云，2018. 层出镰孢菌 GD-5 固态发酵培养条件及对藜和密花香薷的除草活性 [J]. 植物保护学报，45(5): 1154-1160.

朱海霞，马永强，郭青云，2018. 极细链格孢菌剂的初步研制及其除草作用研究 [J]. 植物保护，44(5): 212-216, 230.

（撰稿：魏有海；审稿：宋小玲）

蜜甘草　*Phyllanthus ussuriensis* Rupr. et Maxim.

秋熟旱作田偶发性一年生草本杂草。又名蜜柑草。英文名 matsumura leafflower。大戟科叶下珠属。

形态特征

成株　高达 60cm（图①）。茎直立，基部常分枝，枝条细长；小枝具棱；全株无毛。单叶互生，二列，叶片纸质，椭圆形至长圆形，长 5～15mm、宽 3～6mm，先端极尖至钝，基部近圆，下面白绿色，侧脉 5～6 对；叶柄极短或几无柄，托叶小，卵状披针形。花雌雄同株，单生或数朵簇生叶腋

蜜甘草植株形态（③宋小玲摄；其余张治摄）
①植株；②花；③果实；④种子；⑤幼苗

（图②）；花梗长约 2mm，丝状，基部有数枚苞片；雄花萼片 4，宽卵形；花盘腺体 4，分离，与萼片互生。雄蕊 2，花丝分离，药室纵裂；雌花萼片 6，长椭圆形，花盘腺体 6，长圆形；子房卵圆形，3 室，花柱 3，顶端 2 裂。

子实　蒴果扁球状，直径约 2.5mm，平滑，果柄短（图③）。种子长约 1.2mm，黄褐色，具褐色疣点（图④）。

幼苗　子叶椭圆形（图⑤），长 5mm、宽 2.5mm，先端钝圆，叶基近圆形，有 1 条明显中脉，具短柄；下胚轴发达，淡红色，上胚轴较不发达，两侧具翅；初生叶互生，倒卵形，先端锐尖，基部楔形，有明显叶脉，具短柄，基部有托叶，第 1 后生叶与初生叶相似。

生物学特性　蜜甘草多生长在干旱、半干旱的砂土、沙漠边缘、黄土丘陵地带，在引黄灌区的田野和河滩地里、山坡、路旁草地等生境有生长。以种子繁殖为主。花期 4～7 月，果期 7～10 月。

分布与危害　中国黑龙江、吉林、辽宁、山东、江苏、安徽、浙江、江西、福建、台湾、湖北、湖南、广东、广西等地有分布；俄罗斯东南部、蒙古、朝鲜和日本等也有分布。常生于海拔 800m 以下山坡、路旁草地等生境，在农田偶有发生，危害一般。

防除技术　见叶下珠。

综合利用　蜜甘草全草皆可入药，秋采收，鲜用或晒干，味苦，有清热解毒、清肝明目、消食止泻、止咳化痰、止痛镇静作用。

参考文献

李扬汉, 1998. 中国杂草志 [M]. 北京: 中国农业出版社: 506-507.

中国科学院中国植物志编辑委员会, 2004. 中国植物志: 第四十四卷 [M]. 北京: 科学出版社.

WEHTJE G R, GILLIAM C H, REEDER J A, 1992. Germination and growth of Leafflower (*Phyllanthus urinaria*) as affected by cultural conditions and herbicides [J]. Weed technology, 6(1): 139-143.

（撰稿：冯莉、宋小玲；审稿：黄春艳）

棉田杂草　cotton field weed

根据杂草的生境特征划分的、属于秋熟旱作物田中非常重要的一类杂草，能够在棉花田中不断自然延续其种群。包括直播棉花田和移栽棉花田杂草。按照形态特征，棉田杂草可分为禾草类、莎草类和阔叶草类等 3 大类型。

发生与分布　受气温条件、栽培方式的影响，直播棉田和移栽棉田杂草发生期长、种类多、数量大、危害严重、不易防除，通常在播种后至 5 月下旬形成第一个出草高峰，以狗尾草、马唐、稗草、藜为主，7～8 月随着雨季来临，香附子、鳢肠等形成第二个出草高峰。地膜覆盖棉田土温高、底墒好，出草高峰则更早、更集中、生长更旺盛、危害更大，一般覆膜后 5～7 天杂草出土，15 天左右形成出土高峰。

按照气候条件和种植区域，棉花田杂草种类大致可以分为：①长江流域棉区，棉花苗期正值梅雨季节，杂草生长旺盛，危害非常严重，以马唐、千金子、牛筋草、稗草、鳢肠、铁苋菜、香附子、马齿苋、刺儿菜、碎米莎草、田旋花、青葙、阿拉伯婆婆纳、苘麻、藜、空心莲子草、牛繁缕等喜温喜湿型杂草为主。②黄河流域棉区，以喜凉耐旱型为主，主要有马唐、牛筋草、狗尾草、莎草、马齿苋、藜、铁苋菜、反枝苋、鳢肠、田旋花等。③西北内陆棉田，主要有马唐、稗草、狗尾草、扁秆藨草、田旋花、打碗花、灰绿藜、苘麻、龙葵和芦苇等。尽管不同棉区杂草的种类存在较大差异，但是发生优势度较大的杂草大致相同，以马唐、牛筋草、鳢肠、稗草（旱生型）、马齿苋、反枝苋、香附子分布最广，危害最大，其中马唐发生率高达 60%～95%，发生密度一般为 20～80 株/m²。以马唐为优势种混生牛筋草、千金子、旱稗等的杂草群落分布型，造成棉花减产的面积约占中国棉田总面积的 1/4。

棉田杂草大多根系发达，植株高大，竞争水分、养分和光照的能力比棉花强，在棉田生态竞争中处于优势地位，严重影响棉花正常生长。棉田杂草一般在苗期和蕾铃期发生严重，苗期田间气候适宜，杂草生长十分迅猛，极易占据棉田生存空间，而在蕾铃期间，杂草植株生长阻碍田间通风透光使湿度过高，导致蕾铃大量脱落，最终降低棉花的产量。而且一些在棉花成熟期危害的缠绕、着色类杂草，如田旋花和龙葵，或缠绕棉株或染色棉絮，严重影响棉花收获和棉花品质。

防除技术

化学防治　通常采用棉花播后苗前土壤封闭与苗后茎叶处理相结合的化学防治措施，播后苗前土壤处理剂主要有酰胺类（乙草胺、异丙甲草胺）、二硝基苯胺类（氟乐灵、二甲戊灵、仲丁灵）以及乙氧氟草醚、噁草酮、扑草净、氟啶草酮、丙炔氟草胺等，在棉花播前或移栽前土壤处理可有效防除一年生禾本科杂草和部分阔叶杂草，但需要注意土壤墒情对药效的影响，注意低温多雨条件下扑草净、乙氧氟草醚、丙炔氟草胺对棉花的药害风险；苗后茎叶处理主要有芳氧基苯氧基丙酸类（精喹禾灵、高效氟吡甲禾灵、精吡氟禾草灵）和环己烯酮类（烯草酮、烯禾啶），防除禾本科杂草。另外，免耕棉田播后苗前可使用草甘膦进行灭茬或行间定向保护喷雾防除狗牙根、香附子、双穗雀稗、狗尾草、马齿苋、小飞蓬等多种杂草。棉花田禾本科杂草的防治已有相对成熟的除草剂品种及配套技术，阔叶杂草的防治药剂存在安全性差、效果不稳定等不足。

农业防治　人工除草仍然是棉花生产中主要的防治手段，密植、壮苗、轮作在部分地区也是较多使用的技术措施，有利于抑制杂草生长、降低土壤种子库数量、简化杂草群落结构。轮作、套作、合理密植可发挥作物自身群体优势，占据棉田空间，抑制杂草的生长，从而明显减轻杂草的危害。尤其是套作、合理密植可显著控制棉田中后期杂草的生长。深耕可防除多年生杂草如苣荬菜、刺儿菜、田旋花、芦苇等杂草。棉花播前耙地或播后苗前耙地或棉花生长期机械中耕可保墒灭草。黑膜、秸秆、有机肥料、树皮、木屑覆盖物可抑制杂草种子的萌发、出土及光合作用，对多种禾本科及阔叶杂草防控效果好，而且能有效保持土壤水分、提高土壤温度。棉花封行前可使用火焰、蒸汽、激光、微波选择性防除棉行间多种杂草。

生物防治　利用空心莲子草叶甲取食棉田空心莲子草是以虫治草的有益尝试。抗性杂草及其治理，据报道，目前全球报道棉花田有 18 种杂草对一种或几种除草剂具有抗性，如抗草甘膦的苦苣菜、光头稗、小飞蓬，抗草甘膦、草铵膦、二甲戊灵、精异丙甲草胺、嘧硫草醚和三氟啶磺隆的长芒苋、刺苋，抗嘧硫草醚和三氟啶磺隆的胜红蓟、反枝苋，抗精噁唑禾草灵、草甘膦、氟吡甲禾灵、氟乐灵、二甲戊灵的牛筋草，中国报道了抗精喹禾灵的马唐。生产中需要轮换使用作用靶标不同的除草剂种类，并加强不同作用靶标除草剂的混用，完善杂草早期治理技术。

参考文献

樊翠芹，王贵启，李秉华，等，2009. 地膜覆盖对棉花田杂草发生规律的影响 [C]// 第九届中国杂草科学大会论文摘要集 .

李扬汉，1998. 中国杂草志 [M]. 北京：中国农业出版社 .

连英惠，2011. 棉花田杂草化学防除现状及趋势 [J]. 农药市场信息 (25): 42-43.

强胜，2009. 杂草学 [M]. 2 版 . 北京：中国农业出版社 .

（撰稿：李贵；审稿：宋小玲、郭凤根）

灭生性除草剂　non-selective herbicide

对所有绿色植物都有明显生物活性的除草剂。即对植物的伤害无选择性，在使用的一定范围内能够同时杀死杂草和作物。又名非选择性除草剂。这类除草剂多用于林地、果桑茶园、咖啡、橡胶等经济作物田，以及作物播前和播后苗前防除杂草，还广泛用于非耕地、工矿区、仓库、公路和城乡环境卫生除草。

用途　由于灭生性除草剂对作物和杂草没有选择性，因此这类除草剂不能通过生理生化实现选择性，只能通过作物和杂草的空间位置上和时间上的差异实现除草保苗（见时差和位差选择性）。①在林地、果园等在一些行距较宽且与杂草有一定高度比的作物田，采用定向喷雾或保护性喷雾措施，使作物接触不到药液或仅仅是非要害部位接触到药液，只喷在杂草上。②在玉米田、棉田等高秆作物田应用草甘膦行间定向喷雾防除行间杂草等。③作物播前或播后苗前施用草甘膦灭茬，杀死已萌发的杂草，草甘膦在土壤中很快失活或钝化，因此可安全地播种或移栽作物。④还可用涂抹的方法除去草坪、园林风景区的非观赏性高大杂草以及寄生性杂草，如芦苇可在切断的茎上涂抹草甘膦，促进芦苇连根坏死；将草甘膦稀释液涂瓜列当茎，防除瓜列当，而不伤害寄主。⑤作物催枯：有些作物在收获前可用除草剂定向喷雾，促进作物叶片枯黄，便于作物成熟和收获。如敌草快于马铃薯即将成熟期兑水均匀定向喷雾，棉花催枯于棉花生长后期，棉桃自然开裂 60% 左右定向喷雾，便于收获。

种类　灭生性除草剂主要有草甘膦、草铵膦、敌草快、百草枯等，其中目前最重要和使用最广泛的是草甘膦和草铵膦。

草甘膦（glyphosate）　其作用靶标是 5- 烯醇式丙酮酰莽草酸 -3- 磷酸合成酶（EPSPS），EPSPS 是植物和部分真菌及细菌体内是催化芳香族氨基酸生物合成的关键酶，主要存在于植物叶绿体当中，催化 3- 磷酸莽草酸（S3P）与磷酸烯醇式丙酮酸（PEP）合成 5- 烯醇式丙酮酰莽草酸 -3- 磷酸（EPSP）。在植物正常生长情况下，植物体内莽草酸经过磷酸化形成 3- 磷酸莽草酸（S3P），S3P 与 PEP 结合经过去磷酸化形成的 5- 烯醇式丙酮酰莽草酸 -3- 磷酸（EPSP），EPSP 合成后，脱磷酸化形成芳香族氨基酸的前体分支酸，最终合成植物所需的芳香族氨基酸。草甘膦能够与 PEP 竞争性结合 EPSPS，并与 3- 磷酸莽草酸（S3P）进一步结合形成稳定的 EPSPS-S3P- 草甘膦三元络合物，从而阻断 PEP 与 S3P 在 EPSPS 催化反应下生成 EPSP，EPSPS 功能丧失，上游 S3P 和莽草酸的迅速积累，三种芳香族氨基酸合成受阻，两方面原因最终导致植物死亡。

草铵膦（Glufosinate）　是由德国艾格福公司（Agrevo）开发的活性高、吸收好、杀草谱广、低毒、环境兼容性好的有机磷类广谱灭生性除草剂。草铵膦的作用靶标是植物的谷氨酰胺合成酶（GS），通过抑制此酶，导致植物氮代谢紊乱和氨的过量积累，造成植物中毒和叶绿体破坏，最终死亡。

敌草快（Diquat）　属于联吡啶类除草剂，抑制光合电子传递，可迅速被绿色植物组织吸收，用于果园、非耕地地等除草，也用在免耕小麦、蔬菜地播种 / 移栽前清除杂草，也可以用作棉花和马铃薯的催枯。

百草枯（Paraquat）　属于联吡啶类除草剂，具有触杀作用和一定内吸作用，能迅速被植物绿色组织吸收，使其枯死。人的毒性极高，且无特效解毒药。农业部、工业和信息化部、国家质量监督检验检疫总局于 2012 年 5 月 10 日发布公告："自 2014 年 7 月 1 日起，撤销百草枯水剂登记和生产许可、停止生产，保留母药生产企业水剂出口境外使用登记、允许专供出口生产。2016 年 7 月 1 日停止水剂在国内销售和使用。"目前，在中国农药信息网上唯一的百草枯的剂型是可溶胶剂，且专供出口，不得在国内销售。

注意事项　①上述灭生性除草剂在土壤中容易迅速失去活性，因此不能用做土壤处理剂，应在杂草生长旺盛期，采用行间定向茎叶喷雾，使用的剂量应视草相来定，对多年生杂草、较大的杂草，宜采用较高的推荐剂量。施药时应周到、均匀，勿重喷或漏喷。应避免药液飘移到邻近敏感作物上，以防产生药害。特别注意大风天或下雨前后，请勿施药。②培育的抗除草剂作物大多数是抗灭生性除草剂抗草甘膦或草铵膦的作物，这类作物田可使用相应的灭生性除草剂，如抗草甘膦的大豆、棉花、玉米田使用草甘膦来防除田间杂草。

参考文献

丁伟，2007. 灭生性除草剂的科学使用 [J]. 植物医生 (2): 4-5.

强胜，2009. 杂草学 [M]. 2 版 . 北京：中国农业出版社 .

徐汉虹，2018. 植物化学保护学 [M]. 5 版 . 北京：中国农业出版社 .

于惠林，贾芳，全宗华，等，2020. 施用草甘膦对转基因抗除草剂大豆田杂草防除、大豆安全性及杂草发生的影响 [J]. 中国农业科学，53(6): 1166-1177.

（撰稿：刘伟堂；审稿：宋小玲、王金信）

陌上菜 *Lindernia procumbens* (Krock.) Borbas

稻田常见的一年生阔叶杂草。异名 *Vandellia erecta* Benth.。英文名 prostrate false pimpernel。玄参科母草属。

形态特征

成株 高 5～20cm（图①）。根细密丛生，全株无毛。茎方，基部多分枝。叶无柄；叶片椭圆形至矩圆形多少带菱形，长 1～2.5cm、宽 6～12mm，顶端钝至圆头，全缘或有不明显的钝齿，两面无毛，叶脉并行，自叶基发出 3～5 条。花单生于叶腋，花梗纤细（图③），长 1.2～2cm，比叶长，无毛；萼仅基部联合，5 齿，条状披针形，长约 4mm，顶端钝头，外面微被短毛；花冠粉红色或紫色，长 5～7mm，管长约 3.5mm，向上渐扩大，上唇短，2 浅裂，下唇甚大于上唇，长约 3mm，3 裂，侧裂椭圆形较小，中裂圆形，向前突出；雄蕊 4，全育，前方 2 枚雄蕊的附属物腺体状而短小，花药基部微凹；柱头 2 裂。

子实 蒴果球形或卵球形，与萼近等长或略过之，室间 2 裂（图⑤）；种子多数，有格纹（图④）。

幼苗 子叶出土，卵状披针形，长 2.5mm、宽 1mm，先端渐尖，叶基楔形，有 1 条明显的中脉，具短柄。下胚轴及上胚轴均不发达。初生叶 2 片，对生，单叶，卵形，先端锐尖，全缘，明显中脉 1 条，具叶柄。后生叶阔椭圆形，先端钝尖，叶边缘微波状，有 3 条明显弧形脉，具叶柄。幼苗

陌上菜植株形态（强胜摄）

①植株；②幼苗；③花；④种子；⑤果实

光滑无毛（图②）。

生物学特性　种子繁殖，主要随水流或农业机械传播。花期7～10月，果期9～11月。中国尚未有关于抗除草剂陌上菜的报道，但在日本已经有抗苄嘧磺隆陌上菜种群的记录。

分布与危害　中国各地均有分布；欧洲中部至南部、西亚、东亚、南亚、东南亚均有分布。喜湿，常见于稻田、菜田和路边等潮湿生境。在稻田和菜田，有时陌上菜发生密度较大，与作物竞争水肥资源，造成水稻、蔬菜作物减产。此外，猪、牛采食陌上菜后可能导致中毒症。

防除技术

农业防治　在有条件的情况下，对于陌上菜种子库庞大的作物田，可在整地完成后作物播栽前诱萌其种子进行集中杀灭的方法控制其危害。整地时采用深翻耕措施也可降低陌上菜出草基数。

生物防治　通过稻田养鸭和养克氏原螯虾等方式，可利用鸭或小龙虾防除部分陌上菜幼苗。

化学防治　对陌上菜具有较好防效的稻田用土壤处理剂包括丙草胺、二甲戊灵、吡嘧磺隆、乙氧磺隆、氯吡嘧磺隆、氟酮磺草胺等，茎叶处理剂主要包括氯氟吡氧乙酸、2甲4氯、灭草松、氯氟吡啶酯等。

综合利用　全草入药，可用于治疗血尿等疾病，陌上菜提取物具有抗肿瘤功效。

参考文献

李扬汉，1998. 中国杂草志 [M]. 北京：中国农业出版社.

史修礼，史修珍，史修远，2001. 牛、猪陌上菜中毒报告 [J]. 中兽医学杂志 (2): 14-15.

颜玉树，1990. 水田杂草幼苗原色图谱 [M]. 北京：科学技术文献出版社.

（撰稿：陈国奇；审稿：纪明山）

母草　*Lindernia crustacea* (L.) F. Muell

秋熟旱作物田或水田一年生草本杂草。又名四方拳草、蛇通管、气痛草、四方草、小叶蛇针草、铺地莲、开怀草。英文名 brittle falsepimpernel。玄参科母草属。

形态特征

成株　株高10～20cm。根须状。常铺散成密丛，多分枝，枝弯曲上升，微方形有深沟纹，无毛。叶对生，叶柄长1～8mm，叶片三角状卵形或宽卵形，长10～20mm、宽5～11mm，顶端钝或短尖，基部宽楔形至平截形，边缘有三角状锯齿（图①②）。花单生于叶腋或在茎枝之顶成极短的总状花序，花梗细弱，长5～22mm，有沟纹（图③）；花萼坛状，膜质，长约5mm，有不明显的5棱，裂片齿状，中肋明显，果期不规则深裂。花冠唇形，紫色，长5～8mm，管略长于萼，上唇直立，卵形，钝头，有时2浅裂，下唇3裂，中间裂片较大（图④）；雄蕊4，全育，2强，花柱常早落。

子实　蒴果椭圆形，与宿存花萼近等长，成熟时2瓣裂（图⑤）。种子近球形，浅黄褐色，有明显的纵横排列整齐的蜂窝状瘤突（图⑥）。

幼苗　光滑无毛，茎及子叶的基部呈淡紫红色。上胚轴及下胚轴均不发达，子叶阔卵状三角形，长约2.5mm、宽

母草植株形态（⑤宋小玲摄；其余强胜摄）

①植株群落；②单株；③花序；④花序；⑤开裂的蒴果；⑥种子

0.3mm，先端钝尖，基部渐狭至柄。初生叶 2 片，对生，三角状阔卵形，全缘，有 3 条较明显的叶脉，后生叶卵形，叶缘有疏锯齿，具短柄。

生物学特性 种子繁殖。花果期 6 ~ 10 月。生于田边、草地、路边等低湿处。1997 年确认日本部分母草种群对磺酰脲类除草剂产生抗性。

分布与危害 中国分布于云南、四川、贵州、西藏东南部、浙江、江苏、湖南、湖北、河南、安徽、江西、广东、广西、海南、福建、台湾、香港、澳门等地；国外分布于俄罗斯、朝鲜、日本，美洲及热带和亚热带地区也有。母草主要危害水稻，旱作物地也有生长。在湖南玉米、蔬菜及稻田均有母草分布；在广西部分香蕉园中，母草田间密度较大，发生频度较高；也是广西麦冬草坪中的杂草。此外，母草在重庆烟草田、珠三角地区四季草坪和广东部分地区蔬菜田中有分布，但非优势杂草，危害较轻。

防除技术 应采取农业防治和化学防治相结合的方法，也应考虑综合利用。

农业防治 见狭叶母草。

化学防治 在蔬菜播种或移栽之前，选用乙草胺、异丙甲草胺、精异丙甲草胺、二甲戊灵进行土壤封闭处理。出苗后的母草根据作物种类不同选择茎叶处理除草剂，番茄地可用氯吡嘧磺隆；在麦冬草坪中可用甲嘧磺隆与乙氧氟草醚的复配剂；果园可用灭生性除草剂草甘膦、草铵膦定向喷雾。其他作物田的化学防除方法见狭叶母草。

综合利用 母草除含有药用物质 β- 谷甾醇（Beta-sitosterol）和齐墩果酸外，还含有绿原酸。绿原酸具有抗菌消炎、抗病毒、保肝利胆、保护心血管、抗突变及抗癌的临床药理作用。全草入药，清热解毒，治感冒、痢疾、肠炎、毒蛇咬伤、婴幼儿腹泻等。此外，还可作茶用、食用。

参考文献

曹雨虹，2014. 四川母草属药用植物研究 [D]. 成都：西南交通大学.

陈国奇，冯莉，田兴山，2015. 广东中部地区高温季节蔬菜田杂草群落特征 [J]. 生态科学，34(5): 115-121.

李扬汉，1998. 中国杂草志 [M]. 北京：中国农业出版社：910.

廖博通，向国红，彭勇，等，2018. 湘南地区农田野生植物资源的调查初报 [J]. 湖南文理学院学报（自然科学版），30(2): 13-19.

陆仟，杨思霞，马跃峰，等，2016. 广西麦冬草坪杂草调查及药剂防除试验 [J]. 植物保护，42(6): 159-166.

苏微微，李正扬，韦雪琼，2001. 广西龙眼、荔枝、香蕉园杂草调查初报 [J]. 广西植保，14(1): 10-12.

（撰稿：周小刚、宋小玲、刘胜男；审稿：黄春艳）

木防己 *Cocculus orbiculatus* (L.) DC.

果园、桑园、茶园、橡胶园多年生常见杂草。又名土木香、青藤香。英文名 Japanese snailseed、queen coralbead。防己科防己属。毛木防己 [*Cocculus orbiculatus* var. *mollis* (Wallich ex J. D. Hooker & Thomson) H. Hara] 是该种一变种。

形态特征

成株 幼枝密生柔毛。叶形变化极大，全缘至掌状 5 裂不等（图①）。聚伞花序少花，腋生，或排成多花，狭窄聚伞圆锥花序，顶生或腋生；萼片 6，两轮，卵形至阔倒卵形，花瓣 6，顶端 2 裂。花单性，雌雄异株。雄花雄蕊 6，比花瓣短；雌花有退化雄蕊 6，微小，具 6 个离生心皮（图②）。

子实 核果近球形，红色至紫红色。除去果肉成肾形，内果皮骨质，背有脊，两侧具横肋（图③）。

生物学特性 多年生草质或半木质缠绕藤本，生于灌丛、村边、林缘等处。种子繁殖。花期 5 ~ 8 月，果期 7 ~ 10 月。

分布与危害 中国产辽宁、山东、江苏、浙江、福建、安徽、江西、湖北、湖南、广东、海南、广西、贵州、四川、云南、陕西、河南及台湾。为果园、桑园、茶园、橡胶园和人工幼林常见杂草，具有一定的危害性，常攀爬生长，不易从根部清除。

防除技术

人工或机械防治 在幼龄期或开花前，人工锄草或机械防治。

生物防治 在果园可用覆盖植物替代控制，以草治草。

化学防治 在萌发前至萌发后早期，可用土壤封闭除草剂莠灭净、莠去津等防治。在开花前可选用茎叶处理除草剂草甘膦、氯氟吡氧乙酸等防除。

综合利用 根含淀粉，可酿酒、入药，具祛风止痛、行

木防己植株形态（强胜摄）

①叶；②花序；③果

水清肿、解毒、降血压功效，用于风湿痹痛、神经痛、肾炎水肿、尿路感染；外治跌打损伤、蛇咬伤。茎皮、茎蔓富有弹性，可制绳索，供编织斗笠、藤椅、藤箱。块根提取物对作物病原菌有抑菌作用。

参考文献

李扬汉，1998. 中国杂草志 [M]. 北京：中国农业出版社：707.

骆海玉，邓业成，秦卉，等，2010. 植物提取物及杀菌剂对水稻白叶枯病菌的抑菌作用 [J]. 作物杂志 (6): 87-90.

覃旭，2010. 柑橘溃疡病防治药剂的研究 [D]. 桂林：广西师范大学.

王恒昌，孟爱平，李建强，等，2005. 中国产 3 种防己科植物细胞学研究 [J]. 武汉植物学研究，23(1): 96-98.

杨程，2009. 中药植物木防己抑菌活性初步研究 [J]. 南方园艺，20(1): 5-7.

中国科学院中国植物志编辑委员会，1996. 中国植物志：第三十卷 第一分册 [M]. 北京：科学出版社：32.

（撰稿：范志伟；审稿：宋小玲）

木通　*Akebia quinata* (Houttuyn) Decaisne

林地多年生攀缘木质藤本杂草。又名五叶木通、山通草、野木瓜、八月炸、活血藤等。英文名 five-leaf chocolate vine。木通科木通属。

形态特征

成株　落叶木质藤本（图①）。茎纤细，圆柱形，缠绕，茎皮灰褐色，有圆形、小而凸起的皮孔；芽鳞片覆瓦状排列，淡红褐色。掌状复叶互生或在短枝上簇生，通常有小叶 5 片，偶有 3～4 片或 6～7 片；叶柄纤细，长 4.5～10cm；小叶纸质，倒卵形或倒卵状椭圆形，长 2～5cm、宽 1.5～2.5cm，先端圆或凹入，具小凸尖，基部圆或阔楔形，上面深绿色，下面青白色；中脉在上面凹入，下面凸起，侧脉每边 5～7 条，与网脉均在两面凸起；小叶柄纤细，长 8～10mm，中间 1 枚长可达 18mm。伞房花序式的总状花序腋生，长 6～12cm，疏花，基部有雌花 1～2 朵，以上 4～10 朵为雄花（图②）；总花梗长 2～5cm；着生于缩短的侧枝上，基部为芽鳞片所包托；花略芳香。雄花（图③）：花梗纤细，长 7～10mm；萼片通常 3，有时 4 或 5 片，淡紫色，偶有淡绿色或白色，兜状阔卵形，顶端圆形，长 6～8mm、宽 4～6mm；雄蕊 6（7），离生，初时直立，后内弯，花丝极短，花药长圆形，钝头；退化心皮 3～6 枚，小。雌花（图④）：花梗细长，长 2～4（5）cm；萼片暗紫色，偶有绿色或白色，阔椭圆形至近圆形，长 1～2cm、宽 8～15mm；心皮 3～6（9）枚，离生，圆柱形，柱头盾状，顶生；退化雄蕊 6～9 枚。

子实　果孪生或单生，长圆形或椭圆形，长 5～8cm、直径 3～4cm，成熟时紫色，腹缝开裂；种子多数，卵状长圆形，略扁平，不规则的多行排列，着生于白色、多汁的果肉中，种皮褐色或黑色，有光泽。

生物学特性　适生于山地灌丛、林缘和沟谷。多发生在长江流域、华南及东南沿海各地区。花期 4～6 月，果期 6～8 月。总状或伞房状花序腋生，花单性同株，雄花常生于顶端，雌花生于花序基部或无。聚合蓇葖果棒状，内果皮肉质可食。在野外，木通多攀附于乔木、灌木之上，缠绕树干，散生或集中分布，形成较大面积的优势种群。

分布与危害　中国主要分布于山东、山西、河南、安徽、江西、湖北、湖南、江苏、浙江、四川、福建等地。木通在区域内多为稀疏分布，耐阴性较强，在林缘、林内、沟谷等生境均可生长。由于其主要分布在中低海拔的丘陵地带，人为活动频繁，生境常遭干扰。加之果实可食，且为重要的药用植物，其资源量有限，对人工林的分布与危害较小。但一旦攀缘到树冠上将对林木生长产生影响。

防除技术

机械防治　对木通的防治主要依靠人工机械防除技术，需要持续对有危害的木通个体（包括根、茎条和果实）进行人工清除。

化学防治　在美国，木通已经成为入侵植物。美国对木通的化学防治主要依靠草甘膦和绿草定等化合物。

综合利用　木通为中国传统中医药，全株可药用，含有三萜皂苷，具有利尿、消炎及抗肿瘤等作用。此外，木通也是常见的园林观赏植物。1845 年，美国将木通作为园艺植物引入，后无法控制，形成入侵现象。

参考文献

刘桂艳，王晔，马双成，等，2004. 木通属植物木通化学成分及药理活性研究概况 [J]. 中国药学杂志，39(5): 330-332, 352.

CHEN D Z, SHIMIZU T, 2001. Akebia [M]//Flora of China, WU Z, PETER R eds. Beijing: Science Press.

（撰稿：沐先运；审稿：张志翔）

木通植株形态（沐先运摄）

①全株；②花序；③雄花；④雌花

目测法 visual measurement

是利用目光观察评估杂草发生侵染程度的一种定量调查方法。一般是目测观察杂草的盖度、多度、高度一个指标或三者的综合，做出级别的判定。因此，实施前需要制定相应的目测级别标准，曾经提出或使用过的级别标准有三级、四级、五级、六级、七级、十级和十二级等，根据用途的不同可以选择使用。目测法主要应用范围包括杂草发生分布的生态调查研究和除草技术应用效果的评价等领域。

在杂草发生分布的生态调查研究中，较早报道用目测法调查农田杂草的是1982年Fround-Williams和Chancella利用J. Braun-Blanquet的七级杂草多度目测法调查研究农田杂草。在中国，唐洪元（1986）创用了基于杂草相对多度、相对盖度和相对高度综合的五级目测法。该法较以往的目测法，能更多地反映杂草群落的信息。曾在中国杂草草害调查研究中广泛采用。

从杂草的实际发生特点看，优势杂草只占少数，大多数杂草多以较低的目测级别出现，增设低级别，有利于反映出这些杂草种间的差异信息，对数据分析十分有意义。故此，强胜和李扬汉（1989）创用了根据杂草多度、相对盖度和相对高度的七级目测法，在安徽、江苏和浙江等地的水稻田、夏熟作物田和棉田杂草定量调查研究中得到成功应用，并将采集的数据结合多元数量统计分析，从而定量描述中国农田

杂草群落的发生和分布规律。一直沿用至今。

根据不同的农田类型、土壤类型、地形地貌和作物种类等因素，选定调查样点。每样点选择生态条件基本一致的田块10块，依据目测标准（见表），按杂草种类记载其目测优势度级别。调查一般宜在作物的花果期进行。

数据的初步统计和转化：将1个样点中10块田地（样方）采集的各种杂草的目测杂草优势度级别，按下列公式统计：

$$综合值 = \frac{\sum（级别值 \times 该级别出现的样方数）}{5 \times 10}$$

式中，5为最高危害度级别（5级）的赋值；10为样方数。

结果为每个样点获得各种杂草的综合值数据。

通过对样点的分类，在每个聚类群中，根据其综合草害指数和频率，确定该聚类群（即杂草群落类型）中的优势种。

$$综合草害指数 = \frac{\sum（级别值 \times 该级别出现的样方数）}{该类型群落的总样方数 \times 5}$$

$$频率 = \frac{该种杂草出现的样方数}{该类型群落的总样方数} \times 100\%$$

式中，5为最高危害度级别（5级）的赋值。

综合草害指数反映了某种杂草在一定范围内（群落类型、地区等）整体的草害情况，是某种杂草群落类型中的种群处于均匀分布状态下的草害指标，而草害指数反映的是某种杂草在出现的样方中的平均草害情况，它没有反映这种杂

杂草群落优势度七级目测法分级标准

优势度级别（危害度级别）	赋值	相对盖度（%）	多度	相对高度
5	5	>25	多至很多	上层
		>50	很多	中层
		>95	很多	下层
4	4	10～25	较多	上层
		25～50	多	中层
		50～95	很多	下层
3	3	5～10	较少	上层
		10～25	较多	中层
		25～50	多	下层
2	2	2～5	少	上层
		5～10	较少	中层
		10～25	较多	下层
1	1	1～2	很少	上层
		2～5	少	中层
		5～10	较少	下层
T	0.5	<1	偶见	上层
		1～2	很少	中层
		2～5	少	下层
O	0.1	<0.1	1～3株	上层
		<1	偶见	中层
		<2	很少	下层

草不出现的样方，因此，从某种意义上说，综合草害指数比草害指数更能反映杂草的发生危害情况。

在除草技术应用效果的评价中，中国农药田间药效试验评价技术规程中，规定了应用目测法调查评估除草剂药效的具体方法。

目测法是一种简便、迅速、有效的杂草生态学调查方法，较其他取样方法具有劳动强度小、工作效率高的优点，在杂草群落研究中被普遍采用。但是，目测法的主要困难是如何将目测法调查得到的有序多状态属性的优势度级数，转换成数量分类的指标值，应用多元统计分析方法进行定量分析。七级目测法将优势度级数转换成综合值，以综合值作为数量分类的指标值。这不仅使上述困难得以克服，而且综合值还蕴涵了在一个样点中每种杂草的优势程度（即群集度）和频率（即分布均匀度）两方面的生物学意义。从而使过去的群落数量分类中，常常只单独用频率或优势度中的某一项值作为分析指标值的方法得以改进。

目测法相较于样方法或样线法受人为主观因素影响较大，精确性较低。不过，每个调查者之间判断差异导致的系统性误差，由于杂草种群级别值的系统相对性，其影响大致保持在可以接受的范围。加之目测法的便捷性，可以通过增加数量来弥补低精确性的缺点。

经过严格选育的作物品种具有一致的高度，这恰好成为杂草高度的相对标尺，分成超过作物高度的上层，处于基部的下层，以及两者之间的中层。这客观上造就了目测法在农田杂草调查研究中的便捷性。

参考文献

常向前，李儒海，褚世海，等，2009. 湖北省水稻主产区稻田杂草种类及群落特点 [J]. 中国生态农业学报，17(3): 533-536.

强胜，李扬汉，1989. 安徽沿江圩丘农区水稻田杂草群落的研究 [J]. 杂草学报 (3): 18-25.

强胜，2009. 杂草学 [M]. 2 版. 北京：中国农业出版社：261-262.

唐洪元，1991. 中国农田杂草 [M]. 上海：上海科技教育出版社.

叶贵标，魏福香，贾富勤，等，2000. GB/T 17980. 40—2000 农药田间药效试验准则 (一) 除草剂防治水稻田杂草 [S]// 北京：中国标准出版社.

QIANG S, 2005. Multivariate analysis, description, and ecological interpretation of weed vegetation in the summer crop fields of Anhui Province, China [J]. Journal of integrative plant biology, 47: 1193-1210.

（撰稿：李儒海、刘宇婧；审稿：强胜）

M

N

南方菟丝子 *Cuscuta australis* R. Br.

秋熟作物大豆田的恶性一年生茎寄生杂草。又名女萝、金线藤、飞扬藤、金丝藤、无根草。英文名 south dodder。旋花科菟丝子属。

形态特征

成株　茎缠绕，金黄色，纤细，直径约1mm。无叶（图①）。花簇生成球状团伞花序，总花序梗近无；苞片及小苞片均小，鳞片状；花梗稍粗壮，长1~2.5mm；花萼杯状，基部连合，裂片3~5枚，长圆形或近圆形，通常不等大，长0.8~1.8mm，先端钝，背面无脊；花冠乳白色或淡黄色，杯状，长约2mm，裂片卵圆形，顶端稍钝，与花冠管近等长，直立，宿存；雄蕊着生于花冠裂片相邻处，比花冠裂片稍短（图②）。花丝较长，花药卵形；鳞片小，短于冠筒，上端2裂，边缘无流苏；子房扁球形，花柱2，等长或稍不等长，柱头球形。

子实　蒴果扁球形，直径3~4mm，下半部为宿存花冠所包，成熟时不规则开裂（图③④）。通常有4枚种子，淡褐色，卵圆形，长约1.5mm，表面粗糙；种脐线形。

幼苗　淡黄色，早期具极短的初生根，在土壤中起短期吸水作用，当固着于寄主的茎后即停止生长，逐渐萎蔫死亡。胚轴和幼茎纤细，与寄主接触后在茎上产生吸器（寄生根），侵入寄主体内吸收水分和养料。

生物学特性　一年生全寄生性杂草。以种子繁殖为主，发芽力可保持5年之久。断茎有很强的再生能力，能进行营养繁殖。种子在10℃以上即可萌芽，在20~30℃范围

南方菟丝子植株形态（强胜摄）
①所处生境；②花序；③④果序

内温度越高萌芽越快；萌芽不整齐，以5～8天内萌芽最多，也有经过数月仍有继续萌芽的情况；土壤绝对含水量在20%～25%时最宜萌芽，多雨或积水对萌芽不利。花果期6～9月。南方菟丝子在江西南昌郊区梅岭于每年4月下旬开始萌发，一年可以多次开花结果。

分布与危害　中国的黑龙江、吉林、辽宁、内蒙古、河北、山西、河南、山东、甘肃、宁夏、新疆、安徽、江苏、浙江、福建、江西、湖南、湖北、四川、云南、广东、台湾等地均有分布；亚洲的中部、南部和东部也有分布。最喜欢寄生在大豆上，被寄生的大豆植株生长矮小，轻者结荚数量减少，子粒瘦秕，重者植株早期死亡，颗粒无收。在江西发现南方菟丝子可寄生在水稻上并开花结实。南方菟丝子还对花生、苜蓿、向日葵、马铃薯、高粱等作物造成危害，也能寄生在荠菜、羊蹄、藜、反枝苋、苣荬菜、加拿大一枝黄花、薇甘菊、大蓟、苍耳、鳢肠、野艾蒿、牵牛花、鸭跖草、芦苇、双穗雀稗等野生植物上。南方菟丝子幼苗遇到适宜寄主就缠绕在上面，在接触处形成吸器伸入寄主，吸器进入寄主组织后部分组织分化为导管和筛管，分别与寄主的导管和筛管相连，自寄主吸取养分和水分，另外其藤茎的覆盖也影响寄主的正常光合作用，加剧寄主的营养亏损，造成寄主生长不良或死亡。南方菟丝子也是传播某些植物病害的媒介或中间寄主。

防除技术　应采取包括农业防治、生物防治和化学防治相结合的方法，同时考虑综合利用等措施。

农业防治　南方菟丝子大都以种子混杂在商品粮食、种子、饲料、毛皮中传播，因此首先必须掌握南方菟丝子发生的地点、作物类型以及可能传播的途径，加强对这些农副产品的严格检验检疫，阻断其传播途径。在作物播种前精选种子，去除混杂的南方菟丝子种子。深翻土壤，将落入土壤的南方菟丝子种子深埋，或在种子萌发期前进行中耕除草，将种子深埋阻止其萌发。采取作物轮作，尤其是发生过南方菟丝子的地块，不宜种植大豆、烟草、马铃薯、花生等寄主农作物，还可采用旱改水轮作；种植对南方菟丝子具有抗性的作物等措施。在南方菟丝子开花结实前，结合农事操作及时摘除缠绕在寄主上的南方菟丝子藤茎并烧毁或深埋。

生物防治　"鲁保一号"真菌除草剂对寄生在大豆上的南方菟丝子有特殊防效，对大豆、花生、棉花、烟草、洋麻、玉米、高粱等作物非常安全，在20世纪60年代中后期曾在20多个地区得到应用，于1985年正式定名该菌为胶孢炭疽菌菟丝子专化型。

化学防治　在大豆、花生等作物播前或播后苗前进行土壤处理，可选用二硝基苯胺类地乐胺兑水均匀喷施于地表，对南方菟丝子的防效良好。乙草胺、甲草胺、精异丙甲草胺进行土壤封闭处理，也有较好的防效。在大豆、苜蓿等作物田中的南方菟丝子开始转株危害时，使用地乐胺均匀喷雾于寄主上的南方菟丝子植株，可以抑制其发生寄生，用药要及早且要喷透、喷匀。果园和高大的果株，用草甘膦、地乐胺等除草剂茎叶处理可有效防除南方菟丝子。

综合利用　南方菟丝子的种子为《中华人民共和国药典》收载的滋养性强壮收敛药，有滋补肝肾、固精缩尿、安胎、明目、止泻、调节免疫力、保护心血管、抗氧化、抗衰老等众多功效。南方菟丝子的寄生显著抑制入侵植物三叶鬼针草的生物量，具有防治入侵植物的潜力。可用南方菟丝子防治空心莲子草、加拿大一枝黄花、一年蓬、土荆芥、三叶鬼针草等外来入侵杂草。

参考文献

郭凤根，李扬汉，2000. 检疫杂草菟丝子生物防治研究的进展[J]. 植物检疫，14(1): 29-31.

郭凤根，李扬汉，1998. 菟丝子属杂草化学防除研究进展[J]. 杂草科学 (3): 2-5.

国家药典委员会，2015. 中华人民共和国药典: 2015年版 一部[M]. 北京: 中国医药科技出版社.

李扬汉，1998. 中国杂草志[M]. 北京: 中国农业出版社: 482-484.

杨蓓芬，李钧敏，2012. 南方菟丝子寄生对3种入侵植物生长的影响[J]. 浙江大学学报 (农业与生命科学版)，38(2): 127-131.

张静，闫明，李钧敏，2012. 不同程度南方菟丝子寄生对入侵植物三叶鬼针草生长的影响[J]. 生态学报，32(10): 3136-3143.

张雪，郭素民，高芳磊，等，2018. 不同生境下的空心莲子草对南方菟丝子寄生的响应[J]. 杂草学报，36(1): 14-19.

赵姗姗，杨俊，2017. 中药菟丝子的研究现状与展望[J]. 植物学研究，6(3): 175-184.

（撰稿：郭凤根；审稿：黄春艳）

南苜蓿　*Medicago polymorpha* L.

夏熟作物田一二年生杂草。又名刺荚苜蓿、黄花苜蓿、黄花草子、秧草、草头、苜荠头、金花菜。异名 *Medicago hispida* Gaertn. 英文名 California burclover。豆科苜蓿属。

形态特征

成株　高20～90cm（图①）。茎匍匐或稍直立，近四棱形，基部多分枝。羽状三出复叶，托叶大，卵状长圆形，长4～7mm；叶柄细柔，长1～5cm（图③）；小叶阔倒卵形，长1～1.5cm、宽0.7～1cm，顶端钝圆或凹入，且有细锯齿，下部楔形，正面无毛，背面有柔毛，两侧小叶略小；小叶柄长约0.5cm，有柔毛；托叶卵形，边缘具深裂细锯齿。总状花序腋生，有花2～8朵（图②）；花小，花萼钟状，萼齿披针形；花冠蝶形，黄色；雄蕊10枚，成9+1式二体；花柱较短且向内弯曲，柱头头状。

子实　荚果螺旋形，边缘具疏刺，有钩，直径约0.6cm，含种子3～7粒（图④）。种子肾形，黄褐色，有光泽（图⑤）。

幼苗　子叶长椭圆形，先端钝圆，具柄（图⑥）。初生叶为单叶，半圆形，先端微凹具小尖头，柄基托叶披针形，基部具羽状深裂。后生叶三出复叶。

生物学特性　苗期10～12月，花期翌年3～5月，果期5～6月。喜生于较肥沃的路旁、荒地、较耐寒。干旱胁迫下，南苜蓿幼苗叶片相对含水量下降较快，电导率变化幅度大，可溶性糖积累较少，显示较低的抗旱性。苜蓿根瘤菌可与南苜蓿形成有效共生体系，显著提高植物的生物固氮能力，促进植物生长；不同根瘤菌菌株在南苜蓿植株根系中的结瘤率存在差异，从而显示出不同固氮能力。根瘤菌菌株的接种效果受土壤因子影响，高有效钾含量更有利于根瘤菌发

南苜蓿植株形态（张治摄）

①植株生境；②花序；③托叶；④果实；⑤种子；⑥幼苗

挥共生固氮作用。

分布与危害　现分布于中国长江流域以南各地，以及陕西、甘肃、贵州等地；原产印度，马来西亚、缅甸、越南等东南亚国家和地区也有分布。是常见的路埂及草地杂草，有时侵入农田，成为小麦、油菜等夏熟作物田杂草，危害较轻。为小地老虎、棉实夜蛾、玉米夜蛾、苹果叶蝉等害虫的媒介，亦为炭疽病、白粉病和霜霉病的寄主，造成间接危害。

防除技术

农业防治　精选种子，减少播种带入草籽；及时清除田埂边的南苜蓿植株，防止种子传入田间。合理密植，减少杂草的生存空间，抑制杂草生长。人工除草，在种子未成熟时人工铲除。采用秸秆或薄膜覆盖，抑制杂草发生。

化学防治　小麦田可采用异丙隆、苯磺隆、啶嘧磺隆、氟噻草胺·呋草酮·吡氟酰草胺或异丙隆·丙草胺·氯吡嘧磺隆在小麦播后苗前至杂草1～2叶期施药。还可用氯吡·唑草酮、氯氟吡氧乙酸、氯氟吡氧乙酸异辛酯、氟吡·双唑等，在小麦3～4叶期、杂草2～3叶茎叶喷雾处理。油菜田选用二氯吡啶酸、氨氯吡啶酸进行茎叶处理。

综合利用　营养物质丰富，粗蛋白含量高达24.5%，可作优等饲草，亦可作绿肥。嫩叶可供食用。南苜蓿中含有丰富的黄酮类和皂苷类物质，全草具有清热解毒、利湿退黄、通灵排石等药用功效。南苜蓿总皂苷有改善2型糖尿病大鼠血液流变性，降低血液的高黏状态，合成肝糖原，改善胰岛素抵抗，达到调节血糖的作用。

参考文献

洪开祥，龙忠富，张建波，等，2015. 5种一年生豆科牧草苗期的抗旱性 [J]. 贵州农业科学，43(12): 113-115.

李扬汉，1998. 中国杂草志 [M]. 北京：中国农业出版社：633-634.

刘晓云，郭振国，李乔仙，等，2011. 南苜蓿高效共生根瘤菌土壤的筛选 [J]. 生态学报，31(14): 4034-4041.

徐海根，强胜，2004. 中国外来入侵物种编目 [M]. 北京：中国环境科学出版社.

晏小云，殷晓静，王国凯，等，2012. 南苜蓿的化学成分研究 [J]. 中国药学杂志，47(6): 415-418.

CHARMAN N, BALLARD R A, 2004. Burr medic (*Medicago polymorpha* L.) selections for improved N₂ fixation with naturalised soil rhizobia [J]. Soil biology and biochemistry, 36(8): 1331-1337.

DENTON M D, HILL C R, BELLOTTI W D, et al, 2007. Nodulation of *Medicago truncatula* and *Medicago polymorpha* in two pastures of contrasting soil pH and rhizobial populations [J]. Applied soil ecology, 35(2): 441-448.

TAVA A, MELLA M, AVATO P, et al, 2011. Triterpenoid glycosides from the leaves of two cultivars of *Medicago polymorpha* L. [J]. Journal of agricultural and food chemistry, 59(11): 6142-6149.

KINJO J, UEMURA H, NAKAMURA M, et al, 1994. Two new triterpinoidal glycosides from *Medicago polymorpha* L. [J]. Chemical & pharmaceutical bulletin, 42(6): 1339-1380.

VILLEGAS M del C, ROME S, MAURÉ L, et al, 2006. Nitrogen-fixing sinorhizobia with *Medicago laciniata* constitute a novel biovar (bv. medicaginis) of *S. meliloti* [J]. Systematic and applied microbiology, 29(7): 526-538.

（撰稿：周兵；审稿：宋小玲）

南蛇藤 *Celastrus orbiculatus* Thunb.

林地多年生攀缘木质藤本杂草。又名南蛇风、蔓性落霜红、果山藤、大南蛇等。英文名 Chinese bittersweet。卫矛科南蛇藤属。

形态特征

成株 小枝光滑无毛，灰棕色或棕褐色，具稀而不明显的皮孔；腋芽小，卵状到卵圆状，长 1～3mm（图①②）。

叶通常阔倒卵形、近圆形或长方椭圆形，长 5～13cm、宽 3～9cm，先端圆阔，具有小尖头或短渐尖，基部阔楔形到近钝圆形，边缘具锯齿，两面光滑无毛或叶背脉上具稀疏短柔毛，侧脉 3～5 对；叶柄细长 1～2cm。聚伞花序腋生，间有顶生，花序长 1～3cm，小花 1～3 朵，偶仅 1～2 朵，小花梗关节在中部以下或近基部（图③④）；雄花萼片钝三角形；花瓣倒卵椭圆形或长方形，长 3～4cm、宽 2～2.5mm；花盘浅杯状，裂片浅，顶端圆钝。雄蕊长 2～3mm，退化雌蕊不发达；雌花花冠较雄花窄小，花盘稍深厚，肉质，退化

南蛇藤植株形态（沐先运摄）
①危害状；②全株；③花枝；④花；⑤果枝；⑥成熟果实

雄蕊极短小；子房近球状，花柱长约 1.5mm、柱头 3 深裂，裂端再 2 浅裂。

子实　蒴果近球状，直径 8～10mm；种子椭圆状稍扁，长 4～5mm，直径 2.5～3mm，赤褐色（图⑤⑥）。

幼苗　子叶矩状椭圆形，先端钝圆，全缘。

生物学特性　适生于荒坡或林缘。中国多发生在长江以北地区，以人工林林缘、林内和路边为主要分布区域。以种子繁殖为主要方式。花期 5～6 月，果期 7～10 月。果期种子外包被鲜红色的肉质假种皮。在野外，南蛇藤常攀附于高大乔木之上，缠绕树干，在树冠形成大片冠帽，遮蔽阳光。在荒坡上，常攀缘于各类灌木之上。具有一定的绞杀力。

分布与危害　南蛇藤是长江以北地区较为常见的攀缘木质藤本植物。中国从东北的黑龙江、吉林、辽宁，到华北的内蒙古、北京、河北、山东、山西、河南等地，西北的陕西、甘肃、宁夏以及广大的长江流域地区的江苏、安徽、浙江等地。由于南蛇藤在区域内常稀疏分布，且主要生长于光、热条件较好的林缘、路边等开阔地带，对人工林的分布与危害较小。但一旦攀缘到树冠上将对林木生长产生影响。

防除技术

机械防治　对南蛇藤的防治主要依靠人工机械防除技术，需要持续对有危害的南蛇藤个体（包括茎条和果实）进行人工清除。

化学防治　在美国，南蛇藤已经成为入侵植物。美国对南蛇藤的化学防治主要依靠草甘膦和绿草定。

综合利用　南蛇藤为中国传统中医药，其提取物中含有较为丰富的萜类、生物碱、黄酮类化合物，具有消肿止疼、解毒散瘀等作用。研究表明，其抑制肿瘤细胞增殖也有一定效果，是抗癌药物的重要研发对象之一。

参考文献

沐先运，2012. 中国南蛇藤属（卫矛科）的分类修订 [D]. 北京：北京林业大学 .

杨蒙蒙，佟丽 . 2004. 南蛇藤化学成分及药理研究的进展 [J]. 中药新药与临床药理，15(3): 222-224.

AHERNS J, 1987. Herbicides for control of oriental bittersweet [J]. Proceedings of the northeastern weed science society, 41: 167-170.

DREYER G D, 2001. Oriental bittersweet control project, sachuest point national wildlife refuge. unpublished final report [J]. Produced under contract to the US fish and wildlife service.

SU X H, Z M, Z W, et al, 2009. Chemical and pharmacological studies of the plants from Genus *Celastrus* [J]. Chemistry & biodiversity(6): 146-161.

（撰稿：沐先运；审稿：张志翔）

囊颖草　*Sacciolepis indica* (L.) A. Chase

湿地或水田一年生杂草。英文名 India cupscale。禾本科囊颖草属。

形态特征

成株　高 20～70cm（图①）。秆直立或基部膝曲，少数丛生，有时下部节上生根。叶鞘具棱脊，短于节间，常松弛；叶舌膜质，长 0.2～0.5mm，顶端被短纤毛；叶片线形，长 5～20cm、宽 2～5mm，基部较窄，无毛或被毛。圆锥花序紧缩成圆柱状（图②），长 3～16cm、宽 3～5mm，向两端渐狭或下部渐狭，主轴无毛，具棱；小穗卵状披针形，背部弓形，绿色或带紫色，长 2～2.5mm，无毛或被疣基毛；第一颖为小穗长的 1/3～2/3，通常具 3 脉，基部包裹小穗，第二颖与小穗等长，具明显 9 脉，背部弓形，基部囊状；第

囊颖草植株形态（强胜摄）

①植株及生境；②花序；③子实

一外稃等长于第二颖，通常 9 脉；第一内稃退化或短小，透明膜质；第二外稃平滑而光亮，长约为小穗的 1/2，边缘包着较其小而同质的内稃。

子实 颖果椭圆形，长约 0.8mm、宽约 0.4mm，浅灰色（图③）。

幼苗 子叶留土。第一片真叶呈两头尖的椭圆形，长 6mm、宽 2.5mm，先端急尖，具 5 条直出平行脉，其中，两侧的 2 脉紧靠成对，叶鞘也具 5 脉，边缘 2 条不甚明显的细脉，叶片与叶鞘之间有明显界限，但无叶舌、叶耳；第二片真叶卵状披针形，余与第一叶类似。全株光滑无毛。

生物学特性 囊颖草属于 C_4 植物。花果期 7～11 月。种子成熟后具有胎萌现象。种子千粒重 0.25g。染色体 2n=18。

分布与危害 中国分布于东北、华东、华南、西南各地；印度、日本和大洋洲有分布，此外，还被引入美洲、非洲等。耐水湿，喜生于湿地；水田埂及水田中，为偶见杂草；也发生于秋熟旱作物、果园等。

防除技术

化学防除 在水田可用丙草胺、苯噻酰草胺、丁草胺土壤处理，也可在苗期用噁唑酰草胺和氰氟草酯防除。阔叶作物旱地可用烯禾啶、吡氟禾草灵、氟吡甲禾灵等苗期茎叶处理。果园可用草甘膦、草铵膦防除。

综合利用 植株可做青饲料。

参考文献

董海，王疏，邹小瑾，等，2005. 辽宁省水稻田杂草种类及群落分布规律研究 [J]. 杂草科学 (1): 8-13.

范志伟，李晓霞，刘延，等，2020. 中国剑麻园杂草种类分布危害调查与防控策略 [J]. 热带作物学报，41(8): 1654-1664.

林植芳，郭俊彦，詹姆士·阿勒林格，1988. 新的 C4 及 CAM 光合途径植物 [J]. 武汉植物学研究，6(4): 371-374.

王晓峰，1999. 种子的胚胎萌发 [J]. 植物生理学通讯，35(2): 89-95.

虞道耿，刘国道，白昌军，等，2007. 海南野生禾本科牧草种质资源调查、收集与鉴定 [J]. 植物遗传资源学报 (3): 289-293.

岳茂峰，冯莉，田兴山，等，2013. 广东省部分地区稻田杂草群落的调查研究 [J]. 杂草科学，31(4): 35-37+41.

颜玉树，1990. 水田杂草幼苗原色图谱 [M]. 北京：科学技术文献出版社.

（撰稿：强胜；审稿：刘宇婧）

内吸传导、触杀综合型除草剂 systemic and contact herbicides

兼具内吸传导和触杀作用的除草剂。既可触杀，又可内吸，但会有一种方式是主要作用方式。比如氟磺胺草醚，其可以触杀叶片，也可以被根吸收，但在应用中以触杀叶片为主。再如草铵膦也是具有部分内吸作用的非选择性触杀除草剂，其是以谷氨酰胺合成酶（GS）为靶标酶的有机磷类除草剂，施药后短时间内植物体内氮代谢陷入紊乱，细胞毒剂铵离子在植物体内累积，与此同时，光合作用被严重抑制，达到除草目的，主要用于防除一年生和多年生杂草，应用于果园、葡萄园、马铃薯田、非耕地等。又如苯达松也是兼具触杀和内吸传导作用的除草剂，其高效、低毒、选择性强、杀草谱广，对阔叶及莎草科杂草的防除效果优良，对禾本科及豆科作物安全。

该类除草剂通常作用速度较其他类别除草剂快，但受环境条件如温度、光照等影响。如草铵膦除草效果主要受湿度、温度、光照影响：气候干旱，植物气孔关闭、叶片卷曲、叶皮增厚，不利于药剂吸收，影响药效；空气湿润，植物叶片表面蜡层保持湿润状态，气孔开放，提高了药剂吸收，利于药效发挥。在低温时，草铵膦通过角质层和细胞膜的能力降低，除草效果受影响。草铵膦随着温度上升，除草效果随之提高。光照条件好的情况下，植物的蒸腾作用强，利于草铵膦药效的发挥。

该类除草剂具有较高的除草活性，同时对作物安全性问题也较突出。如二苯醚类除草剂氟磺胺草醚，茎叶处理其选择性主要是由于目标作物可以代谢分解这类除草剂，在温度过高、过低时，作物代谢能力受影响导致耐药能力也随之降低，易发生药害；其药害速度较迅速，施药后数小时就表现出药害症状，药害症状初为水浸状，后呈现褐色坏死斑、而后叶片出现红褐色坏死斑，逐渐连片后死亡；未伤生长点的植物，经几周后会恢复生长，但长势受到不同程度的抑制。如草铵膦定向喷雾防除玉米田间杂草时，对用药技术要求特别严格，选择晴天无风或者微风时，喷头带罩定向喷药，不要飘移到玉米上，虽然草铵膦内吸作用不强，但仍需要注意飘移药害。

以除草剂的传导方式分类是人为划分的，并不能真正反映除草剂在植物中的移动，因此除草剂的吸收和传导应综合看待。除草剂按药剂在杂草体内传导性的差异分类也是如此，需联系起来综合看待，如百草枯是触杀型灭生性茎叶处理剂，乙草胺是内吸传导型选择性土壤处理剂。

参考文献

李进，1984. 除草剂的作用方式 [J]. 新农业 (4): 22-23.

刘伊玲，1991. 农药实用技术手册 [M]. 长春：吉林科学技术出版社.

滕崇德，1983. 农田杂草及化学防除 [M]. 太原：山西人民出版社.

徐汉虹，2018. 植物化学保护学 [M]. 5 版. 北京：中国农业出版社.

（撰稿：刘伟堂；审稿：王金信、宋小玲）

内吸传导型除草剂 systemic herbicides

能够被杂草的根、茎、叶或芽鞘等部位吸收进入杂草体内，并在杂草体内传导后到达作用靶标部位杀死杂草的除草剂。能被植物的茎叶吸收的作茎叶处理，能被杂草的根、幼芽、胚芽鞘吸收的作土壤处理，主要内吸传导型除草剂见表。

主要内吸传导型除草剂

结构类型	吸收部位	传导部位	作用部位	作用特性	应用作物田及防除对象	代表除草剂
苯氧羧酸类	可通过茎叶，也可以通过根系吸收	茎叶吸收的药剂通过韧皮部筛管在植物体内传导，根系吸收的药剂则在木质部导管内移动	药剂在分生组织中积累，干扰植物体内的激素平衡，导致杂草的组织异常和损伤，杂草畸形直至死亡	多数除草剂品种具有较高的茎叶活性，同时兼具土壤处理效果，如2甲4氯钠可在玉米田进行播后苗前土壤处理	主要用于水稻、小麦、玉米田防除阔叶杂草及部分莎草	2甲4氯钠、2,4-滴
苯甲酸类	可快速地被杂草的叶、茎、根吸收	传导方式与苯氧羧酸类除草剂类似，通过韧皮部及木质部向上下传导	药剂多集中在分生组织及代谢活动旺盛的部位，干扰植物体内的激素平衡	茎叶处理剂，药剂能很快被杂草的茎、叶吸收，通过韧皮部及木质部向上、下传导，多集中在分生组织及代谢活动旺盛的部位	用于禾本科作物小麦、玉米田防除一年生和多年生阔叶杂草	麦草畏
喹啉羧酸类	主要通过根吸收，也能被发芽的种子吸收，少量通过叶吸收	传导方式与苯氧羧酸类除草剂类似	作用部位与苯氧羧酸类除草剂类似，干扰植物体内的激素平衡，在生长点累积而发挥作用	茎叶处理剂，被萌发的种子、根及叶片吸收，水稻的根部能将二氯喹啉酸分解，因而对水稻安全。	水稻田特效防除稗草	二氯喹啉酸
有机杂环类	吸收部位与苯氧羧酸类除草剂类似	传导方式与苯氧羧酸类除草剂类似	作用部位与苯氧羧酸类除草剂类似，干扰植物体内的激素平衡	茎叶处理剂，引起偏上性，木质部导管堵塞并变棕色	小麦、水稻等禾谷类作物田防除一年生和多年生杂草	氯氟吡氧乙酸
芳氧苯氧基丙酸脂类	大部分通过叶吸收，根部几乎没有吸收作用	药剂吸收后可通过韧皮部快速传导	积累于分生组织内，抑制叶绿体中的乙酰辅酶A羧化酶（ACCase）活性，导致膜系统等含脂结构破坏，最后导致植物死亡	茎叶处理剂，具有很强的茎叶吸收能力	主要用于阔叶作物田防除禾本科杂草	精噁唑禾草灵
环己烯酮类					用于阔叶作物田防除禾本科杂草	烯草酮
苯基吡唑啉类					用于小麦和大麦田防除一年生禾本科杂草	唑啉草酯
三氮苯类除草剂	"津"类除草剂是靠根部吸收，"净"类则从根、茎、叶部吸收	少数品种如苯嗪草酮和环嗪酮可以通过叶片吸收并通过木质部向顶传导，大部分品种通过根部吸收并在木质部中随蒸腾流向上传导	作用部位为分生组织和叶片，抑制类囊体膜中光系统Ⅱ中的电子传递，干扰光合作用	土壤处理剂，被植物根部吸收，随蒸腾作用转移到地上部位；大部分兼作茎叶处理剂，能被叶片吸收，但不能向下传导	玉米、高粱、棉花、大豆等旱田以及水稻田防除一年生阔叶杂草和禾本科杂草，对一些多年生杂草也有抑制作用	莠去津
取代脲类除草剂	根系吸收为主，在叶面具有触杀作用	通过木质部导管随蒸腾流向上运输	作用部位主要在叶片，通过抑制叶绿体中光合作用的电子传递，叶片自叶尖起发生褪绿，最后坏死	主要为土壤处理剂，部分可作茎叶处理剂主要通过杂草根、茎、叶的吸收，随水分向上传导	小麦田、玉米田及棉花田防除一年生禾本科杂草及阔叶杂草	异丙隆
酰胺类除草剂	单子叶植物的吸收部位是幼芽，双子叶植物主要通过根、其次是幼芽吸收；敌稗被叶片吸收	暂无	药剂对单子叶植物的作用部位集中在胚芽鞘，双子叶植物为下胚轴，抑制α淀粉酶及蛋白酶的活性	绝大数品种为土壤处理剂，部分品种只能做茎叶处理	防除旱田和水稻田中的一年生杂草	乙草胺、敌稗
磺酰脲类	根、茎、叶吸收	韧皮部和木质部进行上下传导	药剂在分生组织中积累，抑制叶绿体内的乙酰乳酸合成酶（ALS）活性，支链氨基酸合成受阻导致植物细胞不能完成有丝分裂，使植株生长停止逐步死亡	部分既作土壤处理剂，也作杂草苗后早期处理剂，部分只做茎叶处理剂植物的根、茎、叶都能快速吸收传导	小麦田、玉米田及水稻田的阔叶杂草，部分品种可防除禾本科杂草或莎草	甲基二磺隆
磺酰胺类	茎、叶和根吸收	木质部和韧皮部传导	作用部位与磺酰脲类除草剂相似，抑制ALS的活性	作用特点于磺酰脲类除草剂相似	小麦田、水稻田中的阔叶杂草及禾本科杂草	五氟磺草胺

N

（续）

结构类型	吸收部位	传导部位	作用部位	作用特性	应用作物田及防除对象	代表除草剂
咪唑啉酮类	根、茎、叶吸收	木质部和韧皮部传导	作用部位与磺酰脲类除草剂相似，抑制杂草 ALS 活性	茎叶处理剂，通过植物的根、叶吸收，在木质部和韧皮部传导，该类型除草剂在土壤中残留期较长	主要用于大豆及其他豆科作物防除禾本科杂草及阔叶杂草	咪唑乙烟酸
嘧啶水杨酸类	茎叶吸收	木质部和韧皮部传导	作用部位与磺酰脲类除草剂相似，抑制杂草 ALS 活性	是在磺酰脲类除草剂结构优化基础上研究开发的，具有更好的杀草谱和活性	主要用于水稻田防除阔叶杂草、大多数莎草科杂草及禾本科杂草	嘧啶肟草醚、双草醚
有机磷类	茎叶吸收	韧皮部和木质部向上及向下传导	作用于植物的根、茎、叶和生长点等生长旺盛部位，抑制质体及胞质中的 5- 烯式醇丙酮酰莽草酸 -3- 磷酸合成酶	灭生性茎叶处理剂，经植物叶部吸收，迅速通过共质体系传导至地下根茎	防除非耕地、果园、甘蔗园等中的一年生及多年生杂草	草甘膦
三酮类	植物的根、茎、叶都能吸收药剂	韧皮部和木质部传导	作用分生组织，抑制叶绿体内的对羟基苯丙酮酸双加氧酶（HPPD）的活性，导致植物体内质体醌和 α- 生育酚的生物合成受阻，杂草叶片白化直至死亡	以茎叶处理为主，也具有很高的土壤处理活性，被植物的根、茎、叶都能迅速吸收传导	多数品种用于玉米田，部分品种用于水稻田和小麦田，防除阔叶杂草及禾本科杂草	硝磺草酮
氨基甲酸酯类	幼根幼芽吸收，有的也可以被茎叶吸收	木质部	可能与抑制脂肪酸、脂类、蛋白质等生物合成有关	主要作土壤处理，被杂草根部和幼芽吸收，可在非共质体中传导	主要用于水稻田防除一年生禾本科阔叶杂草以及莎草	杀草丹

内吸传导型除草剂进入杂草体内后，主要通过三种途径进行传导：共质体系（主要指韧皮部）传导、质外体系（主要指木质部）传导、质外—共质体系（韧皮部和木质部）传导，共质体是植物体细胞由胞间连丝相互连接起来的、以质膜为界的原生质整体，而质外体则是质膜以外的细胞外区。

通过共质体系传导的除草剂进入杂草体内后，在细胞间通过胞间连丝的通道进行移动，最终进入韧皮部。除草剂借助茎内的同化液流而实现上下移动，并与光合作用形成的糖共同传导，从而积累在杂草体内需糖的生长部位。除草剂在共质体系的转运速度受到杂草龄期、用药量以及影响光合作用的各种环境条件，如温度、相对湿度、光照、土壤湿度等影响。例如，幼龄杂草传导除草剂能力一般强于老龄杂草；一些除草剂的过量施用并不意味效果越好，在 2,4- 滴防除多年生杂草时，施用过量则易杀伤韧皮部而影响传导；由于这类除草剂是和光合产物一起转移的，因此当光合作用强度高时，传导作用也随之加强。另外，除草剂在共质体的传导也可以向下转移，如草甘膦等在叶面施用后可以在共质体内向根传导，从而杀死地下繁殖器官。

通过质外体系传导的除草剂经植物根部吸收后，首先随水分移动进入木质部，沿导管随蒸腾液向上传导。质外体系主要是细胞壁和木质部组成的，由于木质部是无生命的组织，即使施用高剂量的除草剂，也不会损害木质部，甚至在根部被杀死后，仍能继续吸收和传导一段时间。除草剂在质外体系传导的方向主要是向上传导，从土壤—根—茎—叶—空气，水势力梯度从高到低，溶解在水中的除草剂随着蒸腾流从水势高的根部移动到水势低的叶片或生长点。但是在特殊情况

下，除草剂也可能沿着木质部向下移动，如在干燥和高蒸腾的条件下，杂草体内水分不足，除草剂就可能通过木质部向下移动。叶面吸收除草剂在质外体系传导一般沿叶脉向上或向叶边缘传导。

有些除草剂的传导并不局限于单一的体系，而能同时通过质外—共质体系两种传导体系，如麦草畏、氨氯吡啶酸等。这些除草剂在传导的过程中，可能由邻近细胞的一条传导体系，进入另外的一条传导体系中。

上述传导途径是人为划分的，并不能完全反映除草剂在植物体内的移动特性。因为所有除草剂都有在木质部和韧皮部移动的能力，只是有的除草剂在木质部的移动量大于在韧皮部的移动量，有的除草剂则在韧皮部的移动量大于在木质部的移动量。

内吸传导型除草剂用药后，药液能够被杂草的根茎叶等吸收到体内，然后被输送到整株植物体各个部位，通过破坏杂草生理平衡和内部结构，而使杂草干枯死亡。使用方法及施药时的环境因素都会对除草剂的药效产生影响，除草剂的使用效果与温度高低呈正比例，温度越高，杂草吸收和体内传导能力越强，除草剂活性也越高，除草效果也就越好，低温时正好与之相反，而且低温时作物体内解毒作用也比较缓慢，容易产生药害，如甲基二磺隆施药后遇到霜冻容易发生药害，导致小麦叶片发黄、矮缩不长，严重的出现死苗。对使用规模较大的内吸传导型除草剂如 ALS 和 ACCase 类抑制剂，要选择不同药物交替使用，避免杂草产生较强的抗药性。除草剂的使用效果与相对湿度也有密切关系，较低的相对湿度引起雾滴迅速干燥，促进植物内水势升高，导致气孔

关闭，从而显著影响叶片对除草剂的吸收。高相对湿度下雾滴的挥发能够延缓，水势降低，促使气孔开放，有利于对除草剂的吸收与传导。除草剂的使用效果还受降雨的显著影响，施药后立即降雨会导致除草剂被雨水冲刷，从而影响除草剂吸收。

参考文献

顾林玲，2021. 三嗪类除草剂研究与开发新进展 [J]. 世界农药，43(12): 12-23.

李进，1984. 除草剂的作用方式 [J]. 新农业 (4): 22-23.

刘伊玲，1991. 农药实用技术手册 [M]. 长春：吉林科学技术出版社.

刘支前，1992. 除草剂在植物体内的传导机制 [J]. 植物生理学通讯，28(3): 226-229.

强胜，2009. 杂草学 [M]. 2 版 . 北京：中国农业出版社 .

苏少泉，2005. 草甘膦评述 [J]. 农药 (4): 145-149.

滕崇德，1983. 农田杂草及化学防除 [M]. 太原：山西人民出版社 .

田琳，谭海军，2010. 麦草畏的生产及发展概述 [J]. 世界农药，32(6): 18-20+50.

徐汉虹，2018. 植物化学保护学 [M]. 5 版 . 北京：中国农业出版社 .

GROSSMANN K, KWIATKOWSKI J, 1993. Selective induction of ethylene and cyanide biosynthesis appears to be involved in the selectivity of the herbicide quinclorac between rice and barnyardgrass [J]. Plant physiology. 142 (4): 457-466.

GROSSMANN K, EHRHARDT T, 2007. On the mechanism of action and selectivity of the corn herbicide topramezone: a new inhibitor of 4-hydroxyphenylpyruvate dioxygenase [J]. Pest management science, 63: 429-439.

FOCKE M, LICHTENTHALER H K, 1987. Inhibition of the acetyl-CoA carboxy-lase of barley chloroplasts by cycloxydim and sethoxydim [J]. Zeitschrift für naturforschung C, 42(11-12): 1361-1363.

LEE S, SUNDARAM S, ARMITAGE L, et al, 2014. Defining binding efficiency and specificity of auxins for SCF^TIR1/AFB-Aux/IAA co-receptor complex formation [J]. Acs chemical biology, 9 (3): 673-682.

SCHULTZ C, SOLL J, FIEDLER E, et al, 1985. Synthesis of prenylquinones in chloroplasts [J]. Physiologia plantarum(1): 123-129.

（撰稿：董立尧、王豪；审稿：王金信、宋小玲）

尼泊尔蓼　*Persicaria nepalensis* (Meisn.) H. Gross

夏熟作物田常见一年生杂草。又名野荞麦草、头状蓼。异名 *Polygonum nepalense* Meisn.。英文名 nepal knotweed。蓼科蓼属。

形态特征

成株　高 20～40cm（图①②）。茎外倾或斜上，自基部多分枝，无毛或在节部疏生腺毛。单叶互生，茎下部叶卵

尼泊尔蓼植株形态（③张斌摄；其余强胜摄）
①所处生境；②植株；③花序；④果实

形或三角状卵形，长 3～5cm、宽 2～4cm，顶端急尖，基部宽楔形，沿叶柄下延成翅，两面无毛或疏被刺毛，疏生黄色透明腺点，茎上部较小；叶柄长 1～3cm，或近无柄，抱茎；托叶鞘筒状，长 5～10mm，膜质，淡褐色，顶端斜截形，无缘毛，基部具刺毛。花序头状，顶生或腋生，基部常具 1 叶状总苞片，花序梗细长，上部具腺毛（图③）；苞片卵状椭圆形，通常无毛，边缘膜质，每苞内具 1 花；花梗比苞片短；花被通常 4 裂，淡紫红色或白色，花被片长圆形，长 2～3mm，顶端圆钝。雄蕊 5～6，与花被近等长，花药暗紫色；花柱 2，下部合生，柱头头状。

子实　瘦果宽卵形，双凸镜状，长 2～2.5mm，黑色，密生洼点。种子无光泽，包于宿存花被内（图④）。

生物学特性　种子繁殖。花果期 5～10 月。喜湿耐阴，生山坡草地、山谷路旁、茶园、作物田等，有时在马铃薯田和其他蔬菜作物田危害较重，分布地海拔范围 200～4000m。

分布与危害　中国除新疆外各地有分布；朝鲜、日本、俄罗斯、阿富汗、巴基斯坦、印度、尼泊尔、菲律宾、印度尼西亚、北美洲、非洲也有分布。可在茶园、果园、林地潮湿空地密集丛生，对夏熟作物麦类、油菜等作物有轻度危害；有时在丘陵地区马铃薯田、玉米田及蔬菜田发生形成较重的草害。尼泊尔蓼是云南免耕山地油菜的主要杂草。

防除技术　在尼泊尔蓼发生量大的作物田，地膜覆盖可抑制其萌发出苗，减轻或免除草害。

化学防治　应根据作物不同，选择正确的除草剂品种。可以根据除草剂商品标签，油菜、玉米田采用乙草胺、精异丙甲草胺、异噁草松等土壤处理剂防除，玉米田还可以用烟嘧磺隆、硝磺草酮等茎叶处理剂。对于发生严重的免耕油菜田等，在播种前，可选用灭生性除草剂草甘膦进行防除。在果园和林地发生量大时，可以采用灭生性除草剂草甘膦、草胺膦、敌草快或其复配剂等进行茎叶喷雾处理。

综合利用　全草入药，用于治疗痢疾、目赤、牙龈肿痛、胃痛、赤痢、腹泻、关节痛、咽喉肿痛等症。

参考文献

李扬汉，1998. 中国杂草志 [M]. 北京：中国农业出版社：789-790.

王婷婷，周汉华，马艳妮，等，2011. 尼泊尔蓼的植物形态及显微鉴别 [J]. 中国民族民间医药，20(23)：66-68.

杨进成，陶春红，刘坚坚，等，2019. 不同化除处理对免耕山地油菜杂草防效及其产量的影响 [J]. 中国农学通报，35(18)：128-134.

中国科学院中国植物志编辑委员会，1998. 中国植物志：第二十五卷 第一分册 [M]. 北京：科学出版社：61.

（撰稿：陈国奇；审稿：宋小玲）

泥胡菜　*Hemistepta lyrata* Bunge

夏熟作物田一二年生杂草。又名剪刀草、石灰菜、绒球、花苦荬菜。英文名 lyrate hemistepta。菊科泥胡菜属。

形态特征

成株　株高 30～130cm（图①②）。茎直立，具纵棱，成株光滑或有白色蛛丝状毛。基生叶莲座状，有柄，叶片倒披针形或倒披针状椭圆形，长 7～21cm，提琴状羽状分裂，顶裂较大，三角形，有时 3 裂，侧裂片 4～8 对，长椭圆形倒披针形，上面绿色，下面被白色蛛丝状毛；花期通常枯萎；茎生叶互生，茎中部叶片椭圆形，无柄，羽状分裂，上部叶片条状披针形至条形；基生叶及下部茎叶有长叶柄，叶柄长达 8cm，柄基扩大抱茎，上部茎叶的叶柄渐短，最上部茎叶无柄。头状花序多数，于茎顶排列成伞房状；总苞球形，宽钟状或半球形，长 12～14mm；总苞片 5～8 层，覆瓦状排列；外层卵形，较短，长 2mm、宽 1.3mm；中层椭圆形，长 2～4mm、宽 1.4～1.5mm；中外层苞片外面上方近顶端有直立的鸡冠状突起的附片，附片紫红色；内层条状披针形，背面顶端紫红色，但无鸡冠状附片；花冠管状，花紫红色，长 13～14mm，筒部远较冠檐长（约为 5 倍），裂片 5，花冠裂片线形，长 2.5mm，管部为细丝状，长 1.1cm（图③④）。

子实　瘦果小，楔状或偏斜楔形，略扁平，长 2.5mm，具 15 条纵肋棱，顶端斜截形，有膜质果缘，基底着生面平或稍见偏斜（图⑤）。冠毛白色，2 层，外层冠毛刚毛羽毛状，长 1.3cm，基部连合成环，整体脱落；内层冠毛刚毛极短，鳞片状，3～9 个，着生一侧，宿存。

幼苗　子叶 2 片，卵圆形，先端钝圆，基部渐狭至柄（图⑥）。初生叶 1 片，椭圆形，先端尖锐，基部楔形，边缘有疏小齿，叶片及叶柄均密被白色蛛丝状毛。下胚轴较发达，上胚轴不发达。

生物学特性　种子繁殖。泥胡菜瘦果具有羽毛状冠毛，可随气流和作物收获而远距离传播。泥胡菜种子萌发及幼苗生长存在地理差异，高纬度地区种群种子萌发要早于低纬度地区种群，且高纬度地区种群幼苗生长速率高于低纬度种群，这是泥胡菜能广泛分布的生态适应性之一。小麦播种后，若条件适宜泥胡菜即可出苗，11 月下旬前若湿度适宜，出苗数可占出苗总数的 85%～90%，翌年 1 月一般不出苗，2 月可陆续出齐，泥胡菜苗期较长，可持续到 3 月初，泥胡菜具有化感作用，其乙酸乙酯提取物能强烈抑制黄瓜、小麦、油菜和高粱幼苗的生长。泥胡菜耐寒和耐旱能力强，越冬自然死亡率极低，只在 5% 左右，翌年随着养分竞争，自然死亡率有所增加，但一般不超过 20%。泥胡菜对高温或低温的耐受能力较菊科杂草黄鹌菜、小蓟、大蓟等更强。

分布与危害　中国除新疆、西藏外，各地均有分布，在华北、西北长江流域的局部农田危害严重。泥胡菜种子萌发及幼苗生长存在地理差异，高纬度地区种群种子萌发要早于低纬度地区种群，且高纬度地区种群幼苗生长速率高于低纬度地区种群，这是泥胡菜能广泛分布的生态适应性之一。

冬季生长缓慢，但翌年随小麦的迅速生长而进入生长盛期，消耗大量土壤养分，影响小麦穗粒数和千粒重，抽穗后，高出小麦，影响小麦光合作用，造成大幅度减产。

防除技术

农业防治　在尚未结实前及时清除路旁、田埂的泥胡菜，防止瘦果传入田间。适当增加作物种植密度，提高田间郁闭度，抑制泥胡菜的发生。在作物行间覆盖稻草，抑制种子萌发。采取轮作的方式，当油菜田泥胡菜发生危害较重时，

泥胡菜植株形态（①③马小艳提供；②⑤⑥张治摄；④强胜摄）
①②成株；③④花序；⑤果实；⑥幼苗

N

可与小麦轮作，在小麦种植期，施用防除阔叶杂草的除草剂如 2 甲 4 氯等防除，以减轻其在油菜田的危害。在泥胡菜发生严重的农田和荒地，在作物收获后或播种前进行深翻，将杂草种子深翻至土壤深层，减少翌年危害。

化学防治　是麦田泥胡菜等阔叶杂草的主要防除措施。在冬前或早春杂草齐苗后，选用 2 甲 4 氯、氯氟吡氧乙酸、苯磺隆、双氟磺草胺等，或者用它们的复配制剂茎叶喷雾处理。油菜田出苗后的泥胡菜在 3～5 叶期可用二氯吡啶酸、氨氯吡啶酸或者二氯吡啶酸与氨氯吡啶酸的复配剂进行茎叶喷雾处理。免耕油菜田中的泥胡菜可在油菜移栽或播种前用灭生性除草剂草甘膦、草铵膦、敌草快茎叶喷雾处理，能有效防除泥胡菜。

综合利用　泥胡菜含有黄酮类、木脂素类和倍半萜内酯类、三萜类、有机酸类、甾醇类化合物及微量元素等。具有抗肿瘤活性、抗炎、抗菌等药理作用。全草入药，具有消肿散结、清热解毒、消肿祛瘀之功能。

参考文献

董政起，李琳琳，徐珍，等，2012. 泥胡菜属植物化学成分与药理作用研究 [J]. 长春中医药大学学报, 28(2): 353-355.

高兴祥，李美，高宗军，等，2008. 泥胡菜等 8 种草本植物提取物除草活性的生物测定 [J]. 植物资源与环境学报, 17(4): 31-36.

李俊凯，朱建强，艾天成，2002. 油菜田土壤水分与杂草发生特点及产量的关系研究 [J]. 杂草科学 (1): 14-17, 30.

任耀全，阮庆友，强玉芬，等，1990. 稻茬麦田杂草泥胡菜的发生与防除 [J]. 山东农业科学 (5): 42-43.

杨东，罗群，曹慕岚，等，2006. 温度胁迫对菊科杂草生理指标的影响极其适应 [J]. 吉首大学学报（自然科学版）, 27(4): 75-79.

HWANG D I, WON K J, KIM D Y, et al, 2019. Wound healing related biological activities and chemical composition of absolute from *Hemistepta lyrata* Bunge flower [J]. Indian journal of pharmaceutical sciences, 81(3): 544-550.

LEE H J, PARK S H, CHO E B, 1993. Geographical variations in the seed germination response and the seedling growth of *Hemistepta lyrata* Bunge by distribution areas [J]. Korean journal of ecology, 16(1): 39-50.

（撰稿：马小艳；审稿：宋小玲）

泥花草　*Lindernia antipoda* (L.) Alston

稻田常见一年生草本杂草，潮湿的低洼旱地少量发生。又名鸡蛋头棵、鸭脷草、倒地蜈蚣、水虾子草、水辣椒、白芽江、蟹叉草。英文名 creeping falsepimpernel。玄参科母草属。

形态特征

成株　高 10～25cm（图①②）。根须状成丛；茎幼时亚直立，长大后多分枝，茎基部匍匐，下部节上生根，弯曲上升，茎枝有沟纹，光滑无毛。叶对生，无柄或具一略抱茎的短柄；叶片长圆形至长圆状披针形，长 1～3cm、宽 0.5～1cm，先端急尖或钝，基部渐狭，边缘有疏钝齿或近于全缘，两面无毛；叶脉羽状。花单生叶腋或形成为一顶生的总状花序，花序长者可达 15cm，含花 2～20 朵（图③）；苞片钻形；花梗有条纹，顶端变粗，长者可达 1.5cm，花期上升或斜展，在果期平展或反折；花萼钟状，仅基部联合，绿色，长 3～5mm，5 深裂，裂片深几达基部，狭披针形，沿中肋和边缘略有短硬毛。花冠唇形，紫色、紫白色或白色，长约 1cm；花冠管圆筒状，管长可达 7mm，上唇 2 裂，下唇 3 裂，上、下唇近等长；雄蕊 4，后面 2 枚雄蕊能育而不突出，花药互贴，前面 2 枚雄蕊退化，花药消失；花丝端钩曲有腺；子房上位；花柱细，柱头扁平，片状，在开花后即脱落。

子实 蒴果圆柱形，先端渐尖，长 1～1.5cm，比宿萼长 1 倍以上。种子为不规则三棱状卵形，褐色，有网状孔纹（图④）。

幼苗 子叶小，长卵形，长约 2mm，先端钝，基部渐狭至柄（图⑤）。初生叶 2 片，卵形，长约 6mm，全缘。上胚轴与下胚轴均不发达。

生物学特性 种子繁殖。花果期 3～11 月。泥花草喜潮湿环境，多生田边及潮湿的草地中。如潮湿草丛中、草甸、稻田边、稻田中、路边、盆地水田埂、山坡、湿地、水边、沼泽地。

分布与危害 中国分布于广东、广西、福建、江西、安徽、江苏、浙江、湖南、湖北、四川、贵州、云南和台湾等地；国外从印度到澳大利亚北部的热带和亚热带地区广布。泥花草喜潮湿环境，为稻田常见杂草，旱作物田也有生长。在四川烟草田为一般杂草。在广州市草坪中，泥花草是危害严重的杂草之一。在广东部分地区稻田中，泥花草的平均发生频度大于 20%，优势度大于 5%，是广东稻田中普遍发生且危害相对较重的杂草。

防除技术

化学防治 秋熟旱作田防除技术见狭叶母草。在禾本科草坪中，出苗后的泥花草可用啶嘧磺隆和三氟啶磺隆进行茎叶喷雾处理。

综合利用 全草入药，多具有清热利湿、解毒消肿，治

泥花草植株形态（①②⑤周小刚摄；③④张治摄）
①群体；②植株；③花；④种子；⑤幼苗

疗急慢性菌痢、肠炎、痈疖疔肿等功效。此外，还可作茶用（凉茶）、食用（煲汤）。也可作观赏草等。泥花草含有齐墩果酸，但含量不高，也不含绿原酸，其药用价值较其他母草属同时含有齐墩果酸和绿原酸的物种低，使用时应加以区分。

参考文献

曹雨虹，武尉杰，谭睿，等，2015. HPLC测定母草属药用植物中的齐墩果酸和绿原酸 [J]. 华西药学杂志，30(4): 514-516.

李扬汉，1998. 中国杂草志 [M]. 北京：中国农业出版社：909-910.

林正眉，陈俊莹，林妙云，等，2004. 广州市草坪杂草发生情况新报及防除措施研究 [J]. 草业科学，21(6): 68-72.

岳茂峰，冯莉，田兴山，等，2013. 广东省部分地区稻田杂草群落的调查研究 [J]. 杂草科学，31(4): 35-37, 41.

赵浩宇，李斌，向金友，等，2016. 四川省烟田杂草种类及群落特征 [J]. 烟草科技，49(8): 21-27.

（撰稿：周小刚；审稿：黄春艳）

拟态性　mimicry

指某些杂草与其伴生作物在形态特征、生长发育规律以及生态因子需求等方面的相似性。又名瓦维洛夫拟态。是杂草应对自然选择压力适应性进化的结果，这些杂草也被称为伴生杂草，例如稗草对水稻、看麦娘对麦类作物、狗尾草对谷子、亚麻荠对亚麻等。杂草的拟态性是导致杂草种群长期存在于作物田、难以根除的重要原因之一。倒地铃的种子大小和形状与大豆相似，物理方法很难区分，所以通常被称为种子拟态。

表现　杂草的拟态性主要表现为杂草与伴生作物形态特征非常相似、物候期基本同步、萌发生长条件相当。如稻田稗草不仅其苗期形态特征与水稻相似，而且生育期也非常相近，12～35℃下均可萌发，0～7cm土层出苗的稗草生育期差异不明显，且4～6月播种的稗草在植株高度、生物量、分蘖数和结实率均达到最高，花果期7～10月，8月20日左右至9月中旬边成熟边脱落，延续时间在20天以上，增加了在不同成熟期水稻品种中的传播机会。与稗草相似，幼苗期至拔节期细蔺草的茎秆、叶片等与麦类相似，同样在当年的秋冬季萌发，翌年春夏季成熟，土壤种子库以及与麦类种子的混杂成为其反复危害、迅速扩散的重要原因。更有甚者，某些杂草的种子的大小、重量和形态都与作物极其相似，如亚麻荠与亚麻的种子在同一时间内成熟，且对风选的反应效果几乎相同，很难将两者分离开来。

杂草对化学除草剂的适应与作物一致也被认为是杂草拟态的一种形式，如杂草稻对水稻田的除草剂与水稻的反应基本一致，以至于无法用常规水稻田除草剂防除。实践证明绝大多数作用机制的除草剂都产生至少1种抗性杂草，特别是由于抗草甘膦作物的大面积种植，抗草甘膦杂草种类上升明显，抗性杂草在生理、分子水平的变化与特定除草剂耐性作物相似，产生拟态。可见化学除草剂的选择导致杂草种群内分化，拟态逐渐从可见的外在特征演变成为生化、分子水平的拟态。

成因　杂草在适应人工环境的过程中不断产生具有一定差异的基因型，形成多态现象，其中与作物形态特征非常相似的个体在人工选择下被保存下来，加上选择压的胁迫作用，杂草日趋进化出较强的环境适应性以及对作物的竞争优势，从而严重影响作物产量或品质，如稗草、看麦娘等。对于亲缘关系较远的植物，长期同一环境中的同一选择压导致形态特征逐渐趋于一致或相似，如亚麻荠与亚麻。水稻田稗草面对人类长期除草压力而快速进化，模拟水稻，且进化过程中遗传多态性降低，如植物重力响应相关通路基因、分蘖角控制基因等与株形相关的基因显著富集，这种趋同进化也是杂草拟态产生的重要原因。亲缘关系较近的植物通过相互杂交产生的杂种优势不仅使后代产生更强的环境适应性，而且回交产生的后代不仅在表型上与亲本相似，而且对环境要求也与亲本接近，如杂草稻。如果某些杂草具有丰富的遗传变异，其进化适应过程中可能演化出与作物形态特征相类似的作物生态型，模拟作物生长和繁殖模式，随作物种子一起散布和种植。而在植物的系统发育过程中，染色体组的多倍化极大丰富了植物种群的遗传基础，促进了植物物种的多样化，约70%的被子植物在其进化史中发生过多倍化现象，因此多倍化也被部分学者认为是杂草拟态形成的另一个重要原因，但这类伴生杂草的拟态发生要比多态现象和趋同作用更为复杂，需要更多的证据支撑。

防除与利用　杂草拟态性给除草防除特别是人工除草带来了极大的困难，生产中可采取农业生态防治为主、化学防治为辅的防除技术。通过作物品种更换、轮作换茬、种养结合、合理密植、间作套作等措施克服杂草拟态带来的不利影响，适当结合高选择性化学除草剂或生物除草剂达到防除伴生杂草的目的。当然，杂草拟态也为解析农田杂草起源，进而为制定针对性防控策略提供了思路。同时，杂草拟态也为植物育种、遗传改造提供了良好的借鉴和材料。

参考文献

顾德兴，1989. 杂草中的拟态 [J]. 自然杂志，12(10): 766-768, 800.

李君，强胜，2012. 多倍化是杂草起源与演化的驱动力 [J]. 南京农业大学学报，35(5): 64-76.

强胜，2009. 杂草学 [M]. 2版. 北京：中国农业出版社：10-11.

CHU Y Y, TANG W, D W, et al, 2019. Genomic evidence of human selection on Vavilovian mimicry [J]. Nature ecology & evolution, 3: 1474-1482.

（撰稿：李贵；审稿：宋小玲）

牛繁缕　*Stellaria aquatica* (L.) Scop.

夏熟作物田恶性阔叶杂草。又名鹅肠菜、鹅儿肠、大鹅儿肠、石灰菜、鹅肠草。异名 *Malachium aquaticum* (L.) Fries。英文名 giant chickweed。石竹科鹅肠菜属。

形态特征

成株　具须根。茎上升，多分枝，常带紫红色，光滑无毛，但上部茎有一列柔毛，被腺毛（图①②）。单叶对生，全缘，叶片卵形或宽卵形，长 2.5～5.5cm、宽 1～3cm，顶端急尖，基部稍心形，有时边缘具毛；叶柄长 5～15mm，上部叶常无柄或具短柄，疏生柔毛。顶生二歧聚伞花序（图③）；苞片叶状，边缘具腺毛；花梗细，长 1～2cm，花后伸长并向下弯，密被腺毛；花萼 5 枚，基部略合生，萼片卵状披针形或长卵形，长 4～5mm，果期长达 7mm，顶端较钝，边缘狭膜质，外面被腺柔毛，脉纹不明显；花瓣 5 枚，白色，2 深裂至基部，裂片线形或披针状线形，长 3～3.5mm、宽约 1mm，看似 10 枚；雄蕊 10，稍短于花瓣；子房长圆形，花柱短，5 枚，线形。

子实　蒴果卵圆形，稍长于宿存萼，5 瓣裂，每瓣顶端再 2 齿裂（图④）。种子多数，近肾形，直径约 1mm，稍扁，褐色，具小疣（图⑤）。

幼苗　子叶出土，卵形，先端锐尖，全缘，具短柄（图⑥⑦）。上、下胚轴均发达，常带紫红色。2 片初生叶阔卵形，先端突尖，叶基近圆形，叶柄疏生长柔毛。

牛繁缕植株形态（①③⑥⑦陈国奇摄；②④强胜摄；⑤张治摄）
①麦田生境；②植株；③花序；④果实；⑤种子；⑥⑦幼苗

生物学特性　种子繁殖，出苗期 10 月至翌年 3 月；花果期 5～9 月。喜生于潮湿环境。种子萌发的温度范围较广，从 5～25℃均可萌发，适温为 15～20℃；对光没有需求；在 pH 3～10 的范围均可萌发，最适 pH6～7，适宜土层深度 0～3cm，超过 3cm 种子几乎不能出苗。种子具 2～3 个月的原生休眠。中国部分牛繁缕种群，特别是黄淮海麦区牛繁缕对乙酰乳酸合成酶（ALS）抑制剂苯磺隆产生了抗药性。

分布与危害　产中国南北各地。北半球温带及亚热带以及北非也有。中国稻作地区的稻茬夏熟作物田均有发生和危害，尤以低洼地发生严重，是中国夏熟作物田的恶性杂草。以长江流域为其发生和危害的主要地区。是小麦、油菜、蚕豆等夏熟作物田危害最重的阔叶类杂草之一。牛繁缕在作物生长前期与作物争水、争肥、争空间及阳光，在作物生长后期迅速蔓生，有碍作物的收割，对作物产量影响大。

防除技术

农业防治　人工拔除，牛繁缕以种子进行繁殖，因此应在种子成熟之前进行人工拔除，冬春灌溉过的麦田，早春应及时中耕除草，或者在小麦返青拔节期进行人工除草。注意切勿将拔掉的植株随意丢弃在田边和水渠边，应集中处理。采取深翻整地的措施，把种子翻耕到土壤深层，抑制种子萌发出苗。改稻麦、稻油轮作为轮作模式，改变土壤环境条件，抑制牛繁缕发生和危害。

化学防治　根据除草剂产品标签，麦田可选用异丙隆、噻吩磺隆、氯吡嘧磺隆单剂或相关复配剂做土壤封闭处理。苗后可用茎叶处理剂，ALS 抑制剂甲基二磺隆、氟唑磺隆、双氟磺草胺、唑嘧磺草胺或者它们的复配剂如双氟磺草胺与唑嘧磺草胺，甲基二磺隆与双氟磺草胺及氯氟吡氧乙酸异辛酯的复配剂；也可用异丙隆、苯磺隆或其与吡氟酰草胺的混配剂，可有效防除牛繁缕。对苯磺隆产生了抗药性的田块，尽量避免用苯磺隆或含苯磺隆的复配剂。油菜田可用酰胺类除草剂作土壤封闭处理：直播油菜可在播后杂草出苗前用精异丙甲草胺、敌草胺土壤喷雾；移栽油菜在移栽前 1～3 天可用乙丁氟灵或乙草胺与有机杂环类异噁草松的复配剂土壤喷雾，移栽后 1～2 天可用精异丙甲草胺、敌草胺。油菜田出苗后的牛繁缕可用草除灵或二氯吡啶酸、氨氯吡啶酸进行茎叶喷雾处理，但要注意油菜品种间的敏感性。

综合利用　全草供药用，驱风解毒，外敷治疖疮。幼苗可作野菜和饲料。

参考文献

黄红娟，黄兆峰，姜翠兰，等，2021. 长江中下游小麦田杂草发生组成及群落特征 [J]. 植物保护，47(1)：203-211.

李扬汉，1998. 中国杂草志 [M]. 北京：中国农业出版社：169-170.

刘伟堂，2015. 小麦田牛繁缕（*Myosoton aquaticum* L. Moench.）对苯磺隆的抗性研究 [D]. 泰安：山东农业大学.

中国科学院中国植物志编辑委员会，1996. 中国植物志：第二十六卷 [M]. 北京：科学出版社：74.

WANG H Z, WANG L P, BAI S, et al, 2020. Germination ecology of giant chickweed (*Myosoton aquaticum*) [J]. Weed science, 68(6): 619-626.

（撰稿：陈国奇；审稿：宋小玲）

牛筋草　*Eleusine indica* (L.) Gaertn.

秋熟作物田一年生草本恶性杂草。多发生于非耕地。又名蟋蟀草、路边草、鸭脚草、蹲倒驴、牛顿草、千人踏。英文名 goosegrass。禾本科䅟属。

形态特征

成株　根系极发达。秆丛生，基部倾斜（图①②）。叶鞘两侧压扁而具脊，松弛，无毛或疏生疣毛；叶舌长约 1mm；叶片平展，线形，长 10～15cm、宽 3～5mm，无毛或上面被疣基柔毛。穗状花序 2～7 个指状着生于秆顶，很少单生，长 3～10cm、宽 3～5mm（图③④）；小穗无柄，紧密覆瓦状排列于较宽扁的穗轴一侧，长 4～7mm、宽 2～3mm，含 3～6 小花（图⑤）；颖披针形，具脊，脊粗糙；第一颖长 1.5～2mm；第二颖长 2～3mm；第一外稃长 3～4mm，卵形，膜质，具脊，脊上有狭翼，内稃短于外稃，具 2 脊，脊上具狭翼。

子实　颖果卵形，长约 1.5mm，基部下凹，具明显的波状皱纹（图⑥）。鳞被 2，折叠，具 5 脉。果皮薄膜质，白色，内包种子 1 粒。种子呈三棱状长卵形或近椭圆形，长 1～1.5mm、宽约 0.5mm，黑褐色，表面具有隆起的波状皱纹。

幼苗　子叶留土（图⑦⑧）。全株扁平状，无毛。胚芽鞘透明膜质。第一片真叶呈带状披针形，长 9mm、宽 2mm，先端急尖，直出平行脉，叶鞘向内对折具脊，有环状叶舌，但无叶耳。第二、三片真叶与第一片真叶基本相似。

生物学特性　牛筋草是 C_4 植物，根系发达，吸收土壤水分和养分的能力很强，对土壤要求不高；秆质强韧，适应性强。生长时需要的光照比较强，适宜温带和热带地区。牛筋草主要通过种子繁殖，种子最低发芽温度为 10℃，在 30～35℃温度范围内发芽率最大；变温和恒温处理条件下，光照对种子萌发的影响基本一致，均表现为低温条件下（恒温 ≤ 25℃，变温 ≤ 25/15℃），黑暗处理有利于牛筋草种子的萌发；pH5～10 范围内均能正常萌发；最适土壤深度为 0～1cm，土层 3cm 及以下的种子不能萌发；最适土壤含水量为 10%～40%。种子主要是借助自然力如风吹、流水及动物取食排泄传播，或附着在机械、动物皮毛或人的衣服、鞋子上，通过机械、动物或人的移动而到处散布传播。花果期 6～10 月。牛筋草的种子在环境条件不适宜萌发时休眠，在土壤中多年仍有活力。

中国果园、棉花田牛筋草种群对草甘膦产生了抗药性，果园牛筋草对草铵膦也产生了抗药性；棉田长期单一重复使用防除禾本科杂草的芳氧苯氧基丙酸类除草剂，增加了选择压力，除草剂靶标乙酰辅酶 A 羧化酶（ACCase）基因发生突变，牛筋草种群对高效氟吡甲禾灵、精喹禾灵等产生了抗药性。

分布与危害　中国分布于南北各地，广布世界温带和热带地区。多生于荒芜之地及道路旁。牛筋草是世界十大恶性杂草之一，在果园、茶园等经济作物及部分秋熟农作物田广泛发生。牛筋草根系发达、生长优势强，与农作物竞争土壤水分和养分，并影响作物的光合作用。牛筋草是危害秋熟旱作田主要杂草，尤其是棉田的恶性杂草，严重影响棉花的生

牛筋草植株形态（张治摄）

①②成株；③④花果序；⑤小穗；⑥子实；⑦⑧幼苗

长发育和产量水平。当棉田牛筋草密度达 4 株 /m² 时，棉花产量损失达 20%～27%。随着水稻直播面积不断扩大，部分地区牛筋草已成为稻田主要优势种，严重阻碍了直播稻优质高产和大面积推广应用。

防除技术

农业防治 精选作物种子，切断种子传播。清洁耕作机械和农具，防止牛筋草特别是抗性牛筋草种子传播。利用地膜覆盖，通过抑制光合作用和提高土表温度防控牛筋草。机械刈割，牛筋草扬花期之前，利用机械对其进行刈割，刈割高度在地上 0cm 时对牛筋草的防效最好。牛筋草种子超过 3cm 时不能萌发，应在有条件的地区在整田时深翻土壤，把掉落在表层土壤的牛筋草种子深翻至土层深处，可以减少出苗数量，同时也能灭除田间已经出苗的牛筋草。针对田间喷施除草剂仍然没有杀死的牛筋草，应采取人工拔除，减少结实量，降低翌年危害。行播、垄播作物适时进行中耕除草是有效防治难除杂草牛筋草的措施之一，同时还能改善土壤、增加土壤的透气性、促进根系的生长发育。豆科作物绿豆出苗和生长快，能够迅速占据生态位并利用资源形成竞争优势，玉米行间撒播或条播绿豆对牛筋草的分蘖和生物量具有明显的控制效果。

生物防治 牛筋草炭疽菌（*Colletotrichum eleusine*）对其具有良好的防效，其菌株的分生孢子液对玉米、小麦、水稻安全；大丽花黄萎病菌（*Verticillium dahliae*）对牛筋草具有明显的抑制作用，其发酵产物对 2～3 叶期的牛筋草具有强致病性，且对小麦、玉米、棉花等作物没有显著影响。血红栓菌（*Trametes sanguinea*）对牛筋草的种子萌发和根的生长具有明显的抑制作用，其发酵液与菌丝体混合物可以完全抑制牛筋草的萌发。

化学防治　荒山坡地、路旁、田埂、果园等非耕地的牛筋草，特别是对草甘膦产生抗性的种群，可在杂草生长旺盛期，用草铵膦 + 烯草酮茎叶喷雾处理，可有效防除。秋熟旱作田牛筋草的化学防除见马唐。注意茎叶处理尽量在牛筋草出苗后 2～4 叶内进行，才能起到较好的防治效果。对在土壤封闭处理和茎叶处理后仍然存活的牛筋草，可选用草甘膦、草铵膦等灭生性除草剂开展行间低位定向喷雾防除。对已经产生抗药性的牛筋草，应轮换使用作用机制不同的除草剂。

综合利用　牛筋草全草可入药，能预防流行性乙型脑炎等疾病，可以将全草制成煎剂或者制成片剂服用。牛筋草含有丰富的营养成分，可作为饲料原料。

参考文献

顾琼楠，欧翔，褚世海，等，2021. 牛筋草生防菌 NJC-16 的分离鉴定及生物学特性研究 [J]. 中国生物防治学报，10(4): 817.

蒿琛琛，2018. 牛筋草生防菌的初筛 [D]. 邯郸：河北工程大学.

胡芳，董慧荣，沈雪峰，等，2018. 牛筋草对百草枯、草甘膦和草铵膦的抗药性水平测定 [J]. 西南农业学报，31(2): 335-341.

李洁，宗涛，刘祥英，等，2014. 湖北省部分地区棉田牛筋草（*Eleusine indica*）对高效氟吡甲禾灵的抗药性 [J]. 棉花学报，26(3): 279-282.

李扬汉，1998. 中国杂草志 [M]. 北京：中国农业出版社：1222.

刘贵巧，王建书，王秋敏，等，2017. 血红栓菌的分离鉴定及对牛筋草种子萌发的影响 [J]. 北方园艺 (4): 102-105.

刘小民，李杰，许贤，等，2021. 绿豆与 3 种优势杂草的竞争效应 [J]. 生态学杂志，40(5): 1324-1330.

刘笑梅，郝小燕，张宏祥，等，2021. 4 种粗饲料在肉羊瘤胃中降解特性的研究 [J]. 中国畜牧杂志，57(4): 179-183.

刘延，黄乔乔，沈奕德，等，2017. 牛筋草分阶段防治技术的组合研究 [J]. 杂草学报，35(4): 51-54.

马亚杰，马小艳，陈全家，等，2019. 环境因素对不同地区牛筋草种子萌发的影响 [J]. 中国农学通报，35(17): 60-74.

王传品，苏朝辉，龚国斌，2007. 108 克 / 升高效氟吡甲禾灵乳油防除棉花田禾本科杂草田间药效试验 [J]. 农药科学与管理 (6): 32-34.

MA X, WU H, JIANG W, et al, 2015. Goosegrass (*Eleusine indica*) density effects on cotton (*Gossypium hirsutum*) [J]. Journal of integrative agriculture, 14(9): 1778-1785.

（撰稿：陈景超、宋小玲；审稿：黄春艳）

牛毛毡　*Eleocharis yokoscensis* (Franchet & Savatier) Tang & F. T. Wang

稻田多年生杂草。又名牛毛草、松毛蔺。英文名 needle spikesedge。莎草科荸荠属。

形态特征

成株　高 2～12cm（图①②）。匍匐根状茎非常细。秆多数，细如毫发，密丛生如牛毛毡，因而有此俗名。叶鳞片状，具鞘，鞘微红色，膜质，管状，高 5～15mm。小穗卵形，顶端钝，长 3mm、宽 2mm，淡紫色，只有几朵花，所有鳞片全有花（图③）；鳞片膜质，在下部的少数鳞片近 2 列，在基部的一片长圆形，顶端钝，背部淡绿色，有 3 条脉，两侧微紫色，边缘无色，包小穗基部一周，长 2mm、宽 1mm；其余鳞片卵形，顶端急尖，长 3.5mm、宽 2.5mm，背部微绿色，有 1 条脉，两侧紫色，边缘无色，全部膜质；

牛毛毡植株形态（张治摄）
①群体；②成株；③花序；④子实

下位刚毛1～4条，长为小坚果2倍，有倒刺；柱头3。

子实 小坚果狭长圆形，无棱，呈浑圆状，顶端缢缩，不包括花柱基在内长1.8mm、宽0.8mm，微黄玉白色，表面细胞呈横矩形网纹，网纹隆起，细密，整齐，因而呈现出纵纹15条和横纹约50条（图④）；花柱基稍膨大呈短尖状，直径约为小坚果宽的1/3。

幼苗 子叶留土。第一片真叶针状，长仅1cm，径约0.2mm，横切面圆形，其中有2个大气腔，叶鞘薄而透明；第二片真叶与前者相似。

生物学特性 花果期4～11月，地下茎发达，繁殖迅速，也可以种子繁殖。牛毛毡对酸性和碱性的土壤都有较好的适应性。在pH5.5～8.5的土壤中均能正常生长。当秋冬季节气温低于10℃时，牛毛毡地上部分发黄枯萎；当冬季来临，地上部分完全枯萎，依靠地下根茎和冬芽越冬。

分布与危害 几遍布于中国；俄罗斯远东地区、朝鲜、日本、印度、缅甸和越南也有分布。喜生于池塘边、河滩地、渠岸等湿地，尤以长江流域低湿的冷水水稻秧田及栽秧稻田。牛毛毡生命力很强，几乎能在任何水田环境中茁壮生长，根状茎的每一个节点都可以生根发芽，并迅速发展成新的完整植株继续扩散，是水稻田中最难防治的有害杂草之一。而且如果牛毛毡覆盖度高，会导致吸肥力增强，并大大降低水温，严重影响水稻生长。一般，牛毛毡高发于6～7月。在早晚稻田中甚至可以单独造成严重危害，与稗草、狼把草、慈姑、扁秆蔗草等杂草形成坚不可摧的杂草群落，是稻田的噩梦。稻田杂草发生危害与水稻栽培方式密切相关，由于水稻直播、抛秧、早育秧等轻型栽培有利于杂草的发生，因而随着轻型栽培技术的推广导致稻田杂草危害不断加剧；牛毛毡就是在这种条件下脱颖而出的莎草类杂草代表。

防除技术 稻田恶性杂草之一，采用以化学除草剂为主导的综合防除。

农业防治 机械清除或人工拔除。进行定时的水旱轮作，可减少杂草发生。提升灌溉水源质量，结合高质量的翻耕、整地，减少土壤中杂草的种子数量，从而控制杂草发生。

生物防治 稻田综合种养以鸭、鱼摄食或浑水抑制。

化学防治 喷施氯氟吡啶酯·五氟磺草胺、五氟磺草胺、吡嘧磺隆与双草醚混用等3种除草剂组合可有效防除牛毛毡。在水稻移栽后7天（即水稻4叶期），施用仲丁灵、苄嘧磺隆，拌细土撒施，施药后田间保持3～5cm水层5～7天，可以对牛毛毡起到明显的兼治作用，也可保证水稻的生长安全。

参考文献

李扬汉，1998. 中国杂草志 [M]. 北京：中国农业出版社 .

孙进军，唐涛，曹杨，等，2018. 氯氟吡啶酯等药剂对直播稻田杂草的防除效果 [J]. 湖南农业科学 (1): 56-60.

徐月明，李保同，2012. 48% 仲丁灵乳油防除稻田杂草效果及安全性 [J]. 生物灾害科学，35(1): 55-57.

张群，耿牧帆，2012. 水生植物牛毛毡 [J]. 园林 (9): 76-77.

周小军，何晓婵，朱丽燕，等，2020. 金衢地区稻田杂草发生及群落演替规律 [J]. 中国稻米，26(3): 101-105.

（撰稿：柏连阳、李祖任；审稿：刘宇婧）

牛皮消 *Cynanchum auriculatum* Royle ex Wight.

果园多年生一般性杂草。又名飞来鹤、耳叶牛皮消、隔山消、牛皮冻等。英文名 root of wilford swallowwort。萝藦科鹅绒藤属。

形态特征

成株 双子叶植物（见图）。具肥大块根。茎、叶具乳汁。茎缠绕，圆形，被微柔毛。叶对生，膜质，被微毛，宽卵形至卵状长圆形，长4～12cm、宽4～10cm，顶端短渐尖，基部心形，叶柄长。聚伞花序伞房状，着花30朵，腋生，花序梗长4～6cm；花萼5裂，裂片卵状长圆形；花冠白色，辐状，5深裂，裂片反折，内面具疏柔毛；副花冠浅杯状，顶端有披针形裂片，肉质，钝头，在每裂片内面的中部有1个三角形的舌状鳞片；花粉块每室1个，下垂；柱头圆锥状，顶端2裂。

子实 蓇葖果双生，披针形，基部较狭，中部圆柱形，上部渐尖，长8cm、直径1cm；种子卵状椭圆形至倒楔形，边缘具狭翅；种毛白色绢质。

幼苗 下胚轴发达，绿色或淡紫色。子叶卵圆形，具叶柄。初生叶2，对生，少有附属物，后生叶戟形，交互对生。全株乳汁丰富，幼时较少。

生物学特性 为多年生缠绕草本，或蔓性半灌木。春季自根芽萌发。种子借风传播，种子和根芽繁殖。花期7～8月，果期8～10月。

牛皮消适应性较强，最适宜生长温度为25～30℃，喜通风和充足光照。宜在疏松肥沃、排水良好的砂壤土生长。

分布与危害 中国分布于甘肃、西南、中南、华中、华东及华北各地；印度也有。生长于海拔1000～3500m的地区，一般生于低海拔的沿海地区山坡林缘、路旁灌木丛中、河流或水沟边潮湿地。危害果树、茶、桑和竹等经济植物的幼林。牛皮消是一种多年生缠绕草本，在果园缠绕果树，影响果树的生长，造成大量减产。在茶园、桑园，占据植物生长空间与资源，破坏植被，降低作物产量。该物种为中国植物图谱数据库收录的有毒植物，其毒性为根有毒，中毒症状有流涎、

牛皮消植株形态（强胜摄）

呕吐、痉挛、呼吸困难、心跳缓慢等。

防除技术 见萝藦。

综合利用 牛皮消含有多种营养成分及生物活性物质，具有补肝肾、强筋骨、益精血、健脾消食、解毒疗疮等功效。块根可药用，有养阴清热、润肺止咳之效，可治神经衰弱、胃及十二指肠溃疡、肾炎、水肿、食积腹痛、小儿疳积、痢疾；外用治毒蛇咬伤、疗疮。牛皮消所含成分 C_{21} 甾体，有抗肿瘤、抗炎镇痛、抗抑郁、免疫调节等多方面药理活性，具有十分重要的临床应用价值。

参考文献

李扬汉，1998. 中国杂草志 [M]. 北京：中国农业出版社：106-107.

吴荣华，姚祖娟，杨加文，等，2019. 牛皮消药用价值及栽培技术 [J]. 中国林副特产 (1): 35-37.

阎纯博，邢虎田，粟素芬，等，1984. 农田主要杂草幼苗的识别 [J]. 新疆农垦科技 (1): 49-52+59.

詹鑫，陈李璟，廖广凤，等，2021. 萝藦科药用植物中新 C_{21} 甾体的研究进展（Ⅰ）[J]. 广西师范大学学报（自然科学版）(5): 1-29.

中国科学院中国植物志编辑委员会，1991. 中国植物志：第六十三卷 [M]. 北京：科学出版社.

WANG X J, LÜ X H, LI Z L, et al, 2018. Chemical constituents from the root bark of *Cynanchum auriculatum* [J]. Biochemical systematics and ecology, 81: 30-32.

（撰稿：杜道林、游文华；审稿：宋小玲）

牛膝菊 *Galinsoga parviflora* Cav.

秋熟旱作田一年生草本杂草。又名辣子草、向阳花、珍珠草、铜锤草。英文名 smallflower galinsoga。菊科牛膝菊属。

形态特征

成株 高 10～80cm。茎不分枝或自基部分枝，分枝斜升，全部茎枝被疏散或上部稠密的贴伏短柔毛和少量腺毛，茎基部和中部花期脱毛或稀毛（图①②⑤）。叶对生，卵形或长椭圆状卵形，基部圆形、宽或狭楔形，顶端渐尖或钝，基出

牛膝菊植株形态（①～③黄红娟摄；④⑤强胜摄）

①成株；②茎；③花；④幼苗；⑤生境

三脉或不明显五出脉，在叶下面稍凸起；向上及花序下部的叶渐小，通常披针形；茎叶两面粗涩，被白色稀疏贴伏的短柔毛。头状花序半球形，有长花梗，多数在茎枝顶端排成疏松的伞房花序（图③）。总苞半球形或宽钟状；总苞片1～2层，外层短，内层卵形或卵圆形，顶端圆钝，膜质。舌状花4～5个，舌片顶端不规则3齿裂，有时2裂或不裂，下端花冠管密被茸毛；管状花花冠长约1mm，黄色，先端5裂，下部被白色柔毛；冠毛线形，较花冠筒长，边缘流苏状，固着于冠毛环上。

子实　瘦果楔形，长1～1.5mm，常压扁；舌状花瘦果具3棱，冠毛毛状，脱落；管状花瘦果4～5棱，被白色微毛。流苏状冠毛宿存。

幼苗　子叶2，椭圆形，长约5mm，宽3～4mm，光滑无毛，先端圆钝或微凹，柄长约4mm（图④）。初生叶2片，长卵圆形，先端圆钝，基部楔形，全缘或具疏钝齿，3出脉，具长约8mm柄，叶片及叶柄均疏被短毛。上、下胚轴均发育。

生物学特性　一年生草本。种子繁殖。花果期7～10月。辣子草喜温湿环境，耐阴性强，适宜生长在偏酸环境中，具有一定的抗盐胁迫能力。辣子草茎产生分枝较多，每个分枝上都有花序，成熟单株种子产量7020～14 508粒。辣子草种子小而轻，千粒重为0.016～0.020g，有助于在风中扩散；种皮表面的刺毛钩容易附着于人或动物体表，将其携带传播。种子萌发温度要求较低，在恒温条件下的适宜发芽温度范围为15～25℃，较高温度（30℃）推迟种子萌发高峰期，且显著降低种子最终萌发率；在土层深度0～8cm范围内均可萌发。辣子草生态位宽度大，易形成单一优势群落，排挤本土物种。高浓度辣子草水浸提液对水稻、小麦作物种子萌发、根长和苗高均有明显的抑制作用，说明辣子草具有化感物质。辣子草主要以种子繁殖，单株结实量高，种子小，有助于在风中扩散；在西南地区全年开花结果，种子全年均可萌发。

分布与危害　中国广泛分布，主要分布于黑龙江、辽宁、内蒙古、北京、安徽、江苏、浙江、江西、四川、贵州、云南和西藏等地。辣子草主要可发生于玉米、花生、烟田、棉田等秋熟旱作田。

防除技术

农业防治　见粗毛牛膝菊。

化学防治　用常用土壤处理剂包括乙草胺乳油和异丙甲草胺、异噁唑草酮，进行土壤封闭处理对辣子草防除效果好。茎叶处理剂如辛酰溴苯腈、砜嘧磺隆、灭草松等对辣子草防效好，在辣子草2～4叶期施用效果较好。其他防除技术（见粗毛牛膝菊）。

综合利用　全草药用，有止血、消炎功效，对外伤出血、扁桃体炎、咽喉炎、急性黄胆型肝炎有一定的疗效。

参考文献

高凯悦，林耀光，杨吉刚，等，2015. 入侵植物辣子草的生态适应性研究 [J]. 广东农业科学，42(17): 76-81.

李扬汉，1998. 中国杂草志 [M]. 北京：中国农业出版社：317-318.

潘争红，赵棓，黄荣，等，2007. 牛膝菊中的萜类及甾醇类成分 [J]. 云南大学学报（自然科学版），29(6): 613-616.

齐淑艳，董晶晶，郭婷婷，等，2014. 温度对入侵植物牛膝菊种

子萌发的影响 [J]. 沈阳大学学报（自然科学版），26(2): 87-90.

徐萌萌，2019. 牛膝菊的入侵生物学特性及其化学防除 [D]. 呼和浩特：内蒙古师范大学.

中国科学院中国植物志编辑委员会，1979. 中国植物志：第七十五卷 [M]. 北京：科学出版社：384.

（撰稿：黄红绢；审稿：黄春艳）

农田杂草　farmland weeds

根据杂草的生境特征划分的、属于耕地杂草中非常重要的一类杂草，能够在农田中不断自然延续其种群。农田杂草包括水田杂草、秋熟作物田杂草和夏熟作物田杂草。

形态特征　农田杂草种类多样，大部分属于被子植物，绝大多数具有叶绿体，光合自养，也有些杂草营寄生生活；它们能进行有性生殖、无性生殖和营养繁殖，在形态特征上可分为禾草类、莎草类和阔叶草类等3大类型。少数属于藻类、苔藓和蕨类。

生物学特性　农田杂草不仅具有形态结构多型性、生活史多态性、营养方式多样性、强大的繁殖能力、广泛的传播途径等杂草基本特性，而且对人工干扰具有很强的耐受能力，以保护自身种群的延续，主要表现为杂草与伴生作物形态特征非常相似、物候期基本同步、萌发生长条件相当；C_4植物比例远高于主要农作物中C_4植物比例，具有极强的营养、水、光的竞争能力和顽强的生命力，尤其是菊科和禾本科杂草通过无融合生殖表现出极其复杂的种间、种内差异性和多变性，更容易在少量甚至单株情况下快速繁衍，建立种群；不同生境对自身个体大小、数量和生长量具有良好的自我调节能力，不需要通过自然选择筛选就能适应多种新的生态位，这些特性都给农田杂草有效治理造成极大的困难。另外，染色体多倍化推动杂草起源与演化，大大提高杂草物种或群体生存竞争能力和繁殖扩展能力，增加其生态适应性，甚至促使外来种的成功入侵。

分布与危害　中国农田杂草约600种，占中国杂草总数约1/3，以一、二年生短生命周期的为主，隶属于菊科、禾本科、莎草科、唇形科、蓼科、十字花科、藜科、苋科、旋花科等，其中菊科和禾本科杂草种类在农田常见杂草中占据优势。根据危害程度，农田杂草可分为4大类：①重要杂草，在中国或多数省（自治区、直辖市）范围内普遍危害，对农作物危害严重，约17种，其中水田杂草5种，旱地杂草11种，水旱田兼有杂草1种。②主要杂草，危害范围较广，对农作物危害较严重，30余种，水田和旱地均有发生，也有水旱田兼有发生的杂草。③地域性杂草，局部地区对农作物危害较严重，近30种。④次要杂草，一般对农作物不造成严重危害，近200种。

作物生长季节、水分管理、轮作制度等直接影响农田杂草群落的发生分布规律，地理区域、海拔和地貌也通过光温条件影响杂草发生规律。水田杂草主要在中国长江流域以南地区、黄河沿线及东北地区，以稗、稻稗、无芒稗、西来稗、杂草稻、千金子、鸭舌草、节节菜、水苋菜、异型莎草

等湿生杂草为其特征。夏熟作物田杂草在中国主要分布于南岭山脉以北地区，大致可分旱茬和稻茬两类，前者以野燕麦、猪殃殃、播娘蒿等杂草为主，后者主要以看麦娘、菵草、棒头草、牛繁缕等越年生冬春季杂草为其特征。秋熟旱作田杂草以稗草、马唐、牛筋草、千金子等禾本科以及马齿苋、龙葵、鳢肠、反枝苋等阔叶生和中生喜温杂草为主。在中国的华北地区夏熟作物田杂草与秋熟旱作田杂草空间上重叠而在冬春和夏秋季节交替，在长江流域夏熟作物田杂草与水田杂草空间上重叠而在冬春和夏秋季节交替，东北和西北地区则在空间上区分或在空间上重叠但在生长周期上前后相接共发生。

　　总体上中国农田杂草区系可划分为东北湿润气候带稗+野燕麦+狗尾草杂草区；华北暖温带马唐+播娘蒿+猪殃殃杂草区；西北高原盆地干旱半干旱气候带野燕麦+藜属杂草区；中南亚热带稗+看麦娘+马唐杂草区；华南热带亚热带稗+马唐杂草区。农田杂草受人为干扰剧烈，因除草剂、省工轻型作物栽培管理措施广泛应用以及外来杂草入侵导致杂草群落的演替，杂草防除需要面对这些新的挑战。

　　防除技术　生产中提倡农业生态措施为主、化学防治为辅的防除技术，通过作物品种更换、轮作换茬、种养结合、合理密植、杂草诱萌、错时播种、地表覆盖、间作套作等措施抑制杂草生长发育，尤其是以生态调控为主导的"断源、截流、竭库"等措施可有效减少农田杂草发生基数和种子库输入量，降低土壤种子库规模甚至耗竭种子库，有助于从根本上克服农田杂草"治理、危害、再治理"的矛盾。由于化学除草具有速度快、效率高、经济效益明显、节省劳力等优点，化学除草技术发展迅速，并在相当长时间内仍将是一项无法替代的杂草治理措施，通常先采用土壤处理，再配合茎叶处理。目前商品化的化学除草剂有效成分约110种，主要包括乙酰乳酸合成酶（ALS）抑制剂、脂类合成抑制剂［其中以乙酰辅酶A羧化酶（ACCase）抑制剂类为主］、光合色素合成抑制剂［以原卟啉原氧化酶（PPO）类抑制剂和对羟基苯丙酮酸双加氧酶（HPPD）类抑制剂为主］、5-烯醇式丙酮酰莽草酸-3磷酸合成酶（EPSPS）抑制剂、光合系统Ⅰ（PSⅠ）抑制剂、光合系统Ⅱ（PSⅡ）抑制剂、谷氨酰胺合成酶（GS）抑制剂等，其中作用于ALS、ACCase、EPSPS、PPO、HPPD、PSⅠ和PSⅡ的化学除草剂有效成分占70%，构成了目前商品化除草剂的主体，在农田杂草防除中起到了重要贡献。

　　人工防治、物理防治、农业防治、生态防治特别是稻—鸭（鱼、蟹、虾）共作、玉米田养鹅等绿色杂草防控技术具有良好的经济、生态效益。农田杂草防除应采取可持续综合防除策略，降低除草剂使用量，达到有效防除杂草的目标。

参考文献

李扬汉，1998. 中国杂草志 [M]. 北京：中国农业出版社.

强胜，2008. 中国田园杂草多样性及其管理 [C]// 中国植物学会七十五周年年会论文摘要汇编：165-166.

强胜，2009. 杂草学 [M]. 2版. 北京：中国农业出版社.

赵玉信，杨惠敏，2015. 作物格局、土壤耕作和水肥管理对农田杂草发生的影响及其调控机制 [J]. 草业学报，24(8)：199-210.

（撰稿：李贵；审稿：郭凤根、宋小玲）

农业防治　agricultural weed control

　　指利用农田耕作、栽培技术和田间管理措施等减少农田土壤杂草种子库、抑制杂草的成苗和生长达到减轻草害、降低农作物产量和质量损失的杂草防治的策略方法。农业防治是杂草防除中基础性环节。其优点是通过农事操作过程营造不利于杂草在农田生存和延续的环境条件，不是与杂草的对抗性措施，能充分发挥农事操作的辅助效应，绿色环保。但是，农业防治根本上是精耕细作农业，需要较多的人力投入；此外，农业防除措施对杂草防治效应的针对性不强，因此，在杂草防治中的效应具有不稳定性，需要配合其他除草措施联合应用才能达到理想的防效。

　　形成和发展过程　农业防治是个古老而传统的杂草防治技术，几乎与人类农业栽培历史一样悠久，因为，人类种植作物就要开垦土地，翻地除了松土外，还是为了除草。最早文字记载农业防治，要追叙到大约1500多年前的《齐民要术》中相关垦荒和种稻的描述。现代有关农业防治杂草的系统论述可以在20世纪初耕作学教科书中发现，其中不乏通过轮作、翻耕等耕作栽培措施防治杂草。之后，开始重视土壤种子库的动态以及农业措施对其影响。此外，精选种子和秸秆腐熟等技术也相继发展和应用。

　　基本内容

　　预防措施　防止杂草种子入侵农田是最客观实在和最经济有效的措施。杂草种子侵入农田的途径是多方面的，归纳起来可分为人为和自然两个方面的因素。人为因素包括伴随作物种子播种入田、未腐熟有机肥施用、秸秆还田及已被杂草种子污染了的水源灌溉等方面。自然因素包括成熟的杂草种子在田间的脱落，以及由于风、雨、水等作用的传播等方面。因此，要防止杂草种子入侵农田就必须：①确保不使用含有杂草种子的优良作物种子、肥料、灌水和机械等。②防止田间杂草产生种子。③禁止可营养繁殖的多年生杂草在田间扩散和传播。

　　精选种子和种子认证：杂草种子混杂在作物种子中，随着作物种子的播种进入田间，成为农田杂草的来源之一，也是杂草传播扩散的主要途径之一。例如，野燕麦在20世纪60年代初期仅限青海、黑龙江等部分地区，后因国内地区间种子检疫不严，致使野燕麦传播到中国十多个省（自治区、直辖市）的数千万亩农田，成为农业产生上的一大草害。又譬如，中国东北垦区原本没有稗草，随着水稻种植的年次增加，稗草的分布和危害亦逐年增多、加重，其稗草种子就是随稻种调入、种植而传播的。因此，在加强杂草种子检疫基础上，应努力抓好播前选种。精选作物种子、提高作物种子纯度，是减少田间杂草发生量的一项重要措施。在农业生产中，通常利用作物种子与杂草种子形态、大小、比重、色泽等的不同进行人工选种，如盐水选种、泥水选种、风选、筛选、手选等，有的则在田间或场头进行穗选，以保证种子质量。据调查，播前每公斤麦种混杂草种子（如芥菜、麦仁珠、大巢菜、小巢菜等）382粒，经精选种子后，仅残存有4粒野豌豆种子，极大地减少了杂草种子对麦田的"污染"。实践证明，凡播前选种、配合合理的种植制度、进行精细管理的丰产农田，大多能避免杂草的危害。种子质量认证是现行国际种子质量管理和贸易的基本制度，规范作物种子的质量，避免通过作物种子传播扩散杂草种子，是防止恶性杂草通过作物种子快速蔓延扩散的重要技术措施。例如混有杂草稻的稻种售卖是杂草稻快速扩散传播的重要路径，国际上，欧盟对稻种中混杂的杂草稻种子数量制定的严格标准为低于0.02%，委内瑞拉为每千克栽培认证种子中杂草稻种子为不多于3粒。因此，为检测栽培稻中的杂草稻，江苏省质量技术监督局颁布了江苏省地方标准栽培稻种中杂草稻检测规程（DB32/T 3451—2018），该标准的颁布实施为认证水稻种子奠定了基础。

减少秸秆直接还田：秸秆直接还田是指在作物收获过程中，将作物的大量或全部的非收获物遗留或抛弃于田间，以改良土壤理化性状、增加土壤有机质含量的一种农业生产措施。实践证明：秸秆还田可以增加田间土壤中有机质含量、抑制杂草的发生和生长等。但值得注意的是，秸秆还田也是加重农田草害的因素之一。若大量采用秸秆还田或收获时留高茬，则可把大量的杂草种子留在田间，例如，麦田中大量生长的硬草、看麦娘、麦家公等低矮的杂草繁衍与危害更为突出。因此，在不需要作物的秸秆作燃料的地方，应提倡将其切割堆制腐熟，再施入田间，既可肥田，又能减少田间杂草种子的基数。当然，最好的办法是在作物收获前设法清理田间杂草或采取措施阻止杂草种子发育成熟，以减少杂草对下茬作物生长的压力。

施用腐熟的有机肥：施用有机肥是持续农业的一项基本的生产措施。当前生产中施用的有机肥料种类多、组成比较复杂，有人畜粪便、饲料残渣、各种杂草、农作物的秸秆，以及农副产品加工余料和一些其他垃圾（如场头废料、草皮、生活垃圾）等，它们往往掺杂有大量的杂草种子，且保持着相当高的发芽力，若未经高温腐熟，便不能杀死杂草的种子。而且有些杂草的种子，如田菁等被牲畜取食，经其胃肠的消化后更有利于发芽。如将这类未腐熟的有机肥料直接施入农田，无疑同时也向田间输入了杂草种子。因此，为要避免随有机肥料的施用传播杂草，就必须在一定的温度、水分、通气条件下，堆置发酵产生50～70℃持续高温杀死种子。堆置的时间视肥料的种类和气温而定。猪、牛粪以及一般土杂肥属冷性肥料，所含杂草种子也较多，需堆置较长时间，一般气温30℃以上，配合经常翻耕，外加薄膜覆盖，堆置6～7周即可，常年堆置静放则要半年以上。鸡、马、羊粪属热性肥料，堆置时间可较短，一般3～6个月。南方气温较高，所需时间较短，北方气温较低，则所需时间要适当延长；夏天堆置所需时间短于冬季堆置所需的时间。经腐熟的有机肥料，不仅绝大多数杂草种子丧失发芽能力，而且有效肥力也大大提高。

清理田边、地头杂草：田边、路旁、沟渠、荒地等都是杂草容易"栖息"和生长的地方，是农田杂草的重要来源之一，也是杂草防除过程中易被疏忽的"死角"。在新开垦农田，杂草每年以20～30m的速度由田边、路边或隙地向田中蔓延，二荒地农田杂草可达头荒地的3～14倍。为了减少杂草的自然传播和扩散，传统农业曾提倡铲地皮深埋或沤制塘泥、清除"什边"杂草。为充分利用农田环境资源，减轻杂草入侵农田产生的草害，应提倡适当种植一些作物，如水稻田边

种大豆、麦田边种蚕豆、棉田边种向日葵等。或种植多年生的蔓生绿肥，如三叶草等。利用三叶草替代多种杂草，既高效、持效控抑杂草，又能作绿肥养护农田，或作为青饲料发展养殖业；同时，三叶草四季常青，还可以美化田园。也有些地方在田埂、路边种植薄荷等经济作物，既能抑草又能增加经济收入。

除草抑草措施　在农业生产活动中，土地耕耙、镇压或覆盖、作物轮作、水渠管理等均能有效地抑制或防治杂草。但是，在农业生产中，所有的农业措施都不应是孤立进行的，应当根据作物种类、栽培方式、杂草群落的组成结构、变化特征以及土壤、气候条件和种植制度等的差异综合考虑、配套合理运用，才能发挥更大的除草作用。

耕作治草：耕作治草是借助土壤耕作的各种措施，在不同时期、不同程度上消灭杂草幼芽、植株或切断多年生杂草的营养繁殖器官，进而有效治理杂草的一项农业措施。鉴于现今的农业生产水平，"间歇耕法"（即立足于免耕，隔几年进行一次深耕）是控制农田杂草的有效措施。持续免耕，杂草种子大量集中在土表，杂草发生早、数量大、危害重，但萌发整齐，利于防治。年年耕翻，搅乱了土层，使杂草种子在全部耕层分布，杂草总体密度较大，出苗分散，不利防治。在多年生杂草较少的农田，以浅旋耕灭茬为宜。在多年生杂草发生较重的田块，例如东北一年一熟的地区，杂草的生态适应性强，深耕则是一项有效的治理多年生杂草的好方法。

耕翻治草按其耕翻时间划分，有春耕、伏耕、秋耕几种类型，其治草效果各有不同。早春耕的治草效果较差，耕翻后下部的草种翻上来，仍可及时萌发危害。晚春耕能翻压正在生长但未结籽成熟的杂草，如南方春耕翻压绿肥，北方在大豆、玉米等晚播作物播前耕作消灭早春杂草等，对减少作物生育期内的一年生和多年生杂草均有一定的效果。多年生杂草经春翻后延缓了出苗期，其生长势和竞争力均有所削弱。在北方，往往以耙茬代替春耕，只能耙杀已萌发的一年生杂草，对多年生杂草效果差。伏耕主要用于开荒以及北方麦茬、亚麻茬耕翻，伏耕有利于争取主动，将正在旺盛生长和危害、尚未结籽成熟的各种杂草翻压入土，在高温多雨的季节促其腐烂，对减少下年杂草发生十分有效。但是，伏耕所占面积比例不大。秋翻是南北各地广为施行的耕作制，通常在9～10月份进行。秋耕土壤疏松，通透性好，能接纳较多的降水，对促进土壤熟化、提高土壤肥力有利。秋翻能切断多年生杂草的地下根茎、翻埋地上部分，使其在土壤中窒息而死。地下根茎翻上来，经冬季干燥、冷冻、动物取食等而丧失活力。耕翻的深度影响灭草效果，深翻比浅翻效果好。如据黑龙江垦区赵光农场管理局调查，耕翻对苣荬菜的防治效果，20cm深时为9.5%，24cm时38.1%，而加深到27cm时可提高到71.4%。秋耕也能减少下茬一年生杂草的发生，但必须在一年生杂草种子成熟前耕翻才能获得较好的效果。早秋耕对消灭多年生和一二年生杂草效果均好，晚秋耕效果下降，尤其对一年生杂草效果差。秋耕还有诱发杂草的作用，耕翻后表土层草籽和根茎在较高温度下可很快萌发，但幼芽随着冬季来临而被冻死，从而减少土层中有效草籽量，较多地消耗多年生杂草繁殖体的营养，进一步减少下年杂草发生和危害。在某些地区劳力、机械和农时都很充裕的条件下，

可利用耕翻或中耕将较深土层中的草籽和营养体翻到地表，诱发杂草出苗，定期连续二三次，通过发芽和其他损耗，使有效杂草种子（营养体）大大减少。

在耕作较频繁的地区，为了避免将前次翻到深层的大量草种再次翻回到土表，可采用深浅交替的轮耕方式。如第一年深翻25～27cm，将集中在土表的大量杂草种子翻入深土层；第二年耙茬或浅耕15～18cm，在耕耙过程中可使20cm左右土层的杂草种子短时间受到光和其他因子的刺激，打破休眠而萌动，但因土层太厚而不能出土，萌动的草种子因窒息和营养消耗而丧失活力，既减少了深土层的有效杂草种子含量，又不致土表草籽过多；第三年耕翻18～20cm，杂草仍然较少。

此外，深松也是一种有效治理杂草的耕作方法。深松可起到3方面的作用：①疏松土壤。②消灭已萌发的草。③破坏多年生杂草的地下根茎。因不打乱土层，可使杂草集中萌发，便于提高治草效果。

中耕灭草是作物生长期间重要的除草措施。中耕灭草的原则是：除草除小，连续杀灭，提高工效与防效，不让杂草有恢复生长和积累营养的机会。中耕结合培土，不仅能消灭大量行间杂草，也能消灭部分株间杂草。在大豆、玉米、棉花等作物的一生中，一般可进行2～3次中耕。第一次强调早、窄、深，一般在大豆复叶展开、玉米4～5叶期、棉花移栽成苗后（直播棉则在苗前或苗后3～5叶期）进行。第二、三次中耕则应适当培土以埋压株间杂草。如果化除效果好，土壤质地疏松，可减少中耕次数。夏季作物前期适逢高温多雨应在雨季开始之前，结合间苗，连续中耕2～3次，将杂草消灭在萌芽及幼苗阶段。中耕后若遇大雨，则造成水土和肥料流失。作物群体较大，墒情较好时，中耕诱发的杂草可随作物封行而被控制。作物群体较小时或多年生杂草较多时，中耕应配合其他措施，如施用除草剂或行株间覆盖等，才能受到良好的除草效果。

覆盖治草：覆盖治草是指在作物田间利用有生命的植物（如作物群体、其他种植的植物等）或无生命的物体（如秸秆、稻壳、泥土或腐熟有机肥、水层、色膜等）在一定的时间内遮盖一定的地表或空间，阻挡杂草的萌发和生长的方法。因此，覆盖治草是简便、易行、高效的除草方法，是杂草综合治理和持续农业生产方式的重要措施之一。利用覆盖能降低土表光照强度，缩短有效光照时间，避免或减少光诱导杂草的种子发芽；对已出苗的小草，通过遮光或削弱其生长势，使其饥饿死亡。春秋两季覆盖使地表温度下降，也有抑制草萌发的效果。薄膜覆盖还可通过膜下高温杀死杂草。观赏植物栽植后，用树皮、塑料小块（片）、刨花或草木灰覆盖可有效防治一年生杂草，防治效果在95%以上，且对土壤水分无不良影响。防治多年生杂草的覆盖厚度应大于防治一年生杂草。园田生产中，不同的覆盖之间可相互配合，提高控草效果和综合效益。

作物群体覆盖抑草：作物群体覆盖是最基本的也是最廉价、高效和积极的除草手段。利用作物群体的遮光效应，减少杂草的发生和生长。通过作物群体在肥、光、水、温、空间等诸多方面与杂草竞争，多方位地控制杂草。实践表明，任何一种除草方法，唯有发挥作物群体的积极作用，才能取得理想的除草效果。

增强作物群体覆盖度的措施主要有：①选用发芽快而整齐的优质种子，确保早出苗、出齐苗、出壮苗。②选择能使作物对杂草很快形成覆盖的最佳栽培制度。确保全苗早发，促进作物群体优势早日形成。③在高产前提下，最大限度地提高单位面积上种植物的播种密度，早发挥群体覆盖作用。④在行式栽培条件下，提倡适当密植，尽可能缩小行距、株距，尽量减少作物生长早期田间过多的无效空间。⑤春播作物的播期，宜选择在土温回升迅速的时期，以缩短种子萌发至出苗的时间，并有机会在播种前进行杂草防治。⑥利用农艺措施促进作物早发快长。例如加强农田基本建设、改善灌溉条件、降低地下水位、精耕细作、提高整地和播种质量、适宜的播种量和移栽深度，以及早期的中耕除草等。⑦施用选择性除草剂或除草剂的复配剂，控抑杂草，促苗早发形成覆盖。

此外，因地制宜、合理调整种植方式也是有效治理杂草的重要途径之一。如改平作为垄作（东北）、改直播为移栽、改单作为套作、改宽行为窄行、改撒播为条播等等。

秸秆覆盖：秸秆覆盖又称秸秆还田。可直接还田的秸秆主要是麦秸秆、稻草、玉米秆和茅草等。适宜覆盖灭草的作物有大豆、棉花、玉米以及行播的小麦、水稻等。据江苏宜兴大面积推广免耕麦田覆盖灭草经验，每公顷铺稻草3750kg和5250kg，冬前看麦娘密度分别下降82.9%和88.5%，春季密度分别下降73.4%和81.0%，小麦分别增产6.7%和21.5%。抑草增产效果十分显著。

秸秆覆盖有行间铺草和留茬两种形式，前者抑制杂草效果较好，不影响作物生长，后者抑草效果较差，影响播种和作物的初期生长，但省工节本。总结多年来各地多种作物田秸秆覆盖的实践，其效应主要有以下几个方面：①减少并推迟杂草发生。②抑制杂草光合作用，阻碍其生长。③禾谷类作物秸秆的水浸物可抑制某些杂草的萌发和生长，如麦秸水浸出物可抑制白茅、马唐等杂草。④增加有机质和多种养分。据测定，1亩还田100kg干稻草，相当于增施2.75～3.9kg硫酸铵，1.33～1.67kg过磷酸钙，2.67～4.67kg氧化钾，还有70kg以上的有机质。提高了土壤肥力，改善了土壤结构，使土壤疏松透气，微生物活动旺盛，降低土壤中杂草种子的生活力，有利于作物生长，促进以苗抑草。⑤越冬作物覆盖秸秆有一定的保温效应，可促进作物生长，增强抗冻能力。覆盖限制了杂草个体或群体的生长空间，被覆盖的杂草在较高的温湿度条件下呼吸消耗较多，易于黄化腐烂，遇到寒流易被冻死。⑥覆盖秸秆可以保肥、保湿、减少水土流失。

秸秆覆盖的优点很多，但也有一定的缺陷，例如，秸秆中掺杂的大量杂草种子也被带入田间，高留茬，使得低矮的杂草所产生的种子也一同滞留在田间。此外，秸秆分解过程中要消耗土壤中的氮素，为满足作物的早期生长要增施基肥。因此，最好将作物的秸秆等经堆置腐熟后作覆盖物施入田间。

腐熟有机肥和干土覆盖：腐熟有机肥覆盖是秸秆覆盖的一种变换形式。其中，"过腹还田"是指将用于还田的作物秸秆、绿肥等直接作为养禽、养畜的饲料，在光合产物还回土壤之前进行一次或多次养畜再利用。其优点有3个方面：①可以通过消化和发酵杀死夹在秸秆中的杂草种子。②避免秸秆在土壤中分解产生有机酸、沼气等还原性物质毒害作物，利于培育作物群体优势。③扩大覆盖物源。腐熟有机肥包括厩肥、人粪肥、秸秆、荒草或"地皮"等沤（堆）制的堆肥以及富含有机质的河泥等。

经沤制发酵的腐熟有机肥基本不含有活力的杂草种子，大量地全田覆盖或局部（播种行、穴）覆盖都有抑制杂草萌发和生长的作用。江苏地区冬小麦田有河泥拍麦、开（铲）沟压麦和麦行（油菜行）中耕的传统习惯，既能有效地抑制看麦娘、硬草等多数杂草的萌发生长，又能促进小麦生长，效果很好。北方春大豆区苗前稠土盖"蒙头土"既利于大豆生长，又能埋死刚刚萌发生长的杂草嫩芽，其灭草效果在90%以上。日本、美国、西欧和巴西的某些农场大量施用堆肥（约 1050t/hm²），不仅增加了土壤肥力，减少和避免使用化肥，而且有显著的控草作用。

轮作治草：轮作是指不同作物间交替或轮番种植的一种种植方式，是克服作物连作障碍、抑制病虫草害、促进作物持续高产和农业可持续发展的一项重要农艺措施。通过轮作能有效地防止或减少伴生性杂草，尤其是寄生性杂草的危害。

轮作可分为水旱轮作和旱旱轮作二种方式。水旱轮作使土壤水分、理化性状等发生急骤变化，改变了杂草的适生条件。湿生型、水生型以及藻类杂草在旱田不能生长，而旱田杂草在有水层情况下必然死亡。因此，轮作对水湿生或旱生杂草都有较好的防治效果。

水旱轮作治草功效的大小与轮作对象、种植方式、水分运筹和轮作周期的长短关系极大。在北方地区，水改旱后土质黏重、冷浆，湿生杂草往往仍很严重，应先种植适应性强、前期作物群体较大、控草能力较强的作物，如大豆、小麦等。随后，待土壤条件改善后种植玉米、高粱等宽行中耕作物。春小麦早播和密植，在早期能迅速封垄、郁蔽，对一年生晚春性杂草如稗草、马唐、鸭跖草等有较强的抑制作用；春大豆、春玉米等播种较晚，通过播前整地、苗前耙地等措施，可防治一年生早春与晚春性杂草，而对多年生杂草也有一定的防治作用，其后通过中耕、旋耕、深松等能较好地防治行间杂草，但株间杂草难以防治。因此，将密播作物小麦、亚麻、油菜与中耕作物进行轮作，可充分发挥每种作物控制和防治杂草的作用。

旱作作物间的轮作，主要通过改变作物与杂草间的作用关系或人为打破杂草传播生长、繁殖危害的连续环节，达到控制杂草的目的。旱作轮作主要有高秆作物与矮秆作物、中耕作物与密播作物、阔叶作物与禾本科作物、固氮作物与非固氮作物、对某种病虫害敏感的作物与非敏感作物以及其化感作用的作物间的轮作（如燕麦与向日葵轮作比燕麦连作杂草显著减少），等等。只有合理地搭配，才能收到良好的增产控草的效果。如长江中下游地区，小麦与油菜轮作，即为禾本科作物与阔叶作物、密播与中耕、须根系植物与直根系植物多重互补性轮作。利用油菜郁蔽控草力强、养分吸收层面较深、缓和与杂草和前茬作物的养分竞争，同时可发挥除草剂的选择性等优势。在某一熟制地区，改小麦连作为麦豆轮作，在耕作、养分吸收、除草剂选择性诸多方面得到互补，十分有利于增产控草。若改为麦—豆—麦—玉米（棉）轮作制，增加了一次中耕除草和高秆作物控草机会，使多年生杂草和一年生杂草都能得到较好的控制，使草害进一步减轻，不仅有利于控制当季杂草，还能减轻下茬除草压力。小麦与高秆绿肥轮作，通过绿肥群体控草、翻压绿肥和杂草，增进

地力，活跃土壤微生物，降低土壤中的杂草种子的基数和杂草种子的生活力等，具有明显的综合效益。巴西的一些农场，每年安排 1/3 的土地种植豆科绿肥（蟛豆），每 3 年轮作一次绿肥，不仅能有效地控制杂草，而且每年每公顷有 3 万~5 万 kg 有机肥还田，下茬作物的化肥施用量减少一半左右。

间套作控草：依据不同植物或作物间生长发育特性的差异，合理地进行不同作物的间作或套作，如稻麦套作、麦豆套作、粮棉套作、果桑套作、棉瓜（葱）套作或葡萄园里种紫罗兰、玫瑰园里种百合、月季园里种大蒜等。间（套）作是利用不同作物的生育特性，有效占据土壤空间，形成作物群体优势抑草，或是利用植（作）物间互补的优势，提高对杂草的竞争能力，或利用植物间的化感作用，抑制杂草的生长发育，达到治草的目的，此外，还充分利用光能和空间。例如玉米行间套种大豆，大豆是直根系深耕性作物，玉米是须根系浅耕性作物，前者能充分利用土壤深层的水分和养分，后者主要吸收上层土壤中的水分和养分；玉米是高秆植物，耐旱耐强光，大豆是矮生性作物，具一定的耐阴性；大豆早期生长旺，很快形成群体优势，控草治草能力强，如玉米田中的小藜、灰绿藜、苍耳、马唐等均能明显受抑制，有些杂草如铁苋菜则因早期生长量小很快被大豆群体覆盖，而逐渐衰弱死亡，而玉米的生长量前期小，后期大，中后期才能形成群体优势，起到控草抑草的作用，两种作物同田种植，可以显著地减少除草的难度。又譬如棉田套种西瓜是新发展起来的一种经济高效的种植方式，同样是利用棉苗群体前期小，自然空间大，西瓜营养期生长旺盛，叶片大，藤蔓穿行速度快，能迅速形成群体覆盖治理杂草的优势。两种套种方式不仅能有效增加作物产量和经济收益，而且能节省除草的工本和费用，尤其是大大减少（少用或不用）除草剂用量，有利于保护环境，应积极提倡，大力推广。

存在问题及展望 通过农业技术措施防治杂草，是传统而有效的控草技术之一。不过，农业防治大多需要劳力及精心管理，且因防效的不稳定性而需要其他防治措施的配合，当前的杂草防治实践中，由于农业劳动力缺乏，轻型栽培取代了精耕细作，农业防治措施几乎完全被化学防治所取代。因此，也导致杂草防治的不可持续性。要改变目前的状况，需要将农业防治整合到整个杂草防治的技术体系中，强调农业防治在杂草中的基础性作用。将实施农田整治工程、秸秆腐熟还田等在政策上给予鼓励和支持。此外，在发展新型作物栽培技术时，还要注重研究其在防治杂草中的作用。

参考文献

郭小刚，刘景辉，李立军，等，2010. 不同耕作方式对杂草控制及燕麦产量的影响 [J]. 中国农学通报，26(18): 111-115.

李儒海，强胜，邱多生，等，2009. 长期不同施肥方式对稻油轮作制水稻田杂草群落的影响 [J]. 生态学报，28(7): 3236-3243.

强胜，2009. 杂草学 [M]. 2 版 . 北京 : 中国农业出版社 .

严佳瑜，张亚萍，宋坤，等，2021. 不同耕作深度和轮作模式下上海稻田杂草土壤种子库特征 [J]. 上海农业学报，37(1): 82-86.

赵灿，戴伟民，李淑顺，等，2014. 连续 13 年稻鸭共作兼秸秆还田的稻麦连作麦田杂草种子库物种多样性变化 [J]. 生物多样性，22(3): 366-374.

（撰稿：强胜；审稿：宋小玲）

欧洲千里光　*Senecio vulgaris* L.

夏熟作物田一二年生杂草。英文名 common groundsel。菊科千里光属。

形态特征

成株　高 20～40cm。主根垂直。茎直立，多分枝，被微柔毛或近无毛，稍带肉质。叶互生，基生叶倒卵状匙形，有浅齿；茎生叶长圆形，羽状浅裂至深裂，边缘有浅齿，顶端钝或圆形，基部常扩大而抱茎，近无毛，长 4～7cm、宽 1～3cm；上部叶线形，全缘或仅具锯齿。头状花序多数，在茎顶和枝端排列成伞房状；总花梗细长，基部有少数线状苞叶。总苞近钟形，长达 8mm、宽约 4mm；总苞片达 20 片，线形，顶端细尖，边缘膜质，外有几片线形小总苞片；头状花序内全为管状花组成，黄色，花多数（见图）。

子实　瘦果圆柱形，长达 3mm，有纵沟，被微短毛。冠毛白色，长约 5mm。

幼苗　幼苗具较粗的直根。下胚轴粗壮，长 8～10mm。子叶长圆形，长 5～8（10）mm、宽 1.5～2.5mm，顶端钝，微带肉质，中脉明显。第一片真叶叶片广椭圆形，长 10～15mm、宽 5～8（10）mm，顶端急尖，边缘每侧具 3～4 个牙齿，有明显的中脉及羽状的侧脉；基部有短柄；第二片真叶与第一片真叶同，但边缘牙齿更多；第三及第四片真叶长圆状广椭圆形，边缘具不等深波状的牙齿；真叶表面深绿色，微带红晕。

生物学特性　以种子繁殖。秋冬季或翌年春季出苗，花果期 6～9 月。生在草地、山坡、路旁潮湿处、农田及果园，喜生于疏松、肥沃土壤，温凉气候。欧洲千里光生长发育快、成熟早、生长周期短（8 周），可以产生大量种子并可以在合适条件下的任何时间萌发，传播能力很强。欧洲千里光在中国不同地区不同生境的种群生长状况不同，在大部分地区欧洲千里光并没有形成大的种群，在公路生境通常为沿着路边零星分布，但在一些农田中生长较好，形成了较大的种群。

分布与危害　中国分布于黑龙江、吉林、辽宁、内蒙古、河北、山西、陕西、江苏、安徽、浙江、福建、贵州、云南等地；原产欧洲，今北温带地区均有归化。生于草地、山坡及路旁潮湿处。该种由于对某些取代脲类除草剂有抗性，因而在美国东部的柑橘园、果园及葡萄园中迅速蔓延，同时也侵入中耕作物及蔬菜作物的农田中危害。在中国危害夏熟作物（麦类和油菜）、果树及茶树，也生于路埂，但发生量小，危害轻。

欧洲千里光含有生物碱，主要包括千里光碱、千里光菲灵碱、全缘千里光碱和倒千里光碱，家畜取食欧洲千里光会引起肝中毒，牛和马取食欧洲千里光的花、茎也会导致肝病，造成体重下降、身体虚弱甚至死亡，此外，生物碱还对人类具有肝毒性、肺毒性、遗传毒性及神经毒性的危害。

防除技术　应采取农业防治与化学防治相结合的方法，此外也可考虑综合利用等措施。

生物防治　杂草生物防治的系统管理方法被认为可以替代除草剂，目的是诱导和促进杂草的疾病传播，从而降低它们的竞争力，如真菌、昆虫、线虫和病毒等都可用来控制欧洲千里光的生长。用锈菌和辰砂飞蛾来控制欧洲千里光的生长。活体的锈菌可以降低宿主的竞争力，若疾病蔓延得足够快也可控制欧洲千里光的种群形成。

化学防治　许多除草剂都可以杀死欧洲千里光，但不同的除草剂适用于不同生长阶段，而过多使用也可能会对农作物产生不利的影响。麦田可以使用氯氟吡氧乙酸防除；路边、

欧洲千里光植株形态（强胜摄）

荒地、果园可用草甘膦等进行化学防除。但要注意欧洲千里光对某些取代脲类除草剂有抗性。

综合利用　全草入药，有清热解毒、祛瘀消肿的功效。亦可外用于小儿口疮、疔疮、湿疹、小儿顿咳、无名毒疮、肿瘤等。

参考文献

李扬汉, 1998. 中国杂草志 [M]. 北京: 中国农业出版社: 364.

刘启新, 2015. 江苏植物志: 第 4 卷 [M]. 南京: 江苏凤凰科学技术出版社: 430-431.

田忠赛, 程丹丹, 徐琳, 等, 2018. 欧洲千里光在中国入侵状况的初步调查 [J]. 安全与环境工程, 25(2): 7-14.

徐海根, 强胜, 2018. 中国外来入侵生物 [M]. 修订版. 北京: 科学出版社: 582-583.

（撰稿：郝建华；审稿：宋小玲）